# Finite Elemente Modelle der Statik und Festigkeitslehre

Klaus Schier

# Finite Elemente Modelle der Statik und Festigkeitslehre

## 101 Anwendungsfälle zur Modellbildung

Springer

Klaus Schier
Littaustr. 4
35764 Sinn
Deutschland
dr.schier@t-online.de

ISBN 978-3-642-16620-4 e-ISBN 978-3-642-16621-1
DOI 10.1007/978-3-642-16621-1
Springer Heidelberg Dordrecht London New York

Die Deutsche Nationalbibliothek verzeichnet diese Publikation in der Deutschen Nationalbibliografie; detaillierte bibliografische Daten sind im Internet über http://dnb.d-nb.de abrufbar.



*Einbandentwurf:* WMXDesign GmbH, Heidelberg

Gedruckt auf säurefreiem Papier

Springer ist Teil der Fachverlagsgruppe Springer Science+Business Media (www.springer.com)

# Vorwort

Das Berechnungswerkzeug „Finite Elemente Methode“ ermöglicht Vorbestimmung und Überprüfung ingenieurtechnischer Erzeugnisse. Der Übergang vom realen Bauteil zum Finite Elemente Modell nimmt eine Schlüsselstellung ein und entspricht dem Anliegen des vorliegenden Lehr- und Arbeitsbuches.

Berechnungen sind im Ablauf des Konstruktions- und Entwicklungsprozesses eines technischen Gebildes enthalten. In der Phase der Auslegung des Produktes werden äußere Lasten, Lagerungen und Randbedingungen bedeutungsvoll. Die Statik liefert Erkenntnisse über den Kraftfluss und die Größe der Kräfte. Die Festigkeitslehre erbringt Aussagen zur Ertragbarkeit der Beanspruchungen.

Diese strukturelle Vorgehensweise wird im Buch aufgegriffen. Das Kapitel 2 zeigt Modellbildungen aus dem Bereich der Statik. In den Kapiteln 3 bis 7 wird anhand der 5 Beanspruchungsarten Zug, Druck, Biegung, Schub und Torsion die Modellierung im Bereich der Festigkeitslehre gezeigt. Schwerpunkte sind Modelle des Maschinenbaus und des Bauwesens.

In Kapitel 1 werden neben den Grundlagen der Finite Elemente Methode auch Grundlagen der Technischen Mechanik behandelt. Für die Erläuterung des prinzipiellen Konzeptes der Finite Elemente Methode wird aus dem Gebiet der Strukturmechanik der Zug-Druck-Stab verwendet.

Die Methodik des Buches berücksichtigt, dass FE-Lösungen durch eine Überschlagsrechnung verifiziert werden sollten. So sind den Kapiteln 2 bis 7 die klassischen Ansätze der Technischen Mechanik vorangestellt. Da vorausgesetzt wird, dass die Studierenden die Ausbildung in Mathematik, Technischer Mechanik, Festigkeitslehre und Werkstofftechnik abgeschlossen haben, erfolgt die Darstellung der Berechnungsgleichungen nur in zusammengefasster Form.

Die Modelle werden in Berechnungstafeln dargestellt. Die Berechnungstafeln geben bei der Modellbeschreibung eine Befehlsfolge und eine Bildfolge vor. In der Befehlsfolge erscheinen die Abläufe zur Modellbildung in allgemeiner Form, so dass die Nutzung des Buches unabhängig vom verwendeten FEM-Programm ist. Der Anwender hat lediglich die allgemein gehaltenen Modellvorgaben an die jeweilige Programm- und Befehlsstruktur anzupassen.

Die geometrischen Abmessungen der Modelle werden im kartesischen Koordinatensystem über die Eckpunkte definiert und nachfolgend zum Modell ausgebaut. Elementetyp, Werkstoff, Vernetzungsdichte und Randbedingungen sind angegeben.

Die Bildfolge zeigt Darstellungen zu wichtigen Zwischenschritten. Neben der numerischen Auswertung werden dort auch die Ergebnisse in grafischer Form gezeigt. Es wird damit erreicht, dass unabhängig vom verwendeten FE-System ein Erfolgsvergleich gegeben ist.

Die Finite Elemente Methode ist das wichtigste Berechnungsverfahren für alle Bereiche des ingenieurtechnischen Denkens. Das Optimieren von physikalisch-technischen Problemen erfolgt unter großer Praxisnähe. Es hat damit grundlegende Bedeutung für die Ausbildung an technischen Hochschulen.

Das vorliegende Lehr- und Arbeitsbuch unterstützt den Lehr- und Lernprozess. Für den Lehrenden wird die Lücke zwischen der mathematisch-theoretischen und der programmspezifischen Literatur gefüllt. Der Schwerpunkt Modellbildung mit seiner konstruktiven Grundausrichtung ermöglicht vielfältige Erweiterungen und Vertiefungen.

Für die Studierenden liegen durch die besondere Art der Anwendungsbeispiele Möglichkeiten des Selbststudiums vor. So können Fähigkeiten zum Verstehen des Lehrgebietes FEM entwickelt und Fertigkeiten dazu erlangt werden.

Meiner Frau Ruth bin ich für ihre Liebe, Geduld und Unterstützung beim Schreiben dieses Buches besonders verbunden, ich bedanke mich ganz herzlich.

Gießen, im Juni 2010 Klaus Schier

# Inhaltsverzeichnis

# 1 Einführung

## 1.1 Grundlagen der Finite Elemente Methode

### 1.1.1 Das Wesen der Methode

Die Finite Elemente Methode stellt das umfassendste Berechnungswerkzeug für viele Bereiche des Ingenieurwesens dar. Als computerorientiertes numerisches Verfahren eignet sie sich vor allem zur Bearbeitung komplizierter, analytisch nicht berechenbarer Bauteile.

Die Methode der finiten Elemente wurden von TURNER, CLOUGH, MARTIN und TOPP 1956 für die Scheibe vorgestellt. CLOUGH führte 1960 den Begriff finites Element ein. Eine mathematische Basis wurde bereits 1943 von COURANT mit der Entwicklung eines Verfahrens geschaffen, bei dem ein System in Dreiecke eingeteilt und mit numerischer Polynom-Interpolation eine Lösung approximiert wurde. Die begrenzten Rechenmöglichkeiten der damaligen Zeit ließen keine weitere Entwicklung zu.

Die Fortschritte in der Computertechnik führten zu einem Entwicklungsschub, an dem maßgeblich ZIENKIEWICZ, VEUBECKE, ARGYRIS u. a. beteiligt waren. Es wurden die Zusammenhänge weiter untersucht, neue Elemente entwickelt und das mathematische System umfassend begründet.

Das reale Bauteil wird gedanklich durch ein idealisiertes Modell aus *finiten* (lat. 'beenden', allgem. 'bestimmt') Elementen ersetzt, d. h. aus einfachen Bauelementen, deren elastisches Verhalten mathematisch formulierbar ist. Durch diese Zerlegung des komplexen Bauteils in einfache Abschnitte wird eine Berechnung möglich, die jedoch nur eine Näherungslösung bezüglich des realen Bauteils darstellt.

Mit dem Werkzeug FEM können Probleme trotzdem wesentlich wirklichkeitsnäher gelöst werden als das die klassischen Mittel der Technischen Mechanik bzw. der Maschinen-Elemente ermöglichen.

Zur Modellierung stehen verschiedenartige Elemente zur Verfügung, z. B. Stabelemente, Scheibenelemente, Volumenelemente. Konstruktionen aus Stäben bzw. Tragwerke sind einfach zu erfassen. 3-D-Körper dagegen lassen immer mehrere Möglichkeiten der Modellbildung zu.

Man stößt bei 3-D-Körpern mitunter an Grenzen. Sehr schnell können die Modelle in Bereiche wachsen, wo die Rechenzeiten extreme Werte annehmen. Es kann oft die Konturentreue nicht eingehalten werden, weil ansonsten die Elementeanzahl zu stark steigen würde. Die notwendigen Vereinfachungen erfordern vom Anwender hohe fachliche Fähigkeiten zur Beurteilung des Problems.

Für die FE-Berechnung müssen dem Modell entsprechende Daten zur Verfügung gestellt werden:

Die *Werkstoffdaten* sind abhängig vom Problem und der Formulierung des Materialgesetzes. Der Elastizitätsmodul, die Dichte, die Fließspannung oder die Wärmeleitfähigkeit sind u. a. zu nennen.

Die *Geometriedaten* können vom CAD-Modell übernommen werden. Sie können aber auch im FE-Programm im Preprocessing mit Linien, Flächen oder Volumen bezogen auf Koordinaten generiert werden.

Die *Randbedingungen* verkörpern Belastungen und deren Reaktionen, beispielsweise in Lagerungen. Belastungen sind vielfältig möglich, als Knotenkräfte, Streckenlasten, Druckkräfte, Schwingungen oder Temperaturgradienten.

Ein großer Anteil der FE-Berechnungen bezieht sich auf kleine elastische Verformungen. Es können aber auch andere Materialgesetze, wie elastisch/plastisch oder kriechendes Materialverhalten, beschrieben werden.

*Mögliches Materialverhalten:*

a) linear elastisch - das Materialverhalten unterliegt dem HOOKEschen Gesetz, der Elastizitätsmodul ist konstant im elastischen Bereich,

b) nichtlinear elastisch - der Quotient aus Kraft und Dehnung ist zu keinem Zeitpunkt proportional, der Elastizitätsmodul ist nicht konstant im elastischen Bereich (z. B. bei Elastomeren),

c) elastisch/plastisches Materialverhalten - bis zur Fließgrenze verhält sich das Material linear elastisch; erfolgt durch eine weitere äußere Krafteinwirkung eine Verformung, so unterliegen die folgenden Berechnungen einem plastischen Materialgesetz (z. B. Fließverhalten),

d) starr plastisches Materialverhalten - eine Sonderform der elastisch/plastischen Formänderung; die elastische Formänderung ist gegenüber der plastischen Formänderung verschwindend gering (z. B. Kaltumformung),

e) kriechendes Materialverhalten - das Formänderungsverhalten ist von der Einwirkdauer der äußeren Belastung abhängig (z. B. bei Kunststoffen).

Wesentliche Anwendungsgebiete im Bereich der Konstruktion und Entwicklung sind:

*a) Festigkeitsberechnungen*

Es werden Deformationen und Spannungen berechnet, die durch eine Last hervorgerufen werden, und entgegengesetzt können Belastungen ermittelt werden, die sich aus Verformungen ergeben. Diese Berechnungen sind statisch oder dynamisch möglich.

statisch - zeitabhängige Vorgänge oder Massenträgheits und Dämpfungseffekte beeinflussen die Beanspruchung der Konstruktion nur unwesentlich,

dynamisch - Belastungen sind zeitabhängig beispielsweise durch wechselnde Kräfte.

Weiterhin werden lineare und nichtlineare Analysen unterschieden.

linear - die Verformungen und die sich daraus ergebenden Spannungen sind proportional zur Belastung,

nichtlinear - Berechnungen erfolgen iterativ, d. h. das Ergebnis wird in Schritten ermittelt; Nichtlinearitäten können durch die Geometrie, durch das Material und durch die Struktur vorliegen,

Geometrie: Berücksichtigung der Auswirkungen bei großen Dehnungen,

Material: Spannungen sind von den Dehnungen nichtlinear abhängig (Plastizität), oder auch hyperelastisches Verhalten bei Elastomeren,

Struktur: veränderliche Randbedingungen wie z. B. Kontaktprobleme.

*b) Temperaturfeldberechnungen*

Es werden erfasst

die *Wärmeleitung* durch Energieaustausch mittels Transportmedium,

der *Wärmeübergang* von einem Festkörper zu einem anderen Medium.

Die Probleme können linear oder nichtlinear, stationär oder nichtstationär sein. Die nichtlineare Analyse ermöglicht die Berücksichtigung von temperaturabhängigen Wärmeleitzahlen und Wärmequellen. Nichtstationäre Zustände liegen vor, wenn die Temperaturverteilungen in Abhängigkeit von der Zeit erfolgen.

*c) Schwingungsberechnungen*

Ziel der Berechnung ist die Bestimmung der Eigenfrequenzen und Eigenformen.

### 1.1.2 Begriffsinhalte

In der Praxis steht die Dateneingabe bei der Nutzung der Finite Elemente Methode im Vordergrund. Es sind neue Begriffe und deren Inhalte zu erlernen. Die Strukturen der verschiedenen FE-Programme sind ähnlich, der hauptsächliche Unterschied liegt in der Art der Befehlsübermittlung.

Die Vorstellung, dass man aus den CAD-Daten des entworfenen Bauteils automatisch ein sinnvolles FE-Rechenmodell erzeugen, den Rechenlauf starten und zuverlässige Ergebnisse gewinnen könne, ist gegenwärtig nur für einfache Strukturen möglich. Einfache Strukturen lassen sich aber auch mit klassischen Berechnungsmethoden zuverlässig erfassen, so dass für eine FE-Analyse kein Bedarf besteht.

Die praktische Nutzung setzt also dort ein, wo mit herkömmlichen Mitteln keine brauchbaren Ergebnisse mehr erzielt werden können. Man muss sich also als FE-Berechner darauf einstellen, dass nur schwierige Bauteile oder Verfahren zu untersuchen sind.

Das Arbeiten mit den FE-Programmen ist zunehmend einfacher geworden, auch die Entwicklungen im Computerbereich bringen deutliche Verbesserungen und unterstützen maßgeblich die Anschaulichkeit. Trotzdem erfordern diese FE-Analysen einen hohen Aufwand und hohe fachliche Kompetenz und sind, nach wie vor hinsichtlich der Fähigkeiten und Fertigkeiten der Anwender, einem elitären Bereich zuzuordnen.

**Begriffe in FEM-Programmen:**

PRE-Processor: Programm zur Datenaufbereitung eines physikalischen Modells für eine anschließende FE-Analyse. Die Datenaufbereitung besteht aus Geometrie-Erstellung mit Solid-Modeler (Punkte, Linien, Flächen, Körper), FE-Vernetzung mit Meshing-Moduln (Knoten, Elemente), physikalische Beschreibung (Material, Lagerungen, Belastungen),

SOLVER: FE-Analyseprogramm, Gleichungslösung und Berechnung der FE-Ergebnisse wie Verschiebung, Spannung, Temperatur ...,

POST-Processor: Programm zur grafischen und tabellarischen Ausgabe von FE-Ergebnissen wie verformtes Netz, Contourplots, Zeitverläufe, Schnittlinienauswertung, Vektorplots, Listenauswertung.

**Begriff Freiheitsgrade:**

Der Lös ungsansatz jeder FE-Analyse beruht auf dem Grundansatz der Freiheitsgrade der Knoten, dem Bindeglied zwischen den Elementen. Die möglichen Knotenverschiebungen lassen sich aus den bekannten Beschreibungen der Freiheitsgrade ableiten, z. B. hat ein im Raum frei beweglicher Körper 6 Freiheitsgrade. Ein in der Ebene frei beweglicher Körper besitzt 3 Freiheitsgrade. Knoten mit 6 bzw. 3 Freiheitsgraden verhalten sich analog dazu.

Die Knotenverschiebungen befinden über die Nutzung und Möglichkeiten des Elementes. Die Freiheitsgrade an den Knoten der Elemente zeigen an, in welche Richtungen Verschiebungen und davon abgeleitet Dehnungen und Spannungen errechnet werden können.

Für nicht vorhandene Freiheitsgrade können keine Ergebnisse ermittelt werden, d. h. es lassen sich die Elemente erkennen, die in Analogie zur Technischen Mechanik den 1-, 2-, 3-achsigen Spannungszustand beschreiben. Wird die Knotenverschiebung in Richtung eines Freiheitsgrades verhindert, dann liegt eine Lagerstelle vor.

Für wichtige Elemente werden nachfolgend die Freiheitsgrade an den Knoten der Elemente gezeigt. Es können pro Knoten bis zu sechs Größen auftreten:

*3 Verschiebungen* in den drei Koordinatenrichtungen X, Y, Z (Ux, Uy, Uz),

*3 Verdrehungen* um die Achsen (ROTx, ROTy, ROTz).

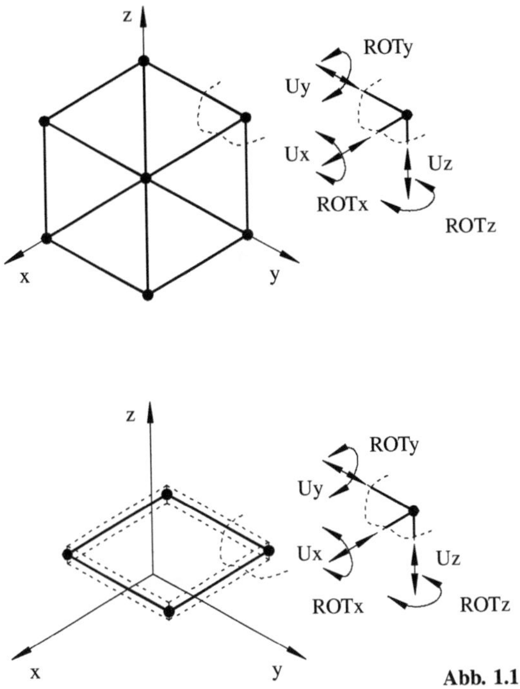


**Abb. 1.1.** Jeweils 6 Freiheitsgrade beim 3D-Volumenelement und beim 3D-Schalenelement

Jeder Knoten weist 6 Knotenfreiheitsgrade beim 3-D-Volumenelement und beim 3-D-Schalenelement auf (Abb. 1.1.). Es lassen sich damit Körper im Raum modellieren, wobei aus der Elementeart ersichtlich ist, dass das Schalenelement Körper mit geringer Dicke im Verhältnis zu den anderen Abmessungen darstellen kann. Das Volumenelement ist gut geeignet für die Abbildung großvolumiger Körper.

Die in Abb. 1.2. dargestellten Elemente besitzen 3 Freiheitsgrade und werden in der x-y-Ebene abgebildet. Durch Rotation um die y-Achse entsteht beim Scheibenelement ein rotationssymmetrischer Körper. Modelle mit diesen Elementen sind sehr vorteilhaft. Sie ermöglichen ein bequemes Vernetzen in der 2-D-Ebene und damit eine kleine Elementeanzahl, erfassen aber einen 3-D-Körper.

Deshalb sollte man vor der Modellbildung entscheiden, ob aus einem reinen dreidimensionalen Körper durch angepasste Vereinfachungen ein rotationssymmetrisches Modell geschaffen werden kann. Lasten und Randbedingungen, die ja auch zwangsläufig rotationssymmetrisch angenommen werden müssen, lassen sich unter bestimmten Bedingungen definierten Stellen auf dem Rotationsumfang zuordnen.

Das 2-D-Balkenelement (Abb. 1.2.) wird in der x-y-Ebene abgebildet und besitzt 2 Freiheitsgrade in x- und y-Richtung. Der 3. Freiheitsgrad ist durch die Drehung um die z-Achse gegeben. Damit können mit diesem Element Biegeverformungen generiert werden. Es entstehen einfache ebene Modelle.

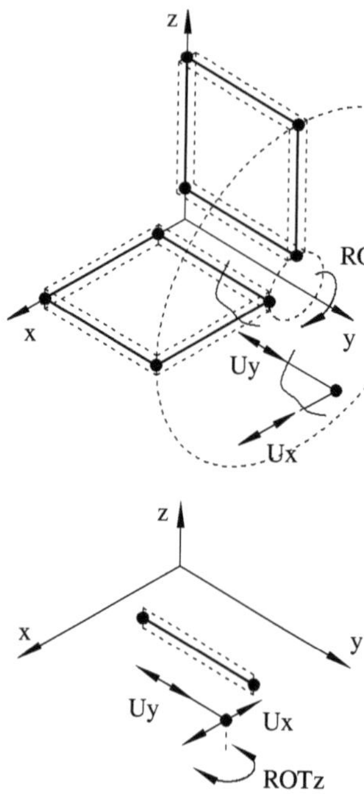


**Abb. 1.2.** Jeweils 3 Freiheitsgrade beim rotationssymmetrischen Scheibenelement und beim 2D-Balkenelement

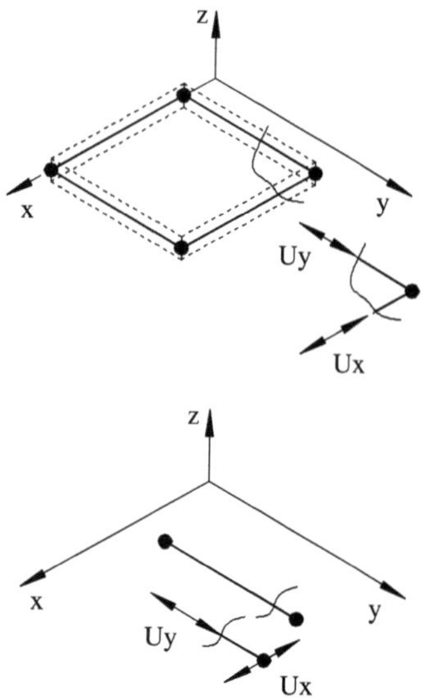


**Abb. 1.3.** Jeweils 2 Freiheitsgrade beim Scheibenelement und beim Stabelement

Noch mehr Einschränkungen für die Modellbildung liegen bei Elementen mit 2 Freiheitsgraden vor (Abb. 1.3.). Das Stabelement ermöglicht nur Verschiebungen in x- und y-Richtung entsprechend einem 1-achsigen Spannungszustand.

Das Scheibenelement mit 2 Freiheitsgraden unterliegt dem 2-achsigen Spannungszustand in der x-y-Ebene. Im Gegensatz zu Stäben ist eine flächenmäßige Modellierung in dieser Ebene gegeben. Die Dicke in z-Richtung kann zwar vorgegeben werden, muss aber der Definition für den 2-achsigen Zustand entsprechend, klein gegenüber den anderen Abmessungen sein.

**Begriff Idealisierung:**

> Eine FE-Berechnung führt nur dann zu sinnvollen und brauchbaren Ergebnissen, wenn das physikalische Modell in ein zutreffendes rechnerisches Modell umgesetzt wird. Die komplexe Aufgabenstellung muss dazu auf das Kernproblem abstrahiert werden, d. h. auf *Reduzieren auf das Wesentliche.*

Am Beispiel eines Keilscheiben-Verstellgetriebes (Abb. 1.4.) werden die Möglichkeiten und Probleme der Modellierung, d. h. der Idealisierung des realen Bauteils gezeigt. Als Forderung steht die Überprüfung der festen Riemenscheibe und dabei konkret die Fragestellung nach der maximalen Belastbarkeit.

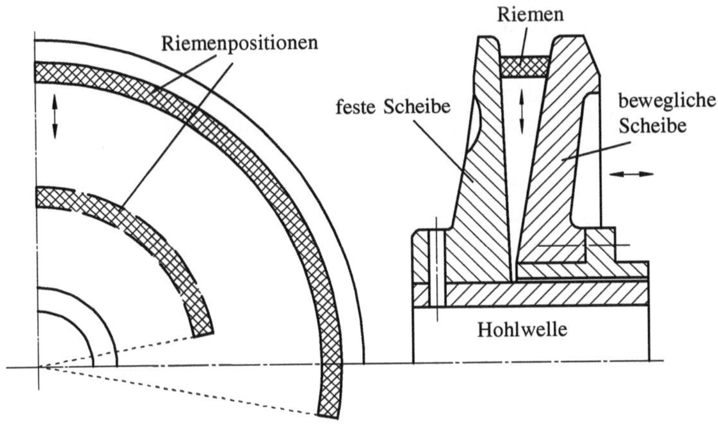


**Abb. 1.4.** Keilscheiben-Verstellgetriebe mit Fest- und Verstellscheibe

Die Funktion erfordert 2 ähnlich aufgebaute Riemenscheibensysteme, zwischen denen der Riemen Drehzahl und Drehmoment überträgt. Wird die bewegliche Scheibe des einen Systems nach außen verschoben, muss die bewegliche Scheibe des anderen Systems nach innen verschoben werden.

Der Riemen nimmt damit eine andere Lage zwischen fester und beweglicher Scheibe ein und Drehzahl sowie Drehmoment ändern sich. Die möglichen Riemenpositionen sind in Abb. 1.4. gezeigt. Erkennbar ist, dass je nach Riemenposition ein anderer Umfang für die reibschlüssige Kraftübertragung wirksam wird. Die feste Riemenscheibe ist mit der Hohlwelle über einen Presssitz verbunden und durch eine Stiftverbindung gesichert.

Die Scheibe ist im Verhältnis zur Nabe schlank ausgelegt, so dass eine steife Einspannstelle mit einer weichen Scheibe vorliegt. Die kreisförmige Aussparung in der Scheibe verstärkt dieses Verhalten und kann deshalb nicht weggelassen werden. Als ungünstigste Beanspruchungslage wird die äußere Riemenposition angesehen. Zwar sind dort die wirkenden Kräfte geringer, aber die Verformung der Riemenscheibe ist kritischer. Das Modell muss als 3-D-Modell mit 3-D-Volumenelementen gebildet werden. Erleichterungen durch Symmetrienutzung mittels Halbschnitt entfallen, da die radialen Umfangskräfte nicht symmetrisch auftreten.

Die Idealisierung kann für das vorliegende Beispiel mit einem Fragespiegel unterstützt werden:

1. Welche äußeren Beanspruchungen liegen vor?
   Reibkräfte am Umfang der Riemenauflage, Kräfte durch die Pressverbindung der Nabe mit der Hohlwelle, Kräfte an der Stiftverbindung.
2. Welche Beanspruchungen können vernachlässigt werden, ohne das Ergebnis zu beeinträchtigen?
   Kräfte an der Stiftverbindung; sie sind örtlich eng begrenzt und wirken nur aus der Stiftpressung, der Stift hat auch lediglich Sicherungsfunktion.

3. Welche physikalisch-technischen Vorgänge lassen sich unklar erfassen?
   Die Kraftübertragung durch den Reibschluss des Riemens ist nur grob bekannt. Theoretisch sind die Bedingungen eindeutig beschreibbar, aber praktisch durch die Wirkung des elastomeren Riemens ungenau. Einige Unsicherheiten: Größe des Reibwertes, Wert der Auflagefläche, Lastverteilung auf der Auflagefläche, wirkliche Umschlingung.
4. Welche Schwierigkeitsstufe für das Modell sollte verwendet werden und werden in der ersten Rechnung brauchbare Ergebnisse erzielt?
   Die Riemenscheibe kann nicht als rotationssymmetrisches Modell generiert werden, da die äußere Belastung durch den Riemen nicht rotationssymmetrisch vorliegt. Es muss ein 3-D-Modell gebildet werden. Auf den ersten Blick scheint Symmetrie durch einen Halbschnitt der Riemenscheibe gegeben zu sein. Die tangential wirkende Reibkraft (Umfangskraft) lässt sich damit nicht erfassen, so dass ein 3-D-Vollmodell erstellt werden muss.

Die Vernetzung kann am Profilschnitt mit anschließender Rotation zum 3-D-Modell erfolgen (Abb. 1.5.). Die einfache rechtwinklige Rechteckvernetzung vereinfacht das reale Bauteil zu grob. Die Aussparung an der Riemenscheibe führt zu einem unrealen weichen Verhalten. Eine genauere Idealisierung über eine höhere Konturentreue ist erforderlich, wobei die Darstellung in Abb. 1.5. für zuverlässigere Spannungswerte noch verfeinert werden müsste.

*Ergebnis der Idealisierung:*

Eine gute Konturentreue sollte eingehalten werden. Einzelkräfte auf dem Umfang sind ausreichend. Der Stift kann entfallen. Die Spannungsüberlagerung aus der Pressverbindung muss berücksichtigt werden. Eine klassische Berechnung mit der Vereinfachung einseitig eingespannter Balken sollte als überschlagsweise Vorrechnung genutzt werden.

Aus dieser groben Analyse wird schon erkennbar, welche Anforderungen hinsichtlich konstruktiver und festigkeitsmäßiger Einschätzungen an den Anwender gestellt werden. Wendet der Nutzer keine strukturellen Denkweisen an, besteht die Gefahr, dass Mängel in der Modellbeschreibung unerkannt bleiben.

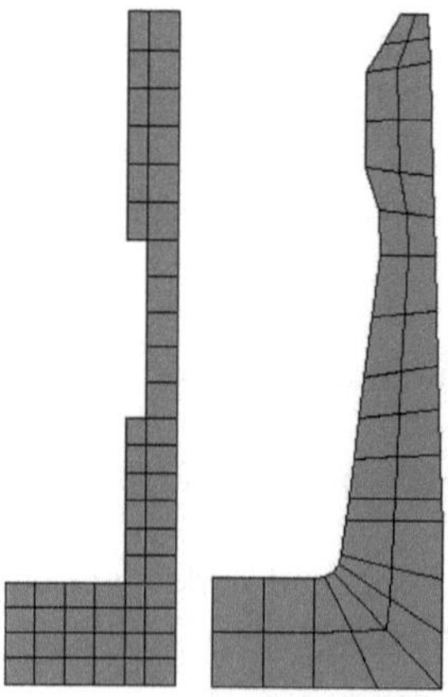

**Abb. 1.5.** Feste Riemenscheibe mit Rechteck-Scheibenelementen einfach und genauer idealisiert

Zu beachten bleibt, dass mit der Finite Elemente Methode ein Werkzeug zur Verfügung steht, welches gegenwärtig kaum automatisch Berechnungsprobleme löst. Es werden zwar immer wieder automatische Lösungen von den FE-Programmanbietern vorgestellt, aber die Nutzung ist meist nur auf entwurfsmäßige Anwendungen ausgelegt. Es bereitet gegenwärtig noch Schwierigkeiten, das konstruktive Denken in zuverlässigen Algorithmen aufzubereiten.

Die Finite Elemente Methode bringt „nur" den großen Vorzug, dass eine Anwendung auf allgemeinste, diskontinuierliche geometrische Strukturen mit allgemein formulierbaren Eigenschaften möglich wird.

**Begriff Diskretisierung:**

Es wird das Grundgebiet in einfache Teilgebiete, den sogenannten Elementen zerlegt. Bei bestimmten Aufgabenstellungen ist die Aufteilung in Elemente durch das Problem bereits vorgegeben z. B. bei Fachwerken, bei welchen die einzelnen Stäbe die Elemente der Konstruktion bilden. Dasselbe gilt auch bei Rahmenkonstruktionen, wo die einzelnen Balken die Elemente der Aufgabe darstellen.

Bei zweidimensionalen Problemen oder elastomechanischen Aufgaben wird das Grundgebiet in Dreiecke oder Vierecke eingeteilt. Es muss darauf geachtet werden, dass Elemente mit allzu spitzen bzw. allzu stumpfen Winkeln vermieden werden, um numerische Schwierigkeiten zu umgehen.

Bei einer entsprechend feinen Diskretisierung erreicht man eine gute Annäherung an das Grundgebiet. Die rechteckige Platte als Grundgebiet nach Abb.1.6. kann durch Dreieck- oder Rechteckelemente eindeutig abgebildet werden. Es wurde so vernetzt, dass für beide Fälle die gleiche Elementeanzahl vorliegt. Diese Variation und die feinere oder gröbere Diskretisierung können u. a. angewendet werden, um eine Einschätzung der Ergebnisse vornehmen zu können.

Da zur Lösung einer gegebenen Problemstellung oft verschiedene Elementtypen bezüglich dem Grad der Ansatzfunktion zur Verfügung stehen, ist als erstes zu entscheiden, welche Art von Elementen verwendet werden sollen. In Abb. 1.6. können Elemente niedrigen Grades (lineare Ansatzfunktion) mit 3 bzw. 4 Knoten und Elemente höheren Grades (quadratische Ansatzfunktion) mit 6 bzw. 8 Knoten genutzt werden.

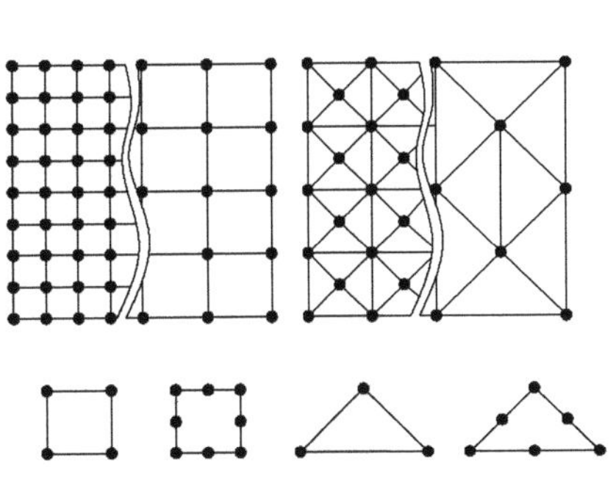

**Abb. 1.6.** Feine und grobe Diskretisierung einer Platte mit Rechteck-bzw. Dreieckelementen

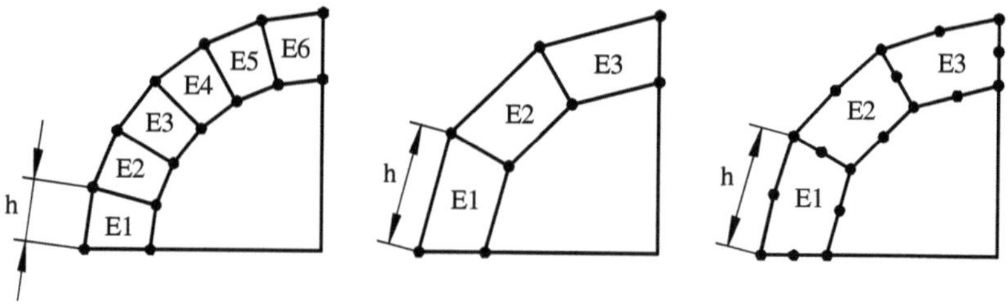


**Abb. 1.7.** Netzsteuerung durch Veränderung der Kantenlängen h (Änderung der Elementeanzahl) und durch Änderung des Elementetypes (8-Knoten-Element mit quadratischer Ansatzfunktion)

Dieser Entscheid hat einen Einfluss auf die Diskretisierung des Grundgebietes, denn ein Ansatz niedrigen Grades verlangt eine feinere Einteilung als ein höhergradiger Ansatz, um eine gleichgute Näherungslösung zu erzielen.

In Abb. 1.7. ist als Grundgebiet eine Viertelkreisfläche gegeben. Mit 6 Elementen 4-Knoten-Elemente mit linearer Ansatzfunktion) lässt sich eine gute Idealisierung erreichen.

Bei 3 Elementen treten schon deutliche Abweichungen von der Kreisform auf. Bei Verwendung von 8-Knoten-Elementen mit quadratischem Ansatz können bereits 3 Elemente brauchbare Ergebnisse liefern (Abb. 1.7.).

Die Feinheit der Elementeinteilung ist einerseits abhängig von der gewünschten Genauigkeit der zu berechnenden Lösung. Sie muss andererseits auch bestimmte Problemstellungen berücksichtigen. So erfordern etwa einspringende Ecken in ihrer Umgebung lokal feinere Teilungen, genauso wie Teilgebiete mit zu erwartenden großen Spannungsänderungen bei elastomechanischen Problemen (Abb. 1.8.).

Die Strategien zur Einteilung mit Elementen werden auch benannt mit

a) „h-Methode“ - eine Netzverfeinerung mit dem Ziel einer genaueren Lösung verkürzt die Kantenlängen (h - Elementkantenlänge); es entstehen mehr Elemente und Knoten, die Elementeansätze und Freiheitsgrade bleiben aber unverändert,

b) „p-Methode“ - die Netzaufteilung wird nicht geändert; es wird die Ansatzfunktion um Polynomanteile erhöht, bis die ausreichende Genauigkeit des Ergebnisses erzielt ist; die Anzahl der Elemente und Knoten bleibt unverändert, die Anzahl der Freiheitsgrade pro Knoten nimmt zu.

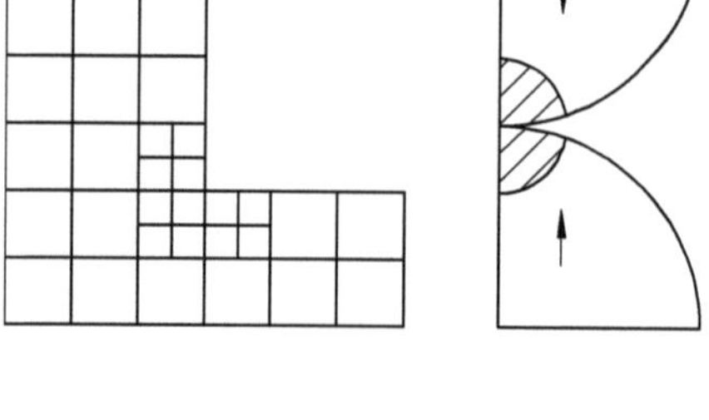

**Abb. 1.8.** Stellen, an denen Netzverfeinerungen notwendig sind

**Begriff Verzerrung:**

Jeder Körper verformt sich bei Belastung oder Temperaturänderung. Darunter versteht man einmal die auf die ursprüngliche Länge bezogene Verlängerung, also die Dehnung und zum anderen die Abweichung vom ursprünglich rechten Winkel, die Gleitung.

**Begriff diskretes-kontinuierliches System:**

Bei diskreten Systemen kann die jeweilige Systemantwort direkt mit einer endlichen Anzahl von Zustandsgrößen beschrieben werden, d. h. es werden die Lösungen aus algebraischen Gleichungen ermittelt. Wenn Differentialgleichungen die unbekannten Zustandsgrößen wie z. B. Verschiebungen beschreiben, liegt ein kontinuierliches System vor. Da exakte Lösungen für Differentialgleichungen nur für einfache Systeme möglich sind, gibt es nur wenige Anwendungen. Es müssen also häufig numerische Verfahren zur Lösung herangezogen werden. Damit kommt es zur Reduktion des kontinuierlichen zum diskreten System, der Grundlage der Methode der Finiten Elemente.

**Begriff stationärer Zustand:**

Beim stationären Zustand ist die Systemantwort unabhängig von der Zeit. Es lassen sich die Zustandsgrößen aus den Gleichungssystemen gewinnen, ohne dass die Zeit als Variable auftritt. Kinetische oder Ausbreitungsprobleme (Wärmeübertragung, Strömungsmechanik) sind nichtstationär.

**Begriffe Finite Elemente / Technische Mechanik:**

In der Strukturmechanik können begriffliche und inhaltliche Verbindungen zwischen der Finite Elemente Methode und der Technischen Mechanik über die Elemente hergestellt werden.

Bei statischen Aufgaben sind die einfachsten Strukturen durch *Stäbe* oder *Balken* zu realisieren, die an ihren Verbindungsstellen starr verbunden sind. Deformationen und Spannungen unter äußeren Belastungen sind zu bestimmen. Neben diesen *1-dimensionalen* Bauelementen sind *2-dimensionale* Körper oder Elemente von Bedeutung.

Zu nennen sind hier die *Scheiben*, welche nur durch Kräfte belastet werden, die in ihrer Ebene liegen. Für dünne ebene Scheiben kann ein ebener Spannungszustand angenommen werden. Im Gegensatz zu den Scheiben sind *Platten* durch Kräfte senkrecht zu ihrer Ebene und evtl. durch Biegemomente belastet. Es interessieren hierbei die Auslenkungen senkrecht zur Plattenebene und die dabei auftretenden inneren Spannungen.

In Verallgemeinerung von Platten und Scheiben sind *Schalen* Flächentragwerke mit gekrümmter Mittelfläche, welche beliebigen Belastungen unterworfen werden können.

Die *3-dimensionalen* Bauelemente werden durch *Solids* oder Volumenelemente erzeugt. Sie können beliebige Beanspruchungen aufnehmen und ermöglichen die umfangreichsten Auswertungen der Ergebnisse.

### 1.1.3 Elementebeschreibung

Aus der Bedingung, die Gesamtstruktur in kleine berechenbare Strukturen aufzuteilen, entstanden eine Vielzahl unterschiedlicher Elemente (Abb. 1.9.). Die Genauigkeit der Lösung des Problems ist abhängig von der Anzahl der Elemente und der Elementeformulierung (Anzahl der Knoten pro Element).

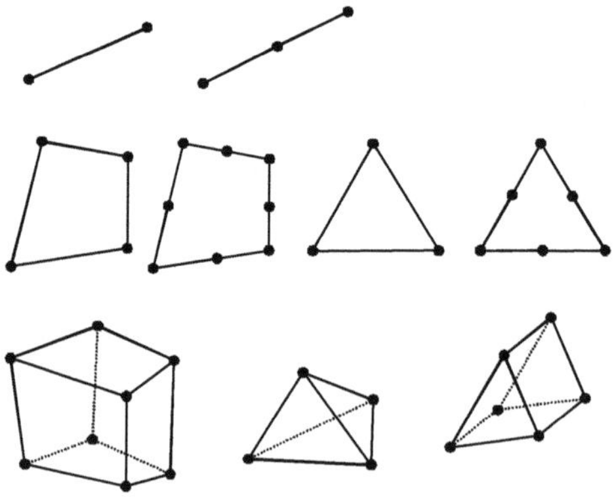

- Stabelemente,
- Flächenelemente,
- Volumenelemente

**Abb. 1.9.** Elementearten

**Wichtige Elemente und ihre physikalisch-technische Auslegung:**

<u>1-dimensionales Verhalten</u>

*truss - Stab Fachwerkselement,*
1-dimensionaler Zug-Druck-Stab, keine Biegung,

*beam - Balken mit Biegeverhalten,*
Biegeverformung nach Bernoulli-Balkentheorie (Querschnitte bleiben eben) oder mit zusätzlicher Berücksichtigung der Schubverformung,

<u>2-dimensionales Verhalten</u>

*plane - Scheibe ohne Biegung,*

für ebene Strukturen, die nur Belastungen in der Ebene aufnehmen und übertragen können, rotationssymmetrische Geometrien sind möglich,

*shell - Schale,*

gekrümmtes räumliches Tragwerk als Vereinigung von Scheibe und Membrane, Belastungen in der Fläche (Biegebeanspruchung) möglich,

<u>3-dimensionales Verhalten</u>

*solid - räumlicher Körper*

alle Beanspruchungen sind erfassbar.

Die Beschreibungsformen der Ein- und Ausgabedaten für Elemente, sowie deren Einsatzkriterien sind bei den FE-Programmanbietern ähnlich, sie unterscheiden sich nur im Befehlssatz. Nachfolgend werden an ausgewählten Elementen die typische Art der Charakterisierung dargestellt.

<u>Element:</u> ebener elastischer Balken

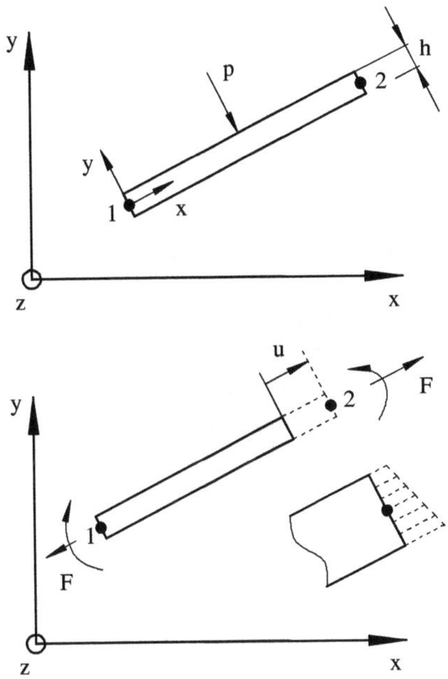


Das Element besitzt 2 Knoten mit jeweils 3 Freiheitsgraden - Translation in x- und y-Richtung und Drehung um die z-Richtung. Es kann Zug-, Druck- und Biegeverhalten darstellen. Das Elementkoordinatensystem ist so definiert, dass die x-Richtung in Verbindung der beiden Knoten liegt.

*Notwendige Eingaben:*

Fläche A, Höhe h, Flächenträgheitsmoment $I_{zz}$, Elastizitätsmodul E,

*weitere Eingabemöglichkeiten:* Drücke p als Oberflächenlasten auf die Elementflächen, Streckenlasten als Kraft pro Länge, Temperaturen $T_n$, Schubverformungen, Materialeigenschaften.

*Ausgaben:*

Knotenkräfte, Knotenverschiebungen, Dehnungen, Spannungen unter der Annahme, dass der Abstand zur neutralen Faser gleich h/2 ist (min. und max. Spannungen), Schnittkräfte und Momente auch an Zwischenstellen.

<u>Element:</u> ebene Scheibe

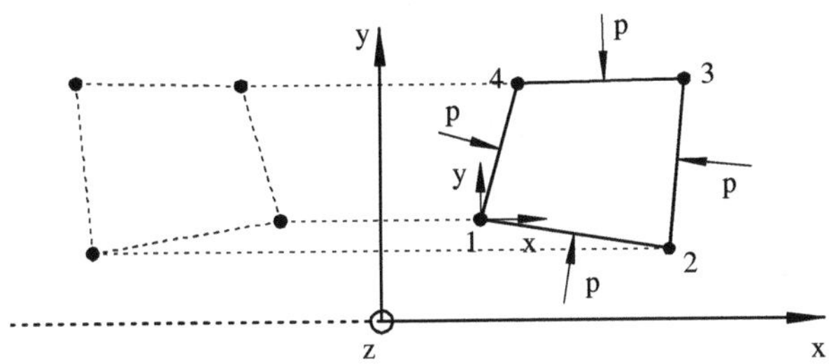


Das Element besitzt 4 Knoten mit jeweils 2 Freiheitsgraden - Translationen in x- und y-Richtung. Als Dreieckelement lässt es sich durch Zusammenschieben der Knoten 3 und 4 abbilden. Das Element ist geeignet für rotationssymmetrische Strukturen.

Der ebene Spannungs- oder Dehnungszustand kann dargestellt werden. Das Elementkoordinatensystem ist parallel zum globalen Koordinatensystem. Die Definition der x-Achse des Elements parallel zur Elementseite zwischen Knoten 1 und 2 ist möglich.

*Notwendige Eingaben:* Dicke der Scheibe (nur bei ebenen Spannungszustand).

*weitere Eingabemöglichkeiten:* Drücke p als Oberflächenlasten auf die Elementflächen, Temperaturen $T_n$ an den Knoten, Materialeigenschaften.

*Ausgaben:* Knotenkräfte, Knotenverschiebungen, Dehnungen, Spannungen.

Element: Volumenelement

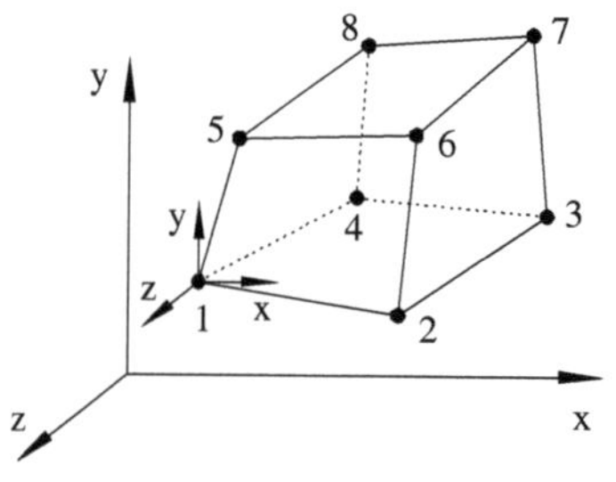


Das Element besitzt 8 Knoten mit jeweils 3 Freiheitsgraden - Translationen in x-, y- und z-Richtung. Die Verdrehung entsteht durch die Verschiebungen der Knoten des Elementes. Ein prismaförmiges Element lässt sich durch Zusammenschieben der Knoten 3, 4 und 7, 8 abbilden. Der 3-dimensionale Spannungs- und Dehnungszustand ist darstellbar. Das Elementkoordinatensystem ist parallel zum globalen Koordinatensystem. Die Definition der x-Achse des Elements parallel zur Elementseite zwischen Knoten 1 und 2 ist möglich.

*Notwendige Eingaben:* nicht erforderlich,

*weitere Eingabemöglichkeiten:* Drücke p als Oberflächenlasten auf die Elementflächen, Temperaturen $T_n$ an den Knoten, Materialeigenschaften.

*Ausgaben:* Knotenkräfte, Knotenverschiebungen, Dehnungen, Spannungen,

### 1.1.4 Modellbildung

heißt, dass die wesentlichen Merkmale des realen Bauteils erfasst und idealisiert werden. Dieser Vorgang ist durch einen eindeutigen Ablauf gekennzeichnet:

1. Das Bauteil muss von seiner Umgebung abgegrenzt werden, d. h. beispielsweise ist bei einer Festigkeitsanalyse Freimachen notwendig.

2. Die Geometrie ist zu generieren durch Einlesen des CAD-Modells in das FE-Programm oder durch Erstellen im Preprocessor des FE-Programms.

3. Der Elementetyp ist festzulegen. Es wird damit in Abhängigkeit von der Beanspruchungsart der Lösungsansatz gewählt und die Vernetzung vorgegeben.

4. Das Werkstoffverhalten ist durch Eingabe von Werkstoffdaten zu definieren.

5. Belastungen und Randbedingungen (z. B. Lagerstellen) sind festzulegen.

6. Die Art der Rechnung, z. B. linear oder nichtlinear, ist vorzugeben.

Nach der Rechnung sind die Ergebnisse kritisch zu prüfen, denn das Rechenprogramm kann nur Eingabe- bzw. Bedienungsfehler beanstanden, keinesfalls aber eine fachliche Beurteilung vornehmen. Neben den Kenntnissen und Erfahrungen im Umgang mit dem FEM-Programm ist gründliches physikalisch-technisches Wissen erforderlich.

Eine Überschlagsrechnung mit den Mitteln der klassischen Mechanik muss immer durchgeführt werden. Sie liefert eine Größenordnung der zu erwartenden Ergebnisse. Die Werte der FE-Berechnung sind dann als zuverlässig einzustufen, wenn Netzverfeinerungen keine wesentlichen Unterschiede in den Ergebnisplots mehr bringen.

Bei komplizierten Bauteilen mit schwierigen Materialverhalten kann es sogar erforderlich werden, dass über Versuche das Modell bestätigt wird und dann damit für weitere rechnerische Untersuchungen zuverlässig ist.

Die direkte Kopplung CAD-FEM ist insgesamt unbefriedigend. Es werden vom CAD-System in den meisten Fällen zu viele Linien und Flächen erzeugt, die für ein FE-Modell nicht verwendet werden können und die deshalb wieder mühevoll beseitigt werden müssen. Mit den Booleschen Funktionen des Volumenmodellierers im Preprocessor des FE-Programms kann oft schnell und effektiv ein Geometriemodell erzeugt und automatisch vernetzt werden. Das entstandene FE-Modell lässt sich wie das geometrische Modell unmittelbar am Bildschirm überprüfen und gegebenfalls korrigieren.

Für den gekrümmten einseitig eingespannten Profilbalken nach Abb. 1.10. mit der äußeren Kraft F am Bund soll das Spannungs- und Verformungsverhalten ermittelt werden. Eine analytische Lösung mit Gleichungssystemen der Technischen Mechanik ist nur bedingt möglich, die Lösung mit der Finite Elemente Methode erfordert die Bildung eines idealisierten Modells.

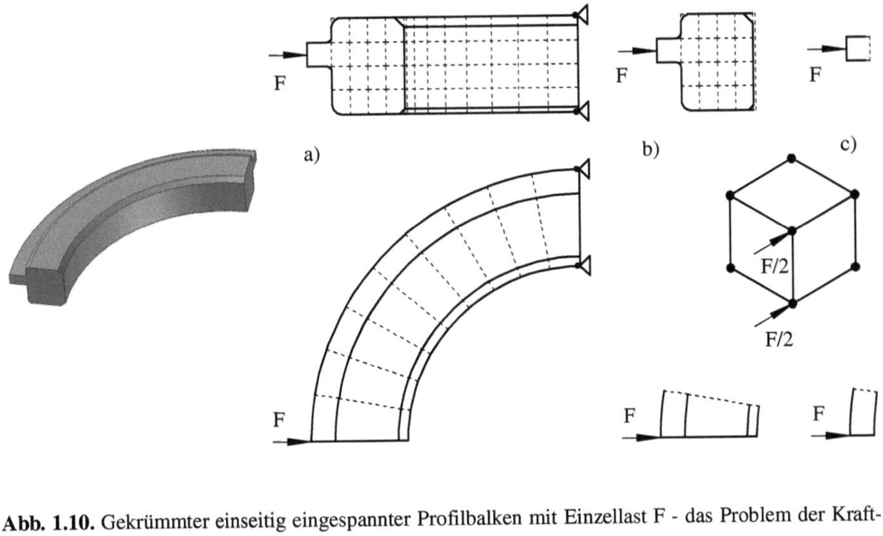


**Abb. 1.10.** Gekrümmter einseitig eingespannter Profilbalken mit Einzellast F - das Problem der Krafteinleitung

Unvermeidbar ist eine „Begradigung" des Bauteils. Fasen, kleine Radien und Rillen, die nicht Hauptgegenstand einer Untersuchung sind, müssen entfernt und an die allgemeine Kontur angeglichen werden.

Will man solche Stellen untersuchen, muss eine Ausschnittsmodellierung mit Berechnung erfolgen, bei der eine entsprechende Elementeverdichtung vorgenommen wurde.

Mit 3-D-Volumenelementen kann die Kontur annähernd wiedergegeben werden. Dabei wird im Profilschnitt und auf dem Bogen entsprechend aufgeteilt (Abb. 1.10.a). Man erkennt im Profilschnitt, dass Radien und Fasen nicht ausgeformt sind. Die Elemente bilden nur rechteckige Flächen ab. Auch der Bogen ist nur angenähert kreisförmig. Eine feinere Einteilung würde den Bogen genauer zeigen.

Ein Segment wird durch mehrere Elemente dargestellt (Abb. 1.10.b). Die Krafteinleitung nach der gewählten Modellierung erfolgt an einem Element (Abb. 1.10.c). Da Einzelkräfte über Knoten eingeleitet werden, muss die Kraft halbiert auf die beiden Knoten aufgeteilt werden. Im Ergebnis wird eine unverhältnismäßig große Verformung an den Stellen der Krafteinleitung erfolgen. Soll das vermieden werden, kann durch feinere Einteilung des Profils die Knotenanzahl erhöht werden, so dass die Kraft auf mehr als zwei Knoten wirkt.

Auch diese Festlegung trifft nur näherungsweise die realen Bedingungen, denn in der Praxis treten kaum Punktlasten wie durch Knoten simuliert auf. Es bleibt für den Anwender die schwierige Aufgabe zu lösen, die Einflüsse durch Krafteinleitung und Kraftaufnahme (Lagerung) soweit zurück zu drängen, dass das eigentliche Untersuchungsgebiet unbeeinflusst bleibt.

Der Zugstab nach Abb. 1.11. verjüngt sich von der Einspannung in Richtung Kraftangriff. Die Mantellinie ist durch eine Funktion beschrieben. Es tritt reine Zugbeanspruchung auf. Eine analytische Lösung ist möglich, wenn sich die Differenzialgleichung herleiten lässt.

Der Übergang von der Geometrie des Bauteils (CAD-Modell) zum FE-Modell kann mit unterschiedlichen Elementen erfolgen. Die Wahl des Elementes bestimmt maßgeblich die Qualität des FE-Modells.

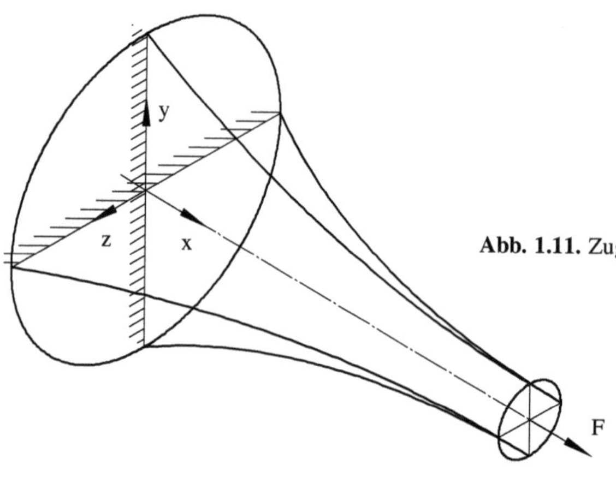


**Abb. 1.11.** Zugstab mit funktionaler Mantellinie

Die Geometrie des Bauteils lässt für die FE-Modellierung folgende Möglichkeiten zu:

1. Stabelemente mit Querschnittsvorgaben, Verschiebungen als charakteristische Größe (Abb. 1.12.),
2. Scheibenelemente ohne besondere Vorgaben bedingt durch die rotationssymmetrische Anwendung, Verschiebungen als charakteristische Größe (Abb. 1.13.),
3. Volumenelemente ohne besondere Vorgaben, Verschiebungen als charakteristische Größe (Abb. 1.14.).

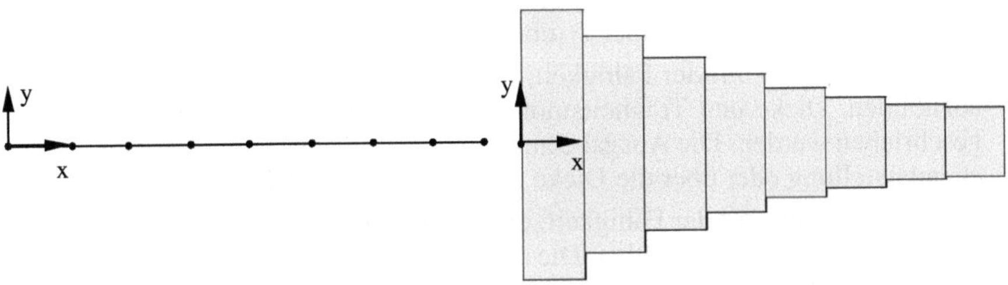


a) b)

**Abb. 1.12.** Modellbildung mit Stabelementen zum Beispiel nach Abb. 1.11. Bildschirmausgabe a) Stabelemente in Liniendarstellung, b) Stabelemente mit symbolischer Flächendarstellung

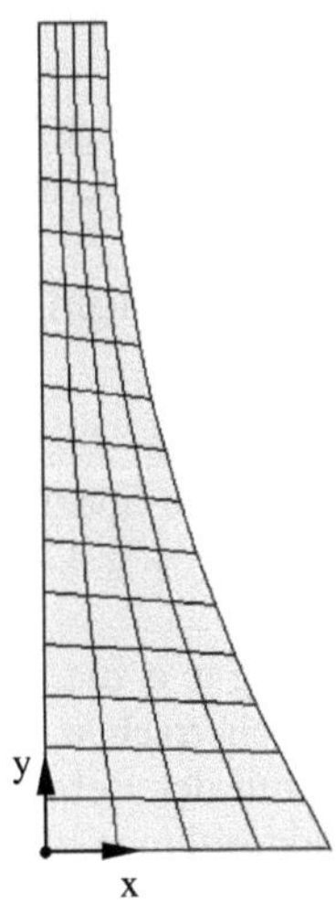


**Abb. 1.13.** Modellbildung mit Scheibenelementen zum Beispiel nach Abb. 1.11.; rotationssymmetrisch mit der y-Achse als Rotationsachse

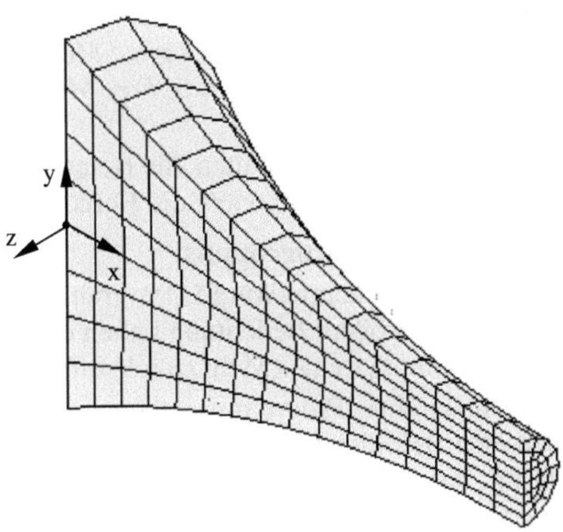


**Abb. 1.14.** Modellbildung mit Volumenelementen zum Beispiel nach Abb. 1.11.; Darstellung im Halbschnitt

Zwischen den Stabelementen, die durch spezielle geometrische Angaben eine näherungsweise Idealisierung ermöglichen und den Volumenelementen, die überhaupt keine zusätzlichen geometrischen Angaben benötigen, liegen die Scheibenelemente. Sie können mit Dickenvorgabe und den Verschiebungen als charakteristische Größe generiert werden, sind aber für die Abbildung von Kreisflächen nur bei rotationssymmetrischer Anwendung geeignet. Das Profil muss in der x-y-Ebene generiert und um die y-Achse rotiert werden.

Die Qualität der Elemente für die Modellierung, also zur Abbildung des realen Bauteiles - des Grundgebietes - lässt sich qualifizieren in der Reihenfolge

- *Stabelemente* bzw. *Balkenelemente* mit geringster Fähigkeit, nur die Länge wird direkt abgebildet, Querschnitt und Trägheitsmoment müssen berechnet und zum Element geschrieben werden. Die Ausgabe auf dem Bildschirm erfolgt entweder als Strichdarstellung oder über symbolische Flächen.
- *Scheibenelemente* mit der Fähigkeit, in der Ebene in 2 Richtungen eine Fläche abzubilden, Dicke und Trägheitsmoment müssen berechnet und zum Element geschrieben werden. Die Ausgabe auf dem Bildschirm erfolgt entweder als Flächendarstellung oder über die Dicke als symbolisches Volumen.
- *Volumenelemente* mit der Fähigkeit, ein 3-D-Grundgebiet ohne zusätzliche geometrische Angaben auszufüllen. Die Ausgabe auf dem Bildschirm gibt das reale Bauteil in Abhängigkeit von der Elementeanzahl mehr oder weniger genau als idealisiertes Modell wieder.

Mit der Wahl des Elementes wird nicht nur symbolisch die Geometrie auf dem Bildschirm gezeigt, sondern es erfolgt auch die Festlegung des Lösungsansatzes.

In der *Ansatzfunktion* wird das elastische Verhalten des Elementes definiert und mathematisch formuliert. Die Anzahl und die Verteilung der Elemente, also die Vernetzung, kann vom Anwender gesteuert werden. Sie bestimmt die Genauigkeit der Lösung .

Zur Verfügung stehen das *„Mapped Meshing“* als meist regelmäßige Vernetzung mit Rechteckelementen oder mit *„Free Meshing“* das automatische Vernetzen meist mit Dreieckelementen.

Wenn das Werkstoffverhalten, die Belastungen und Randbedingungen, die Art der Rechnung festgelegt sind, kann die Berechnung gestartet werden.

**Nutzung eines FE-Programms:**

Es existieren hunderte von FE-Programmen, wobei die meisten Spezialprogramme sind. Eine größere Bedeutung haben ca. 10 - 15 Programme, s. g. General-Purpose-Programmsysteme (Mehrzwecksoftware).

Der Nutzer eines Programmsystems muss als Vorbedingung u. a. die Struktur erfassen, den Befehlssatz erlernen, d. h. dieses „Werkzeug“ beherrschen. Er hat sich nicht mit der Erstellung der Elementsteifigkeitsmatrizen, mit der Behandlung der Lastvektoren oder mit der Programmierung von Lösungsalgorithmen zu beschäftigen. Es werden Vorgaben gesetzt und Abläufe ausgewählt. Beispielsweise sind bei der Idealisierung eines realen Bauteils aus einer Elemente-Bibliothek die entsprechenden (= die geeigneten) Elemente auszuwählen und die Lasten pro Element oder Knoten nach einer Vorschrift einzugeben und ansonsten die programmtechnischen Vorgaben des entsprechenden FE-Programms zu beachten.

### 1.1.5 Problemstellungen der Technischen Mechanik

Aufgaben der Physik oder Technik sind häufig durch eine Differentialgleichung in Verbindung mit Rand- bzw. Anfangsbedingungen charakterisiert. Als typische Aufgabenstellungen treten auf:

*Anfangswertaufgaben:* Dabei sind diejenigen Lösungen zu ermitteln, für die an einer Stelle n Anfangsbedingungen für den Funktionswert und für seine Ableitungen gegeben sind.

Als Beispiel ist die Differenzialgleichung der erzwungenen, gedämpften Schwingung einer Punktmasse zu nennen:

$$\ddot{y}(t)+\frac{d}{m}\dot{y}(t)+\frac{c}{m}y(t)=\frac{1}{m}F(t)$$ mit den Anfangswerten zur Zeit $t_0$

$$y(t_0)=y_0 \quad \text{und} \quad \dot{y}(t_0)=v_0$$

*Eigenwertaufgaben:* Es handelt sich um homogene Randwertprobleme, die von einem reellen Parameter l abhängen. Man interessiert sich dabei für die Fälle, in denen die Aufgabenstellung nicht eindeutig lösbar ist, d. h. wenn neben der trivialen Lösung noch weitere Lösungen existieren.

Als Beispiel ist die Differenzialgleichung der Stabknickung für E I = const geeignet:

$$w^{IV}+\lambda^2 w''=0\ ,\quad \lambda^2=\frac{F}{E\cdot I}$$ mit den Randbedingungen des Euler-Falls III

$$\begin{aligned} w(0)&=0 \quad \text{und} \quad w'(0)=0,\\ w(l)&=0 \quad \text{und} \quad w''(l)=0. \end{aligned}$$

*Randwertaufgaben:* Dabei handelt es sich um Problemstellungen, bei denen die n zusätzlichen Bedingungen als Randbedingungen für die Funktionswerte bzw. Ableitungen gegeben sind.

Als Beispiel wird die Differenzialgleichung der Biegelinie angeführt,

$$(E\cdot I\cdot w'')''=q$$

mit den Randbedingungen für den Kragträger

$$\begin{aligned} w(0)&=0 \quad \text{und} \quad w'(0)=0,\\ w''(l)&=0 \quad \text{und} \quad w'''(l)=0. \end{aligned}$$

Das Lösen der Differenzialgleichungen mittels analytischer Verfahren gelingt oft nur für spezielle Geometrien und Randbedingungen. In den meisten Fällen, vor allem bei komplizierten Geometrien sind geschlossene Lösungen kaum noch möglich. Dann muss zu näherungsweisen Lösungsverfahren auf numerischer Grundlage übergegangen werden.

Für Randwertprobleme wird das Differenzenverfahren angewendet. Ersetzt man in den Ansätzen den Differenzialquotienten durch den Differenzenquotienten, so lässt sich das System der Differenzialgleichungen durch ein System linearer Gleichungen ersetzen.

Dabei wird der stetige Charakter des Tragwerks aufgehoben und der Zusammenhang zwischen Verschiebungs- und Belastungszustand an einer endlichen Zahl von diskreten Punkten bestimmt.

Sind die Verschiebungen nach dem Lösen des linearen Gleichungssystems bekannt, so folgen daraus nach den Gesetzen der Technischen Mechanik weitere Ergebnisse, wie z. B. Schnittgrößen und Spannungen.

Randwertprobleme mit partiellen Differenzialgleichungen wie z. B. Platte und Membran können ebenfalls mittels des Verfahrens der finiten Differenzen numerisch gelöst werden.

Beispiel Rechteckplatte (Abb. 1.15.):

Eine Platte kann nur Belastungen senkrecht zur Oberfläche bzw. Momente am Rand aufnehmen. Die Plattendicke t ist klein im Vergleich zur Plattenebene.

Aus den Gleichgewichtsbedingungen von Querkräften, Biegemomenten und Torsionsmomenten ergibt sich die Differenzialgleichung

$$\frac{\partial^2 M_x}{\partial x^2} + 2\frac{\partial^2 M_{xy}}{\partial x \partial y} + \frac{\partial^2 M_y}{\partial y^2} = -p$$

Da die Platte innerlich statisch unbestimmt ist, müssen die Verformungen zur Lösung einbezogen werden. Die Durchbiegung in z-Richtung ist w = w(x,y). Unter Anwendung von Näherungsannahmen erhält man die Elastizitätsgesetze für die Schnittgrößen Querkraft, Biege- und Torsionsmoment.

Zur bekannten Biegesteifigkeit $E \cdot I$ kann in Analogie eine Plattensteifigkeit

$$K = \frac{E \cdot t^3}{12 \cdot (1 - \nu^2)}$$

bestimmt werden.

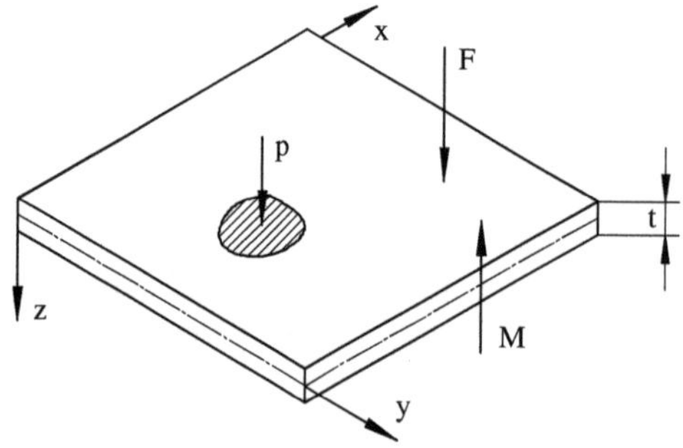


**Abb. 1.15.** Definition der Platte

Mit der Kirchhoffschen Plattengleichung

$$K \cdot \left( \frac{\partial^4 w}{\partial x^4} + 2\frac{\partial^4 w}{\partial x^2 \partial y^2} + \frac{\partial^4 w}{\partial y^4} \right) = p$$

und entsprechenden Randbedingungen, d. h. mit der Definition der Lagerung sind Lösungen nach speziellen Ansätzen für die ideale ebene Platte nach Abb. 1.15. möglich.

Liegt ein reales Bauteil in einer Plattenform vor, die nicht mehr der idealen Platte entspricht, können kaum brauchbare Ansätze und geschlossene Lösungen gefunden werden. Das Aufbringen einer Gitterstruktur (Abb. 1.16.a) bestehend aus idealen Platten schafft die Möglichkeit, eine Näherungslösung für das gesamte Gebiet aus dem bekannten Lösungsansatz der einzelnen Platte zu erhalten.

Es müssen dabei die Bedingungen der Verbindung der einzelnen Platten über Knoten, also das FE-Prinzip, eingehalten werden. Die Differenzialgleichung wird mathematisch diskretisiert und damit einer numerischen Lösung zugänglich.

Die FE-Rechnung ergibt die Verschiebungen der einzelnen Knoten der Platte (Abb. 1.16.b) als charakteristische Größe einer Festigkeitsanalyse. Die Spannungen und Dehnungen werden anschließend aus den Verschiebungen errechnet und dargestellt (Abb. 1.16.c).

Die Auswertung der Ergebnisse kann auf Knoten oder Elemente bezogen werden. Es sind grafische oder Tabellen-Ausdrucke möglich. Mit Isolinien (Abb. 1.16.c), Contour-Plots oder Vektordarstellungen wird die Anschaulichkeit erhöht.

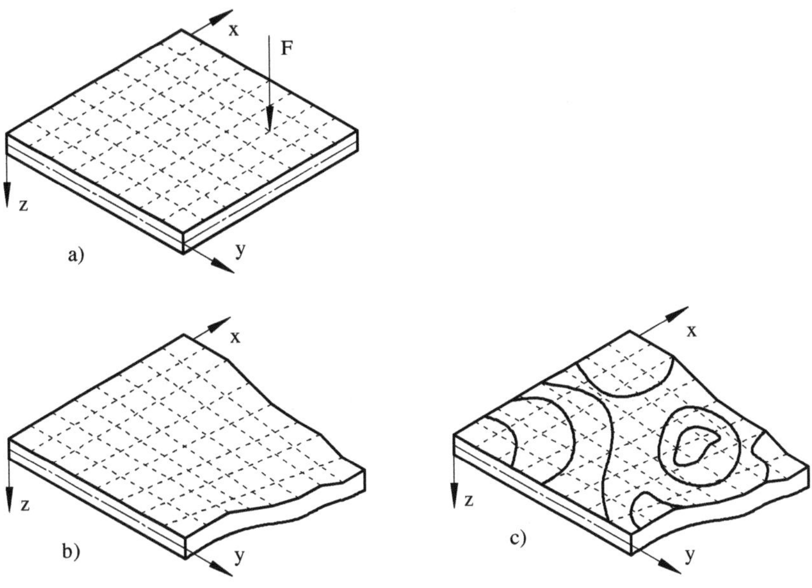


**Abb. 1.16.** FE-Prinzip Festigkeitsanalyse an einer Platte

## 1.2 Grundlagen der Technischen Mechanik

Die Technische Mechanik als eine der Grunddisziplinen der Ingenieurwissenschaften umfasst die Teilgebiete Mechanik der festen Körper und Mechanik der Fluide. Die Mechanik der festen Körper lässt sich in Statik, Kinematik, Kinetik, Schwingungslehre und Festigkeitslehre mit den Teilen Elastizitätstheorie und Plastizitätstheorie gliedern. Zur Mechanik der Fluide gehören die Teilgebiete Hydrostatik, Hydrodynamik (Aerodynamik) sowie die Gasdynamik.

Für weitere Betrachtungen werden Statik und Festigkeitslehre ausgewählt.

### 1.2.1 Statik

Die Statik beschreibt das Gleichgewicht an starren Körpern oder an Systemen von starren Körpern. Starre Körper sind dabei Gebilde, deren Verformungen so klein sind, dass an den Kraftangriffspunkten nur vernachlässigbar kleine Verschiebungen auftreten. Rein statische Betrachtungen sind stets unabhängig vom Werkstoff.

Ein Körper ist im Gleichgewicht, wenn eingeprägte Kräfte bzw. Kräftepaare (Momente) und die Reaktionskräfte (Lager) eine Bewegung des Körpers verhindern. Aus anderer Sicht: Wenn die Lagerkräfte bestimmt werden sollen, handelt es sich stets um eine Gleichgewichtsaufgabe.

Eingeprägte Kräfte und Reaktionskräfte sind äußere Kräfte, wobei Reaktionskräfte als Folge der Wechselwirkung verschiedener Körper auftreten. Durch Trennen der Körper - Freimachen - werden die Reaktionskräfte bestimmt. An der Trennstelle der Körper treten gemäß dem Wechselwirkungsprinzips die Kräfte paarweise auf. Sie sind gleich groß, auf einer Wirkungslinie liegend und entgegengesetzt gerichtet.

Innere Kräfte werden durch äußere Kräfte geweckt und bewirken den Zusammenhalt des Körpers. Ihre Bedeutung liegt vorrangig in der Festigkeitslehre.

Die äußeren Kräfte für eine Berechnung des Gleichgewichtszustandes können auftreten als

a) Gewichtskraft - ermittelt aus dem Volumen eines Körpers und der Dichte; mit der Wirklinie zum Erdmittelpunkt,

b) Flächen- und Linienlast - ermittelt durch Kraft je Flächeneinheit bzw. Kraft je Längeneinheit,

c) Einzellast bzw. Punktlast - ermittelt als idealisierte Wirkung einer Kraft auf eine kleine Fläche.

Eine Aufbereitung des realen Bauteils erfolgt durch den Übergang zur Funktionsstruktur. In Linien-, Flächen-, Körperschwerpunkten oder an beliebigen Stellen können Kräfte angesetzt werden. Kräfte sind durch Größe, Richtung und Lage gekennzeichnet und können beliebig auf der Wirkungslinie verschoben werden.
Die Berechnung kann grafisch oder analytisch erfolgen. Um die beliebigen Kraftrichtungen erfassen zu können, ist es notwendig, die Kräfte in senkrechte und waagerechte Komponenten zu zerlegen. Dem Modell muss damit ein Koordinatensystem zugeordnet werden. Nachfolgend wird vorzugsweise mit ebenen Systemen im kartesischen Koordinatensystem gearbeitet.

### 1.2.1.1 Kräftesysteme in der Ebene

- **Zusammensetzen / Zerlegen von Kräften mit gemeinsamem Angriffspunkt**

Es ist zu unterscheiden zwischen dem Zusammensetzen/Zerlegen zweier Kräfte (Abb. 1.17.) und dem Zusammensetzen/Zerlegen von mehr als zwei Kräften.

Wird ein Körper durch zwei Kräfte gleichzeitig belastet, kann durch eine Resultierende daraus, die gleiche Wirkung erzielt werden. Die Resultierende entspricht der Diagonalen des aus den beiden Kräften gebildeten Parallelogramms.

Entgegengesetzt kann eine einzelne Kraft eindeutig in zwei Komponenten zerlegt werden, wenn die Wirkungslinien der beiden Komponenten bekannt sind. Es wird die gleiche Wirkung auf den Körper erzeugt.

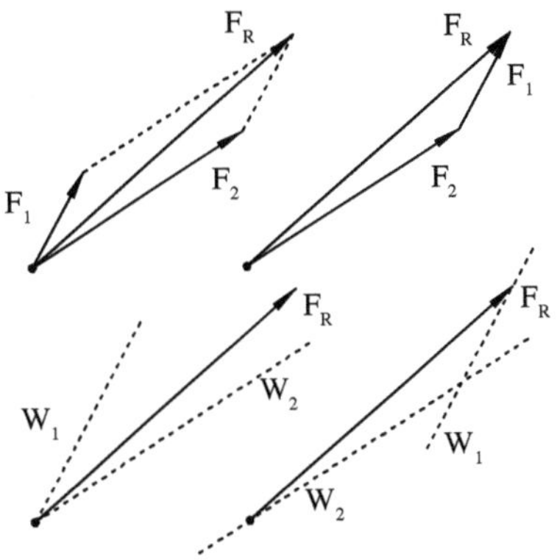


**Abb. 1.17.** Zusammensetzen/Zerlegen von zwei Kräften (Wirkungslinien $W_1/W_2$)

Anstelle des Parallelogramms kann auch mit einem Kräftezug, dem Krafteck, die Resultierende ermittelt bzw. eine Kraft in zwei Komponenten zerlegt werden. Der Kräftezug entsteht durch Aneinanderreihen der Kräfte nach Größe und Richtung. Die Schlusslinie zwischen Anfangs- und Endpunkt des Kräftezuges ist die Resultierende nach Betrag und Richtung.

Besondere Bedeutung hat das Zusammensetzen/Zerlegen in kartesische Koordinaten (Abb.1.19). Da immer rechtwinklige Dreiecke entstehen, lassen sich über Winkelfunktionen einfache Beziehungen ableiten (Abb.1.18.).

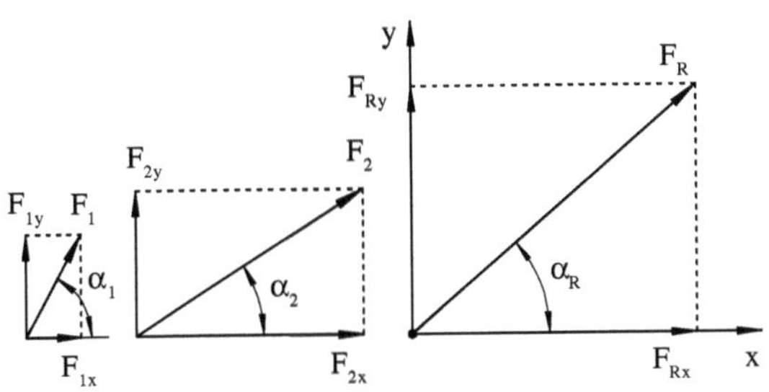


**Abb. 1.18.** Zerlegen von Kräften in rechtwinklige Komponenten

$$F_x = F \cdot \cos\alpha \tag{1.1}$$

$$F_y = F \cdot \sin\alpha \tag{1.2}$$

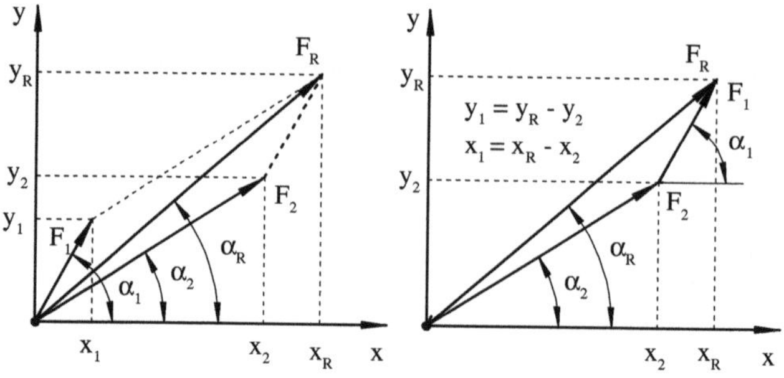


**Abb. 1.19.** Rechnerisches Zusammensetzen/Zerlegen von zwei Kräften

Die Komponenten sind vorzeichenbehaftet. Die Kraftrichtung bestimmt das Vorzeichen. Da die Wirkungslinie der x-y-Komponenten bei Kräften mit gemeinsamem Angriffspunkt für alle Einzelkräfte identisch ist, lassen sich die resultierenden Anteile mit

$$F_{Rx} = \sum_{i=1}^{n} F_{ix} = \sum_{i=1}^{n} F_i \cdot \cos\alpha_i \qquad (1.3),$$

$$F_{Ry} = \sum_{i=1}^{n} F_{iy} = \sum_{i=1}^{n} F_i \cdot \sin\alpha_i \qquad (1.4),$$

berechnen. Betrag und Richtung der resultierenden Kraft ergeben sich mit

$$F_R = \sqrt{F_{Rx}^2 + F_{Ry}^2} \qquad (1.5),$$

$$\tan\alpha_R = \frac{F_{Ry}}{F_{Rx}} \qquad (1.6).$$

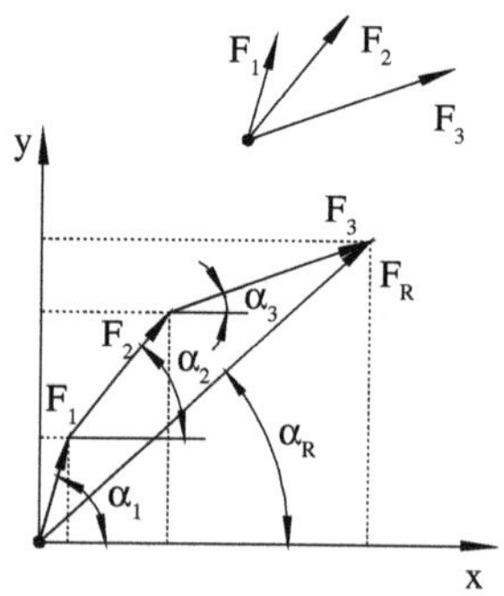


Bei mehr als zwei Kräften gelten für das Zusammensetzen ähnliche Vorgehensweisen (Abb. 1.20.). Das Krafteck wird zu einem Kräftevieleck, dem Kräftepolygon. Die Resultierende bildet auch hier die Schlusslinie des Kräftezuges. Dagegen ist das Zerlegen einer Kraft in mehr als zwei Komponenten nicht eindeutig möglich. Bei gemeinsamem Angriffspunkt der einzelnen Kräfte gibt es unendlich viele Lösungen.

**Abb. 1.20.** Rechnerisches Zusammensetzen/Zerlegen von mehr als zwei Kräften

### 1.2.1.2 Gleichgewicht für Kräftesysteme in der Ebene

- **Grundformen des starren Körpers**

Gleichgewicht wird an starren Körpern ermittelt. Bei praktischen Aufgaben stellen diese Körper Maschinen, Maschinenelemente, Trägersysteme usw. dar. Die realen Bauteile müssen auf bestimmte Grundformen abstrahiert werden.

Grundformen des starren Körpers sind *Stab*, *Träger*, *Scheibe* und *Platte* (Abb. 1.21.). Die Kombination von *Stäben* führt zu einem *Fachwerk*. Mit dem Übergang von realen Bauteilen zu Grundformen wird das System für rechnerische Ansätze zugänglich.

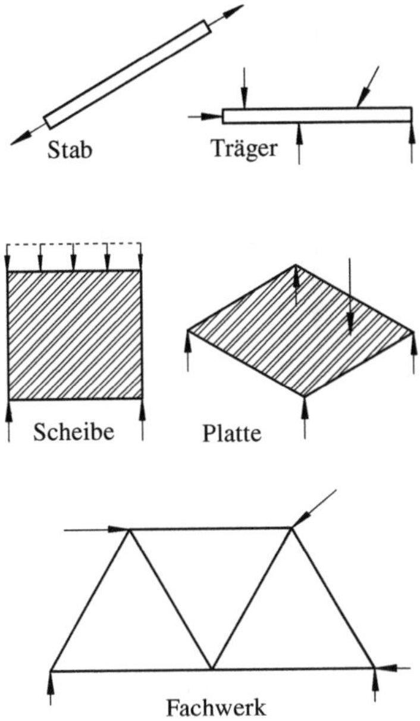

**Abb. 1.21.** Grundformen starrer Körper

- **Belastungen und Lagerungsarten**

Belastungen des realen Bauteiles lassen sich am Modell des starren Körpers nur idealisiert durch punkt- oder linienförmige Lasten widergeben (Abb. 1.22.).

Einzellasten sind praktisch nicht realisierbar, führen aber in den meisten Fällen zu hinreichend genauen Ergebnissen. Ebenso können Streckenlasten nur annähernd den wirklichen Belastungszustand beschreiben. Eine Streckenlast, in Abb. 1.22. als Rechtecklast vorliegend, wird erfasst über

$$F_q = q \cdot l \qquad (1.7).$$

Diese Formulierung beschreibt eine Streckenlast gleicher Intensität (spezifische Streckenlast q in N/mm) nicht nur als eine Einzellast, sondern auch als Resultierende für die belastete Strecke. Die Resultierende ist senkrecht gerichtet und wirkt im Schwerpunkt der Gesamtbelastungsstrecke.

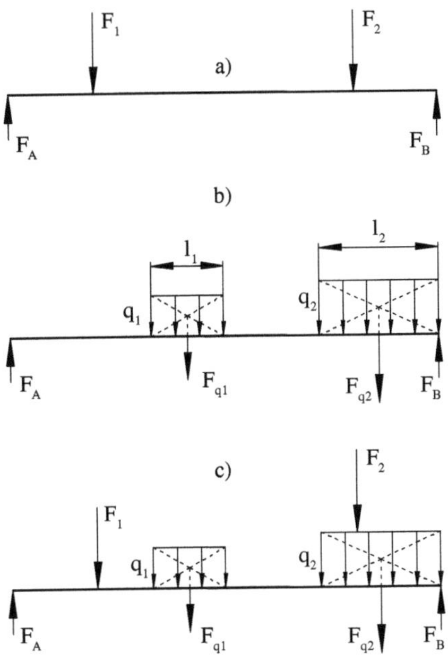

**Abb. 1.22.** Belastungen an Trägern: a) Einzellasten, b) gleichmäßige Streckenlasten, c) gemischte Belastung

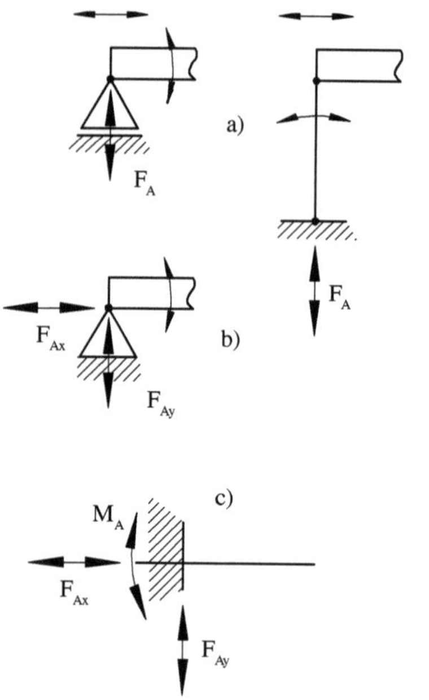


**Abb. 1.23.** a) Loslager bzw. Pendelstütze mit Reaktionskraft $F_A$;
b) Festlager mit Reaktionskräften $F_{Ax}$ , $F_{Ay}$,
c) Einspannung mit Reaktionskräften $F_{Ax}$ , $F_{Ay}$ und $M_A$,

Die Lagerung bewirkt, dass der starre Körper im Ruhezustand verbleibt, d. h. es wird ein Gleichgewichtszustand ermöglicht. Verschiebungen oder Verdrehungen können abhängig vom Lagertyp verhindert werden. Bewegungen eines Körpers in der Ebene sind durch die 3 Richtungen (3 Freiheitsgrade) *horizontal*, *vertikal* und *Drehung um eine Achse* gegeben.

Ein Loslager (bewegliches Lager) erhält man, wenn nur die *horizontale* oder *vertikale* Bewegung behindert wird (Abb. 1.23 a). Damit ist 1 Freiheitsgrad gebunden und 2 Freiheitsgrade bleiben frei.

Ein Festlager (festes Lager) entsteht, wenn die *horizontale* und die *vertikale* Bewegung behindert werden (Abb. 1.23 b). Damit sind 2 Freiheitsgrade gebunden und mit der *Drehung um eine Achse* bleibt 1 Freiheitsgrad offen.

Werden alle 3 Freiheitsgrade gebunden, ergibt sich der Zustand einer Einspannung (Abb. 1.23 c) ohne jegliche Beweglichkeit.

In den Lagern treten durch die belastenden Kräfte Reaktionskräfte auf. Aus den gebundenen Freiheitsgraden lässt sich das Verhalten der Reaktionskräfte ableiten. Das Loslager kann nur in vertikaler oder horizontaler Richtung Reaktionskräfte erzeugen. Das Festlager kann in vertikaler und horizontaler Richtung und damit in beliebiger Richtung Reaktionskräfte darstellen. Bei der Einspannung wird zusätzlich die Verdrehung erfasst.

Neben den Lagergrundtypen sind noch Verbindungselemente notwendig, um reale Konstruktionen für Berechnungen aufbereiten zu können. Gelenke und Führungen (Gleithülsen) haben dabei besondere Bedeutung.

Das Gelenk trennt ein System auf. An der Trennstelle werden je nach Gelenkart das Moment, die Querkraft oder die Normalkraft nicht übertragen . Das am meisten verwendete Gelenk ist das in Abb. 1.24. a) dargestellte Gelenk ohne Momentübertragung. Schraubverbindungen entsprechen einer solchen Trennstelle.

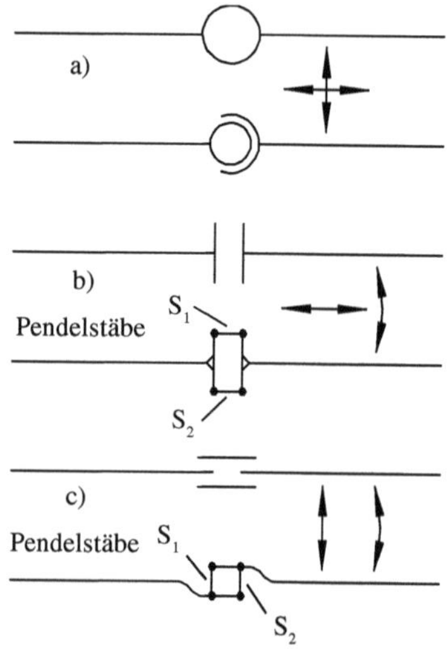


**Abb. 1.24.** Gelenkarten in einem statischen System: a) ohne Momentübertragung; b) ohne Querkraftübertragung; c) ohne Längskraftübertragung

Gelenke nach Abb. 1.24. b) und c) erfordern einen höheren Konstruktionsaufwand. Mit den parallelen Pendelstäben $S_1$ und $S_2$ werden Kräfte in Richtung der Pendelstäbe übertragen. Die Kräfte in den Pendelstäben treten als Kräftepaar auf und ermöglichen damit die Übertragung des Moments.

Führungen nach Abb. 1.25. befinden sich häufig in Erzeugnissen des Maschinenbaus. In der oberen Darstellung können nur Kräfte quer zur Gleitbahn übertragen werden. Da der Stab gelenkig verbunden ist, entfällt das Moment. Wäre der Stab starr verbunden wie in Abb. 1.25. b), könnte zur Querkraft zusätzlich ein Moment übertragen werden.

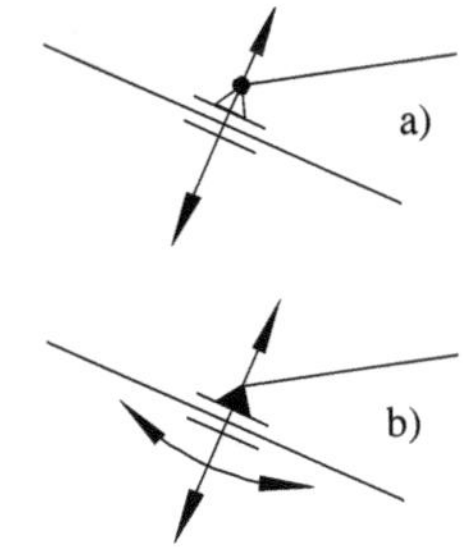


**Abb. 1.25.** Führungen

- **Gleichgewichtsbedingungen**

Gleichgewicht an einem starren Körper ist vorhanden, wenn die Summe aller äußeren Kräfte (eingeprägte Kräfte und Reaktionskräfte) und aller Momente um eine beliebige Achse Null wird.

$$\sum_{i=1}^{n} F_{ix} = 0 \qquad \sum_{i=1}^{n} F_{iy} = 0 \qquad \sum_{i=1}^{n} M_{iz} = 0 \tag{1.8}$$

Ein Moment entsteht für den Fall, dass 2 gleich große, entgegengesetzt gerichtete, parallele Kräfte (Kräftepaar) vorliegen (Abb. 1.26.). Da die Kräfte nicht auf der gleichen Wirkungslinie liegen, heben sie sich nicht auf, können aber auch keine Resultierende bilden. Es entsteht die Eigenschaft, dass ein Kräftepaar für eine Drehbewegung am starren Körper verantwortlich ist.

Mit

$$M = F \cdot l \tag{1.9}$$

wird das Moment definiert als Produkt aus einer Kraft und dem senkrechten Abstand beider Kräfte. Das Kräftepaar lässt sich nicht auf eine Einzelkraft reduzieren. Mit dem Moment M ist eine neue Grundgröße entstanden. Bei mehreren Momenten in einem System wird der Drehsinn der Momente vorzeichenbehaftet berücksichtigt. Mehrere Kräftepaare ergeben ein resultierendes Moment. Gleichgewicht entsteht, wenn dem resultierenden Moment ein gleichgroßes Moment entgegengerichtet ist. Aus der Definition des Momentes ergibt sich, dass dabei die Kenngrößen F und l verschiedene Werte annehmen können.

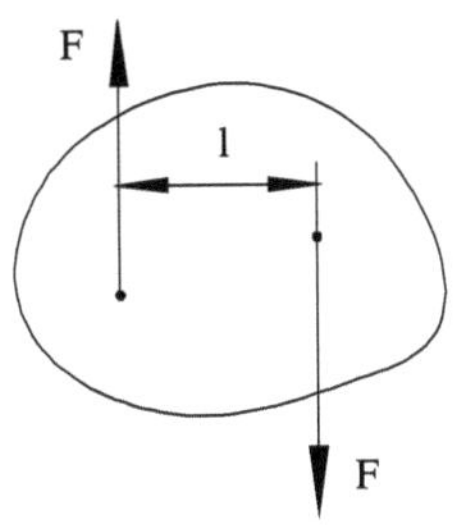


**Abb. 1.26.** Kräftepaar

Die statischen Beanspruchungen an Systemen starrer Körper lassen sich nicht unmittelbar berechnen. Die Berechnungsmethoden gelten jeweils nur für einen starren Körper. Die in einem System verbundenen Elemente müssen deshalb getrennt werden.

Der Trennvorgang wird mit *Freimachen* bezeichnet. Er beruht auf dem Prinzip der Wechselwirkung. Jede an einem Körper wirkende Kraft wird stets von einem anderen Körper ausgeübt.

### • Gleichgewicht am starren Körper

Ein starrer Körper in der Ebene ist hinsichtlich seiner Bewegungsmöglichkeit durch 3 Freiheitsgrade geprägt. Lager haben die Aufgabe, Bewegungen zu verhindern. Sie sind so auszuwählen, dass genau diese 3 Freiheitsgrade erfasst werden. Unter dieser Voraussetzung kann ein Gleichgewichtszustand erzielt werden. Das System ist statisch bestimmt.

Nur die Kombinationen 3 Loslager - oder 1 Loslager und 1 Festlager - oder eine feste Einspannung erfüllen die Bedingung. Abweichungen davon führen zu statischer Unbestimmtheit. Werden weniger als 3 Freiheitsgrade gebunden, ist das System beweglich und damit instabil. Werden Lager verwendet, die mehr als 3 Freiheitsgrade bereit halten, können diese Systeme mit den 3 Gleichgewichtsbedingungen nicht berechnet werden.

Die Berechnung des Gleichgewichtes an statisch bestimmten Systemen beschränkt sich meist auf die Aufgabenstellung, dass für ein Tragwerk mit bekannten äußeren Kräften die Lagerkräfte zu ermitteln sind. Besteht das Tragwerk aus einem Grundelement, liegt ein einfaches ebenes Tragwerk vor. Tragwerke aus mehreren Grundelementen (Stäben, Scheiben) bilden ein System starrer Körper, die verbunden sind durch Gelenke bzw. Führungen.

Die analytische Lösung ist durch zwei Lösungsschritte gegeben:

1. Freischneiden des Trägers,

- die Lager werden entfernt,
- die Kräfte, welche die Lager auf den Träger ausüben, werden angetragen,
- die Pfeilrichtung bestimmt die positive Richtung,
- ergibt die Rechnung einen negativen Zahlenwert, so wirkt die Kraft entgegen der Pfeilrichtung,

2. Aufstellen der Gleichgewichtsbedingungen,

- zur Bestimmung von 3 unbekannten Kräften existieren 3 Gleichgewichtsbedingungen,
- im Gleichgewichtsfall sind die algebraischen Summen aller vertikalen und horizontalen Komponenten und die aller Momente gleich Null (Gl. 1.8).

Einfache ebene Tragwerke:

a) Der Träger wird gestützt durch 1 Festlager und 1 Loslager (Abb. 1.27.). Nach dem Freimachen werden die 3 Reaktionskräfte der Lager angetragen. Da für die 3 unbekannten Lagerkräfte die 3 Gleichgewichtsbedingungen zur Verfügung stehen, ist das System statisch bestimmt. Die x- und y-Komponenten

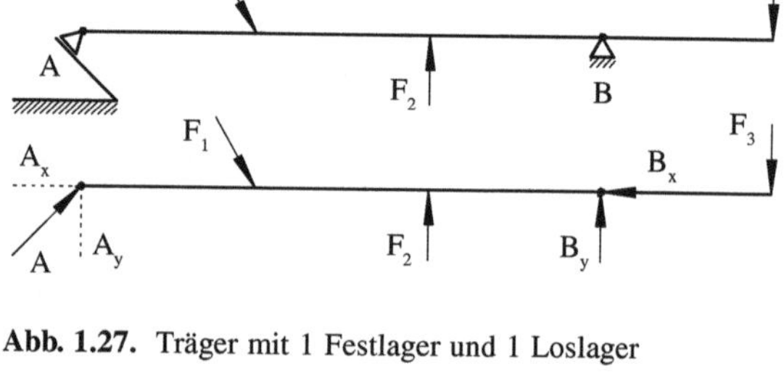


**Abb. 1.27.** Träger mit 1 Festlager und 1 Loslager

der Kraft $F_1$ werden über Winkelfunktionen erfasst. Ebenso wird die Lagerkraft A aus $A_y$ und $A_x$ ermittelt. Mit dem Momentenansatz um A startet die Berechnung.

b) Eine Scheibe ist durch 3 Pendelstützen (Stäbe) gestützt (Abb. 1.28). Obwohl das System durch 2 Grundelemente gebildet wird, kann es noch als einfaches Tragwerk verstanden werden. Pendelstützen entsprechen durch die gelenkige Lagerung Loslagern, so dass nur 3 unbekannte Lagerkräfte auftreten. Das System ist statisch bestimmt. Wenn der Schnittpunkt der beiden unbekannten Lagerkräfte $A_y$ und $B_x$ als Drehpunkt für den Momentenansatz gewählt wird, entfallen diese beiden Kräfte und die Lagerkraft C kann unter Anwendung einer Winkelfunktion berechnet werden.

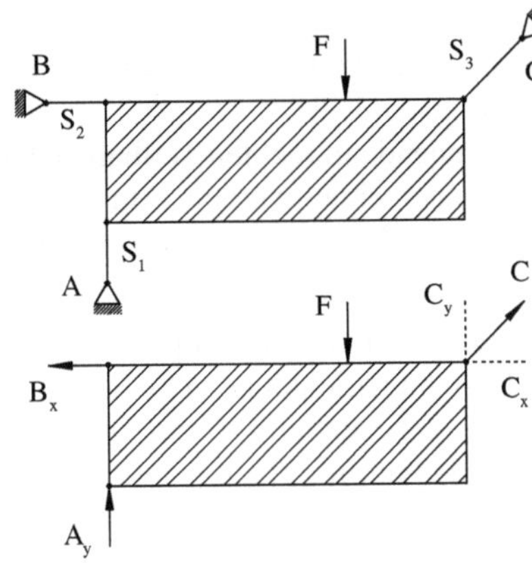


**Abb. 1.28.** Scheibe mit 3 Pendelstützen

Tragwerke aus mehreren Grundelementen:

a) Der vorliegende Durchlaufträger wird gestützt durch 1 Festlager und 2 Loslager (Abb. 1.29). Damit treten 4 unbekannte Lagerkräfte auf. Zur Verfügung stehen nur 3 Gleichgewichtsbedingungen. Dieser einfach statisch unbestimmte Zustand kann nicht berechnet werden.

Lösbarkeit tritt ein, wenn ein Gelenk G eingebracht wird. Die Anordnung des Gelenkes darf nicht beliebig vorgenommen werden. Es gilt, dass ein statisch bestimmter Durchlaufträger mit 1 Festlager und i Rollenlagern (i - 1) Gelenke besitzen muss. Zwischen 2 Auflagern dürfen sich maximal 2 Gelenke befinden. Die Zerlegung des Durchlaufträgers am Gelenk muss zu Teilbalken führen, die nicht mehr als 2 Auflager enthalten.

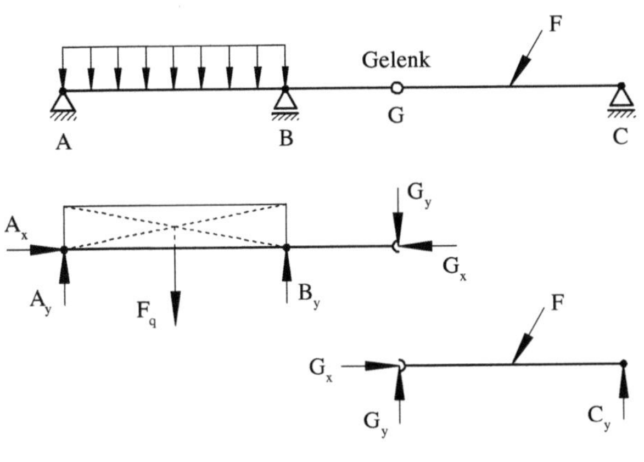


**Abb. 1.29.** Tragwerk aus mehreren Grundelementen - Durchlaufträger mit Gelenk

Das Gelenk wird entgegen dem praktischen Verhalten als reibungsfrei angenommen, genauso wie bei kleinen Verformungen vom starren Körper ausgegangen wird. Die damit gewonnenen Ergebnisse genügen fast immer den praktischen Erfordernissen.

Beginnend am rechten Teilbalken kann $G_x$, $G_y$, $C_y$ über die Gleichgewichtsbedingungen berechnet werden. Am linken Teilbalken liegt danach statische Bestimmtheit für die 3 unbekannten Lagerkräfte $A_x$, $A_y$ und $B_y$ vor.

b) Beim Kniehebeltrieb (Abb. 1.30.) wird die Presskraft $F_P$ über die Betriebskraft $F_B$ erzeugt. An der Führung befindet sich der Druckstempel, der gegen einen festen Widerstand gerichtet ist. Die Stäbe $S_1$ und $S_2$ sind gelenkig verbunden und übertragen im vorliegenden Fall nur Druckkräfte in das Festlager A und an die Führung B.

Für die Führung B kann über den Momentenansatz um Lager A eine Normalkraft $B_y = F_N$ berechnet werden. Kräftegleichgewicht entsteht durch die Presskraft $B_x = F_P$ unter Verwendung der Wirklinie des Stabes $S_2$ und der Normalkraft $F_N$.

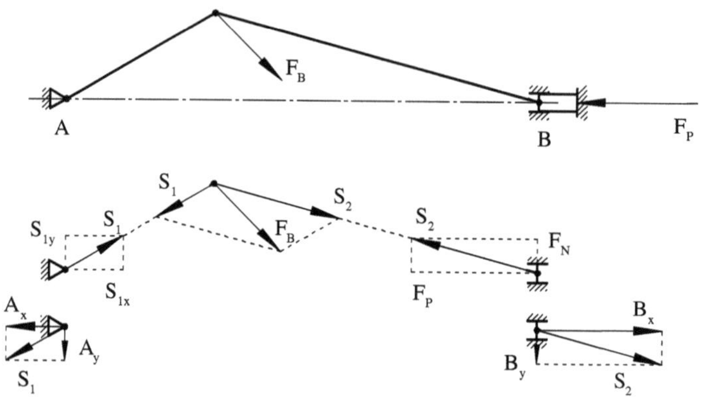


**Abb. 1.30.** Gleichgewichtszustand am Kniehebeltrieb zwischen Betriebskraft $F_B$ und Presskraft $F_P$

- **Fachwerke**

Die Grundelemente bei Fachwerken sind gerade Stäbe, die Zug- bzw. Druckkräfte übertragen können (Abb. 1.31). An den Stabenden werden die Kräfte über reibfrei idealisierte Gelenke weitergeleitet. Statisch bestimmte Fachwerke sind an bestimmte Bedingungen gebunden:

1. Die Grundfigur des Fachwerkes ist das Dreieck.

2. Die statische Bestimmtheit bleibt erhalten, wenn 2 zusätzliche Stäbe an 2 vorhandene Knoten angeschlossen und zu einem neuen Knoten zusammengeführt werden.

3. Ein System mit 2 starren Scheiben wird durch 3 Verbindungsstäbe statisch bestimmt (Abb. 1.31.).

4. Ein ebenes Fachwerk ist statisch bestimmt, wenn die Anzahl der Stäbe S, die Anzahl der Knoten K und die Anzahl der Lagerkräfte L sich verhalten wie

$$S + L = 2 \cdot K\,.$$

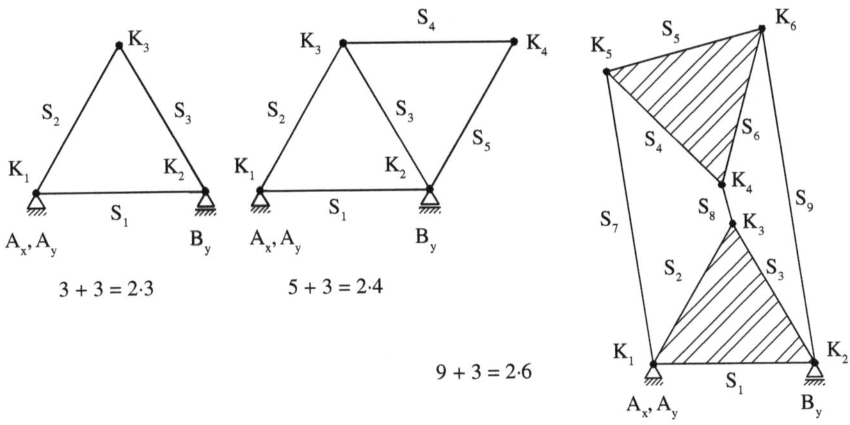


**Abb. 1.31.** Statisch bestimmte Fachwerke - Grundformen und Bildungsgesetz

Die Berechnung der Stabkräfte wird dadurch erleichtert, dass in den Stäben nur Zug- bzw. Druckkräfte auftreten. Damit sind die Wirklinien bekannt und beginnend am Kraftangriffspunkt können über die Gleichgewichtsbedingungen (Gl. 1.8) die Stabkräfte bis hin zu den Lagerreaktionskräften berechnet werden.

Sind ausschließlich die Lagerreaktionskräfte zu ermitteln, kann nur das Gesamtgleichgewicht aller äußeren Kräfte angesetzt werden. Sind nur einige Stabkräfte zu bestimmen, ist das Rittersche Schnittverfahren vorteilhaft. Dabei wird das Fachwerk in zwei Teilfachwerke geschnitten. Der Schnitt muss so erfolgen, dass maximal 3 Stäbe mit unbekannten Kräften, die nicht alle zum gleichen Knoten gehören, getrennt werden. Auf die Teilfachwerke sind die Gleichgewichtsbedingungen (Gl. 1.8) anzuwenden.

### 1.2.2 Festigkeitslehre

Die Festigkeitslehre beschreibt die Wirkung von Kräften an verformbaren Körpern. Als wesentliches Merkmal gegenüber der Statik ist zu erkennen, dass jetzt den äußeren Kräften innere Kräfte im Körper gegenüber stehen. Die äußeren Kräfte wirken aktiv und sind Ursache für das Entstehen innerer Widerstandskräfte.

Diese inneren Kräfte werden durch den Zusammenhang der Moleküle fester Stoffe ermöglicht. Je höher dieser Zusammenhalt, desto höher die Festigkeit des Werkstoffes. Der Molekularverband steht dabei unter Spannung und wird verformt. Mit dem Begriff Spannung lassen sich daraus innere Kräfte bezogen auf eine Flächeneinheit ausdrücken.

Als weiterer prinzipieller Zusammenhang ist erkennbar, dass zwischen äußerer und innerer Kraft ein Gleichgewichtszustand auftritt. Das bedeutet, dass mit dem bekannten Schnittverfahren der Statik an jeder Stelle des Körpers die Wechselwirkung zwischen äußerer und innerer Kraft bzw. äußerem und innerem Moment gezeigt werden kann.

Ein Zugstab (1.32.a) kann an beliebigen Stellen getrennt werden. Es gilt für jede Stelle immer das statische Gleichgewicht

$$F = F_i \quad \text{(äußere Kraft = innere Kraft)},$$

gleichgültig ob das linke oder rechte abgeschnittene Stück betrachtet wird. Bei prismatischen Stäben ist daraus abzuleiten, dass die Spannung an jeder Stelle den gleichen Wert besitzt.

Beim Biegestab (1.32.b) ist die Größe des inneren Momentes abhängig von der Schnittstelle. Aus der Momentenbeziehung $M = F \cdot x$ ergibt sich, dass ein äußeres Moment nicht nur von der Größe der Kraft F, sondern auch vom Abstand x zur Einspannstelle abhängt. Die Art der Beanspruchung führt auch zu ungleicher Spannungsverteilung im Biegestab. Statisches Gleichgewicht ist vorhanden, wenn

$$M = M_i \quad \text{(äußeres Moment = inneres Moment)}$$

angesetzt wird.

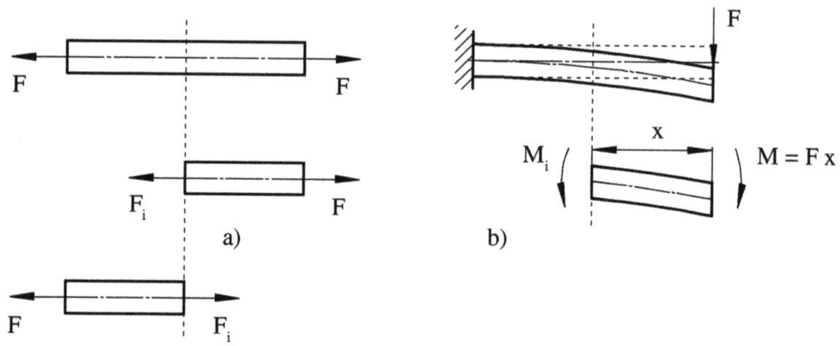


**Abb. 1.32.** a) Kräftegleichgewicht am Zugstab, b) Momentengleichgewicht am Biegestab

### 1.2.2.1 Beanspruchungsarten

Es werden Spannungen und Verformungen mit der Zielstellung ermittelt, Voraussagen für das Versagen von Bauteilen treffen zu können. Zu berücksichtigen sind dabei Werkstoffkennwerte, Spannungszustand (ein-, zwei- oder dreiachsig), Spannungsarten (Normal-, Tangentialspannungen) und der Belastungszustand (statisch, dynamisch). Bezieht man noch Betriebstemperatur, Größe und Oberflächenbeschaffenheit des Bauteiles ein, entsteht ein äußerst komplexer Vorgang.

Die elementare Festigkeitslehre ermöglicht nur sehr eingeschränkt die Berechnung des Spannungs- und Verformungsverhaltens beliebiger Körper. Um allgemeingültige Gesetzmäßigkeiten herausstellen zu können, werden deshalb elastische prismatische Stabkörper zugrunde gelegt.

Zwischen Belastung und Formänderung ergeben sich typische Zusammenhänge. Eine Einteilung erfolgt in einfache Beanspruchungsarten und in zusammengesetzte Beanspruchungen.

Einfache Beanspruchungsarten sind:

*Zug, Druck, Biegung, Scherung, Schub, Torsion.*

Die einfachen Beanspruchungsarten können am Einzelkörper auftreten, an einer Baugruppe aus Einzelkörpern generell nicht. Die Erfassung des Spannungs- bzw. Verformungszustandes zwingt deshalb häufig zu Vereinfachungen bzw. zum Ausgleich mit einem höheren Sicherheitswert.

Zusammengesetzte Beanspruchungen entstehen aus Kombinationen der einfachen Beanspruchungsarten Zug, Druck, Biegung, Scherung, Schub und Torsion. Für jede einfache Beanspruchungsart existiert eine kennzeichnende Spannung. Treten mehrere verschiedenartige Kräfte und Momente gleichzeitig auf, werden auch verschiedenartige Spannungen gleichzeitig verursacht.

Die Möglichkeiten der zusammengesetzten Beanspruchungen lassen sich in 3 Hauptgruppen zusammenfassen:

a) *Zusammengesetzte Normalbeanspruchungen*
   - Biegung mit Zug/Druck,
   - außermittiger Zug/Druck,
   - zweiachsige Biegung,

b) *zusammengesetzte Tangentialbeanspruchungen*
   - Schub/Torsion,

c) *zusammengesetzte Normal- und Tangentialspannungen*
   - Zug/Druck mit Schub.

Eine zweckmäßige Einteilung der grundlegenden Beanspruchungen lässt sich über das Spannungsverhalten erreichen. Nach der Spannung unterscheidet man in Normalspannungen und Tangentialspannungen.

- **Normalspannungen**

Zug: Kräfte wirken parallel zur Stabachse in allen Flächenteilen eines beliebigen Querschnitts. Ihre Resultierende F verläuft in Richtung der Stabachse (Abb. 1.33) als Zugkraft. Die Kräfte bewirken, dass sich der Stab in Kraftrichtung verlängert und quer dazu verkleinert.

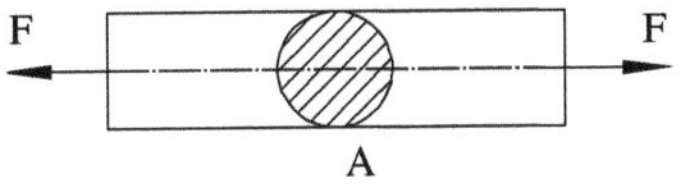


Zugspannung $$\sigma_z = \frac{F}{A} \qquad (1.10)$$

**Abb. 1.33.** prismatischer Zugstab

Druck: Kräfte wirken parallel zur Stabachse in allen Flächenteilen eines beliebigen Querschnitts. Ihre Resultierende F verläuft in Richtung der Stabachse als Druckkraft (Abb. 1.34.). Die Kräfte bewirken, dass sich der Stab in Kraftrichtung verkürzt und quer dazu vergrößert.

*Einschränkung:* Weicht der Stab in seiner Höhe wesentlich von der Würfelform ab, dann besteht für den langen dünnen Stab Knickgefahr; der kurze dicke dagegen nähert sich in seiner Form einer Platte, die ebenfalls nicht wie ein Druckstab behandelt werden kann.

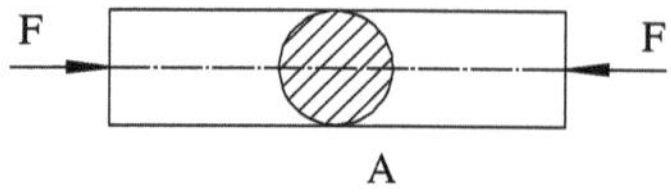


**Abb. 1.34.** prismatischer Druckstab

Druckspannung $$\sigma_d = \frac{F}{A} \tag{1.11}$$

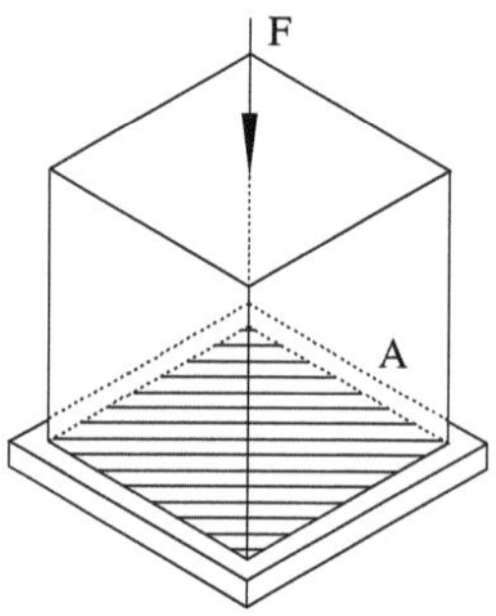


**Abb. 1.35.** Flächenpressung am prismatischen Druckkörper

Neben den reinen Druckspannungen treten am Druckstab noch andere Spannungen auf, die mit der Auflage oder Lagerung zusammenhängen. Durch die Belastung des Druckstabes entstehen Pressungen an den sich berührenden Flächen. Die dadurch hervorgerufenen Spannungen sind Berührungsspannungen und werden mit dem Begriff Flächenpressung p bezeichnet.

Flächenpressungen können zwischen ebenen Flächen auftreten, z. B. Auflage eines Trägers auf einen Quader oder Passfeder zwischen Welle und Nabe. Der Zapfen in der Lagerschale, die Pressung von Kugeln oder Rollen in Wälzlagern oder die Flankenpressung an Zahnrädern sind Beispiele für Pressungen an gewölbten Flächen.

Bei Flächenpressungen an *ebenen Berührungsflächen* wird von einer gleichmäßigen Verteilung der Last über die Auflagefläche ausgegangen (Abb. 1.35.).

Bei Flächenpressungen an *gewölbten Berührungsflächen* besitzen die Lagerpressungen besondere Bedeutung. Der Lagerzapfen wird durch eine Druckkraft F in die Lagerschale gepresst (Abb. 1.36.). Wegen des notwendigen Spieles liegt der Lagerzapfen nicht auf der gesamten Halbzylinderschale des Lagers auf, d. h. die Flächenpressungen verteilen sich nicht gleichmäßig über die gewölbten Berührungs-

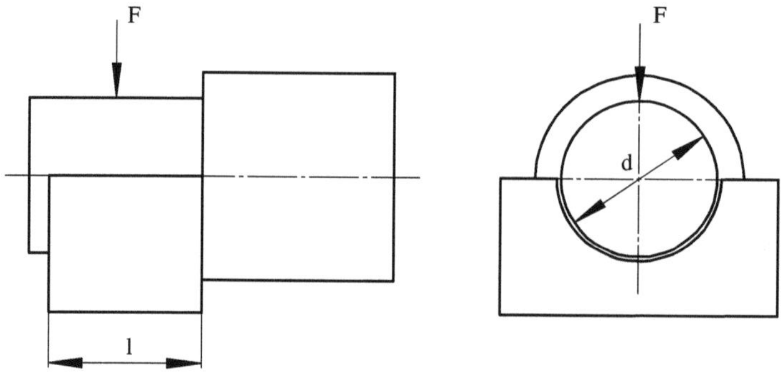


**Abb. 1.36.** Flächenpressung am Lagerzapfen (gewölbte Berührungsflächen)

flächen. Näherungsweise wird das Verhältnis von Druckkraft zu Flächenprojektion (Länge l, Durchmesser d) des aufliegenden Zapfens angenommen.

Flächenpressung an *ebenen Berührungsflächen* $$p = \frac{F}{A} \quad (1.12)$$

Flächenpressung an *gewölbten Berührungsflächen* $$p = \frac{F}{l \cdot d} \quad (1.13)$$

Pressungen zwischen Zylindern werden als *Walzenpressungen* bezeichnet. Bei Kugeln treten *Kugelpressungen* auf. Da Linien- bzw. Punktberührungen vorliegen, kann die Presskraft nicht direkt auf eine Fläche bezogen werden. Erst über die rechteckigen bzw. kreisförmigen Abplattungen, die an der Berührungsstelle auftreten, können die Berührungsspannungen ermittelt werden. Die Flächenpressung verteilt sich nicht gleichmäßig über die gedrückte Fläche, sondern nach einem halbkreisförmigen Verteilungsgesetz (Abb. 1.37.).

Nach H. HERTZ gilt für die maximale Flächenpressung

zweier Walzen

$$p_{max} = 0{,}418 \cdot \sqrt{\frac{F \cdot E}{r \cdot l}} \quad (1.14),$$

zweier Kugeln

$$p_{max} = 0{,}388 \cdot \sqrt[3]{\frac{F \cdot E^2}{r^2}} \quad (1.15).$$

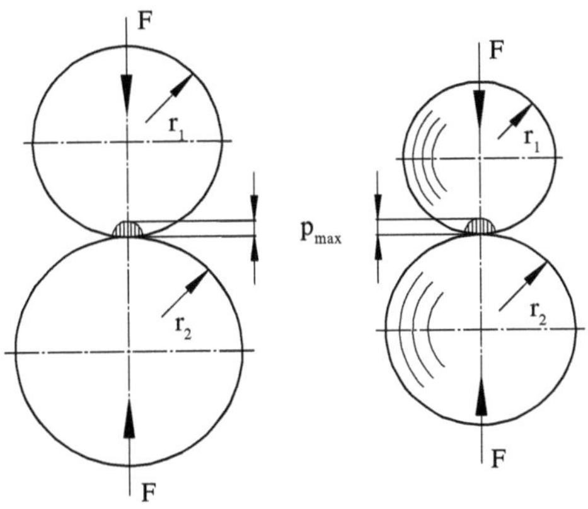


**Abb. 1.37.** HERTZsche Pressung an Walzen und Kugeln

Der Wert für den Radius r wird errechnet aus den Radien $r_1$ und $r_2$ mit

$$r = \frac{r_1 \cdot r_2}{r_1 + r_2} \quad (1.16),$$

der Wert für den Elastizitätsmodul aus den E-Moduln $E_1$ und $E_2$ der beiden Körper mit

$$E = 2 \cdot \frac{E_1 \cdot E_2}{E_1 + E_2} \qquad (1.17).$$

Die Länge l gibt die Länge der Walzen an. Die Gleichungen gelten innerhalb des HOOKEschen Gesetzes.

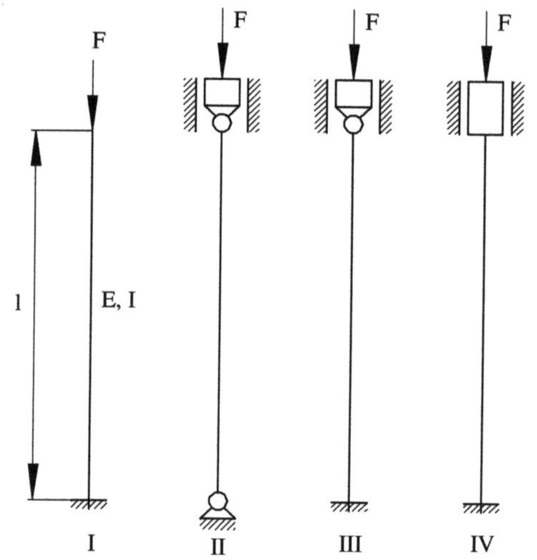


**Abb. 1.38.** Theoretische Knickfälle nach EULER

Die Druckbelastung an Stäben kann unter bestimmten Umständen zur Folge haben, dass die stabile gerade Stabachse in eine gekrümmte übergeht. Diese Erscheinung tritt bei langen dünnen Stäben auf (Abb. 1.38.).

Der gekrümmte Zustand ist ein stabiler Gleichgewichtszustand und kennzeichnet ein Stabilitätsproblem. Eine Überschreitung der zulässigen Spannungswerte tritt erst bei Kräften auf, die über der Kraft liegen, die zum Ausknicken führte. Die bei Druckbelastung mögliche Ausknickung ist eine funktionelle Störung.

Zu ermitteln ist die in Richtung der Stabachse wirkende Druckkraft, die *Knickkraft* $F_K$, die den Übergang der stabilen Lage der geraden Stabachse in den labilen Zustand angibt. Sie ist abhängig von der Art der Lagerung, der Stablänge und der Biegesteife aus Elastizitätsmodul E und Flächenträgheitsmoment I.

Nach EULER unterscheidet man 4 theoretische Knickfälle (Abb. 1.38.):

Knickkraft $$F_K = \frac{\pi^2 \cdot E \cdot I}{l_K^2} \qquad (1.18),$$

bei Knickfall I $l_K = 2\,l$,
bei Knickfall II $l_K = l$,
bei Knickfall III $l_K = 0{,}5 \cdot \sqrt{2} \cdot l$,
bei Knickfall IV $l_K = 0{,}5\,l$ .

<u>*Biegung:*</u> Kräfte wirken quer zur Stabachse und bilden bezüglich der Auflage oder Einspannstelle ein Biegemoment (Abb. 1.39.). Die Kräfte bewirken eine Durchbiegung des Stabes mit Schiefstellung der Querschnitte zueinander.

Der Stab kann an einem Ende fest eingespannt sein oder auf zwei Stützen liegen. In beiden Fällen wirkt die Kraft jedoch senkrecht zur Stabachse. Die Belastung des Stabes führt zu einer Formänderung, die sich in schichtenweiser Verlängerung oder Verkürzung entlang der Stabachse ausdrückt.

Die Stärke der Krümmung und damit die Größe der positiven und negativen Dehnungen (Formänderungen) ist proportional der Werkstoffbeanspruchung, d. h. der auftretenden Biegespannung.

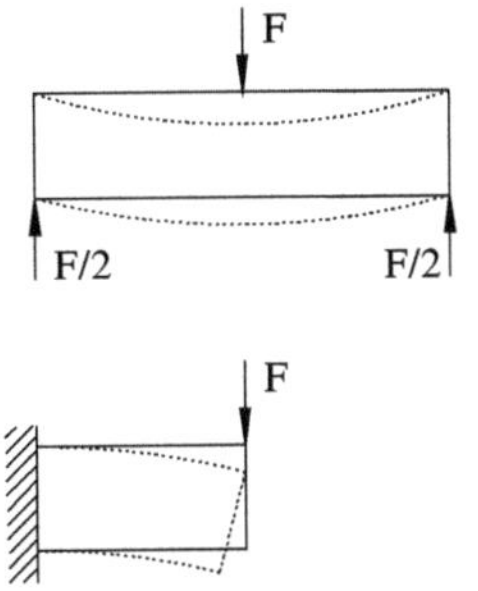


Biegespannung $$\sigma_b = \frac{M_b}{W_b} \quad (1.19)$$

**Abb. 1.39.** prismatischer Biegestab

- **Tangentialspannungen**

*Scherung:* Kräfte wirken quer zur Stabachse (Abb. 1.40.), auf gleicher Wirkungslinie, entgegengesetzt gerichtet. Kräfte bewirken - von Druckeinflüssen abgesehen - eine gegenseitige Verschiebung der Werkstoffteilchen oder sogar Trennung in der Querschnittsebene, durch die die Kraftwirkungslinie verläuft. In der praktischen Anwendung ist ein Schnittspalt unvermeidbar, d. h. die Kraftwirkungslinien sind parallel versetzt. Damit liegt ein Kräftepaar vor, das ein Biegemoment erzeugt.

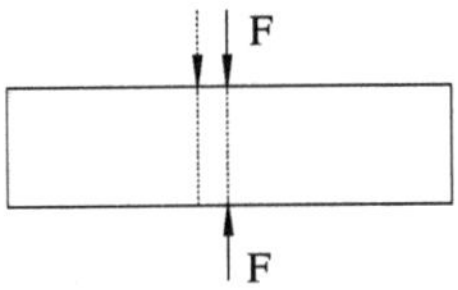


Abscherspannung $$\tau_a = \frac{F}{A} \quad (1.20)$$

**Abb. 1.40.** Abscheren eines prismatischen Stabes

*Schub:* Kräfte wirken quer zur Stabachse (Abb. 1.41.), sind entgegengesetzt gerichtet und besitzen keine gemeinsame Wirkungslinie. Da die äußeren Kräfte ein Biegemoment verursachen, treten Biegespannungen auf. Außerdem werden die Werkstoffteilchen sowohl quer zur Stabachse als auch in Richtung dieser verschoben. Biegung ist stets von Schub begleitet. Bei kleinen Abständen der parallelen Kräfte überwiegt die Schubbeanspruchung, bei größeren die Biegung.

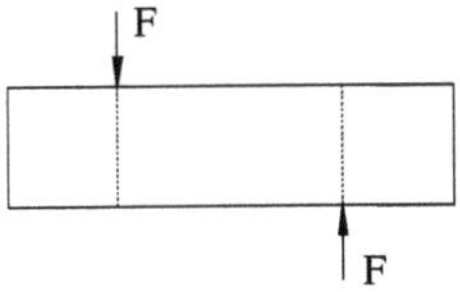


Schubspannung $$\tau_s = \frac{F}{A} \quad (1.21)$$

**Abb. 1.41.** Schub am prismatischen Stab

*Torsion:* Kräfte wirken in den Querschnittsebenen (Abb. 1.42.) der beiden Stirnseiten und ergeben bezüglich der Stabachse ein Dreh- oder Torsionsmoment. Die Kräfte bewirken eine gegenseitige Verdrehung aller Querschnitte zueinander.

Die richtige Erfassung der inneren Kräfte ist insofern bedeutungsvoll, weil mit ihnen die Art und Größe der Werkstoffbeanspruchung angegeben werden kann.

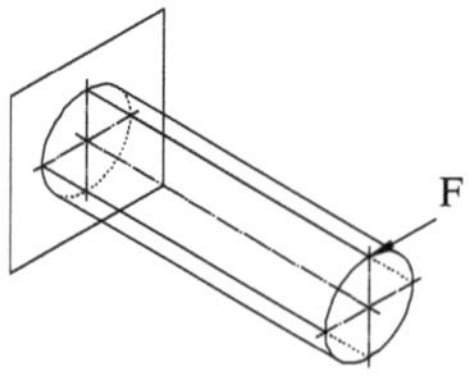


Torsionsspannung $$\tau_t = \frac{T}{W_p} \qquad (1.22)$$

**Abb. 1.42.** Torsion am prismatischen Stab

### 1.2.2.2 Zur linearen Elastizitätstheorie

Mit der linearen Elastizitätstheorie wird ein großer Teil der Ingenieuraufgaben abgedeckt. In diesem Gebiet der technischen Festigkeitslehre werden die durch äußere Lasten hervorgerufenen inneren Kräfte, ausgedrückt durch Spannungen und Verformungen, untersucht.

Zur Ermittlung von Spannungen und Verformungen muss man von der Definition des starren Körpers abgehen und Formänderungsbetrachtungen vornehmen. Die Deformationen werden als klein gegenüber den Abmessungen des Bauteils angenommen. Deshalb können die Gleichgewichtsbedingungen am unverformten Bauteil aufgestellt werden.

Der Zusammenhang zwischen den Spannungen und den Formänderungen wird durch die Stoffgesetze geliefert. Bei linearen Verhältnissen liegen die HOOKEschen Gesetzmäßigkeiten vor. In der linearen Theorie führen Überlagerungen der einzelnen Belastungsarten auch zu einer Überlagerung der Spannungen und Verformungen bei Beachtung der Richtungen.

Nach der Art der Beanspruchung werden Zug-, Druck-, Biege-, Schub- und Torsionsspannungen unterschieden. Eine auf ein Flächenelement dA wirkende elastische Spannung lässt sich zerlegen in eine Normalspannung $\sigma$ in Richtung der Flächennormale und in eine tangential auf das Flächenelement wirkende Schubspannung $\tau$. Legt man im kartesischen Koordinatensystem die z-Achse in Richtung der Normalspannung $\sigma_z$ , treten in der Ebene dA in x- und y-Richtung die Schubspannungen $\tau_{zx}$ und $\tau_{zy}$ auf (Abb. 1.43.).

Durch die Spannungsvektoren in 3 senkrecht aufeinanderstehenden Schnitten wird ein sogenannter Spannungstensor festgelegt. In Abb. 1.43.a wird der Spannungstensor T durch die Spannungsvektoren $\sigma_z$, $\tau_{zx}$, $\tau_{zy}$ gebildet. Durch einen Spannungsvektor ist der Spannungszustand in einem Punkt eines Körpers vollständig beschrieben.

Der erste Index zeigt die Richtung der Flächennormalen und der zweite Index die Richtung der Spannungskomponenten an. Für die vollständige Beschreibung der Spannungszustände ist ein quaderförmiger Körper mit den darauf bezogenen 9 Spannungskomponenten notwendig (1.43.b).

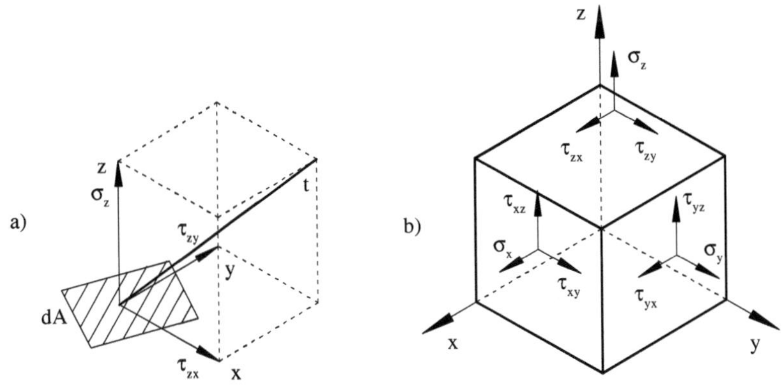


**Abb. 1.43.** Spannungstensor, Normal- und Schubspannungen

Die Normalspannungen $\sigma_{xx}$, $\sigma_{yy}$, $\sigma_{zz}$ können auch vereinfacht mit $\sigma_x$, $\sigma_y$, $\sigma_z$ bezeichnet werden. Aus der Symmetrie der Gleichgewichtsbedingungen ergibt sich

$$\tau_{xy} = \tau_{yx},\ \tau_{yz} = \tau_{zy},\ \tau_{zx} = \tau_{xz} \quad (1.23).$$

Das Materialverhalten wird durch ein Stoffgesetz beschrieben. Mit Hilfe von Versuchen werden die Eigenschaften erfasst und daraus Gesetzmäßigkeiten abgeleitet. Der gesuchte Zusammenhang zwischen Belastung und Verformung wird immer an Probekörpern ermittelt.

Nachfolgend wird homogenes, isotropes Material zugrunde gelegt. Die Materialeigenschaften sind also an allen Stellen gleich und unabhängig von der Richtung. Es liegt außerdem lineares, elastisches Materialverhalten vor, d. h. die Spannung ist unabhängig vom Deformationsablauf und von der Zeit.

Der 1-achsige Spannungszustand wird durch das HOOKEsche Gesetz

$$\sigma = E \cdot \varepsilon \quad (1.24)$$

beschrieben, wobei E der Elastizitätsmodul als Proportionalitätsfaktor zwischen Spannung und Dehnung ist. Diesen Wert erhält man aus dem 1-achsigen Zugversuch. Neben der Längsdehnung $\varepsilon$ tritt eine Querdehnung mit der Querkontraktionszahl $\nu$ auf und es gilt

$$\varepsilon_q = -\nu \cdot \varepsilon = -\nu \cdot \frac{\sigma}{E} \quad (1.25).$$

Obwohl die Spannung nur in einer Richtung, beispielsweise in der x-Richtung auftritt, werden Dehnungen in allen 3 Richtungen wirksam.

In der x-y-Ebene können an einer Rechteckfläche die Formänderungen durch Schubspannungen dargestellt werden. Liegt eine Beanspruchung durch die Schubspannungen $\tau_{xy} = \tau_{yx}$ vor, kommt es zur Verzerrung der Fläche unter einem Winkel von $\gamma_{xy}$ (Abb. 1.44.).

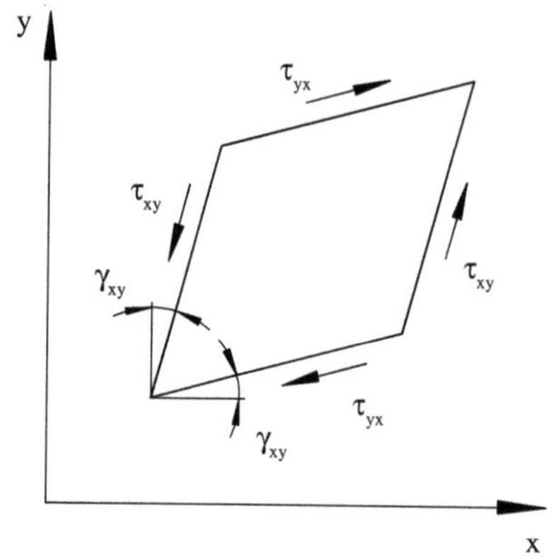


**Abb. 1.44.** Formänderungen durch Schubspannungen

Den Zusammenhang zwischen den Winkeländerungen und der Schubspannung beschreibt das HOOKEsche Gesetz für Schub

$$\tau_{xy} = G \cdot \gamma_{xy} \quad (1.26),$$

wobei G der Gleit- oder Schubmodul ist. Es lässt sich ein Zusammenhang zwischen den 3 Materialkonstanten herstellen:

$$E = 2 \cdot (1 + \nu) \cdot G \quad (1.27).$$

Beim verallgemeinerten HOOKEschen Gesetz für den *3-achsigen Spannungszustand* sind die 6 Spannungskomponenten $\sigma_{xx}$, $\sigma_{yy}$, $\sigma_{zz}$, $\tau_{xy}$, $\tau_{yz}$, $\tau_{zx}$ und die 6 Verschiebungskomponenten zu berücksichtigen.

Die Verschiebungskomponenten $\varepsilon_{xx}$, $\varepsilon_{yy}$, $\varepsilon_{zz}$ geben die Dehnungen in x-, y-, z-Richtung wieder, während die Komponenten $\gamma_{xy}$, $\gamma_{yz}$, $\gamma_{zx}$ die Verzerrungen in der x-y-, y-z- und z-x-Ebene darstellen.

Zwischen den Spannungen und Verschiebungen gelten die Gesetzmäßigkeiten:

$$\begin{aligned}
\varepsilon_{xx} &= \frac{1}{E}\left(\sigma_x - \nu\sigma_y - \nu\sigma_z\right), & \gamma_{xy} &= \frac{2(1+\nu)}{E}\tau_{xy}, \\
\varepsilon_{yy} &= \frac{1}{E}\left(-\nu\sigma_x + \sigma_y - \nu\sigma_z\right), & \gamma_{yz} &= \frac{2(1+\nu)}{E}\tau_{yz}, \\
\varepsilon_{zz} &= \frac{1}{E}\left(-\nu\sigma_x - \nu\sigma_y + \sigma_z\right), & \gamma_{xy} &= \frac{2(1+\nu)}{E}\tau_{zx}.
\end{aligned} \quad (1.28).$$

Der *zweiachsige Spannungszustand* als *ebener Spannungszustand* gilt für den Fall, dass Verschiebungen, Verzerrungen und Spannungen nur in einer Ebene, beispielsweise in der x-y-Ebene angenommen werden, d. h. es gilt

$$\sigma_{zz} = 0 \text{ und } \tau_{xz} = \tau_{yz} = 0\,.$$

Eine Dehnung in z-Richtung ist möglich, so dass $\varepsilon_{zz} \neq 0$ wird.

Stoffgesetze zwischen Spannungen und Verschiebungen

$$\varepsilon_{xx} = \frac{1}{E}\left(\sigma_{xx} - \nu\sigma_{yy}\right),\ \varepsilon_{yy} = \frac{1}{E}\left(-\nu\sigma_{xx} + \sigma_{yy}\right),$$
$$\gamma_{xy} = \frac{2(1+\nu)}{E}\tau_{\mathbf{xy}},\quad \varepsilon_{zz} = -\frac{\nu}{E}\left(\sigma_{xx} + \sigma_{yy}\right), \qquad (1.29),$$

umgestellt nach den Spannungen

$$\sigma_{xx} = \frac{E}{1-\nu^2}\left(\varepsilon_{xx} + \nu\varepsilon_{yy}\right),\ \sigma_{yy} = \frac{E}{1-\nu^2}\left(\nu\varepsilon_{xx} + \varepsilon_{yy}\right),\ \tau_{xy} = \frac{E}{2(1+\nu)}\gamma_{xy} \qquad (1.30).$$

Die Anwendung des ebenen Spannungszustand erfordert einen scheibenförmigen Körper mit geringer Dicke, dessen Belastungen in seiner Ebene liegen. Die Dehnungen in z-Richtung können dann außer Betracht bleiben.

*Der ebene Verzerrungszustand* wird als 2-achsiger Belastungszustand aufgefasst, bei dem die Belastungen in der entsprechenden Ebene vorliegen und die Verzerrungen in einer Richtung verschwinden, z. B. bei einem Querschnitt in der x-y-Ebene die Komponenten $\varepsilon_{zz} = 0$, $\gamma_{xz} = 0$, $\gamma_{yz} = 0$ .

Wird der Querschnitt in z-Richtung zu einem langen Körper gezogen, entsteht ein 3-dimensionaler Körper. Bei einem langen Körper dieser Art ist die Annahme des Verschwindens der Verzerrung $\varepsilon_{zz}$ in guter Näherung gültig.

Das Elastizitätsgesetz lässt sich ähnlich dem ebenen Spannungszustand definieren. Im Unterschied tritt eine Spannung $\sigma_{zz}$ auf, die aber durch $\varepsilon_{xx}$ und $\varepsilon_{yy}$ bestimmt ist. Da die Verschiebungen nicht von z abhängen, werden auch alle auftretenden Verzerrungen und Spannungen nur von x und y beeinflusst.

Damit lassen sich die Probleme mit ebenen Spannungszustand und ebenen Verzerrungszustand vollkommen analog behandeln. Der einzige Unterschied zwischen den Grundgleichungen besteht in den Konstanten, die in den Stoffgesetzen auftreten. Die Bearbeitung aller Probleme kann über den Ansatz des ebenen Spannungszustandes erfolgen.

Beim *1-dimensionalen Spannungszustand* muss ein prismatischer Stab vorliegen, bei dem die Belastung in Stabrichtung, z. B. in x-Richtung auftritt. Werden keine Verschiebungen in y- und z-Richtung angenommen, wird die Dehnung $\varepsilon_{xx}$ die einzige Verschiebungsgröße sein.

Unter den getroffenen Annahmen treten nur Normalspannungen in x-Richtung auf, so dass $\sigma_{yy} = \sigma_{zz} = 0$ sind. Aus dem verallgemeinerten HOOKEschen Gesetz ergibt sich deshalb

$$\sigma_{xx} = E \cdot \varepsilon_{xx} \qquad (1.31).$$

# 1.3 Theorie der Finite Elemente Methode

## 1.3.1 Grundbegriffe der Matrizenrechnung

Die große Bedeutung der Matrizenrechnung liegt in ihrer Anwendbarkeit bei der Lösung linearer Gleichungs- und Differenzialgleichungssysteme. Der Nutzen für die Finite Elemente Methode besteht darin, dass große Datenmengen und Gleichungssysteme einfach geschrieben werden können und die Anwendung der Matrixalgebra günstige Lösungsmöglichkeiten bietet.

Es werden 2 Schwerpunkte für eine nähere Betrachtung ausgewählt:

1. Vereinfachte Schreibweise mathematischer Ausdrücke durch Matrizen,
2. Lösung linearer Gleichungssysteme durch Matrizen.

Eine Matrix ist ein rechteckiges, nach m Zeilen und n Spalten geordnetes Schema von m·n Komponenten. Als Symbole für Matrizen dienen die großen Frakturbuchstaben bzw. die großen deutschen Buchstaben. Matrizen können auch durch fette oder halbfette Buchstaben oder durch Unterstreichen großer Buchstaben symbolisiert werden. Die Komponenten der Matrix sind durch runde bzw. eckige Klammern oder durch senkrechte Doppelstriche eingeschlossen.

$$\mathbf{A}=\begin{bmatrix} a_{11} & a_{12} & \dots & a_{1n} \\ a_{21} & a_{22} & \dots & a_{2n} \\ \dots & \dots & \dots & \dots \\ a_{m1} & a_{m2} & \dots & a_{mn} \end{bmatrix} = [\mathbf{a}_{ij}] \qquad (1.32)$$

← i-te Zeile

↑ j-te Spalte

Eine Matrix kann auch durch die allgemeine Komponente $\mathbf{a}_{ij}$ ausgedrückt werden. Die allgemeine Komponente repräsentiert dann alle m·n Komponenten. Durch die doppelten Indizes ist die Stellung jeder einzelnen Komponente eindeutig festgelegt.

Die Menge der Komponenten einer Zeile der Matrix bilden einen *Zeilenvektor* und die Menge der Komponenten einer Spalte einen *Spaltenvektor*. Zur Unterscheidung wird der Index des Zeilenvektors hoch und der Index des Spaltenvektors tief gesetzt.

$$\mathbf{a}_j = \begin{bmatrix} a_{1j} \\ a_{2j} \\ \dots \\ a_{mj} \end{bmatrix} \qquad \mathbf{a}^i = [a_{i1}, a_{i2}, \dots, a_{in}] \qquad (1.33)$$

Die Anzahl der Zeilen und Spalten bestimmen den Typ der Matrix. Allgemein wird der Typ einer Matrix gekennzeichnet, indem die Anzahl der Zeilen und Spalten tief und in Klammern gesetzt werden.

$$\mathbf{A}_{(m,n)} = (\mathbf{a}_{ij})_{(m,n)} \tag{1.34}$$

Zeilenvektoren sind damit Matrizen vom Typ (1,n) und Spaltenvektoren sind Matrizen vom Typ (m,1). Ist im Sonderfall die Anzahl m der Zeilen gleich der Anzahl der Spalten n, liegt eine quadratische Matrix vor. Zu jeder quadratischen Matrix **A** existiert die zugehörige Determinante det **A** = |**A**|. Während die Matrix

$$\mathbf{A} = \begin{bmatrix} a_1 & b_1 \\ a_2 & b_2 \end{bmatrix} \tag{1.35}$$

das rechteckige Koeffizientenschema des linearen Gleichungssystems

$$\begin{aligned} a_1 x + b_1 y &= c_1 \\ a_2 x + b_2 y &= c_2 \end{aligned} \tag{1.36}$$

darstellt, hat die zugehörige Determinante

$$\det \mathbf{A} = \begin{vmatrix} a_1 & b_1 \\ a_2 & b_2 \end{vmatrix} \tag{1.37}$$

einen festen Zahlenwert aus $a_1\ b_2 \quad a_2\ b_1$. Jede Determinante drückt einen Zahlenwert aus, während eine Matrix eine Anordnung von Komponenten ist und keinen Zahlenwert besitzt.

Vergleichbar zur Null und Eins im allgemeinen Zahlenbereich werden bei der Matrizenmultiplikation die *Nullmatrix* und die *Einheitsmatrix* genutzt. Bei der Nullmatrix besitzen alle Komponenten der Matrix den Wert Null. Bei der Einheitsmatrix haben die Komponenten der Hauptdiagonale den Wert 1 und alle anderen Komponenten den Wert 0. Die Null- und Einheitsmatrix werden zur Vereinfachung von Matrizenoperationen verwendet.

Vertauscht man in einer gegebenen Matrix **A** die Zeilen gegen die entsprechenden Spalten oder umgekehrt, so erhält man die transponierte Matrix $\mathbf{A}^T$.

$$\mathbf{A} = \begin{bmatrix} a_{11} & a_{12} \\ a_{21} & a_{22} \end{bmatrix} \quad \Rightarrow \quad \mathbf{A}^T = \begin{bmatrix} a_{11} & a_{21} \\ a_{12} & a_{22} \end{bmatrix} \tag{1.38}$$

Aus $\mathbf{A}_{(m,n)}$ erhält man die transponierte Matrix $\mathbf{A}^T{}_{(n,m)}$ und aus $\mathbf{a}_{(1,n)}$ den transponierten Vektor $\mathbf{a}^T{}_{(n,1)}$. Eine einzeilige Matrix ist die Transponierte einer einspaltigen Matrix und umgekehrt. Die ungünstige Schreibweise des Spaltenvektors **a** kann man durch den transponierten Zeilenvektor $\mathbf{a}^T$ ersetzen.

Die Komponenten der Matrix **A** nach Gl. 1.38 sollen die Koeffizienten des linearen Gleichungssystems sein:

$$\begin{aligned} y_1 &= a_{11} x_1 + a_{12} x_2 \qquad & x_1 &= a_{11} y_1 + a_{12} y_2 \\ y_2 &= a_{21} x_1 + a_{22} x_2 \qquad & x_2 &= a_{21} y_1 + a_{22} y_2 \end{aligned} \tag{1.39}$$

Wird das Gleichungssystem nach den Variblen $x_1$, $x_2$ aufgelöst, so erhält man das inverse Gleichungssystem. Die Koeffizientenmatrix wird als Kehrmatrix oder inverse Matrix zu **A** bezeichnet und durch $\mathbf{A}^{-1}$ symbolisiert. Der Vorgang wird Umkehrung oder Inversion des Gleichungssystems genannt.

Zur Auflösung eines Gleichungssystems bestehend aus den Vektoren **x**, **b** und der Matrix **A**, kann die inverse Matrix $\mathbf{A}^{-1}$ angewendet werden.

$$[\mathbf{A}]\cdot\mathbf{x} = \mathbf{b} \Rightarrow \mathbf{x} = [\mathbf{A}]^{-1}\cdot\mathbf{b} \qquad (1.40).$$

Wichtige Regeln für das Rechnen mit Matrizen:

1. Sind $\mathbf{A} = [\mathbf{a}_{ij}]$ und $\mathbf{B} = [\mathbf{b}_{ij}]$ Matrizen der gleichen Ordnung, so ist die Summe

$$\mathbf{C} = [\mathbf{c}_{ij}] = \mathbf{A} + \mathbf{B} \qquad (1.41).$$

Es wird komponentenweise addiert, z. B.

$$\begin{bmatrix} 2 & 0 \\ 3 & 1 \end{bmatrix} + \begin{bmatrix} 1 & -2 \\ 0 & -1 \end{bmatrix} = \begin{bmatrix} 3 & -2 \\ 3 & 0 \end{bmatrix},$$

die Matrizenaddition ist kommutativ und assoziativ.

2. Das Produkt $\mathbf{C} = \mathbf{A} \cdot \mathbf{B}$ ist für die Matrizen $\mathbf{A} = [\mathbf{a}_{ij}]$ und $\mathbf{B} = [\mathbf{b}_{ij}]$ genau dann definiert, wenn die Spaltenanzahl von **A** gleich der Zeilenanzahl von **B** ist. Die Komponenten werden berechnet nach der Vorschrift

$$\mathbf{c}_{ij} = \sum_{k=1}^{n} \mathbf{a}_{ik} \cdot \mathbf{b}_{kj} \qquad (1.42),$$

z. B.

$$\begin{bmatrix} 1 & 2 & 0 \\ -1 & 3 & 2 \end{bmatrix} \cdot \begin{bmatrix} 0 & 2 \\ 4 & 1 \\ -1 & 3 \end{bmatrix} = \begin{bmatrix} 8 & 4 \\ 10 & 7 \end{bmatrix},$$

die Matrizenmultiplikation ist nicht kommutativ, jedoch assoziativ. Die Einheitsmatrix ist das neutrale Element bezüglich der Multiplikation.

3. Die Multiplikation einer Matrix mit einer reellen Zahl k ist so definiert, dass jede Komponente der Matrix mit k zu multiplizieren ist, z. B.

$$4 \cdot \begin{bmatrix} 3 & 2 \\ 0 & -1 \end{bmatrix} = \begin{bmatrix} 12 & 8 \\ 0 & -4 \end{bmatrix},$$

die Division einer Matrix durch k kann als Multiplikation mit dem Faktor 1/k aufgefasst werden. Bei einer Diagonalmatrix sind alle nichtdiagonalen Komponenten durch

Umwandlung Null gesetzt worden. Damit ergeben sich bei der Multiplikation wesentliche Vereinfachungen. Während bei der Multiplikation einer Matrix mit einem Faktor k jede Komponente der Matrix mit dem Faktor k zu multiplizieren ist, sind bei der Multiplikation einer Determinante mit dem Faktor k nur die Komponenten einer Reihe mit dem Faktor k zu multiplizieren.

Der praktische Nutzen von Matrizen besteht insbesondere in der Möglichkeit, eine Anordnung von vielen Größen durch ein einziges Symbol zu kennzeichnen. Es lassen sich Beziehungen zwischen umfangreichen Sätzen von Größen einfach formulieren und für die Rechnerverarbeitung aufbereiten. Das lineare Gleichungssystem

$$\begin{aligned} y_1 &= a_{11}x_1 + a_{12}x_2 + \ldots + a_{1n}x_n \\ y_2 &= a_{21}x_1 + a_{22}x_2 + \ldots + a_{2n}x_n \\ &\ldots \\ y_m &= a_{m1}x_1 + a_{m2}x_2 + \ldots + a_{mn}x_n \end{aligned} \tag{1.43a}$$

kann in Matrizenform geschrieben werden mit

$$\mathbf{y} = \begin{bmatrix} y_1 \\ y_2 \\ \ldots \\ y_m \end{bmatrix}, \quad \mathbf{A} = \begin{bmatrix} a_{11} & a_{12} & \ldots & a_{1n} \\ a_{21} & a_{22} & \ldots & a_{2n} \\ \ldots & \ldots & \ldots & \ldots \\ a_{m1} & a_{m2} & \ldots & a_{mn} \end{bmatrix}, \quad \mathbf{x} = \begin{bmatrix} x_1 \\ x_2 \\ \ldots \\ x_n \end{bmatrix} \qquad (1.43b),$$

und lässt sich vereinfacht darstellen durch

$$\mathbf{y} \quad = \quad \mathbf{A} \quad \cdot \quad \mathbf{x} \qquad (1.43c),$$

der Nachweis der Gültigkeit dieser einfachen Schreibweise lässt sich mit der Bildung des Matrizenproduktes $\mathbf{A} \cdot \mathbf{x}$ erkennen.

Jede Matrix kann in Blöcke, die Untermatrizen aufgespalten werden. Diese Aufteilung ist dann besonders nützlich, wenn bei großen Matrizen durch geschickte Aufteilung erreicht wird, dass Blöcke mit Matrizen wie die Nullmatrix, Einheitsmatrix oder Diagonalmatrix entstehen, z. B.

$$\mathbf{A} = \left[\begin{array}{ccc:cc} 3 & 0 & 0 & 0 & 0 \\ 0 & -1 & 0 & 0 & 0 \\ 0 & 0 & 2 & 0 & 0 \\ \hdashline 1 & 0 & 0 & 4 & -2 \\ 0 & 1 & 0 & 3 & 0 \\ 0 & 0 & 1 & 0 & -1 \end{array}\right] \Rightarrow \mathbf{A} = \left[\begin{array}{c:c} \mathbf{A}_{11} & \mathbf{A}_{12} \\ \hdashline \mathbf{A}_{21} & \mathbf{A}_{22} \end{array}\right], \quad \mathbf{B} = \left[\begin{array}{c:c} \mathbf{B}_{11} & \mathbf{B}_{12} \\ \hdashline \mathbf{B}_{21} & \mathbf{B}_{22} \end{array}\right] \tag{1.44}$$

Das Multiplizieren der aufgespaltenen Matrix **A** mit einer ebenfalls aufgespaltenen Matrix **B** erfolgt nach den bekannten Gesetzmäßigkeiten.

Zwischen den Blöcken ist die Verkettung zu beachten:

$$\begin{bmatrix} \mathbf{A}_{11} & \mathbf{A}_{12} \\ \mathbf{A}_{21} & \mathbf{A}_{22} \end{bmatrix} \cdot \begin{bmatrix} \mathbf{B}_{11} & \mathbf{B}_{12} \\ \mathbf{B}_{21} & \mathbf{B}_{22} \end{bmatrix} = \begin{bmatrix} \mathbf{C}_{11} & \mathbf{C}_{12} \\ \mathbf{C}_{21} & \mathbf{C}_{22} \end{bmatrix}$$

$$= \begin{bmatrix} \mathbf{A}_{11}\mathbf{B}_{11} + \mathbf{A}_{12}\mathbf{B}_{21} & \mathbf{A}_{11}\mathbf{B}_{12} + \mathbf{A}_{12}\mathbf{B}_{22} \\ \mathbf{A}_{21}\mathbf{B}_{11} + \mathbf{A}_{22}\mathbf{B}_{21} & \mathbf{A}_{21}\mathbf{B}_{12} + \mathbf{A}_{22}\mathbf{B}_{22} \end{bmatrix} \tag{1.45}$$

Die Lösung linearer Gleichungssysteme durch Matrizen wird am Beispiel einer Gleichung mit 3 Unbekannten gezeigt:

$$\begin{array}{llll} 2x & -y & +z & =2 \\ 3x & +2y & +2z & =-2 \\ x & -2y & +z & =1 \end{array}$$

Zuerst wird das Gleichungssystem in Matrizenschreibweise dargestellt. Es erfolgt eine allgemeine Zuordnung - **A** für die Matrix und **u**, **b** für die Vektoren.

$$\begin{bmatrix} 2 & -1 & 1 \\ 3 & 2 & 2 \\ 1 & -2 & 1 \end{bmatrix} \cdot \begin{bmatrix} \mathbf{x} \\ \mathbf{y} \\ \mathbf{z} \end{bmatrix} = \begin{bmatrix} 2 \\ -2 \\ 1 \end{bmatrix}$$

$$[A] \cdot [u] = [b]$$

Die Lösung erfolgt mit dem Gaußschen Algorithmus. Dieses Eliminationsverfahren ermöglicht insbesondere eine Bearbeitung mit Rechnern. Das Prinzip besteht darin, dass das rechteckige Gleichungssystem durch geeignete Linearkombinationen in ein gestaffeltes Gleichungssystem von dreieckiger Form umgewandelt wird. Die unbekannten Größen können dann schrittweise aus den Gleichungen bestimmt werden.

Die Matrix A muss dazu so umgewandelt werden, dass eine Dreiecksmatrix entsteht. Wenn die Komponenten unter der Hauptdiagonale den Wert 0 erreichen, kann z als erste Variable bestimmt werden.

Die Ausführung erfordert, dass die erste Zeile unverändert bleibt und mit Hilfe des Additionsverfahrens die Elimination der unter der Hauptdiagonalen befindlichen Variablen erfolgt.

$$\begin{bmatrix} 2 & -1 & 1 \\ 0 & 7/2 & 1/2 \\ 1 & -2 & 1 \end{bmatrix} \cdot \begin{bmatrix} \mathbf{x} \\ \mathbf{y} \\ \mathbf{z} \end{bmatrix} = \begin{bmatrix} 2 \\ -5 \\ 1 \end{bmatrix}$$

- ausgeführt: 1. Zeile mit (-3/2) multipliziert und zur 2. Zeile addiert,

$$\begin{bmatrix} 2 & -1 & 1 \\ 0 & 7/2 & 1/2 \\ 0 & -3/2 & 1/2 \end{bmatrix} \cdot \begin{bmatrix} \mathbf{x} \\ \mathbf{y} \\ \mathbf{z} \end{bmatrix} = \begin{bmatrix} 2 \\ -5 \\ 0 \end{bmatrix}$$

- ausgeführt: 1. Zeile mit (-1/2) multipliziert und zur 3. Zeile addiert,

$$\begin{bmatrix} 2 & -1 & 1 \\ 0 & 7/2 & 1/2 \\ 0 & 0 & 5/7 \end{bmatrix} \cdot \begin{bmatrix} \mathbf{x} \\ \mathbf{y} \\ \mathbf{z} \end{bmatrix} = \begin{bmatrix} 2 \\ -5 \\ -15/7 \end{bmatrix}$$

- ausgeführt: 2. Zeile mit (-3/7) multipliziert und zur 3. Zeile addiert,

$$\begin{bmatrix} 1 & -1/2 & 1/2 \\ 0 & 1 & 1/7 \\ 0 & 0 & 1 \end{bmatrix} \cdot \begin{bmatrix} \mathbf{x} \\ \mathbf{y} \\ \mathbf{z} \end{bmatrix} = \begin{bmatrix} 1 \\ -10/7 \\ -3 \end{bmatrix}$$

- ausgeführt: 1. Zeile durch 2 geteilt, 2. Zeile durch 7/2 geteilt, 3. Zeile durch 5/7 geteilt.

Die Bestimmung der Variablen erfolgt ausgehend von der letzten Reihe. Durch Einsetzen von z wird y in der 2. Reihe ermittelt. Analog dazu wird der x-Wert aus der 1. Reihe berechnet.

Es gilt:

$$\begin{array}{rrrl} & & z & = -3 \\ \hline & +1\cdot y & +1/7\cdot z & = -10/7 \\ & & y & = -1 \\ \hline +1\cdot x & -1/2\cdot y & +1/2\cdot z & = 1 \\ & & x & = 2 \\ \hline \end{array}$$

## 1.3.2 Herleitung einfacher finiter Elemente

Die Methode der finiten Elemente hat den größten Anwendungsbereich auf dem Gebiet der Strukturmechanik gefunden, da sie zur Lösung solcher Aufgaben entwickelt worden ist. Es werden die Deformationen und insbesondere die dadurch verursachten Spannungen in Körpern oder Strukturen unter dem Einfluss von äußeren Belastungen berechnet.

Die Unterscheidung in Körper und Struktur erklärt sich aus der unterschiedlichen Vorgehensweise bei der Modellbildung. Körper haben den Charakter eines Kontinuums, können von vielfältiger Gestalt sein und bedürfen der Zerlegung in eine endliche Anzahl von geometrisch beschreibbaren Strukturelementen. Strukturen bestehen im Wesen bereits aus Strukturelementen. Tragwerke aus Stäben, Balken, Scheiben usw. entsprechen im übertragenen Sinn einem FE-Netz mit Elementen und Knoten.

### 1.3.2.1 Zug-Druck-Stab

Mit der Herleitung einfacher finiter Elemente aus der Statik lässt sich das prinzipielle Konzept der Finite Elemente Methode erklären. Als klassisches 1-dimensionales Modell der technischen Mechanik ist der gerade Zug-Druck-Stab besonders geeignet.

Der Zug-Druck-Stab kann nur Kräfte in Stabrichtung übertragen und ist damit hinsichtlich seiner Fähigkeit auf einfache Beanspruchungsmuster begrenzt. Selbst ein abgesetzter Stab bewirkt keine wesentlich höhere Anforderung, denn mit der Modellierung als Stabfolge bleibt der grundsätzliche Ansatz erhalten. Erst mit der Anwendung in Fachwerken erhält der Zug-Druck-Stab eine größere Bedeutung.

Beim *1-dimensionalen Spannungszustand* muss ein prismatischer Stab vorliegen, bei dem die Belastung in Stabrichtung, z. B. in x-Richtung auftritt. Werden keine Verschiebungen in y- und z-Richtung ($\varepsilon_{yy} = \varepsilon_{zz} = 0$) angenommen, wird die Dehnung $\varepsilon_{xx}$ die einzige Verschiebungsgröße sein.

Aus dem verallgemeinerten HOOKEschen Gesetz ergibt sich der Zusammenhang zwischen Spannung und Dehnung nach Gl. 1.31 mit

$$\sigma_{xx} = E \cdot \varepsilon_{xx}$$

Für die Spannung $\sigma_{xx}$ und die Dehnung $\varepsilon_{xx}$ gelten für den linear elastischen Zustand

$$\sigma_{xx} = \frac{F}{A} \qquad \text{und} \qquad \varepsilon_{xx} = \frac{\Delta l}{l},$$

eingesetzt in Gl. 1.31 und umgestellt nach dem Längenzuwachs $\Delta l$ ergibt sich

$$\Delta l = \frac{F \cdot l}{E \cdot A} = \frac{F}{\frac{E \cdot A}{l}} = \frac{F}{k_{St}} \tag{1.46}$$

Gl. 1.46 ermöglicht die Aussage, dass eine Längenänderung $\Delta l$ (Abb. 1.45.) direkt abhängig ist von der Kraft F - vorausgesetzt, der Elastizitätsmodul E, die Querschnittsfläche A und die Stablänge l bleiben konstant. Die Umstellung nach der Kraft F liefert auch die Umkehr - nämlich, zu einer Verschiebung $\Delta l$ gehört eine eindeutig zugeordnete Kraft F. Der Ausdruck für $k_{St}$ in der Form

$$k_{St} = \frac{F}{\Delta l}$$

lässt die Federkonstante eines linearen Federelementes erkennen. In anderer Form ist die Steifigkeit des Stabes mit

$$k_{St} = \frac{E \cdot A}{l}$$

beschrieben. Es stehen damit Größen zur Verfügung, die eine Analogie zur FE-Darstellung ermöglichen. Es gilt, das physikalische Strukturmodell in ein FEM-Rechenmodell zu überführen.

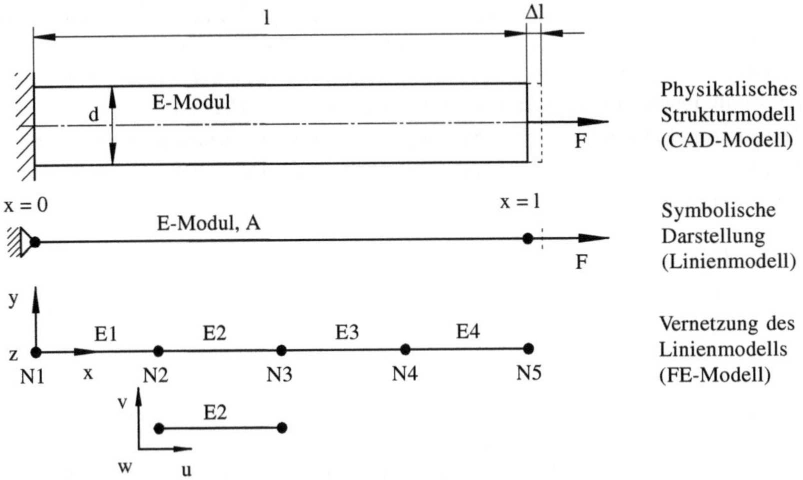


**Abb. 1.45.** Modellbildung am prismatischen Zugstab

Als Vorstufe für das FE-Modell ist die symbolische Darstellung (Abb. 1.45.) des Modells anzusehen. Mit dem Aufbringen von Elementen (Vernetzung) auf die Linie des Linienmodells erfolgt der Übergang zum FE-Modell. Für die geometrischen Angaben der Knotenkoordinaten wird das globale x-y-z-Koordinatensystem verwendet. Das Einzelelement ist im lokalen u-v-w-Koordinatensystem beschrieben.

Die Kennzeichnung bzw. Nummerierung von Elementen und Knoten wird in Abb. 1.46. gezeigt. Im globalen Koordinatensystem werden durch den Anwender die geometrischen Orte der Knoten und daraus folgend die Elemente festgelegt. An den Knoten $N_i$ können die Kräfte $Fx_i$ bzw. die Verschiebungen $Ux_i$ ausgewertet werden.

Für die Aufstellung des Berechnungsmodells bildet das lokale Koordinatensystem die Basis. Die Knotenkräfte und die Knotenverschiebungen am einzelnen Element sind durch die möglichen 2 Freiheitsgrade geprägt. Je ein Freiheitsgrad befindet sich am Anfangsknoten und am Endknoten der Elemente $E_i$ .

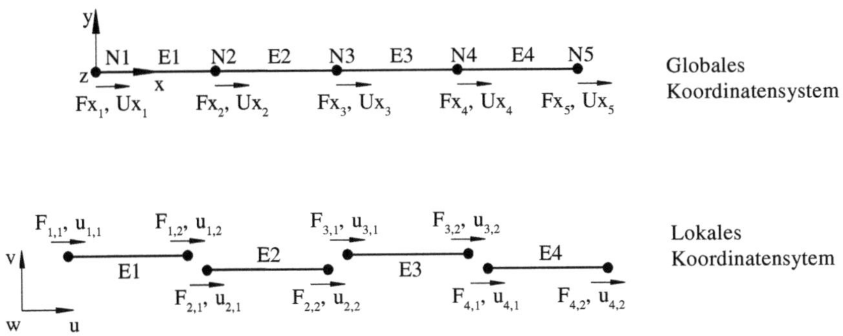


**Abb. 1.46.** Nummerierung von Elementen und Knoten im globalen und lokalen (elementweisen) Koordinatensystem für Stabelemente

Im unverformten Zustand sind die Koordinaten des globalen und lokalen (elementweisen) Koordinatensystems noch deckungsgleich. Die Änderung tritt ein, wenn es durch Belastungen zu Knotenverschiebungen kommt, die dann im u-v-w-Koordinatensystem als Daten der verformten Elementestruktur vorliegen.

Die Knotenverschiebungen $u_{i,1}$ am Anfangsknoten und die Knotenverschiebungen $u_{i,2}$ am Endknoten ergeben sich in Analogie zu Gl. 1.46 aus den Knotenkräften $F_{i,1}$ und den Knotenkräften $F_{i,2}$

$$u_{i,1} = \frac{F_{i,1} \cdot l_e}{E \cdot A} = \frac{F_{i,1}}{\frac{E \cdot A}{l_e}} = \frac{F_{i,1}}{k_e} \qquad u_{i,2} = \frac{F_{i,2} \cdot l_e}{E \cdot A} = \frac{F_{i,2}}{\frac{E \cdot A}{l_e}} = \frac{F_{i,2}}{k_e} \tag{1.47}$$

mit Querschnittsfläche A, Elastizitätsmodul E und Elementlänge $l_e$. Die Elementlänge $l_e$ wird über die x-Koordinaten im x-y-z-Koordinatensystem für den unverformten Zustand ermittelt. Für das freigeschnittene Stabelement E1 nach Abb. 1.46. lassen sich die FE-Beziehungen beschreiben über die Gleichgewichtsbedingung

$$F_{1,1} + F_{1,2} = 0\,,$$

wobei für $F_{1,1}$ und $F_{1,2}$ nach Gl. 1.47

$$F_{1,1} = k_e \cdot u_{1,1} \qquad\qquad F_{1,2} = k_e \cdot u_{1,2}$$

gilt. Das Kräftegleichgewicht kann durch Festhalten des Anfangsknotens (N1) und nachfolgend des Endknotens (N2) dargestellt werden (Abb. 1.47.). Wird Knoten N1 festgehalten, folgt

$$F_{1,1} - k_e \cdot u_{1,1} + k_e \cdot u_{1,2} = 0 \quad \text{mit} \quad F_{1,1} = k_e \cdot u_{1,1} - k_e \cdot u_{1,2} \tag{1.48}$$,

festhalten von Knoten N2 bringt

$$F_{1,2} + k_e \cdot u_{1,1} - k_e \cdot u_{1,2} = 0 \quad \text{mit} \quad F_{1,2} = -k_e \cdot u_{1,1} + k_e \cdot u_{1,2} \tag{1.49}$$.

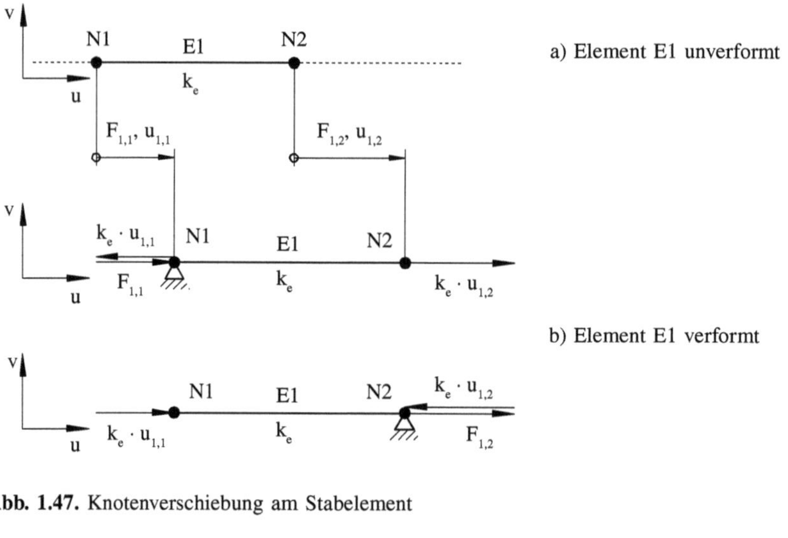


**Abb. 1.47.** Knotenverschiebung am Stabelement

- **Elementsteifigkeitsbeziehung für ein Stabelement**

Werden die Gl. 1.48 und 1.49 in Matrizenschreibweise (Gl.1.43a, 1.43b, 1.43c) zusammengefasst, entsteht die Elementsteifigkeitsbeziehung für ein Stabelement. Der Vektor der Knotenkräfte und der Vektor der Knotenverschiebungen ist über die Steifigkeitsmatrix des Stabelementes verbunden:

$$\begin{bmatrix} F_{1,1} \\ F_{1,2} \end{bmatrix} = \begin{bmatrix} k_e & -k_e \\ -k_e & k_e \end{bmatrix} \cdot \begin{bmatrix} u_{1,1} \\ u_{1,2} \end{bmatrix} \qquad (1.50),$$

$$\mathbf{F} = [k]_e \cdot \mathbf{u}$$

Die Steifigkeitsmatrix lässt sich auch formulieren mit

$$[k]_e = \frac{E \cdot A}{l_e} \cdot \begin{bmatrix} 1 & -1 \\ -1 & 1 \end{bmatrix} \quad \text{oder} \quad [k]_e = \begin{bmatrix} \frac{E \cdot A}{l_e} & -\frac{E \cdot A}{l_e} \\ -\frac{E \cdot A}{l_e} & \frac{E \cdot A}{l_e} \end{bmatrix} \qquad (1.51).$$

- **Anwendung des Stabelementes für einen prismatischen Zugstab**

Das physikalische Strukturmodell des prismatischen Zugstabes nach Abb. 1.45. ist zu einem Linienmodell vereinfacht worden. Die Linie kann den geometrischen Ort für ein einzelnes Stabelement bilden, für das der Rechenansatz nach Gl. 1.50 zutrifft. Die Steifigkeit $k_e$ ist durch den Elastizitätsmodul E, die Querschnittsfläche A und die Länge $l_e = l$ gegeben.

Als Randbedingungen sind die Lagerstelle $x = 0 = u_{1,1}$ sowie die Belastung $F = F_{1,2}$ bekannt. Eingesetzt ergibt sich

$$\begin{bmatrix} F_{1,1} \\ F \end{bmatrix} = \begin{bmatrix} k_e & -k_e \\ -k_e & k_e \end{bmatrix} \cdot \begin{bmatrix} 0 \\ u_{1,2} \end{bmatrix}, \quad \text{ausmultipliziert} \quad \begin{aligned} F_{1,1} &= k_e \cdot 0 - k_e \cdot u_{1,2} \\ F &= -k_e \cdot 0 + k_e \cdot u_{1,2} \end{aligned}$$

$$\text{und vereinfacht} \quad \begin{aligned} F_{1,1} &= -k_e \cdot u_{1,2} \\ F &= k_e \cdot u_{1,2} \end{aligned}$$

als Lösung der Gleichung die

$$\text{Verschiebung } u_{1,2} = \frac{F}{k_e}, \quad \text{die Lagerreaktionskraft } F_{1,1} = -k_e \cdot \frac{F}{k_e} = -F .$$

- **Steifigkeitsbeziehungen für ein System von Stabelementen**

Das FE-Modell in Abb. 1.45. zeigt eine Vernetzung des Zugstabes mit 4 Stabelementen. Eine solche Einteilung ist nur sinnvoll, wenn der Zugstab über seine Länge unterschiedliche Steifigkeiten aufweist. Die Steifigkeitsmatrix (Gl. 1.51) lässt verschiedene Möglichkeiten zu. Für das vorliegende Modell könnte nur der Elastizitätsmodul E als Variable auftreten, da der prismatische Zugstab konstante Querschnittsfläche A aufweist und auch die Elementlängen $l_e$ in gleicher Länge dargestellt sind.

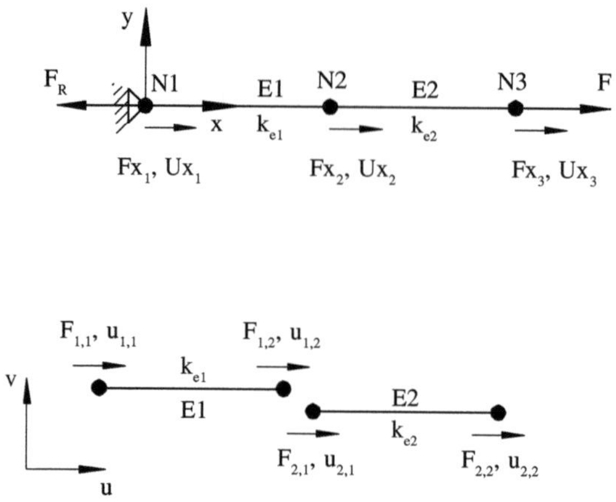


**Abb. 1.48.** FE-Modell eines Zugstabes mit 2 Stabelementen im globalen und lokalen Koordinatensystem

Im allgemeinen Fall könnte ein Stab mit Absätzen einfach über unterschiedliche Querschnitte A bei beliebigen Elementlängen $l_e$ definiert werden. Für eine Nutzung dieser Möglichkeiten muss allerdings der Übergang von der Elementsteifigkeitsbeziehung eines einzelnen Stabelementes zur Beschreibung eines Systems mehrerer verbundener Stabelemente geklärt werden.

Im Wesen sind dabei die Einzelsteifigkeitsmatrizen zu einer Gesamtsteifigkeitsmatrix des Systems zu verknüpfen. Die Verbindung erfolgt über den Vergleich von mehrfach belegten Freiheitsgraden über eine Verknüpfungsmatrix. Die lokalen Freiheitsgrade werden den globalen Freiheitsgraden zugeordnet.

Am Beispiel eines Zugstabes mit 2 Stabelementen wird die Verfahrensweise gezeigt (Abb. 1.48.). Im lokalen Koordinatensystem sind beide Elemente durch die Elementsteifigkeitsbeziehung nach Gleichung 1.50 beschrieben.

Element E1:
$$\begin{bmatrix} F_{1,1} \\ F_{1,2} \end{bmatrix} = \begin{bmatrix} k_{e1} & -k_{e1} \\ -k_{e1} & k_{e1} \end{bmatrix} \cdot \begin{bmatrix} u_{1,1} \\ u_{1,2} \end{bmatrix}$$

Element E2:
$$\begin{bmatrix} F_{2,1} \\ F_{2,2} \end{bmatrix} = \begin{bmatrix} k_{e2} & -k_{e2} \\ -k_{e2} & k_{e2} \end{bmatrix} \cdot \begin{bmatrix} u_{2,1} \\ u_{2,2} \end{bmatrix}$$

Aus diesen Steifigkeitsbeziehungen ergeben sich 4 Gleichungen.

Gl. I: $F_{1,1} = k_{e1} \cdot u_{1,1} - k_{e1} \cdot u_{1,2}$

Gl. II: $F_{1,2} = - k_{e1} \cdot u_{1,1} + k_{e1} \cdot u_{1,2}$

Gl. III: $F_{2,1} = k_{e2} \cdot u_{2,1} - k_{e2} \cdot u_{2,2}$

Gl. IV: $F_{1,2} = - k_{e2} \cdot u_{2,1} + k_{e2} \cdot u_{2,2}$

Während Gl. I den Knoten N1 und Gl. IV den Knoten N3 definiert, wird Knoten N2 durch 2 Gleichungen (Gl. II und Gl. III) dargestellt.

Da am Knoten N2 als Verschiebung nur

$$u_{1,2} = u_{2,1} = Ux_2$$

gelten kann und weiterhin an jeder Stelle des Stabes die inneren Kräfte im Gleichgewicht sind, so dass am Knoten N2 auch

$$F_{1,2} + F_{2,1} = 0$$

vorliegt, können durch Einsetzen die Gl. II und Gl. III zusammengefasst werden zur Verknüpfungsgleichung

$$0 = -k_{e1} \cdot u_{1,1} + (k_{e1} + k_{e2}) \cdot Ux_2 - k_{e2} \cdot u_{2,2} \; .$$

Die Verknüpfungsmatrix nimmt dann im globalen Koordinatensystem die allgemeine Form

$$\begin{bmatrix} Fx_1 \\ Fx_2 \\ Fx_3 \end{bmatrix} = \begin{bmatrix} k_{e1} & -k_{e1} & 0 \\ -k_{e1} & k_{e1} + k_{e2} & -k_{e2} \\ 0 & -k_{e2} & k_{e2} \end{bmatrix} \cdot \begin{bmatrix} Ux_1 \\ Ux_2 \\ Ux_3 \end{bmatrix} \tag{1.52}$$

an. Die Struktur der Gesamtsteifigkeitsmatrix zeigt über die Verknüpfung $k_{e1} + k_{e2}$ die Verbindung der beiden Elemente. Weiterhin ist erkennbar der symmetrische und quadratische Aufbau sowie die positive Belegung der Hauptdiagonalen . An der Spalten- bzw. Zeilenanzahl ist die Zahl der Freiheitsgrade - im vorliegendem Fall insgesamt 3 - abzulesen.

- **Anwendung für ein System von 2 Stabelementen**

Für den Zugstab aus 2 Stabelementen (Abb. 1.48.) wird die Matrix nach Gl. 1.52 verwendet. Als Randbedingungen sind anzusetzen für

$Fx_1 = F_R$ - die Kraft am Knoten N1 entspricht der Lagerreaktionskraft $F_R$,
$Fx_2 = 0$ - die inneren Kräfte befinden sich im Gleichgewichtszustand,
$Fx_3 = F$ - die Kraft am Knoten N3 entspricht der äußeren Kraft F,
$Ux_1 = 0$ - die Lagerstelle lässt keine Verschiebung des Knotens N1 zu.

Die Matrix nimmt die Form

$$\begin{bmatrix} F_R \\ 0 \\ F \end{bmatrix} = \begin{bmatrix} k_{e1} & -k_{e1} & 0 \\ -k_{e1} & k_{e1} + k_{e2} & -k_{e2} \\ 0 & -k_{e2} & k_{e2} \end{bmatrix} \cdot \begin{bmatrix} 0 \\ Ux_2 \\ Ux_3 \end{bmatrix}$$

an, aufgeteilt in

$$[F_R] = [-k_{e1} \quad 0] \cdot \begin{bmatrix} Ux_2 \\ Ux_3 \end{bmatrix} \quad \text{und} \quad \begin{bmatrix} 0 \\ F \end{bmatrix} = \begin{bmatrix} k_{e1} + k_{e2} & -k_{e2} \\ -k_{e2} & k_{e2} \end{bmatrix} \cdot \begin{bmatrix} Ux_2 \\ Ux_3 \end{bmatrix}$$

folgt für

$$F_R = -k_{e1} \cdot Ux_2 \qquad Ux_2 = \frac{F}{k_{e1}} \; ; \; Ux_3 = \frac{k_{e1} + k_{e2}}{k_{e2}} \cdot Ux_2 \; .$$

## • Anwendung für ein System von 4 Stabelementen

Für den Zugstab mit 4 Elementen (Abb. 1.49.) gilt prinzipiell die gleiche Vorgehensweise wie beim Zugstab mit 2 Elementen. Es tritt lediglich die Gesetzmäßigkeit bei der Generierung der Gesamtsteifigkeitsmatrix und der Beziehung zwischen Verschiebungsvektor und Kraftvektor deutlicher hervor.

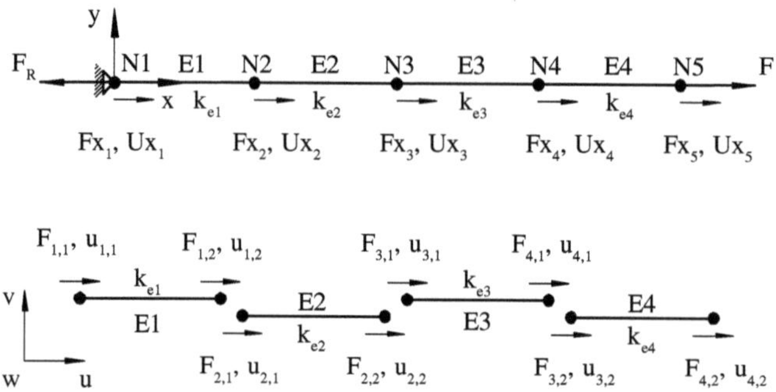


**Abb. 1.49.** FE-Modell eines Zugstabes mit 4 Stabelementen im globalen und lokalen Koordinatensystem

Es wird die Struktur der Gl. 1.52 zugrunde gelegt und auf 4 Elemente erweitert. Auf die Matrix

$$\begin{bmatrix} Fx_1 \\ Fx_2 \\ Fx_3 \\ Fx_4 \\ Fx_5 \end{bmatrix} = \begin{bmatrix} k_{e1} & -k_{e1} & 0 & 0 & 0 \\ -k_{e1} & k_{e1}+k_{e2} & -k_{e2} & 0 & 0 \\ 0 & -k_{e2} & k_{e2}+k_{e3} & -k_{e3} & 0 \\ 0 & 0 & -k_{e3} & k_{e3}+k_{e4} & -k_{e4} \\ 0 & 0 & 0 & -k_{e4} & k_{e4} \end{bmatrix} \cdot \begin{bmatrix} Ux_1 \\ Ux_2 \\ Ux_3 \\ Ux_4 \\ Ux_5 \end{bmatrix}$$

werden die Randbedingungen angewendet:

$Fx_1 = F_R$ - die Kraft am Knoten N1 entspricht der Lagerreaktionskraft $F_R$,
$Fx_2 = Fx_3 = Fx_4 = 0$ - die inneren Kräfte befinden sich im Gleichgewichtszustand,
$Fx_5 = F$ - die Kraft am Knoten N3 entspricht der äußeren Kraft F,
$Ux_1 = 0$ - die Lagerstelle lässt keine Verschiebung des Knotens N1 zu.

$$\begin{bmatrix} F_R \\ 0 \\ 0 \\ 0 \\ F \end{bmatrix} = \begin{bmatrix} k_{e1} & -k_{e1} & 0 & 0 & 0 \\ -k_{e1} & k_{e1}+k_{e2} & -k_{e2} & 0 & 0 \\ 0 & -k_{e2} & k_{e2}+k_{e3} & -k_{e3} & 0 \\ 0 & 0 & -k_{e3} & k_{e3}+k_{e4} & -k_{e4} \\ 0 & 0 & 0 & -k_{e4} & k_{e4} \end{bmatrix} \cdot \begin{bmatrix} 0 \\ Ux_2 \\ Ux_3 \\ Ux_4 \\ Ux_5 \end{bmatrix}$$

Damit stehen den 5 unbekannten Größen 5 Gleichungen gegenüber. Die Lösung des Gleichungssystems führt zu den Verschiebungen

$$Ux_2 = \frac{F}{k_{e1}}; \; Ux_3 = \frac{F}{k_{e2}} + Ux_2 \; ; \; Ux_4 = \frac{F}{k_{e3}} + Ux_3 \; ; \; Ux_5 = \frac{F}{k_{e4}} + Ux_4 \; .$$

### 1.3.2.2 Fachwerke

Bei den Modellen des Zugstabes wurde als selbstverständlich angenommen, dass das globale und das lokale (elementbezogene) Koordinatensystem in deckungsgleicher Ausrichtung vorliegen. Entlang der Elementachse wurde die u-Achse ebenso wie die x-Achse ausgerichtet. Für diese Anordnungen gelten somit auch die Element- und Gesamtsteifigkeitsmatrizen.

Nimmt ein Stabelement wie beispielsweise bei Fachwerkstäben eine beliebige Lage in der Ebene ein, müssen seine Knotenverschiebungen in die Richtungen des globalen Koordinatensystems zerlegt werden. Dieser Übergang zum globalen Koordinatensystem wird durch Koordinatentransformationsmatrizen erreicht.

Das Stabelement nach Abb. 1.50. ist über die Knoten N1 und N2 im globalen x-y-Koordinatensystem generiert. Die Verschiebungen der Knoten $u_{1,1}$ und $u_{1,2}$ im lokalen u-v-Koordinatensystem lassen sich in die Komponenten $u_{1,1\,x}$, $u_{1,1\,y}$, $u_{1,2\,x}$, $u_{1,2\,y}$ zerlegen. Der Winkel $\varphi$ gibt die Verdrehung zwischen der globalen x-Achse und der lokalen u-Achse an. Die Verschiebungen $u_{1,1}$ und $u_{1,2}$ können damit ausgedrückt werden durch

$$\begin{aligned} u_{1,1} &= u_{1,1x} \cdot \cos\varphi + u_{1,1y} \cdot \sin\varphi \\ u_{1,2} &= u_{1,2x} \cdot \cos\varphi + u_{1,2y} \cdot \sin\varphi \end{aligned}$$

oder als Matrix

$$\begin{bmatrix} u_{1,1} \\ u_{1,2} \end{bmatrix} = \begin{bmatrix} \cos\varphi & \sin\varphi & 0 & 0 \\ 0 & 0 & \cos\varphi & \sin\varphi \end{bmatrix} \cdot \begin{bmatrix} u_{1,1x} \\ u_{1,1y} \\ u_{1,2x} \\ u_{1,2y} \end{bmatrix} \qquad (1.53).$$

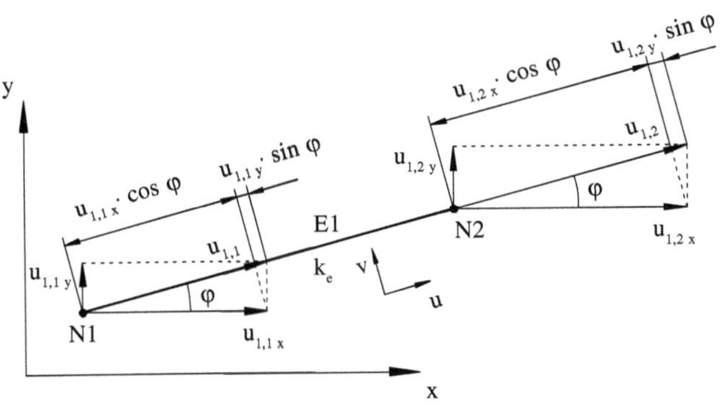


**Abb. 1.50.** Transformation der Verschiebungen

Die Transformation ist noch unvollständig. Transformationen sind für Knotenverschiebungen und für Knotenkräfte notwendig. Für die Knotenkräfte gelten analoge Bedingungen, so dass die Transformationsbeziehung lautet

$$F_{1,1} = F_{1,1x} \cdot \cos\varphi + F_{1,1y} \cdot \sin\varphi$$
$$F_{1,2} = F_{1,2x} \cdot \cos\varphi + F_{1,2y} \cdot \sin\varphi$$

oder als Matrix

$$\begin{bmatrix} F_{1,1} \\ F_{1,2} \end{bmatrix} = \begin{bmatrix} \cos\varphi & \sin\varphi & 0 & 0 \\ 0 & 0 & \cos\varphi & \sin\varphi \end{bmatrix} \cdot \begin{bmatrix} F_{1,1x} \\ F_{1,1y} \\ F_{1,2x} \\ F_{1,2y} \end{bmatrix} \tag{1.54}$$

Die Elementsteifigkeitsbeziehung (Gl. 1.50) für das Stabelement mit gleicher Lage von u-Achse und x-Achse ist gegeben mit

$$\begin{bmatrix} F_{1,1} \\ F_{1,2} \end{bmatrix} = \begin{bmatrix} k_e & -k_e \\ -k_e & k_e \end{bmatrix} \cdot \begin{bmatrix} u_{1,1} \\ u_{1,2} \end{bmatrix}$$

bzw.

$$F_{1,1} = k_e \cdot u_{1,1} - k_e \cdot u_{1,2}$$
$$F_{1,2} = -k_e \cdot u_{1,1} + k_e \cdot u_{1,2}$$

Für die Transformations-Steifigkeitsmatrix, die die Verdrehung des Stabelementes berücksichtigt, sind die x-y-Komponenten der Knotenverschiebungen und Knotenkräfte zu nutzen. Die Komponenten der Knotenkräfte (Abb. 1.51.) ergeben sich zu

$$F_{1,1x} = F_{1,1} \cdot \cos\varphi, \; F_{1,1y} = F_{1,1} \cdot \sin\varphi$$
$$F_{1,2x} = F_{1,2} \cdot \cos\varphi, \; F_{1,2y} = F_{1,2} \cdot \sin\varphi \tag{1.55}$$

In die Elementsteifigkeitsbeziehung nach Gl. 1.50 kann $u_{1,1}$ und $u_{1,2}$ nach Gl. 1.53 eingesetzt werden.

$$F_{1,1} = k_e \cdot u_{1,1} - k_e \cdot u_{1,2} = k_e \cdot (u_{1,1} - u_{1,2})$$
$$F_{1,1} = k_e \cdot (u_{1,1x} \cdot \cos\varphi + u_{1,1y} \cdot \sin\varphi - u_{1,2x} \cdot \cos\varphi - u_{1,2y} \cdot \sin\varphi) \tag{1.55 a}$$

$$F_{1,2} = -k_e \cdot u_{1,1} + k_e \cdot u_{1,2} = k_e \cdot (-u_{1,1} + u_{1,2})$$
$$F_{1,2} = k_e \cdot (-u_{1,1x} \cdot \cos\varphi - u_{1,1y} \cdot \sin\varphi + u_{1,2x} \cdot \cos\varphi + u_{1,2y} \cdot \sin\varphi) \tag{1.55 b}$$

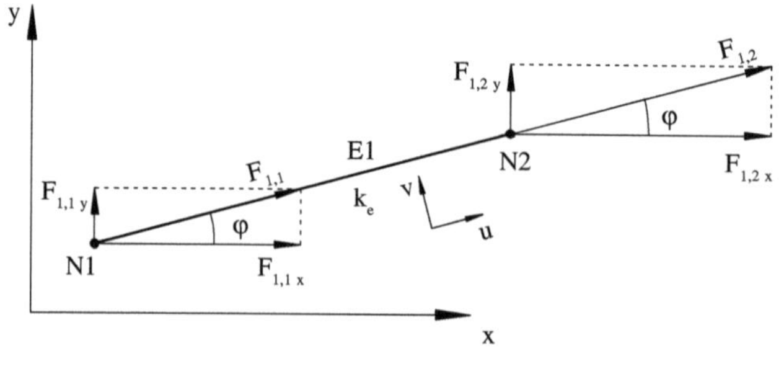


**Abb. 1.51.** Komponenten der Knotenkräfte

- **Elementsteifigkeitsbeziehung für ein Stabelement in beliebiger Lage**

In den Gleichungen für die Komponenten der Knotenkräfte (Gl. 1.55) können jetzt die Knotenkräfte $F_{1,1}$ und $F_{1,2}$ ersetzt werden durch die Beziehungen nach Gl. 1.55 a und Gl. 1.55 b. Es entstehen damit für die 2 Freiheitsgrade am Stabanfang und am Stabende die 4 Gleichungen

$$F_{1,1x} = k_e \cdot (u_{1,1x} \cdot \cos^2 \varphi + u_{1,1y} \cdot \sin \varphi \cdot \cos \varphi - u_{1,2x} \cdot \cos^2 \varphi - u_{1,2y} \cdot \sin \varphi \cdot \cos \varphi)$$

$$F_{1,1y} = k_e \cdot (u_{1,1x} \cdot \sin \varphi \cdot \cos \varphi + u_{1,1y} \cdot \sin^2 \varphi - u_{1,2x} \cdot \sin \varphi \cdot \cos \varphi - u_{1,2y} \cdot \sin^2 \varphi)$$

$$F_{1,2x} = k_e \cdot (-u_{1,1x} \cdot \cos^2 \varphi - u_{1,1y} \cdot \sin \varphi \cdot \cos \varphi + u_{1,2x} \cdot \cos^2 \varphi + u_{1,2y} \cdot \sin \varphi \cdot \cos \varphi)$$

$$F_{1,2y} = k_e \cdot (-u_{1,1x} \cdot \sin \varphi \cdot \cos \varphi - u_{1,1y} \cdot \sin^2 \varphi + u_{1,2x} \cdot \sin \varphi \cdot \cos \varphi + u_{1,2y} \cdot \sin^2 \varphi)$$

und als Matrix

$$\begin{bmatrix} F_{1,1x} \\ F_{1,1y} \\ F_{1,2x} \\ F_{1,2y} \end{bmatrix} = k_e \cdot \begin{bmatrix} \cos^2 \varphi & \sin \varphi \cdot \cos \varphi & -\cos^2 \varphi & -\sin \varphi \cdot \cos \varphi \\ \sin \varphi \cdot \cos \varphi & \sin^2 \varphi & -\sin \varphi \cdot \cos \varphi & -\sin^2 \varphi \\ -\cos^2 \varphi & -\sin \varphi \cdot \cos \varphi & \cos^2 \varphi & \sin \varphi \cdot \cos \varphi \\ -\sin \varphi \cdot \cos \varphi & -\sin^2 \varphi & \sin \varphi \cdot \cos \varphi & \sin^2 \varphi \end{bmatrix} \cdot \begin{bmatrix} u_{1,1x} \\ u_{1,1y} \\ u_{1,2x} \\ u_{1,2y} \end{bmatrix}$$

$$\mathbf{F} = k_e \cdot [\mathbf{T}] \cdot \mathbf{u} \qquad (1.56).$$

Das Kraft-Verschiebungsverhalten von Kraftvektor **F** und Verschiebungsvektor **u** eines einzelnen Stabelementes in beliebiger Lage wird ausgedrückt. Das Produkt aus Steifigkeit $k_e$ des Stabes und Transformationsmatrix [**T**] bildet die Elementesteifigkeitsmatrix.

- **Anwendung der Elementsteifigkeitsbeziehung im ebenen Fachwerk**

Ein Fachwerk erfüllt eine Finite-Elemente-Struktur in besonderer Weise. Die Stäbe können Zug- und Druckkräfte nur in Normalenrichtung aufnehmen und entsprechen damit einem finiten Stabelement. Die Verbindungsstellen der Fachwerkstäbe als reibfrei idealisierte Gelenke werden von den Knoten des finiten Stabelementes übernommen. Damit kann aus dem Fachwerk unmittelbar ein Finite-Elemente-Modell generiert werden.

Schritte zur Bearbeitung des Modells:

1. Stabelemente und Knoten nummerieren,
2. Stabelementen positive lokale Richtungen vorgeben
   (positiv ist von kleinerer zu größerer Knotennummer),
3. Bildung der Elementsteifigkeitsbeziehungen im lokalen Koordinatensystem,
4. Einbau der Elementsteifigkeitsmatrizen in die Gesamtsteifigkeitsmatrix,
5. Einbau der Belastungen und Lagerungen in das Gesamtgleichungssystem,
6. Lösung des linearen Gesamtgleichungssystems.

Ein Fachwerk mit 3 Knoten und 3 Elementen (Abb. 1.52.) wird verwendet, um die Vorgehensweise und den Ablauf bei der Anwendung der Elementsteifigkeitsbeziehungen von Stabelementen in beliebiger Lage zu dokumentieren.

Die Nummerierung der Stabelemente und der Knoten ist dem Anwender überlassen. Eine fortlaufende Zählfolge sollte eingehalten werden. Die Ausrichtung der lokalen Koordinatensysteme der 3 Elemente ist durch die Darstellung der u-v-Achsen symbolisch gezeigt und verläuft von der kleineren zur größeren Knotennummer.

Die Elementsteifigkeitsbeziehung nach Gl. 1.56 beschreibt das Stabelement in beliebiger Lage in der Ebene. Bei der Schreibweise der Koeffizienten der Matrix werden bereits die Funktionswerte der sin- bzw. cos- Funktion eingesetzt. Die Elementsteifigkeitsbeziehung lautet für

Stabelement E1 mit $\varphi = 90°$ ($\sin\varphi = 1$, $\cos\varphi = 0$)

$$\begin{bmatrix} F_{1,1x} \\ F_{1,1y} \\ F_{1,2x} \\ F_{1,2y} \end{bmatrix} = k_{e1} \cdot \begin{bmatrix} 0 & 0 & 0 & 0 \\ 0 & 1 & 0 & -1 \\ 0 & 0 & 0 & 0 \\ 0 & -1 & 0 & 1 \end{bmatrix} \cdot \begin{bmatrix} u_{1,1x} \\ u_{1,1y} \\ u_{1,2x} \\ u_{1,2y} \end{bmatrix} = \begin{bmatrix} 0 & 0 & 0 & 0 \\ 0 & k_{e1} & 0 & -k_{e1} \\ 0 & 0 & 0 & 0 \\ 0 & -k_{e1} & 0 & k_{e1} \end{bmatrix} \cdot \begin{bmatrix} u_{1,1x} \\ u_{1,1y} \\ u_{1,2x} \\ u_{1,2y} \end{bmatrix} \quad (1.57),$$

Stabelement E2 mit $\varphi = 0°$ ($\sin\varphi = 0$, $\cos\varphi = 1$)

$$\begin{bmatrix} F_{2,1x} \\ F_{2,1y} \\ F_{2,2x} \\ F_{2,2y} \end{bmatrix} = k_{e2} \cdot \begin{bmatrix} 1 & 0 & -1 & 0 \\ 0 & 0 & 0 & 0 \\ -1 & 0 & 1 & 0 \\ 0 & 0 & 0 & 0 \end{bmatrix} \cdot \begin{bmatrix} u_{2,1x} \\ u_{2,1y} \\ u_{2,2x} \\ u_{2,2y} \end{bmatrix} = \begin{bmatrix} k_{e2} & 0 & -k_{e2} & 0 \\ 0 & 0 & 0 & 0 \\ -k_{e2} & 0 & k_{e2} & 0 \\ 0 & 0 & 0 & 0 \end{bmatrix} \cdot \begin{bmatrix} u_{2,1x} \\ u_{2,1y} \\ u_{2,2x} \\ u_{2,2y} \end{bmatrix} \quad (1.58),$$

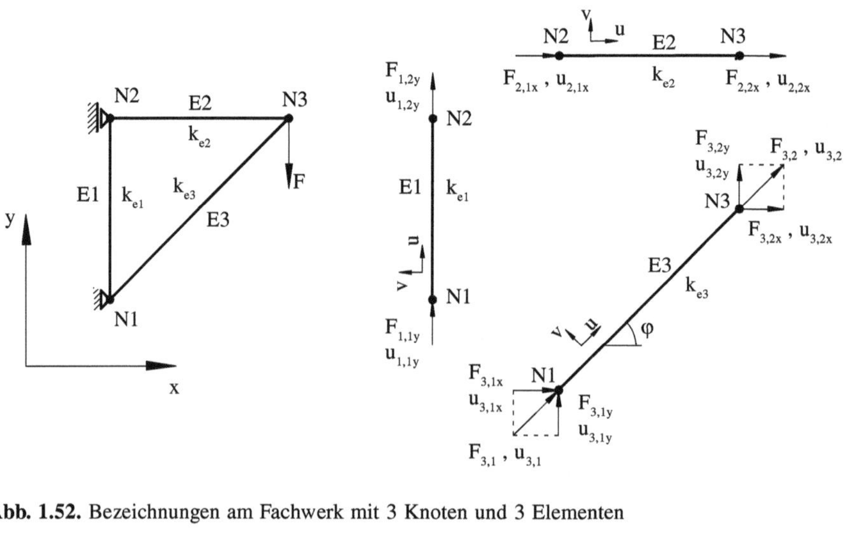


**Abb. 1.52.** Bezeichnungen am Fachwerk mit 3 Knoten und 3 Elementen

Stabelement E3 mit $\varphi = 45°$ ($\sin\varphi = \cos\varphi = 0{,}5\cdot\sqrt{2}$) und $k_{e3}$

$$\begin{bmatrix} F_{3,1x} \\ F_{3,1y} \\ F_{3,2x} \\ F_{3,2y} \end{bmatrix} = \begin{bmatrix} 0{,}5\cdot k_{e3} & 0{,}5\cdot k_{e3} & -0{,}5\cdot k_{e3} & -0{,}5\cdot k_{e3} \\ 0{,}5\cdot k_{e3} & 0{,}5\cdot k_{e3} & -0{,}5\cdot k_{e3} & -0{,}5\cdot k_{e3} \\ -0{,}5\cdot k_{e3} & -0{,}5\cdot k_{e3} & 0{,}5\cdot k_{e3} & 0{,}5\cdot k_{e3} \\ -0{,}5\cdot k_{e3} & -0{,}5\cdot k_{e3} & 0{,}5\cdot k_{e3} & 0{,}5\cdot k_{e3} \end{bmatrix} \cdot \begin{bmatrix} u_{3,1x} \\ u_{3,1y} \\ u_{3,2x} \\ u_{3,2y} \end{bmatrix} \qquad (1.59).$$

Mit der Generierung der Matrizen der einzelnen Stabelemente ist erreicht worden, dass die verschiedenen Richtungen der Einzelstäbe auf ein gemeinsames, das globale Koordinatensystem, ausgerichtet sind. Der Zusammenbau der Elemente, d. h. das Zusammenführen der Matrizen, erklärt sich über das Verbinden der Knoten der betroffenen Elemente.

Die Gesamtsteifigkeitsmatrix entsteht durch Addition der Elementsteifigkeitsmatrizen in Analogie zum Ablauf nach Gl. 1.52. Der Einbau der einzelnen Elemente berücksichtigt jetzt neben der x-Koordinate die zusätzliche y-Koordinate. Dazu kommt, dass bei Fachwerken mehr als nur 2 Stabelemente aus verschiedenen Richtungen an einem Knoten auftreten können. An einem solchen Knoten erscheint dann die Summe aller Steifigkeiten der wirkenden Stäbe.

Einsetzen des Stabelementes E1 (verbindet N1 und N2)

$$\begin{bmatrix} Fx_1 \\ Fy_1 \\ Fx_2 \\ Fy_2 \\ Fx_3 \\ Fy_3 \end{bmatrix} = \begin{bmatrix} \mathbf{0} & \mathbf{0} & \mathbf{0} & \mathbf{0} & 0 & 0 \\ \mathbf{0} & \mathbf{k_{e1}} & \mathbf{0} & -\mathbf{k_{e1}} & 0 & 0 \\ \mathbf{0} & \mathbf{0} & \mathbf{0} & \mathbf{0} & 0 & 0 \\ \mathbf{0} & -\mathbf{k_{e1}} & \mathbf{0} & \mathbf{k_{e1}} & 0 & 0 \\ 0 & 0 & 0 & 0 & 0 & 0 \\ 0 & 0 & 0 & 0 & 0 & 0 \end{bmatrix} \cdot \begin{bmatrix} Ux_1 \\ Uy_1 \\ Ux_2 \\ Uy_2 \\ Ux_3 \\ Uy_3 \end{bmatrix} \qquad (1.60),$$

einsetzen des Stabelementes E2 (verbindet N2 und N3)

$$\begin{bmatrix} Fx_1 \\ Fy_1 \\ Fx_2 \\ Fy_2 \\ Fx_3 \\ Fy_3 \end{bmatrix} = \begin{bmatrix} 0 & 0 & 0 & 0 & 0 & 0 \\ 0 & 0 & 0 & 0 & 0 & 0 \\ 0 & 0 & \mathbf{k_{e2}} & \mathbf{0} & -\mathbf{k_{e2}} & \mathbf{0} \\ 0 & 0 & \mathbf{0} & \mathbf{0} & \mathbf{0} & \mathbf{0} \\ 0 & 0 & -\mathbf{k_{e2}} & \mathbf{0} & \mathbf{k_{e2}} & \mathbf{0} \\ 0 & 0 & \mathbf{0} & \mathbf{0} & \mathbf{0} & \mathbf{0} \end{bmatrix} \cdot \begin{bmatrix} Ux_1 \\ Uy_1 \\ Ux_2 \\ Uy_2 \\ Ux_3 \\ Uy_3 \end{bmatrix} \qquad (1.61).$$

In der Gesamtsteifigkeitsmatrix belegen die Einzelsteifigkeitsmatrizen die Plätze, die durch die verbindenden Knoten vorgegeben sind. Die nicht beteiligten Knoten erscheinen in der Matrix mit Null.

Einsetzen des Stabelementes E3 (verbindet N1 und N3)

$$\begin{bmatrix} Fx_1 \\ Fy_1 \\ Fx_2 \\ Fy_2 \\ Fx_3 \\ Fy_3 \end{bmatrix} = \begin{bmatrix} \mathbf{0{,}5 \cdot k_{e3}} & \mathbf{0{,}5 \cdot k_{e3}} & 0 & 0 & \mathbf{-0{,}5 \cdot k_{e3}} & \mathbf{-0{,}5 \cdot k_{e3}} \\ \mathbf{0{,}5 \cdot k_{e3}} & \mathbf{0{,}5 \cdot k_{e3}} & 0 & 0 & \mathbf{-0{,}5 \cdot k_{e3}} & \mathbf{-0{,}5 \cdot k_{e3}} \\ 0 & 0 & 0 & 0 & 0 & 0 \\ 0 & 0 & 0 & 0 & 0 & 0 \\ \mathbf{-0{,}5 \cdot k_{e3}} & \mathbf{-0{,}5 \cdot k_{e3}} & 0 & 0 & \mathbf{0{,}5 \cdot k_{e3}} & \mathbf{0{,}5 \cdot k_{e3}} \\ \mathbf{-0{,}5 \cdot k_{e3}} & \mathbf{-0{,}5 \cdot k_{e3}} & 0 & 0 & \mathbf{0{,}5 \cdot k_{e3}} & \mathbf{0{,}5 \cdot k_{e3}} \end{bmatrix} \cdot \begin{bmatrix} Ux_1 \\ Uy_1 \\ Ux_2 \\ Uy_2 \\ Ux_3 \\ Uy_3 \end{bmatrix} \quad (1.62).$$

Die Addition der Steifigkeitsmatrizen der 3 Elemente (Gl. 1.60 bis 1.62) liefert die Gesamtsteifigkeitsmatrix $K_{ges}$ des Stabwerkes:

$$\begin{bmatrix} \mathbf{0{,}5 \cdot k_{e3}} & 0{,}5 \cdot k_{e3} & 0 & 0 & -0{,}5 \cdot k_{e3} & -0{,}5 \cdot k_{e3} \\ 0{,}5 \cdot k_{e3} & \mathbf{k_{e1} + 0{,}5 \cdot k_{e3}} & 0 & -k_{e1} & -0{,}5 \cdot k_{e3} & -0{,}5 \cdot k_{e3} \\ 0 & 0 & \mathbf{k_{e2}} & 0 & -k_{e2} & 0 \\ 0 & -k_{e1} & 0 & \mathbf{k_{e1}} & 0 & 0 \\ -0{,}5 \cdot k_{e3} & -0{,}5 \cdot k_{e3} & -k_{e2} & 0 & \mathbf{k_{e2} + 0{,}5 \cdot k_{e3}} & 0{,}5 \cdot k_{e3} \\ -0{,}5 \cdot k_{e3} & -0{,}5 \cdot k_{e3} & 0 & 0 & 0{,}5 \cdot k_{e3} & \mathbf{0{,}5 \cdot k_{e3}} \end{bmatrix}$$

Da die Generierung der Gesamtsteifigkeitsmatrix $K_{ges}$ aus den symmetrischen Steifigkeitsmatrizen der Einzelelemente abgeleitet wird, muss die Gesamtsteifigkeitsmatrix $K_{ges}$ ebenfalls symmetrisch sein. Als Schema lässt sich erkennen, dass die Werte der Hauptdiagonalen der Einzelelemente auf der Hauptdiagonale der Gesamtsteifigkeitsmatrix $K_{ges}$ erscheinen.

Sind die Werte der Hauptdiagonalen positiv, liegt eine mechanisch stabile Struktur vor. Negative Werte bzw. Null stehen für eine mechanisch instabile Struktur. Sie zeigen an, dass an diesen Stellen keine Steifigkeiten existieren bzw. die Stabanordnung des Modells keine Freiheitsgrade zulässt.

In das Gesamtgleichungssystem werden Belastungen und Lagerungen eingebaut. Diese Randbedingungen sind aus dem Modell abzuleiten (Abb. 1.53.). Die kon-

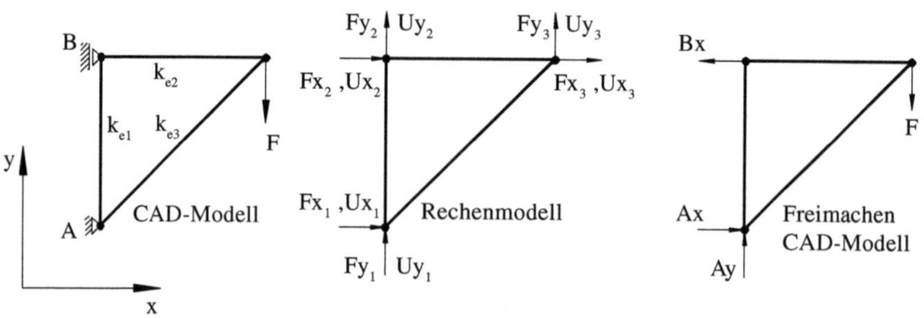


**Abb. 1.53.** Zur Vorgehensweise beim Einbau der Randbedingungen

struktiven Vorgaben des CAD-Modells sehen im Lager A eine Festlagerung und im Lager B eine Loslagerung vor. Das Rechenmodell wird durch die allgemeinen Kraft- und Verschiebungsvektoren definiert. Mit der vereinfachten Darstellung der Gesamtsteifigkeitsmatrix $K_{ges}$ ergibt sich aus

$$\begin{bmatrix} Fx_1 \\ Fy_1 \\ Fx_2 \\ Fy_2 \\ Fx_3 \\ Fy_3 \end{bmatrix} = \left[K_{ges}\right] \cdot \begin{bmatrix} Ux_1 \\ Uy_1 \\ Ux_2 \\ Uy_2 \\ Ux_3 \\ Uy_3 \end{bmatrix} \quad \text{der Lösungsansatz} \quad \begin{bmatrix} Fx_1 \\ Fy_1 \\ Fx_2 \\ 0 \\ 0 \\ -F \end{bmatrix} = \left[K_{ges}\right] \cdot \begin{bmatrix} 0 \\ 0 \\ 0 \\ Uy_2 \\ Ux_3 \\ Uy_3 \end{bmatrix} .$$

Im Kraftvektor bleiben als unbekannte Kräfte $Fx_1$, $Fy_1$ und $Fx_2$ erhalten. Die Kraft $Fy_2$ entfällt wegen der Loslagerung, eine Kraft $Fx_3$ liegt nicht vor und $Fy_3 = -F$. Im Verschiebungsvektor sind die Verschiebungen $Uy_2$, $Ux_3$ und $Uy_3$ unbekannt. An den Lagerstellen gilt $Ux_1 = Uy_1 = Ux_2 = 0$.

Bei der Lösung des linearen Gesamtgleichungssystems sind die unbekannten Verschiebungen zu ermitteln. Die Verschiebung $Uy_2$ nimmt in der Gesamtsteifigkeitsmatrix mit $0 = k_{e1} \cdot Uy_2$ den Wert 0 an. Für die unbekannten Verschiebungen des Knotens N3 ergibt sich aus den unteren beiden Zeilen die Matrix

$$\begin{bmatrix} 0 \\ -F \end{bmatrix} = \begin{bmatrix} k_{e2} + 0{,}5 \cdot k_{e3} & 0{,}5 \cdot k_{e3} \\ 0{,}5 \cdot k_{e3} & 0{,}5 \cdot k_{e3} \end{bmatrix} \cdot \begin{bmatrix} U_{x3} \\ U_{y3} \end{bmatrix}$$

mit den Lösungen

$$U_{x3} = \frac{F}{k_{e2}} \qquad U_{y3} = -\frac{F \cdot \left(1 + 0{,}5 \cdot \dfrac{k_{e3}}{k_{e2}}\right)}{0{,}5 \cdot k_{e3}} .$$

Die unbekannten Kräfte $Fx_1$, $Fy_1$ und $Fx_2$ können jetzt unmittelbar durch Einsetzen der ermittelten Verschiebungen in die Gleichungen des Gesamtsystems bestimmt werden.

$$\begin{aligned} Ax = Fx_1 &= -0{,}5 \cdot k_{e3} \cdot Ux_3 - 0{,}5 \cdot k_{e3} \cdot Uy_3 \\ Ay = Fy_1 &= -0{,}5 \cdot k_{e3} \cdot Ux_3 - 0{,}5 \cdot k_{e3} \cdot Uy_3 \\ Bx = Fx_2 &= -k_{e2} \cdot Ux_3 \end{aligned}$$

Durch die einfache Geometrie des Modells nach Abb. 1.53. kommt es zur Kräftebilanz Ax = Ay. Während im Rechenmodell die Kraft- und Verschiebungsrichtungen dem Ansatz der Elementsteifigkeitsbeziehung der Matrix folgen, zeigt das freigemachte Fachwerk die Wirkrichtungen der Lagerreaktionskräfte aus ingeneurtechnischer Überlegung. Nach dem Einsetzen realer Daten in die linearen Gleichungen bestätigen die entsprechenden Vorzeichen diese Wirkrichtungen.

Daten für die Berechnung des Stabwerkes nach Abb. 1.53.:

Stab 1 - $l_1 = 200$ mm, $E_1 = 70$ kN/mm², $A_1 = 100$ mm²,

$$\text{daraus} \quad k_{e1} = \frac{E_1 \cdot A_1}{l_1} = 35\,\frac{kN}{mm}$$

Stab 2 - $l_2 = 200$ mm, $E_2 = 70$ kN/mm², $A_2 = 100$ mm²,

$$\text{daraus} \quad k_{e2} = \frac{E_2 \cdot A_2}{l_2} = 35\,\frac{kN}{mm}$$

Stab 3 - $l_3 = 200 \cdot \sqrt{2}$ mm, $E_3 = 210$ kN/mm², $A_3 = 25$ mm²,

$$\text{daraus} \quad k_{e3} = \frac{E_3 \cdot A_3}{l_3} = \frac{26{,}25}{\sqrt{2}}\,\frac{kN}{mm}$$

äußere Last F = 5 kN.

Lösung:

$$U_{x3} = \frac{F}{k_{e2}} = 0{,}1429\,\text{mm} \qquad U_{y3} = -\frac{F \cdot \left(1 + 0{,}5 \cdot \frac{k_{e3}}{k_{e2}}\right)}{0{,}5 \cdot k_{e3}} = -0{,}6816\,\text{mm}$$

$$Ax = Fx_1 = -0{,}5 \cdot k_{e3} \cdot Ux_3 - 0{,}5 \cdot k_{e3} \cdot Uy_3 = 5\,\text{kN}$$
$$Ay = Fy_1 = -0{,}5 \cdot k_{e3} \cdot Ux_3 - 0{,}5 \cdot k_{e3} \cdot Uy_3 = 5\,\text{kN}$$
$$Bx = Fx_2 = -k_{e2} \cdot Ux_3 = -5\,\text{kN}$$

## 1.4 Allgemeine FE-Programmierung

### 1.4.1 Berechnungstafeln

Die Lösung von Aufgaben der Technik mit FE-Programmen setzt voraus, dass neben der Bedienung des Programmes auch Erfahrungen mit Hilfe von Übungsbeispielen gesammelt werden müssen. Die Anbieter von FE-Programmen hinterlegen dazu in den HELP-Dateien eine gewisse Anzahl von Aufgaben. Die Nutzung ist auf verschiedene Art möglich. Es kann die Befehlsfolge anhand der Icons der grafischen Oberfläche angegeben sein, es können aber auch über einen Batch-File die programminternen Befehlsstrukturen verwendet werden.

Beide Darstellungsformen führen zum Erfolg, sind aber selbstverständlich nur auf das verwendete Programm zugeschnitten. Sind in einem Unternehmen verschiedene FE-Systeme im Einsatz, lassen sich die Übungen nur bedingt verwenden.

Für Nutzer anderer Programmsysteme entstehen Anpassungsprobleme, die das Einarbeiten in FE-Aufgaben erschweren. Zum anderen werden durch Änderungen bzw. Verbesserungen – Versionsänderungen – am entsprechenden FE-Programm zwangsläufig Aktualitätsverluste in der Beschreibung der Befehlsfolgen entstehen, d. h. der Nutzer erfährt wiederum eine Verunsicherung, wenn das Antwortverhalten auf seine Eingaben nicht mit der Vorgabe übereinstimmt. Dazu kommt noch, dass die Geometriedaten im Preprocessor des FE-Programms erstellt, aber auch über ein CAD-Programm eingelesen werden können.

Die Wahl des FE-Programmes ist generell von untergeordneter Bedeutung. Alle Anbieter verwenden ähnliche Strukturen bei den Problemlösungen. Es unterscheiden sich der Befehlssatz, möglicherweise auch Datenaufbereitung und -verarbeitung oder der Bedienkomfort. Auch besondere Spezialisierungen können vorliegen.

Um Aufgaben und Übungen unabhängig vom jeweiligen FE-Programmsystem zu beschreiben, wurde eine Berechnungstafel eingeführt (Abb. 1.54.). In ihr wird der Ablauf einer FE-Berechnung in Form neutraler Daten vorgegeben. Die Berechnungstafel enthält die allgemeine Befehlsfolge. Sie dient außerdem zur Unterstützung einer systematischen Arbeitsweise. In einer Bildfolge (Abb. 1.55.) werden Eingaben und Ergebnisse zahlenmäßig und in grafischer Darstellung ausgewiesen. Während die Angaben in der Berechnungstafel allgemein gehalten sind und vom Anwender an das jeweils verwendete FE-Programm angepasst werden müssen, sind die Informationen in der Bildfolge als Lösung der Aufgabe zu verstehen und damit unabhängig vom verwendeten FE-Programm.

Die Nutzung der Berechnungstafel beruht auf einer analogen Zuordnung von FE-Strukturen. Bei der Eingabe des Elementetyps beispielsweise wird die Art und Eigenschaft des Elements benannt. Der Anwender muss aus der Elemente-Bibliothek des entsprechenden FE-Programm ein geeignetes Element auswählen und nach der Terminologie bzw. dem Befehlssatz eingeben. Bei der Werkstoffeingabe gilt eine ähnliche Vorgehensweise, sie beschränkt sich ebenfalls auf die Übertragung der Daten nach dem entsprechenden Befehlssatz.

Bei der Definition des geometrischen bzw. des FE-Modells werden vorrangig die Eckpunkte des Bauteils nach kartesischen oder zylindrischen Koordinatensystem vorgegeben. Sind die Eckpunkte als Knoten definiert, entsteht das Modell als FE-Modell durch Nutzung der Knoten zur Elementegenerierung. Sind die Eckpunkte als geometrische Punkte definiert, entsteht das Modell als Geometriemodell (CAD-Modell) über die Generierung von Linien, Flächen und Volumen. Der Übergang zum FE-Modell wird durch die Vernetzung erreicht.

Die Vernetzungstechniken sind abhängig vom entsprechenden FE-Programm. Es sind also die Ziele in der allgemeinen Befehlsfolge durch den Anwender in entsprechende Eingabebefehle umzuwandeln. Die Beanspruchungen und Lagerungen als Randbedingungen sind ähnlich anzuwenden.

Die Ausführung der Berechnung und die anschließende Ergebnisauswertung in der Bildfolge ermöglichen eine Kontrolle. Unabhängig vom verwendeten Programmsystem müssen bei allen Anwendungsbeispielen des vorliegenden Buches quantitativ und qualitativ die gleichen Ergebnisse erzielt werden. Entstehen Abweichungen, hat der Nutzer fehlerhaft gearbeitet und muss die Ursachen ermitteln.

| Muster | Allgemeine Befehlsfolge |
|---|---|
| Name | *Zur Speicherung der FE-Rechnung muss ein Datei-Name vergeben werden. Im Text wird das Anwendungsbeispiel mit FE-A "Datei-Name" bezeichnet.* |
| Elemente | *Mit der Wahl der Elemente wird maßgeblich die Modellbildung bestimmt. Mit Stabelementen und Flächenelementen lassen sich z. B. keine Volumenmodelle erstellen. Ein ganz bestimmtes Werkstoffverhalten erfordert auch die Festlegung des dafür geeigneten Elements. Die Elementewahl ist deshalb auch die wichtigste Entscheidung .* |
| Werkstoffe | *Die notwendigen Werkstoffdaten sind anzugeben. Das Werkstoffverhalten ist zu charakterisieren. Eine Analyse zur Beanspruchung des untersuchten Bauteils unterstützt die Entscheidung.* |
| Geometrie | *Die Geometrieerstellung wird über Knotenkoordinaten mit anschließender Elementebildung oder über Koordinaten von Geometriepunkten mit anschließender Linien-, Flächen-, Volumenbildung realisiert.* |
| Vernetzung | *Die Vernetzung ist abhängig von der vorangegangenen Geometrieerstellung. Wurde das Modell über Knoten und Elemente generiert, entfällt dieser Punkt. Da aber wegen der günstigeren Arbeitsweise die meisten FE-Modelle aus Geometriemodellen gebildet werden, müssen Angaben zur Vernetzung eingegeben werden.* |
| Randbedingungen | *Es werden z. B. Beanspruchungen und Lagerungen definiert. Allgemein ausgedrückt erfolgt die Festlegung der Freiheitsgrade am Modell.* |
| Berechnung und Ergebnisse | *Der Typ der Rechnung ist zu definieren. Durch Elementewahl, Werkstoffdaten und Randbedingungen sind bereits Vorentscheidungen getroffen, die in den meisten Fällen einen bestimmten Rechnungstyp erzwingen.*<br>*Die Darstellung der Ergebnisse ist vom Berechnungsziel abhängig. Mitunter reicht es aus, nur Zahlenwerte auszulesen. Häufiger wird eine grafische Darstellung des Modells erforderlich sein.* |

*x , y , z Koordinaten im globalen kartesischen Koordinatensystem,*
*Ux , Uy , Uz , ROTx , ROTy , ROTz Verschiebungen und Verdrehungen,*
*K Keypoint (Geometriepunkt im CAD-Modell), L Line (Linie im CAD-Modell),*
*N Node (Knoten im FE-Modell), E Element (Element im FE-Modell),*
*FE-A Finite Elemente Anwendungsbeispiel,*

**Abb. 1.54.** Muster der Berechnungstafel für Finite Elemente Anwendungsbeispiele – Teil allgemeine Befehlsfolge

| Muster | Bildfolge |
|---|---|
| Geometrie | *Unabhängig vom verwendeten FE- oder CAD-Programm ist mit den Eingaben der allgemeinen Befehlsfolge die abgebildete Geometrie zu erreichen.* |
| Vernetzung Randbedingungen | *Die Ergebnisse der FE-Rechnung sind bezogen auf das abgebildete Netz und die Randbedingungen. Deshalb muss unabhängig vom verwendeten FE-Programm eine Übereinstimmung erzielt werden.* |
| Grafische Ergebnisse | *Die Verformungs- und Spannungsdarstellung liefert neben qualitativen auch quantitative Werte, die durch Graustufungen und ihre Verteilungen sichtbar und vergleichbar werden.* |

**Abb. 1.55.** Muster der Berechnungstafel für Finite Elemente Anwendungsbeispiele – Teil Bildfolge

## 1.4.2 Musterablauf am einfachen Stabmodell

Der Zugstab im Abschnitt 1.3.2.1 (Abb. 1.45.) entspricht einem einfachen Stab. In der Darstellung liegt ein konstanter Querschnitt über der Stablänge vor. Der Gleichgewichtszustand bedarf keines Rechenansatzes, da der axiale Kraftangriff als einzige äußere Belastung gleich groß, lediglich entgegengesetzt gerichtet als Reaktionskraft im Lager auftreten muss.

Die Vernetzung des Stabes mit 4 Elementen ermöglicht es, den Stab werkstoffseitig und geometrisch zu verändern. Die werkstoffseitige Änderung besteht in der Möglichkeit, jedem Element einen anderen E-Modul zuzuordnen und damit die Steifigkeit der Elemente zu beeinflussen. Eine Steifigkeitsänderung der Elemente erhält man auch, wenn die Querschnittsfläche A bzw. die Länge $l_e$ der Elemente variiert wird. Aus dem prismatischen Stab kann somit mit einfachen Mitteln ein abgesetztes Stabsystem generiert werden.

Es werden 2 Modelle gebildet, deren allgemeine Beschreibung in Tafeln tabellarisch dargestellt sind.

Tafel Muster1 - Einfaches Stabmodell mit 4 Elementen,

$$E_1 = E_3 = 210 \text{ kN/mm}^2 , E_2 = E_4 = 70 \text{ kN/mm}^2 ,$$
$$l_e = 25 \text{ mm} = \text{konst.}; A = 200 \text{ mm}^2,$$

Tafel Muster2 - Einfaches Stabmodell mit 4 Elementen,

$$E = 210 \text{ kN/mm}^2 = \text{konst.}; l_e = 25 \text{ mm} = \text{konst.};$$
$$A_1 = 80 \text{ mm}^2 , A_2 = 50 \text{ mm}^2 , A_3 = 200 \text{ mm}^2 , A_4 = 100 \text{ mm}^2 .$$

Beide Modelle werden mit einer Zugkraft F = 10 kN belastet. Nach Tafel Muster1 wird ein Modell berechnet, das aus 4 prismatischen Stäben (Elementen) gleicher Länge und gleichem Querschnitt besteht. Es liegen 2 unterschiedliche Werkstoffe vor, die im Wechsel zwischen den Stäben auftreten - praktisch möglicherweise über eine Verklebung erreicht.

Das Anwendungsbeispiel FE-A Muster1 wird unter dem FILE-Namen „Einfach1“ bearbeitet. Der Name ist frei wählbar, sollte aber doch eine gewisse Verbindung zum vorgegebenen Problem haben.

Als Element wird ein 1-dimensionales Stabelement vorgegeben. Alle FE-Programmsysteme verfügen über diesen Elementetyp, lediglich die Bezeichnung und die Art des Aufrufes in das FE-Programm wird sich unterscheiden. Auch die Zuordnung der Querschnittsfläche A des realen Stabes zum Element ist ähnlich geregelt. Wird dem Element kein Querschnittswert zugeordnet, kann die Rechnung nicht ausgeführt werden und jedes FE-Programm weist mit einer Fehlermeldung auf das Versäumnis hin.

Die Werkstoffdaten ergänzen die notwendige Datenbasis. Ohne Werkstoffdaten ist keine Rechnung möglich. Die Größe der Werte dagegen bleiben voll in der Verantwortung des Nutzers. Einen Fehlerhinweis durch das FE-Programm kann es nicht

| **FE-A1 Muster1** | Allgemeine Befehlsfolge |
|---|---|
| Name | Speicherung der FE-Rechnung unter FILE-Name "Einfach1" |
| Elemente | 1-dimensionales Stabelement - notwendige Eingabe Querschnittsfläche in $mm^2$: A = 200 |
| Werkstoffe | Stahl: $E_{St}$= 210 kN/$mm^2$ ν = 0,3<br>Alu: $E_{Al}$= 70 kN/$mm^2$ ν = 0,28 |
| Geometrie | Direkte Generierung Knoten und Elemente<br>Knoten (x;y;z) in mm: N1 (0;0;0), N2 (25;0;0), N3 (50;0;0), N4 (75;0;0), N5 (100;0;0),<br>Elemente bilden: E1 (N1,N2) und E3 (N3,N4) mit $E_{St}$,<br>E2 (N2,N3) und E4 (N4,N5) mit $E_{Al}$, |
| Vernetzung | entfällt bei direkter Generierung |
| Randbedingungen | Lagerung: N1 (Ux=0)<br>Belastung in kN: N5 (Fx=10) |
| Berechnung und Ergebnisse | Ansatz: statisch, linear,<br>Charakteristische Größe: Verschiebung der Knoten,<br>Verschiebungen in mm: $Ux_1$=0; $Ux_2$=0,0059; $Ux_3$=0,0238; $Ux_4$=0,0298; $Ux_5$=0,0476; |

*x , y , z* Koordinaten im globalen kartesischen Koordinatensystem,
*Ux , Uy , Uz , ROTx , ROTy , ROTz* Verschiebungen und Verdrehungen,
*K* Keypoint (Geometriepunkt im CAD-Modell), *L* Line (Linie im CAD-Modell),
*N* Node (Knoten im FE-Modell), *E* Element (Element im FE-Modell),
*FE-A* Finite Elemente Anwendungsbeispiel,

Fortsetzung nächste Seite

| **FE-A Muster1** | Bildfolge |
|---|---|
| Geometrie | 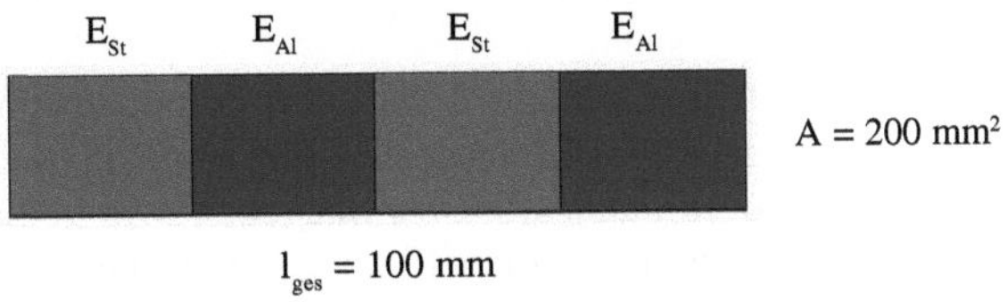  |
| Vernetzung Randbedingungen | 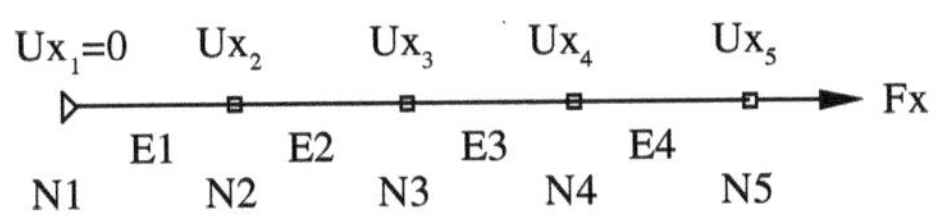  |
| Grafische Ergebnisse | 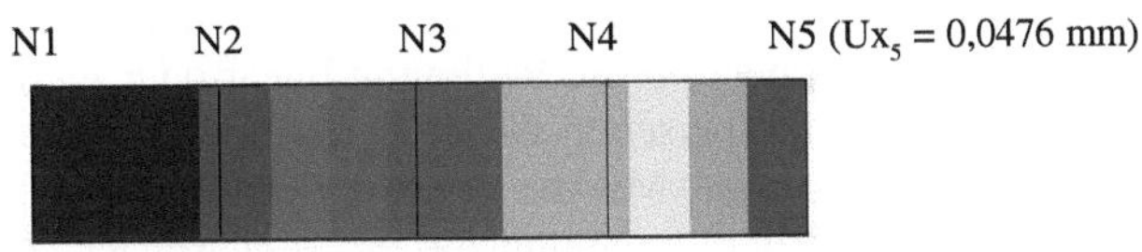  |

**Tafel Muster 1:** Einfaches Stabmodell mit 4 Elementen (Variation Werkstoffe)

geben, denn jeder eingegebene Werkstoffwert wird zur Berechnung von Knotenverschiebungen verwendet. Die 3 Bereiche FILE-Name, Elemente und Werkstoffe legen die Basis für das FE-Modell.

Die Auswahl von Elementen ist von hoher Komplexität. Mit deren Festlegung sind die Ansprüche an die geometrische Abbildung und die physikalisch-technische Beschreibung des Projektes zu erfüllen. Beispielsweise erfordert die Modellbildung mit 1-dimensionalen Stabelementen wie in Tafel Muster 1 eine besondere geometrische Aufbereitung des realen Bauteils. Da Stabelemente ebenso wie Balkenelemente optisch nur als Linie existieren, können keine räumlichen Ausdehnungen quer zur Stabachse abgebildet werden. Es ist deshalb auch nicht möglich, zwischen zylindrischen und quaderförmigen Querschnitten zu unterscheiden. Pseudografische Darstellungen ermöglichen eine näherungsweise Abbildung.

Schwierigkeiten sind häufig bei der Beschreibung des Werkstoffes zu erwarten. Solange man sich im umfangreich erforschten Stahlbereich und dazu noch bei Raumtemperatur aufhält, gibt es keinen Datenmangel. Kunststoffe, Elastomere, extreme Umgebungsbedingungen erfordern dagegen häufig aufwändige Recherchen zur Ermittlung geeigneter Daten.

Nach der Festlegung der Elemente und der Werkstoffdaten folgt die Darstellung des Modellkörpers. Das reale Bauteil wird zu einem Modell aufbereitet. Ist das reale

Bauteil einfach strukturiert, kann das Modell direkt aus Knoten und Elementen aufgebaut werden. Wird das reale Bauteil einer CAD-Konstruktion entnommen, sind häufig zu viele, meist unwichtige Details für die FE-Struktur vorhanden. Das Modell sollte dann so korrigiert werden, dass eine zuverlässige FE-Modellierung ermöglicht wird.

Im Beispiel nach Tafel Muster 1 erfolgt die Geometriebildung durch direkte Generierung von Knoten und Elementen. Es existiert kein eigenständiges CAD-Modell. Die Knotenkoordinaten sind so einzugeben, wie es das verwendete FE-System verlangt. Bei der Generierung der Elemente zwischen den Knoten ist zu beachten, dass dem Element der vorgesehene Werkstoff zugeordnet wird, z. B. für Element E1 Stahl, für Element E2 Aluminium usw.

Als Randbedingungen sind beim einfachen Stab die Lagerung am Knoten N1 und die Belastung am Knoten N5 anzusetzen. Bei der Eingabe sind Lastrichtungen und Lagerorientierungen durch das globale Koordinatensystem geprägt. Lastrichtungen entgegen der positiven Achsen werden durch negative Vorzeichen berücksichtigt .

Bevor eine Berechnung erfolgen kann, muss der Berechnungsstatus einer FE-Rechnung eingestellt werden. Dazu ist der Berechnungsmodul für die geplante Rechnung aufzurufen. Das Programm kann nicht selbständig entscheiden, ob der Anwender eine Struktur-, Wärme-, Schwingungsrechnung usw. ausführen möchte. Ebenso ist vorzugeben, ob die Rechnung linear oder nichtlinear erfolgen soll. Die Angabe der charakteristischen Größe in Tafel Muster1 ergänzt die Informationen zum Berechnungsstatus. Mit der Angabe 'Verschiebung der Knoten' wird ausgedrückt, dass eine Strukturrechnung vorliegt. Eine Angabe 'Knotentemperaturen' würde auf die Bearbeitung eines Wärmeproblems hinweisen.

Die Ergebnisse der Rechnung können als Zahlenwerte ausgelesen oder in grafischer Form abgebildet werden. Für die Strukturrechnung ist die Verschiebung der Knoten maßgebend. Während der Knoten N1 durch Ux = 0 festgehalten und damit der einzige Freiheitsgrad des Stabelementes gebunden wird, werden über die linearen Ansätze in den Elementen die Knoten N2 bis N5 verschoben und es existieren Verschiebungswerte. Für andere Stellen des Modells, also zwischen den Knoten, gibt es keine Aussagen.

Die grafischen Ergebnisse für das einfache Stabmodell sind wenig informativ. Es werden lediglich Verschiebungszonen innerhalb der einzelnen Elemente gezeigt, welche nur erkennbar sind, wenn die pseudografische Darstellung eingestellt wird. Ansonsten ist die Geometrie von Stabelementen durch eine einfache Linie repräsentiert, die ausreichend geeignet ist, um eine Kontrolle bei der Eingabe zu ermöglichen. Die Lagerstelle und die Belastung werden jeweils einen Knoten zugeordnet und symbolisch ausgedrückt. In der Bildfolge wird unter Vernetzung/Randbedingungen die Struktur gezeigt.

Beim Modell nach Tafel Muster 2 bleiben Stablänge (Elementlänge) und Werkstoff für alle Elemente von gleicher Größe. Es liegt ein abgesetzter Stab mit Querschnittsänderung für jedes Element vor. Die allgemeine Befehlsfolge unterscheidet sich nur unwesentlich. Es müssen jetzt 4 verschiedene Querschnitte dem Stabelement zugeordnet werden. Die Länge des Zugstabes von 100 mm wird in 4 Elemente gleicher Länge unterteilt. Nach der Festlegung der Knoten werden die Elemente zwischen den Knoten generiert. Bei der Generierung wird den Elementen als Variable die entsprechende Querschnittsfläche zugeordnet. Mit der pseudografischen Darstellung der Bildfolge kann der Eingabeerfolg überprüft werden. Verwendet man diese Darstellungsform nicht, lassen sich die Modelle Muster 1 und Muster 2 in der Strukturdarstellung (siehe Bildfolge Vernetzung/Randbedingungen) nicht unterscheiden.

Bei den Ergebnissen des Modells Muster 2 werden auch Spannungen als Zahlenwerte und in grafischer Form dargestellt. Aus den Verschiebungen der Knoten lassen sich Dehnungen ableiten, aus denen die Spannungen bezogen auf das Element errechnet werden, d. h. Dehnungen und Spannungen sind immer abgeleitete Größen. Zu jedem Element gehört ein Dehnungs- und ein Spannungswert, die jeweils auf der Differenz der Verschiebungen zwischen Anfangs- und Endknoten des jeweiligen

| **FE-A Muster2** | Allgemeine Befehlsfolge |
|---|---|
| Name | Speicherung der FE-Rechnung unter FILE-Name "Einfach2" |
| Elemente | 1-dimensionales Stabelement - notwendige Eingabe Querschnittsfläche in mm²: $A_1 = 80$, $A_2 = 50$, $A_3 = 200$, $A_4 = 100$, |
| Werkstoffe | Stahl: $E_{St} = 210$ kN/mm² $\nu = 0{,}3$ |
| Geometrie | Direkte Generierung Knoten und Elemente -<br>Knoten (x;y;z) in mm: N1 (0;0;0), N2 (25;0;0), N3 (50;0;0), N4 (75;0;0), N5 (100;0;0),<br>Elemente bilden: E1 (N1,N2) mit $A_1$, E2 (N2,N3) mit $A_2$, E3 (N3,N4) mit $A_3$, E4 (N4,N5) mit $A_4$, |
| Vernetzung | entfällt bei direkter Generierung |
| Randbedingungen | Lagerung: N1 (Ux=0)<br>Belastung in kN: N5 (Fx=10) |
| Berechnung und Ergebnisse | Ansatz: statisch, linear,<br>Charakteristische Größe: Verschiebung der Knoten,<br>Verschiebungen in mm: $Ux_1=0$; $Ux_2=0{,}0149$; $Ux_3=0{,}0387$; $Ux_4=0{,}0446$; $Ux_5=0{,}0565$;<br>Zugspannungen in N/mm²: E1=125; E2=200; E3=50; E4=100; |

*x* , *y* , *z* Koordinaten im globalen kartesischen Koordinatensystem,
*Ux* , *Uy* , *Uz* , *ROTx* , *ROTy* , *ROTz* Verschiebungen und Verdrehungen,
*K* Keypoint (Geometriepunkt im CAD-Modell), *L* Line (Linie im CAD-Modell),
*N* Node (Knoten im FE-Modell), *E* Element (Element im FE-Modell),
*FE-A* Finite Elemente Anwendungsbeispiel,

Fortsetzung nächste Seite

<table>
<tr><th>FE-A Muster2</th><th>Bildfolge</th></tr>
<tr><td>Geometrie</td><td>$E_{St}$= 210 kN/mm² $l_{ges}$ = 100 mm<br>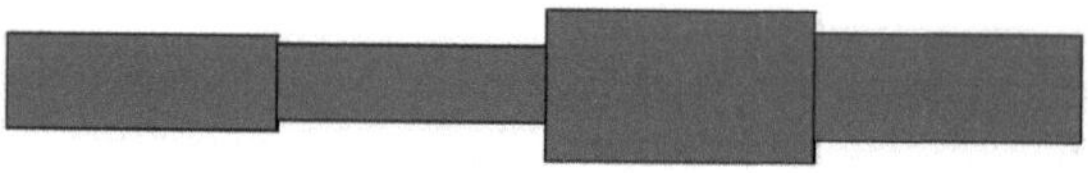<br>$A_1$ = 80 mm² $A_2$ = 50 mm² $A_3$ = 200 mm² $A_4$ = 100 mm²</td></tr>
<tr><td>Vernetzung Randbedingungen</td><td>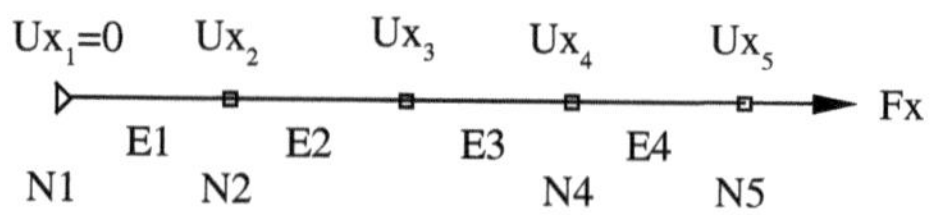</td></tr>
<tr><td>Grafische Ergebnisse</td><td>Verschiebungen<br>N1 N2 N3 N4 N5<br>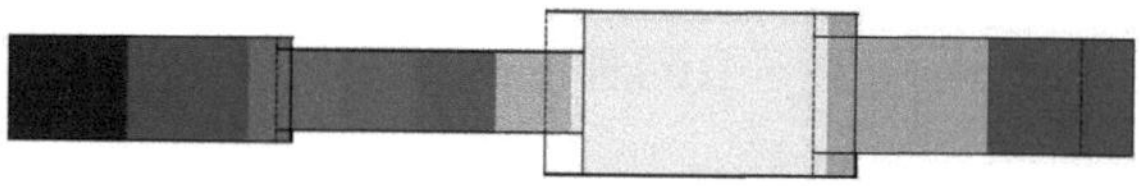<br>$Ux_5$ = 0,0565 mm<br>Spannungen<br><br>$\sigma_{z1}$ = 125 N/mm² $\sigma_{z3}$ = 50 N/mm²<br>$\sigma_{z2}$ = 200 N/mm² $\sigma_{z4}$ = 100 N/mm²</td></tr>
</table>

**Tafel Muster 2:** Einfaches Stabmodell mit 4 Elementen (Variation Querschnitt)

Elementes beruhen. Spannungswerte bei dieser einfachen Struktur lassen sich natürlich auch unmittelbar aus der Beziehung $\sigma_z = F/A$ berechnen.

In der grafischen Auswertung der Verschiebungen ist die Längenänderung von Element zu Element zu erkennen. Es ist zu beachten, dass die Darstellung stark überhöht ausgegeben wird. Maßstäbliche Abbildungen würden wegen der geringen Verschiebungswerte bei metallischen Werkstoffen kein Erkennen möglich machen.

# 2 Statik starrer Körper

Die Statik behandelt die bei Ruhe oder gleichförmiger geradliniger Bewegung starrer Körper auftretenden Kräfte. Die Ergebnisse der Statik bilden die Grundlage für die Festigkeitsrechnung.

Der vorausgesetzte Bewegungszustand wird durch Aktions- und Reaktionskräfte garantiert, deren statisches Gleichgewicht, ausgedrückt durch Kräfte- oder Momentengleichgewicht, Gegenstand jeder Berechnung ist.

Die in technischen Konstruktionen verwendeten Bauelemente werden durch Grundelemente dargestellt. Bei ebenen Tragwerken können Grundelemente als Linien- oder Flächentragwerke auftreten. Stäbe, Träger (Balken) bilden Linientragwerke. Flächentragwerke sind durch Scheiben, Platten oder Schalen gekennzeichnet. Das Fachwerk entsteht aus der Verbindung von Stäben.

Träger bilden ein gerades oder gekrümmtes Linientragwerk, das beliebig belastet werden kann. Stäbe bilden ein gerades Linientragwerk, das nur in Stablängsrichtung Kräfte aufnehmen kann.

Die Vielzahl der technischen Systeme erfordert eine grobe Strukturierung. Es wird unterschieden in

a) Tragwerke bestehend aus einem Grundelement,

b) Tragwerke bestehend aus mehreren Elementen,

c) Stabsysteme.

## 2.1 Tragwerke mit einem Grundelement

| Nr. | Skizze | Merkmale |
|---|---|---|
| 1 | Träger mit Festlager und schrägem Loslager<br>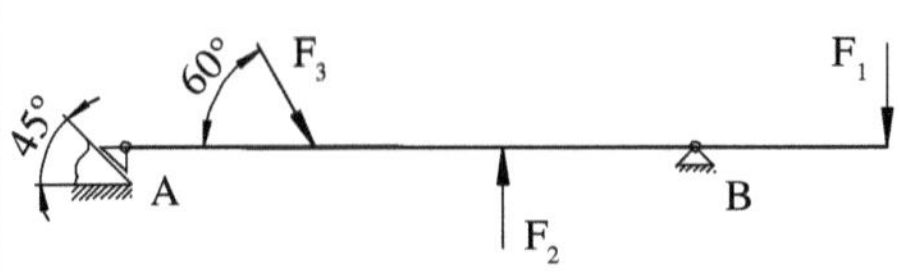 | 1 gerader Träger; 1 Festlager und 1 Loslager, dessen Wirklinie 45° von der Vertikalen abweicht; 3 äußere Kräfte, Kraft $F_3$ wirkt schräg mit 60°. |
| 2 | Träger mit Streckenlasten<br>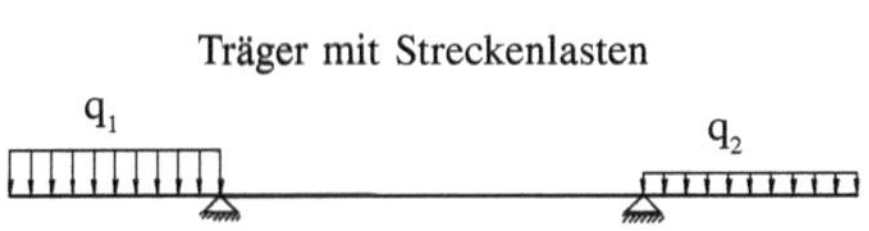 | 1 gerader Träger; 1 Festlager und 1 Loslager; unterschiedliche Streckenlasten $q_1$ und $q_2$ belasten den Träger. |

Fortsetzung nächste Seite

| Nr. | Skizze | Merkmale |
|---|---|---|
| 3 | Einseitig eingespannter Träger 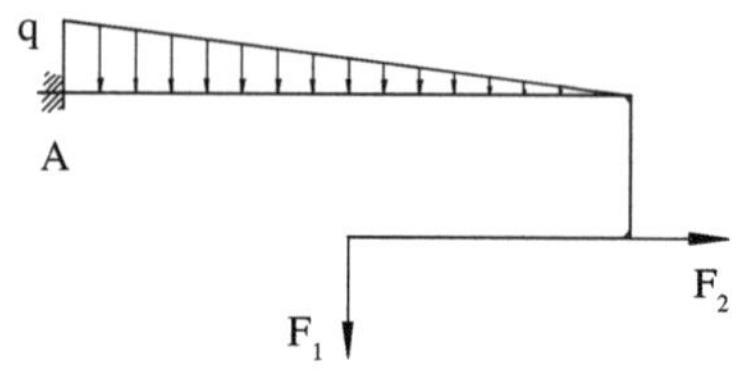  | 1 zweifach abgewinkelter biegesteifer gerader Träger; einseitig in der Lagerstelle A eingespannt;<br>2 äußere Kräfte und 1 linear veränderliche Streckenlast. |
| 4 | Träger mit Hebel 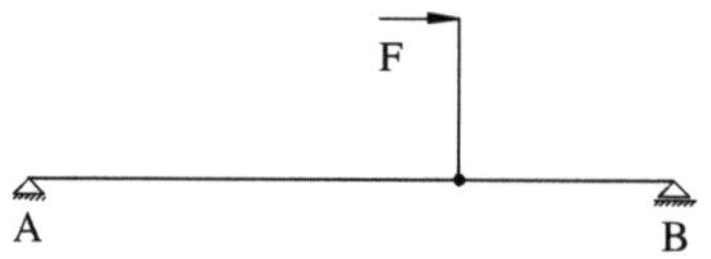  | 1 gerader Träger und 1 daran befestigter Hebel; 1 Festlager und 1 Loslager; am Hebel wirkt die äußere Kraft F. |
| 5 | Gekrümmter Träger 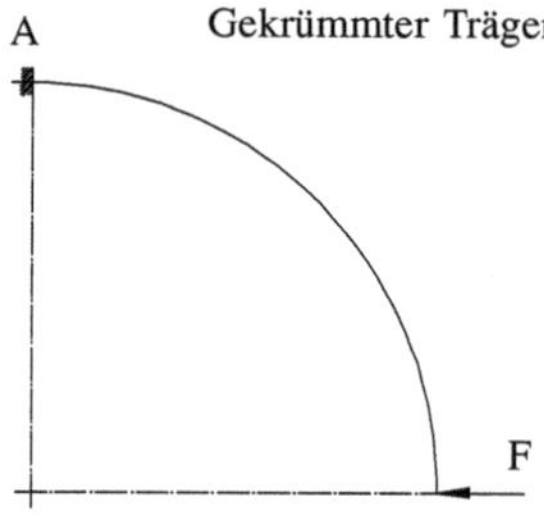  | 1 gekrümmter Träger; die Krümmung ist vorgegeben durch einen Viertel-Kreisbogen; der Träger ist einseitig in der Lagerstelle A eingespannt; am Träger wirkt die äußere Kraft F. |

**Abb. 2.1.** Übersicht über Modelle mit einem Grundelement

Die Berechnung von Aufgaben der Statik setzt Lösungsstrukturen voraus:

1. Analyse der Aufgabenstellung
   - Umwandeln des Systems aus realen Bauteilen in ein Ersatzsystem aus Stäben, Trägern (Balken), Lagern usw.,
   - Ermitteln der am Ersatzsystem angreifenden Kräfte und Momente,
   - Prüfen des Systems auf statische Bestimmtheit.
2. Ansatz zur Lösung der Aufgabe
   - Gleichgewichtsbedingungen für statisch bestimmte Ersatzsysteme.
3. Ermitteln der Auflagerreaktionen, Gelenk- und Stabkräfte
   - Gleichgewichtsbedingungen für statisch unbestimmte Ersatzsysteme.

Die ausgewählten Modelle sind bereits durch ein Ersatzsystem aus Stäben, Trägern und Lagerungen dargestellt. Die statische Bestimmtheit ist gegeben, denn in allen Modellen liegen nur 3 unbekannte Lagerkräfte vor. Über die 3 Gleichgewichtsbedingungen können eindeutige Lösungen ermittelt werden.

### 2.1.1 Träger mit Festlager und schrägem Loslager

- **Berechnung nach klassischer Methode**

Aufgabenstellung: $F_1 = 500$ N, $F_2 = 200$ N, $F_3 = 300$ N

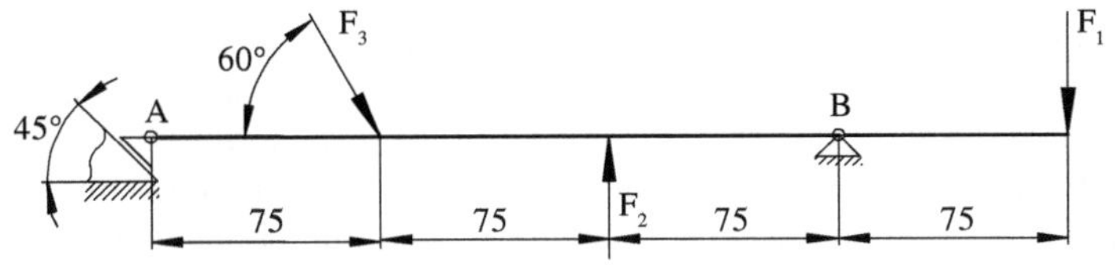


Freimachen des Tragwerkes:

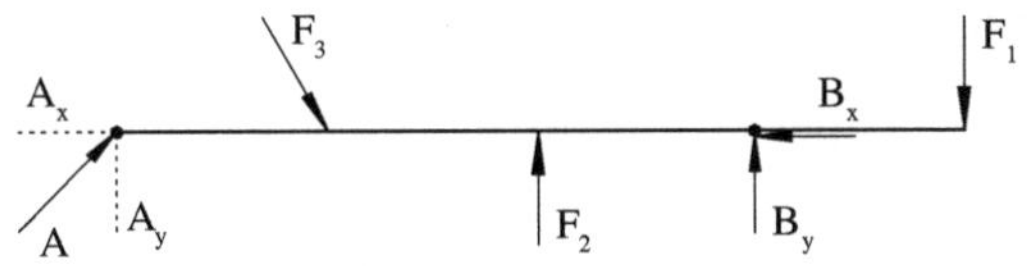


Aufstellen der Gleichgewichtsbedingungen:

Kräfte und Reaktionskräfte müssen in ihre rechtwinkligen Koordinaten zerlegt werden. An der Lagerstelle A sind die rechnerischen Größen $A_x$ und $A_y$ zu bilden. Die Kraft $F_3$ ist zu zerlegen in $F_{3x}$ und $F_{3y}$.

Nach Gl. 1.8 gilt

$$\sum_{i=1}^{n} F_{ix} = 0 \quad A_x + F_{3x} - B_x = 0$$

$$\sum_{i=1}^{n} F_{iy} = 0 \quad A_y - F_{3y} + F_2 + B_y - F_1 = 0$$

$$\sum_{i=1}^{n} M_{iz} = \sum M_A = 0 \quad -F_{3y} \cdot 75 + F_2 \cdot 150 + B_y \cdot 225 - F_1 \cdot 300 = 0$$

Lösung:

Die Komponenten der Kraft $F_3$ ergeben die Werte $F_{3x} = 150$ N und $F_{3y} = 259{,}8$ N.

Aus dem Momentenansatz folgt $B_y = 619{,}9$ N , die Auswertung der y-Komponenten führt zu $A_y = -60{,}1$ N.

Die Berechnung der x-Komponenten muss die Stellung des Loslagers berücksichtigen. Die Wirklinie beschreibt die Richtung der Kraft. Diese Zwangsbedingung führt mit $A_y$ und dem vorgegebenen Winkel zu $A_x = -60{,}1$ N. Die negativen Vorzeichen zeigen an, dass die Richtung der Kraft A im freigemachten Tragwerk entgegen der eingetragenen Richtung wirkt.

Für das Lager B treffen die vorgegebenen Richtungen zu. Die Auswertung der x-Komponenten ergeben für $B_x = 89{,}9$ N.

- **Berechnung nach FE-Methode**

Die Erstellung des Modells ist auf verschiedene Art möglich. Angewendet wird eine direkte Generierung der Knoten und Elemente. Ohne Alternative bleibt die Wahl des Elementes. Es muss ein Balkenelement mit Biegeverhalten benutzt werden, da die äußeren Lasten Biegungen hervorrufen.

Obwohl nur die Lagerreaktionen als unbekannte Größen ermittelt werden sollen, sind bei den universellen FE-Programmen Querschnittsfläche, Flächenträgheitsmoment und über die Höhe des Trägers seine Lage anzugeben. Mit Hilfe dieser Größen kann das FE-Programm aus den Knotenverschiebungen Dehnungs- und Spannungswerte berechnen. Dehnungen und Spannungen sind immer abgeleitet.

| **FE-A1 Statik** | Allgemeine Befehlsfolge |
|---|---|
| Name | Speicherung der FE-Rechnung unter FILE-Name "Statik1" |
| Elemente | 1-dimensionales Balkenelement - notwendige Eingabe<br>Querschnittsfläche in mm²: A = 200<br>Flächenträgheitsmoment in mm⁴: $I_1$ = 6667<br>Höhe des Trägers in mm: h = 20 |
| Werkstoffe | Stahl: $E_{St}$= 210 kN/mm² ν = 0,3 |
| Geometrie | Direkte Generierung Knoten und Elemente<br>Knoten (x;y;z) in mm: N1 (0;0;0), N25 (300;0;0), Zwischenknoten gleichmäßig auffüllen,<br>Elemente bilden: E1 bis E24, |
| Vernetzung | entfällt bei direkter Generierung |
| Randbedingungen | Lagerung: N1 (Uy=0), Lager 45° gedreht; N19 (Ux=0,Uy=0)<br>Belastung in N: N7 (Fx=150, Fy= – 259,8); N13 (Fy=200);<br>N25 (Fy= – 500) |
| Berechnung und Ergebnisse | Ansatz: statisch, linear,<br>Charakteristische Größe: Verschiebung der Knoten,<br>Verschiebungen in mm: an der Stelle x=75 Uy=0,0555;<br>x=150 Uy=0,0799; x=300 Uy= – 0,1995;<br>Reaktionskräfte in N: $A_x$=$A_y$= – 60,1; $B_x$= – 89,9; $B_y$=619,9; |

*x , y , z* Koordinaten im globalen kartesischen Koordinatensystem,
*Ux , Uy , Uz , ROTx , ROTy , ROTz* Verschiebungen und Verdrehungen,
*K* Keypoint (Geometriepunkt im CAD-Modell), *L* Line (Linie im CAD-Modell),
*N* Node (Knoten im FE-Modell), *E* Element (Element im FE-Modell),
*FE-A* Finite Elemente Anwendungsbeispiel,

Fortsetzung nächste Seite

| **FE-A1 Statik** | Bildfolge |
|---|---|
| Geometrie | 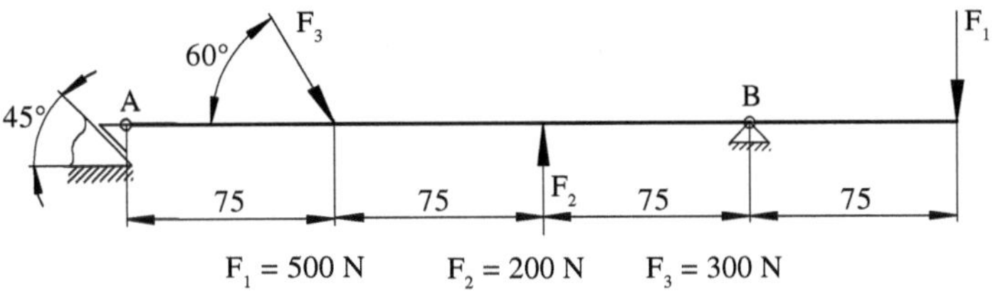 |
| Vernetzung Randbedingungen | 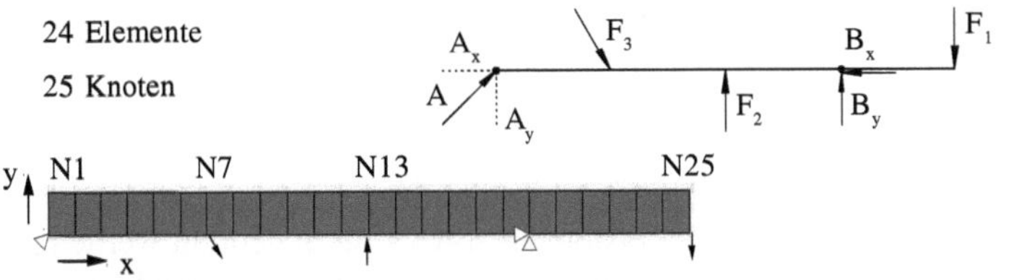 |
| Grafische Ergebnisse | 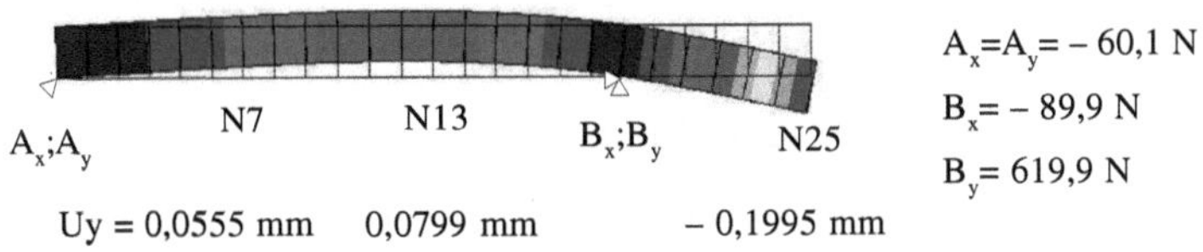 |



**Tafel 2/1:** Träger mit Festlager und schrägem Loslager

Die Abbildung der geometrischen Struktur ist einfach zu erreichen. Nach der Eingabe von N1 und N25 lassen sich die Knoten N2 bis N24 durch einen Steuerbefehl, mit gleichmäßigem Abstand dazwischen, generieren. Ebenso bieten die FE-Programme Hilfsmittel an, um die Elemente zeitsparend den Knoten zuzuordnen. Das FE-Modell ist damit erstellt.

Randbedingungen sind durch Lager und äußere Kräfte gegeben. Als besonderes Merkmal in diesem Modell ist festzustellen, dass ein Lager und eine äußere Kraft winklig zu den x-y-Koordinatenachsen wirken. Das ist deshalb von Bedeutung, weil für diese Größen keine unmittelbare Eingabe möglich ist. In jedem FE-Programmsystem sind das globale x-y-z-Koordinatensystem als geometrischer Ort von Knoten und Elementen und das lokale u-v-w-Koordinatensystem von Knoten und Elementen deckungsgleich (Abb. 2.2. a). Jede Eingabe zu Knoten und Elementen führt damit immer zu Wirkungen in Richtung der x-y-Achsen. Will man davon abweichen, kann das über eine Anpassung des Koordinatensystems erfolgen.

Da das globale Koordinatensystem als Basis des gesamten Systems unveränderlich bleiben muss, ist die Generierung eines zusätzlichen Koordinatensystems, eines lokalen Systems notwendig. Dieses steht geometrisch im Bezug zum globalen System und liegt anfangs parallel zum globalen System. Es kann aber im Gegensatz dazu gesteuert, beispielsweise gedreht werden .

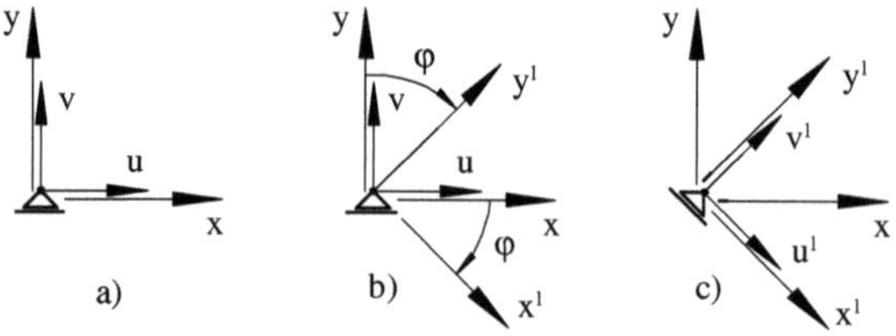


**Abb. 2.2.** Drehung von Koordinatensystemen

Für die weitere Arbeit steht damit ein vom globalen Koordinatensystem abweichendes lokales Koordinatensystem zur Verfügung. Das lokale Koordinatensystem ist in Abb. 2.2. b um den Winkel φ gedreht mit den Koordinatenachsen $x^1$-$y^1$ dargestellt. Alle Eingaben beziehen sich auf das neue System, wenn es als aktives System definiert wird.

Das Knoten- und Elemente-Koordinatensystem kann danach über einen Steuerbefehl in das neue lokale System als $u^1$-$v^1$-System gedreht werden (Abb. 2.2. c). Der das Loslager symbolisierende Knoten ist jetzt so ausgerichtet, dass diese Winkelstellung im Rechenansatz als Zwangsbedingung berücksichtigt wird. Sinngemäß kann diese Vorgehensweise auf Kräfte übertragen werden.

### 2.1.2 Träger mit Streckenlasten

- **Berechnung nach klassischer Methode**

Aufgabenstellung: $q_1 = 10$ N/mm, $q_2 = 5$ N/mm

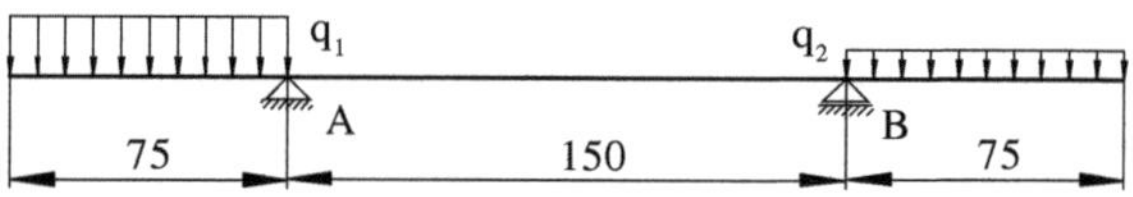


Freimachen des Tragwerkes:

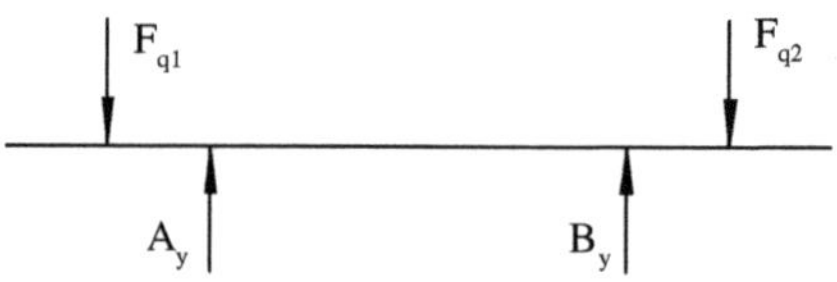


Aufstellen der Gleichgewichtsbedingungen:

Die Streckenlasten $q_1$ und $q_2$ werden nach Gl. 1.7 durch die Ersatzkräfte $F_{q1}$ und $F_{q2}$ ausgedrückt und im Schwerpunkt der Belastungsstrecke angetragen. Die Reaktionskräfte $A_y$ und $B_y$ an den Lagerstellen beschreiben den Gleichgewichtszustand.

Nach Gl. 1.8 gilt

$$\sum_{i=1}^{n} F_{iy} = 0 \quad A_y + B_y - F_{q1} - F_{q2} = 0$$

$$\sum_{i=1}^{n} M_{iz} = \sum M_A = 0 \quad F_{q1} \cdot 75/2 + B_y \cdot 150 - F_{q2} \cdot (150 + 75/2) = 0$$

Lösung:

Die Streckenlasten ergeben die Ersatzkräfte $F_{q1}$ = 750 N und $F_{q2}$ = 375 N.

Aus dem Momentenansatz folgt $B_y$ = 281,25 N, die Auswertung der y-Komponenten führt zu $A_y$ = 843,75 N.

- **Berechnung nach FE-Methode**

Für das Anwendungsbeispiel „FE-A2 Statik" wird die geometrische Struktur von „FE-A1 Statik" (Tafel 2/1) verwendet. Es erfolgt ebenso eine direkte Generierung

| **FE-A2 Statik** | Allgemeine Befehlsfolge |
|---|---|
| Name | Speicherung der FE-Rechnung unter FILE-Name "Statik2" |
| Elemente | 1-dimensionales Balkenelement - notwendige Eingabe<br>Querschnittsfläche in mm²: A = 200<br>Flächenträgheitsmoment in mm⁴: $I_1$ = 6667<br>Höhe des Trägers in mm: h = 20 |
| Werkstoffe | Stahl: $E_{St}$= 210 kN/mm² $\nu$ = 0,3 |
| Geometrie | Direkte Generierung Knoten und Elemente<br>Knoten (x;y;z) in mm: N1 (0;0;0), N25 (300;0;0), Zwischenknoten gleichmäßig auffüllen,<br>Elemente bilden: E1 bis E24, |
| Vernetzung | entfällt bei direkter Generierung |
| Randbedingungen | Lagerung: N7 (Ux=0,Uy=0), N19 (Uy=0)<br>Pressung in N/mm: Elemente selektieren E1-E6, $p_1$=10; Elemente selektieren E19-E24, $p_2$=5; |
| Berechnung und Ergebnisse | Ansatz: statisch, linear,<br>Charakteristische Größe: Verschiebung der Knoten,<br>Verschiebungen in mm: am Knoten N1 Uy=– 0,1224; am Knoten N25 Uy= – 0,0895;<br>Reaktionskräfte in N: $A_y$= 843,75; $B_y$=281,25; |
| *x , y , z* Koordinaten im globalen kartesischen Koordinatensystem,<br>*Ux , Uy , Uz , ROTx , ROTy , ROTz* Verschiebungen und Verdrehungen,<br>*K* Keypoint (Geometriepunkt im CAD-Modell), *L* Line (Linie im CAD-Modell),<br>*N* Node (Knoten im FE-Modell), *E* Element (Element im FE-Modell),<br>*FE-A* Finite Elemente Anwendungsbeispiel, | |

Fortsetzung nächste Seite

| FE-A2 Statik | Bildfolge |
|---|---|
| Geometrie | 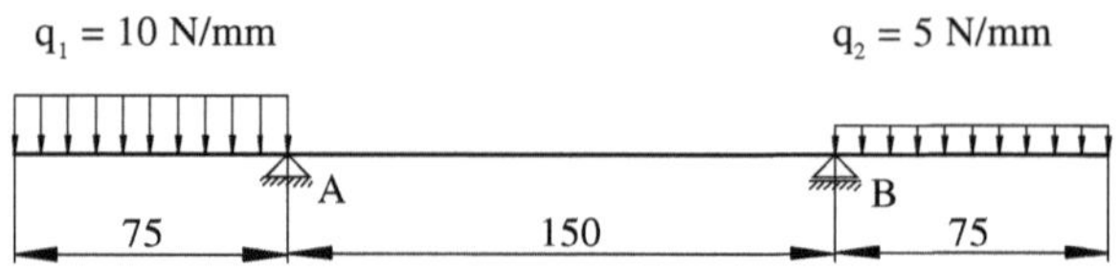 |
| Vernetzung Randbedingungen | 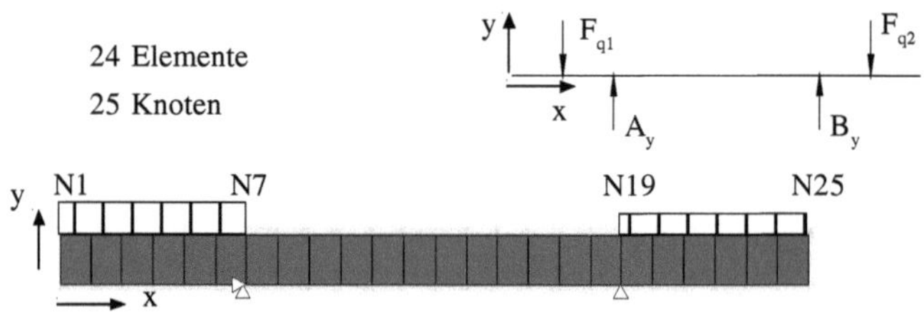 |
| Grafische Ergebnisse | 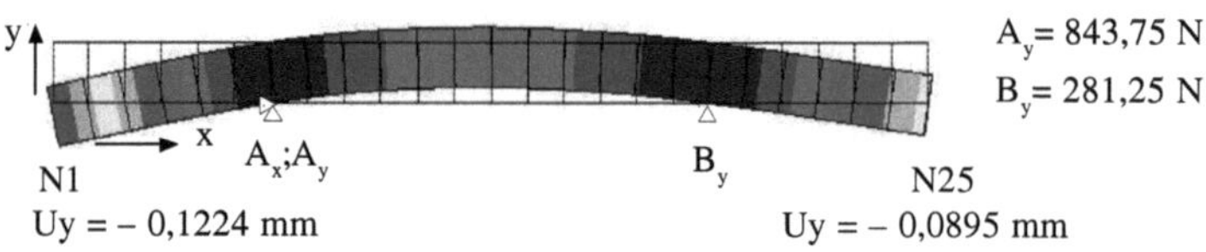 |

**Tafel 2/2:** Träger mit Streckenlasten

von Knoten und Elementen. Es muss ein Balkenelement mit Biegeverhalten verwendet werden, da die äußeren Lasten Biegungen hervorrufen.

Die Randbedingungen sind durch 2 Lager und 2 unterschiedlich große Streckenlasten gegeben. Die Streckenlasten wirken vertikal, so dass auch in den Lagern nur vertikale Reaktionskräfte auftreten. Die Definition des Festlagers für vertikale und horizontale Reaktionskräfte ist erforderlich, um einen korrekten Ansatz im FE-Programmsystem zu gewährleisten.

Zur Bestimmung der Auflagerkräfte wäre auch wie in der klassischen Rechnung das Ansetzen der Ersatzkräfte $F_{q1}$ und $F_{q2}$ im Schwerpunkt der Streckenlast ausreichend. Die Abbildung der Verformung entspricht damit aber nur näherungsweise den wirklichen Verhältnissen.

Die Generierung der Streckenlasten stellt deshalb in diesem Modell das besondere Merkmal dar. Da die direkte Generierung von Knoten und Elementen gewählt wurde, besitzt das Modell keine geometrischen Linien im Sinne des CAD. Auf Linien lassen sich bequem Streckenlasten aufbringen. Das FE-System überträgt dann selbständig die Lasten auf Elemente bzw. Knoten. Im vorliegenden Fall müssen durch Befehlsfolgen die entsprechenden Elemente selektiert und mit der Streckenlast belegt werden.

### 2.1.3 Einseitig eingespannter Träger

- **Berechnung nach klassischer Methode**

Aufgabenstellung:

$F_1 = 50$ N, $F_2 = 100$ N,
$q_0 = 5$ N/mm.

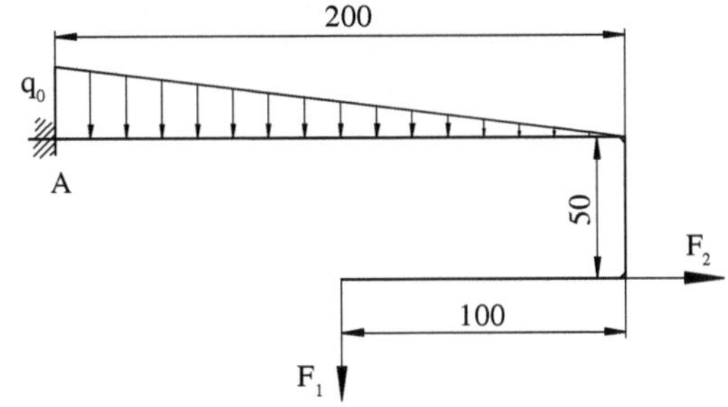


Freimachen des Tragwerkes:

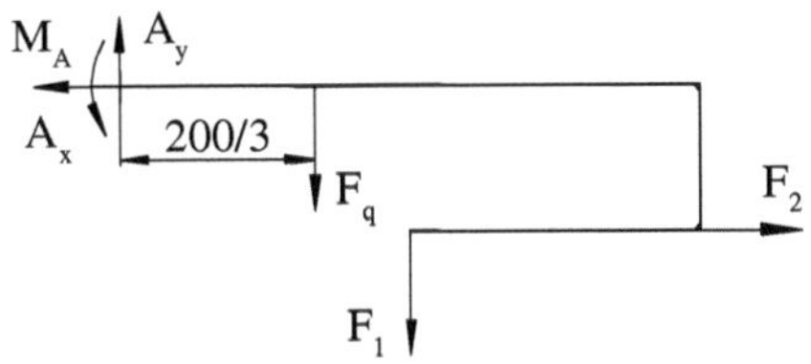


Aufstellen der Gleichgewichtsbedingungen:

Zur Ermittlung der Gleichgewichtsbedingungen an einem Tragwerk kann die Streckenlast zu einer Einzellast im Schwerpunkt der „Lastfläche" zusammengefasst werden. Der Schwerpunkt der Dreiecksfläche befindet sich im Abstand von 1/3 zur Einspannstelle.

Der Flächeninhalt ergibt die Ersatzkraft $F_q$. Die spezifische Größe $q_0$ beschreibt die maximale Intensität einer linear veränderlichen vertikal nach unten gerichteten Last je Längeneinheit. Daraus folgt

$$F_q = \frac{q_0 \cdot 200}{2}$$

Die Einspannung an der Lagerstelle A wird durch die Größen $A_x$, $A_y$ und $M_A$ gebildet. Den 3 unbekannten Größen stehen 3 Gleichgewichtsbedingungen gegenüber. Nach Gl. 1.8 gilt

$$\sum_{i=1}^{n} F_{ix} = 0 \quad -A_x + F_2 = 0$$

$$\sum_{i=1}^{n} F_{iy} = 0 \qquad A_y - F_q - F_1 = 0$$

$$\sum_{i=1}^{n} M_{iz} = 0 \quad -F_q \cdot 200/3 - F_1 \cdot 100 + F_2 \cdot 50 + M_A = 0$$

Lösung:

Die Ersatzkraft für die Streckenlast beträgt $F_q = 500$ N. Aus dem Momentenansatz folgt $M_A = 33{,}3$ kN/ mm. Die Auswertung der x-Komponenten führt zu $A_x = 100$ N, der y-Komponenten zu $A_y = 550$ N.

- **Berechnung nach FE-Methode**

Im Anwendungsbeispiel „FE-A3 Statik“ (Tafel 2/3) wird wie in „FE-A1 Statik“ und „FE-A2 Statik“ eine direkte Generierung angewendet. Elementetyp und Werkstoff stimmen ebenfalls überein.

Die Randbedingungen sind durch 1 feste Einspannung, 2 Einzelkräfte in vertikaler bzw. horizontaler Lage und einer linear veränderlichen Streckenlast gegeben. In der festen Einspannung werden vertikale und horizontale Lagerreaktionskräfte und das Lagerreaktionsmoment aufgenommen.

| **FE-A3 Statik** | Allgemeine Befehlsfolge |
|---|---|
| Name | Speicherung der FE-Rechnung unter FILE-Name "Statik3" |
| Elemente | 1-dimensionales Balkenelement - notwendige Eingabe<br>Querschnittsfläche in mm$^2$: A = 200<br>Flächenträgheitsmoment in mm$^4$: $I_1$ = 6667<br>Höhe des Trägers in mm: h = 20 |
| Werkstoffe | Stahl: $E_{St}$= 210 kN/mm$^2$ $\nu$ = 0,3 |
| Geometrie | Direkte Generierung Knoten und Elemente<br>Knoten (x;y;z) in mm: N1 (0;0;0), N2 (200;0;0), N3 (200;–50;0), N4 (100;–50;0);<br>Elemente bilden: E1(N1,N2), E2(N2,N3), E3(N3,N4); |
| Vernetzung | entfällt bei direkter Generierung |
| Randbedingungen | Lagerung: N1 (Ux=0,Uy=0,$M_A$=0);<br>Pressung in N/mm: Element E1 selektieren, $p_0$=5, $p_1$=0;<br>Belastung in N: N3 (Fx=100), N4 (Fy= – 50); |
| Berechnung und Ergebnisse | Ansatz: statisch, linear,<br>Charakteristische Größe: Verschiebung der Knoten,<br>Verschiebungen in mm: am Knoten N3 Uy= – 0,1429; am Knoten N4 Uy= – 0,134;<br>Reaktionskräfte in N: $A_x$= – 100; $A_y$= 550;<br>Momente in kNmm: $M_A$= 33,3; |
| *x* , *y* , *z* Koordinaten im globalen kartesischen Koordinatensystem,<br>*Ux* , *Uy* , *Uz* , *ROTx* , *ROTy* , *ROTz* Verschiebungen und Verdrehungen,<br>*K* Keypoint (Geometriepunkt im CAD-Modell), *L* Line (Linie im CAD-Modell),<br>*N* Node (Knoten im FE-Modell), *E* Element (Element im FE-Modell),<br>*FE-A* Finite Elemente Anwendungsbeispiel, | |

Fortsetzung nächste Seite

| **FE-A3 Statik** | Bildfolge |
|---|---|
| Geometrie | 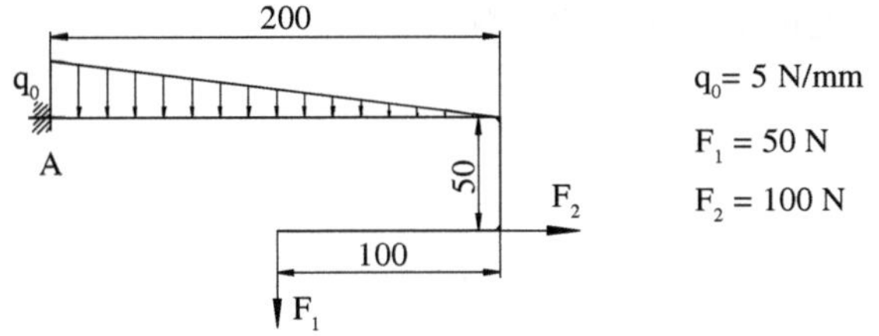  |
| Vernetzung Randbedingungen | 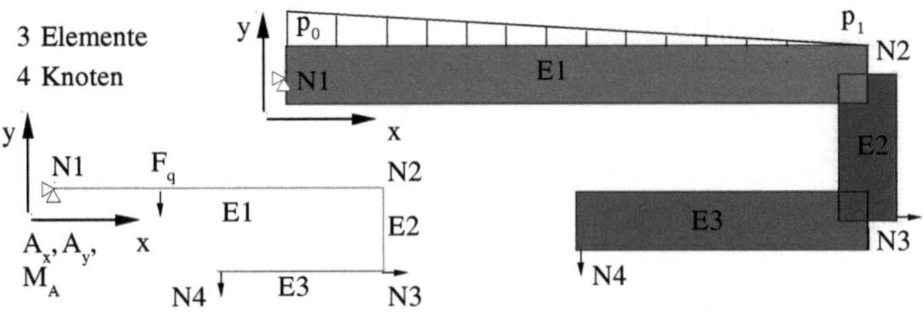  |
| Grafische Ergebnisse | 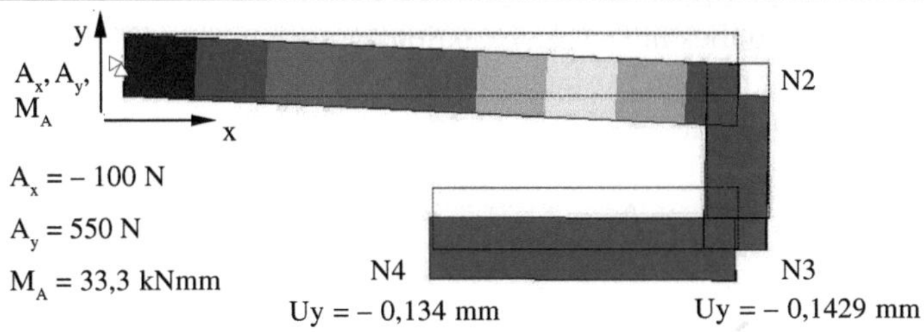  |

**Tafel 2/3:** Einseitig eingespannter Träger mit Streckenlast

Die Geometrie wurde lediglich mit 3 Elementen definiert. Die Verschiebungen an den 3 freien Knoten können damit eindeutig ermittelt werden. Zwischen den Knoten existieren allerdings keine Verformungswerte, so dass die Grafik in der Bildfolge keine Krümmungen der Balken zeigen kann. Es wird lediglich ein verschobenes nicht gekrümmtes Bild wiedergegeben.

Besonders deutlich tritt in diesem Beispiel die Schwäche der Pseudografik hervor. Da das Balkenelement vom Wesen her durch eine Linie repräsentiert wird und die Pseudografik nur die Linien verbreitert, kommt es an den Eckpunkten zu unrealistischen Flächenverbindungen.

Das besondere Merkmal in diesem Modell ist gegeben durch die linear veränderliche Streckenlast. Zur Bestimmung der Auflagerkräfte wäre auch wie in der klassischen Rechnung das Ansetzen der Ersatzkraft $F_q$ im Schwerpunkt der dreieckigen Streckenlast ausreichend. Mit der Definition der Streckenlast $p_0$ = 5 N/mm am Knoten N1 und $p_1$ = 0 N/mm am Knoten N2 berücksichtigt das FE-Programm eigenständig diesen Ansatz.

### 2.1.4 Träger mit Hebel

- **Berechnung nach klassischer Methode**

Aufgabenstellung: F = 1000 N

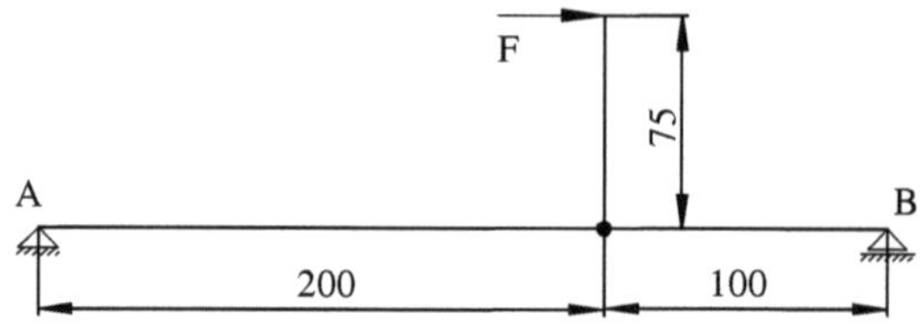


Freimachen des Tragwerkes:

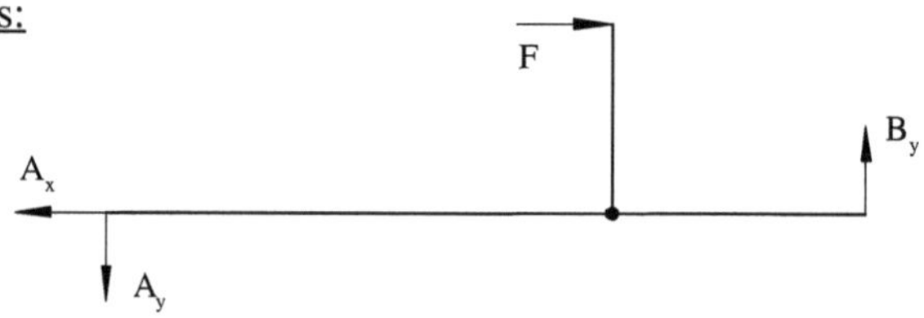


Aufstellen der Gleichgewichtsbedingungen:

Es treten 3 unbekannte Lagerreaktionskräfte auf – am Festlager A die Komponenten $A_x$ und $A_y$ und am Loslager B die Komponente $B_y$.

Nach Gl. 1.8 gilt

$$\sum_{i=1}^{n} F_{ix} = 0 \qquad -A_x + F = 0$$

$$\sum_{i=1}^{n} F_{iy} = 0 \qquad -A_y + B_y = 0$$

$$\sum_{i=1}^{n} M_{iz} = \sum M_A = 0 \qquad -F \cdot 75 + B_y \cdot 300 = 0$$

Lösung:

Die x-Komponente ergibt sich direkt aus der äußeren Kraft F mit $A_x$ = 1000 N. Der Momentenansatz führt zu $B_y$ = 250 N und daraus folgend zu $A_y = B_y$ = 250 N.

- **Berechnung nach FE-Methode**

Das Modell wird über eine direkte Generierung der Knoten und Elemente erstellt. Als Element liegt ein Balkenelement mit Biegeverhalten vor, da die äußere Last Biegungen hervorruft. Diese Biegungen sind im vorliegenden Anwendungsbeispiel von besonderer Bedeutung. Es soll erkannt werden, wie sich die Definition einer biegeweichen (Tafel 2/4) bzw. biegesteifen (Tafel 2/4.1) Ecke an der Verbindung des Hebels zum Träger auswirkt.

Die Abbildung der geometrischen Struktur beginnt mit der Eingabe von N1 und N25 für den Träger. Danach lassen sich die Knoten N2 bis N24 durch einen Steuerbefehl mit gleichmäßigem Abstand dazwischen generieren. Die Anzahl der Knoten,

d. h. die Einteilung muss berücksichtigen, dass sich ein Knoten im Abstand 200 mm vom Lager A befindet. An diesem Knoten (N17) wird nachfolgend der Hebel angesetzt. Durch Eingabe von Knotenkoordinaten für die Knoten N26 bis N31 wird die Lage des Hebels definiert. Anschließend folgt die Zuordnung der Elemente zu den Knoten. Die Randbedingungen sind durch 2 Lager und die äußere Kraft gegeben.

In der Bildfolge sind die Verformungen des Trägers und des Hebels in Linien- und in Pseudografik dargestellt. Es liegt eine stark überhöhte Abbildung vor. Ohne diese grafische Maßnahme wäre die Biegetendenz bei Werten von wenigen Zehntelmillimetern kaum erkennbar. Der Lastangriff führt am Hebel unmittelbar zu einer Biegung, über den Knoten N17 kommt es zu einer Verformung des Trägers.

| **FE-A4 Statik** | Allgemeine Befehlsfolge |
|---|---|
| Name | Speicherung der FE-Rechnung unter FILE-Name "Statik4" |
| Elemente | 1-dimensionales Balkenelement - notwendige Eingabe<br>Querschnittsfläche in mm$^2$: A = 200<br>Flächenträgheitsmoment in mm$^4$: $I_1$ = 6667<br>Höhe des Trägers in mm: h = 20 |
| Werkstoffe | Stahl: $E_{St}$= 210 kN/mm$^2$ $\nu$ = 0,3 |
| Geometrie | Direkte Generierung Knoten und Elemente<br>Knoten (x;y;z) in mm: N1 (0;0;0), N25 (300;0;0), Zwischenknoten gleichmäßig auffüllen, N26 (200;12,5;0), N27 (200;25;0), N28 (200;37,5;0), N29 (200;50;0), N30 (200;62,5;0), N31 (200;75;0),<br>Elemente bilden: E1 bis E30, |
| Vernetzung | entfällt bei direkter Generierung |
| Randbedingungen | Lagerung: N1 (Ux=0,Uy=0), N25 (Uy=0)<br>Belastung in N: N31 (Fx=1000) |
| Berechnung und Ergebnisse | Ansatz: statisch, linear,<br>Charakteristische Größe: Verschiebung der Knoten,<br>Verschiebungen in mm: an N17 Ux=0,0048, Uy=0,1190;<br>an N31 Ux=0,2391, Uy=0,1190;<br>Reaktionskräfte in N: $A_x$= – 1000; $A_y$= – 250; $B_y$=250; |

*x , y , z* Koordinaten im globalen kartesischen Koordinatensystem,
*Ux , Uy , Uz , ROTx , ROTy , ROTz* Verschiebungen und Verdrehungen,
*K* Keypoint (Geometriepunkt im CAD-Modell), *L* Line (Linie im CAD-Modell),
*N* Node (Knoten im FE-Modell), *E* Element (Element im FE-Modell),
*FE-A* Finite Elemente Anwendungsbeispiel,

Fortsetzung nächste Seite

| **FE-A4 Statik** | Bildfolge |
|---|---|
| Geometrie | 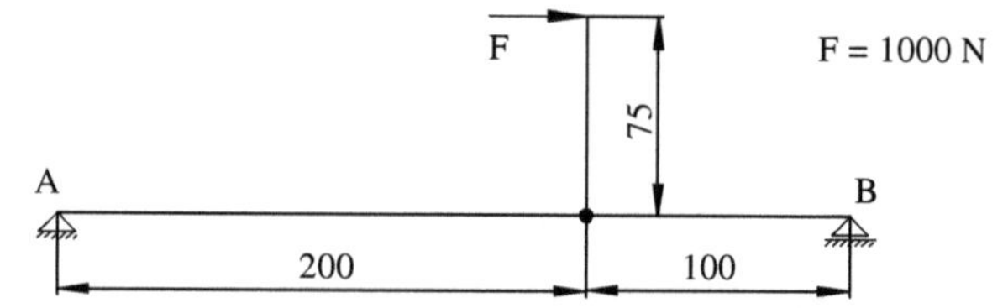 |
| Vernetzung Randbedingungen | 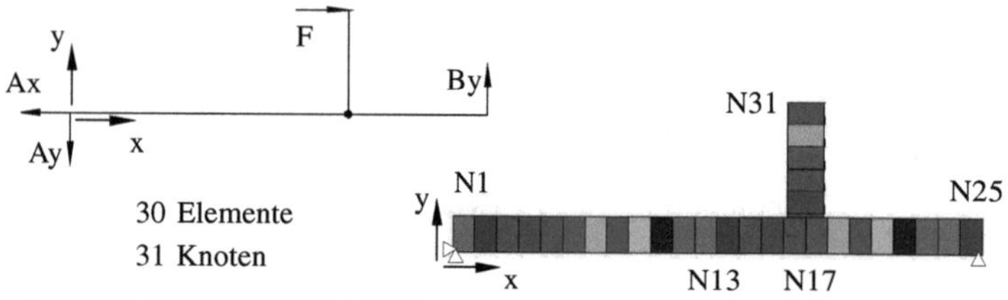 |
| Grafische Ergebnisse | 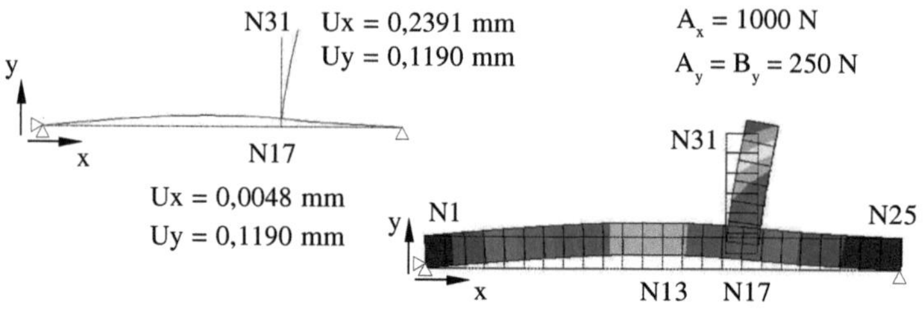 |

**Tafel 2/4:** Träger mit Hebel und biegeweicher Ecke

Die Krümmung des Trägers ist durch die Position des Hebels bestimmt. Im Beispiel nach Tafel 2/4 entsteht links vom Knoten N17 ein konvexer, rechts davon ein konkaver Verlauf. In beiden Bereichen liegen aber positive y-Werte vor.

Eine einfache Modifizierung des Modells ist möglich mit Verschiebung des Hebels zum Knoten N13. Damit wird der Hebel in der Mitte des Trägers angeordnet (Abb. 2.3.). Im Ergebnis der Rechnung entsteht eine wellenförmige Verformung des Trägers um die x-Achse. Im konkaven Teil liegen jetzt negative y-Werte vor.

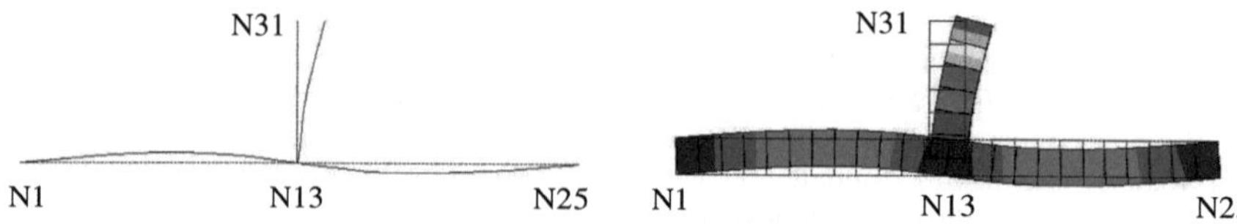


Abb. 2.3. Verformungen eines Trägers mit mittig angeordnetem Hebel

In Tafel 2/4.1 wird das Modell dahingehend modifiziert, dass die Verbindung des Hebels zum Träger mit einer Versteifung ausgeführt wird. Eine Versteifung kann in der praktischen Anwendung durch ein Knotenblech erreicht werden. Das Knotenblech ist ein Element des Stahlbaus und bildet den Gelenkpunkt eines Tragwerks. Das Knotenblech verbindet über Nieten oder Schrauben die Einzelteile des Tragwerkes. Die Länge der Seitenkanten des Knotenbleches bestimmen den Bereich und damit seine versteifende Wirkung. Übertragen auf das FE-Modell simulieren die Positionen der Knoten die Nieten bzw. Schrauben.

| **FE-A4.1 Statik** | Allgemeine Befehlsfolge |
|---|---|
| Name | Speicherung der FE-Rechnung unter FILE-Name "Statik4-1" |
| Elemente | 1-dimensionales Balkenelement - notwendige Eingabe<br>Querschnittsfläche in mm²: A = 200,<br>Flächenträgheitsmoment in mm⁴: $I_1$ = 6667,<br>Höhe des Trägers in mm: h = 20, |
| Werkstoffe | Stahl: $E_{St}$= 210 kN/mm² ν = 0,3 |
| Geometrie | Direkte Generierung Knoten und Elemente<br>Knoten (x;y;z) in mm: N1 (0;0;0), N25 (300;0;0), Zwischenknoten gleichmäßig auffüllen, N26 (200;12,5;0), N27 (200;25;0), N28 (200;37,5;0), N29 (200;50;0), N30 (200;62,5;0), N31 (200;75;0),<br>Elemente bilden: E1 bis E30, |
| Vernetzung | entfällt bei direkter Generierung |
| Randbedingungen | Lagerung: N1 (Ux=0,Uy=0), N25 (Uy=0),<br>Belastung in N: N31 (Fx=1000),<br>Starre Region: Masterknoten N17 definieren, abhängige Knoten N15, N16, N18, N19,N26, N27 mit translatorischen Freiheitsgraden |
| Berechnung und Ergebnisse | Ansatz: statisch, linear,<br>Charakteristische Größe: Verschiebung der Knoten,<br>Verschiebungen in mm: an N17 Ux=0,0042, Uy=0,0937<br>an N31 Ux=0,1321, Uy=0,0937;<br>Reaktionskräfte in N: $A_x$= – 1000; $A_y$= – 250; $B_y$=250; |

*x , y , z* Koordinaten im globalen kartesischen Koordinatensystem,
*Ux , Uy , Uz , ROTx , ROTy , ROTz* Verschiebungen und Verdrehungen,
*K* Keypoint (Geometriepunkt im CAD-Modell), *L* Line (Linie im CAD-Modell),
*N* Node (Knoten im FE-Modell), *E* Element (Element im FE-Modell),
*FE-A* Finite Elemente Anwendungsbeispiel,

Fortsetzung nächste Seite

| **FE-A4.1 Statik** | Bildfolge |
|---|---|
| Geometrie | 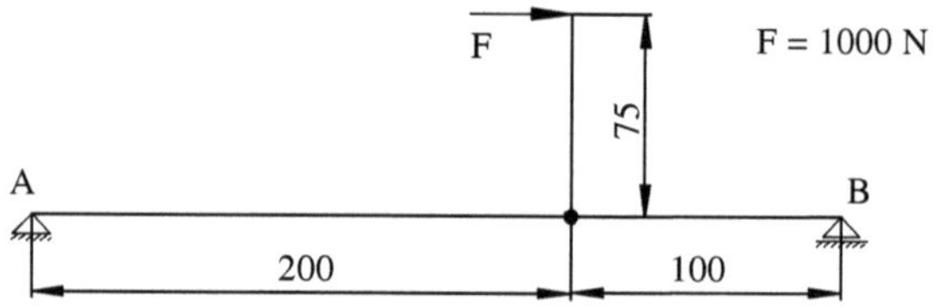  |
| Vernetzung Randbedingungen | 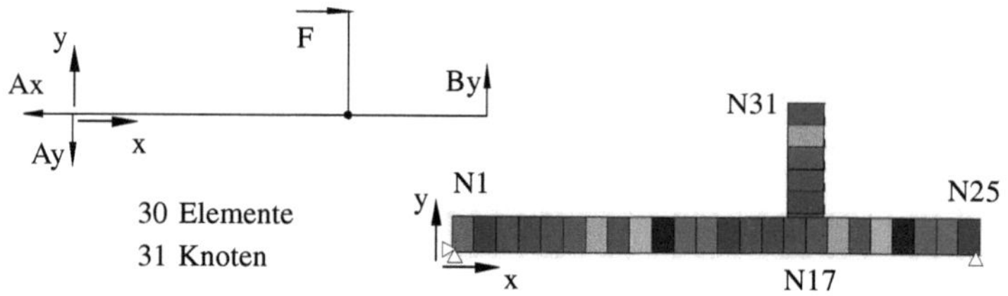  |
| Grafische Ergebnisse | 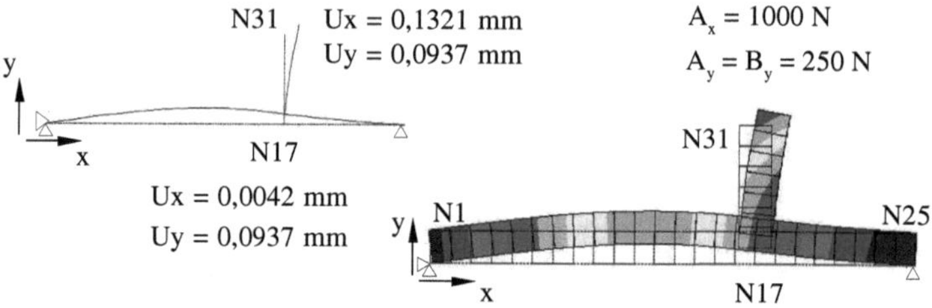  |

**Tafel 2/4.1:** Träger mit Hebel und biegesteifer Ecke

Nach dem Selektieren der Knoten für die gewünschte starre Region wird ein Masterknoten (N17, Abb. 2.4.) definiert und eine Anzahl von abhängigen Knoten (N15, N16, N18, N19, N26, N27) zugeordnet. Die Abhängigkeit besteht darin, dass die Freiheitsgrade - im vorliegenden Beispiel die translatorischen - gekoppelt und durch die Vorgabe des Masterknotens definiert sind. Im FE-Programm werden automatisch Beschränkungsgleichungen für die ausgewählten Freiheitsgrade erzeugt. Es wird also eine Teilmenge von starren Regionsgleichungen erzeugt.

In der grafischen Darstellung ist die Versteifung nur näherungsweise zu erkennen. Die Verschiebungen an der Stelle des Knotens N31

Ux = 0,2391 mm - Tafel 2/4,

Ux = 0,1321 mm - Tafel 2/4.1

zeigen aber deutlich die versteifende Wirkung der starren Region.

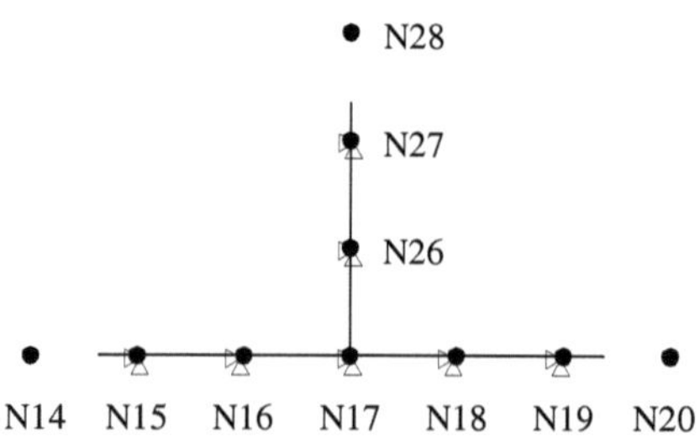


**Abb. 2.4.** Definition einer biegesteifen Ecke

### 2.1.5 Gekrümmter Träger

- **Berechnung nach klassischer Methode**

Aufgabenstellung: F = 100 N

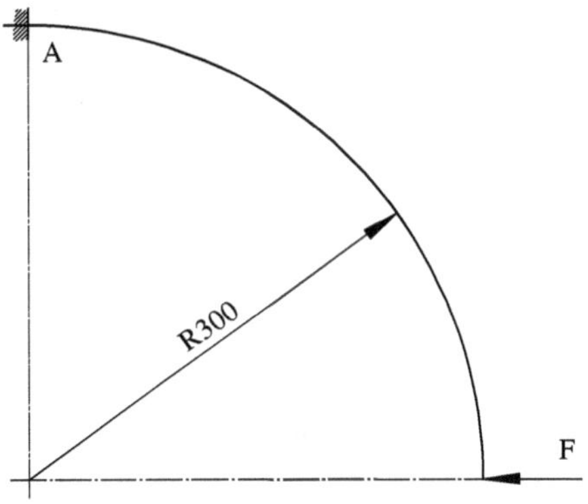


Freimachen des Tragwerkes:

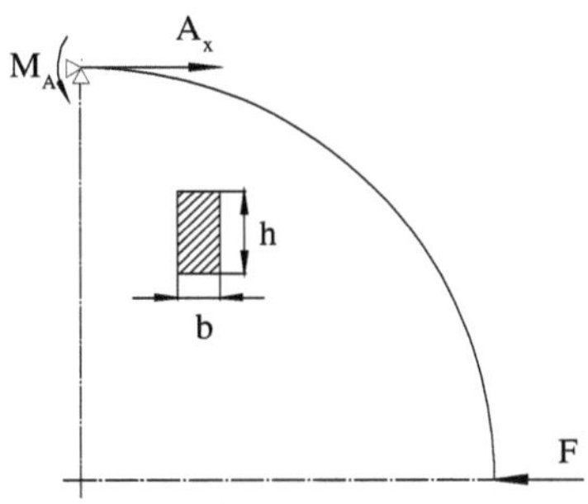


Aufstellen der Gleichgewichtsbedingungen:

Es wirkt nur eine horizontale äußere Kraft. Damit entfällt der vertikale Ansatz für die Gleichgewichtsbedingungen. Im Lager A wird $A_y = 0$. Die unbekannte Lagerkraft $A_x$ ergibt sich unmittelbar aus der äußeren Kraft F.

Nach Gl. 1.8 gilt

$$\sum_{i=1}^{n} F_{ix} = 0 \qquad A_x - F = 0$$

$$\sum_{i=1}^{n} M_{iz} = 0 \qquad M_A - F \cdot 300 = 0$$

Lösung:

Aus dem Momentenansatz folgt $M_A = 30$ kNmm , die Auswertung der x-Komponenten führt zu $A_x = 100$ N.

- **Berechnung nach FE-Methode**

Für den gekrümmten Träger ist die Modellierung mit direkter Generierung der Knoten und Elemente nicht günstig. Die Positionen der Knoten auf dem Kreisbogen müssten errechnet und mit ihren x-y-Koordinaten aufwändig eingegeben werden. Die Verbindung der Knoten mit Elementen führt zur typischen Sekantenform des Kreisbogens. Wünscht man eine dichtere Knotenfolge und damit eine bessere Annäherung der Kreisform, wäre wiederum die zeitraubende Handeingabe notwendig.

Die FE-Programmsysteme bieten günstigere Lösungen zur Modellbildung an. Dazu wird das Modell als CAD-Modell mit Punkten, Linien, Flächen und Volumen zugrunde gelegt. Punkte und Linien fungieren als Randbegrenzungen und Stützen für das darauf aufbauende FE-Modell.

Der Kreisbogenlinie wird über einen Befehlssatz die gewünschte Unterteilung in Elemente vorgegeben. Das FE-System positioniert dann automatisch Knoten und Elemente, die sich geometrisch über der Linie und den Eckpunkten befinden. Mit einer einzigen Befehlseingabe kann die Anzahl der Elemente neu bestimmt werden.

Ein weiterer Vorteil entsteht, wenn Randbedingungen wie äußere Lasten und Lagerstellen der CAD-Struktur direkt zugeordnet werden. Da die CAD-Struktur konstant das Modell verkörpert, die FE-Struktur über die Anzahl von Knoten und Elementen aber oft variabel ausgeführt werden muss, ändern sich zwangsläufig Knoten- und Elementenummern. Sind Lasten und Lagerstellen über Knotennummern zugeordnet, müsste auf die neuen Nummern umgestellt werden. Ordnet man Lasten

| **FE-A5 Statik** | Allgemeine Befehlsfolge |
|---|---|
| Name | Speicherung der FE-Rechnung unter FILE-Name "Statik5" |
| Elemente | 1-dimensionales Balkenelement - notwendige Eingabe<br>Querschnittsfläche in mm²: A = 200,<br>Flächenträgheitsmoment in mm⁴: $I_1$ = 6667,<br>Höhe des Trägers in mm: h = 20, |
| Werkstoffe | Stahl: $E_{St}$= 210 kN/mm²  ν = 0,3 |
| Geometrie | CAD-Modell aus Geometriepunkten, Linien erstellen;<br>Geometriepunkte (x;y;z) in mm: K1 (0;0;0), K2 (300;–300;0),<br>Drehpunkt für Radius K3 (0;–300;0),<br>Kreisbogen bilden: L1 (K1,K2), |
| Vernetzung | Elementeanzahl definieren: 24 an L1,<br>Vernetzen: L1 (ebene Balkenelemente), |
| Randbedingungen | Lagerung: K1 (Ux=0, Uy=0, Mz=0),<br>Belastung in N: K2 (Fx= – 100) |
| Berechnung und Ergebnisse | Ansatz: statisch, linear,<br>Charakteristische Größe: Verschiebung der Knoten,<br>Verschiebungen in mm: N1 an K2 (Ux= – 1,5138, Uy= – 0,9637)<br>Reaktionskräfte in N: $A_x$=100;<br>Momente in kNmm: $M_A$=30; |

*x* , *y* , *z* Koordinaten im globalen kartesischen Koordinatensystem,
*Ux* , *Uy* , *Uz* , *ROTx* , *ROTy* , *ROTz* Verschiebungen und Verdrehungen,
*K* Keypoint (Geometriepunkt im CAD-Modell), *L* Line (Linie im CAD-Modell),
*N* Node (Knoten im FE-Modell), *E* Element (Element im FE-Modell),
*FE-A* Finite Elemente Anwendungsbeispiel,

Fortsetzung nächste Seite

<table>
<tr><th>FE-A5<br>Statik</th><th>Bildfolge</th></tr>
<tr><td>Geometrie</td><td>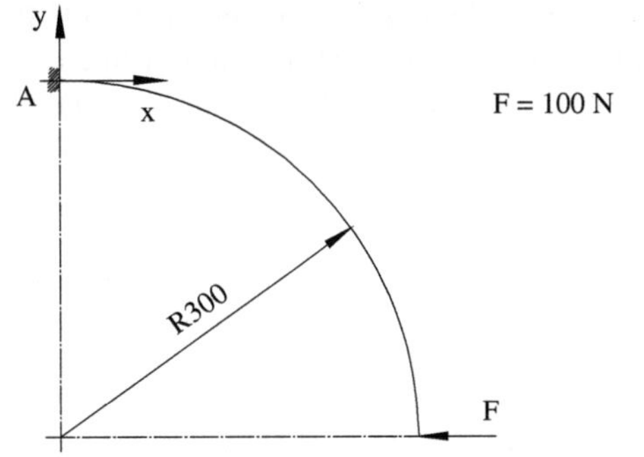
</td></tr>
<tr><td>Vernetzung<br>Randbedin-<br>gungen</td><td>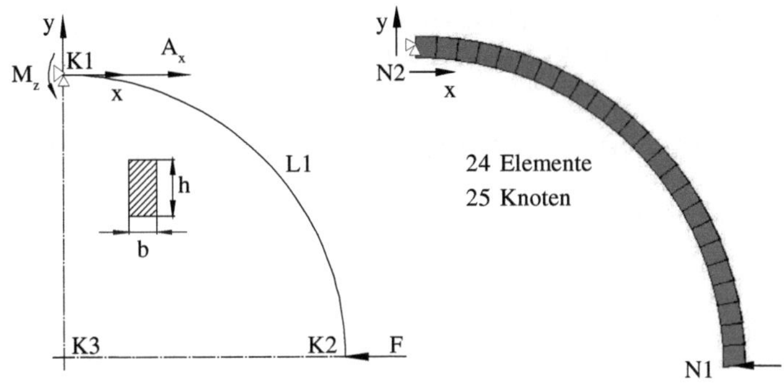
</td></tr>
<tr><td>Grafische<br>Ergebnisse</td><td>$A_x = 100$ N<br>$M_A = 30$ kNmm<br>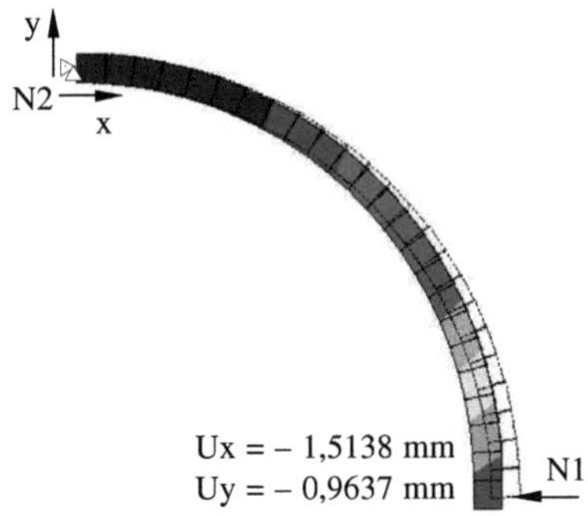
</td></tr>
</table>

**Tafel 2/5:** Gekrümmter Träger

und Lagerstellen Punkten oder Linien zu, erfolgt automatisch der Abruf der sich momentan unter ihnen befindlichen Knoten.

Ohne Alternative bleibt die Wahl des Elementes. Es muss ein Balkenelement mit Biegeverhalten verwendet werden, da die äußere Last Biegungen hervorrufen. Die Eingaben für Querschnittsfläche, Flächenträgheitsmoment und die Höhe definieren die Lage des Trägers.

Die geometrische Struktur kann durch Einlesen der Daten aus einem externen CAD-Programm oder durch Programmierung innerhalb des FE-Programms erstellt werden. Beim Einlesen der CAD-Daten eines externen CAD-Programms mit anschließender Umwandlung im Preprocessor des FE-Programms entsteht eine nicht beeinflussbare Nummernfolge bei Punkten, Linien, Flächen und Volumen. Für die Beschreibung eines Modells in einer Aufgabenstellung ist diese Vorgehensweise nicht geeignet. Es wird deshalb die Geometrie durch Eingaben im Preprocessor des FE-Programms erstellt.

Für das vorliegende Modell sind die 2 Geometriepunkte K1 und K2 einzugeben. Mit dem Punkt K3 ist der Mittelpunkt für die Generierung des Kreisbogens definiert. Die Verbindung zwischen K1 und K2 ergibt die einzige Linie L1 in diesem Modell. Diese Linie kann anschließend als Stützlinie für die Vernetzung verwendet werden. Ein einziger Befehl lässt die gewünschte Elementeanzahl entstehen. Eine Variation der Elementeanzahl ist ebenso einfach möglich.

Randbedingungen sind im CAD-Modell durch die feste Einspannung am Geometriepunkt K1 und an der äußeren Kraft an K2 gegeben. Nach der Vernetzung befinden sich an K1 der Knoten N2 und an K2 der Knoten N1 des FE-Modells.

## 2.2 Tragwerke mit mehreren Grundelementen

<table>
<tr><th>Nr.</th><th>Skizze</th><th>Merkmale</th></tr>
<tr><td>1</td><td>Träger mit Pendelstütze<br>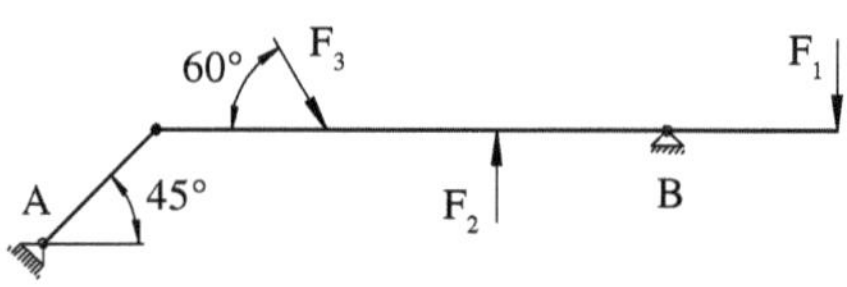<br></td><td>1 gerader Träger; 1 Festlager am Träger, 1 Festlager an der Pendelstütze, deren Wirklinie 45° von der Vertikalen abweicht; 3 äußere Kräfte, Kraft $F_3$ wirkt schräg mit 60°.</td></tr>
<tr><td>2</td><td>Scheibe mit Pendelstütze<br>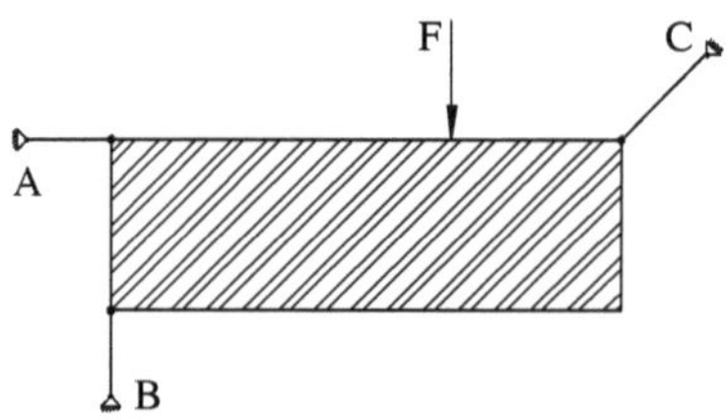<br></td><td>1 starre Scheibe und 3 Stäbe; Stäbe in Festlagern; 1 äußere Kraft an der Scheibe.</td></tr>
<tr><td>3</td><td>Träger mit Verbundgelenk<br>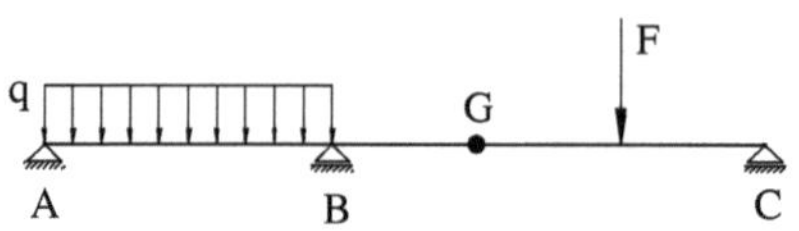<br></td><td>2 gerade Träger durch 1 Gelenk verbunden; 1 Festlager und 2 Loslager; Belastung durch eine Einzelkraft F und eine konstante Streckenlast q.</td></tr>
</table>

**Abb. 2.5.** Übersicht über Modelle mit mehreren Grundelementen

### 2.2.1 Träger mit Pendelstütze

- **Berechnung nach klassischer Methode**

Aufgabenstellung: $F_1 = 500$ N, $F_2 = 200$ N, $F_3 = 300$ N

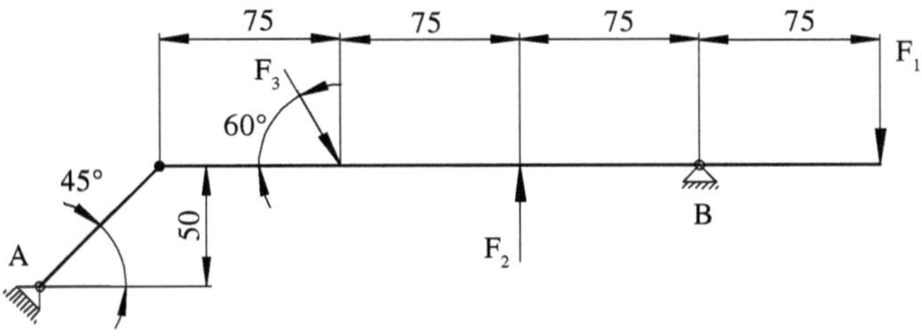


Freimachen des Tragwerkes:

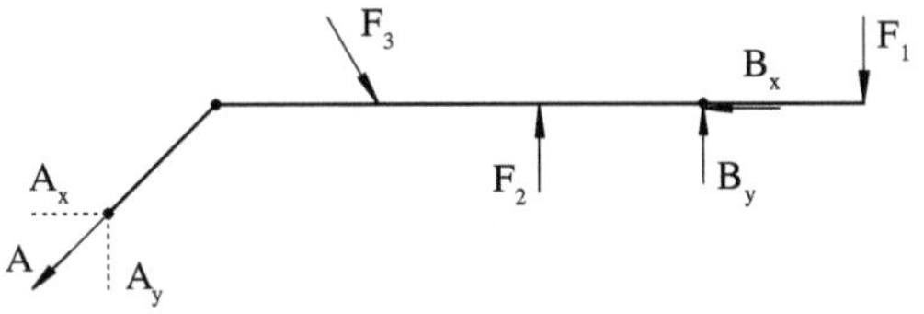


Aufstellen der Gleichgewichtsbedingungen:

Kräfte und Reaktionskräfte müssen in ihre rechtwinkligen Koordinaten zerlegt werden. An der Lagerstelle A sind die rechnerischen Größen $A_x$ und $A_y$ zu bilden. Die Kraft $F_3$ ist zu zerlegen in $F_{3x}$ und $F_{3y}$.

Nach Gl. 1.8 gilt

$$\sum_{i=1}^{n} F_{ix} = 0 \quad -A_x + F_{3x} - B_x = 0$$

$$\sum_{i=1}^{n} F_{iy} = 0 \quad -A_y - F_{3y} + F_2 + B_y - F_1 = 0$$

$$\sum_{i=1}^{n} M_{iz} = \sum M_B = 0 \quad -F_1 \cdot 75 - F_2 \cdot 75 + F_{3y} \cdot 150 + A_y \cdot 275 - A_x \cdot 50 = 0$$

$$\text{und } A_y = A_x \cdot \tan 45°$$

Lösung:

Es bietet sich ein Vergleich zur Aufgabe „Träger mit Festlager und schrägem Loslager" (Abschnitt 2.1.1) an. Im Unterschied dazu stellt in der vorliegenden Aufgabe eine Pendelstütze, d. h. ein Stab die Verbindung zu einem Festlager unter 45° her.

Diese Änderung wirkt sich nicht auf die Werte der Reaktionskräfte an den Lagerstellen aus. Der Stab kann nur Kräfte in Stabrichtung übertragen und erfüllt damit analog die Eigenschaft des Loslagers unter 45°.

Die Komponenten der Kraft $F_3$ ergeben die Werte $F_{3x} = 150$ N und $F_{3y} = 259{,}8$ N. Aus dem Momentenansatz folgt $A_x = 60{,}1$ N und $A_y = 60{,}1$ N mit der resultierenden Stabkraft A = 85 N. Die Auswertung der x-Komponenten führt zu $B_x = 89{,}9$ N. Die Auswertung der y-Komponenten ergibt für $B_y = 619{,}9$ N.

• **Berechnung nach FE-Methode**

| **FE-A6 Statik** | Allgemeine Befehlsfolge |
|---|---|
| Name | Speicherung der FE-Rechnung unter FILE-Name "Statik6" |
| Elemente | 1-dimensionales Balkenelement - notwendige Eingabe<br>Querschnittsfläche in $mm^2$: A = 200,<br>Flächenträgheitsmoment in $mm^4$: $I_1$ = 6667,<br>Höhe des Trägers in mm: h = 20;<br>1-dimensionales Stabelement - notwendige Eingabe<br>Querschnittsfläche in $mm^2$: A = 200 |
| Werkstoffe | a) Träger Stahl: $E_{St}$= 210 kN/$mm^2$ ν = 0,3<br>Stab Stahl: $E_{St}$= 210 kN/$mm^2$ ν = 0,3<br>b) Träger Stahl: $E_{St}$= 210 kN/$mm^2$ ν = 0,3<br>Stab Kunststoff: $E_{St}$= 0,6 kN/$mm^2$ ν = 0,25 |
| Geometrie | Direkte Generierung Knoten und Elemente<br>Knoten (x;y;z) in mm: N1 (0;0;0), N25 (300;0;0), Zwischenknoten gleichmäßig auffüllen;<br>Elemente bilden: E1 bis E24 (Balkenelemente),<br>Knoten (x;y;z) in mm: N26 (– 50;– 50;0),<br>Elemente bilden: E25 (N1,N26; Stabelement), |
| Vernetzung | entfällt bei direkter Generierung |
| Randbedingungen | Lagerung: N26 (Ux=0,Uy=0), Lager 45° gedreht;<br>N19 (Ux=0,Uy=0),<br>Belastung in N: N7 (Fx=300 um 60° gedreht); N13 (Fy=200);<br>N25 (Fy= – 500) |
| Berechnung und Ergebnisse | Ansatz: statisch, linear,<br>Charakteristische Größe: Verschiebung der Knoten,<br>Verschiebungen in mm: a) Werkstoffe Träger, Stahl, Stab Stahl - N1 (Uy =0), N25 (Uy= – 0,1996); b) Werkstoffe Träger Stahl, Stab Kunststoff - N1 (Uy =0,0707), N25 (Uy= – 0,223);<br>Reaktionskräfte in N: $A_x$=$A_y$= – 60,1; $B_x$= – 89,9; $B_y$=619,9; |
| *x , y , z* Koordinaten im globalen kartesischen Koordinatensystem,<br>*Ux , Uy , Uz , ROTx , ROTy , ROTz* Verschiebungen und Verdrehungen,<br>*K* Keypoint (Geometriepunkt im CAD-Modell), *L* Line (Linie im CAD-Modell),<br>*N* Node (Knoten im FE-Modell), *E* Element (Element im FE-Modell),<br>*FE-A* Finite Elemente Anwendungsbeispiel, | |

Fortsetzung nächste Seite

| **FE-A6 Statik** | Bildfolge |
|---|---|
| Geometrie | 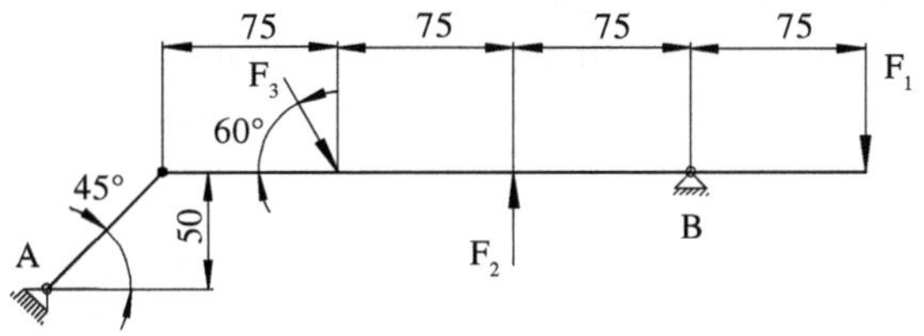 |
| Vernetzung Randbedingungen | 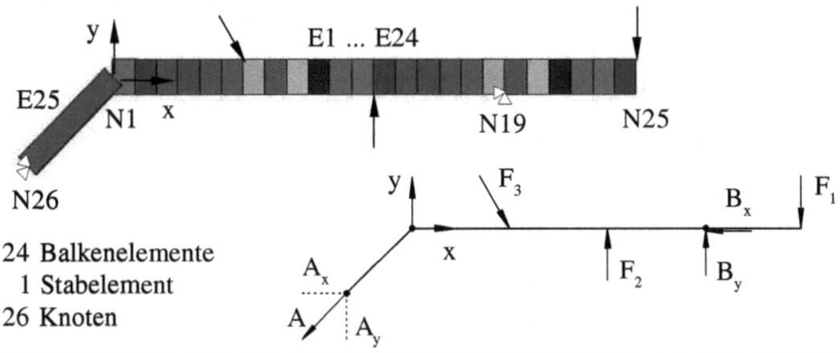<br>24 Balkenelemente<br>1 Stabelement<br>26 Knoten |
| Grafische Ergebnisse | a) Werkstoffe Träger St, Stab St b) Werkstoffe Träger St, Stab Kunststoff<br>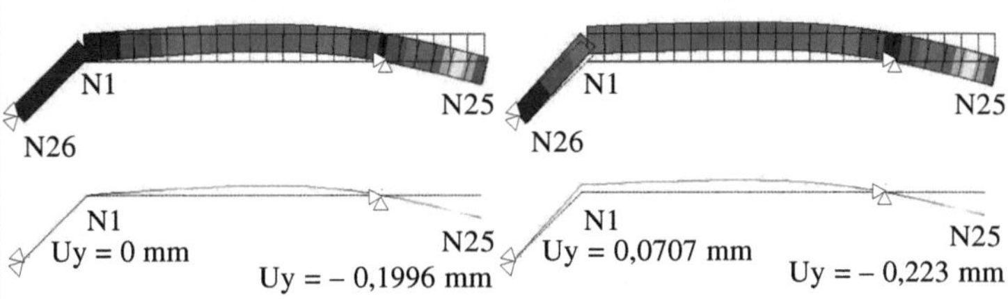<br>$A_x$ = – 60,1 N, $A_y$ = – 60,1 N, $B_x$ = – 89,9 N, $B_y$ = 619,9 N, |

**Tafel 2/6:** Träger mit Pendelstütze

Das Tragwerk entspricht wegen der 2 Festlager mit ihren 4 unbekannten Lagerkräften einem 1-fach statisch unbestimmten System. Die 3 Gleichgewichtsbedingungen konnten durch die Definition der Gleichung $A_y = A_x$ tan 45° erweitert werden, so dass eine eindeutige Lösung möglich wurde. Für das FE-Modell muss durch eine geeignete Wahl der Elementtypen dieser Zustand dargestellt werden. Da eine Pendelstütze ein Loslager ersetzt und damit nur einen Freiheitsgrad bindet, ist ein Element mit diesen Eigenschaften zu wählen.

Für das Modell wurden 2 Elementtypen verwendet – Balkenelemente für den Träger und ein Stabelement für die Pendelstütze (Tafel 2/6). Diese Anordnung entspricht den Anforderungen an die Gleichgewichtsbedingungen. Die Balkenelemente übertragen Verschiebungen und Verdrehungen, das Stabelement nur Verschiebungen. Balkenelemente können Zug-, Druck- und Biegeverhalten darstellen, Stabelemente nur Zug- und Druckverhalten.

Der Knoten N1 als Verbindungsknoten zwischen Balken- und Stabelement kann also nur Zug- und Druckkräfte in der Stabachse des Stabelementes weiterleiten. Das besondere Merkmal in diesem Modell ist gegeben durch die Interpretation eines Loslagers durch ein Stabelement.

Der Werkstoff der Pendelstütze wurde aus Stahl und in einem zweiten Modell durch Kunststoff ausgedrückt (Tafel 2/6). Die deutlich unterschiedlichen Steifigkeiten des Stabes führen zu Abweichungen in den Verschiebungen an den Knoten N1 und N25. Die äußeren Kräfte führen zu unterschiedlichen Dehnungen im Stab. Als praktische Anwendung bietet sich eine Steuerung der Lagersteifigkeit an. Eine kurze Pendelstütze könnte unmittelbar zugehörig zum Lager aufgefasst werden. Über die Werkstoffdaten wäre eine Simulation der Lagerhärte möglich.

## 2.2.2 Scheibe mit Pendelstützen

- **Berechnung nach klassischer Methode**

Aufgabenstellung: F = 1200 N

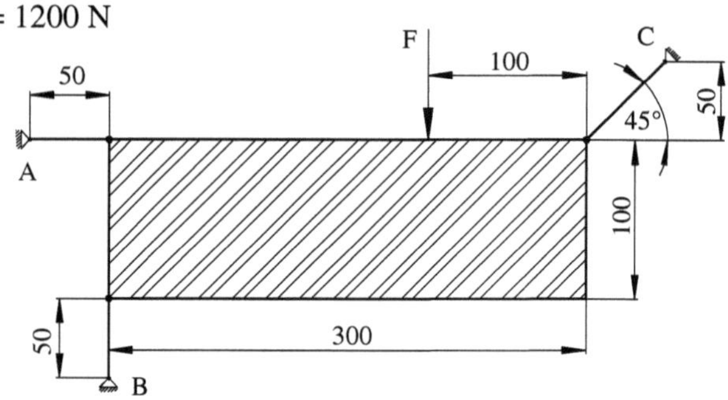


Freimachen des Tragwerkes:

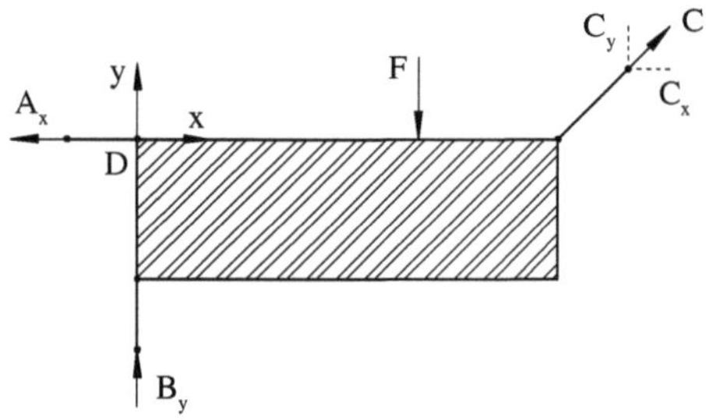


Aufstellen der Gleichgewichtsbedingungen:

Die Reaktionskraft am Lager C muss in ihre rechtwinkligen Koordinaten zerlegt werden. Für den Momentenansatz wird als Drehpunkt der Punkt D verwendet.

Nach Gl. 1.8 gilt

$$\sum_{i=1}^{n} F_{ix} = 0 \qquad -A_x + C_x = 0$$

$$\sum_{i=1}^{n} F_{iy} = 0 \qquad B_y + C_y - F = 0$$

$$\sum_{i=1}^{n} M_{iz} = \sum M_D = 0 \qquad -F \cdot 200 + C_y \cdot 350 - C_x \cdot 50 = 0$$

$$\text{und } C_y = C_x \cdot \tan 45°$$

| **FE-A7 Statik** | Allgemeine Befehlsfolge |
|---|---|
| Name | Speicherung der FE-Rechnung unter FILE-Name "Statik7" |
| Elemente | 2-dimensionales Scheibenelement (4 Knoten) - notwendige Eingabe Dicke der Scheibe s = 5 mm;<br>1-dimensionales Stabelement - notwendige Eingabe Querschnittsfläche in mm²: A = 100 |
| Werkstoffe | Scheibe definiert durch E = $10^{11}$ N/mm² $\nu = 0{,}3$<br>Stäbe Stahl: $E_{St}$= 210 kN/mm² $\nu = 0{,}3$ |
| Geometrie | CAD-Modell aus Geometriepunkten, Flächen erstellen -<br>Geometriepunkte (x;y;z) in mm: K1 (0;0;0), K2 (0;–100;0), K3 (300;–100;0), K4 (300;0;0),<br>Fläche bilden: A1(K1,K2,K3,K4) |
| Vernetzung | Elementelänge definieren in mm: 50,<br>Vernetzen: A1 (Rechteckelemente).<br><br>Direkte Generierung Knoten und Elemente -<br>Knoten (x;y;z) in mm: N22 (–50;0;0), N23 (0;–50;0), N24 (350;50;0),<br>Elemente bilden (Stabelemente): E13(N1,N22), E14(N2,N23), E15(N10,N24), |
| Randbedingungen | Lagerung: N22 (Ux=0,Uy=0), N23 (Ux=0,Uy=0), N24 (Ux=0,Uy=0), Lager 45° gedreht;<br>Belastung in N: Fy= – 1200 (N13, x=200 mm ) |
| Berechnung und Ergebnisse | Ansatz: statisch, linear,<br>Charakteristische Größe: Verschiebung der Knoten,<br>Verschiebungen in mm: N1 (Ux =0,0019), N10 (Ux =0,0019, Uy= – 0,0073); N4 (Uy= – 0,0073);<br>Reaktionskräfte in N: $A_x$= – 800; $B_y$=400; $C_x$=$C_y$=800; |

*x , y , z* Koordinaten im globalen kartesischen Koordinatensystem,
*Ux , Uy , Uz , ROTx , ROTy , ROTz* Verschiebungen und Verdrehungen,
*K* Keypoint (Geometriepunkt im CAD-Modell), *L* Line (Linie im CAD-Modell),
*N* Node (Knoten im FE-Modell), *E* Element (Element im FE-Modell),
*FE-A* Finite Elemente Anwendungsbeispiel,

Fortsetzung nächste Seite

| FE-A7 Statik | Bildfolge |
|---|---|
| Geometrie | 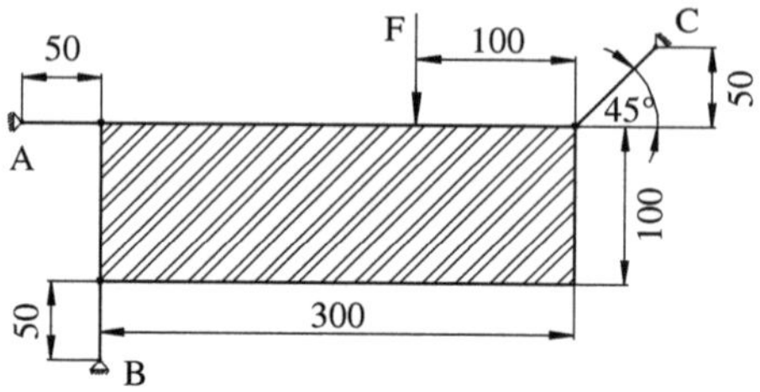  |
| Vernetzung Randbedingungen | 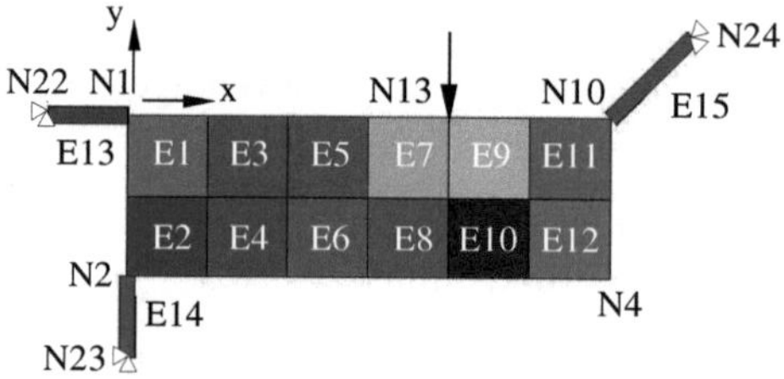  12 Scheibenelemente<br>3 Stabelemente<br>24 Knoten |
| Grafische Ergebnisse | 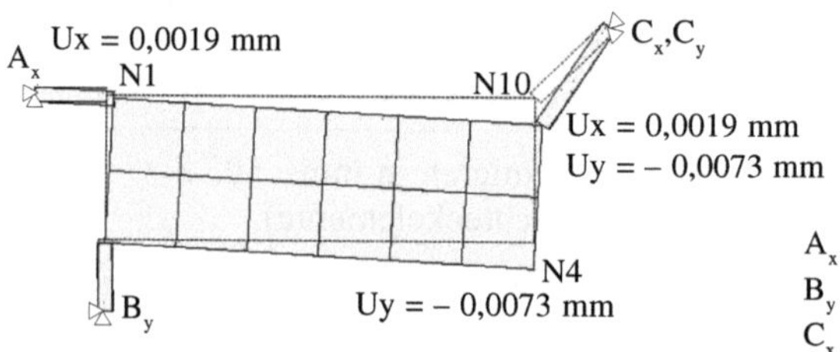  $A_x$ = – 800 N<br>$B_y$ = 400 N<br>$C_x$ = $C_y$ = 800 N |

**Tafel 2/7:** Scheibe mit Pendelstützen

Lösung:

Aus dem Momentenansatz werden unter Verwendung von $C_y = C_x \tan 45°$ die Komponenten $C_x = C_y = 800$ N mit der resultierenden Stabkraft A = 1131 N errechnet. Die Auswertung der x-Komponenten führt zu $A_x = 800$ N. Die Auswertung der y-Komponenten ergibt für $B_y = 400$ N.

- **Berechnung nach FE-Methode**

Die Pendelstützen werden nach dem Muster der Aufgabe in Tafel 2/6 generiert. Da eine Pendelstütze ein Loslager ersetzt, stehen den 3 unbekannten Lagerkräften die 3 Gleichgewichtsbedingungen gegenüber. Das System ist damit statisch bestimmt. Um den Gleichungsansatz im FE-Programm formal zu erfüllen, werden zusätzlich die nicht betroffenen vertikalen und horizontalen Freiheitsgrade in den Lagerstellen gebunden,

Das besondere Merkmal im Modell nach Tafel 2/7 ist gegeben durch die Interpretation einer starren Platte mit Scheibenelementen. Die verwendeten Elemente besitzen 4 Knoten mit Freiheitsgraden in x-y-Richtung. Über den Knoten N13 wird die äußere Kraft F in die starre Scheibe eingeleitet und von den Pendelstützen aufgenommen. Für die Vernetzung lag eine Fläche A1 als CAD-Struktur mit Begrenzungslinien vor. Diese Linien wurden in 50 mm-Abschnitte unterteilt und bildeten bei der Vernetzung die Stützpunkte für die Positionen der Knoten und Elemente. Die Vergabe der Element- und Knotennummern erfolgt automatisch und kann von FE-Systemen verschieden vergeben werden.

Der Begriff starre Scheibe besagt, dass bei Einwirkung von Kräften keine Verformungen an der Scheibe auftreten. Im FE-Modell ist das durch Definition einer hohen Werkstoffsteifigkeit annähernd zu erreichen. Bei einem E-Modul von $E = 10^{11}$ $N/mm^2$ traten keine auswertbaren Verformungen mehr auf. Die von den 12 Scheibenelementen E1 bis E12 gebildete Platte verschob sich als starrer Körper (Tafel 2/7 grafische Ergebnisse). Die Dehnungen in den Stäben ist die Ursache für den geringen Versatz (ca. 2 - 7 μm), der nur wegen der Überhöhung in der grafischen Anzeige sichtbar wird.

### 2.2.3 Träger mit Verbundgelenk

- **Berechnung nach klassischer Methode**

Aufgabenstellung: F = 1000 N, q = 1,5 N/mm

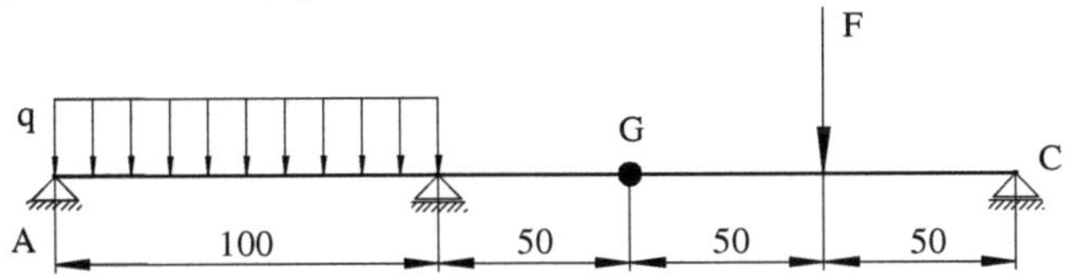


Freimachen des Tragwerkes:

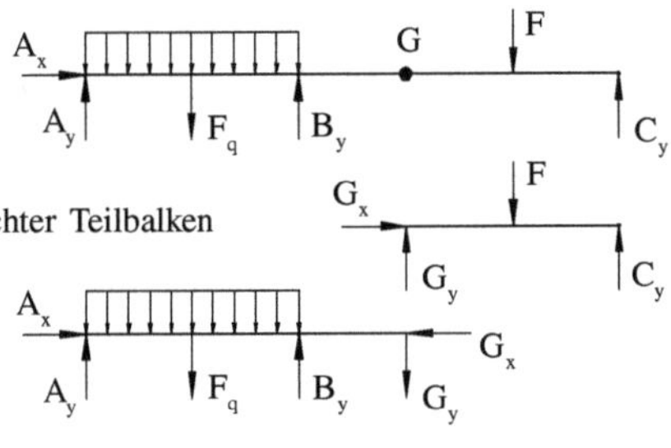


Aufstellen der Gleichgewichtsbedingungen:

Ein Durchlaufträger mit 3 Lagern (4 unbekannte Lagerkräfte) ist einfach statisch unbestimmt. Durch ein Gelenk entstehen 2 Teilbalken, die bei Einhaltung eines Berechnungsablaufes das Gesamtsystem lösbar machen. Zu beginnen ist mit dem rechten Teilbalken, da die 3 unbekannten Reaktionskräfte $G_x$, $G_y$ und $C_y$ durch die 3 Gleichgewichtsbedingungen statisch bestimmt sind.

Nach Gl. 1.8 gilt für den rechten Teilbalken

$$\sum_{i=1}^{n} F_{ix} = 0 \quad G_x = 0 \qquad\qquad \sum_{i=1}^{n} F_{iy} = 0 \quad G_y - F + C_y = 0$$

$$\sum_{i=1}^{n} M_{iz} = \sum M_G = 0 \qquad -F \cdot 50 + C_y \cdot 100 = 0$$

Als Teillösungen für den rechten Teilbalken ergeben sich $G_x = 0$, $G_y = C_y = 500$ N. Aus dem Ansatz für die Lasten im Gelenk geht hervor, dass keine Momente übertragen werden. Die Größen $G_x$ und $G_y$ zeigen das Wirkprinzip eines Festlagers. Nach dem Wechselwirkungsprinzip treten sie am linken Teilbalken in entgegengesetzter Richtung als bekannte Kräfte auf.

Nach Gl. 1.8 gilt für den linken Teilbalken

$$\sum_{i=1}^{n} F_{ix} = 0 \quad A_x = G_x = 0 \qquad \sum_{i=1}^{n} F_{iy} = 0 \quad A_y - F_q + B_y - G_y = 0$$

$$\sum_{i=1}^{n} M_{iz} = \sum M_A = 0 \qquad -F_q \cdot 50 + B_y \cdot 100 - G_y \cdot 150 = 0$$

Lösung:

Für die Streckenlast ergibt sich die Ersatzkraft $F_q = 150$ N. Über den Momentenansatz kommt man zu $B_y = 825$ N. Die Auswertung der y-Komponenten liefert für $A_y = -175$ N.

- **Berechnung nach FE-Methode**

Die Berechnung wird in 2 Varianten ausgeführt (Tafel 2/8; Tafel 2/8.1).

1. Variante (Tafel 2/8): Es wird ein Ansatz entsprechend der Berechnung nach klassischer Methode angewendet. In einem ersten Schritt wird ein Modell für den rechten Teilbalken generiert. Die ausgelesenen Werte für das Gelenk $G_x$ und $G_y$ werden dann in ein zweites Modell für den linken Teilbalken als äußere Lasten eingegeben.
2. Variante (Tafel 2/8.1): Rechter und linker Teilbalken werden so generiert, dass an der Stelle des Gelenkes eine Verbindung besteht. Die Verbindung wird durch einen Stab hergestellt.

Bei der 1. Variante entstehen 2 eigenständige Modelle, wobei das Modell des rechten Teilbalkens nur dazu dient, die Gelenkkräfte $G_x$ und $G_y$ zu ermitteln. Die Struktur zeigt das Gelenk G als Festlager und das Loslager C und die mittig angreifende äußere Kraft F. Die dabei auftretenden Verformungen haben keinerlei Bezug zum Gesamtmodell.

Mit der Eingabe der Gelenkkräfte $G_x$ und $G_y$ in das Modell des linken Teilbalkens wird der Übergang zum Gesamtmodell hergestellt. Die Beanspruchung durch die Streckenlast q wird mit den Einflüssen des rechten Teilbalkens überlagert. Die Verformungen vom Lager A bis zum Gelenk G entsprechen damit den Verhältnissen des Gesamtmodells.

Der rechte Teilbalken verläuft vom Gelenk G bis zum Lager C. Es werden durch direkte Generierung die Knoten N1 bis N11 gesetzt. Die Verbindung der Knoten bringt die Elemente E1 bis E10. Am Knoten N6 wirken die Kraft F und an den Knoten N1 ($G_x$, $G_y$) und N11 ($C_y$) die Lager. Das Modell ist abgeschlossen. Es wird gespeichert und berechnet. Da ein Gelenk immer die Trennung eines Trägers in 2

Teilträger hervorruft, übernehmen die Gelenkkräfte – in der Rechnung als Lagerkräfte $G_x$ und $G_y$ definiert – die Verbindung zum linken Teilbalken.

Der linke Teilbalken wird auch als eigenständiges Modell aufgebaut. Er verläuft vom Lager A bis zum Gelenk G. Es werden durch direkte Generierung die Knoten N1 bis N16 gesetzt. Die Verbindung der Knoten bringt die Elemente E1 bis E15. Auf die Elemente E1 bis E10 wirkt die Streckenlast q. Am Knoten N16 werden dem Wechselwirkungsprinzip entsprechend die Gelenkkräfte $G_x$ und $G_y$ eingeleitet. Die

| **FE-A8 Statik** | Allgemeine Befehlsfolge |
|---|---|
| Name | Speicherung **rechter Teilbalken** unter FILE-Name "Statik8A"<br>Speicherung **linker Teilbalken** unter FILE-Name "Statik8B" |
| Elemente | 1-dimensionales Balkenelement - notwendige Eingabe<br>Querschnittsfläche in mm²: A = 200<br>Flächenträgheitsmoment in mm⁴: $I_1$ = 6667<br>Höhe des Trägers in mm: h = 20 |
| Werkstoffe | Stahl: $E_{St}$= 210 kN/mm² ν = 0,3 |
| Geometrie | Direkte Generierung Knoten und Elemente - **rechter Teilbalken**<br>Knoten (x;y;z) in mm: N1 (0;0;0), N11 (100;0;0), Zwischenknoten gleichmäßig auffüllen; Elemente bilden: E1 bis E10;<br>Direkte Generierung Knoten und Elemente - **linker Teilbalken**<br>Knoten (x;y;z) in mm: N1 (0;0;0), N16 (150;0;0), Zwischenknoten gleichmäßig auffüllen; Elemente bilden: E1 bis E15; |
| Vernetzung | entfällt bei direkter Generierung |
| Randbedingungen | **Rechter Teilbalken** - Lagerung: N1 (Ux=0,Uy=0); N11 (Uy=0), Belastung in N: N6 (Fy= – 1000);<br>**Linker Teilbalken** - Lagerung: N1 (Ux=0,Uy=0); N11 (Uy=0), Belastung in N: N16 (Fx=0;Fy= – 500);<br>Pressung in N/mm: Elemente selektieren E1-E10, p=1,5; |
| Berechnung und Ergebnisse | Ansatz: statisch, linear,<br>Charakteristische Größe: Verschiebung der Knoten,<br>**Rechter Teilbalken** - Reaktionskräfte in N: $G_y$= 500; $C_y$= 500;<br>**Linker Teilbalken** - Reaktionskräfte in N: $A_y$= –175; $B_y$= 825;<br>Verschiebungen in mm: am Knoten N16 Uy= – 0,0424; |

*x*, *y*, *z* Koordinaten im globalen kartesischen Koordinatensystem,
*Ux*, *Uy*, *Uz*, *ROTx*, *ROTy*, *ROTz* Verschiebungen und Verdrehungen,
*K* Keypoint (Geometriepunkt im CAD-Modell), *L* Line (Linie im CAD-Modell),
*N* Node (Knoten im FE-Modell), *E* Element (Element im FE-Modell),
*FE-A* Finite Elemente Anwendungsbeispiel,

Fortsetzung nächste Seite

<table>
<tr><th>FE-A8<br>Statik</th><th>Bildfolge</th></tr>
<tr><td>Geometrie</td><td>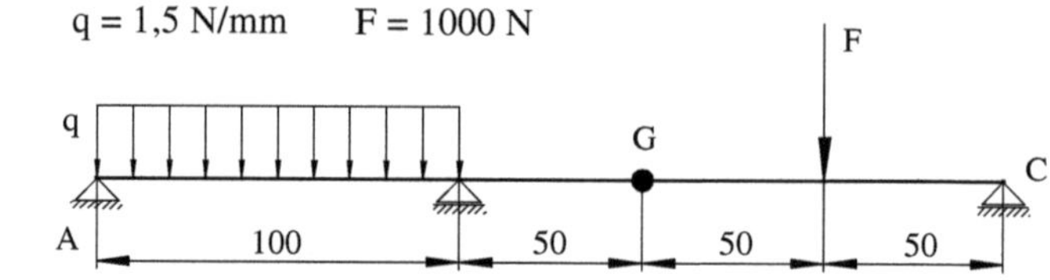
</td></tr>
<tr><td>Vernetzung<br>Randbedin-<br>gungen</td><td>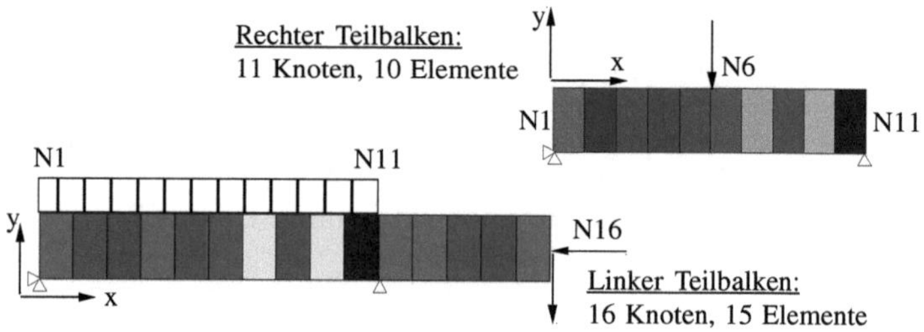
</td></tr>
<tr><td>Grafische<br>Ergebnisse</td><td>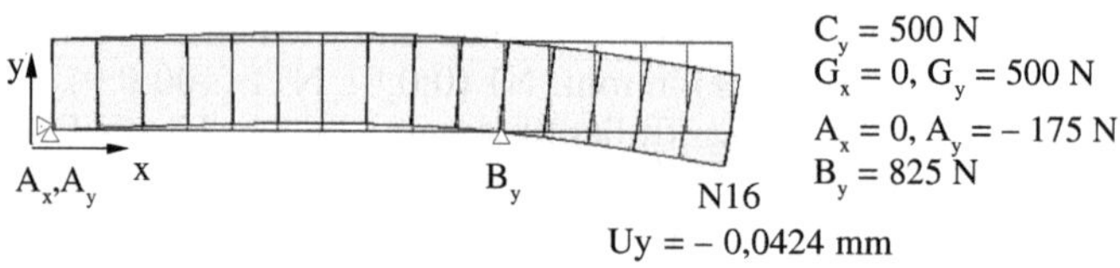
</td></tr>
</table>

**Tafel 2/8:** Träger mit Verbundgelenk - Variante mit 2 Teilbalken

Lager befinden sich an den Knoten N1 ($A_x$, $A_y$) und N11 ($B_y$). Die Berechnung für den linken Teilbalken liefert neben den Werten für die Lagerreaktionskräfte einen korrekten Verformungsverlauf (Tafel 2/8). Die Darstellung der Verformung für den gesamten Träger lässt die Variante mit 2 Teilbalken nicht zu.

Die 2. Variante vereinigt beide Teilbalken in einem Gesamtmodell. Es werden nacheinander linker und rechter Teilbalken generiert (Tafel 2/8.1). Die Teilbalken sind durch 2 Linien (L1-K1,K2; L2-K3,K4) definiert, welche die Basis für die Vernetzung bilden. Bei der automatischen Generierung der Knoten und Elemente vergibt das FE-System Knoten- und Elementenummern nach systemeigenen Algorithmus. Am Gelenk treten 2 Knoten auf - ein Knoten vom rechten Teilbalken (N17) und ein Knoten des linken Teilbalkens (N2). Die Verbindung erfolgt durch ein Stabelement, das die Funktion eines Gelenkes abbilden kann.

In Abb. 1.24. sind die 3 möglichen Gelenkarten

a) ohne Momentübertragung,

b) ohne Querkraftübertragung,

c) ohne Längskraftübertragung

dargestellt. Der Fall „ohne Momentübertragung“ kann mit Balken- und Stabelementen nicht verwirklicht werden. Es ist auch nicht möglich, gleichzeitig Quer- und Längskräfte durch ein Balken-Stab-Modell zu ersetzen.

In der vorliegenden Aufgabenstellung treten keine Längskräfte auf, so dass mit einem Stabelement ein Gelenk modelliert werden kann, welches Querkräfte überträgt. Die Knoten des linken und rechten Teilbalkens müssen dazu in einer solchen Position stehen, dass eine vertikale Kraftübertragung über das Stabelement erfolgen kann. Der Knoten am Gelenk des rechten Teilbalkens wird dafür vertikal um einen

| **FE-A8.1 Statik** | Allgemeine Befehlsfolge |
|---|---|
| Name | Speicherung der FE-Rechnung unter FILE-Name "Statik8_1" |
| Elemente | 1-dimensionales Balkenelement - notwendige Eingabe<br>Querschnittsfläche in mm$^2$: A = 200,<br>Flächenträgheitsmoment in mm$^4$: I1 = 6667,<br>Höhe des Trägers in mm: h = 20;<br>1-dimensionales Stabelement - notwendige Eingabe<br>Querschnittsfläche in mm$^2$: A = 200 |
| Werkstoffe | Stahl: $E_{St}$= 210 kN/mm$^2$ $\nu$ = 0,3 |
| Geometrie | CAD-Modell aus Geometriepunkten, Linien erstellen -<br>Geometriepunkte (x;y;z) in mm: K1 (0;0;0), K2 (150;0;0),<br>K3 (150;0,001;0), K4 (250;0;0),<br>Linie bilden: L1(K1,K2), L2(K3,K4) |
| Vernetzung | Elementeanzahl definieren: 15 an L1, 10 an L2,<br>Vernetzen: L1, L2 (ebene Balkenelemente).<br>Element bilden (Stabelement): E26(N2,N17), |
| Randbedingungen | Lagerung: N1 (Ux=0,Uy=0), N12 (Uy=0), N18 (Uy=0),<br>Belastung in N: Fy= – 1000 (N23),<br>Pressung in N/mm: Elemente selektieren E1-E10, p=1,5; |
| Berechnung und Ergebnisse | Ansatz: statisch, linear,<br>Charakteristische Größe: Verschiebung der Knoten,<br>Verschiebungen in mm: N2/N17 (Uy = – 0,0424),<br>Reaktionskräfte in N: $A_y$= – 175; $B_y$= 825; $C_y$= 500; |
| *x*, *y*, *z* Koordinaten im globalen kartesischen Koordinatensystem,<br>*Ux*, *Uy*, *Uz*, *ROTx*, *ROTy*, *ROTz* Verschiebungen und Verdrehungen,<br>*K* Keypoint (Geometriepunkt im CAD-Modell), *L* Line (Linie im CAD-Modell),<br>*N* Node (Knoten im FE-Modell), *E* Element (Element im FE-Modell),<br>*FE-A* Finite Elemente Anwendungsbeispiel, | |

Fortsetzung nächste Seite

| FE-A8.1 Statik | Bildfolge |
|---|---|
| Geometrie | 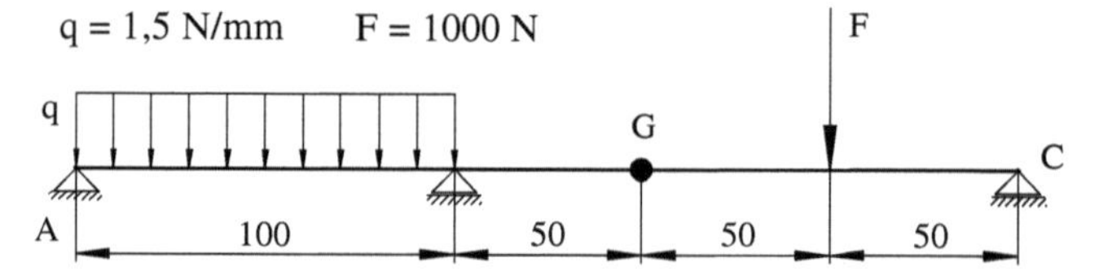  |
| Vernetzung Randbedingungen | 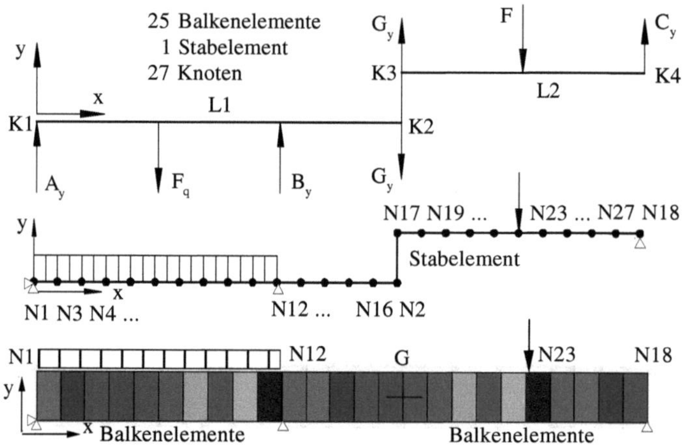  |
| Grafische Ergebnisse | 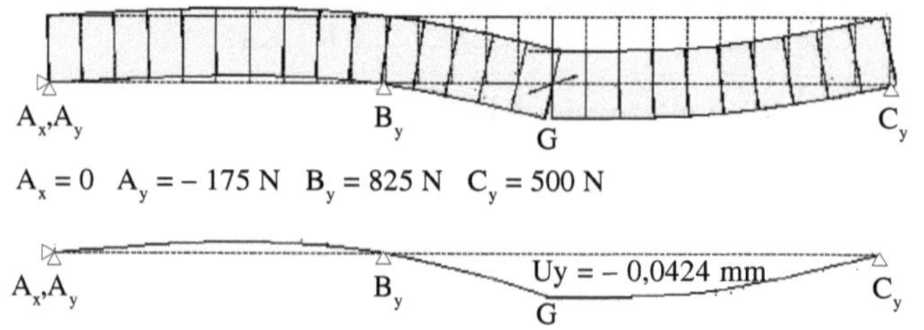  |

**Tafel 2/8.1:** Träger mit Verbundgelenk - Variante mit Gelenkstab

kleinen Betrag, beispielsweise um 0,001 µm, versetzt . Verbindet man anschließend den Gelenkknoten N17 des rechten mit dem Gelenkknoten N2 des linken Teilbalkens, entsteht ein senkrecht wirkendes Stabelement der Länge 0,001 µm. An dieser Stelle werden zwischen den beiden Teilbalken nur noch Kräfte in Richtung der Stabachse – für das Gesamtsystem Querkräfte – übertragen.

Der Knick am Gelenk G in der Strichdarstellung (Tafel 2/8.1, grafische Ergebnisse) zeigt, dass die kontinuierliche Verformung der Balkenelemente dort endet. In der pseudografischen Abbildung wird durch einen Spalt der Übergang vom linken zum rechten Teilbalken dargestellt.

## 2.3 Stabsysteme

| Nr. | Skizze | Merkmale |
|---|---|---|
| 1 | Stäbe im Stabwerk 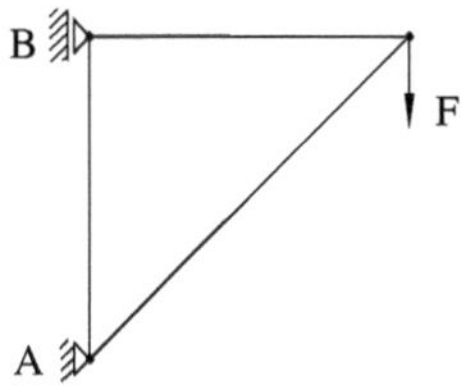  | 3 Stäbe, nur Zug- und Druckbeanspruchungen;<br>1 Festlager und 1 Loslager;<br>1 äußere Kraft, |
| 2 | Stäbe im Kniehebeltrieb 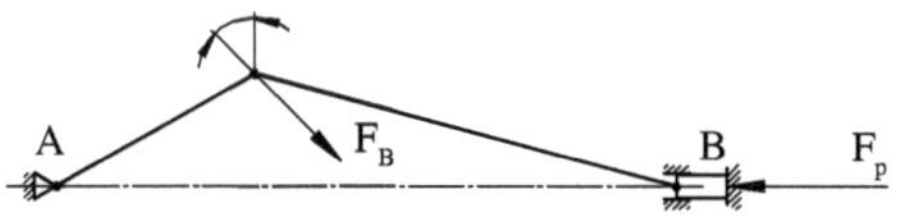  | 2 Stäbe, nur Zug- und Druckbeanspruchungen;<br>1 Festlager und 1 Führung mit Reaktionskraft $F_P$;<br>1 äußere Kraft $F_B$ unter 45°; |
| 3 | Stäbe im Fachwerk 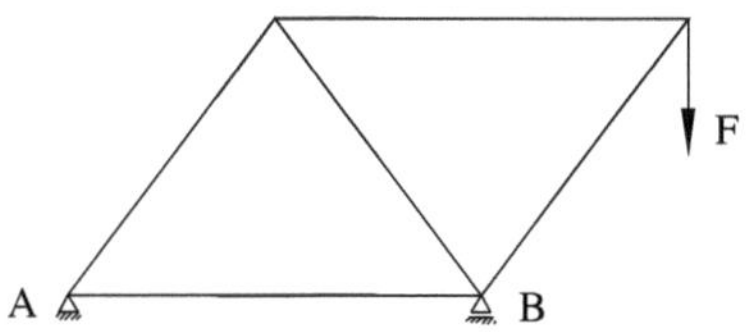  | 5 Stäbe, nur Zug- und Druckbeanspruchungen;<br>1 Festlager und 1 Loslager;<br>1 äußere Kraft, |

**Abb. 2.6.** Übersicht über Modelle von Stabsystemen

Berechnungen von Stabsystemen der Statik unterscheiden sich im FE-Bereich nur unwesentlich von den Berechnungen bei Durchlaufträgern. Als Besonderheit ist die ausschließliche Nutzung von Stabelementen zu nennen – in Stabsystemen treten nur Zug- und Druckkräfte auf.

Für die klassische Berechnung dagegen sind neben den allgemein gültigen Ansätzen

- Umwandeln des Systems aus realen Bauteilen in ein Ersatzsystem aus Stäben, Lagern usw.,
- Ermitteln der am Ersatzsystem angreifenden Kräfte und Momente,
- Prüfen des Systems auf statische Bestimmtheit.
- Anwendung der Gleichgewichtsbedingungen

weitere Ergänzungen notwendig. Während am Durchlaufträger Momente und Querkräfte dominieren, sind bei Stabsystemen die Längskräfte bedeutungsvoll. Sie müssen häufig wegen der beliebigen Lage der Stäbe in der Ebene mit aufwändigen goniometrischen Rechnungen ermittelt werden.

Bei Fachwerken sind spezielle Berechnungsmethoden wie das Knotenschnittverfahren oder das RITTERsche Schnittverfahren anzuwenden, um die Stabkräfte zu berechnen. Im Stabvertauschungsverfahren lassen sich kompliziert aufgebaute Fachwerke durch Stabvertauschung auf einfache zurückführen.

### 2.3.1 Stäbe im Stabwerk

- **Berechnung nach klassischer Methode**

Aufgabenstellung: F = 5000 N

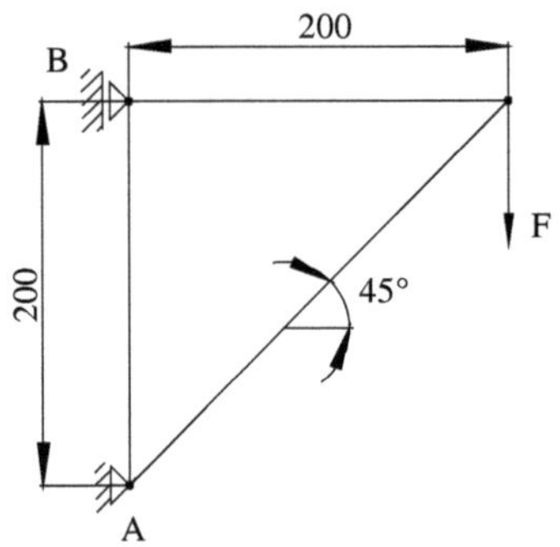


Freimachen des Tragwerkes:

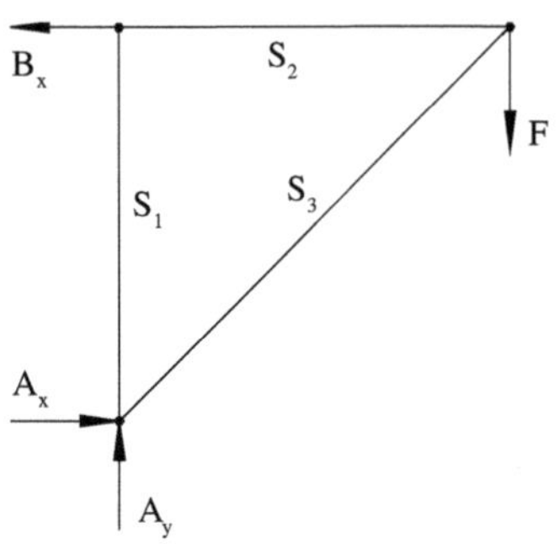


Aufstellen der Gleichgewichtsbedingungen:

Das Modell verkörpert die Grundform eines Fachwerkes. Im Abschnitt 1.3.2.2 wurde dazu bereits über einen FE-Ansatz die Lösung ermittelt (Abb. 1.52., Abb. 1.53.).

Die Lagerreaktionskräfte erhält man über die Gleichgewichtsbedingungen, die Stabkräfte beginnend an der Stelle der äußeren Kraft über Winkelbeziehungen.

Die Wirklinien der Stabkräfte $S_2$ und $S_3$ treffen sich mit der Wirklinie der äußeren Kraft F in einem gemeinsamen Schnittpunkt. Die Kraft F kann damit in die Stabkräfte $S_2$ und $S_3$ zerlegt werden, welche jeweils von einem Lager aufgenommen werden. Durch den Stab $S_1$ fließt keine Kraft, so dass er als Nullstab auch entfallen könnte.

Nach Gl. 1.8 gilt

$$\sum_{i=1}^{n} F_{ix} = 0 \quad A_x - B_x = 0 \qquad \sum_{i=1}^{n} F_{iy} = 0 \quad A_y - F = 0$$

$$\sum_{i=1}^{n} M_{iz} = \sum M_A = 0 \quad B_x \cdot 200 - F \cdot 200 = 0,$$

die Stabkräfte $S_2$ und $S_3$ erhält man über die Beziehungen

$$S_2 = \frac{F}{\tan 45°} \qquad S_3 = \frac{F}{\sin 45°}$$

Lösung:

Aus dem Momentenansatz folgt $B_x = 5$ kN. Die Auswertung der x-Komponenten führt zu $A_x = 5$ kN. Die Auswertung der y-Komponenten ergibt für $A_y = 5$ kN. Die Stabkräfte lauten $S_2 = 5$ kN und $S_3 = 7{,}071$ kN.

- **Berechnung nach FE-Methode**

Stabsysteme sind zwangsläufig durch Stäbe zu modellieren. Da Stäbe als einfachste finite Elemente anzusehen sind, weisen auch die Modelle einfache Strukturen auf. Mit 3 Elementen und 3 Knoten kann das Stabwerk in direkter Generierung abgebildet werden (Tafel 2/9). Den Elementen sind die unterschiedlichen Querschnitte und Werkstoffe zuzuweisen:

E1 und E2 mit dem Stabquerschnitt $A_1 = 100$ mm$^2$ und Werkstoff Aluminium,

E3 mit dem Stabquerschnitt $A_1 = 25$ mm$^2$ und Werkstoff Stahl.

| **FE-A9 Statik** | Allgemeine Befehlsfolge |
|---|---|
| Name | Speicherung der FE-Rechnung unter FILE-Name "Statik9" |
| Elemente | 1-dimensionales Stabelement - notwendige Eingabe<br>Querschnittsfläche in mm$^2$: $A_1 = 100$, $A_2 = 25$ |
| Werkstoffe | Stahl: $E_{St}$= 210 kN/mm$^2$ $\nu = 0{,}3$<br>Aluminium: $E_{Al}$= 70 kN/mm$^2$ $\nu = 0{,}25$ |
| Geometrie | Direkte Generierung Knoten und Elemente -<br>Knoten (x;y;z) in mm: N1 (0;0;0), N2 (0;200;0), N3 (200;200;0)<br>Elemente bilden: E1 (N1,N2), E2 (N2,N3) mit $E_{Al}$ und $A_1$,<br>E3 (N1,N3) mit $E_{St}$ und $A_2$, |
| Vernetzung | entfällt bei direkter Generierung |
| Randbedingungen | Lagerung: N1 (Ux=0, Uy=0), N2 (Ux=0)<br>Belastung in kN: N3 (Fy= – 5) |
| Berechnung und Ergebnisse | Ansatz: statisch, linear,<br>Charakteristische Größe: Verschiebung der Knoten,<br>Verschiebungen in mm: $Ux_3$= 0,1429; $Uy_3$= – 0,6816;<br>Reaktionskräfte in kN: $A_x = A_y = B_x = 5$; |

*x , y , z* Koordinaten im globalen kartesischen Koordinatensystem,
*Ux , Uy , Uz , ROTx , ROTy , ROTz* Verschiebungen und Verdrehungen,
*K* Keypoint (Geometriepunkt im CAD-Modell), *L* Line (Linie im CAD-Modell),
*N* Node (Knoten im FE-Modell), *E* Element (Element im FE-Modell),
*FE-A* Finite Elemente Anwendungsbeispiel,

Fortsetzung nächste Seite

<table>
<tr><th>FE-A9<br>Statik</th><th>Bildfolge</th></tr>
<tr><td>Geometrie</td><td>
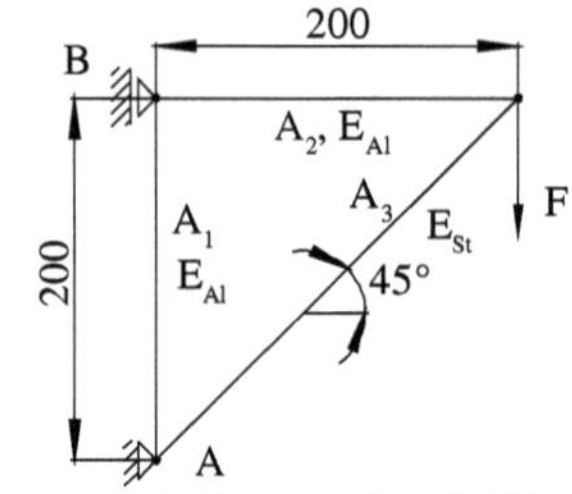

$E_{St}$ = 210 kN/mm²<br>
$E_{Al}$ = 70 kN/mm²<br>
$A_1 = A_2 = 100$ mm²<br>
$A_3 = 25$ mm²
</td></tr>
<tr><td>Vernetzung<br>Randbedin-<br>gungen</td><td>
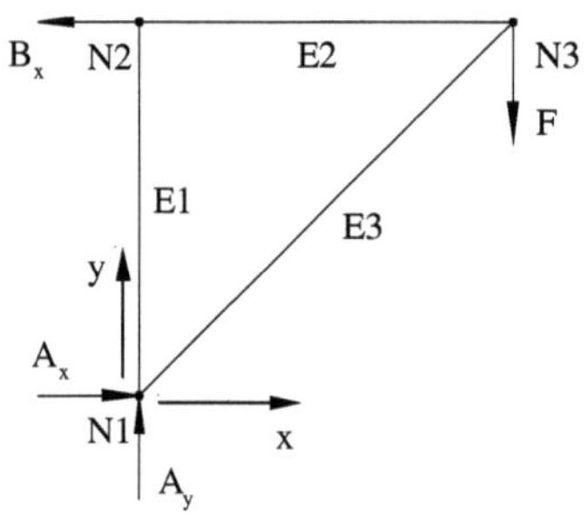

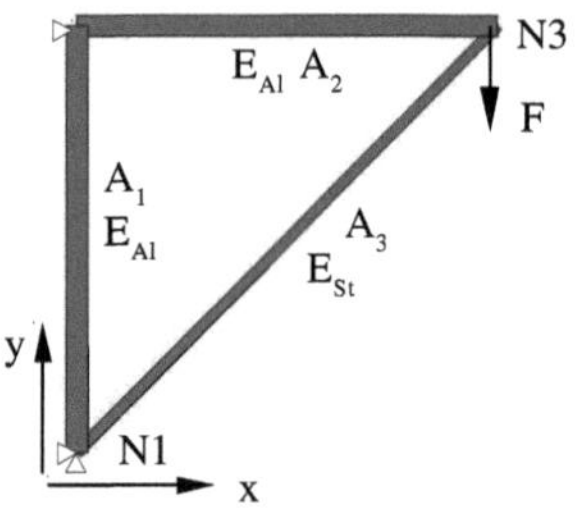

3 Elemente, 3 Knoten
</td></tr>
<tr><td>Grafische<br>Ergebnisse</td><td>
Verschiebungen
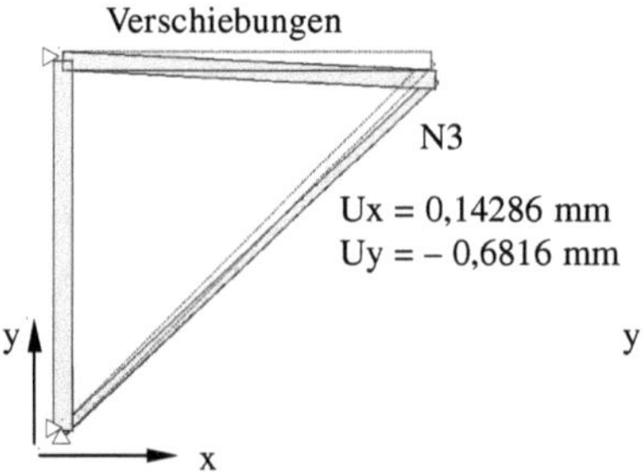

Stabkräfte
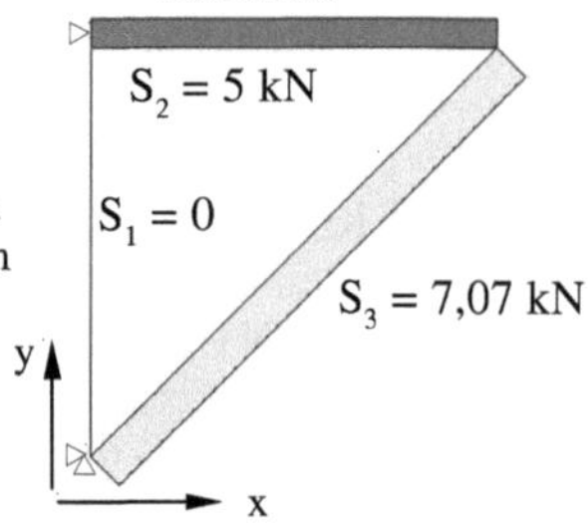

</td></tr>
</table>

**Tafel 2/9:** Stäbe im Stabwerk

Das Modell ist mit der Angabe der Lagerungen und Belastung komplett. Die Berechnung liefert unmittelbar die Werte für die Knotenverschiebungen und die Lagerreaktionskräfte. Die Abbildung der Verschiebungen in den grafischen Ergebnissen nach Tafel 2/9 zeigt, wie die Knoten als Gelenke für die starren Stäbe wirken. Die Verschiebung des Knotens N3 in y-Richtung mit Uy = – 0,6816 mm ist bei den vorliegenden Kantenlängen von 200 mm relativ groß. Ursache ist das weiche Verhalten des Aluminiumstabes $S_2$.

In den Ergebnissen sind die Stabkräfte in relativer Größe grafisch abgebildet. Dazu ist zu bemerken, dass die grafische Darstellung von Stabkräften bei einigen FE-Systemen nicht direkt ausgewiesen, sondern ein spezielles Abrufen der Daten aus dem Datenspeicher des Elementes erfordert .

### 2.3.2 Stäbe im Kniehebeltrieb

- **Berechnung nach klassischer Methode**

Aufgabenstellung: $F_B = 1000$ N

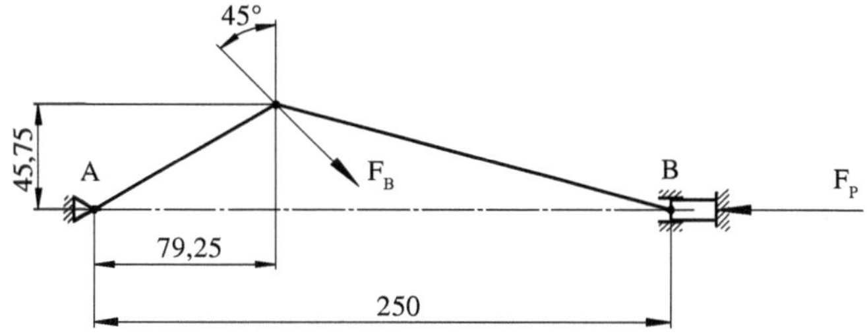


Freimachen des Tragwerkes:

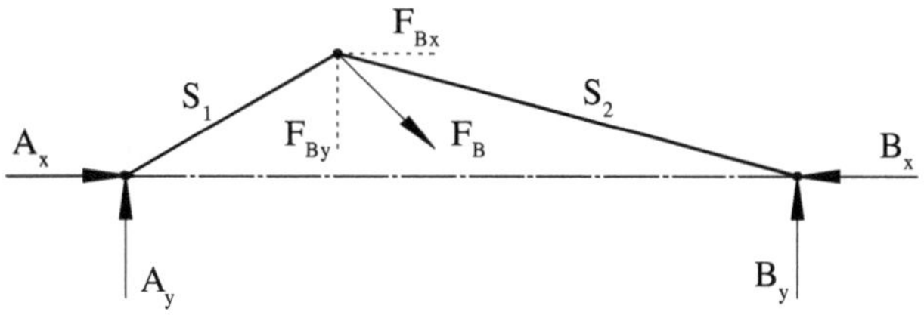


Aufstellen der Gleichgewichtsbedingungen:

Die Belastung $F_B$ wird zerlegt in die Komponenten $F_{Bx}$ und $F_{By}$. Die Lagerreaktionskräfte erhält man über die Gleichgewichtsbedingungen, wobei im Festlager A die Komponenten $A_x$ und $A_y$ auftreten. Die Gleitführung im Lager B nimmt die vertikale Kraft $B_y$ auf. Ausgehend von der Wirklinie der Stabkraft $S_2$ wird die horizontale Kraft $B_x$ aus der Winkelbeziehung abgeleitet.

Nach Gl. 1.8 gilt

$$\sum_{i=1}^{n} F_{ix} = 0 \quad A_x + F_{Bx} - B_x = 0 \qquad \text{und} \qquad B_x = B_y / \tan 15°$$

$$\sum_{i=1}^{n} F_{iy} = 0 \quad A_y - F_{By} + B_y = 0$$

$$\sum_{i=1}^{n} M_{iz} = \sum M_A = 0 \qquad -F_{By} \cdot 79{,}25 - F_{Bx} \cdot 45{,}75 + B_y \cdot 250 = 0$$

Lösung:

Die Zerlegung der äußeren Kraft $F_B$ ergibt für $F_{Bx} = F_{By} = 707{,}1$ N. Aus dem Momentenansatz folgt $B_y = 353{,}55$ N. Damit kann die y-Komponente $A_y = 353{,}55$ N berechnet werden. Die Auswertung der x-Komponenten erfordert die Anwendung der Beziehung $B_x = B_y / \tan 15°$ und führt zu $A_x = 612{,}4$ N.

Die Wirklinien der Stabkräfte $S_1$ und $S_2$ und die Wirklinie der äußeren Kraft $F_B$ besitzen einen gemeinsamen Schnittpunkt. Die Kraft $F_B$ kann damit in die Stabkräfte $S_1$ und $S_2$ zerlegt werden.

Für die Zerlegung muss wegen der fehlenden Rechtwinkligkeit des Kraftteckes der Sinussatz angewendet werden.

Für die Stabkräfte $S_1$ und $S_2$ gilt

$$\frac{S_1}{F_B} = \frac{\sin 30°}{\sin 45°} \quad \text{mit} \quad S_1 = 707{,}1\,\text{N}$$

$$\frac{S_2}{S_1} = \frac{\sin 105°}{\sin 30°} \quad \text{mit} \quad S_2 = 1366\,\text{N}$$

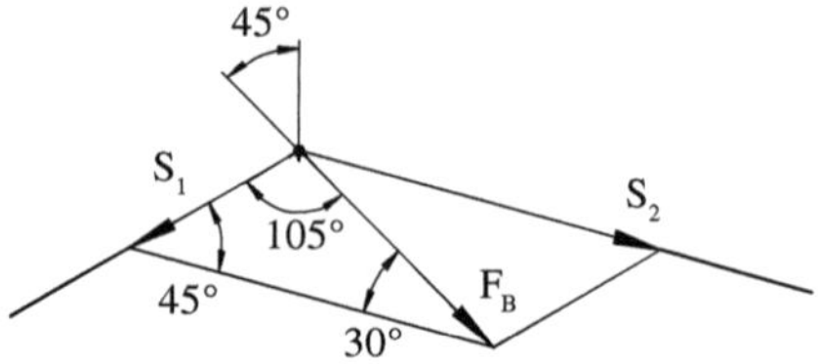


**Abb. 2.7.** Anwendung des Sinussatzes für Stabkräfte

- **Berechnung nach FE-Methode**

Der Kniehebeltrieb lässt sich in einfachster Weise bei direkter Generierung mit 3 Knoten und 2 Elementen abbilden (Tafel 2/10). An den Knoten N1 und N3 werden jeweils die Freiheitsgrade in x- und y-Richtung gebunden. Das erweckt optisch den

| **FE-A10 Statik** | Allgemeine Befehlsfolge |
|---|---|
| Name | Speicherung der FE-Rechnung unter FILE-Name "Statik10" |
| Elemente | 1-dimensionales Stabelement - notwendige Eingabe<br>Querschnittsfläche in mm²: $A_1 = 25$ |
| Werkstoffe | Stahl: $E_{St} = 210$ kN/mm² $\nu = 0{,}3$ |
| Geometrie | Direkte Generierung Knoten und Elemente -<br>Knoten (x;y;z) in mm: N1 (0;0;0), N2 (79,25;45,75;0), N3 (250;0;0)<br>Elemente bilden: E1 (N1,N2), E2 (N2,N3), |
| Vernetzung | entfällt bei direkter Generierung |
| Randbedingungen | Lagerung: N1 (Ux=0, Uy=0), N3 (Ux=0, Uy=0)<br>Belastung in kN: N2 (Fy= – 1 um 45° gedreht) |
| Berechnung und Ergebnisse | Ansatz: statisch, linear,<br>Charakteristische Größe: Verschiebung der Knoten,<br>Verschiebungen in mm: $Ux_2 = 0{,}028$; $Uy_2 = -0{,}0732$;<br>Reaktionskräfte in N: $A_x = 612{,}4$; $A_y = B_y = 353{,}55$; $B_x = 1319{,}5$; |

*x*, *y*, *z* Koordinaten im globalen kartesischen Koordinatensystem,
*Ux*, *Uy*, *Uz*, *ROTx*, *ROTy*, *ROTz* Verschiebungen und Verdrehungen,
*K* Keypoint (Geometriepunkt im CAD-Modell), *L* Line (Linie im CAD-Modell),
*N* Node (Knoten im FE-Modell), *E* Element (Element im FE-Modell),
*FE-A* Finite Elemente Anwendungsbeispiel,

Fortsetzung nächste Seite

| **FE-A10 Statik** | Bildfolge |
|---|---|
| Geometrie | 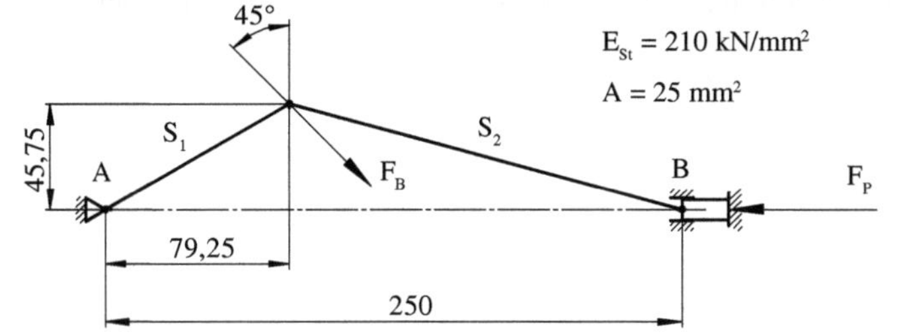  |
| Vernetzung Randbedingungen | 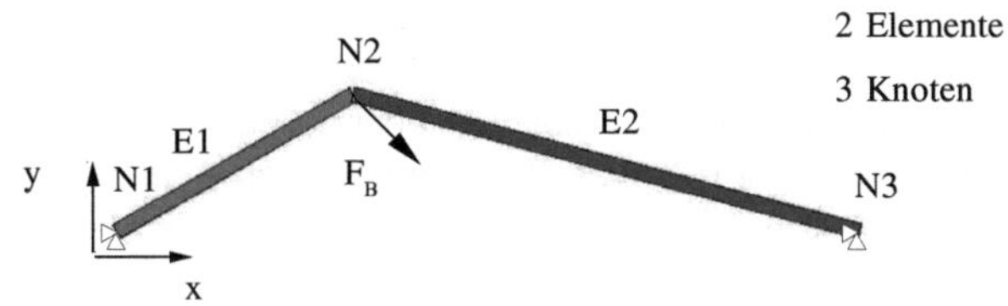  |
| Grafische Ergebnisse | 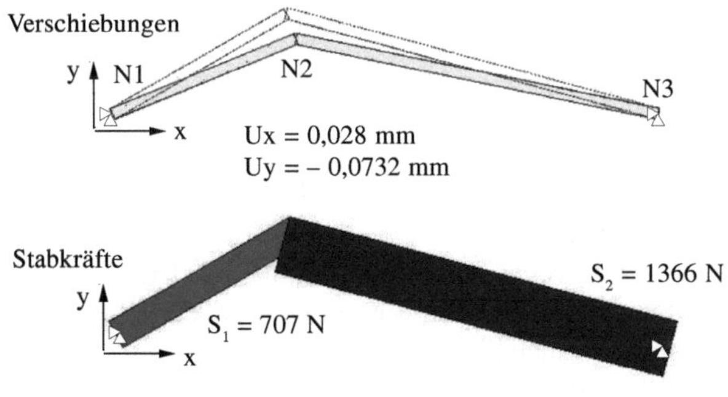  |

**Tafel 2/10:** Stäbe im Kniehebeltrieb

Eindruck zweier Festlager. Diese Feststellung ist bei Anwendung von Stabelementen nicht gültig. Die in der Stabachse auftretenden Kräfte benötigen die Lagerstellen zur Aufnahme der x-y-Komponenten. Eine optisch realere Darstellung im FE-Modell für die Lagerstelle B wäre möglich. Dazu müsste der Knoten N3 nur die vertikale Komponente und ein hinzugefügtes Stabelement E3 im Knoten N4 die horizontale Komponente aufnehmen (Abb. 2.8.). Die Werte der Lagerreaktionskräfte und der Stabkräfte werden davon nicht beeinflusst.

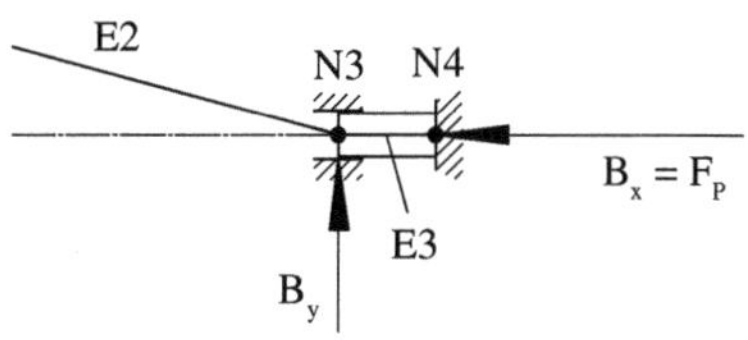


**Abb. 2.8.** Modellierung einer Führung mit Darstellung der Presskraft $F_P$

### 2.3.3 Stäbe im Fachwerk

- **Berechnung nach klassischer Methode**

Aufgabenstellung: F = 1000 N

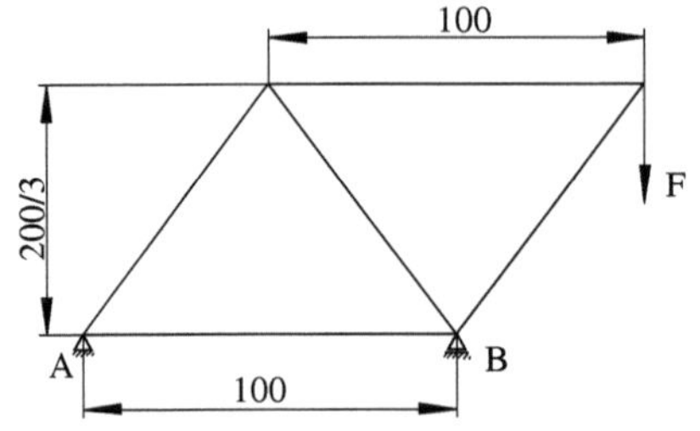


Freimachen des Tragwerkes:

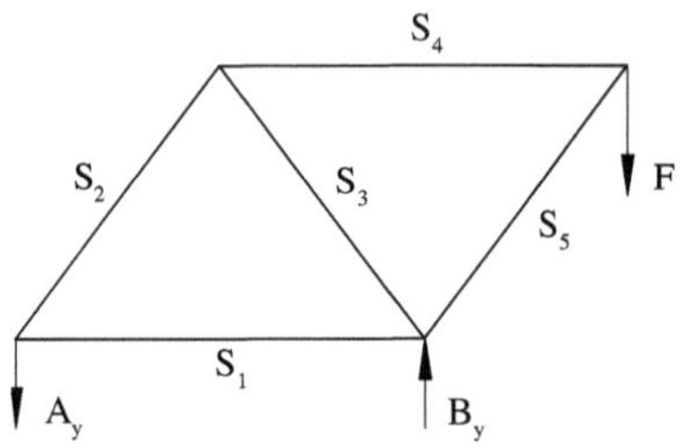


Aufstellen der Gleichgewichtsbedingungen:

Die Lagerreaktionskräfte erhält man über die Gleichgewichtsbedingungen. Da keine äußeren Lasten in horizontaler Richtung auftreten, entfällt die x-Komponente.

Nach Gl. 1.8 gilt

$$\sum_{i=1}^{n} F_{iy} = 0 \qquad -A_y + B_y - F = 0$$

$$\sum_{i=1}^{n} M_{iz} = \sum M_A = 0 \qquad B_y \cdot 100 - F \cdot 150 = 0$$

Lösung:

Aus dem Momentenansatz folgt $B_y = 1500$ N. Die Auswertung der y-Komponenten ergibt $A_y = 500$ N.

Die Stabkräfte $S_1$ bis $S_5$ werden mit dem RITTERschen Schnittverfahren ermittelt. Das Fachwerk wird in 2 Teile geschnitten. Da das Fachwerk insgesamt im Gleichgewicht ist, müssen auch die durch den Schnitt entstandenen Teile im Gleichgewicht sein. Die Kräfte in den geschnittenen Stäben sind als äußere Kräfte aufzufassen und wirken am anderen Fachwerkteil in gleicher Größe nur mit entgegengesetzter Richtung. Die Lösung erhält man durch Anwendung der Gleichgewichtsbedingungen.

1. Schnitt: Durch zweimaliges Anwenden des Momentensatzes werden $F_{S1}$ und $F_{S2}$ ermittelt.

$$\sum M_I = 0 \quad -F_{S1} \cdot 200/3 + B_y \cdot 50 - F \cdot 100 = 0 \quad \sum M_B = 0 \quad F_{S2} \cdot a - F \cdot 50 = 0$$

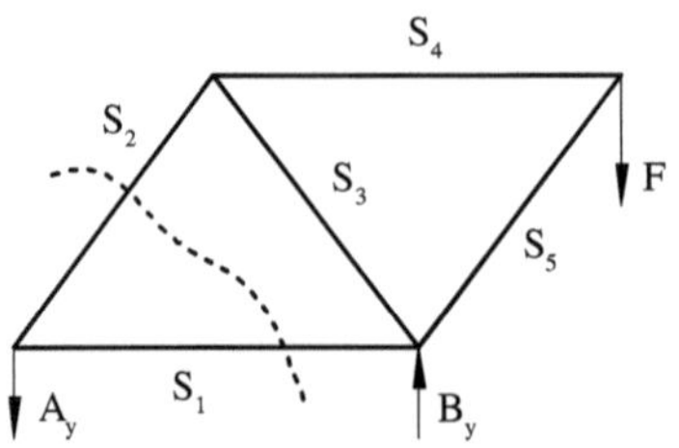


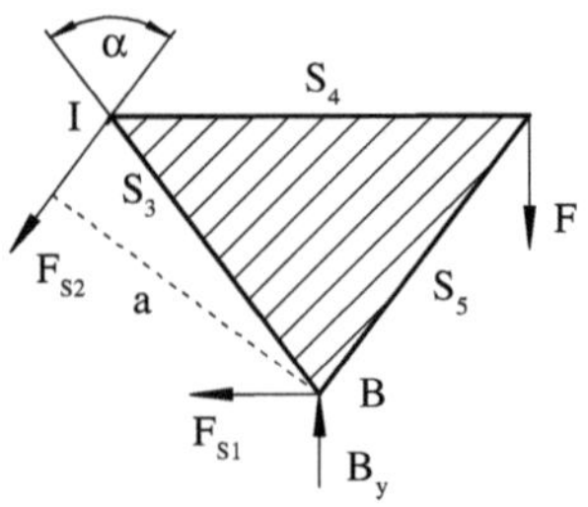

Für den Stab $S_1$ ergibt sich eine Stabkraft von $F_{S1}$ = – 375 N. Für die Berechnung von $F_{S2}$ ist der rechtwinklige Abstand a zu ermitteln. Es gilt

$$a = S_3 \cdot \sin\alpha \quad \text{mit} \quad S_3 = \sqrt{(200/3)^2 + 50^2} \quad \text{und} \quad \alpha = 2 \cdot \arctan(50 \cdot 3/200)\,,$$

damit wird $F_{S2}$ = 625 N.

2. Schnitt: Durch zweimaliges Anwenden des Momentensatzes werden $F_{S4}$ und $F_{S5}$ ermittelt.

$$\sum M_B = 0 \quad A_y \cdot 100 - F_{S4} \cdot 200/3 = 0 \quad \sum M_I = 0 \quad A_y \cdot 50 + B_y \cdot 50 + F_{S5} \cdot a = 0$$

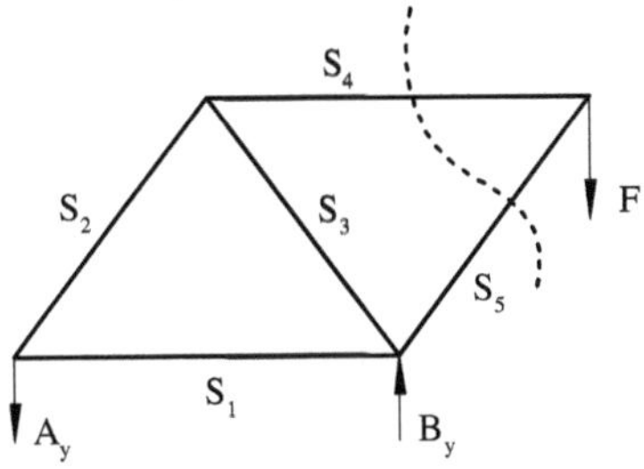


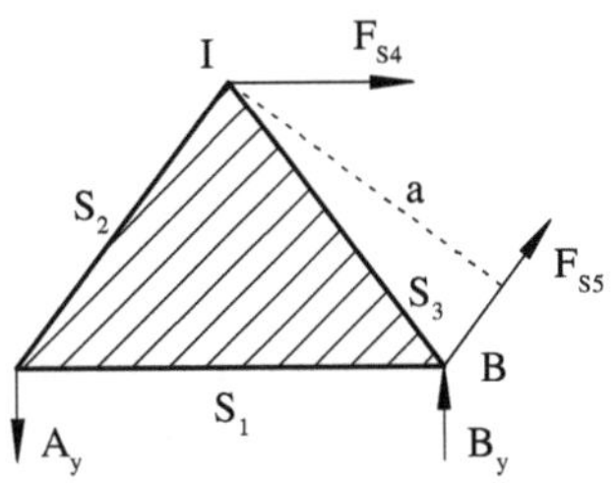


Für den Stab $S_4$ lautet die Stabkraft $F_{S4}$ = 750 N. Bei der Berechnung für $F_{S5}$ ergibt sich unter Anwendung des rechtwinkligen Abstandes a die Stabkraft $F_{S5}$ = – 1250 N.

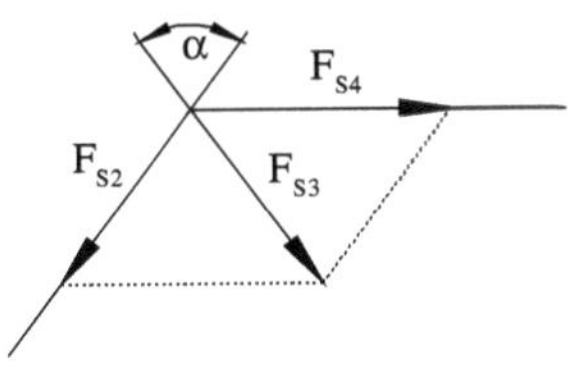


Mit den bekannten Stabkräften $F_{S2}$ und $F_{S4}$ kann die Stabkraft $F_{S3}$ berechnet werden. In der Abbildung ist aber auch der symmetrische Zustand zu erkennen, so dass sich $F_{S2}$ = $F_{S3}$ = 625 N unmittelbar ableiten lässt.

- **Berechnung nach FE-Methode**

Das Fachwerk kann mit Stabelementen bzw. Balkenelementen in direkter Generierung erstellt werden (Tafel 2/11). Stabelemente sind für Stabsysteme besonders gut geeignet, um Lagerreaktionen, Stabkräfte und Verformungen schnell und einfach zu berechnen. Lagerreaktionen, Stabkräfte und Verschiebungen können ausgelesen werden, wobei Stabkräfte und Verschiebungen auch grafisch vorliegen.

Bei den grafischen Darstellungen ist zu erkennen, dass Stabelemente keine Verformungen, sondern nur Verschiebungen erzeugen können. Mit Balkenelementen können identische Ergebnisse erzielt werden, wenn dem Balkenelement kein Flächenträgheitsmoment und keine Balkenhöhe zugeordnet wird. Werden diese Daten Null gesetzt, berechnet das FE-System kein Moment und es werden nur Kräfte und Dehnungen in Balkenrichtung wirksam. Abhängig vom verwendeten FE-System kann es für diese mit ungewöhnlichen Einstellungen versehenen „Ersatz"-Balkenelemente zu Mitteilungen bzw. Fehlermeldungen kommen.

Es stellt sich die Frage, warum diese Art von Modellen überhaupt mit Balkenelementen gerechnet werden sollte. Es bieten sich als wesentliche Gründe an, dass mit

Balkenelementen auch Verformungen in einem Stabsystem darstellbar werden und dass weiterhin zusätzliche Streckenlasten berücksichtigt werden können.

Streckenlasten treten in der Praxis durch das Eigengewicht der Stäbe oder durch Winddruck, Beschichtungen, Installationen usw. an den Stäben auf. Zu den funktionell bedingten äußeren Lasten müssen diese zusätzlichen Lasten erfasst werden können. Auf Stabelemente lassen sich keine Streckenlasten aufbringen, mit Balkenelementen dagegen sind Verformungen und Streckenlasten zu beschreiben. Um Verformungen darstellen zu können, bedarf es neben der umfassenden Definition des Balkenelementes auch einer Erhöhung der Elementeanzahl.

| **FE-A11 Statik** | Allgemeine Befehlsfolge |
|---|---|
| Name | Speicherung der FE-Rechnung unter FILE-Name "Statik11" |
| Elemente | 1-dimensionales Stabelement - notwendige Eingabe<br>Querschnittsfläche in mm²: $A_1 = 25$<br>**oder**<br>1-dimensionales Balkenelement - notwendige Eingabe<br>Querschnittsfläche in mm²: $A_1 = 25$,<br>ohne Flächenträgheitsmoment, ohne Höhe des Trägers |
| Werkstoffe | Stahl: $E_{St} = 210$ kN/mm² $\nu = 0{,}3$ |
| Geometrie | Direkte Generierung Knoten und Elemente -<br>Knoten (x;y;z) in mm: N1 (0;0;0), N2 (100;0;0), N3 (50;200/3;0)<br>N4 (150;200/3;0)<br>Elemente bilden: E1 (N1,N2), E2 (N1,N3), E3(N2,N3), E4(N3,N4), E5(N2,N4) |
| Vernetzung | entfällt bei direkter Generierung |
| Randbedingungen | Lagerung: N1 (Ux=0, Uy=0), N2 (Uy=0)<br>Belastung in kN: N4 (Fy= – 1) |
| Berechnung und Ergebnisse | Ansatz: statisch, linear,<br>Charakteristische Größe: Verschiebung der Knoten,<br>Verschiebungen in mm: $Ux_4 = 0{,}02725$; $Uy_4 = -0{,}0506$;<br>Reaktionskräfte in N: $A_y = -500$; $B_y = 1500$; |
| *x* , *y* , *z* Koordinaten im globalen kartesischen Koordinatensystem,<br>*Ux* , *Uy* , *Uz* , *ROTx* , *ROTy* , *ROTz* Verschiebungen und Verdrehungen,<br>*K* Keypoint (Geometriepunkt im CAD-Modell), *L* Line (Linie im CAD-Modell),<br>*N* Node (Knoten im FE-Modell), *E* Element (Element im FE-Modell),<br>*FE-A* Finite Elemente Anwendungsbeispiel, | |

Fortsetzung nächste Seite

| FE-A11 Statik | Bildfolge |
|---|---|
| Geometrie | 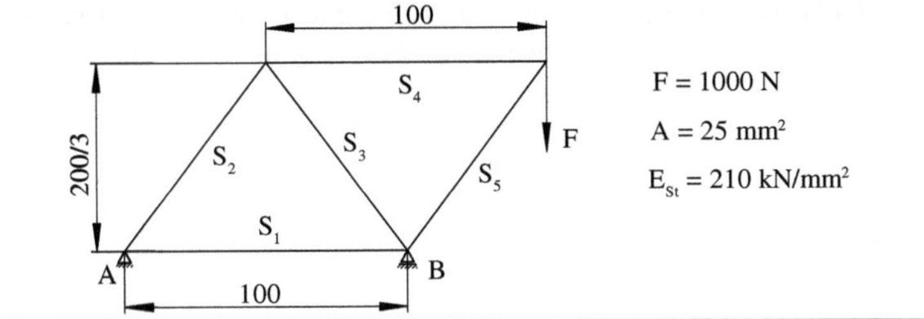 |
| Vernetzung Randbedingungen | 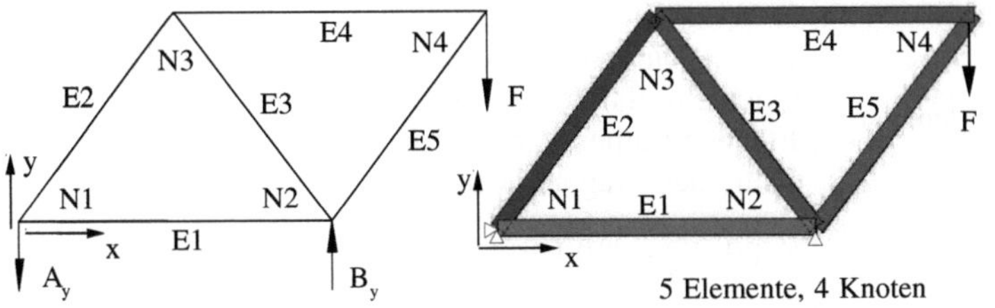 |
| Grafische Ergebnisse | 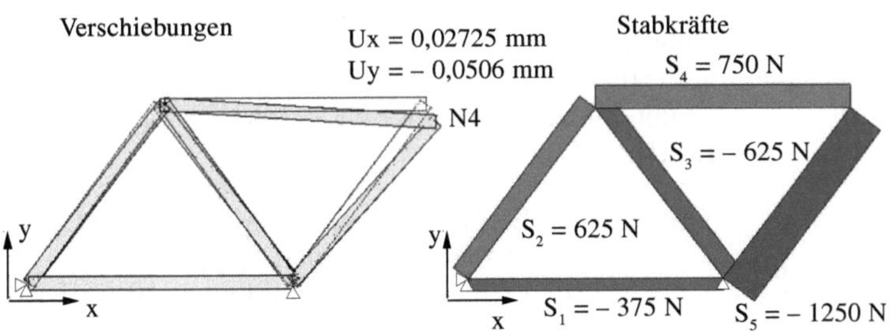 |

**Tafel 2/11:** Stäbe im Fachwerk - Darstellung mit Stabelementen bzw. „Ersatz“-Balkenelementen

In Tafel 2/11 sind die Stäbe alternativ durch jeweils ein „Ersatz“-Balkenelement ersetzt worden. Die Verschiebungen am Knoten N4 lassen sich auslesen und die grafische Darstellung zeigt qualitativ den Verschiebungsverlauf. In Abb. 2.9. sind die Stäbe des Fachwerks jeweils mit 10 Balkenelementen ($A = 25$ mm$^2$, $I = 52,1$ mm$^4$, $h = 5$ mm) generiert. Die Stäbe $S_4$ und $S_5$ zeigen damit einen gekrümmten Verlauf. Die Verschiebung am Knoten N31 weist mit Ux = 0,0271 mm, Uy = –0,0504 mm eine kleine Abweichung auf.

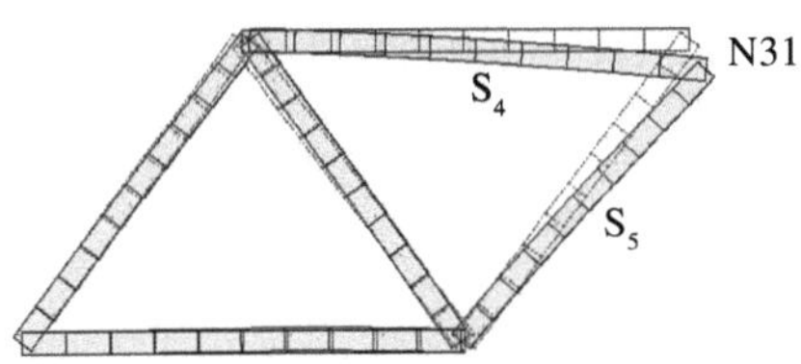


**Abb. 2.9.** Verformungen am Fachwerk mit einer Struktur von Balkenelementen

Die Berücksichtigung einer Streckenlast wird in Tafel 2/11.1 gezeigt. Mit der Streckenlast von $q = 1$ N/mm wird eine für Handrechnungen günstige Größe gewählt. Bei der Modellbildung ist darauf zu achten, dass die Streckenlasten an den Stäben in negativer y-Richtung wirken. Das ist nicht immer selbstverständlich, sondern hängt je nach FE-System von der Definition der Normalrichtungen am Balkenelement sowie der positiven Richtung der generierten Linie ab. Beim verwendeten FE-System wurde die positive Richtung der Linie L3 durch die Reihenfolge der Geometriepunkte K3 nach K2 erreicht. Im Er-

| **FE-A11.1 Statik** | Allgemeine Befehlsfolge |
|---|---|
| Name | Speicherung der FE-Rechnung unter FILE-Name "Statik11_1" |
| Elemente | 1-dimensionales Balkenelement - notwendige Eingabe<br>Querschnittsfläche in mm²: $A_1 = 25$;<br>Flächenträgheitsmoment in mm⁴: $I_1 = 52{,}08$;<br>Höhe des Trägers in mm: h = 5; |
| Werkstoffe | Stahl: $E_{St} = 210$ kN/mm² $\nu = 0{,}3$ |
| Geometrie | CAD-Modell aus Geometriepunkten, Linien erstellen,<br>Geometriepunkte (x;y;z) in mm: K1 (0;0;0), K2 (100;0;0),<br>K3 (50;200/3;0), K4 (150;200/3;0)<br>Linien bilden: L1 (K1,K2), L2 (K1,K3), **L3 (K3,K2)**, L4 (K3,K4),<br>L5 (K2,K4) |
| Vernetzung | **Variante A** - Elementeanzahl definieren: 1 für L1 bis L5,<br>Vernetzen: L1 bis L5;<br>**Variante B** - Elementeanzahl definieren: 10 für L1 bis L5,<br>Vernetzen: L1 bis L5; |
| Randbedingungen | Lagerung: N1 (Ux=0, Uy=0), N2 (Uy=0);<br>Belastung in kN: N4 (Fy= – 1);<br>Pressung in N/mm: alle Elemente selektieren, p = 1; |
| Berechnung und Ergebnisse | Ansatz: statisch, linear,<br>Charakteristische Größe: Verschiebung der Knoten,<br>**Variante A** - Verschiebung in mm: $Ux_4 = 0{,}0303$; $Uy_4 = -0{,}0537$;<br>Reaktionskräfte in N: $A_x = -66{,}7$; $A_y = -422{,}2$; $B_y = 1772{,}2$;<br>**Variante B** - Verschiebung in mm: $Ux_{31} = 0{,}0303$; $Uy_{31} = -0{,}0537$;<br>Reaktionskräfte in N: $A_x = -66{,}7$; $A_y = -422{,}2$; $B_y = 1772{,}2$; |
| *x* , *y* , *z* Koordinaten im globalen kartesischen Koordinatensystem,<br>*Ux* , *Uy* , *Uz* , *ROTx* , *ROTy* , *ROTz* Verschiebungen und Verdrehungen,<br>*K* Keypoint (Geometriepunkt im CAD-Modell), *L* Line (Linie im CAD-Modell),<br>*N* Node (Knoten im FE-Modell), *E* Element (Element im FE-Modell),<br>*FE-A* Finite Elemente Anwendungsbeispiel, | |

Fortsetzung nächste Seite

| FE-A11.1 Statik | Bildfolge |
|---|---|

**Geometrie**

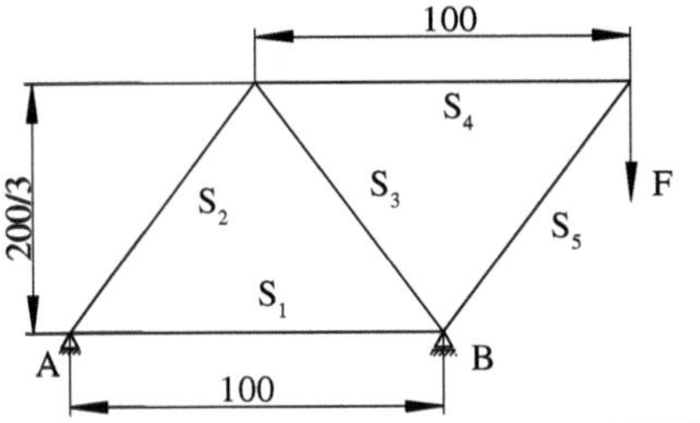


F = 1000 N

A = 25 mm²

$E_{St}$ = 210 kN/mm²

Streckenlast auf allen Stäben: q = 1 N/mm

**Vernetzung Randbedingungen**

Variante A: 5 Elemente, 4 Knoten
Variante B: 50 Elemente, 49 Knoten

Streckenlasten $F_{q1}$ bis $F_{q5}$

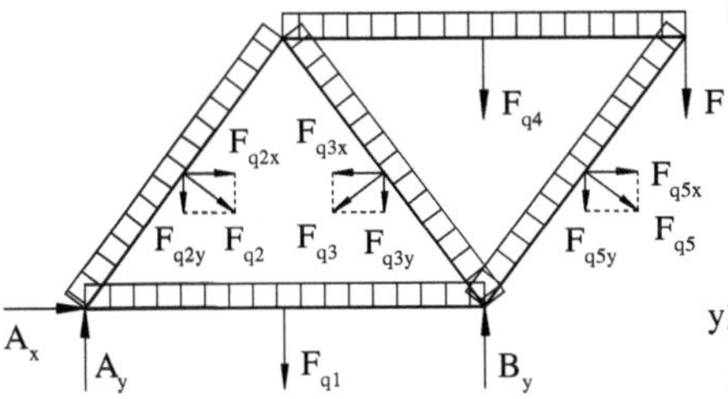


Variante A

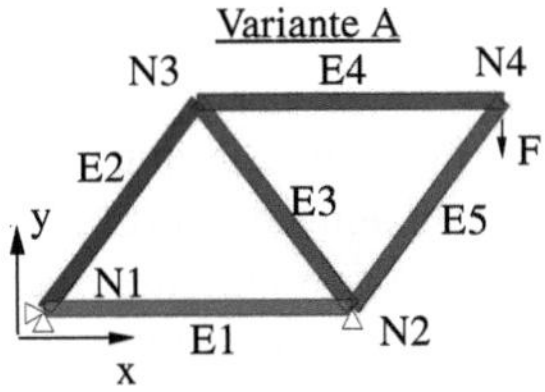


Variante B

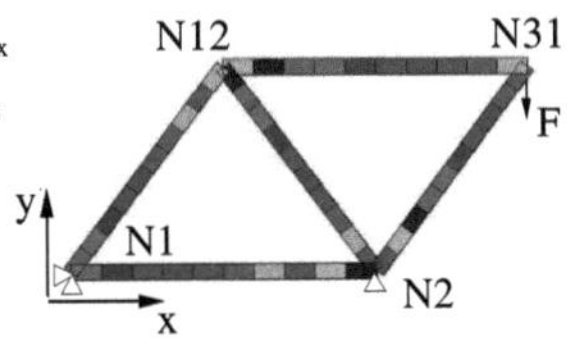


**Grafische Ergebnisse**

Variante A — Verschiebungen

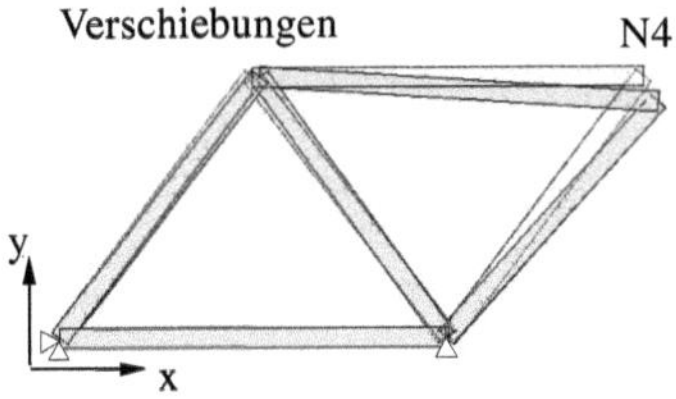


Variante B — Verformungen

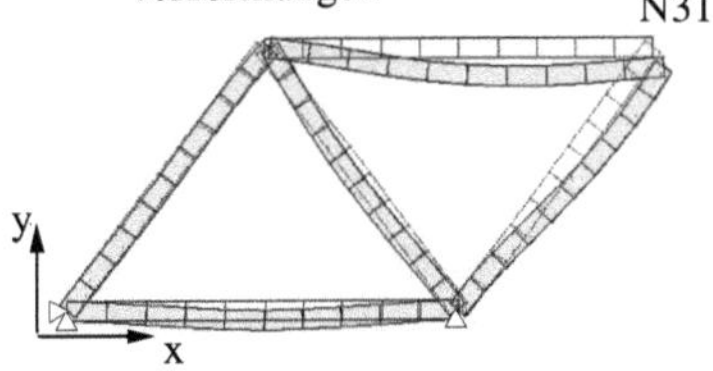


N4 und N31: Ux = 0,0303 mm Uy = – 0,0537 mm

Stabkräfte

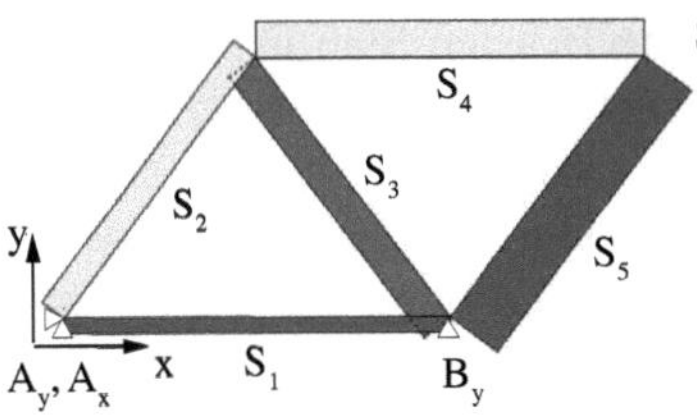


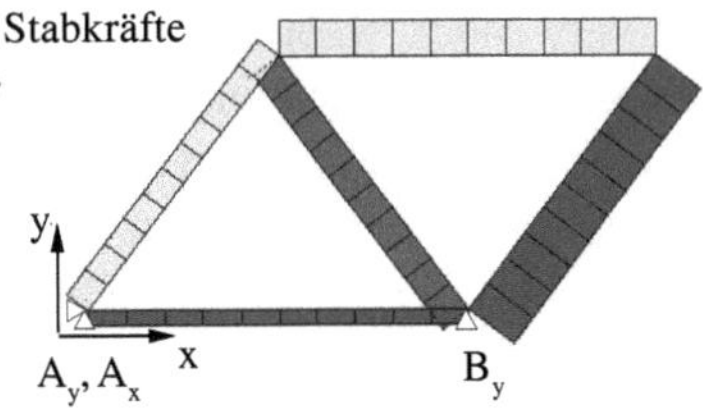


$A_x$ = – 66,7 N $A_y$ = – 422,2 N $B_y$ = 1772,2 N
$S_1$ = – 330,3 N $S_2$ = 616,6 N $S_3$ = – 749,2 N $S_4$ = 808,9 N $S_5$ = – 1321,7 N

**Tafel 2/11.1:** Stäbe im Fachwerk - Darstellung mit Balkenelementen und Streckenlast

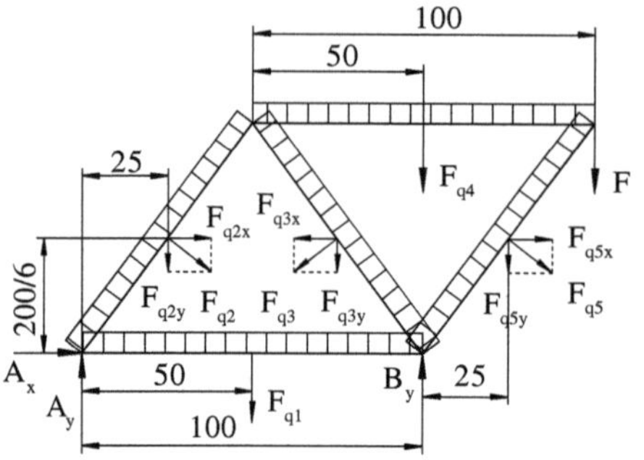


$F_{q1} = 100\ \text{mm} \cdot 1\ \text{N/mm}$
$F_{q2} = 83{,}33\ \text{mm} \cdot 1\ \text{N/mm}$
$F_{q3} = 83{,}33\ \text{mm} \cdot 1\ \text{N/mm}$
$F_{q4} = 100\ \text{mm} \cdot 1\ \text{N/mm}$
$F_{q5} = 83{,}33\ \text{mm} \cdot 1\ \text{N/mm}$

**Abb. 2.10.** Darstellung der Streckenlasten $F_{q1}$ bis $F_{q5}$ für ein Fachwerk

gebnis entsteht das in Abb. 2.10. dargestellte Belastungsmuster. Die Streckenlasten sind durch die Stablängen bestimmt und müssen an den Stäben $S_2$, $S_3$ und $S_5$ in ihre horizontalen und vertikalen Komponenten zerlegt werden. Während sich die horizontalen Komponenten der Stäbe $S_2$ und $S_3$ aufheben, sorgt der Stab $S_5$ für einen horizontalen Belastungswert und damit für die Lagerreaktionskraft $A_x$.

Die Lagerreaktionskräfte erhält man analog wie in der ‚Berechnung nach klassischer Methode' über die Gleichgewichtsbedingungen.

Nach Gl. 1.8 gilt

$$\sum_{i=1}^{n} F_{ix} = 0 \quad A_x + F_{q2x} - F_{q3x} + F_{q5x} = 0$$

$$\sum_{i=1}^{n} F_{iy} = 0 \quad A_y - F_{q2y} - F_{q1} - F_{q3y} + B_y - F_{q4} - F_{q5y} - F = 0$$

$$\sum_{i=1}^{n} M_{iz} = \sum M_A = 0 \qquad -F_{q2y} \cdot 25 - F_{q1} \cdot 50 - F_{q3y} \cdot 75 + B_y \cdot 100$$
$$- F_{q4} \cdot 100 - F_{q5y} \cdot 125 - F \cdot 150 - F_{q5x} \cdot 200/6 = 0$$

Aus dem Momentenansatz folgt $B_y$ = 1772 N. Die Auswertung der x-Komponenten führt zu $A_x$ = – 67 N und die der y-Komponenten zu $A_y$ = – 422 N.

Das FE-Modell wurde in 2 Varianten gerechnet, die sich durch die Anzahl der Balkenelemente unterschieden. Bei der Variante A wird für jeden Stab nur ein Element verwendet, während die Variante B jeden Stab in 10 Elemente aufteilt. Die Stäbe beider Varianten wurden mit einer Streckenlast von q = 1 N/mm belastet.

Lagerreaktionskräfte und Stabkräfte sind für beide Varianten von gleicher Größe. In den grafischen Ergebnissen (Tafel 2/11.1) sind die Verschiebungen der Variante A mit jeweils 1 Element pro Stab und die Verformungen der Variante B mit jeweils 10 Elementen pro Stab gegenübergestellt. Obwohl in beiden Fällen Balkenelemente sowie gleich große Belastungen vorliegen, zeigt die Variante B ein wesentlich wirklichkeitsnäheres Abbild. Die Krümmungen sind zwar wegen der besseren Erkennbarkeit überhöht dargestellt, vermitteln aber eine zuverlässige Verformungstendenz des Fachwerkes.

# 3 Zugbeanspruchungen

Die Zugbeanspruchungsfälle der Praxis werden in der Regel auf den Ansatz des prismatischen Zugstabes zurückgeführt. Eine weitere Vereinfachung besteht darin, dass man sich das Wirken der Zugkraft in der Stabachse vorstellt, obwohl praktisch alle Teile eines beliebigen Querschnittes davon betroffen sind. Da die Zugkraft gleichmäßig in allen Querschnitten des Stabes wirkt (Hypothese der gleichmäßigen Spannungsverteilung), sind alle Volumenelemente des Zugstabes in gleicher Weise angespannt.

Ferner wird die homogene Beschaffenheit des Werkstoffes vorausgesetzt. Zur Ermittlung der Zugspannungen im Zugstab muss man demnach den Belastungskennwert, im vorliegenden Fall die Zugkraft F und den Querschnittskennwert, beim Zugstab die Querschnittsfläche A kennen.

Die Zugspannung wird dann über den Quotienten F/A dargestellt. Diese Beziehung sagt auch aus, dass konstante Zugspannungen in jedem Querschnitt des Stabes auftreten, also von der Stablänge l unabhängig sind.

Daher gibt es beim prismatischen Stab ohne Veränderung des Querschnittes A keinen besonders gefährdeten Querschnitt. Nur in den Fällen, wo unterschiedlich große Querschnittsabmessungen auftreten, ist die Spannung in der kleinsten Fläche zu berechnen, um die maximale Beanspruchung des Stabes zu erfassen.

Der Spannungsverlauf über der Schnittfläche ist dann nicht mehr gleichmäßig. Es ergeben sich durch diese geometrische Veränderung des prismatischen Zugstabes an bestimmten Stellen des Querschnittes größere Spannungen als die mit der Zugspannungsgleichung berechneten.

## 3.1 Beanspruchung nach elementarer Festigkeitslehre

### 3.1.1 Zugspannungen, Verformungen, Temperatureinfluss

**Zugspannungen:** Der Zusammenhang zwischen Zugkraft und Querschnitt wird als Zugspannung

$$\sigma_z = \frac{F}{A} \qquad (3.1).$$

bezeichnet. Mit der Vorgabe Stab von beliebiger, gleichbleibender Querschnittsfläche und Zugkraft in axialer Richtung wird die Ermittlung der vorhandenen Spannung möglich. Es wird dabei nicht gefragt, wie die Kraft in die Stirnseiten eingeleitet wird. Die Art der Querschnittsfläche ist auch ohne Bedeutung.

Eine Einleitung der Kraft wie in Abb. 3.1. gezeigt, bedeutet praktisch ein Befestigen einer Schraube mit entsprechenden Zugmitteln. Dabei wird natürlich die Krafteinleitungsstelle gegenüber den anderen Querschnitten wesentlich höhere Spannungen aufweisen, die allerdings nach einem bestimmten Wege abklingen und zur gleichmäßigen Spannungsverteilung im Querschnitt führen.

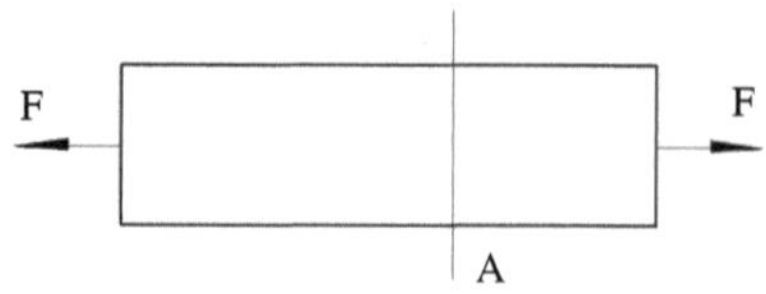


**Abb. 3.1.** Zugbelastung an einem prismatischen Stab

Das Ankleben des Zugteiles (Abb. 3.2.) ermöglicht eine gleichmäßige Krafteinleitung und würde auch die querschnittsbedingten, zwar symmetrischen, aber vorhandenen Unterschiede bei der Spannungsverteilung ausschließen.

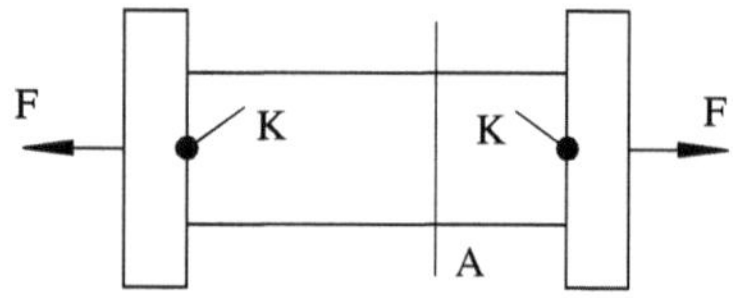


**Abb. 3.2.** Ankleben des Zugstabes zur gleichmäßigen Krafteinleitung

Es bliebe noch eine Befestigung durch Klemmen am Außendurchmesser des Stabes zur möglichst gleichmäßigen Krafteinleitung. Die Spannungsverteilung an der Klemmstelle (Abb. 3.3.) ist dabei keinesfalls mit dem Querschnitt im mittleren Teil des Stabes in Übereinstimmung.

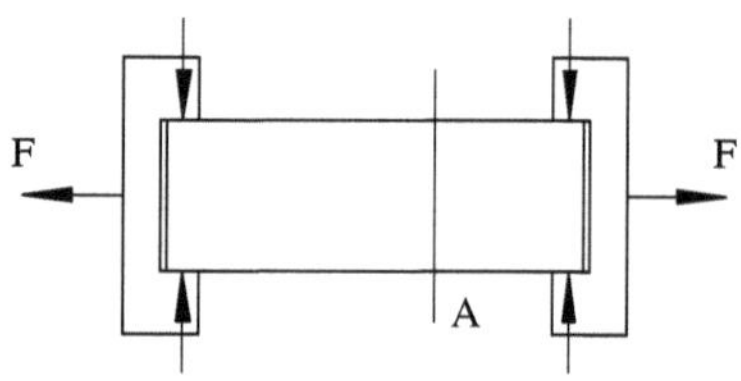


**Abb. 3.3.** Krafteinleitung durch Klemmen am Zugstab

Es wird auch hier nach einem bestimmten Weg ein Abklingen der erhöhten Einleitespannungen erfolgen. Die Erfassung der vorhandenen Spannung über $\sigma_z = F/A$ wird in keinem Fall beeinflusst.

Der Anwender reagiert in der Weise, dass er beim Spannungsvergleich *vorhandene Spannung zu zulässiger Spannung* die auf den Werkstoff bezogene zulässige Spannung mit einem erhöhten Sicherheitsfaktor bedenkt.

Weichen die Bauteilformen deutlicher vom Stab ab, z. B. durch Querschnittsänderungen, Querbohrungen (Abb. 3.4.) oder durch Gestaltsänderungen wie bei Zuglaschen (Abb. 3.5.), gelten immer noch die gleichen Berechnungsgrundsätze.

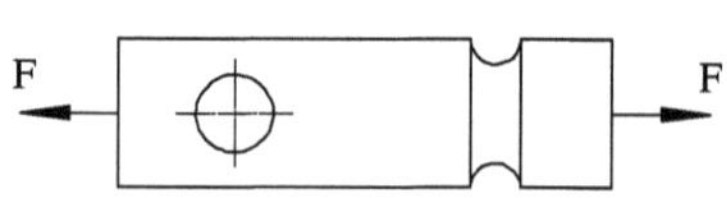


**Abb. 3.4.** Querschnittsänderungen an prismatischen Zugstäben

Man verwendet jetzt allerdings mehrere Querschnitte und führt Rechnungen für kritische Stellen durch. Ausgangspunkt bleibt nach wie vor die gleichmäßige

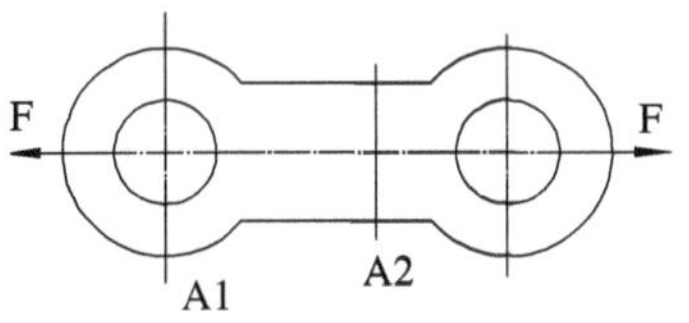


**Abb. 3.5.** Gestaltsänderungen an einer Zuglasche

Spannungsverteilung in den entsprechenden Querschnitten.

Bekannt ist, dass an diesen Stellen Spannungsspitzen auftreten, die durchaus örtliches Fließen wegen Überschreitens der Elastizitätsgrenze hervorrufen können. Auch hier hilft man sich häufig durch Einbringen von Sicherheitsfaktoren, die die zulässige Spannung senken und damit zwangsläufig dazu führen, dass die Bauteile größer ausgelegt werden müssen.

Eine weitere Möglichkeit ist durch die Nutzung von Formzahlen gegeben. Eine Berechnung ist für einige Kerbformen mit Hilfe der Elastizitätstheorie möglich. Die Werte können auch experimentell für den individuellen Einzelfall ermittelt werden. Aus Diagrammen lassen sich näherungsweise Formzahlen entnehmen.

Das Grundproblem ist, dass die Spannungsverteilung in Bauteilen mit Kerben nach der elementaren Festigkeitslehre fehlerhaft berechnet wird. Exakt betrachtet treten in der Umgebung der Kerben immer mehrachsige Spannungszustände auf, auch wenn es sich um eine einachsige Belastung von außen handelt. Bei einer plötzlichen, starken Querschnittsänderung (z. B. umlaufende Kerbe, Bohrung) wird die gleichmäßige Spannungsverteilung erheblich gestört. Beim prismatischen Zugstab entstehen neben den primären Längsspannungen zusätzliche Querspannungen. Die Spannungsspitzen am Kerbrand übersteigen beträchtlich die nach der elementaren Theorie errechneten Nennspannungen

$$\sigma_n = \frac{F}{A} \quad \text{(A - Querschnitt an der engsten Stelle)} \qquad (3.2),$$

durch Einführen der Formzahl $\alpha_k$ werden mit

$$\sigma_{max} = \alpha_k \cdot \sigma_n \qquad (3.3)$$

die Spannungsspitzen erfasst. Gehorcht das Material dem HOOKEschen Gesetz, so ist $\alpha_k$ unabhängig vom Werkstoff, andernfalls ist $\alpha_k$ auch eine Funktion des Werkstoffs.

**Verformungen:** Die Berechnung der Formänderung bei Zugbeanspruchung besteht im wesentlichen in einer Ermittlung der Dehnung des Zugstabes bzw. seiner Verlängerung. Angenommen wird das HOOKEsche Gesetz. Die Dehnungen sind proportional den zugehörigen Spannungen. Zunehmende Spannungen bringen zunehmende Dehnungen bei konstantem E-Modul.

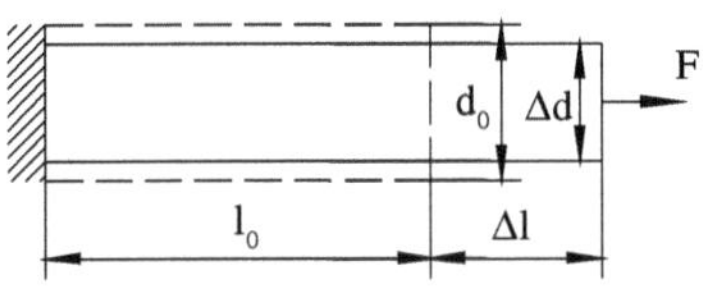


**Abb. 3.6.** Formänderungen am prismatischen Zugstab

Selbstverständlich gilt das auch entgegengesetzt. An den Stellen mit großer Dehnung treten große Spannungen auf.

Dehnungen liegen als Längs- und Querdehnungen vor, also in Richtung der Achse des Stabes bzw. quer zur Achse (Abb. 3.6.). Längsdehnungen sind die technisch interessanteren.

Längsdehnungen werden definiert als Verlängerung $\Delta l$ zur Ursprungslänge l. Die Dehnung $\varepsilon$ ist gegeben durch das Verhältnis $\varepsilon = \Delta l / l_0$. Mit $\varepsilon = \sigma_z / E$ und $\sigma_z = F/A$ folgt für die Verlängerung

$$\Delta l = \frac{F \cdot l_0}{E \cdot A} \qquad (3.4).$$

Die Querdehnung $\varepsilon_q$ als Verhältnis der Dickenänderung $\Delta d$ und der ursprünglichen Dicke $d_0$ hat nur geringe Bedeutung. In der Festigkeitslehre findet das Verhältnis von Querdehnung $\varepsilon_q$ zu Längsdehnung $\varepsilon$ Anwendung. Dieses Verhältnis wird als Poisson-Zahl $\mu$ bezeichnet.

| Die Poisson-Zahl lautet für: | GG | $\mu = 0{,}25$, |
|---|---|---|
| | Stahl | $\mu = 0{,}30$, |
| | Gummi | $\mu = 0{,}50$. |

**Temperatureinfluss:** Neben unmittelbaren Krafteinwirkungen entstehen Längenänderungen auch durch eine Veränderung der Werkstücktemperatur. Wird beispielsweise ein Stab erwärmt, dann steigt seine Temperatur, und als sichtbare Folge dieser Beeinflussung kann eine Verlängerung des Stabes gemessen werden. Umgekehrt ziehen sich Körper mit fallender Temperatur zusammen.

Infolge Behinderung der freien Beweglichkeit wird eine zusätzliche innere Kraft erzeugt. Zu jeder Temperaturänderung $\Delta T$ gehört eine ganz bestimmte Wärmedehnung, die sich aus dem

linearen Ausdehnungskoeffizienten und der

Temperaturdifferenz $\Delta T$

ergibt. Solange der erwärmte Stab sich ungehindert ausdehnen kann, treten keine Spannungen auf. Hält man ihn aber in der gedehnten Stellung fest und kühlt ihn auf die Ausgangstemperatur wieder ab, dann wird seine Zusammenziehung durch die äußeren Maßnahmen wieder verhindert.

Es treten in diesem Fall Zugspannungen auf, die der Kraftdehnung entsprechen. Man berechnet also die durch konstruktive Maßnahmen (feste Einspannung) verhinderte Wärmedehnung und setzt sie der Spannungsdehnung gleich, um die auftretenden Spannungen ermitteln zu können.

Eine Temperaturdifferenz

$\Delta T = T_2 - T_1$ (Temperatur nach und vor der Erwärmung)

führt zur Wärmedehnung

$$\varepsilon_T = \alpha_T \cdot \Delta T \qquad (3.5),$$

wobei im linearen Ausdehnungskoeffizienten $\alpha_T$ die Werkstoffeigenschaft enthalten ist. Mit

$$\varepsilon_T = \Delta l_T / l_0 \qquad (3.6)$$

wird das Verhältnis von Verlängerung $\Delta l_T$ zur Ausgangslänge $l_0$ dargestellt.

Die

*verhinderte Wärmedehnung* $\varepsilon_T$ = *Spannungsdehnung* $\varepsilon$

$$\alpha_T \cdot \Delta T = \sigma / E$$

führt zur Spannung

$$\sigma_T = E \cdot \alpha_T \cdot \Delta T \quad (3.7).$$

Diese Gleichung enthält zwei werkstoffbedingte Größen, den Elastizitätsmodul und die Wärmedehnzahl, so dass bei Verbindungen unterschiedlicher Werkstoffe beachtliche Unterschiede zu erwarten sind.

Nach Gl. 3.7 ist erkennbar, dass die Wärmespannung $\sigma_T$ unabhängig von den Abmessungen des Stabes ist.

### 3.1.2 Berechnungen zum prismatischen Zugstab

Die nachfolgenden Berechnungsbeispiele dienen als Basis für die FE-Berechnungen. Die Wahl der Beispiele ermöglicht Handrechnungen, die eine Beurteilung der FEM-Lösungen erlauben.

Es werden mehrere Varianten von Zugstäben untersucht. Die Belastungen lauten in allen Fällen F = 10 kN bei einem E-Modul $E_{St}$ = 210 kN/mm$^2$.

**I. Prismatischer Stab mit konstantem Querschnitt**

a) Stabdurchmesser d = 16 mm mit Querschnittsfläche A = 201 mm$^2$, Stablänge $l_0$ = 150 mm,

b) Rechteckfläche A = 200 mm$^2$ mit b = 10 mm und h = 20 mm, Stablänge $l_0$ = 150 mm.

Mit Gl. 3.1 ergeben sich die Zugspannungen
$\sigma_z$ für a) 49,75 N/mm$^2$ und für
b) 50 N/mm$^2$.

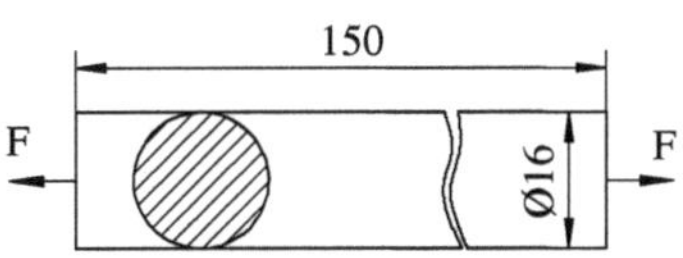


a)

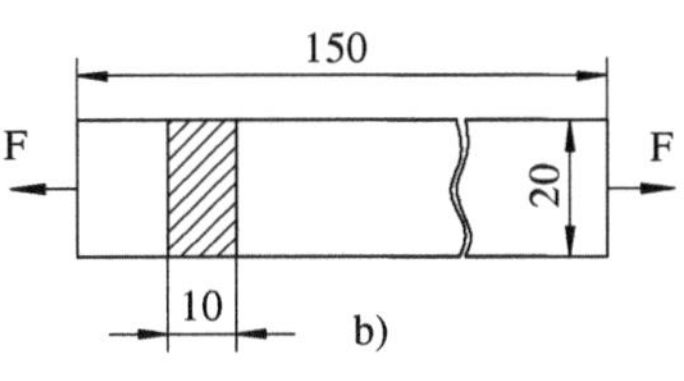


b)

Mit Gl. 3.4 ergibt sich die Verlängerung
$\Delta l$ für a) 0,0355 mm und für
b) 0,0357 mm.

Für die Wärmespannung $\sigma_T$ wird eine Temperaturdifferenz $\Delta T$ = 50 K und der lineare Ausdehnungskoeffizient $\alpha_T = 12 \cdot 10^{-6}\ K^{-1}$ angewendet.

Mit Gl. 3.5, 3.6, 3.7 wird $\sigma_T$ = 126 N/mm$^2$ und $\Delta l_T$ = 0,09 mm berechnet. Die geometrische Gestalt des Stabes hat keinen Einfluss.

## II. Prismatischer Stab mit Rille

Eine Querschnittsänderung in Form der Eindrehung bzw. der Querrille erfordert die Aufteilung des Stabes in Teilstücke und eine bereichsweise Berechnung. Es kann nur ein angenähertes Ergebnis erreicht werden.

a) Stabdurchmesser $d_1 = 16$ mm mit Querschnittsfläche $A_1 = 201\ mm^2$,
Stablänge $l_1 = 146$ mm;
Durchmesser an der Rille $d_2 = 12$ mm, Querschnitt $A_2 = 113\ mm^2$,
Stablänge $l_2 = 4$ mm,

b) Rechteckfläche $A_1 = 200\ mm^2$ mit $b = 10$ mm und $h_1 = 20$ mm,
Stablänge $l_1 = 146$ mm;
Querschnitt an der Rille $A_2 = 160\ mm^2$ mit $b = 10$ mm und $h_2 = 16$ mm,
Stablänge $l_2 = 4$ mm.

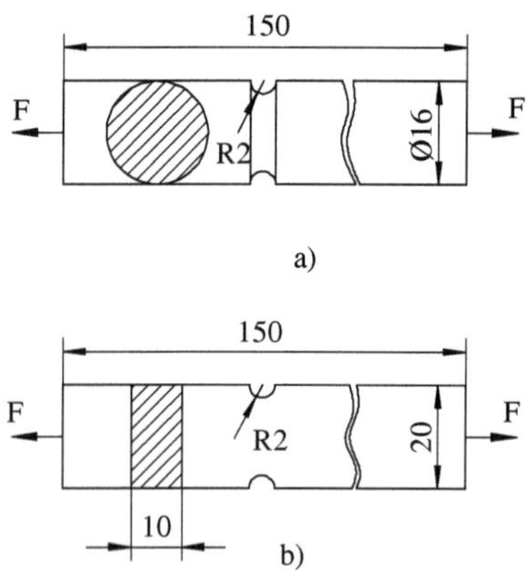


Mit Gl. 3.1 ergeben sich die Zugspannungen
a) $\sigma_{z1} = 49{,}75\ N/mm^2$, $\sigma_{z2} = 88{,}5\ N/mm^2$ ,
b) $\sigma_{z1} = 50\ N/mm^2$, $\sigma_{z2} = 62{,}5\ N/mm^2$.

Die Werte für $\sigma_{z2}$ entsprechen den Nennwerten $\sigma_{n2}$ an der engsten Stelle der Kerbe (siehe Gl. 3.2). Mit den Formzahlen $\alpha_k = 1{,}85$ (Rundstab) und $\alpha_k = 2{,}3$ (Flachstab) nach einschlägiger Literatur ergibt sich nach Gl. 3.3 für

a) $\sigma_{max} = 164\ N/mm^2$ und für
b) $\sigma_{max} = 144\ N/mm^2$ .

Mit Gl. 3.4 entsteht für die Gesamtverlängerung aus $\Delta l = \Delta l_1 + \Delta l_2$
a) 0,0364 mm und für
b) 0,0359 mm.

## III. Prismatischer Stab mit Bohrung

Eine Querschnittsänderung in Form der Querbohrung erfordert die Aufteilung des Stabes in Teilstücke und eine bereichsweise Berechnung. Es kann nur ein angenähertes Ergebnis erreicht werden.

a) Stabdurchmesser $d_1 = 16$ mm mit Querschnittsfläche $A_1 = 201\ mm^2$,
Stablänge $l_1 = 143{,}6$ mm;
Bohrungsdurchmesser $d_2 = 6{,}4$ mm, Restquerschnitt ca. $A_2 = 98{,}7\ mm^2$,
$l_2 = 6{,}4$ mm,

b) Rechteckfläche $A_1 = 200\ mm^2$ mit $b = 10$ mm und $h_1 = 20$ mm,
Stablänge $l_1 = 143{,}6$ mm;
Querschnitt an der Bohrung $A_2 = 136\ mm^2$ mit $b = 10$ mm und $h_2 = h_1 - d_2$,
Stablänge $l_2 = 6{,}4$ mm.

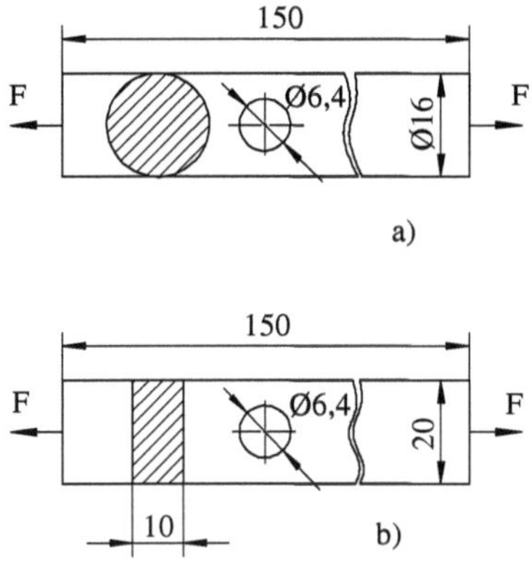


Mit Gl. 3.1 ergeben sich die Zugspannungen

a) $\sigma_{z1} = 49{,}75\ \text{N/mm}^2$, $\sigma_{z2} = 101\ \text{N/mm}^2$
b) $\sigma_{z1} = 50\ \text{N/mm}^2$, $\sigma_{z2} = 73{,}5\ \text{N/mm}^2$.

Die Werte für $\sigma_{z2}$ entsprechen den Nennwerten $\sigma_{n2}$ an der engsten Stelle der Kerbe (siehe Gl. 3.2). Mit den Formzahlen $\alpha_k = 2{,}6$ (Rundstab) und $\alpha_k = 2{,}2$ (Flachstab) nach einschlägiger Literatur ergibt sich nach Gl. 3.3 für

a) $\sigma_{max} = 264\ \text{N/mm}^2$ und für
b) $\sigma_{max} = 162\ \text{N/mm}^2$.

Mit Gl. 3.4 entsteht für die Gesamtverlängerung aus $\Delta l = \Delta l_1 + \Delta l_2$

a) 0,037 mm und für
b) 0,0364 mm.

## 3.2 Modellbildung Flach- und Rundstab

### 3.2.1 Balkenelemente bei konstantem Querschnitt

Für den prismatischen Stab nach Kap. 3.1.2 bieten sich verschiedene Modellbildungen an. Die beiden Hauptergebnisse, nämlich die vorhandene Spannung und die Längenänderung, sind mit geringem Modellbildungsaufwand zu erreichen.

Die einfache Struktur des prismatischen Stabes lässt sich im Modell durch ein Stabmodell abbilden. Im FE-Programm sind dafür die Elemente Stab oder Balken vorhanden. Mit diesen Elementen kann man auf dem Bildschirm die geometrische Struktur symbolisch darstellen. Bei den Elementen Stab oder Balken hat die optische Wiedergabe meist nur eine geringe Aussage, denn der wirkliche Zugstab wird nur als Linie wiedergegeben.

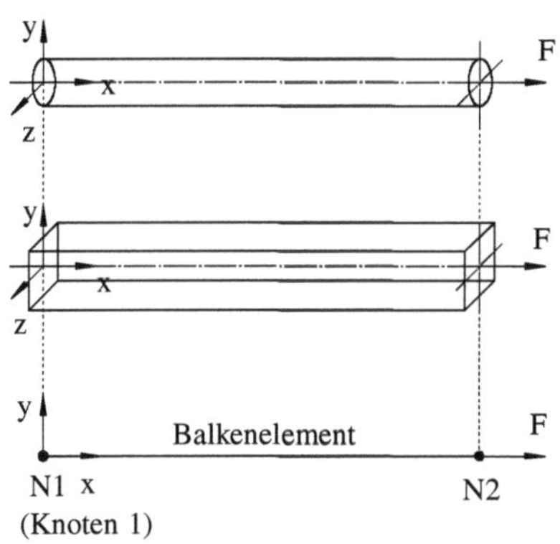


**Abb. 3.7.** Stabmodell für prismatische Stäbe

Die geometrische Modellbeschreibung mit Balkenelementen nach Abb. 3.7. zeigt, dass zwischen Rechteck- und Kreisquerschnitt optisch auf dem Bildschirm nicht unterschieden werden kann.

Die Elemente enthalten neben den optischen Merkmalen weitere wichtige Inhalte. Sie beschreiben die physikalischen bzw. technischen Lösungsmerkmale des Problems. Mit der Wahl des Elementes bestimmt man allgemein ausgedrückt die Berechnungsvorschrift.

Damit gerechnet werden kann, müssen dem Balkenelement Werte zugeordnet werden. Die bisher einzige geometrische Größe ist die durch das Element vorgegebene Länge des Zugstabes. Zur genauen Beschreibung muss die geometrische Größe Querschnitt in das Element eingelesen werden.

Für die einfache Berechnung an einem prismatischen Stab ist die Eingabe des Querschnittes A meist ausreichend. Für Biegebeanspruchungen sind Trägheitsmoment I und Höhe h des Balkens zusätzlich erforderlich. Häufig kommt man aber nicht umhin, auch diese beiden Größen bei der Zugstabberechnung vorzugeben, da beim Rechenstart das Modell auf Vollständigkeit gecheckt und oft eine vollständige Beschreibung des Elementes gefordert wird.

Dem Programm muss noch der Werkstoff in Form des E-Moduls mitgeteilt werden. Andere Werkstoffdaten wie die Poissionszahl sind nicht erforderlich, denn ein Einschnüren des Stabes kann mit Balkenelementen nicht erfasst werden.

Für die Modellbildung werden die Daten des Beispiels prismatischer Stab nach Abschnitt 3.1.2 verwendet. Der Rundstab mit d = 16 mm wird innerhalb des Balkenelementes kenntlich gemacht mit A = 201 mm², dem Balkenelement für den Rechteckstab wird A = 200 mm² zugeordnet. Die Darstellung des Modells ist auf 2 Wegen möglich (Abb. 3.8.):

1. *Direkte Generierung von Knoten und Elementen*
   a) Es werden die Knoten im kartesischen Koordinatensystem positioniert:
   Node 1 (N1) mit x = 0 und y = 0,
   Node 2 (N2) mit x = 150 und y = 0,
   b) zwischen Node 1 und Node 2 wird das Element 1 (E1) eingefügt.
2. *Solid Modeling - Geometrisches Modell mit Netzgenerator generieren*

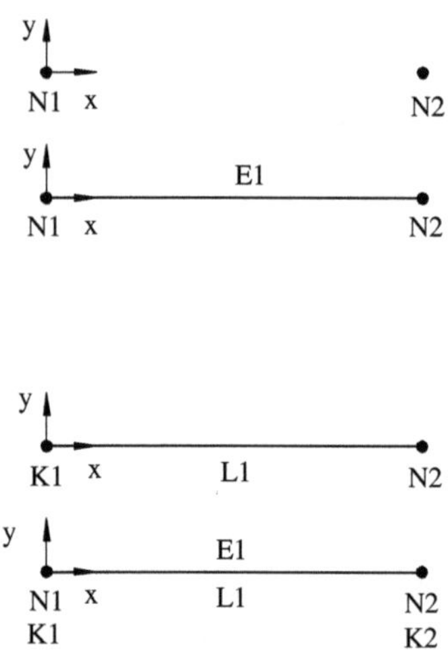


**Abb. 3.8.** Modellbildung mit Balkenelementen

a)Es wird nach geometrischer Beschreibungsform eine Linie zwischen 2 geometrischen Punkten im kartesischen Koordinatensystem dargestellt:

Keypoint 1 (K1) mit x = 0 und y = 0,
Keypoint 2 (K2) mit x = 150 und y = 0,
K1 mit K2 zur Linie L1 verbinden,

b) Übergang zum FE-Modell:

Diese Linie (L1) wird dann anschließend vom Netzgenerator vernetzt, d. h. sie wird automatisch vom Programm mit Knoten (N1, N2) und Elementen (E1) versehen.

Im Programm kann man die Anzahl der Elemente auf der Linie vorgeben. Im vorliegenden Fall ist ein Element festgelegt.

Während bei der direkten Generierung die Modellkontur - bei Balkenelementen nur als einzelne Linie darstellbar - aus Knoten und Elementen gebildet wird, ist beim Solid Modeling die CAD-Geometrie die Grundlage für das Modell, wobei erst anschließend das FE-Modell mit Knoten und Elementen erzeugt wird. Die Abbildung des realen Bauteils kann also in zwei Arten vorliegen:

- als Solid-Modell oder CAD-Modell mit Punkten, Linien, Flächen oder Volumen,
- als FE-Modell mit Elementen und Knoten.

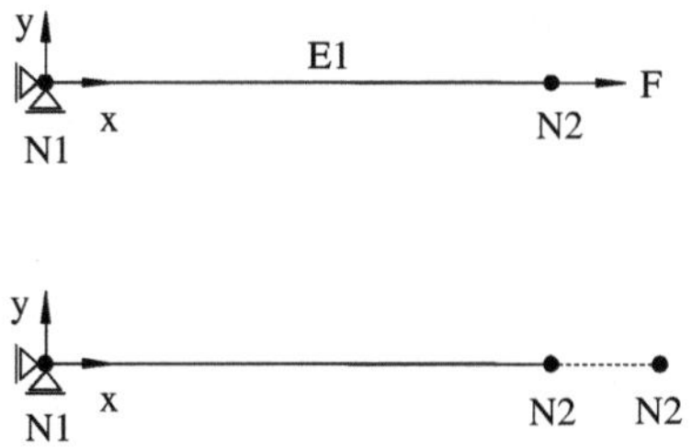


**Abb. 3.9.** Belastungen und Lagerstellen am Balkenmodell

Die äußere Kraft F wird an den Knoten N2 angelegt und soll in positiver x-Richtung wirken. Mit der Vorgabe positiv und x-Richtung wird die Wirkungsrichtung der Kraft F definiert.

Belastungen und Lagerstellen können am Solid- oder FE-Modell aufgegeben werden, d. h. an der geometrischen Kontur oder an Elementen und Knoten. Im Modell nach Abb. 3.9. werden die Belas-tung F und die Lagerstelle an den Knoten angebracht.

Dem Knoten N1 wird ein Festlager zugeordnet, d. h. der Knoten N1 erhält die Bedeutung y = 0, x = 0 und kann sich damit nicht bewegen. Wenn ein Knoten auf diese Weise festgelegt wird, bedeutet das, dass die äußeren wirkenden Kräfte als Reaktionskräfte in diesem Knoten wirksam werden und nach der Rechnung ausgewertet werden können.

Es könnte am Knoten N2 auch eine Verschiebung (z. B. x > 0) angebracht werden. Am Knoten N2 lassen sich dann die Reaktionskräfte aus der Verschiebung auslesen. Es werden die beiden grundsätzlichen Richtungen, in denen mit FE-Modellen gearbeitet werden kann, sichtbar:

a) Werden Kräfte vorgegeben, erhält man Verschiebungen als Antwort.

b) Werden Verschiebungen vorgegeben, erhält man Kräfte als Antwort.

Die erhaltenen Werte an den Eingabestellen sind dabei nicht die Antworten auf die einzelne eingeleitete Kraft oder Verschiebung, sondern geben das Verhalten des gesamten Modells mit allen seinen Elementen wieder.

Wenn Knotenverschiebungen nicht zugelassen werden, kommt es in diesen Knoten zur Bildung der Summe aller Reaktionskräfte des Modells. Im Sinne der Technischen Mechanik werden Lagerstellen modelliert. Im großen Maße lässt sich über die Begrenzung der Knotenverschiebungen die Beweglichkeit des Modells steuern.

Für das dargestellte Modell würde mit der einzelnen Vorgabe y = 0 ein undefinierter Zustand entstehen, denn durch die Vorgabe wird der Knoten nur in y-Richtung gehalten und es können damit nur in dieser Richtung Kräfte aufgenommen werden. Am Modell wirkt die äußere Kraft F aber nur in x-Richtung. Wegen der fehlenden Lagerkomponente kommt es zu keinem Rechnungsansatz. Das FE-System geht unter Angabe einer Fehlermeldung in den Wartezustand.

Mit einer einzelnen Vorgabe x = 0 hält man die x-Richtung fest und lässt die freie Beweglichkeit in y-Richtung zu. Die Lagerung im vorliegenden Modell erforderte nach den Gleichgewichtsbedingungen aufgrund der Wirkungslinie der Kraft F keine Lagerung in y-Richtung.

Es empfiehlt sich aber aus programmtechnischen Gründen eine solche Fixierung. Die notwendigen Rundungen beim Lösungsvorgang führen zu Abweichungen in der Rechengenauigkeit des Systems, die trotz der Geringfügigkeit zu instabilem Rechenlauf bis zum Abbruch führen können. Mit der Festlegung in x- und y-Richtung erreicht man, dass die Lösungsalgorithmen und -verfahren der FE-Programme stabilen Ansätzen folgen.

Mit der Wahl der festen und freien Richtungen trifft man eine weittragende Entscheidung für die Wirklichkeitsnähe des Modells.

| **FE-A1 Zug** | Allgemeine Befehlsfolge |
|---|---|
| Name | Speicherung der FE-Rechnung unter FILE-Name "Zug1" |
| Elemente | 1-dimensionales Balkenelement - notwendige Eingaben<br>Querschnittsfläche in mm$^2$: $A_1$= 201,<br>Flächenträgheitsmoment in mm$^4$: $I_1$ = 51472,<br>Höhe des Balkens in mm: $h_1$ = 16, |
| Werkstoffe | Stahl: $E_{St}$= 210 kN/mm$^2$ $\nu$ = 0,3 |
| Geometrie | Direkte Generierung Knoten und Elemente -<br>Knoten (x;y;z) in mm: N1 (0;0;0), N2 (150;0;0),<br>Elemente bilden: E1 (N1,N2), |
| Vernetzung | entfällt bei direkter Generierung |
| Randbedingungen | Lagerung: N1 (Ux=0)<br>Belastung in kN: N2 (Fx=10) |
| Berechnung und Ergebnisse | Ansatz: statisch, linear,<br>Charakteristische Größe: Verschiebung der Knoten,<br>Verschiebungen in mm: $Ux_1$=0; $Ux_2$=0,0355;<br>Zugspannungen in N/mm$^2$: E1=49,75; |

*x* , *y* , *z* Koordinaten im globalen kartesischen Koordinatensystem,
*Ux* , *Uy* , *Uz* , *ROTx* , *ROTy* , *ROTz* Verschiebungen und Verdrehungen,
*K* Keypoint (Geometriepunkt im CAD-Modell), *L* Line (Linie im CAD-Modell),
*N* Node (Knoten im FE-Modell), *E* Element (Element im FE-Modell),
*FE-A* Finite Elemente Anwendungsbeispiel,

Fortsetzung nächste Seite

<table>
<tr><th>FE-A1<br>Zug</th><th>Bildfolge</th></tr>
<tr><td>Geometrie</td><td>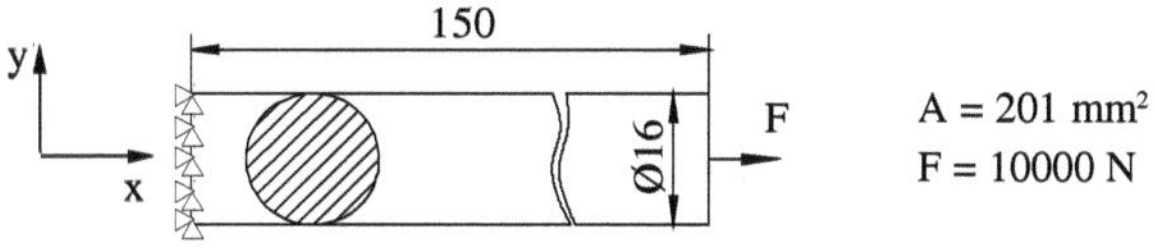
</td></tr>
<tr><td>Vernetzung<br>Randbedin-<br>gungen</td><td>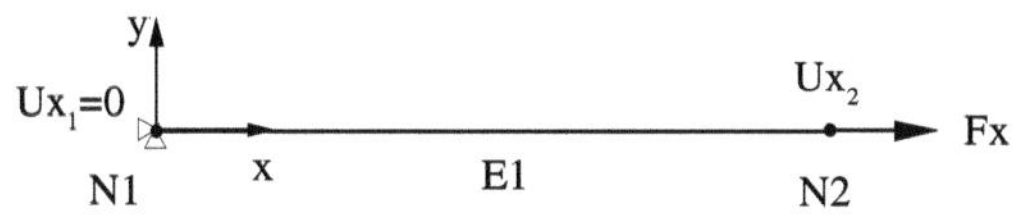
</td></tr>
<tr><td>Grafische<br>Ergebnisse</td><td>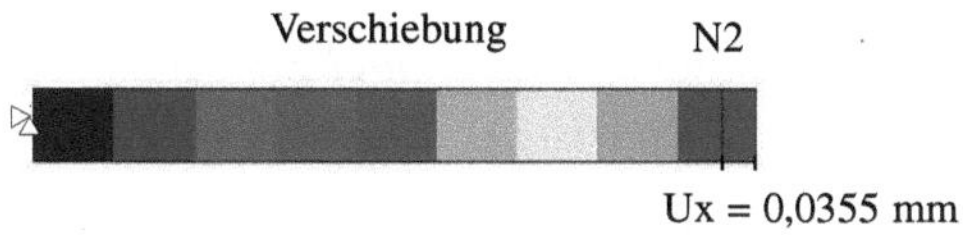

Zugspannung konstant $\sigma_v$ = 49,75 N/mm²</td></tr>
</table>

**Tafel 3/1:** Zugbelastung an einem prismatischen Stab - Balkenelemente bei konstantem Querschnitt

Die Auswertung beim Zugstab aus Balkenelementen beschränkt sich auf die Darstellung der Verlängerung $\Delta l$ des Stabes und der Angabe der Zugspannung. Beide Größen erfordern wegen der Einfachheit des Modells keine Bildschirmansicht und können als Printergebnisse ausgelesen werden.

In Tafel 3/1 ist die Geometriedarstellung, die sich bei Balkenelementen auf einen einfachen Strich beschränkt, durch Steuerung der Grafik im FE-Programm als Fläche abgebildet. Ebenso wird mit der Darstellung der Spannung im Element bei den grafischen Ergebnissen verfahren.

### 3.2.2 Scheibenelemente bei konstantem Querschnitt

Die Anwendung von Balkenelementen zeigte die engen Grenzen der Modellbildung allgemeiner geometrischer Körper. Das Balkenelement nach Tafel 3/1 hat aufgrund seiner geringen optischen Anschaulichkeit einen hohen Bedarf an zusätzlichen Angaben. Nur mit Aufwand wird eine eindeutige geometrische Zuordnung möglich. Als einzige geometrische Größe ist die Länge des Modells direkt vorhanden. Die Höhe muss über eine Mitteilung an das Element eingeführt werden. Ebenso gibt es zur Größe und Art der Querschnittsfläche keine eindeutigen Aussagen.

Die Angabe der Fläche und des Flächenträgheitsmomentes lässt keinen Rückschluss auf das Profil des Stabes zu.

Mit Scheibenelementen erreicht man eine wesentliche Verbesserung, denn sie sind als 2-dimensionale Flächenelemente in der Lage, Konturen in der x-y-Ebene eindeutig geometrisch zu definieren. Offen bleibt damit nur noch die Ausdehnung in z-Richtung. Wird den Elementen eine Dicke zugeordnet, kann man sich einen plattenförmigen Körper vorstellen, dessen Querschnittsfläche und Flächenträgheitsmoment aus den geometrischen Abmessungen eindeutig abzuleiten ist. Eine Aussage zur Achse, in der die Dicke abgebildet wird, ist wegen der 2-Dimensionalität des Elementes nicht möglich. Es sind deshalb auch nur Berechnungen zum ebenen Spannungs- oder Dehnungszustand ausführbar. Als großer Vorteil ist festzustellen, dass nur noch ein Wert, nämlich die Dickenangabe, dem Element zusätzlich mitgeteilt werden muss. Wenn man auch darauf verzichtet, werden alle Ergebnisse als spezifische Größe, beispielsweise auf 1 mm Dicke bezogen, ausgegeben.

Zylindrische Körper können direkt nicht erfasst werden. Erst über Rotieren einer Schnittfläche entsteht rechentechnisch ein zylindrischer Körper. Ein Volumen im Sinne eines 3D-Körpers liegt damit nicht vor. Für die Modellbildung des prismatischen Stabes mit Scheibenelementen gibt es wieder die beiden Wege,

- *direkte Generierung von Knoten und Elementen und*
- *Solid Modeling, geometrisches Modell mit Netzgenerator generieren.*

Die erste Möglichkeit erfordert, dass nach Festlegen der Knoten die Elemente aufgebracht werden. Um über die Fläche des geometrischen Körpers genügend Aussagen zu erhalten, muss die Fläche mit einer gewissen Anzahl von Elementen versehen sein. Damit ist natürlich mit der manuellen Festlegung der Knotenkoordinaten und der Knotennummerierung ein hoher Aufwand verbunden.

Es empfiehlt sich deshalb, die zweite Möglichkeit zu nutzen und aus der geometrischen CAD-Struktur mit anschließendem automatischen Vernetzen das FE-Modell zu erstellen. Die Anzahl der Elemente lässt sich dabei bequem über die Linien steuern. Die bessere Aussagekraft von Scheibenelementen erfordert dabei vom Anwender einen höheren Kenntnisstand bei der Modellbildung. In Tafel 3/2 werden einige Techniken angewendet:

a) Steuerung der Vernetzung,

b) Selektiertechniken zur Auswahl von Modellteilen,

c) Lagerung und Krafteinleitung.

*Steuerung der Vernetzung:* Soll aus der CAD-Struktur über ein automatisches Vernetzen das FE-Modell erstellt werden, ist vom Anwender die Netzdichte vorzugeben. Über die Steuerung der Netzdichte kann maßgeblich die Genauigkeit der FE-Ergebnisse beeinflusst werden. In den FE-Programmsystemen sind dafür verschiedene Einstellmöglichkeiten enthalten. Grundsätzlich kann unterschieden werden zwischen Einstellungen an Linien oder an Geometriepunkten (Keypoints) des CAD-Modells. Mit den Eingaben werden beispielsweise die Anzahl der Elemente pro Linie oder die Anzahl der Elemente um einen Keypoint vorgegeben. Eine günstige Vorgehensweise ist es, im ersten Schritt eine einheitliche Anzahl für das gesamte

Modell vorzugeben. Anschließend werden an den wichtigen Stellen des Modells auf die entsprechenden Linien bzw. Keypoints neue Werte gesetzt, d. h. die Voreinstellung wird in diesen Bereichen überschrieben.

Dieser Arbeitsschritt ist auch noch in anderer Hinsicht zu bedenken. Die Vernetzung des Modells kann mit Dreieck- oder Rechteckelementen erfolgen. Bei Anwendung von Dreieckelementen entstehen bei gleicher Ergebnisqualität wesentlich höhere Elementezahlen. Einige Anbieter von FE-Programmsystemen unterscheiden auch hinsichtlich der Genauigkeit des Rechnungsansatzes zwischen den beiden Elementearten.

Ein grundsätzlicher Unterschied besteht im Vernetzungserfolg. Mit Dreieckelementen sind kompliziertere Strukturen zu vernetzen, bei Rechteckelementen muss man sich an bestimmte Regeln halten. Beispielsweise müssen alle zu vernetzenden Flächen durch 3 oder 4 Linien begrenzt sein. Ansonsten ist eine Rechteckvernetzung nicht möglich. Bei Flächen mit 3 Linien muss außerdem die Anzahl der Elemente auf den Linien immer geradzahlig sein. Aus Gründen der Begrenzung der Elementeanzahl ist es günstig, vorzugsweise mit Rechteckelementen zu vernetzen und als Ergänzung an schwierigen Stellen die Dreieckvernetzung anzuwenden.

*Selektiertechniken zur Auswahl von Modellteilen:*

Selektieren durch Anpicken - die erhöhte Anzahl der Elemente und Knoten hat zur Folge, dass das Aufbringen der Lagerstellen und der äußeren Kräfte schwieriger geworden ist. Während man beim Balkenmodell mühelos den Überblick über die geringe Anzahl von Knoten und Punkten der Geometrie erhalten kann, muss man bei größeren Modellen bestimmte Selektiertechniken nutzen.

Die Knoten- oder Punktnummer lässt sich durch Anpicken auf dem Bildschirm selektieren. Dieser Vorgang ist einfach zu handhaben, ermöglicht aber keinen automatischen Programmablauf, denn bei Änderungen am Netz muss manuell ausgewählt und die veränderte Knoten- oder Punktnummer geändert werden.

Selektieren durch Selektierbefehle - durch Selektieren am Modell lassen sich die gewünschten Stellen allgemein auswählen. Für das Modell nach Abb. 3.10. werden die Lagerstellen und die wirkende Kraft ausgewählt mit

Selektieren Lagerstelle: x = 0 (alle Knoten),
Selektieren Kraft F: x = 150 (alle Knoten), anschließend
y = 10 (nur noch Knoten bei x = 150; y = 10).

Nach dem Selektieren kann die ausgewählte Gruppe mit den gewünschten Befehlen gesteuert werden. Zu beachten ist, dass nach der Generierung der entsprechenden Inhalte die gesamte Datenbasis reaktiviert wird. Denn diese Art von Selektieren

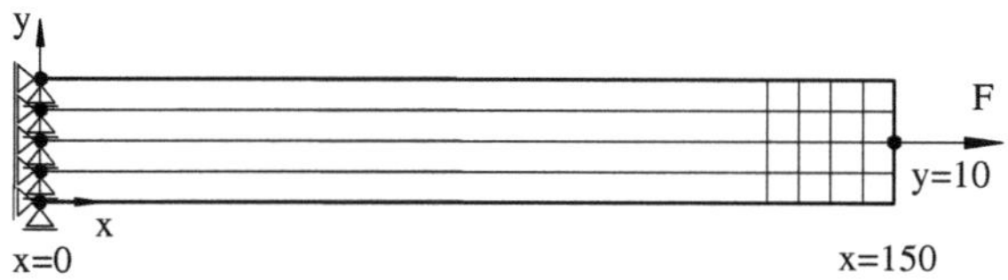


**Abb. 3.10.** Selektieren am prismatischen Stab aus Scheibenelementen

bedeutet auch, dass die anderen Teile des Modells nicht nur ausgeblendet, sondern direkt inaktiv sind. Im ungünstigsten Fall kann es dazu kommen, dass die FE-Berechnung nur mit Teilstücken des Modells gestartet wird.

*Lagerung und Krafteinleitung:* Bei Modellen mit Balkenelementen gibt es zu Lagerung und Krafteinleitung keinen großen Erklärungsbedarf. Das geometrische Linienmodell lässt ein Lagern und das Anbringen der äußeren Last nur auf Punkten in einer Ausdehnung zu. Die Gleichungssysteme zur Berechnung des Modells entsprechen damit weitgehend den Ansätzen der theoretischen Festigkeitslehre mit ihren vereinfachenden Bedingungen.

Das erklärt auch die gute Übereinstimmung zwischen handgerechneten und FE-gerechneten Aufgaben. Nach 3.1.2 erhält man für den prismatischen Stab mit kon-

| **FE-A2 Zug** | Allgemeine Befehlsfolge |
|---|---|
| Name | Speicherung der FE-Rechnung unter FILE-Name "Zug2" |
| Elemente | 2-dimensionales Scheibenelement (4 Knoten)<br>notwendige Eingaben - Dicke des Balkens in mm: b = 10, |
| Werkstoffe | Stahl: $E_{St}$ = 210 kN/mm² ν = 0,3 |
| Geometrie | CAD-Modell aus geometrischen Grundkörper "Rechteck" erstellen<br>- Nummern für Keypoints und Linien werden vom FE-System automatisch vergeben;<br>Koordinaten des Rechtecks in mm: $x_1$=0; $y_1$=0; $x_2$=150; $y_2$=20; |
| Vernetzung | Elementeanzahl (Rechteckelemente) definieren: 60 an L1, L3; 8 an L2, L4; es werden 480 Elemente mit 549 Knoten generiert; |
| Randbedingungen | Lagerung: selektiert über kartesisches Koordinatensystem (x = 0); an 9 Knoten Ux=0, Uy=0 gesetzt;<br>Belastung in kN: selektiert über kartesisches Koordinatensystem in 2 Schritten (1. x=150; 2. y=10); an 1 Knoten Fx=10 gesetzt; |
| Berechnung und Ergebnisse | Ansatz: statisch, linear,<br>Charakteristische Größe: Verschiebung der Knoten,<br>Verschiebungen in mm: an der Stelle der Krafteinleitung<br>Ux = 0,0434;<br>Zugspannungen in N/mm²: an der Stelle der Krafteinleitung<br>v.-Mises-Vergleichsspannung $\sigma_v$ = 396 N/mm²; |

*x* , *y* , *z* Koordinaten im globalen kartesischen Koordinatensystem,
*Ux* , *Uy* , *Uz* , *ROTx* , *ROTy* , *ROTz* Verschiebungen und Verdrehungen,
*K* Keypoint (Geometriepunkt im CAD-Modell), *L* Line (Linie im CAD-Modell),
*N* Node (Knoten im FE-Modell), *E* Element (Element im FE-Modell),
*FE-A* Finite Elemente Anwendungsbeispiel,

Fortsetzung nächste Seite

| **FE-A2**<br>**Zug** | Bildfolge |
|---|---|
| Geometrie | 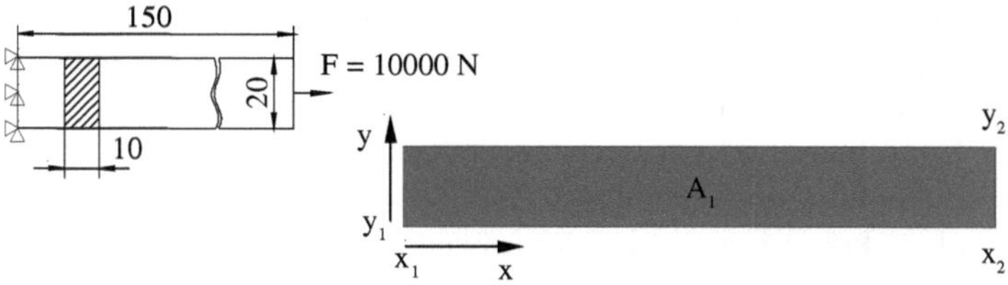 |
| Vernetzung<br>Randbedin-<br>gungen | 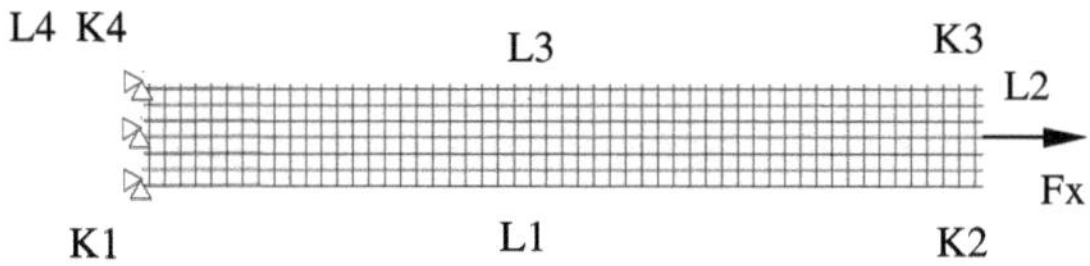<br>480 Elemente<br>549 Knoten |
| Grafische<br>Ergebnisse | Knotenverschiebungen auf 9 Grauwerte begrenzt dargestellt<br> 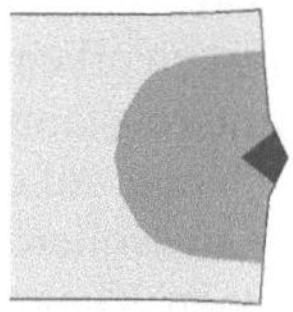<br>Abklingverhalten der Verschiebung an der Krafteinleitung<br><br>Einspannung Verlauf der v.-Mises-Vergleichsspannung Lasteinleitung |

**Tafel 3/2:** Zugbelastung an einem prismatischen Stab - Scheibenelemente bei konstantem Querschnitt

stantem Querschnitt bei einer Querschnittsfläche A = 201 mm² für die Zugspannung $\sigma_z$ = 49,75 N/mm² und für die Längenänderung Δl = 0,0355 mm. Die FE-Rechnung nach Tafel 3/1 erbringt dieselben Werte.

Weitaus schwieriger ist die Entscheidung bei Anwendung von Scheibenelementen. Durch die flächenmäßige Ausdehnung des Modells ergeben sich größere Möglichkeiten zur Festlegung von Lagerpunkten und Stellen zur Einleitung der äußeren Lasten. In Tafel 3/2 wurde das Modell so gestaltet, wie es bei einem Entwurf in der praktischen Ingenieurtätigkeit üblich ist. Der Stab wird gelagert, eine Zugkraft wird symbolisch axial im Schwerpunkt angetragen. Als Ergebnis nach der Theorie der Festigkeitslehre wird mit $\sigma_z$ = F/A eine konstante Spannung an jeder Stelle des Stabes vorliegen.

Das Modell mit Scheibenelementen liefert nur näherungsweise diese Lösung. Unverkennbar sind die Einflüsse der Lagerung und der Krafteinleitung. Mit dem Übergang zum wirklichkeitsnäheren Modell steigen die Anforderungen an die Definition der Randbedingungen. Der Anwender muss sich jetzt konkret entscheiden, wie die konstruktive Auslegung in das Modell übernommen werden kann. Nach der FE-Methode wird nur die charakteristische Größe - im vorliegenden Beispiel die Verschiebung der Knoten - errechnet. Die Einschränkung von Freiheitsgraden am Lager und die Einbringung der äußeren Last auf einen Knoten stellen dabei nichts anderes dar als eine Definition des zu berechnenden Gleichungssystem mit dem Ziel der Ermittlung von Knotenverschiebungen. Aus diesen Verschiebungen werden über die Dehnungen die Spannungen abgeleitet.

Auf die Praxis bezogen hat der Anwender im konkreten Fall nach Tafel 3/2 vorgegeben, dass mittig am Stab ein „Haken" befestigt ist, an dem gezogen wird und dass an 9 „Haken" der Stab gehalten wird. Die „Haken" am äußeren Rand, d. h. die Außenknoten stehen in anderen Wechselbeziehungen mit den Knoten im Stabinneren als die innenliegenden Knoten. Die geringfügig unterschiedlichen Knotenverschiebungen führen zu den errechneten Spannungsunterschieden. Als interessanter Nebeneffekt dieses Modells ist die Darstellung des Abklingverhaltens beim Anlegen einer Punktlast zu werten. Die Gesamtverschiebung im Balken wird durch 9 Graubereiche angezeigt, die aus der Division mit dem Maximalwert der Verschiebung gebildet wurden.

Es ist zu erkennen, dass bereits bei dem einfachen Modell des prismatischen Stabes mit konstantem Querschnitt Variantenrechnungen anstehen. Das Variieren würde sich hier auf die Genauigkeit der Aussage an spezifischen Stellen beziehen. Für anspruchsvollere Untersuchungen sind Kraft- oder Verschiebungseinleitungen an einzelnen Knoten zu vermeiden. Bei der Auswertung der Ergebnisse der FE-Berechnung komplizierter Modelle ist es oft schwierig, Modellfehler auszufiltern.

Die Einleitung der Kraft F an einem Knoten führt zu Verformungen und zu Spannungsmaxima an der Einleitestelle. Ist man an dieser Stelle besonders interessiert, gibt es verschiedene Möglichkeiten zur Verbesserung der Aussage:

1. Weitere Erhöhung der Anzahl der Elemente mit Aufteilen der Zugkraft auf mehrere Knoten. Das entspricht auch besser dem konkreten Bauteil. Die maximalen Verformungen werden genauer, da mehrere Elemente die Verzerrungen bestimmen.

2. Anwenden verschiedener Scheibenelemente. Ein Standardelement ist das ebene Scheibenelement mit 4 Eckknoten. Das ebene Scheibenelement mit 4 Eckknoten und 4 Mittelknoten, damit gesamt 8 Knoten, stellt eine weitere Art dar. Es ist besonders gut für Krümmungen geeignet und verwendet Lösungsansätze höherer Ordnung.

Für die Zielstellung, Vergleich der Lösungen nach FE-Ansatz und nach klassischer Festigkeitslehre, ist die Krafteinleitung auf einen oder mehrere Knoten bei Verwendung von Scheiben- oder Volumenelementen ungeeignet. Die Darstellung nach Abb. 3.1. lässt sich nur näherungsweise mit einem Modell erreichen. Die Anwendung von Balkenelementen ergibt zwar rechnerische Übereinstimmung, aber eine geringe Anschaulichkeit. Die Darstellungen nach Abb. 3.2. und 3.3. entziehen sich weitgehend den Möglichkeiten von Balkenelementen, erlauben aber gute Modellbildungen mit Scheiben- oder Volumenelementen.

In den genannten Abbildungen wird das Ankleben bzw. das Klemmen eines Zugstabes an der Einspannstelle zur gleichmäßigen Krafteinleitung dargestellt. Diese beiden technologischen Möglichkeiten der Befestigung lassen sich in ähnlicher Weise modellieren. Über ein Koppeln von Knoten kann eine gleichmäßige Krafteinleitung äußerer Kräfte und eine gleichmäßige Kraftaufnahme an der Lagerstelle erzielt werden. Die notwendige FE-Programmierung erfordert dazu die Anwendung mehrerer Schritte (Abb. 3.11).

1. Selektieren: alle Knoten der entsprechenden Ebene auswählen, z. B. für die Lagerstelle x = 0, für die äußere Last x = 150,
2. Koppeln: die selektierten Knoten in jeweils einer Gruppe definieren, Koppelrichtung vorgeben (x- bzw. y-Richtung an der Lagerstelle, x- bzw. y-Richtung an der äußeren Last),
3. Lager und äußere Last definieren: in einen Führungsknoten (Masterknoten) werden alle Freiheitsgrade gebunden, an diesem Knoten orientiert sich die Gruppe.

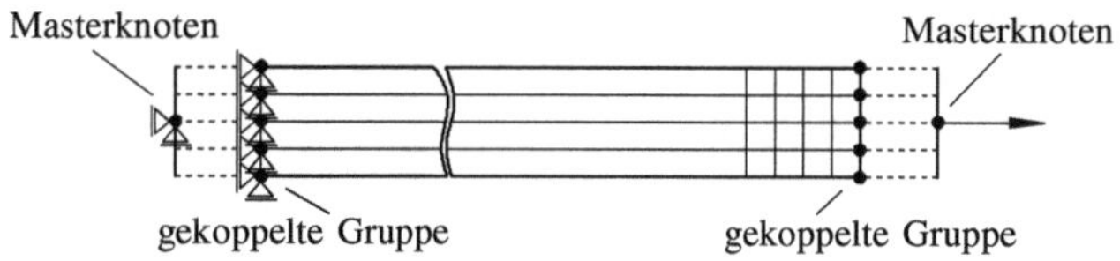


**Abb. 3.11.** Koppeln von Knoten

Das Modell nach Tafel 3/2 wird in Tafel 3/3 mit der veränderten Lagerung und Lasteinleitung bearbeitet. Es wurden alle geometrischen Größen einschließlich der Vernetzung beibehalten, lediglich im Bereich der Randbedingungen erfolgten Änderungen.

Das Modell wurde so gelagert und die äußere Kraft so eingeleitet, dass das Ankleben nach Abb. 3.2. simuliert ist. Damit gelingt es auch vergleichbar zur klassischen Festigkeitslehre eine konstante Zugspannung über alle Querschnitte mit der FE-Analyse auszuweisen.

Die maximale Verschiebung entspricht mit $\Delta l = 0{,}0357$ mm auch genau dem errechneten Wert nach 3.1.2 für den Rechteckquerschnitt mit 200 mm$^2$, für die Zugspannung gilt 50 N/mm$^2$.

### 3.2.3 Volumenelemente bei konstantem Querschnitt

Mit diesen Elementen können 3-dimensionale Strukturen modelliert werden. Die 3D-Rechteck-Elemente besitzen 8 Knoten mit den Verschiebungsmöglichkeiten in x-, y-, z-Richtung.

Das Rechteck-Volumenelement kann auch Mittelknoten besitzen und ist damit für einen höheren Lösungsansatz geeignet. Bei komplizierteren geometrischen Strukturen können Tetraeder-Volumenelemente eingesetzt werden, die sich der Kontur günstiger anpassen. Auch diese sind mit Mittelknoten verfügbar und ermöglichen damit Berechnungen mit höherem Lösungsansatz.

Die Anwendung von Volumenelementen beim rechteckigen prismatischen Stab beseitigt alle Modellierungsprobleme, denn es besteht jetzt die Möglichkeit, den realen Körper zu gestalten. Trotzdem sollte immer überlegt werden, ob das Ziel der Untersuchung nicht auch mit 2-D-Elementen zu erreichen ist. Mit der Anwendung von 3-D-Volumenelementen entstehen nämlich unvergleichlich größere Modelle.

Durch geschickte Nutzung der Symmetrieeigenschaften lassen sich zwar Vereinfachungen erzielen, aber der Aufwand für die Modellbildung und -verwaltung ist immer höher.

| **FE-A3 Zug** | Allgemeine Befehlsfolge |
|---|---|
| Name | Speicherung der FE-Rechnung unter FILE-Name "Zug3" |
| Elemente | 2-dimensionales Scheibenelement (4 Knoten)<br>notwendige Eingaben - Dicke des Balkens in mm: b = 10, |
| Werkstoffe | Stahl: $E_{St}$ = 210 kN/mm² $\nu$ = 0,3 |
| Geometrie | CAD-Modell aus geometrischen Grundkörper "Rechteck" erstellen - Nummern für Keypoints und Linien werden vom FE-System automatisch vergeben;<br>Koordinaten des Rechtecks in mm: $x_1$=0; $y_1$=0; $x_2$=150; $y_2$=20; |
| Vernetzung | Elementeanzahl (Rechteckelemente) definieren: 60 an L1, L3; 8 an L2, L4; es werden 480 Elemente mit 549 Knoten generiert; |
| Randbedingungen | Lagerung: selektiert über kartesisches Koordinatensystem (x=0); Koppelgruppe "Lager" bilden; Masterknoten festlegen, Ux=0, Uy=0 gesetzt;<br>Belastung in kN: selektiert über kartesisches Koordinatensystem (x=150); Koppelgruppe "Kraft" bilden; Masterknoten festlegen, Fx=10 gesetzt; |
| Berechnung und Ergebnisse | Ansatz: statisch, linear,<br>Charakteristische Größe: Verschiebung der Knoten,<br>Verschiebungen in mm: am Masterknoten $Ux_{max}$ = 0,0357;<br>Zugspannungen in N/mm²: gesamter Stab $\sigma_z$ = 50 ; |

*x* , *y* , *z* Koordinaten im globalen kartesischen Koordinatensystem,
*Ux* , *Uy* , *Uz* , *ROTx* , *ROTy* , *ROTz* Verschiebungen und Verdrehungen,
*K* Keypoint (Geometriepunkt im CAD-Modell), *L* Line (Linie im CAD-Modell),
*N* Node (Knoten im FE-Modell), *E* Element (Element im FE-Modell),
*FE-A* Finite Elemente Anwendungsbeispiel,

Fortsetzung nächste Seite

| **FE-A3 Zug** | Bildfolge |
|---|---|
| Geometrie | 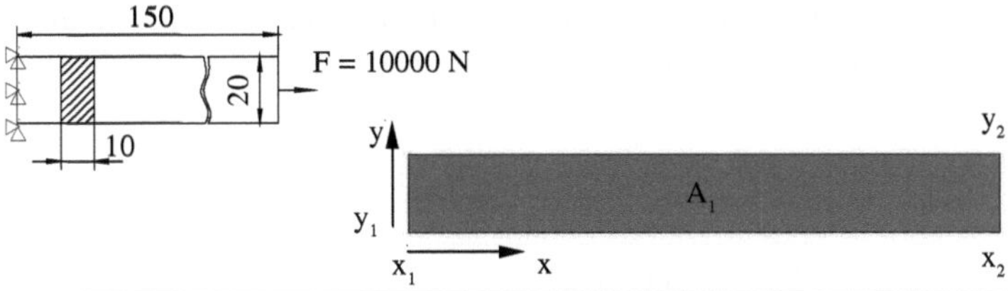  |
| Vernetzung Randbedin-gungen | 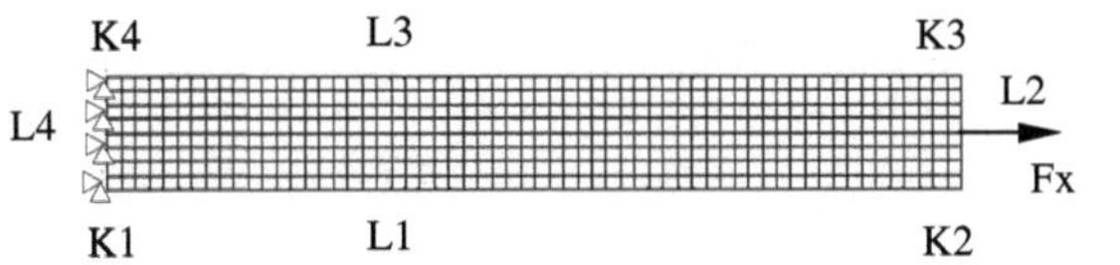  480 Elemente 549 Knoten Knoten auf Linie L2, L4 gekoppelt |
| Grafische Ergebnisse | Knotenverschiebung auf 9 Grauwerte begrenzt dargestellt  Knotenverschiebungen konstant über dem gesamten Querschnitt; max. Verschiebung an der Lasteinleitung 0,0357 mm; Spannungsverteilung über gesamten Stab gleichmäßig 50 N/mm² |

**Tafel 3/3:** Zugbelastung an einem prismatischen Stab - Scheibenelemente bei konstantem Querschnitt mit gekoppelten Freiheitsgraden

Am Beispiel des rechteckigen Zugstabes wird das aufgrund der einfachen Struktur gut sichtbar (Abb. 3.12.). Bei der Analyse des realen Bauteils ist die Beurteilung auf einfache Symmetrie, also die Halbierung des Modells, der erste Schritt. Im zweiten Schritt sollte die Symmetrie zum Viertelmodell gesucht werden. Für den Rechteckbalken ist diese Vereinfachung durch den Viertelbalken gegeben. Zu beachten ist, dass die Zugkraft mit F/4 angetragen wird. Die Lagerreaktionskräfte geben auch nur den Wert für den Viertel-Balken an.

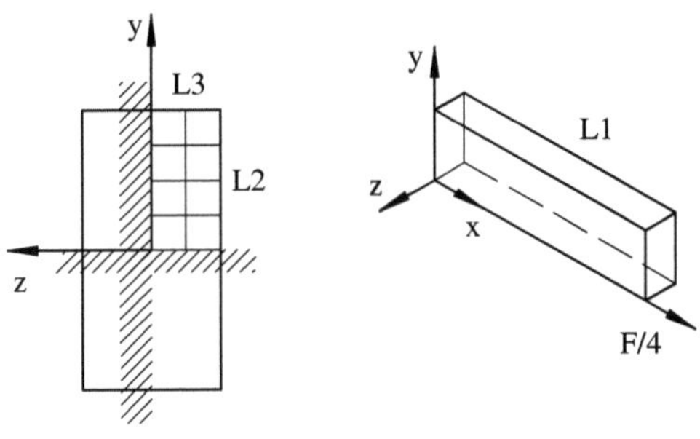


**Abb. 3.12.** Prismatischer Zugstab aus 3D-Elementen mit Symmetrieanwendung

Die Nutzung der Symmetriebedingungen ist eine der wichtigsten Merkmale für erfolgreiche FE-Modelle. Die Reduzierung des Modells auf die Hälfte oder ein Viertel ermöglicht die Vorgabe der Netzdichte um das Doppelte oder 4-fache bei gleicher Datenbasis. Deshalb müsste bei komplizierteren Bauteilen immer versucht werden auch näherungsweise zu Symmetrien zu gelangen, d. h. kleine Abweichungen

| **FE-A4 Zug** | Allgemeine Befehlsfolge |
|---|---|
| Name | Speicherung der FE-Rechnung unter FILE-Name "Zug4" |
| Elemente | 3-dimensionales Volumenelement (8 Knoten) |
| Werkstoffe | Stahl: $E_{St}$= 210 kN/mm² ν = 0,3 |
| Geometrie | CAD-Modell aus geometrischen Grundkörper "Rechteckblock" erstellen - Nummern für Keypoints und Linien werden vom FE-System automatisch vergeben;<br>Koordinaten des Rechteckblocks in mm: $x_1$=0; $y_1$=0; $z_1$=0; $x_2$=150; $y_2$=10; $z_2$= – 5; (Viertelstab); |
| Vernetzung | Elementeanzahl (Rechteckelemente) definieren: 60 an L2, L5; 4 an L6; 2 an L10; es werden 480 Elemente mit 915 Knoten generiert; |
| Randbedingungen | Lagerung: selektiert über kartesisches Koordinatensystem (x=0); Koppelgruppe "Lager" bilden; Masterknoten festlegen, Ux=0, Uy=0 gesetzt;<br>Belastung in kN: selektiert über kartesisches Koordinatensystem (x=150); Koppelgruppe "Kraft" bilden; Masterknoten festlegen, Fx=2,5 gesetzt;<br>Symmetrien: selektiert über kartesisches Koordinatensystem (y=0); Symmetrie zur y-Achse anwenden;<br>selektiert über kartesisches Koordinatensystem (z=0); Symmetrie zur z-Achse anwenden; |
| Berechnung und Ergebnisse | Ansatz: statisch, linear,<br>Charakteristische Größe: Verschiebung der Knoten,<br>Verschiebungen in mm: am Masterknoten $Ux_{max}$ = 0,0357;<br>Zugspannungen in N/mm²: gesamter Stab $\sigma_z$= 50 ; |

*x , y , z* Koordinaten im globalen kartesischen Koordinatensystem,
*Ux , Uy , Uz , ROTx , ROTy , ROTz* Verschiebungen und Verdrehungen,
*K* Keypoint (Geometriepunkt im CAD-Modell), *L* Line (Linie im CAD-Modell),
*N* Node (Knoten im FE-Modell), *E* Element (Element im FE-Modell),
*FE-A* Finite Elemente Anwendungsbeispiel,

Fortsetzung nächste Seite

| **FE-A4 Zug** | Bildfolge |
|---|---|
| Geometrie | 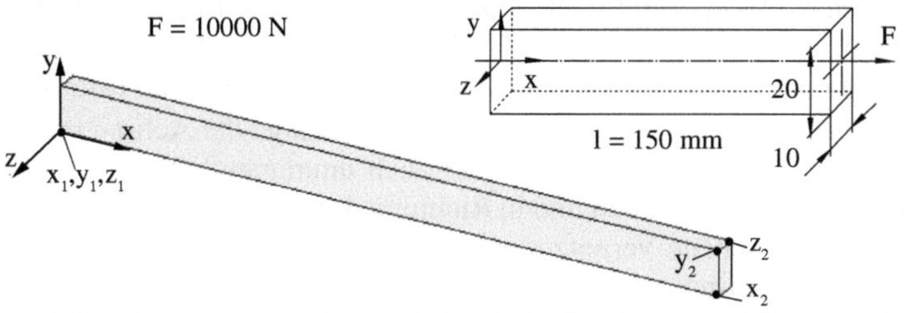 |
| Vernetzung Randbedingungen | Viertelstab: 480 Elemente, 915 Knoten<br>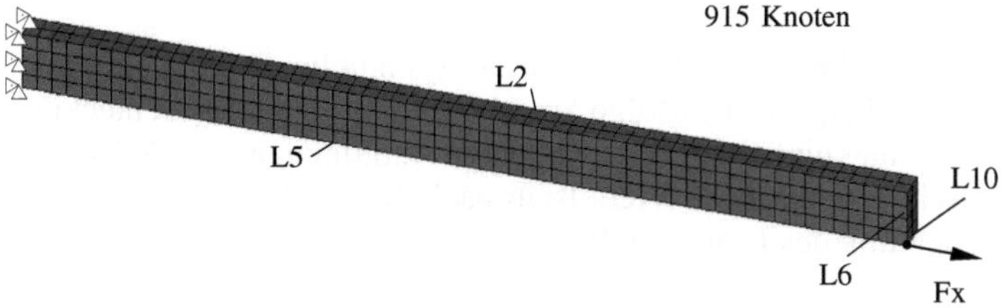 |
| Grafische Ergebnisse | Knotenverschiebungen konstant über dem gesamten Querschnitt; max. Verschiebung an der Lasteinleitung 0,0357 mm; Knotenverschiebung auf 9 Grauwerte begrenzt dargestellt;<br>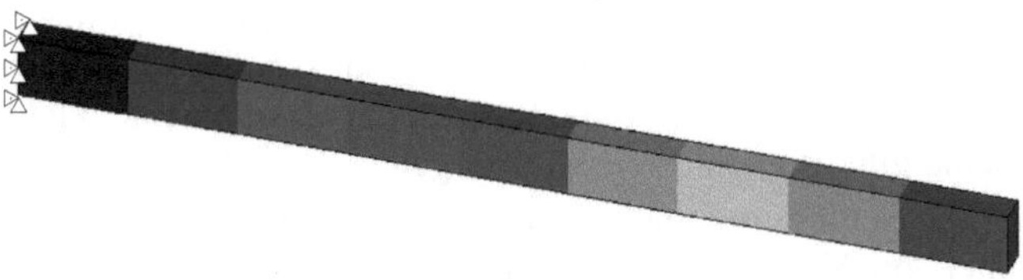<br>Spannungsverteilung über gesamten Stab gleichmäßig 50 N/mm² |

**Tafel 3/4:** Zugbelastung an einem prismatischen Stab - Rechteck-Volumenelemente bei konstantem Querschnitt mit gekoppelten Freiheitsgraden an der Lagerung und bei der Krafteinleitung

sollten nach ingenieurtechnischem Ermessen vernachlässigt oder im Modell angepasst werden.

Das Bestimmen der geometrischen Symmetrie ist die Basis bei der Modellbildung. Zum brauchbaren Modell kommt man aber erst, wenn auch die äußeren Belastungen und die Lagerstellen symmetrischen Anforderungen genügen. Liegt eine nichtsymmetrische Verteilung vor, scheitert daran meist die Anwendung.

Der Zugstab nach Tafel 3/4 erfüllt durch das erkennbar einfache Profil und durch die axial auf die Gesamtquerschnittsfläche angreifende Kraft alle Bedingungen hinsichtlich der Nutzung von Symmetrieeigenschaften. Es wird auf einige Besonderheiten bei der Modellbildung verwiesen. Da nur ein Viertelstab modelliert werden soll, muss auch die äußere Kraft mit F/4 angenommen werden. Weiterhin ist die

Lage der Symmetrieachse bei der geometrischen Gestaltung zu beachten, im Modell „Zug4“ durch die Koordinaten des Rechteckblocks gewährleistet. Das Teilmodell ist zur Achse so zu positionieren, dass das Generieren der Symmetrien den gegebenen Vollkörper abbildet. Übernimmt man das Modell von einem CAD-Programm, muss entweder diese Forderung bereits im CAD-Modell berücksichtigt werden oder es müssen anschließend im FE-Programm die Korrekturen erfolgen.

Eine wichtige Vorgabe wird auch durch die Lage der Achsen im Modell gegeben. Es ist empfehlenswert und mitunter auch unumgänglich, den Profilquerschnitt in der x-y-Ebene abzubilden und in Richtung der z-Achse die Länge des Profils festzulegen. Verschiedene Vernetzungstechniken erfordern als Basis die x-y-Ebene. Neben dem Koordinatensystem für die Beschreibung der Modellgeometrie existieren auch noch Koordinatensysteme für die Knoten und Elemente. Diese liegen standardgemäß deckungsgleich mit den Geometriekoordinaten, so dass mit deren Wahl die Vernetzungsmöglichkeiten beeinflusst werden.

Im Modell nach Tafel 3/4 wurde der Empfehlung nicht gefolgt, wie in der Geometriedarstellung der Bildfolge zu erkennen ist. Für den rechteckigen Stab sind aufgrund seiner einfachen Form beliebige Anordnungen der Achsen möglich. Der prismatische Rundstab als Viertelstab nach Tafel 3/5 dagegen erfordert unbedingt die Ausrichtung des Profils in die x-y-Ebene.

*Prismatischer Rundstab aus Volumenelementen:*

Mit Volumenelementen besteht auch die Möglichkeit, einen Rundstab geometrisch zu modellieren. Aufgrund der Symmetriebedingungen ist ein Halb- oder Viertelstab ausreichend. Die Vernetzung ist bei prismatischen Körpern einfach möglich, erfordert aber die Einhaltung von Modellierungsregeln, wenn Rechteck-Volumenelemente generiert werden sollen. Für prismaförmige Dreieckelemente oder Tetraeder-Volumenelemente gibt es kaum Einschränkungen.

Das Vernetzen eines prismatischen Rundstabes mit Rechteck-Volumenelementen muss immer vom Viertelstab ausgehen. Dieser Querschnitt verfügt über die notwendige 3-Linien-Begrenzung, die neben der 4-Linien-Begrenzung Voraussetzung für eine Rechteckvernetzung ist. Anschließend kann durch symmetrisches Kopieren der Halbstab und in einem weiteren Schritt der Vollstab mit Rechteck-Volumenelementen erstellt werden. Außerdem muss die x-y-Ebene des Koordinatensystems im Profilschnitt liegen.

Ausgehend vom geometrischen Halb- oder Vollstab gelingt es nicht, eine Vernetzung mit Rechteck-Volumenelementen zu erreichen.

Zu beachten ist bei einigen FE-Systemen die Technik der Symmetriebildung. Beim symmetrischen Kopieren werden alle Inhalte des Ausgangsmodells verdoppelt. Das hat zur Folge, dass in der Symmetrieebene alle Keypoints, Linien, Flächen, Knoten und Elemente übereinanderliegend doppelt vorhanden sind. In diesem Bereich existieren somit 2 numerische Zuordnungen. Dieser Zustand ist unbedingt zu beseitigen. Die übereinanderliegenden Punkte müssen zu Einzelpunkten verschmolzen werden. Dieses als Regenerieren der Nummerierung bezeichnete Verfahren führt wieder zu einer sauberen Datenbasis des Modells, allerdings mit Änderungen in den bisherigen Nummernfolgen.

Die Vernetzungstechnik eines prismatischen Rundstabes als Viertelstab erfordert folgenden Ablauf (Abb. 3.13.):

1. Stirnfläche des CAD-Modells Viertelstab in x-y-Ebene positionieren - wird das CAD-Modell aus dem geometrischen Grundkörper Zylinder gebildet, liegt diese Position bereits vor;

2. Der Profilschnitt ist durch 3 Linien L4, L5, L6 begrenzt und es können Rechteckelemente generiert werden (hier 4 Elemente).

3. Der Linie L 8 der Stablänge wird eine Teilung zugeordnet und darüber die Anzahl der Elemente definiert.

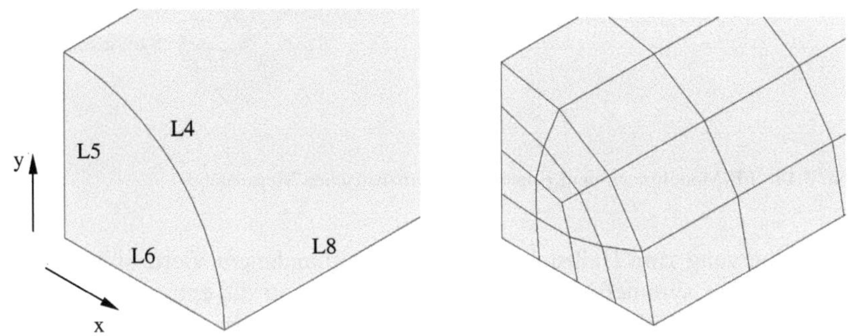


**Abb. 3.13.** CAD- und FE-Modell des prismatischen Viertelstabes mit Rechteck-Volumenelementen

Die Vernetzung mit rechteckigen Volumenelementen führt zu einer segmenthaften Struktur des Kreisquerschnitts. Das Volumen des Viertelstabes wird nur näherungsweise durch das FE-Modell abgebildet. Erhöht man die Anzahl der Elemente, wird die Abweichung kleiner. Bei der 3-Linien-Fläche sind nur geradzahlige Teilungen an den Linien möglich. Es müssen außerdem immer alle 3 Linien mit derselben Anzahl von Elementen versehen werden, d. h. die Linien L4, L5, L6 können z. B. mit 2 oder 4 oder 6 oder weiteren Geradzahligen belegt werden.

Die Entscheidung über die gewählte Einstellung führt für den Anwender zu dem Kompromiss zwischen Genauigkeit der Wiedergabe des CAD-Modells und der Größe der Gesamtdatenbasis. Die Rechnung ergibt sich aus Elementeanzahl des Profilquerschnitts mal Anzahl der Elemente entlang der Stabachse.

In Tafel 3/5 werden für die Linien des Profilquerschnitts des Viertelstabes 4 Elemente und in einer zweiten Rechnung 6 Elemente zugrundegelegt. Bei einer Zuordnung von 60 Elementen auf die Stablänge ergeben sich damit 720 Elemente und in der zweiten Variante 1620 Elemente, also eine Vergrößerung der Datenbasis um mehr als das Doppelte. In vielen Anwendungsfällen kann der Viertelstab wegen der Anforderungen an die Symmetrie nicht zugrundegelegt werden. Geht man dann zum Halbstab über, entstehen sehr schnell große Datenmengen.

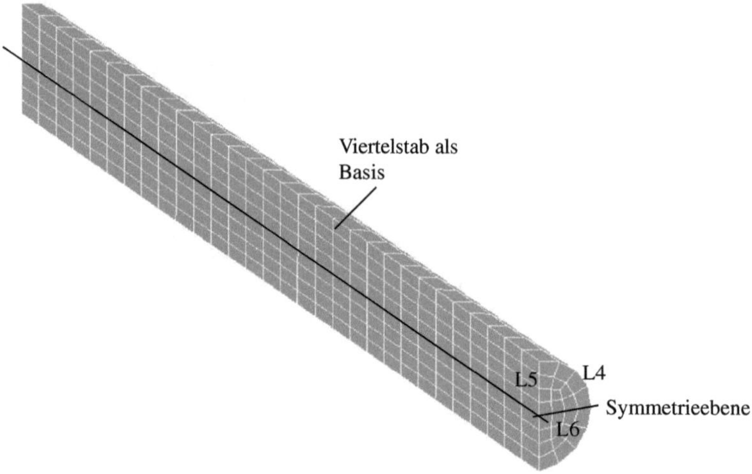


**Abb. 3.14.** FE-Modell nach dem Kopieren des prismatischen Viertelstabes

Der Übergang zum Halbstab erfordert bei vorhandenem Viertelstab nur die Anwendung eines symmetrischen Kopierens bezogen auf die entsprechende Symmetrieebene (Abb. 3.14.). Vorstellbar ist damit auch, dass in einem nächsten Schritt unter Nutzung einer anderen Symmetrieebene der Vollstab generiert werden kann. Der Vollstab wird unumgänglich, wenn die Lagerung oder die äußeren Lasten keine Symmetriebildung zulassen. Der Halbstab hat den Vorteil, dass man das Innere des Stabes direkt erkennt.

Die Symmetrieeigenschaften können verschieden genutzt werden. Beim spiegelbildlichen Kopieren einer kompletten Datenmenge aus Keypoints, Linien, Flächen, Volumina wird damit ein symmetrisches geometrisches Modell erzeugt. Eine andere Form ist die Übertragung von Freiheitsgraden in den Rechenablauf, d. h. die Anbringung von symmetrischen Lasten und Bindungen als Symmetrierandbedingungen. Diese Symmetrieeigenschaften werden an Knoten verwendet. In der Festigkeitsberechnung beispielsweise bedeutet eine Symmetrierandbedingung, dass Verschiebungen normal zur Symmetrieebene zu Null gesetzt werden müssen.

Zu beachten ist bei den Modellbildungen, dass alle Symmetrieebenen, die mit Kopieren verknüpft sind, mit Daten doppelt belegt sind. Ein Regenerieren ist unerlässlich zur Eliminierung dieser Doppelbelegung.

Die Ergebnisse für den zylindrischen Viertelstab werden erkennbar beeinflusst durch die verwendete Elementezahl des Profilquerschnittes. Ursache ist die mehr oder weniger große Annäherung an die Kreisfläche bei Verwendung von Rechteckelementen.

Belegt man die Begrenzungslinien des Querschnittes mit 4 Elementen (Abb. 3.13. - gesamt 720 Elemente), wird eine maximale Zugspannung $\sigma_z = 51$ N/mm$^2$ bei einer Längenänderung von $\Delta l = 0{,}0365$ mm errechnet. Werden dagegen 6 Elemente auf die Begrenzungslinien gelegt (gesamt 1620 Elemente), erhält man eine maximale

| **FE-A5 Zug** | Allgemeine Befehlsfolge |
|---|---|
| Name | Speicherung der FE-Rechnung unter FILE-Name "Zug5" |
| Elemente | 3-dimensionales Volumenelement (8 Knoten) |
| Werkstoffe | Stahl: $E_{St}$= 210 kN/mm² ν = 0,3 |
| Geometrie | CAD-Modell aus geometrischen Grundkörper "Zylinder" als Viertelzylinder erstellen - Nummern für Keypoints und Linien werden vom FE-System automatisch vergeben;<br>Daten des Viertelzylinders: Radius R = 8 mm; Länge l = 150 mm; Viertelbogen φ= 90 °; |
| Vernetzung | Elementeanzahl (Rechteckelemente) definieren:<br>a) Modell A - 60 an L8; **4** an L4, L5, L6; es werden 720 Elemente mit 1159 Knoten generiert;<br>b) Modell B - 60 an L8; **6** an L4, L5, L6; es werden 1620 Elemente mit 2257 Knoten generiert; |
| Randbedingungen | Lagerung: selektiert über kartesisches Koordinatensystem (z=0); Koppelgruppe "Lager" bilden; Masterknoten festlegen, Ux=0, Uy=0 gesetzt;<br>Belastung in kN: selektiert über kartesisches Koordinatensystem (z=150); Koppelgruppe "Kraft" bilden; Masterknoten festlegen, Fz=2,5 gesetzt;<br>Symmetrien: selektiert über kartesisches Koordinatensystem (y=0); Symmetrie zur y-Achse anwenden;<br>selektiert über kartesisches Koordinatensystem (x=0); Symmetrie zur x-Achse anwenden; |
| Berechnung und Ergebnisse | Ansatz: statisch, linear,<br>Charakteristische Größe: Verschiebung der Knoten,<br>a) Modell A - Verschiebung am Masterknoten $Ux_{max}$= 0,0365 mm; Zugspannungen gesamter Stab $\sigma_z$= 51 N/mm²;<br>b) Modell B - Verschiebung am Masterknoten $Ux_{max}$= 0,0359 mm; Zugspannungen gesamter Stab $\sigma_z$= 50,3 N/mm²; |

*x* , *y* , *z* Koordinaten im globalen kartesischen Koordinatensystem,
*Ux* , *Uy* , *Uz* , *ROTx* , *ROTy* , *ROTz* Verschiebungen und Verdrehungen,
*K* Keypoint (Geometriepunkt im CAD-Modell), *L* Line (Linie im CAD-Modell),
*N* Node (Knoten im FE-Modell), *E* Element (Element im FE-Modell),
*FE-A* Finite Elemente Anwendungsbeispiel,

Fortsetzung nächste Seite

| **FE-A5 Zug** | Bildfolge |
|---|---|
| Geometrie | 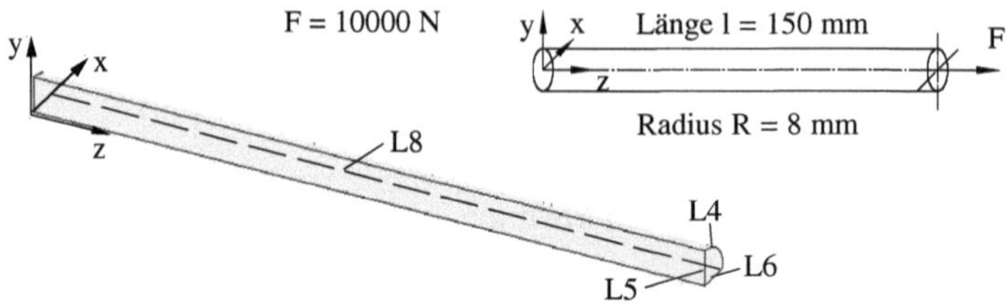 |
| Vernetzung Randbedin-gungen | Modell A: 4 Elemente an L4, L5, L6<br>Modell B: 6 Elemente an L4, L5, L6<br>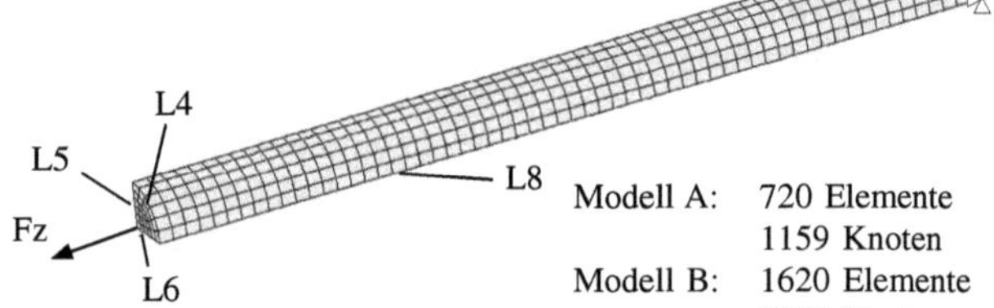<br>Modell A: 720 Elemente, 1159 Knoten<br>Modell B: 1620 Elemente, 2257 Knoten |
| Grafische Ergebnisse | Knotenverschiebungen auf 9 Grauwerte begrenzt dargestellt; max. Verschiebung an der Lasteinleitung<br>Modell A: 0,0365 mm; Modell B: 0,0359 mm;<br>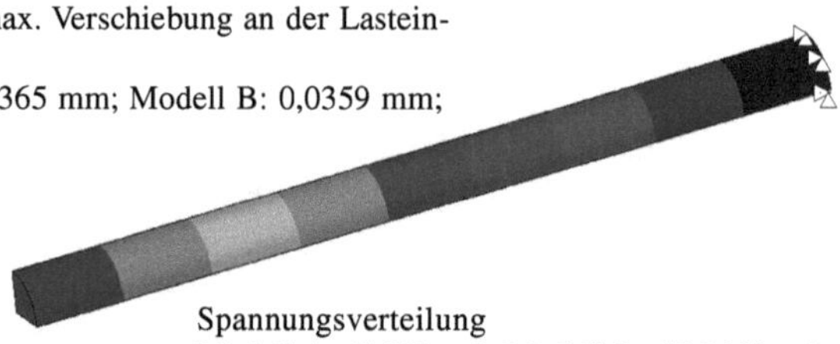<br>Spannungsverteilung<br>Modell A: 51 N/mm²; Modell B: 50,3 N/mm²; |

**Tafel 3/5:** Zugbelastung an einem prismatischen Rundstab (Viertelstab) - Rechteck-Volumenelemente bei konstantem Querschnitt mit gekoppelten Freiheitsgraden an der Lagerung und bei der Krafteinleitung

Zugspannung $\sigma_z = 50{,}3\ \text{N/mm}^2$ bei einer Längenänderung von $\Delta l = 0{,}0359$ mm und kommt den Ergebnissen der klassischen Handrechnung näher (nach 3.1.2 $\sigma_z = 49{,}75\ \text{N/mm}^2$, $\Delta l = 0{,}0355$ mm).

Die Differenz in den Ergebnissen erklärt sich aus der Abweichung zwischen realem Bauteil und dem FE-Modell. Beim realen Bauteil liegt für die klassische Berechnung das Nennmaß d = 16 mm für die Querschnittsfläche zugrunde, beim FE-Modell wird vernetzungsbedingt der Kreisquerschnitt nicht vollständig ausgefüllt und damit eine etwas kleinere Querschnittsfläche benutzt. Die Spannungen werden bei der FE-Berechnung größer errechnet, die Dehnungen kleiner. Es ist anschaulich zu erkennen, wie mit zunehmender Elementeanzahl (Tafel 3/5: Modell A , Modell B) die Genauigkeit des FE-Modells verbessert werden kann.

## 3.3 Modell Flachstab mit Querschnittsänderung

Bei der Berechnung von Zugbeanspruchungen an prismatischen Stäben mit Querschnittsänderungen sind veränderte Bedingungen bei der FE-Modellierung zu berücksichtigen. Durch die plötzliche, starke Querschnittsänderung (z. B. umlaufende Kerbe, Bohrung) wird die gleichmäßige Spannungsverteilung erheblich gestört. In der Umgebung der Kerben treten mehrachsige Spannungszustände auf, auch wenn eine einachsige Belastung von außen vorliegt.

Am Kerbrand treten Spannungsspitzen auf, die die nach der elementaren Theorie errechneten Nennspannungen $\sigma_n$ = F/A beträchtlich übersteigen. Durch Einführen einer Formzahl $\alpha_k$ werden die Spannungsspitzen erfasst. Gehorcht das Material dem HOOKEschen Gesetz, so ist $\alpha_k$ unabhängig vom Werkstoff, anderenfalls ist $\alpha_k$ auch eine Funktion des Werkstoffes. Bei statischer Belastung und einem Material mit ausgeprägtem Fließbereich (duktiler Werkstoff) tritt eine Spannungsumlagerung ein. Weniger beanspruchte Nachbereiche bauen die Spannungsspitzen ab.

Diese Problematik ist für eine FE-Modellierung anspruchsvoll und wird an dieser Stelle nur näherungsweise berücksichtigt.

### 3.3.1 Flachstab mit Rille

#### I. Anwendung von Balkenelementen

Das Modell für die Berechnung des prismatischen Zugstabes nach Tafel 3/1 wurde vollkommen ausreichend mit einem Element ausgeführt, denn es lag ein konstanter Querschnitt und die Kraftrichtung in Stabachse vor. Die Anordnung mehrerer Elemente würde bei der vorliegenden Beanspruchungsform zu keiner neuen Aussage führen.

Von Bedeutung wird die Maßnahme erst, wenn mit dem Balkenansatz der prismatische Stab mit veränderlichem Querschnitt erfasst werden soll. Zerlegt man den Stab an der Querschnittsänderung in mehrere Elemente und ordnet den Elementen

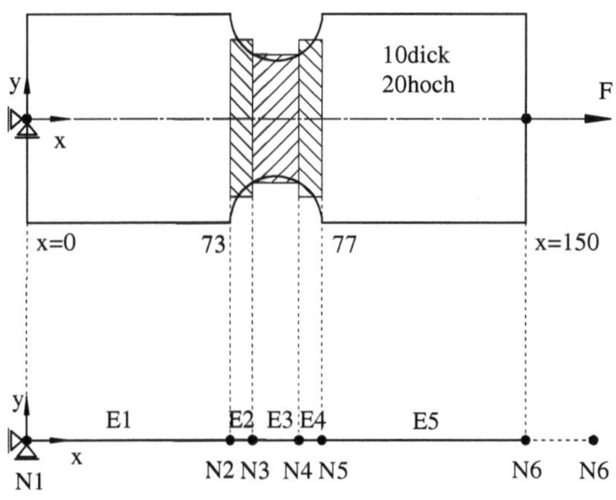


**3.15.** Modellbildung mit Balkenelementen bei Querschnittsänderungen

die gemittelten Querschnitte zu, erhält man den näherungsweisen Verformungswert und den Spannungsverlauf über den gemittelten Querschnitt. Eine Erhöhung der Anzahl der Elemente in diesem Bereich verbessert die Ergebnisse.

Für das Beispiel nach Abb. 3.15. wurde die Rille mit R = 2 mm in 3 Abschnitte zerlegt. Dargestellt ist ein prismatischer Rechteckstab, an dem Zugspannungen für die unterschiedlichen Querschnittsflächen ermittelt werden (Tafel 3/6).

Für den FE-Ansatz ist es interessant, wie das Modell praktisch ausgeführt wird. Nach der Zerlegung der Rille in Flächenscheiben liegen die Längen konstanter Querschnitte vor.

Element E1 mit den Knoten N1 und N2: Länge von x = 0 bis x = 73 mm ,
Querschnitt A = 200 mm$^2$ .

Element E2 mit den Knoten N2 und N3: Länge von x = 73 bis x = 74,05 mm,
Querschnitt A = 178 mm$^2$ .

Weitere Werte und die Ergebnisse der klassischen Zugspannungsberechnung nach Gl. 3.1 lauten:

| | A/mm$^2$ | $I_z$/mm$^4$ | h/mm | $\sigma_z$/N/mm$^2$ |
|---|---|---|---|---|
| E1 | 200 | 6667 | 20,0 | 50,0 |
| E2 | 178 | 4700 | 17,8 | 56,2 |
| E3 | 164 | 3676 | 16,4 | 61,0 |
| E4 | 178 | 4700 | 17,8 | 56,2 |
| E5 | 200 | 6667 | 20,0 | 50,0 |

Für die klassische Berechnung der Zugspannungen sind die Querschnittsflächen A maßgebend. Die einzelnen Längenanteile aus den Elementelängen werden für die Ermittlung der Längenänderung benötigt.

Das Trägheitsmoment $I_z$ und die Höhe h dienen nur der vollständigen Beschreibung der Elemente und ermöglichen bei entsprechender Einstellung des Grafikteils des FE-Programmes eine symbolische Darstellung des Modells (Abb. 3.16.). In der Abbildung wird die Geometrie eines zylindrischen Körpers vorgetäuscht, die mit Balkenelementen aber nicht darstellbar ist. Die gewählten Flächen könnten genauso gut für Kreisflächen stehen und eine Ringnut gedanklich simulieren. Man sieht hierbei die Grenzen des Einsatzes einfacher Balkenelemente für Körper.

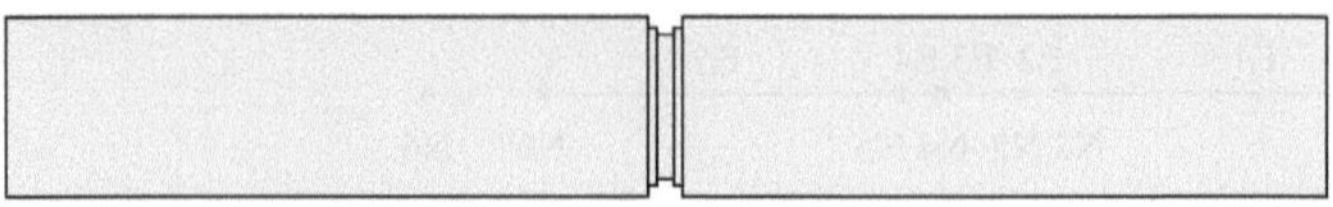

**3.16.** Symbolische Bildschirmdarstellung von Balkenelementen bei veränderlichen Querschnitten

Die Modellbildung erfordert nur geringen Aufwand. Das Zerlegen der Rille in rechteckige Teilabschnitte ist subjektiv vom Anwender beeinflusst. Man erkennt, dass der Verfeinerung des Radius schnell Grenzen gesetzt sind. Wichtiger erscheint aber die Feststellung, dass die Balkenelemente keine mehrachsigen Spannungszustände wiedergeben können und damit den Zustand an der Rille nicht erfassen. Ein Spannungsverlauf ist nur in Richtung der Zugstabachse möglich, quer dazu gibt es keine Aussage. Die grafischen Ergebnisse in Tafel 3/6 zeigen deshalb auch nur den klassischen Zugspannungsverlauf.

Für Untersuchungen an Kerben sind Balkenelemente ungeeignet.

| **FE-A6 Zug** | Allgemeine Befehlsfolge |
|---|---|
| Name | Speicherung der FE-Rechnung unter FILE-Name "Zug6" |
| Elemente | 1-dimensionales Balkenelement - notwendige Eingaben<br>Querschnittsfläche in mm²: $A_1 = A_5 = 200$; $A_2 = A_4 = 178$; $A_3 = 164$<br>Flächenträgheitsmoment in mm⁴: $I_1 = I_5 = 6667$; $I_2 = I_4 = 4700$;<br>$I_3 = 3676$;<br>Höhe des Balkens in mm: $h_1 = h_5 = 20$; $h_2 = h_4 = 17{,}8$; $h_3 = 16{,}4$; |
| Werkstoffe | Stahl: $E_{St} = 210$ kN/mm² $\nu = 0{,}3$ |
| Geometrie | Direkte Generierung Knoten und Elemente -<br>Knoten (x;y;z) in mm: N1(0;0;0), N2(73;0;0), N3(74,05;0;0), N4(75,95;0;0), N5(77;0;0), N6(150;0;0),<br>Elemente bilden: E1(N1,N2), E2(N2,N3), E3(N3,N4), E4(N4,N5), E5(N5,N6), |
| Vernetzung | entfällt bei direkter Generierung |
| Randbedingungen | Lagerung: N1 (Ux=0, Uy=0)<br>Belastung in kN: N6 (Fx=10) |
| Berechnung und Ergebnisse | Ansatz: statisch, linear,<br>Charakteristische Größe: Verschiebung der Knoten,<br>Verschiebungen in mm: $Ux_1=0$; $Ux_2=0{,}0174$; $Ux_3=0{,}177$; $Ux_4=0{,}0182$; $Ux_5=0{,}0185$; $Ux_6=0{,}0359$;<br>Zugspannungen in N/mm²: E1=E5=50; E2=E4=56,2; E3=61; |
| *x , y , z* Koordinaten im globalen kartesischen Koordinatensystem,<br>*Ux , Uy , Uz , ROTx , ROTy , ROTz* Verschiebungen und Verdrehungen,<br>*K* Keypoint (Geometriepunkt im CAD-Modell), *L* Line (Linie im CAD-Modell),<br>*N* Node (Knoten im FE-Modell), *E* Element (Element im FE-Modell),<br>*FE-A* Finite Elemente Anwendungsbeispiel, | |

Fortsetzung nächste Seite

<table>
<tr><th>FE-A6<br>Zug</th><th>Bildfolge</th></tr>
<tr><td>Geometrie</td><td>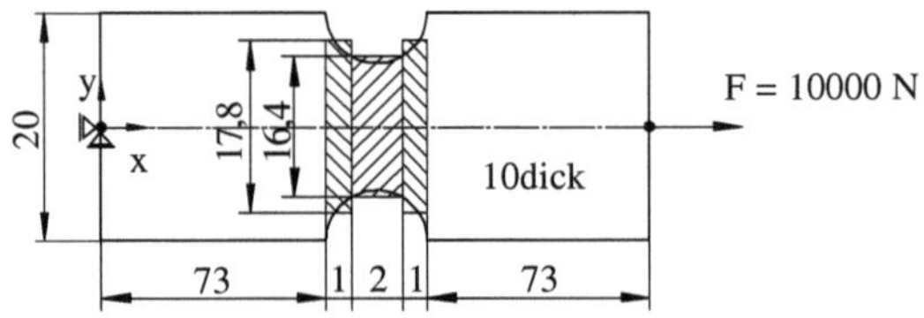
</td></tr>
<tr><td>Vernetzung<br>Randbedin-<br>gungen</td><td>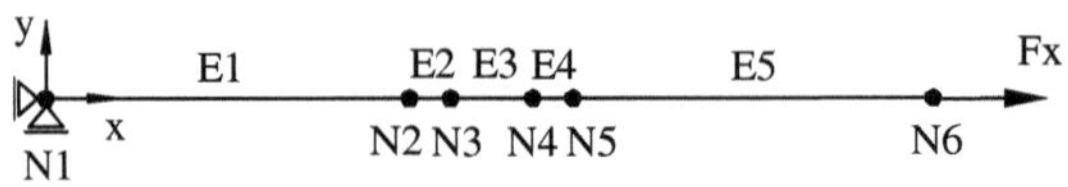
</td></tr>
<tr><td>Grafische<br>Ergebnisse</td><td>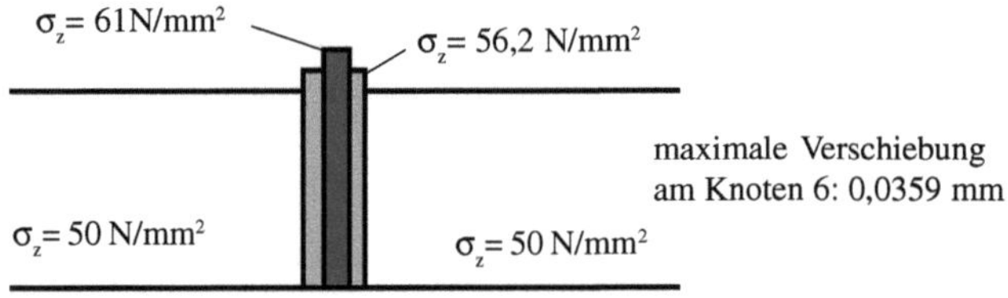
</td></tr>
</table>

**Tafel 3/6:** Zugbelastung an einem Flachstab mit Rille - Modell mit Balkenelementen

## II. Anwendung von Scheibenelementen

Mit Scheibenelementen kann eine Rille in einem prismatischen Rechteckstab wirklichkeitsnah modelliert werden. Die Gestalt des Flachstabes lässt sich in der x-y-Ebene eindeutig abbilden. Durch die Scheibenelemente ist ein ebener Spannungszustand vorgegeben, für den vorliegenden Flachstab ein vollkommen ausreichender Ansatz. Durch Variation der Vernetzung an kritischen Stellen kann die Genauigkeit des Ergebnisses gesteuert werden.

Der prismatische Rechteckstab mit einer Doppelrille ermöglicht die Nutzung von Symmetriebedingungen (Abb. 3.17.). Die verwendete Symmetrieebene ist die einzige Ebene, denn die z-Koordinate wird beim Scheibenelement von der Dickenangabe beschrieben.

Programmtechnisch ist das Bilden der Symmetrie vorzunehmen über

1. *Selektieren:* alle Knoten bei y = 0,
2. *Symmetrie bilden:* alle Knoten zur y-Achse, das Programm berechnet den Vollkörper für das Modell des Halbkörpers,
3. *Randbedingungen:* als äußere Kraft ist F/2 anzugeben, Lagerreaktionskräfte sind damit auch auf den Halbkörper bezogen.

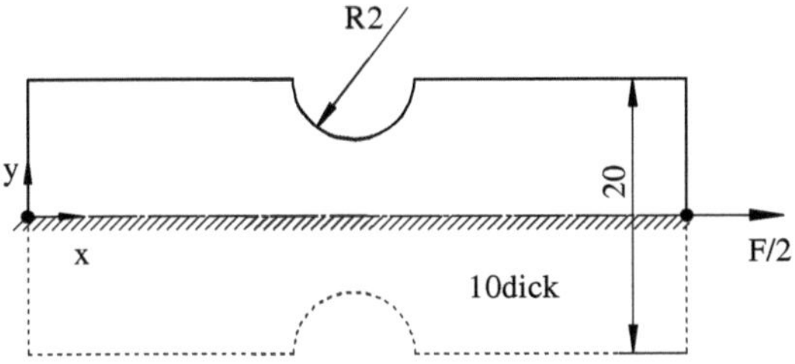


**Abb. 3.17.** Symmetriebedingungen am prismatischen Rechteckstab mit Doppelrille

Die Vernetzung wird durch die Rille unterschiedlich erschwert. Mit Dreieckelementen mit und ohne Mittelknoten erreicht man mit vernünftigem Aufwand eine konturennahe Vernetzung. Den Liniennummern der CAD-Geometrie wird die gewünschte Anzahl von Elementen zugeordnet. Der Netzgenerator des FE-Programms vernetzt dann automatisch. Diese Vorgehensweise ist einfach und mit etwas Probieren entstehen gleichmäßige und ausgeglichene Netze.

Allerdings ist die Anzahl der Elemente höher als bei Rechteckvernetzung. Bei ebenen Problemen kann das noch ertragen werden, aber bei 3-D-Körpern entsteht schnell eine Flut von Knoten und Elementen, die sich schlecht handhaben lassen. Auf die Speichermengen und Rechenzeiten wirkt sich das zwar erst bei sehr großen Modellen aus, aber die Ergebniskontrolle bei unterschiedlichen Vernetzungen wird schon frühzeitig unübersichtlich.

Es sollte deshalb vorzugsweise die vorteilhaftere Vernetzung mit Rechteckelementen angewendet werden. Diese erfordert allerdings mehr Aufwand verbunden mit einer planvollen Vorgehensweise.

Für das Modell nach Abb. 3.17. wird die Stelle der Rille mit Rechteckelementen vernetzt. Dabei ist der folgende Ablauf empfehlenswert (Abb. 3.18.):

1. Der Halbkreis ist in 45°-Segmente zu teilen. Die Einteilung des Halbkreises kann auf verschiedenen Wegen erfolgen. Im Beispiel nach Tafel 3/7 werden die beiden Punkte K10 und K12 (Abb. 3.19.) nach ihren klassisch errechneten Koordinaten gesetzt und anschließend 4 Teilbogen um den Drehpunkt K20 gezogen.

2. Die Segmente entstehen aus der Verbindung der Eckpunkte. Der Drehpunkt K20 ist ein Eckpunkt des vorzugsweise anzuwendenden Quadrates für den Bereich um den Kreisbogen. Die Liniennummern werden vom System vergeben (Abb. 3.18.).

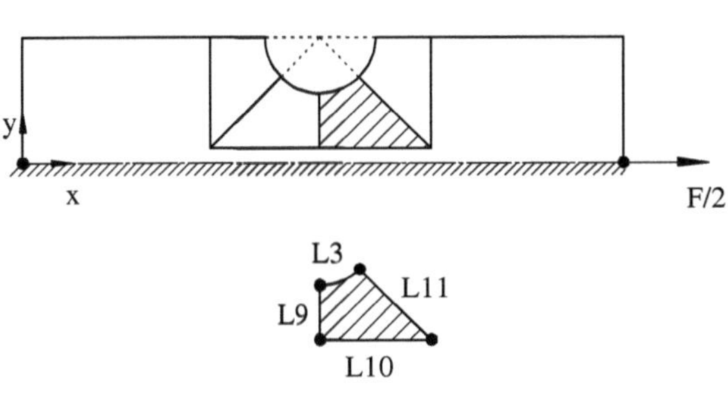


**Abb. 3.18.** Vernetzung einer Rille mit Rechteckelementen

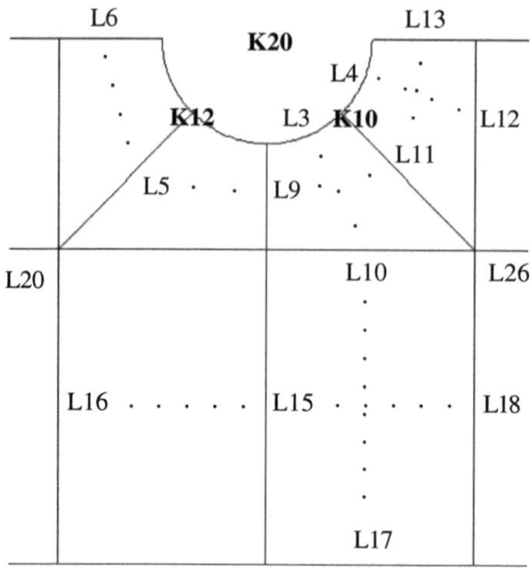


**Abb. 3.19.** Steuerung der Vernetzung bei Anwendung von Rechteckelementen

3. Die entstehenden Flächen sind durch 4 Linien begrenzt, in denen sich Rechteckelemente bilden lassen. Gegenüberliegende Linien müssen bei Rechteckelementen gleiche Elementeanzahl besitzen. Zur Steuerung der Elementeanzahl über Linien sind einige Regeln zu beachten, die für das Gesamtmodell zu bestimmten Zwangsbedingungen führen.

Die Linien L 16, L 15 und L 18 müssen die gleiche Teilung aufweisen, ebenso sind die Linien 4 und 12 mit gleicher Teilung zu versehen (Abb. 3.19.). An der Fläche, die die Linie 12 begrenzt, setzt sich die entsprechende Vorgabe fort.

Erkennbar ist auch der Ring aus L 6, L 5, L 9, L 11 und L 13 und die Verbindung aus L 3, L 10 und L 17, die gleiche Elementeanzahl aufweisen müssen. Mit der Festlegung einer der Linien wird damit bereits ein großer Teil des Modells definiert.

Diese Zwangsbedingungen haben den Vorteil, dass mit wenig Einstellungen die Vernetzung definiert werden kann. Im Beispiel nach Tafel 3/7 wurden die Linien L20 und L26 mit jeweils 30 Elementen belegt. Für alle anderen Linien galt die Vorgabe 6 Elemente. Eine Änderung der Elementezahl ist einfach zu vollziehen.

Die gleichmäßige Vernetzung um die Rille führt auch zu einem Spannungsverlauf, der nicht durch sprunghafte Übergänge an den Elementen geprägt ist, wie die grafischen Ergebnisse in Tafel 3/7 zeigen. Bei unregelmäßigen Netzen um eine kritische Stelle sind netzbedingte Fehldeutungen des Spannungsverhaltens denkbar. Der kontinuierliche Spannungsverlauf ist außerdem ein Indiz dafür, dass die Netzdichte ausreichend ist. Variantenrechnungen mit anderen Netzdichten müssen eine Bestätigung liefern.

Der Spannungsverlauf im dargestellten Gesamtstab zeigt die auf die Kerbe begrenzte Spannungserhöhung, der weiße Bereich entspricht der Nennspannung $\sigma_z$ = 50 N/mm$^2$ . In axialer Richtung klingt an der Kerbe die Spannungserhöhung nach ca. 12 mm ab.

| **FE-A7 Zug** | Allgemeine Befehlsfolge |
|---|---|
| Name | Speicherung der FE-Rechnung unter FILE-Name "Zug7" |
| Elemente | 2-dimensionales Scheibenelement (4 Knoten);<br>notwendige Eingaben - Dicke des Flachstabs in mm: b = 10 |
| Werkstoffe | Stahl: $E_{St}$= 210 kN/mm² $\nu$ = 0,3 |
| Geometrie | CAD-Modell aus Geometriepunkten, Flächen erstellen;<br>Geometriepunkte (x;y;z) in mm: K1(0;0;0), K2(71;0;0), K3(75;0;0), K4(79;0;0), K5(150;0;0), K6(150;6;0), K7(150;10;0), K8(79;10;0), K9(77;10;0), K10(76,414;8,586;0), K11(75;8;0), K12(73,586;8,586;0), K13(73;10;0), K14(71;10;0), K15(0;10;0), K16(0;6;0), K17(0;71;6), K18(75;6;0), K19(79;6;0), Drehpunkt für Radius K20(75;10;0),<br>Kreisbogen bilden: L1(K13,K12), L2(K12,K11), L3(K11,K10), L4(K10,K9),<br>Flächen bilden: A1(K17,K12,K13,K14), A2(K17,K18,K11,K12), A3(K18,K19,K10,K11), A4(K19,K8,K9,K10), ... usw. |
| Vernetzung | Elementeanzahl definieren: 30 an L20 und L26; 6 für alle anderen,<br>Vernetzen: A1 - A10 (Rechteckelemente) |
| Randbedingungen | Lagerung: selektiert über kartesisches Koordinatensystem (x=0); Koppelgruppe "Lager" bilden; Masterknoten festlegen, Ux=0, Uy=0 gesetzt;<br>Belastung in kN: selektiert über kartesisches Koordinatensystem (x=150); Koppelgruppe "Kraft" bilden; Masterknoten festlegen, Fx=5 gesetzt;<br>Symmetrien: selektiert über kartesisches Koordinatensystem (y=0), Symmetrie zur y-Achse anwenden, |
| Berechnung und Ergebnisse | Ansatz: statisch, linear,<br>Charakteristische Größe: Verschiebung der Knoten,<br>Verschiebungen in mm: am Masterknoten "Kraft" $\Delta l$ = 0,0362,<br>v.-Mises-Spannung in N/mm²: maximale im Flachstab $\sigma_v$ = 146,4; |

*x , y , z* Koordinaten im globalen kartesischen Koordinatensystem,
*Ux , Uy , Uz , ROTx , ROTy , ROTz* Verschiebungen und Verdrehungen,
*K* Keypoint (Geometriepunkt im CAD-Modell), *L* Line (Linie im CAD-Modell),
*N* Node (Knoten im FE-Modell), *E* Element (Element im FE-Modell),
*FE-A* Finite Elemente Anwendungsbeispiel,

Fortsetzung nächste Seite

| **FE-A7 Zug** | Bildfolge |
|---|---|
| Geometrie | 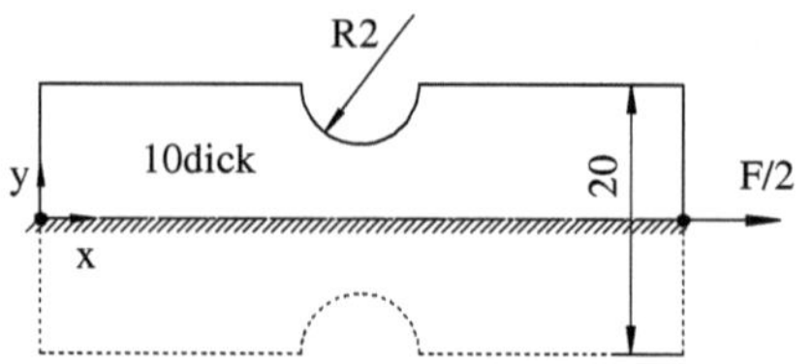<br>F = 10000 N<br>Länge l = 150 mm |
| Vernetzung Randbedingungen | 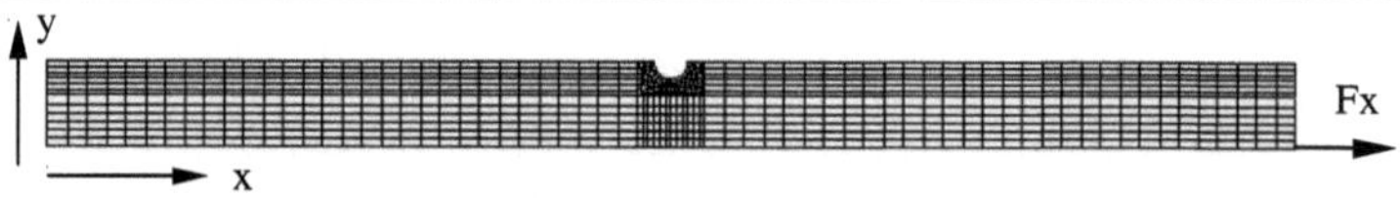<br>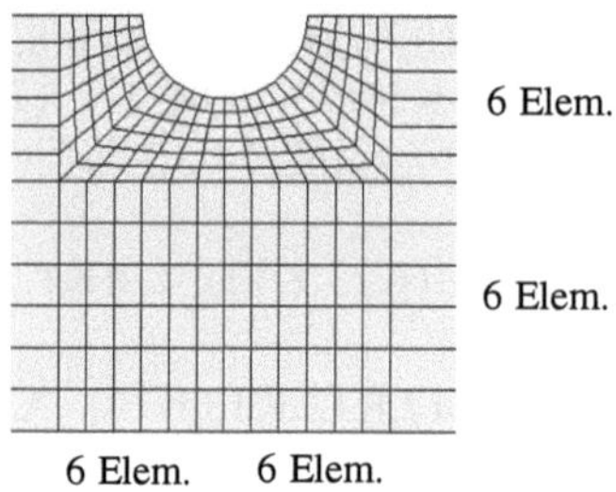<br>Netzdichte: 24 Elemente im Kreisbogen der Rille |
| Grafische Ergebnisse | 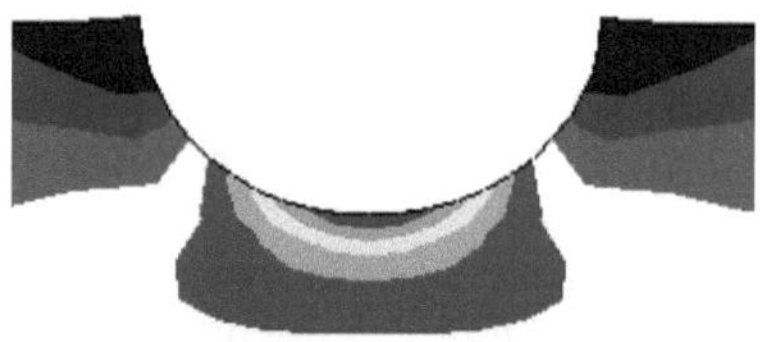<br>v.-Mises-Spannungen, max. Wert im Fuß der Rille<br>$\sigma_v$ = 146,4 N/mm²<br>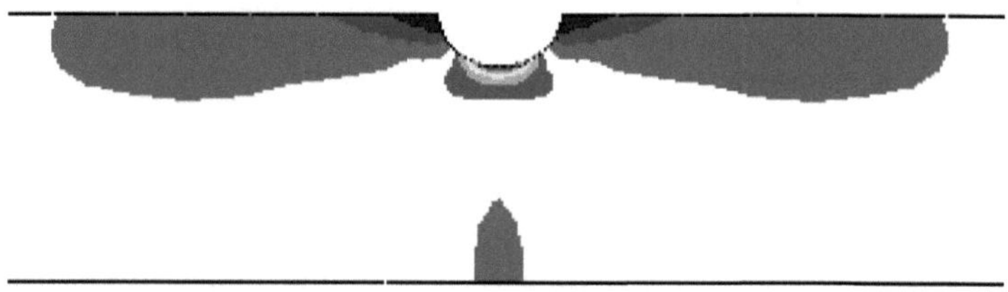<br>Spannungsverhalten über dem Gesamtquerschnitt:<br>Abklingen der Störungen durch die Kerbe nach ca. 12 mm,<br>weißer Bereich mit Nennspannung $\sigma_n$ = 50 N/mm²,<br>maximale Längenänderung $\Delta l$ = 0,0362 mm. |

**Tafel 3/7:** Zugbelastung an einem Flachstab mit Rille - Modell mit Scheibenelementen

Am Fuß der Rille, d. h. im Kerbgrund, werden nach der FE-Berechnung die maximalen Werte mit $\sigma_{max} = \sigma_v = 146{,}4\ N/mm^2$ (v.-Mises-Spannung) ausgegeben. Der Querschnitt an dieser Stelle beträgt $A_K = (20 - 4) \cdot 10\ mm^2$. Mit der Zugkraft F = 10 kN wird nach klassischer Rechnung (Gl. 3.2) eine Nennspannung $\sigma_n = 62{,}5\ N/mm^2$ errechnet.

Nach der elementaren Theorie werden die Spannungsspitzen am Kerbrand durch eine Formzahl $\alpha_k$ berücksichtigt. Die Werte für die Formzahlen sind Näherungswerte, genaue Werte können nur experimentell für den individuellen Einzelfall ermittelt werden. Nachfolgend wird die FE-Berechnung zur Ermittlung der Formzahl benutzt. Nach Gl. 3.3 kommt man zur maximalen Spannung in der Kerbe. Die aus der FE-Rechnung ermittelte maximale Spannung und die klassisch errechnete Nennspannung n. Gl. 3.2 ergeben ein $\alpha_k = \sigma_{max}/\sigma_n = 2{,}34$, was etwa den Kennzahlen der einschlägigen Literatur entspricht. Das FE-Modell erfasst die Bedingungen in der Kerbe sehr wirklichkeitsnah.

### 3.3.2 Flachstab mit Bohrung

Es liegt ein prismatischer Rechteckstab der Länge 150 mm, der Höhe 20 mm und der Dicke 10 mm vor. Die Querbohrung hat 6,4 mm Durchmesser (Abb. 3.20.).

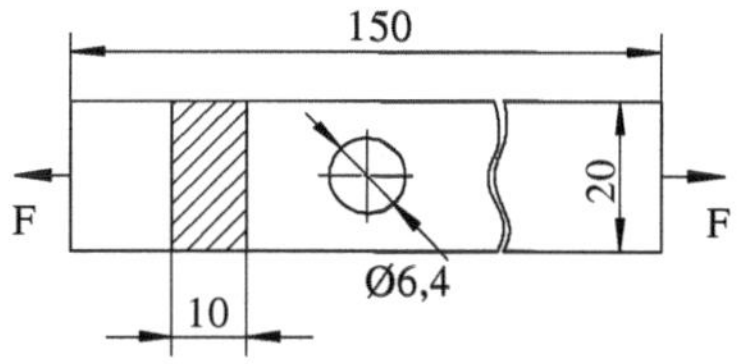


**Abb. 3.20.** Prismatischer Rechteckstab mit Bohrung

Durch die Bohrung wird es zu Spannungsspitzen bei der Zugbelastung kommen. Diese sind mit den Mitteln der Restquerschnittsberechnung nur ungenügend zu erfassen, da die unterschiedlichen Steifigkeiten im betroffenen Querschnitt nicht berücksichtigt werden können.

Für die Vernetzung mit Rechteck-Scheibenelementen wäre die Technik des Bildens eines Quadrates um die Bohrung ebenso geeignet wie im vorhergehenden Beispiel gezeigt. Es soll aber andere Vernetzungstechniken benutzt werden, die möglicherweise in diesem Fall nicht günstiger sind, aber für andere Anwendungen Bedeutung haben können.

a) Vernetzung mit Rechteckelementen für beliebige Flächenumrandung.

Bei dieser Vernetzungsart wird das CAD-Modell durch jeweils 4 Linien des Rechteckstabes und der Bohrung bestimmt (Tafel 3/8). Es existiert damit nur eine zusammenhängende Fläche mit 8 Begrenzungslinien. Wenn allen Linien eine Elementeanzahl zugeordnet wird, kann der automatische Netzgenerator je nach Steuerungswerten Rechteckelemente oder gemischt Rechteck- und Dreieckelemente generieren.

b) Vernetzung nur mit Dreieckelementen (Tafel 3/8).

Diese Vernetzungsart ermöglicht immer einen Vernetzungserfolg. Es muss allen Linien eine Elementeanzahl zugeordnet werden. Zum Erreichen gleichmäßiger Netze ist Probieren unumgänglich.

c) Vernetzung mit Rechteckelementen für Teilflächen (Tafel 3/9).

Bei dieser Vernetzungsart liegt der Gedanke zugrunde, nur eine Teilfläche des CAD-Modells zu vernetzen. Beispielsweise wird beim Flachstab nach Abb. 3.20. die zu vernetzende Fläche geviertelt und in diesem Teilstück die Vernetzung ausgeführt. Der Vorteil ist, dass wenig Elemente und Knoten zu steuern sind und so ein bequemes Arbeiten möglich wird. Das Vernetzungsergebnis wird anschließend um die y- und x-Achse gespiegelt. Die Symmetriebedingungen werden hierbei nur zur einfacheren Vernetzung und nicht zum eigentlichen Berechnungsgang genutzt.

In Tafel 3/8 ist die FE-Berechnung für die Vernetzungsarten a) und b) dargestellt. Der wesentliche Unterschied liegt beim verwendeten Element. Während bei a) ein Scheibenelement mit 4 Knoten (Rechteckelement) verwendet wird, liegt bei b) ein Scheibenelement (Dreieckelement mit Mittenknoten) mit 6 Knoten vor (Abb. 3.21.). Das Rechteckelement verfügt zwar über die Fähigkeit, durch Knotenverschiebung einen Doppelknoten und damit ein Dreieckelement zu erzeugen, die Nutzung sollte aber auf das Vernetzen gemischter Netze beschränkt bleiben.

Die Modellbildung wird bei diesen Vernetzungsarten stark vereinfacht, da Grundkörper verwendet werden können. Bei der Vernetzung mit Rechteckelementen muss die Elementeanzahl für die einzelnen Linien aufeinander abgestimmt werden, um ausgeglichene Netze zu erhalten. Das Modell Zug8a erforderte deshalb auch 8 statt 6 Elemente am Kreis. Es bleibt aber schwierig, an der Bohrung eine höhere Netzverdichtung mit gleichmäßiger Verteilung zu erreichen.

Die Vernetzung mit Dreieckelementen dagegen gestaltet sich einfacher. Es wird zwar durch die automatische Vernetzung keine vollkommene Symmetrie erreicht, die Netzverdichtung an der Bohrung kann aber mit geringem Aufwand beeinflusst werden.

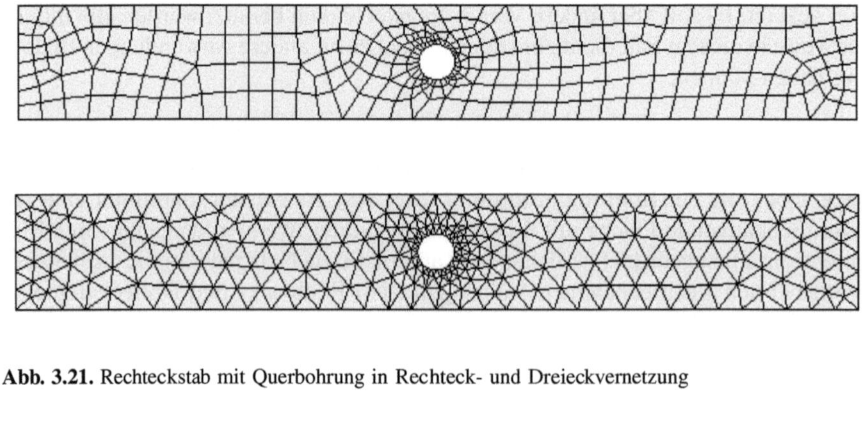

**Abb. 3.21.** Rechteckstab mit Querbohrung in Rechteck- und Dreieckvernetzung

| **FE-A8 Zug** | Allgemeine Befehlsfolge |
|---|---|
| Name | Speicherung der FE-Rechnungen unter FILE-Name "Zug8a" und "Zug8b" |
| Elemente | Zug8a: Rechteck-Scheibenelement (4 Knoten);<br>Zug8b: Dreieck-Scheibenelement mit Mittenknoten (6 Knot.)<br>notwendige Eingaben - Dicke des Flachstabs in mm: b = 10 |
| Werkstoffe | Stahl: $E_{St}$= 210 kN/mm² $\nu$ = 0,3 |
| Geometrie | CAD-Modell aus geometrischen Grundkörper "Rechteck" und "Kreisfläche" erstellen; Nummern für Keypoints und Linien werden vom FE-System automatisch vergeben;<br>Koordinaten des Rechtecks in mm: $x_1$=0; $y_1$=0; $x_2$=150; $y_2$=20;<br>Koordinaten der Kreisfläche in mm: Arbeitsebene verschieben nach x=75; y=10; Kreisfläche mit Ø 6,4;<br>Boolesche Operation: Kreisfläche aus Rechteckfläche schneiden; |
| Vernetzung | Elementeanzahl definieren: 36 an L1 und L3; 8 (Zug8a), 6 (Zug8b) für alle anderen;<br>Vernetzen : Zug8a - A1(298 Rechteckelemente, 358 Knoten);<br>Zug8b - A1(510 Dreieckelemente, 1128 Knoten); |
| Randbedin-gungen | Lagerung: selektiert über kartesisches Koordinatensystem (x=0); Koppelgruppe "Lager" bilden; Masterknoten festlegen, Ux=0, Uy=0 gesetzt;<br>Belastung in kN: selektiert über kartesisches Koordinatensystem (x=150); Koppelgruppe "Kraft" bilden; Masterknoten festlegen, Fx=10 gesetzt; |
| Berechnung und Ergebnisse | Ansatz: statisch, linear,<br>Charakteristische Größe: Verschiebung der Knoten,<br>Verschiebungen in mm: am Masterknoten "Kraft"<br>Zug8a - $\Delta$l = 0,037; Zug8b - $\Delta$l = 0,037;<br>v.-Mises-Spannung in N/mm²: maximale im Flachstab,<br>Zug8a - $\sigma_v$ = 156,8; Zug8b - $\sigma_v$ = 157,8; |

*x , y , z* Koordinaten im globalen kartesischen Koordinatensystem,
*Ux , Uy , Uz , ROTx , ROTy , ROTz* Verschiebungen und Verdrehungen,
*K* Keypoint (Geometriepunkt im CAD-Modell), *L* Line (Linie im CAD-Modell),
*N* Node (Knoten im FE-Modell), *E* Element (Element im FE-Modell),
*FE-A* Finite Elemente Anwendungsbeispiel,

Fortsetzung nächste Seite

| **FE-A8 Zug** | Bildfolge | |
|---|---|---|
| Geometrie | 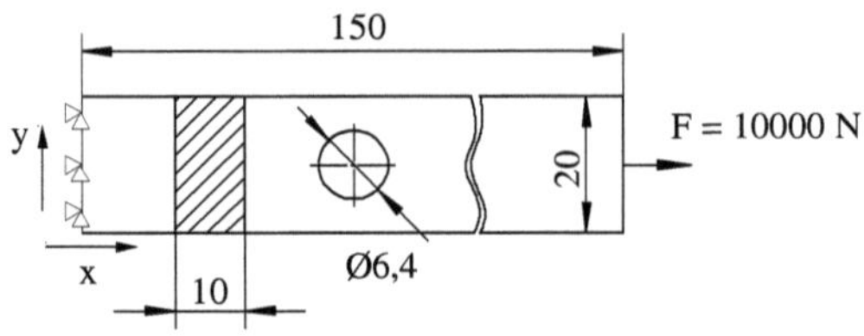 | |
| Vernetzung Randbedingungen | 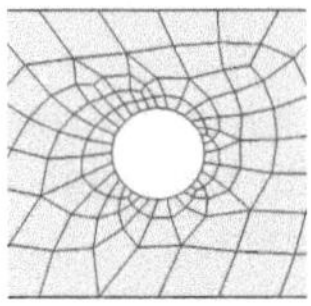 Zug 8a<br>Rechteckvernetzung mit 32 Elementen an der Bohrung - gesamt 298 Elemente, 358 Knoten | 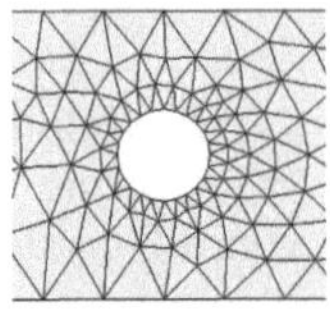 Zug 8b<br>Dreieckvernetzung mit 24 Elementen an der Bohrung - gesamt 510 Elemente, 1128 Knoten |
| Grafische Ergebnisse | Zug 8a<br>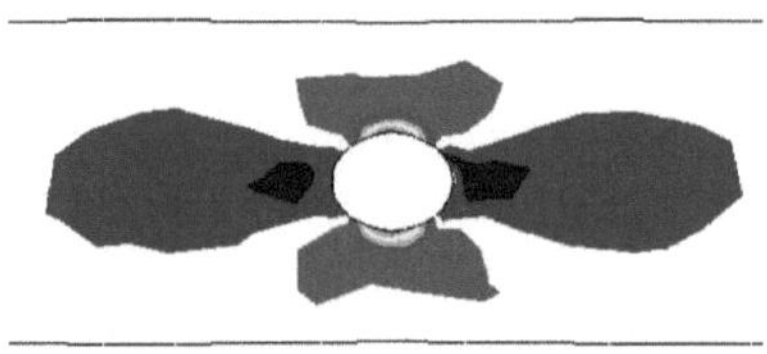<br>$\sigma_{vmax}$ = 156,8 N/mm², | Zug 8b<br>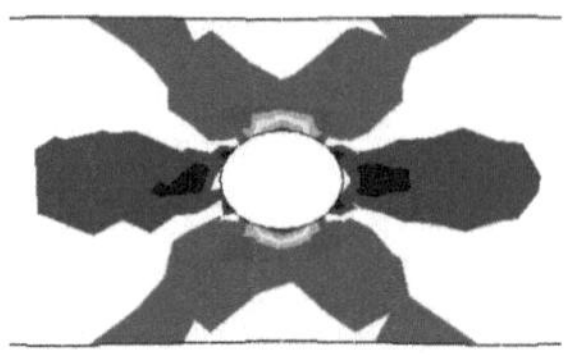<br>$\sigma_{vmax}$ = 157,8 N/mm² |
| | maximale Längenänderung (beide Modelle) $\Delta l$ = 0,037 mm | |

**Tafel 3/8:** Zugbelastung an einem Flachstab mit Bohrung - Modelle mit Scheibenelementen bei Rechteck- und Dreieckvernetzung

Die Güte der Netze wird u. a. auch an der Auswertung der Rechnung sichtbar (Tafel 3/8). Um die Bohrung ist ein symmetrisches Spannungsbild zu erwarten. Die geringen Unregelmäßigkeiten im Netz führen jedoch zu deutlich sichtbaren Abweichungen in der Spannungssymmetrie. Allerdings gibt es bei den maximalen Grenzwerten kaum Unterschiede, auch die Verteilungstendenzen sind ähnlich, so dass diese Netze die Anforderungen allgemein erfüllen.

Die weißen Flächen entsprechen dem Nennwert von 50 N/mm², der sich in einem gewissen Abstand zur Bohrung als konstanter Wert einstellt. An den Innenseiten der Bohrung quer zum Stab treten die Maxima auf. Die Spannungserhöhung reicht in 2 Armen teilweise bis zur Gesamthöhe des Stabes.

Die Beurteilung der Ergebnisse ist für die Modelle nach Tafel 3/8 einfach und eindeutig. Die ingenieurmäßige Vorstellung lässt ein solches Aussehen der Spannungsverteilung erwarten. Unsicher wird man, wenn das Umfeld um die Bohrung bis hin zu den Berandungen genauer gedeutet werden soll. Der ungeübte FE-Nutzer könnte hier schon fehlerhaft interpretieren. Für den geübten FE-Nutzer setzt das Problem ein, wenn ein Modell vorliegt, für das nur unklare ingenieurmäßige Vorstellungen existieren. Es entstehen damit sehr schnell fehlerhafte Aussagen, die letztendlich nur auf Netzunzulänglichkeiten beruhen.

Diese Probleme treten bei Anwendung von Rechtecknetzen deutlich abgemindert auf. Zwar können durch ungünstige Dichteunterschiede im Netz selbstgemachte Abweichungen hervorgerufen werden, aber hinsichtlich Symmetrieverhalten und Gleichmäßigkeit im Netz sind nur geringe Fehler zu erwarten.

Die insgesamt bessere Steuermöglichkeit des Rechtecknetzes und die nicht zu unterschätzende geringere Anzahl von Elementen für die gleiche Problemstellung sind weitere Vorteile. In Tafel 3/9 wird am Modell „Flachstab mit Bohrung" eine Vernetzungstechnik angewendet, die an der Bohrung als kritischer Stelle keine vernetzungsbedingten Abweichungen hervorruft. Bei der Vernetzung wird das Spiegeln als Hilfsmittel zur Modellbildung genutzt.

*Spiegeln*

Beim Spiegeln können beliebige Teile eines Modells um eine festzulegende Achse kopiert werden. Dabei kann ausgewählt werden, welche Grundelemente wie Flächen, Linien, Keypoints, Knoten, Elemente usw. übertragen werden sollen. Es ist zu beachten, dass Spiegeln Verdoppeln der Grundelemente bedeutet, die sich unmittelbar an der Spiegellinie befinden. Beispielsweise werden Knoten und Elemente an der Spiegellinie noch einmal gebildet. Damit liegen Doppelknoten übereinander, die bei der Berechnung zu Problemen führen und deshalb unbedingt entfernt werden müssen.

Die FE-Programme haben dafür ein Neugenerieren der Benummerung vorgesehen. Knoten, Punkte usw. die übereinander liegen, d. h. die gleichen Koordinaten besitzen, werden verschmolzen und neu benummert.

Da der Rechner den Vergleich anhand der Zahlenwerte der Koordinaten vornimmt und es aufgrund von Auf- oder Abrundungen zu Abweichungen in einer höheren Nachkommastelle kommen kann, würden manche Doppelbelegungen nicht erkannt. Deshalb findet eine Verschmelzung von Punkten schon statt, wenn sie in einem bestimmten prozentualen Abstand zueinander stehen. Dieser Abstand ist im Programm einstellbar. Die Einstellung muss beachtet werden, wenn man beispielsweise Elemente sehr dicht nebeneinander, aber nicht verbunden haben möchte.

Die Anwendung des Spiegelns setzt ein geeignetes Bauteil voraus und erfordert ein planvolles Vorgehen. Beim Rechteckstab mit Bohrung ist das gegeben. Da die Bohrung mittig liegt, wird in ihren Mittelpunkt das Koordinatensystem gelegt. Über Geometriepunkte mit anschließender Flächenbildung entsteht das Teilmodell (Abb. 3.22.). Die Fläche A1 ist wegen der Begrenzung durch 5 Linien nicht für eine Vernetzung mit Rechteckelementen geeignet. Es wird deshalb das Teilen der Fläche vorbereitet. Die gepunktete Linie L9 zwischen K2 und K8 zeigt den gewünschten Verlauf.

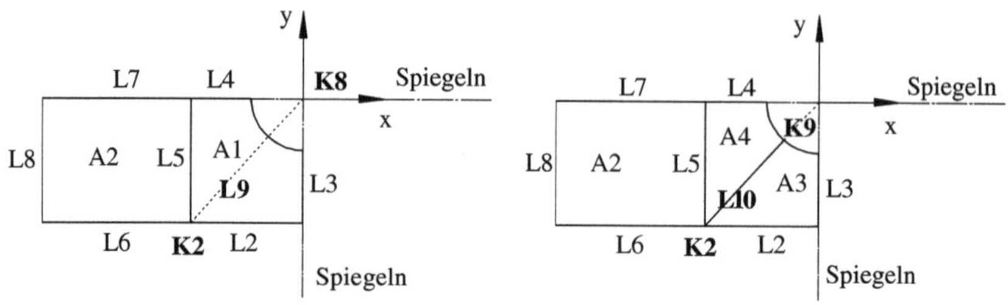


**Abb. 3.22.** Anwendung der FE-Technik Spiegeln

Zur Generierung der neuen Flächen muss der Keypoint bekannt sein, der im Schnittpunkt des Kreisbogens und der Linie L9 liegt. Dieser Keypoint kann keinesfalls nach Koordinatenberechnung durch ein Kommando gesetzt werden. Auch wenn optisch der Eindruck entsteht, dass er auf der Linie sitzt, ist damit keine Verbindung gegeben. Eine Flächenbildung mit diesem Keypoint führt lediglich zu neuen Flächen über der Ausgangsfläche.

Die BOOLEsche Operation des Schneidens einer Fläche mit einer Linie erzeugt automatisch den Schnittpunkt K 9 und die beiden neuen Flächen A3 und A4 mit der gemeinsamen neuen Linie L10. Zu beachten ist die Vergabe der Nummern an die Linien und Flächen. Die Linie L9 wird nach der BOOLEschen Operation zur Linie L10 und aus der Fläche A1 entstehen die Flächen A3 und A4. Bei der anschließenden Spiegelung werden die leere Plätze in der Reihenfolge der Nummerierung wieder besetzt. Der Anwender kann auch den Weg gehen, dass er vor der Spiegelung eine neue durchgängige Nummerierung vorgibt, in jedem Fall kommt es zu Änderungen gegenüber den Ausgangswerten. Wird das Teilmodell in einem CAD-Programm erstellt und in das FE-Programm eingelesen, entfällt die BOOLEsche Operation, die Benummerung muss aber auch korrigiert werden.

Für die Steuerung der Vernetzung liegen enge Bedingungen vor. Die Linien L3 und L4 müssen gleiche Elementeanzahl aufweisen, es werden die Anzahl der Ringe um die Bohrung definiert. Im Beispiel wurden 6 Elemente gewählt.

Die Linien L2 und L5 beeinflussen die Anzahl der Elemente an der Bohrung, die Linie L5 darüber hinaus auch L8. Mit den gewählten 6 Elementen erhält man auf den gesamten Bohrungsumfang bezogen 48 Elemente, was einer feinen Vernetzung entspricht. In Richtung der Stabachse wird mit 12 Elementen an L6 die Vernetzung definiert.

Die maximalen Spannungswerte unterscheiden sich nicht nennenswert von den Werten nach Tafel 3/8, aber die Verteilung um die Bohrung und zur Modellkante ist jetzt streng symmetrisch und entspricht damit dem zu erwartenden Spannungsverlauf. Ein weiterer Vorteil ist, dass sich die Vernetzung sehr bequem steuern lässt und damit das Optimieren erleichtert.

Auffällig ist die starke Verzerrung der Bohrung durch die Belastung in den grafischen Ergebnissen der Tafeln 3/8 und 3/9. Diese Erscheinung ist darauf zurückzuführen, dass die FE-Programme bei der Darstellung von Verzerrungen automatisch einen Vergrößerungsfaktor anwenden, um die geringen Verschiebungen - im vorliegenden Beispiel wenige Hundertstel Millimeter - überhaupt sichtbar zu machen. Damit ist auch zu erklären, wie es zu den kleinen stufenförmigen Absätzen an der Außenkontur des Flachstabes kommt. Für den Anwender bringt es den Hinweis,

| **FE-A9 Zug** | Allgemeine Befehlsfolge |
|---|---|
| Name | Speicherung der FE-Rechnung unter FILE-Name "Zug9" |
| Elemente | 2-dimensionales Scheibenelement (4 Knoten);<br>notwendige Eingaben - Dicke des Flachstabs in mm: b = 10 |
| Werkstoffe | Stahl: $E_{St}$= 210 kN/mm² $\nu$ = 0,3 |
| Geometrie | CAD-Modell aus Geometriepunkten, Flächen erstellen;<br>Geometriepunkte (x;y;z) in mm: K1(-75;-10;0), K2(-10;-10;0), K3(0;-10;0), K4(0;-3,2;0), K5(-3,2;0;0), K6(-10;0;0), K7(-75;0;0); Drehpunkt für Radius K8(0;0;0),<br>Kreisbogen bilden: L1(K5,K4),<br>Flächen bilden: A1(K2,K3,K4,K5,K6), A2(K1,K2,K6,K7),<br>Boolesche Operation: Fläche A1 an Linie L9(K1,K8) teilen, |
| Vernetzung | Elementeanzahl definieren: 12 an L6; 6 für alle anderen,<br>Vernetzen: $A_2$, $A_3$, $A_4$ (576 Rechteckelemente, 648 Knoten),<br>Spiegeln: um x-Achse (3 Flächen), anschließend um y-Achse (6 Flächen), |
| Randbedingungen | Lagerung: selektiert über kartesisches Koordinatensystem (x=0); Koppelgruppe "Lager" bilden; Masterknoten festlegen, Ux=0, Uy=0 gesetzt;<br>Belastung in kN: selektiert über kartesisches Koordinatensystem (x=150); Koppelgruppe "Kraft" bilden; Masterknoten festlegen, Fx=10 gesetzt; |
| Berechnung und Ergebnisse | Ansatz: statisch, linear,<br>Charakteristische Größe: Verschiebung der Knoten,<br>Verschiebungen in mm: am Masterknoten "Kraft" $\Delta l$ = 0,037,<br>v.-Mises-Spannung in N/mm²: maximale im Flachstab $\sigma_v$ = 156,1; |

*x* , *y* , *z* Koordinaten im globalen kartesischen Koordinatensystem,
*Ux* , *Uy* , *Uz* , *ROTx* , *ROTy* , *ROTz* Verschiebungen und Verdrehungen,
*K* Keypoint (Geometriepunkt im CAD-Modell), *L* Line (Linie im CAD-Modell),
*N* Node (Knoten im FE-Modell), *E* Element (Element im FE-Modell),
*FE-A* Finite Elemente Anwendungsbeispiel,

Fortsetzung nächste Seite

<table>
<tr><th>FE-A9<br>Zug</th><th>Bildfolge</th></tr>
<tr><td>Geometrie</td><td>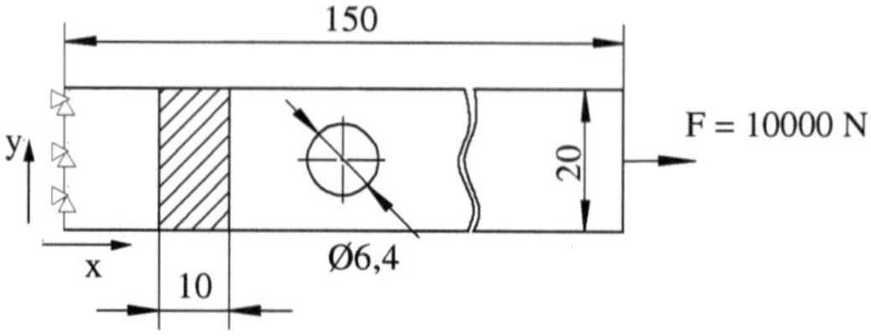
</td></tr>
<tr><td>Vernetzung<br>Randbedin-<br>gungen</td><td>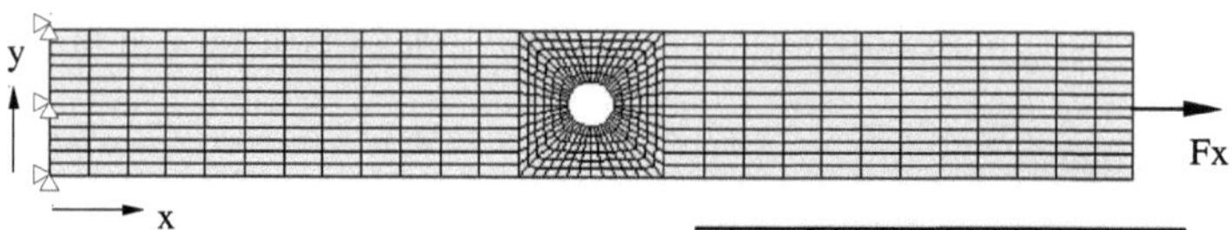

Rechteckvernetzung mit 48 Elementen an der Bohrung - gesamt 576 Elemente, 648 Knoten
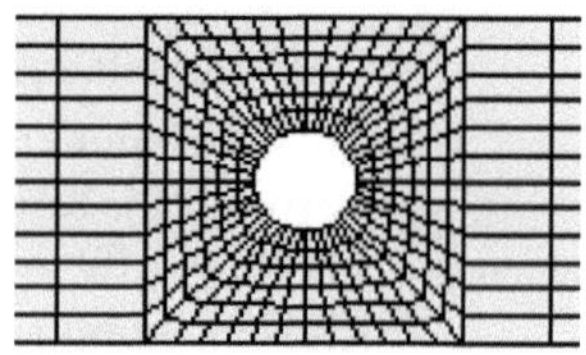</td></tr>
<tr><td>Grafische<br>Ergebnisse</td><td>$\sigma_{vmax}$ = 156,1 N/mm², <br>maximale Längenänderung<br>Δl = 0,037 mm
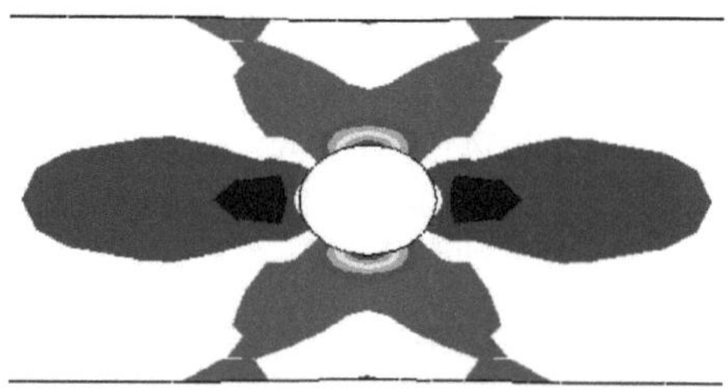</td></tr>
</table>

**Tafel 3/9:** Zugbelastung an einem Flachstab mit Bohrung - Modelle mit Scheibenelementen bei Rechteckvernetzung (symmetrisches Netz)

dass an dieser Stelle eine Einschnürung entsteht. Der Wert muss der Knotenverschiebung entnommen werden.

Das zielgerichtete Auslesen von Knotenverschiebungen stellt eine weitere Auswertemöglichkeit dar. Die grafischen Ergebnisse mit ihren farbigen bzw. grauen Spannungsverteilungen beruhen zwar auf derselben Grundlage, zeigen aber immer eine Ansicht mit geringer Diskretisierung.

Konkretere Spannungsverläufe können abgebildet werden, wenn nur Knoten an einer bestimmten Linie ausgewählt werden. Diese Technik wird genutzt, um den Spannungsverlauf am Flachstab mit Bohrung von der Außenkante zur Bohrung auszuwerten (Abb. 3.23.). Durch die Bohrung wird praktisch ein Schnitt gelegt. Wegen der Symmetrie genügt die halbseitige Strecke von 6,8 mm.

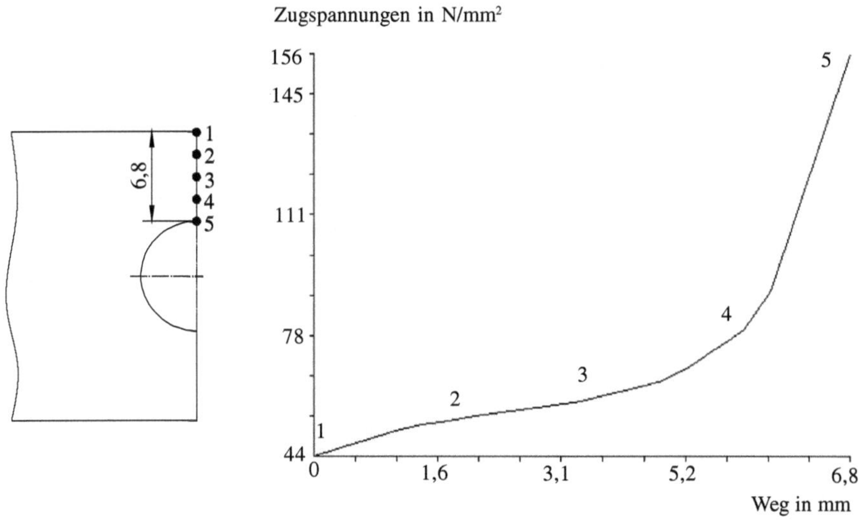


**Abb. 3.23.** Flachstab mit Bohrung - Spannungsverlauf von außen nach innen (6,8 mm)

Die zugeordneten Knoten sind symbolisch von 1 bis 5 bezeichnet. Die in den Knoten enthaltenen Spannungen werden ausgelesen und zeigen im Diagramm den Spannungsverlauf im angegebenen Streckenabschnitt. Alle im Knoten enthaltenen Informationen lassen sich auf diese Weise abbilden. In Abb. 3.23. handelt es sich um die v.-Mises-Vergleichsspannung. Besonders hervorzuheben ist, dass diese Darstellungsform eine Vorstellung vom Spannungsgefälle im Querschnitt ermöglicht.

Wie beim Flachstab mit Rille (Abschnitt 3.3.1) erfasst auch hier das FE-Modell die Spannungsspitzen am Bohrungsrand sehr wirklichkeitsnah. Am Bohrungsrand, d. h. im Kerbgrund, werden nach der FE-Berechnung maximale Werte mit

$$\sigma_{max} = \sigma_v = 156{,}1 \text{ N/mm}^2 \text{ (v.-Mises-Spannung)}$$

ausgegeben. Der Querschnitt an dieser Stelle beträgt $A_K = (20 - 6{,}4) \cdot 10 \text{ mm}^2$. Mit der Zugkraft $F_Z = 10$ kN wird nach klassischer Rechnung (Gl. 3.2) eine Nennspannung

$$\sigma_n = F_Z / A_K = 73{,}5 \text{ N/mm}^2$$

errechnet. Nach der elementaren Theorie werden die Spannungsspitzen am Kerbrand durch die Formzahl $\alpha_k$ nach Gl. 3.3 berücksichtigt. Die aus der FE-Rechnung ermittelte maximale Spannung und die klassisch errechnete Nennspannung ergeben ein

$$\alpha_k = \sigma_{max} / \sigma_n = 2{,}12,$$

was den Kennzahlen der einschlägigen Literatur etwa entspricht.

## 3.4 Modell Rundstab mit Querschnittsänderung

### 3.4.1 Rundstab mit Rille

Das Spannungs- und Dehnungsverhalten eines Rundstabes mit Rille (Abb. 3.24.) wird untersucht. Nach den Erfahrungen mit den prismatischen Rundstäben ist ein Viertelstab für das Modell geeignet. Symmetriebedingungen sollten immer genutzt werden, denn kleinere Modelle sind in allen Belangen günstiger. Ein Vollstab hätte hier sogar den Nachteil, dass die Spannungsverteilung im Inneren des Stabes nicht unmittelbar sichtbar wäre.

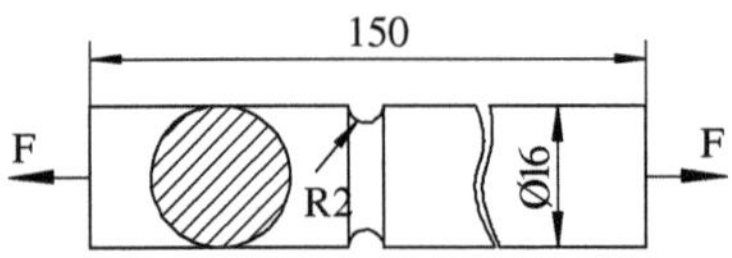


**Abb. 3.24.** Prismatischer Rundstab mit Rille

Das geometrische Modell könnte als CAD-Modell übernommen werden, mitunter ist es aber auch günstig, nur das Konturprofil zu nutzen und mit dem FE-Programm das Volumen zu bilden. Dieser Ansatz wird nachfolgend gewählt.

Die FE-Programme verfügen über die Möglichkeiten *Ziehen* und *Rotieren* für eine Volumenbildung aus Flächen. Für den Rundstab mit Rille ist das *Rotieren* geeignet. Die Bildung von Volumen durch Rotieren von Flächen erfordert eine bestimmte Abfolge von Zwischenschritten (Abb. 3.25). Die Liniennummern L1 bis L10 sind zur Erläuterung festgelegt und entsprechen nicht den Nummern des Modells nach Tafel 3/10:

1. Konturprofil als CAD-Modell erstellen, mit zusätzlichen Linien lässt sich die Technik der 4-Seiten-Flächenbildung anwenden,

2. Rotieren der Flächen um 90° zur Volumenbildung des Viertelstabes.

3. Elementeanzahl auf den Linien festlegen und automatisch mit Rechteck-Volumenelementen vernetzen.

Damit problemlos Rechteckelemente gebildet werden können, müssen an allen Flächen die Vernetzungsregeln beachtet werden. Das Konturprofil nach Abb. 3.25.a ist für die Vernetzung dem Profil nach Abb. 3.19 ähnlich, es gelten für den Bereich um die Rille die gleichen Vernetzungsbedingungen. Die Abmessungen des Rundstabes mit Rille unterscheiden sich.

Die Symmetriebildung bezieht sich jetzt auf 2 Ebenen, die y- und z-Ebene. Auf die Modellverkleinerung durch die Nutzung des Viertelstabes sollte nicht verzichtet werden, da für den Rundstab mit Rille ein 3D-Modell generiert werden muss und sich die Anzahl der Elemente damit reduzieren lässt.

Für die Einstellung der Linien zur Vernetzung des Modells gelten in der x-y-Ansicht die bekannten Regeln. Die Anzahl der Elemente auf den Linien L1, L2 und L3 muss gleich sein. Mit der Vorgabe für L2 (Abb. 3.25.b) wird das waagerechte Flächenstück, mit L5 das senkrechte und mit L4 das ringförmige beschrieben.

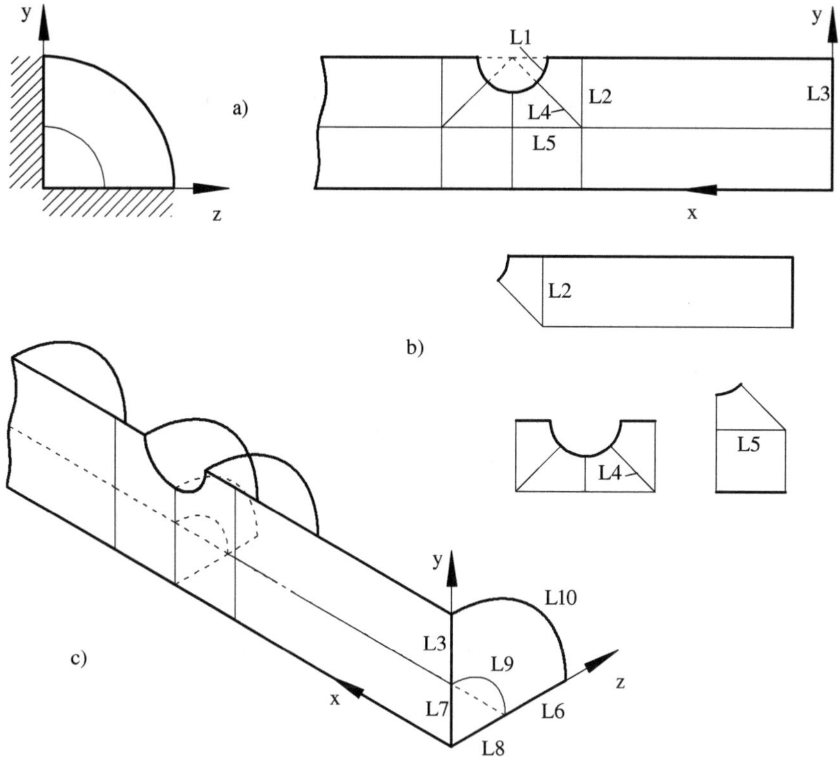


**Abb. 3.25. a, b, c** Modellbildung Rundstab mit Rille - Rotieren von Flächen

Beim Rotieren der Flächen zur Volumenbildung werden neue Flächen und Linien gebildet. Diesen Linien muss auch die für die Vernetzung notwendige Teilung zugeordnet werden. Die entsprechenden Linien sind an der Stirnseite des Modells abgebildet (Abb.3.25.c). Hier liegt eine Fläche mit 4 Linien und eine Fläche mit 3 Linien vor. Mit der Vorgabe L3 aus der x-y-Ebene ist L6 in der 4-Linien-Fläche bereits definiert. Die Einteilung für Linie L10 ist frei wählbar. Linie L9 muss aber die gleiche Anzahl von Elementen aufweisen. Bei einer 3-Linien-Fläche, wie sie durch L7-L8-L9 gegeben ist, müssen alle 3 Linien die gleiche Anzahl Elemente aufweisen, damit Rechteckvernetzung möglich wird. Wenn also L9 durch L10 vorgegeben ist, sind L7 und L8 damit ebenfalls definiert. Die Linien L10 bzw. L9 haben in diesem System eine besondere Bedeutung auch dahingehend, dass sie die Kreisförmigkeit des Umfanges beeinflussen.

Im Beispiel nach Tafel 3/10 wurde die Linie L1 mit 3 Elementen, L10 mit 6 Elementen vernetzt. Von der Rille zu den Enden des Rundstabes wurden jeweils 12 Elemente zugeordnet. Diese relativ grobe Vernetzung führt bei diesem Viertel-Modell bereits zu 1458 Elementen und 1966 Knoten. Dabei ist die Kreisförmigkeit des Umfanges mit 6 Elementen nicht einmal besonders wirklichkeitsnah. Man erkennt, dass 3-D-Volumenmodelle sehr schnell einen großen Umfang annehmen können.

| **FE-A10 Zug** | Allgemeine Befehlsfolge |
|---|---|
| Name | Speicherung der FE-Rechnung unter FILE-Name "Zug10" |
| Elemente | 3-dimensionales Volumenelement (8 Knoten) |
| Werkstoffe | Stahl: $E_{St}$= 210 kN/mm² $\nu$ = 0,3 |
| Geometrie | CAD-Modell aus Geometriepunkten, Flächen erstellen;<br>Geometriepunkte (x;y;z) in mm: K1(0;0;0), K2(71;0;0), K3(75;0;0), K4(79;0;0), K5(150;0;0), K6(150;4;0), K7(150;8;0), K8(79;8;0), K9(77;8;0), K10(76,414;6,586;0), K11(75;6;0), K12(73,586;6,586;0), K13(73;8;0), K14(71;8;0), K15(0;8;0), K16(0;4;0), K17(0;71;4), K18(75;4;0), K19(79;4;0), Drehpunkt für Radius K20(75;8;0),<br>Kreisbogen bilden: L1(K13,K12), L2(K12,K11), L3(K11,K10), L4(K10,K9),<br>Flächen bilden: A1(K17,K12,K13,K14), A2(K17,K18,K11,K12), A3(K18,K19,K10,K11), A4(K19,K8,K9,K10), ... usw. |
| Vernetzung | Elementeanzahl definieren: 12 an L20 und L26; 6 für L59; 3 für alle anderen,<br>Vernetzen: V1 - V10 (1458 Volumen-Rechteckelemente, 1966 Knoten) |
| Randbedingungen | Lagerung: selektiert über kartesisches Koordinatensystem (x=0); Koppelgruppe "Lager" bilden; Masterknoten festlegen, Ux=0, Uy=0 gesetzt;<br>Belastung in kN: selektiert über kartesisches Koordinatensystem (x=150); Koppelgruppe "Kraft" bilden; Masterknoten festlegen, Fx=2,5 gesetzt;<br>Symmetrien: selektiert über kartesisches Koordinatensystem (y=0), Symmetrie zur y-Achse anwenden; selektiert über kartesisches Koordinatensystem (z=0), Symmetrie zur z-Achse anwenden, |
| Berechnung und Ergebnisse | Ansatz: statisch, linear,<br>Charakteristische Größe: Verschiebung der Knoten,<br>Verschiebungen in mm: am Masterknoten "Kraft" $\Delta l$ = 0,037,<br>v.-Mises-Spannung in N/mm²: Rille im Rundstab $\sigma_{vmax}$ = 144; |

*x* , *y* , *z* Koordinaten im globalen kartesischen Koordinatensystem,
*Ux* , *Uy* , *Uz* , *ROTx* , *ROTy* , *ROTz* Verschiebungen und Verdrehungen,
*K* Keypoint (Geometriepunkt im CAD-Modell), *L* Line (Linie im CAD-Modell),
*N* Node (Knoten im FE-Modell), *E* Element (Element im FE-Modell),
*FE-A* Finite Elemente Anwendungsbeispiel,

Fortsetzung nächste Seite

| **FE-A10 Zug** | Bildfolge |
|---|---|
| Geometrie | 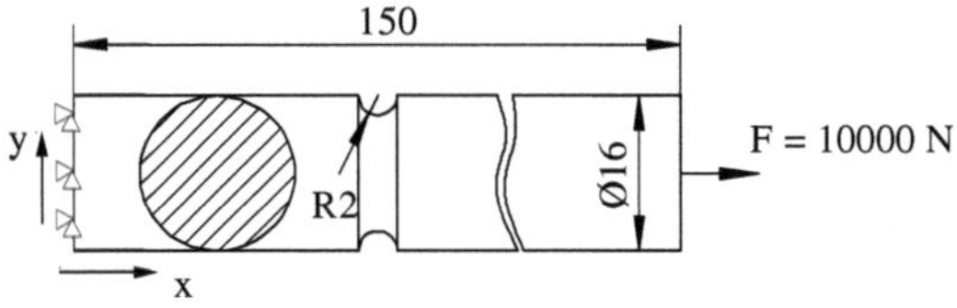 |
| Vernetzung Randbedingungen | 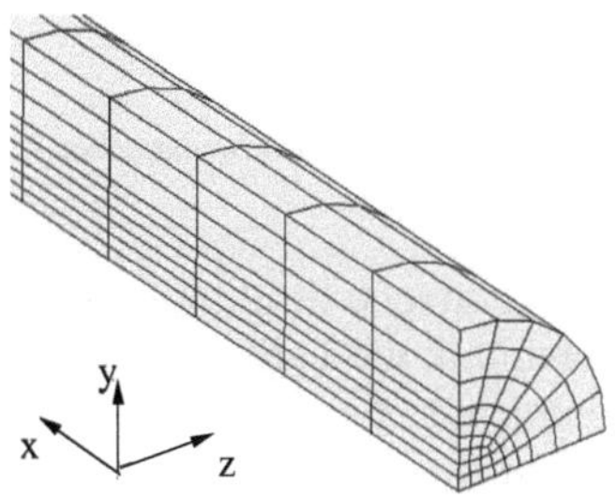 Rechteckvernetzung mit 12 Elementen an der Rille - gesamt 1458 Elemente, 1966 Knoten 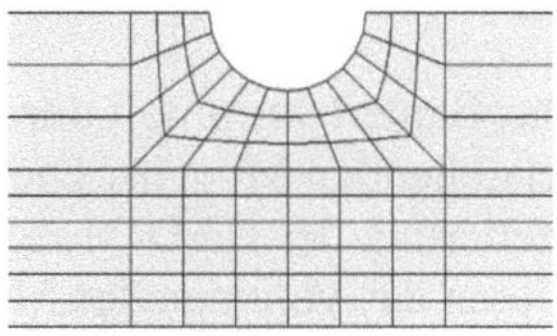 |
| Grafische Ergebnisse | $\sigma_{vmax}$ = 144 N/mm², maximale Längenänderung $\Delta l$ = 0,037 mm 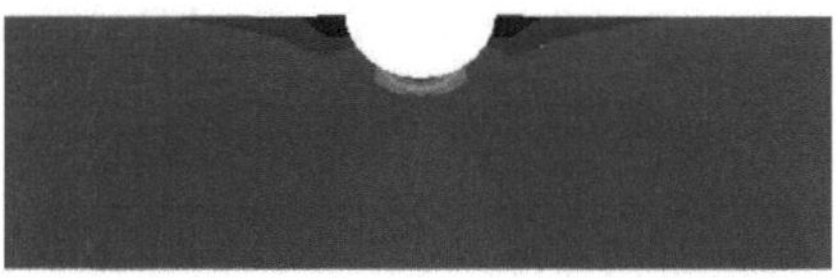  |

**Tafel 3/10:** Zugbelastung an einem Viertel-Rundstab mit Rille - Modell mit Rechteck-Volumenelementen

Die Ergebnisse bestätigen die gewählte Vernetzung. Die dargestellte v.-Mises-Vergleichsspannung zeigt bei den aus Knotenspannungen ermittelten Linien gleicher Spannungsintensität ausreichende harmonische Übergänge. Das Gesamtbild der Spannungsverteilung an der Rille war so zu erwarten.

Der maximale Spannungswert des FE-Modells $\sigma_{vmax}$ = 144 N/mm² entspricht dem Wert der Überschlagsrechnung nach klassischem Ansatz nach 3.1.2 ($\sigma_{max}$ = 164 N/mm²) nur näherungsweise. Durch Verdichtung des Netzes an der Rille sowie durch Anwendung von Elementen mit quadratischem Ansatz (Elemente mit Mittelknoten) könnte das Ergebnis optimiert werden. Es ist davon auszugehen, dass die FE-Rechnung eine wirklichkeitsnähere Lösung liefert als die durch die theoretische Formzahl $\alpha_k$ beeinflusste Handrechnung.

### 3.4.2 Rundstab mit Bohrung

Durch den prismatischen Rundstab führt quer zur Stabachse mittig eine Bohrung (Abb. 3.26.). Damit ist Symmetrie nutzbar, und der Rundstab kann als Viertelstab mit halber Bohrung modelliert werden.

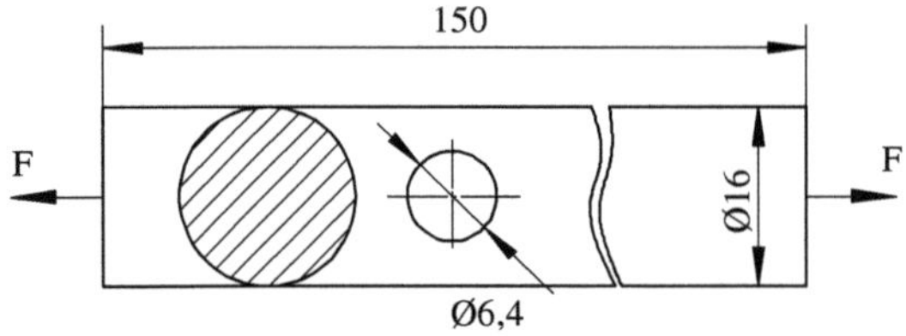


**Abb. 3.26.** Prismatischer Rundstab mit Querbohrung

Das Bauteil vermittelt durch seine einfache Struktur den Eindruck eines bequem zu erstellenden Modells. Die Problematik wird aber bereits sichtbar, wenn man die Generierung des CAD-Modells betrachtet. Es ist nicht möglich, mit Strecken oder Rotieren das Volumen des Modells zu erstellen. Es bleibt daher nur die Alternative, das CAD-Modell aus der Verschneidung mit Booleschen Operationen zu gestalten.

Die Vernetzung kann mit Tetraeder-Volumenelementen (Tafel 3/11) oder nach einer Modifizierung des CAD-Modells mit Rechteck-Volumenelementen (Tafel 3/12) erfolgen. Für die Vernetzung mit Tetraeder-Volumenelementen wird der nachfolgende Ablauf vorgegeben (Abb. 3.27.):

1. Bilden eines Viertel-Zylinders der Länge 150 mm und Durchmesser 16 mm,
2. Positionieren eines Halbzylinders mit dem Bohrungsradius 3,2 mm quer zum Viertel-Zylinder ,
3. Verschneiden der beiden Volumenkörper,
4. allen Begrenzungslinien des Modells Elementezahlen zuordnen,
5. automatisches Vernetzen mit Tetraeder-Volumenelementen.

Mit dieser Abfolge wird das FE-Modell sehr schnell, aber nur in geringer Qualität, erzeugt. Die geringe Anzahl von Linien und die Art der Linienverteilung lassen nur eine begrenzte Genauigkeit bei der Umwandlung des CAD-Modells in das FE-Modell zu.

Obwohl an den Stirnseiten und an der Bohrung mit 8 Elementen pro Linie eine enge Vernetzung vorgegeben wurde, wird die zylindrische Außenfläche vom automatischen Vernetzer mit 3 Elementen segmentförmig abgebildet (Tafel 3/11). Auch die Innenseiten des Viertel-Zylinder kann hinsichtlich der Vernetzungsdichte nur bedingt gesteuert werden.

Der maximale Wert der v.-Mises-Vergleichsspannung mit 167 N/mm$^2$ muss verifiziert werden. Als eine Möglichkeit bietet sich an, statt des Tetraeder-Volumenelementes mit 4 Knoten ein Element mit 10 Knoten, d. h. mit Mittenknoten zu verwenden.

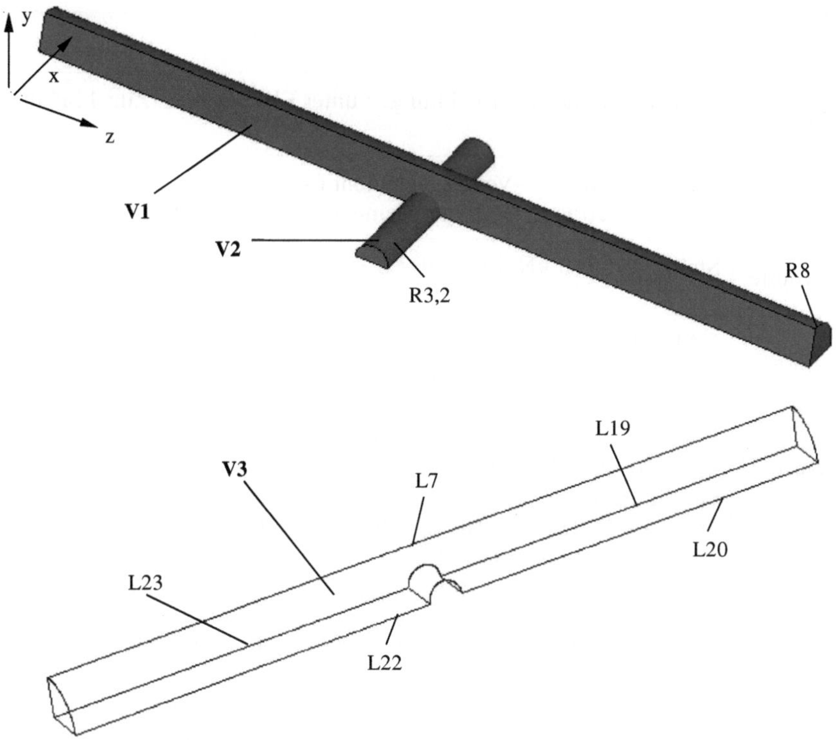


**Abb. 3.27.** Modellbildung Rundstab mit Bohrung mit Tetraeder-Volumenelementen

Der maximale Wert der v.-Mises-Vergleichsspannung wurde mit diesem Element bei gleichbleibender Steuerungsvorgabe an den Linien mit 217 N/mm$^2$ ermittelt. Die Fähigkeit des Elementes mit Mittenknoten, Rundungen besser zu beschreiben, wirkte sich aus. Bei der automatischen Vernetzung wurde außerdem trotz der gleichbleibenden Steuerungsvorgabe an den Linien eine veränderte Anzahl von Elementen generiert.

Es ist zu beachten, dass die automatische Vernetzung den Strategien des jeweils verwendeten FE-Systems unterliegt und deshalb prinzipiell unterschiedliche Vernetzungsmuster entstehen können.

Günstig wirkt sich die Entscheidung aus, das Modell als Viertelstab mit den entsprechenden Symmetrieebenen zu definieren. Bei einem Vollstab hätte neben der 4-fach größeren Elementezahl auch das Problem gestanden, wie das Innere der Bohrung zu dokumentieren ist.

In Tafel 3/11 ist gut zu erkennen, dass die maximalen Spannungen in der Bohrung am engsten Querschnitt des Stabes auftreten. Die zufällige Elementeverteilung führt in der Spannungsverteilung zu einer Abweichung von der Symmetrie.

| FE-A11 Zug | Allgemeine Befehlsfolge |
|---|---|
| Name | Speicherung der FE-Rechnungen unter FILE-Name "Zug 11a" und "Zug11b" |
| Elemente | Zug11a: Tetraeder-Volumenelement (4 Knoten);<br>Zug11b: Tetraeder-Volumenelement mit Mittenknoten (10 K.) |
| Werkstoffe | Stahl: $E_{St}$= 210 kN/mm² $\nu$ = 0,3 |
| Geometrie | CAD-Modell aus geometrischen Grundkörper "Zylinder" erstellen; Nummern für Keypoints und Linien werden vom FE-System automatisch vergeben;<br>Koordinaten des Viertelzylinders in mm: $R_1$=8; $R_2$=0; $z_1$=0; $z_2$=150; $\alpha_1$=0°; $\alpha_2$=90°;Koordinaten des Halbzylinders in mm: Arbeitsebene verschieben nach x=75; y=0; Koordinatensystem +90° um y-Achse drehen - $R_1$=3,2; $R_2$=0; $z_1$=-20; $z_2$=20; $\alpha_1$=0°; $\alpha_2$=180°; Koordinatensystem zurück drehen;<br>Boolesche Operation: Halbzylinder mit Viertelzylinder schneiden; |
| Vernetzung | Elementeanzahl definieren: 16 an L19, L20, L22, L23; 30 an L7; 8 für alle anderen;<br>Vernetzen : Zug11a - V3(1525 Elemente, 563 Knoten);<br>Zug11b - V3(1296 Elemente, 2808 Knoten); |
| Randbedingungen | Lagerung: selektiert über kartesisches Koordinatensystem (z=0); Koppelgruppe "Lager" bilden; Masterknoten festlegen, Ux=0, Uy=0 gesetzt;<br>Belastung in kN: selektiert über kartesisches Koordinatensystem (z=150); Koppelgruppe "Kraft" bilden; Masterknoten festlegen, Fz=2,5 setzen;<br>Symmetrien: selektiert über kartesisches Koordinatensystem (x=0), Symmetrie zur x-Achse; (y=0), Symmetrie zur y-Achse anwenden; |
| Berechnung und Ergebnisse | Ansatz: statisch, linear,<br>Charakteristische Größe: Verschiebung der Knoten,<br>Verschiebungen in mm: am Masterknoten "Kraft"<br>Zug11a - Uz = 0,039; Zug11b - Uz = 0,038;<br>v.-Mises-Spannung in N/mm²: maximale an der Bohrung Rundstab,<br>Zug11a - $\sigma_{vmax}$ = 167; Zug11b - $\sigma_{vmax}$ = 217; |

*x , y , z* Koordinaten im globalen kartesischen Koordinatensystem,
*Ux , Uy , Uz , ROTx , ROTy , ROTz* Verschiebungen und Verdrehungen,
*K* Keypoint (Geometriepunkt im CAD-Modell), *L* Line (Linie im CAD-Modell),
*N* Node (Knoten im FE-Modell), *E* Element (Element im FE-Modell),
*FE-A* Finite Elemente Anwendungsbeispiel,

Fortsetzung nächste Seite

| **FE-A11 Zug** | Bildfolge |
|---|---|
| Geometrie | 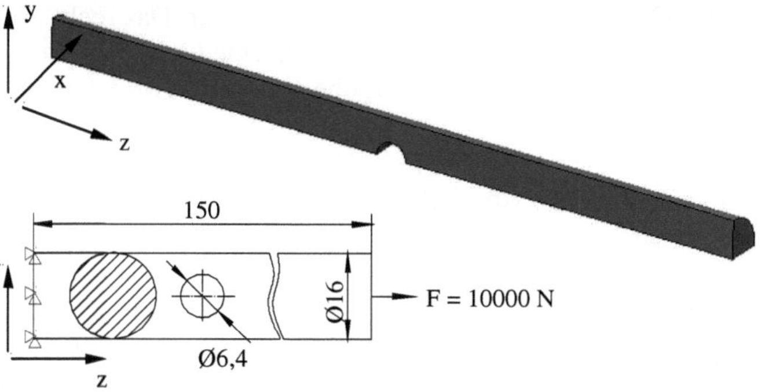  |
| Vernetzung Randbedingungen | 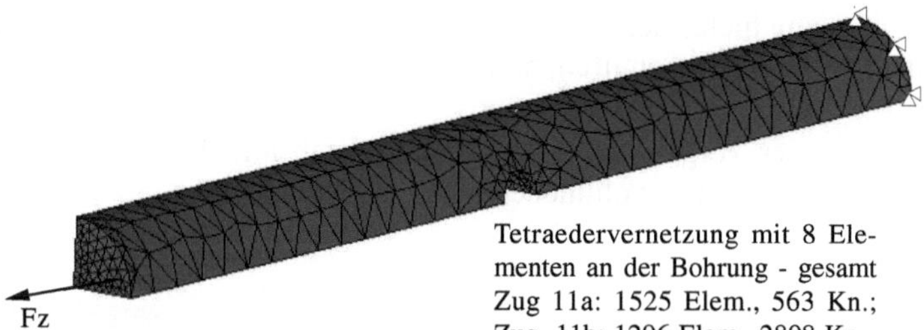  Tetraedervernetzung mit 8 Elementen an der Bohrung - gesamt Zug 11a: 1525 Elem., 563 Kn.; Zug 11b: 1296 Elem., 2808 Kn.  |
| Grafische Ergebnisse |  Zug 11a: $\sigma_{vmax}$= 167 N/mm²; Uz = 0,039 mm; (Blickrichtung positive x-Achse) Zug 11b: $\sigma_{vmax}$= 217 N/mm²; Uz = 0,038 mm; 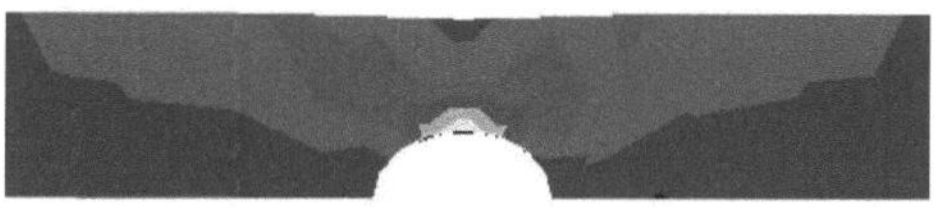 Spannungsverteilung in der Bohrung (Zug11b - Blickrichtung positive y-Achse) 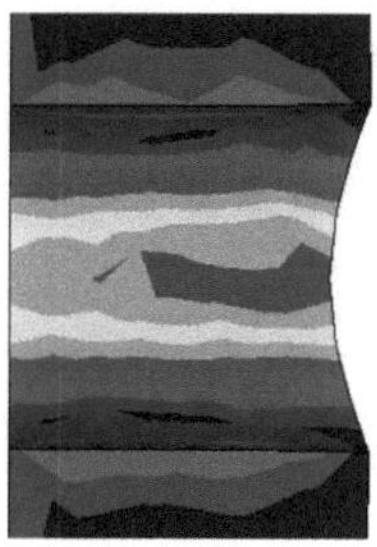 |

**Tafel 3/11:** Zugbelastung an einem Viertel-Rundstab mit Bohrung - Modelle mit Tetraeder-Volumenelementen (4 Knoten und 10 Knoten)

Der Unterschied zwischen dem Tetraedernetz „4 Knoten“ und „10 Knoten“ wird neben dem Unterschied beim Maximalwert auch in der Spannungsverteilung an der Symmetriefläche in positiver x-Richtung sichtbar. Das recht grobe und unsymmetrisch verteilte Netz liefert gänzlich unterschiedliche Spannungsbilder, d. h. eine ungünstige Vernetzung kann die Ergebnisse einer FE-Rechnung maßgeblich verfälschen.

Bauteile, wie sie der prismatische Zugstab bei seiner großen Länge im Verhältnis zu den geometrischen Abweichungen darstellt, verstärken diesen Effekt. Diese negativen Erscheinungen lassen sich mit Rechtecknetzen zurückdrängen.

Der Übergang zur Vernetzung mit Rechteck-Volumenelementen erfordert allerdings eine gänzlich andere Vorgehensweise und auch größeren Aufwand bei der Modellbildung. Der maßgebliche Nachteil beim vorliegenden Modell ist, dass einige Flächen des Volumens mehr als 4 Seitenlinien aufweisen und damit eine Vernetzung mit Rechteck-Volumenelementen prinzipiell nicht möglich ist.

Als Lösung bietet sich an, durch Integrieren von zusätzlichen Flächen ein System von Teilvolumen zu schaffen, deren Teilflächen nur maximal 4 Seitenlinien aufweisen.

Nach dieser Vorgabe wird für den Rundstab mit Bohrung nach Abb. 3.26. ein Modell mit Rechteck-Volumenelementen generiert (Abb. 3.28.; Tafel 3/12).

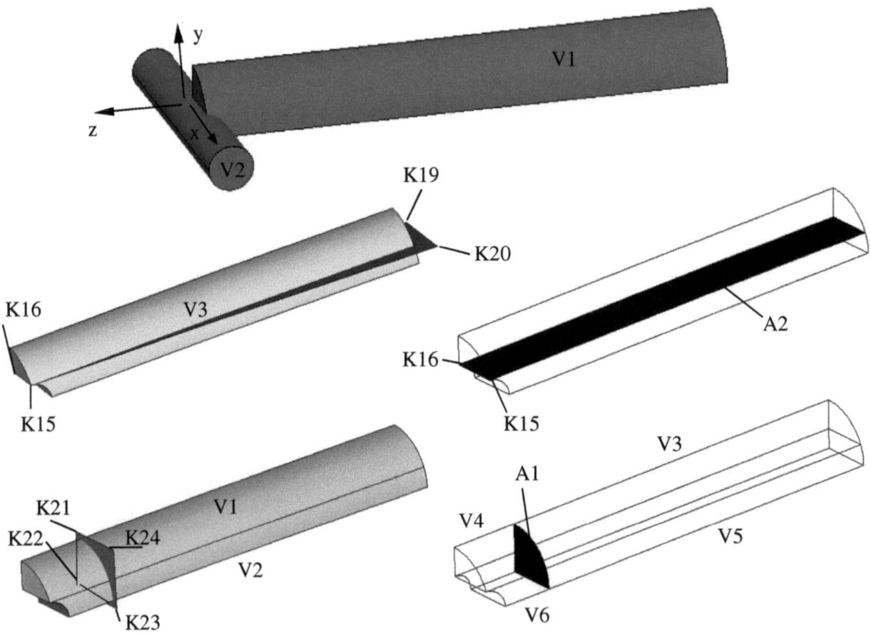


**Abb. 3.28.** Modellbildung Rundstab mit Bohrung mit Rechteck-Volumenelementen; Modifizierung des CAD-Modells

Als weitere Änderung kommt das Einbringen einer zusätzlichen Symmetriebedingung zur Anwendung. Das Koordinatensystem wird in die Bohrungsachse verlegt und der Viertelstab nur noch halbseitig modelliert. Diese Halbierung des aktiven Volumens bedeutet, dass sich die Anzahl der Elemente verringert oder aber durch mehr Elemente zu einer feineren Vernetzung übergegangen werden kann.

Auf die Beanspruchung des Stabes wirkt sich diese Vereinfachung nicht aus, denn beim vorliegenden symmetrischen Stab mit axialer Belastung F wirkt die Symmetriebedingung in z-Richtung im Sinne des NEWTONschen Kraftwirkungsprinzips.

Eine Lagerung in der z-Achse wird überflüssig, da symbolisch ein Stab vorliegt, an dessen Enden die axiale Belastung F angreift. Zu beachten ist lediglich, dass sich die berechnete Längenänderung nur auf die halbe Stablänge bezieht.

Für die Vernetzung mit Rechteck-Volumenelementen wird der nachfolgende Ablauf vorgegeben (Abb. 3.28):

1. Bilden eines Viertel-Zylinders der Länge 75 mm und Durchmesser 16 mm, Koordinatenursprung in der Bohrungsachse.
2. Positionieren eines Zylinders mit dem Bohrungsradius 3,2 mm quer zum Viertel-Zylinder.
3. Verschneiden der beiden Volumenkörper V1 und V2, es entsteht das neue Volumen V3.
4. Generieren einer zusätzlichen Fläche mit K19, K20 unter Verwendung der vorhandenen Keypoints K15, K16.
5. Verschneiden der Fläche A2 mit V3, es entstehen daraus die Teilvolumen V1 und V2, deren Seitenflächen jetzt nicht mehr als 4 Linien besitzen. Eine Vernetzung mit Rechteck-Volumenelementen ist damit gegeben.
6. Generieren einer zusätzlichen Fläche mit K21, K22, K23, K24 zur Unterteilung des Stabes in kritischen und unkritischen Bereich.
7. Verschneiden der Fläche A1 mit V1, V2; es entstehen daraus die Teilvolumen V3 bis V6, die ebenfalls Seitenflächen mit nicht mehr als 4 Linien besitzen.
8. den Begrenzungslinien des Modells Elementezahlen zuordnen,
9. automatisches Vernetzen mit Rechteck-Volumenelementen.

Diese Abfolge erfordert bei der geometrischen Gestaltung des FE-Modells einen größeren Aufwand im Vergleich zur Lösung nach Abb. 3.27. – gegenüber 5 Schritten werden jetzt 9 Schritte notwendig. Die zusätzlich eingeführten Flächen zur Vereinfachung der Volumina sind notwendig, um eine durchgängige Vernetzung mit Rechteck-Volumenelementen zu ermöglichen.

Wird ein Geometriemodell aus einem CAD-Programm übernommen, kann man deshalb auch einer Nachbearbeitung kaum ausweichen. Mitunter ist es günstiger, das Modell im CAD-Bereich „FEM-gerecht" aufzubereiten.

| **FE-A12 Zug** | Allgemeine Befehlsfolge |
|---|---|
| Name | Speicherung der FE-Rechnungen unter FILE-Name "Zug12" |
| Elemente | Rechteck-Volumenelement (8 Knoten) |
| Werkstoffe | Stahl: $E_{St}$= 210 kN/mm$^2$ $\nu$ = 0,3 |
| Geometrie | CAD-Modell aus geometrischen Grundkörper "Zylinder" erstellen; Nummern für Keypoints, Linien, Flächen, Volumen werden vom FE-System automatisch vergeben;<br>Koordinaten des Viertelzylinders in mm: $R_1$=8; $R_2$=0; $z_1$=0; $z_2$=-75; $\alpha_1$=0°; $\alpha_2$=90°; Koordinaten des Zylinders in mm: Koordinatensystem +90° um y-Achse drehen - $R_1$=3,2; $R_2$=0; $z_1$=-20; $z_2$=20; Koordinatensystem zurück drehen;<br>Boolesche Operation: Halbzylinder mit Zylinder schneiden;<br>Modell modifizieren: zusätzliche Fläche in Richtung z-Achse generieren und verschneiden; Geometriepunkte K19(-3;3,2;-78), K20(11;3,2;-78); Fläche A2(K15,K20,K19,K16);<br>zusätzliche Fläche in Richtung y-Achse generieren und verschneiden; Geometriepunkte K21(-1;9;-12), K22(-1;-1;-12), K23(9;-1;-12), K24(9;9;-12),Fläche A1(K21,K22,K23,K24) |
| Vernetzung | Elementeanzahl definieren: 10 an L19, 6 für alle anderen;<br>Vernetzen : V3-V6 (1008 Elemente, 1343 Knoten); |
| Randbedingungen | Belastung in kN: selektiert über kartesisches Koordinatensystem (z=-75); Koppelgruppe "Kraft" bilden; Masterknoten festlegen, F =-2,5 setzen;<br>Symmetrien: selektiert über kartesisches Koordinatensystem x=0, Symmetrie zur x-Achse; y=0, Symmetrie zur y-Achse; z=0, Symmetrie zur z-Achse anwenden; |
| Berechnung und Ergebnisse | Ansatz: statisch, linear,<br>Charakteristische Größe: Verschiebung der Knoten,<br>Verschiebungen in mm: am Masterknoten "Kraft" Uz = 0,019 für 75 mm; v.-Mises-Spannung in N/mm$^2$: $\sigma_{vmax}$ = 221 an der Bohrung; |

*x , y , z* Koordinaten im globalen kartesischen Koordinatensystem,
*Ux , Uy , Uz , ROTx , ROTy , ROTz* Verschiebungen und Verdrehungen,
*K* Keypoint (Geometriepunkt im CAD-Modell), *L* Line (Linie im CAD-Modell),
*N* Node (Knoten im FE-Modell), *E* Element (Element im FE-Modell),
*FE-A* Finite Elemente Anwendungsbeispiel,

Fortsetzung nächste Seite

| **FE-A12 Zug** | Bildfolge |
|---|---|
| Geometrie | 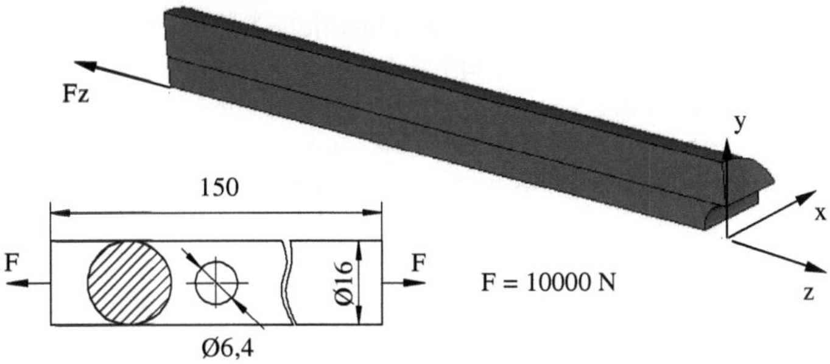  |
| Vernetzung Randbedingungen | 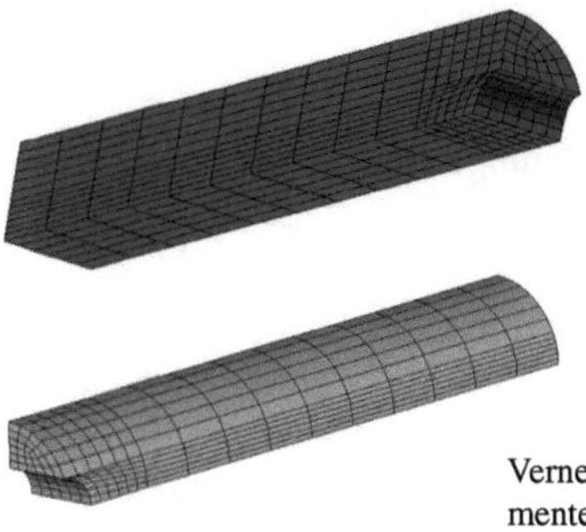 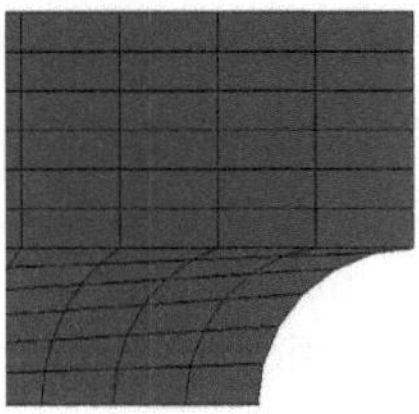 Vernetzung mit Rechteck-Volumentenelementen mit 6 Elementen an der Bohrung: gesamt 1008 Elemente, 1343 Knoten. |
| Grafische Ergebnisse | max. Wert der v.-Mises-Vergleichsspannung im oberen Bereich der Bohrung - $\sigma_{vmax}$= 221 N/mm², Uz = 0,019 mm für 75 mm Stablänge. 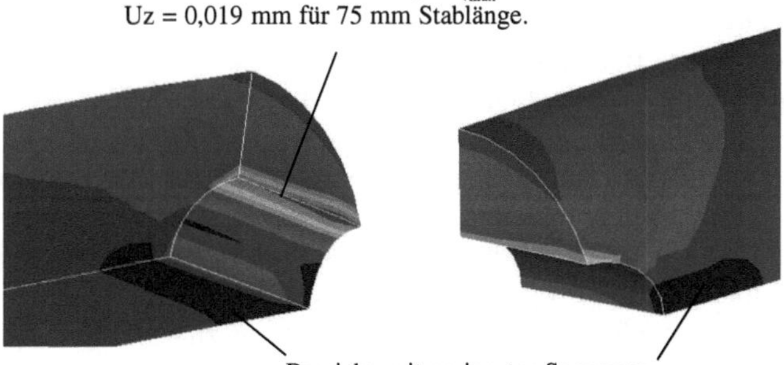 Bereiche mit geringster Spannung |

**Tafel 3/12:** Zugbelastung an einem Viertel-Rundstab mit Bohrung - Modell mit Rechteck-Volumenelementen

Unverkennbar ist die einfachere Steuerung des FE-Modells, auch ausgedrückt in der höheren Qualität des FE-Netzes. Durch das gezielte Setzen von Flächen lassen sich wichtige Bereiche hervorheben und durch Verdichten der Vernetzung optimierte Ergebnisse erzielen. Weitgehend ausgeschaltet ist das Problem, dass durch ein unsymmetrisch verteiltes Netz unterschiedliche Spannungsbilder entstehen.

Mit 1008 Elementen und 1343 Knoten wurde ein FE-Modell gebildet, das im kritischen Bereich der Bohrung bei nur 6 Elementen einen maximalen Vergleichsspannungswert von 221 N/mm$^2$ ausweist und weitere bequem zu nutzende Optionen hinsichtlich Elementeanzahl und Elementetyp - beispielsweise mit Mittenknoten - zulässt.

Entscheidend war, dass durch die Wahl des Ortes des Koordinatensystems die Option gegeben war, Symmetriebedingungen anzuwenden. Es bestand die Möglichkeit, ausgehend vom Viertelstab ein halbseitiges Modell zu generieren. An diesem Beispiel ist besonders gut erkennbar, wie vielfältig Modellstrategien sind.

## 3.5 Modell Temperatureinfluss

Wärme- bzw. Temperaturberechnungen lassen sich unterscheiden hinsichtlich der Zeitabhängigkeit eines Vorganges in

- stationäre und
- instationäre (transiente) Berechnungen.

Bei einem stationären Problem tritt keine oder lediglich eine sehr geringe Änderung der Temperaturen über der Zeit auf. Das bedeutet, dass ständig eine konstante Wärmezufuhr und Wärmeabfuhr erfolgen - das System befindet sich in einem Wärme- bzw. Temperaturgleichgewicht. Instationäre (transiente) Vorgänge beinhalten Temperaturverteilungen im Bauteil, die sich mit der Zeit ändern.

Wärme- bzw. Temperaturberechnungen lassen sich außerdem unterscheiden hinsichtlich des eigentlichen Berechnungsablaufes eines Vorganges in

- lineare und
- nichtlineare Berechnungen.

Es liegt ein lineares Problem vor, wenn die Eigenschaften des Bauteils und die aufgebrachten Lasten nicht von den Temperaturen abhängen. Eine solche lineare Berechnungsaufgabe kann vom FE-Programm in einem Berechnungsschritt gelöst werden. Es ist ein nichtlineares Problem gegeben, wenn die Bauteileigenschaften oder die Lasten eine Funktion der Temperaturen sind. Zur Lösung einer solchen Aufgabe muss das FE-Programm iterativ vorgehen.

Sind Stäbe unter Temperatureinfluss, kommt es zu Verlängerungen oder Verkürzungen der Stäbe. Werden diese Bewegungen verhindert, entstehen Normalspannungen in Form von Zug- oder Druckspannungen. Dieses Verhalten entspricht immer einem stationären Vorgang linearer Art.

Im Abschnitt 3.1.1 sind die mathematischen Zusammenhänge dazu erklärt. Für die rechnerischen Nachweise wurde ein prismatischer Stab mit konstantem Querschnitt zugrunde gelegt. Das FE-Modell für diese einfache geometrische Gestalt lässt sich mit einem einzigen Stabelement abbilden.

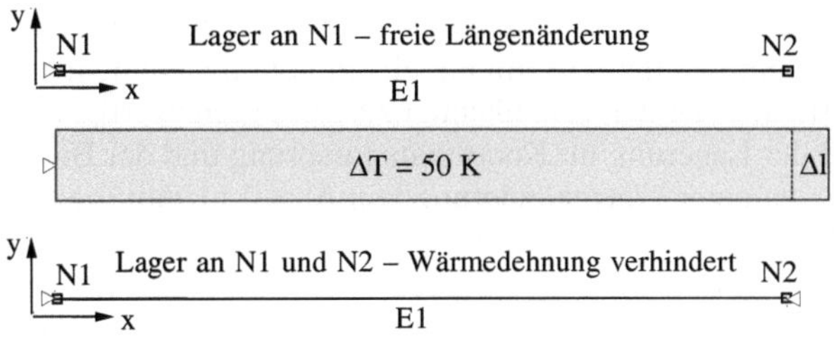


**Abb. 3.29.** Temperatureinfluss am Stabelement

Das Stabelement E1 wird durch die Knoten N1 und N2 gebildet (Abb. 3.29.). Es wird ein Querschnitt $A = 200\ mm^2$ zugeordnet. Als Belastung ist die Temperaturdifferenz $\Delta T = 50$ K einzugeben.

Die Werkstoffbeschreibung muss neben dem Elastizitätsmodul $E = 210\ kN/mm^2$ den linearen Ausdehnungskoeffizienten $\alpha_T = 12 \cdot 10^{-6}\ K^{-1}$ aufweisen. Die Wärmedehnung führt zu einer Längenänderung $\Delta l$ des Stabes. Diese ist unabhängig von einer Lagerung des Stabes. Ohne Lagerung wird der Längenzuwachs im Koordinatenursprung angezeigt. Im ersten Modell wurde aber eine Lagerstelle am Knoten N1 definiert. Die Verschiebung $\Delta l = 0{,}09$ mm wird damit am Knoten N2 abgebildet.

Die Berechnung der Wärmespannung $\sigma_T$ erfordert ein zweites Modell, denn zu Wärmespannungen kann es nur kommen, wenn die Wärmedehnung verhindert wird. Dazu ist die Definition von Lagerstellen an Knoten N1 und N2 notwendig. Die Stabkraft $S_1 = 25200$ N und die Druckspannung $\sigma_d = 126\ N/mm^2$ können dann ausgelesen werden.

Da das Stabelement dem der Theorie zugrunde liegenden 1-achsigen Spannungszustand entspricht, sind die Ergebnisse der FE-Berechnung mit den Lösungen nach Abschnitt 3.1.1 in Übereinstimmung. Diese positive Erkenntnis ist aber nur von begrenztem Wert. Die Möglichkeiten des Stabelementes zur Abbildung realer Bauteile sind einfach zu gering. Es können kaum kompliziertere Modelle noch Details an Bauteilen untersucht werden. Ein Übergang zum 3-D-Modell ist angebracht.

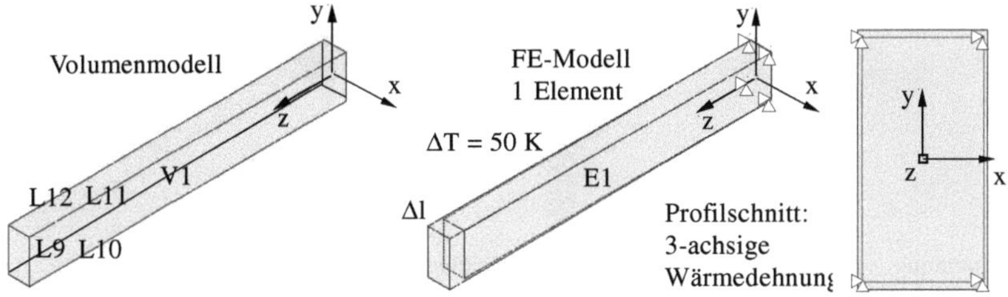


**Abb. 3.30.** Temperatureinfluss am 3-dimensionalen Volumenelement (1 Element, 8 Knoten)

Mit dem 3-dimensionalen Volumenelement tritt bei Wärmedehnungen eine 3-achsige Beanspruchung auf, die sich im aufgeweiteten Profilschnitt zeigt (Abb. 3.30.). Das CAD-Volumenmodell wurde mit nur einem Volumenelement generiert, was bei den Längenverhältnissen der Seitenkanten zu einer grenzwertigen Elementgeometrie führte. Mit der Lagerung im Koordinatenursprung und der Belastung von $\Delta T$ = 50 K kommt es zu einer Längenänderung von $\Delta l$ = 0,11 mm (gegenüber $\Delta l$ = 0,09 mm beim Stabelement). Die Anwendung ist ungeeignet, was sich nicht nur in der mehr als 10%igen Abweichung vom theoretischen Wert ausdrückt, sondern sich auch in der weiter verbliebenen Nichteignung für kompliziertere Modelle bzw. Erfassung von Details zeigt.

Eine Verbesserung sollte mit der Generierung von 10 Elementen erzielt werden (Abb. 3.31.). Die 3-dimensionalen Volumenelemente ergeben ein ausgeglichenes Netz. Für die Längenänderung $\Delta l$ hervorgerufen durch $\Delta T$ = 50 K ergibt sich ein Wert von $\Delta l$ = 0,092 mm. Damit kommt das Modell in diesem Bereich dem theoretischen Wert ziemlich nahe.

Wird die Wärmedehnung an den Stirnseiten des Balkens durch die Lagerung verhindert, führt das zu Wärmespannungen. Selektiert man nur die Werte der z-Komponente, wird mit $\sigma_d$ = – 134 N/mm$^2$ ein Ergebnis ereicht, das dem theoretischen Wert nahe kommt. Die Abbildung der v.-Mises-Vergleichsspannungen ergibt nach dem Abklingen der Eingangsstörungen im mittleren weiß dargestellten Bereich den genauen Wert von $\sigma_v$ = 126 N/mm$^2$.

Die grafische Lösung der Verformungen ist unbefriedigend. Die Verformungen sind zwar stark überhöht dargestellt, zeigen aber ein geringes realistisches Bild. Das Modell ist nicht geeignet, mit dem Übergang zum 3-dimensionalen Raum bessere Erkenntnisse zu erzielen.

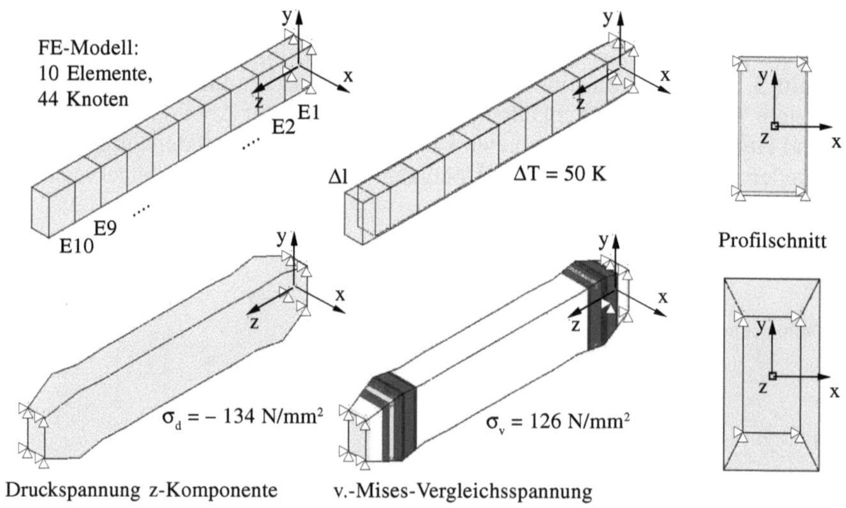


**Abb. 3.31.** Temperatureinfluss am 3-dimensionalen Volumenelement (10 Elemente, 44 Knoten)

Eine wesentlich feinere Vernetzung, d. h. eine Erhöhung der Anzahl der 3-dimensionalen Volumenelemente ist notwendig. In Tafel 3/13 wird ein Modell verwendet, welches die Mindestanforderungen an ein 3D-Modell für die Untersuchung des Temperatureinflusses bilden soll. Bei der Vernetzung wurde darauf geachtet, dass die Volumenelemente möglichst gleiche Kantenlängen aufweisen und bei Bedarf einfach verdichtet werden können. Für den vorliegenden prismatischen Rechteckstab eignet sich dafür die Programmiertechnik, alle geometrischen Linien mit Elementen gleicher Elementkantenlänge zu belegen. Mit der Vorgabe 5 mm Kantenlänge entstehen nach der Vernetzung 240 gleich große Volumenelemente mit 465 Knoten in

| **FE-A13 Zug** | Allgemeine Befehlsfolge |
|---|---|
| Name | Speicherung der FE-Rechnung unter FILE-Name "Zug13" |
| Elemente | 3-dimensionales Volumenelement (8 Knoten) |
| Werkstoffe | Stahl: $E_{St}$= 210 kN/mm$^2$ , $\nu$ = 0,3 ; $\alpha_T$ = 12 · $10^{-6}$ $K^{-1}$ |
| Geometrie | CAD-Modell aus geometrischen Grundkörper "Rechteckblock" erstellen - Nummern für Keypoints und Linien werden vom FE-System automatisch vergeben;<br>Koordinaten des Rechteckblocks in mm: $x_1$= – 5; $y_1$= – 10; $z_1$=0; $x_2$=5; $y_2$=10; $z_2$= 150; |
| Vernetzung | Elementeanzahl definieren: 5 mm Element-Kantenlänge auf allen Linien; es werden 240 Elemente mit 465 Knoten generiert; |
| Randbedingungen | Lagerung **Variante A**: selektiert über kartesisches Koordinatensystem **z=0**; alle Freiheitsgrade gebunden (Null gesetzt);<br>Lagerung **Variante B**: selektiert über kartesisches Koordinatensystem **z=0, z=150**; alle Freiheitsgrade gebunden (Null gesetzt);<br>Belastung in K: ΔT = 50 für alle Knoten; |
| Berechnung und Ergebnisse | Ansatz: statisch, linear,<br>Charakteristische Größe: Verschiebung der Knoten,<br>Verschiebungen in mm: **Variante A** Uz = 0,0914;<br>Vergleichsspannungen in N/mm$^2$: **Variante B** $\sigma_v$= 126 in der Mitte; |

*x , y , z* Koordinaten im globalen kartesischen Koordinatensystem,
*Ux , Uy , Uz , ROTx , ROTy , ROTz* Verschiebungen und Verdrehungen,
*K* Keypoint (Geometriepunkt im CAD-Modell), *L* Line (Linie im CAD-Modell),
*N* Node (Knoten im FE-Modell), *E* Element (Element im FE-Modell),
*FE-A* Finite Elemente Anwendungsbeispiel,

Fortsetzung nächste Seite

| **FE-A13 Zug** | Bildfolge |
|---|---|
| Geometrie | 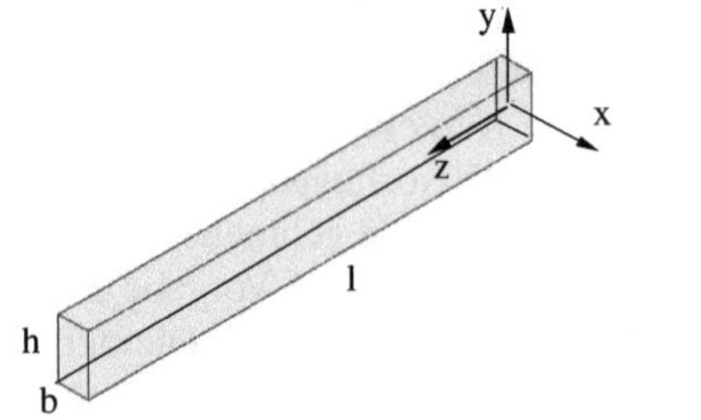<br>h = 20 mm<br>b = 10 mm<br>l = 150 mm<br>$E_{St}$ = 210 kN/mm²<br>$\alpha_T = 12 \cdot 10^{-6}$ K⁻¹<br>ΔT = 50 K |
| Vernetzung Randbedingungen | 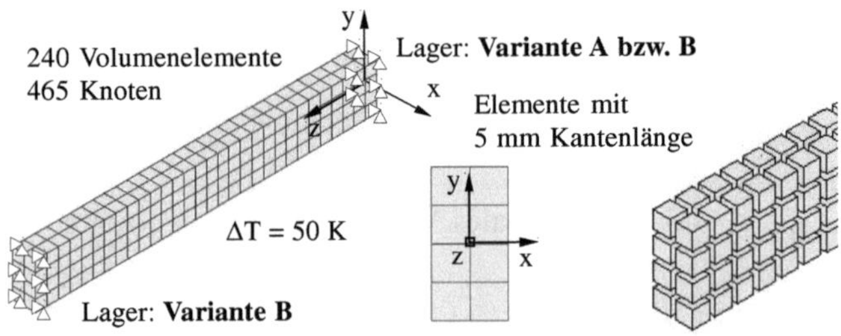 |
| Grafische Ergebnisse | 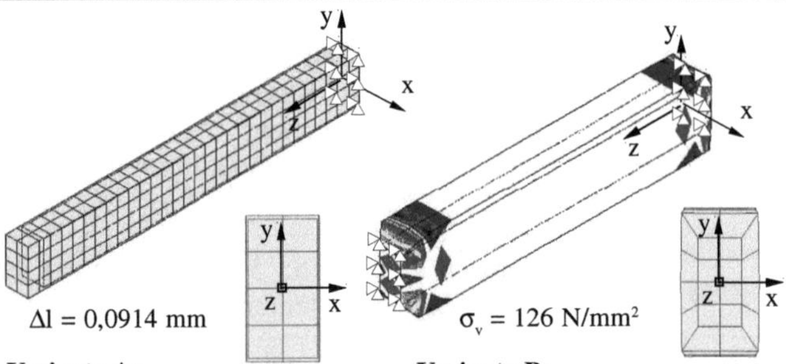<br>**Variante A:**<br>Längenänderung<br>**Variante B:**<br>Wärmespannungen |

**Tafel 3/13:** Temperatureinfluss auf Längenänderung und Wärmespannungen - Modell mit Rechteck-Volumenelementen

symmetrischer Verteilung. Dieses größere FE-Modell führt bei der Berechnung der Variante A zu einer Längenänderung Δl = 0,0914 mm (Tafel 3/13).

Eine Abweichung zur theoretisch ermittelten Längenänderung ist nach wie vor vorhanden. Allerdings ist diese nie ganz auszuschließen, denn das theoretische Modell nach Abschnitt 3.1.1 umgeht das Problem der Einspannung. Beim konkreten Bauteil und selbstverständlich auch beim Modell kann man nicht ausweichen. Die Definition der Lagerung bedeutet eine Bindung von Freiheitsgraden und im konkreten Fall die Verhinderung von Verschiebungen der Lagerknoten. Die Aufweitung in den freien Teilen des Balkens ruft deshalb in der Nähe der Lager Spannungsspitzen hervor und ist äußerst praxisnah (nach dem Abklingen liegt eine v.-Mises-Vergleichsspannung von $\sigma_v$ = 126 N/mm² vor).

Mit der vorgenommenen Bindung aller Freiheitsgrade an den Lagerstellen wäre ein Verkleben simuliert. Ein Verzichten auf ein solches Festhalten, beispielsweise durch Freigabe der x-und y-Richtung, ist konstruktiv schwer vorstellbar und würde darüber hinaus auch wegen der Rundungen in den Gleichungsberechnungen ein Wandern des Balkens hervorrufen.

# 4 Druckbeanspruchungen

Druckspannungen in Stäben, deren Verhältnis von Länge zu Querschnittsfläche ein gewisses Maß nicht überschreitet, werden durch Druckkräfte erzeugt. Der Druckstab ist somit durch die Kraftwirkung und durch eine bestimmte Körperform gekennzeichnet. Man spricht von reinem Druck, wenn nur die Druckspannungen als Werkstoffbeanspruchung bestimmt werden. Eine reine Druckbeanspruchung setzt neben der Belastung den kurzen Stab voraus.

Ist der Stab zu lang, dann tritt kein reiner Druck auf, sondern das Stabilitätskriterium Knicken wird wirksam. Bei Zylindern mit der Höhe h und dem Durchmesser d beginnt die Knickungsrechnung näherungsweise mit

$h/d = 5$ für Stahlstäbe und

$h/d = 2{,}5$ für Graugusskörper.

Die genauen Grenzen für die Berechnung von Druckbeanspruchungen werden bei der Analyse der Knickstäbe festgelegt.

Neben diesen Spannungen treten aber beim Druck eines Maschinenelementes noch andere auf, die mit der Auflage oder Lagerung der Teile zusammenhängen. Durch die Belastung entsteht eine Pressung an den sich berührenden Flächen, beispielsweise zwischen Stabquerschnitt und Auflagefläche der Unterlage.

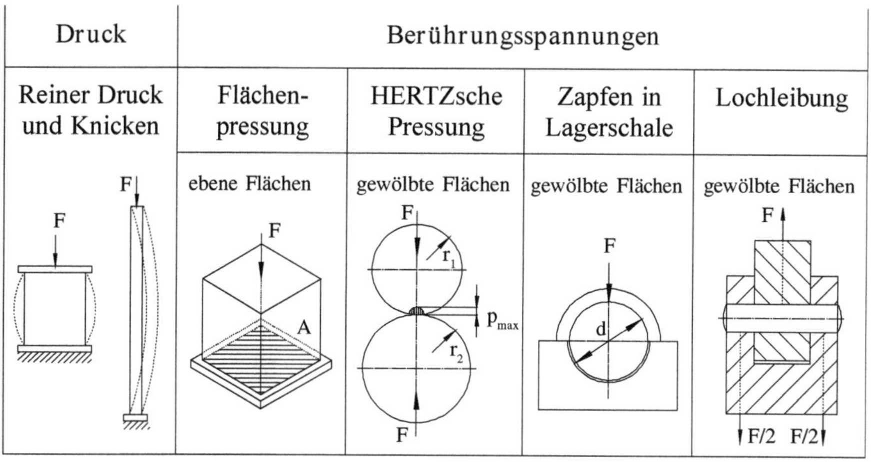


**Abb. 4.1.** Arten der Druckbeanspruchung

Die dadurch hervorgerufenen Spannungen sind Berührungsspannungen und werden allgemein mit Flächenpressung p bezeichnet. Sie sind eine Folge der Druckkraft. Ihre Größe hängt jedoch sowohl von der Größe der sich berührenden Flächen als auch von der geometrischen Form der Berührungsstelle ab. Unterschieden wird zwischen ebenen und gewölbten Flächen (Abb. 4.1.).

## 4.1 Beanspruchung nach elementarer Festigkeitslehre

### 4.1.1 Druck

**Reiner Druck:** Für den reinen Druck, im besonderen für die Ermittlung von Druckspannungen im Körper oder prismatischen Stab, gibt es wenig praktische Anwendungen. Als Belastungskennwert tritt die über den beiden Endflächen des Stabes gleichmäßig verteilte Druckkraft F auf und als Querschnittskennwert die gesamte Querschnittsfläche A des Körpers.

Der Druckstab wird durch die Belastung in Richtung seiner Stabachse gedrückt und quer dazu gedehnt. Demnach hat die Druckbeanspruchung die gegenteilige Wirkung der Zugbeanspruchung. Für die Beurteilung des Druckstabes und ihres Zusammenhangs mit den auftretenden Spannungen wird das Spannungs-Dehnungs-Diagramm verwendet.

Die Berechnungsgleichungen entsprechen den Gleichungen bei Zugbeanspruchung. Es gilt analog als Druckgleichung

$$\sigma_d = \frac{F}{A} \tag{4.1}$$

und ebenso bei der Formänderung im Vergleich zur Dehnung bei Zug die Stauchung bei Druck mit der Beziehung

$$\Delta l = \frac{F \cdot l_0}{E \cdot A} \tag{4.2}$$

Die zylindrischen Probekörper aus zähen Werkstoffen werden bei Beanspruchung über die Querschnittsgrenze hinaus tonnenförmig ausgebildet, weil an den Berührungsflächen zwischen Maschine und Probekörper Reibungskräfte auftreten, deren Größe nach dem COULOMBschen Gesetz $F_R = F_N \cdot \mu$ sich proportional mit der Druckkraft $F = F_N$ ändern und an den Endflächen der Querdehnung entgegenwirken.

Eine Bruchgrenze lässt sich nur bei spröden Stoffen feststellen, weil Proben aus zähem Werkstoff ohne Zerstörung zusammengedrückt werden können.

In Übereinstimmung mit den Versuchsergebnissen rechnet man für Stahl im Druckbereich mit den gleichen Werten für die Spannungsgrenzen wie sie für den Zugbereich gelten.

Die FE-Rechnung liefert bei einfachen prismatischen Druckstäben für reinem Druck nur begrenzte Erkenntnisgewinne. Bedeutungsvoller für den Ingenieur ist eine Rechnung, wenn bei einem Druckstab der Bereich der Instabilität, wenn das Knicken einsetzt.

**Knickung:** Das seitliche Ausknicken eines Stabes ist bei konstanter Kraft F und konstantem Querschnitt A von der Länge l des Druckstabes abhängig. Die Fragestellung nach den vorhandenen Spannungen oder Formänderungen wird ersetzt durch die Frage nach dem Überschreiten der Grenze der Stabilität. Dabei ist als Maß die Kraft F gesucht, die einen Druckstab in einen labilen Gleichgewichtszustand bringt.

Diese Kraft wird Knickkraft $F_K$ genannt. Bei $F_K$ beginnt das Ausknicken des Stabes. Auf die Spannung übertragen, liegt die Knickspannung $\sigma_k = F_K / A$ vor. Damit der Stab nicht ausknickt, muss sich der Wert der vorhandenen Druckkraft unter der Knickkraft und der Wert der vorhandenen Druckspannung unter der Knickspannung befinden.

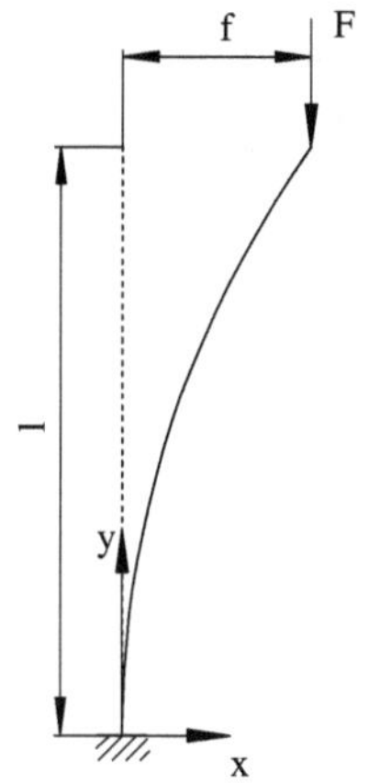


**Abb. 4.2.** Knickstab nach Knickfall I ($l_K = 2\ l$)

Eine allgemeine Beziehung für die Knickkraft ist von EULER ermittelt worden. Für die Lagerung eines Stabes nach Abb. 4.2. gilt

$$F_K = \frac{\pi^2 \cdot E \cdot I}{4 \cdot l^2} \qquad (4.3).$$

Damit wird der kleinste Wert einer Kraft $F = F_K$ bestimmt, für den eine von $y = 0$ verschiedene Gleichgewichtslage möglich ist. Es wird rein elastisches Materialverhalten vorausgesetzt.

Um die Gültigkeit der Eulerschen Gleichung, d. h. die Knickung im elastischen Bereich zu erkennen, gibt es das Kriterium des Schlankheitsgrades. Mit

$$\lambda_0 = \lambda_{min} = \pi \cdot \sqrt{E/\sigma_{dP}} \qquad (4.4)$$

wird der werkstoffbezogene Grenzschlankheitsgrad ermittelt. Über den Trägheitsradius

$$i = \sqrt{I/A} \qquad (4.5)$$

kann der geometrische, auch von der Art der Führung des Stabes abhängige vorhandene Schlankheitsgrad bestimmt werden. Für die Darstellung nach Abb. 4.2. gilt

$$\lambda_{vorh} = \frac{2 \cdot l}{i} \qquad (4.6)$$

Ist $\lambda_{vorh} > \lambda_0$, befindet man sich im elastischen Bereich, und der Ansatz nach EULER (Gl. 4.3) kann angewendet werden.

Ist $\lambda_{vorh} < \lambda_0$, liegt die Knickspannung $\sigma_k$ über der Proportionalitätsgrenze $\sigma_{dP}$ und damit außerhalb des elastischen Bereiches.

Für diesen Fall muss mit aus Versuchen ermittelten Berechnungsgleichungen (nach TETMAJER) der Wert der Knickspannung $\sigma_k$ berechnet werden. Durch eine Vergrößerung des Querschnittes des Knickstabes kann die verlangte Sicherheit erreicht werden.

### 4.1.2 Berührungsspannungen

**Flächenpressung:** Flächenpressung an ebenen Berührungsflächen liegt unter der Annahme vor, dass sich die Druckkraft gleichmäßig über die Angriffsfläche verteilt und bis zur vollen Berührungsfläche fortpflanzt. Damit werden die sich berührenden Flächen gleichmäßig gepresst (Abb. 4.3.). Die Größe der Flächenpressung p folgt demnach zu

$$p = \frac{F_N}{A} \tag{4.7}$$

mit $F_N$ als Normalkraft und A als Berührungsfläche.

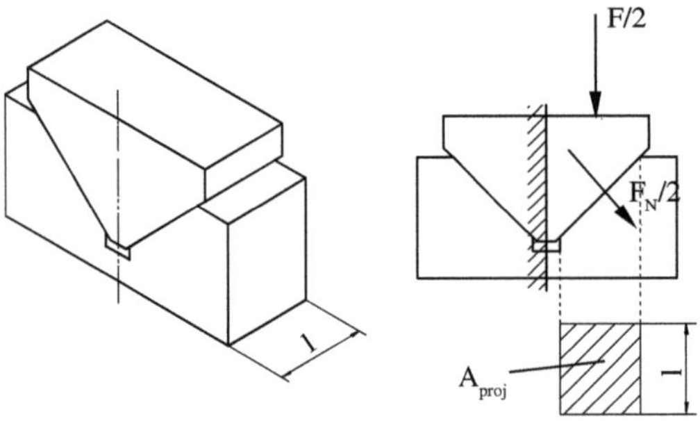


**Abb. 4.3.** Flächenpressung am Prisma

Liegt eine beliebig gerichtete Kraft F vor, muss die Normalkraft $F_N$ errechnet werden. Es kann allerdings auch die projezierte Fläche $A_{proj}$ bezogen auf die Wirklinie der Kraft F mit

$$p = \frac{F}{A_{proj}} \tag{4.8}$$

benutzt werden. Es gelten dieselben Winkelbeziehungen, so dass die Forderung nach normal zur Kraft gerichteter Auflagefläche erfüllt ist.

**HERTZsche Pressung:** Die Pressung zwischen Körpern mit gekrümmten Oberflächen z. B. von Zylindern oder Kugeln gegeneinander hat HERTZ untersucht.

Bei der Berührung zweier Zylinder mit den Radien $r_1$ und $r_2$ erfolgt durch die Kraft F an der Berührungsstelle eine rechteckige Abplattung. Es entsteht eine Berührungsfläche mit der Länge l und der Breite 2a (Abb. 4.4.).

Die Flächenpressung verteilt sich nicht gleichmäßig über die gedrückte Fläche, sondern nach einem halbkreisförmigen Verteilungsgesetz über die Breite. Die maximale Flächenpressung errechnet sich nach der Beziehung

$$p_{max} = 0{,}418 \cdot \sqrt{\frac{F \cdot E}{r \cdot l}} \tag{4.9}$$

und die halbe Breite des Abplattungsrechteckes mit

$$a = 1{,}52 \cdot \sqrt{\frac{F \cdot r}{E \cdot l}} \tag{4.10}$$

während mit l die Berührungsbreite festgelegt ist, muss bei unterschiedlichen Radien der beiden Zylinder

$$r = \frac{r_1 \cdot r_2}{r_1 + r_2} \tag{4.11}$$

angewendet werden. Drückt ein Zylinder auf eine ebene Fläche, wird $r_2 = \infty$ und der Radius $r_1 = r$ . Für unterschiedliche E-Moduln gilt

$$E = 2 \cdot \frac{E_1 \cdot E_2}{E_1 + E_2} \tag{4.12}$$

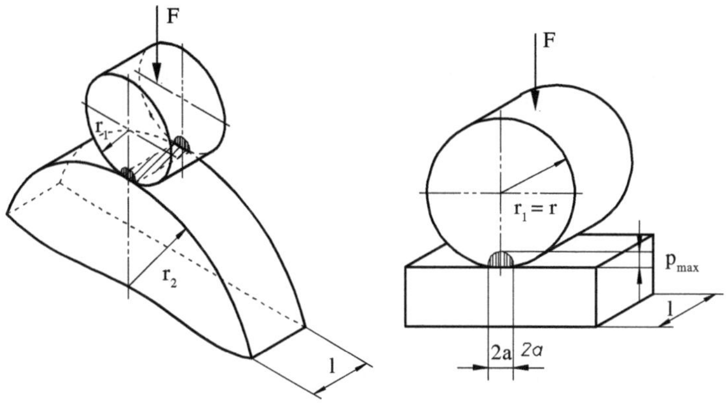


**Abb. 4.4.** Pressung zwischen Zylinder/Zylinder und Zylinder/Ebene

**Zapfen in Lagerschale:** Der Lagerzapfen wird durch die Druckkraft F in seine Lagerschale gepresst (Abb. 4.5.). Beide Flächen sind gewölbt. Keinesfalls liegt der Lagerzapfen auf der gesamten Halbzylinderfläche des Lagers auf, weil für die notwendige Bewegung zwischen Lager und Zapfen stets ein gewisses Spiel und eine ausreichende Schmierung vorhanden sein müssen. Der Druck auf den Lagerzapfen überträgt sich auf das Schmiermittel und von dort auf das Lager selbst.

Die Spannungen an den Berührungsflächen sind normal zur Fläche gerichtet und haben damit ein gemeinsames Zentrum. Weiterhin ist festzustellen, dass sich die Spannungen nicht gleichmäßig über die Lagerfläche verteilen.

Näherungsweise begnügt man sich mit der Berechnung einer mittleren Flächenpressung, die sich aus der Druckkraft und aus der Projektion der Lagerfläche, Länge l mal Durchmesser d, ohne Rücksicht auf notwendige Toleranzen der Spielpaarung berechnet. Diese Unstimmigkeiten in der Rechnung werden teilweise mit besonders gewählten zulässigen Werten p ausgeglichen.

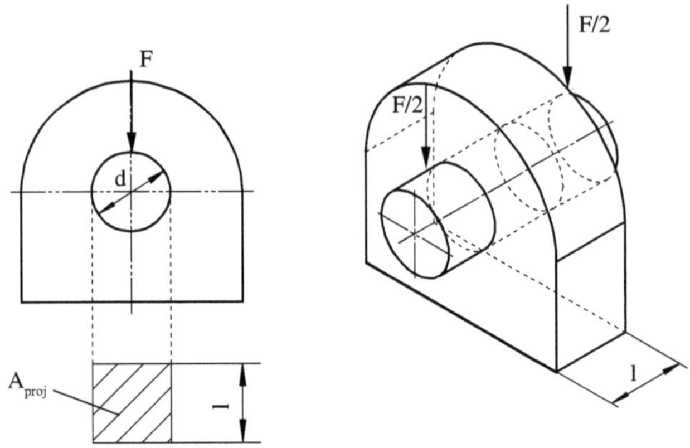


**Abb. 4.5.** Flächenpressung durch Zapfen in Lagerschale

Die Gleichung für Gleitlager und Bolzenverbindungen mit Spielpassung für den Mittelwert $p_m$ der Flächenpressung lautet

$$p_m = \frac{F}{A_{proj}} = \frac{F}{d \cdot l} \qquad (4.13),$$

zur Berechnung des Maximalwertes $p_{max}$ sind die HERTZschen Gleichungen anzuwenden.

**Lochleibung:** Die Berechnung der Flächenpressung $p_m$ an gewölbten Flächen ist an die Bedingung gebunden, dass die berührenden Teile mit Spielpassung zum Zwecke gegenseitiger Bewegung gepaart werden.

Bei Bolzen-, Stift- oder Nietverbindungen (Abb. 4.6.) wird hingegen die aufnehmende Bohrung vollständig zum Verbindungselement ausgefüllt. Eine gegenseitige Bewegung ist bei ordnungsgemäß ausgeführten Presspassungen nicht möglich. Selbst-

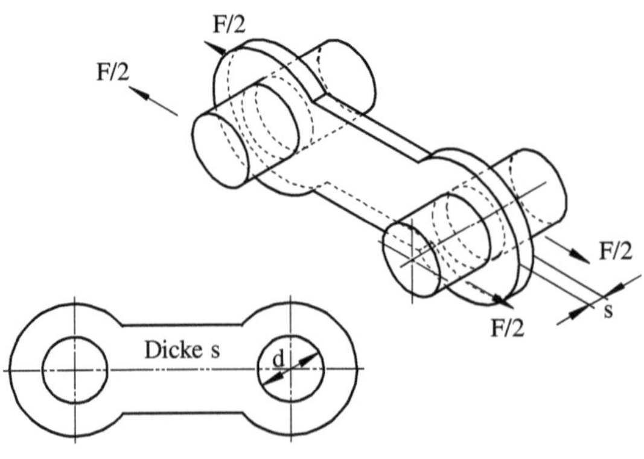


**Abb. 4.6.** Bolzenverbindung an einem Kettenglied

verständlich treten auch bei diesen Verbindungen unter Einwirkung von Belastungskräften an den gewölbten Flächen Berührungsspannungen auf.

Im Gegensatz zur Flächenpressung bei Spielpaarungen, wie sie z. B. für Lager und Zapfen gewählt werden müssen, bezeichnet man die bei Presspaarungen auftretenden Flächenpressungen mit Lochleibungsspannung

$$\sigma_l = \frac{F}{A_{proj}} = \frac{F}{d \cdot s} \tag{4.14}$$

Auch in diesem Fall wäre es verfehlt anzunehmen, dass sich die Pressung gleichmäßig über die Halbzylinderflächen verteilt. Der Widerstand des Werkstoffes gegenüber äußerer Belastung erfolgt mit Normalspannungen, die ihr Zentrum in der Mitte der Bohrung haben. Die Spannungen selbst sind demnach in ihrer Größe unterschiedlich.

### 4.1.3 Berechnungen zum Druck

Die nachfolgenden Berechnungsbeispiele dienen als Basis für die FE-Berechnungen. Die Wahl der Beispiele ermöglicht Handrechnungen, die eine Beurteilung der FEM-Lösungen erlauben.

**Reiner Druck:** Bei den Modellen zum Thema Zugbeanspruchungen (s. 3.1.2) wurden ausgehend von einer Belastung F die Verlängerungen $\Delta l$ und daraus die Spannungen berechnet. Bei den Beispielen zum reinen Druck wird die Vorgabe verändert. Es wird eine Verschiebung $\Delta l$ vorgegeben und daraus die zugehörige Belastung F errechnet.

Es werden mehrere Varianten von Druckstäben untersucht (Abb. 4.7.). Auf den zylindrischen Aluminium-Vollstab und auf den Stahl-Hohlzylinder wirken jeweils eine Verschiebung von $\Delta l$ = 0,025 mm. Die beiden Einzelkörper werden in einer

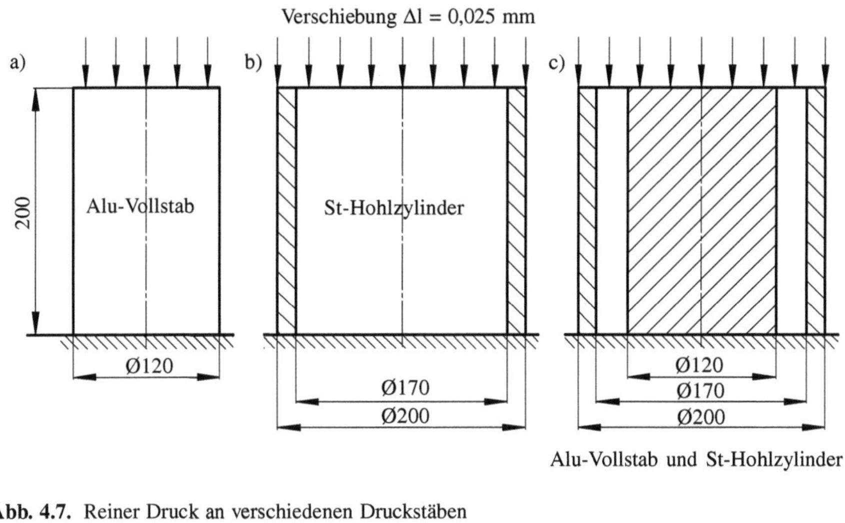


**Abb. 4.7.** Reiner Druck an verschiedenen Druckstäben

weiteren Variante parallel angeordnet und ebenfalls mit dieser Verschiebung belastet.

Weitere Daten:

a) Alu-Vollstab d = 120 mm mit Querschnittsfläche $A_{Al} = 11310\ mm^2$, Stablänge $l_0 = 200$ mm, $E_{Al} = 70\ kN/mm^2$.

b) St-Hohlzylinder $d_a = 200$ mm, $d_i = 170$ mm mit Querschnittsfläche $A_{St} = 8718\ mm^2$, Länge $l_0 = 200$ mm, $E_{St} = 210\ kN/mm^2$.

Mit Gl. 4.1 und 4.2 (umgestellt nach F) ergibt sich mit

$$F = \frac{\Delta l \cdot E \cdot A}{l_0}$$ für

a) Alu-Vollstab $F_{Al} = 98963\ N$, $\sigma_{dAl} = 8{,}75\ N/mm^2$ und für

b) St-Hohlzylinder $F_{St} = 228848\ N$, $\sigma_{dSt} = 26{,}25\ N/mm^2$.

Die Berechnung für den Fall, bei dem Alu-Vollstab und St-Hohlzylinder parallel belastet werden (Abb. 4.7. c), erfolgt ebenfalls unter Verwendung der Gl. 4.1 und 4.2. Wird wiederum die Verschiebung $\Delta l = 0{,}025$ mm als Beanspruchung wirksam, ergeben sich in den Einzelkörpern die bereits bekannten Kräfte und Spannungen. Eine interessante Fragestellung entsteht, wenn die Flächenlast q ermittelt werden soll, die für die gemeinsame Verschiebung notwendig ist. Aus der Überlegung, dass beide Körper den gleichen Wert der Verkürzung erfahren müssen, folgt

$$\frac{F_{Al}}{A_{Al} \cdot E_{Al}} = \frac{F_{St}}{A_{St} \cdot E_{St}}$$ ; über das Kräftegleichgewicht $F_{ges} - F_{Al} - F_{St} = 0$,

mit $F_{ges} = q \cdot A_{ges}$ zu $q \cdot A_{ges} = F_{Al} + F_{St}$,

und Einsetzen entsteht

$$\frac{q \cdot A_{ges} - F_{St}}{A_{Al} \cdot E_{Al}} = \frac{F_{St}}{A_{St} \cdot E_{St}}$$

Durch Umstellen der Gleichung nach q ergibt sich für

c) Alu-Vollstab parallel mit St-Hohlzylinder $q = 16{,}37\ N/mm^2$.

Damit ist die Flächenlast erechnet, die beispielsweise über eine starre Platte eingeleitet, eine Verschiebung von 0,025 mm hervorruft.

**Knickung:** Verwendet wird der prismatische Rechteckstab mit konstantem Querschnitt, der bereits bei der Zugbeanspruchung (Abschnitt 3.1.2) mit

$F = 10$ kN, $E_{St} = 210\ kN/mm^2$, $b = 20$ mm, $h = 10$ mm, $l_0 = 150$ mm

Anwendung fand. Eine Rechnung auf reinen Druck entspricht der Zugberechnung hinsichtlich der absoluten Werte. Die Zugspannung wird zur Druckspannung und die Verlängerung des Stabes zur Kürzung vorausgesetzt der Druckstab kommt nicht bereits vorher zum seitlichen Ausknicken.

Für die Musterrechnung wird

a) die Einspannung des prismatischen Rechteckstabes nach Abb. 4.8. und

b) die Werkstoffkenngröße $\sigma_{dP}$ = 260 N/mm² verwendet.

Nach Gl. 4.3 unter Verwendung des kleineren Flächenträgheitsmomentes $I_{min}$ ergibt sich als

Knickkraft $F_K$ = 38390 N > vorh. Druckkraft F = 10 kN => kein Ausknicken.

Bei Belastung mit der Knickkraft $F_K$ beginnt das Ausknicken, wenn der EULERsche Ansatz nach Gl. 4.3 gültig ist. Das Kriterium des Schlankheitsgrades $\lambda_{vorh} > \lambda_0$ muss dafür erfüllt sein.

Mit den Gl. 4.4 bis 4.6 ergibt sich

$$\lambda_{vorh} = 103{,}8 \; > \; \lambda_0 = \lambda_{min} = 89{,}3$$

und der EULERsche Ansatz ist zulässig. Die Druckspannung bei Wirkung der Knickkraft $F_K$, d. h. die Knickspannung wird somit

$$\sigma_k = 192 \text{ N/mm}^2 \; < \; \sigma_{dP}$$

Die Knickspannung liegt unter der Proportionalitätsgrenze $\sigma_{dP}$ . Bevor der vorgegebene prismatische Rechteckstab diese Werkstoffgrenze erreicht, kommt es bereits zum instabilen Zustand, d. h. zum Ausknikken.

Wird der Stab länger als 150 mm gewählt, gelten die gleichen Aussagen. Die Kürzung des Stabes ist bis zum Grenzschlankheitsgrad l = $\lambda_0 \cdot i/2$ möglich. Bis zu dieser Länge gilt die elastische Knickung nach EULER, darunter liegt unelastische Knickung vor und es sind andere Ansätze zu wählen.

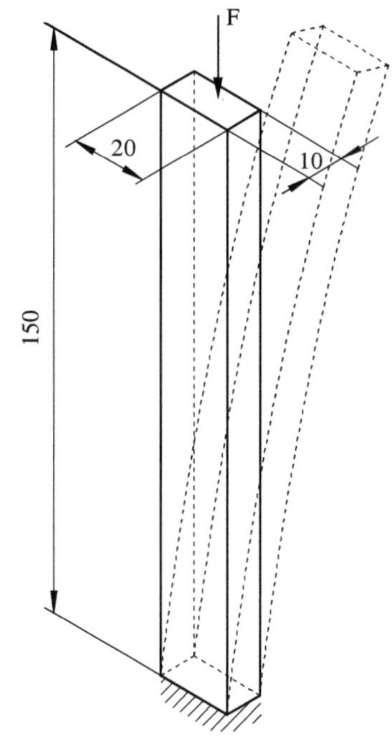


**Abb. 4.8.** Abmessungen des Knickstabes nach Knickfall I ($l_k$ = 2 l)

### 4.1.4 Berechnungen zu Berührungsspannungen

**Flächenpressung:** Es wird das Prisma nach Abb. 4.3. zugrunde gelegt. In dieser Abbildung ist durch den Schnitt bereits kenntlich gemacht, dass nur eine Hälfte des Prismas mit den Kräften F/2 bzw. $F_N/2$ betrachtet wird.

Für die Musterrechnung gelten die Abmessungen nach Abb. 4.9. Die Anordnung des x-y-Koordinatensystems ist so gewählt worden, um bei der später folgenden FE-Berechnung mit gleicher Basis für eine Pressung zwischen Zylinder und Ebenen modellieren zu können. Daraus resultieren auch die etwas krummen Werte der geometrischen Abmessungen.

Die Berechnungen nach den klassischen Ansätzen der Technischen Mechanik (Gl. 4.7 und 4.8) idealisieren den Zustand am Prisma.

Die unterschiedlichen Steifigkeiten der beiden Körper führen zu Verformungen, die sich real in verschiedenen Pressungswerten über der Fläche ausdrücken. Mit den genannten Gleichungen kann also nur ein Mittelwert errechnet werden.

Die Vorgaben lauten: $F = 2000\ \text{N}$

$E_{St} = 210\ \text{kN/mm}^2$

Mit Gl. 4.8 wird die projezierte Fläche verwendet und es ergibt sich

$p = 11{,}35\ \text{N/mm}^2$,

die Umrechnung von F in $F_N$ über den Prismenwinkel und Nutzung der Normalfläche entspräche dem Berechnungsweg nach Gl. 4.7.

Aussichtslos ist die Berechnung der Pressung, wenn durch eine toleranzbedingte Abweichung ein Winkelfehler zwischen den beiden Prismenflächen entsteht. Die Pressungsfläche kann dabei nur näherungsweise abgeschätzt werden. Die Pressungsverteilung wird zusätzlich durch die Verformung an Teilstücken des Prismas überlagert.

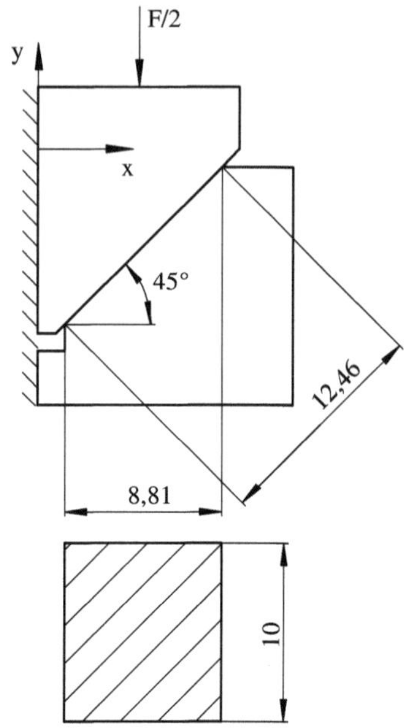


**Abb. 4.9.** Pressung p am Prisma

**HERTZsche Pressung:** Die Paarungen Zylinder/Ebene und Zylinder/Zylinder werden berechnet (Abb. 4.10.). Ein Alu-Zylinder mit ∅ 16 wird auf eine Stahlplatte bzw. einen Stahl-Zylinder (∅ 48) mit F = 2000 N gedrückt.

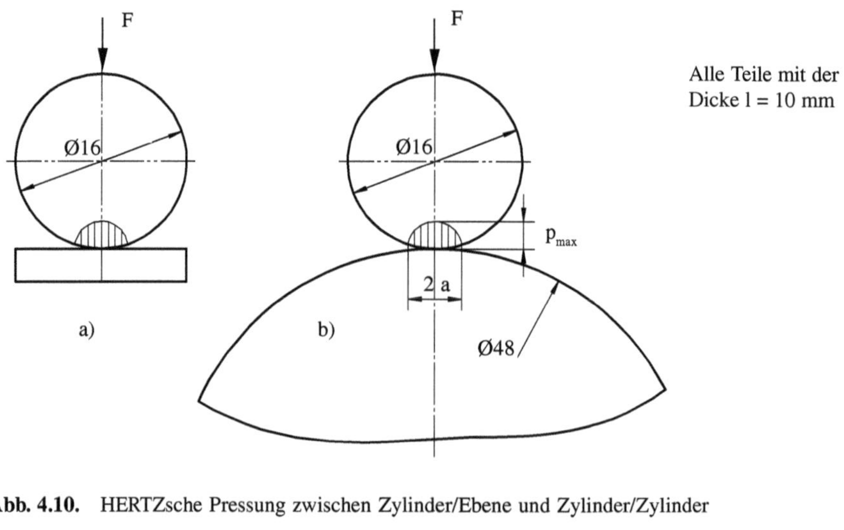


**Abb. 4.10.** HERTZsche Pressung zwischen Zylinder/Ebene und Zylinder/Zylinder

Wegen der unterschiedlichen E-Moduln ($E_{Al}$ = 70 kN/mm², $E_{St}$ = 210 kN/mm²) muss nach Gl. 4.12 der Ersatzmodul berechnet werden: E = 105 kN/mm².

Weitere Daten nach Gl. 4.9, 4.10, 4.11:

a) Zylinder/Ebene $r = r_1$ = 8 mm; $p_{max}$ = 677 N/mm²; a = 0,1876 mm;
b) Zylinder/Zylinder r = 6 mm; $p_{max}$ = 782 N/mm²; a = 0,1625 mm.

Die Berechnungen liefern Pressungswerte, die bezogen auf die Dicke l konstant sind, d. h. Winkelfehler der Achsen, die zu örtlich unterschiedlichen Pressungen führen, können nicht erfasst werden.

**Zapfen in Lagerschale:**

Die Berechnungen beschränken sich auf den einfachen Fall, dass ein ruhender Zapfen ohne Schmiermittel mit einer Kraft F belastet wird (Abb. 4.11.).

Weitere Daten:
F = 2000 N;
$E_{St}$ = 210 kN/mm² Stahl-Zapfen;
$E_{GG}$ = 105 kN/mm² GG-Gehäuse.

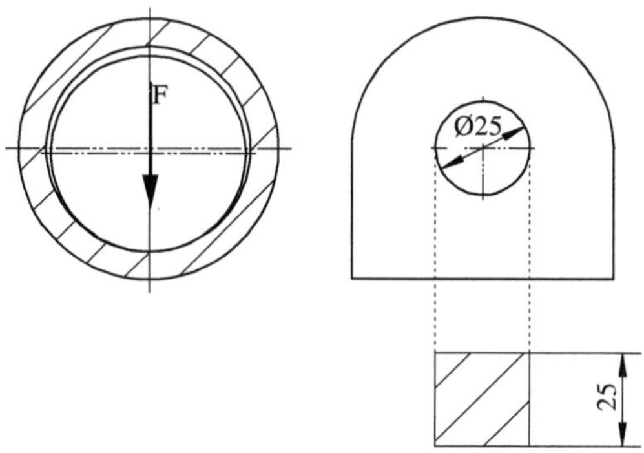


**Abb. 4.11.** Zapfen in Lagerschale

Das erforderliche Zapfenspiel in der Lagerschale hat für die überschlägliche Berechnung nach Gl. 4.13 keine Bedeutung, es ergibt sich somit

$p_m$ = 3,2 N/mm².

**Lochleibung:** Die fest sitzenden Bolzen in der Lasche erweitern die Bohrung unter Belastung (Abb. 4.12.). Die Gl. 4.14 zur näherungsweisen Berechnung unterscheidet sich inhaltlich nicht von der Gl. 4.13 (Zapfen in Lagerschale).

Weitere Daten: F = 5000 N;
Bolzen/Lasche $E_{St}$ = 210 kN/mm².
Mit Gl. 4.14 ergibt sich

$\sigma_1$ = 66,7 N/mm².

Während beim Beispiel Zapfen in Lagerschale die Einflüsse auf die Druckverteilung durch das Schmiermittel und die Auswirkung des Lagerspiels unberücksichtigt bleiben, kommt es bei der Lochleibung zur Vernachlässigung der Vorspannung durch das Eindrücken der Bolzen.

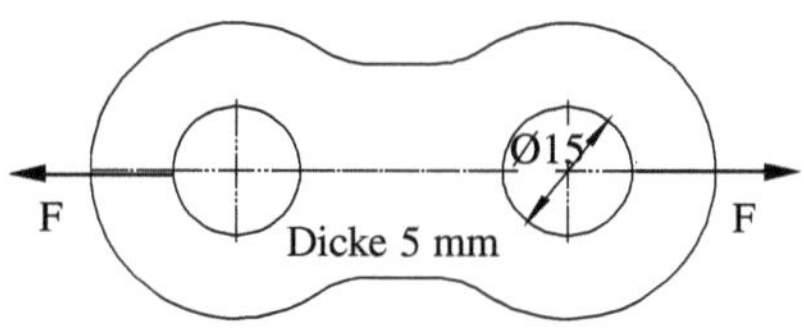


**Abb. 4.12.** Bolzenverbindung an einer Lasche

## 4.2 Modellbildung Druck

### 4.2.1 Reiner Druck am prismatischen Druckstab

FE-Berechnungen für reinen Druck erscheinen wegen der einfachen Strukturen wenig ergiebig. Die Druckstäbe nach Abb. 4.7. eignen sich aber sehr gut zur Demonstration von FE-Techniken. Fehler bei der Modellbildung werden hier sofort erkannt, bei komplizierten Modellen lässt sich das Ergebnis häufig schwieriger beurteilen. Die Abmessungen der Druckstäbe wurden so gewählt, dass keine Knickgefahr besteht.

Als Modelle liegen 2 Druckstäbe vor: a) Alu-Vollstab,
b) St-Hohlzylinder.

In einer weiteren Berechnung werden die beiden Druckstäbe parallel angeordnet und zum Vergleich mit der bei den Einzelstäben verwendeten Beanspruchung belastet.

Die Berechnung der Einzelstäbe erfolgt über Volumenmodelle. Diese sind für die zu erwartenden Aussagen nicht unbedingt erforderlich, ermöglichen aber die Anwendung verschiedener FE-Techniken.

Die Stäbe in paralleler Anordnung werden als rotationssymmetrische Körper modelliert. Diese FE-Technik ermöglicht eine deutliche Reduzierung der Anzahl von Knoten und Elementen. In diesen Modellen wird auch die FE-Technik der Lastaufbringung in Form einer Pressung angewendet.

**Zu Tafel 4/1:** Die Modellbildung erfolgt nach dem bereits in Kap. 3 „Zugbeanspruchungen" (Tafel 3/5) verwendeten Ablauf. Ein Unterschied ist gegeben durch die Art der äußeren Belastung. An den Zugstäben wurden Kräfte eingeleitet und im Ergebnis die entstehenden Verschiebungen ermittelt, während bei den Druckstäben gezeigt werden soll, wie aus vorgegebenen Verschiebungen die Reaktionskräfte berechnet werden. Zug- oder Druckspannungen treten unabhängig davon als abgeleitete Größen der vorhandenen Dehnungen auf.

Nach der Generierung des geometrischen Grundkörpers als Viertelzylinder erfolgt die Vernetzung. Die Netzdichte ist bei der einfachen Gestalt und der unkritischen Lastaufbringung von untergeordneter Bedeutung. Gefordert wird lediglich die geradzahlige Elementeanzahl (2; 4; 6 ...) für den Viertelstab mit 3 Begrenzungslinien an den Stirnseiten.

Die Anzahl der Elemente bezogen auf die Stablänge bestimmt, wie genau die Verschiebung an beliebigen Orten des Stabes ermittelt werden kann. Die Darstellung der Knoten veranschaulicht, dass nur an diesen Stellen Ergebnisse in Form von Verschiebungen vorliegen. Zwischen den Knoten gibt es keine Informationen.

Für die Lagerung und die Lastaufbringung werden für die selektierten Knoten jeweils Koppelgruppen gebildet. In einem Masterknoten kann somit die Summe der Lagerkräfte als Reaktionskraft der aufgebrachten Verschiebung ausgelesen werden.

Die Verschiebung von Uz = 0,025 mm wird ebenfalls nur über einen Masterknoten eingeleitet. Ohne Kopplung kommt es zu unbedeutenden Abweichungen in den Ergebnissen zwischen Innen- und Randelementen, die mitunter bei der grafischen

Auswertung sichtbar sind und zu Fehldeutungen der Ergebnisse führen können. Die ausgelesene Reaktionskraft nach der FE-Berechnung ist für den Viertelstab gültig. Multipliziert mit 4 ergibt sich damit für den

Alu-Vollstab F = 98324 N ( klassische Rechnung n. 4.1.3 F = 98963 N).

| **FE-A1 Druck** | Allgemeine Befehlsfolge |
|---|---|
| Name | Speicherung der FE-Rechnung unter FILE-Name "Druck1" |
| Elemente | 3-dimensionales Volumenelement (8 Knoten) |
| Werkstoffe | Alu: $E_{Al}$= 70 kN/mm² ν = 0,34 |
| Geometrie | CAD-Modell aus geometrischen Grundkörper "Zylinder" als Viertelzylinder erstellen - Nummern für Keypoints und Linien werden vom FE-System automatisch vergeben;<br>Daten des Viertelzylinders: Radius R = 60 mm; Länge l = 200 mm; Viertelbogen φ= 90 °; |
| Vernetzung | Elementeanzahl (Rechteckelemente) definieren:<br>15 an L9; 8 für alle anderen; es werden 720 Elemente mit 976 Knoten generiert; |
| Randbedingungen | Lagerung: selektiert über kartesisches Koordinatensystem (z=0); Koppelgruppe "Lager" bilden; Masterknoten festlegen, Uz=0 gesetzt;<br>Verschiebung in mm: selektiert über kartesisches Koordinatensystem (z=200); Koppelgruppe "Versch" bilden; Masterknoten festlegen, Uz = – 0,025 gesetzt;<br>Symmetrien: selektiert über kartesisches Koordinatensystem (y=0); Symmetrie zur y-Achse anwenden; selektiert über kartesisches Koordinatensystem (x=0); Symmetrie zur x-Achse anwenden; |
| Berechnung und Ergebnisse | Ansatz: statisch, linear,<br>Charakteristische Größe: Verschiebung der Knoten,<br>Reaktionskraft am Masterknoten: F/4 = 24581 N;<br>Druckspannungen gesamter Stab: $\sigma_d$= 8,75 N/mm²; |

*x , y , z* Koordinaten im globalen kartesischen Koordinatensystem,
*Ux , Uy , Uz , ROTx , ROTy , ROTz* Verschiebungen und Verdrehungen,
*K* Keypoint (Geometriepunkt im CAD-Modell), *L* Line (Linie im CAD-Modell),
*N* Node (Knoten im FE-Modell), *E* Element (Element im FE-Modell),
*FE-A* Finite Elemente Anwendungsbeispiel,

Fortsetzung nächste Seite

| FE-A1 Druck | Bildfolge |
|---|---|
| Geometrie | 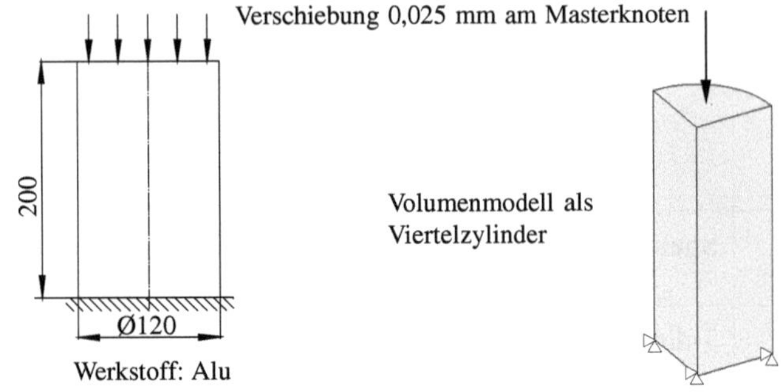 |
| Vernetzung Randbedin-gungen | 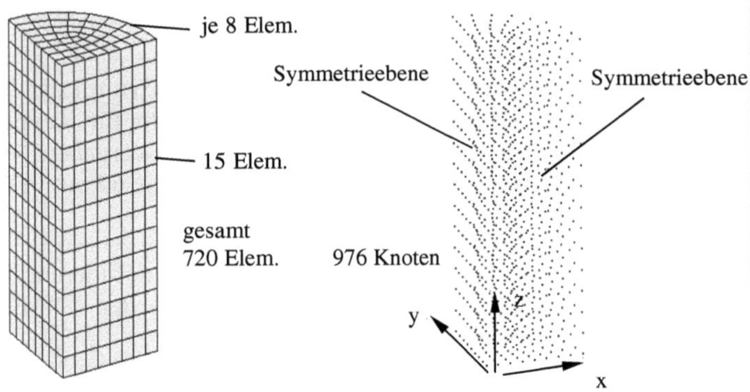 |
| Grafische Ergebnisse | 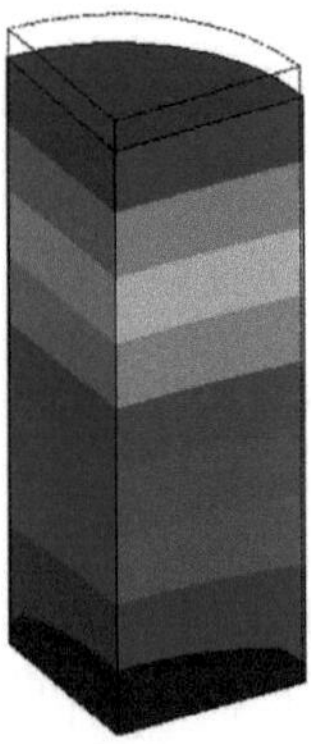 Die Verschiebung 0,025 mm am Masterknoten ruft eine Reaktionskraft F/4 = 24581 N hervor.<br>Die Druckspannung ist mit 8,75 N/mm² konstant über dem gesamten Körper.<br>Dargestellt ist die Verschiebung entlang der Stabachse in 9 Teilschritten. |

**Tafel 4/1:** Druckbelastung an einem prismatischen Rundstab (Viertelstab) mit Rechteck-Volumenelementen - Verschiebung als äußere Last an einer Koppelgruppe

Für die Abweichung von ca. 0,6% ist die segmenthafte Volumenbildung durch Elemente verantwortlich. Eine feinere Vernetzung führt zur Reduzierung der Differenz. Als Druckspannung wird wie bei der klassischen Rechnung $\sigma_d = 8{,}75\ N/mm^2$ ermittelt.

Die grafischen Ergebnisse in der Bildfolge zeigen Ausgangsstab und verschobenen Stab überlagert dargestellt. Dabei fällt auf, dass die Verschiebung von 0,025 mm unverhältnismäßig groß zur Länge des Stabes abgebildet ist. FE-Programme beinhalten dieses Merkmal für die grafische Auswertung der FE-Berechnungen. Ohne diese Vergrößerung wäre ansonsten die Verschiebung nicht sichtbar.

Für den Anwender ist zu beachten, dass damit auf dem Bildschirm keine maßstäblichen Verschiebungen vorliegen, sondern immer nur Tendenzen, d. h. für 1 mm oder 0,01 mm Verschiebung kann die gleiche Abbildung entstehen.

**Zu Tafel 4/2:** Das Modell für den Stahl-Hohlzylinder ist mittels des geometrischen Grundkörpers „Zylinder" einfach zu erstellen. Da alle Seitenflächen des Viertelzylinders durch 4 Linien gebildet werden, kann eine problemlose Vernetzung mit Rechteck-Volumenelementen ohne Beschränkungen erfolgen.

Probleme treten erst auf, wenn die Wanddicke im Verhältnis zu Durchmesser und Länge sehr klein wird. Die Vernetzung mit Rechteck-Volumenelementen führt dann zu ungünstigen Elementestrukturen und ein Elementewechsel hin zum Schalenelement ist empfehlenswert. Bei Anwendung von Schalenelementen wird die Dicke der Wandung dem Element direkt zugeordnet, so dass nur noch Umfang und Höhe bei der Vernetzung gesteuert werden müssen. Bei der vorliegenden Geometrie kann die Wanddicke noch vernünftig mit 3 Elementen vernetzt werden.

Dem Viertelumfang wurden 8 Elemente zugeordnet. Der Viertelkreis wird damit ausreichend abgebildet. Diese Zuordnung ist aber noch aus anderer Sicht bedeutungsvoll. Die Knoten an den Stirnseiten sitzen damit in einem Winkelabstand von 90°/8 Knoten = 11,25° und nur unter dem Vielfachen dieses Winkels lassen sich bei örtlich begrenzter Beanspruchung Lasten einleiten. Mit der Wahl der Elementezahl trifft man also auch eine Entscheidung über die Genauigkeit der Belastungsverteilung.

Das Einbringen von Lagerung und äußerer Belastung erfolgt unter den gleichen Bedingungen wie beim FE-Anwendungsbeispiel nach Tafel 4/1. Da das CAD-Modell auch durch den geometrischen Grundkörper „Zylinder" gebildet wurde, liegt auch die gleiche Lage der Achsen vor. Bei Nutzung von geometrischen Grundkörpern wird im Regelfall der Querschnitt in der x-y-Ebene und die Höhe bzw. Länge in der z-Achse dargestellt.

Die ausgelesene Reaktionskraft nach der FE-Berechnung ist für das Viertelsegment des Stahl-Hohlzylinders gültig. Multipliziert mit 4 ergibt sich damit für den

St-Hohlzylinder F = 227376 N (klassische Rechnung n. 4.1.3 F = 228848 N).

Die Abweichung liegt auch hier bei ca. 0,6 %. Damit liegt eine ausreichende Vernetzung des Alu-Vollstabes und des St-Hohlzylinders vor. Als Druckspannung wird wie bei der klassischen Rechnung $\sigma_d = 26{,}25\ N/mm^2$ ermittelt.

| **FE-A2 Druck** | Allgemeine Befehlsfolge |
|---|---|
| Name | Speicherung der FE-Rechnung unter FILE-Name "Druck2" |
| Elemente | 3-dimensionales Volumenelement (8 Knoten) |
| Werkstoffe | Stahl: $E_{St}$= 210 kN/mm² $\nu$ = 0,3 |
| Geometrie | CAD-Modell aus geometrischen Grundkörper "Zylinder" als Viertelzylinder erstellen - Nummern für Keypoints und Linien werden vom FE-System automatisch vergeben;<br>Daten des Viertelzylinders: Radius $R_i$= 85 mm; $R_a$= 100 mm; Länge l = 200 mm; Viertelbogen $\varphi$= 90 °; |
| Vernetzung | Elementeanzahl (Rechteckelemente) definieren:<br>15 an L9; 3 an L8; 8 für alle anderen; es werden 360 Elemente mit 576 Knoten generiert; |
| Randbedin-gungen | Lagerung: selektiert über kartesisches Koordinatensystem (z=0); Koppelgruppe "Lager" bilden; Masterknoten festlegen, Uz=0 gesetzt;<br>Verschiebung in mm: selektiert über kartesisches Koordinaten-system (z=200); Koppelgruppe "Versch" bilden; Masterknoten festlegen, Uz = – 0,025 gesetzt;<br>Symmetrien: selektiert über kartesisches Koordinatensystem (y=0); Symmetrie zur y-Achse anwenden;<br>selektiert über kartesisches Koordinatensystem (x=0); Symmetrie zur x-Achse anwenden; |
| Berechnung und Ergebnisse | Ansatz: statisch, linear,<br>Charakteristische Größe: Verschiebung der Knoten,<br>Reaktionskraft am Masterknoten F/4 = 56844 N;<br>Druckspannungen gesamter Stab $\sigma_d$= 26,25 N/mm²; |

*x* , *y* , *z* Koordinaten im globalen kartesischen Koordinatensystem,
*Ux* , *Uy* , *Uz* , *ROTx* , *ROTy* , *ROTz* Verschiebungen und Verdrehungen,
*K* Keypoint (Geometriepunkt im CAD-Modell), *L* Line (Linie im CAD-Modell),
*N* Node (Knoten im FE-Modell), *E* Element (Element im FE-Modell),
*FE-A* Finite Elemente Anwendungsbeispiel,

Fortsetzung nächste Seite

| FE-A2<br>Druck | Bildfolge |
|---|---|
| Geometrie | 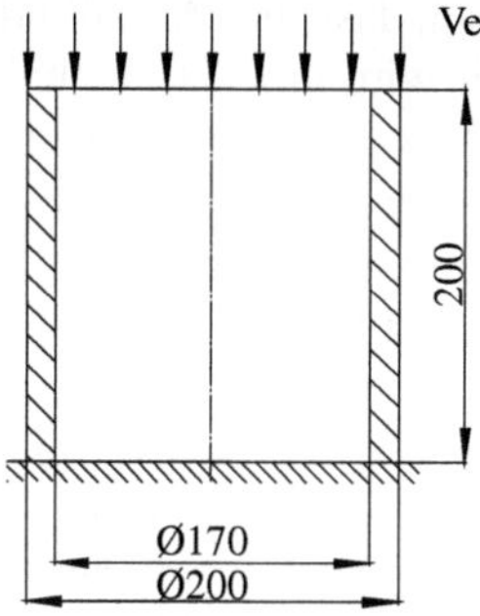<br>Werkstoff: Stahl<br>Verschiebung 0,025 mm am Masterknoten<br>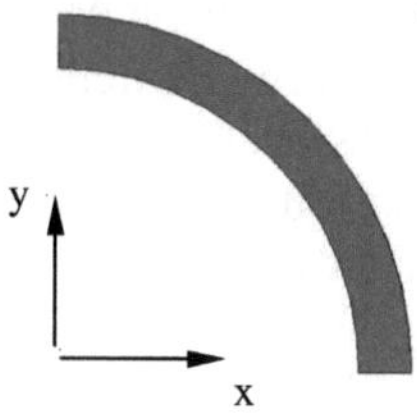<br><br>Profil des 90°-Hohlzylinders - gezogen zum Viertelzylinder |
| Vernetzung<br>Randbedin-<br>gungen | 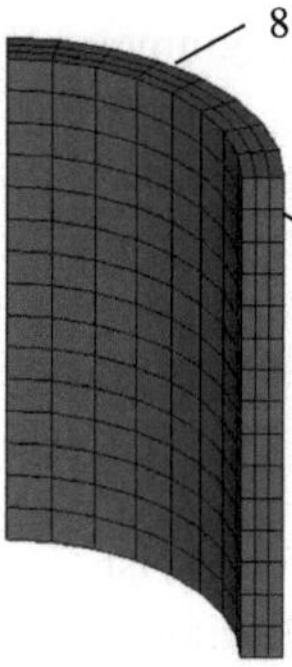<br>8 Elem.<br>15 Elem.<br>gesamt<br>360 Elem.<br>Symmetrieebene<br>576 Knoten<br>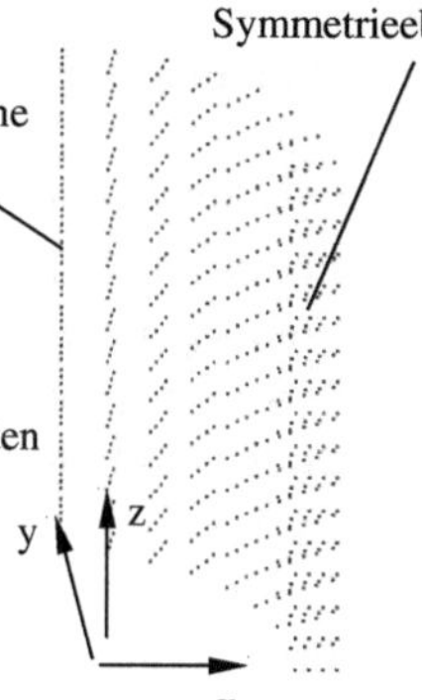<br>Symmetrieebene |
| Grafische<br>Ergebnisse | 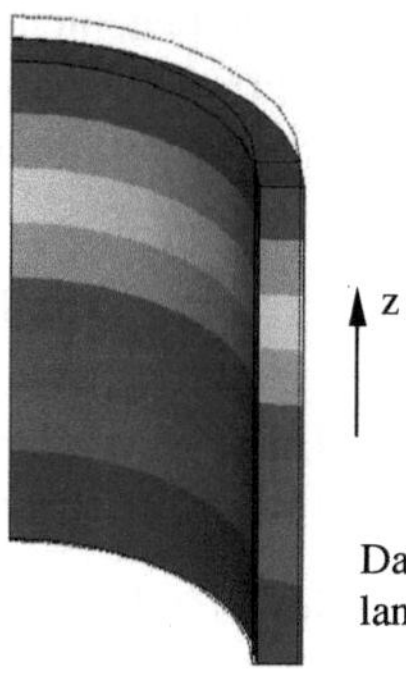<br>Die Verschiebung 0,025 mm am Masterknoten ruft eine Reaktionskraft<br>F/4 = 56844 N hervor.<br>Die Druckspannung ist mit<br>26,25 N/mm²<br>konstant über dem gesamten Körper.<br>Dargestellt ist die Verschiebung entlang der z-Achse in 9 Teilschritten. |

**Tafel 4/2:** Druckbelastung an einem prismatischen Hohlzylinder (Viertelstab) mit Rechteck-Volumenelementen - Verschiebung als äußere Last an einer Koppelgruppe

**Zu Tafel 4/3:** Die in Tafel 4/1 und 4/2 berechneten Druckstäbe werden parallel angeordnet und gemeinsam mit der Verschiebung Uy = 0,025 mm belastet. Da die Vorgabe nicht abweicht, werden die bereits bekannten Ergebnisse zu erwarten sein. Die Besonderheit liegt bei diesem Beispiel darin, dass die Modellbildung mit einem rotationssymmetrischen Ansatz erfolgt. Damit wird eine FE-Technik angewendet, die es ermöglicht, Vorteile bei der Modellierung symmetrischer Körper zu erzielen.

**Rotationssymmetrie:** Ein Bauteil, dessen Struktur eine geometrische Symmetrie zu einer zentralen Achse aufweist, ist ein rotationssymmetrisches Bauteil. Alle 3-dimensionalen Körper mit rotationssymmetrischer Gestalt lassen sich in der Ebene, d. h. in 2-dimensionaler Form darstellen und rechnen. Dieser Übergang vom Volumenmodell zum Flächenmodell vereinfacht nicht nur die Modellierung, sondern senkt auch aufgrund der geringeren Elementezahl die Rechenzeit. Der Vorteil ist so groß, dass überlegt werden kann, geringe Abweichungen von der Symmetrie beim realen Bauteil zu ignorieren und das rotationssymmetrische Prinzip anzuwenden.

Zu beachten ist, dass alle Lasten, die am 2-dimensionalen Modell angetragen werden, als rotationssymmetrisch wirkende Lasten auftreten. Unter bestimmten Umständen kann allerdings auch eine nicht rotationssymmetrische Belastung simuliert werden.

Bei der Modellbildung sind einige Besonderheiten zu berücksichtigen:

a) Das ebene Modell muss innerhalb des 1. Quadranten des x-y-Koordinatensystems generiert werden.

b) Die Symmetrieachse fällt mit der kartesischen y-Achse zusammen, die x-Achse gibt die radiale Richtung an.

c) Den 2-dimensionalen Elementen muss vorgegeben werden, dass eine rotationssymmetrische Rechnung auszuführen ist.

d) Für Bindungen von Freiheitsgraden (z. B. Lager) und Oberflächenlasten werden die Lasten genauso definiert wie bei nicht rotationssymmetrischen Modellen.

e) Bei der Eingabe von einzelnen Kräften ist zu beachten, dass sich die Eingabewerte immer auf den gesamten Umfang beziehen, d. h. die einzugebende Last ergibt sich aus der Gesamtkraft über dem Umfang.

| Beispiel: | Lasteinleitung am Knoten N | Ø 50 mm, |
|---|---|---|
| | rotationssymmetrische Last | 80 N / 1mmUmfang, |
| | Eingabe am Knoten N | $50 \cdot \pi \cdot 80 = 12566$ N |

Rotationssymmetrische Ergebnisse von Einzelkräften müssen in gleicher Art umgewandelt, d. h. wiederum auf den Umfang bezogen werden.

Nach den genannten Grundsätzen ist das Modell erstellt worden. Da keine Einzelkräfte vorlagen, beschränkte sich die Lasteingabe auf das Aufbringen der Verschiebung Uy = 0,025 mm. Zum bequemeren Auslesen der Werte für die Reaktionskräfte wurden eine Koppelgruppe für die Lagerung des Alu-Vollstabes und eine für den St-Hohlzylinder gebildet.

An den Masterknoten kann dann jeweils der Gesamtwert der Lagerkraft ausgelesen werden. Eine zusätzliche Umrechnung auf den Umfang ist nicht erforderlich.

Die ausgelesenen Reaktionskräfte nach der FE-Berechnung betragen für
a) Alu-Vollstab $F_1$ = 98960 N (klassische Rechnung n. 4.1.3 F = 98963 N),
b) St-Hohlzylinder $F_2$ = 228850 N (klassische Rechnung n. 4.1.3 F = 228848 N).
Zur klassischen Rechnung gibt es praktisch keine Abweichungen mehr, d. h. der rotationssymmetrische Ansatz liefert genauere Ergebnisse als eine 3-dimensionale Analyse.

| **FE-A3 Druck** | Allgemeine Befehlsfolge |
|---|---|
| Name | Speicherung der FE-Rechnung unter FILE-Name "Druck3" |
| Elemente | 2-dimensionales Scheibenelement (4 Knoten) - notwendige Eingaben: rotationssymmetrischer Ansatz |
| Werkstoffe | Alu-Vollstab: $E_{Al}$= 70 kN/mm² $\nu$ = 0,34<br>Stahl-Hohlzylinder: $E_{St}$= 210 kN/mm² $\nu$ = 0,3 |
| Geometrie | CAD-Modell aus geometrischen Grundkörper "Rechteck" erstellen - Nummern für Keypoints und Linien werden vom FE-System automatisch vergeben;<br>Koordinaten der Rechtecke in mm:<br>1. $x_1$=0; $y_1$=0; $x_2$=60; $y_2$=200; 2. $x_1$=85; $y_1$=0; $x_2$=100; $y_2$=200; |
| Vernetzung | Elementeanzahl (Rechteckelemente) definieren:<br>8 an L1; 3 an L5; 15 für alle anderen; es werden 165 Elemente mit 208 Knoten generiert; |
| Randbedingungen | Lagerung: 2 Lagerstellen selektiert über Linien; L1= Koppelgruppe "Lager1" bilden ; L5 = Koppelgruppe "Lager2" bilden; Masterknoten festlegen, jeweils Uy=0 gesetzt;<br>Verschiebung in mm: selektiert über kartesisches Koordinatensystem (z=200); Koppelgruppe "Versch" bilden; Masterknoten festlegen, Uy = – 0,025 gesetzt; |
| Berechnung und Ergebnisse | Ansatz: statisch, linear, rotationssymmetrisch<br>Charakteristische Größe: Verschiebung der Knoten,<br>Reaktionskraft am Masterknoten "Lager1" $F_1$ = 98960 N;<br>"Lager2" $F_2$ = 228850 N;<br>Druckspannungen Alu-Vollstab $\sigma_d$= 8,75 N/mm²;<br>St-Hohlzylinder $\sigma_d$= 26,25 N/mm²; |

*x*, *y*, *z* Koordinaten im globalen kartesischen Koordinatensystem,
*Ux*, *Uy*, *Uz*, *ROTx*, *ROTy*, *ROTz* Verschiebungen und Verdrehungen,
*K* Keypoint (Geometriepunkt im CAD-Modell), *L* Line (Linie im CAD-Modell),
*N* Node (Knoten im FE-Modell), *E* Element (Element im FE-Modell),
*FE-A* Finite Elemente Anwendungsbeispiel,

Fortsetzung nächste Seite

| FE-A3 Druck | Bildfolge |
|---|---|
| Geometrie | 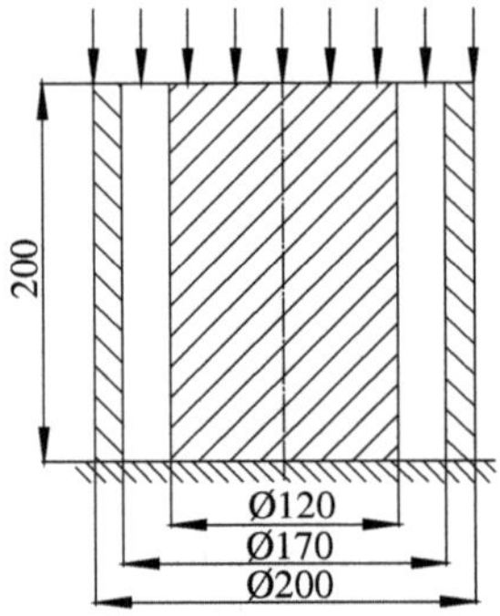<br><br>Verschiebung 0,025 mm am Masterknoten<br>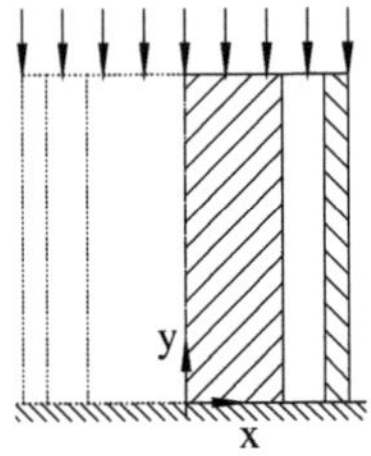<br><br>Darstellung im 1. Quadrant<br>rotationssymmetrische Geometrie, Rotationsachse => y-Achse |
| Vernetzung Randbedingungen | Uy = 0,025 mm für beide Teile<br>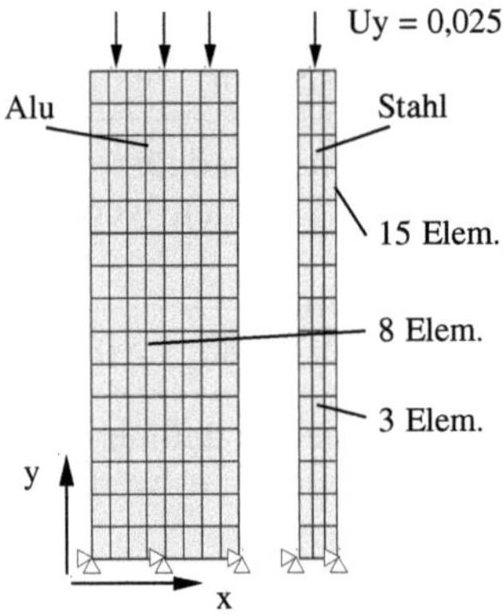<br><br>Gesamt (rotationssymm. Modell): 165 Elemente mit 208 Knoten<br>Zum Vergleich (3D-Modell - Alu-Viertelzylinder mit 90°-Hohlzylinder): 1080 Elemente mit 1552 Knoten |
| Grafische Ergebnisse | 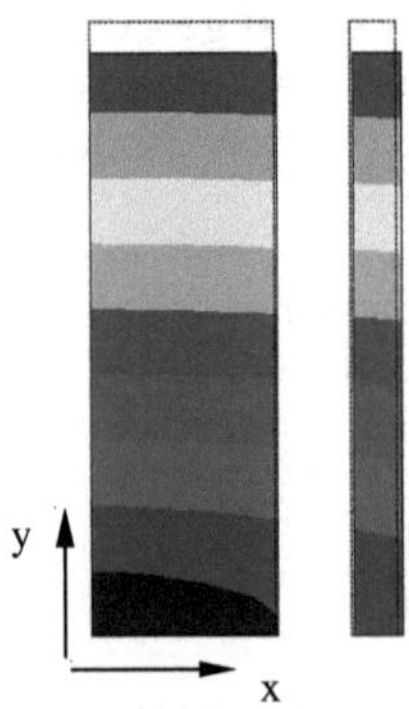<br><br>Die konstante Verschiebung beider Teile mit 0,025 mm führt zu den bekannten Ergebnissen nach Tafel 4/1 und 4/2:<br>$F_{Alu}$ = 98960 N bei $\sigma_d$ = 8,75 N/mm²;<br>$F_{St}$ = 228850 N bei $\sigma_d$ = 26,25 N/mm²;<br>Dargestellt ist die Verschiebung entlang der y-Achse in max. 9 Teilschritte. |

**Tafel 4/3:** Druckbelastung an parallel angeordneten prismatischen Körpern (Vollstab, Hohlzylinder) mit Scheibenelementen und rotationssymmetrischen Ansatz - Verschiebung als äußere Last an einer Koppelgruppe

Als Druckspannung wird wie bei der klassischen Rechnung $\sigma_d$ = 8,75 N/mm$^2$ bzw. $\sigma_d$ = 26,25 N/mm$^2$ ermittelt. Bemerkenswert ist, dass diese Ergebnisse erzielt wurden mit einer deutlich kleineren Elementeanzahl. Beim 3-dimensionalen Alu-Vollstab und St-Hohlzylinder wurden insgesamt 1080 Elemente und 1552 Knoten eingesetzt. Die Lösung mit rotationssymmetrischen Ansatz kommt mit 165 Elementen und 208 Knoten aus.

| **FE-A4 Druck** | Allgemeine Befehlsfolge |
|---|---|
| Name | Speicherung der FE-Rechnung unter FILE-Name "Druck4" |
| Elemente | 2-dimensionales Scheibenelement (4 Knoten) - notwendige Eingaben: rotationssymmetrischer Ansatz |
| Werkstoffe | Alu-Vollstab: $E_{Al}$= 70 kN/mm$^2$ $\nu$ = 0,34<br>Stahl-Hohlzylinder: $E_{St}$= 210 kN/mm$^2$ $\nu$ = 0,3 |
| Geometrie | CAD-Modell aus geometrischen Grundkörper "Rechteck" erstellen - Nummern für Keypoints und Linien werden vom FE-System automatisch vergeben;<br>Koordinaten der Rechtecke in mm:<br>1. $x_1$=0; $y_1$=0; $x_2$=60; $y_2$=200; 2. $x_1$=85; $y_1$=0; $x_2$=100; $y_2$=200; |
| Vernetzung | Elementeanzahl (Rechteckelemente) definieren:<br>8 an L1; 3 an L5; 15 für alle anderen; es werden 165 Elemente mit 208 Knoten generiert; |
| Randbedingungen | Lagerung: 2 Lagerstellen selektiert über Linien; L1= Koppelgruppe "Lager1" bilden ; L5 = Koppelgruppe "Lager2" bilden; Masterknoten festlegen, jeweils Uy=0 gesetzt;<br>Pressung in N/mm$^2$: Knoten selektiert über kartesisches Koordinatensystem (y=200); p = 16,37 gesetzt; |
| Berechnung und Ergebnisse | Ansatz: statisch, linear, rotationssymmetrisch<br>Charakteristische Größe: Verschiebung der Knoten,<br>Reaktionskraft am Masterknoten "Lager1" $F_1$ = 185110 N;<br>"Lager2" $F_2$ = 142690 N;<br>Verschiebungen in mm: Alu-Vollstab $Uy_{max}$= 0,047;<br>St-Hohlzylinder $Uy_{max}$= 0,010; |

*x , y , z* Koordinaten im globalen kartesischen Koordinatensystem,
*Ux , Uy , Uz , ROTx , ROTy , ROTz* Verschiebungen und Verdrehungen,
*K* Keypoint (Geometriepunkt im CAD-Modell), *L* Line (Linie im CAD-Modell),
*N* Node (Knoten im FE-Modell), *E* Element (Element im FE-Modell),
*FE-A* Finite Elemente Anwendungsbeispiel,

Fortsetzung nächste Seite

| FE-A4 Druck | Bildfolge |
|---|---|
| Geometrie | Pressung p = 16,37 N/mm² auf Alu- bzw. Stahlzylinder<br>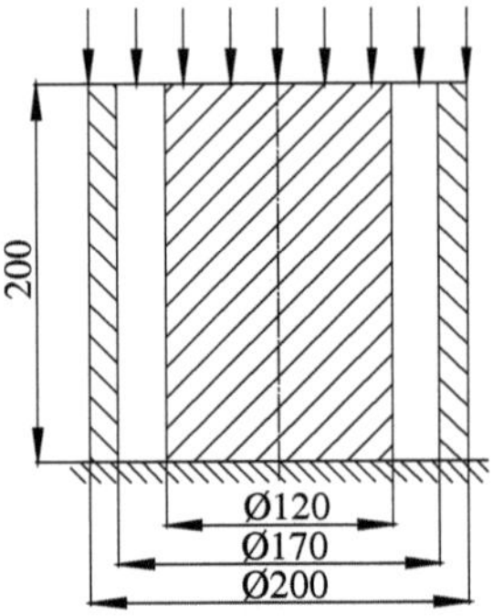<br><br>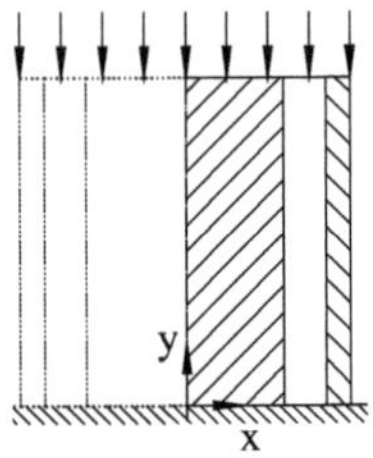<br><br>Darstellung im 1. Quadrant<br>rotationssymmetrische Geometrie, Rotationsachse => y-Achse |
| Vernetzung Randbedingungen | 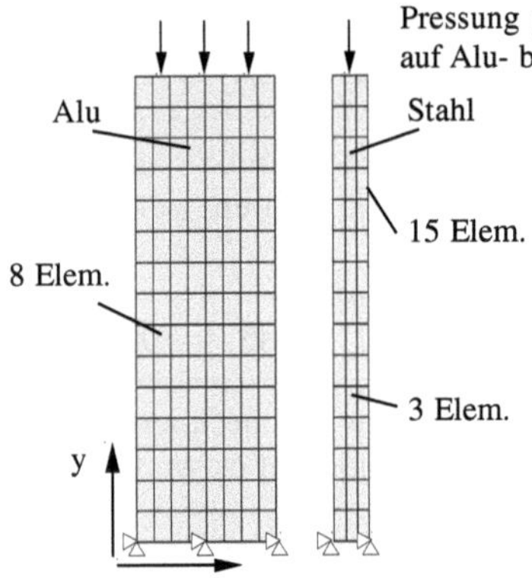<br><br>Pressung p = 16,37 N/mm² auf Alu- bzw. Stahlzylinder<br>Gesamt (rotationssymm. Modell): 165 Elemente mit 208 Knoten<br>Zum Vergleich (3D-Modell - Alu-Viertelzylinder mit 90°-Hohlzylinder): 1080 Elemente mit 1552 Knoten |
| Grafische Ergebnisse | 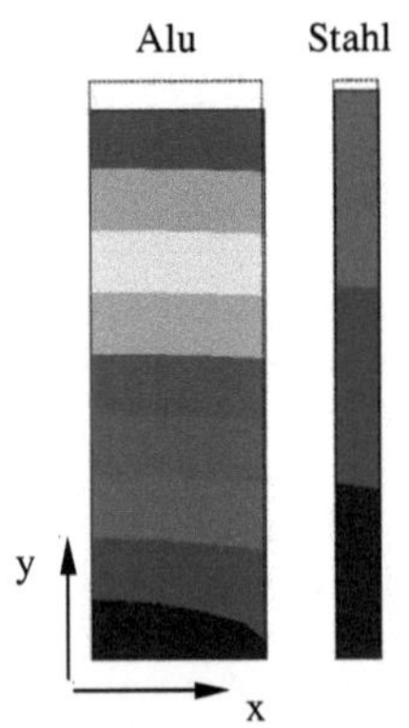<br><br>Verschiebung Alu-Vollstab Uy = 0,047 mm,<br>Verschiebung St-Hohlzylinder Uy = 0,010 mm,<br>Dargestellt ist die Verschiebung entlang der y-Achse in max. 9 Teilschritte. |

**Tafel 4/4:** Druckbelastung an parallel angeordneten prismatischen Körpern (Vollstab, Hohlzylinder) mit Scheibenelementen und rotationssymmetrischen Ansatz - Pressung als äußere Last als Knotenlast

Etwas eingeschränkt ist die optische Darstellung der grafischen Ergebnisse. Die Anschaulichkeit und die Attraktivität eines 3-D-Plots ist höher als die einfachere Darstellung ohne räumlichen Charakter - für die technische Auswertung eines Problems allerdings ohne Bedeutung.

**Zu Tafel 4/4:** Das Modell nach Tafel 4/3 wird zugrunde gelegt. Der wesentliche Unterschied liegt in der Art der Einleitung der äußeren Last. Während bei den bisherigen Beispielen die Verschiebung U als Last aufgebracht wurde, soll jetzt diese Verschiebung durch Aufbringung einer konstanten Flächenlast erzeugt werden. Dazu wurde in 4.1.3 eine klassische Rechnung ausgeführt, die davon ausgeht, dass eine Platte symbolisch auf die beiden zylindrischen Körper drückt und eine gemeinsame Verschiebung von 0,025 mm hervorruft. Bezogen auf die Berührungsflächen wäre dafür ein Flächenlast $q = 16{,}37\ N/mm^2$ notwendig.

Beim Modellaufbau gibt es damit gegenüber dem Modell nach Tafel 4/3 nur die Änderung, die Flächenlast als Pressungswert einzubringen. Pressungen lassen sich auf Linien, Flächen, Elementen oder Knoten aufprägen. Im vorliegenden Fall erfolgt die Generierung auf Knoten. Nach Selektieren der Knoten an der Druckseite im Abstand von $y = 200$ mm erfolgt die Belastung mit $p = 16{,}37\ N/mm^2$ .

Diese Vorgehensweise erscheint einfach und bequem und entspricht auch den ingenieurmäßigen Vorstellungen über die Beanspruchungssituation. Die Antwort in den Ergebnissen der FE-Berechnung zeigt aber den Fehler der Modellbildung. Es haben sich die unterschiedlichen Verschiebungen

a) Alu-Vollstab $Uy = 0{,}047$ mm,

b) St-Hohlzylinder $Uy = 0{,}010$ mm

ergeben. Der rechnerische Ansatz hatte ein gleiche Verschiebung vorausgesetzt.

Das Problem ist zu erklären. Werden Knotenlasten entweder in Form von Einzellasten oder wie gezeigt als Druckkraft aus Oberflächenlasten aufgebracht, liegt nach Größe und Richtung für den einzelnen Knoten eine eindeutige Definition vor. Im Zusammenhang mit der entsprechenden Steifigkeit des Modells wird eine Verschiebung bzw. eine Reaktionskraft berechnet. Weichen die Steifigkeiten der belasteten Körper voneinander ab, kommt es zu unterschiedlichen Ergebnissen.

Eine Verbindung zwischen den beiden Druckkörpern mittels der Oberflächenlast wird nicht hergestellt, d. h. eine „Platte" kann nicht simuliert werden. Das Modell wird gerechnet, als würden 2 einzelne Druckkörper vorliegen. Die Ergebnisse sind für vergleichende Zwecke zu den bisherigen Beispielen uninteressant.

**Zu Tafel 4/5:** Die unbefriedigende Problemlösung für das Modell nach Tafel 4/4 gilt es zu verbessern. Sollen gleichzeitig mehrere Bauteile mit unterschiedlichen Steifigkeiten durch Druck belastet werden, muss eine reale Platte definiert werden. Von der Geometrie her bietet sich das feste Verbinden von Alu-Vollstab mit St-Hohlzylinder mit einer überdeckenden Platte an (Abb. 4.13.). Auf der Platte könnten Verschiebungen oder Oberflächenlasten eingeleitet werden. Das entstehende Modell erscheint günstig, ist aber im hohen Maße fehlerhaft.

Durch die feste Verbindung ist ein Körper entstanden, der ein gänzlich anderes Steifigkeitsverhalten aufweist. Der vorher freie St-Hohlzylinder wird durch die Platte in eine Gestalt ähnlich einem Vollzylinder mit ausgedrehter Rille umgewandelt.

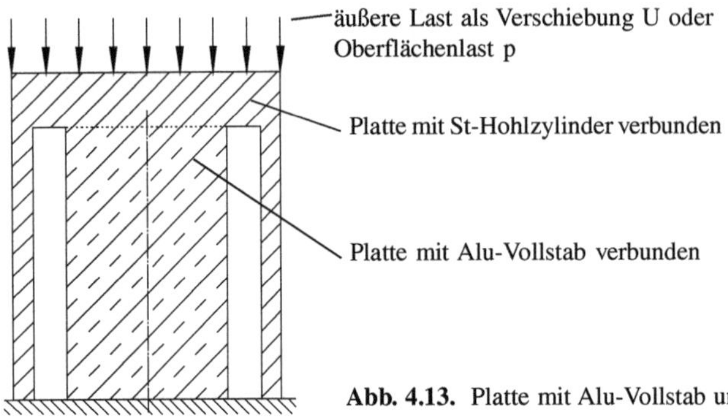


**Abb. 4.13.** Platte mit Alu-Vollstab und St-Hohlzylinder gekoppelt

Eine feste Verbindung zwischen Platte und Druckkörpern ist nicht geeignet, das Problem zu lösen. Die FE-Technik Kontaktelemente ermöglicht es, mit einer freien Platte zu arbeiten. Da Kontaktelemente keine Elemente im eigentlichen Sinne darstellen, wird ihre Anwendung als eine Technik dargestellt, mit welcher mehrere Modelle in Beziehung miteinander gebracht werden können.

**Kontaktelemente:** Das Wesen der Finite Elemente Methode ermöglicht es nur, an einem geschlossenen Modell mit den entsprechenden Randbedingungen ein Gleichungssystem aufzustellen und zu berechnen. Deshalb kann auch kein Modell durch hohe Belastungen in Einzelteile „zerrissen" werden. Liegen also beispielsweise 2 getrennte Modelle vor (Abb. 4.14.), so gibt es zwischen diesen prinzipiell keine Zusammenhänge. Sollen die Modelle sich gegenseitig beeinflussen, wird als Bindeglied das Kontaktelement benutzt.

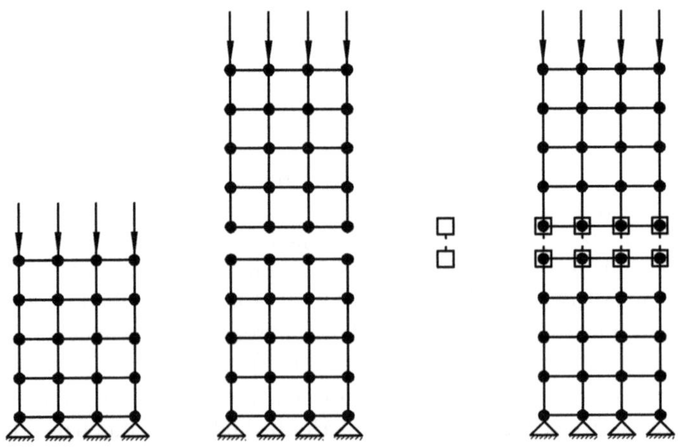


**Abb. 4.14.** Verbinden von 2 Körpern durch Kontaktelemente

Allgemeiner Kontakt ist eine nichtlineare Eigenschaft, die auf Modellberandungen angewendet wird. Es kann Kontakt von Oberfläche zu Oberfläche, ebenso Abheben der Oberflächen unter Einbeziehung von COULOMBscher Reibung berücksichtigt werden.

Kontaktelemente sind keine finiten Elemente. Sie sind nur als Elemente aufzufassen, die Verbindung zwischen Oberflächen herstellen und dabei Kräfte, Drücke und Reibung auf die Knoten der Elemente der Flächen übertragen. Über das zusätzliche Gleichungssystem können in der Folge die Wechselwirkung der beiden berührenden Körper berechnet und ausgewertet werden. Spannungen, Verformungen und Kräfte lassen sich somit erfassen.

Bei der geometrischen Darstellung des Modells müssen die Stellen abgeschätzt werden, an denen Kontakt auftreten kann. Diese Stellen sollten so modelliert sein, dass einfaches Selektieren möglich ist. Die Kontaktelemente werden nach dem Vernetzen des Modells auf die vorhandenen Knoten aufgebracht. Während des Lösungsvorganges erkennt das Programm, welche Kontaktelemente Kontakt haben bzw. welche sich dem Kontakt annähern. Über Kontrollmethoden wird dabei abgesichert, dass eine Oberfläche nicht in eine andere Oberfläche eindringt. Ein tolerierbarer Betrag hält den entsprechenden Abstand.

**Nichtlinearer Ansatz:** Bei der Anwendung von Kontaktelementen entsteht das Merkmal des nichtlinearen Verhaltens bei der Berechnung des Modells. Bei linearem Verhalten (z. B. Spannung zur Dehnung proportional) ist die Lösung in geschlossener Form, d. h. durch Umwandlung der Berechnungsgleichungen gegeben. Wenn die Lösung eines Problems von der Lösung selbst abhängt, liegt ein nichtlineares Verhalten vor.

Bei Festigkeitsberechnungen treten 3 Arten von Nichtlinearitäten auf:

| | |
|---|---|
| Materialnichtlinearität - | Spannungen sind den Dehnungen nicht proportional, |
| große Verformungen - | die Verformungen sind so groß, dass die verformte geometrische Lage berücksichtigt werden muss, |
| Strukturnichtlinearität - | in Abhängigkeit vom Verformungszustand ergeben sich andere Lagerbedingungen, wie z. B. möglich bei Kontaktverbindungen. |

Die Berechnung bei nichtlinearen Zusammenhängen ist nur durch eine iterative Verfahrensweise möglich. Man geht von einem angenommenen Ausgangszustand (z. B. konstantem E-Modul) aus und bestimmt eine erste Lösung. Die Steifigkeitsmatrix dieser Lösung wird korrigiert und eine zweite Lösung ermittelt. Das Iterieren endet, wenn zwischen 2 Iterationen keine Unterschiede mehr auftreten oder vorgegebene Grenzwerte erreicht werden.

Überlagert wird diese Methode durch eine inkrementelle Laststeigerung, d. h. durch ein Aufteilen der Last in eine Reihe von Lastinkrementen entweder über mehrere Lastschritte oder über mehrere Zwischenschritte innerhalb eines Lastschrittes.

Das vorliegende Modell nach Tafel 4/5 beinhaltet alle oben genannten Bedingungen und ist aufgrund seiner einfachen Struktur zur Einführung dieser neuen FE-Technik gut geeignet. Es wird eine Stahl-Druckplatte mit $d_a$ = 200 mm und der Dicke 50 mm über die beiden Druckkörper gesetzt.

| FE-A5 Druck | Allgemeine Befehlsfolge |
|---|---|
| Name | Speicherung der FE-Rechnung unter FILE-Name "Druck5" |
| Elemente | 2-dimensionales Scheibenelement (4 Knoten) - notwendige Eingaben: rotationssymmetrischer Ansatz;<br>2-dimensionale Kontaktelemente; |
| Werkstoffe | Alu-Vollstab: $E_{Al}$= 70 kN/mm² ν = 0,34<br>Stahl-Hohlzylinder: $E_{St}$= 210 kN/mm² ν = 0,3 |
| Geometrie | CAD-Modell aus geometrischen Grundkörper "Rechteck" erstellen - Nummern für Keypoints und Linien werden vom FE-System automatisch vergeben;<br>Koordinaten der Rechtecke in mm:<br>1. $x_1$=0; $y_1$=60; $x_2$=0; $y_2$=200; 2. $x_3$=85; $y_3$=100; $x_4$=0; $y_4$=200;<br>3. $x_5$=0; $y_5$=60; $x_6$=200; $y_6$=250; 4. $x_7$=60; $y_7$=85; $x_8$=200; $y_8$=250;<br>5. $x_9$=85; $y_9$=100; $x_{10}$=200; $y_{10}$=250;<br>- Verbund der Teilflächen A3, A4, A5 als Druckplatte (automatische Bereinigung doppelter Linien und Keypoints); |
| Vernetzung | Elementeanzahl (Rechteckelemente) definieren:<br>30 an L2,L6; 10 an L10; 8 an L9,L3; 4 für alle anderen;<br>- Teilfläche A1 mit $E_{Al}$, alle anderen mit $E_{St}$ vernetzen; anschließend Knoten an Druckplatte(L9,L23)/Druckkörpern(L3,L7) selektieren und Kontaktelemente bilden;<br>es werden 612 Elemente mit 607 Knoten generiert; |
| Randbedingungen | Lagerung: 2 Lagerstellen selektiert über Linien; L1= Koppelgruppe "Lager1" bilden ; L5 = Koppelgruppe "Lager2" bilden;<br>Masterknoten festlegen, jeweils Uy=0 gesetzt;<br>Verschiebung in mm: Knoten selektiert über kartesisches Koordinatensystem (y=250); Koppelgruppe "Druck" bilden; Masterknoten festlegen, Uy = – 0,025 gesetzt; |
| Berechnung und Ergebnisse | Ansatz: statisch, nichtlinear, rotationssymmetrisch<br>Charakteristische Größe: Verschiebung der Knoten,<br>Reaktionskraft am Masterknoten "Lager1" $F_1$ = 93758 N;<br>"Lager2" $F_2$ = 194790 N;<br>Druckspannungen in N/mm²:<br>Alu-Vollstab $\sigma_d$= 8,29; St-Hohlzylinder $\sigma_d$= 22,34; |

*x , y , z* Koordinaten im globalen kartesischen Koordinatensystem,
*Ux , Uy , Uz , ROTx , ROTy , ROTz* Verschiebungen und Verdrehungen,
*K* Keypoint (Geometriepunkt im CAD-Modell), *L* Line (Linie im CAD-Modell),
*N* Node (Knoten im FE-Modell), *E* Element (Element im FE-Modell),
*FE-A* Finite Elemente Anwendungsbeispiel,

Fortsetzung nächste Seite

<table>
<tr><th>FE-A5<br>Druck</th><th>Bildfolge</th></tr>
<tr><td>Geometrie</td><td>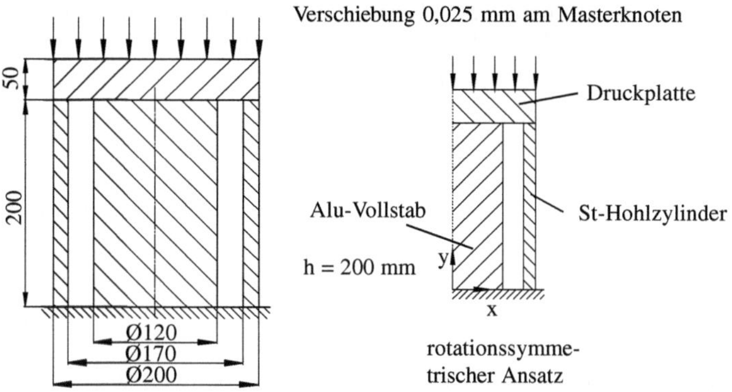
</td></tr>
<tr><td>Vernetzung<br>Randbedin-<br>gungen</td><td>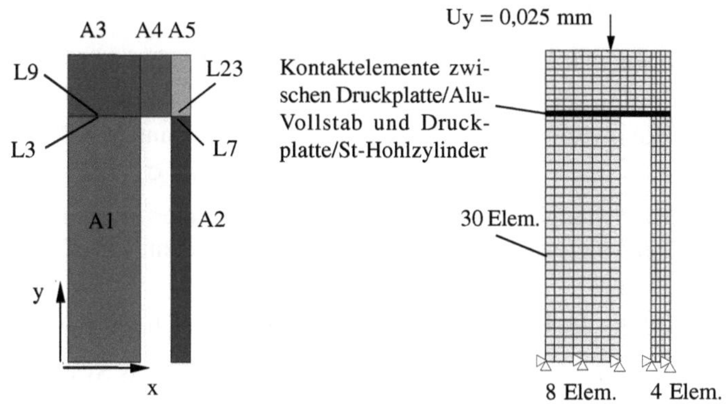
</td></tr>
<tr><td>Grafische<br>Ergebnisse</td><td>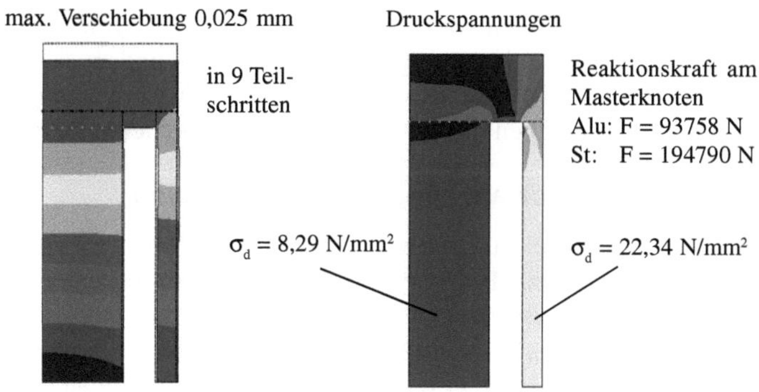
</td></tr>
</table>

**Tafel 4/5:** Druckbelastung an parallel angeordneten prismatischen Körpern (Vollstab, Hohlzylinder) mit Scheibenelementen und rotationssymmetrischen Ansatz - Verschiebung als äußere Last an einer Platte mit Kontaktelementen übertragen

Die Modellbildung muss unter dem Gesichtspunkt der zuverlässigen Vernetzung mit Kontaktelementen stehen. Eine günstige Voraussetzung ist gegeben, wenn sich Knoten der berührenden Körper gegenüber stehen. Die Platte wird deshalb so geteilt, dass eine geometrische Übereinstimmung mit den Durchmessern des Alu-Vollstabes und des St-Hohlzylinders hergestellt wird.

Wegen des rotationssymmetrischen Ansatzes wie unter Tafel 4/4 bereits verwendet, liegt die Platte ebenfalls nur im 1. Quadranten. Aus der allgemeinen Befehlsfolge geht hervor, dass mit zusätzlichen Rechteck-Grundkörpern 3 Flächen (A3, A4, A5) generiert werden. Da sich bereits bei der Eingabe Koordinatenpunkte überlagern, kommt es auch an Begrenzungslinien mit Nachbarflächen zu Überdeckungen. Diese Dopplungen sind unbedingt zu beseitigen, wobei aber beachtet werden muss, dass die Trennung zwischen Druckkörpern und Platte erhalten bleibt. Beim automatischen Regenerieren kann es zu Änderungen der Benummerung von Keypoints, Linien und Flächen kommen.

Mit der Vorgabe Uy = 0,025 mm als Verschiebung an der Platte wird dem theoretischen Ansatz nach 4.1.3 entsprochen. Die Reaktionskräfte und die Druckspannungen in den beiden Druckkörpern lauten

a) Alu-Vollstab $F_1$ = 93758 N (klassische Rechnung n. 4.1.3 F = 98963 N),
$\sigma_d$ = 8,29 N/mm$^2$ (n. 4.1.3 $\sigma_d$ = 8,75 N/mm$^2$),
b) St-Hohlzylinder $F_2$ = 194790 N (klassische Rechnung n. 4.1.3 F = 228848 N),
$\sigma_d$ = 22,34 N/mm$^2$ (n. 4.1.3 $\sigma_d$ = 26,25 N/mm$^2$).

Die Abweichungen zu den klassischen Rechnungen erscheinen mit ca. 5 % beim Alu-Vollstab bzw. ca.15 % beim St-Hohlzylinder recht hoch. Diese Einschätzung ist zu relativieren:

- die klassische Rechnung gilt für einen theoretisch idealisierten Zustand,
- die Platte kommt als zusätzliches Bauelement in das System,
- die Qualität der Kontaktelemente und der Vernetzung beeinflusst das Ergebnis.

Die grafischen Ergebnisse zeigen die Wechselwirkungen zwischen Platte und den Druckkörpern. Die hohe Steifigkeit des St-Hohlzylinders führt zu einer geringen Durchbiegung in der Platte. Das wiederum beeinflusst den Druck auf den Alu-Vollstab. Damit entsprechen die Ergebnisse weitgehend den praktischen Vorstellungen.

### 4.2.2 Reiner Druck am allgemeinen Druckstab

Die reine Druckbelastung setzt in den meisten Fällen voraus, dass ideale Druckkörper vorliegen. Reale Bauteile sind allerdings selten prismatisch und weisen Querschnittsänderungen und beliebige geometrische Formen auf. Die Lastverteilung kann ungleichmäßig erfolgen. Häufig kommt es aufgrund der Gestalt zur Entstehung anderer Spannungzustände, d. h. die reine Druckspannung stellt vielleicht nur noch die hauptsächlich wirkende Spannungsart dar.

Bei solchen Bedingungen versagen die klassischen Berechnungsansätze. Durch Idealisieren und durch Näherungsrechnungen wird versucht, die Verhältnisse zu beschreiben. Die FE-Methode erweist sich jetzt als ein Werkzeug, wirklichkeitsnahe Aussagen zu liefern.

Als Beispiel für einen allgemeinen Druckstab dient ein Flansch (Abb. 4.15.). Den Ausgangskörper bildet der bereits verwendete St-Hohlzylinder, allerdings jetzt ergänzt durch eine Flanschanbindung mit Bohrungen.

Beim Berechnungsmodell wird auf die Darstellung der Bohrungen verzichtet, da es nicht beabsichtigt ist, die Bohrungen als Lagerstellen zu benutzen. Es soll nur festgestellt werden, welche Kräfte als Reaktionskräfte am Boden des Flansches vorliegen. Damit kann das Modell stark vereinfacht werden.

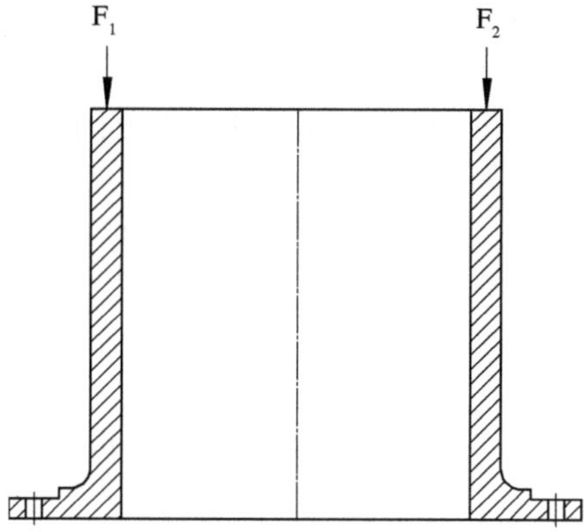


**Abb. 4.15.** Druckbelasteter Flansch

Die äußere Last wird axial eingeleitet. Verschieden große Kräfte können bei Generierung eines 360°-3D-Modells an beliebiger Stelle eingebracht werden. Wird ein elementesparendes 90°-3D-Modell mit Nutzung der Symmetrieeigenschaften angewendet, kann nur eine Kraftgröße mit stark begrenzter Wahl des Angriffsortes wirksam sein. Wird ein rotationssymmetrisches Modell generiert, erfolgt die Krafteinleitung ansatzbedingt auf dem gesamten Umfang. Bohrungen im Flansch lassen sich nicht simulieren.

**Zu Tafel 4/6:** Der rotationssymmetrische Ansatz bietet sich für den druckbelasteten Flansch an, wenn die Bohrungen vernachlässigt werden dürfen und eine konstante Belastung auf den zylindrischen Teil des Flansches wirkt. Mit 17 Keypoints sind alle Eckpunkte des Halbschnittes im 1. Quadranten markiert.

Um eine Rechteckvernetzung zu ermöglichen, erfolgt auch im Radiusbereich eine Flächeneinteilung in Flächen mit maximal 4 Seitenlinien. Dazu wird die Linie L1 des Kreisbogens automatisch in L1 und L2 mit K18 als neuen Keypoint geteilt. Die Vernetzung der entstandenen 9 Teilflächen lässt sich mit wenigen Einstellungen steuern.

Der Flanschfuß wird an der Unterseite in x- und y-Richtung gelagert. Während der zylindrische Teil noch reinem Druck unterliegt, beginnt im Radius eine Überlagerung verschiedener Spannungsarten mit dem maximalen Vergleichsspannungswert $\sigma_{vmax} = 37{,}5\ \mathrm{N/mm^2}$ zu wirken. Nach klassischem Ansatz ist der Verschiebungs- und Spannungszustand an diesen Stellen nicht zu ermitteln.

Als Effekt wird eine Rückstellkraft $F_x = -23041$ N gebildet, die mit ca. 10 % zum Betrag von $F_y = 228850$ N steht. Als äußere Belastung liegt eine axiale Druckbelastung $p = 26{,}25\ \mathrm{N/mm^2}$ vor. Dieser Druck wurde übernommen aus der Verschiebung von 0,025 mm am prismatischen St-Hohlzylinder nach Tafel 4/2.

Im vorliegenden Beispiel wird Uy = 0,0243 mm für $p = 26{,}25\ \mathrm{N/mm^2}$ nach der FE-Berechnung ausgelesen. Die Differenz ist mit der Steifigkeitszunahme im Fußbereich zu erklären. Die Verformungen sind wegen der optischen Erkennbarkeit überzeichnet dargestellt.

| FE-A6 Druck | Allgemeine Befehlsfolge |
|---|---|
| Name | Speicherung der FE-Rechnung unter FILE-Name "Druck6" |
| Elemente | 2-dimensionales Scheibenelement (4 Knoten) - notwendige Eingaben: rotationssymmetrischer Ansatz; |
| Werkstoffe | Stahl: $E_{St}$= 210 kN/mm² ν = 0,3 |
| Geometrie | CAD-Modell aus Geometriepunkten, Flächen erstellen;<br>Geometriepunkte (x;y) in mm: K1(85;0), K2(110;0), K3(115;0), K4(140;0), K5(140;10), K6(115;10), K7(115;15), K8(110;15), K9(110;25), K10(100;25), K11(100;200), K12(95;200), K13(85;200), K14(85;25), K15(95;25), K16(95;10), K17(110;10)<br>Kreisbogen bilden: L1(K8,K10), anschließend L1 teilen, es entsteht K18;<br>Flächen bilden: A1(K12,K13,K14,K15), A2(K10,K11,K12,K15), A3(K1,K16,K15,K14), A4(K16,K18,K10,K15), A5(K1,K2,K17,K16), A6(K16,K17,K8,K18), A7(K2,K3,K6,K17), A8(K6,K7,K8,K17), A9(K3,K4,K5,K6) |
| Vernetzung | Elementeanzahl (Rechteckelemente) definieren:<br>40 an L4; 2 an L8; 1 an L18; 4 für alle anderen;<br>es werden 310 Elemente mit 370 Knoten generiert; |
| Randbedingungen | Lagerung: selektiert über kartesisches Koordinatensystem (y=0); Koppelgruppe "Lager" bilden; Masterknoten festlegen, Ux=0, Uy=0 gesetzt;<br>Belastung in N/mm²: selektiert über kartesisches Koordinatensystem (y=200); Pressung p = 26,25 auf Knoten gesetzt; |
| Berechnung und Ergebnisse | Ansatz: statisch, linear,<br>Charakteristische Größe: Verschiebung der Knoten,<br>Reaktionskraft am Masterknoten in x-Richtung $F_x$ = – 23041 N;<br>in y-Richtung $F_y$ = 228850 N;<br>Verschiebungen in mm: Uy = 0,0243 |

*x , y , z* Koordinaten im globalen kartesischen Koordinatensystem,
*Ux , Uy , Uz , ROTx , ROTy , ROTz* Verschiebungen und Verdrehungen,
*K* Keypoint (Geometriepunkt im CAD-Modell), *L* Line (Linie im CAD-Modell),
*N* Node (Knoten im FE-Modell), *E* Element (Element im FE-Modell),
*FE-A* Finite Elemente Anwendungsbeispiel,

Fortsetzung nächste Seite

<table>
<tr><th>FE-A6<br>Druck</th><th>Bildfolge</th></tr>
<tr><td>Geometrie</td><td>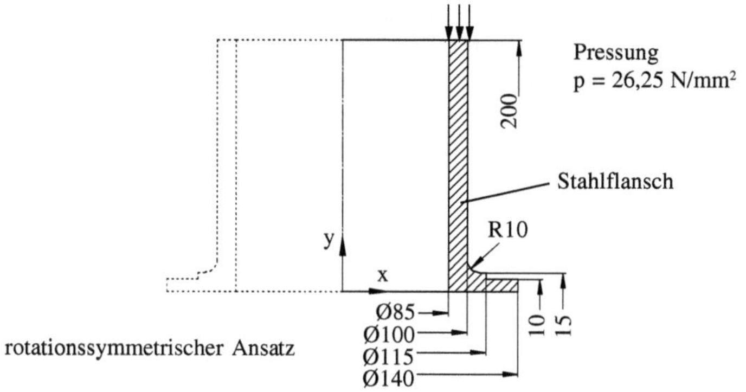
</td></tr>
<tr><td>Vernetzung<br>Randbedin-<br>gungen</td><td>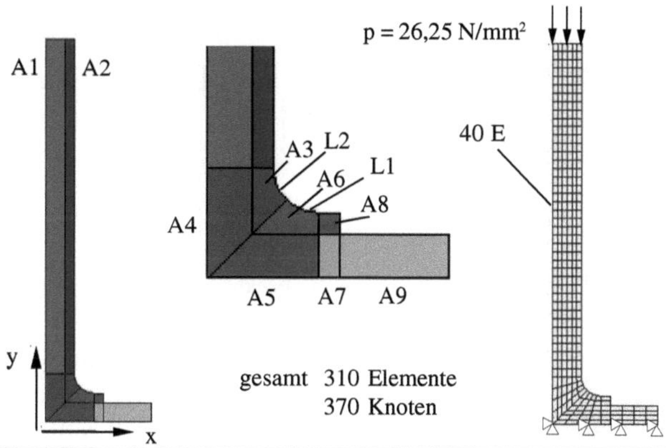
</td></tr>
<tr><td>Grafische<br>Ergebnisse</td><td>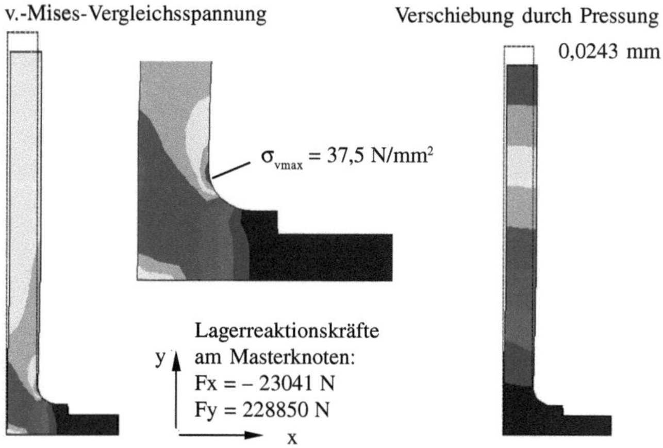
</td></tr>
</table>

**Tafel 4/6:** Druckbelastung an einem Flansch - Scheibenelemente und rotationssymmetrischer Ansatz

**Zu Tafel 4/7:** Das elementesparende 90°-3D-Modell mit Nutzung der Symmetrieeigenschaften wird angewendet, wenn die Bohrungen vernachlässigt werden dürfen. Die Lage der äußeren Last ist ebenfalls Einschränkungen unterworfen. Es ist immer zu berücksichtigen, dass jede Lasteinleitung indirekt über die Symmetrieachsen im nicht abgebildeten Bereich des Modells wirkt (Abb. 4.16.). Im schraffierten Teil der Draufsicht des 90°-3D-Modells wird die Last aufgebracht, der 100 mm breite eingerahmte Bereich ist aber insgesamt betroffen. Mit dieser Wahl des Pressungsbereiches wird etwa die Wirkung eines Balkens simuliert.

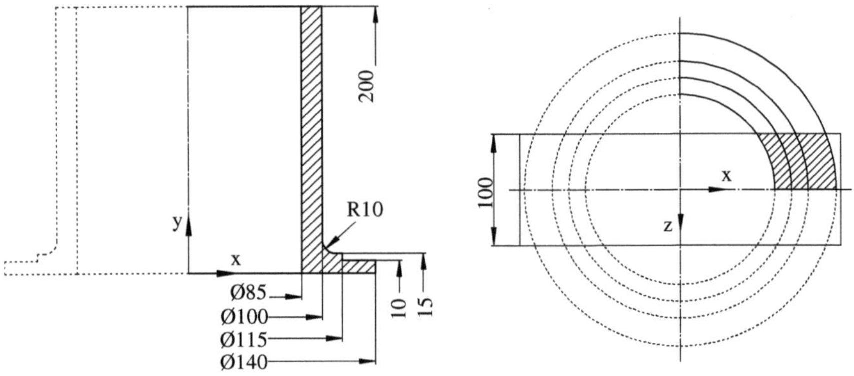


**Abb. 4.16.** 90°-3D-Modell mit vorgegebenem Druckbereich

Bei der Modellbildung kann entsprechend Tafel 4/6 das Schnittprofil ausgehend von 17 Keypoints einschließlich der 9 Profilflächen verwendet werden. Davon ausgehend beginnt die Volumenbildung des Modells durch Rotieren ausgewählter Flächen.

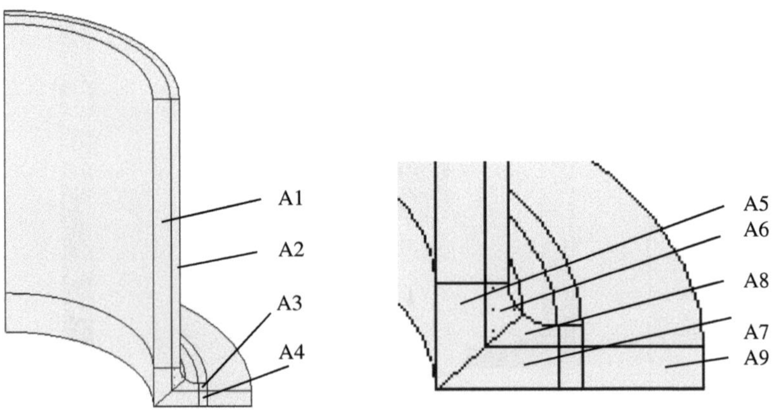


**Abb. 4.17.** 90°-Volumen durch Rotieren von Flächen

| **FE-A7 Druck** | Allgemeine Befehlsfolge |
|---|---|
| Name | Speicherung der FE-Rechnung unter FILE-Name "Druck7" |
| Elemente | 3-dimensionales Volumenelement (8 Knoten) |
| Werkstoffe | Stahl: $E_{St}$= 210 kN/mm² $\nu$ = 0,3 |
| Geometrie | CAD-Modell aus Geometriepunkten, Flächen erstellen;<br>Geometriepunkte (x;y) in mm: K1(85;0), K2(110;0), K3(115;0), K4(140;0), K5(140;10), K6(115;10), K7(115;15), K8(110;15), K9(110;25), K10(100;25), K11(100;200), K12(95;200), K13(85;200), K14(85;25), K15(95;25), K16(95;10), K17(110;10)<br>Kreisbogen bilden: L1(K8,K10), anschließend L1 teilen, es entsteht K18;<br>Flächen bilden: A1(K12,K13,K14,K15), A2(K10,K11,K12,K15), A3(K1,K16,K15,K14), A4(K16,K18,K10,K15), A5(K1,K2,K17,K16), A6(K16,K17,K8,K18), A7(K2,K3,K6,K17), A8(K6,K7,K8,K17), A9(K3,K4,K5,K6);<br>Flächen zum Volumen rotieren: Drehachse durch K19(0;0) und K20(0;200) definiert; A1-9 rotieren 90°; |
| Vernetzung | Elementeanzahl (Rechteckelemente) definieren:<br>25 an L4; 3 an L3; 2 an L8; 1 an L18; 4 an L11, L16, L23;<br>18 für alle anderen;<br>es werden 3276 Elemente mit 4402 Knoten generiert; |
| Randbedingungen | Lagerung: selektiert über kartesisches Koordinatensystem (y=0); Koppelgruppe "Lager" bilden; Masterknoten festlegen, Ux=Uy=Uz=0 gesetzt;<br>Belastung in N/mm²: selektiert über kartesisches Koordinatensystem (y = 200; z = 0 ... – 50); Pressung p = 26,25 auf Knoten gesetzt; Symmetrie zur x- und z-Achse anwenden; |
| Berechnung und Ergebnisse | Ansatz: statisch, linear,<br>Charakteristische Größe: Verschiebung der Knoten,<br>Reaktionskraft am Masterknoten in y-Richtung $F_y$ = 19046 N;<br>max. Verschiebung in mm: U = 0,037 |

*x , y , z* Koordinaten im globalen kartesischen Koordinatensystem,
*Ux , Uy , Uz , ROTx , ROTy , ROTz* Verschiebungen und Verdrehungen,
*K* Keypoint (Geometriepunkt im CAD-Modell), *L* Line (Linie im CAD-Modell),
*N* Node (Knoten im FE-Modell), *E* Element (Element im FE-Modell),
*FE-A* Finite Elemente Anwendungsbeispiel,

Fortsetzung nächste Seite

<table>
<tr><th>FE-A7<br>Druck</th><th colspan="2">Bildfolge</th></tr>
<tr><td>Geometrie</td><td>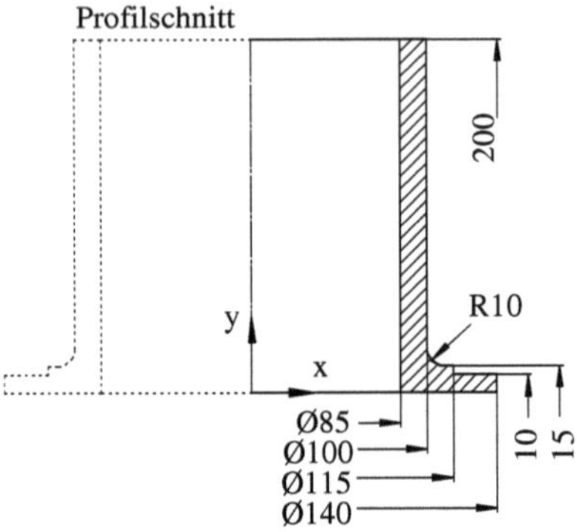
</td><td>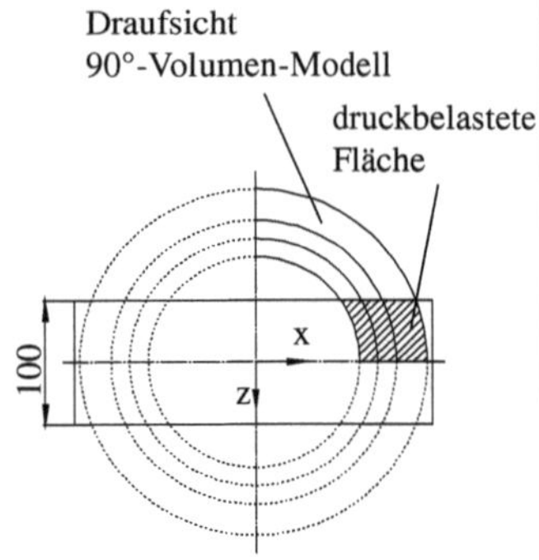
</td></tr>
<tr><td>Vernetzung<br>Randbedin-<br>gungen</td><td>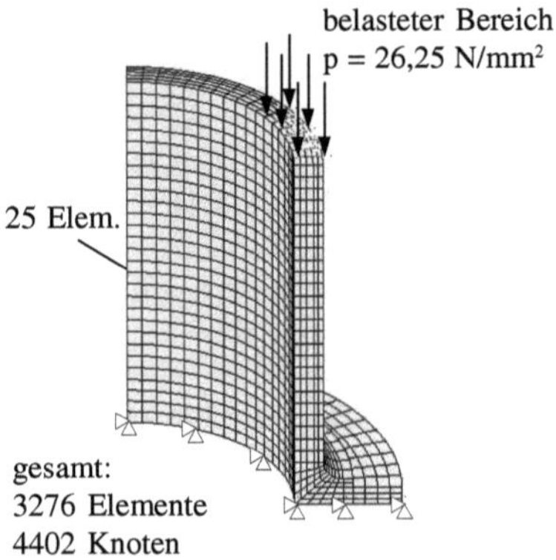
</td><td>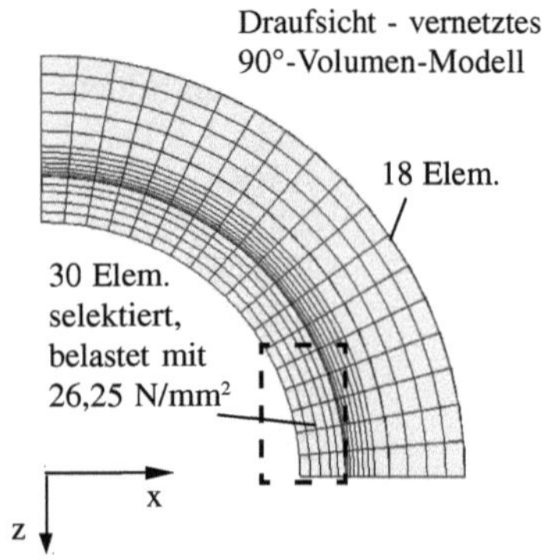
</td></tr>
<tr><td>Grafische<br>Ergebnisse</td><td>v.-Mises-Vergleichsspannung<br><br>max. Wert: 55,8 N/mm²</td><td>Verformung<br>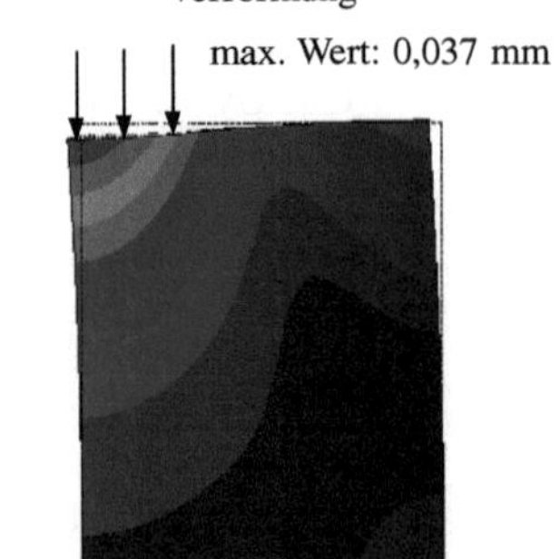
<br>Lagerreaktionskraft: Fy = 19046 N<br>am Masterknoten</td></tr>
</table>

**Tafel 4/7:** Beanspruchung durch Druck an einem Flansch - 90°-3D-Modell mit Volumenelementen und örtlicher Druckbelastung

*Flächen zum Volumen rotieren:* Angewendet wird das Prinzip des Rotierens von Flächen um eine Rotationsachse. Die Rotationsachse kann durch 2 Keypoints eindeutig im Raum definiert werden. Mit entsprechender räumlicher Vorstellungskraft sind damit selbst kompliziertestes Konturen auf einfache Weise zu generieren. Durch die Vorgabe des Rotationswinkels kann das gewünschte Volumensegment festgelegt werden.

Im vorliegenden Fall bildet die y-Achse die Rotationsachse. Mit dem Rotationswinkel von 90° entsteht das Segment (Abb. 4.17.). Die Vernetzung lehnt sich im Schnittprofil dem Modell nach Tafel 4/6 an. Durch die Volumenbildung ist jetzt eine Steuerung der Elementeanzahl bezogen auf den Umfang notwendig. Mit 18 Elementen wird eine gute optische Abbildung des Kreisbogens hergestellt. Anders ausgedrückt, ist mit dem Winkelmaß 90°/18 = 5° ein Element auf dem Umfang platziert.

Die beträchtliche Zunahme auf 3276 Elemente und 4402 Knoten für das Modell zeigt die typische Eigenschaft beim Übergang vom ebenen Modell zum 3D-Modell. Trotz der relativ feinen Vernetzung kann die Lastaufbringung aber auch nur näherungsweise erfolgen. Das Aufbringen des Druckes auf Knoten wird durch Selektieren an der Angriffsstelle y = 200 mm mit anschließender Eingrenzung auf das Maß von 50 mm bis zur z-Achse erreicht. Die Symbolik des wirkenden Balkens wird damit nur näherungsweise wieder gegeben. Eine feinere Vernetzung bezogen auf den Umfang verbessert zwar die Näherung, führt aber zu einer weiteren Steigerung der Modellgröße.

Die Spannungs- und Verformungswerte können aufgrund der abweichenden Lage des Lastangriffes nicht zu den bisher berechneten Modellen verglichen werden. Eine Berechnung nach klassischem Ansatz zu Vergleichszwecken ist nicht möglich.

**Zu Tafel 4/8:** Der druckbelastete Flansch wurde bisher immer mit der Einschränkung bearbeitet, dass auf die Darstellung der Bohrungen im Flansch verzichtet wurde. Bei Modellen mit rotationssymmetrischen Ansatz würde das Einbringen einer Bohrung in das ebene Modell bei der Berechnung als offener Ring interpretiert. Beim 3D-Modell ist ein höherer Aufwand bei der Modellierung zu betreiben. Vielfach sind die Bohrungen hinsichtlich ihrer Auswirkungen auf Spannungen und Verformungen zu vernachlässigen.

Sollen aber Lagerkräfte an den Bohrungen eingeleitet werden, kann man auf die Darstellung der Bohrungen nicht verzichten. Es wird deshalb nachfolgend die allgemeine Befehlsfolge für die geometrische Beschreibung und für die Vernetzung dargestellt. Eine FE-Berechnung erfolgt nicht.

Bei der Planung des Modells ist als wichtiger Aspekt die Anzahl der Bohrungen am Umfang des Flansches zu berücksichtigen. Da nämlich zur Aufwandsreduzierung mit Spiegeln von Volumenteilstücken gearbeitet werden muss, sind die Ausgangsteilstücke von Bedeutung.

Im vorliegenden Modell wird ein 5°-Segment als Ausgangsteil definiert. Dieser Winkel berücksichtigt die Größe der einzubringenden Bohrung im Verhältnis zur ausgeglichenen Vernetzung um die Bohrung. Soll mit der Technik des Ziehens von Flächen um eine Rotationsachse das Volumen gebildet werden, muss an der Bohrung eine andere Technik angewendet werden, denn die Bohrung steht senkrecht zur

| **FE-A8**<br>**Druck** | Allgemeine Befehlsfolge |
|---|---|
| Name | Speicherung des FE-Modells unter FILE-Name "Druck8" |
| Elemente | 3-dimensionales Volumenelement (8 Knoten) |
| Geometrie | CAD-Modell aus Geometriepunkten, Flächen erstellen:<br>*1. 5°-Volumensegment definieren*<br>Geometriepunkte (x;y) in mm: K1(85;0), K2(110;0), K3(115;0), K4(140;0), K5(140;10), K6(115;10), K7(115;15), K8(110;15), K9(110;25), K10(100;25), K11(100;200), K12(95;200), K13(85;200), K14(85;25), K15(95;25), K16(95;10), K17(110;10)<br>Kreisbogen bilden: L1(K8,K10),L1 teilen, es entsteht K18;<br>Flächen bilden: A1(K12,K13,K14,K15), A2(K10,K11,K12,K15), A3(K1,K16,K15,K14), A4(K16,K18,K10,K15), A5(K1,K2,K17,K16), A6(K16,K17,K8,K18), A7(K2,K3,K6,K17), A8(K6,K7,K8,K17);<br>Flächen zum Volumen rotieren: Drehachse durch K19(0;0) und K20(0;200) definiert; A1 bis 8 rotieren 5°;<br>*2. 5°-Bohrungsfläche definieren*<br>Geometriepunkte (x;y) in mm: K39(122,5;0), K40(127,5;0), K41(132,5;0), K42(127,5;0;-5), K43(139,47;0;-12,2)<br>Kreisbogen bilden: L65(K41,K42), L66(K39,K42) ,L67(K4,K43), L68(K34,K43); anschließend L65 teilen, es entsteht K44; L66 teilen, es entsteht K45; L68 teilen, es entsteht K46;<br>Flächen bilden: A41(K3,K39,K45,K34), A42(K45,K42,K46,K34), A43(K42,K44,K43,K46), A44(K44,K41,K4,K43);<br>*3. Volumen des Bohrungsflansches generieren*<br>Flächen an einer Linie zum Volumen ziehen: A41,42,43,44 entlang L19;<br>Geometriepunkt (x;y) in mm: K57(129,34;0;-53,58);<br>Kreisbogen bilden: L100(K43,K57);<br>Flächen an einer Linie zum Volumen ziehen: A13,17,21,24,28,31,36,40,52,56 entlang L100;<br>**anschließend Vernetzen!**<br>*4. Kopieren durch Spiegeln*<br>Spiegeln: Koordinatensystem drehen, x-z-Ebene (22,5°); alles um z-Achse; Koordinatensystem drehen, x-z-Ebene (45°); alles um z-Achse;<br>Regenerieren zum Entfernen doppelter Strukturen |

Fortsetzung nächste Seite

| Vernetzung | Elementeanzahl (Rechteckelemente) definieren:<br>25 an L4; 5 an L111, L153; 4 an L14; 3 an L12; 1 an L8, L18, L21, 2 für alle anderen;<br>Vernetzen vor dem Spiegeln: es werden 3060 Elemente mit 4729 Knoten generiert; |
|---|---|

**Tafel 4/8:** 3D-Modell eines Flansches mit Bohrungen am Flanschanschluss

Ziehfläche. Es wird deshalb das 5°-Rotationsvolumen ohne den Bohrungsflansch gezogen (Abb. 4.18). Anschließend folgt der Aufbau der Flächen um die Bohrung, die dann mit der Technik Ziehen von Flächen zum Volumen generiert werden.

*Flächen zum Volumen ziehen:* Angewendet wird das Prinzip des Ziehens von Flächen entlang einer Leitlinie. Als Leitlinie kann entweder eine vorhandene Linie benutzt werden, oder es wird eine Leitlinie im Raum durch Setzen von Keypoints gebildet. Die Linie kann gerade oder kurvig sein, so dass auch kompliziertere Körper gezogen werden können.

Bei der Modellbildung wird wie in Tafel 4/6 und 4/7 vom Profilschnitt ausgegangen. Es entfällt lediglich die Fläche A9, so dass nach dem Rotieren um 5° das Volumen fehlt, in welchem die Bohrungen vorgesehen sind.

Die Definition der Halbbohrung erfolgt als Fläche in der x-z-Ebene. Mit den Keypoints K39 bis K43 sind die Konturen des Flächensegmentes abgesteckt. Zur Anbindung an den vorhandenen Körper werden die vorhandenen Keypoints K3 und K34

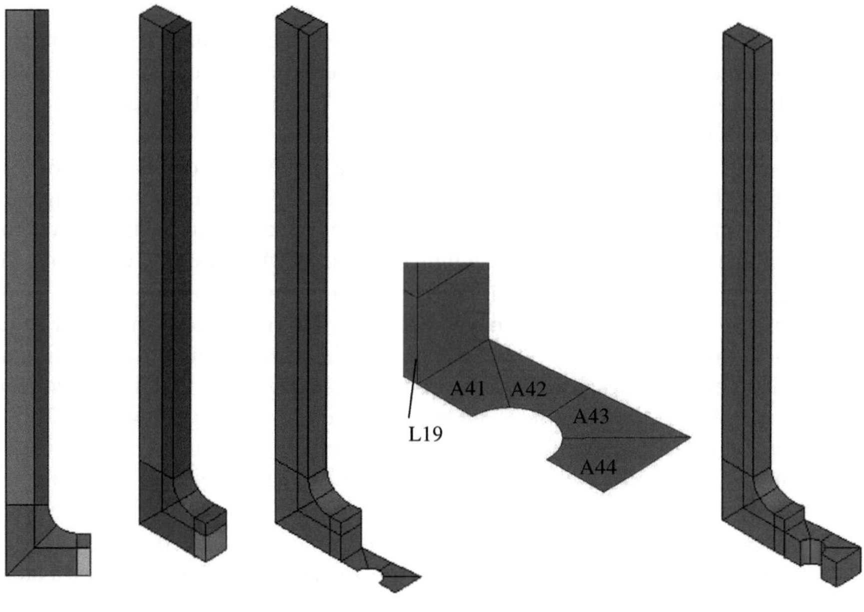


**Abb. 4.18.** 5°-Segment mit Halbbohrung im Flansch als Ausgangsteil

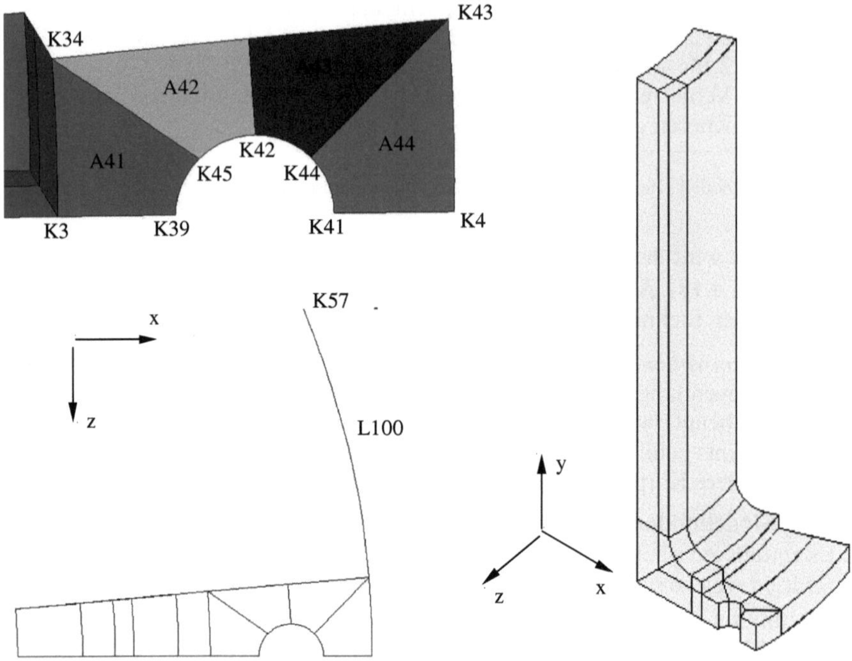


**Abb. 4.19.** Ziehen von Volumina an Leitlinien

genutzt. Um Teilflächen mit 4 Seitenlinien für die Rechteckvernetzung zu erhalten, müssen die Kreisbögen der Halbbohrung geteilt werden. Nach der Flächenbildung mit A41 bis A44 entsteht die Basis zum Ziehen der Volumina entlang der vorhandenen Leitlinie L19 (Abb. 4.18).

Der nächste Schritt ist geprägt von der Vorgabe der Anzahl der Bohrungen auf dem Umfang. Durch das 5°-Segment ist dabei keinesfalls eine Einschränkung entstanden. Erst mit der Festlegung des Volumenstückes ohne Bohrung wird die Anzahl der Bohrungen fixiert, da durch Spiegelung die weitere Modellierung erfolgen soll.

Im vorliegenden Fall sind 8 Bohrungen auf dem Umfang vorgesehen, d. h. in einem Abstand von 45° befindet sich eine Bohrung. Um zu Spiegeln, muss das Volumensegment bis 22,5° gezogen werden. Der Weg dahin erfolgt über das Positionieren des Geometriepunktes K57 und der Leitlinie L100 (Abb. 4.19.). Das gezogene Volumen liefert ein 22,5°-Volumensegment, dass nach einer Spiegelung in der 22,5°-Ebene bei 45° eine Halbbohrung abbildet und bei einer erneuten Spiegelung in der 45°-Ebene ein 90°-3D-Modell mit Halbbohrungen an den Schnittflächen und einer Vollbohrung bei 45° ergibt (Abb. 4.20.).

Wenn das 22,5°-Volumensegment generiert ist, empfiehlt es sich, wegen der geringeren Anzahl der zu steuernden Linien sofort zu vernetzen. Gespiegelt wird dann wesentlich günstigerer ein bereits vernetzter Volumenblock. Zu beachten ist, dass beim Spiegeln in der Spiegelebene alle Punkte doppelt vorliegen. Durch Regenerie-

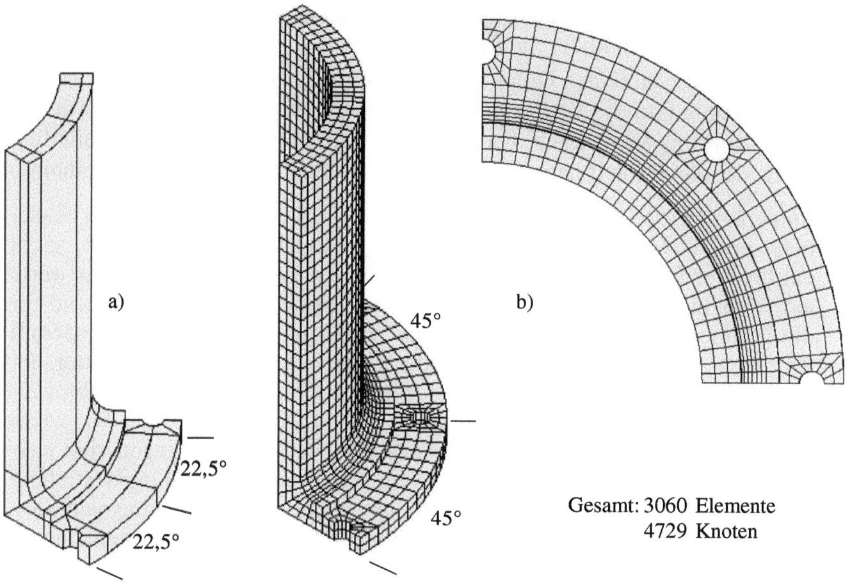


**Abb. 4.20.** 3D-Modell eines Flansches mit Bohrungen -a) 45°-Volumenmodell und b) vernetztes 90°-Modell

ren, d. h. durch Verschmelzen von Punkten und Linien gleicher Koordinaten, muss dieser Zustand beseitigt werden.

Den Vorteil hinsichtlich des geringeren Aufwandes durch Anwendung des Spiegelns setzt im vorliegenden Beispiel voraus, dass das Koordinatensystem entsprechend gedreht wird, um mit einer einfachen Anweisung das Verdoppeln um die entsprechende Ebene zu erreichen. Das Koordinatensystem ist dabei auf die beiden Stellungen 22,5° und 45° einzustellen.

Mit lediglich 3060 Elementen und 4729 Knoten konnte der Flansch mit Bohrungen optisch und funktionell gut dargestellt werden.

### 4.2.3 Knickung

Eine Druckbeanspruchung, hervorgerufen durch eine Druckkraft auf einen Körper, muss nicht immer nur zu Druckspannungen und zu einer Längenänderung des Druckstabes führen. Es kann durchaus eintreten, dass die axial angreifenden Kräfte einen Zustand im Druckstab erzeugen, der ihn aus seiner stabilen Lage in eine neue stabile Lage bringt. Eine Voraussetzung dafür ist ein großes Verhältnis zwischen Länge und Querschnitt. Der Stab knickt bzw. beult aus.

Mit dem Überschreiten einer bestimmten Lastgröße, der kritischen Last (Eigenwert), kommt es zur neuen stabilen Lage. Die neu entstandene Gestalt des Stabes bezeichnet man auch als Beuleigenform. Vergleichbar zur Modalanalyse, bei der Eigenfrequenzen und Eigenschwingungsformen als Ausdruck eines kritischen Zustandes bestimmt werden, wird bei der Knickung der Eigenwert und die Eigenform ermittelt. Die Ähnlichkeit findet sich auch in den Lösungsansätzen wieder. Maßgebend sind die Masse und die Steifigkeit des Modells.

Im Gegensatz zum reinen Druck sind bei den Untersuchungen zur Knickung nicht die Spannungen und die Verformung des Körpers von Bedeutung, sondern es geht um die Ermittlung von Lasten, bei denen ein Bauteil instabil wird und um die Verformung, die das Bauteil nach Eintreten in den Zustand der Instabilität einnimmt.

*Lineare Analyse:* Bei einfachen Bauteilen, die im elastischen Bereich betrieben werden und der klassischen Knickung nach EULER entsprechen, reicht ein linearer Berechnungsansatz aus. Es müssen keine wirklichen Lastwerte aufgebracht werden. Das Generieren einer Einheitslast ist ausreichend für die Formierung des Gleichungssystems. Im Ergebnis erhält man wiederum vergleichbar zur Modalanalyse statt der Eigenfrequenz einen Lastfaktor, der mit der Einheitslast multipliziert, die kritische Kraft (Eigenwert) ergibt, welche den Stab zum Ausknicken bringt.
Die Darstellung der Eigenform muss in einem weiteren Schritt generiert werden. Neben den Verformungen lässt sich eine relative Spannungsverteilung zeigen. Eigenwertberechnungen ermöglichen nicht die Berechnung von wahren Spannungen. Es kann aus der entsprechenden Eigenform nur eine ungefähre Verteilung abgeleitet werden.

*Nichtlineare Analyse:* Die nichtlineare Analyse ermöglicht eine umfassende Untersuchung von instabilen Zuständen. Es können beispielsweise Zeitabläufe und plastisches Werkstoffverhalten berücksichtigt werden. Selbst das Verhalten nach dem Ausbeulen der Struktur ist einer Analyse zugänglich. Der Zustand der Instabilität wird durch schrittweise Laststeigerung ermittelt. An großen Verformungen - deshalb auch der nichtlineare Ansatz - oder an der Divergenz der numerischen Lösung, kann der Knickpunkt und damit das Versagen des Bauteils erkannt werden.
Die Anforderungen an den Anwender sind gegenüber der linearen Analyse höher. Die Größe der Lastschritte ist festzulegen, da sie die Genauigkeit der Lösung bestimmen. Auch das Kriterium der Divergenz als Merkmal für die Instabilität ist zu beurteilen. Divergierende Lösungen bei nichtlinearen Analysen können beispielsweise auch andere Ursachen haben.
Bei reiner axialer Belastung kann das Beulverhalten nicht ermittelt werden, da die theoretischen mathematischen Ansätze keine Störungen beinhalten, die ein Ausbeulen rechtfertigen. Es muss dem praktischen Fall, der immer mit Unregelmäßigkeiten verbunden ist, durch Einführung einer kleinen Störung nachgeholfen werden.

**Zu Tafel 4/9:** Es werden 2 prismatische Rechteckstäbe berechnet, die sich lediglich in den Längen mit $l = 150$ mm bzw. $l = 300$ mm unterscheiden. Die einfache Gestalt eignet sich für die Anwendung einer linearen Analyse. Das Modell wird mit 2-dimensionalen Scheibenelementen in der Ebene abgebildet.

Aus der Überlegung der Vorzugsrichtung der Ausknickung ergibt sich, dass die kurze Seite des Profilquerschnitts (10 mm) abgebildet und der Wert der langen Seite (20 mm) als Eintrag zum Element geschrieben wird. Bei 2-dimensionalen Modellen gehört eine solche Vorentscheidung zur Phase der Modellbildung und zeigt die Bedeutung ingenieurmäßiger Kenntnisse des Anwenders .

Da im Ergebnis einer linearen Analyse nur der Eigenwert und die Eigenform ermittelt werden können, erfolgt mit der Einleitung der äußeren Last nur der Anstoß zur Berechnung, d. h. das Gleichungssystem kann auch über eine Einheitslast formiert werden. Im vorliegenden Modell wird an den Knoten N34 ein Einheitswert

| **FE-A9 Druck** | Allgemeine Befehlsfolge |
|---|---|
| Name | Speicherung der FE-Rechnung unter FILE-Name "Druck9A" und "Druck9B" |
| Elemente | 2-dimensionales Scheibenelement (4 Knoten) - notwendige Eingaben: Dicke des Flachstabs 20 mm |
| Werkstoffe | Stahl: $E_{St}$= 210 kN/mm² ν = 0,3 |
| Geometrie | CAD-Modell aus geometrischen Grundkörper "Rechteck" erstellen - Nummern für Keypoints und Linien werden vom FE-System automatisch vergeben;<br>Koordinaten des Rechteckes in mm:<br>Modell "Druck9A": $x_1$=0; $y_1$=0; $x_2$=150; $y_2$=10;<br>Modell "Druck9B": $x_1$=0; $y_1$=0; $x_2$=300; $y_2$=10; |
| Vernetzung | Elementeanzahl (Rechteckelemente) definieren:<br>Modell "Druck9A": 4 an L2; 30 für alle anderen; es werden 120 Elemente mit 155 Knoten generiert;<br>Modell "Druck9B": 4 an L2; 60 für alle anderen; es werden 240 Elemente mit 305 Knoten generiert; |
| Randbedingungen | Lagerung: selektiert über kartesisches Koordinatensystem (x=0); Koppelgruppe "Lager" bilden; Masterknoten festlegen, alle Freiheitsgrade Null gesetzt;<br>Belastung in N: Fx = – 1 an Knoten anlegen;<br>Modell "Druck9A" an N34; Modell "Druck9B"an N64;<br>1. Rechnung: Einheitslast Fx = – 1 N gesetzt; Steifigkeitsansatz;<br>2. Rechnung: Beulanalyse; 1. Eigenwert und 1. Eigenform definiert; |
| Berechnung und Ergebnisse | Ansatz: statisch, linear,<br>Charakteristische Größe: Eigenwertanalyse,<br>Kritische Last in N: Modell "Druck9A" F = 38263 N;<br>Modell "Druck9B" F = 9588 N; |
| *x , y , z* Koordinaten im globalen kartesischen Koordinatensystem,<br>*Ux , Uy , Uz , ROTx , ROTy , ROTz* Verschiebungen und Verdrehungen,<br>*K* Keypoint (Geometriepunkt im CAD-Modell), *L* Line (Linie im CAD-Modell),<br>*N* Node (Knoten im FE-Modell), *E* Element (Element im FE-Modell),<br>*FE-A* Finite Elemente Anwendungsbeispiel, | |

Fortsetzung nächste Seite

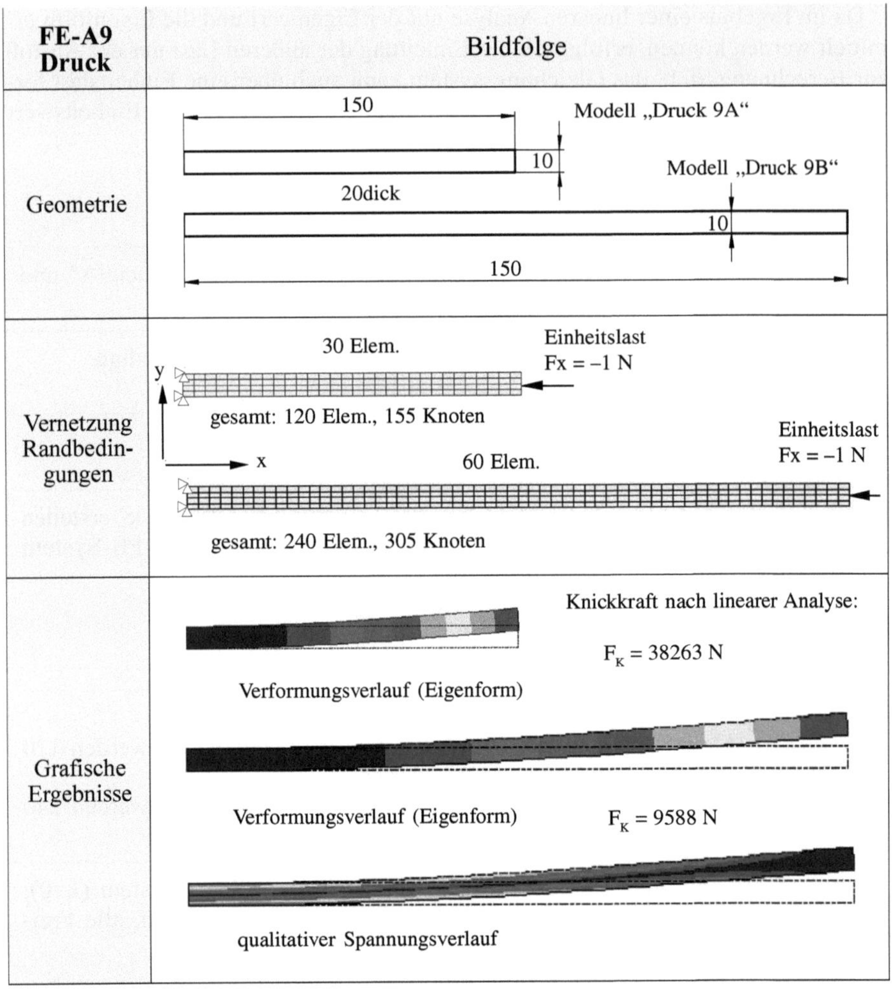


**Tafel 4/9:** Ermittlung der Knickkraft am ebenen Rechteckbalken - lineare Analyse

von Fx = –1 N angelegt. Damit ergibt sich wegen der Multiplikation von Einheitslast und Eigenwert direkt die Knickkraft. Eine Abweichung von der Einheitslast erfordert eine Umrechnung des ausgelesenen Eigenwertes.

Für den Stab mit l = 150 mm ergibt sich als Knickkraft F = 38263 N, für den Stab mit l = 300 mm F = 9588 N. Die Berechnungen nach EULER (siehe auch 4.1.3) liefern als Knickkraft $F_K$ = 38390 N bzw. 9597 N. Der Vergleich zeigt eine sehr gute Übereinstimmung zwischen klassischer und FE-Berechnung, ein Zeichen für ein günstiges FE-Netz und einen korrekten Lösungsansatz des FE-Systems.

Die grafischen Ergebnisse zeigen eine Eigenform wie sie nach der Art der Einspannung zu erwarten war (siehe auch Abb. 4.2.). Die Spannungsverteilung und ihre Größen haben wegen ihres relativen Charakters nur informative Bedeutung.

**Zu Tafel 4/10:** Die Möglichkeiten der linearen Analyse werden an einem 3D-Modell untersucht. Ausgewählt wird der bereits bekannte prismatische Rechteckstab mit l = 300 mm. Der allgemeine FE-Berechnungsansatz unterscheidet sich nicht gegenüber dem Ansatz mit 2D-Elementen. Die Einleitung der äußeren Last als Anstoß zur Berechnung erfolgte ebenfalls als Einheitslastwert mit Fy = –1 N. Als Stelle der Einleitung wurde mit den Knoten N319 die Mitte der Stirnfläche festgelegt.

Beim 2D-Modell musste der Stab so in die Ebene gelegt werden, dass die Vorzugsrichtung der Ausknickung abgebildet wird. Beim 3D-Modell treten 2 Ebenen

| **FE-A10 Druck** | Allgemeine Befehlsfolge |
|---|---|
| Name | Speicherung der FE-Rechnung unter FILE-Name "Druck10" |
| Elemente | 3-dimensionales Volumenelement (8 Knoten) |
| Werkstoffe | Stahl: $E_{St}$= 210 kN/mm² $\nu = 0{,}3$ |
| Geometrie | CAD-Modell aus geometrischen Grundkörper "Rechteckblock" erstellen - Nummern für Keypoints und Linien werden vom FE-System automatisch vergeben;<br>Koordinaten des Rechteckblockes in mm: $x_1$= – 10; $y_1$=0; $z_1$= – 5; $x_2$=10; $y_2$=300; $z_2$=5; |
| Vernetzung | Elementeanzahl (Rechteckelemente) definieren:<br>4 an L4; 4 an L5; 2 an L10; 30 für alle anderen;<br>es werden 240 Elemente mit 465 Knoten generiert; |
| Randbedingungen | Lagerung: selektiert über kartesisches Koordinatensystem (y=0); Koppelgruppe "Lager" bilden; Masterknoten festlegen, alle Freiheitsgrade Null gesetzt;<br>Belastung in N: Fy = – 1 an Knoten N319 anlegen;<br>1. Rechnung: Einheitslast Fy = – 1 N gesetzt; Steifigkeitsansatz;<br>2. Rechnung: Beulanalyse; 1 Eigenwert und 1 Eigenform definiert; |
| Berechnung und Ergebnisse | Ansatz: statisch, linear,<br>Charakteristische Größe: Eigenwertanalyse,<br>Kritische Last in N: F = 9592; |

*x* , *y* , *z* Koordinaten im globalen kartesischen Koordinatensystem,
*Ux* , *Uy* , *Uz* , *ROTx* , *ROTy* , *ROTz* Verschiebungen und Verdrehungen,
*K* Keypoint (Geometriepunkt im CAD-Modell), *L* Line (Linie im CAD-Modell),
*N* Node (Knoten im FE-Modell), *E* Element (Element im FE-Modell),
*FE-A* Finite Elemente Anwendungsbeispiel,

Fortsetzung nächste Seite

<table>
<tr><th>FE-A10<br>Druck</th><th>Bildfolge</th></tr>
<tr><td>Geometrie</td><td>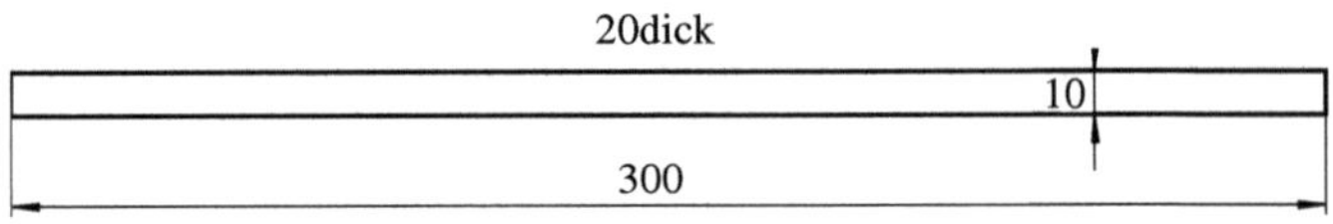<br>Prismatischer Rechteckstab: Knickung nach EULER<br>bei fester Einspannung</td></tr>
<tr><td>Vernetzung<br>Randbedin-<br>gungen</td><td>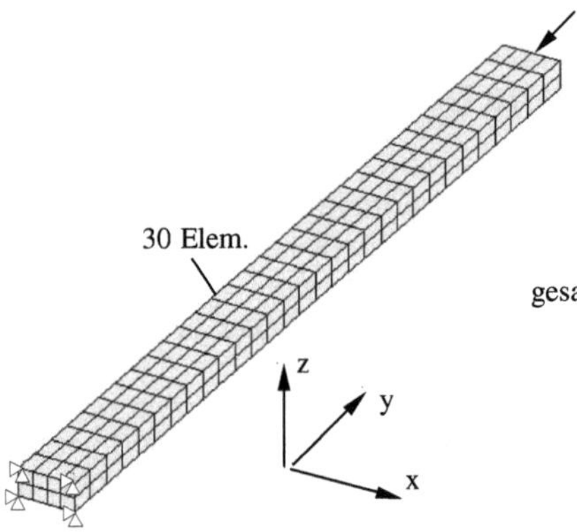<br>Einheitslast<br>Fy = – 1 N am<br>Knoten N319<br>gesamt: 240 Elemente<br>465 Knoten</td></tr>
<tr><td>Grafische<br>Ergebnisse</td><td>Knickkraft nach linearer Analyse:<br>$F_K$ = 9592 N<br>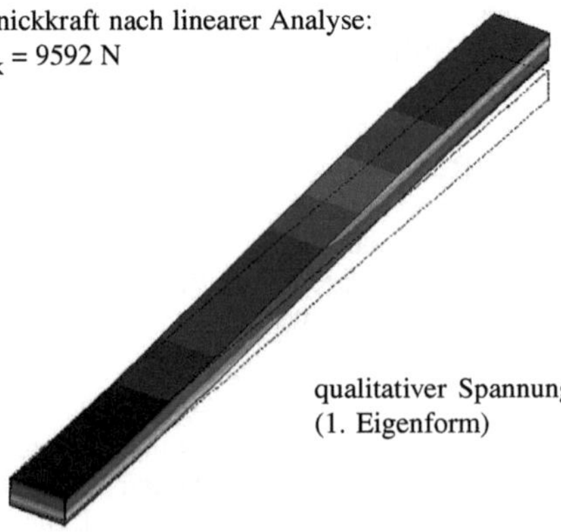<br>qualitativer Spannungsverlauf<br>(1. Eigenform)</td></tr>
</table>

**Tafel 4/10:** Ermittlung der Knickkraft am räumlichen Rechteckbalken - lineare Analyse mit Volumenelementen

auf, um die eine Knickung erfolgen kann. Das FE-System hat jetzt die Aufgabe, die möglichen Eigenwerte und Eigenformen zu finden, d. h. die Größe und Lage der kritischen Last ergibt sich ohne zusätzlich Eingriffe des Anwenders. Bei der Modellbildung ist zu beachten, dass die Anwendung von Symmetriebedingungen für die Reduzierung der Elementeanzahl zu Störungen im Rechenablauf führen kann. Es empfiehlt sich deshalb, das 3D-Modell vollständig abzubilden.

Die Stablänge wurde gegenüber dem 2D-Modell statt mit 60 nur in 30 Elemente unterteilt, so dass mit 240 Elementen und 465 Knoten eine günstige Modellgröße entstand. Die Berechnung erbrachte mit F = 9592 N als 1. Eigenwert ein der klassischen Rechnung sehr naheliegendes Ergebnis.

**Zu Tafel 4/11:** Von grundsätzlich anderer Art ist die Untersuchung von instabilen Zuständen mit einer nichtlinearen Analyse. Es wird jetzt direkt die Last gesucht, bei der die Struktur in einen instabilen Zustand gelangt. Als FE-Technik kommt die schrittweise Laststeigerung zur Anwendung. Die äußere Last wird so lange erhöht, bis es zu einer solch großen Verschiebung kommt, dass der Gleichgewichtszustand im Modell nicht mehr mathematisch abgebildet werden kann. Die Lösung divergiert. Beim Knickfall des prismatischen Stabes entsteht durch die Auslenkung des Stabes bei der kritischen Last eine veränderte geometrische Kontur, die von der Ursprungsgleichung nur noch ungenau beschrieben wird.

Da eine statische Strukturanalyse vorgenommen wird, kann das untersuchte Bauteil eine beliebige geometrische Gestalt besitzen. Das Werkstoffverhalten muss nicht unbedingt linear sein, und große Dehnungen können erfasst werden. Die Genauigkeit der Lösung lässt sich durch eine Steuerung der Schrittweite, d. h. durch kleine Lastzunahmen beeinflussen. Damit es zu einer Divergenzsituation kommt, muss natürlich der Wert der äußeren Last über dem Wert der zu erwartenden Knickkraft liegen.

Bei den vorliegenden Modellen war die Knickkraft durch die klassischen Rechnungen bekannt, so dass der Vorgabewert der äußeren Last nicht durch Erproben festgestellt werden musste. Vorgegeben wurde Fx = 50000 N für den Stab mit l = 150 mm und Fx = 20000 N für den Stab mit l = 300 mm. Der kurze Stab divergierte bei $F_x$ = 38435 N, der lange Stab bei $F_x$ = 9529 N mit sehr guter Näherung zur klassischen Berechnung.

Die Einstellung der Lastschritte erfolgte durch Probieren und ist vom Genauigkeitsanspruch des Anwenders abhängig. Die ermittelten Knicklasten wurden beim kurzen Stab nach dem 165. Lastschritt und beim langen Stab nach dem 103. Lastschritt ausgegeben, d. h die Lastzunahme lag zwischen 200 und 300 N. Für diese Einstellungen gibt es keine allgemein verbindliche Festlegungen, zumal auch die verschiedenen FE-Systeme mit unterschiedlichen Methoden vorgehen.

Eine wichtige Erkenntnis für eine funktionsgerechte Modellbildung liefert das Anbringen der äußeren Last. Bisher wurden die Knoten zum korrekten Einleiten einer Kraft gekoppelt und über einen Masterknoten in Richtung des gewählten Freiheitsgrades geführt. Auf das vorliegende Modell bezogen wäre mit dieser Führung der Knickfall geändert. Die vergleichenden Berechnungen bezogen sich bisher alle auf den Knickfall 1, eine Führung würde aber Knickfall 3 bzw. 4 entsprechen (siehe auch 1.3.1) und damit zu anderen Ergebnissen führen.

| **FE-A11 Druck** | Allgemeine Befehlsfolge |
|---|---|
| Name | Speicherung der FE-Rechnung unter FILE-Name "Druck11A" und "Druck11B" |
| Elemente | 2-dimensionales Scheibenelement (4 Knoten) - notwendige Eingaben: Dicke des Flachstabs 20 mm |
| Werkstoffe | Stahl: $E_{St}$= 210 kN/mm² $\nu$ = 0,3 |
| Geometrie | CAD-Modell aus geometrischen Grundkörper "Rechteck" erstellen - Nummern für Keypoints und Linien werden vom FE-System automatisch vergeben;<br>Koordinaten des Rechteckes in mm:<br>Modell "Druck11A": $x_1$=0; $y_1$=0; $x_2$=150; $y_2$=10;<br>Modell "Druck11B": $x_1$=0; $y_1$=0; $x_2$=300; $y_2$=10; |
| Vernetzung | Elementeanzahl (Rechteckelemente) definieren:<br>Modell "Druck11A": 4 an L2; 30 für alle anderen; es werden 120 Elemente mit 155 Knoten generiert;<br>Modell "Druck11B": 4 an L2; 60 für alle anderen; es werden 240 Elemente mit 305 Knoten generiert; |
| Randbedingungen | Lagerung: selektiert über kartesisches Koordinatensystem (x=0); Koppelgruppe "Lager" bilden; Masterknoten festlegen, alle Freiheitsgrade Null gesetzt;<br>Belastung in N:<br>Modell "Druck11A" - Fy = 50 an N2; 5 Knoten selektiert über kartesisches Koordinatensystem (x=150), Fx = – 50000/5 gesetzt;<br>Modell "Druck11B" - Fy = 20 an N2; 5 Knoten selektiert über kartesisches Koordinatensystem (x=300), Fx = – 20000/5 gesetzt; |
| Berechnung und Ergebnisse | Ansatz: statisch, nichtlinear, Schrittweitensteuerung;<br>Charakteristische Größe: Verschiebung der Knoten, nichtkonvergierte Lösung,<br>Kritische Last in N: Modell "Druck11A" Fx = 38435 ;<br>Modell "Druck11B" Fx = 9529 ; |

*x* , *y* , *z* Koordinaten im globalen kartesischen Koordinatensystem,
*Ux* , *Uy* , *Uz* , *ROTx* , *ROTy* , *ROTz* Verschiebungen und Verdrehungen,
*K* Keypoint (Geometriepunkt im CAD-Modell), *L* Line (Linie im CAD-Modell),
*N* Node (Knoten im FE-Modell), *E* Element (Element im FE-Modell),
*FE-A* Finite Elemente Anwendungsbeispiel,

Fortsetzung nächste Seite

<table>
<tr><th>FE-A11<br>Druck</th><th>Bildfolge</th></tr>
<tr><td>Geometrie</td><td>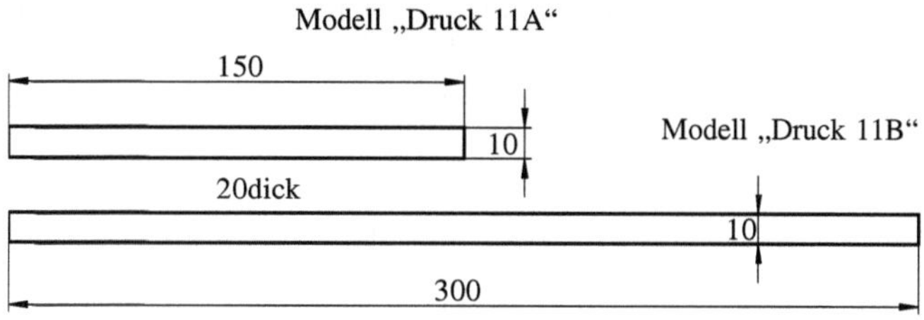
</td></tr>
<tr><td>Vernetzung<br>Randbedin-<br>gungen</td><td>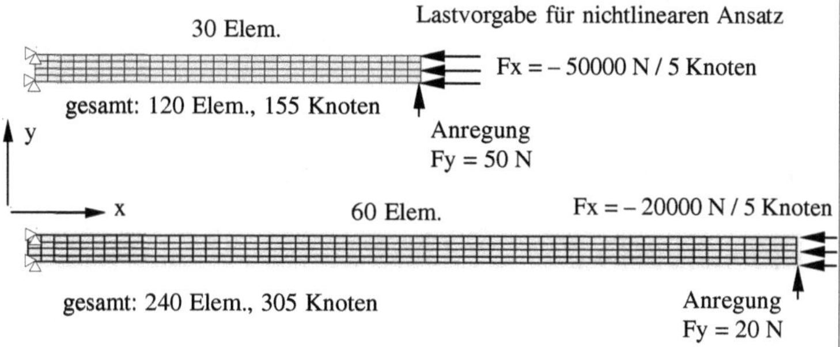
</td></tr>
<tr><td>Grafische<br>Ergebnisse</td><td>Gestaltsänderung nach Überschreiten der Stabilitätsgrenze (nichtlinearer Ansatz):<br>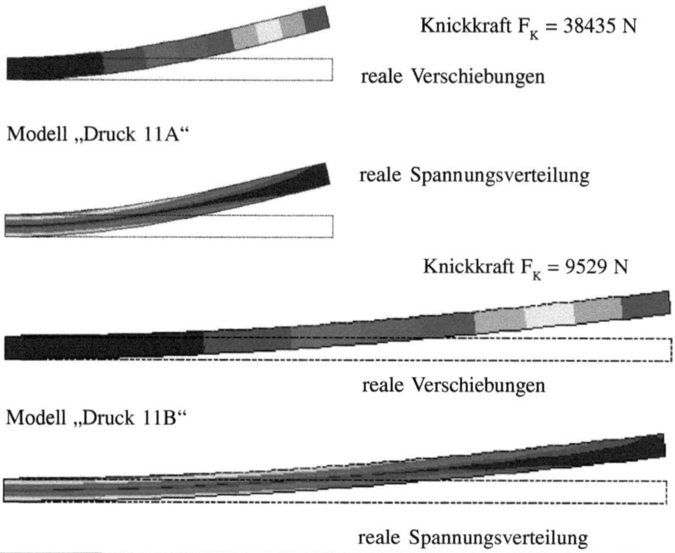
</td></tr>
</table>

**Tafel 4/11:** Ermittlung der Knickkraft am ebenen Rechteckbalken - nichtlineare Analyse

In der Modellbeschreibung wird deshalb auch die Vorgabekraft mit 50000/5 N bzw. 20000/5 N bezeichnet, um auf die Aufteilung der Kraft auf 5 einzelne Knoten zu verweisen.

Unumgänglich beim vorliegenden Modell ist das Anbringen einer kleinen Querkraft. Da reine axiale Belastung vorliegt, ist aus dem mathematischen Ansatz keine Verformung normal zu dieser Ebenen abzuleiten, so dass ein Ausbeulen theoretisch nicht möglich wird. Als kleine Störung zur Anregung des kritischen Zustandes wurde deshalb jeweils am Knoten N2 eine Querkraft von 0,1 % der Hauptlast generiert.

Im Gegensatz zur linearen Analyse ist bei der nichtlinearen Analyse das Verhalten der Struktur nach dem Ausknicken zugänglich. Die Verformungen und Spannungen entsprechen wahren Werten, denn die Grundlage für alle Lösungen bildete eine allgemeine Strukturanalyse. Eine weitere Auswertung ist aber an dieser Stelle nicht vorgesehen. Hauptziel war eine gut sichtbare Auslenkung durch das Eintreten einer Divergenz im Rechenablauf. Eine Auswertung der Spannungen erfolgt nicht.

## 4.3 Modellbildung Flächenpressung

### 4.3.1 Ebene Flächen

Eine FE-Berechnung für eine Flächenpressung an ebenen Flächen erscheint wegen der einfachen Strukturen nicht notwendig (Abb. 4.21.). Beim Pressen eines ebenen Körpers auf eine ebene Unterlage in axialer Richtung entstehen nur die bekannten Spannungswerte. Wenn aber die Berührungsflächen toleranzbedingt mit Winkelabweichungen aufeinander treffen, versagt die klassische Berechnung. Die örtlichen Verschiebungen und Spannungsspitzen können nicht mehr beurteilt werden.

Ebenso ist es ein Problem, wie am Prisma vorstellbar, die Verformungen des elastischen Grundkörpers im klassischen Berechnungsansatz zu berücksichtigen. Berechnet wird deshalb immer ein mittlerer Pressungswert. Wird die Berechnung noch durch die Winkelfehler des Prismas überlagert, kann nur noch die FE-Berechnung Antworten geben.

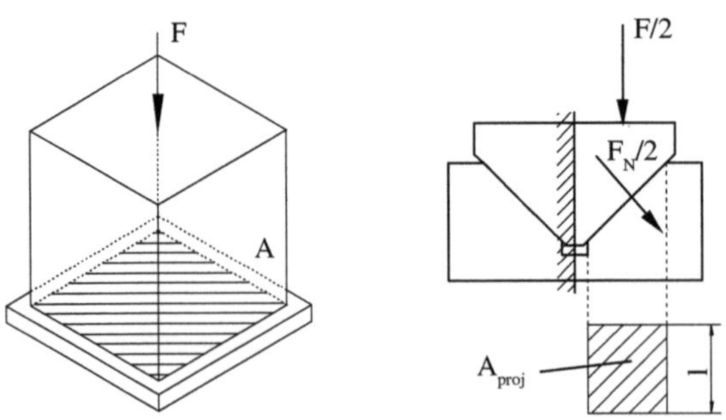


**Abb. 4.21.** Flächenpressung an ebenen Flächen - nicht geneigte und geneigte Flächen

**Zu Tafel 4/12:** Das Prisma ist durch eine Kraft F = 2000 N belastet. Die Kraft wird in das Prismenoberteil eingeleitet und an der 45 °-Fläche in das Prismenunterteil übertragen. Es wird angenommen, dass es keine toleranzbedingten Abweichungen gibt. Die Lage des Koordinatensystems ist etwas ungewöhnlich gewählt. Grund ist, dass der Koordinatenursprung als Mittelpunkt eines zylindrischen Körpers dienen soll, mit dem ein später folgendes Modell bearbeitet wird.

Wegen der Symmetrie kann das Modell wie in Abb. 4.21. dargestellt als Halbschnitt aufgebaut werden. Deshalb ist auch die äußere Kraft auf F = 1000 N zu halbieren. Die Anwendung von 2-dimensionalen Scheibenelementen ermöglicht einen bequemen Aufbau des Modells in der Ebene. Die Dicke des Prismas wird in das Element eingetragen.

Auf die Generierung der Keypoints folgt die Bildung der Flächen. Da die Wechselwirkung zwischen Prismenoberteil und Prismenunterteil berücksichtigt werden soll, werden die beiden eigenständigen Teile durch Kontaktelemente zusammen geführt. Diese Bindung erlaubt die Übertragung der Last aus dem Prismenoberteil in das Prismenunterteil. Die Flächen beider Teile wurden so in Einzelflächen zerlegt, dass eine Generierung von Rechteckelementen und eine einfache Steuerung der Elementeanzahl möglich werden. Einen besonderen Schwerpunkt bildet die Kontaktfläche bzw. Kontaktlinie. Hier wird versucht, möglichst guten Kontakt durch gegenüberliegende Knoten zu erzielen.

In Abb. 4.22. wird der errechnete Pressungsverlauf an der Kontaktlinie zwischen den beiden Bauteilen gezeigt. Die klassische Rechnung ermöglicht nur die Angabe des mittleren Wertes von p = 11,35 N/mm² (siehe 4.1.4), der sich nach Gl. 4.7 nur aus Normalkraft und der Berührungsfläche ergibt.

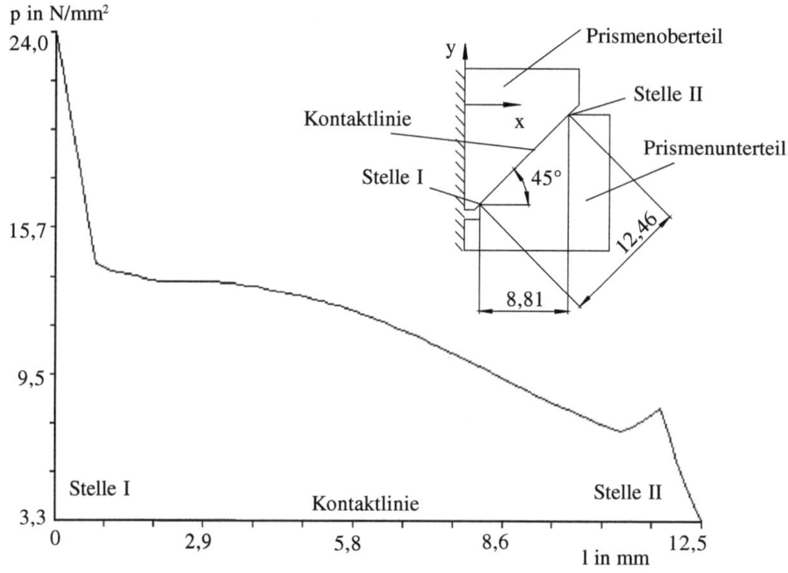


**Abb. 4.22.** Pressungsverlauf an der Kontaktfläche zwischen Prismenoberteil und Prismenunterteil für ein Prisma ohne toleranzbedingte Abweichungen (Tafel 4/12)

| FE-A12 Druck | Allgemeine Befehlsfolge |
|---|---|
| Name | Speicherung der FE-Rechnung unter FILE-Name "Druck12" |
| Elemente | 2-dimensionales Scheibenelement (4 Knoten) - notwendige Eingaben: Dicke des Prismas 10 mm; 2-dimensionale Kontaktelemente; |
| Werkstoffe | Stahl: $E_{St}$= 210 kN/mm² ν = 0,3 |
| Geometrie | CAD-Modell aus Geometriepunkten, Flächen erstellen; Geometriepunkte (x;y) in mm: K1(0;-14), K2(1,5;-14), K3(10,31; -14), K4(14;-14), K5(14;-11,31), K6(14;-9,81), K7(14;-1), K8(10,31;-1), K9(1,5;-9,81), K10(1,5;-11,31), K11(0;-11,31), K12(10,31;-9,81), K13(10,31;-11,31), K14(0;-10,31), K15(1; -10,31), K16(11;-0,31), K17(11;3,5), K18(1;3,5), K19(0;3,5), K20(0;0), K21(1;0)<br>Flächen bilden: A1(K1,K2,K10,K11), A2(K2,K3,K13,K10), A3(K3,K4,K5,K13), A4(K10,K13,K12,K9), A5(K13,K5,K6,K12), A6(K9,K12,K8), A7(K12,K6,K7,K8), A8(K14,K15,K21,K20), A9(K15,K16,K21), A10(K20;K21;K18;K19), A11(K21;K16; K17;K18); Regenerieren zum Entfernen doppelter Strukturen, |
| Vernetzung | Elementeanzahl (Rechteckelemente) definieren:<br>4 an L1, 6 an L6; 3 an L11; 4 an L15, 2 an L20; 18 an L25; 4 an L26; 16 für alle anderen; alle Flächen vernetzen; anschließend die Knoten an Prismenoberteil(L24)/Prismenunterteil(L17) selektieren und Kontaktelemente bilden;<br>es werden 1123 Elemente mit 895 Knoten generiert; |
| Randbedingungen | Lagerung: selektiert über kartesisches Koordinatensystem (y= –14); Koppelgruppe "Lager" bilden; Masterknoten festlegen, alle Freiheitsgrade festhalten;<br>Belastung in kN: Knoten selektiert über kartesisches Koordinatensystem (y=3,5); Koppelgruppe "Kraft" bilden;<br>Masterknoten festlegen, Fy = – 2000/2 gesetzt; |
| Berechnung und Ergebnisse | Ansatz: statisch, nichtlinear<br>Charakteristische Größe: Verschiebung der Knoten,<br>Pressungen in N/mm²: an der Kontaktlinie p = 3,3...24; |

*x , y , z* Koordinaten im globalen kartesischen Koordinatensystem,
*Ux , Uy , Uz , ROTx , ROTy , ROTz* Verschiebungen und Verdrehungen,
*K* Keypoint (Geometriepunkt im CAD-Modell), *L* Line (Linie im CAD-Modell),
*N* Node (Knoten im FE-Modell), *E* Element (Element im FE-Modell),
*FE-A* Finite Elemente Anwendungsbeispiel,

Fortsetzung nächste Seite

| **FE-A12 Druck** | Bildfolge |
|---|---|
| Geometrie | 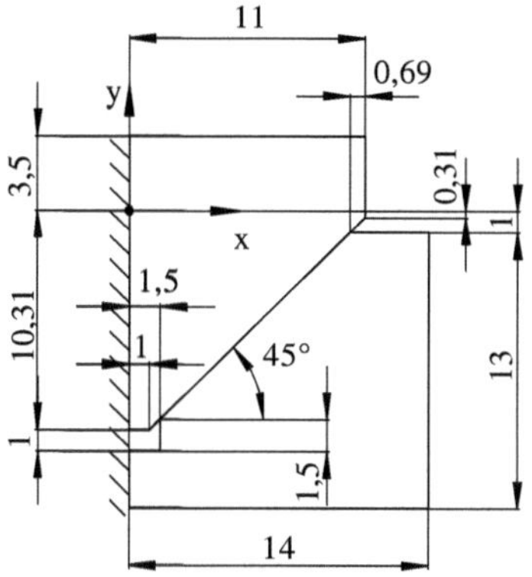  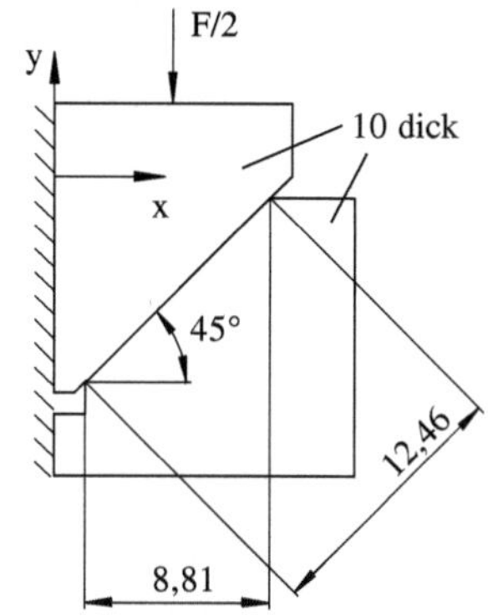  |
| Vernetzung Randbedingungen | 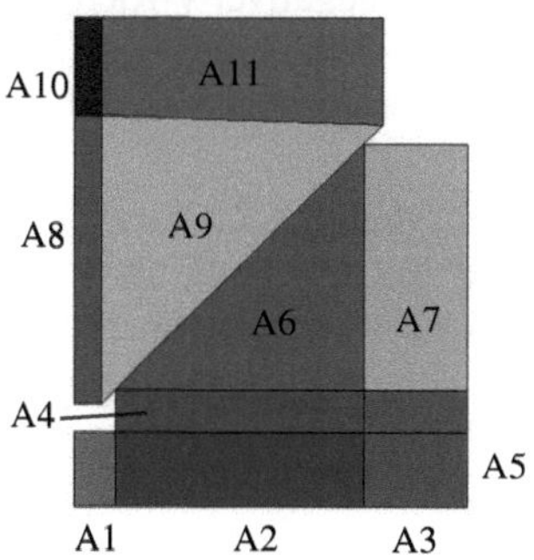  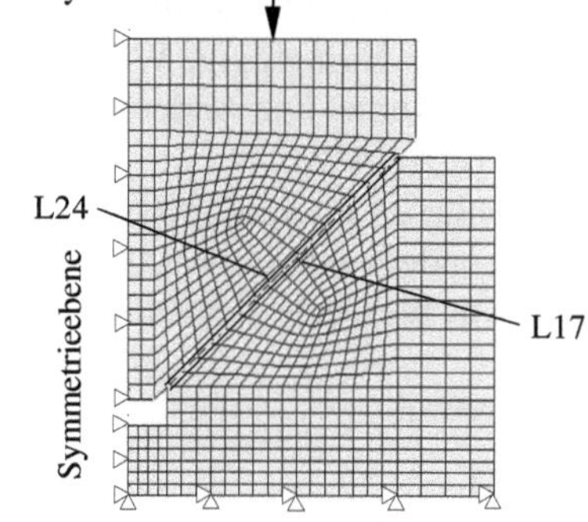  |
| Grafische Ergebnisse | <u>Ausschnitt:</u> Nut im Prismenunterteil - die Verschiebungen sind überhöht dargestellt. 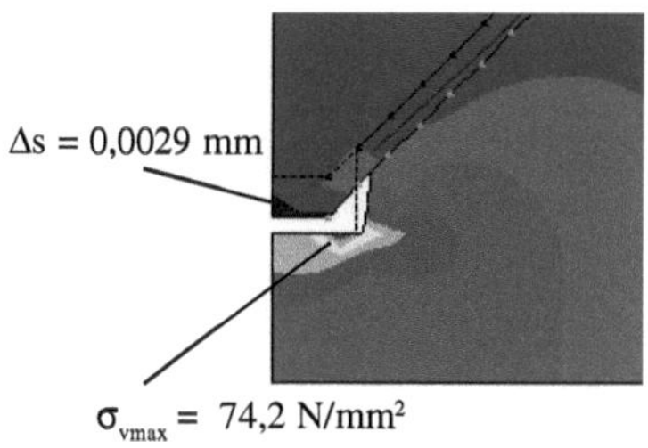  Druckspannungen selektiert: Es ist nur der Bereich $p = (3{,}3 \ldots 24)\ N/mm^2$ dargestellt. 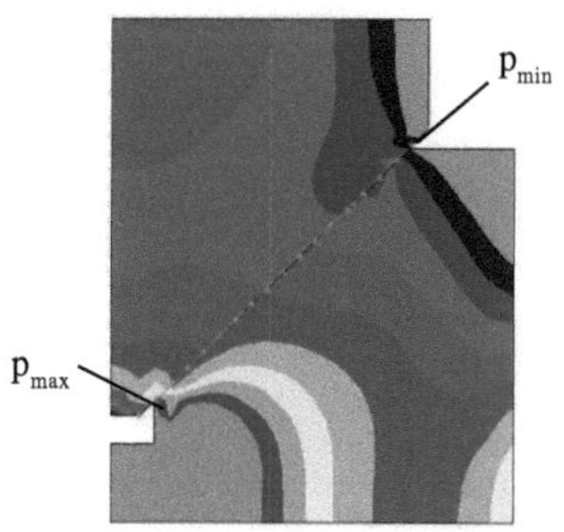  |

**Tafel 4/12:** Druckbelastung an einem Prisma (Scheibenelemente - Übertragung mit Kontaktelementen)

Die Steifigkeitsunterschiede, hervorgerufen durch die Querschnittsänderungen an den Prismenteilen, führen aber über das elastische Verhalten der Bauteile zu unterschiedlichen Spannungen. Die Spitze des Prismenoberteils ist weicher als der Teil, an dem die äußere Kraft eingeleitet wird. Ebenso hat die Nut im Prismenunterteil ein weicheres Verhalten als die anderen Körperteile.

Für die Auswertung (Abb. 4.22.) wurden die Pressungswerte an der Kontaktlinie des Prismenunterteils ausgelesen und über der Berührungslänge aufgetragen. Die höchsten Werte treten in der Nähe der Nut mit ca. 24 N/mm² auf. Am oberen Teil der Kontaktlinie liegen noch ca. 3,3 N/mm² vor. Auf die gesamte Berührungslinie bezogen tritt ein unregelmäßiger Spannungsabfall auf.

Das Zusammendrücken des Prismas durch die äußere Kraft von F = 2000 N fällt mit Uy = 0,0029 mm gering aus. Die Darstellung in den grafischen Ergebnissen überzeichnet den Zustand, zeigt aber dadurch die Tendenz der Verschiebungen.

**Zu Tafel 4/13:** Aus der Vielzahl der möglichen toleranzbedingten Abweichungen an einem Prisma wird die Änderung des Prismenwinkels heraus gegriffen. Die Winkeländerung erfolgt indirekt über eine Längenänderung am Prismenunterteil. Die Keypoints K7 und K8 werden um 0,01 mm in negativer y-Richtung versetzt. Damit entsteht eine geringfügige Winkeländerung mit einem geringen Spalt im oberen Teil der Kontaktlinie. Die Änderung im Modell beschränkt sich auf den Eintrag für die beiden Keypoints.

Die äußere Last wird jetzt entgegen dem Modell nach Tafel 4/12 nicht durch eine Kraft, sondern durch die Einleitung einer Verschiebung am Prismenoberteil definiert. Um für die beiden Modelle eine gewisse Vergleichbarkeit zu erreichen, soll

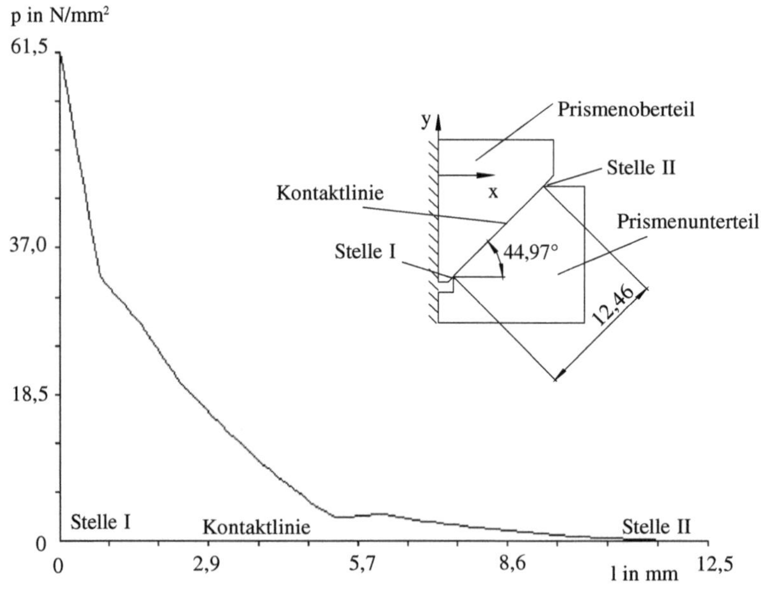


**Abb. 4.23.** Pressungsverlauf an der Kontaktfläche zwischen Prismenoberteil und Prismenunterteil für ein Prisma mit Winkelabweichung (Tafel 4/13)

| **FE-A13 Druck** | Allgemeine Befehlsfolge |
|---|---|
| Name | Speicherung der FE-Rechnung unter FILE-Name "Druck13" |
| Elemente | 2-dimensionales Scheibenelement (4 Knoten) - notwendige Eingaben: Dicke des Prismas 10 mm;<br>2-dimensionale Kontaktelemente; |
| Werkstoffe | Stahl: $E_{St}$= 210 kN/mm² $\nu$ = 0,3 |
| Geometrie | CAD-Modell aus Geometriepunkten, Flächen erstellen;<br>Geometriepunkte (x;y) in mm: K1(0;-14), K2(1,5;-14), K3(10,31; -14), K4(14;-14), K5(14;-11,31), K6(14;-9,81), **K7(14;-1,01), K8(10,31;-1,01)**, K9(1,5;-9,81), K10(1,5;-11,31), K11(0;-11,31), K12(10,31;-9,81), K13(10,31;-11,31), K14(0;-10,31), K15(1; -10,31), K16(11;-0,31), K17(11;3,5), K18(1;3,5), K19(0;3,5), K20(0;0), K21(1;0)<br>Flächen bilden: A1(K1,K2,K10,K11), A2(K2,K3,K13,K10), A3(K3,K4,K5,K13), A4(K10,K13,K12,K9), A5(K13,K5,K6,K12), A6(K9,K12,K8), A7(K12,K6,K7,K8), A8(K14,K15,K21,K20), A9(K15,K16,K21), A10(K20;K21;K18;K19), A11(K21;K16; K17;K18); Regenerieren zum Entfernen doppelter Strukturen, |
| Vernetzung | Elementeanzahl (Rechteckelemente) definieren:<br>4 an L1, 6 an L6; 3 an L11; 4 an L15, 2 an L20; 18 an L25; 4 an L26; 16 für alle anderen; alle Flächen vernetzen; anschließend die Knoten an Prismenoberteil(L24)/Prismenunterteil(L17) selektieren und Kontaktelemente bilden;<br>es werden 1123 Elemente mit 895 Knoten generiert; |
| Randbedingungen | Lagerung: selektiert über kartesisches Koordinatensystem (y= –14); Koppelgruppe "Lager" bilden; Masterknoten festlegen, alle Freiheitsgrade festhalten;<br>Verschiebung in mm: Knoten selektiert über kartesisches Koordinatensystem (y=3,5); Koppelgruppe "Kraft" bilden; Masterknoten festlegen, Uy = – 0,006 gesetzt; |
| Berechnung und Ergebnisse | Ansatz: statisch, nichtlinear<br>Charakteristische Größe: Verschiebung der Knoten, Pressungen in N/mm²: an der Kontaktlinie p = 0...61,5; |

*x* , *y* , *z* Koordinaten im globalen kartesischen Koordinatensystem,
*Ux* , *Uy* , *Uz* , *ROTx* , *ROTy* , *ROTz* Verschiebungen und Verdrehungen,
*K* Keypoint (Geometriepunkt im CAD-Modell), *L* Line (Linie im CAD-Modell),
*N* Node (Knoten im FE-Modell), *E* Element (Element im FE-Modell),
*FE-A* Finite Elemente Anwendungsbeispiel,

Fortsetzung nächste Seite

<table>
<tr><th>FE-A13<br>Druck</th><th>Bildfolge</th></tr>
<tr><td>Geometrie</td><td>
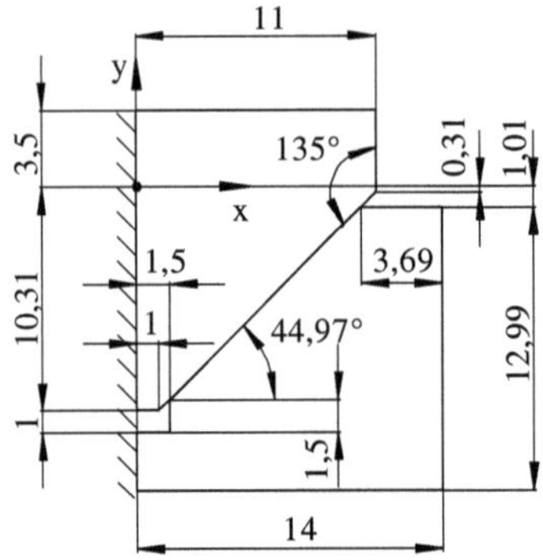

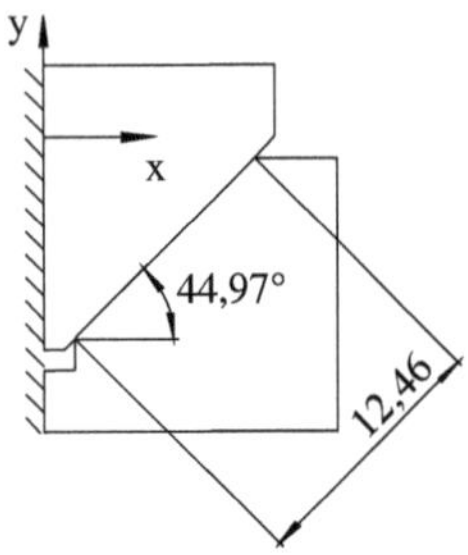

</td></tr>
<tr><td>Vernetzung<br>Randbedin-<br>gungen</td><td>
Uy = – 0,006 mm am Masterknoten

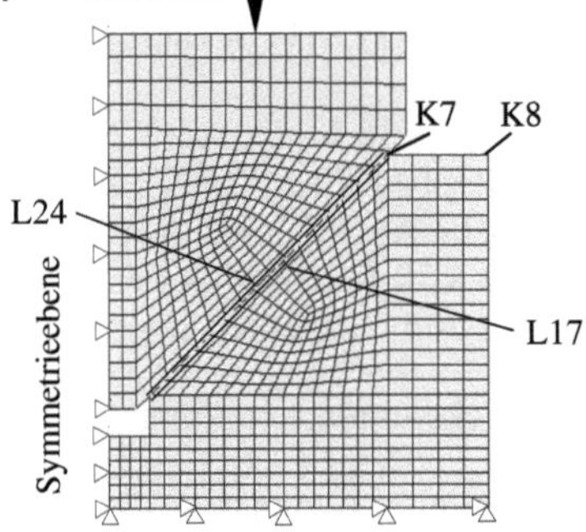


Kontakt: L24 (18 Elem.) - L17 (16 Elem.)

Spalt durch Winkelabweichung:<br>Prismenoberteil 45°<br>Prismenunterteil 44,97°

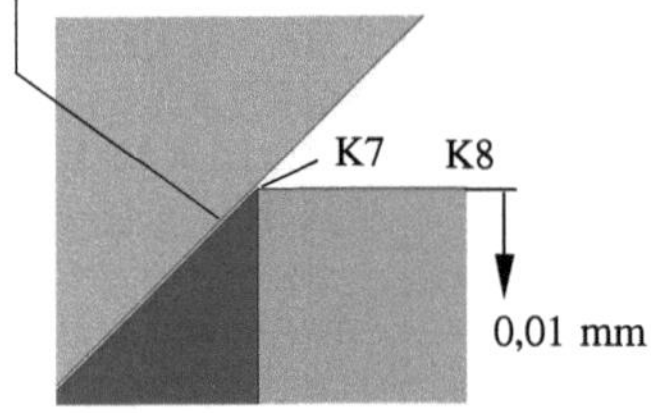


K7, K8 im Modell verschoben (vergleiche dazu FE-A12)
</td></tr>
<tr><td>Grafische<br>Ergebnisse</td><td>
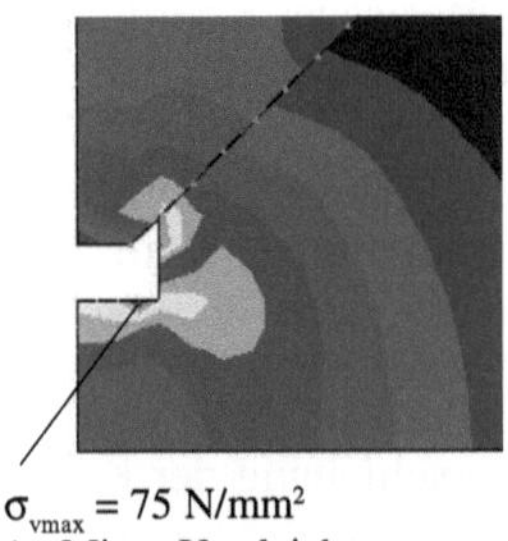

$\sigma_{vmax}$ = 75 N/mm$^2$<br>(v.-Mises-Vergleichsspannung)

Druckspannungen selektiert: Es ist nur der Bereich p = (0 ... 61) N/mm$^2$ dargestellt.

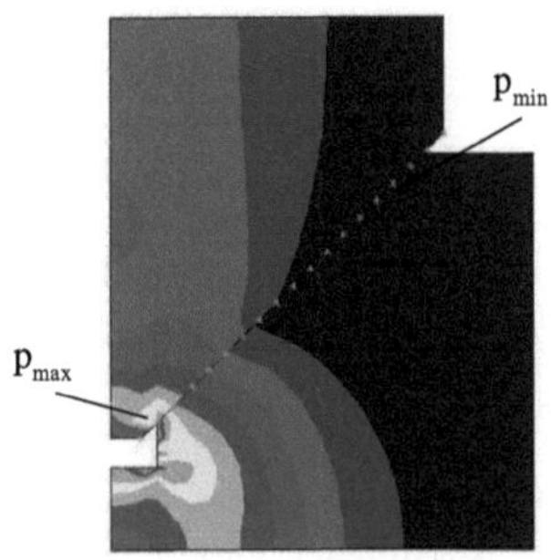

</td></tr>
</table>

**Tafel 4/13:** Druckbelastung an einem Prisma bei Winkelfehler zwischen Prismenober- und Prismenunterteil (Scheibenelemente - Übertragung mit Kontaktelementen)

die äußere Kraft als Bezug gelten. Beim Modell nach Tafel 4/12 wurde Fy = 1000 N vorgegeben. Wird ein Verschiebungswert von Uy = 0,006 mm beim Modell „Druck13“ zugrunde gelegt, erbringt die FE-Berechnung eine Kraft von Fy = 993 N und damit eine gute Näherung.

In den grafischen Ergebnissen wird erwartungsgemäß die Spannungserhöhung in Richtung der Prismennut sichtbar. Die spannungsarme Zone hat sich im oberen Bereich des Prismenunterteils entsprechend vergrößert.

Sehr deutlich werden die Unterschiede beim Vergleich der Pressungsverteilung entlang der Kontaktlinie (Abb. 4.22.; Abb. 4.23.). Bereits diese geringfügige Winkeländerung lässt den Maximalwert der Pressung in Richtung der Prismennut fast um das 3-fache auf 61,5 N/mm$^2$ steigen. Aus dem Kurvenverlauf wird sichtbar, dass der Spalt im oberen Teil der Kontaktlinie nicht geschlossen ist, d. h. durch die hohe Steifigkeit der beiden Prismenteile kommt es nur zu einer geringen Verformung der Flanken. Der Wert aus der klassischen Berechnung mit p = 11,35 N/mm$^2$ erfüllt nicht mehr annähernd die Bedingungen.

### 4.3.2 HERTZsche Pressung

Die Pressung zwischen Körpern mit gekrümmten Oberflächen führt zu Berührungsspannungen an den Berührungsstellen. Werden die elastischen Grenzen des Werkstoffes überschritten, kommt es zu Abplattungen. Modelle für die Paarung der Grundkörper Zylinder/Ebene und Zylinder/Zylinder sind in den Tafeln 4/14 bis 4/18 dargestellt.

Die Übersicht (Abb. 4.24.) zeigt 2 grundsätzliche Modelle (Tafel 4/14, 4/16). Es wird jeweils nur eine Kraft eingeleitet, die den Spannungs- und Verformungszustand in der Kontaktstelle hervorruft. Das Modell „Stahlplatte auf Alu-Zylinder im Stahlprisma“ besitzt 2 Kontaktstellen. Ein praktischer Bezug ist mit diesem Modell gegeben. Der Alu-Zylinder könnte in einer Vorrichtung zur Bearbeitung eingespannt

<table>
<tr><th colspan="2">Zylinder/Ebene</th><th colspan="3">Zylinder/Zylinder</th></tr>
<tr><td>1 Kontaktstelle<br>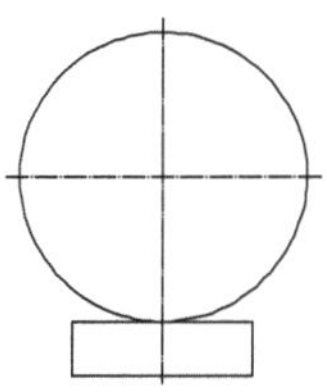<br>Alu-Zylinder auf Stahlplatte</td><td>2 Kontaktstellen<br>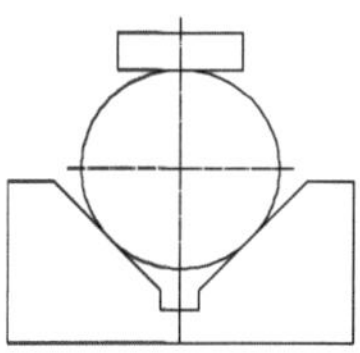<br>Stahlplatte auf Alu-Zylinder im Stahl-Prisma</td><td>1 Kontaktstelle<br>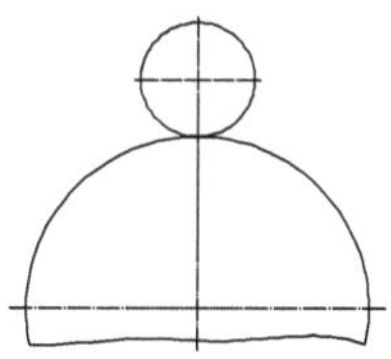<br>Alu-Zylinder auf Stahl-Zylinder</td><td colspan="2">1 Kontaktstelle und Lasteinleitung in der Bohrung<br>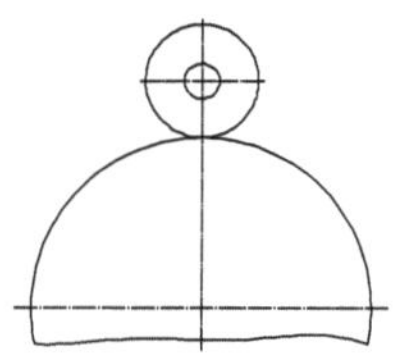<br>Alu-Zylinderrolle auf Stahlzylinder<br>2D-Modell 3D-Modell</td></tr>
<tr><td>Tafel 4/14</td><td>Tafel 4/15</td><td>Tafel 4/16</td><td>Tafel 4/17</td><td>Tafel 4/18</td></tr>
</table>

**Abb. 4.24.** Modelle zur HERTZschen Pressung

sein. Die Spannkraft kann zu unerwünschten Markierungen in der Oberfläche führen.

Die Modelle nach Tafel 4/17 bzw. 4/18 lassen die praktische Deutung zu, dass auf den Stahlzylinder durch eine Alu-Zylinderrolle gedrückt wird, wobei die Lasteinleitung durch den Rollenbolzen erfolgt. Die Wirkung des Rollenbolzens wird bei diesen Modellen durch eine Flächenlast in der Bohrung simuliert. Die Generierung eines 2D- und 3D-Modells ermöglicht eine vergleichende Betrachtung.

**Zu Tafel 4/14:** Die einfache Geometrie des Alu-Rundstabes und des Stahl-Flachstabes erfordert nur geringen Aufwand bei der Modellbildung. Die Symmetrie um die y-Achse lässt die Nutzung eines Halbschnittes zu. Da nur die Pressungsstelle untersucht wird, reicht sogar der Viertelschnitt des Alu-Rundstabes aus und die Krafteinleitung kann an der Mittellinie erfolgen.

Beide Körper besitzen gleiche Dicke, so dass ein ebener Zustand mit 2D-Scheibenelementen modelliert werden kann. Eine hohe Elementedichte an der Pressungsstelle ist wichtig für die Genauigkeit der FE-Berechnung. Um allerdings zu hohe Elementezahlen zu vermeiden, wird am Alu-Rundstab ein Flächenstück generiert, welches gut selektierbar und feiner als der übrige Teil des Viertelstabes vernetzt wird. An der Kontaktstelle ist darauf zu achten, dass die Knoten der beiden Bauteile gut gegenüber stehen.

Mit 1200 Elementen und 856 Knoten ist für die einfache Struktur ein ziemlich großes Modell entstanden. Mit 20 Elementen an der Kontaktstelle L1/L9 liegt eine hohe Dichte vor, die sich wegen der Zwangsbedingungen bei Rechteckelementen auf die gegenüberliegenden Linien fortsetzt. Die Anzahl der Elemente an den Linien L2 und L10 ist frei wählbar und könnte bei einer Optimierung variiert werden.

Die Besonderheiten bei der Berührung eines Zylinders mit einem Flachstab sind in Abb. 4.25. dargestellt. Bei HERTZschem Kontakt liegt theoretisch eine Punkt- bzw. im vorliegendem Beispiel eine Linienberührung vor und diese besagt, dass die Verbindung der beiden Bauteile symbolisch über ein Kontaktelement erfolgt. Erst mit zunehmender Abplattung kommen weitere Elemente in Eingriff.

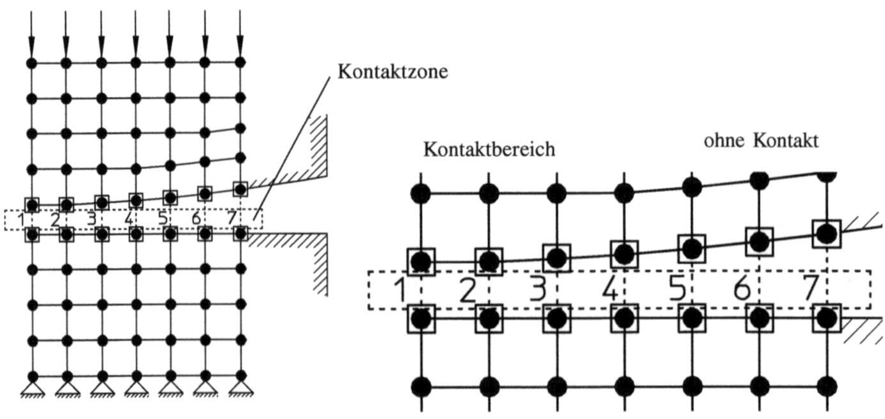


**Abb. 4.25.** Kontaktbreite bei HERTZscher Pressung zwischen Zylinder und Ebene

| **FE-A14 Druck** | Allgemeine Befehlsfolge |
|---|---|
| Name | Speicherung der FE-Rechnung unter FILE-Name "Druck14" |
| Elemente | 2-dimensionales Scheibenelement (4 Knoten) - notwendige Eingaben: Dicke des Rund- und Flachstabes 10 mm; 2-dimensionale Kontaktelemente; |
| Werkstoffe | Stahl-Flachstab: $E_{St}$= 210 kN/mm² ν = 0,3<br>Alu-Rundstab: $E_{Al}$= 70 kN/mm² ν = 0,34 |
| Geometrie | CAD-Modell aus Geometriepunkten, Flächen erstellen; Geometriepunkte (x;y) in mm: Rundstab - K1(0;0), K2(2,47;0,39), K3(8;8), K4(0;8), K5(0;2.5), Kreisbogen L1(K1,K2), L2(K2,K3), L3(K2,K5); Flachstab - K6(0;-3), K7(5;-3),K8(5;0), K9(0;0);<br>Flächen bilden: Rundstab - A1(K1,K2,K5), A2(K2,K3,K4,K5); Flachstab - A3(K6,K7,K8,K9), |
| Vernetzung | Elementeanzahl (Rechteckelemente) definieren: 16 an L2; 20 an L7, 8 an L10; für alle anderen 20; Flächen vernetzen; anschließend die Knoten am Rundstab(L1)/Flachstab (L9) selektieren und Kontaktelemente bilden;<br>es werden 1200 Elemente mit 856 Knoten generiert; |
| Randbedingungen | Lagerung: selektiert über kartesisches Koordinatensystem (y= –3); Koppelgruppe "Lager" bilden; Masterknoten festlegen, alle Freiheitsgrade festhalten;<br>Belastung in kN: Knoten selektiert über kartesisches Koordinatensystem (y=8); Koppelgruppe "Kraft" bilden;<br>Masterknoten festlegen, Fy = – 2000/2 gesetzt;<br>Symmetrien: selektiert über kartesisches Koordinatensystem (x=0); Symmetrie zur x-Achse anwenden; |
| Berechnung und Ergebnisse | Ansatz: statisch, nichtlinear<br>Charakteristische Größe: Verschiebung der Knoten,<br>Pressungen in N/mm²: an der Kontaktlinie $p_{max}$ = 585;<br>Verschiebung in mm: $Uy_{max}$ = 0,012 mm, |

*x* , *y* , *z* Koordinaten im globalen kartesischen Koordinatensystem,
*Ux* , *Uy* , *Uz* , *ROTx* , *ROTy* , *ROTz* Verschiebungen und Verdrehungen,
*K* Keypoint (Geometriepunkt im CAD-Modell), *L* Line (Linie im CAD-Modell),
*N* Node (Knoten im FE-Modell), *E* Element (Element im FE-Modell),
*FE-A* Finite Elemente Anwendungsbeispiel,

Fortsetzung nächste Seite

<table>
<tr><th>FE-A14<br>Druck</th><th>Bildfolge</th></tr>
<tr><td>Geometrie</td><td>
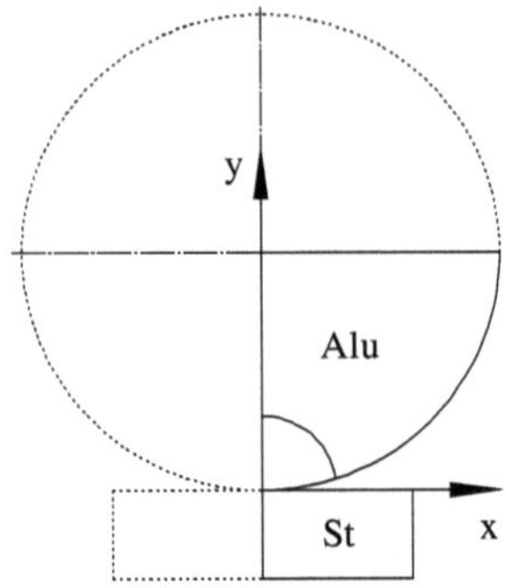

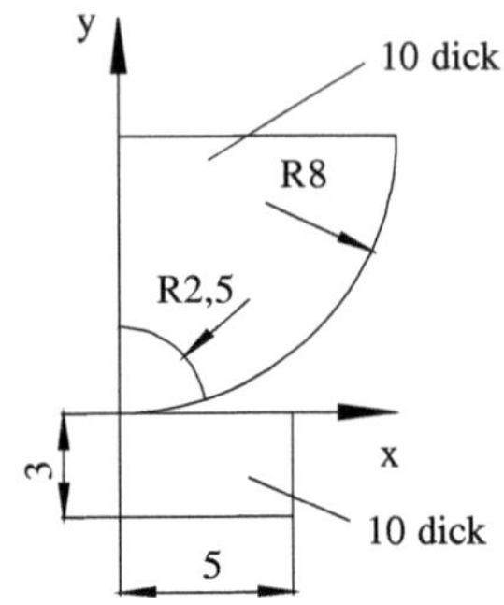

</td></tr>
<tr><td>Vernetzung<br>Randbedin-<br>gungen</td><td>
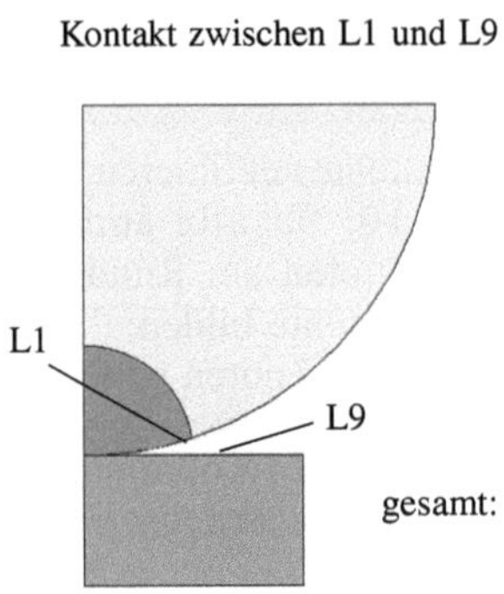

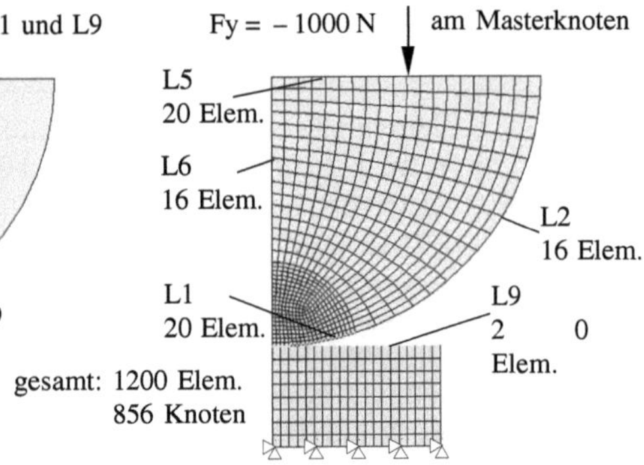

</td></tr>
<tr><td>Grafische<br>Ergebnisse</td><td>
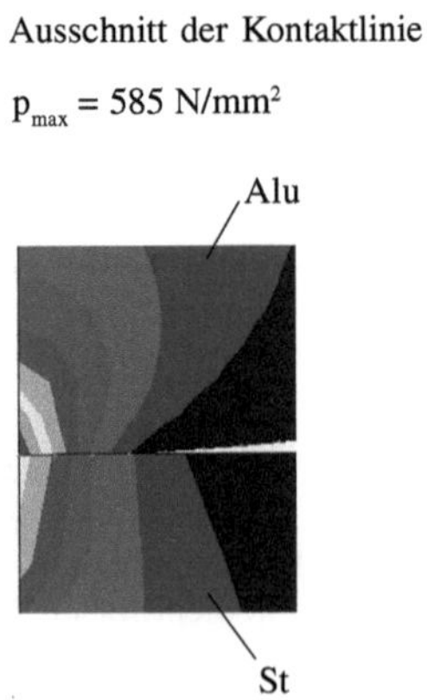

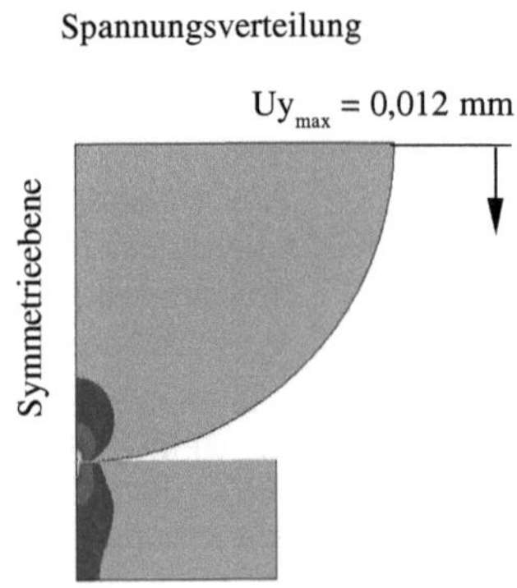

</td></tr>
</table>

**Tafel 4/14:** Hertzsche Pressung Alu-Zylinder auf Stahlplatte (Scheibenelemente - Übertragung mit Kontaktelementen)

Das Eindringen der Körper ineinander wird verhindert, indem der Gleichgewichtszustand durch Iterieren erst dann erreicht ist, wenn ein voreingestellter Mindestabstand zwischen den Oberflächen eingehalten wird. Dieser Abstand wird in Abb. 4.25. durch die gepunktete Kontaktzone dargestellt.

Verwendet man weiter die Symbolik und charakterisiert Kontaktelemente durch die Quadrate um die Knoten, so lässt sich erkennen, dass die Elemente 1 bis 3 von der Kontaktzone erfasst werden, bei Element 4 liegt ein Übergang vor und die Elemente 5 bis 7 sind außerhalb einer Berührung. Je nach Anzahl der gerade in Kontakt befindlichen Elemente bekommt das Gleichungssystem eine andere Struktur. Daran wird der nichtlineare Zustand und die Notwendigkeit des iterativen Rechnungsansatzes erkennbar.

Für die Ermittlung der Spannungen an der Pressungsstelle lässt sich dieser Vorgang so beschreiben, dass beginnend mit Element 1 eine Knotenverschiebung einsetzt, die in Dehnung und nachfolgend Spannung umgerechnet an den Scheibenelementen vorliegt, welche an den aktiven Kontaktelementen anliegen. In Abhängigkeit von den Steifigkeiten der beteiligten Körper übertragen sich diese Verschiebungen auf die Nachbarbereiche und führen zum Kontakt mit weiteren Elementen. Da die Genauigkeit der Spannungsanalyse von der Anzahl der Elemente abhängt, bedeutet eine feinere Vernetzung an der Kontaktzone eine Genauigkeitszunahme.

Im Unterschied zu Elastomeren sind bei metallischen Werkstoffen keine großen Abplattungen zu erwarten. Bei zu grober Vernetzung kann eintreten, dass nur 1 oder 2 Elemente die Berührungsfläche beschreiben. Über diese geringe Anzahl erfolgt dann die Verbindung zwischen den beiden Einzelkörpern.

Auch im vorliegenden Beispiel liegt an der Pressungsstelle keine optimale Vernetzung vor. Die klassische Rechnung liefert nach Abschnitt 4.1.4 eine maximale Pressung von

$$p_{max} = 677 \text{ N/mm}^2,$$

der FE-Wert liegt nur bei

$$p_{max} = 585 \text{ N/mm}^2.$$

Die Abweichungen zwischen den klassischen und der FE-Berechnung lassen sich durch feinere Vernetzung verbessern.

Ebenso wirkt sich die Netzdichte auf die Werte für die Breite a der Abplattung aus. Bei der FE-Berechnung kann die Breite nur aus der in Kontakt befindlichen Anzahl der Elemente ermittelt werden. Mit der Länge der Elementkanten der Scheibenelemente multipliziert, ergibt sich der Wert für die Breite a.

In Bild 4.25. lässt sich aber erkennen, dass z. B. zwischen Element 3 und 4 ein Übergangsbereich vorliegt, der mit einer höheren Elementedichte genauer aufgelöst werden müsste. Es ist zu erwarten, dass über das Element 3 hinaus Kontakt eintreten kann. So wie vorliegend lassen sich nur in die Längenerfassung die Elemente 1 bis 3 einbringen.

Die ermittelten maximalen Pressungen sind von den meisten Werkstoffen nicht zu ertragen. Es würde an den Kontaktstellen ein Fließen des Werkstoffes einsetzen und damit veränderte Kontaktbedingungen hervorrufen. Dieses Verhalten wird nicht berücksichtigt, da nur der theoretische Vergleich zur HERTZschen Gleichung, die plastisches Verhalten nicht erfasst, vorgesehen ist.

**Zu Tafel 4/15:** Das Modell beruht auf der Paarung der Grundkörper Zylinder/Ebene. Die Besonderheit ist, dass 2 Kontaktstellen vorliegen. In der Reihenfolge Ebene auf Zylinder und weiter Zylinder auf Ebene werden 3 eigenständige Körper mit Hilfe von Kontaktelementen zu einem gemeinsamen System zusammengeführt. Eine Verbindung zur Praxis ist dadurch gegeben, dass das System als eine Spannvorrichtung verstanden wird, die ein zylindrisches Werkstück belastet. Sind die zulässigen Flächenpressungen des Zylinderwerkstoffes bekannt, kann mit der FE-Berechnung ermittelt werden, ob es zu Oberflächenschäden an den Kontaktstellen kommt. Die Beanspruchung des Prismas im Bereich der Nut sowie die Verformung durch die x-Komponente der wirkenden Kraft lassen sich ermitteln. Durch Veränderung des Prismenwinkels können die Spannungen optimiert werden.

Die geometrische Definition ist gegenüber dem Modell nach Tafel 4/14 etwas aufwendiger. Der Aufbau der Geometrie erfolgt in der Reihenfolge Prisma, Rundstab und dann Flachstab. Es wird wiederum das Prinzip der zusätzlichen Flächen im Alu-Rundstab angewendet. Die Vernetzung vor allem im Bereich der Kontaktstellen ist so abzustimmen, dass beide Stellen zum Konvergieren gebracht werden.

Das Netz wurde etwas grober gestaltet. Die 3 Teile verfügen über insgesamt 669 Knoten, während die beiden Teile des Beispiels nach Tafel 4/14 insgesamt 856 Knoten aufweisen. Dieser Vergleich beschränkt sich bewusst nur auf die Knotenanzahl. Die Elementeanzahl wird nämlich verfälscht durch die Einbeziehung der Kontaktelemente, die aber an der Netzverfeinerung nicht beteiligt sind.

Da die Last von 1000 N und die Einbringung vom Flachstab in den Rundstab den Bedingungen nach Tafel 4/14 entspricht, kann der Einfluss der veränderten Netzdichte untersucht werden. Während das feinere Netz nach Tafel 4/14 einen maximalen Pressungswert von $p_{max} = 585\ N/mm^2$ ausgibt, sinkt er beim vorliegenden grober vernetzten Modell auf $p_{max} = 509\ N/mm^2$ an der vergleichbaren Stelle.

Die Schwächen der Vernetzung sind auch erkennbar an der Abbildung der Isolinien im Spannungsplot. Während unmittelbar an den Pressungsstellen hohe Spannungsgradienten optisch auch spitze Konturen wiedergeben, können etwas entfernt davon gut gemittelte Kurven entstehen. Nur eine Erhöhung der Elementeanzahl an der Kontaktstelle kann diesen Mangel beheben.

| **FE-A15 Druck** | Allgemeine Befehlsfolge |
|---|---|
| Name | Speicherung der FE-Rechnung unter FILE-Name "Druck15" |
| Elemente | 2-dimensionales Scheibenelement (4 Knoten) - notwendige Eingaben: Dicke des Rund-, Flachstabes und Prismas 10 mm; 2-dimensionale Kontaktelemente; |
| Werkstoffe | Prisma, Flachstab - Stahl: $E_{St} = 210\ kN/mm^2$ $\nu = 0{,}3$<br>Rundstab - Alu: $E_{Al} = 70\ kN/mm^2$ $\nu = 0{,}34$ |

Fortsetzung nächste Seite

| | |
|---|---|
| Geometrie | CAD-Modell aus Geometriepunkten, Flächen erstellen; Geometriepunkte (x;y) in mm: Prisma - K1(0;-14), K2(1,5;-14), K3(10,31;-14), K4(14;-14), K5(14;-11,31), K6(14;-9,81), K7(14;-1), K8(10,31;-1), K9(1,5;-9,81), K10(1,5;-11,31), K11(0;-11,31), K12(10,31;-9,81), K13(10,31;-11,31); Rundstab - K14(0;-8), K15(3,63;-7,13), K16(5,66;-5,66), K17(7,13;-3,63), K18(8;0), K19(2,47;7,61), K20(0;8), K21(0;5,5), K22(0;0), K23(3,89;-3,89); Kreisbogen L1(K14,K15), L2(K15,K16), L3(K16,K17), L4(K17, K18), L5(K18,K19), L6(K19,K20), L7(K19,K21), L8(K17,K23), L9(K23,K15) ; Flachstab - K24(0;8), K25(5;8), K26(5;11), K27(0;11);<br>Flächen bilden: Prisma - A1(K1,K2,K10,K11), A2(K2,K3,K13, K10), A3(K3,K4,K5,K13), A4(K10,K13,K12,K9), A5(K13,K5, K6,K12), A6(K9,K12,K8), A7(K12,K6,K7,K8); Rundstab - A8(K22,K14,K15,K23), A9(K15,K16,K23), A10(K16, K17,K23), A11(K22,K23,K17,K18), A12(K18,K19,K21,K22), A13(K21, K19,K20); Flachstab - A14(K24,K25,K26,K27), |
| Vernetzung | Elementeanzahl (Rechteckelemente) definieren:<br>1 an L1; 4 an L6, 1 an L11, 5 an L15, 16 an L17, 6 an L30, L31, L35, 2 an L36; für alle anderen 8; Flächen A8-A13 mit Alu, alle anderen mit Stahl vernetzen; anschließend die Knoten am Flachstab(L35)/Rundstab(L25) und Rundstab(L21,L22)/Prisma (L17) selektieren und Kontaktelemente bilden;<br>es werden 860 Elemente mit 669 Knoten generiert; |
| Randbedingungen | Lagerung: selektiert über kartesisches Koordinatensystem (y= –14); Koppelgruppe "Lager" bilden; Masterknoten festlegen, alle Freiheitsgrade festhalten;<br>Belastung in kN: Knoten selektiert über kartesisches Koordinatensystem (y=11); Koppelgruppe "Kraft" bilden;<br>Masterknoten festlegen, Fy = – 2000/2 gesetzt;<br>Symmetrien: selektiert über kartesisches Koordinatensystem (x=0); Symmetrie zur x-Achse anwenden; |
| Berechnung und Ergebnisse | Ansatz: statisch, nichtlinear<br>Charakteristische Größe: Verschiebung der Knoten,<br>Pressung in N/mm²: an Kontaktlinie $p_{max}$ = 509;<br>Verschiebung in mm: $Uy_{max}$ = 0,0216 mm, |

*x*, *y*, *z* Koordinaten im globalen kartesischen Koordinatensystem,
*Ux*, *Uy*, *Uz*, *ROTx*, *ROTy*, *ROTz* Verschiebungen und Verdrehungen,
*K* Keypoint (Geometriepunkt im CAD-Modell), *L* Line (Linie im CAD-Modell),
*N* Node (Knoten im FE-Modell), *E* Element (Element im FE-Modell),
*FE-A* Finite Elemente Anwendungsbeispiel,

Fortsetzung nächste Seite

<table>
<tr><th>FE-A15<br>Druck</th><th>Bildfolge</th></tr>
<tr><td>Geometrie</td><td>
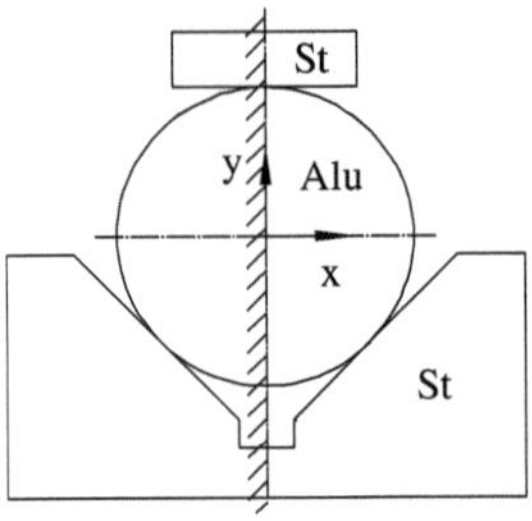

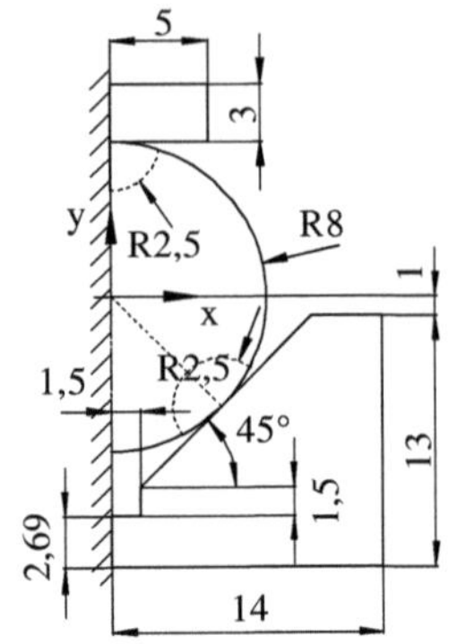

</td></tr>
<tr><td>Vernetzung<br>Randbedin-<br>gungen</td><td>
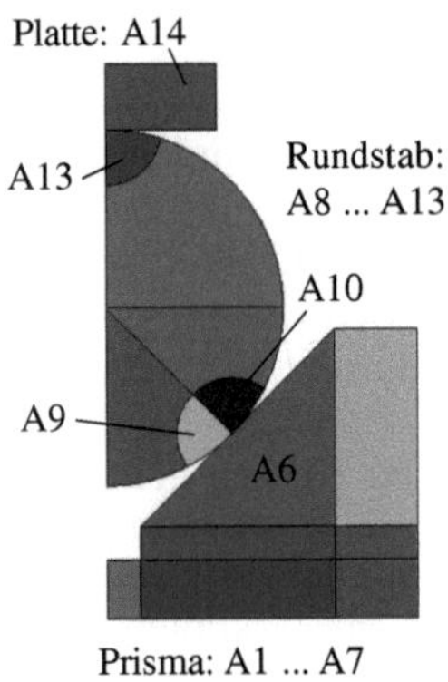

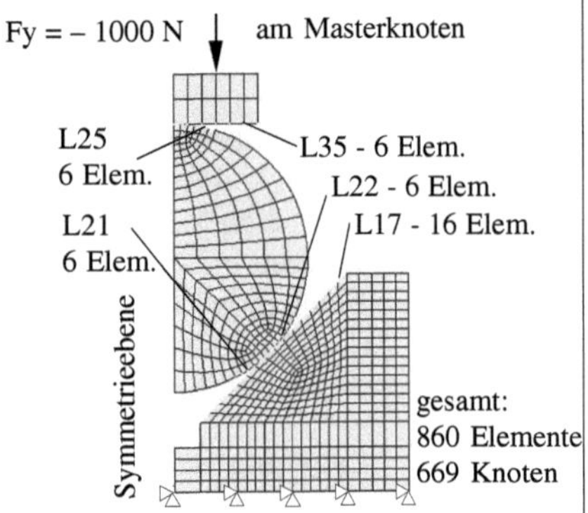

</td></tr>
<tr><td>Grafische<br>Ergebnisse</td><td>
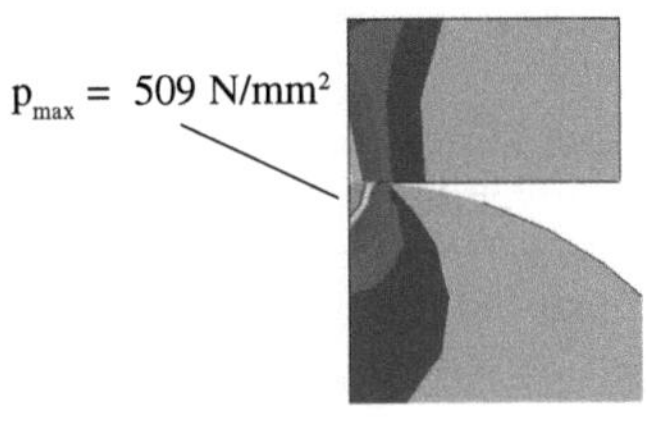

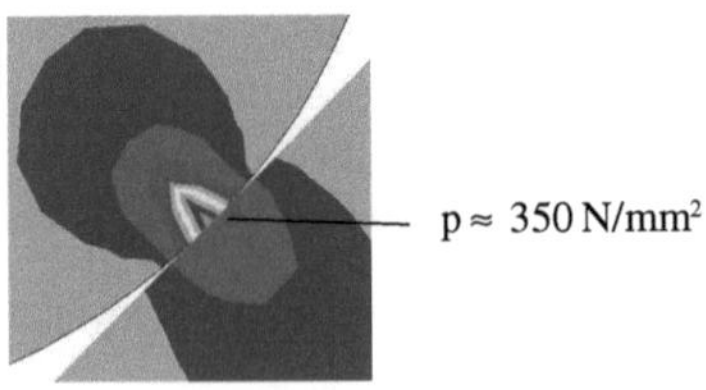

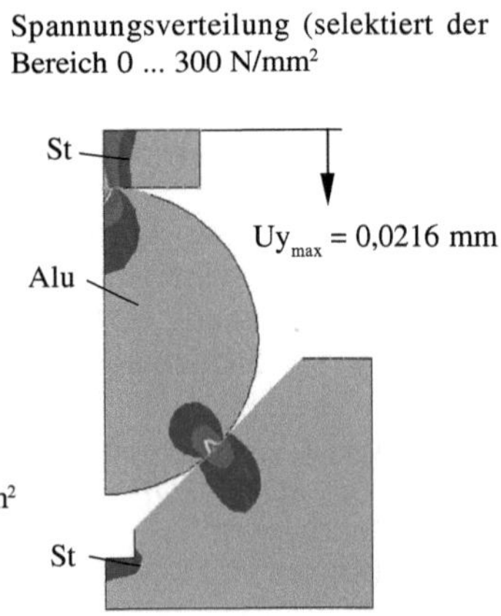

</td></tr>
</table>

**Tafel 4/15:** Hertzsche Pressung Stahlplatte auf Alu-Zylinder im Stahlprisma (Scheibenelemente - Übertragung mit Kontaktelementen)

**Zu Tafel 4/16:** Ein klassischer Fall der HERTZschen Pressung wird durch die Paarung Zylinder / Zylinder ausgedrückt. Der Kontakt von 2 gekrümmten Flächen erfordert eine höhere Vernetzungsdichte in der Kontaktzone als bei der Paarung Zylinder/Ebene. Durch die Krümmungen liegen die Kontaktknoten weiter auseinander, so dass größere Elementverzerrungen notwendig sind, um weitere Kontakte zu bilden. Trotz der relativ hohen Dichte im vorliegenden Beispiel weicht die FE-Lösung von der klassischen rechnerischen Lösung beträchtlich ab:

FE-Lösung $p_{max} = 602\ N/mm^2$,
n. HERTZ $p_{max} = 782\ N/mm^2$ (siehe auch 4.1.4).

Die Spannungsverteilung zeigt den erwarteten Verlauf. Im kleineren Al-Zylinder wird ein größerer Flächenanteil von der Pressung beeinflusst. Die Vernetzung müsste lediglich an der unmittelbaren Berührungsstelle verfeinert werden, um die Spannungsspitze genauer abbilden zu können.

Die Modellbildung stellt keine hohen Anforderungen an den Anwender. Die Voraussetzungen für eine Nutzung der Symmetrie sind gegeben. Das Modell kann durch einen Halbschnitt eindeutig beschrieben werden. Über die Symmetriebedingungen wären damit 2 Vollzylinder simuliert.

Da sich die Untersuchung vorrangig auf die Kontaktstelle bezieht, werden mit der Generierung der Viertelzylinderfläche nur noch 2 Halbzylinder modelliert, die längs ihrer Achse abgetragen sind. Lagerung und Lasteinleitung lassen sich damit einfach gestalten. Beim Aufbau des Modells wurden wiederum die zusätzlichen Flächen zur bequemeren Verdichtung des Netzes an der Berührungsstelle angewendet.

**Zu Tafel 4/17:** Es wird wie im vorangegangenen Beispiel die HERTZsche Pressung zwischen der Paarung Zylinder / Zylinder untersucht. Die Außendurchmesser der Zylinder bleiben unverändert. Der kleinere Zylinder wird durch eine Bohrung als Zylinderrolle definiert. Der Rollenbolzen ist nicht dargestellt, seine Wirkung wird durch eine Flächenlast in der Rollenbohrung simuliert.

Die Zylinderrolle wird bei Berücksichtigung der Symmetrie als Halbkörper erfasst, während der große Zylinder als Viertelzylinder in die FE-Rechnung eingeht.

Beim großen Zylinder wird in der Viertelfläche wie bereits bekannt eine Zusatzfläche zur bequemeren Vernetzung dieses Bereiches eingebracht. Der Querschnitt der Zylinderrolle ist in 4 Flächen aufgeteilt. Nach dem Setzen der Keypoints und der Generierung der Kreisbogen entstehen durch Teilung der Linien L11 und L8 die notwendigen Keypoints K14 und K15 für die Flächenbildung. Die Elementedichte lässt sich jetzt für wichtige und weniger wichtige Bereiche an den Linien der Flächen entsprechend einstellen.

Für die Anbringung der Pressung steht eine einfach zu selektierende Linie zur Verfügung. Als Pressungswert wurde $p = 56{,}5\ N/mm^2$ festgelegt. Mit diesem Wert entsteht eine Reaktionskraft in der Lagerung von Fy = 1000 N und damit eine Vergleichbarkeit der äußeren Last gegenüber den vorangegangenen Modell.

Die Knotenanzahl wurde gegenüber dem Modell nach Tafel 4/16 von 400 Knoten auf 282 Knoten gesenkt. An der Berührungsstelle der beiden Zylinder liegt damit eine grobere Vernetzung vor. Wie zu erwarten, wird mit nur noch $p_{max} = 488\ N/mm^2$ eine wesentlich geringere Pressung errechnet.

| FE-A16 Druck | Allgemeine Befehlsfolge |
|---|---|
| Name | Speicherung der FE-Rechnung unter FILE-Name "Druck16" |
| Elemente | 2-dimensionales Scheibenelement (4 Knoten) - notwendige Eingaben: Dicke der Rundstäbe 10 mm; 2-dimensionale Kontaktelemente; |
| Werkstoffe | Stahl-Rundstab: $E_{St}$= 210 kN/mm² ν = 0,3<br>Alu-Rundstab: $E_{Al}$= 70 kN/mm² ν = 0,34 |
| Geometrie | CAD-Modell aus Geometriepunkten, Flächen erstellen; Geometriepunkte (x;y) in mm: Rundstab mit Radius 8 - K1(0;0), K2(2,47;0,39), K3(8;8), K4(0;8), K5(0;2.5), Kreisbogen L1(K1, K2), L2(K2,K3), L3(K2,K5); Rundstab mit Radius 24 - K6(0;-3,5), K7(0;-24),K8(24;-24), K9(3,49;-0,26), K10(0;0); Kreisbogen L4(K8,K9), L5(K9,K10), L6(K6,K9);<br>Flächen bilden: Rundstab mit R8 - A1(K1,K2,K5), A2(K2,K3,K4, K5); Rundstab mit R24 - A3(K10,K6,K9), A4(K6,K7,K8,K9) |
| Vernetzung | Elementeanzahl (Rechteckelemente) definieren: 8 an L1,L2; 16 an L11, für alle anderen 10; Fläche A1, A2 mit Alu, Fläche A3, A4 mit Stahl vernetzen; anschließend die Knoten am Rundstab R8(L1)/Rundstab R24(L8) selektieren und Kontaktelemente bilden; es werden 437 Elemente mit 400 Knoten generiert; |
| Randbedingungen | Lagerung: selektiert über kartesisches Koordinatensystem (y= –24); Koppelgruppe "Lager" bilden; Masterknoten festlegen, alle Freiheitsgrade festhalten;<br>Belastung in kN: Knoten selektiert über kartesisches Koordinatensystem (y=8); Koppelgruppe "Kraft" bilden; Masterknoten festlegen, Fy = – 2000/2 gesetzt;<br>Symmetrien: selektiert über kartesisches Koordinatensystem (x=0); Symmetrie zur x-Achse anwenden; |
| Berechnung und Ergebnisse | Ansatz: statisch, nichtlinear<br>Charakteristische Größe: Verschiebung der Knoten,<br>Pressungen in N/mm²: an der Kontaktlinie $p_{max}$ = 602;<br>Verschiebung in mm: $Uy_{max}$ = 0,017 mm, |

*x*, *y*, *z* Koordinaten im globalen kartesischen Koordinatensystem,
*Ux*, *Uy*, *Uz*, *ROTx*, *ROTy*, *ROTz* Verschiebungen und Verdrehungen,
*K* Keypoint (Geometriepunkt im CAD-Modell), *L* Line (Linie im CAD-Modell),
*N* Node (Knoten im FE-Modell), *E* Element (Element im FE-Modell),
*FE-A* Finite Elemente Anwendungsbeispiel,

Fortsetzung nächste Seite

| FE-A16 Druck | Bildfolge |
|---|---|
| Geometrie | 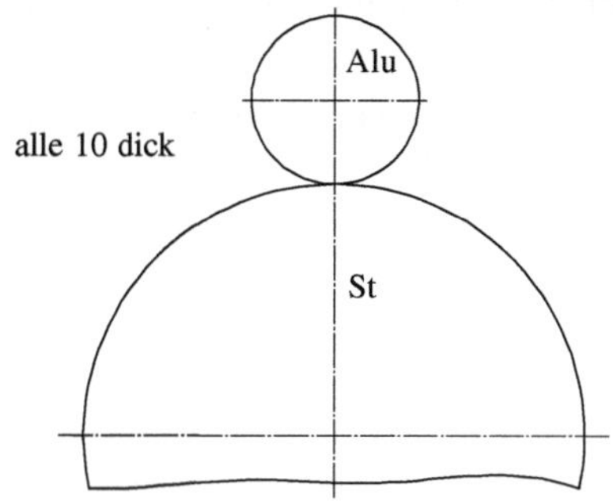  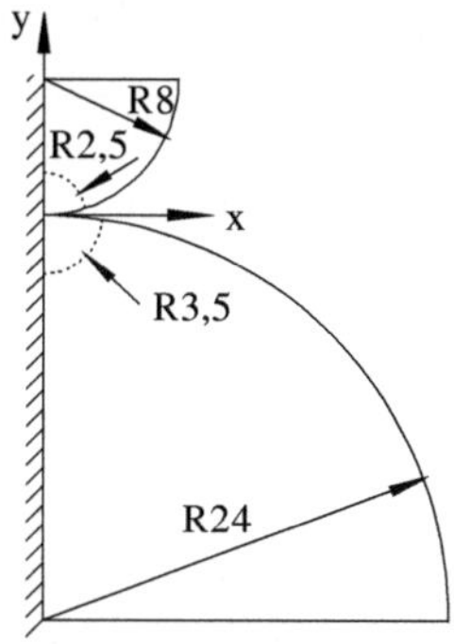  |
| Vernetzung Randbedingungen | 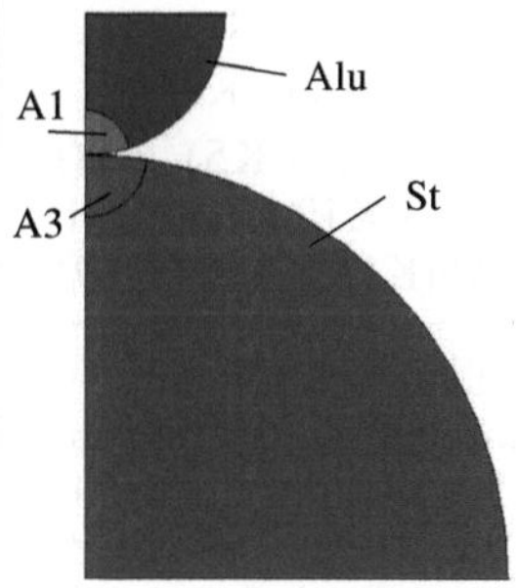  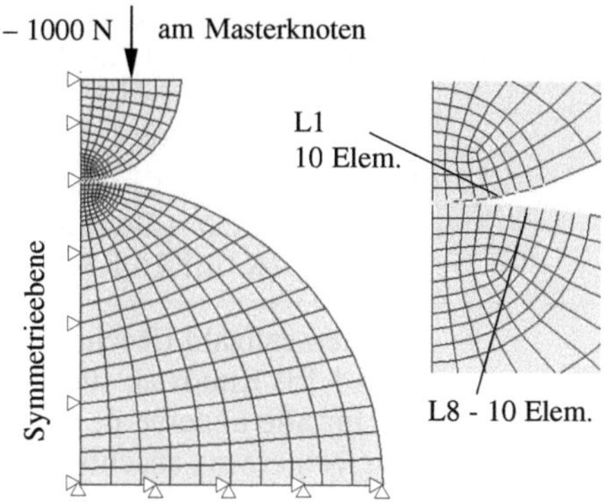  |
| Grafische Ergebnisse | Spannungsverteilung (selektiert ist der Bereich 0 ... 300 N/mm²) 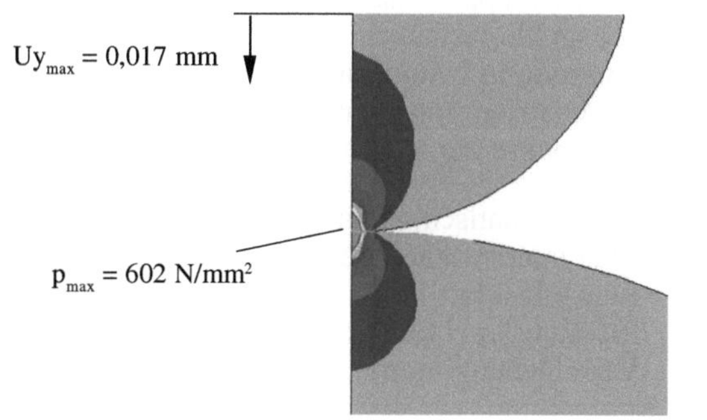  |

**Tafel 4/16:** Hertzsche Pressung Alu-Zylinder auf Stahlzylinder (Scheibenelemente - Übertragung mit Kontaktelementen)

| **FE-A17 Druck** | Allgemeine Befehlsfolge |
|---|---|
| Name | Speicherung der FE-Rechnung unter FILE-Name "Druck17" |
| Elemente | 2-dimensionales Scheibenelement (4 Knoten) - notwendige Eingaben: Dicke Zylinderrolle, Rundstab jeweils 10 mm;<br>2-dimensionale Kontaktelemente; |
| Werkstoffe | Stahl-Rundstab: $E_{St}$= 210 kN/mm² ν = 0,3<br>Alu-Zylinderrolle: $E_{Al}$= 70 kN/mm² ν = 0,34 |
| Geometrie | CAD-Modell aus Geometriepunkten, Flächen erstellen;<br>Geometriepunkte (x;y) in mm: Rundstab - K1(0;-3,5), K2(0;-24), K3(24;-24), K4(3,49;-0,26), K5(0;0); Kreisbogen L1(K3,K4), L2(K4,K5), L3(K1,K4); Zylinderrolle mit Bohrung Ø5 - K6(0;0), K7(2,47;0,39), K8(8;8), K9(0;16), K10(0;10,5), K11(0;8), K12(0;5,5), K13(2,5;8), Kreisbogen L7(K6,K7), L8(K7,K8), L9(K8,K9); L10(K13,K10), L11(K12,K13); Linie L11 geteilt, es entsteht K14; Linie L8 geteilt, es entsteht K15;<br>Flächen bilden: Rundstab - A1(K1,K4,K5), A2(K1,K2,K3,K4); Zylinderrolle mit Bohrung Ø5- A3(K12,K6,K7,K14), A4(K7,K15, K14), A5(K14,K15,K8,K13), A6(K13,K8,K9,K10) |
| Vernetzung | Elementeanzahl (Rechteckelemente) definieren:<br>4 an L13; Rundstab für alle anderen 8; Zylinderrolle mit Bohrung Ø5 für alle anderen 6; Fläche A1, A2 mit Stahl, Fläche A3-A6 mit Alu vernetzen; anschließend die Knoten an der Zylinderrolle mit Bohrung Ø5 (L7)/Rundstab(L2) selektieren und Kontaktelemente bilden; es werden 291 Elemente mit 282 Knoten generiert; |
| Randbedingungen | Lagerung: selektiert über kartesisches Koordinatensystem (y= –24); Koppelgruppe "Lager" bilden; Masterknoten festlegen, alle Freiheitsgrade festhalten;<br>Pressung in N/mm²: auf Linie L11 p = 56,5 aufgebracht;<br>Symmetrien: selektiert über kartesisches Koordinatensystem (x=0); Symmetrie zur x-Achse anwenden; |
| Berechnung und Ergebnisse | Ansatz: statisch, nichtlinear<br>Charakteristische Größe: Verschiebung der Knoten,<br>Reaktionskraft im Lager in N: Fy = 1000 ;<br>Pressung in N/mm²: an der Kontaktlinie $p_{max}$ = 488;<br>Verschiebung in mm: $Uy_{max}$ = 0,017 mm, |

*x , y , z* Koordinaten im globalen kartesischen Koordinatensystem,
*Ux , Uy , Uz , ROTx , ROTy , ROTz* Verschiebungen und Verdrehungen,
*K* Keypoint (Geometriepunkt im CAD-Modell), *L* Line (Linie im CAD-Modell),
*N* Node (Knoten im FE-Modell), *E* Element (Element im FE-Modell),
*FE-A* Finite Elemente Anwendungsbeispiel,

Fortsetzung nächste Seite

<table>
<tr><th>FE-A17<br>Druck</th><th>Bildfolge</th></tr>
<tr><td>Geometrie</td><td>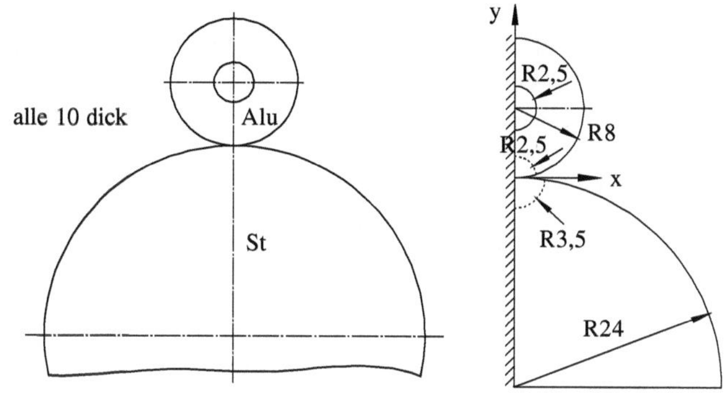
</td></tr>
<tr><td>Vernetzung<br>Randbedin-<br>gungen</td><td>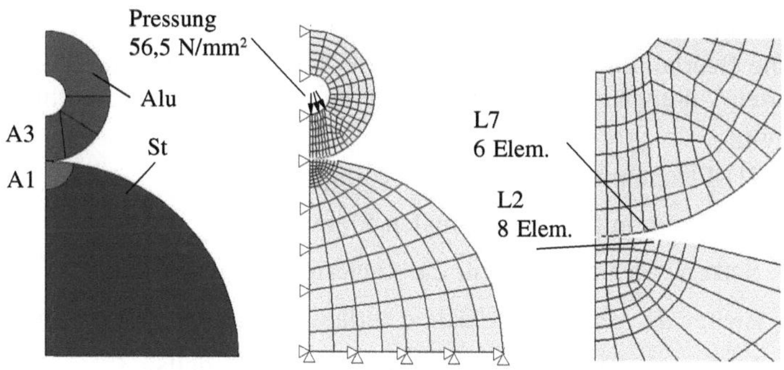
</td></tr>
<tr><td>Grafische<br>Ergebnisse</td><td>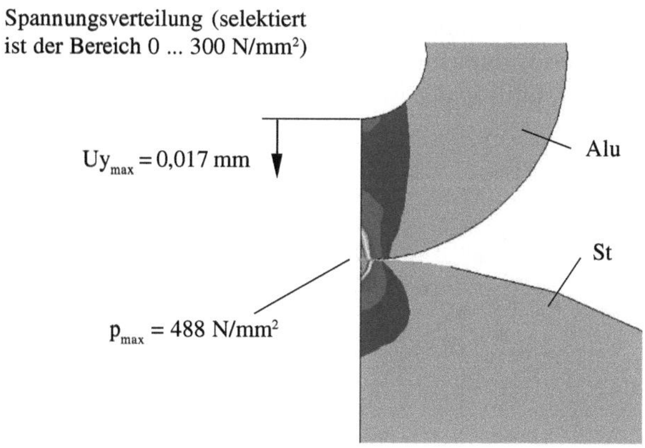
</td></tr>
</table>

**Tafel 4/17:** Hertzsche Pressung Alu-Zylinderrolle auf Stahlzylinder (Scheibenelemente - Übertragung mit Kontaktelementen)

**Zu Tafel 4/18:** Die HERTZsche Pressung zwischen den Grundkörpern Zylinder / Zylinder wird an einem 3D-Modell untersucht. Zur Anwendung kommt das bereits aus Tafel 4/17 bekannte 2D-Modell. Eine Alu-Zylinderrolle drückt auf einen Stahl-Rundstab.

Die Vorzüge von 2D-Modellen wie geringe Datenbasis, übersichtliche und einfache Modellbildung, kurze Rechenzeiten sind so überzeugend, dass die Entscheidung für die Generierung eines 3D-Modells nur notwendig wird, wenn in Richtung der z-Koordinate Veränderungen erwartet werden. Beim 2D-Modell kann zwar durch einen Eintrag in die Elementedefinition eine Dickenangabe erfolgen, aber die Dicke ist durch konstantes Verhalten gekennzeichnet, d. h. es gilt der Fall, dass Alu-Zylinderrolle und der Stahl-Zylinder in mathematisch exakter Ausrichtung in der Ebene liegen. In der Praxis gibt es aber toleranzbedingt eindeutige Abweichungen von der parallelen Achslage.

Am vorliegenden Beispiel wird gezeigt, wie mit einfachen Mitteln ein 3D-Modell entsteht, mit dem auch Achsabweichungen berücksichtigt werden könnten. Die FE-Berechnung wird wegen der Vergleichbarkeit zum vorangegangenen Modell „FE-A17 Druck“ mit fehlerfreien Achsen gerechnet.

Die Bearbeitung erfolgt nach der FE-Technik „Vernetzte 2D-Flächen zum vernetzten Volumen ziehen“ . Für die Ausführung sind die wesentlichen Schritte notwendig:

1. 2D-Flächenmodell erstellen (Profilquerschnitt),
2. Vernetzen mit 2-dimensionalen Elementen,
3. Setzen von Keypoints für das Generieren von Leitlinien,
4. Ziehen der vernetzten Flächen entlang der Leitlinien zum vernetzten Volumen,
5. Entfernen der Vernetzung des 2D-Flächenmodells.

Mit dem Setzen der Keypoints für die Bildung der Leitlinien wird das 3D-Modell entscheidend beeinflusst. Es lässt sich auf sehr einfachem Weg eine Schrägstellung beispielsweise der Zylinderrolle definieren. Da die Leitlinie auch gekrümmt verlaufen darf, kann die Verformung eines Bauteils eingebracht werden. Notwendig ist nur die entsprechende Definition der Keypoints, d. h. der Endpunkte der 3D-Körper.

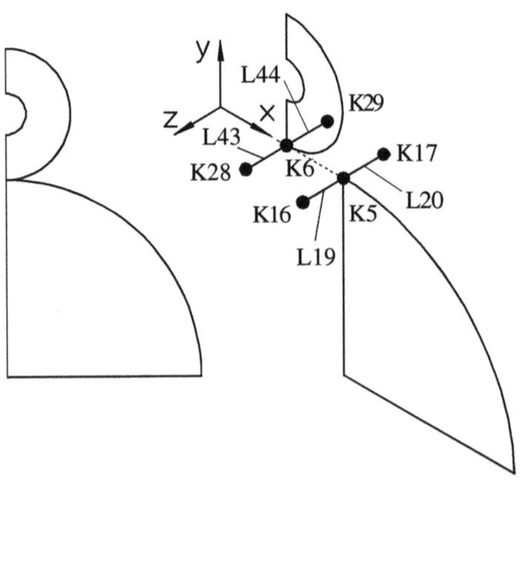


**Abb. 4.26.** Generieren von Leitlinien

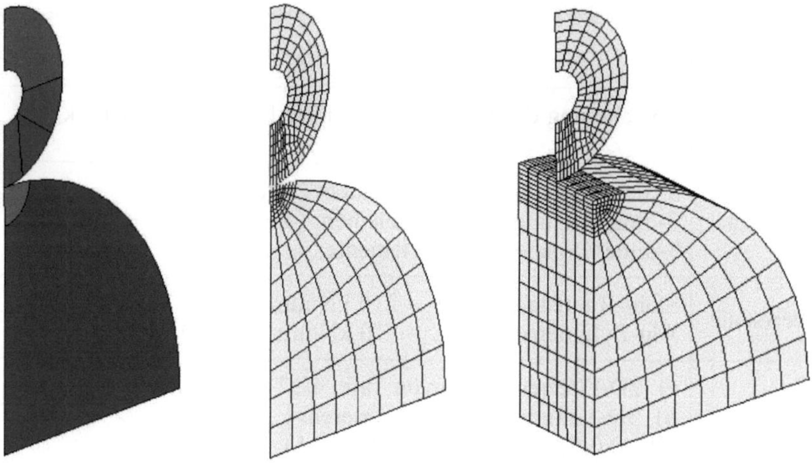

**Abb. 4.27.** Vernetzte 2D-Flächen zum vernetzten Volumen ziehen

Angewendet werden kann diese Vorgehensweise vornehmlich für prismatische Bauteile. Durch entsprechende Anordnung der Ziehflächen und durch gezielt gesetzte Leitlinien lassen sich auch kompliziertere Körper modellieren. In der Abfolge nach Abb. 4.27. wird für die beiden prismatischen Bauteile der Weg zum 3D-Modell dargestellt. Vom ebenen geometrischen Flächenmodell ausgehend erfolgt die Vernetzung mit 2-dimensionalen Elementen. Nach dem Setzen der Leitlinien können die 3D-vernetzten Volumen gezogen werden. Abgebildet ist die Situation nach dem Ziehen des Stahlzylinders. Zu beachten ist, dass bei der Generierung der 3D-Volumenelemente der Zylinderrolle und dem Rundstab der entsprechende Werkstoff zugeordnet wird.

Die Anzahl der Elemente entlang der Leitlinien muss vorher definiert werden. Im vorliegenden Fall sind 4 Elemente vorgesehen, d. h. die Gesamtbreite der Zylinder wird durch 8 Elemente abgebildet. Diese Entscheidung beeinflusst maßgeblich die Gesamtzahl der Elemente und Knoten im Modell. Im vorliegenden Beispiel sind 5912 Elemente bei 2529 Knoten generiert. Das vergleichbare 2D-Modell („FE-A17 Druck“) kommt mit 291 Elementen und 282 Knoten aus.

Das Netz des 3D-Modell ist damit keinesfalls mit ausreichender Dichte versehen, was beim Vergleich der Ergebnisse erkennbar wird. Gegenüber der 2D-Lösung mit $p_{max}$ = 488 N/mm$^2$ kann bei der 3D-Lösung nur noch $p_{max}$ = 353 N/mm$^2$ als maximaler Spannungswert ausgelesen werden. Der Kontakt zweier krummflächiger Körper erfordert an der Berührungsstelle eine feinere Stufung der Elemente. Auch an der maximalen Verschiebung (2D - $Uy_{max}$= 0,017 mm; 3D - $Uy_{max}$= 0,011 mm) wird das sichtbar.

Das Optimieren der Vernetzung gehört zu den schwierigen Phasen beim Aufbau eines 3D-Modells. Eine höhere Netzdichte kann am ebenen Modell zwar bequem eingestellt werden, die Anzahl der Elemente an den Leitlinien bei der anschließenden Generierung des 3D-Modells bestimmt aber auch maßgeblich die Genauigkeit der Lösung. Damit gelangt man schnell zu einer großen Datenbasis mit langen Ant-

| **FE-A18 Druck** | Allgemeine Befehlsfolge |
|---|---|
| Name | Speicherung der FE-Rechnung unter FILE-Name "Druck18" |
| Elemente | 3-dimensionales Volumenelement (8 Knoten);<br>2-dimensionales Scheibenelement (4 Knoten);<br>3-dimensionale Kontaktelemente; |
| Werkstoffe | Stahl-Rundstab: $E_{St}$= 210 kN/mm² $\nu$ = 0,3<br>Alu-Zylinderrolle: $E_{Al}$= 70 kN/mm² $\nu$ = 0,34 |
| Geometrie | a) 2D-Flächenmodell von Tafel 4/17 übernehmen;<br>b) 3D-Volumenmodell generieren:<br>K16(0;0;5), K17(0;0;-5), K28(0;0;5), K29(0;0;-5);<br>L19(K16,K5), L20(K17,K5), L43(K28,K6), L44(K29,K6);<br>Volumen wird generiert mit Werkstoffvorgabe und 3D-Vernetzung |
| Vernetzung | a) 2D-Vernetzung von Tafel 4/17 übernehmen;<br>b) 3D-Vernetzung generieren: Einstellung 4 Elemente an L19, L20, L43, L44; Flächen A1-A2 an L19 und L20, Flächen A3-A6 an L43 und L44 zum Volumen ziehen; Entfernen der 2-dimensionalen Flächenelemente auf A1 bis A6; Knoten selektieren von A24, A40 (Alu-Zylinderrolle) und A8, A16 (Stahl-Rundstab) und Kontaktelemente bilden; es werden Elemente mit Knoten generiert; |
| Randbedingungen | Lagerung: selektiert über kartesisches Koordinatensystem (y= –24);<br>Koppelgruppe "Lager" bilden; Masterknoten festlegen, alle Freiheitsgrade festhalten;<br>Pressung in N/mm²: auf Flächen A26, A42 p = 56,5 aufgebracht;<br>Symmetrien: selektiert über kartesisches Koordinatensystem (x=0);<br>Symmetrie zur x-Achse anwenden; |
| Berechnung und Ergebnisse | Ansatz: statisch, nichtlinear<br>Charakteristische Größe: Verschiebung der Knoten,<br>Reaktionskraft im Lager in N: Fy = 1000 ;<br>Pressung in N/mm²: an der Kontaktlinie $p_{max}$ = 353;<br>Verschiebung in mm: $Uy_{max}$ = 0,011 mm, |

*x , y , z* Koordinaten im globalen kartesischen Koordinatensystem,
*Ux , Uy , Uz , ROTx , ROTy , ROTz* Verschiebungen und Verdrehungen,
*K* Keypoint (Geometriepunkt im CAD-Modell), *L* Line (Linie im CAD-Modell),
*N* Node (Knoten im FE-Modell), *E* Element (Element im FE-Modell),
*FE-A* Finite Elemente Anwendungsbeispiel,

Fortsetzung nächste Seite

| FE-A18 Druck | Bildfolge |
|---|---|
| Geometrie | 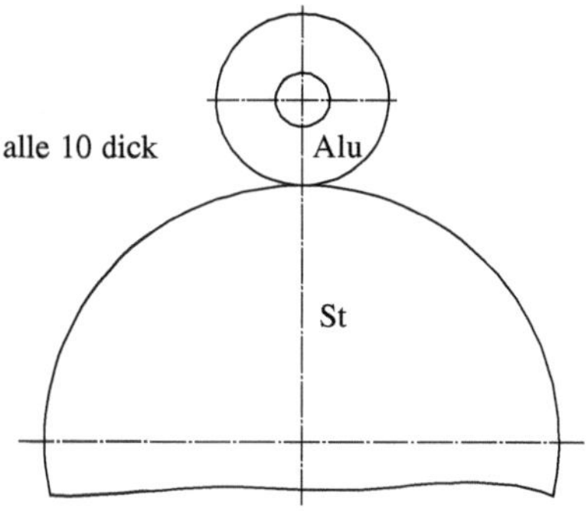  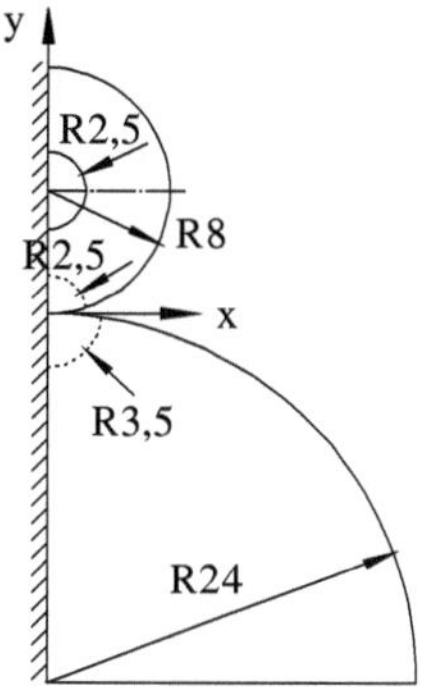  |
| Vernetzung Randbedingungen | Pressung p = 56,5 N/mm² auf Flächen A42 und A26<br>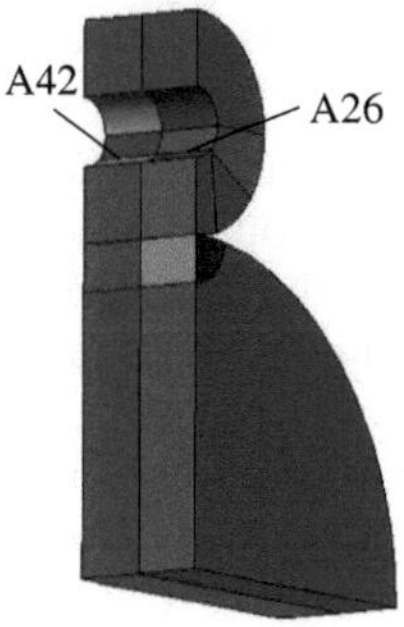 <br>gesamt: 5912 Elemente 2529 Knoten<br>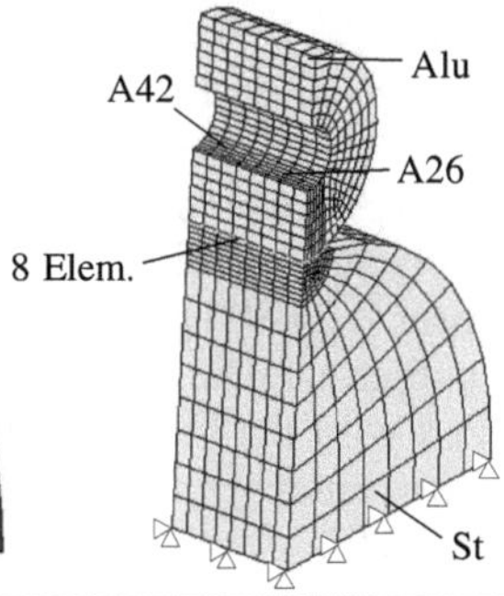 <br>Kontaktflächen an<br>- Zylinderrolle A24, A40,<br>- Rundstab A8, A16<br>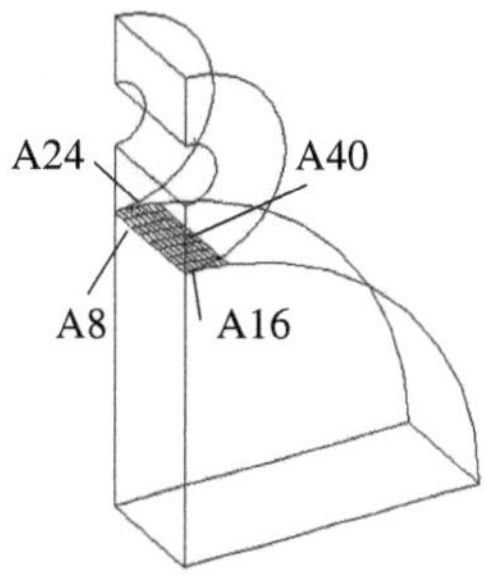  |
| Grafische Ergebnisse | Spannungsverteilung (selektiert ist der Bereich 0 ... 300 N/mm²)<br>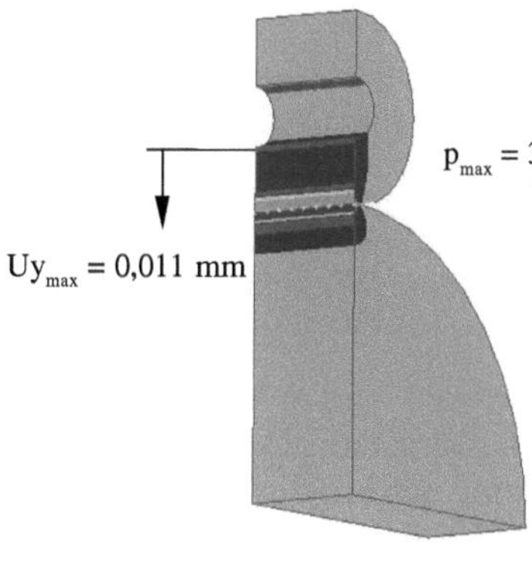 <br>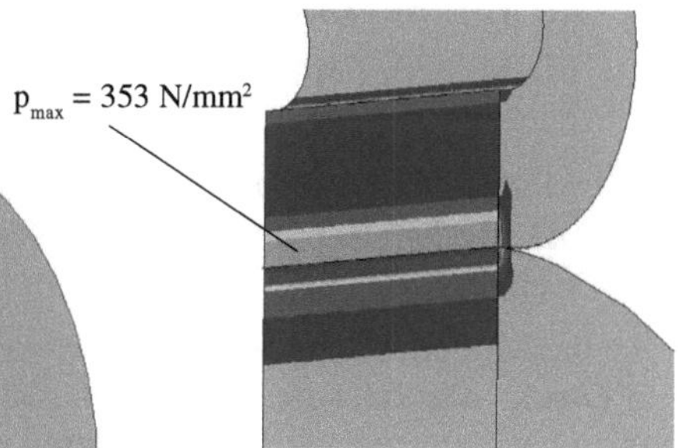  |

**Tafel 4/18:** Hertzsche Pressung Alu-Zylinderrolle auf Stahlzylinder (Volumenelemente - Übertragung mit 3D-Kontaktelementen)

wortzeiten bei der FE-Berechnung. Ein zusätzliches Element an den Leitlinien bedeutet zumindestens eine Zunahme um die Netzdichte des ebenen Modells. Je nach Funktionsverhalten der 3-dimensionalen Kontaktelemente können noch zusätzliche Elemente entstehen.

Das Selektieren der Flächen für Lasteinleitung (Bohrung - A26, A42) und der Kontaktflächen (Alu - A24, A40; St - A8, A16) erfordert die Nutzung von Selektiertechniken am Bildschirm.

Der optische Eindruck des Spannungsverlaufes an der Kontaktstelle vermittelt eine gute Übereinstimmung zwischen 2D- und 3D-Lösungsansatz, was sich auch in der gleichen Reaktionskraft Fy = 1000 N, hervorgerufen durch die wirkende Pressung von p = 56,5 N/mm$^2$ in der Bohrung, zeigt.

## 4.4 Modellbildung Zapfen in Lagerschale

Diese Art von Berührungsspannung an gewölbten Flächen wird stark durch das Lagerspiel beeinflusst. Besonders wichtig sind Kenntnisse über die Beanspruchungen im Lager, wenn die Lage des Zapfens verändert wird. Das Verhältnis von Lagerdurchmesser $D_L$ zu Lagerbreite $B_L$ ist dabei von großer Bedeutung.

Für die 3 Modelle gilt ein relatives Lagerverhältnis $B_L/D_L = 1$ (Abb. 4.11.). In einem Grauguss-Gehäuse befindet sich die Lagerbohrung mit Ø 25. Der Paarung Lager/Zapfen wird ein technisch angemessenes Spiel von $S_m = 0{,}106$ mm zugeordnet. Beim Modell wird das Nennmaß 25 dem Lagerdurchmesser zugeordnet. Der Zapfen wird mit Durchmesser Ø 24,894 generiert und in der Lagerbohrung, ähnlich einer Welle im Stillstand, aufgesetzt. Die Einleitung der äußeren Last erfolgt auf der x-Achse der Welle. Gelagert wird am Fuß des GG-Gehäuses. Die Gestalt des Gehäuses ermöglicht die Nutzung eines symmetrischen Ansatzes. Deshalb halbiert sich die wirkende Kraft Fy = 2000 N.

Die 3 Modelle besitzen folgende Unterschiede:

a) Modell „FE-A19 Druck“ (Tafel 4/19); 2-dimensionale Scheibenelemente, 2D-Modell;

b) Modell „FE-A20 Druck“ (Tafel 4/20); 3-dimensionale Volumenelemente, 3D-Modell; Zapfen gerade, keine Winkelabweichung zur z-Achse des Gehäuses;

c) Modell „FE-A21 Druck“ (Tafel 4/21); 3-dimensionale Volumenelemente, 3D-Modell; Zapfen gekrümmt, keine Winkelabweichung zur z-Achse des Gehäuses.

Bei der Modellbildung für das 3D-Modell wird in Anlehnung an das Modell „FE-A18 Druck“ ebenfalls die FE-Technik „Vernetzte 2D-Flächen zum vernetzten Volumen ziehen“ angewendet. Eine Nutzung der Möglichkeiten dieser Technik erfolgt bei der Generierung des gekrümmten Zapfens im Modell „FE-A21 Druck“.

Auf Vergleiche zu klassischen Berechnungsverfahren muss verzichtet werden, da mit dem üblichen Ansatz nur eine überschlägliche Berechnung aufgrund der projezierten Fläche möglich ist. Eine Anwendung anderer Berechnungsmethoden wie beispielsweise die Nutzung der Gleitlagertheorie erscheint nicht angemessen.

**Zu Tafel 4/19:** Bei der Modellbildung für den Zapfen in der Lagerschale liegt der Schwerpunkt der Untersuchung im Bereich der unmittelbaren Berührungszone der beiden Bauteile. Die Lagerschale ist definiert durch die Bohrung im Lagerbock. Modelliert wird nur ein Halbschnitt. Durch Nutzung des Symmetrieansatzes erfolgt die Berechnung für das gesamte Bauteil.

Da ein Zapfen beweglich sein muss, wurde ein Spiel von $S_m$ = 0,106 mm zur Lagerschale festgelegt (Abb. 4.28.). Die gewählte Ausgangslage zeigt, dass vom Zapfen in vertikaler Richtung eine Kraft in die Lagerschale eingeleitet wird. Aus dieser Beanspruchungssituation ergibt sich die Forderung nach günstiger Vernetzung in diesem Bereich.

Der geringe Durchmesserunterschied führt zu einer guten Anschmiegung des Zapfens in der Lagerschale. Zwar liegt immer noch eine Punktberührung nach HERTZscher Theorie vor, aber die diskrete Zerlegung der Kreisbögen in die segmenthafte Form der Elemente führt je nach Vernetzungsdichte zu mehr oder weniger großen Kontaktflächen.

Bei der Aufbereitung des Modells in Einzelflächen wurde auf Einfachheit orientiert. Der obere Teil des Modells wird jeweils nur durch eine Fläche dargestellt, im unteren Teil des Modells erfolgt eine Zerlegung nur in jeweils 2 Teilflächen. Das hat zur Folge, dass sich die gewünschte enge Vernetzung um die Kontaktstelle auch auf weniger interessante Bereiche fortsetzt. Die Steuermöglichkeiten sind begrenzt und beschränken sich auf den oberen Bereich.

Die grafischen Ergebnisse entsprechen den Vorstellungen über die Spannungsverteilung in der Druckzone. Der maximale Pressungswert ($p_{max}$ = 49 N/mm$^2$) gilt als Richtwert und muss durch Veränderungen der Netzdichte verifiziert werden. Dasselbe gilt für den Verschiebungswert $Uy_{max}$ = 2,6 µm, der als Verformung im Lager aufgefasst werden kann. Beiden Werten kann bescheinigt werden, dass sie den technischen Vorstellungen entsprechen.

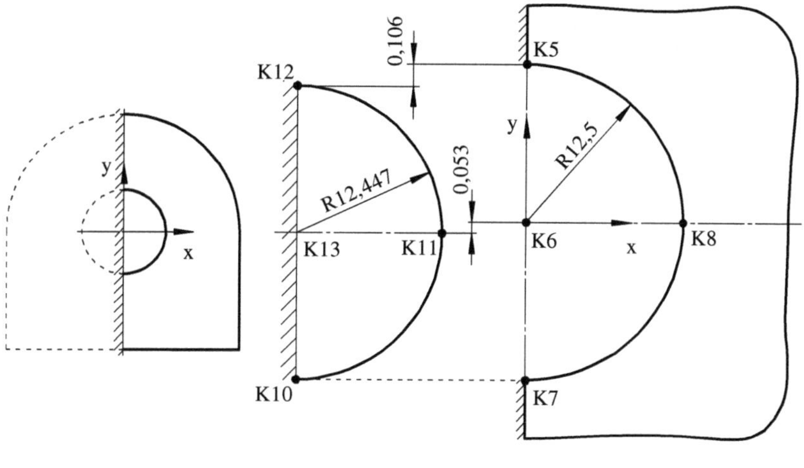


**Abb. 4.28.** Position des Zapfens in der Lagerschale

| **FE-A19 Druck** | Allgemeine Befehlsfolge |
|---|---|
| Name | Speicherung der FE-Rechnung unter FILE-Name "Druck19" |
| Elemente | 2-dimensionales Scheibenelement (4 Knoten) - notwendige Eingaben: Dicke von Zapfen und Gehäuse 25 mm; 2-dimensionale Kontaktelemente; |
| Werkstoffe | Stahl-Zapfen: $E_{St}$ = 210 kN/mm² ν = 0,3<br>GG-Gehäuse: $E_{GG}$= 105 kN/mm² ν = 0,25 |
| Geometrie | CAD-Modell aus Geometriepunkten, Flächen erstellen; Geometriepunkte (x;y) in mm: Gehäuse - K1(0;-35), K2(35;-35), K3(35;0), K4(0;35), K5(0;12,5), K6(0;0), K7(0;-12,5), K8(12,5;0); Kreisbogen L1(K3,K4), L2(K8,K5), L3(K7,K8); Linie L3 geteilt, es entsteht K9; Zapfen - K10(0;-12,5), K11(12,447;-0,053), K12 (0; 12,394), K13(0;-0,053); Kreisbogen L11(K10,K11), L12(K11, K12); Linie L11 geteilt, es entsteht K14;<br>Flächen bilden: Gehäuse - A1(K1,K2,K9,K7), A2(K9,K2,K3,K8), A3(K8,K3,K4,K5); Welle- A4(K10,K14, K13), A5(K13,K14,K11), A6(K13,K11,K12) |
| Vernetzung | Elementeanzahl (Rechteckelemente) definieren: 8 an L1; 20 an L7; für die anderen 10; Fläche A1, A2, A3 mit GG, Fläche A4, A5, A6 mit Stahl vernetzen; anschließend die Knoten am Zapfen(L11, L13)/Gehäuse(L3, L4) selektieren und Kontaktelemente bilden; es werden 1205 Elemente mit 859 Knoten generiert; |
| Randbedingungen | Lagerung: selektiert über kartesisches Koordinatensystem (y= –35); Koppelgruppe "Lager" bilden; Masterknoten festlegen, alle Freiheitsgrade auf Null gesetzt;<br>Belastung in N: Knoten der Linie L16 selektieren, Koppelgruppe "Kraft" bilden, Masterknoten festlegen, Fy = – 2000/2 gesetzt;<br>Symmetrien: selektiert über kartesisches Koordinatensystem (x=0); Symmetrie zur x-Achse anwenden; |
| Berechnung und Ergebnisse | Ansatz: statisch, nichtlinear<br>Charakteristische Größe: Verschiebung der Knoten,<br>Pressung in N/mm²: an der Kontaktlinie $p_{max}$ = 49;<br>Verschiebung in mm: $Uy_{max}$ = 0,0026 mm, |

*x , y , z* Koordinaten im globalen kartesischen Koordinatensystem,
*Ux , Uy , Uz , ROTx , ROTy , ROTz* Verschiebungen und Verdrehungen,
*K* Keypoint (Geometriepunkt im CAD-Modell), *L* Line (Linie im CAD-Modell),
*N* Node (Knoten im FE-Modell), *E* Element (Element im FE-Modell),
*FE-A* Finite Elemente Anwendungsbeispiel,

Fortsetzung nächste Seite

<table>
<tr><th>FE-A19<br>Druck</th><th>Bildfolge</th></tr>
<tr><td>Geometrie</td><td>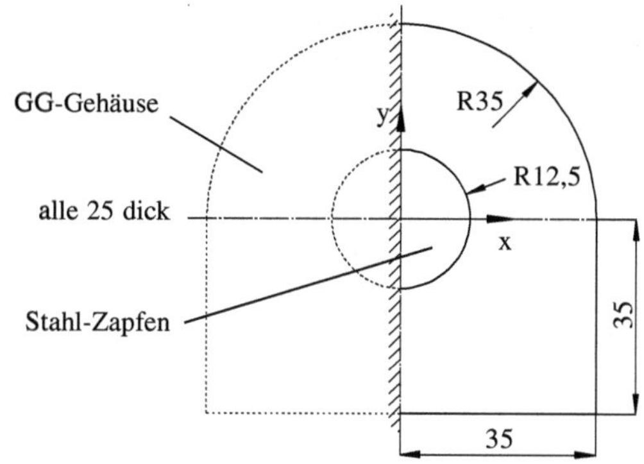
</td></tr>
<tr><td>Vernetzung<br>Randbedin-<br>gungen</td><td>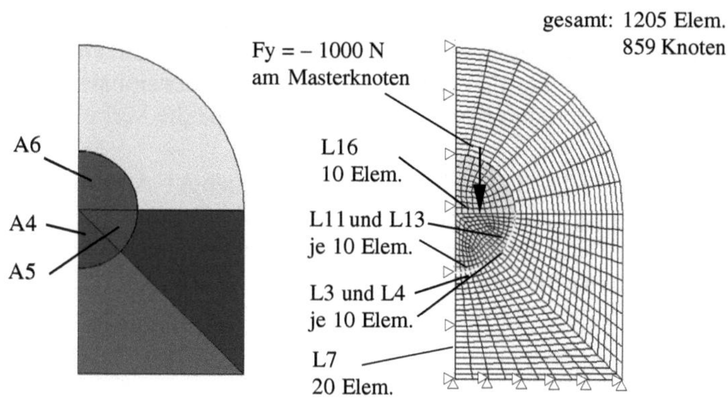
</td></tr>
<tr><td>Grafische<br>Ergebnisse</td><td>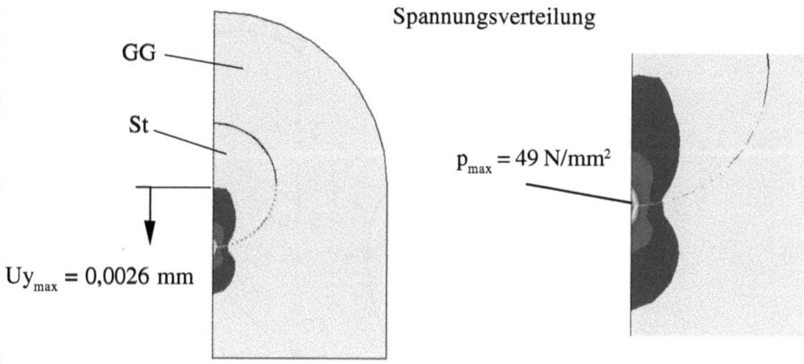
</td></tr>
</table>

**Tafel 4/19:** Hertzsche Pressung Zapfen in Lagerschale mit einer Spielpassung Ø 25 H8e8 (Scheibenelemente - Übertragung mit Kontaktelementen)

**Zu Tafel 4/20:** Das Modell „Zapfen in der Lagerschale" wird als 3D-Modell ausgeführt. Die FE-Technik „Vernetzte 2D-Flächen zum vernetzten Volumen ziehen" kommt dabei zur Anwendung. Das 2D-Flächenmodell von Tafel 4/19 bildet die Basis für die weitere Modellbildung. Nicht übernommen wird die Vernetzungsdichte. Beispielsweise wird die Linie L7 statt mit 20 nur noch mit 8 Elementen belegt. Diese Änderungen sind notwendig, um beim Übergang zum 3D-Modell die Größe der Datenbasis zu beschränken.

Zur Generierung des 3D-Netzes ist nach dem Setzen entsprechender Keypoints die Positionierung von Leitlinien erforderlich (Abb. 4.29.). Der Zapfen wird ausgehend vom Mittelpunkt der Kreisfläche gezogen. Diese Anordnung erlaubt es, die Gestalt des Zapfens einfach zu variieren. Da die Leitlinien auch bogenförmig generiert werden können, ergeben sich eine Reihe praktischer Möglichkeiten. Im vorliegenden Beispiel liegen Geraden vor, deren Ausrichtung parallel zur Achse der Lagerschale verläuft. Die Leitlinien für die Lagerschale sind außen am Gehäuse angeordnet.

Die Vernetzung an den Leitlinien wurde mit insgesamt 6 Elementen bezogen auf die Dicke von 25 mm grob ausgelegt. Trotzdem sind für die Darstellung des 3D-Modells 1869 Knoten bei 7902 Elementen erforderlich. Die Elementeanzahl ergibt sich als Summe der den Körper bildenden 3-dimensionalen Volumenelemente und den 3-dimensionalen Kontaktelementen, welche die Verbindung der beiden Bauteile herstellen.

Zu beachten ist, dass beim Ziehen der Flächen A1-A3 zum Gehäuse der Werkstoff GG gesetzt ist. Beim Ziehen der Flächen A4-A6 zum Zapfen ist auf Werkstoff Stahl umzustellen. Die 2-dimensionalen Flächenelemente sind nach der Generierung des 3D-Modells zu entfernen.

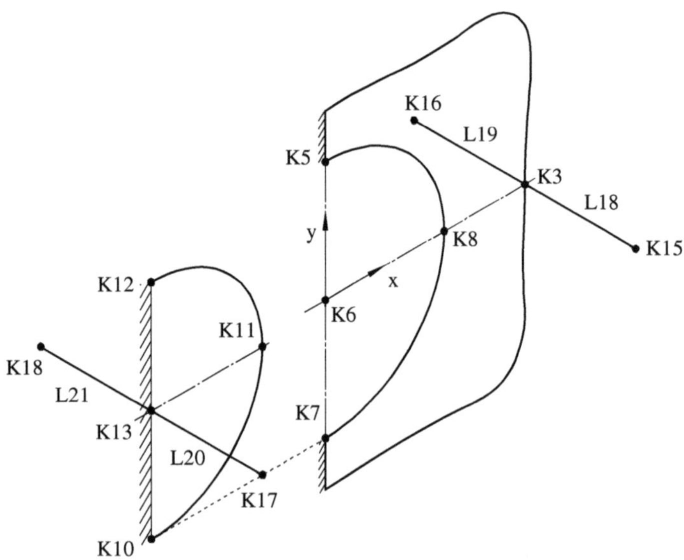


**Abb. 4.29.** Position der Leitlinien zur Generierung des 3D-Netzes

| **FE-A20 Druck** | Allgemeine Befehlsfolge |
|---|---|
| Name | Speicherung der FE-Rechnung unter FILE-Name "Druck20" |
| Elemente | 3-dimensionales Volumenelement (8 Knoten);<br>2-dimensionales Scheibenelement (4 Knoten);<br>3-dimensionale Kontaktelemente; |
| Werkstoffe | Stahl-Zapfen: $E_{St}$= 210 kN/mm² ν = 0,3<br>GG-Gehäuse: $E_{Al}$= 105 kN/mm² ν = 0,25 |
| Geometrie | a) 2D-Flächenmodell von Tafel 4/19 übernehmen;<br>b) 3D-Volumenmodell generieren:<br>K15(35;0;12,5), K16(35;0;-12,5), K17(0;-0,053;12,5), K18(0;-0,053;-12,5);<br>L18(K15,K3), L19(K16,K3), L20(K17,K13), L21(K13,K18); |
| Vernetzung | a) 2D-Vernetzung: 8 an Linie L7, 6 für alle anderen;<br>b) 3D-Vernetzung generieren: Einstellung 3 Elemente an L18, L19, L20, L21; Flächen A1-A3 an L18 und L19 (Werkstoff GG), Flächen A4-A6 an L20 und L21 (Werkstoff Stahl) mit Vernetzen zum Volumen ziehen; Entfernen der 2-dimensionalen Flächenelemente auf A1 bis A6;<br>Knoten selektieren von A33,A37,A43,A47(Zapfen)/A9,A14,A22 A27(Gehäuse) und Kontaktelemente bilden; es werden 7902 Elemente mit 1869 Knoten generiert; Regenerieren zum Entfernen doppelter Strukturen; |
| Randbedingungen | Lagerung: selektiert über kartesisches Koordinatensystem (y=–35); Koppelgruppe "Lager" bilden; Masterknoten festlegen, alle Freiheitsgrade festhalten;<br>Belastung in N: Knoten selektiert über Flächen A38, A48; Koppelgruppe "Kraft" bilden; Masterknoten festlegen; Fy = –2000/2 ;<br>Symmetrien: selektiert über kartesisches Koordinatensystem (x=0); Symmetrie zur x-Achse anwenden; |
| Berechnung und Ergebnisse | Ansatz: statisch, nichtlinear<br>Charakteristische Größe: Verschiebung der Knoten,<br>Pressung in N/mm²: an der Kontaktlinie $p_{max}$ = 14,2;<br>Verschiebung in mm: $Uy_{max}$ = 0,0018 mm, |

*x* , *y* , *z* Koordinaten im globalen kartesischen Koordinatensystem,
*Ux* , *Uy* , *Uz* , *ROTx* , *ROTy* , *ROTz* Verschiebungen und Verdrehungen,
*K* Keypoint (Geometriepunkt im CAD-Modell), *L* Line (Linie im CAD-Modell),
*N* Node (Knoten im FE-Modell), *E* Element (Element im FE-Modell),
*FE-A* Finite Elemente Anwendungsbeispiel,

Fortsetzung nächste Seite

| **FE-A20 Druck** | Bildfolge |
|---|---|
| Geometrie | 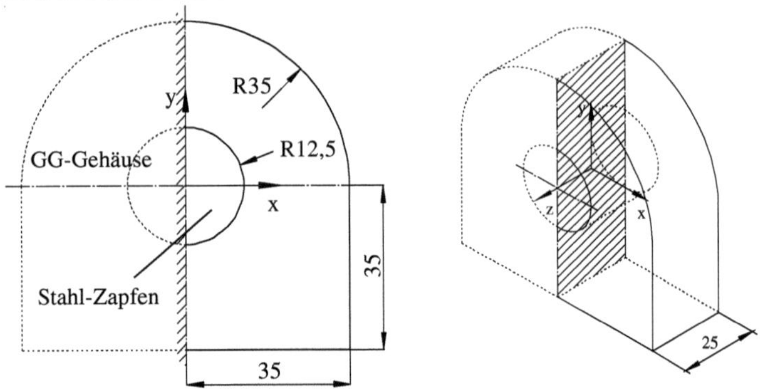 |
| Vernetzung Randbedingungen | 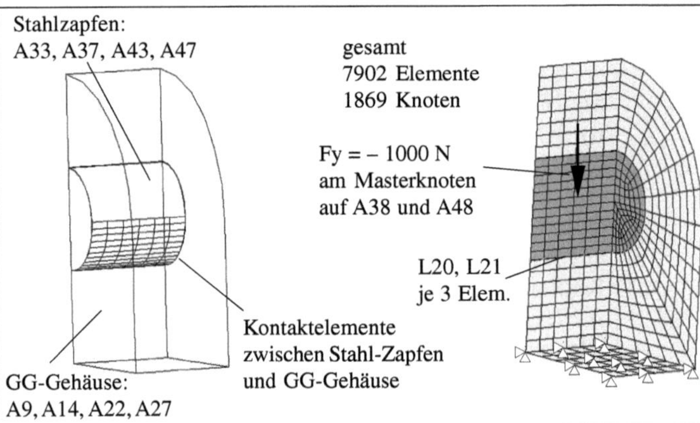 |
| Grafische Ergebnisse | 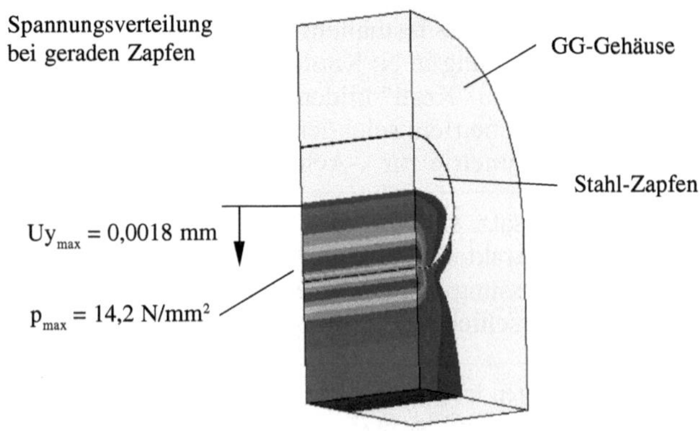 |

**Tafel 4/20:** Hertzsche Pressung gerader Zapfen in Lagerschale mit einer Spielpassung Ø25 H8e8 (Volumenelemente - Übertragung mit 3D-Kontaktelementen)

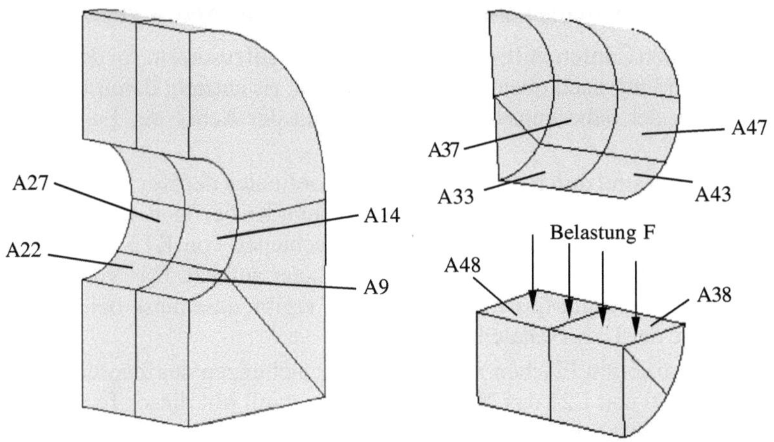


**Abb. 4.30.** Genutzte Flächen für die Randbedingungen Kontakt und Belastung

Die Eintragung der Randbedingungen in das 3D-Modell erfordert gegenüber der einfacheren Auswahl beim 2D-Modell mehr Aufwand. Während sich das Selektieren beim 2D-Modell auf Linien beschränkt, sind beim 3D-Modell zusätzlich Flächen häufig auch verdeckt fehlerfrei auszuwählen. Die Arbeit am Bildschirm wird begünstigt, wenn die Bauteile wie in Abb. 4.30. gezeigt, durch Selektion der Einzelkörper eine optische Trennung erfahren.

Die grafischen Ergebnisse entsprechen qualitativ den Vorstellungen des Belastungszustandes. Quantitativ gibt es allerdings Abstriche zu machen. Als maximale Pressung werden für das 3D-Modell

$$p_{max} = 14{,}2 \text{ N/mm}^2$$

ausgewiesen - gegenüber dem 2D-Modell ($p_{max}$ = 49 N/mm$^2$) eine beträchtliche Abweichung. Auch der als Verformung im Lager zu deutende Verschiebungswert $Uy_{max}$ = 1,8 µm (2D-Modell $Uy_{max}$ = 2,6 µm) zeigt, dass das gewählte Netz optimiert werden müsste.

**Zu Tafel 4/21:** Das Modell „Zapfen in der Lagerschale“ als 3D-Modell erfährt eine Steigerung hinsichtlich seiner praktischen Anwendbarkeit. In der Praxis treten an beiden Teilen Unregelmäßigkeiten auf, für das vorliegende Beispiel wird der Zapfen ausgewählt. Die Form des Zapfens wird geändert, so dass die gleichmäßige Anpressung in der Lagerschale gestört ist. Aus der Vielzahl der möglichen Verformungen wird der Fall ausgewählt, bei dem der Zapfen eine gleichmäßige Durchbiegung besitzt (Abb. 4.31.).

Zum vorangegangenen Modell „FE-A20 Druck“ gibt es eine enge Verbindung. Es wird in der ähnlichen Abfolge vorgegangen:

a) Das 2D-Flächenmodell von Tafel 4/19 bildet die Basis für die Modellbildung. Die Vernetzungsdichte wird etwas verringert.
b) Die FE-Technik FE-T8 „Vernetzte 2D-Flächen zum vernetzten Volumen ziehen“ kommt zur Anwendung.

c) Über Leitlinien wird die Form des Zapfens gesteuert (Abb. 4.31.).

Das Ziel ist es, den Zapfen mittig in der Lagerschale aufzusetzen. An den Enden soll er um jeweils 53 µm nach oben geschoben werden. Es entsteht damit ein leicht gebogener Zapfen, der näherungsweise fluchtend mit der Achse der Lagerschale übereinstimmt.

Die Abweichungen sind durch die Eingabe der Koordinaten der Keypoints zu verwirklichen. Das Koordinatensystem ist auf den Keypoint K6 bezogen. Da ein Lagerspiel von 106 µm festgelegt war, bedeutet das Verschieben von K13 um –53 µm (negative y-Richtung), dass der Keypoint K10 im Lager aufsitzt. Das Verschieben von K17 und K18 um 53 µm (positive y-Richtung) ergibt, dass diese beiden Keypoints in der Achse der Lagerschale liegen.

Die kleinen schraffierten Flächen zeigen die Verschiebungen des Zapfens, wenn an den Leitlinien L20 und L21 das 3D-Netz generiert wird. Mit dieser Technik lassen sich vielfältige Gestaltsänderungen ausführen. Wegen der im µ-Bereich liegenden geringen Verformungen erübrigt sich die Generierung der Leitlinien als Bogen.

d) Die Leitlinien für die Lagerschale bleiben unverändert außen am Gehäuse.

Zu beachten ist, dass beim Ziehen der Flächen A1-A3 zum Gehäuse der Werkstoff GG gesetzt ist. Beim Ziehen der Flächen A4-A6 zum Zapfen ist auf Werkstoff Stahl umzustellen. Die 2-dimensionalen Flächenelemente sind nach der Generierung des 3D-Modells zu entfernen.

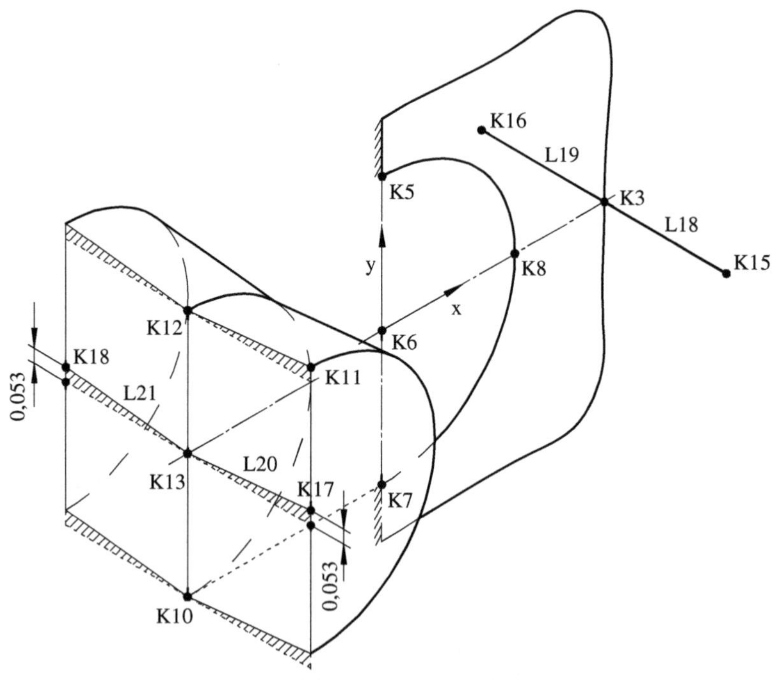


**Abb. 4.31.** Anwendung von Leitlinien bei der Formänderung des Zapfens

| **FE-A21 Druck** | Allgemeine Befehlsfolge |
|---|---|
| Name | Speicherung der FE-Rechnung unter FILE-Name "Druck21" |
| Elemente | 3-dimensionales Volumenelement (8 Knoten);<br>2-dimensionales Scheibenelement (4 Knoten);<br>3-dimensionale Kontaktelemente; |
| Werkstoffe | Stahl-Zapfen: $E_{St}$= 210 kN/mm² $\nu = 0{,}3$<br>GG-Gehäuse: $E_{Al}$= 105 kN/mm² $\nu = 0{,}25$ |
| Geometrie | a) 2D-Flächenmodell von Tafel 4/19 übernehmen;<br>b) 3D-Volumenmodell generieren:<br>K15(35;0;12,5), K16(35;0;-12,5), **K17(0;0;12,5), K18(0;0;-12,5);**<br>L18(K15,K3), L19(K16,K3), L20(K17,K13), L21(K13,K18); |
| Vernetzung | a) 2D-Vernetzung: 8 an Linie L7, 6 für alle anderen;<br>b) 3D-Vernetzung generieren: Einstellung 3 Elemente an L18, L19, L20, L21; Flächen A1-A3 an L18 und L19 (Werkstoff GG), Flächen A4-A6 an L20 und L21 (Werkstoff Stahl) mit Vernetzen zum Volumen ziehen; Entfernen der 2-dimensionalen Flächenelemente auf A1 bis A6;<br>Knoten selektieren von A33,A37,A43,A47(Zapfen)/A9,A14,A22 A27(Gehäuse) und Kontaktelemente bilden; es werden 7902 Elemente mit 1875 Knoten generiert; Regenerieren zum Entfernen doppelter Strukturen; |
| Randbedin-gungen | Lagerung: selektiert über kartesisches Koordinatensystem (y= –35);<br>Koppelgruppe "Lager" bilden; Masterknoten festlegen, alle Freiheitsgrade festhalten;<br>Belastung in N: Knoten selektiert über Flächen A38, A48; Koppelgruppe "Kraft" bilden; Masterknoten festlegen; Fy = –2000/2 ;<br>Symmetrien: selektiert über kartesisches Koordinatensystem (x=0);<br>Symmetrie zur x-Achse anwenden; |
| Berechnung und Ergebnisse | Ansatz: statisch, nichtlinear<br>Charakteristische Größe: Verschiebung der Knoten,<br>Pressung in N/mm²: an der Kontaktlinie $p_{max}$ = 67;<br>Verschiebung in mm: $Uy_{max}$ = 0,0059 mm, |

*x* , *y* , *z* Koordinaten im globalen kartesischen Koordinatensystem,
*Ux* , *Uy* , *Uz* , *ROTx* , *ROTy* , *ROTz* Verschiebungen und Verdrehungen,
*K* Keypoint (Geometriepunkt im CAD-Modell), *L* Line (Linie im CAD-Modell),
*N* Node (Knoten im FE-Modell), *E* Element (Element im FE-Modell),
*FE-A* Finite Elemente Anwendungsbeispiel,

Fortsetzung nächste Seite

<table>
<tr><th>FE-A21<br>Druck</th><th>Bildfolge</th></tr>
<tr><td>Geometrie</td><td>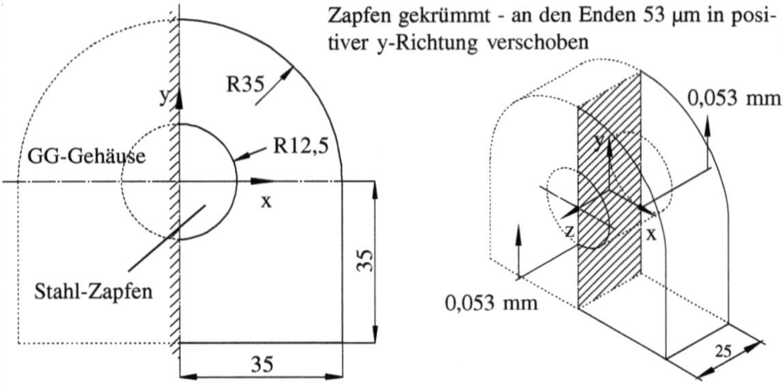
</td></tr>
<tr><td>Vernetzung<br>Randbedin-<br>gungen</td><td>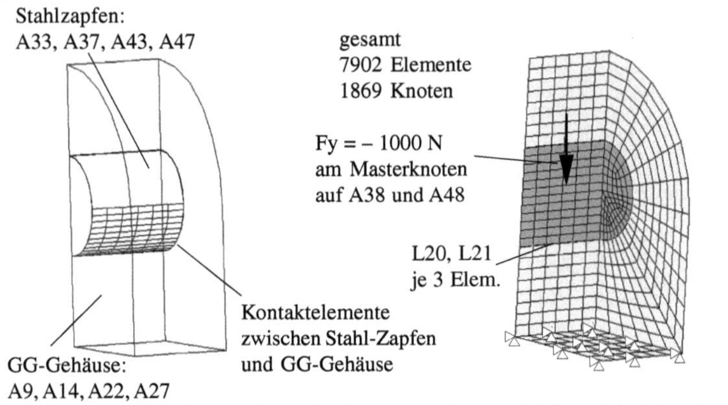
</td></tr>
<tr><td>Grafische<br>Ergebnisse</td><td>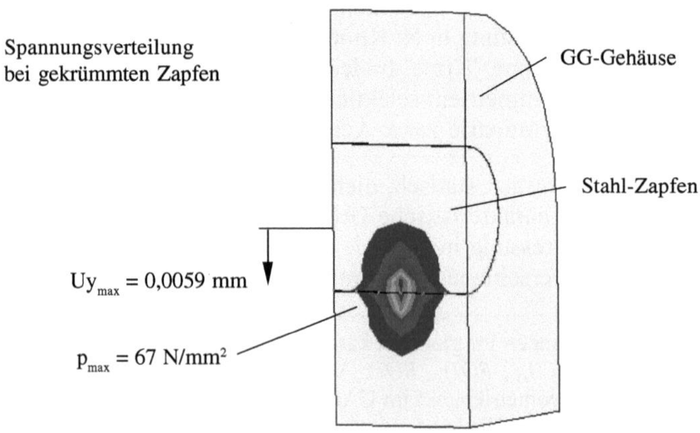
</td></tr>
</table>

**Tafel 4/21:** Hertzsche Pressung gekrümmter Zapfen in Lagerschale mit einer Spielpassung Ø25 H8e8 (Volumenelemente - Übertragung mit 3D-Kontaktelementen)

e) Die Randbedingungen wie Lagerung, Stelle der Belastung sowie die Berührungsflächen zwischen Zapfen und Lagerschale werden vom Modell „FE-A20 Druck" direkt übernommen

f) Die Vernetzung an den Leitlinien ist mit insgesamt 6 Elementen etwas grob ausgelegt, wegen der Symmetrie in der Zapfenverformung kann aber ein qualitativ brauchbares grafisches Ergebnis erzielt werden.

Mit der Konzentration der Spannung in der Mitte der Lagerschale wird gezeigt, dass ein gekrümmter Zapfen wirkt, die Steigerung des maximalen Pressungswertes auf $p_{max}$ = 67 N/mm$^2$ gibt die veränderte Beanspruchungssituation wider. Auch der Zapfen drückt sich mit $Uy_{max}$ = 5,9 μm (3D-Modell mit geraden Zapfen $Uy_{max}$ = 1,8 μm) stärker in die Lagerschale ein.

## 4.5 Modellbildung Lochleibung

Lochleibung ist vorrangig an Bauteilen mit geringen Dicken festzustellen (Abb. 4.32.). Die Modelle können deshalb weitgehend mit Scheibenelementen in der Ebene abgebildet werden.

Die Schädigungen des Bauteils beziehen sich insbesondere auf die Verformungen der Querschnitte. Selbstverständlich treten auch bei diesen Verbindungen unter Einwirkung von Belastungskräften an den gewölbten Flächen Berührungsspannungen auf. Die Aufweitung der Bohrung ist aber dominierend gegenüber der Beanspruchung aus der Pressung.

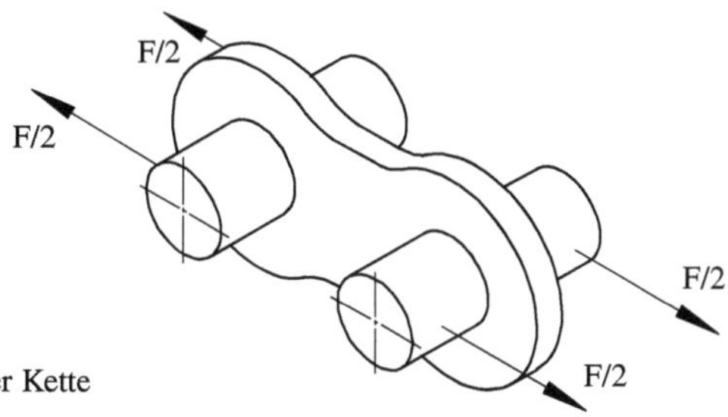


**Abb. 4.32.** Lochleibung an der Lasche einer Kette

Die Gestaltung des Modells beschränkt sich auf die geometrische Abbildung von Lasche und Bolzen und auf Lagerung und Krafteinleitung. Die Geometrie der beiden Körper ist nicht anspruchsvoll. Für den Belastungsablauf sind aber grundsätzliche Überlegungen notwendig.

Das Aufbringen der Zugkraft als Knotenkraft auf die Bohrungswandung, möglicherweise auch umgewandelt in einen Druck, bedeutet eine starre Führung der ausgewählten Knoten bzw. Elemente. Damit kann die Belastung im Modell nur unzureichend wiedergegeben werden.

Die Krafteinleitung über das Verbindungselement erfordert deshalb die Anwendung von Kontaktelementen, die die Wechselwirkungen zwischen Bolzen und Lasche berücksichtigen.

Zu beachten sind außerdem die Einbaumöglichkeiten des Verbindungselementes. Der Bolzen kann in einem 1. Fall die Bohrung vollständig ausfüllen, d. h. er besitzt nur unbedeutendes Spiel. Eine 2. Möglichkeit ist gegeben durch ein Übermaß des Bolzens, d. h. er wird eingepresst.

Die Beanspruchungen der Lasche unterscheiden sich dadurch wesentlich. Während im 1. Fall bei unwesentlichem Spiel alle Spannungen und Verformungen aus der äußeren Last resultieren, kommt es im 2. Fall zu einer Überlagerung der Spannungen und Verformungen aus dem Übermaß des Bolzens und der Beanspruchung durch die äußere Last.

Beide Modelle lassen sich mit gleicher Geometrie aufbauen, wenn das Übermaß des Bolzens durch einen vergleichbaren Pressungswert auf die Bohrungswand der Lasche ersetzt wird. Es wird also nicht durch Eindrücken des Bolzens in die Lasche die Vergrößerung der Laschenbohrung erzeugt, sondern die rechnerische Beziehung zwischen Pressung und Übermaß ermöglicht es, dass der Bolzen entfallen kann.

Der Koordinatenursprung wird für beide Modelle in die Achse des Bolzens und damit auch in die Achse der Laschenbohrung gelegt.

Die symmetrische Gestalt der Lasche lässt eine starke Vereinfachung des Modells zu. Bei der vorliegenden Belastungsstruktur wäre ein Halbschnitt durch die Längsachse der Lasche mit entsprechendem Symmetrieansatz ausreichend. Aber auch ein Viertelsegment erfüllt aufgrund der vollkommenen Symmetrie alle Bedingungen. Als Symmetrieebene dient ebenfalls die Längsachse der Lasche.

Lagerung und Aufbringen der äußeren Last sind austauschbar. Lasche oder Bolzen können Lagerstelle sein. Entsprechend angepasst ist die äußere Last einzusetzen. In Tafel 4/22 und 4/23 werden der Bolzen als Lagerstelle und die Lasche zum Einbringen der äußeren Kraft benutzt.

Die Nutzung des Bolzens für die Übertragung von Kräften auf ein anderes oder von einem anderen Bauteil erfordert eine genauere Betrachtung des konstruktiven Umfeldes, d. h. es sind Kenntnisse über den weiteren Kraftfluss notwendig. Eine solche praxisorientierte Untersuchung ist nicht vorgesehen. Es sollen vorrangig die Ergebnisse durch Lochleibung gezeigt werden.

Es wird für die Anwendungsbeispiele allgemein vorgegeben, dass die Lagerstelle nur unwesentlichen Einfluss auf Verformungen und Spannungen im Bereich der Kontaktzone zwischen Bolzen und Lasche aufweisen darf. Diese Vorgabe lässt sich erfüllen, wenn die Lagerung auf die Bolzenmitte beschränkt wird (Abb. 4.33.).

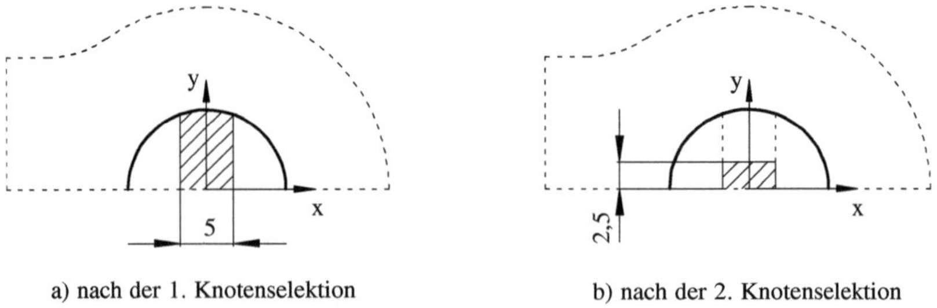


**Abb. 4.33.** Bereich der Lagerung im Bolzen-Lasche-Verbund

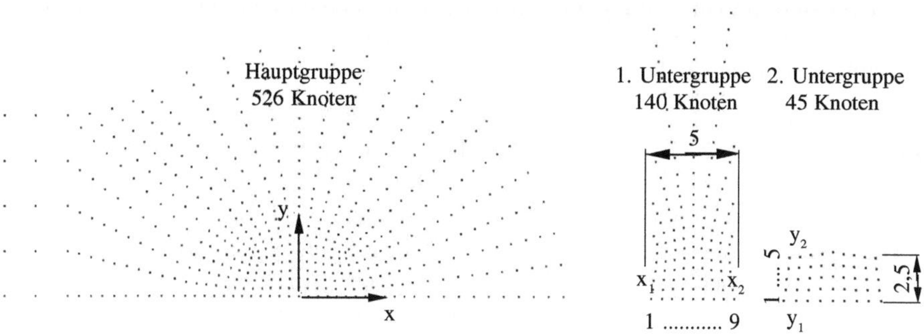


**Abb. 4.34.** Selektieren eines Knotenbereiches im Bolzen

Ausgewählt wird eine quadratische Fläche mit der Kantenlänge 5 mm bei Berücksichtigung der Symmetrieverhältnisse. Diese Fläche erfüllt natürlich nur symbolisch den Lagerbereich. Da an Knoten gelagert wird, sind die Knoten innerhalb der Fläche zu bestimmen.

Der Vorgang der Knotenauswahl kann mit verschiedenen Techniken erfolgen. Die individuellen Eigenschaften des Nutzers bestimmen die Anwendung. Möglichkeiten zur Auswahl von Knoten aus einem Modell:

a) Knotennummern von der grafischen Oberfläche auslesen und Lasten bzw. Lagerstellen einzeln zuordnen,
b) Knotennummern auf der grafischen Oberfläche anklicken und als Gruppe von Einzelknoten verwenden oder koppeln; Lasten bzw. Lagerstellen zuordnen,
c) Selektiertechnik anwenden.

Beim Selektieren von Bereichen aus einem Modell können verschiedenartige Parameter zugrunde gelegt werden.

Am Beispiel der Knotenauswahl wird das Prinzip gezeigt (Abb. 4.34.).

Da alle Knoten über Koordinaten in ihrer Position beschrieben sind, kann unter Verwendung des Koordinatensystems ein Bereich definiert werden.

Es wird eine 1. Untergruppe mit den Eingaben zwischen $x_1$ und $x_2$ gebildet. An der Stelle y = 0 werden 9 Knotenreihen erfasst. Der 5 mm breite Bereich erfasst insgesamt 140 Knoten.

Aus der 1. Untergruppe wird eine weitere Untergruppe, benannt als 2. Untergruppe mit den Eingaben zwischen $y_1$ und $y_2$ herausgelöst. An der Stelle x = 0 werden 5 Knotenreihen erfasst. Der 2,5 mm hohe Bereich erfasst jetzt noch 45 Knoten.

Diesen Knoten können jetzt Lasten bzw. Lagerstellen zugeordnet werden. Danach muss der Selektiervorgang durch Aktivieren der gesamten Datenbasis aufgehoben werden.

Die Vernetzungsdichte und die gewählten Bereichskoordinaten beeinflussen die Anzahl der selektierten Knoten. Im kartesischen Koordinatensystem ist die Selektion an kreisförmigen Begrenzungen nur begrenzt möglich. Es empfiehlt sich die Umstellung auf das Polarkoordinatensystem. Der Wert der x-Koordinate wird dadurch zum Radius und der Wert der y-Koordinate wird zum Winkel gewandelt.

**Zu Tafel 4/22:** Die Geometrie der Lasche und des Bolzens wird vom Grundsatz getragen, Flächen mit 4 bzw. 3 Begrenzungslinien zu erzeugen. Damit ist die Voraussetzung zur Generierung von Rechteckelementen gegeben.

Die Lasche wurde so eingeteilt, dass die Fläche A5 eine gleich große Vernetzungsdichte wie die Fläche A6 des Bolzens erhalten kann. An den Linie L1 der Lasche und der Linie L17 des Bolzens stehen sich damit für die nachfolgende Bildung der Kontaktelemente die Knoten unmittelbar gegenüber. Aus der Funktion der Bauteile kann abgeleitet werden, dass an anderen Stellen der Lasche bzw. des Bolzens kein Kontakt zu erwarten ist.

Das Modell besteht aus 2 getrennten Körpern, die über die Gleichungsansätze der Kontaktelemente verbunden werden. Am Teilkörper Lasche ist die äußere Belastung angebracht, der Teilkörper Bolzen ist gelagert. Auf beide Körper wird die Symmetriebedingung zur y-Achse angewendet.

Die äußere Last Fx wird über einen Masterknoten eingeleitet. Alle Freiheitsgrade der ausgewählten Knotenreihe werden im Freiheitsgrad des Masterknotens vereinigt. Die Einleitung einer gleichmäßigen Zugkraft ist gegeben.

Auch bei der Lagerung ist diese Technik angewendet worden. Die 45 selektierten Knoten werden im Kern des Bolzens damit symbolisch verklebt. Dieser Bereich beeinflusst nur geringfügig die Vorgänge an den Kontaktstellen zur Lasche.

Die grafischen Ergebnisse zeigen in überhöhter Darstellung die Verzerrung der Lasche. Die Bohrung der Lasche wird um ca. 14 μm gezogen. Diese Dehnung bewirkt die maximale Spannung von $\sigma_{vmax} = 167$ N/mm$^2$ in der bezeichneten Zone.

Die maximalen Druckspannungen im unmittelbaren Kontaktbereich zwischen Bolzen und Lasche liegen bei ca. 90 N/mm$^2$. Aus den unterschiedlichen Spannungswerten um die Kontaktzone wird die Problematik ersichtlich, die sich in einem Vergleich zur klassischen Festigkeitslehre ergibt, bei der für die Spannungsberechnung die projizierte Bolzenfläche zugrunde gelegt wird. Nach Gl. 4.14 wird die mittlere Lochleibungsspannung mit $\sigma_l = 66{,}7$ N/mm$^2$ errechnet.

Diese Abweichung ist erträglich und wird durch Festlegen von Sicherheiten ausgeglichen. Kritischer muss bewertet werden, dass die klassische Berechnungsmethode den Spannungszustand ungenau berücksichtigt.

In der Zugzone am Laschenauge liegt die gefährdete Stelle des Bauteils. Neben fertigungsbedingten Rauigkeiten, die über Kerbwirkungen zum Dauerbruch führen können, ist auch die Gefahr von örtlichen Werkstofffließen als Funktionsstörung möglich.

Die Zugzone ist als maßgebliches Festigkeitsmerkmal anzusehen. Würde man den Querschnitt der Zugzone vergrößern, erhöht sich deren Steifigkeit und es kann dazu kommen, dass die Druckspannung ein Maximum erreicht und die zulässige Flächenpressung im Kontaktbereich den Grenzwert der Festigkeit bildet.

| **FE-A22 Druck** | Allgemeine Befehlsfolge |
|---|---|
| Name | Speicherung der FE-Rechnung unter FILE-Name "Druck22" |
| Elemente | 2-dimensionales Scheibenelement (4 Knoten) - notwendige Eingaben: Dicke von Lasche und Bolzen 5 mm; 2-dimensionale Kontaktelemente; |
| Werkstoffe | Stahl: $E_{St}$= 210 kN/mm² $\nu$ = 0,3 |
| Geometrie | CAD-Modell aus Geometriepunkten, Flächen erstellen; Geometriepunkte (x;y) in mm: Lasche - K1(7,5;0), K2(17,2;0), K3(0;17,2) K4(-9,66;14,23), K5(-15,28;12,5), K6(-19,3;12,5), K7(-19,3;0), K8(-15,28;0), K9(-7,5;0), K10(0;7,5), K11(-15,28; 22,5), K12(0;0); Kreisbogen L1(K1, K10), L2(K2,K3), L3(K3,K4); L4(K4,K5), L5(K9,K10); Linie L5 in 3 Linienstücke teilen, es entsteht K13, K14; Bolzen - K15(7,5;0), K16(0;7,5), K17(-7,5;0); Kreisbogen L17(K15,K16), L18(K16,K17);<br>Flächen bilden: Lasche - A1(K7,K8,K5,K6), A2(K8,K9,K13,K5); A3(K13,K14,K4,K5), A4(K14,K10,K3,K4), A5(K1,K2,K3,K10); Bolzen - A6(K12,K15,K16), A7(K12,K16,K17); |
| Vernetzung | Elementeanzahl (Rechteckelemente) definieren: 4 an L3, L5, L6; 2 an L10; 10 an L16; für alle anderen 12; alle Flächen vernetzen; anschließend die Knoten an der Lasche (L1)/ Bolzen(L17) selektieren und Kontaktelemente bilden; es werden 620 Elemente mit 526 Knoten generiert; |
| Randbedingungen | Lagerung: selektiert kartesisches Koordinatensystem (x= –2,5 bis x = +2,5; dann y = 0 bis y = 2,5); Koppelgruppe "Lager" bilden; Masterknoten festlegen, alle Freiheitsgrade festhalten;<br>Belastung in N: Knoten selektiert über kartesisches Koordinatensystem (y= –19,3); Koppelgruppe "Kraft" bilden; Masterknoten festlegen, Fx = –2500 gesetzt;<br>Symmetrien: selektiert über kartesisches Koordinatensystem (y=0); Symmetrie zur y-Achse anwenden; |
| Berechnung und Ergebnisse | Ansatz: statisch, nichtlinear<br>Charakteristische Größe: Verschiebung der Knoten,<br>v.-Mises-Spannung in N/mm²: $\sigma_{vmax}$ = 167;<br>Verschiebung in mm: $Ux_{max}$ = 0,0145 mm, |

*x , y , z* Koordinaten im globalen kartesischen Koordinatensystem,
*Ux , Uy , Uz , ROTx , ROTy , ROTz* Verschiebungen und Verdrehungen,
*K* Keypoint (Geometriepunkt im CAD-Modell), *L* Line (Linie im CAD-Modell),
*N* Node (Knoten im FE-Modell), *E* Element (Element im FE-Modell),
*FE-A* Finite Elemente Anwendungsbeispiel,

Fortsetzung nächste Seite

<table>
<tr><th>FE-A22<br>Druck</th><th>Bildfolge</th></tr>
<tr><td>Geometrie</td><td>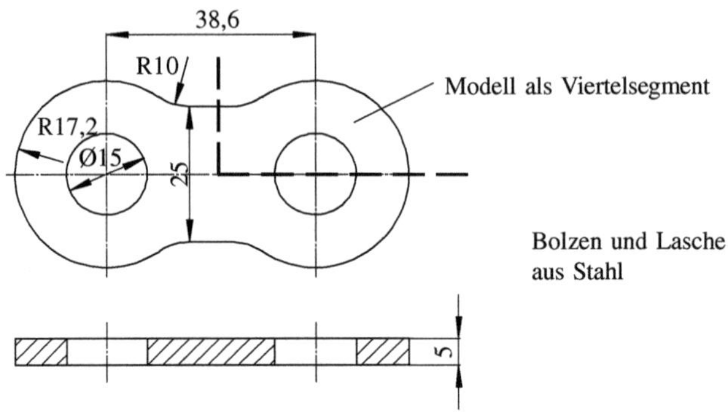
</td></tr>
<tr><td>Vernetzung Randbedin-gungen</td><td>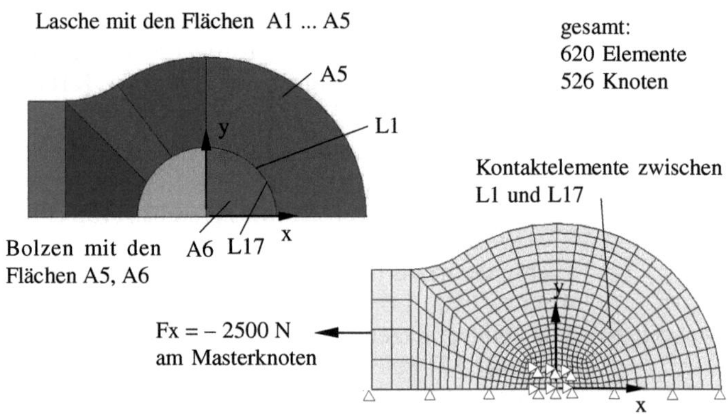
</td></tr>
<tr><td>Grafische Ergebnisse</td><td>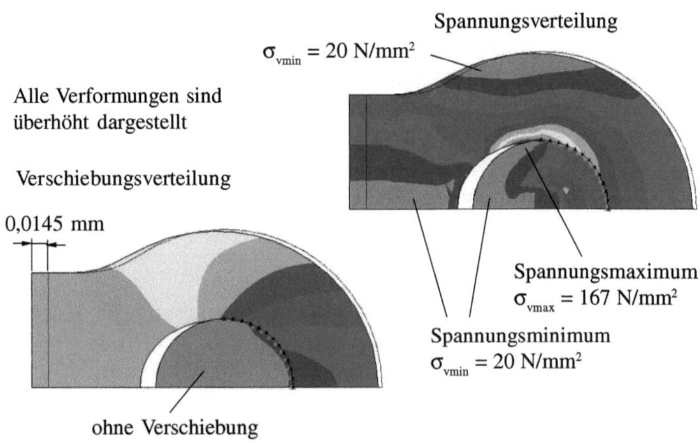
</td></tr>
</table>

**Tafel 4/22:** Verformungen und Spannungen an einem Lasche-Bolzen-Verbund (Scheibenelemente - Übertragung mit Kontaktelementen)

**Zu Tafel 4/23:** Eine Lasche-Bolzenverbindung wird im Regelfall durch Einpressen des Bolzens erzeugt. Das Einpressen führt zu einem Spannungszustand im Auge der Lasche. Dieser Grundspannung wird bei Wirken der Betriebslast die Betriebsspannung überlagert.

Die Geometrie und die Lagerung entspricht dem Ansatz nach Tafel 4/22. Erweitert wird das Modell durch Hinzufügen einer Pressung auf die Wandung der Laschenbohrung. Die Rechenfolge hält sich an die oben angegebene Beanspruchungsvorgabe. An die Pressungsberechnung schließt die Berechnung mit der äußeren Kraft an.

Die Ergebnisse der Rechnung lassen die zusätzliche Pressung erkennen. Die Bohrung der Lasche wird mit ca. 25 μm um 11 μm länger gezogen als beim Rechengang ohne Pressung.

Auch die maximale Vergleichsspannung ist mit 330 N/mm² um mehr als 130 N/mm² gestiegen und liegt jetzt schon nahe an der Fließgrenze einer mittleren Stahlsorte. Diese Zuwächse hängen natürlich von der Größe der Pressung oder anders ausgedrückt vom gewählten Übermaß ab.

Die angegebene Pressung von p = 75 N/mm² erfordert ein Übermaß von ca. 13 μm. Mit einem solchen Übermaß kann für den Bolzendurchmesser von 15 mm eine wirtschaftlich vertretbare Passung vorgegeben werden.

Die klassische Festigkeitslehre bietet Berechnungsgleichungen für die Abhängigkeit von Pressung und Übermaß. Diese gelten für Vollzylinder (Innenteil I) und Hohlzylinder (Außenteil A). Im vorliegenden Fall erfüllt die Lasche als Außenteil nur näherungsweise diese Form. Die nachfolgenden Berechnungen können deshalb nur überschläglichen Charakter haben.

| Verwendete Daten: | Fugendurchmesser | $D_F = 15$ mm; |
|---|---|---|
| | Außendurchmesser Außenteil | $D_{Aa} = 34{,}4$ mm |
| | Innendurchmesser Innenteil | $D_{Ii} = 0$ (Vollbolzen) |
| | Pressung in der Pressfuge | $p_F = 75$ N/mm² |
| | Werkstoffe | $E_{St} = E_A = E_I = 2{,}1 \cdot 10^5$ N/mm² |
| | | $\nu_A = \nu_I = 0{,}3$ |

Mit den Hilfsgrößen

$K_A = 8{,}424 \cdot 10^{-6}$ mm²/N ($Q_A = 0{,}436$)

$K_I = 3{,}333 \cdot 10^{-6}$ mm²/N ($Q_I = 0$)

$$K_{A/I} = \frac{1}{E_{A/I}}\left(\frac{1+Q_{A/I}^2}{1-Q_{A/I}^2} + \nu_{A/I}\right)$$

$$Q_A = \frac{D_F}{D_{Aa}} \quad Q_I = \frac{D_{Ii}}{D_F}$$

ergibt sich für $p_F = 75$ N/mm² das Übermaß

$$Z = p_F \cdot D_F \cdot (K_A + K_I) = 0{,}0132\,\text{mm}$$

Die Spannung im Außenteil, d. h. im vorliegenden Fall im Laschenauge, errechnet sich für $p_F = 75$ N/mm² zu

$$\sigma_{vA} = p_F \cdot \frac{\sqrt{3+Q_A^4}}{1-Q_A^2} = 161\,\text{N/mm}^2$$

| FE-A23 **Druck** | Allgemeine Befehlsfolge |
|---|---|
| Name | Speicherung der FE-Rechnung unter FILE-Name "Druck23" |
| Elemente | 2-dimensionales Scheibenelement (4 Knoten) - notwendige Eingaben: Dicke von Lasche und Bolzen 5 mm; 2-dimensionale Kontaktelemente; |
| Werkstoffe | Stahl: $E_{St}$= 210 kN/mm² ν = 0,3 |
| Geometrie | CAD-Modell aus Geometriepunkten, Flächen erstellen; Geometriepunkte (x;y) in mm: Lasche - K1(7,5;0), K2(17,2;0), K3(0;17,2) K4(-9,66;14,23), K5(-15,28;12,5), K6(-19,3;12,5), K7(-19,3;0), K8(-15,28;0), K9(-7,5;0), K10(0;7,5), K11(-15,28; 22,5), K12(0;0); Kreisbogen L1(K1, K10), L2(K2,K3), L3(K3,K4); L4(K4,K5), L5(K9,K10); Linie L5 in 3 Linienstücke teilen, es entsteht K13, K14; Bolzen - K15(7,5;0), K16(0;7,5), K17(-7,5;0); Kreisbogen L17(K15,K16), L18(K16,K17);<br>Flächen bilden: Lasche - A1(K7,K8,K5,K6), A2(K8,K9,K13,K5); A3(K13,K14,K4,K5), A4(K14,K10,K3,K4), A5(K1,K2,K3,K10); Bolzen - A6(K12,K15,K16), A7(K12,K16,K17); |
| Vernetzung | Elementeanzahl (Rechteckelemente) definieren: 4 an L3, L5, L6; 2 an L10; 10 an L16; für alle anderen 12; alle Flächen vernetzen; anschließend die Knoten an der Lasche (L1)/ Bolzen(L17) selektieren und Kontaktelemente bilden; es werden 620 Elemente mit 526 Knoten generiert; |
| Randbedingungen | Lagerung: selektiert kartesisches Koordinatensystem (x= –2,5 bis x = +2,5; dann y = 0 bis y = 2,5); Koppelgruppe "Lager" bilden; Masterknoten festlegen, alle Freiheitsgrade festhalten;<br>Belastung in N: Knoten selektiert über kartesisches Koordinatensystem (y= –19,3); Koppelgruppe "Kraft" bilden; Masterknoten festlegen, Fx = –2500 gesetzt; Belastung in N/mm²: L1, L5, L6, L7 selektiert, Pressung p = 75 auf Knoten gesetzt;<br>Symmetrien: selektiert über kartesisches Koordinatensystem (y=0); Symmetrie zur y-Achse anwenden; |
| Berechnung und Ergebnisse | Ansatz: statisch, nichtlinear<br>Charakteristische Größe: Verschiebung der Knoten,<br>v.-Mises-Spannung in N/mm²: $\sigma_{vmax}$ = 330;<br>Verschiebung in mm: $Ux_{max}$ = 0,0255 mm, |

*x* , *y* , *z* Koordinaten im globalen kartesischen Koordinatensystem,
*Ux* , *Uy* , *Uz* , *ROTx* , *ROTy* , *ROTz* Verschiebungen und Verdrehungen,
*K* Keypoint (Geometriepunkt im CAD-Modell), *L* Line (Linie im CAD-Modell),
*N* Node (Knoten im FE-Modell), *E* Element (Element im FE-Modell),
*FE-A* Finite Elemente Anwendungsbeispiel,

Fortsetzung nächste Seite

<table>
<tr><th>FE-A23<br>Druck</th><th>Bildfolge</th></tr>
<tr><td>Geometrie</td><td>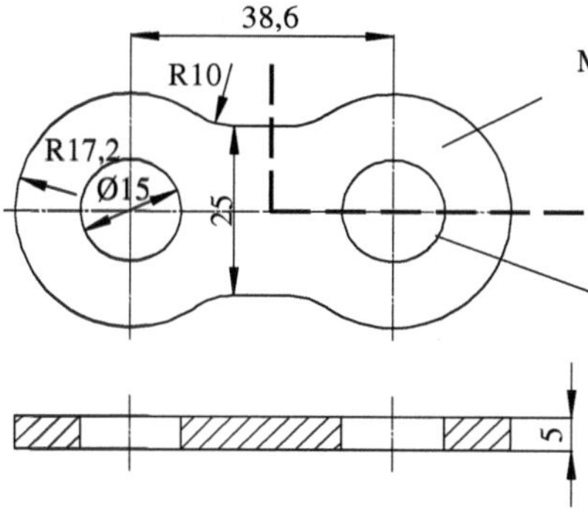<br></td></tr>
<tr><td>Vernetzung<br>Randbedin-<br>gungen</td><td>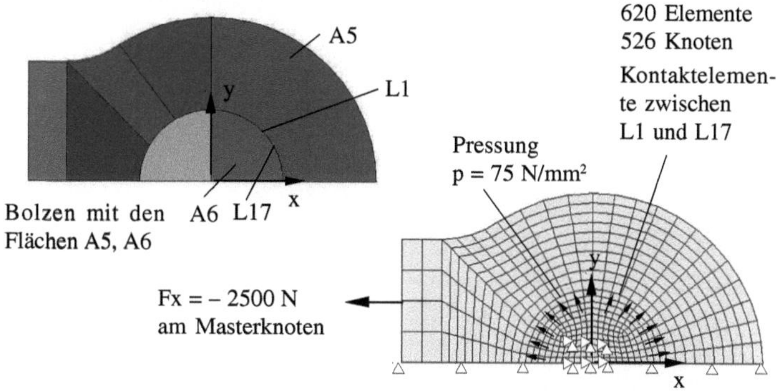<br></td></tr>
<tr><td>Grafische<br>Ergebnisse</td><td>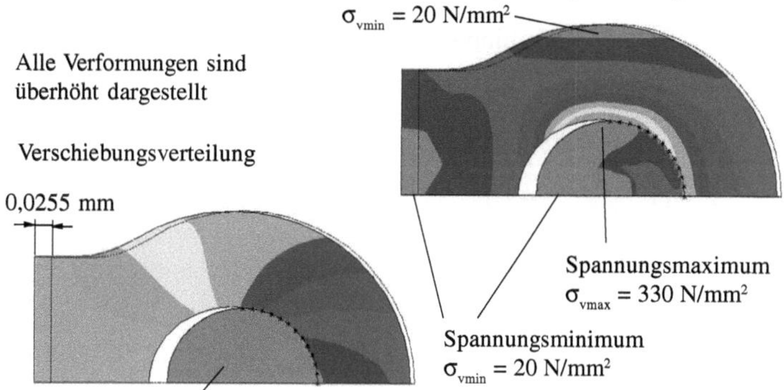<br></td></tr>
</table>

**Tafel 4/23:** Verformungen und Spannungen an einem Lasche-Bolzen-Verbund mit Presspassung des Bolzens (Scheibenelemente - Übertragung mit Kontaktelementen)

In Abb. 4.35. ist die Aufweitung der Laschenbohrung und die sich daraus ergebende Vergleichsspannung nach dem symbolischen Eindrücken des Bolzens dargestellt.

Als Last liegt nur die Pressung $p_F$ = 75 N/mm$^2$ vor. Das Modell wurde dahingehend geändert, dass an der bisherigen Stelle der Krafteinleitung die Lasche gelagert wurde.

Der Bolzen war bei der FE-Berechnung unbeteiligt und soll nur die Ausgangsposition definieren. Es ist dadurch gut zu erkennen, wie sich die unterschiedlichen Steifigkeiten des Laschenprofils auf die Verformung auswirken. Das Laschenauge ist weicher als die Einspannstelle, so dass die maximale Verschiebung in diese Richtung geht.

Der Zuwachs des Bohrungsdurchmessers beträgt ca. 9 µm. Nach der klassischen Festigkeitsrechnung wurden 13 µm unter geometrisch idealen Bedingungen errechnet. Die Steifigkeitsunterschiede in der Lasche erklären die Abweichung.

Die Vergleichsspannung in der Lasche unmittelbar an der Bohrung wird in der FE-Berechnung mit 159 N/mm$^2$ ausgelesen und entspricht damit praktisch dem Ergebnis der klassischen Festigkeitsrechnung mit 161 N/mm$^2$.

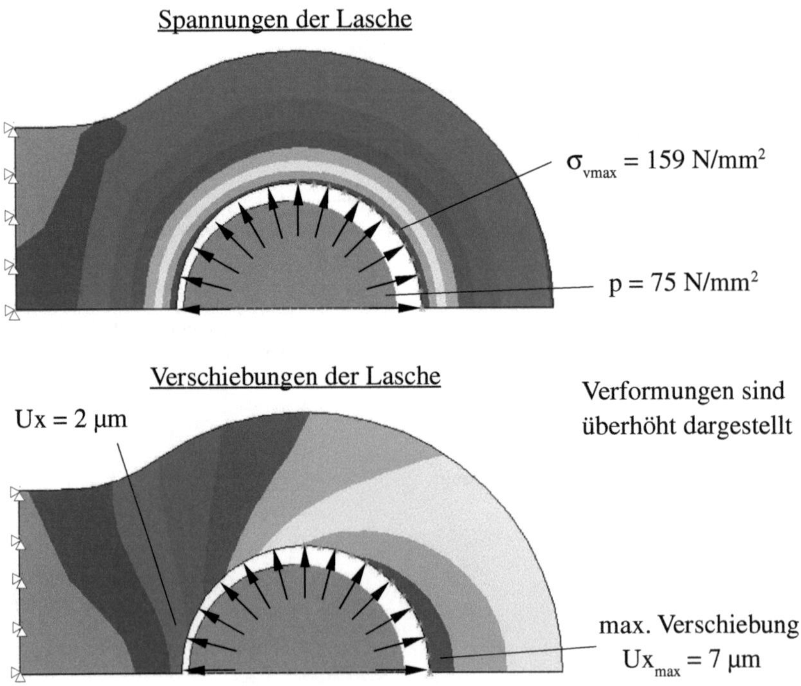


**Abb. 4.35.** Belastung einer Lasche mit p = 75 N/mm$^2$ in der Bohrung

# 5 Biegebeanspruchungen

Ein biegebeanspruchtes Bauteil stellt in einfachster Form einen prismatischen Körper mit den Bezeichnungen Balken oder Träger dar. Als allgemeine Bedingungen gelten

a) gerade, gekröpfte oder schwach gekrümmte Balkenachse,

b) zur Lastebene symmetrische Balkenquerschnitte,

c) Querschnittshöhen, die klein im Verhältnis zur Balkenlänge sind.

Die jeden Biegevorgang begleitenden Formänderungen treten als positive und negative Dehnungen der Balkenfasern in Erscheinung. Dadurch erfährt die Balkenlängsachse eine Krümmungsänderung.

Die unter der Biegelast sich einstellende Balkenachse heißt Biegelinie. Die Lastebene wird dadurch zur Biegeebene.

Die Spannungen sind in den entsprechenden Faserschichten des Querschnitts proportional den dort vorhandenen Dehnungen; d. h. auch die Spannungen steigen linear mit dem Abstand y von der Biegeachse und sind in dem am weitesten von ihr entfernten Randfasern am größten.

Die äußeren Kräfte (einschließlich der Auflagerkräfte) rufen mit der Formänderung zugleich im Innern des gebogenen Balkens Gegenkräfte und Gegenmomente von solcher Größe und Richtung hervor, dass sie den Wirkungen der äußeren Kräfte das Gleichgewicht halten.

Durch Schneiden des Balkens an der interessierenden Stelle und durch das Aufstellen der Gleichgewichtsbedingungen für die äußeren und inneren Kräfte erhält man Charakter, Größe und Richtung der Belastungskennwerte (Schnittkräfte, Schnittmomente) des betreffenden Querschnitts:

Längskraft $F_L$

Querkraft $F_Q$

Biegemoment $M_b$

Die Belastungskennwerte sind somit diejenigen inneren Kräfte bzw. Momente, die den äußeren das Gleichgewicht halten.

In Trägern, deren Stützweite das Mehrfache der Querschnittshöhe ausmacht, ist von allen Belastungskennwerten das Biegemoment die eigentliche Ursache der auftretenden Formänderungen und Spannungen.

Die Formänderung bei Schub besteht aus einer Verzerrung des ursprünglich rechten Winkels der Schnittebene um den Betrag der Schiebung (auch Gleitung genannt) und einer Verschiebung aller Gleitflächen, deren Größe von ihrem Abstand zueinander abhängt.

Die maximale Schubspannung im Biegequerschnitt und der Einfluss der bei der Biegung auftretenden Schubverformung auf die Biegelinie sind so gering, dass beide nur bei extrem großen Verhältnissen h/l (Querschnittshöhe / Trägerlänge) berücksichtigt werden müssen.

## 5.1 Biegung nach elementarer Festigkeitslehre

### 5.1.1 Einachsige Biegemomente

Biegemomente rufen in allen Punkten des Querschnittes Normalspannungen hervor. Ein Biegemoment um eine Hauptträgheitsachse, z. B. um die x-Achse, wird mit $M_{bx}$ bezeichnet und kennzeichnet den Zustand der einachsigen Biegung. Wirkt nur um die y-Achse ein Biegemoment, gelten analoge Bezeichnungen.

Der Biegespannungsgleichung des geraden Balkens liegen Voraussetzungen zugrunde:

a) Die durch die Praxis als ausreichend genau bestätigte Hypothese von BERNOULLI, nach der die Querschnitte eines biegebeanspruchten Balkens eben bleiben.

b) Die Gültigkeit des HOOKEschen Gesetzes.

Das Biegemoment tritt als Kräftepaar aus äußerer Kraft F und der dadurch in der Einspannstelle hervorgerufenen Gegenkraft F′ auf (Abb. 5.1.). Das Kräftepaar aus $F_z - F_d$ in der Einspannstelle ruft das Gegenmoment hervor und bringt den Gleichgewichtszustand

$$F \cdot l = F_{z,d} \cdot h \ .$$

Der Wert des äußeren Biegemomentes ist bei konstanter äußerer Kraft F von der Länge l abhängig. Der mittlere Abstand h in der Einspannstelle wird durch Größe und Form des Querschnitts bestimmt und bleibt bei unveränderlichem Querschnitt konstant.

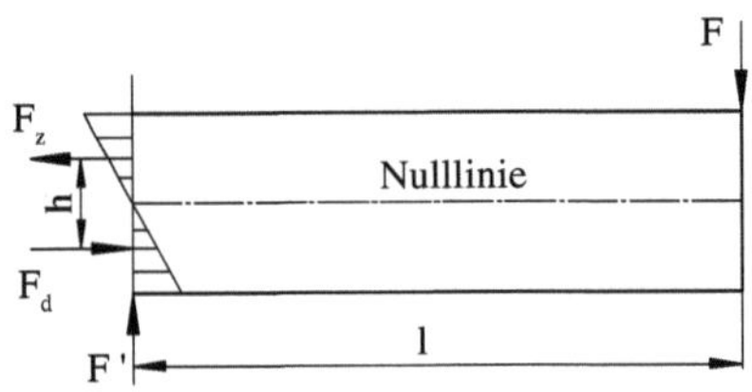


**Abb. 5.1.** Gleichgewicht der Biegemomente

Auf die Größe der Kräfte $F_z$ bzw. $F_d$ wirken sich dagegen Änderungen des äußeren Biegemomentes aus. Die Kraft $F_z$ als Flächenkraft erzeugt positive Dehnungen, die Kraft $F_d$ negative. Bezogen auf die Flächenanteile entstehen positive bzw. negative Biegespannungen.

Biegemomente $M_{bx}$ erzeugen Biegespannungen $\sigma_{bx}$, wobei diese Spannungen als normale Zug- und Druckspannungen im Balken auftreten. Die maximalen Spannungswerte liegen an den Randfasern des Profils und sind mit $e_{yI}$ sowie $e_{yII}$ bezeichnet und sind außerdem abhängig von der Querschnittsfläche und ihrer Lage ausgedrückt über das Flächenträgheitsmoment $I_x$ (Abb. 5.2.).

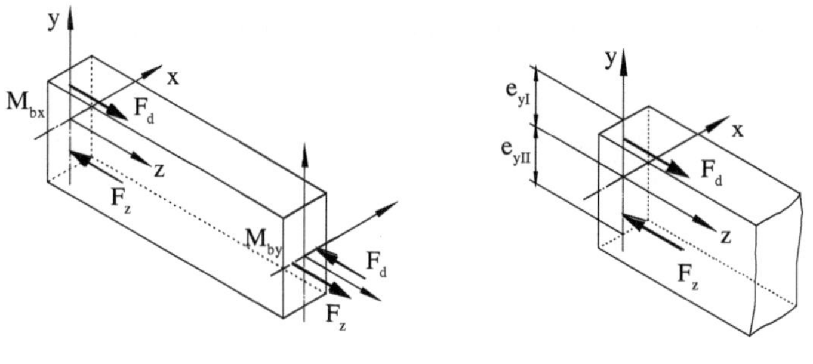


**Abb. 5.2.** Biegemomente $M_{bx}$ , $M_{by}$ und Abstand zur Randfaser $e_{yI}$, $ey_{II}$

Für einfache Profile lauten die Flächenträgheitsmomente:

Kreisprofil $$I_x = \frac{\pi \cdot d^4}{64} \quad (5.1)$$

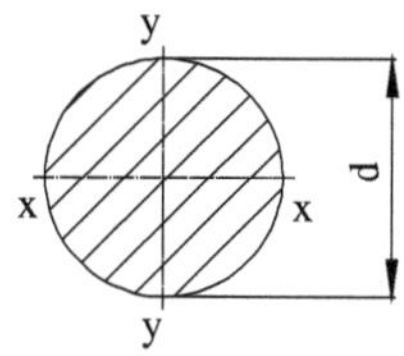


Rechteckprofil $$I_x = \frac{b \cdot h^3}{12} \quad (5.2)$$

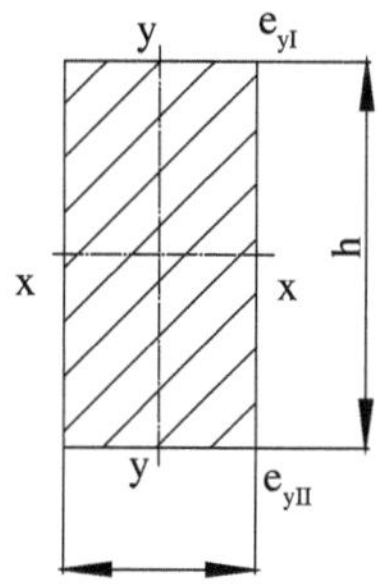


Beim Kreis- und Rechteckprofil sind die Abstände zur Randfaser gleich, so dass $e_{yI} = e_{yII} = e_y$ wird und das Widerstandsmoment sich aus

$$W_b = I_x / e_y \quad (5.3)$$

ergibt. Beim T-Profil liegt keine Symmetrie um die x-Achse vor. Die Abstände zur Randfaser sind unterschiedlich zu berücksichtigen.

T-Profil $$I_x = \frac{B \cdot H^3 + b \cdot h^3}{3} - (B \cdot H + b \cdot h) \cdot e_{yI}^2 \quad (5.4)$$

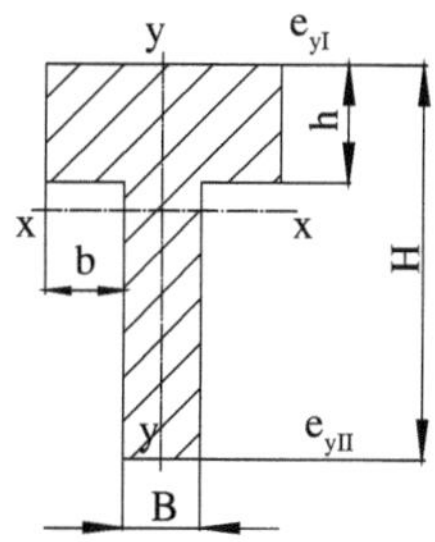


mit $$e_{yI} = \frac{1}{2} \cdot \frac{B \cdot H^2 + b \cdot h^2}{B \cdot H + b \cdot h} \quad (5.5)$$

und $$e_{yII} = H - e_{yI} \quad (5.6)$$

wird $$W_{bI} = I_x / e_{yI} \; ; W_{bII} = I_x / e_{yII} \quad (5.7)$$

Für beliebige Abstände von den Hauptträgheitsachsen ergibt sich die Biegespannung $\sigma_{bx}$ zu

$$\sigma_{bx} = \frac{M_{bx}}{I_x} \cdot y \quad (5.8).$$

Für die Maximalwerte der Zug- bzw. Druckspannung sind die Widerstandsmomente nach Gl. 5.3 und 5.7 zu verwenden.

$$\sigma_{bx} = \frac{M_{bx}}{W_b}; \quad \sigma_{bx} = \frac{M_{bx}}{W_{bI}}; \quad \sigma_{bx} = \frac{M_{bx}}{W_{bII}} \tag{5.9}$$

Die äußeren Belastungen bestimmen die Zug- und Druckbereiche. Als allgemein übliche Vorzeichenregel gilt, dass positive Biegemomente den Balken oben hohl biegen und damit oben Druckspannungen und unten Zugspannungen erzeugen.

Die Biegung um die y-Achse lässt sich in Analogie zur x-Achse mit entsprechenden Gleichungen darstellen.

Die Formänderung des biegebeanspruchten Balkens wird durch das Biegemoment hervorgerufen. Während sich bei der Biegespannung der Spannungswert quer zum Balken verändert und in Längsrichtung gleich bleibt, wirkt sich bei der Durchbiegung die entlang des Balkens veränderliche Momentenlinie auf die Auslenkung aus.

- Die Durchbiegung ist bestimmt durch die infinitesimale Einzelverformung unendlich vieler benachbarter Einzelverformungen.
- Der Querschnitt des Balkens und dessen geometrische Lage zum Biegemoment sowie bestimmte Werkstoffeigenschaften beeinflussen weiterhin die Biegelinie.

Unter der Annahme der BERNOULLI-Hypothese wird die Biegelinie durch eine Dgl. allgemein beschrieben

$$y'' = \pm \frac{M_{bx}(z)}{E \cdot I_x} \tag{5.10}$$

wobei der Fall dargestellt ist, dass eine Biegung um die x-Achse vorliegt und die z-Achse in Längsrichtung des Balkens verläuft. Die Vorzeichen werden durch die Lage im Koordinatensystem bestimmt.

Lösungen der Dgl. sind nach der Definition von Belastungsfällen und Randbedingungen berechnet und in Tabellen angegeben. Für den Belastungsfall Träger auf 2 Stützen mit mittig angreifender Kraft gilt für die Gleichung der Biegelinie

$$y(z) = \frac{F_y \cdot l^3}{48 \cdot E \cdot I_x} \cdot \left[ 3\frac{z}{l} - 4\left(\frac{z}{l}\right)^3 \right] \tag{5.11}$$

für die Durchbiegung unter der Kraftstelle

$$f_m = \frac{F_y \cdot l^3}{48 \cdot E \cdot I_x} \tag{5.12}$$

und für die Neigungswinkel in den Lagern

$$\alpha_A = \alpha_B = \frac{F_y \cdot l^3}{16 \cdot E \cdot I_x} \tag{5.13}$$

### 5.1.2 Mehrachsige Biegemomente

Wirken Biegemomente gleichzeitig in x- und y-Richtung oder liegen die Lastebenen nicht parallel zu einer Hauptachse, tritt mehrachsige Biegung auf. Der Träger biegt sich quer zu den Hauptachsen und man spricht von schiefer Biegung.

Aus der allgemeinen schiefen Biegung werden 2 Sonderfälle für symmetrische Querschnitte ausgewählt:

a) Kreisförmiger Querschnitt - die Flächenträgheitsmomente beider Hauptachsen sind gleich. Die Biegemomente $M_x$ und $M_y$ können zu einem resultierenden Biegemoment M zusammengefasst und mit $W_x = W_y = W_b$ in die Biegespannungsgleichung eingesetzt werden (Abb. 5.3.).

$$M = \sqrt{M_x^2 + M_y^2} \qquad (5.14),$$

Biegespannung und Spannungsnulllinie lauten

$$\sigma_b(z) = \frac{M}{W_b} \qquad (5.15); \qquad \tan\alpha = \frac{M_y}{M_x} \qquad (5.16).$$

Die Lasten $F_x$ und $F_y$ erzeugen im Einspannquerschnitt das maximale Biegemoment. Die Momentenvektoren zeigen in Richtung der positiven Achsen, so dass sie jeweils im Sinne einer Rechtsschraube um ihre Bezugsachsen wirken.

Die Rechte-Hand-Regel unterstützt diese Vorgabe. Wenn die Handfläche in Richtung von $F_x$ bzw. $F_y$ zeigt, gibt der rechtwinklig abgespreizte Daumen die Richtung des Biegemomentenvektors an der Einspannstelle an.

Die Durchbiegung und die Neigungswinkel in den Lagern lassen sich entsprechend des Belastungsfalles und der Randbedingungen unter Berücksichtigung der Resultierenden $F_{res}$ ermitteln

$$F_{res} = \sqrt{F_x^2 + F_y^2} \qquad (5.17).$$

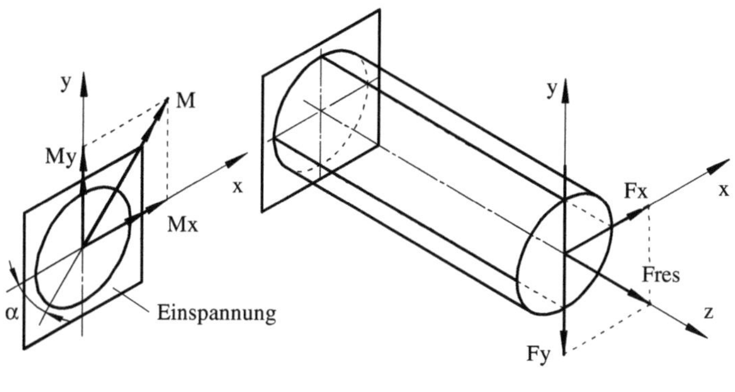


**Abb. 5.3.** Doppelte Biegung am Rundstab bei Belastung durch $F_x$ und $F_y$

b) Rechteckiger Querschnitt mit x- und y-Achse als Hauptachsen - die Lasten $F_x$ und $F_y$ rufen einachsige Biegemomente $M_x$ und $M_y$ hervor. Die resultierende Normalspannung $\sigma_z$ an einem beliebigen Punkt (x;y) des Querschnittes erhält man durch Überlagerung der Biegespannung aus $M_x$ und $M_y$ unter Beachtung der Vorzeichen.

Am Punkt 1 nach Abb. 5.4. tritt die größte positive Spannung, die Zugspannung durch das Biegemoment aus $F_{Bx}$ und $F_{By}$ auf und es gilt

$$\sigma_z(x,y) = \frac{M_x}{I_x} \cdot y + \frac{M_y}{I_y} \cdot x \qquad (5.17),$$

im Punkt 2 erzeugt $F_{Bx}$ eine negativ bezeichnete Druckspannung und $F_{By}$ eine positiv bezeichnete Zugspannung - im Punkt 4 liegen entgegengesetzte Vorzeichen vor. Punkt 3 weist die größte negative Spannung, die Druckspannung aus beiden Lasten auf. Auf der Basis dieser Überlegungen sind die Parameter x und y immer positiv einzusetzen.

Aus $\sigma_z(x,y) = 0$ folgt die Gl. der Spannungsnulllinie

$$y = -\frac{M_y}{M_x} \cdot \frac{I_x}{I_y} \cdot x \qquad \text{bzw.} \qquad \tan\alpha = -\frac{M_y}{M_x} \cdot \frac{I_x}{I_y} \qquad (5.18).$$

Die Durchbiegung ergibt sich nach den Regeln der Vektoraddition aus $f_x$ und $f_y$ der beiden Hauptachsen. Für den Belastungsfall Träger auf 2 Stützen mit mittig angreifender Kraft gelten die Beziehungen nach Gl. 5.11, 5.12, 5.13 unter Berücksichtigung der 2-achsigen Biegung

$$f_m = \sqrt{f_x^2 + f_y^2} \quad \text{mit} \quad f_x = \frac{F_x \cdot l^3}{48 \cdot E \cdot I_y} \quad \text{und} \quad f_y = \frac{F_y \cdot l^3}{48 \cdot E \cdot I_x} \qquad (5.19),$$

für die Neigungswinkel in den Lagern ist sinngemäß zu übernehmen.

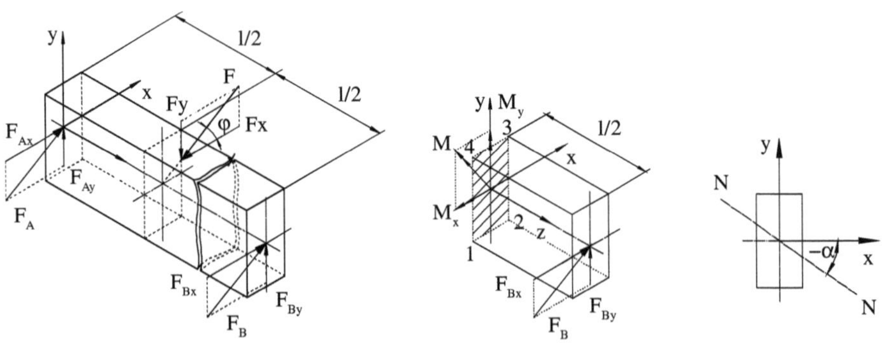


**Abb. 5.4.** Mehrachsige Biegung durch $F_x$ und $F_y$ (parallel zu den x-y-Hauptachsen)

### 5.1.3 Berechnungen zur einachsigen Biegung

Es werden Balken mit prismatischem Querschnitt nach den Ansätzen der technischen Mechanik berechnet. Die Lösungen können mit den Ergebnissen der FE-Berechnungen in Abschnitt 5.2 verglichen werden.

Spannungen und Verformungen an 3 verschiedenen Querschnitten sind zu ermitteln (Abb. 5.5.). Länge, Belastung, Lagerung und Werkstoff stimmen bei den 3 Balken überein. Die Abmessungen der Profile wurden so gewählt, dass gleiche Querschnittsflächen entstanden sind. Damit gibt es die Gemeinsamkeit der gleichen Maße für die 3 Balken.

Die wesentlichen Unterschiede sind durch die unterschiedlichen Flächenträgheits- bzw. Widerstandsmomente gegeben.

| | | |
|---|---|---|
| Daten : a) | Rundstab $F = 500$ N | $E_{St} = 2{,}1 \cdot 10^5$ N/mm$^2$ |
| | $I_x = 3217$ mm$^4$ | nach Gl. 5.1 |
| Lösung: | nach Abb. 5.5. wird | $F_A = F_B = F/2 = 250$ N |
| | mit dem Biegemoment | $M_{bx} = F_A \cdot l/2 = 18750$ Nmm |
| | und dem Widerstandsmoment | $W_b = I_x / y = 402$ mm$^3$ ($y = 8$ mm) |
| | ergibt sich als Biegespannung | $\sigma_{bx} = 46{,}6$ N/mm$^2$ (Gl. 5.8) |
| | Durchbiegung unter der Kraftstelle | $f_m = 0{,}052$ mm (Gl. 5.12) |

| | | |
|---|---|---|
| Daten : b) | Rechteckstab $F = 500$ N | $E_{St} = 2{,}1 \cdot 10^5$ N/mm$^2$ |
| | $I_x = 6667$ mm$^4$ | nach Gl. 5.2 |
| Lösung: | nach Abb. 5.5. wird | $F_A = F_B = F/2 = 250$ N |
| | mit dem Biegemoment | $M_{bx} = F_A \cdot l/2 = 18750$ Nmm |
| | und dem Widerstandsmoment | $W_b = I_x / y = 667$ mm$^3$ ($y = 10$ mm) |
| | ergibt sich als Biegespannung | $\sigma_{bx} = 28{,}1$ N/mm$^2$ (Gl. 5.8) |
| | Durchbiegung unter der Kraftstelle | $f_m = 0{,}025$ mm (Gl. 5.12) |

Der Vergleich der Durchbiegungen zeigt, dass der Rechteckstab etwa die doppelte Steifigkeit aufweist. Die Biegespannungen in der Randfaser sind mit 28,1 N/mm$^2$ gegenüber 46,6 N/mm$^2$ entsprechend geringer.

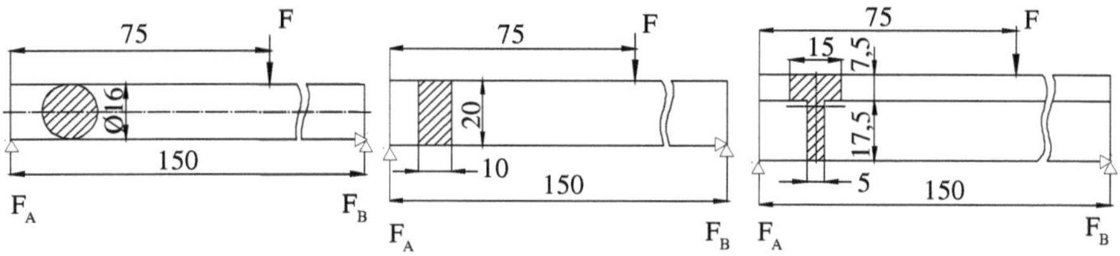


**Abb. 5.5.** Balken mit Rund-, Rechteck- und T-Profil bei Belastung durch eine mittige Kraft

Daten : c) T-Profil $F = 500\ N$ $E_{St} = 2{,}1 \cdot 10^5\ N/mm^2$

Lösung: nach Abb. 5.5. wird $F_A = F_B = F/2 = 250\ N$
mit dem Biegemoment $M_{bx} = F_A \cdot l/2 = 18750\ Nmm$

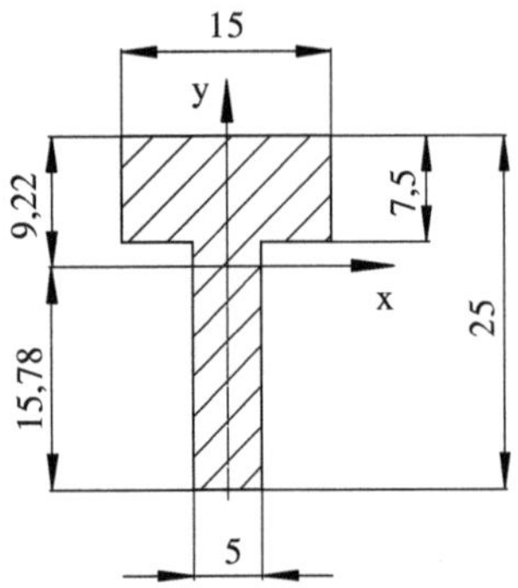


Die Biegespannung $\sigma_{bx}$ nach Gl. 5.9 ist abhängig vom verwendeten Widerstandsmoment, d. h. vom Abstand zur Randfaser:

$e_{yI} = 9{,}22$ mm (Gl. 5.5), $e_{yII} = 15{,}78$ mm (Gl. 5.6)
$I_x = 10451\ mm^4$ nach Gl. 5.4

aus $W_{bmin} = I_x / e_{yII} = 662\ mm^3$ folgt die maximale Biegespannung

$\sigma_{bxmax} = 28{,}3\ N/mm^2$ (Gl. 5.8),

mit $W_{bmax} = I_x / e_{yI} = 1134\ mm^4$ die minimale Biegespannung

$\sigma_{bxmin} = 16{,}5\ N/mm^2$ (Gl. 5.8),

Durchbiegung unter der Kraftstelle $f_m = 0{,}016$ mm (Gl. 5.12).

Der Balken mit T-Profil besitzt die geringste Durchbiegung, h. h. es tritt die größte Steifigkeit bei gleicher Profilfläche und gleichem Werkstoff und damit gleichem Materialeinsatz auf.

### 5.1.4 Berechnungen zur mehrachsigen Biegung

Der Balken mit Rechteckquerschnitt mit den Abmessungen nach Abb. 5.6. wird durch die Kraft F belastet. Die Wirklinie führt durch die z-Achse, so dass die Komponenten $F_x$ und $F_y$ einachsige Biegemomente $M_y$ und $M_x$ hervorrufen.

Daten : Rechteckstab $F = 500\ N$ $E_{St} = 2{,}1 \cdot 10^5\ N/mm^2$
$\varphi = 30\,°$
$I_x = 6667\ mm^4$ $I_y = 1667\ mm^4$ n. Gl. 5.2

Lösung: nach Abb. 5.6. wird $F_x = F \cdot \cos 30° = 433\ N$
$F_y = F \cdot \sin 30° = 250\ N$
$F_{Ax} = F_{Bx} = F_x/2 = 216{,}5\ N$
$F_{Ay} = F_{By} = F_y/2 = 125\ N$

mit den Biegemomenten $M_x = F_{By} \cdot l/2 = 9375\ Nmm$
$M_y = F_{Bx} \cdot l/2 = 16238\ Nmm$

Winkel der Spannungsnulllinie zur x-Achse nach Gl. 5.18 $\alpha = -\,81{,}8°$

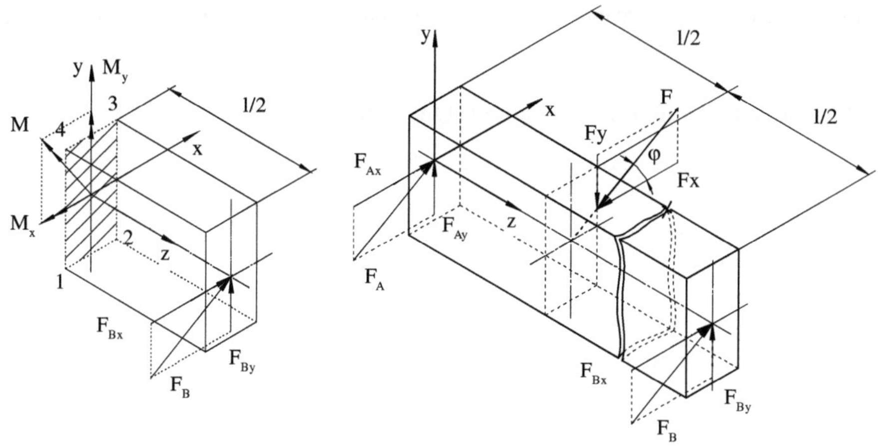


**Abb. 5.6.** Beanspruchungen am Balken mit Rechteckquerschnitt bei mehrachsiger Biegung

Aus der Geradengleichung nach Gl. 5.18 ergeben sich die Durchstoßpunkte der Spannungsnulllinie am Rechteckprofil. Wird für die Randbegrenzung y = ± 10 mm gesetzt, ergibt sich x = ∓ 1,44 mm.

Biegespannungen nach Gl. 5.17 für die Punkte 1 bis 4 :

$$\sigma_{z1}\,(-5;-10) = +\,62{,}8\ \text{N/mm}^2$$
$$\sigma_{z2}\,(\ 5;-10) = -\,34{,}6\ \text{N/mm}^2$$
$$\sigma_{z3}\,(\ 5;\ 10) = -\,62{,}8\ \text{N/mm}^2$$
$$\sigma_{z4}\,(-5;\ 10) = +\,34{,}6\ \text{N/mm}^2$$

Resultierende Durchbiegung an der Kraftstelle nach Gl. 5.19:

$$f_m = 0{,}088\ \text{mm}$$
aus $f_x = 0{,}087$ mm und $f_y = 0{,}013$ mm

# 5.2 Modelle mit einachsiger Biegung

## 5.2.1 Anwendung von 2D-Balkenelementen

Die nachfolgenden Berechnungsbeispiele zeigen die Möglichkeiten, die 2D-Balkenelemente bei Biegebeanspruchungen bieten. Das 1-dimensionale 2D-Balkenelement kann optisch nur als Linie angezeigt werden. Dem Element müssen Querschnittsfläche, Flächenträgheitsmoment und Höhe des Stabes zugeordnet werden.

Diese Daten lassen nicht erkennen, ob ein zylindrischer oder rechteckiger Querschnitt vorliegt. Der über das Element definierte Berechnungsansatz wird aber ausreichend beschrieben, denn die eingegebenen Werte für die 3 Parameter lassen eine unverwechselbare Definition eines prismatischen Stabes zu.

Das ist notwendig, denn bei Biegebeanspruchungen ist neben der Größe der Querschnittsfläche auch ihre Lage von Bedeutung, so dass für Rundstab oder Rechteckstab unterschiedliche Biegespannungswerte entstehen.

Es werden mehrere Varianten von Biegestäben untersucht. Die Belastungen lauten in allen Fällen F = 500 N bei einem E-Modul $E_{St}$ = 210 kN/mm$^2$.

## I. Prismatischer Stab mit konstantem Querschnitt

a) Rundstab mit Stabdurchmesser d = 16 mm und Querschnittsfläche A = 201 mm$^2$, Stablänge l = 150 mm, Kraft F an der Stelle l = 75 mm,

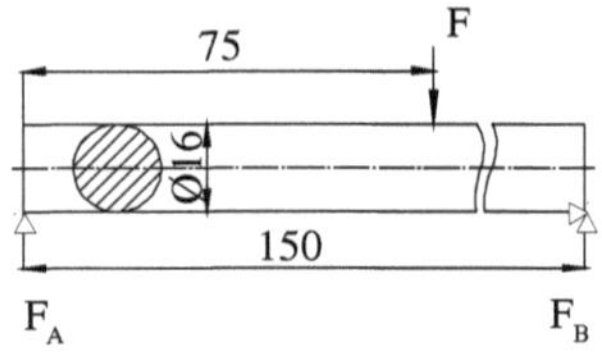


b) Rechteckstab mit Rechteckfläche A = 200 mm$^2$ und b = 10 mm, h = 20 mm, Stablänge l = 150 mm, Kraft F an der Stelle l = 75 mm.

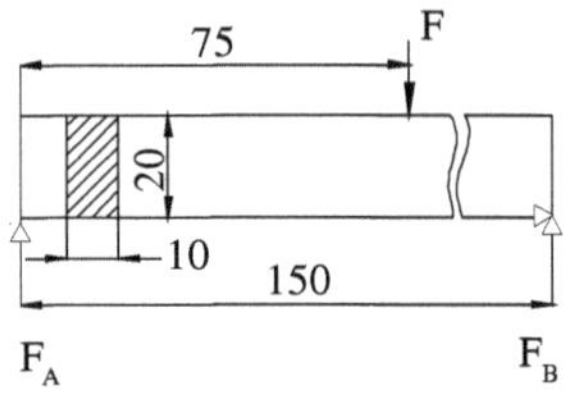


c) T-Profil mit Querschnittsfläche A = 200 mm$^2$, Abmessungen nach nebenstehender Skizze, Stablänge l = 150 mm, Kraft F an der Stelle l = 75 mm.

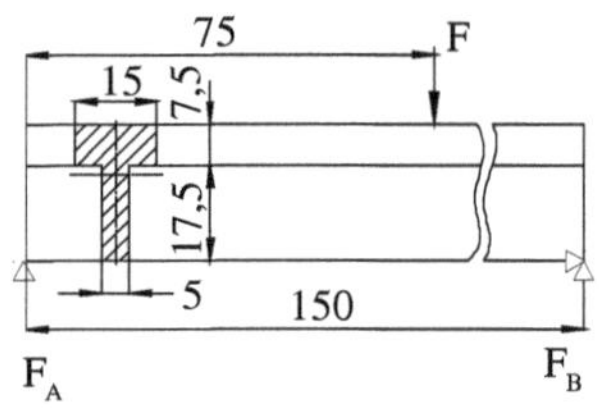


Zu berechnen sind die maximale Durchbiegung und die maximale Biegespannung. Die Ergebnisse können verglichen werden mit den Lösungen nach den Ansätzen der technischen Mechanik (siehe 5.1.3).

Die Modellbildung mit Balkenelementen erfordert nur geringen grafischen Aufwand. Nach dem Setzen von 2 Keypoints kann der prismatische Stab durch eine Linie, die anschließend mit Elementen besetzt wird, dargestellt werden. Die 3 Modelle wurden jeweils mit 16 Elementen generiert. Damit liegt eine identische FE-Struktur hinsichtlich der Abmessungen und der Bezeichnungen vor. Die Lasteinleitung befindet sich immer am Knoten N10 und die Lagerstellen werden durch die Knoten N1 und N2 gebildet. Diese Nummernvergabe resultiert aus der automatischen Vernetzung, die für die Linie L1 zur Anwendung kam. Das FE-System ordnet zuerst den Keypoints K1 und K2 die Knoten N1 und N2 zu und füllt dann gleichmäßig unterteilend die Knoten N3 bis N17 auf.

Anpassungen beziehen sich nur auf die Eintragungen am Element. Die 3 Parameter Fläche, Flächenträgheitsmoment und Höhe des Balkens sind zu ändern. In Tafel 5/1 wurde stellvertretend für die 3 Modelle der Rundstab verwendet. Mit den Werten

$A_1$ = 201 mm$^2$, $I_1$ = 3217 mm$^4$, d = 16 mm

wurden errechnet die

max. Durchbiegung Uy = 0,052 mm, max. Biegespannung $\sigma_{bmax}$ = 46,6 N/mm$^2$.

Für den Rechteckstab ergaben sich mit

$A_1$ = 200 mm$^2$, $I_1$ = 6667 mm$^4$, h = 20 mm

max. Durchbiegung Uy = 0,025 mm, max. Biegespannung $\sigma_{bmax}$ = 28,1 N/mm$^2$.

Die Ergebnisse der klassischen Berechnung (Abschnitt 5.1.3) werden für den Rundstab und den Rechteckstab bestätigt. Bei den Daten für das T-Profil stimmt nur die maximale Durchbiegung an der Kraftstelle überein. Mit

$A_1 = 200\ mm^2,\quad I_1 = 10451\ mm^4,\ h = 25\ mm$

wurde berechnet

max. Durchbiegung Uy = 0,016 mm.

Als Ursache für die Abweichung im Spannungsbereich gilt die unklare Definition des T-Profils. Das Balkenelement kann die Lage der Flächen, d. h. das Profil nicht interpretieren. Mit den Eingaben Fläche und Höhe wird ein geschlossenes Kontinuum mit mittigen Achsen angenommen. Die Verlagerung des Flächenschwerpunktes

| **FE-A1 Bieg** | Allgemeine Befehlsfolge |
|---|---|
| Name | Speicherung der FE-Rechnung unter FILE-Name "Bieg1" |
| Elemente | 2-dimensionales Balkenenelement - notwendige Eingaben<br>Querschnittsfläche in mm²: $A_1$= 201,<br>Flächenträgheitsmoment in mm⁴: $I_1$= 3217,<br>Höhe des Balkens in mm: d= 16, |
| Werkstoffe | Stahl: $E_{St}$= 210 kN/mm² $\nu = 0,3$ |
| Geometrie | CAD-Modell aus Geometriepunkten, Linie erstellen;<br>Geometriepunkte (x;y;z) in mm: K1(0;0;0), K2(150;0;0),<br>Linie bilden: L1(K1,K2), |
| Vernetzung | Elementeanzahl (Balkenelemente) definieren: 16 an L1, es werden 16 Elemente mit 17 Knoten generiert; |
| Randbedingungen | Lagerung: an K1 Uy = 0 gesetzt; an K2 Ux=0, Uy=0 gesetzt;<br>Belastung in N: selektiert über kartesisches Koordinatensystem (x=75); Fy= – 500 gesetzt; |
| Berechnung und Ergebnisse | Ansatz: statisch, linear,<br>Charakteristische Größe: Verschiebung der Knoten,<br>Verschiebungen in mm: an der Stelle x = 75 Uy = 0,052;<br>Biegespannungen in N/mm²: an der Stelle x = 75<br>$\sigma_{bmax}$ = 46,6 N/mm²; |

*x , y , z* Koordinaten im globalen kartesischen Koordinatensystem,
*Ux , Uy , Uz , ROTx , ROTy , ROTz* Verschiebungen und Verdrehungen,
*K* Keypoint (Geometriepunkt im CAD-Modell), *L* Line (Linie im CAD-Modell),
*N* Node (Knoten im FE-Modell), *E* Element (Element im FE-Modell),
*FE-A* Finite Elemente Anwendungsbeispiel,

Fortsetzung nächste Seite

<table>
<tr><th>FE-A1<br>Bieg</th><th>Bildfolge</th></tr>
<tr><td>Geometrie</td><td>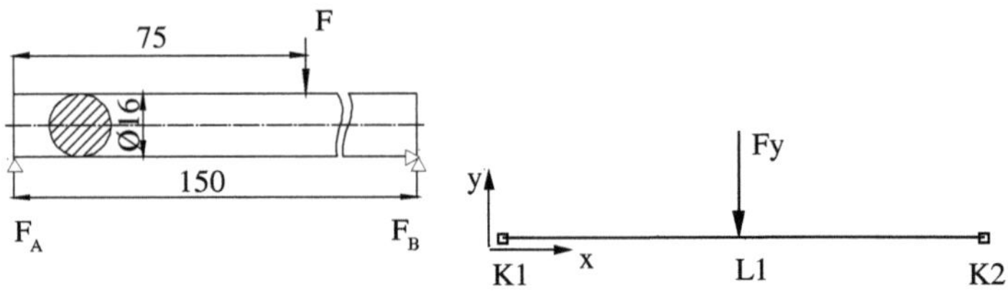
</td></tr>
<tr><td>Vernetzung<br>Randbedin-<br>gungen</td><td>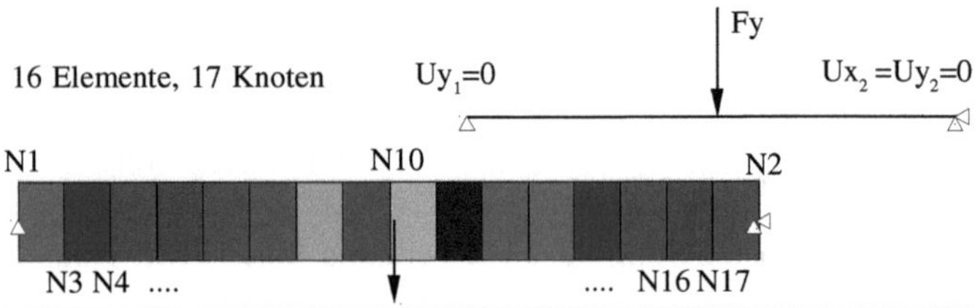
</td></tr>
<tr><td>Grafische<br>Ergebnisse</td><td>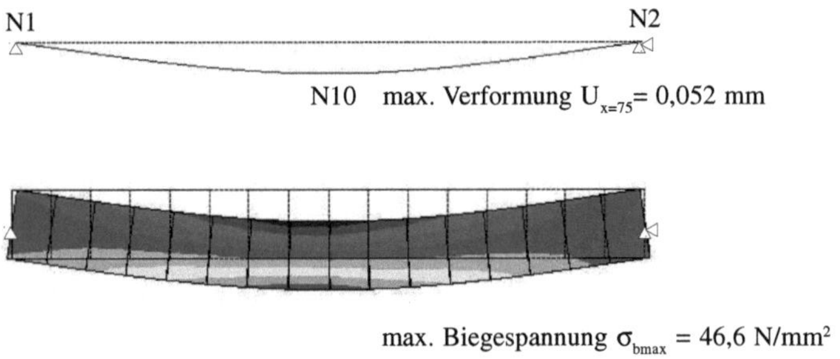
</td></tr>
</table>

**Tafel 5/1:** Biegebelastung an einem Rundstab - Balkenelemente bei konstantem Querschnitt

aufgrund der Anordnung der Flächen kann nicht erfasst werden. Das T-Profil ist symmetrisch zur senkrechten Achse ausgerichtet. Die waagerechte Achse teilt aber das Profil in ungleiche Bereiche mit unbekannten Abständen zu den Randfasern. Der Abstand der Randfasern zu den Schwerachsen bestimmt die Spannungswerte bei Biegebeanspruchung. Der maximale Wert kann nicht ermittelt werden.

Die Berechnung der Durchbiegung ist davon unbeeinflusst, denn als geometrische Einflussgrößen kommen nur die Balkenlänge l und das Flächenträgheitsmoment $I_x$ zur Wirkung (Gl. 5.12).

## II. Prismatischer Rundstab mit Absatz

Die Anwendungsgrenzen von 2D-Balkenmodellen wurden am Modell T-Profil gezeigt. Es ergibt sich die Erkenntnis, dass für Profilquerschnitte Symmetrien in waagerechter und senkrechter Achse vorliegen müssen. Damit beschränkt sich das Anwendungsgebiet weitgehend auf kreis- bzw. rechteckige Profile. Eine vorteilhafte Nutzung bietet sich bei der Berechnung von Rundstäben an.

Die Durchbiegung und auch näherungsweise die Spannungsverteilung lassen sich mit geringem Aufwand verwirklichen. Der Rundstab muss dabei keinen konstanten Querschnitt besitzen. Auf einfache Art können auch Absätze simuliert werden.

Die geometrische Gestalt wird über Querschnittsfläche, Flächenträgheitsmoment und Höhe definiert. Die pseudografische Darstellung der Absätze ermöglicht eine Erfolgskontrolle hinsichtlich der Eingaben.

Der eingespannte prismatische Rundstab nach Abb. 5.7. besitzt einen Absatz. Für die Modellierung mit 2D-Balkenelementen sind 2 Linien mit jeweils 75 mm Länge zu generieren (Tafel 5/2). Diese Linien dienen als Leitlinien für die Positionen der Elemente. Den Elementen der jeweiligen Linie werden die entsprechenden Werte

| **FE-A2 Bieg** | Allgemeine Befehlsfolge |
|---|---|
| Name | Speicherung der FE-Rechnung unter FILE-Name "Bieg2" |
| Elemente | 2-dimensionales Balkenenelement - notwendige Eingaben<br>Querschnittsflächen in mm²: $A_1$= 350; $A_2$= 250;<br>Flächenträgheitsmoment in mm⁴: $I_1$= 35729; $I_2$= 13021;<br>Höhe des Balkens in mm: $h_1$= 35; $h_2$= 25; |
| Werkstoffe | Stahl: $E_{St}$= 210 kN/mm² ν = 0,3 |
| Geometrie | CAD-Modell aus Geometriepunkten, Linien erstellen;<br>Geometriepunkte (x;y;z) mm: K1(0;0;0), K2(75;0;0), K3(150;0;0),<br>Linie bilden: L1(K1,K2), L2(K2,K3), |
| Vernetzung | Elementeanzahl (Balkenelemente) definieren: 8 an allen Linien;<br>Linie L1 Querschnitt A1, Linie L2 Querschnitt A2 zuordnen;<br>es werden 16 Elemente mit 17 Knoten generiert; |
| Randbedingungen | Lagerung: an K1 Einspannung, alle Freiheitsgrade Null setzen;<br>Belastung in N: an K3 Fy= – 500 setzen; |
| Berechnung und Ergebnisse | Ansatz: statisch, linear,<br>Charakteristische Größe: Verschiebung der Knoten,<br>Verschiebungen in mm: an K3 Uy = 0,092;<br>Biegespannungen in N/mm²: an K1 (Einspannung)<br>$\sigma_{bmax}$ = 36,7 N/mm²; |

*x* , *y* , *z* Koordinaten im globalen kartesischen Koordinatensystem,
*Ux* , *Uy* , *Uz* , *ROTx* , *ROTy* , *ROTz* Verschiebungen und Verdrehungen,
*K* Keypoint (Geometriepunkt im CAD-Modell), *L* Line (Linie im CAD-Modell),
*N* Node (Knoten im FE-Modell), *E* Element (Element im FE-Modell),
*FE-A* Finite Elemente Anwendungsbeispiel,

Fortsetzung nächste Seite

| FE-A2<br>Bieg | Bildfolge |
|---|---|
| Geometrie | 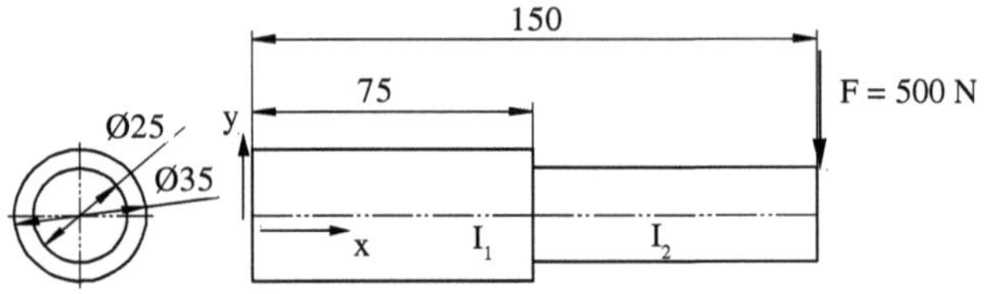 |
| Vernetzung<br>Randbedin-<br>gungen | 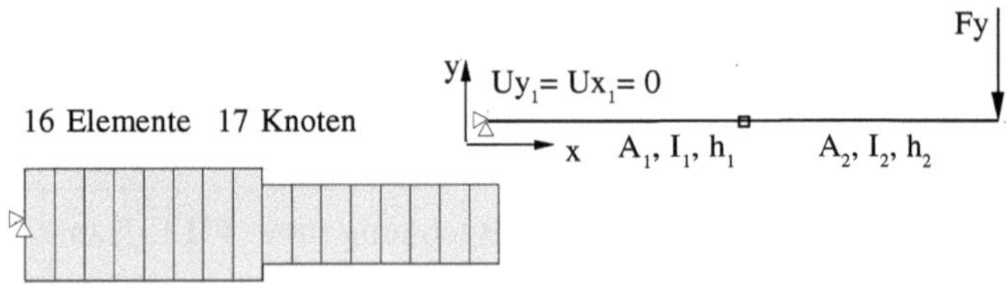 |
| Grafische<br>Ergebnisse | <br>max. Verformung $U_{x=150} = 0{,}092$ mm<br>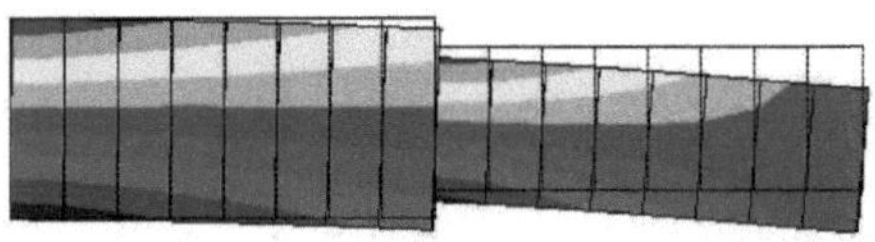<br>Einspannstelle mit max. Biegespannung $\sigma_{bmax} = 36{,}7\ \mathrm{N/mm^2}$ |

**Tafel 5/2:** Biegebelastung an einem prismatischen Rundstab mit Absatz - Anwendung von Balkenelementen

für Querschnittsfläche A, Flächenträgheitsmoment I und Höhe h zugeordnet. Mit diesen Angaben lassen sich die Durchmesser Ø25 und Ø35 simulieren.

Die Belastung F wird ebenso wie die Lagerung jeweils über einen einzelnen Knoten realisiert. Balkenmodelle lassen keine wirklichkeitsnähere Vorgabe zu. Dafür sind sie einfach mit Ansätzen der klassischen technischen Mechanik zu überprüfen, die in einschlägigen Tabellenwerken zur Verfügung stehen.

Für die Durchbiegung eines Kragträgers nach Abb. 5.7. ergibt sich mit den

Daten: $F = 500\ \mathrm{N}$, $E_{St} = 210\ \mathrm{kN/mm^2}$,
$l_1 = 150\ \mathrm{mm}$, $l_2 = 75\ \mathrm{mm}$,
$I_1 = 35729\ \mathrm{mm^4}$, $I_2 = 13021\ \mathrm{mm^4}$

$$y = \frac{F}{3 \cdot E_{St}} \cdot \left( \frac{l_1^3 - l_2^3}{I_1} + \frac{l_2^3}{I_2} \right) = 0{,}092\mathrm{mm}$$

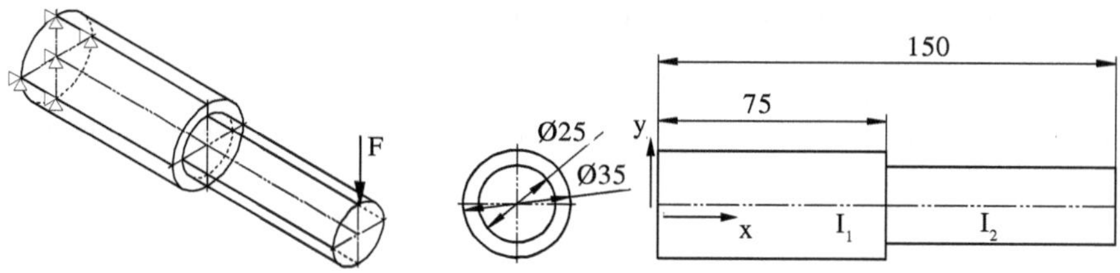


**Abb. 5.7.** Eingespannter prismatischer Rundstab mit Absatz bei Biegebeanspruchung

## III. Rundstab mit hoher Anzahl von Absätzen

Die Modellierung eines Rundstabes mit 2 Absätzen ist mit geringem Programmieraufwand möglich. Erhöht man die Anzahl von Absätzen, sollte mit einem Unterprogramm die wiederkehrende Eingabeprozedur vereinfacht werden. Es liegt bei Verwendung von Balkenelementen ein eindeutiger Algorithmus vor, der sich in der Abfolge

a) Keypoints im Abstand der Absätze setzen,
b) Keypoints mit Linien verbinden,
c) Flächen A, Trägheitsmomente I, Höhen h den Elementen zuordnen,
d) Linien mit gewünschter Netzdichte mit Elementen belegen

ausdrückt. Während das Setzen der Keypoints und die Linienbildung geringe Eingabearbeit bedeutet und auch nicht durch Nutzung eines CAD-Programms vereinfacht werden kann – es wären nur Punkte und gerade Linien zu zeichnen – bringt die Definition der Elementedaten bei hoher Anzahl von Absätzen doch Zeitersparnis und Sicherheit gegenüber Eingabefehlern.

Für die praktische Nutzung von Balkenelementen für Rundstäbe mit vielen Absätzen empfiehlt es sich,

- durch *Parametereingabe* des Durchmessers das Modell für verschiedene Varianten von Absätzen zu nutzen,
- die zeitraubende Eingabe der Einzelteile des Rundstabes durch *mathematische Operatoren* zu vereinfachen.

Parametereingabe: Mit der Eingabe d1 = 45 wird der Variablen d1 der Wert 45 zugeordnet. Gemeint ist hier ein Durchmesser des Rundstabes mit $d_1$ = 45 mm. Für die weiteren Durchmesser wird analog verfahren. Die definierten Variablen lassen sich in Unterprogrammen verarbeiten.

Mathematische Operatoren: Die Unterprogramme enthalten Ausführungsbestimmungen in Form von Formeln. Für das Balkenelement erfolgt die Verarbeitung der Daten mit dem vordefinierten Werten d1 = 45 und pi ($\pi$) für die Berechnung von

Fläche $A_1 = \frac{d_1^2 \cdot \pi}{4} = \frac{(d1)^2 \cdot pi}{4}$ und Trägheitsmoment $I_1 = \frac{d_1^4 \cdot \pi}{64} = \frac{(d1)^4 \cdot pi}{64}$.

Wird der Variablen d1 im Eingabebereich des FE-Systems ein Wert zugeordnet, ermittelt das Unterprogramm unmittelbar die Werte für Fläche A und Trägheitsmoment I. Der Rundstab lässt sich damit schnell variieren. Dazu kommt, dass mit der Generierung neuer Variabler die Anzahl der Absätze auf einfachem Weg erhöht werden kann.

Bei der Modellbildung sind noch weitere Merkmale zu beachten. Bauteile sind meist geometrie- oder fertigungsgerecht bemaßt. Verformungs- oder Spannungsberechnungen sind aber abhängig von den Belastungen und Lagerungen und deren geometrischen Orten. Die äußeren Kräfte und die Lagerreaktionskräfte werden meist als Punktlasten im jeweiligen Schwerpunkt angenommen, wobei für Balkenelemente überwiegend einzelne Knoten zur Anwendung kommen.

Bei der automatischer Vernetzung müssen die Knoten an den vorgesehenen Stellen stehen. Will man wie in der Beanspruchungsstruktur (Abb. 5.8.) eingetragen die Stellen $x_1$ und $x_2$ auswerten, müssen durch entsprechende Aufteilung der Elemente an diesen Stellen Knoten generiert sein. Eine andere Möglichkeit besteht darin, eine Linie in mehrere Linienstücke zu unterteilen. An den entstandenen Keypoints liegen nach der Vernetzung immer Knoten vor.

Im Anwendungsbeispiel nach Tafel 5/3 (dazu Abb. 5.8.) sind 6 Absätze $d_1$ bis $d_6$ definiert worden. Die Parametereingabe in Verbindung mit den mathematischen Operatoren vereinfacht die Generierung einer beliebigen Anzahl verschiedener Durchmesser. Die Anzahl der Absätze lässt sich aber auch reduzieren bis hin zur Darstellung eines prismatischen Rundstab mit gleichem Durchmesser. Es müssen dazu lediglich allen Durchmessern gleiche Werte zugeordnet werden.

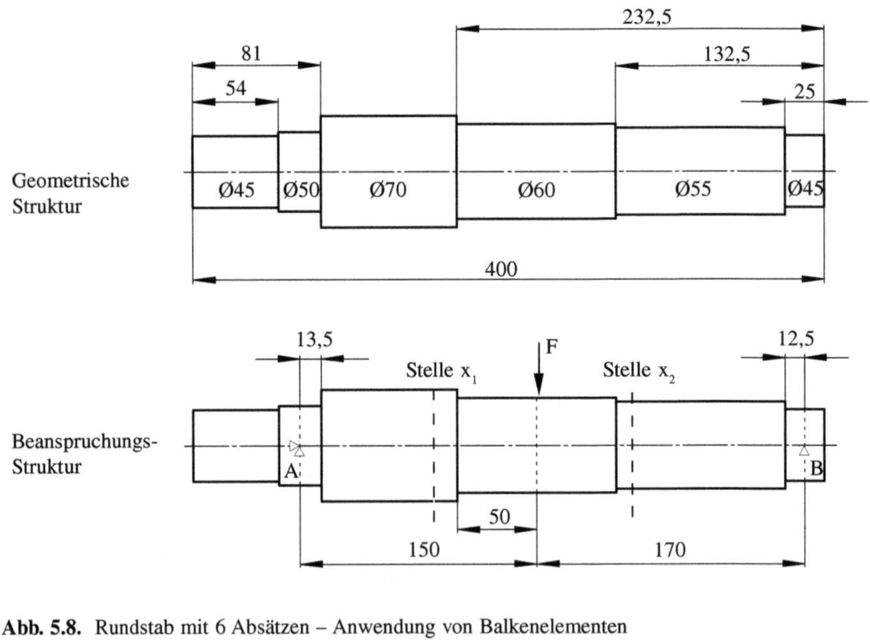


**Abb. 5.8.** Rundstab mit 6 Absätzen – Anwendung von Balkenelementen

Die Orte für Lagerstellen und die Punkte der Lasteinleitung können ebenfalls einfach verändert werden, sind aber ebenso abhängig von Elementedichte bzw. Knotenpositionen.

Die Längen der Absätze des Rundstabes sind in Tafel 5/3 fest vorgegeben, könnten aber auch durch Parametrisierung variabel gestaltet werden. Somit wird es möglich, ein hoch effizientes FE-Modell für die aufwendige Berechnung der Durchbiegung abgesetzter Rundstäbe zu erreichen.

| **FE-A3 Bieg** | Allgemeine Befehlsfolge |
|---|---|
| Name | Speicherung der FE-Rechnung unter FILE-Name "Bieg3" |
| Elemente | 2-dimensionales Balkenenelement - notwendige Eingaben<br>Parametereingabe der Durchmesser in mm: $d_1$=45; $d_2$=50; $d_3$=70; $d_4$=60; $d_5$=55; $d_6$=45; pi=3,14159;<br>Querschnittsflächen, Flächenträgheitsmomente ermittelt über mathematische Operatoren, |
| Werkstoffe | Stahl: $E_{St}$= 210 kN/mm² $\nu$ = 0,3 |
| Geometrie | CAD-Modell aus Geometriepunkten, Linien erstellen;<br>Geometriepunkte (x;y;z) mm: K1(0;0;0), K2(54;0;0), K3(67,5;0;0), K4(81;0;0), K5(167,5;0;0), K6(217,5;0;0),K7(267,5;0;0), K8(375;0;0), K9(387,5;0;0), K10(400;0;0),<br>Linien bilden: L1(K1,K2), L2(K2,K3), L3(K3,K4), L4(K4,K5), L5(K5,K6), L6(K6,K7), L7(K7,K8), L8(K8,K9), L9(K9,K10) |
| Vernetzung | Elementeanzahl (Balkenelemente) definieren: 5 an L1, 6 an L4, 4 an L5/L6, 7 an L7, 2 an alle anderen; beim Vernetzen die entsprechenden Querschnitte zuordnen;<br>es werden 34 Elemente mit 35 Knoten generiert; |
| Randbedingungen | Lagerung: an K3 Uy=0, Ux=0 , an K9 Uy=0 setzen;<br>Belastung in N: an K6 Fy= – 10000 setzen; |
| Berechnung und Ergebnisse | Ansatz: statisch, linear,<br>Charakteristische Größe: Verschiebung der Knoten,<br>Verschiebungen in mm: $Uy_{max}$ = 0,052;<br>Biegespannungen in N/mm²: $s_{bmax}$ = 37,6 N/mm²; |

*x , y , z* Koordinaten im globalen kartesischen Koordinatensystem,
*Ux , Uy , Uz , ROTx , ROTy , ROTz* Verschiebungen und Verdrehungen,
*K* Keypoint (Geometriepunkt im CAD-Modell), *L* Line (Linie im CAD-Modell),
*N* Node (Knoten im FE-Modell), *E* Element (Element im FE-Modell),
*FE-A* Finite Elemente Anwendungsbeispiel,

Fortsetzung nächste Seite

**FE-A3 Bieg** — Bildfolge

Geometrie

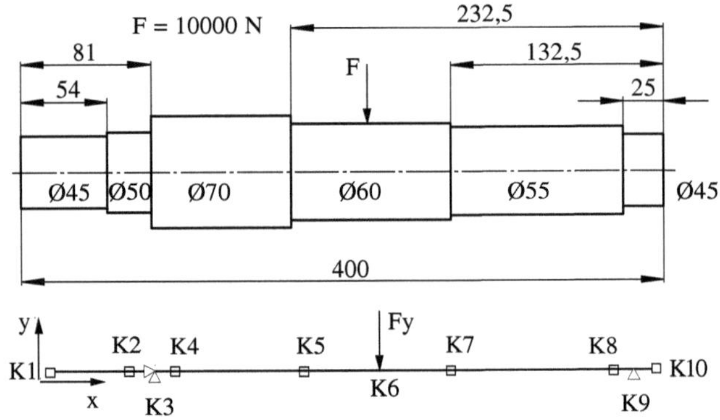


Vernetzung Randbedingungen

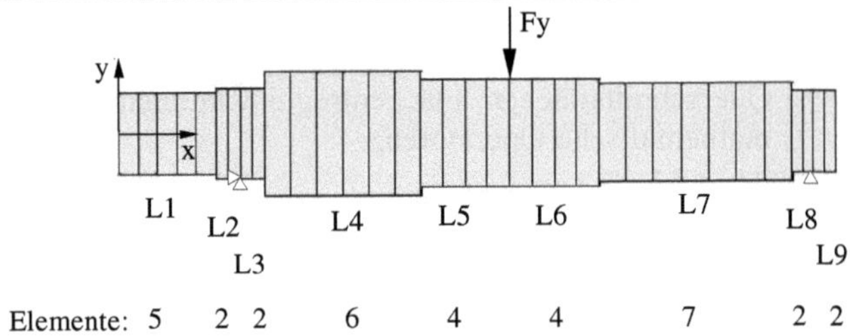


Grafische Ergebnisse

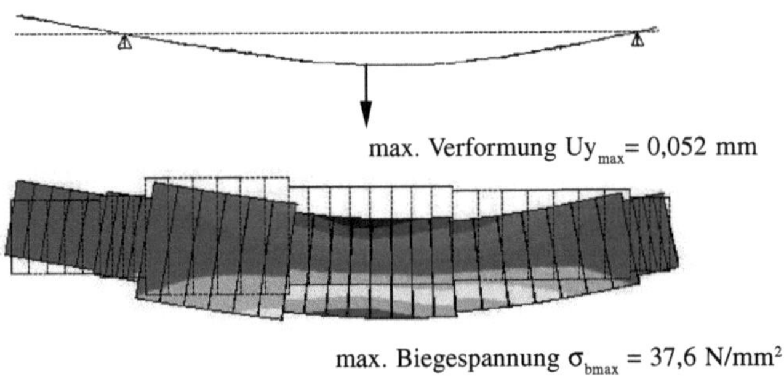


**Tafel 5/3:** Biegebelastung an einem abgesetzten Rundstab - Anwendung von Balkenelementen

Prinzipiell sind die grafischen Ergebnisse bei Balkenelementen auf eine Liniendarstellung beschränkt. Verformungen lassen sich bezogen auf die neutrale Faser darstellen. Andere Darstellungsformen wie die Abbildung der Biegespannungen entstehen aus Umrechnungen der Knoten- bzw. Elementeergebnisse mit den Ansätzen der klassischen Spannungstheorie und sind ebenfalls immer auf die neutrale Faser bezogen.

Eine weitere Einschränkung ist dadurch gegeben, dass Reaktionen aus Versteifungen durch Bauelemente und Lagerstellen nicht berücksichtigt werden können.

## 5.2.2 Anwendung von Scheibenelementen

### I. Rechteckbalken mit nicht konstantem Querschnitt

Mit dem Übergang vom Balkenelement zum Scheibenelement kommt es zu einem höheren Informationsinhalt in den Modellen. Die flächige Darstellung ermöglicht jetzt eine Auswertung innerhalb eines Körpers. Der Körper entspricht einem 2½-D-Körper im Sinne des CAD. Die Dicke wird vorzugsweise in z-Richtung angenommen und kann als Festgröße vorgegeben werden. Es lassen sich keine zylindrischen, sondern nur rechteckige Körper simulieren.

Verschiebungs- und Spannungswerte beziehen sich auf die Ebene, meist den x-y-Bereich und bleiben konstant über der Modelldicke. Trotz dieser Einschränkung ergeben sich für den Rechteckbalken verbesserte Lösungsansätze. Der Querschnitt des Balken kann beliebige Formen annehmen. Die Lagerung und die Lasteinleitung sind im Modell variabler zu gestalten.

Das Modell nach Tafel 5/4 dokumentiert einige Möglichkeiten. Außerdem wird der Werkstoffeinfluss am Merkmal der Streckgrenze berücksichtigt. Eine übliche Vorgehensweise ist es, den Werkstoff bei Strukturrechnungen durch Elastizitätsmodul und Querkontraktionszahl zu definieren. Wurde die FE-Rechnung ausgeführt, beurteilte der Anwender, ob die ermittelten Spannungen im zulässigen Bereich liegen. Treten Spannungsspitzen auf, die die Streckgrenze des Werkstoffes übersteigen, kann durch Reduzieren der äußeren Lasten oder durch Gestaltsänderungen reagiert werden.

Häufig lassen sich aber auch geringfügige Überschreitungen der Streckgrenze, also begrenztes örtliches Fließen, ertragen. Im FE-Modell kann dieses Fließen durch die zusätzliche Definition der Streckgrenze berücksichtigt werden (Abb. 5.9.).

Die Kennlinie drückt aus, dass Spannung und Dehnung anfangs linear steigen, bei Erreichen der Streckgrenze von $\sigma = 210$ N/mm$^2$ die Dehnung aber ohne Spannungszunahme größer wird – das Material fließt. Im Beispiel nach Tafel 5/4 wurde dieses Materialverhalten zugrunde gelegt. In der FE-Rechnung wird dabei ein Algorithmus wirksam, der Spannungswerte über $\sigma = 210$ kN/mm$^2$ bzw. Dehnungswerte über $\varepsilon = 0{,}001$ erkennt. Wenn in Elementen solche Werte auftreten, werden die betroffenen Elemente von zusätzlichen Belastungen ausgeschlossen. Die Beanspruchung wird auf umliegende Elemente verteilt.

Diese Strategie erfordert für die Berechnung einen nichtlinearen Ansatz. Eine Lösung ist nur auf iterativem Wege zu erreichen. Die Gesamtlast wird dazu in Teillasten unterteilt und in einzelnen Schritten berechnet. Die Genauigkeit der Lösung steigt, wenn die Teillasten klein gewählt werden.

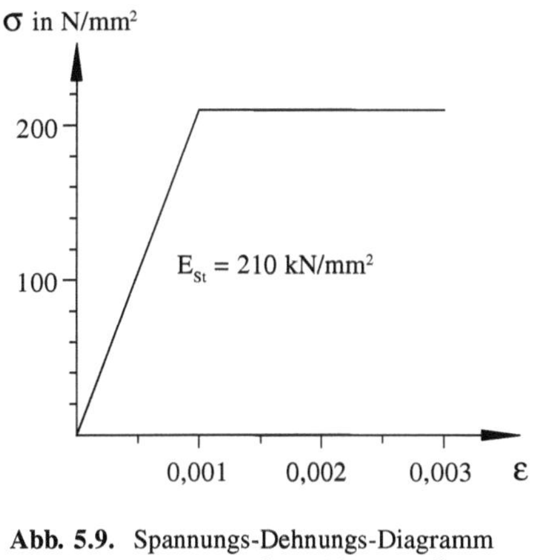


**Abb. 5.9.** Spannungs-Dehnungs-Diagramm begrenzt auf $\sigma = 210$ N/mm$^2$

Die Berechnung der ersten Teillast ergibt Knotenverschiebungen, aus denen Dehnungen und Spannungen errechnet werden. Liegen diese Werte unterhalb des eingestellten Grenzwertes, wird für die verschobene Knotenstruktur ein neues Modell generiert und die nächste Teillast aufgebracht. Dieser Vorgang wiederholt sich bis zum Erreichen der Gesamtlast. Bleiben die Spannungswerte weiterhin unterhalb des eingestellten Grenzwertes, kommt es nicht zum Fließen. Die Verformungen sind aber wegen des nichtlinearen Ansatzes selbst bei hohen Verschiebungswerten wirklichkeitsnah erfasst.

Kommt es bei der Berechnung der ersten Teillast bereits zu einem Überschreiten des Grenzwertes, versucht das FE-Programm durch eine Senkung des Teillastwertes unterhalb des Grenzwertes zu gelangen. Eine automatische Teillastsenkung ist immer mit dem Neustart der Rechnung verbunden. Gelingt es nicht, einen bestimm-

| **FE-A4 Bieg** | Allgemeine Befehlsfolge |
|---|---|
| Name | Speicherung der FE-Rechnung unter FILE-Name "Bieg4" |
| Elemente | 2-dimensionales Scheibenelement (4 Knoten);<br>notwendige Eingaben - Dicke des Flachstabs in mm: b = 1 |
| Werkstoffe | Stahl: $E_{St}$= 210 kN/mm² ν = 0,3<br>Streckgrenze $R_e$ = 210 N/mm² |
| Geometrie | CAD-Modell aus Geometriepunkten, Flächen erstellen;<br>Geometriepunkte (x;y;z) in mm: K1(0;0;0), K2(150;5;0), K3(150;10;0), K4(0;10;0),<br>Fläche bilden: A1(K1,K2,K3,K4), |
| Vernetzung | Elementeanzahl definieren: 48 an L1,L3; 4 für alle anderen,<br>Vernetzen: A1 (Rechteckelemente) |
| Randbedingungen | Lagerung: an K1, K4 Ux=0, Uy=0 gesetzt; an K2 Uy=0 gesetzt;<br>Belastung in N: selektiert über kartesisches Koordinatensystem (y=10; x=75); Fy= – 100 gesetzt; |
| Berechnung und Ergebnisse | Ansatz: statisch, linear,<br>Charakteristische Größe: Verschiebung der Knoten,<br>Verschiebungen in mm: am Knoten N26 Uy = – 0,486,<br>Biegespannung in N/mm²: Maximalwert begrenzt auf 210; |

*x* , *y* , *z* Koordinaten im globalen kartesischen Koordinatensystem,
*Ux* , *Uy* , *Uz* , *ROTx* , *ROTy* , *ROTz* Verschiebungen und Verdrehungen,
*K* Keypoint (Geometriepunkt im CAD-Modell), *L* Line (Linie im CAD-Modell),
*N* Node (Knoten im FE-Modell), *E* Element (Element im FE-Modell),
*FE-A* Finite Elemente Anwendungsbeispiel,

Fortsetzung nächste Seite

| **FE-A4 Bieg** | Bildfolge |
|---|---|
| Geometrie | 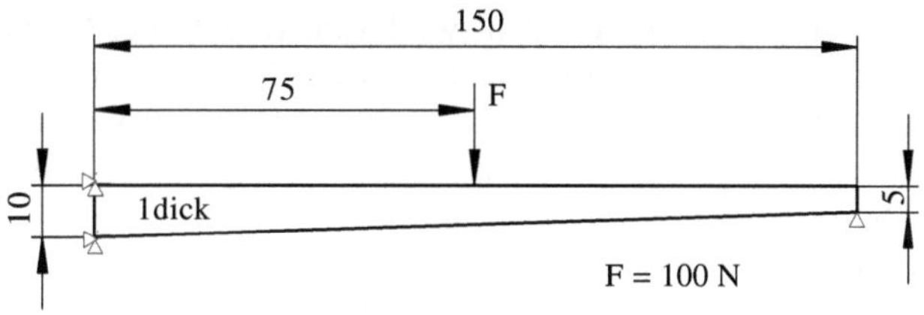 |
| Vernetzung Randbedingungen | 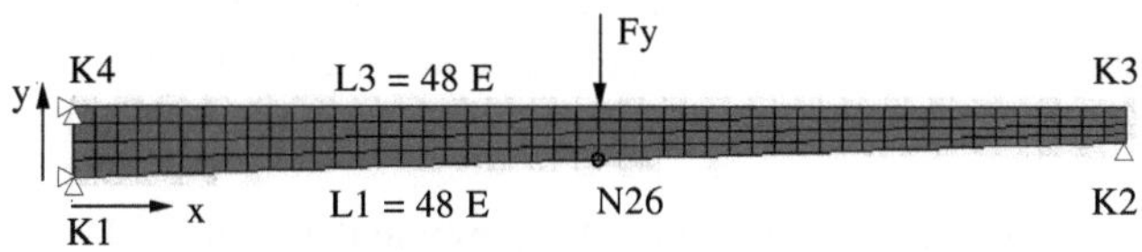 |
| Grafische Ergebnisse | 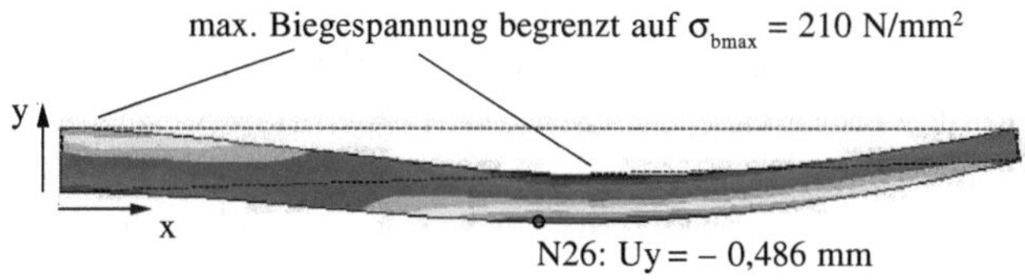 |

**Tafel 5/4:** Biegebelastung an einem Rechteckbalken mit nicht konstantem Querschnitt - Anwendung von Scheibenelementen

ten Grenzwertbereich einzuhalten, werden die betroffenen Elemente ausgeschlossen. Die ausgeschlossenen Elemente sind dann mit dem vorgegebenen Grenzwert belegt. Die verschobene Knotenstruktur wird wiederum als neues Modell generiert und mit dem nächsten Lastschritt gestartet. Da nach jedem erfolgreichen Lastschritt die verschobene Knotenstruktur als Basis für den nächsten Berechnungsschritt zugrunde gelegt wird, kann es zu großen Elementeverzerrungen kommen. Ein Abbruch der Rechnung tritt ein, wenn die Elementeverzerrungen Grenzwerte überschreiten.

Der Rechteckbalken mit nicht konstantem Querschnitt ist mittig durch eine Einzellast F = 100 N beansprucht (Tafel 5/4). Der Balken verjüngt sich kontinuierlich von der Höhe h = 10 mm auf h = 5 mm. Die Dicke beträgt s = 1 mm über die gesamte Stablänge.

Die Lasteinleitung erfolgt an einem Einzelknoten. Die Vernetzung muss deshalb mit einer solchen Dichte erfolgen, dass sich an der Stelle x = 75 mm auch ein Knoten befindet. An der höheren Seite des Balkens sind Festlager an den Eckpunkten, an der schmaleren Seite ein Loslager als einfache Auflage angebracht. Die Anwendung von Scheibenelementen ermöglicht mit den Lagerstellen an den Keypoints K1 und K4 eine Lagerung, die sich mit Balkenelementen nicht verwirklichen ließe. Ebenso wäre eine kontinuierliche Verjüngung des Balkens nicht möglich. Der Programmieraufwand für die Generierung des Modells mit Scheibenelementen ist nicht wesentlich größer. Er beschränkt sich auf das Setzen von Keypoints mit anschließender Bildung einer Fläche. Diese Fläche wird nach Vorgabe der Netzdichte an den Linien automatisch vernetzt. Für die Positionen der Lagerstellen und der äußeren Kraft müssen die Knotennummern nicht herangezogen werden, denn als Lagerstellen wurden die Keypoints verwendet und der Ort der äußeren Kraft ist durch ein geometrisches Selektieren bestimmt.

Mit zunehmender Kompliziertheit der Modelle wird es schwieriger, mit klassischen Ansätzen der technischen Mechanik eine Abschätzung der FE-Ergebnisse vorzunehmen. Mit Überschlagsrechnungen oder sogar mit überschlägigen Messungen an einem Muster müsste aber jede FE-Berechnung gestützt werden. Das FE-System kann nur auf Eingabefehler bzw. Ansatzfehler reagieren, aber niemals ein Ergebnis beurteilen. Der Anwender muss also zumindestens die Größenordnung der Lösung kennen.

Im vorliegenden Fall bereitet die Verjüngung des Balkens Berechnungsprobleme mit den klassischen Ansätzen der technischen Mechanik. Eine Einschätzung der Spannungsverteilung unter Berücksichtigung der speziellen Lagerstellen und des Fließvorganges übersteigt die allgemeinen Möglichkeiten. Es bleibt eine näherungsweise Lösung mit starker Vereinfachung der Vorgaben (Abb. 5.10.).

Nach Gl. 5.9 ergibt sich für $F = 100\ \mathrm{N}$ ($A_y = B_y = 50\ \mathrm{N}$)

$$\sigma_{bx} = \frac{M_{bx}}{W_b} = 400\ \mathrm{N/mm^2}, \qquad \text{mit } M_{bx} = 50\ \mathrm{N} \cdot 75\ \mathrm{mm},$$

und nach Gl. 5.2 und Gl. 5.3

$$I_x = \frac{b \cdot h^3}{12} = 35{,}2\ \mathrm{mm}^4, \qquad W_b = \frac{I_x}{e_y} = 9{,}4\ \mathrm{mm}^3,$$

mit Gl. 5.12 ergibt sich für die Durchbiegung $f_m = \dfrac{F_y \cdot l^3}{48 \cdot E \cdot I_x} = 0{,}95\ \mathrm{mm}$.

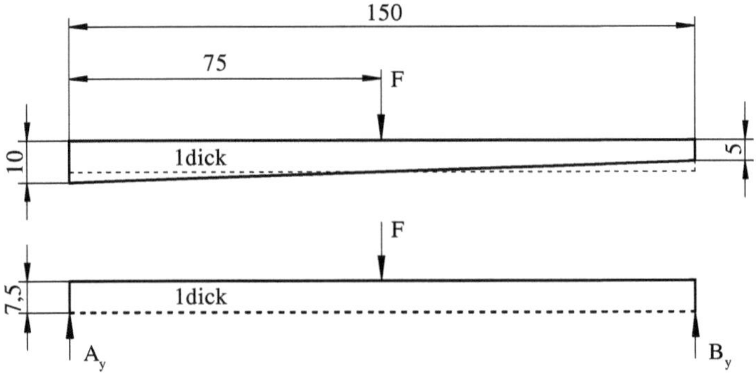


**Abb. 5.10.** Vereinfachung des Balkens mit nicht konstantem Querschnitt

Die Werte weichen stark von den Lösungen nach Tafel 5/4 ab, erfüllen aber die Ansprüche hinsichtlich eines Überschlages. Das Erreichen derselben Zehnerpotenz mit einem stark vereinfachten Rechenansatz ist in den meisten Fällen eine ausreichende Bestätigung für das FE-Modell.

Die Ergebnisse der FE-Rechnung müssen trotzdem kritisch beurteilt werden. Im Modell nach Tafel 5/4 wurde für vergleichende Betrachtungen der Knoten N26 ausgewählt. Dieser Knoten liegt auf der Wirklinie der äußeren Kraft F. Die gewählte Vernetzungsdichte von 48 Elementen an den Linien L1 und L3 brachte am Knoten N26 eine Verschiebung Uy = – 0,486 mm. Halbiert man die Elementedichte auf 24 Elemente, wird die Verschiebung mit Uy = – 0,509 mm berechnet. Es empfiehlt sich immer, die Netzdichte solange zu variieren, bis nur noch unbedeutende Unterschiede in den Ergebnissen auftreten.

Eine Bereicherung stellt die grafische Wiedergabe der Spannungen im FE-Modell dar. Die Kenntnis der Anwender beschränkt sich meist auf die typischen allgemeinen Spannungsverteilungen – beispielsweise tritt in einem Biegebalken mit mittig angreifender äußerer Kraft die maximale Biegespannung (Zug- und Druckbereich) an der Stelle des größten Biegemomentes, also unter der Kraft auf. Im vorliegenden Modell mit der Balkenverjüngung und der Befestigung des Balkens an K1 und K4 wirken aber um die Lagerstelle K4 die höchsten Werte.

Eine praktisch wichtige Eigenschaft wurde mit der Berücksichtigung des Grenzwertes $\sigma = 210$ kN/mm² für die maximale Streckgrenze definiert. Ohne diese Vorgabe würde das Modell rein elastisch und linear gerechnet. Für diesen Fall ergibt sich am Knoten N26 nur noch eine Durchbiegung Uy = 0,37 mm. Im Bereich der Lagerstelle K4 liegt die Biegespannung bei etwa 370 N/mm², was wegen der vorliegenden geringeren Werkstoffqualität nicht möglich ist. Die Nutzung des Grenzwertes für die maximale Streckgrenze ist deshalb unumgänglich.

Noch wichtiger wird das Werkstoffkriterium, wenn Elastomere (Abb. 5.11.) mit ihrem typisch geringeren Elastizitätsmodul und dem nichtlinearen Spannungs-Dehnungs-Verhalten zum Einsatz kommen. Die Angabe $E_{El} = 12$ N/mm² für den Elasti-

Nichtlineares elastisches Materialverhalten:

| | Spannung $\sigma$ | Dehnung $\varepsilon$ |
|---|---|---|
| 1 | 0,12 | 0,010 |
| 2 | 0,25 | 0,024 |
| 3 | 0,36 | 0,040 |
| 4 | 0,47 | 0,060 |
| 5 | 0,53 | 0,075 |

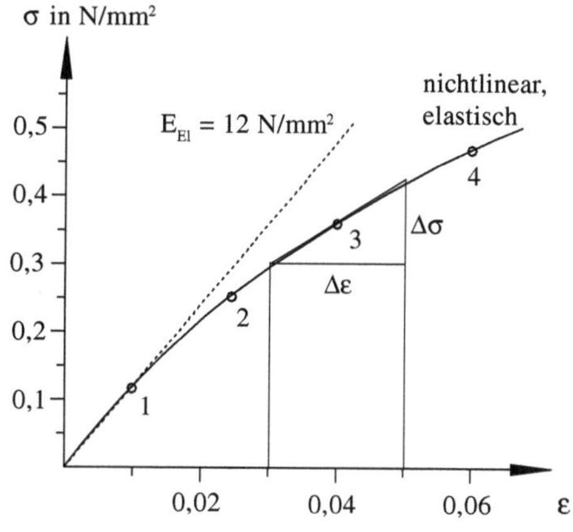


**Abb. 5.11.** Spannungs-Dehnungs-Diagramm eines Elastomers – nichtlinares elastisches Materialverhalten

zitätsmodul eines Elastomers gilt nur nahe am Koordinatenursprung. Ab Punkt 1 ändert sich dieser Wert in Abhängigkeit von Spannung zu Dehnung und es liegt deutlich nichtlineares elastisches Werkstoffverhalten vor. Die Tangente an einem beliebigen Punkt der Kurve gibt den Anstieg und damit den Elastizitätsmodul an dieser Stelle wieder. Kennt man den Funktionsverlauf, kann durch Differenzieren der Anstieg in jedem Kurvenpunkt ermittelt werden.

Bei gemessenen Werkstoffkurven ist der Funktionsverlauf häufig schwierig zu beschreiben. Es ist aber oft ausreichend, einem begrenzten Betriebsbereich einen linearisierten Elastizitätsmodul zuzuordnen. In Abb. 5.11. wird beispielhaft die Vorgehensweise gezeigt. An der nichtlinearen Kurve wurde am Punkt 3 eine Tangente und ein Bereich $\Delta\sigma$ und $\Delta\varepsilon$ festgelegt. Über den Differenzenquotienten kann als angenäherter Wert der Anstieg und damit

$$\text{der E-Modul} \quad E_3 = \frac{\Delta\sigma}{\Delta\varepsilon} \approx \frac{0{,}13\,\mathrm{N/mm^2}}{0{,}02} \approx 6{,}5\,\mathrm{N/mm^2}$$

berechnet werden.

Das FE-System erfasst die Stützpunkte der Werkstoffdaten und formuliert daraus eine Funktion. Diese Werkstoffkurve bildet die Grundlage für alle Berechnungen. Das nichtlineare Werkstoffverhalten erfordert einen besonderen Rechenablauf. Zu Beginn der Rechnung ist der wirkliche E-Modul nicht bekannt, denn er ist spannungs- und dehnungsabhängig. Das FE-System nimmt deshalb für den 1. Lastschritt (1. LS) einen Ausgangswert an und berechnet damit die Knotenverschiebungen. Daraus werden Dehnungen und Spannungen abgeleitet, die für die Elemente die Berechnung der E-Moduln ermöglichen. Der Vergleich mit den E-Moduln der Werkstoffkurve beendet bei Übereinstimmung den Lastschritt. Anderenfalls wird mit einem veränderten Ausgangswert eine neue Rechnung gestartet. Die Lösung wird iterativ erreicht, d. h. das FE-System probiert.

Die Gesamtlast muss in Einzellasten aufgeteilt und aufgebracht werden. Das verhindert das Auftreten zu großer Verformungen, die nach FE-Theorie unzulässig sind. Ein Lastschritt wird abgeschlossen, wenn die Einzellast Knotenverschiebungen hervorbringt, die die Bedingungen der Werkstoffkurve erfüllen – die Rechnung konvergiert. Die Gesamtrechnung ist mit dem Vollzug des letzten Lastschrittes abgeschlossen.

In Tafel 5/4.1 wird der bereits bekannte Rechteckbalken mit nicht konstantem Querschnitt für einen elastomeren Werkstoff untersucht. Die Dicke des Balkens wurde auf s = 20 mm erhöht und die Belastung auf F = 10 N gesenkt. Vernetzung und Randbedingungen wurden beibehalten. Mit diesen Daten lassen sich die Besonderheiten bei der Verwendung hochelastischer Werkstoffe günstig zeigen.

Der Rechenablauf ist geprägt durch das nichtlineare Werkstoffverhalten. Eine schrittweise Steigerung der Belastung erfolgte automatisch gesteuert durch das FE-System. Begonnen wurde im 1. LS (Lastschritt) mit 1 N. Nach erfolgreicher Berechnung folgte eine Steigerung um 1 N, so dass jetzt insgesamt 2 N in den Balken eingeflossen sind.

Nach jedem konvergierten Lastschritt werden die verschobenen Knotenkoordinaten als Basis für den nächsten Lastschritt zugrunde gelegt. Die Lastschrittsteigerung in Tafel 5/4.1 zeigt, dass bis zum 5. LS eine kontinuierliche Lastzunahme erfolgt. Die Steigerungen ab 4. LS sind aber schon beeinträchtigt. Es wird offensichtlich immer schwieriger, den Gleichgewichtszustand unter Berücksichtigung der Werkstoffkurve zu erreichen.

Beim 6. LS divergiert die Rechnung, so dass die Kraft des 5. LS mit Fy = – 4,16 N als maximal mögliche Last anzusehen ist. Die nach Aufgabenstellung vorgesehene Kraft F = – 10 N kann mit diesem Modell nicht verwirklicht werden.

Die Ursache für Divergenz in einem Modell ist mitunter schwierig zu finden. Im vorliegenden Fall führt die starke Verzerrung des Elementes an der Lagerstelle K4 zum Abbruch der Rechnung. Ein Winkel im Element ist kleiner als der Grenzwert, der für einen zuverlässigen Gleichungsansatz erforderlich ist. Entspricht die Definition der Lagerstelle den Bedingungen des realen Bauteils, gibt es kaum Alternativen

| **FE-A4.1 Bieg** | Allgemeine Befehlsfolge |
|---|---|
| Name | Speicherung der FE-Rechnung unter FILE-Name "Bieg4_1" |
| Elemente | 2-dimensionales Scheibenelement (4 Knoten);<br>notwendige Eingaben - Dicke des Flachstabs in mm: b = 20 |
| Werkstoffe | Elastomer: $E_{El}$= 12 N/mm² ν = 0,5<br>Werkstoffverhalten: elastisch, nichtlinear (Tab. in Abb. 5.11.) |
| Geometrie | CAD-Modell aus Geometriepunkten, Flächen erstellen;<br>Geometriepunkte (x;y;z) in mm: K1(0;0;0), K2(150;5;0), K3(150;10;0), K4(0;10;0),<br>Fläche bilden: A1(K1,K2,K3,K4), |
| Vernetzung | Elementeanzahl definieren: 48 an L1,L3; 4 für alle anderen,<br>Vernetzen: A1 (Rechteckelemente) |
| Randbedingungen | Lagerung: an K1, K4 Ux=0, Uy=0 gesetzt; an K2 Uy=0 gesetzt;<br>Belastung in N: selektiert über kartesisches Koordinatensystem (y=10; x=75); Fy= – 10 gesetzt; |
| Berechnung und Ergebnisse | Ansatz: statisch, nichtlinear,<br>Charakteristische Größe: Verschiebung der Knoten,<br>Verschiebungen: am Knoten N26 in 6 Lastschritten; 5. Lastschritt Uy = – 18,2 mm mit Fy = – 4,16 N; |
| *x* , *y* , *z* Koordinaten im globalen kartesischen Koordinatensystem,<br>*Ux* , *Uy* , *Uz* , *ROTx* , *ROTy* , *ROTz* Verschiebungen und Verdrehungen,<br>*K* Keypoint (Geometriepunkt im CAD-Modell), *L* Line (Linie im CAD-Modell),<br>*N* Node (Knoten im FE-Modell), *E* Element (Element im FE-Modell),<br>*FE-A* Finite Elemente Anwendungsbeispiel, | |

Fortsetzung nächste Seite

| **FE-A4.1 Bieg** | Bildfolge |
|---|---|
| Geometrie | 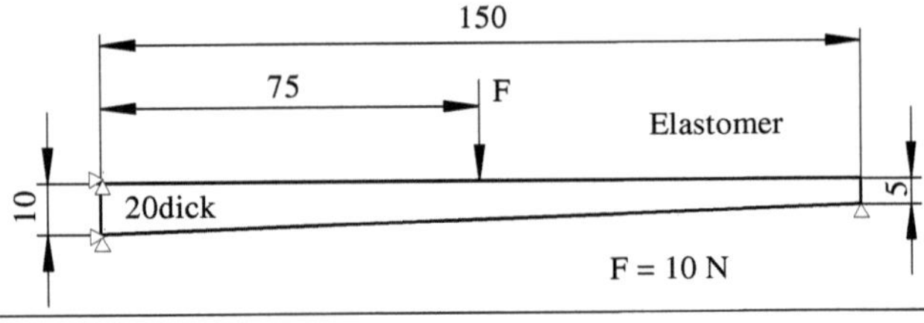 |
| Vernetzung Randbedingungen | 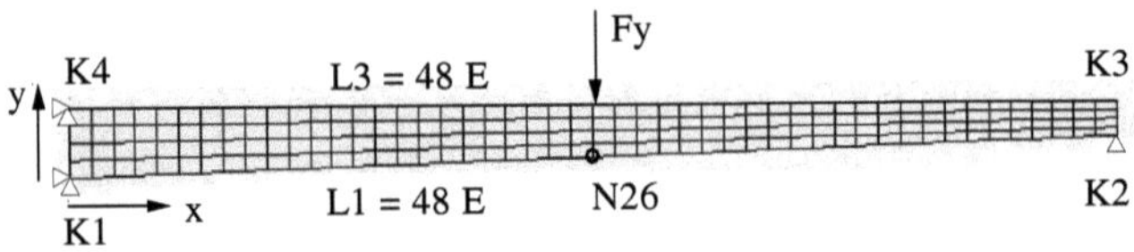 |
| Grafische Ergebnisse | 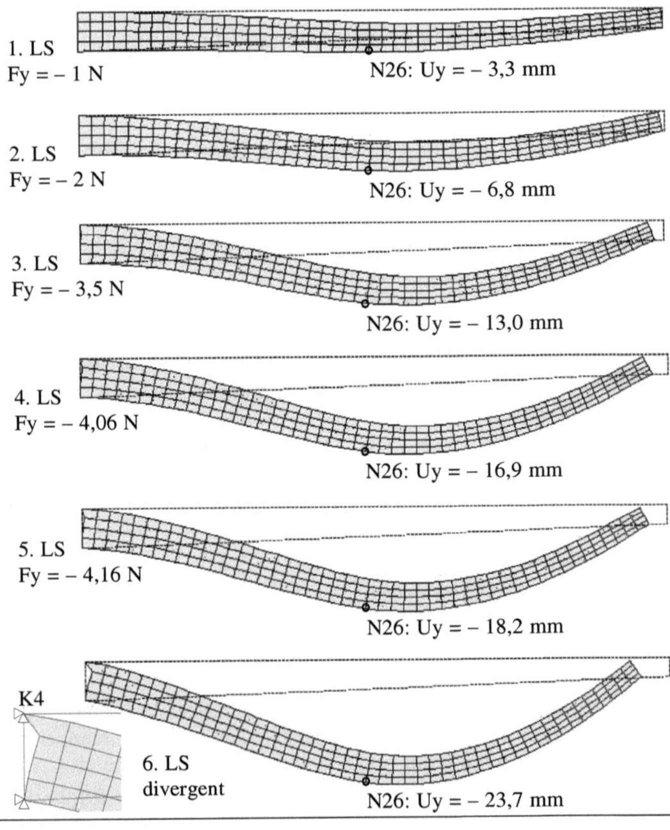 |

**Tafel 5/4.1:** Biegebelastung an einem elastomeren Rechteckbalken – Anwendung von Scheibenelementen mit nichtlinearem Rechengang

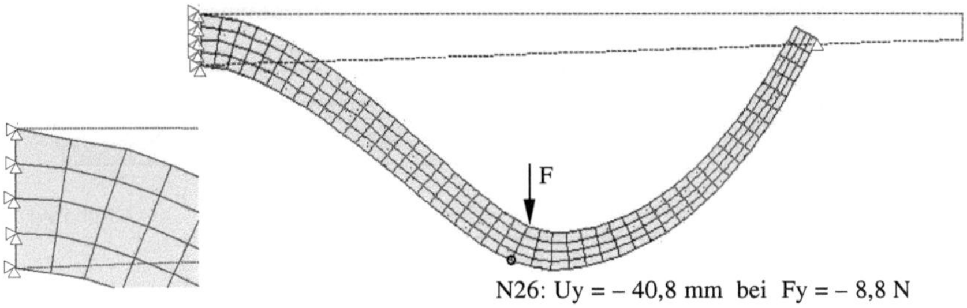


**Abb. 5.12.** Verformung des Balkens bei veränderter Lagerstelle – nichtlinearer Rechenansatz

für eine bessere Lösung. Darf aber die Lagerstelle geändert werden (Abb. 5.12.), wird die FE-Rechnung erst bei Erreichen von Fy = – 8,8 N instabil. Die vorgegebene Last von Fy = – 10 N wird auch hier nicht erreicht. Die Verzerrungen an der Kraftangriffsstelle bei zusätzlicher Lastaufbringung bewirken den Abbruch.

Die Variation der Randbedingung „Lagerung" zeigt, welche geringen Veränderungen die Lösung eines FE-Problems beeinflussen können. Für die Randbedingung „Belastung" trifft das ebenfalls zu. Besonders wichtig ist aber auch die korrekte Definition der Werkstoffeigenschaften. In Abb. 5.13. wird eine „vereinfachte" Lösung des Balkenproblems dargestellt. Das Modell wurde linear gerechnet mit dem Elastizitätsmodul $E_{El}$ = 12 N/mm$^2$. Wegen des linearen Rechenansatzes waren keine Lastschritte notwendig, so dass nur eine Lösung existiert.

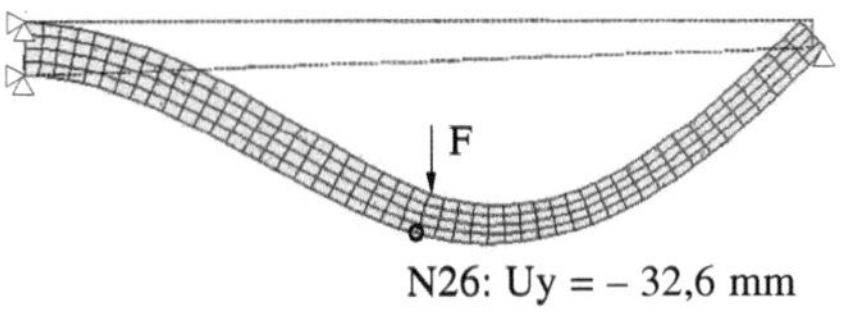


**Abb. 5.13.** Verformung des Balkens bei linearem Werkstoffverhalten – linearer Rechenansatz

Die Belastung F = – 10 N ruft eine Verschiebung am Knoten N26 von Uy = – 32,6 mm hervor. Die FE-Theorie lässt nur brauchbare Lösungen bei kleinen Verschiebungen zu, d. h. alle Verschiebungen und daraus abgeleitete Dehnungen und Spannungen sind falsch.

## II. Biegung an einem rotationssymmetrischen Bauteil

Ein rotationssymmetrisches Bauteil kann rechnerisch als 3-dimensionaler Körper interpretiert werden. Das Profil lässt sich in der Ebene, d. h. in 2-dimensionaler Form darstellen. Als wichtige Bedingungen sind einzuhalten, dass die Modellbildung im 1. Quadranten erfolgt und dem 2-dimensionalen Element die rotationssymmetrische Berechnung vorgegeben wird.

Als Modell wird der zum Abdichten rotierender Wellen benutzte Radialwellen-Dichtring (RWD – Abb. 5.14.) verwendet. An einem metallischen Stützring ist ein Elastomer anvulkanisiert. Der Außendurchmesser des RWD sitzt im Gehäuse, die Welle wird eingeschoben. Die Dichtlippe besitzt einen kleineren Durchmesser als die Welle, so dass beim Einschieben eine Verformung des Elastomers des RWD erfolgt. Diese Verformung weitet den Ring auf und ruft Dehnungen und Spannungen in Umfangsrichtung hervor.

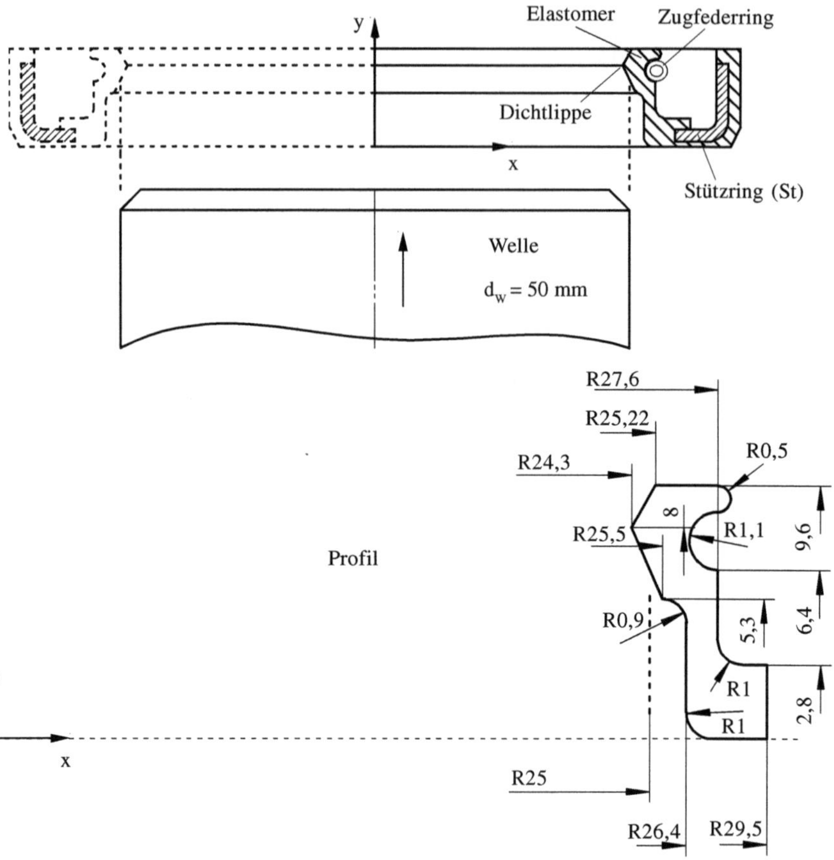


**Abb. 5.14.** Profilschnitt des biegebeanspruchten Radialwellen-Dichtrings (RWD) - Anwendung von Scheibenelementen mit rotationssymmetrischen Ansatz

Die Verformung im Profilschnitt erweckt den Eindruck einer klassischen Biegung. Die Einschränkung ist durch die Ringstruktur gegeben. Die Eingabe einer Kraft im Profilschnitt beschreibt deshalb immer die spezifische Größe $F_r$ in N pro 1 mm Wellenumfang (N/mm). Die Reaktionskraft der Dichtlippe ist aber auf den gesamten Umfang zu beziehen.

Damit wird sie zur Radialkraft $F_R = d_W \cdot \pi \cdot F_r$ (5.20).

Für die Funktion des RWD ist es wichtig, die Anpresskraft der Dichtlippe auf die Welle zu kennen. Neben der Radialkraft aus der Dichtlippenverformung wirkt noch die Radialkraft des Zugfederringes. Die Radialkräfte werden durch verschiedene äußere Belastungen erzielt. Während die äußere Last an der Dichtlippe in Form der Verschiebung Ux auftritt, erzeugt der Zugfederring eine Pressung p in der Federnut. Die komplizierte Kontur des Profils lässt keine klassische Spannungs- und Verformungsberechnung zu. Für Überschlagsrechnungen sind grobe Vereinfachungen notwendig. Neben der Abstraktion der geometrischen Gestalt sind die Orte von Einspannung und von Angriffsstellen der Belastungen anzunehmen.

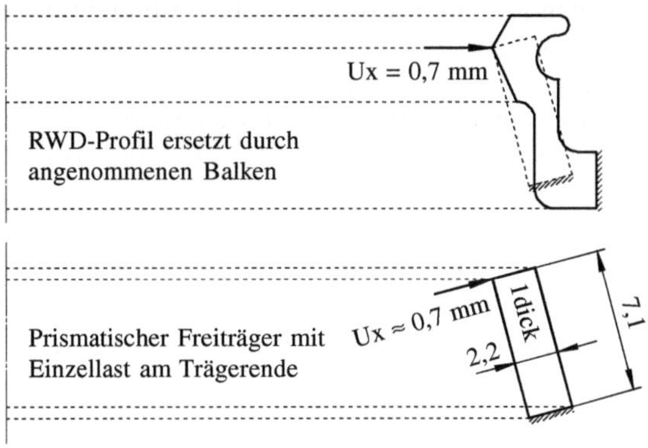


**Abb. 5.15.** Abstraktion des Profils eines Radialwellendichtringes (RWD) – Vereinfachung für eine klassische Berechnung

Die Modellbildung des RWD wurde dem Ziel untergeordnet, vorzugsweise die Radialkraft an der Dichtlippe ermitteln zu können. Dehnungen, Spannungen sowie deren Verteilungen sollen nur qualitativ bewertet werden. Für den RWD ist deshalb eine komplette Darstellung nicht notwendig. Der Bereich des Stützringes kann entfallen. Für das FE-Modell wird angenommen, dass am inneren Durchmesser des metallischen Stützringes die Verformung enden wird. Es kann dort die Einspannung definiert werden.

Das Profil ähnelt damit einem einseitig eingespannten Balken (Abb. 5.14.). Die x-y-Koordinaten bilden die Ursprungskoordinaten für die Definition von Punkten und Linien des Profils und für die Orte von Knoten und Elementen. Die Positionierung im 1. Quadranten mit der y-Achse als Rotationsachse des Profils erfüllt die Vorgaben für rotationssymmetrische Berechnungsansätze. Aus den Maßen 24,3 mm und 25 mm wird ersichtlich, dass die Dichtlippe eine Verschiebung von Ux = 0,7 mm erfährt.

Der RWD-Profilschnitt nach Abb. 5.15. dient der überschlägigen klassischen Berechnung. Der eingezeichnete Balken beruht auf intuitiver Annahme und der Hoffnung, die komplizierte Gestalt des RWD-Profils hinsichtlich seines Verformungsverhaltens anzunähern. Nur mit diesem Übergang zum prismatischen Freiträger mit Einzellast am Trägerende können Ansätze der klassischen technischen Mechanik verwendet werden, die in einschlägigen Tabellenwerken zur Verfügung stehen. Die Durchbiegung eines prismatischen Freiträgers lautet allgemein

$f = \dfrac{F \cdot l^3}{3 \cdot E \cdot I}$ , bezogen auf die Bedingungen nach Abb. 5.15. folgt mit den

Daten: h = 2,2 mm, b = 1 mm; daraus I = 0,887 mm$^4$;
$E_{El}$ = 12 N/mm$^2$; l = 7,1 mm; Ux = 0,7 mm; $d_W$ = 50 mm

die spezifische Radialkraft und die Umfangs-Radialkraft (Gl. 5.20)

$$F_r = \frac{3 \cdot E \cdot I \cdot U_x}{l^3} = 0{,}0625\,\mathrm{N/mm} \;;\quad F_R = d_W \cdot \pi \cdot F_r = 9{,}8\,\mathrm{N}\,.$$

Mit der überschlägigen Radialkraft ist die Größenordnung für die zu erwartende FE-Lösung gegeben. In einem ersten Rechengang wird nur die Verschiebung der Dichtlippe berücksichtigt. Die geometrische Kontur des Profils kann aus dem CAD übertragen oder wie in Tafel 5/5 ausgeführt durch Koordinatenpunkte bestimmt werden. Nach dem Setzen der Keypoints erfolgt das Verbinden der Radien und geraden Linien.

Über die Kontur wird eine Fläche gebildet. Diese wird ohne Steuerung der Elementeanzahl automatisch vernetzt. Das Ergebnis dieser Art der Vernetzung ist stark abhängig vom verwendeten FE-System. Selbst innerhalb des FE-System kann versionsbedingt ein weiter entwickelter Vernetzer ein verändertes Netz liefern. Das dargestellte Netz in Tafel 5/5 ermög licht deshalb nur eine vergleichende Betrachtung. Es werden 2 Varianten untersucht:

1. Vernetzen mit Rechteckelementen - „Bieg5A“,
2. Vernetzen mit Dreieckelementen - „Bieg5B“.

Die Entscheidung für Dreieck- oder Rechteckelemente ist von verschiedenen Faktoren abhängig. Als wesentliches Kriterium ist die Möglichkeit der Vernetzbarkeit zu sehen. Der Vernetzung mit Rechteckelementen sind mitunter Grenzen gesetzt. Dreieckelemente dagegen sind geeignet für weitaus schwierigere Modelle. Bei größeren Modellen kann die Elementeanzahl von Bedeutung sein. Bei der Anwendung von Dreieckelementen treten wesentlich größere Datensätze auf.

In beiden Modellvarianten werden Elemente mit Mittenknoten angewendet. Das Rechteckelement besitzt 8 Knoten, das Dreieckelement 6 Knoten. Die Eckknoten werden dabei jeweils durch Seitenmittenknoten ergänzt. Die beiden Elementetypen sind wegen der ähnlichen Struktur kompatibel. Die Verschiebungen werden über einen quadratischen Rechenansatz ermittelt und sind besonders geeignet zum Modellieren von gekrümmten Rändern. Wegen des höherwertigen Rechenansatzes können oft gute Ergebnisse bei geringeren Elementezahlen erreicht werden.

Verbindungen mit Elementen ohne Mittenknoten lassen sich herstellen, wenn die Mittenknoten Null gesetzt, d. h. weggelassen werden. An diesen Kanten liegt dann lineares anstatt parabolisches Verschiebungsverhalten vor.

Das Modell „Bieg5A“ liefert bei 84 Elementen und 311 Knoten für die Reaktionskraft an der Dichtlippe $F_R$ = Fx = 16,5 N. Dieser Wert wird auch mit dem Modell „Bieg5B“ bei 192 Elementen und 443 Knoten erreicht. Die Umfangs-Radialkraft $F_R$ liegt in der Größenordnung des Überschlagswertes nach klassischer Berechnung. Der FE-Ansatz besitzt damit keine grundsätzlichen Mängel.

Die grafischen Ergebnisse in Tafel 5/5 zeigen nachvollziehbare Verschiebungen und Spannungsverteilungen. Die Verschiebungen entsprechen den Vorstellungen hinsichtlich der bekannten Biegung eines Balkens. Die einwirkende Wegänderung an der Dichtlippe ruft eine Reaktionskraft hervor, die von den inneren Spannungen im Profil erzeugt wird.

Bei der Betrachtung der Spannungsverteilungen muss man die Biegevorstellung etwas zurückdrängen. Es geht hauptsächlich um Aufweitung und diese ist am freien Ende des RWD am größten. In diesem Teil des RWD treten als maximale Spannungen Umfangsspannungen (Ringspannungen) auf und es entsteht der Hauptanteil der Anpresskraft an die Welle. Dagegen sind die Spannungen durch die Biegeverformung des Steges nur von geringer Bedeutung.

| **FE-A5 Bieg** | Allgemeine Befehlsfolge |
|---|---|
| Name | Speicherung der FE-Rechnungen unter FILE-Name "Bieg5A" und "Bieg5B" |
| Elemente | "Bieg5A": 2-dimens. Scheibenelement (Rechteckelement mit Mittenknoten);<br>"Bieg5B": 2-dimens. Scheibenelement (Dreieckelement mit Mittenknoten);<br>notwendige Eingaben: rotationssymmetrischer Ansatz; |
| Werkstoffe | Elastomer: $E_{El}$= 12 N/mm² $\nu$ = 0,5<br>Werkstoffverhalten: elastisch, nichtlinear (Tab. in Abb. 5.11.) |
| Geometrie | CAD-Modell aus Geometriepunkten, Fläche erstellen;<br>Geometriepunkte (x;y) in mm: K1(29,5;0), K2(29,5;2,8), K3(28,6;2,8), K4(27,6;3,8), K5(27,6;6,4), K6(26,82;6,72), K7(26,5;7,5), K8(26,82;8,28), K9(27,6;8,6), K10(28,1;9,1), K11(27,6;9,6), K12(25,22;9,6), K13(24,3;8), K14(25,5;5,3), K15(26,4;4,4), K16(26,4;1), K17(27,4;0), K18(28,6;3,8), K19(27,6;7,5), K20(27,6;9,1), K21(25,5;4,4), K22(27,4;1)<br>Kreisbogen bilden: L1(K3,K4), L2(K5,K6), L3(K6,K7), L4(K7,K8), L5(K8,K9), L6(K9,K10), L7(K10,K11), L8(K14,K15), L9(K16,K17);<br>Linien bilden: L10(K11,K12), L11(K12,K13), L12(K13,K14), L13(K15,K16), L14(K17,K1), L15(K1,K2), L16(K2,K3), L17(K4,K5);<br>Fläche bilden: A1 (L1 bis L17) |
| Vernetzung | "Bieg5A": Vernetzung automatisch ohne Steuerung an den Linien, 84 Elemente mit 311 Knoten generiert (Rechteckelemente);<br>"Bieg5B": Vernetzung automatisch ohne Steuerung an den Linien, 192 Elemente mit 443 Knoten generiert (Dreieckelemente); |
| Randbedin-gungen | Lagerung: von K1 bis K2 Ux=0, Uy=0 gesetzt;<br>Verschiebung in mm: an K13 Ux = 0,7 mm; |
| Berechnung und Ergebnisse | Ansatz: statisch, nichtlinear,<br>Charakteristische Größe: Verschiebung der Knoten,<br>Kraft in N: maximal Fx = 16,5; an der Dichtlippe (K13 bzw. N52) für "Bieg5A" und "Bieg5B"; |
| *x* , *y* , *z* Koordinaten im globalen kartesischen Koordinatensystem,<br>*Ux* , *Uy* , *Uz* , *ROTx* , *ROTy* , *ROTz* Verschiebungen und Verdrehungen,<br>*K* Keypoint (Geometriepunkt im CAD-Modell), *L* Line (Linie im CAD-Modell),<br>*N* Node (Knoten im FE-Modell), *E* Element (Element im FE-Modell),<br>*FE-A* Finite Elemente Anwendungsbeispiel, | |

Fortsetzung nächste Seite

| **FE-A5 Bieg** | Bildfolge |
|---|---|
| Geometrie | 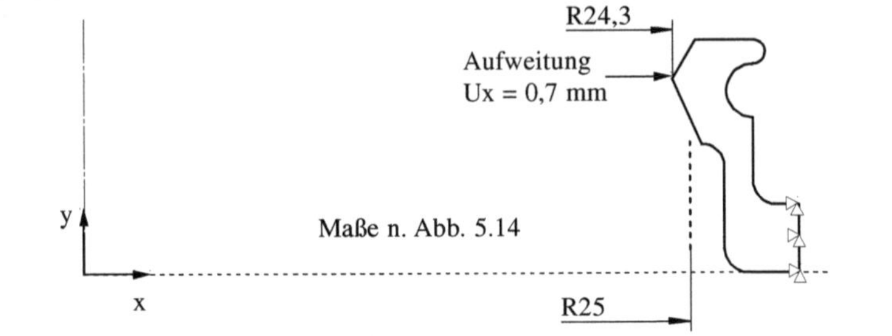  |
| Vernetzung Randbedingungen | 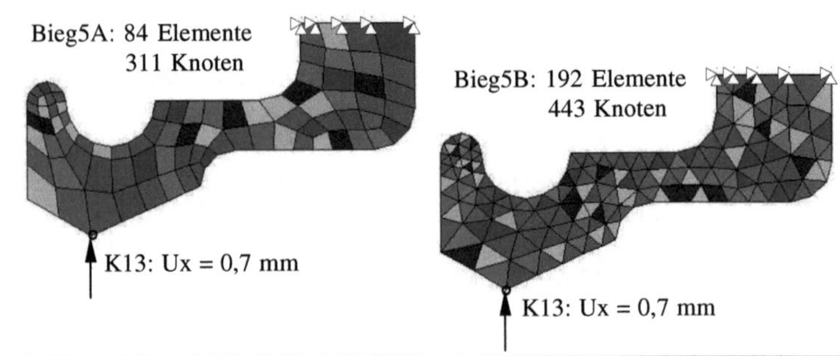  |
| Grafische Ergebnisse | 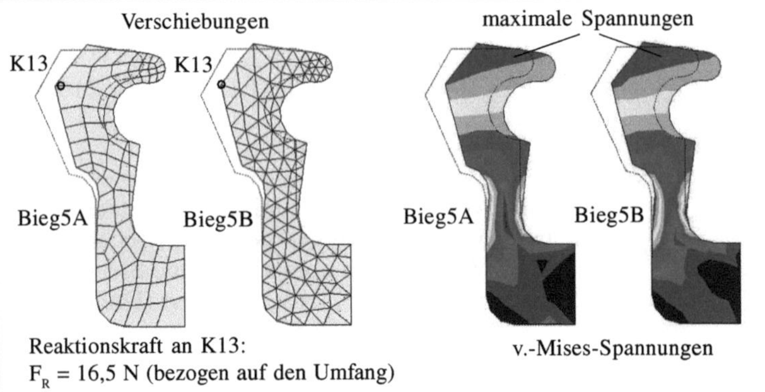  |

**Tafel 5/5:** Biegung an einem rotationssymmetrischen Bauteil (RWD/Radialwellendichtring) – Anwendung von Scheibenelementen mit Mittenknoten bei nichtlinearem Rechengang

Die beiden Modellvarianten wurden ohne Zugfederring gerechnet. Mit einer Erweiterung der Randbedingungen (Tafel 5/5) kann er einbezogen werden. Es wird für eine Modellrechnung am Modell „Bieg5A“ angenommen, dass der Zugfederring in der Zugfedernut mit einem Druck von 1 bar wirkt.

Von der Funktion ausgehend kann die Belastung durch eine Linienlast simuliert werden. Auf die betreffenden Linien in der Zugfedernut wird die Belastung aufgebracht, wirkt aber wegen des rotationssymmetrischen Rechenansatzes auf dem gesamten Umfang.

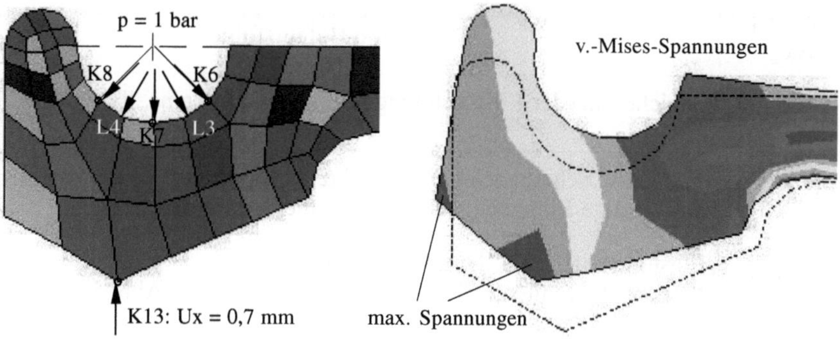


**Abb. 5.16.** Beanspruchungen durch Verschiebung der Dichtlippe und durch Zugfederring für das Modell „Bieg5A“

Es wird angenommen, dass die Pressung konstant in einem 90°-Bereich des Radius R1,1 wirkt. In den Modellen ist mit den Keypoints K6 und K8 bereits das Gebiet erfasst (Abb. 5.16.). Nach Selektieren der Verbindungslinien L3 und L4 kann die Pressung aufgebracht werden.

Die Verschiebung Ux der Dichtlippe und die Pressung p des Zugfederringes führen insgesamt zu einer Erhöhung der Anpresskraft. Die Reaktionskraft an der Dichtlippe bei K13 errechnet sich dafür mit $F_R$ = 35,5 N. Es bildet sich an der Dichtlippe ein maximaler Spannungsbereich aus. Verwunderlich ist, dass die konzentrierte Last an der Dichtlippe zu keiner Verformung in dieser Zone geführt hat. Ursache ist, dass die viel zu grobe Vernetzung in diesem Bereich – auch zu erkennen an der sprunghaften Spannungsverteilung – keine korrekte Verformung der Dichtlippe ermöglicht.

Eine feinere Vernetzung erscheint ein geeigneter Weg zu sein. Die schwierige Kontur des Radialwellendichtringes lässt eine Vielzahl verschiedener Vernetzungen zu. Es wird eine Variante gewählt, bei der durch eine separate Fläche und durch eine insgesamt geänderte Flächenzuordnung eine spezifische Steuerung der Netzdichte erfolgen kann (Tafel 5/5.1). Die Fläche an der Dichtlippe wird begrenzt von einem Kreisbogen. Er endet auf 2 Geraden. Die Keypoints K24 und K25 wurden über errechnete x-y-Koordinaten bestimmt. Die Modellbildung ist damit einfach zu beschreiben, elegantere Vorgehensweisen sind möglich. Die Vernetzung macht den Eindruck, dass sich an der Lippe genauere Ergebnisse erzielen lassen.

Die Auswertung der Rechnung bestätigt diese Einschätzung nicht. Das optisch schöne Netz um die Dichtlippe bringt kein verbessertes Verformungsverhalten. Bereits nach einem Verschiebeweg von ca. 0,25 mm an K13 kommt es zu Elementverzerrungen, die eine Fortsetzung der Rechnung verhindern.

Die Darstellung in den grafischen Ergebnissen (Tafel 5/5.1) zeigt Verzerrungen der Dichtlippe, die es nach funktionellen Betrachtungen nicht geben kann. Die Ursachen sind zu suchen in den Schwächen der Lasteinbringung. Die Verschiebung an einem einzelnen Knoten ist für eine solch spannungsintensive Stelle nicht geeignet. Eine Verteilung auf mehrere Knoten oder die Einleitung einer Pressung entsprechen nur im geringen Maße den Anforderungen an das reale Bauteil.

| FE-A5.1 Bieg | Allgemeine Befehlsfolge |
|---|---|
| Name | Speicherung der FE-Rechnungen unter FILE-Name "Bieg5_1A" |
| Elemente | 2-dimens. Scheibenelement (Rechteckelement mit Mittenknoten); notwendige Eingaben: rotationssymmetrischer Ansatz; |
| Werkstoffe | Elastomer: $E_{El}$= 12 N/mm² ν = 0,5<br>Werkstoffverhalten: elastisch, nichtlinear (Tab. in Abb. 5.11.) |
| Geometrie | CAD-Modell aus Geometriepunkten, Fläche erstellen; Geometriepunkte (x;y) in mm: K1(29,5;0), K2(29,5;2,8), K3(28,6;2,8), K4(27,6;3,8), K5(27,6;6,4), K6(26,82;6,72), K7(26,5;7,5), K8(26,82;8,28), K9(27,6;8,6), K10(28,1;9,1), K11(27,6;9,6), K12(25,22;9,6), K13(24,3;8), K14(25,5;5,3), K15(26,4;4,4), K16(26,4;1), K17(27,4;0), K18(28,6;3,8), K19(27,6;7,5), K20(27,6;9,1), K21(25,5;4,4), K22(27,4;1), K23(27,6;4.4), K24(24.67;8,65), K25(24,6;7,32),<br>Kreisbogen bilden: L1(K3,K4), L2(K5,K6), L3(K6,K7), L4(K7,K8), L5(K8,K9), L6(K9,K10), L7(K10,K11), L8(K14,K15), L9(K16,K17); L10(K24,K25),danach L10 geteilt, Flächen bilden: A1(K1,K2,K3,K4,K23,K15,K16,K17), A2(K23,K5,K6,K7,K26,K25,K,14,K15), A3(K7,K8,K9,K10,K11,K12,K24,K26), A4(K24,K13,K25,K26) |
| Vernetzung | Elementeanzahl (Rechteckelemente) definieren: 8 an L16; 6 an L1,L3,L4,L10,L11,L12,L18,L20,L21,L23,L24; 2 an L13,L14; für die anderen 4; es werden 241 Elemente mit 822 Knoten generiert, |
| Randbedingungen | Lagerung: von K1 bis K2 Ux=0, Uy=0 gesetzt;<br>Verschiebung in mm: an K13 Ux = 0,7 mm;<br>Pressung in N/mm²: an den Linien L3, L4 p = 0,1; |
| Berechnung und Ergebnisse | Ansatz: statisch, nichtlinear,<br>Charakteristische Größe: Verschiebung der Knoten,<br>Kraft in N: nach 0,25 mm Verschiebung Rechnung divergiert (Fx = 12,8 an der Dichtlippe - K13) |

*x , y , z* Koordinaten im globalen kartesischen Koordinatensystem,
*Ux , Uy , Uz , ROTx , ROTy , ROTz* Verschiebungen und Verdrehungen,
*K* Keypoint (Geometriepunkt im CAD-Modell), *L* Line (Linie im CAD-Modell),
*N* Node (Knoten im FE-Modell), *E* Element (Element im FE-Modell),
*FE-A* Finite Elemente Anwendungsbeispiel,

Fortsetzung nächste Seite

| FE-A5.1<br>**Bieg** | Bildfolge |
|---|---|
| Geometrie | 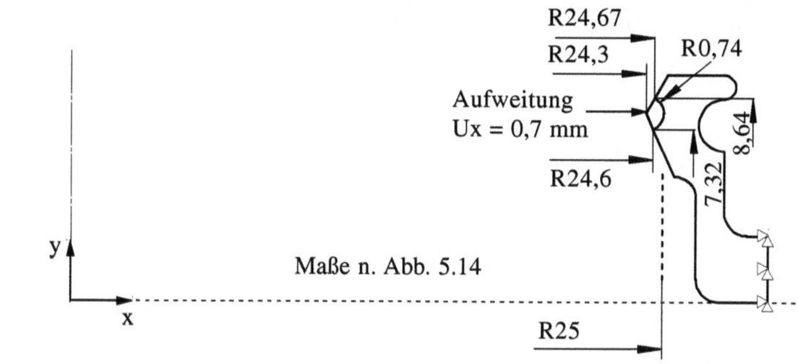 |
| Vernetzung Randbedingungen | 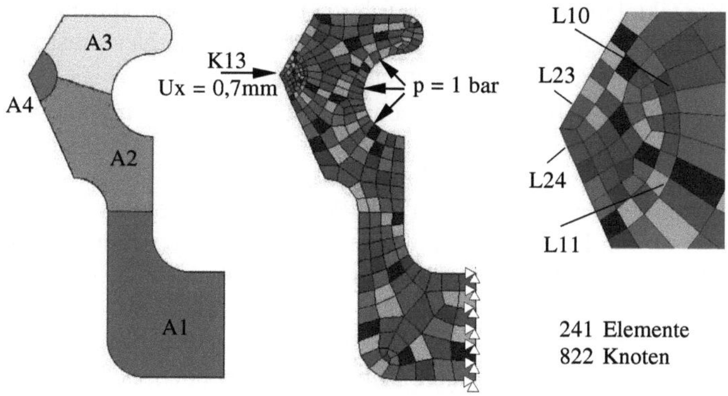 |
| Grafische Ergebnisse | 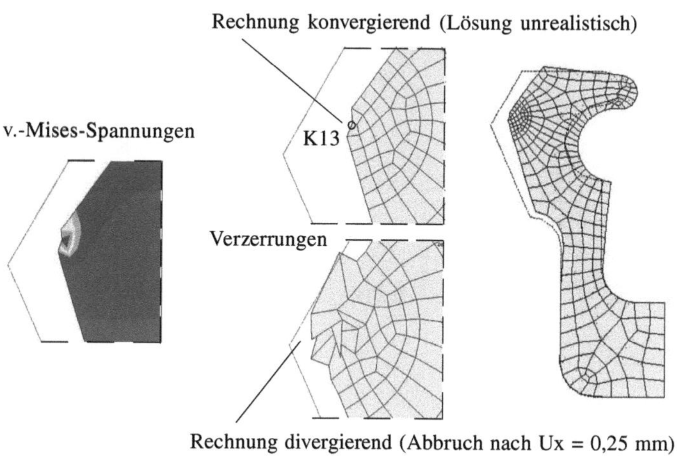 |

**Tafel 5/5.1:** Änderung der Netzdichte am RWD nach Tafel 5/5 – Anwendung von Scheibenelementen mit Mittenknoten bei nichtlinearem Rechengang

Es muss ein Lösungsansatz gefunden werden, der das Aufbringen einer konzentrierten Einzellast auf einen einzelnen Knoten der Dichtlippe vermeidet. Diese Vorgabe kann durch die Anwendung von Kontaktelementen erreicht werden. Kontaktlinien einer simulierten Welle (Abb. 5.17.) treten in Beziehung zu Kontaktlinien der Dichtlippe des RWD. Wird die Welle bewegt, kommt es an den Kontaktstellen zwischen den Elementen der Welle und des RWD zur Verschiebung und damit zur Aufbiegung.

Der Erfolg eines solchen Modells ist stark abhängig von stabilen Gleichungssystemen. Deshalb müssen die Kontaktlinien möglichst intensiv über den gesamten Schiebeablauf in Verbindung stehen. Die Hohlwelle wurde deshalb mit einem Radius versehen, der sich über eine lange Wegstrecke an die Lippe anlegen kann. Die Einteilung in 3 Teilflächen ermöglicht eine separate Steuerung der Netzdichte.

Für den Kontakt wurden die Linien L25, L26 und L29 der Hohlwelle und die Linie L24 des RWD selektiert. Andere Berührungsstellen der beiden Körper sind nicht zu erwarten. Die Randknoten der Scheibenelemente bilden die Stützpunkte für die Kontaktelemente. Für eine erfolgreiche Kontaktaufnahme müssen mitunter die Netzdichten angepasst werden, d. h. das vorliegende Netzmuster (Tafel 5/6) kann bei unterschiedlichen FE-Systemen nicht passend sein.

Es empfiehlt sich, den in Lastschritten vorgenommenen Schiebevorgang automatisch vom FE-System steuern zu lassen. Im vorliegenden Fall interessierte die Radialkraft bei Erreichen des Durchmessers der Hohlwelle (Schiebeweg Uy = 4,5 mm). Die dabei wirkende Radialkraft des RWD kann bequem an der Loslagerstelle K34 ausgelesen werden. Im Modell wurde ein Reibwert zwischen Hohlwelle und Elastomer gesetzt. Die Reibkraft wirkt entgegen der Bewegungsrichtung der Hohlwelle und entspricht der Kraft, die für das Schieben an K27 notwendig ist. Beide Kräfte sind wegen des rotationssymmetrischen Ansatzes umfangsbezogen.

Der Aufwand für das Modell nach Tafel 5/6 ist hoch, besitzt aber die beste Übereinstimmung zum realen Bauteil.

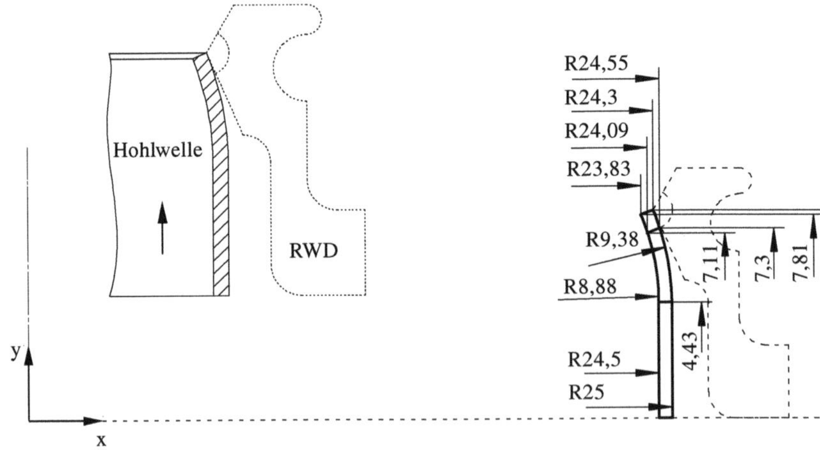


**Abb. 5.17.** Modell Einschieben einer Hohlwelle in den RWD (Basis ist Modell „Bieg5A_1")

| FE-A6 Bieg | Allgemeine Befehlsfolge |
|---|---|
| Name | Speicherung der FE-Rechnungen unter FILE-Name "Bieg6" |
| Elemente | 2-dimens. Scheibenelement (Rechteckelement mit Mittenknoten); notwendige Eingaben: rotationssymmetrischer Ansatz; 2-dimensionale Kontaktelemente |
| Werkstoffe | Elastomer: $E_{El}$= 12 N/mm² ν = 0,5; Werkstoffverhalten: elastisch, nichtlinear (Tab. in Abb. 5.11.); Hohlwelle: $E_{St}$= 210 kN/mm² ν = 0,3 Reibung zwischen Hohlwelle und Elastomer μ = 0,15; |
| Geometrie | CAD-Modell von Tafel 5/5.1 übernehmen, ergänzen mit Hohlwelle: Geometriepunkte (x;y) in mm: K27(24.5;0), K28(25;0), K29(25;4,43), K30(24,55;7,3), K31(24,299;8), K32(23,83;7,81), K33(24,09;7,11), K34(24,5;4,43), K35(15,62;4,43),<br>Kreisbogen bilden: L25(K29,K30), L26(K30,K31), L27(K34,K33), L28(K33,K32);<br>Linien bilden: L29(K28,K29), L30(K31,K32), L31(K27,K34), L32(K27,K28), L33(K29,K34), L34(K30,K33),,<br>Flächen bilden: A5(L31,L32,L29,L33), A6(L33,L25,L34,L27), A7(L34,L26,L30,L28) |
| Vernetzung | FE-Modell von Tafel 5/5.1 modifizieren - Elementeanzahl (Rechteckelemente) definieren: 8 an L16; 3 an L10,L11,L23,L24; 6 an L1,L3,L4,L12,L18,L20,L21; 2 an L13,L14;<br>ergänzen mit Hohlwelle - Elementeanzahl (Rechteckelemente) definieren: 6 an L26,L28; 20 an L25,L27; 28 an L29,L31;<br>Kontaktelemente definieren: am RWD L24 selektieren, an der Hohlwelle L25,L26,L29 selektieren, Kontaktelemente bilden;<br>das gesamte Modell besteht aus 352 Elemente mit 1089 Knoten , |
| Randbedingungen | Lagerung: von K1 bis K2 Ux=0, Uy=0 gesetzt; K34 Ux=0; Pressung in N/mm²: an den Linien L3, L4 p = 0,1; |
| Berechnung und Ergebnisse | Ansatz: statisch, nichtlinear, Charakteristische Größe: Verschiebung der Knoten, Kraft in N: Lippenpressung Fx = 31,5 an K34; Schiebekraft Fy = 4 N an K27 (Hohlwelle 4,5 mm geschoben) |

*x* , *y* , *z* Koordinaten im globalen kartesischen Koordinatensystem,
*Ux* , *Uy* , *Uz* , *ROTx* , *ROTy* , *ROTz* Verschiebungen und Verdrehungen,
*K* Keypoint (Geometriepunkt im CAD-Modell), *L* Line (Linie im CAD-Modell),
*N* Node (Knoten im FE-Modell), *E* Element (Element im FE-Modell),
*FE-A* Finite Elemente Anwendungsbeispiel,

Fortsetzung nächste Seite

<table>
<tr><th>FE-A6<br>Bieg</th><th>Bildfolge</th></tr>
<tr><td>Geometrie</td><td>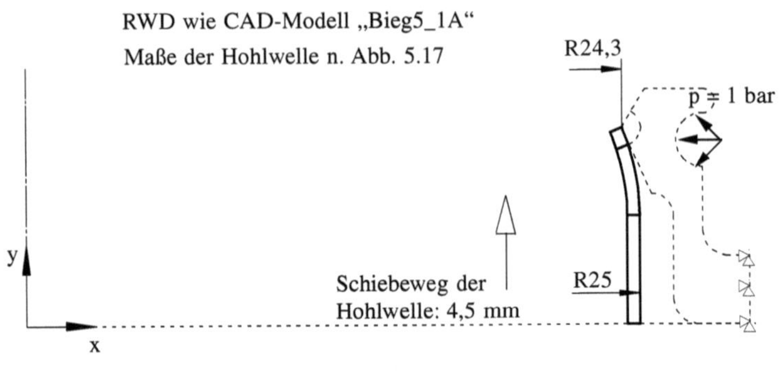
</td></tr>
<tr><td>Vernetzung<br>Randbedin-<br>gungen</td><td>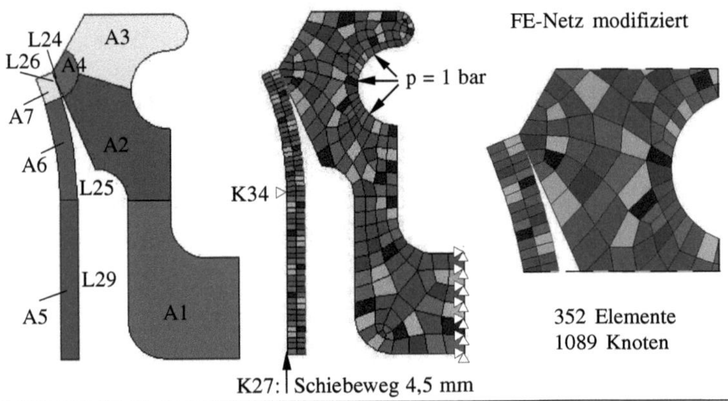
</td></tr>
<tr><td>Grafische<br>Ergebnisse</td><td>Kraft an der Dichtlippe Fx (ausgelesen an K34)<br>Schiebekraft Hohlwelle Fy (ausgelesen an K27)<br>Fx 7,9 N 20,9 N 31,5 N<br>Fy 5,8 N 6,5 N 4,0 N<br>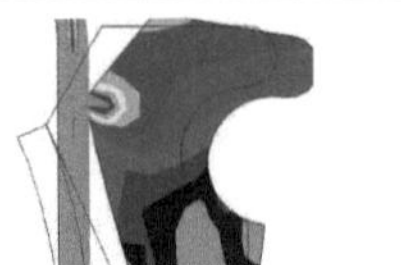

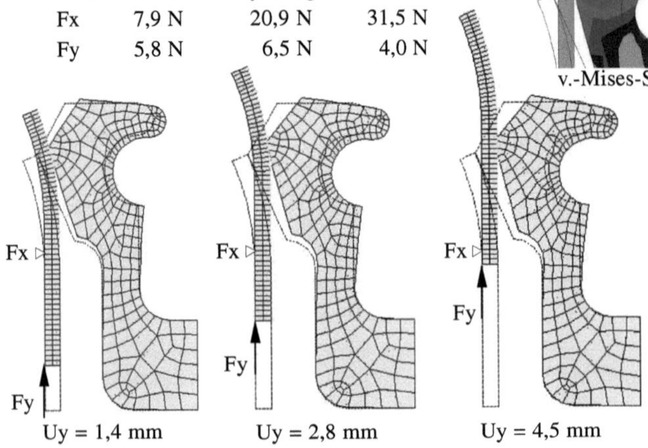
</td></tr>
</table>

**Tafel 5/6:** Hohlwelle in RWD schieben – rotationssymmetrisches Modell unter Anwendung von Scheibenelementen und Kontaktelementen

## 5.3 Modelle mit mehrachsiger Biegung

### 5.3.1 Anwendung von 3D-Balkenelementen

Für Beanspruchungen und Reaktionskräfte stehen bei Anwendung von 3D-Balkenelementen die 3 Koordinatenachsen zur Verfügung. 2D-Balkenelemente lassen sich nur im x-y-Koordinatensystem mit ihren Freiheitsgraden Ux und Uy abbilden. Dazu kommt die Eigenschaft, um die z-Achse Momente ROTz übertragen zu können. In Richtung der z-Achse sind ansonsten keine Aussagen möglich.

Werden 3D-Balkenelemente angewendet, können Balkenmodelle im Raum generiert werden. Verschiebungen sind in x-, y- und z-Richtung möglich. Dazu kommen die Rotationsfreiheitsgrade ROTx, ROTy und ROTz. Das 3D-Balkenelement unterscheidet sich hinsichtlich seiner grafischen Abbildung nicht vom 2D-Balkenelement. Es verkörpert nach wie vor ein Linienelement. Die pseudografische Darstellung beschränkt sich auf quaderförmige Abbildungen. Die grafische Spannungsverteilung in diesen „Körpern" wird bezogen auf ein Rechteckprofil über klassische Ansätze errechnet. Isolinien in Plots werden ebenso ermittelt.

In Abb. 5.18. sind die Knotenmodelle durch quaderförmige Körper ersetzt. Das 2D-Balkenelement kann nur im x-y-Bereich generiert werden. Äußere Lasten wie die Kraft F und Knotenverschiebungen wirken auch nur in diesem Bereich. Die Lage des Balkens ist durch die Angabe der Höhe h definiert. Die Dicke b wird nicht direkt erfasst, sondern über die Elementedaten A und $I_z$ berücksichtigt.

Beim 3D-Modell muss durch 2 Angaben, nämlich durch die Höhe h und die Breite b der Balkenquerschnitt positioniert werden. Dazu kommen noch die Angaben zur Fläche A, $I_x$ und $I_y$. Die 3D-Balkenelemente benötigen wegen der höheren Flexibilität im x-y-z-Koordinatensystem eine gründlichere Modellbetrachtung. Um beispielsweise die Belastungsstruktur des 2D-Modells zu erreichen, müsste bei Generierung des 3D-Balkens in der x-y-Ebene die äußere Kraft F in z-Richtung angesetzt werden.

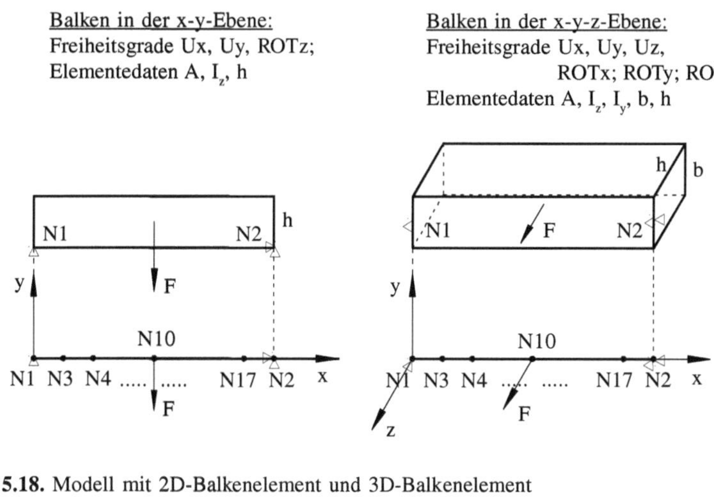


**Abb. 5.18.** Modell mit 2D-Balkenelement und 3D-Balkenelement

In Tafel 5/1 ist das Berechnungsprinzip für Modelle mit 2D-Balkenelementen bereits vorgestellt. Es müssten als einzige Maßnahme die Elementedaten verändert werden. Für den 2D-Rechteckbalken wäre zu setzen:

$$A = 200\ mm^2,\ I_x = 6667\ mm^4,\ h = 20\ mm.$$

Als max. Durchbiegung und max. Biegespannung ergeben sich damit

$$Uy = 0{,}025\ mm \text{ und } \sigma_{bmax} = 28{,}1\ N/mm^2.$$

Das Modell mit 3D-Balkenelement (Abb. 5.18.) wird in Tafel 5/7 dargestellt. Auch bei diesem Modell treten die Elementedaten als wesentliches Unterscheidungsmerkmal auf. Um die Lage des Balkens eindeutig zu definieren, sind $I_z$, $I_y$, b und h mit den entsprechenden Werten zu belegen. Die Pseudografik ermöglicht die Abbildung eines Rechteckblockes und hilft bei der Kontrolle der Eingabe.

| **FE-A7 Bieg** | Allgemeine Befehlsfolge |
|---|---|
| Name | Speicherung der FE-Rechnung unter FILE-Name "Bieg7" |
| Elemente | 3-dimensionales Balkenenelement - notwendige Eingaben<br>Querschnittsfläche in mm²: $A_1$= 201,<br>Flächenträgheitsmomente in mm⁴: $I_z$= 1667, $I_y$= 6667,<br>Querschnitt des Balkens in mm: h = 20, b = 10, |
| Werkstoffe | Stahl: $E_{St}$= 210 kN/mm² $\nu = 0{,}3$ |
| Geometrie | CAD-Modell aus Geometriepunkten, Linie erstellen;<br>Geometriepunkte (x;y;z) in mm: K1(0;0;0), K2(150;0;0),<br>Linie bilden: L1(K1,K2), |
| Vernetzung | Elementeanzahl (Balkenelemente) definieren: 16 an L1, es werden 16 Elemente mit 17 Knoten generiert; |
| Randbedingungen | Lagerung: an K1 Uz = 0 gesetzt; an K2 Ux=0, Uz=0 gesetzt;<br>Belastung in N: selektiert über kartesisches Koordinatensystem (x=75); Fz= 500 gesetzt; |
| Berechnung und Ergebnisse | Ansatz: statisch, linear,<br>Charakteristische Größe: Verschiebung der Knoten,<br>Verschiebungen in mm: an der Stelle x = 75 Uz= 0,025;<br>Biegespannungen in N/mm²: an der Stelle x = 75<br>$\sigma_{bmax}$ = 28,1 N/mm²; |

*x , y , z* Koordinaten im globalen kartesischen Koordinatensystem,
*Ux , Uy , Uz , ROTx , ROTy , ROTz* Verschiebungen und Verdrehungen,
*K* Keypoint (Geometriepunkt im CAD-Modell), *L* Line (Linie im CAD-Modell),
*N* Node (Knoten im FE-Modell), *E* Element (Element im FE-Modell),
*FE-A* Finite Elemente Anwendungsbeispiel,

Fortsetzung nächste Seite

| **FE-A7 Bieg** | Bildfolge |
|---|---|
| Geometrie | 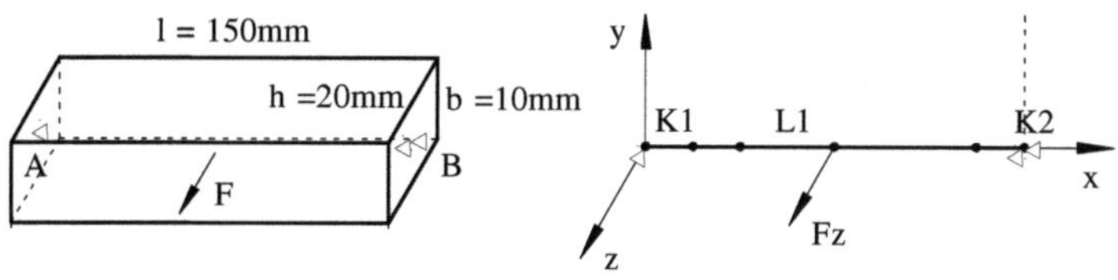 |
| Vernetzung Randbedin-gungen | 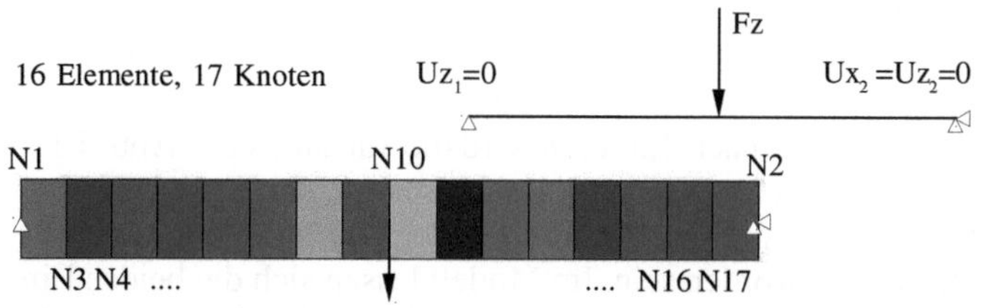 |
| Grafische Ergebnisse | 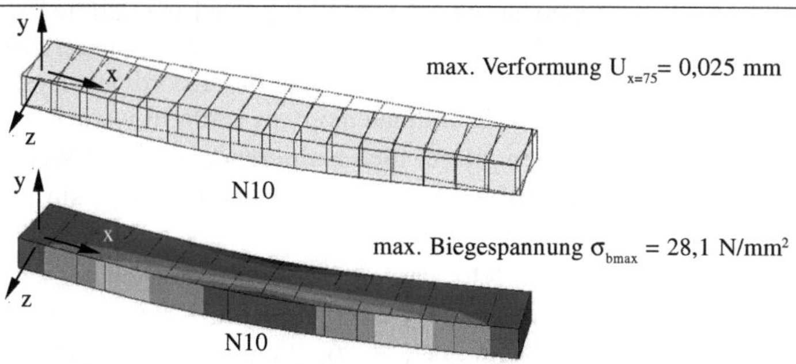 |

**Tafel 5/7:** Biegebelastung an einem 3D-Balkenelement bei konstantem Querschnitt

Die berechneten Ergebnisse stimmen natürlich mit den Ergebnissen des 2D-Modells überein. Es gibt lediglich eine Verlagerung der pseudografischen Abbildung in die x-z-Ebene. Hervorzuheben ist die Möglichkeit, dass jetzt mit geringstem Aufwand Belastungen in allen Koordinatenrichtungen angebracht werden könnten. Nach Anpassung der Lagerung erhält man räumlich deformierte Balken, deren Verschiebungen sich an den Knoten auslesen lassen und bei vielen Anwendungen ausreichende Informationen liefern. Die Spannungsverteilungen werden vom FE-System für die Pseudografik hochgerechnet und abgebildet.

Für eine 3-dimensionale Struktur mehrerer Balken (Abb. 5.19.) ist die Lage der Balkenquerschnitte von entscheidender Bedeutung. Die Elementeingaben müssen wegen der Anordnung im Raum auf die entsprechenden Achsen bezogen werden. Fehlerhafte Eingaben bei Flächenträgheitsmomenten in Verbindung mit den Angaben zu Breite b und Höhe h des Profilquerschnittes führen zu ungewollten geometrischen Ausrichtungen.

Wird nur die Liniendarstellung der Elemente verwendet (Abb. 5.19. a), kann die Lage der einzelnen Balken nicht erkannt werden. Mit dem Übergang zur pseudogra-

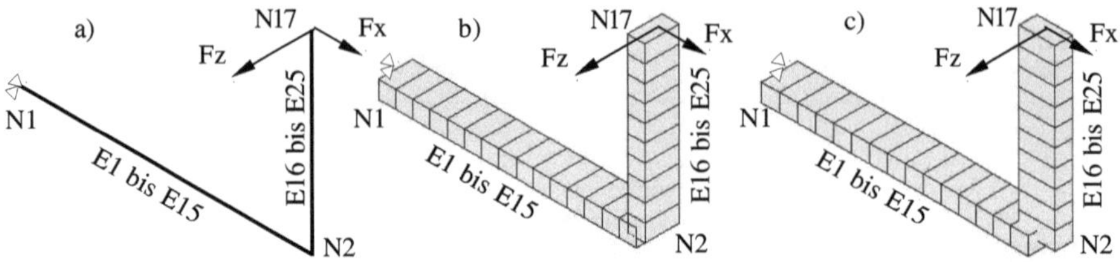


**Abb. 5.19.** 3-dimensionale Balkenstruktur – a) 3D-Elemente in Liniendarstellung, b) 3D-Elemente in gleicher Lage (pseudografisch), c) 3D-Elemente in versetzter Lage (pseudografisch)

fischen Darstellung lässt sich feststellen, ob die gewünschte Balkenkonstruktion durch Abb. 5.19.b oder c erfüllt wird. Diese Feststellung ist für die Steifigkeit des Balkensystems von entscheidender Bedeutung.

Für das Modell nach Tafel 5/8 wird die Variante nach Abb. 5.19.b verwendet. Das Balkensystem ist am Knoten N1 eingespannt. Am Knoten N17 wirken die äußeren Kräfte Fz und Fx. Diese Anordnung der Kräfte könnte durch Seilkräfte über Gewichte erzeugt worden sein. Im Modell lassen sich die beiden Einzelkräfte oder die Resultierende aus ihnen ansetzen (Abb. 5.20.). Die Einzelkräfte Fx und Fz sind einfach zu positionieren, da sie zu den Koordinatenachsen ausgerichtet wirken. Wird die resultierende Kraft $F_{res}$ verwendet, muss das Koordinatensystem des Knotens N17 um 30° zum globalen Koordinatensystem verdreht werden.

Als Berechnungsgrößen gilt für die resultierende Kraft ein Wert von

$F_{res}$ = 115,47 N, mit $Fz = F_{res} \cdot \cos 30°$ und $Fx = F_{res} \cdot \sin 30°$ folgt für
Fz = 100 N und Fx = 57,735 N.

An den Knoten N2 und N17 werden die Verschiebungen ausgelesen,

N2: Ux ≈ 0; Uy = – 0,186 mm; Uz = 0,080 mm;
N17: Ux = 0,303 mm; Uy = – 0,186 mm; Uz = 0,327 mm.

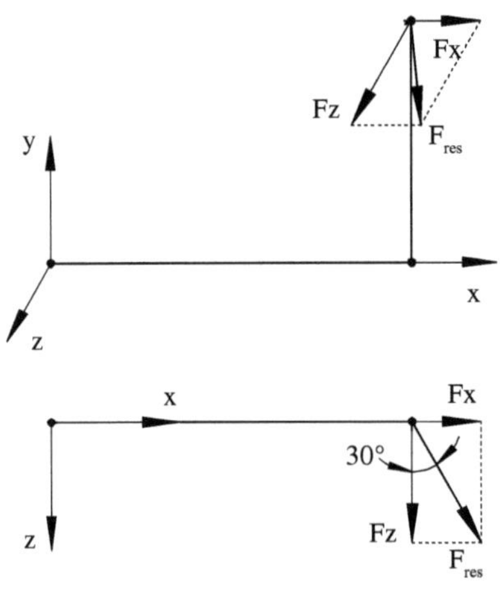


**Abb. 5.20.** Belastung der 3-dimensionalen Balkenstruktur (Tafel 5/8)

Ein anderer Belastungsfall entsteht, wenn die Kraft Fz wirkt und die Kraft Fx nachfolgend angreift. Ein solcher Vorgang erfordert ein Zwischenspeichern des ersten Berechnungsschrittes, um den zweiten Berechnungsschritt anschließen zu können. Nach dem 1. Berechnungsschritt werden die Verschiebungen der Knoten als Basis für die nachfolgende Rechnung zugrunde gelegt. Auf die Ergebnisse der 1. Rechnung werden die Ergebnisse der 2. Rechnung addiert.

Die Daten der 1. Berechnung lassen sich auswerten. Wenn nur Fz wirkt, ergeben sich Verschiebungen von

Uz = 0,080 mm am Knoten N2 und
Uz = 0,327 mm am Knoten N17
(Ux = Uy = 0).

Für die 2. Berechnung wurde aus der Berechnungsschrittdatei die verschobene Struktur des 1. Rechenganges ausgelesen und mit der zweiten Last Fx die Rechnung gestartet. Es ergeben sich räumliche Verschiebungen von

Ux = 0,0002 mm, Uy = – 0,186 mm, Uz = 0,080 mm am Knoten N2 und

Ux = 0,303 mm, Uy = – 0,186 mm, Uz = 0,327 mm am Knoten N17.

Mit der FE-Technik „Anwendung der Berechnungsschrittdatei“ lassen sich beliebige Belastungsabläufe simulieren. Bei 2 Lasten, wie in Tafel 5/8 behandelt, ist dieses Verfahren noch nicht zwingend notwendig. Es könnte die erste Last eigenständig berechnet und das Ergebnis ausgewertet werden. In einem nächsten eigenständigen

| **FE-A8 Bieg** | Allgemeine Befehlsfolge |
|---|---|
| Name | Speicherung der FE-Rechnung unter FILE-Name "Bieg8" |
| Elemente | 3-dimensionales Balkenenelement - notwendige Eingaben<br>Querschnittsfläche in mm²: $A_1$= 201,<br>Flächenträgheitsmomente in mm⁴: $I_z$= 1667, $I_y$= 6667,<br>Querschnitt des Balkens in mm: h = 20, b = 10, |
| Werkstoffe | Stahl: $E_{St}$= 210 kN/mm² ν = 0,3 |
| Geometrie | CAD-Modell aus Geometriepunkten, Linie erstellen;<br>Geometriepunkte (x;y;z) in mm: K1(0;0;0), K2(150;0;0),<br>Linie bilden: L1(K1,K2), |
| Vernetzung | Elementeanzahl (Balkenelemente) definieren: 16 an L1, es werden 16 Elemente mit 17 Knoten generiert; |
| Randbedingungen | Lagerung: an K1 alle Freiheitsgrade 0 gesetzt;<br>Belastung in N: an Knoten N17 Fz = 100 gesetzt; 1. Lastschritt berechnet und gespeichert; an Knoten N17 Fx = 57,735 gesetzt;<br>2. Lastschritt berechnet, |
| Berechnung und Ergebnisse | Ansatz: statisch, linear,<br>Charakteristische Größe: Verschiebung der Knoten,<br>Verschiebungen in mm: nach 1. Lastschritt Knoten N17 Uz= 0,327;<br>nach 2. Lastschritt Knoten N17 Ux= 0,303; Uy= – 0186;<br>Uz= 0,327; |
| *x , y , z* Koordinaten im globalen kartesischen Koordinatensystem,<br>*Ux , Uy , Uz , ROTx , ROTy , ROTz* Verschiebungen und Verdrehungen,<br>*K* Keypoint (Geometriepunkt im CAD-Modell), *L* Line (Linie im CAD-Modell),<br>*N* Node (Knoten im FE-Modell), *E* Element (Element im FE-Modell),<br>*FE-A* Finite Elemente Anwendungsbeispiel, | |

Fortsetzung nächste Seite

| FE-A8 Bieg | Bildfolge |
|---|---|
| Geometrie | 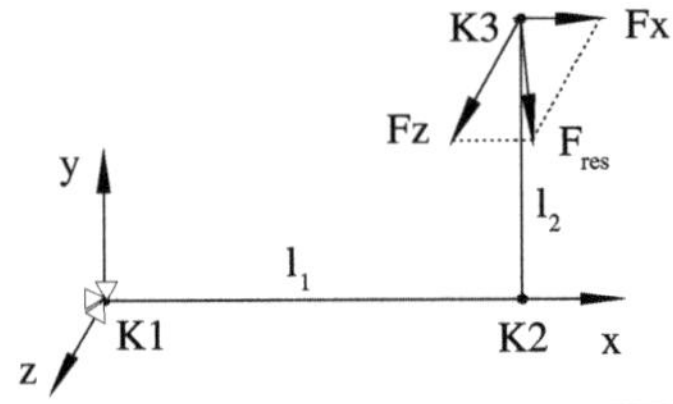  $l_1$ = 150 mm<br>$l_2$ = 100 mm<br>Fx = 57,735 N<br>Fz = 100 N<br>$F_{res}$ = 115,47 N |
| Vernetzung Randbedingungen | 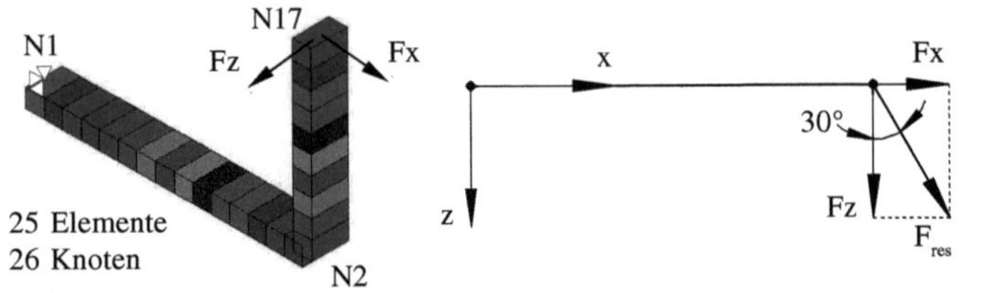  |
| Grafische Ergebnisse | 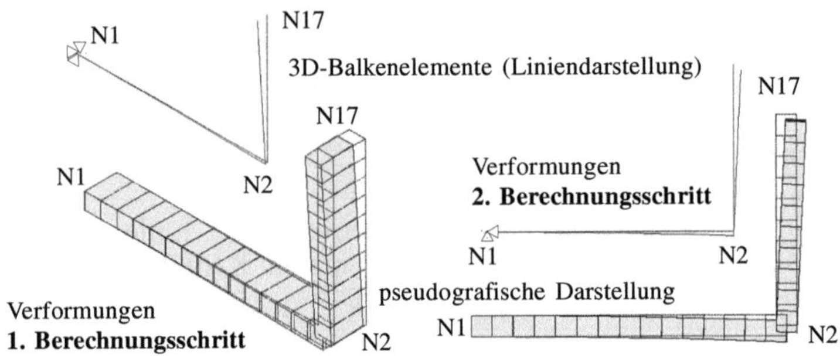  |

**Tafel 5/8:** Biegebelastung an einer 3-dimensionalen Struktur mehrerer Balken in 2 Berechnungsschritten

Schritt würden beide Lasten gleichzeitig oder als Resultierende angesetzt und berechnet. Damit lässt sich auch der Endzustand auswerten. Unumgänglich wird das Berechnungsschrittverfahren, wenn mehr als 2 Berechnungsschritte auftreten.

### 5.3.2 Anwendung von 3D-Profil-Balkenelementen

Die 3D-Profil-Balkenelemente ermöglichen die Generierung von Grundprofilen mit verschiedenen Querschnitten wie Rechtecken, T-Profilen, U-Profilen usw. für Rahmenkonstruktionen. Das Modell wird wie bei Balken üblich durch Setzen von Keypoints mit nachfolgender Liniengenerierung erstellt.

Die Definition des Elementes ist umfangreicher und verlangt präzise Steuerbefehle. Während für die einfachen 3D-Balkenelemente im voraus berechnete Flächenträgheitsmomente über Befehle eingetragen werden, wird bei 3D-Profil-Balkenelementen aus der definierten Profilgeometrie das Flächenträgheitsmoment im FE-System abgeleitet. Die richtige Lage der Profile in der Konstruktionsstruktur verlangt ebenfalls mehr Steuerungsbedarf als das bei einfachen 3D-Balkenelementen notwendig ist.

## I. Biegung an einem T-Träger

Profil-Balkenelemente treten in den verschiedenen FE-Systemen hinsichtlich des Befehlssatzes und der Steuerung der Lage im globalen Koordinatensystem unterschiedlich auf. Das nachfolgend verwendete Profil-Balkenelement besitzt die Fähigkeit zur räumlichen Positionierung. Die z-Achse ist als Orientierungsachse festgelegt. Das Profil liegt also immer in der y-z-Ebene, die x-Achse beschreibt die Länge des Balkens. Die Ausrichtung erfolgt in Abhängigkeit zum globalen Koordinatensystem.

Die Beanspruchungen des Modells nach Tafel 5/9 hätten keine 3D-Darstellung erfordert. Die Einfachheit des Modells ermöglicht aber eine gute Übersichtlichkeit beim Umgang mit Profil-Balkenelementen. Die Geometrie wird wie bei Balken üblich als Linienkonstruktion beispielsweise durch Setzen von Keypoints mit nachfolgender Liniengenerierung erstellt. Vor dem Vernetzen sind die Abmessungen des Profils und die Lage im globalen Koordinatensystem zu definieren.

| **FE-A9 Bieg** | Allgemeine Befehlsfolge |
|---|---|
| Name | Speicherung der FE-Rechnung unter FILE-Name "Bieg9" |
| Elemente | 3-dimensionales Profil-Balkenenelement - notwendige Eingaben:<br>Profilform: T-Profil, Abmessungen siehe Bildfolge/Geometrie. |
| Werkstoffe | Stahl: $E_{St}$= 210 kN/mm$^2$ $\nu$ = 0,3 |
| Geometrie | CAD-Modell aus Geometriepunkten, Linie erstellen;<br>Geometriepunkte (x;y;z) in mm: K1(0;0;0), K2(150;0;0),<br>Linie bilden: L1(K1,K2), |
| Vernetzung | Elementeanzahl (Profil-Balkenelemente) definieren: 30 an L1, es werden 30 Elemente mit 31 Knoten generiert; |
| Randbedingungen | Lagerung: an N1 (Uz=0, ROTx=0); N2 (Uz=0, ROTx=0);<br>Belastung in N: an Knoten N17 Fz = – 500 gesetzt; |
| Berechnung und Ergebnisse | Ansatz: statisch, linear,<br>Charakteristische Größe: Verschiebung der Knoten,<br>Verschiebungen in mm: an N17 Uz= – 0,018;<br>Biegespannungen in N/mm$^2$: $\sigma_{bmax}$ = 27,4; $\sigma_{bmin}$ = 16; |

*x , y , z* Koordinaten im globalen kartesischen Koordinatensystem,
*Ux , Uy , Uz , ROTx , ROTy , ROTz* Verschiebungen und Verdrehungen,
*K* Keypoint (Geometriepunkt im CAD-Modell), *L* Line (Linie im CAD-Modell),
*N* Node (Knoten im FE-Modell), *E* Element (Element im FE-Modell),
*FE-A* Finite Elemente Anwendungsbeispiel,

Fortsetzung nächste Seite

| **FE-A9 Bieg** | Bildfolge |
|---|---|
| Geometrie | 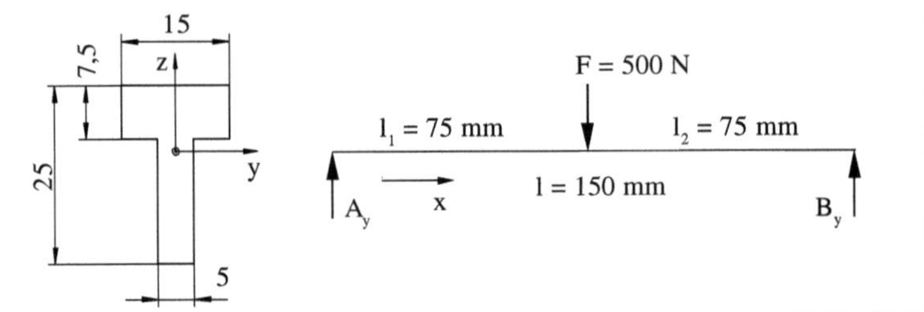  |
| Vernetzung Randbedingungen | 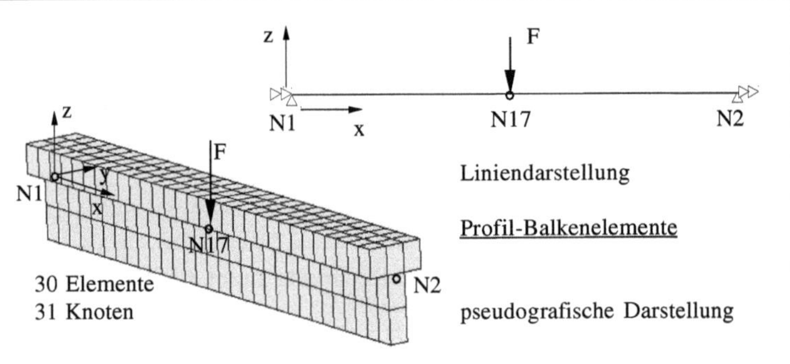  |
| Grafische Ergebnisse | 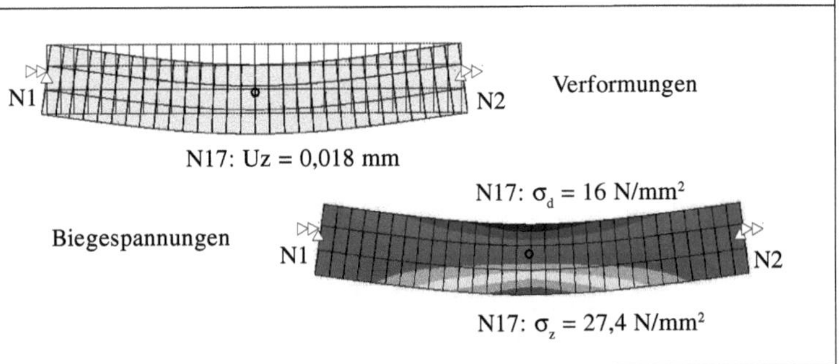  |

**Tafel 5/9:** Biegebelastung an einem T-Träger – Anwendung von Profil-Balkenelementen

Das FE-Netz in der Liniendarstellung entspricht der von Balkenelementen bekannten Struktur aus Knoten und symbolischen Elementelinien zwischen ihnen. In der pseudografischen Darstellung erscheint es als T-Volumenmodell. Es wird aber nur das geometrische Abbild dargestellt, welches benutzt wird, um aus den Knotenverschiebungen über einen klassischen Rechenansatz Verformungen und Spannungsverteilungen abzuleiten.

Als besonderes Merkmal dieser Profil-Balkenelemente ist zu nennen, dass mit einer simplen Balkenstruktur mit 30 Elementen und 31 Knoten (Tafel 5/9) ein Querschnitt mit ungleicher Flächenverteilung ausgewertet werden kann. In Abschnitt 5.2.1 konnte mit den 2-dimensionalen Balkenelementen für das T-Profil keine Spannungsverteilung errechnet werden. Dagegen zeigen die in Tafel 5/9 ausgewiesenen Biegespannungen von $\sigma_{bmax} = 27{,}4\ N/mm^2$ und $\sigma_{bmin} = 16\ N/mm^2$ die erwarteten Werte. Die über die Dateneingabe bekannte Flächenverteilung des Profils ermöglicht eine Schwerpunktbestimmung und damit Auswertungen für beliebige Abstände von den Hauptträgheitsachsen. Im Modell werden die nach den Ansätzen der technischen Mechanik errechneten Ergebnisse erreicht (siehe Abschn. 5.1.3).

Geringe Abweichungen lassen sich begründen mit dem FE-Prinzip. Die Anzahl der Elemente beeinflusst die Genauigkeit einer Lösung. Aber auch die Art der Lagerung ist von Bedeutung. Im vorliegenden Modell wurde ein unkontrolliertes Drehen des T-Trägers durch Festhalten einer Rotationsachse unterbunden. Eine Weiterentwicklung des verwendeten Elementes bzw. des Lösungsalgorithmusses könnte Abhilfe schaffen.

## II. Biegung an einem Rechteck-Gitterrost

Balkenmodelle können durch geometrische Vorgaben im Raum liegen, aber auch durch die Richtung der Belastungen zu räumlichen Modellen werden. In Abb. 5.21. ist die vereinfachte Form eines Rechteck-Gitterrostes nach /13/ abgebildet, das sich in einer Ebene 2-dimensional darstellen lässt, aber durch die wirkenden Kräfte Verformungen in der 3. Achse erfährt.

Die Abbildung zeigt bereits die mögliche Struktur bei der Anwendung von Balkenelementen. An den Eckpunkten liegt das Gitterrost auf. Damit sind die Lagerstellen festgelegt. Die 4 gleich großen äußeren Kräfte greifen symmetrisch an, so dass sich sofort die Nutzung von Symmetriebedingungen anbietet.

Das Modell erscheint auf dem ersten Blick von einfacher Art zu sein. Die geometrischen Abmessungen und die Randbedingungen lassen sich offensichtlich bequem beschreiben. Da hinter der strichförmigen Abbildung eines Balkenelementes aber ein realer Körper steckt, sind die Abweichungen des Modells zum wirklichen Bauteil gründlicher zu betrachten.

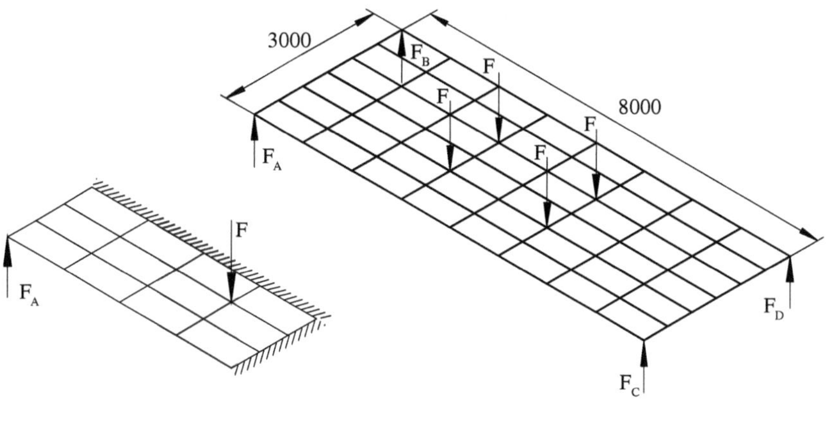


**Abb. 5.21.** Rechteck-Gitterrost nach /13/ – 7 Längsholme sind durch 9 Querstreben verbunden

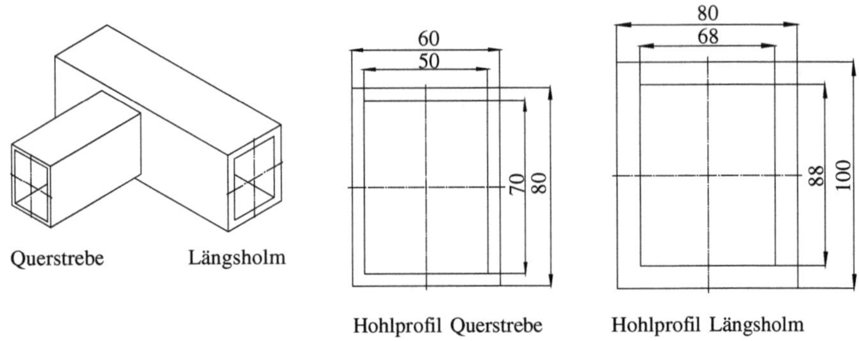


**Abb. 5.22.** Rechteck-Gitterrost - Hohlprofile der Längsholme und Querstreben

Im vorliegenden Fall werden die Längsholme und Querstreben durch rechteckige Hohlprofile gebildet. Dabei weisen die Längsholme einen größeren Querschnitt als die Querstreben auf (Abb. 5.22.). Die Längsholme sind durchgängig angeordnet. Die Querstreben werden eingesetzt und könnten mit den Längsholmen durch Schweißen oder Kleben verbunden sein.

Das Balkenmodell vereinfacht die Verbindungsstelle beträchtlich. Als vordergründige Abweichung ist zu erkennen, dass die Länge der Querstreben im Inneren des Gitterrostes um die Breite oder am Rand um die halbe Breite des Hohlprofils des Längsholms reduziert wird (Abb. 5.23.). Die pseudografischen Darstellungen zeigen, dass diese Bedingungen für einfache 3D-Balkenelemente ebenso wie für Profil-Balkenelemente zutreffen.

Die Modellierung einer Struktur mit Balkenelementen ist vorteilhaft, wenn kleine Elementezahlen angestrebt werden. Nachteilig ist, dass Verbindungen an Kreuzungen nicht ausreichend genau abgebildet werden können. Daraus ergibt sich, dass die mit dem Balkenmodell ermittelten Spannungen keinesfalls die Beanspruchungen an den Übergangsstellen zwischen Querstrebe und Längsholm wiedergeben. Für diese Aussagen muss zum volumenorientierten Modell oder bedingt zum Schalenmodell übergegangen werden.

Die Generierung des Modells kann auf verschiedene Weise erfolgen. Es gilt zu entscheiden, ob für die vorgesehene Berechnung mit Balkenelementen das Vollmodell oder die Viertelvariante unter Nutzung der Symmetriebedingungen verwendet werden sollte. Die geringere Elementeanzahl spricht zwar für die Viertelvariante, an den Symmetrieachsen entsteht aber wegen der Symmetriebedingungen zusätzlicher Aufwand durch die Berücksichtigung jeweils halber Hohlprofile. Ein Kompromiss stellt die Generierung eines Viertelmodells mit nachfolgender Spiegelung zum Vollmodell dar.

Diese Variante wird im Beispiel nach Tafel 5/10 gewählt. Außerdem kommen einfache 3D-Balkenelemente zum Einsatz. Der Begriff des Einfachen bezieht sich auf die bequemere Handhabung insbesondere der Positionierung. Für die Hohlprofile sind die wirksamen Querschnittsflächen und die zugehörigen Flächenträgheitsmomente bezogen auf die Hauptachsen zu berechnen und den Elementen zuzuordnen. Beim Vernetzen ist zwischen Längsholmen und Querstreben zu unterscheiden.

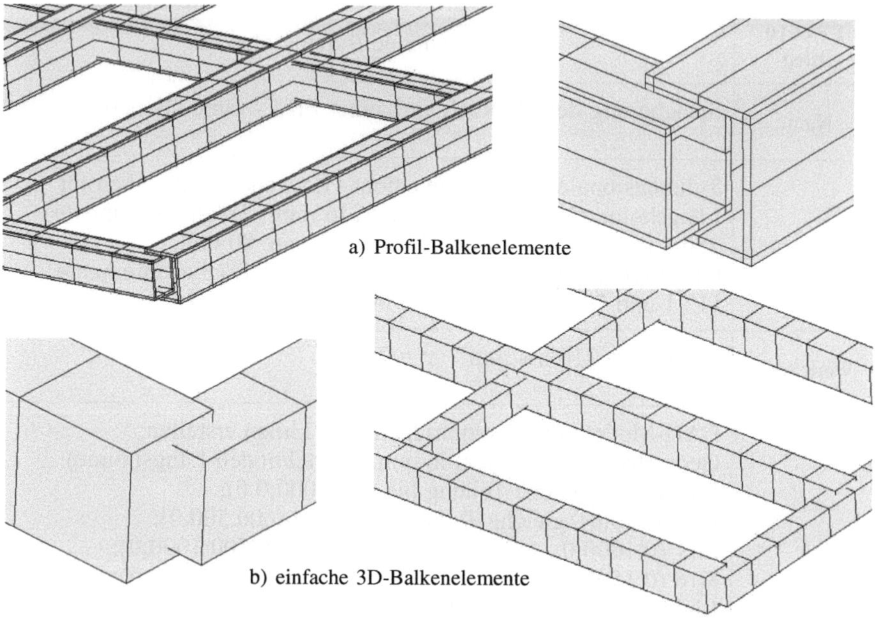


**Abb. 5.23.** Übergänge zwischen Längsholmen und Querstreben am Rechteck-Gitterrost bei Anwendung von a) Profil-Balkenelementen und b) einfachen 3D-Balkenelementen

Der geometrische Aufbau des Modells erfolgt in 4 Schritten (Tafel 5/10). Nach der Eingabe der Keypoints können die Linien für die Längsholme im Viertelmodell im 1. Schritt gebildet werden. Eingegeben wurden nur die begrenzenden 8 Keypoints, denn das gleichmäßige Auffüllen der Zwischenpunkte kann jedes FE-System automatisch ausführen. Im 2. Schritt werden die Linien für die Querstreben erstellt.

Nachdem im Viertelmodell die Linien 1 bis 16 mit den Elementedaten für die Längsholme und die Linien 17 bis 31 mit den Elementedaten für die Querstreben vernetzt wurden, kann im 3. Schritt um die x-Achse und im 4. Schritt um die y-Achse gespiegelt werden. Da bei der Spiegelung die vorhandene Datenbasis mit Keypoints, Linien, Elementen und Knoten an der betreffenden Achse als komplette Kopie angelegt wird, kommt es an den Spiegelachsen zur Verdopplung aller Werte. Die Doppelwerte müssen unbedingt entfernt werden.

Die Auswertung der Ergebnisse gibt mit dem Wert für die maximale Durchbiegung von Uz = 75,3 mm eine Größenordnung an, die anscheinend gegen die FE-Bedingungen der kleinen Verschiebungen verstößt und einen nichtlinearen Rechnungsansatz erfordern müsste. Bei Betrachtung der Baulänge von 8000 mm bleibt der lineare Ansatz vertretbar.

Eine Verifizierung des Ergebnisses mit Hilfe einer Überschlagsrechnung wird vorgenommen. Mit dem Gitterrost liegt ein Bauteil vor, dessen Gestalt nicht in das klassische Muster von Übungsbeispielen der technischen Mechanik passt. Die überschlägige Rechnung muss deshalb eine Reihe von Annahmen ertragen. Das Recht-

| FE-A10 Bieg | Allgemeine Befehlsfolge |
|---|---|
| Name | Speicherung der FE-Rechnung unter FILE-Name "Bieg10" |
| Elemente | 3-dimensionales Balkenenelement - notwendige Eingaben für Längsholm: Querschnittsfläche 2016 $mm^2$, Trägheitsmomente 280,5 und 196 $cm^4$, Höhe 100 mm, Breite 80 mm, Querstrebe: Querschnittsfläche 1300 $mm^2$, Trägheitsmomente 113,1 und 71,1 $cm^4$, Höhe 80 mm, Breite 60 mm, |
| Werkstoffe | Stahl: $E_{St}$= 210 kN/$mm^2$  $\nu$ = 0,3 |
| Geometrie | CAD-Modell aus Geometriepunkten, Linien erstellen;<br>Geometriepunkte (x;y;z) in mm (Viertelmodell Längsholme):<br>K1 (0;0;0), gleiche Teilung bis K5 (4000;0;0);<br>K6 (0;500;0), gleiche Teilung bis K10 (4000;500;0);<br>K11 (0;1000;0), gleiche Teilung bis K15 (4000;1000;0);<br>K16 (0;1500;0), gleiche Teilung bis K20 (4000;1500;0);<br>Linien bilden: L1(K1,K2), L2(K2,K3), L3(K3,K4), L4(K4,K5), L5(K6,K7), L6(K7,K8), L7(K8,K9), L8(K9,K10), L9(K11,K12), L10(K12,K13), L11(K13,K14), L12(K14,K15), L13(K16,K17), L14(K17,K18), L15(K18,K19), L16(K19,K20);<br>Linien bilden (Viertelmodell Querstreben):<br>L17(K1,K6), L18(K6,K11), L19(K11,K16), L20(K2,K7), L21(K7,K12), L22(K12,K17), L23(K3,K8), L24(K8,K13), L25(K13,K18), L26(K4,K9), L27(K9,K14), L28(K14,K19), L29(K5,K10), L30(K10,K15), L31(K15,K20); |
| Vernetzung | Elementeanzahl definieren (alle Elemente Länge 100 mm):<br>Linien 1 bis 16 selektieren, Elementedaten Längsholm zuordnen;<br>Linien 17 bis 31 selektieren, Elementedaten Querstreben zuordnen;<br>Elemente und Knoten spiegeln an x- und y-Achse; FE-Modell regenerieren (Doppelwerte an Spiegelachsen entfernen); |
| Randbedingungen | Lagerung: K20, K40, K60, K80, für alle Uz=0 ;<br>Belastung in N: K7, K27, K47, K67, an jedem Fz= – 5000 setzen; |
| Berechnung und Ergebnisse | Ansatz: statisch, linear,<br>Charakteristische Größe: Verschiebung der Knoten,<br>Verschiebungen in mm: $Uz_{max}$= 75,3;<br>Biegespannungen in N/$mm^2$: $\sigma_{bmax}$= 114 ; |

*x , y , z* Koordinaten im globalen kartesischen Koordinatensystem,
*Ux , Uy , Uz , ROTx , ROTy , ROTz* Verschiebungen und Verdrehungen,
*K* Keypoint (Geometriepunkt im CAD-Modell), *L* Line (Linie im CAD-Modell),
*N* Node (Knoten im FE-Modell), *E* Element (Element im FE-Modell),
*FE-A* Finite Elemente Anwendungsbeispiel,

Fortsetzung nächste Seite

<table>
<tr><th>FE-A10<br>Bieg</th><th>Bildfolge</th></tr>
<tr><td>Geometrie</td><td>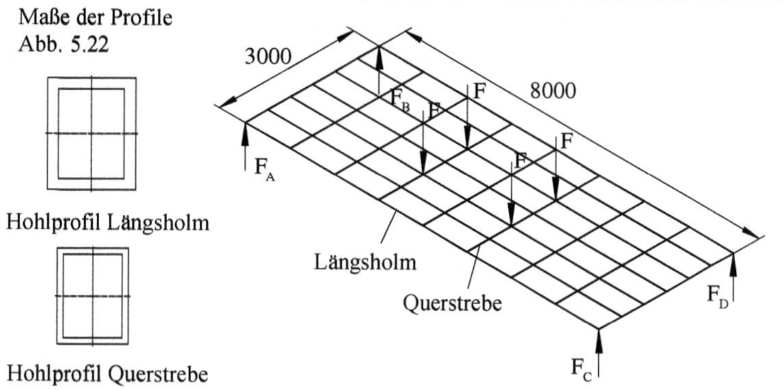
</td></tr>
<tr><td>Vernetzung<br>Randbedin-<br>gungen</td><td>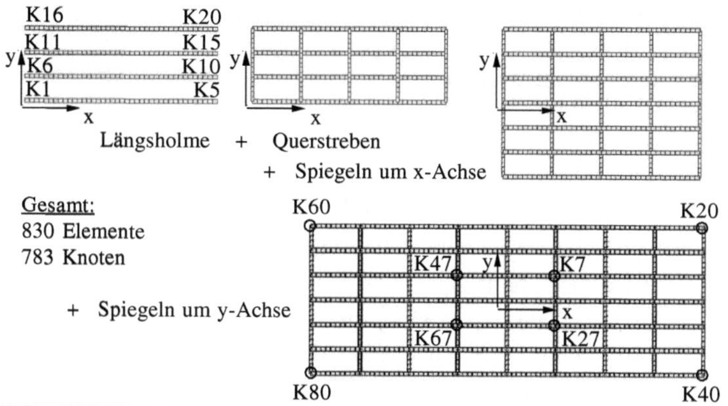
</td></tr>
<tr><td>Grafische<br>Ergebnisse</td><td>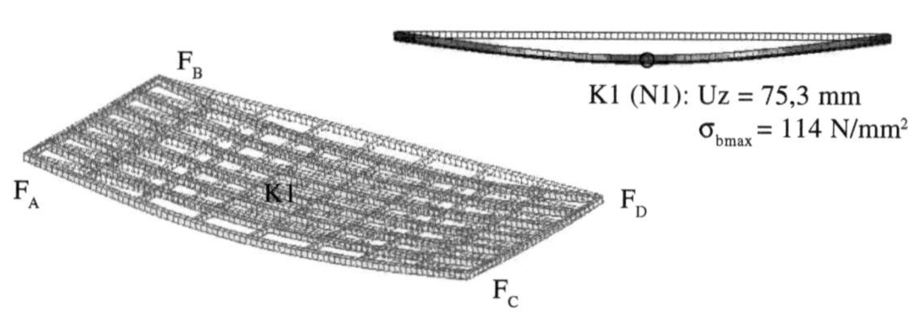
</td></tr>
</table>

**Tafel 5/10:** Biegebelastung an einem Gitterrost – Anwendung von 3D-Balkenelementen

eck-Gitterrost wird auf den Belastungsfall Träger auf 2 Stützen mit mittig angreifender Kraft reduziert. Für die Durchbiegung unter der Kraftstelle gilt nach Gl. 5.12

$$Uz = \frac{F_{ges} \cdot l^3}{48 \cdot E \cdot I_{ü}} = \frac{20000\,N \cdot (8000\,mm)^3}{48 \cdot 2{,}1 \cdot 10^5\,N/mm^2 \cdot 1{,}23 \cdot 10^7\,mm^4} = 82{,}6\,mm$$

Während für $F_{ges}$ die 4 Einzelkräfte zusammengefasst und in der Mitte des Gitterrostes angenommen werden, wird für das Flächenträgheitsmoment ein überschlägiger Wert $I_ü$ zugrunde gelegt. Das Flächenträgheitsmoment für die 7 Längsholme ist durch Addition der Einzelträgheitsmomente ($I_{yL}$ = 280,5 $cm^4$) gegeben. Die Querstreben dagegen sind so angeordnet, dass die Anwendung des Satzes von STEINER erforderlich wäre. Diese Anforderung ist für eine Überschlagsrechnung unpassend. Es wird für die Querstrebe das Einzelträgheitsmoment $I_{xQ}$ = 71 $cm^4$ verwendet. Bei 7 Querstreben ergibt sich das überschlägige Flächenträgheitsmoment zu

$$I_ü = \frac{7 \cdot I_{yL} + 7 \cdot I_{xQ}}{2} = 1230\,\text{cm}^4$$

Der Vergleich der Durchbiegungen zeigt, dass die Überschlagsrechnung (82,6 mm) und das FE-Ergebnis (75,3 mm) in der Größenordnung übereinstimmen. Der FE-Ansatz ist brauchbar.

**Berücksichtigung des Eigengewichtes:**

Als Besonderheit am vorliegenden Modell tritt die zu beachtende Erfassung des Eigengewichtes der immerhin 8 m langen und 3 m breiten Konstruktion auf. Das Eigengewicht kann als Elementelast in Form einer Pressung auf die 3D-Balkenelemente aufgebracht werden. Das bereits bekannte Zuordnungsproblem der Längen wirkt sich auch hier beeinflussend aus.

Das Modell nach Tafel 5/10 wird ergänzt. Für die Belastungen aus dem Eigengewicht werden für die Längsholme und die Querstreben die Gewichte ermittelt. Für die Berechnungen werden 100 mm lange Elemente zugrunde gelegt.

Für die Längsholme ergibt sich mit den Daten

Profilquerschnitt $A_L$ = 2016 $mm^2$, Elementelänge $l$ = 100 mm,

Dichte (Stahl) $\rho$ = 7,85 $kg/dm^3$

für ein 100 mm langes Element eine Masse von $m_L = A_L \cdot l \cdot \rho = 1{,}583$ kg.

Die 7 Längsholme mit jeweils 8000 mm ergeben $m_{Lges} = 886{,}5$ kg

oder ausgedrückt als Gewicht $G_L = m_{Lges} \cdot g = 8697$ N.

Damit wird die spezifische Linienlast $q_{0L} = \dfrac{G_L}{l_{ges}} = 0{,}155$ N/mm .

Für die Querstreben ergibt sich mit den Daten

Profilquerschnitt $A_Q$ = 1300 $mm^2$, Elementelänge $l$ = 100 mm,

Dichte (Stahl) $\rho$ = 7,85 $kg/dm^3$

für ein 100 mm langes Element eine Masse von $m_Q = A_Q \cdot l \cdot \rho = 1{,}02$ kg.

Die 54 Querstreben werden nicht mit jeweils 500 mm berücksichtigt, sondern wegen der Lage der Längsholme nur mit 420 mm, $m_{Qges} = 231{,}3$ kg

oder ausgedrückt als Gewicht $G_Q = m_{Qges} \cdot g = 2269$ N.

Damit wird die spezifische Linienlast $q_{0Q} = \dfrac{G_Q}{l_{ges}} = 0{,}1$ N/mm .

Die Last aus dem Eigengewicht des Rechteck-Gitterrostes mit gesamt 10966 N stellt eine Größe dar, die nicht zu vernachlässigen ist. Bezogen auf die äußeren Kräfte von 20000 N wird mehr als ein Drittel der Gesamtbeanspruchung ausgedrückt.

Im Modell nach Tafel 5/10 ist unter den Randbedingungen die Linienlast einzubringen. Nach dem Selektieren der Elemente der Längsholme bzw. der Querstreben können die Gewichtslasten in Form von Linienlasten aufgebracht werden.

| | |
|---|---|
| Randbedingungen | Lagerung: K20, K40, K60, K80, für alle Uz=0 ;<br>Belastung in N: K7, K27, K47, K67, an jedem Fz= – 5000 setzen;<br>Linienlast in N/mm: 0,155 auf Längsholm-Elemente;<br>0,1 auf Querstreben-Elemente |
| Berechnung und Ergebnisse | Ansatz: statisch, linear,<br>Charakteristische Größe: Verschiebung der Knoten,<br>Verschiebungen in mm: $Uz_{max}$ = 103,75;<br>Biegespannungen in N/mm²: $\sigma_{bmax}$ = 156 ; |

Die FE-Berechnung liefert dann erwartungsgemäß höhere Verformungen und Spannungen. Die grafischen Ergebnisse zeigen keine qualitativen Unterschiede und werden deshalb nicht wiederholt dargestellt.

### 5.3.3 Anwendung von Schalenelementen

Schalenelemente im Raum können Belastungen quer zur Fläche und parallel zur Fläche aufnehmen. Konzentrierte Kräfte können wie üblich auf Keypoints oder Knoten gesetzt werden. Bei Pressungen ist die entsprechende Fläche des Elementes zu definieren und die Richtung der Pressung vorzugeben.

Schalenelemente können Biege- und Membranspannungen wiedergeben. Unter einer Membran versteht man ein an den Flächenenden vorgespanntes, dünnwandiges Tragwerk. An beliebigen Schnitten der Fläche treten durch die Vorspannungen Normalspannungen gleicher Größe über der Wanddicke auf, d. h. die Membranspannungen.

Bei Belastungen quer zur Fläche entstehen Biegespannungen, die sich an Ober- und Unterseite der Fläche unterscheiden. Bei der Auswertung der Ergebnisse einer FE-Berechnung muss deshalb zwischen Schalenoberseite, Schalenunterseite (Membran- plus Biegespannungen) und der Schalenmittelebene (Membranspannungen) ausgewählt werden.

Bei der Übertragung der Geometrie ist zu beachten, dass die Knoten des Schalenelementes auf die Schalenmittellinie bezogen sind, d. h. bei der Generierung des Modells muss ihre Position um die halbe Schalendicke versetzt eingegeben werden.

**Druckbeanspruchung eines Rohres**

In einem Alu-Rohr (Wanddicke 5 mm, Länge 700 mm) mit dem Profil nach Abb. 5.24. herrscht ein Unterdruck von 1 bar. Die Enden des Rohres sind an den Enden fest eingespannt. Es liegen Flächen vor, deren Dicke gegenüber den anderen Abmessungen klein ist.

Diese geometrische Eigenschaft muss bei der Modellbildung besonders berücksichtigt werden. Wegen der räumlichen Ausdehnungen des Körpers sind Volumen-

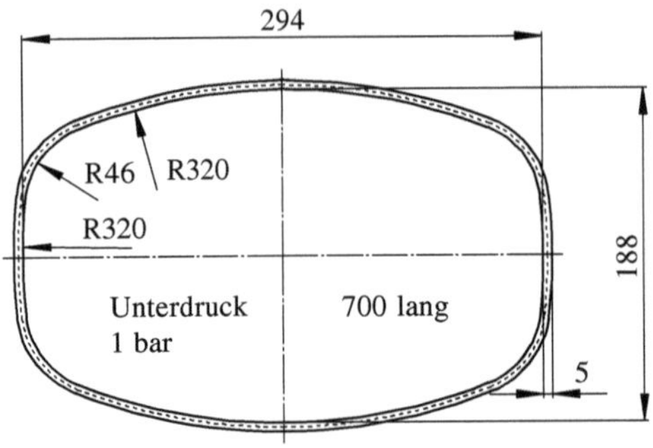


Abb. 5.24. Profil des Alu-Rohres - Anwendung von Schalenelementen

elemente erforderlich. Die dünne Wanddicke kann mit Rechteck-Volumenelementen nur unzureichend abgebildet werden.

Schalenelemente besitzen für diesen Anwendungsfall wesentlich bessere Eigenschaften. Sie sind wie Scheibenelemente ebene Elemente, lassen sich aber beliebig im Raum anordnen und besitzen an jedem Knoten je 3 Translations- und Rotationsfreiheitsgrade.

Das Volumen der Wand lässt sich über eine Definition der Schalendicke angeben. Im vorliegenden Fall ist eine gleichmäßige Dicke über die Elementfläche notwendig. Ist die Dicke über die Fläche nicht konstant, könnten die Abmessungen an den Knoten vorgegeben werden.

Die Bemaßungen sind auf die Innenwand bezogen, d. h. dieser Raum ist durch die Schalenelemente einzuschließen. Bei einer Wanddicke von 5 mm wird die gepunktet dargestellte Schalenmittellinie im Abstand von 2,5 mm zur Innenwand als Ort für die Knotenpositionen verwendet.

Das Profil des Alu-Rohres besitzt ideale Symmetrieeigenschaften. Nicht nur im Profilschnitt kann mit einem Viertelabschnitt die geometrische Symmetrie genutzt werden. Auch über die Rohrlänge ist nur ein Abschnitt notwendig (Abb. 5.25.). Möglich geworden sind diese günstigen Bedingungen nur, weil die äußere Last in Form des Unterdruckes im Rohrinneren ebenfalls symmetrisch wirkt.

Das Modell lässt sich auf dieser Basis einfach erstellen. Die Keypoints K1 bis K4 beschreiben die Übergangspunkte der Radien. Der entstandene Linienzug des Viertelprofils wird verwendet, um entlang der Leitlinie L4 die Flächen A1 bis A3 zu generieren (Tafel 5/11). Nach der Vorgabe für die Anzahl der Elemente an den Linien erfolgt das Vernetzen. Die Symmetrie bezieht sich auf die Freiheitsgrade an den x- und y-Achsen. An der z-Achse wird die Symmetrie bei z = 350 mm angesetzt.

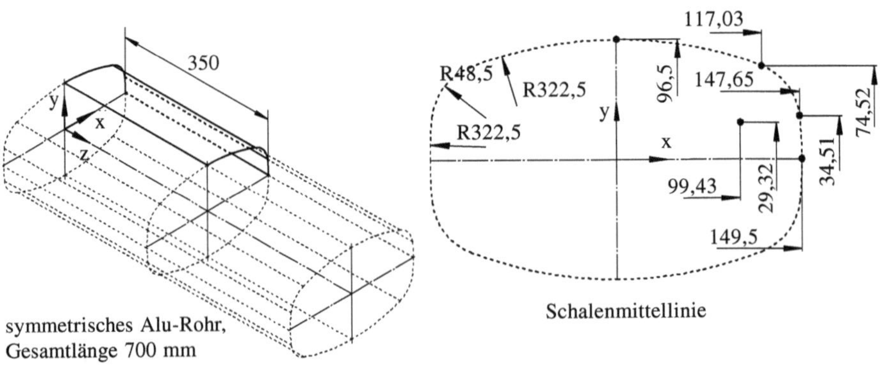


Abb. 5.25. Symmetrien am Alu-Rohr – Anwendung von Schalenelementen

Der Unterdruck im Rohr wird über eine Pressung erzeugt. Alle Elemente sind von der Druckübertragung (1 bar = 0,1 N/mm$^2$) betroffen. Die Richtung des Druckes lässt sich steuern. Die Elemente können von innen oder außen angesteuert werden. Gelagert wird an den Enden des Rohres in x- und y-Richtung.

| **FE-A11 Bieg** | Allgemeine Befehlsfolge |
|---|---|
| Name | Speicherung der FE-Rechnung unter FILE-Name "Bieg11" |
| Elemente | 2-dimensionales Schalenelement (4 Knoten) - notwendige Eingaben: Schalendicke s = 5 mm |
| Werkstoffe | Aluminium: $E_{Al}$= 70 kN/mm$^2$ $\nu$ = 0,3 |
| Geometrie | CAD-Modell aus Geometriepunkten, Flächen erstellen;<br>Geometriepunkte (x;y) in mm: K1(149,5;0), K2(147,65;34,51), K3(117,03;74,52), K4(0;96,5), K5(-173;0), K6(99,43;29,32), K7(0;-226),<br>Kreisbogen bilden: L1(K1,K2), L2(K2,K3), L3(K3,K4),<br>Profil zur Fläche ziehen: Zielpunkt K8(149,5;0;350); Leitlinie L4(K1,K8); Flächen A1, A2, A3 entlang L4 ziehen; |
| Vernetzung | Elementeanzahl (Rechteckelemente) definieren: 3 an L1,L5; 6 an L2,L8; 8 an L3,L10; 12 für alle anderen Linien; es werden 204 Elemente mit 234 Knoten generiert; |
| Randbedin-gungen | Lagerung: selektiert über kartesisches Koordinatensystem (z=0); Ux=0, Uy=0 gesetzt;<br>Pressung in N/mm$^2$: alle Elemente innen p = 0,1 gesetzt;<br>Symmetrien: selektiert über kartesisches Koordinatensystem (x=0), Symmetrie zur x-Achse; (y=0), Symmetrie zur y-Achse; (z=350), Symmetrie zur z-Achse; |
| Berechnung und Ergebnisse | Ansatz: statisch, linear,<br>Charakteristische Größe: Verschiebung der Knoten,<br>Verschiebungen in mm: an K12 (N139) Uy = – 1,36;<br>an K8 (N17) Ux = 0,61;<br>Spannungen in N/mm$^2$: v.-Mises-Vergleichsspannung Schalenmitte an K12 (N139) $\sigma_v$= 21,3 N/mm$^2$, an K8 (N17) $\sigma_v$= 24,2 N/mm$^2$ |
| *x , y , z* Koordinaten im globalen kartesischen Koordinatensystem,<br>*Ux , Uy , Uz , ROTx , ROTy , ROTz* Verschiebungen und Verdrehungen,<br>*K* Keypoint (Geometriepunkt im CAD-Modell), *L* Line (Linie im CAD-Modell),<br>*N* Node (Knoten im FE-Modell), *E* Element (Element im FE-Modell),<br>*FE-A* Finite Elemente Anwendungsbeispiel, | |

Fortsetzung nächste Seite

| **FE-A11 Bieg** | Bildfolge |
|---|---|
| Geometrie | 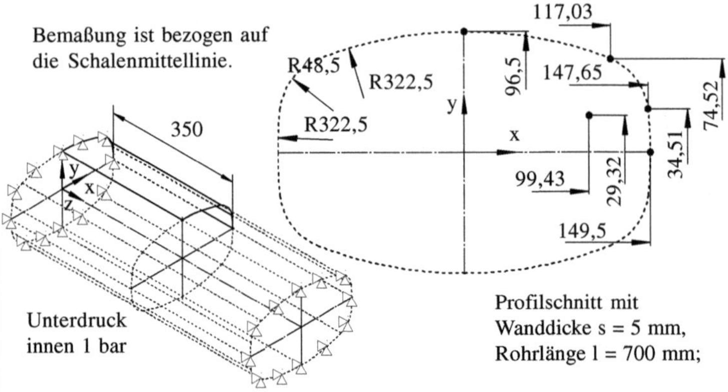 |
| Vernetzung Randbedingungen | 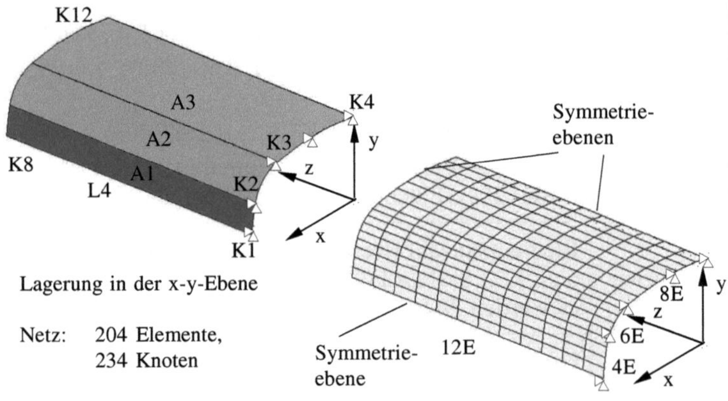 |
| Grafische Ergebnisse | 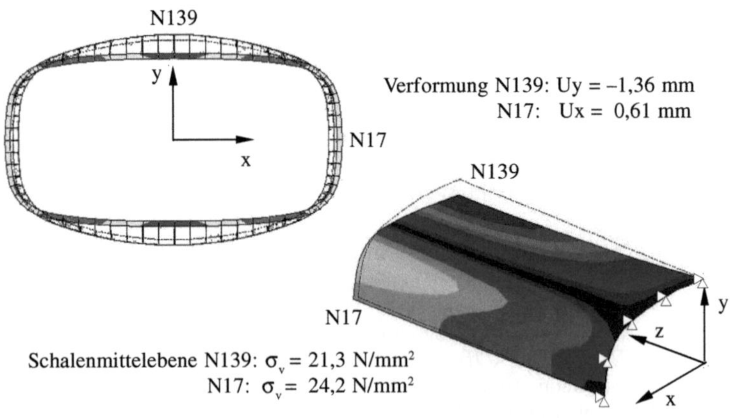 |

**Tafel 5/11:** Unterdruck in einem Alu-Rohr - Anwendung von Schalenelementen

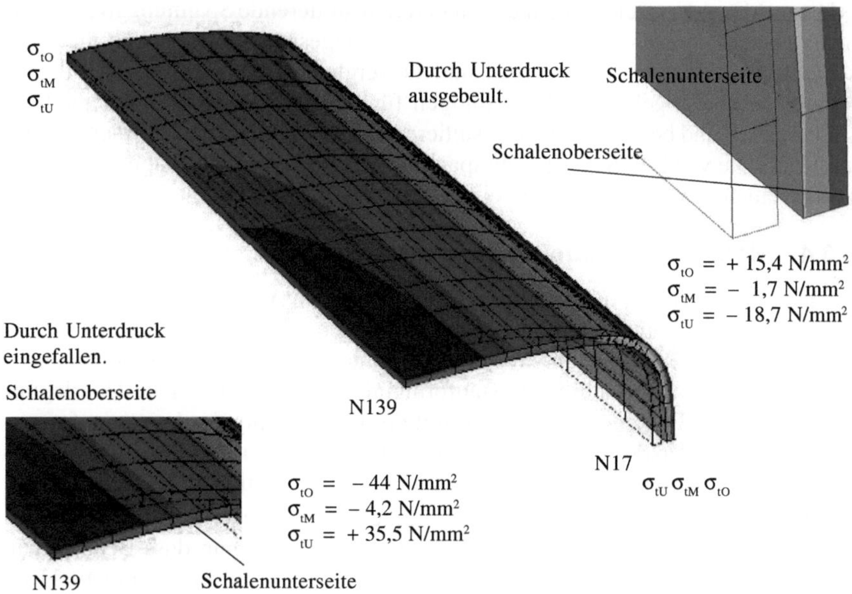


**Abb. 5.26.** Membranspannungen an der Schalenoberseite, Schalenmittelebene und Schalenunterseite für die Knoten N139 (K12) und N17 (K8)

Die Gestalt des Rohres ermöglicht nur eine sehr begrenzte überschlägige Berechnung. Mit der sogenannten „Kesselformel" können dünnwandige zylindrische Behälter großer Länge berechnet werden. Die Dünnwandigkeit ist gegeben. Es liegt aber kein zylindrischer Körper vor. Die grafischen Ergebnisse in Tafel 5/11 zeigen eine ungleiche Verformung bezogen auf die Achsen.

Trotz der Länge von 700 mm wirkt sich auch die Art der Lagerung auf das Verformungsverhalten aus. Die verwendete Bindung der Freiheitsgrade in x- und y-Richtung bringt einen maximalen Wert der Verformung von Uy = − 1,36 mm. Bindet man in den Lagerstellen zusätzlich die Momente, entsteht eine veränderte Verformungslinie und es kommt etwa zu einer Halbierung des maximalen Verformungswertes.

Unter diesen Einschränkungen ist die Lösung mit der „Kesselformel"

$$\sigma_t = \frac{p \cdot D}{2 \cdot s} = \frac{0{,}1\,\mathrm{N/mm^2} \cdot 125\,\mathrm{mm}}{2 \cdot 5\mathrm{mm}} = 1{,}25\,\mathrm{N/mm^2}$$

zu bewerten. Die Spannung $\sigma_t$ als Membranspannung ist konstant über die Wanddicke und lässt sich vergleichen zur Tangentialspannung $\sigma_{tM}$ der Schalenmittelebene (Abb. 5.26.). Am Knoten N139 lautet der Wert $\sigma_{tM} = -4{,}2$ N/mm² und am Knoten N17 $\sigma_{tM} = -1{,}7$ N/mm². Die Minuszeichen stehen für Druck. Die FE-Lösung und die überschlägige Berechnung sind in ausreichender Näherung. Das Schalenelement ermöglicht auch die Anzeige tangentialer Spannungen an den Schalenober- und Schalenunterseiten.

Die v.-Mises-Vergleichsspannungen liefern resultierende Spannungswerte, bei denen zwischen Druck- und Zugzonen wie bei Biegespannungen üblich nicht unterschieden werden kann. In Tafel 5/11 sind die Vergleichsspannungswerte für die Schalenmittelebene abgebildet. Darstellungen für Schalenober- und Schalenunterseite sind möglich und beschreiben das resultierende Spannungsverhalten innen und außen am Rohr. Die v.-MISES-Vergleichsspannungen bilden die Grundlage für die Aussagen zur ausreichenden Festigkeit eines Bauteiles.

### 5.3.4 Modelle mit Volumenelementen

Die Nutzung von Volumenelementen erscheint den Anwendern häufig als attraktivster Ansatz bei einer FE-Berechnung. Mit einer solchen Entscheidung sind aber nicht nur Vorteile verbunden. Abgesehen von der Zunahme der Modelldaten, werden vor allem im Bereich der Lastaufbringung und Lagerung neue Überlegungen notwendig. Bei Balkenelementen gilt mit der Generierung der Lasten auf einzelne Knoten das Prinzip der Übertragung der Kräfte im Schwerpunkt. Andere Mittel stehen auch bei klassischen Berechnungen nicht zur Verfügung.

Ein Modell mit 3-dimensionalen Volumenelementen ermöglicht und fordert mitunter auch andere Zuordnungen und Aussagen. Nicht nur, dass Beanspruchungen im Inneren des Körpers ausgewertet werden können, auch Lagerung und Einleitung der äußeren Last lassen sich praxisnäher verwirklichen. Genau genommen ist es sogar zwingend, den aufwendigeren geometrischen Modell auch qualitativ höhere Randbedingungen zuzuordnen.

#### I. Balken mit Rechteckquerschnitt

Für den Balken mit Rechteckquerschnitt nach Abschn. 5.1.4 (Abb. 5.6.) wird das FE-Modell erstellt. Um die Lösung nach elementarer Festigkeitslehre mit der FE-Lösung vergleichen zu können, werden die Randbedingungen weitestgehend Verhältnissen der technischen Mechanik angepasst.

An den Lagerstellen der Lager A und Lager B (Tafel 5/12) wird jeweils nur 1 Knoten auf der z-Achse genutzt. Es werden die Freiheitsgrade in x-, y- und z-Richtung Null gesetzt. Die Kräfte Fx und Fy belasten nur einen Knoten auf der z-Achse im Inneren des Balkens.

Das CAD-Modell wird über einen Block dargestellt. Die Vernetzung lässt sich für die einfache Gestalt an den Linien steuern. Die Anzahl der Elemente reichte aus, um eine gute Übereinstimmung zu den Ergebnissen nach Abschn. 5.1.4 zu erreichen. Die Durchbiegungen an der Kraftstelle sind praktisch identisch. Die Biegespannungen an den Eckpunkten des Schnittes in der Kraftebene treten stark angenähert auf. Die Spannungsverteilung im Inneren des Balkens verweist auf eine Verzerrung, die es dort nicht geben kann und nur wegen der Kraftkonzentration an einem Knotenpunkt entsteht.

Vergleiche zwischen Lösungen nach elementarer Festigkeitslehre und Lösungen nach FE-Rechnungen mit Volumenelementen leiden immer unter dem Problem der nicht vergleichbaren Bedingungen des Rechenansatzes.

Der FE-Ansatz erfordert nämlich die Beurteilung eines realen Bauteiles. Die Zuordnung einer Kraft auf einen Knoten bzw. das Lagern auf einen Knoten kann praktisch nicht verwirklicht werden. Verteilt man aber Lasten und Lagerung auf mehrere Knoten, entsteht zwingend die Frage, wie viele denn zu beteiligen sind. Auch mit dem Aufbringen einer Pressung entsteht eine wirklichkeitsnähere Beschreibung des realen Bauteils bei gleicher Fragestellung.

Alle diese Maßnahmen bedeuten aber eine veränderte Definition des Modells und die Abkehr vom Ansatz der elementaren Festigkeitslehre. Es folgt daraus, dass sich Lösungen nur näherungsweise vergleichen lassen.

| **FE-A12 Zug** | Allgemeine Befehlsfolge |
|---|---|
| Name | Speicherung der FE-Rechnung unter FILE-Name "Zug12" |
| Elemente | 3-dimensionales Volumenelement (8 Knoten) |
| Werkstoffe | Stahl: $E_{St}$= 210 kN/mm² $\nu$ = 0,3 |
| Geometrie | CAD-Modell aus geometrischen Grundkörper "Rechteckblock" erstellen - Nummern für Keypoints und Linien werden vom FE-System automatisch vergeben;<br>Koordinaten des Rechteckblocks in mm: $x_1$= – 5; $y_1$= – 10; $z_1$= 0; $x_2$= 5; $y_2$= 10; $z_2$= 150; |
| Vernetzung | Elementeanzahl (Rechteckelemente) definieren: 30 an L9, L10, L11, L12; 4 an L6, L8; 2 an L5, L7; es werden 240 Elemente mit 465 Knoten generiert; |
| Randbedingungen | Lagerung: Lager A selektiert über kartesisches Koordinatensystem (z=0, y=0, x=0); Ux=0, Uy=0, Uz=0 gesetzt;<br>Lager B selektiert über kartesisches Koordinatensystem (z=150, y=0, x=0); Ux=0, Uy=0, Uz=0 gesetzt;<br>Belastung in kN: selektiert über kartesisches Koordinatensystem (x=0, y=0, z=75); Fy= – 250 gesetzt; selektiert über kartesisches Koordinatensystem (x=0, y=0, z=75); Fx= – 433 gesetzt; |
| Berechnung und Ergebnisse | Ansatz: statisch, linear,<br>Charakteristische Größe: Verschiebung der Knoten,<br>Verschiebungen in mm: Knoten N422 Ux= – 0,0882; Uy= – 0,0135;<br>Lagerkräfte in N: Fx = 216,5; Fy = 125; (Lager A, Lager B) |
| *x , y , z* Koordinaten im globalen kartesischen Koordinatensystem,<br>*Ux , Uy , Uz , ROTx , ROTy , ROTz* Verschiebungen und Verdrehungen,<br>*K* Keypoint (Geometriepunkt im CAD-Modell), *L* Line (Linie im CAD-Modell),<br>*N* Node (Knoten im FE-Modell), *E* Element (Element im FE-Modell),<br>*FE-A* Finite Elemente Anwendungsbeispiel, | |

Fortsetzung nächste Seite

| FE-A12 Zug | Bildfolge |
|---|---|
| Geometrie | 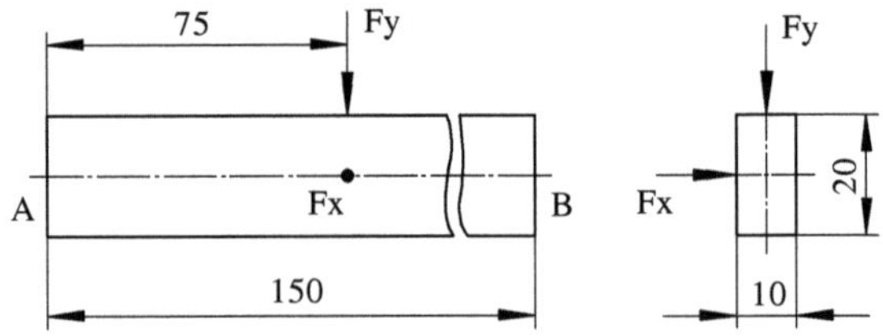 |
| Vernetzung Randbedingungen | 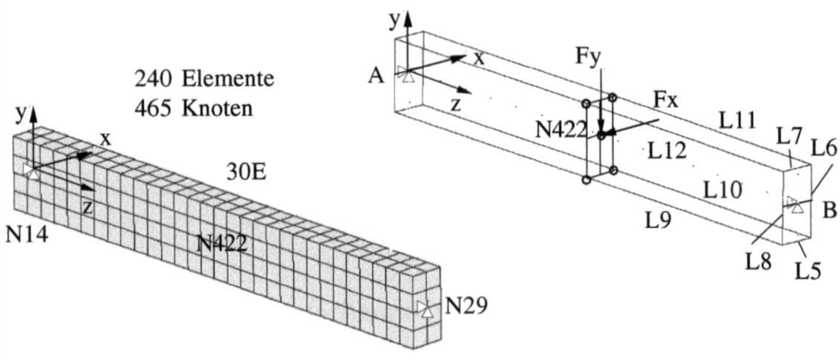 |
| Grafische Ergebnisse | 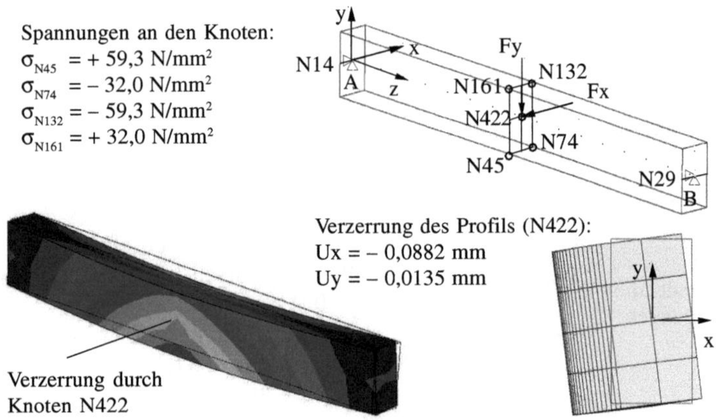 |

**Tafel 5/12:** Biegebelastung an einem Rechteckbalken - Anwendung von Volumenelementen

## II. Variabler T-Träger aus Volumenelementen

In Tafel 5/9 wurde bereits ein T-Träger bei Belastung durch eine mittige Kraft gerechnet. Die verwendeten 3D-Profil-Balkenelemente ermöglichten über pseudografische Darstellungen und nachgesetzte Spannungsberechnungen volumenähnliche Auswertungen.

Im Modell nach Tafel 5/13 wird der T-Träger mit Volumenelementen generiert. Damit liegt ein echtes 3D-FE-Modell für den T-Träger vor. Es kommen außerdem

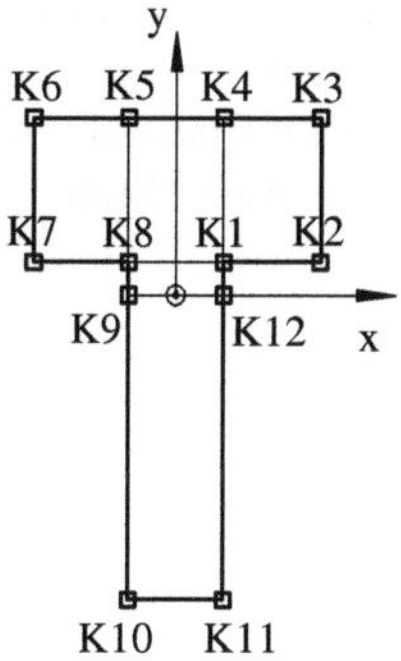


Position der Keypoints:

K1 → $x_1 = s/2$, $y_1 = e1 - t$
K2 → $x_2 = b/2$, $y_2 = e1 - t$
K3 → $x_3 = b/2$, $y_3 = e1$
K4 → $x_4 = s/2$, $y_4 = e1$
K5 → $x_5 = - s/2$, $y_5 = e1$
K6 → $x_6 = - b/2$, $y_6 = e1$
K7 → $x_7 = - b/2$, $y_7 = e1 - t$
K8 → $x_8 = - s/2$, $y_8 = e1 - t$
K9 → $x_9 = - s/2$, $y_9 = 0$
K10 → $x_{10} = -s/2$, $y_{10} = - e2$
K11 → $x_{11} = s/2$, $y_{11} = - e2$
K12 → $x_{12} = s/2$, $y_{12} = 0$

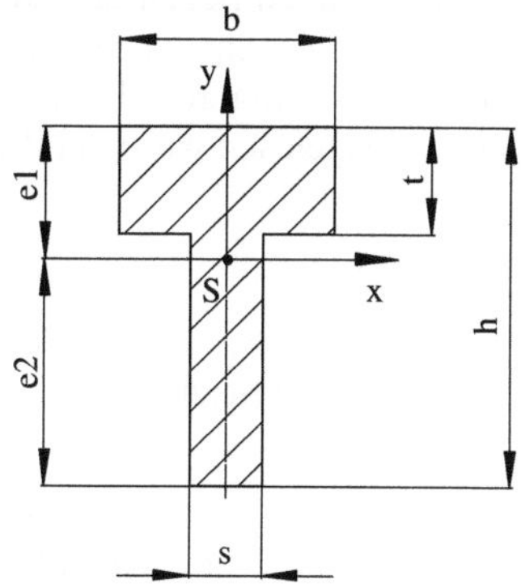


**Abb 5.27.** Definition der Keypoints durch Parameter und mathematische Operatoren

verschiedene FE-Techniken zur Anwendung, die bei prismatischen Körpern Vorteile beim Modellaufbau bringen. Genutzt wird die FE-Technik, das Profil in der Ebene mit 2D-Elementen zu generieren und anschließend nach Aufruf des 3D-Elementes entlang einer Leitlinie zum 3D-Körper zu ziehen. Der besondere Vorteil ergibt sich dabei aus der Übersichtlichkeit bei der Definition der Netzdichte.

Eine weitere FE-Technik stellt sich durch die Nutzung der Parametereingabe in Verbindung mit mathematischen Operatoren dar (Abb. 5.27.). Die Koordinaten der Keypoints K1 bis K12 werden durch allgemeine Parameter beschrieben. Die Keypoints lassen sich in der Folge zur Generierung von Flächen nutzen. Im vorliegenden Fall ist das T-Profil durch 6 Parameter definiert, wobei 4 unmittelbar durch die bekannten Abmessungen vorliegen. Lediglich die Abmessungen für e1 und e2, die sich aus dem Schwerpunkt S ergeben, müssen vorher berechnet werden.

Nach der Zuordnung der Werte für die Parameter und der Steuerung der Elementeanzahl an den Linien kann auf diesem Wege auf einfachste Art ein vernetztes T-Profil in der Ebene abgebildet werden. Andere Parameter bringen unmittelbar ein verändertes T-Profil. Die Einteilung des 2D-Netzes erstreckt sich beim Ziehen entlang einer Leitlinie über den gesamten prismatischen Körper. Das Modell besteht danach aus 3-dimensionalen Volumenelementen. Auf einer Stirnseite befinden sich noch die 2-dimensionalen Plattenelemente, die entfernt werden müssen. Bei dieser Modellbildung lässt sich gut erkennen, wie sich die Netzdichte des ebenen Profils auf die Netzdichte des Volumens auswirkt. Durch Multiplikation des 2D-Netzes mit der Elementedichte auf der Leitlinie entsteht die Gesamtzahl der Volumenelemente.

Die Problematik der Definition der Randbedingungen ist auch bei diesem Modell gegeben (Tafel 5/13). Die Kraft Fy = – 500 N wurde durch Bildung einer gekoppelten Gruppe (z = l/2 = 75 mm) von Knoten aufgebracht. Es wird damit die ungenauere Vorgabe auf 7 Einzelknoten mit Fy = – 500/7 N umgangen. Bei der Lagerung wurden die Knoten nicht gekoppelt. An den Stellen z = 0 und z = 150 mm sind auf jeweils 3 Knoten (y = 0) ein Loslager bzw. Festlager definiert.

Für die Auswertung wird nur die Stelle unter der Kraft herangezogen. Die Durchbiegung beträgt wie im Anwendungsbeispiel nach Tafel 5/9 Uy = – 0,018 mm. Bei den Spannungen liegen die Zugspannungen ($\sigma_z$ = 27,2 N/mm²; Tafel 5/13) nur unwesentlich auseinander. Bei der Druckspannung ($\sigma_d$ = 20,9 N/mm²; Tafel 5/13) tritt eine Verfälschung auf, da die Werte unmittelbar an den Stellen der kraftbelasteten Knoten ausgelesen wurden (Vergleichsspannung $\sigma_v$ = 16,1 N/mm² an dieser Stelle).

| **FE-A13 Zug** | Allgemeine Befehlsfolge |
|---|---|
| Name | Speicherung der FE-Rechnung unter FILE-Name "Zug13" |
| Elemente | 3-dimensionales Volumenelement (8 Knoten)<br>2-dimensionales Scheibenelement (4 Knoten) |
| Werkstoffe | Stahl: $E_{St}$= 210 kN/mm² $\nu$ = 0,3 |
| Geometrie | CAD-Modell in 2 Schritten erstellen - a) Werte für Parameter setzen in mm: b=15; h=25; s=5; t=7,5; e1=9,22; e2=15,78; Geometriepunkte K1 bis K12 über mathematische Operatoren definieren; Flächen A1 bis A5 bilden; Profil vernetzen;<br>b) K13 eingeben (x=s/2; y=e1– t; z=150) ; Linie L17(K1,K17) bilden; vernetztes Profil an Leitlinie L17 ziehen; es enstehen die Volumen V1 bis V5; |
| Vernetzung | Elementeanzahl definieren: a) für 2D-Scheibenelemente 6 an L14, L16; 1 an L12, L13; alle anderen 2;<br>b) für 3D-Volumenelemente 30 an L17;<br>nach 3D-Vernetzung 2D-Scheibenelemente entfernen;<br>es werden 780 Elemente mit 1302 Knoten generiert; |
| Randbedingungen | Lagerung: Lager A selektiert über kartesisches Koordinatensystem (z = 150, y = 0); Uy = 0 gesetzt;<br>Lager B selektiert über kartesisches Koordinatensystem (z = 0 y = 0); Ux = 0, Uy = 0, Uz = 0 gesetzt;<br>Belastung in N: selektiert über kartesisches Koordinatensystem (y = e1 = 9,22; z = 75); Koppelgruppe "Kraft" bilden , Masterknoten festlegen, Fy = – 500 gesetzt; |
| Berechnung und Ergebnisse | Ansatz: statisch, linear,<br>Charakteristische Größe: Verschiebung der Knoten,<br>Verschiebungen in mm: Uy= – 0,018 in Trägermitte;<br>Spannungen in N/mm²: $\sigma_d$ = 20,9 ($\sigma_v$ = 16,1); $\sigma_z$ =27,2; |

*x* , *y* , *z* Koordinaten im globalen kartesischen Koordinatensystem,
*Ux* , *Uy* , *Uz* , *ROTx* , *ROTy* , *ROTz* Verschiebungen und Verdrehungen,
*K* Keypoint (Geometriepunkt im CAD-Modell), *L* Line (Linie im CAD-Modell),
*N* Node (Knoten im FE-Modell), *E* Element (Element im FE-Modell),
*FE-A* Finite Elemente Anwendungsbeispiel,

Fortsetzung nächste Seite

| **FE-A13 Bieg** | Bildfolge |
|---|---|
| Geometrie | 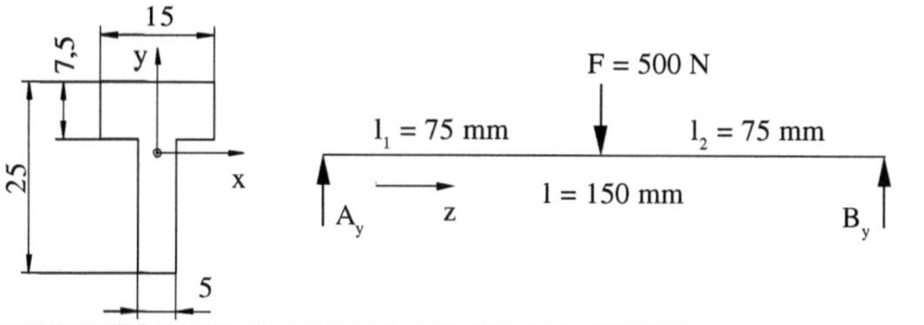 |
| Vernetzung Randbedingungen | 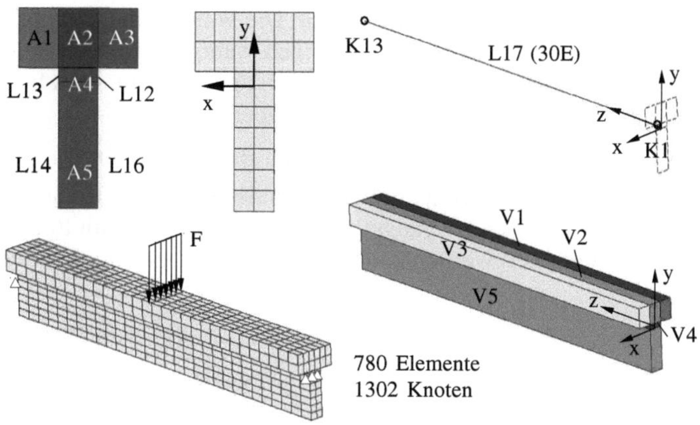 |
| Grafische Ergebnisse | 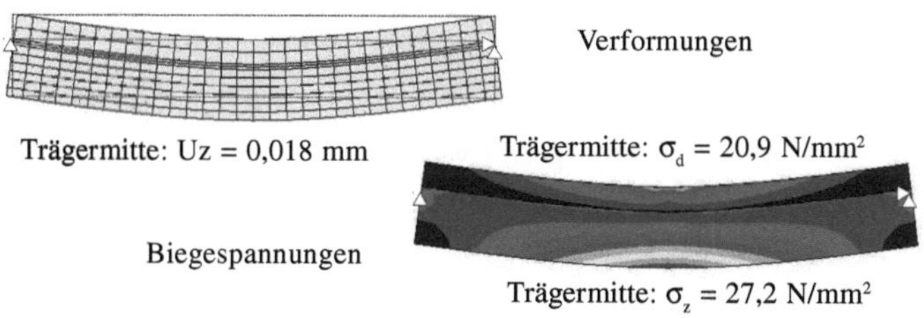 |

**Tafel 5/13:** Biegebelastung an einem T-Träger – Anwendung von Volumenelementen

### III. Abgesetzter Rundstab aus Volumenelementen

Die Generierung eines Rundstabes bei konstantem Querschnitt erfolgte bereits im Abschn. 3.2.3 Tafel 3/5. Dort wurde ausgehend vom geometrischen Grundkörper „Zylinder" über den Viertelzylinder mit nachfolgendem Kopieren an den Symmetrieebenen ein Rundstab aus Volumenelementen erzeugt.

Abgesetzte Rundstäbe wurden bisher in Abschn. 5.2.1 Tafel 5/2 und Tafel 5/3 untersucht. Allerdings lagen den Modellen 2-dimensionale Balkenelemente mit den typischen Merkmalen wie – Lasten und Lager auf einen Knoten bezogen, Spannungsverteilungen in den pseudografischen Darstellungen nicht ermittelt, sondern klassisch berechnet – zugrunde.

Für abgesetzte Rundstäbe aus Volumenelementen werden 2 Modellvarianten betrachtet:

a) Addieren (Verbinden) von Rundstäben unterschiedlicher Abmessungen.

Mit dem geometrischen Grundkörper „Zylinder" können Rundstäbe unterschiedlicher Abmessungen generiert werden (Abb. 5.28.). Die Teilkörper sind so zu positionieren, dass ein nachfolgendes Verbinden möglich wird. Es müssen bei der Variante Teilkörper die Stirnflächen und in der Variante Vollkörper / Hohlkörper die Zylinderflächen deckungsgleich aneinanderliegen. Es sind verschiedene BOOLEsche Operationen möglich. Das direkte Addieren der Teilkörper erbringt ein einziges Volumen. Das Verbinden in Form von „Verkleben" belässt die Teilvolumina, erzeugt aber eine Verbindung zwischen ihnen. Erkennen lässt sich die Verbindung nur in der Linienstruktur. Die Volumendarstellung kann optisch irreführend sein. Es können Verbindungen wahrgenommen werden, die mathematisch nicht existieren. Allen Varianten ist gemeinsam, dass für die Netzgenerierung nur Tetraeder-Volumenelemente geeignet sind.

b) Rotieren von Rechteckflächen zum Rotationsvolumen.

Wird das Volumen des abgesetzten Rundstabes durch Rotation erzeugt, entsteht durch die einfachen Ausgangsflächen ein Körper, der mit Rechteck-Volumenelementen modelliert werden kann (Tafel 5/14). Wegen der Symmetrie des Modells

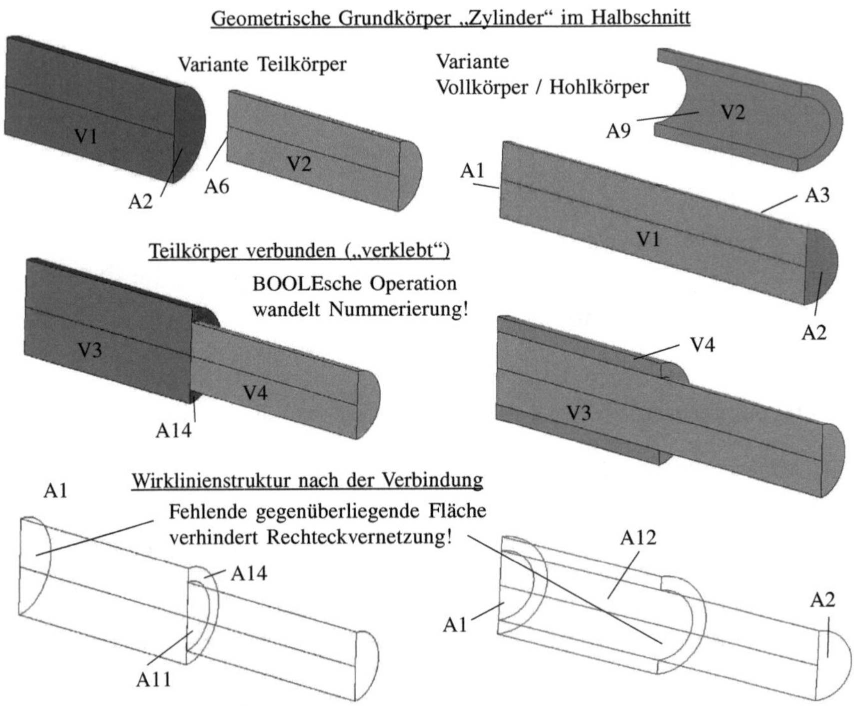


**Abb. 5.28.** Generierung des Volumenmodells abgesetzter Rundstab unter Verwendung des geometrischen Grundkörpers „Zylinder"

empfiehlt es sich, nur einen Halbzylinder abzubilden. Für die wirkende äußere Belastung ist dann F/2 zu setzen. Der Halbzylinder ermöglicht auch unmittelbar den Einblick in das Innere des abgesetzten Rundstabes. Ein großer Einfluss auf die Ergebnisse entsteht durch die Verteilung der Lagerstellen. Werden alle Freiheitsgrade an der Einspannstelle gebunden, kommt es zu einer größeren Versteifung des abgesetzten Rundstabes.

| **FE-A14 Zug** | Allgemeine Befehlsfolge |
|---|---|
| Name | Speicherung der FE-Rechnung unter FILE-Name "Zug14" |
| Elemente | 3-dimensionales Volumenelement (8 Knoten) |
| Werkstoffe | Stahl: $E_{St}$= 210 kN/mm² $\nu$ = 0,3 |
| Geometrie | CAD-Modell aus geometrischen Grundkörper "Rechteck" erstellen - Nummern für Keypoints und Linien werden vom FE-System automatisch vergeben;<br>Koordinaten der Rechtecke in mm: A1. $x_1$=0; $y_1$=0; $x_2$=75; $y_2$=12,5; A2. $x_1$=75; $y_1$=0; $x_2$=150; $y_2$=12,5; A3. $x_1$=0; $y_1$=12,5; $x_2$=75; $y_2$=17,5; Regenerieren zum Entfernen doppelter Strukturen;<br>180°-Volumen bilden durch Rotieren von A1, A2, A3 um x-Achse (Linie zwischen K1 und K6) |
| Vernetzung | Elementeanzahl definieren: 2 an L10; 4 an L2; alle anderen 10;<br>Vernetzen: Volumen V1 bis V6 (Volumen-Rechteckelemente);<br>es werden 640 Elemente mit 891 Knoten generiert; |
| Randbedingungen | Lagerung: 2 Knotenreihen (1. in der z-Achse; 2. in der y-Achse), selektiert über kartesisches Koordinatensystem<br>1. x=0, y=0; Ux=0, Uy=0; 2. x=0, z=0; Ux=0, Uy=0 gesetzt;<br>Belastung in N: an K7 Fy = – 250 gesetzt;<br>Symmetrie: selektiert über kartesisches Koordinatensystem (z=0);<br>Symmetrie zur z-Achse anwenden; |
| Berechnung und Ergebnisse | Ansatz: statisch, linear,<br>Charakteristische Größe: Verschiebung der Knoten,<br>Verschiebungen in mm: Uy= – 0,072 an der Kraftstelle;<br>Spannungen in N/mm²: an der Einspannstelle $\sigma_{vmax}$ = 59,2; |
| *x* , *y* , *z* Koordinaten im globalen kartesischen Koordinatensystem,<br>*Ux* , *Uy* , *Uz* , *ROTx* , *ROTy* , *ROTz* Verschiebungen und Verdrehungen,<br>*K* Keypoint (Geometriepunkt im CAD-Modell), *L* Line (Linie im CAD-Modell),<br>*N* Node (Knoten im FE-Modell), *E* Element (Element im FE-Modell),<br>*FE-A* Finite Elemente Anwendungsbeispiel, | |

Fortsetzung nächste Seite

<table>
<tr><th>FE-A14<br>Bieg</th><th>Bildfolge</th></tr>
<tr><td>Geometrie</td><td>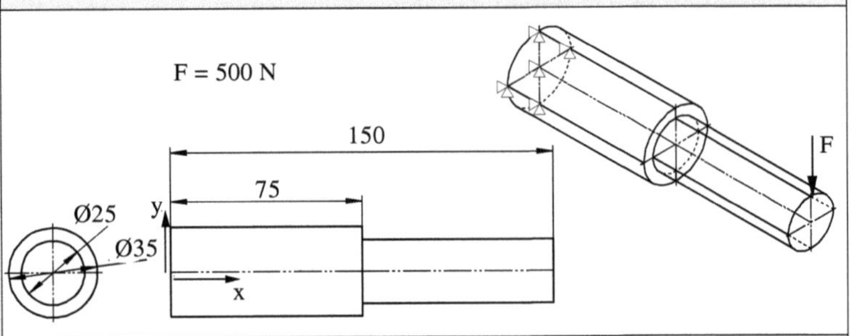<br></td></tr>
<tr><td>Vernetzung Randbedingungen</td><td>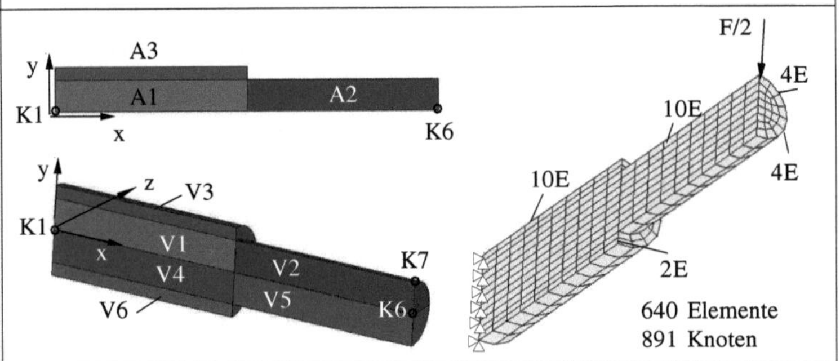<br></td></tr>
<tr><td>Grafische Ergebnisse</td><td>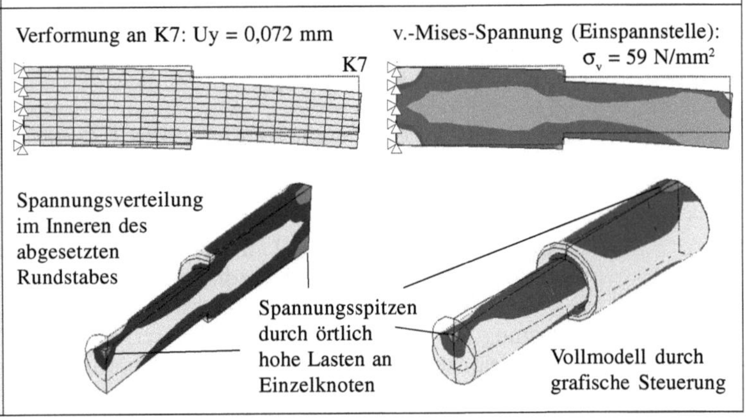<br></td></tr>
</table>

**Tafel 5/14:** Biegebelastung an einem abgesetztem Rundstab – Anwendung von Volumenelementen

Im Beispiel nach Tafel 5/14 wurde nur ein Knotenkreuz an der Einspannstelle selektiert. Die Knoten werden dort in den 3 Hauptrichtungen des Koordinatensystems gebunden. Die Ergebnisse der FE-Berechnung sind damit für dieses System der Lagerung gültig.

In den grafischen Ergebnissen sind für den Kraftangriff und die Lagerung die örtlichen Überzeichnungen erkennbar. Diese sind unvermeidlich, wenn auf Einzelknoten hohe Lasten einwirken.

# 6 Schubbeanspruchungen

Schubbeanspruchungen sind immer eng mit Biegebeanspruchungen verknüpft. Diese setzen ein Biegemoment $M_b$ und eine Querkraft $F_Q$ voraus. Das Biegemoment erzeugt Biegespannungen $\sigma_b$ und die Querkraft Schubspannungen $\tau_s$. Bei langen Stäben ist der Einfluss der Querkraft gering, so dass die Schubspannungen $\tau_s$ meist vernachlässigt werden. Bei kurzen, dicken Stäben dagegen dominieren sie. Eine besondere Form der Schubbeanspruchung stellt die Scherbeanspruchung dar.

Das Wesen der Scherbeanspruchung besteht darin, dass Aktions- und Reaktionskraft quer zur Stabachse angreifen und eine gemeinsame Wirkungslinie haben. Die Kräfte zeigen dann das Bestreben, den Stab in Richtung Querschnittsebene zu verschieben. Der Werkstoff setzt den äußeren Kräften in der Querschnittsebene einen Widerstand entgegen, der sich als Tangentialspannung äußert. Man bezeichnet diese Spannungen mit Scher- oder Abscherspannungen $\tau_a$.

## 6.1 Schub nach elementarer Festigkeitslehre

### 6.1.1 Schubspannungen infolge Querkraft

Biegung bei Trägern ist mit der Querkraft $F_Q$ verbunden. Trotzdem taucht in den Spannungs- bzw. in den Formänderungsgleichungen für Biegung die Querkraft nicht auf. Der Grund ist, dass in Trägern, deren Stützweite (oder Einspannlänge) das Mehrfache der Querschnittshöhe ausmacht, das Biegemoment die Hauptursache der auftretenden Spannungen und Formänderungen darstellt. Die Schubspannung aus der Querkraft wird vernachlässigt.

Die Bedeutung der Schubspannung ändert sich, wenn die Träger kürzer werden oder die Querkräfte nahe an den Auflagern wirken. Eine Verformung durch Biegung kann dann kaum noch erkannt werden (Abb. 6.1.a. bis 6.1.c.). Die Biegeverformung wird verdrängt von der dominierenden Schubverformung. Mit der Schubverformung

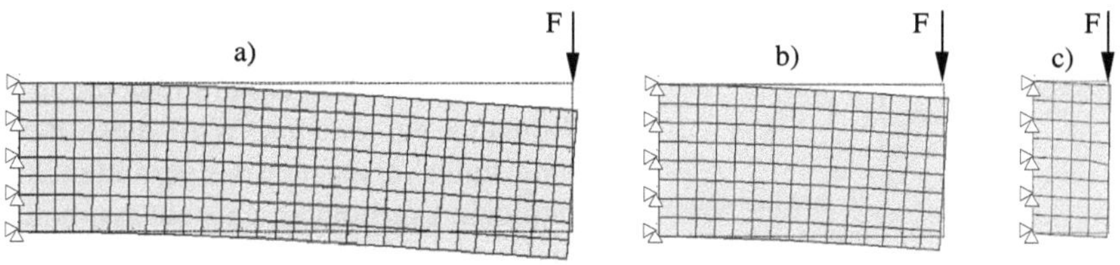


**Abb. 6.1.** Biege- und Schubverformung am Kragträger

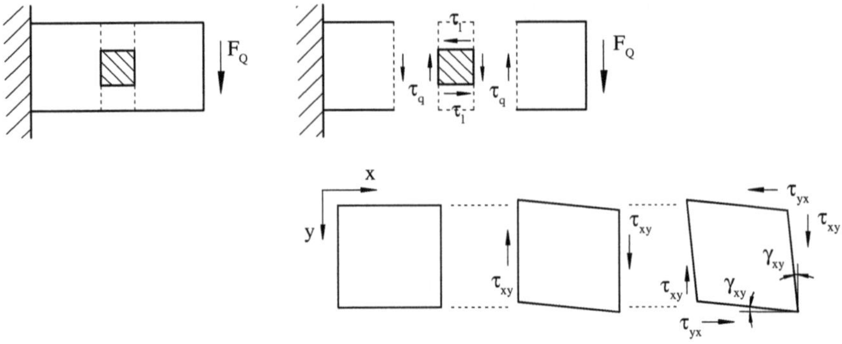


**Abb. 6.2.** Schubspannungen im Träger durch die Querkraft $F_Q$

sind Schubspannungen verbunden, die durch den bisher verwendeten mittleren Wert $\tau_s = F_Q / A$ (Gl. 1.21) nicht mehr ausreichend erfasst werden. Für Strukturen nach Abb. 6.1.c. ist die Schubspannungsverteilung zu berücksichtigen.

Die Schubspannung infolge Querkraft wirkt tangential an der Schnittfläche eines Werkstoffelementes mit $\tau_q = \tau_{xy}$ (Abb. 6.2.). An der gegenüberliegenden Schnittfläche muss die Schubspannung zur Erfüllung des Gleichgewichtszustandes entgegengerichtet sein. Das Kräftepaar führt zu einem Moment, dessen Gegenmoment durch das Kräftepaar $\tau_l = \tau_{yx}$ in Richtung der Trägernormalen zum Gleichgewicht führt. Die Tangentialspannungen $\tau_q$ aus der Querkraft treten also in gleicher Größe als Schubspannung $\tau_l$ im Längsschnitt des Trägers auf.

Diese Eigenschaft wird im *Satz von den zugeordneten Schubspannungen* beschrieben. Zur Tangentialspannung $\tau_q$ aus der Querkraft $F_Q$ gehört immer eine Schubspannung $\tau_l$ in Normalenrichtung. Die Normalspannungen $\sigma_b$ aus dem Biegemoment $M_b$ werden damit von Schubspannungen $\tau_l$ begleitet. Diese Schubspannungen verlaufen über dem Querschnitt nicht konstant, so dass sich eine Verwölbung der Querschnitte bei genauerer Berechnung ermitteln lässt.

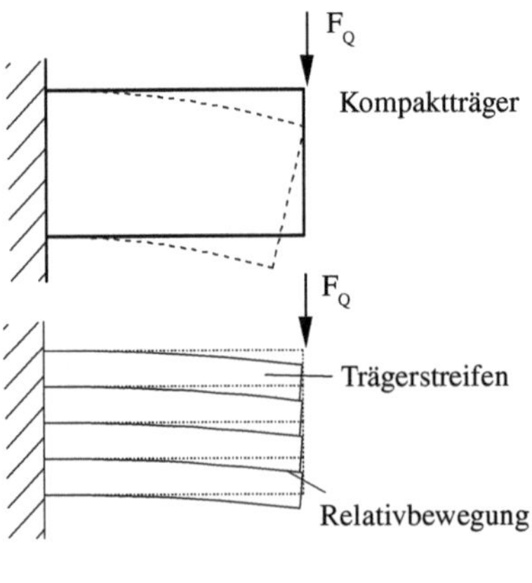


**Abb. 6.3.** Modell zur Erklärung von Schubspannungen im längsgeschnittenen Träger

Eine anschauliche Erklärung für den allgemeinen Verlauf der Schubspannung ermöglicht das Modell nach Abb. 6.3. Der Träger ist in Längsrichtung in mehrere Streifen geschnitten. Die Streifen sind nicht verbunden und liegen reibfrei aufeinander. Bei Belastung mit der Querkraft $F_Q$ kommt es zu den dargestellten freien Verformungen jedes einzelnen Streifens.

Die Relativbewegungen zwischen den Streifen wirken tangential in Richtung der Normalen des Trägers. Wird diese Bewegung durch Verspannen des gesamten Streifenblockes verhindert, entsteht symbolisch eine tangentiale Spannung – der Schub. Auf den Kompaktträger übertragen bedeutet es, dass jedes Werkstoffelement mit seinem Nachbarelement dieses Spannungsverhalten erfährt. Diese Beziehung benachbarter Werkstoffelemente lässt aber auch erkennen, dass für außenliegende Elemente keine „Abstützung" möglich wird, d. h. die äußeren Faserschichten sind frei von Schubspannungen (Abb. 6.4.).

Da die Ränder den Schubspannungswert Null annehmen, kann es grundsätzlich keine gleichmäßige Schubspannungsverteilung in einem Querschnitt geben. Zusätzliche Einflüsse entstehen durch veränderliche Querkräfte $F_Q$ sowie durch veränderliche Flächenträgheitsmomente in Abhängigkeit von den geometrischen Abmessungen des Querschnittes. Für wichtige Querschnittsformen sind die Funktionsverläufe bekannt.

## I. Schub am Rechteck-Kragträger

Die Berechnung der Schubspannung eines Trägers mit Rechteckquerschnitt erfolgt mit (Abb. 6.4.)

$$\tau_1 = \tau_q(z) = \frac{6 \cdot F_Q}{b \cdot h^3}\left[\left(\frac{h}{2}\right)^2 - z^2\right] \qquad (6.1).$$

Die Schubspannungen verteilen sich parabolisch über die Höhe. Mit z = 0 erhält man die maximale Schubspannung

$$\tau_{1max} = \tau_{qmax} = \frac{3 \cdot F_Q}{2 \cdot b \cdot h} = 1{,}5 \cdot \frac{F_Q}{A} \qquad (6.2).$$

Der Quotient $F_Q/A$ (mit $A = b \cdot h$) in Gl. 6.2 steht für den Mittelwert der Schubspannung $\tau_s = F_Q / A$ (Gl. 1.21), so dass die maximale Schubspannung auch mit

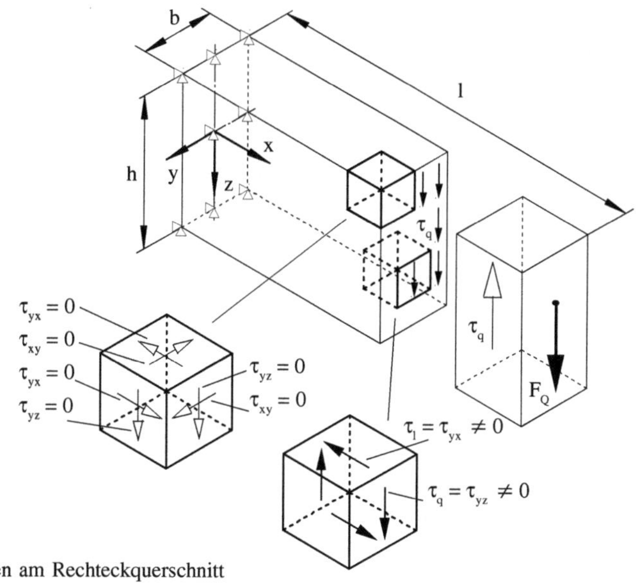


**Abb. 6.4.** Schubspannungen am Rechteckquerschnitt

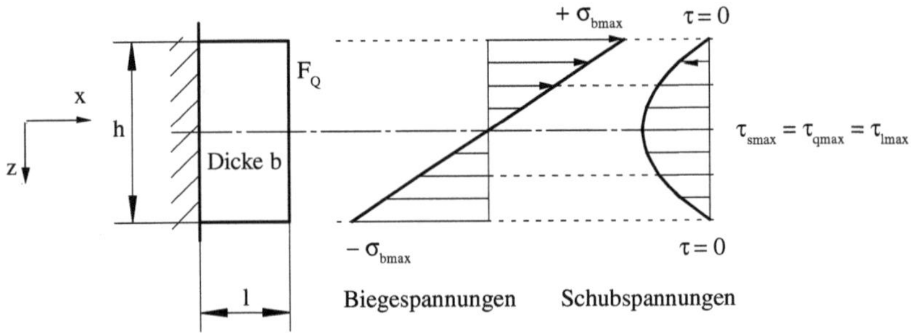


**Abb. 6.5.** Biege- und Schubspannungen am kurzen Träger bei Querkraftbelastung

$$\tau_{l\,max} = \tau_{q\,max} = 1{,}5 \cdot \tau_s \tag{6.3}$$

dargestellt werden kann.

Die maximale Schubspannung ist 50 % höher als bei Annahme einer mittleren Spannungsverteilung. Im Gegensatz zu den Biegespannungen liegt das Maximum auf der neutralen Faser (Abb. 6.5.). Das Verhältnis aus Schub- und Biegespannung lässt sich allgemein vergleichen.

Für die maximale Biegespannung gilt

$$\sigma_{b\,max} = \frac{M_{b\,max}}{W_b} = \frac{6 \cdot F_Q \cdot l}{b \cdot h^2} \tag{6.4}.$$

Mit der maximalen Schubspannung nach Gl. 6.2 kann das Verhältnis

$$\frac{\tau_{q\,max}}{\sigma_{b\,max}} = \frac{b \cdot h^2}{6 \cdot F_Q \cdot l} \cdot \frac{3 \cdot F_Q}{2 \cdot b \cdot h} = \frac{1}{4} \cdot \frac{h}{l} \tag{6.5}$$

gebildet werden. Für den Fall $\tau_{tmax} = \sigma_{bmax}$ ergibt sich $l = h / 4$, d. h. wenn die Länge des Trägers nur noch ein Viertel der Höhe beträgt, sind maximale Biegespannung und maximale Schubspannung von gleicher Größe. Einschränkend ist zu sagen, dass die Maxima an verschiedenen Stellen liegen und zwischen einachsigen und zweiachsigen Spannungszustand nicht unterschieden wird. Überzeugend ist, dass Schubspannungen nur bei $l < h$ Bedeutung bekommen.

## II. Schub am Kragträger mit Kreisquerschnitt

Im Gegensatz zum Rechteckträger mit konstanter Breite b zeigt der Kreisquerschnitt abhängig vom Radius eine veränderliche Breite. Die Wirklinien des Schubes verlaufen damit auch nicht parallel zur Richtung der Querkraft, sondern sind ausgehend vom Rand tangential ausgerichtet und münden in einem Pol 0 auf der Symmetrieachse des Querschnittes (Abb. 6.6.). Diese Schubspannungen $\tau$ lassen sich in eine parallel zur Querkraft gerichtete Schubspannung $\tau_q$ und eine Horizontalkomponente $\tau_h$ zerlegen. Beim symmetrischen Kreisquerschnitt heben sich die Schubspannungen $\tau_h$ auf.

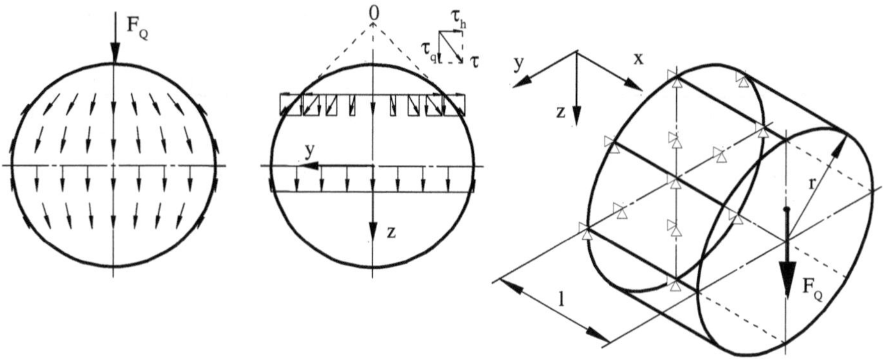


**Abb. 6.6.** Schubspannungen am Kreisquerschnitt

Die Berechnung der Schubspannung eines Trägers mit Kreisquerschnitt erfolgt mit

$$\tau_l = \tau_q(z) = \frac{4 \cdot F_Q}{3 \cdot \pi \cdot r^2}\left[1 - \left(\frac{z}{r}\right)^2\right] \tag{6.6}$$

Die Schubspannungen sind auch beim Kreisquerschnitt parabelförmig über die Höhe verteilt. Mit z = 0 erhält man die maximale Schubspannung

$$\tau_{l\max} = \tau_{q\max} = \frac{4 \cdot F_Q}{3 \cdot \pi \cdot r^2} = \frac{4}{3} \cdot \frac{F_Q}{A} \tag{6.7}$$

Der Quotient $F_Q/A$ (mit $A = \pi \cdot r^2$) in Gl. 6.7 steht für den Mittelwert der Schubspannung $\tau_s = F_Q/A$ (Gl. 1.21), so dass die maximale Schubspannung auch mit

$$\tau_{l\max} = \tau_{q\max} = \frac{4}{3} \cdot \tau_s \tag{6.8}$$

dargestellt werden kann. Die maximale Schubspannung ist 33 % höher als bei Annahme einer mittleren Spannungsverteilung. Es gilt wie beim Rechteckträger die Erkenntnis, dass Schubspannungen erst bei geometrischen Verhältnissen von l < d Bedeutung bekommen.

### III. Schub am Träger auf 2 Stützen mit Rechteckquerschnitt

Am klassischen Träger auf 2 Stützen lässt sich das Schubverhalten in gleicher Weise wie beim Kragträger zeigen. Wird der Träger in Längsrichtung geschnitten, kommt es auch hier zu einem Gleiten der Einzelträger aufeinander (Abb. 6.7.). Verhindert man dieses Gleiten durch Verspannen der Einzelträger, entsteht praktisch ein homogener Träger. Die Biegesteifigkeit des Systems aus Einzelträgern ist wesentlich geringer als die Biegesteifigkeit des homogenen Trägers. Ein Träger gewinnt seine Biegesteifigkeit erst durch Verhinderung der Relativverschiebung der einzelnen Schichten über Schubspannungen.

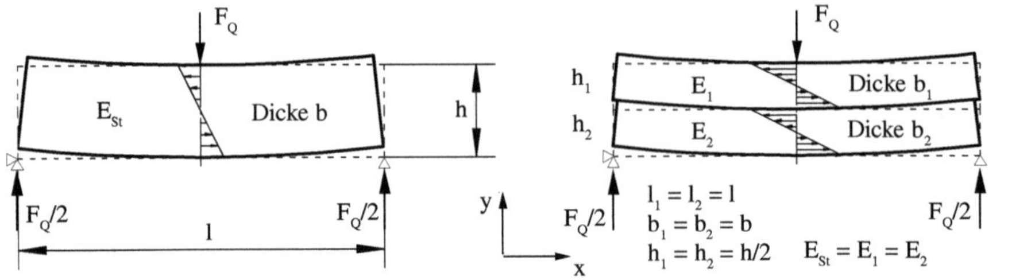


**Abb. 6.7.** Schub am Träger auf 2 Stützen mit Rechteckquerschnitt – a) homogener Träger, b) Trägersystem aus 2 Einzelträgern

Für den Träger auf 2 Stützen mit mittigem Kraftangriff als *homogener Träger* (schubstarrer Träger) ist das Kraft-Weg-Verhalten in Gl. 5.12 beschrieben. Aus dem Flächenträgsheitmoment für den Rechteckquerschnitt nach Gl. 5.2 folgt für die Durchbiegung unter der Querkraft $F_Q$

$$f_m = \frac{F_Q \cdot l^3}{4 \cdot E_{St} \cdot b \cdot h^3} \tag{6.9}$$

Die maximale Biegespannung $\sigma_{bmax}$ ergibt sich für den Träger auf 2 Stützen unter Verwendung des Widerstandsmomentes $W_b = b \cdot h^2 / 6$ zu

$$\sigma_{bmax} = \frac{3 \cdot F_Q \cdot l}{2 \cdot b \cdot h^2} \tag{6.10}$$

Die Schubspannung für den Rechteckquerschnitt (Gl. 6.2) lautet unter Beachtung des Querkraftverlaufes

$$\tau_{lmax} = \tau_{qmax} = \frac{3 \cdot F_Q}{4 \cdot b \cdot h} \tag{6.11}$$

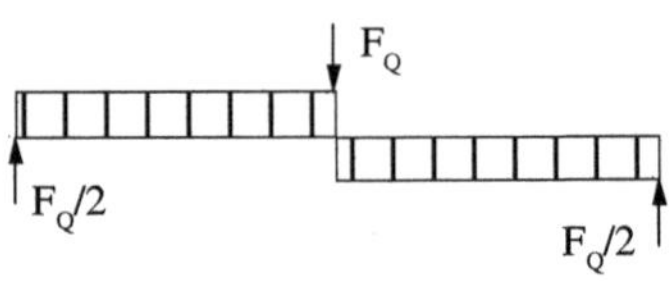


Für den Träger auf 2 Stützen mit mittigem Kraftangriff als *Trägersystem aus 2 Einzelträgern* (Abb. 6.7.) gleicher Abmessungen gelten andere Bedingungen. Die Träger liegen reibfrei gleichsinnig aufeinander, und es gilt nach dem Prinzip der Parallelschaltung zweier Flachfedern

$$f_{mges} = f_{m1} = f_{m2} \tag{6.12}$$

Die Querkraft $F_Q$ wirkt hälftig auf jeden Einzelträger, so dass die Einzelverschiebungen in Anlehnung an Gl. 6.9 mit

$$f_{m1} = \frac{F_Q \cdot l^3}{8 \cdot E_1 \cdot b \cdot h_1^3} \quad \text{bzw.} \quad f_{m2} = \frac{F_Q \cdot l^3}{8 \cdot E_1 \cdot b \cdot h_2^3} \tag{6.13}$$

gebildet werden können.

Für die maximale Biegespannung $\sigma_{bmax}$ ergibt sich für die Einzelträger

$$\sigma_{b1max} = \frac{3 \cdot F_Q \cdot l}{4 \cdot b \cdot h_1^2} \quad \text{bzw.} \quad \sigma_{b2max} = \frac{3 \cdot F_Q \cdot l}{4 \cdot b \cdot h_2^2} \tag{6.14}$$

Die Schubspannung für den Rechteckquerschnitt (Gl. 6.2) lautet unter Beachtung des Querkraftverlaufes

$$\tau_{l1max} = \tau_{q1max} = \frac{3 \cdot F_Q}{8 \cdot b \cdot h_1} \quad \text{bzw.} \quad \tau_{l2max} = \tau_{q2max} = \frac{3 \cdot F_Q}{8 \cdot b \cdot h_2} \tag{6.15}$$

## IV. Schub am dünnwandigen Doppel-T-Träger

Bei dünnwandigen Profilen kann man in guter Näherung von einem ebenen Spannungszustand ausgehen. Die dabei auftretenden Spannungen sind die Normalspannung $\sigma$ und die Schubspannung $\tau$. Überschlägig gilt, dass bei Doppel-T-Trägern die Flansche die Biegung und der Steg die Querkraft aufnehmen.

Wegen der geringen Dicke der Stege und Flansche im Verhältnis zu den Außenabmessungen des Profils ist die Annahme berechtigt, dass die Spannungen parallel zu den Kanten der Querschnitte wirken und gleichmäßig über die Dicke der Stege und Flansche verteilt sind. Die Schubspannungen sind damit vereinfacht unmittelbar auf die Mittellinien von Steg und Flanschen übertragbar (Abb. 6.8.).

Der Übergang vom geometrischen Profil zur idealisierten Struktur hat keine Auswirkungen auf den Schwerpunkt S, führt aber zu Abweichungen beim Flächenträgheitsmoment. Die schraffierten Bereiche in der idealisierten Struktur zeigen die Anteile, die fehlerhaft erfasst werden. Ein Modell aus Schalenelementen entspricht der idealisierten Struktur. Mit 3D-Volumenelementen könnte das geometrische Profil abgebildet werden – für dünnwandige Profile allerdings nicht besonders geeignet.

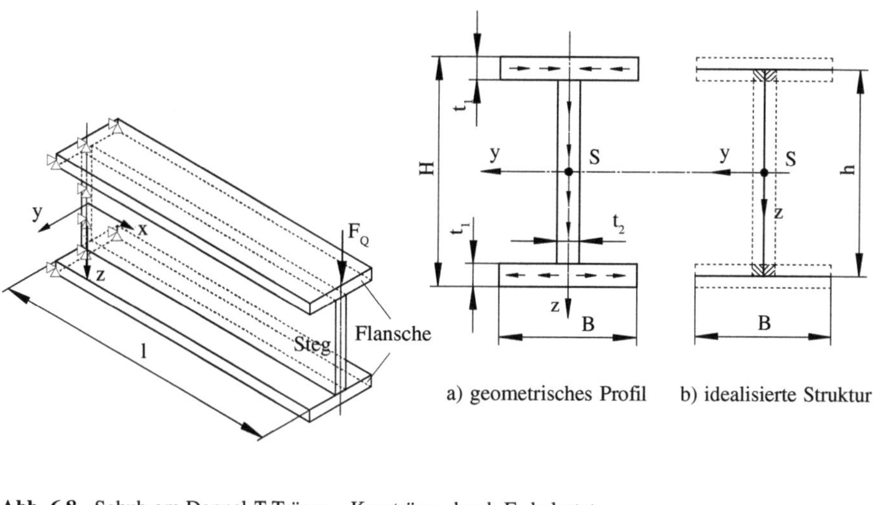


**Abb. 6.8.** Schub am Doppel-T-Träger – Kragträger durch $F_Q$ belastet

Die Schubspannungen infolge Querkraft $F_Q$ beim dünnwandigen Doppel-T-Träger sind in Steg und Flanschen von unterschiedlicher Größe. Die Schubspannung im Steg dominiert. Für den Maximalwert im Steg gilt

$$\tau_{max\,St} = \frac{F_Q}{2 \cdot I_y \cdot t_2} \cdot \left[ B \cdot t_1 \cdot (H - t_1) + t_2 \cdot \left( \frac{H}{2} - t_1 \right)^2 \right] \qquad (6.16).$$

Der Maximalwert im Flansch lautet

$$\tau_{max\,Fl} = \frac{F_Q}{2 \cdot I_y} \cdot t_1 \cdot (H - t_1) \qquad (6.17).$$

Das Flächenträgheitsmoment $I_y$ lässt sich für die idealisierte Struktur unter Verwendung des Satzes von STEINER berechnen mit (Abb. 6.8.)

$$I_y = \frac{t_2 \cdot h^3}{12} + \frac{B \cdot t_1}{6} \cdot \left( t_1^2 + 3 \cdot h^2 \right) \qquad (6.18)$$

Die Anteile zwischen Schubspannungen im Steg und Schubspannungen in den Flanschen liegen etwa bei $\tau_{maxSt} / \tau_{maxFl} = 6 \ldots 8$. Die Querkraft wird im wesentlichen vom Steg aufgenommen. Die horizontalen Schubspannungen in den Flanschen heben sich auf. Die näherungsweise Schubspannung mit dem mittleren Wert

$$\tau_m = \frac{F_Q}{A_{Steg}} \qquad (6.19)$$

erfüllt deshalb in vielen Fällen entwurfsmäßige Anforderungen für Doppel-T-Träger. Wird die Querkraft $F_Q$ im Schwerpunkt S angesetzt, kann es wegen der Symmetrie in 2 Hauptachsen zu keiner Verdrehung des Trägers kommen.

### V. Schub am dünnwandigen U-Träger

Am liegenden U-Träger kommt es zu einer Verdrehung um die Längsachse, wenn die Querkraft $F_Q$ im Flächenschwerpunkt S angenommen wird. Dieses unerwünschte Verhalten kann durch Verschieben der Querkraft $F_Q$ in den Schubmittelpunkt M verhindert werden (Abb. 6.9.).

Da der Flächenschwerpunkt S nur in einer Hauptachse symmetrisch definiert ist, muss die Koordinate der zweiten Achse ermittelt werden. Wegen der geometrischen Unterschiede zwischen geometrischem Profil und der idealisierten Struktur entstehen verschiedene Abstände zum Schwerpunkt. Ebenso treten Abweichungen beim Flächenträgheitsmoment auf. Die schraffierten Bereiche in der idealisierten Struktur zeigen die Anteile, die fehlerhaft erfasst werden.

Da für das dünnwandige Profil bei der Modellbildung Schalenelemente verwendet werden, sind die Gleichungen auf die idealisierte Struktur bezogen. Der Punkt 0 des v-w-Koordinatensystems wird als Bezugspunkt für die Schwerpunktberechnung benutzt. Vom Punkt P lässt sich der Abstand $y_{SP}$ des Flächenschwerpunktes und der Abstand $y_M$ zum Schubmittelpunkt angeben.

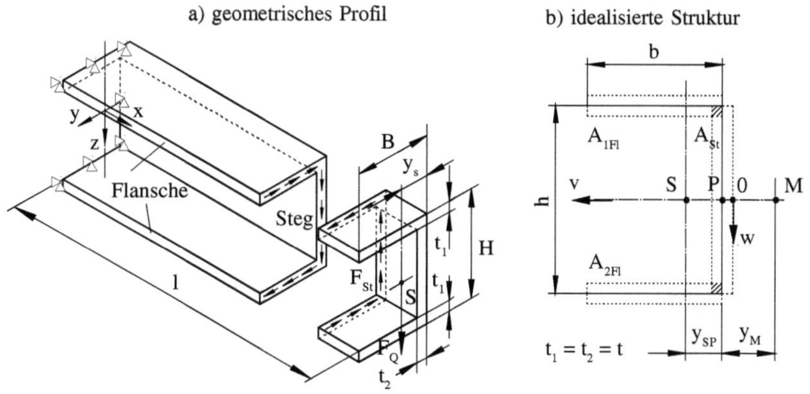


**Abb. 6.9.** Flächenschwerpunkt S am liegenden U-Träger für die idealisierte Struktur

Der Schwerpunkt S ergibt sich über die Flächen der Flansche mit

$$A_{1Fl} = A_{2Fl} = b \cdot t_1 \quad \text{und mit dem Steg} \quad A_{St} = h \cdot t_2,$$

allgemein $y_0 \cdot \Sigma A_i = (A_{1Fl} + A_{2Fl}) \cdot \frac{b + t_2}{2} + A_{St} \cdot \frac{t_2}{2}$ und mit $t_1 = t_2 = t$

zu
$$y_{SP} = \frac{b^2 + b \cdot t + h \cdot t/2}{2 \cdot b + h} - \frac{t}{2} \tag{6.20}$$

Für das Flächenträgheitsmoment folgt mit $t_1 = t_2 = t$ nach STEINER

$$I_y = \frac{t \cdot h^2}{12} \cdot (h + 6 \cdot b) \tag{6.21}$$

Das Moment um den Schwerpunkt S des Querschnittes (Abb. 6.9.) wird durch den Schubspannungsfluss, erkennbar auch am Kräftepaar aus Querkraft $F_Q$ und der Schubflusskraft des Steges $F_{St}$, hervorgerufen. Zu ermitteln ist der Abstand $y_M$ als Maß für den Gleichgewichtszustand zwischen dem Moment aus den Schubspannungen und dem Moment der verschobenen Querkraft $F_Q$ im Schubmittelpunkt M.

Für die Festlegung $t_1 = t_2 = t$ und Gl. 6.21 gilt:

$$y_M = \frac{b^2 \cdot h^2 \cdot t}{4 \cdot I_y} \tag{6.22}$$

Die Schubspannungen infolge Querkraft $F_Q$ beim dünnwandigen liegenden U-Träger sind in Steg und Flanschen von unterschiedlicher Größe. Für den Maximalwert im Steg gilt

$$\tau_{max\,St} = \frac{F_Q}{2 \cdot I_y} \left[ \left( b + \frac{t}{2} \right) \cdot h + \left( \frac{h - t}{2} \right)^2 \right] \tag{6.23}$$

Der Maximalwert in den Flanschen lautet

$$\tau_{\max Fl} = \frac{F_Q \cdot b \cdot h}{2 \cdot I_y} \qquad (6.24).$$

### 6.1.2 Berechnungen zum Schub infolge Querkraft

#### I. Schub am Rechteck-Kragträger

Es werden 2 Rechteck-Kragträger mit prismatischem Querschnitt nach den Ansätzen der technischen Mechanik berechnet. Die Lösungen können mit den Ergebnissen der FE-Berechnung in Abschnitt 6.2 verglichen werden.

Die Träger unterscheiden sich nur hinsichtlich ihrer Länge. Die vergleichende Darstellung (Abb. 6.10.) zeigt die großen Unterschiede. Für beide Träger wird der gleiche Wert für die Querkraft $F_Q$ verwendet. Das Verhältnis zwischen Biegespannung und Schubspannung unterscheidet sich beträchtlich. In Gl. 6.5 wurde der Zustand ermittelt, bei dem $\tau_{max} = \sigma_{bmax}$ eintritt. Im vorliegenden Beispiel ergibt sich mit $l = h / 4$ eine Länge von 5 mm. Ein Träger der Länge 5 mm wurde für die FE-Anwendungen nicht verwendet, da Einflüsse von Lagerung und Krafteinleitung am FE-Modell die Werte für einen Vergleich zur klassischen Rechnung verfälschen.

Beim verwendeten kurzen Träger ($l = 10$ mm) dagegen kann der Vergleich gezeigt werden. Es liegt ein etwas höherer Anteil Biegespannung gegenüber der Schubspannung vor. Unbedeutend wird die Schubspannung beim langen Träger ($l = 75$ mm), zumal das Maximum im Bereich des Minimums der Biegespannung liegt.

<u>Daten:</u> a) Langer Kragträger $F_Q = 1000$ N $E_{St} = 2{,}1 \cdot 10^5$ N/mm²
n. Gl. 6.4 $\sigma_{bmax} = 112{,}5$ N/mm²
n. Gl. 6.2 $\tau_{smax} = 7{,}5$ N/mm²

mit $f_{F_Q} = \dfrac{F_Q \cdot l^3}{3 \cdot E_{St} \cdot I_x}$ und Gl. 5.2 $f_{FQ} = 1{,}00 \cdot 10^{-1}$ mm

b) Kurzer Kragträger $F_Q = 1000$ N $E_{St} = 2{,}1 \cdot 10^5$ N/mm²
n. Gl. 6.4 $\sigma_{bmax} = 15{,}0$ N/mm²
n. Gl. 6.2 $\tau_{smax} = 7{,}5$ N/mm²
wie oben $f_{FQ} = 2{,}38 \cdot 10^{-4}$ mm

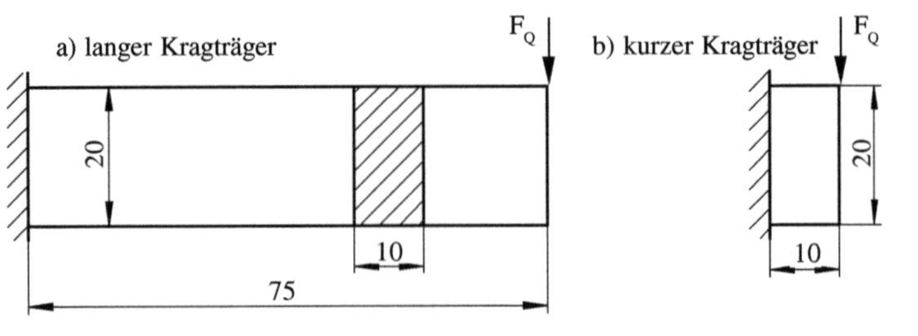


**Abb. 6.10.** Querkraft $F_Q$ an Rechteck-Kragträgern

## II. Schub am Kragträger mit Kreisquerschnitt

Es werden 2 Kragträger mit Kreisquerschnitt nach den Ansätzen der technischen Mechanik berechnet. Die Lösungen können mit den Ergebnissen der FE-Berechnung in Abschnitt 6.2 verglichen werden.

Die bei den Rechteck-Kragträgern verwendeten Längenmaße werden übernommen. Ebenso gibt es annähernde Übereinstimmung zwischen der Fläche des Kreisquerschnittes und der Fläche des Rechteck-Kragträgers (Abb. 6.11.).

Es wird der gleiche Wert für die Querkraft $F_Q$ verwendet. Da das Flächenträgheitsmoment des Kreisquerschnittes gegenüber dem des Rechteckquerschnittes geringer ist, entsteht ein noch größerer Unterschied zwischen Biegespannung und Schubspannung.

Daten: a) Langer Kragträger $F_Q = 1000$ N $E_{St} = 2{,}1 \cdot 10^5$ N/mm²
n. Gl. 5.8 $\sigma_{bmax} = 186{,}5$ N/mm²
n. Gl. 6.7 $\tau_{smax} = 6{,}6$ N/mm²

mit $f_{F_Q} = \dfrac{F_Q \cdot l^3}{3 \cdot E_{St} \cdot I_x}$ und Gl. 5.1 $f_{FQ} = 2{,}08 \cdot 10^{-1}$ mm

b) Kurzer Kragträger $F_Q = 1000$ N $E_{St} = 2{,}1 \cdot 10^5$ N/mm²
n. Gl. 5.8 $\sigma_{bmax} = 24{,}9$ N/mm²
n. Gl. 6.7 $\tau_{smax} = 6{,}6$ N/mm²
wie oben $f_{FQ} = 4{,}93 \cdot 10^{-4}$ mm

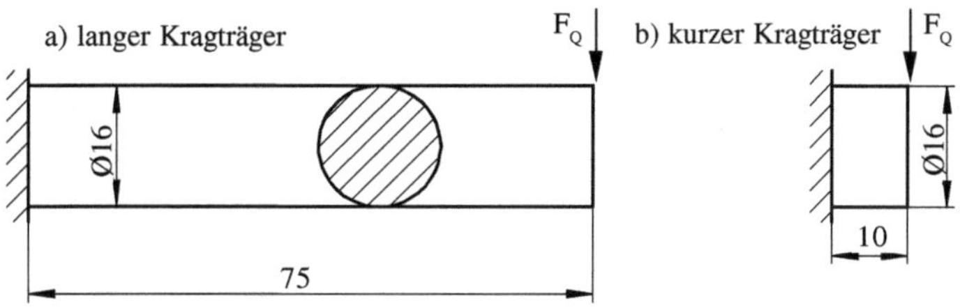


**Abb. 6.11.** Querkraft $F_Q$ an Kragträgern mit Kreisquerschnitt

## III. Schub am Träger auf 2 Stützen mit Rechteckquerschnitt

Die Träger auf 2 Stützen mit Rechteckquerschnitt nach Abb. 6.7. werden untersucht. Die Abmessungen sind so gewählt, dass der *homogene Träger* und das *Trägersystem aus 2 Einzelträgern* vergleichbar werden. Bei identischer Trägerlänge l ist die Dicke durch $b = b_1 = b_2$ und die Höhe durch $h = h_1 + h_2$ gegeben. Beim *Trägersystem aus 2 Einzelträgern* wird die Reibung zwischen den Einzelträgern vernachlässigt.

Die Querkraft $F_Q$ wirkt mittig auf den Träger. Berechnet werden die Werte für die maximale Biege- und Schubspannung sowie für die Durchbiegung unter der Querkraft.

Daten: a) Homogener Träger $F_Q = 500$ N $E_{St} = 2{,}1 \cdot 10^5$ N/mm²

$b = 10$ mm $h = 20$ mm $l = 150$ mm

n. Gl. 6.10 $\sigma_{bmax} = 28{,}1$ N/mm²

n. Gl. 6.11 $\tau_{smax} = 1{,}9$ N/mm²

n. Gl. 6.9 $f_m = 0{,}025$ mm

b) 2 Einzelträger $F_Q = 500$ N $E_{St} = 2{,}1 \cdot 10^5$ N/mm²

$b_1 = 10$ mm $h_1 = 10$ mm $l = 150$ mm

$b_2 = 10$ mm $h_2 = 10$ mm $l = 150$ mm

n. Gl. 6.14 $\sigma_{b1max} = \sigma_{b2max} = 56{,}3$ N/mm²

n. Gl. 6.15 $\tau_{s1max} = \tau_{s2max} = 1{,}9$ N/mm²

n. Gl. 6.13 $f_{m1} = f_{m2} = 0{,}1$ mm

Die Zerlegung des homogenen Trägers in 2 Einzelträger gleicher Höhe führt zur Verdopplung der Biegespannung in den lose aufeinander liegenden Einzelträgern. Durch die geringere Trägerhöhe kommt es zu einer 4-fach größeren Durchbiegung. In den Einzelträgern entstehen Schubspannungen.

Zwischen den Einzelträgern treten keine Schubspannungen auf, da sie sich axial frei verschieben können. Erst mit einer Verbindung der Einzelträger würde die Längsverformung behindert und infolge der Reaktionskräfte käme es zu Längsschubspannungen.

## IV. Schub am dünnwandigen Doppel-T-Träger

Für den Doppel-T-Träger wird für die klassische Berechnung die idealisierte Struktur zugrunde gelegt. Das zum Vergleich benutzte FE-Modell entspricht mit der Verwendung von Schalenelementen diesen Verhältnissen. Steg- und Flanschdicke werden gleich groß gewählt (Abb. 6.12.). Für die Ermittlung der Schubspannungen sind nur die geometrischen Abmessungen des Profils sowie die Querkraft $F_Q$ erforderlich.

Daten: $F_Q = 1000$ N

n. Gl. 6.18 $I_y = 24685$ mm⁴

n. Gl. 6.16 $\tau_{maxSt} = 12{,}8$ N/mm²

n. Gl. 6.17 $\tau_{maxFl} = 1{,}6$ N/mm²

Diese Ergebnisse stehen zum Vergleich mit dem FE-Schalenmodell.

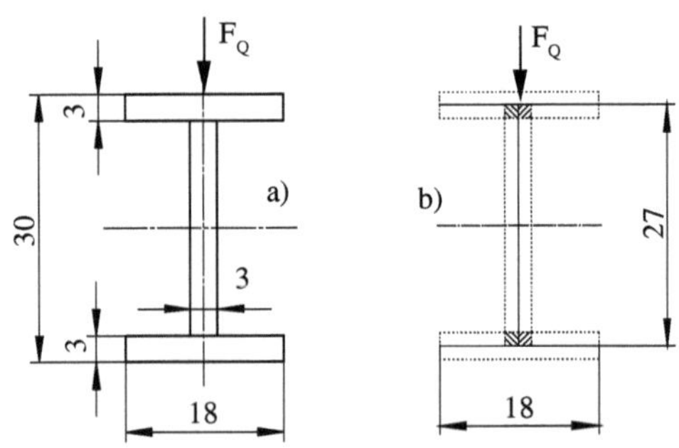


**Abb. 6.12.** Doppel-T-Profile zur Berechnung der Schubspannungen - a) geometrisches Profil, b) idealisierte Struktur

Die maximalen Schubspannungen in den Flanschen liegen erwartungsgemäß deutlich unter den Werten im Steg. Wird das Flächenträgheitsmoment für das geometrische Profil ($I_y$ = 23220 mm$^4$) angewendet, werden die Schubspannungen um ca. 6% höher ausgerechnet. Das bedeutet für die maximale Schubspannung im Steg $\tau_{maxSt}$ = 13,6 N/mm$^2$.

Die näherungsweise Schubspannung nach Gl. 6.19 kommt mit dem mittleren Wert $\tau_m$ = 13,9 N/mm$^2$ dieser Lösung sehr nahe und stellt eine ausreichende Genauigkeit für entwurfsmäßige Anforderungen bei Doppel-T-Trägern dar.

## V. Schub am dünnwandigen U-Träger

Die rechnerische Schubspannung am liegenden U-Träger wird nur gering beeinflusst durch die unterschiedlichen Flächenträgheitsmomente am geometrischen Profil bzw. an der idealisierten Struktur (Abb. 6.13.). Nach Gl. 6.21 ergibt sich für die idealisierte Struktur $I_y$ = 26244 mm$^4$. Für das geometrische Modell kann ein um etwa 1 % höheres Flächenträgheitsmoment ($I_y$ = 26514 mm$^4$) errechnet werden.

Für den Vergleich zum FE-Schalenmodell wird die idealisierte Struktur berechnet. Es wirkt im Schwerpunkt S die Querkraft $F_{QS}$.

| <u>Daten:</u> $F_{QS}$ = 1000 N | $I_y$ = 26244 mm$^4$ | |
|---|---|---|
| | n. Gl. 6.23 | $\tau_{maxSt}$ = 13,6 N/mm$^2$ |
| | n. Gl. 6.24 | $\tau_{maxFl}$ = 10,0 N/mm$^2$ |

Die Querkraft $F_{QS}$ im Schwerpunkt S ruft ein Drehmoment hervor und verwindet den liegenden U-Träger. Soll die Verdrehung verhindert werden, muss die Querkraft in den Schubmittelpunkt M verschoben werden. Mit den Abmessungen der idealisierten Struktur (Abb. 6.13.) ergibt sich für den

| Abstand S-P | n. Gl. 6.20 | $y_{SP}$ = 5,76 mm, |
|---|---|---|
| Abstand P-M | n. Gl. 6.22 | $y_M$ = 7,92 mm. |

Für das geometrische Profil wurde ein Abstand $y_S$ = 7,23 mm (Abb. 6.9.) berechnet. In der idealisierten Struktur entsteht der vergleichbare Abstand mit 7,26 mm ($y_{SP}$ + 1,5 mm) als vertretbare Abweichung.

Zur Verlagerung der Belastung ist das FE-Schalenmodell mit einem Element zur Aufnahme der Querkraft $F_{QM}$ im Abstand von $y_{SP} + y_M$ = 13,68 mm zu erweitern.

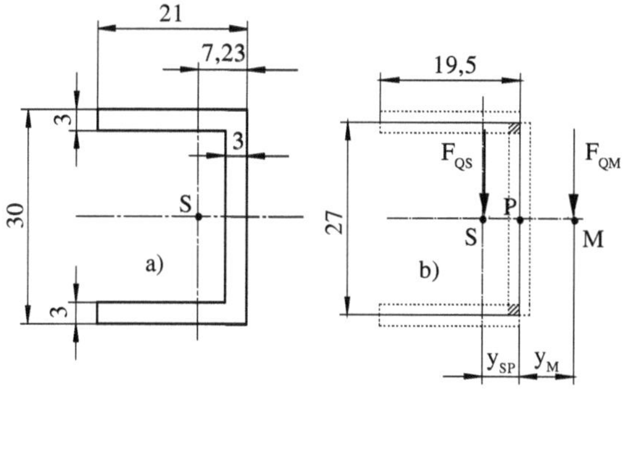


**Abb. 6.13.** Liegende U-Träger zur Berechnung der Schubspannungen - a) geometrisches Profil, b) idealisierte Struktur

## 6.2 Modelle zum Schub infolge Querkraft

Alle Modelle werden im Sinne der Theorie des Bernoulli-Balkens definiert und gerechnet, d. h. es gilt

- die Gestalt eines Querschnitts bleibt auch nach der Deformation erhalten,
- die Querschnitte bleiben bei der Deformation eben,
- die Querschnitte bleiben senkrecht zur Bezugsachse.

Balken dieser Definition sind schubstarr. Für schubweiche Balken gilt die Theorie der Timoshenko-Balken. Die Drehung der Querschnittsebene (die Schubverformung) um einen Schubwinkel könnte zusätzlich berücksichtigt werden.

### 6.2.1 Kragträger mit Rechteck- und Kreisquerschnitt

- **Schub am Rechteck-Kragträger – Langer Kragträger**

Für die Abbildung der einfachen Geometrie des Modells nach Tafel 6/1 sind Balken-, Scheiben- und Volumenelemente geeignet. Für die Darstellung von Schubspannungen kann allerdings das Balkenelement nicht verwendet werden. Bei der Entscheidung zwischen Scheiben- und Volumenelement wird das 2-dimensionale Scheibenelement dem Volumenelement vorgezogen, da Modell und Ergebnisse mit geringerem Aufwand zu erreichen sind.

Über den geometrischen Grundkörper „Rechteck" kann die geometrische Kontur des Kragträgers generiert werden. Der Übergang vom CAD-Modell zum FE-Modell erfolgt mit der Vernetzung. Dazu wird den Seitenlinien eine Elementkantenlänge von 2,5 mm vorgegeben. Die Definition der Elemente beinhaltet die Dickenvorgabe von 10 mm, so dass der Rechteck-Kragträger seine FE-Struktur erhält.

Den Abschluss des Modells bildet die Generierung der äußeren Kraft $F_Q$ und der Lagerung. Für beide Randbedingungen steht die Bedingung, möglichst wenig örtliche Störungen auf die Ergebnisse auszuüben.

Bei der Lagerung sind die Möglichkeiten begrenzt. Die Lagerung wurde als Einspannung definiert, d. h. alle Freiheitsgrade bei x = 0 werden gebunden. Für den Kraftangriff der Querkraft $F_Q$ dagegen gibt es verschiedene Optionen. Ob als Einzelkraft an einem Knoten oder aufgeteilt auf mehrere Knoten – es treten immer örtliche Spannungsspitzen auf. Der gewählte Kraftangriff auf den Einzelknoten N36 der Trägerachse führt zu einer symmetrischen Störung und erleichtert die Beurteilung der ungestörten Teile des Rechteck-Kragträgers.

Für den Wert der Verschiebung am Trägerende wird der Knoten N32 ausgelesen. Mit dem Vergleich Uy = – 0,107 mm gegenüber $f_{FQ} = 1{,}00 \cdot 10^{-1}$ mm der klassischen Rechnung (Abschn. 6.1.2) wird eine annähernde Übereinstimmung gezeigt. Das Modell könnte noch optimiert werden. Eher ist aber zu befinden, dass der theoretische Wert die unumgängliche Einleitung der äußeren Kraft nicht erfasst.

Diese Einschätzung trifft auch auf den Vergleich der Spannungswerte zu. Die grafischen Ergebnisse nach Tafel 6/1 zeigen an der Einspannstelle und am Trägerende beeinflusste Spannungsverteilungen. Besonders in der Darstellung der Vergleichsspannungen wird das Abklingen der Störungen durch die Krafteinleitung sichtbar.

Bei den Schubspannungen treten Störungen an der Einspannstelle und am Trägerende etwa gleichrangig und in geringerem Umfang auf. Die Schubspannungsverteilung entspricht weitestgehend dem erwarteten Verlauf. An der Stelle I-I im Abstand von 37,5 mm von der Einspannstelle wurden die Knotenwerte der Schubspannungen ausgelesen und über der Trägerhöhe aufgetragen. Der ausgeglichene Kurvenverlauf zeigt, dass eine ausreichende Elementdichte vorliegt.

Der maximale Schubspannungswert liegt am Knoten N178 vor. Der theoretische Wert nach Gl. 6.2 von $\tau_{smax}$ = 7,5 N/mm² stimmt mit dem Wert des Modells im Diagramm ($\tau_{smax}$ = 7,46 N/mm²) gut überein und lässt sich bei höherer Elementedichte noch mehr annähern.

| **FE-A1 Schub** | Allgemeine Befehlsfolge |
|---|---|
| Name | Speicherung der FE-Rechnung unter FILE-Name "Schub1" |
| Elemente | 2-dimensionales Scheibenelement (4 Knoten);<br>notwendige Eingaben - Dicke des Trägers in mm: b = 10 |
| Werkstoffe | Stahl: $E_{St}$= 210 kN/mm² $\nu$ = 0,3 |
| Geometrie | CAD-Modell aus geometrischen Grundkörper "Rechteck" erstellen - Nummern für Keypoints und Linien werden vom FE-System automatisch vergeben;<br>Koordinaten des Rechtecks in mm: $x_1$=0; $y_1$=–10; $x_2$=75; $y_2$=10; |
| Vernetzung | Elemente definieren: Kantenlänge 2,5 mm für alle;<br>Vernetzen: A1 (Rechteckelemente), es werden 240 Elemente mit 279 Knoten generiert; |
| Randbedingungen | Lagerung: selektiert über kartesisches Koordinatensystem (x=0); alle Freiheitsgrade Null gesetzt;<br>Belastung in N: selektiert über kartesisches Koordinatensystem (y=0; x=75); Fy= – 1000 gesetzt; |
| Berechnung und Ergebnisse | Ansatz: statisch, linear,<br>Charakteristische Größe: Verschiebung der Knoten,<br>Verschiebungen in mm: am Knoten N32 Uy = – 0,107;<br>v.-Mises-Vergleichsspannung in N/mm²: $\sigma_{vmax}$ = 113;<br>Schubspannung in N/mm²: $\tau_{smax}$ = 7,46; |
| *x* , *y* , *z* Koordinaten im globalen kartesischen Koordinatensystem,<br>*Ux* , *Uy* , *Uz* , *ROTx* , *ROTy* , *ROTz* Verschiebungen und Verdrehungen,<br>*K* Keypoint (Geometriepunkt im CAD-Modell), *L* Line (Linie im CAD-Modell),<br>*N* Node (Knoten im FE-Modell), *E* Element (Element im FE-Modell),<br>*FE-A* Finite Elemente Anwendungsbeispiel, | |

Fortsetzung nächste Seite

| FE-A1 Schub | Bildfolge |
|---|---|
| Geometrie | 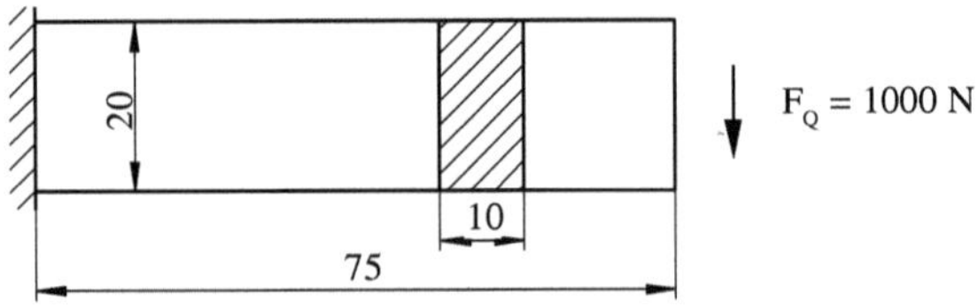 |
| Vernetzung Randbedingungen | 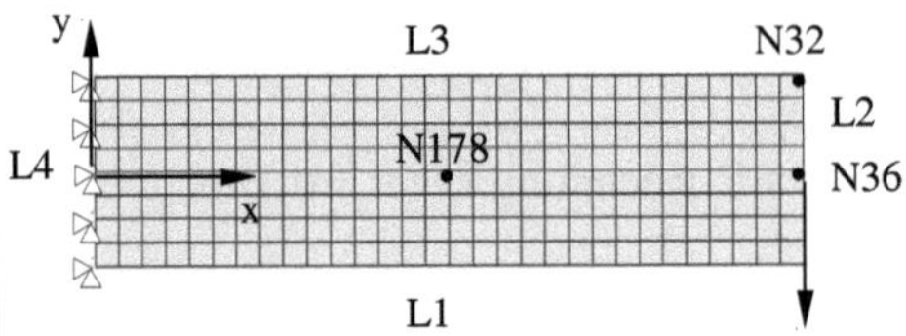 an allen Linien: Elementkantenlänge 2,5 mm<br>240 Elemente<br>279 Knoten |
| Grafische Ergebnisse | 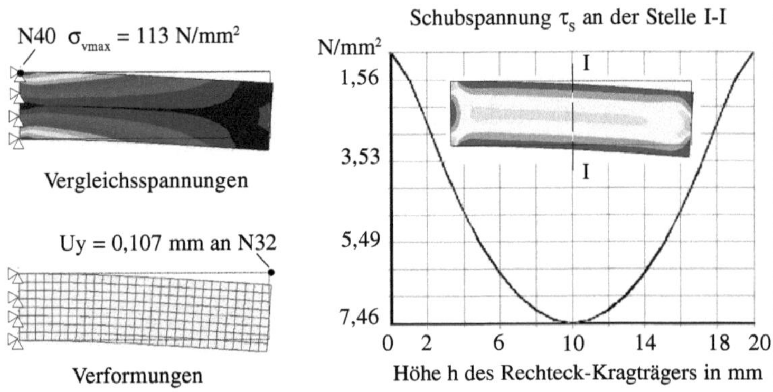 |



**Tafel 6/1:** Spannungen und Verformungen am langen Kragträger bei Querkraftbelastung $F_Q$

## • Schub am Rechteck-Kragträger – Kurzer Kragträger

Es werden für den kurzen Kragträger (Tafel 6/2) die allgemeinen Modell- und Vernetzungsbedingungen des langen Kragträgers verwendet. Vorgenommen wurde eine Netzverfeinerung mit Elementekantenlängen von 0,625 mm. Damit wird ein Modell mit 512 Elementen und 561 Knoten generiert. Die Trägerlänge von 10 mm wird mit 16 Elementen und die Trägerhöhe 20 mm mit 32 Elementen belegt. Diese Aufteilung lässt ausreichend genaue grafische Spannungs- und Verformungsergebnisse erwarten.

Das Aufbringen einer Einzelkraft $F_Q$ war wegen der starken Störungen im Spannungs- und Verformungsbild bei dem kurzen Träger nicht günstig. Die Kraft wurde deshalb auf 32 Elemente der vorderen Elementenspalte verteilt und über die Flächen als Duckbeanspruchung generiert. Die Umrechnung der Querkraft $F_Q$ in eine Pressung p erfordert die Definition einer geeigneten Fläche. Mit der Wahl der vorderen Elementespalte kommt es wegen der geringen Elementebreite von 0,625 mm nur zu einer geringfügigen Änderung der Lage der Kraftwirklinie am Modell, wenn der Druck auf den Schwerpunkt bezogen wird.

Diese relativ neutrale Lasteinleitung verhindert trotzdem nicht, dass dieser Bereich neben dem Bereich der Lagerstelle Verzerrungen erleidet. Es bleiben aber anschauliche Schubspannungsverteilungen erhalten und mit $\tau_{smax}$ = 7,12 N/mm² wird eine gute Näherung zum klassisch berechneten Wert von $\tau_{smax}$ = 7,5 N/mm² erreicht. Der ausgelesene Wert am Knoten N329 befindet sich in 5 mm Entfernung von der Einspannstelle.

| **FE-A2 Schub** | Allgemeine Befehlsfolge |
|---|---|
| Name | Speicherung der FE-Rechnung unter FILE-Name "Schub2" |
| Elemente | 2-dimensionales Scheibenelement (4 Knoten);<br>notwendige Eingaben - Dicke des Trägers in mm: b = 10 |
| Werkstoffe | Stahl: $E_{St}$= 210 kN/mm² $\nu$ = 0,3 |
| Geometrie | CAD-Modell aus geometrischen Grundkörper "Rechteck" erstellen - Nummern für Keypoints und Linien werden vom FE-System automatisch vergeben;<br>Koordinaten des Rechtecks in mm: $x_1$=0; $y_1$=–10; $x_2$=10; $y_2$=10; |
| Vernetzung | Elemente definieren: Kantenlänge 0,625 mm für alle;<br>Vernetzen: A1 (Rechteckelemente), es werden 512 Elemente mit 561 Knoten generiert; |
| Randbedingungen | Lagerung: selektiert über kartesisches Koordinatensystem (x=0); alle Freiheitsgrade Null gesetzt;<br>Belastung in : selektieren der Elemente am freien Trägerende (letzte Spalte = 32E), Pressung 5 N/mm² gesetzt; |
| Berechnung und Ergebnisse | Ansatz: statisch, linear,<br>Charakteristische Größe: Verschiebung der Knoten,<br>Verschiebungen in mm: am Knoten N34 Uy = – 0,00085;<br>Schubspannung in N/mm²: $\tau_{smax}$ = 7,12; |

*x , y , z* Koordinaten im globalen kartesischen Koordinatensystem,
*Ux , Uy , Uz , ROTx , ROTy , ROTz* Verschiebungen und Verdrehungen,
*K* Keypoint (Geometriepunkt im CAD-Modell), *L* Line (Linie im CAD-Modell),
*N* Node (Knoten im FE-Modell), *E* Element (Element im FE-Modell),
*FE-A* Finite Elemente Anwendungsbeispiel,

Fortsetzung nächste Seite

<table>
<tr><th>FE-A2<br>Schub</th><th>Bildfolge</th></tr>
<tr><td>Geometrie</td><td>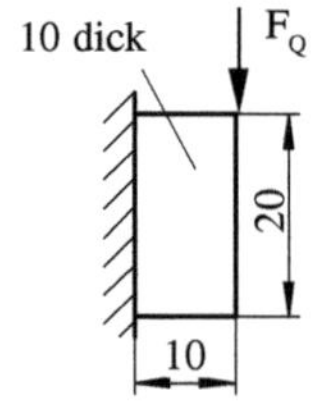

Ersetzen der Querkraft $F_Q = 1000$ N durch Druckbelastung auf die vordere Elementenspalte – aufzubringender Druck auf 32 Elemente der Breite 0,625 mm $p = F_Q / A_{ges} = 5$ N/mm².</td></tr>
<tr><td>Vernetzung Randbedingungen</td><td>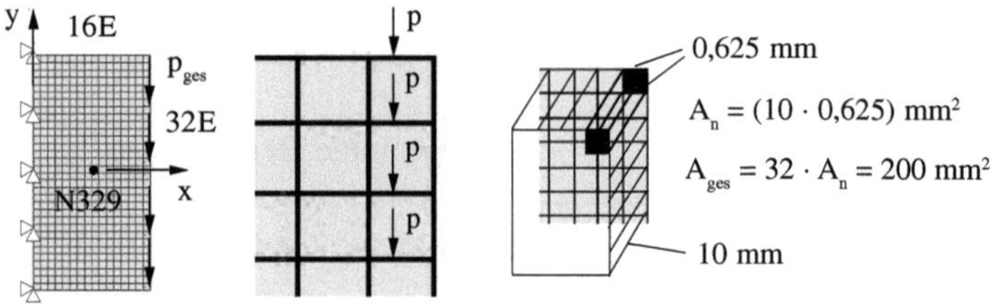

512 Elemente, 561 Knoten</td></tr>
<tr><td>Grafische Ergebnisse</td><td>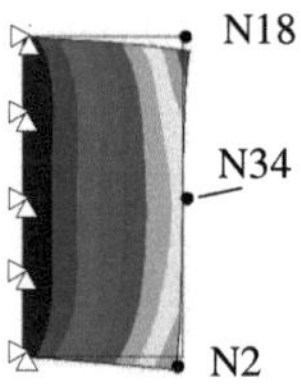

Verteilung der Verschiebungen bei Druckbelastung auf die vordere Elementenspalte (Verschiebung Knoten N34 Uy = 0,00085 mm)
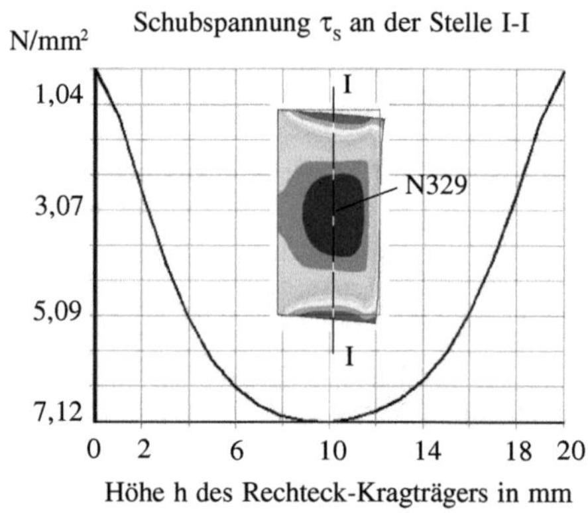
</td></tr>
</table>

**Tafel 6/2:** Spannungen und Verformungen am kurzen Kragträger bei Querkraftbelastung $F_Q$

Die Verschiebung des kleinen Kragträgers bereitet wegen der unterschiedlichen Werte am Trägerende Probleme bei der Auswertung. Als Verschiebungswert wird der mittig gelegene Knoten N34 mit Uy = 0,00085 mm verwendet, dessen Wert zum klassisch errechneten Wert von Uy = 0,000238 mm allerdings beträchtlich abweicht. Das Verschiebungsbild in den grafischen Ergebnissen nach Tafel 6/2 zeigt über die Trägerlänge von 10 mm zwar eine relativ ausgeglichene Verformung, zum Trägerende hin allerdings lastbedingte Verzerrungen. An den Extremstellen ( N2 und N18) können Verschiebungswerte von 0,001 mm ausgelesen werden.

Auf Abbildung und Vergleich von Biegespannungen wird verzichtet, da auch bei hoher Netzdichte der Bereich um die Lagerstelle ungenau bleibt.

- **Schub am Rechteck-Kragträger (Volumenelemente)**

In Tafel 6/1 und Tafel 6/2 sind die Rechteck-Kragträger durch Scheibenelemente dargestellt. Modell und Ergebnisse lassen sich damit nur 2-dimensional abbilden. Will man auch Kenntnis über das Verhalten in der 3. Koordinate erhalten, wird eine Modellierung mit Volumenelementen erforderlich.

Für den langen Rechteck-Kragträger nach Tafel 6/1 erfolgt in Tafel 6/3 die Modellbildung mit Volumenelementen. Als einfacher Weg erscheint das Erstellen des CAD-Modells über den geometrischen Grundkörper „Rechteckblock“. Der Über-

| **FE-A3 Schub** | Allgemeine Befehlsfolge |
|---|---|
| Name | Speicherung der FE-Rechnung unter FILE-Name "Schub3" |
| Elemente | 3-dimensionales Volumenelement (8 Knoten) |
| Werkstoffe | Stahl: $E_{St}$= 210 kN/mm² $\nu$ = 0,3 |
| Geometrie | CAD-Modell aus geometrischen Grundkörper "Rechteckblock" erstellen - Nummern für Keypoints und Linien werden vom FE-System automatisch vergeben;<br>Koordinaten des Rechteckblocks in mm: $x_1$=0; $y_1$=–5; $z_1$=–10; $x_2$=75; $y_2$=5; $z_2$= 10; |
| Vernetzung | Elementeanzahl (Rechteckelemente) definieren: 2,5 mm Kantenlänge für alle; es werden 960 Elemente mit 1395 Knoten generiert; |
| Randbedingungen | Lagerung: selektiert über kartesisches Koordinatensystem (x=0); alle Freiheitsgrade Null gesetzt;<br>Belastung in kN: selektiert über kartesisches Koordinatensystem (z=0, x=75); Koppelgruppe "Kraft" bilden; Masterknoten festlegen, Fz=1 gesetzt; |
| Berechnung und Ergebnisse | Ansatz: statisch, linear,<br>Charakteristische Größe: Verschiebung der Knoten,<br>Verschiebungen in mm: am Knoten N38 Uz = 0,104;<br>v.-Mises-Vergleichsspannung in N/mm²: Knoten N35 $\sigma_v$= 118,3;<br>Schubspannung in N/mm²: Knoten N1091 $\tau_s$= 7,18; Knoten N643 $\tau_s$= 7,61; |

*x , y , z* Koordinaten im globalen kartesischen Koordinatensystem,
*Ux , Uy , Uz , ROTx , ROTy , ROTz* Verschiebungen und Verdrehungen,
*K* Keypoint (Geometriepunkt im CAD-Modell), *L* Line (Linie im CAD-Modell),
*N* Node (Knoten im FE-Modell), *E* Element (Element im FE-Modell),
*FE-A* Finite Elemente Anwendungsbeispiel,

Fortsetzung nächste Seite

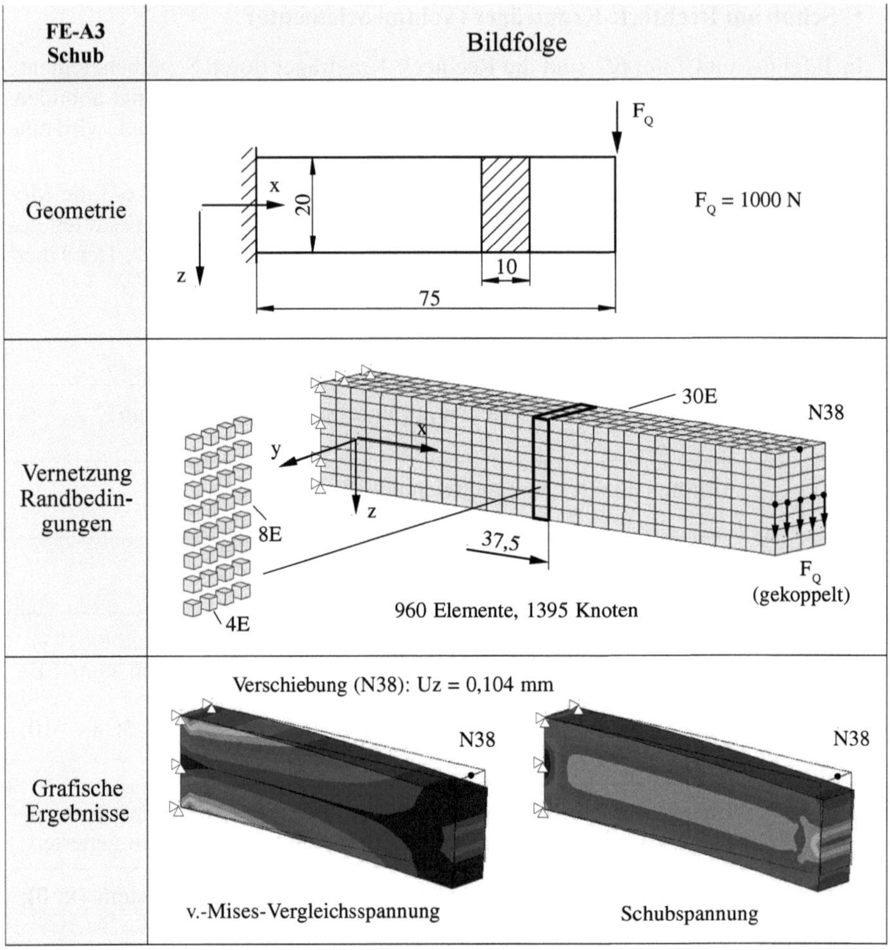


**Tafel 6/3:** Langer Kragträger mit Volumenelementen – Querkraftbelastung $F_Q$

gang zum FE-Modell erfolgt mit der Vernetzung, wobei als Vorgabe eine Elementekantenlänge von 2,5 mm für den gesamten Träger festgelegt wird. Die entstehende Netzdichte ist mit 960 Elementen bei 1395 Knoten gering. Die Länge des Trägers wird mit 30 Elementen, die Höhe mit 8 Elementen und die Breite mit 4 Elementen abgebildet.

Durch die Vorgabe der Elementekantenlänge werden alle Elemente würfelförmig generiert. Soll diese günstige Struktur für eine feinere Vernetzung beibehalten bleiben, kann das wiederum nur über die Elementekantenlänge erfolgen. Sichtbar wird dabei das bei 3D-Modellen auftretende Verhalten der explodierenden Elemente- und Knotenanzahl. Bei einer Elementekantenlänge von beispielsweise 1,25 mm entstehen 7680 Elemente und 9333 Knoten. Verwaltung und Auswertung werden unübersichtlicher, wenn die Lösung kritisch untersucht wird. Es bereitet schon für das Modell nach Tafel 6/3 mit 960 Elementen und 1395 Knoten erhöhten Aufwand, um

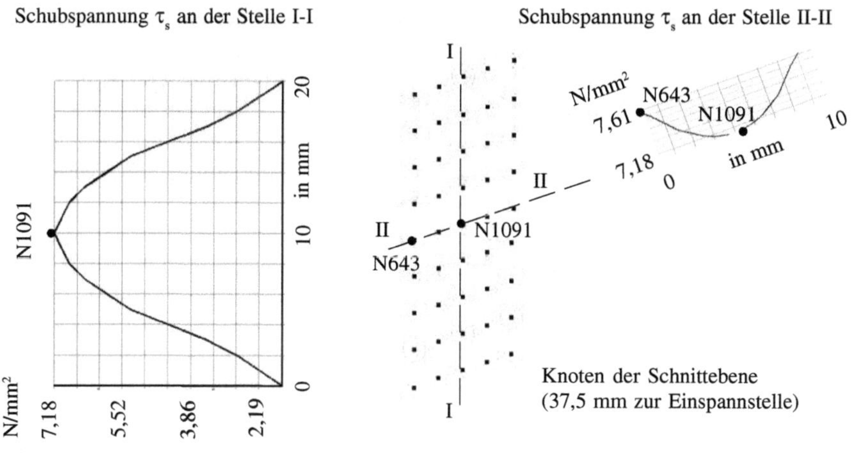


**Abb. 6.14.** Schubspannungsverteilung im Profilschnitt beim Kragträger mit Volumenelementen

beispielsweise einen Spannungsverlauf im Trägerinneren abzubilden. Für die Darstellung der Schubspannungsverteilung (Abb. 6.14) wurden dazu Werte ausgelesen und in einem Diagramm über Höhe und Breite des Querschnittes dargestellt. Das Knotenbild für die Abbildung der Schubspannungen $\tau_s$ befindet sich in einer Schnittebene 37,5 mm von der Einspannstelle entfernt (Abb. 6.15.).

Die Kurven für die Stellen I-I und II-II entsprechen etwa den theoretischen Vorstellungen. Lediglich an den Rändern des Profils gibt es Spannungswerte, die mit der Theorie (Abb. 6.4.) nicht übereinstimmen. An freien unbelasteten Oberflächen können aufgrund fehlender Querkräfte keine Schubspannungen auftreten. Die Randknoten können im 8-Knoten-Volumenelement aber nicht den Wert Null annehmen, so dass diese FE-bedingte Abweichung nur durch Verzicht der Randknoten bei der Auswertung behoben werden könnte. In Abb. 6.15. ist zu erkennen, wie punktuell die Lösungen aus den Volumenelementen entnommen werden müssen und welche

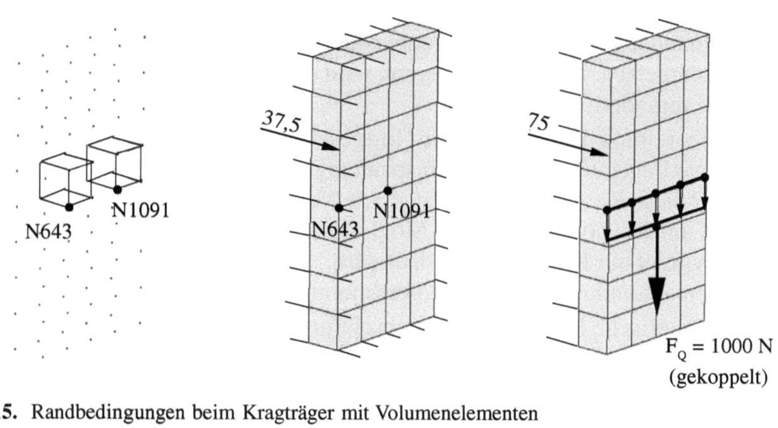


**Abb. 6.15.** Randbedingungen beim Kragträger mit Volumenelementen

Bedeutung gute Selektionsfähigkeiten für das Auswählen der entsprechenden Knoten aus der Knotenwolke besitzt. Die Möglichkeiten der grafischen Darstellungen sind begrenzt – mit einer Knotenreihe wird wie bei 2-dimensionalen Elementen das Schubspannungsverhalten ausgewertet. An der Stelle I-I liegt ein maximaler Wert der Schubspannung von $\tau_s = 7{,}12$ N/mm² vor. Dieser Wert weicht etwas ab von den Ergebnissen nach Tafel 6/1 und von der klassischen Berechnung. Die Vernetzung des 3-dimensionalen Volumenmodells ist zu grob.

Das Aufbringen der äußeren Kraft auf gekoppelte Einzelknoten ist nicht besonders praxisnah, d. h. das aufwändigere 3-dimensionale Volumenmodell erfordert bei der Definition der Randbedingungen eigentlich wirklichkeitsnähere Vorgaben. Die Störung durch die äußere Kraft ist in den grafischen Ergebnissen (Tafel 6/3) deutlich ausgeprägt. Die v.-Mises-Vergleichsspannungen und die Schubspannungen werden nach dem Abklingen der Störungen an Lagerstelle und äußerer Kraft ausreichend und anschaulicher als mit 2-dimensionalen Elementen dargestellt. Für die maximale Vergleichsspannung wird im Modell keine Position angegeben. Aus der Datenliste ergab sich am Knoten N35 der Maximalwert $\sigma_v = 118{,}3$ N/mm², der der Lösung nach Tafel 6/1 und der klassischen Lösung nach Abschn. 6.1.2 nahe kommt. Die Verschiebung an Knoten N38 mit Uz = 0,104 mm stimmt auch gut überein.

- **Schub am Kragträger mit Kreisquerschnitt – langer Kragträger**

Träger mit Kreisquerschnitt lassen sich mit Balken- und Volumenelementen abbilden. Für die Darstellung von Schubspannungen sind nur Modelle mit Volumenelementen geeignet. Soll die Vernetzung mit Rechteck-Volumenelementen erfolgen, muss als Basis der Viertelzylinder verwendet werden (Tafel 6/4).

Die Einteilung auf den Linien der Stirnseite des Trägers erfordert eine geradzahlige Vorgabe, z. B. 2, 4, 6, ... Elemente an den 3 Begrenzungslinien. Mit den 4 Elementen auf dem Radius des Viertelbogens wird die Kreisform mit geringer Genauigkeit dargestellt. Die Länge des Trägers muss so unterteilt werden, dass in Richtung würfelförmiger Elemente gedacht wird. Mit 20 Elementen an Linie L9 entstehen geometrisch durchschnittliche Elemente.

Das Spiegeln zur x-z-Ebene mit Kopieren aller CAD- und FE-Daten führt an der Spiegelebene zu einer Dopplung aller Werte. Für eine zuverlässige Rechnung sind die übereinander liegenden Punkte entweder automatisch oder durch Befehlseingabe zu verschmelzen. Bei diesem Vorgang wird die Anfangsnummerierung in einigen Bereichen verändert.

Die Aufbereitung des Modells wird fortgesetzt mit der Definition der Randbedingungen. Die Lagerstelle wird als Einspannung festgelegt. Nach Selektion mit z = 0 werden für diese Knoten alle Freiheitsgrade Null gesetzt. Die Querkraft $F_Q$ wirkt als Einzellast am Keypoint K6. Diese Möglichkeit ist gegeben, weil vom FE-System jedem Keypoint ein Knoten zugeordnet wird. Als Vorteil ergibt sich, dass bei Netzänderungen automatisch die neue Knotennummer entsteht.

Das geometrische Modell ist im Halbschnitt dargestellt. Neben der Verringerung der Datenbasis tritt auch die einfache Innendarstellung des Modells auf. Die korrekte Programmierung erfordert die Eingabe der halben Last und die Definition der Symmetriebedingung für die y-z-Ebene.

Die Ergebnisse der FE-Rechnung sind in guter Übereinstimmung mit der klassischen Lösung. Die Unterschiede ergeben sich vorrangig aus der relativ geringen Netzdichte (480 Elemente). Die 8 Elemente auf halbem Umfang zeigen deutlich die sekantenhafte Abbildung des Körpers. Die fehlenden Zylinderstücke werden bei der FE-Berechnung nicht berücksichtigt.

| **FE-A4 Schub** | Allgemeine Befehlsfolge |
|---|---|
| Name | Speicherung der FE-Rechnung unter FILE-Name "Schub4" |
| Elemente | 3-dimensionales Volumenelement (8 Knoten) |
| Werkstoffe | Stahl: $E_{St}$= 210 kN/mm² $\nu$ = 0,3 |
| Geometrie | CAD-Modell aus geometrischen Grundkörper "Zylinder" als Viertelzylinder erstellen - Nummern für Keypoints und Linien werden vom FE-System automatisch vergeben;<br>Daten des Viertelzylinders: Radius R = 8 mm; Länge l = 75 mm; Viertelbogen $\varphi$= 90 °; |
| Vernetzung | Elementeanzahl (Rechteckelemente) definieren:<br>20 an L9; 4 an alle anderen; Viertelzylinder vernetzen, kopieren und zur y-Achse spiegeln; Doppelpunkte in der x-z-Ebene verschmelzen; es werden 480 Elemente mit 693 Knoten generiert; |
| Randbedingungen | Lagerung: selektiert über kartesisches Koordinatensystem (z=0); alle Freiheitsgrade Null gesetzt;<br>Belastung in N: auf K6 Fy = – 1000/2 (halbes Modell) ;<br>Symmetrie bilden: selektiert über kartesisches Koordinatensystem (x=0); Symmetrie zur x-Achse anwenden; |
| Berechnung und Ergebnisse | Ansatz: statisch, linear,<br>Charakteristische Größe: Verschiebung der Knoten,<br>Verschiebung an N21 Uy = – 0,22 mm;<br>v.-Mises-Vergleichsspannung an N 39 $\sigma_v$= 192,9 N/mm²;<br>max. Schubspannung $\tau_{smax}$= 6,96 N/mm²; |

*x* , *y* , *z* Koordinaten im globalen kartesischen Koordinatensystem,
*Ux* , *Uy* , *Uz* , *ROTx* , *ROTy* , *ROTz* Verschiebungen und Verdrehungen,
*K* Keypoint (Geometriepunkt im CAD-Modell), *L* Line (Linie im CAD-Modell),
*N* Node (Knoten im FE-Modell), *E* Element (Element im FE-Modell),
*FE-A* Finite Elemente Anwendungsbeispiel,

Fortsetzung nächste Seite

<table>
<tr><th>FE-A4<br>Schub</th><th>Bildfolge</th></tr>
<tr><td>Geometrie</td><td>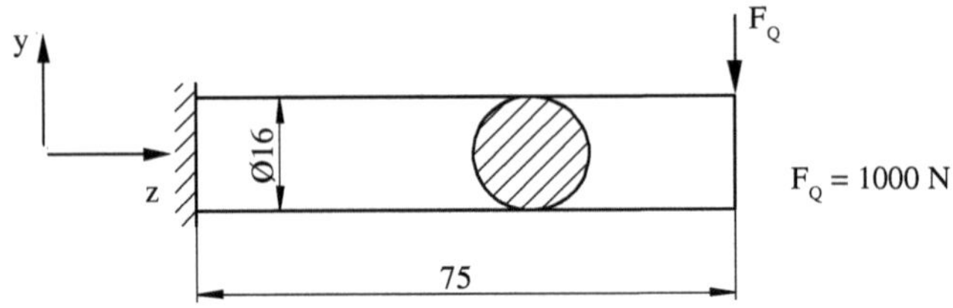
</td></tr>
<tr><td>Vernetzung<br>Randbedin-<br>gungen</td><td>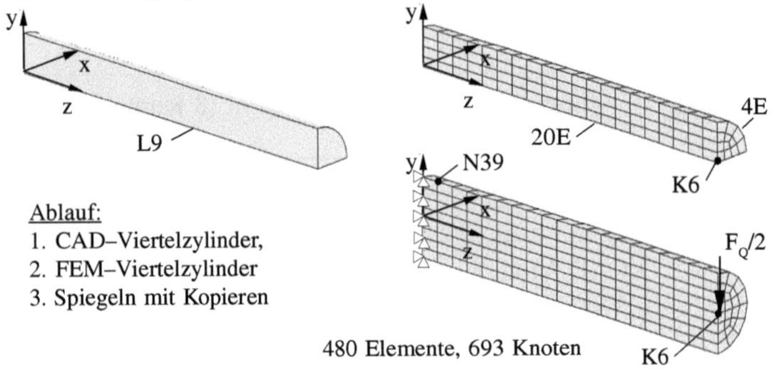
</td></tr>
<tr><td>Grafische<br>Ergebnisse</td><td>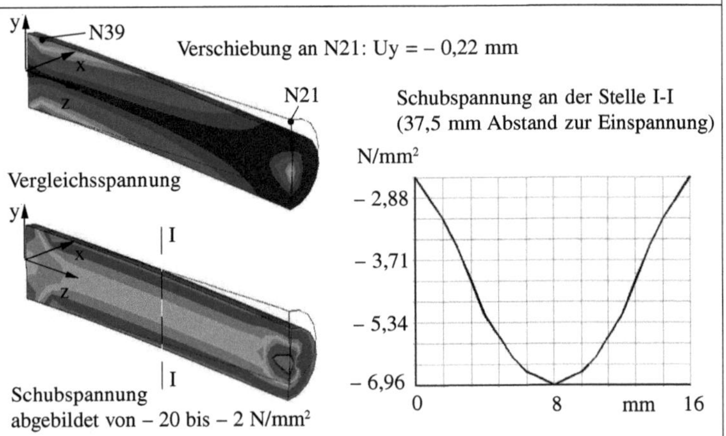
</td></tr>
</table>

**Tafel 6/4:** Langer Kragträger mit Kreisquerschnitt unter Querkraftbelastung $F_Q$

Der Vergleich der maximalen Schubspannungen liefert $\tau_{smax} = 6{,}6$ N/mm² für die klassische Rechnung und mit $\tau_{smax} = 6{,}96$ N/mm² als FE-Wert etwa 10 % Unterschied. In der Darstellung der grafischen Ergebnisse (Tafel 6/4) mussten die genutzten 7 Graustufen zwischen – 20 und – 2 N/mm² gespreizt werden, um die Spannungsverteilung anschaulich zu zeigen. Die Störungen durch Krafteinleitung und Lagerung verbrauchen ansonsten das vorhandene Spektrum.

Die klassische Biegespannung (Abschnitt 6.1.2 – $\sigma_{bmax}$ = 186,5 N/mm²) ist am FE-Modell ungünstig auszuwerten. Der maximale Wert an der Einspannstelle erhält durch den Einfluss der Lagerung eine Abweichung. Es würde von einem Knoten des 8-Knotenelementes der Spannungswert ausgelesen. Günstiger erscheint die Auswertung der v.-Mises-Vergleichsspannung an der Stelle ihres Maximums am Knoten N39 mit $\sigma_{vmax}$ = 192,9 N/mm². Diese Überlegungen zeigen die Problematik zwischen klassischen und FE-Berechnungen.

Der Vergleich der Durchbiegungen zeigt das nochmals deutlich. Es stehen für klassisch Uy = – 0,208 mm und Uy = – 0,22 mm für Knoten N21. Die Auswahl dieses Knotens entsteht aus der Überlegung, dass an dieser Stelle gemessen werden kann. Wichtig bleibt, dass die FE-Berechnung durch eine weitere Berechnung abgesichert wird.

- **Schub am Kragträger mit Kreisquerschnitt – kurzer Kragträger**

Das Modell für den kurzen Kragträger mit Kreisquerschnitt lehnt sich eng an das Modell für den langen Kragträger an (Tafel 6/4). Es wird ebenfalls als Basis der Viertelzylinder mit anschließendem Vernetzen und Spiegeln zur x-z-Ebene verwendet (Tafel 6/5). Der CAD-Teil konnte nach Änderung der Trägerlänge auf 10 mm übernommen werden. Dadurch stimmt die Benummerung von Linien und Keypoints mit dem Modell „langer Kragträger“ überein.

Die Vernetzung weicht dagegen deutlich ab. An Linie L9 wurde eine Vernetzungsdichte von 10 Elementen und am Kreisbogen von 8 Elementen definiert. Daraus ergab sich ein Modell mit 960 Elementen bei 1243 Knoten. Erst mit dieser feineren Vernetzung (langer Kragträger: 480 Elemente, 693 Knoten) erreicht man annähernd verwertbare Aussagen für den 10 mm kurzen Träger. Bei dieser Abmessung wirken sich die Einflüsse aus Lagerung und Krafteinleitung besonders intensiv aus.

Bei der Definition der Randbedingungen wurde für die Lagerstelle eine Einspannung festgelegt. Nach Selektion mit z = 0 werden für diese Knoten alle Freiheitsgrade Null gesetzt. Die Querkraft $F_Q$ ist wiederum wegen des halben Modells nur hälftig anzunehmen. Beim Aufbringen auf Knoten scheidet wegen des großen Störeinflusses das Einleiten über eine Einzellast aus. Eine gleichmäßige Lastaufbringung auf alle Knoten bei z = 10 mm erscheint als günstige Möglichkeit. Das gewählte Netz führt zu 113 Knoten auf der Stirnseite des halben Trägers. Bezogen auf die hälftige Last von 500 N ergibt sich pro Knoten eine Einzellast von ca. 4,42 N.

Die Ergebnisse der FE-Rechnung beschreiben annähernd die Verhältnisse im kurzen Kragträger. Die höhere Netzdichte führt zwar zu einer sehr guten Abbildung des Schubspannungsverlaufes bezogen auf den Durchmesser, liefert aber um ca. 19 % zu hohe Schubspannungswerte (klassisch: $\tau_{smax}$ = 6,6 N/mm²; FE-Rechnung: $\tau_{smax}$ = 7,84 N/mm²). In der Darstellung der grafischen Ergebnisse (Tafel 6/5) ist die typische Schubspannungsverteilung nur im mittleren Teil des Trägers auf ca. 5 mm Länge ausgeprägt. Die Störungen aus Krafteinleitung und Lagerung sind angemessen, bei der Kürze des Trägers aber doch besonders wirksam.

Wird die Netzdichte erhöht wie in Abb. 6.16. zu sehen, erhält man eine Verbesserung bei der Darstellung der Schubspannungsverteilung. Die Verformungs- und Spannungsdaten werden kaum beeinflusst. Die Variante wird erreicht mit einer Verdopplung der Elementeanzahl auf der Linie L9 (20 E) und auf dem Kreisbogen (16E).

Die Vernetzung führt zu einem Modell mit 7680 Elementen bei 8757 Knoten. Die Querkraft $F_Q/2$ = 500 N wird nach Selektion der Knoten auf der Stirnseite (z = 10) auf die 417 Knoten verteilt, so dass pro Knoten ca. 1,2 N anliegen. Trotz dieser geringen Einzelknotenkräfte ist die äußere Last nur annähernd gleichmäßig verteilt, was am stirnseitigen Spannungsbild sichtbar wird. Zu den systembedingten Ungenauigkeiten an Rand und an der Symmetriefläche kommen die Abweichungen durch Größenunterschiede bei den Elementen. Radiusabhängig entstehen größere Elemente.

| **FE-A5 Schub** | Allgemeine Befehlsfolge |
|---|---|
| Name | Speicherung der FE-Rechnung unter FILE-Name "Schub5" |
| Elemente | 3-dimensionales Volumenelement (8 Knoten) |
| Werkstoffe | Stahl: $E_{St}$= 210 kN/mm² $\nu$ = 0,3 |
| Geometrie | CAD-Modell aus geometrischen Grundkörper "Zylinder" als Viertelzylinder erstellen - Nummern für Keypoints und Linien werden vom FE-System automatisch vergeben;<br>Daten des Viertelzylinders: Radius R = 8 mm; Länge l = 10 mm; Viertelbogen $\varphi$= 90 °; |
| Vernetzung | Elementeanzahl (Rechteckelemente) definieren:<br>10 an L9; 4 an alle anderen; Viertelzylinder vernetzen, kopieren und zur y-Achse spiegeln; Doppelpunkte in der x-z-Ebene verschmelzen; es werden 960 Elemente mit 1243 Knoten generiert; |
| Randbedingungen | Lagerung: selektiert über kartesisches Koordinatensystem (z=0); alle Freiheitsgrade Null gesetzt;<br>Belastung in N: Fy = – 1000/2 (halbes Modell) auf 113 Knoten verteilt, ca. 4,42 N pro Knoten;<br>Symmetrie bilden: selektiert über kartesisches Koordinatensystem (x=0); Symmetrie zur x-Achse anwenden; |
| Berechnung und Ergebnisse | Ansatz: statisch, linear,<br>Charakteristische Größe: Verschiebung der Knoten,<br>Verschiebung an N63 Uy = – 0,0014 mm;<br>v.-Mises-Vergleichsspannung an N123 $\sigma_v$ = 28,7 N/mm²;<br>max. Schubspannung $\tau_{smax}$= 7,84 N/mm²; |
| *x , y , z* Koordinaten im globalen kartesischen Koordinatensystem,<br>*Ux , Uy , Uz , ROTx , ROTy , ROTz* Verschiebungen und Verdrehungen,<br>*K* Keypoint (Geometriepunkt im CAD-Modell), *L* Line (Linie im CAD-Modell),<br>*N* Node (Knoten im FE-Modell), *E* Element (Element im FE-Modell),<br>*FE-A* Finite Elemente Anwendungsbeispiel, | |

Fortsetzung nächste Seite

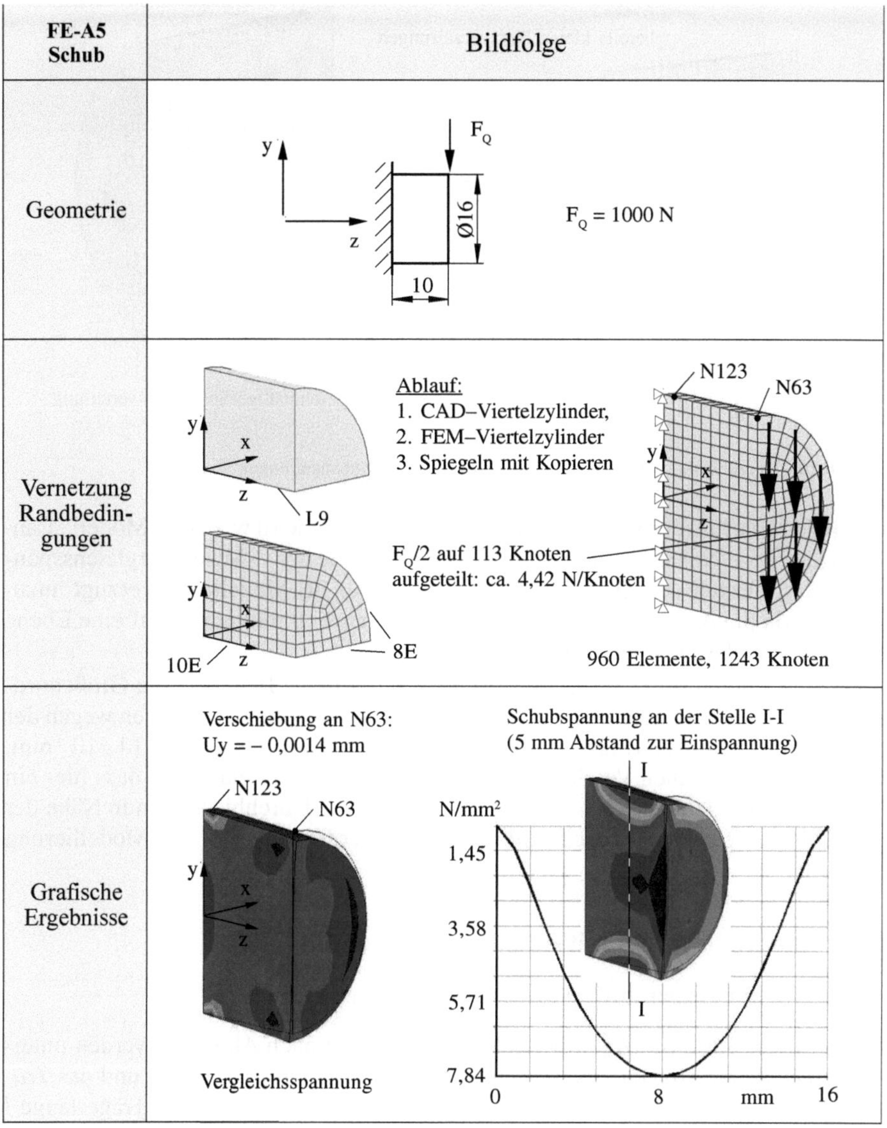


**Tafel 6/5:** Kurzer Kragträger mit Kreisquerschnitt unter Querkraftbelastung $F_Q$

Ebenso gibt es am Übergang zwischen Kern und Außenkontur der Elementeanordnung 2 Stellen mit leicht verzerrten Elementen. Diese kleinen Unregelmäßigkeiten führen bereits zu sichtbaren Spannungsunterschieden. Für die Bewertung des Gesamtmodells sind diese Abweichungen ohne Bedeutung, zeigen aber die Sensibilität eines FE-Modells.

Die klassische Biegespannung (Abschnitt 6.1.2 – $\sigma_{bmax}$ = 24,9 N/mm²) ist am FE-Modell ungünstig auszuwerten. Der maximale Wert an der Einspannstelle erhält

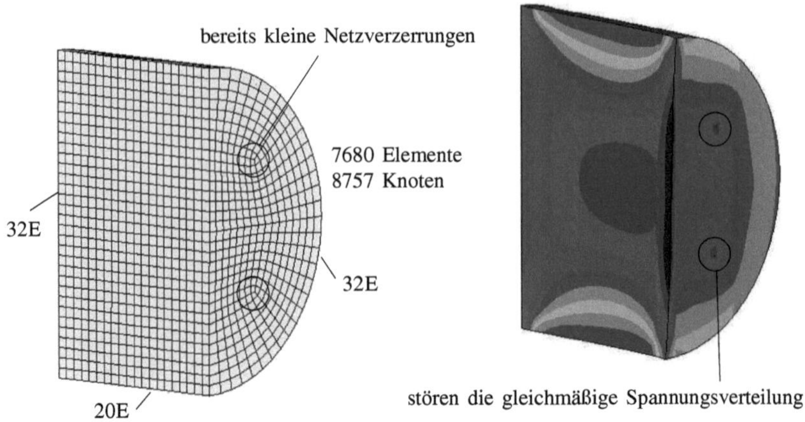


**Abb. 6.16.** Kurzer Kragträger mit höherer Netzdichte – Schubspannungen

durch den Einfluss der Lagerung eine Abweichung. Es wird wie beim Modell „Langer Kragträger" von einem Knoten vor der Lagerstelle der v.-Mises-Vergleichsspannungswert ausgelesen. Diese Spannungsart ist bei FE-Modellen bevorzugt anzuwenden, da die Auswertung von Biegespannungen sich immer nur auf eine Ebene beziehen – andere Ebenen sind ausgeblendet.

Für den Knoten N123 wurde mit $\sigma_{vmax}$ = 28,7 N/mm² (Tafel 6/5) die Größenordnung der klassischen Rechnung getroffen. Die Durchbiegungen scheinen wegen der großen Abweichungen (klassisch: Uy = – 4,93 · $10^{-4}$ mm; FE: Uy = – 14 · $10^{-4}$ mm, Knoten N63) für einen Vergleich ungeeignet. Dem spricht entgegen, dass hier ein Vergleich sehr kleiner Werte vorgenommen wird. Bei Durchbiegungen in Nähe der 1 µm-Grenze für einen extrem kurzen Träger werden Grenzen der Modellierung erreicht.

## 6.2.2 Durchlaufträger mit Rechteckquerschnitt

- **Schub am Träger auf 2 Stützen – homogener Träger**

Die Träger auf 2 Stützen mit Rechteckquerschnitt nach Abb. 6.7. werden untersucht. Die Abmessungen sind so gewählt, dass der *homogene Träger* und das *Trägersystem aus 2 Einzelträgern* vergleichbar werden. Bei identischer Trägerlänge l ist die Dicke durch $b = b_1 = b_2$ und die Höhe durch $h = h_1 + h_2$ gegeben. Beim *Trägersystem aus 2 Einzelträgern* wird die Reibung zwischen den Einzelträgern vernachlässigt.

Der *homogene Träger* nach Tafel 6/6 besitzt eine einfache geometrische Struktur. Für die Erstellung des CAD-Modells gibt es mehrere Möglichkeiten. Verwendet wird eine Variante, die sich auch für das Modell *Trägersystem aus 2 Einzelträgern* nutzen lässt. Ausgehend von Keypoints wird die Länge des Trägers in der x-y-Ebene abgebildet. Das Profil des Trägers kann damit nicht erkannt werden. Durch Generierung von 2-dimensionalen Scheibenelementen mit Dickenvorgabe (b = 10 mm) wird aber die räumliche Struktur simuliert.

Die Belastung des Trägers erfolgt mittig an der Oberkante mit der Querkraft $F_Q$. Die Lagerstellen liegen an den Unterkanten des Trägers jeweils an den Enden. Es werden ein Loslager und ein Festlager definiert, wobei wegen fehlender Axialkräfte das Festlager nur systemstabilisierender Wirkung dient.

Für die Definition der Lagerstellen werden die Keypoints K1 und K2 genutzt. Das bringt ebenso wie die Auswahl der Kraftangriffsstelle über Selektieren Vorteile bei Änderungen der Netzdichte. Veränderliche Knotennummern wirken sich nicht aus, da den Keypoints automatisch die neuen Knotennummern zugeordnet werden. Bei geometrischen Selektieren wie im Fall der Kraftaufbringung ist nur zu beachten, dass eine neue Elementeverteilung auch an der Stelle der gewünschten Kraftstelle einen Knoten positioniert.

| **FE-A6 Schub** | Allgemeine Befehlsfolge |
|---|---|
| Name | Speicherung der FE-Rechnung unter FILE-Name "Schub6" |
| Elemente | 2-dimensionales Scheibenelement (4 Knoten)<br>notwendige Eingaben - Dicke des Trägers b = 10 mm |
| Werkstoffe | Stahl: $E_{St}$= 210 kN/mm² $\nu$ = 0,3 |
| Geometrie | CAD-Modell aus Geometriepunkten, Fläche erstellen:<br>Geometriepunkte (x;y) in mm: K1(0;–10), K2(150;–10), K3(150;10), K4(0;10),<br>Fläche bilden: A1(K1,K2,K3,K4) |
| Vernetzung | Elementeanzahl (Rechteckelemente) definieren: 40 an L1, L3; 4 an L2, L4;<br>Vernetzen: A1, es werden 160 Elemente mit 205 Knoten generiert; |
| Randbedingungen | Lagerung: an K1 Uy=0, an K2 Ux=0, Uy=0 gesetzt;<br>Belastung in N: selektiert über kartesisches Koordinatensystem (y=10, x=75); Fy= – 500 gesetzt; |
| Berechnung und Ergebnisse | Ansatz: statisch, linear,<br>Charakteristische Größe: Verschiebung der Knoten,<br>Verschiebungen in mm: am Knoten N147 Uy = – 0,027;<br>v.-Mises-Vergleichsspannung in N/mm²: Knoten N22 $\sigma_v$= 27,1;<br>Schubspannung in N/mm²: Knoten N177 $\tau_s$= 1,72; |

*x* , *y* , *z* Koordinaten im globalen kartesischen Koordinatensystem,
*Ux* , *Uy* , *Uz* , *ROTx* , *ROTy* , *ROTz* Verschiebungen und Verdrehungen,
*K* Keypoint (Geometriepunkt im CAD-Modell), *L* Line (Linie im CAD-Modell),
*N* Node (Knoten im FE-Modell), *E* Element (Element im FE-Modell),
*FE-A* Finite Elemente Anwendungsbeispiel,

Fortsetzung nächste Seite

<table>
<tr><th>FE-A6<br>Schub</th><th>Bildfolge</th></tr>
<tr><td>Geometrie</td><td>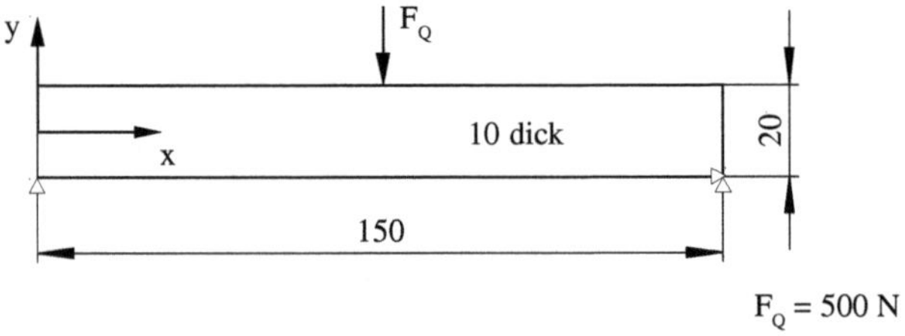
</td></tr>
<tr><td>Vernetzung<br>Randbedingungen</td><td>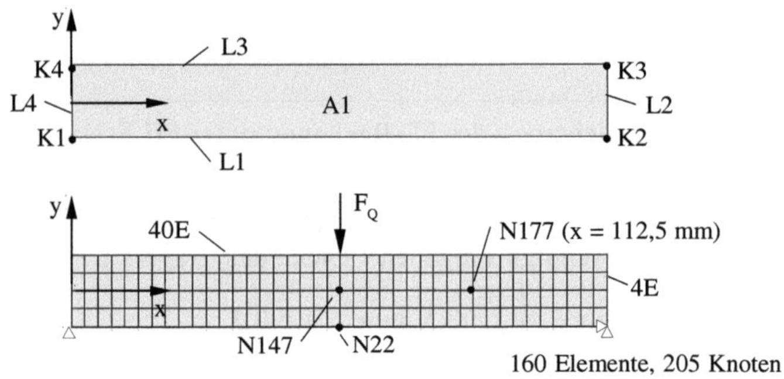
</td></tr>
<tr><td>Grafische<br>Ergebnisse</td><td>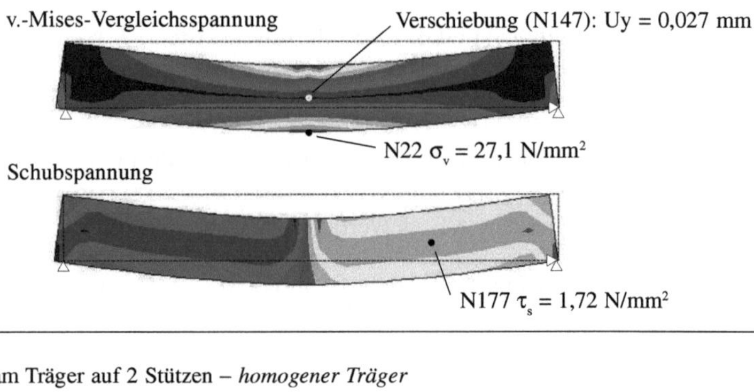
</td></tr>
</table>

**Tafel 6/6:** Schub am Träger auf 2 Stützen – *homogener Träger*

Die Auswertung der Ergebnisse bringt eine gute Übereinstimmung mit der klassischen Rechnung (Abschn. 6.1.2). Für die ausgelesenen Werte am Modell wurden unverfälschte Bereiche ausgewählt. Die verwendeten Knoten liegen an Stellen mit Maximalwerten. Die Vergleichsspannung an Knoten N22 ($\sigma_v$ = 27,1 N/mm$^2$) lässt sich der Biegespannung der klassischen Rechnung ($\sigma_b$ = 28,1 N/mm$^2$) gegenüber stellen. Für den Knoten N177 ($\tau_s$ = 1,72 N/mm$^2$) gilt als Wert der klassischen Rechnung ($\tau_s$ = 1,9 N/mm$^2$). Eine gute Näherung wird in beiden Fällen erreicht.

Für den Wert der maximalen Durchbiegung eignete sich nicht die Stelle des Kraftangriffes, da dort Verzerrungen durch die Einzelkraft am Knoten zu erwarten sind. Der Knoten N147 (Uy = 0,027 mm) liegt mittig im Träger und wird zum Vergleich mit dem Wert der klassischen Berechnung (Uy = 0,025 mm) verwendet. Aus der guten Näherung der markierten Knoten kann geschlossen werden, dass das gewählte Netz die Anforderungen ausreichend erfüllt.

In den grafischen Ergebnissen wird eine Spannungsverteilung dokumentiert, die den theoretischen Erwartungen entspricht. Die Verteilung der v.-MISES-Vergleichsspannung (Tafel 6/6) weist nur in der Nähe der Lagerstellen geringe Verzerrungen auf. Auch die Schubspannung ist am Kraftangriff und an den Lagerstellen beeinflusst, zeigt aber in den ungestörten Bereichen eine grobe Spannungsverteilung vom Rand zur Mitte des Trägers. Nicht geeignet ist eine Darstellung in Diagrammform ähnlich Abb. 6.14., da mit 4 Elementen bezogen auf die Höhe keine Kurvenbildung möglich wird.

- **Schub am Träger auf 2 Stützen – Trägersystem aus 2 Einzelträgern**

Mit der Zerlegung eines *homogenen Trägers* in ein *Trägersystem aus 2 Einzelträgern* entsteht für die Modellbildung eine besondere Situation. Jede FE-Struktur erfordert zur Lösung der Gleichungssysteme eindeutige Zusammenhänge zwischen Knotenlasten und Knotenverschiebungen unter Berücksichtigung der Steifigkeitsbeziehungen.

Auf dem Gebiet der Strukturmechanik sind das allgemein ausgedrückt äußere Lasten und Lagerstellen. Fehlt eine der Größen, kann es keine Knotenverschiebungen geben – das Gleichungssystem ist nicht lösbar. Genau dieser Fall tritt ein, wenn 2 Einzelträger zwar übereinander liegend aber nicht verbunden angeordnet sind. Auf dem obenliegenden Träger wirkt die Kraft und der untenliegende Träger ist gelagert (Tafel 6/7). Dem obenliegenden Träger fehlt die Lagerung und dem untenliegenden Träger die Last. Eine Verschmelzung beider Träger würde das Problem lösen, aber auch aus dem Trägersystem einen homogenen Träger machen.

Für ein Trägersystem muss die Verbindung der Träger andere Eigenschaften aufweisen. Sollen die Modelle sich gegenseitig beeinflussen, wird als Bindeglied das Kontaktelement benutzt. Kontaktelemente sind keine finiten Elemente. Sie sind nur als Elemente aufzufassen, die Verbindung zwischen Oberflächen herstellen und dabei Kräfte, Drücke und Reibung auf die Knoten der Elemente der Flächen übertragen. Über das zusätzliche Gleichungssystem können in der Folge die Wechselwirkung der beiden berührenden Körper berechnet und ausgewertet werden. Spannungen, Verformungen und Kräfte lassen sich somit erfassen. Während des Lösungsvorganges erkennt das Programm, welche Kontaktelemente Kontakt haben bzw. welche sich dem Kontakt annähern. Über Kontrollmethoden wird dabei abgesichert, dass eine Oberfläche nicht in eine andere Oberfläche eindringt. Ein tolerierbarer Betrag hält den entsprechenden Abstand. (Abschn. 4.2.1; Tafel 4/5).

Die Kontaktelemente werden nach dem Vernetzen der Modelle auf die vorhandenen Knoten aufgebracht (Tafel 6/7: Knoten der Linie L1 mit Knoten der Linie L8). Die Aufbereitung des Modells setzt die Einhaltung gewisser Bedingungen voraus. So müssen die beiden Flächen mathematisch voneinander getrennt sein. Die Fläche A1 wird von den Linien L1, L2, L3 und L4 gebildet, während die Fläche A2 durch die Linien L5, L6, L7 und L8 entsteht, d. h. die Linien L1 und L8 haben zu diesem Zeitpunkt keine Beziehung – auch wenn optisch der Eindruck vermittelt wird, dass verbundene Flächen vorliegen.

Für die nachfolgende Vernetzung der Flächen ist es günstig, durch gleiche Einteilung an den beiden Flächen die Knoten gegenüberstehend zu positionieren. Eine solche Festlegung vereinfacht den notwendigen nichtlinearen Rechengang. Für das Modell nach Tafel 6/7 wurde keine Reibung berücksichtigt. Die Einzelträger können sich somit wie theoretisch erwartet verhalten. In den grafischen Ergebnissen

| **FE-A7 Schub** | Allgemeine Befehlsfolge |
|---|---|
| Name | Speicherung der FE-Rechnung unter FILE-Name "Schub7" |
| Elemente | 2-dimensionales Scheibenelement (4 Knoten) - notwendige Eingaben - Dicke der Träger b = 10 mm;<br>2-dimensionale Kontaktelemente; |
| Werkstoffe | Stahl: $E_{St}$= 210 kN/mm² ν = 0,3 |
| Geometrie | CAD-Modell aus Geometriepunkten, Flächen erstellen -<br>Geometriepunkte (x;y) in mm:<br>1. K1(0;0), K2(150;0), K3(150;10), K4(0;10);<br>Fläche bilden: A1(K1,K2,K3,K4);<br>2. K5(0;0), K6(0;–10), K7(150;–10), K8(150,0);<br>Fläche bilden: A2(K5,K6,K7,K8); |
| Vernetzung | Elementeanzahl (Rechteckelemente) definieren:<br>40 an L1,L3,L6,L8; 4 für alle anderen;<br>Vernetzen: A1, A2 ; anschließend Knoten an L1/L8 selektieren und Kontaktelemente bilden; 401 Elemente mit 410 Knoten generiert; |
| Randbedingungen | Lagerung: an K6, K7 jeweils Uy=0 gesetzt;<br>Belastung in N: Knoten selektiert über kartesisches Koordinatensystem (y=10; x=75); Fy = – 500 gesetzt;<br>Systemstabilisierung: Knoten selektiert über kartesisches Koordinatensystem (x=75); Ux=0 gesetzt; |
| Berechnung und Ergebnisse | Ansatz: statisch, nichtlinear,<br>Charakteristische Größe: Verschiebung der Knoten,<br>Verschiebungen in mm: an den Knoten N147 Uy = – 0,102 mm,<br>N352 Uy = – 0,102 mm;<br>v.-Mises-Vergleichsspannung in N/mm²: Knoten N231 $\sigma_v$= 53,4;<br>Schubspannungen in N/mm²: Knoten N177 $\tau_s$= 1,77; N362 $\tau_s$= 1,67; |

*x , y , z* Koordinaten im globalen kartesischen Koordinatensystem,
*Ux , Uy , Uz , ROTx , ROTy , ROTz* Verschiebungen und Verdrehungen,
*K* Keypoint (Geometriepunkt im CAD-Modell), *L* Line (Linie im CAD-Modell),
*N* Node (Knoten im FE-Modell), *E* Element (Element im FE-Modell),
*FE-A* Finite Elemente Anwendungsbeispiel,

Fortsetzung nächste Seite

| **FE-A7 Schub** | Bildfolge |
|---|---|
| Geometrie | 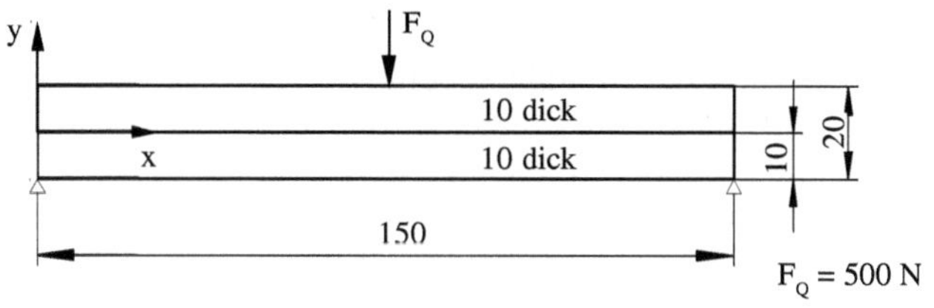  |
| Vernetzung Randbedingungen | Ablauf:<br>1. Fläche A1 bilden,<br>2. Fläche A2 bilden,<br>3. Vernetzen der beiden Einzelflächen,<br>4. Kontaktelemente zwischen L1 und L8<br>401 Elemente, 410 Knoten<br>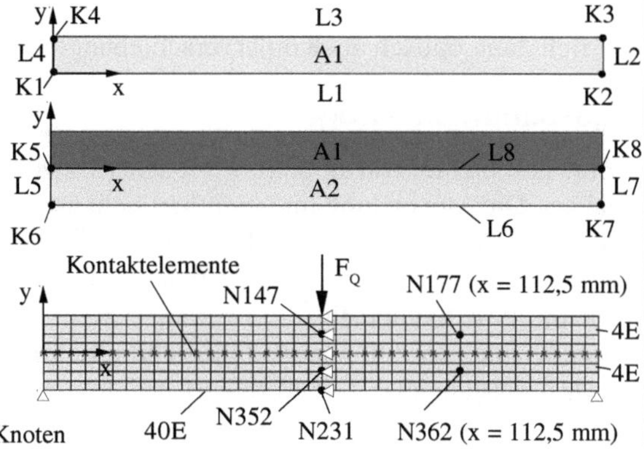  |
| Grafische Ergebnisse | 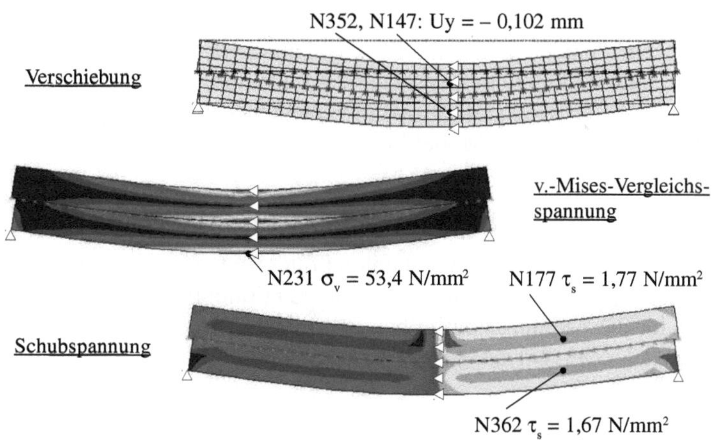  |

**Tafel 6/7:** Schub am Träger auf 2 Stützen – *Trägersystem aus 2 Einzelträgern*

wird das am Biegeverhalten der beiden unabhängigen Träger erkennbar. Es tritt der typische Versatz zwischen den beiden Einzelträgern auf. Die gleiche Verschiebung (Uy = – 0,102 mm) an den Knoten N147 und N352 sowie der identische Wert nach klassischer Rechnung (Abschn. 6.1.2 Uy = 0,1 mm) zeugen von einer guten Kontaktverbindung. Der Vergleich der v.-Mises-Spannung ($\sigma_v$ = 53,4 N/mm²) zur Biegespannung nach klassischer Rechnung ($\sigma_b$ = 56,3 N/mm²) zeigt ebenso wie die Gegenüberstellung der Schubspannungen (FE: $\tau_s$ = 1,77 N/mm² bzw. $\tau_s$ = 1,67 N/mm²; klassische Rechnung: $\tau_s$ = 1,9 N/mm²) eine ausreichende Genauigkeit der Lösungen.

Das gute Verhalten des Kontaktmodells wurde maßgeblich durch die stabilisierende Wirkung der Bindung der Freiheitsgrade bei x = 75 mm mit Ux = 0 beeinflusst. Es wurde damit verhindert, dass ein „Wandern" der Träger entsteht. Als positiver Nebeneffekt kommt dazu, dass an den Lagerstellen geringere Verzerrungen im Spannungsbild erscheinen. Die Ursache des „Wanderns" ist in der Vielzahl der Rechengänge einer nichtlinaren Lösung zu suchen. Selbst bei hohen Rechengenauigkeiten ist es unvermeidlich, dass geringe Abweichungen im Ergebnis auftreten. Diese können sich dann optisch als Körperverschiebungen abbilden.

### 6.2.3 Sandwich – Träger

Eine geschichtete Struktur verschiedener Einzelkörper wird oft als Sandwich bezeichnet. Die Anwendung im Leichtbau sieht als eine Form 3 Bauteile vor – 2 Decklagen und einen meist leichten Kernwerkstoff. Durch Stoff- oder Formschluss werden die Werkstoffe verbunden, deshalb kommt es auch zur Bezeichnung Verbundwerkstoff bzw. Composite.

Sandwichkonstruktionen sind hinsichtlich ihrer Wirkstruktur mit einem Doppel-T-Träger vergleichbar. Der Kernwerkstoff nimmt wie der Steg die Schubkräfte auf, während die Decklagen wie im Ober- und Unterzug für Zug- und Druckbelastung zuständig sind.

Die Komponenten eines Verbundwerkstoffs können selbst wieder Verbundwerkstoffe sein. Handelt es sich um Faserverbundwerkstoffe, ist der Faserverlauf für Festigkeit und Steifigkeit des Systems von Bedeutung. Dieses orthotrope Werkstoffverhalten, d. h. der Werkstoff besitzt in verschiedenen Richtungen verschiedene Eigenschaften, muss bei der Modellbildung vom gewählten Element erfüllt werden können.

- **Schub am Rechteck-Kragträger (Schalenelemente)**

Das Modell aus Schalenelementen (Tafel 6/8) wird so aufgebaut, dass eine Alternative zum Modell mit Volumenelementen (Tafel 6/3), aber auch grundlegende Ansätze für die Nutzung von Verbundwerkstoffen erkennbar werden. Die Fähigkeiten des Schalenelementes sind dabei von besonderer Bedeutung.

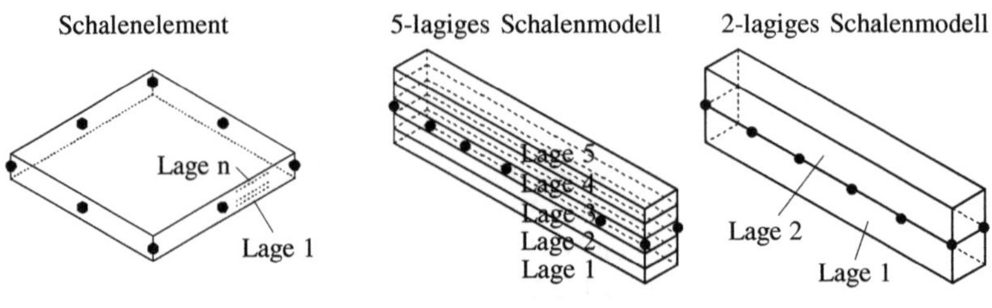


**Abb. 6.17.** Schalenelement 3-dimensional mit 8 Knoten (6 Freiheitsgrade an jedem Knoten)

Grundsätzlich gilt bei Schalen, dass die Dicke gegenüber den anderen Abmessungen des Körpers klein sein sollte (Seiten/Dickenverhältnis mehr als 10). Die Knoten des Schalenelementes befinden sich mittig bezogen auf die Schalendicke, d. h. Knotenebene und Ober- bzw. Unterseite der Schale sind jeweils eine halbe Schalendicke voneinander entfernt. Die Schalendicke wird also nicht durch Knoten repräsentiert. Aus dieser Beschreibung ergibt sich, dass räumliche Abmessungen eines Schalenelementes in der Dickenkoordinate nur pseudografisch dargestellt werden können. Das Volumen eines 3-dimensionalen Schalenelementes ist in der Matrix des Rechenansatzes enthalten.

| **FE-A8 Schub** | Allgemeine Befehlsfolge |
|---|---|
| Name | Speicherung der FE-Rechnung unter FILE-Name "Schub8" |
| Elemente | 3-dimensionales Schalenelement (8 Knoten) –<br>notwendige Eingaben: 2 Lagen (Schichten) |
| Werkstoffe | Lage 1: Material Stahl $E_{St}$= 210 kN/mm² $\nu$ = 0,3 ;<br>Winkel 0°; Dicke $h_1$ = 10 mm;<br>Lage 2: Material Stahl $E_{St}$= 210 kN/mm² $\nu$ = 0,3 ;<br>Winkel 0°; Dicke $h_2$ = 10 mm; |
| Geometrie | CAD-Modell aus Geometriepunkten, Fläche erstellen:<br>Geometriepunkte (x;y) in mm: K1(0;5), K2(75;5), K3(75;–5), K4(0;–5),<br>Fläche bilden: A1(K1,K2,K3,K4) |
| Vernetzung | Elementeanzahl (Rechteckelemente) definieren: 5 mm Kantenlänge für alle; es werden 30 Elemente mit 125 Knoten generiert; |
| Randbedingungen | Lagerung: selektiert über kartesisches Koordinatensystem (x=0); alle Freiheitsgrade Null gesetzt;<br>Belastung in N: selektiert über kartesisches Koordinatensystem (x=75); Fz = – 1000/5 gesetzt; |
| Berechnung und Ergebnisse | Ansatz: statisch, linear,<br>Charakteristische Größe: Verschiebung der Knoten,<br>Verschiebungen in mm: am Knoten N34 Uz = 0,105;<br>Biegespannung in N/mm²: $\sigma_{bmax}$= 124;<br>Schubspannung in N/mm²: $\tau_{smax}$= 7,76; |

*x*, *y*, *z* Koordinaten im globalen kartesischen Koordinatensystem,
*Ux*, *Uy*, *Uz*, *ROTx*, *ROTy*, *ROTz* Verschiebungen und Verdrehungen,
*K* Keypoint (Geometriepunkt im CAD-Modell), *L* Line (Linie im CAD-Modell),
*N* Node (Knoten im FE-Modell), *E* Element (Element im FE-Modell),
*FE-A* Finite Elemente Anwendungsbeispiel,

Fortsetzung nächste Seite

| **FE-A8 Schub** | Bildfolge |
|---|---|
| Geometrie | 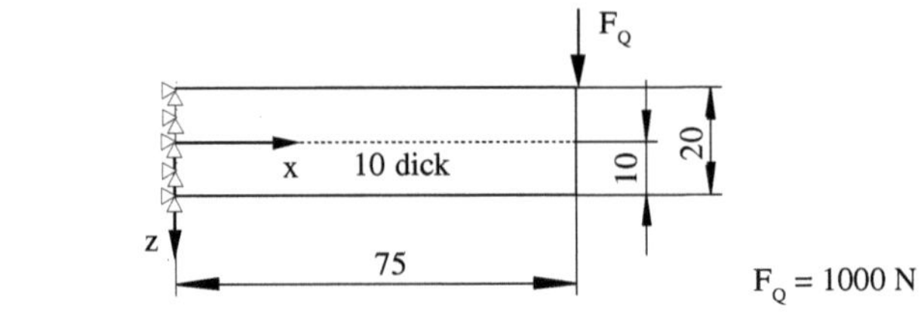 |
| Vernetzung Randbedingungen | 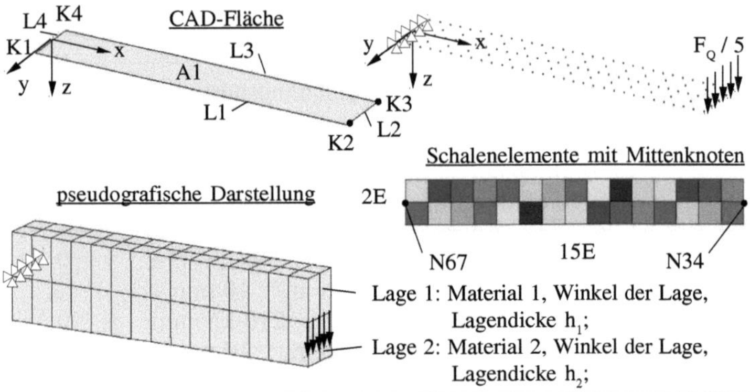 |
| Grafische Ergebnisse | 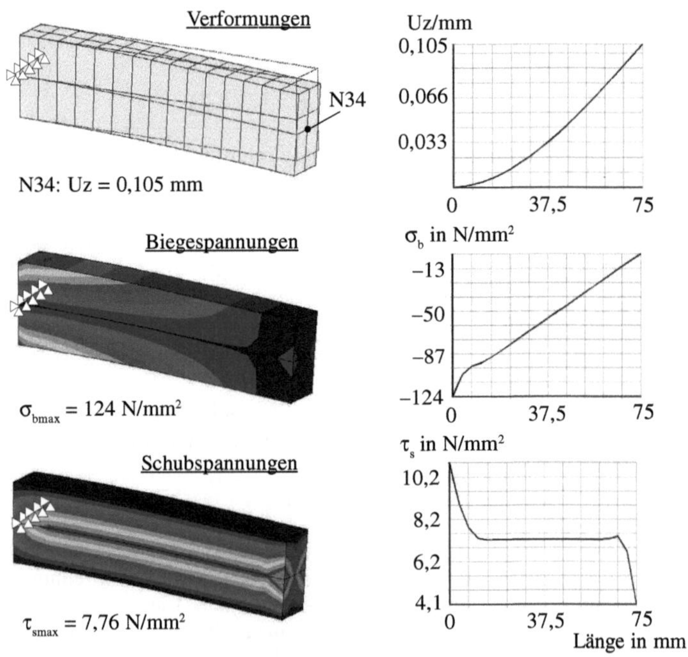 |

**Tafel 6/8:** Schub am Rechteck-Kragträger – Anwendung von Schalenelementen

Bei Schalenelementen für Verbundwerkstoffe gelten diese Aussagen prinzipiell auch (Abb. 6.17.). Elemente dieser Kategorie können aber darüber hinaus mehr als eine Schalendicke wiedergeben. Je nach FE-System lassen sich über 100 Dicken (Lagen, Schichten) programmieren. Für jede dieser Lagen kann ein eigenständiger Werkstoff, die Dicke der Lage und der Orientierungswinkel der Lage bei orthotropem Verhalten definiert werden. Die Summe der Dicken aller Lagen bestimmt die Schalendicke, in der sich mittig die Knotenebene befindet.

Das Modell nach Tafel 6/8 wurde mit 2 Lagen jeweils mit der Dicke 10 mm gestaltet. Damit ist die Höhe des Kragträgers simuliert. Die Knotenebene überspannt Breite und Länge. Die pseudografische Darstellung zeigt die Ähnlichkeit zum Modell mit Volumenelementen nach Tafel 6/3. Den 960 Elementen mit 1395 Knoten steht allerdings jetzt ein Modell mit 30 Elementen und 125 Knoten gegenüber. Das Schalenmodell profitiert neben der grundsätzlich verschiedenen Struktur auch vom quadratischen Elementeansatz ausgedrückt durch ein Element mit Mittenknoten. Nur 15 Elemente in der Länge und 2 Elemente in der Breite garantieren ähnliche Ergebnisse.

Das Aufbringen der Last erfordert Aufmerksamkeit bei der Aufteilung auf Einzelknoten, denn 2 Elemente mit Mittenknoten bedeuten eine Lastverteilung auf 5 Knoten. Auf ein Koppeln der Knotenkräfte wurde verzichtet. Die Auswirkungen kann man an der ungleichen Spannungsverteilung bei Biege- und Schubspannungen in den grafischen Ergebnissen der Tafel 6/8 sehen. In den Diagrammen, die als Auswertungen der Knotenwerte von Knoten N67 bis Knoten N34 den Verlauf über die Länge des Kragträgers abbilden, treten die Lagerstellen mehr hervor.

Unbeeinflusst sind die Verformungen mit dem Maximalwert Uz = 0,105 mm. Das Diagramm der Biegespannungen zeigt eine Unregelmäßigkeit bis etwa 15 mm ab Einspannstelle. Die Spannungswerte selbst entsprechen den Erwartungen. Die Schubspannungen dagegen zeigen die unumgänglichen Auswirkungen der Lager- und Kraftstellen. Nach den theoretischen Ansätzen müsste am gesamten Träger eine Schubspannung $\tau_s = 7{,}5\ \mathrm{N/mm^2}$ anliegen. Für einen Bereich von ca. 15 mm bis 60 mm wird mit $\tau_s = 7{,}76\ \mathrm{N/mm^2}$ ein brauchbarer Wert ausgewiesen, die Ränder zeigen die Übergangsphase.

Zu beachten ist, dass alle Ergebnisse bezogen auf die Höhe des Trägers einer nachgesetzten analytischen Berechnung des FE-Systems entstammen. Die Höhe des Trägers wird nicht durch eigenständige Knoten definiert. Es existieren nur die Knotenverschiebungen in der einzigen Knotenebene.

### 6.2.4 Profile

- **Schub am dünnwandigen Doppel-T-Träger (Schalenelemente)**

Der dünnwandige Doppel-T-Träger eignet sich zur Anwendung von Schalenelementen. Im Modell nach Tafel 6/9 stehen Wanddicken von 3 mm einer Trägerlänge von 75 mm und Profilabmessungen von 27 bzw. 18 mm gegenüber. Steg und Flansche sind ausreichend dünn für das Schalenmodell. Für die Spannungen an Ober- und Unterseite der Schalen sind damit brauchbare Ergebnisse zu erwarten.

Das verwendete Schalenelement besitzt 4 Knoten bei 6 Freiheitsgraden an jedem Knoten. Die Knoten lassen sich im Raum positionieren. Die Dicke der Schale wird dem Element zugeordnet.

Das CAD-Modell wird durch 12 Keypoints definiert. Die Verbindung der geeigneten Punkte führt zu 5 Teilflächen. Der Vernetzung der Flächen geht eine Einteilung der Netzstruktur voraus. Die Elementekantenlänge soll einheitlich 3 mm betragen und wird durch Vorgabe an allen Linien verwirklicht. Es entsteht ein Netz mit 504 Elementen bei 550 Knoten.

Die Randbedingungen sind verschieden zu definieren. Da für die Lagerung eine Einspannung vorgesehen ist, werden bei allen Knoten die Freiheitsgrade gebunden.

| **FE-A9 Schub** | Allgemeine Befehlsfolge |
|---|---|
| Name | Speicherung der FE-Rechnung unter FILE-Name "Schub9" |
| Elemente | 2-dimensionales Schalenelement (4 Knoten) - notwendige Eingaben: Schalendicke s = 3 mm |
| Werkstoffe | Stahl: $E_{St}$= 210 kN/mm² $\nu$ = 0,3 |
| Geometrie | CAD-Modell aus Geometriepunkten, Flächen erstellen;<br>Geometriepunkte (x;y;z) in mm: K1(0;0;13,5), K2(75;0;13,5), K3(75;0;–13,5), K4(0;0;–13,5), K5(0;9;–13,5), K6(75;9;–13,5), K7(75;–9;–13,5), K8(0;–9;–13,5), K9(0;9;13,5), K10(75;9;13,5), K11(75;–9;13,5), K12(0;–9;13,5),<br>Flächen bilden: A1(K1,K2,K3,K4), A2(K3,K4,K5,K6), A3(K3,K7,K8,K4), A4(K9,K10,K2,K1), A5(K2,K11,K12,K1), |
| Vernetzung | Elementeanzahl (Rechteckelemente) definieren: 3 mm Kantenlänge für alle; es werden 525 Elemente mit 572 Knoten generiert; |
| Randbedingungen | Lagerung: selektiert über kartesisches Koordinatensystem (x=0); alle Freiheitsgrade Null gesetzt;<br>Belastung in N: selektiert über kartesisches Koordinatensystem (x=75); Fz = 1000/22 (verteilt auf 22 Knoten, ca. 45,45 N pro Knoten) |
| Berechnung und Ergebnisse | Ansatz: statisch, linear,<br>Charakteristische Größe: Verschiebung der Knoten,<br>Verschiebungen in mm: an Knoten N2, N27 Uz = 0,040;<br>max. Schubspannung $\tau_{smax}$ = 13,45 N/mm² (ausgelesen Stelle I-I 36 mm zur Einspannung) |

*x , y , z* Koordinaten im globalen kartesischen Koordinatensystem,
*Ux , Uy , Uz , ROTx , ROTy , ROTz* Verschiebungen und Verdrehungen,
*K* Keypoint (Geometriepunkt im CAD-Modell), *L* Line (Linie im CAD-Modell),
*N* Node (Knoten im FE-Modell), *E* Element (Element im FE-Modell),
*FE-A* Finite Elemente Anwendungsbeispiel,

Fortsetzung nächste Seite

<table>
<tr><th>FE-A9<br>Schub</th><th>Bildfolge</th></tr>
<tr><td>Geometrie</td><td>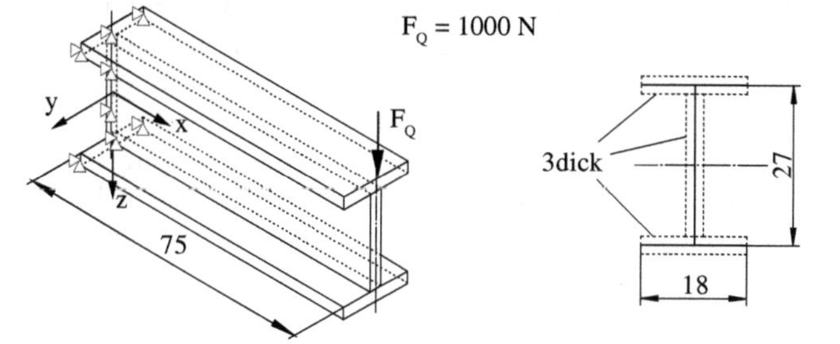
</td></tr>
<tr><td>Vernetzung<br>Randbedingungen</td><td>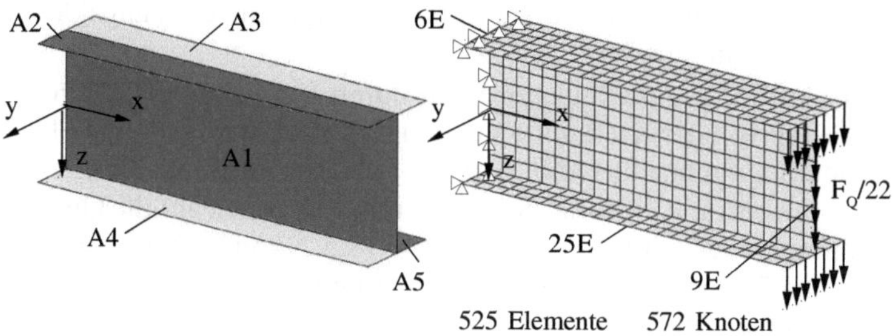
</td></tr>
<tr><td>Grafische<br>Ergebnisse</td><td>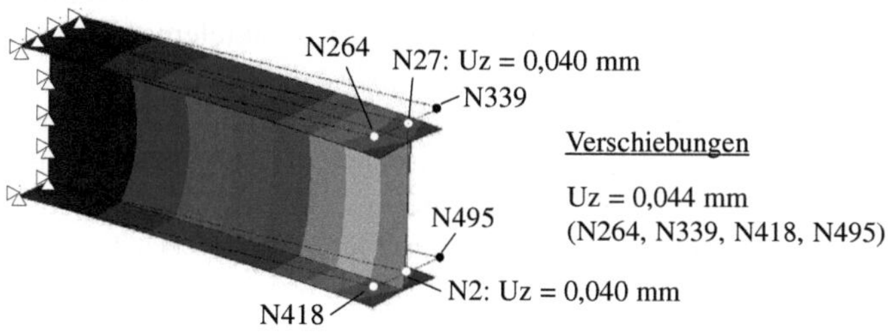

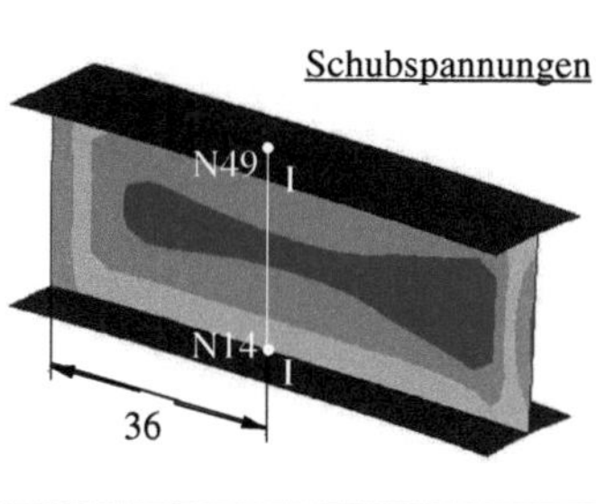

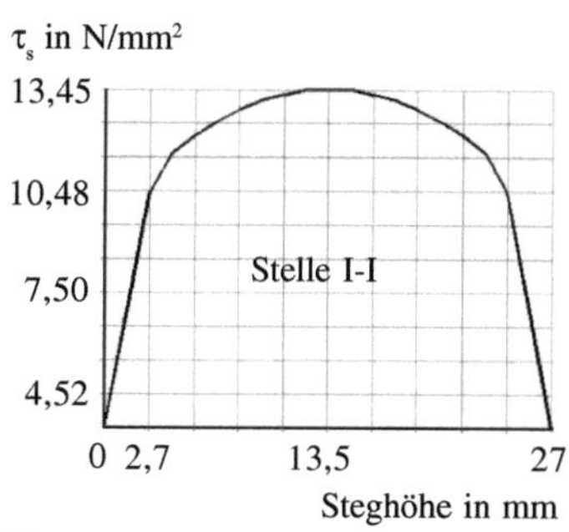
</td></tr>
</table>

**Tafel 6/9:** Dünnwandiger Doppel-T-Träger unter Querkraftbelastung $F_Q$ (Schalenelemente)

Für die Aufbringung der äußeren Last gibt es verschiedene Möglichkeiten. Es bieten sich u. a. die stirnseitige Einleitung wie in Tafel 6/9 genutzt oder eine flächige Belastung auf dem oberen Flansch (Abb. 6.18.) an.

Die stirnseitige Einleitung durch Aufteilung der Gesamtlast (1000 N) auf Knoteneinzellasten (22 Knoten mit je 45,45 N) vermittelt den Eindruck einer gleichmäßigen Lastverteilung über der Stirnseite. An der Verformung der Flansche kann man aber sehen, dass 22 Einzellasten mit ihren jeweiligen Einzelwirkungen modelliert wurden. In der Praxis müsste diese Art der Lastaufbringung durch 22 Einzelstäbe an 22 Einzelpunkten des Trägers verwirklicht werden. Da solche Befestigungen kaum zu erwarten sind, sollte das scheinbar gleichmäßige Verteilungsprinzip in der FE-Modellierung umgangen werden.

Wesentlich zuverlässiger ist die FE-Technik des Koppelns ausgewählter Knoten. Die gekoppelten Knoten treten als ein starrer Verbund auf. Verschiebungen bzw. Krafteinleitungen erfolgen über einen Masterknoten. Die praktische Ausführung würde eine Platte erfordern, die entweder angeschweißt, angeklebt – bedingt angeschraubt – sein müsste.

Das Aufbringen der äußeren Kraft durch Umwandlung in Druck ermöglicht die Loslösung von der Kraft auf Knoten. Der Druck wird auf eine Fläche ausgewählter Elemente aufgebracht (Abb. 6.18.c). Bei der verwendeten Elementekantenlänge von 3 mm entsteht eine Fläche von 54 mm². Bezogen auf die Querkraft $F_Q = 1000$ N ergibt sich eine mittlere Pressung p = 18,5 N/mm². Dieser Wert wirkt auf jedem einzelnen Element und führt natürlich zu unterschiedlichen Verformungen entlang des Flansches. Die einfachste Ausführung in der Praxis wäre über das Auflegen von 6 unbefestigten Gewichten mit je 1000/6 N Last zu erreichen. Ein einzelnes unbefestigtes Gewicht über die gesamte Flanschbreite bringt ein verändertes Belastungsverhalten und müsste im FE-Modell durch Kontaktelemente zwischen den Flächen zweier Körper simuliert werden.

Die verschiedenen Varianten der Lastaufbringung wirken sich unbedeutend auf die Verschiebungen an der Stirnseite des Doppel-T-Kragträgers aus, so dass die Werte für die Knoten N2 und N 27 nach Tafel 6/9 (Uz = 0,040 mm) zugrunde gelegt werden können. Die Abweichungen an den Flanschenden (Uz = 0,044 mm) treten auch

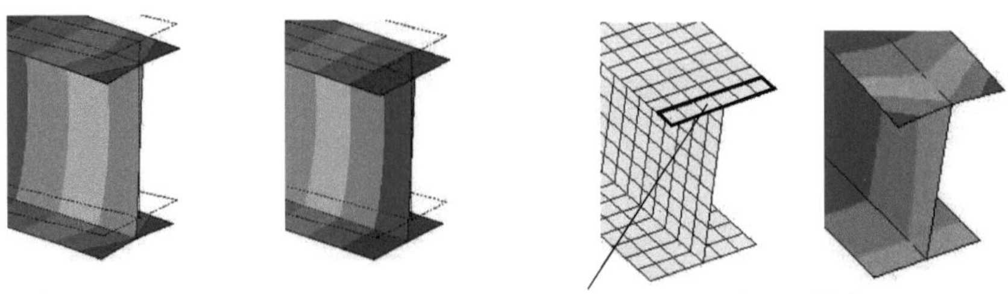


**Abb. 6.18.** Einfluss der Lastaufbringung am Doppel-T-Träger

neben der in Tafel 6/9 dargestellten Lösung auch annähernd für die Variante mit Druckbelastung auf. Ein Rechnung mit der klassischen Beziehung der technischen Mechanik

$$f_{FQ} = \frac{F_Q \cdot l^3}{3 \cdot E_{St} \cdot I_y} \tag{6.25}$$

unter Verwendung von $I_y = 24685\ mm^4$ (Gl. 6.18) erbringt einen Verschiebungswert an der Spitze des Kragträgers von $f_{FQ} = 0{,}027$ mm. Damit befindet man sich zwar in der Größenordnung des FE-Modells, die Differenz von 0,013 mm ist aber erklärungsbedürftig.

Mit der Gl. 6.25 wird die Durchbiegung des Kragträgers unter Vernachlässigung der Schubbeanspruchung ausgedrückt. Die Querkraft $F_Q$ ruft neben Biegekräften aber auch Schubkräfte hervor, die eine Schiebung oder Gleitung $\gamma = \Delta z / \Delta x$ verursachen. Es entsteht eine zusätzliche Absenkung $\Delta f_{FQ}$. Zu einer groben Abschätzung

| **FE-A10 Schub** | Allgemeine Befehlsfolge |
|---|---|
| Name | Speicherung der FE-Rechnung unter FILE-Name "Schub10" |
| Elemente | 3-dimensionales Profil-Balkenenelement - notwendige Eingaben: Profilform: Doppel-T-Profil, Abmessungen siehe Bildfolge; |
| Werkstoffe | Stahl: $E_{St}$= 210 kN/mm² $\nu$ = 0,3 |
| Geometrie | CAD-Modell aus Geometriepunkten, Linie erstellen; Geometriepunkte (x;y;z) in mm: K1(0;0;0), K2(75;0;0), Linie bilden: L1(K1,K2), |
| Vernetzung | Elementeanzahl (Profil-Balkenelemente) definieren: 3 mm Elementlänge, es werden 25 Elemente mit 26 Knoten generiert; |
| Randbedingungen | Lagerung: N1 (alle Freiheitsgrade gebunden); Belastung in N: N2 Fz = 1000 gesetzt; |
| Berechnung und Ergebnisse | Ansatz: statisch, linear, Charakteristische Größe: Verschiebung der Knoten, Verschiebungen in mm: an N2 Uz= 0,040; max. Schubspannung in N/mm²: ca. 13,5; |

*x , y , z* Koordinaten im globalen kartesischen Koordinatensystem,
*Ux , Uy , Uz , ROTx , ROTy , ROTz* Verschiebungen und Verdrehungen,
*K* Keypoint (Geometriepunkt im CAD-Modell), *L* Line (Linie im CAD-Modell),
*N* Node (Knoten im FE-Modell), *E* Element (Element im FE-Modell),
*FE-A* Finite Elemente Anwendungsbeispiel,

Fortsetzung nächste Seite

| **FE-A10 Schub** | Bildfolge |
|---|---|
| Geometrie | 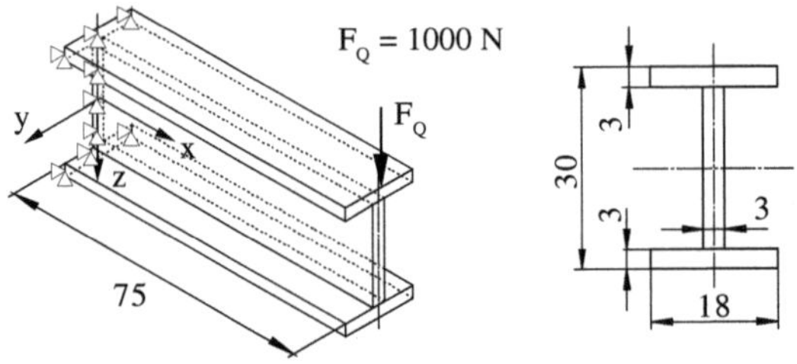 |
| Vernetzung Randbedingungen | 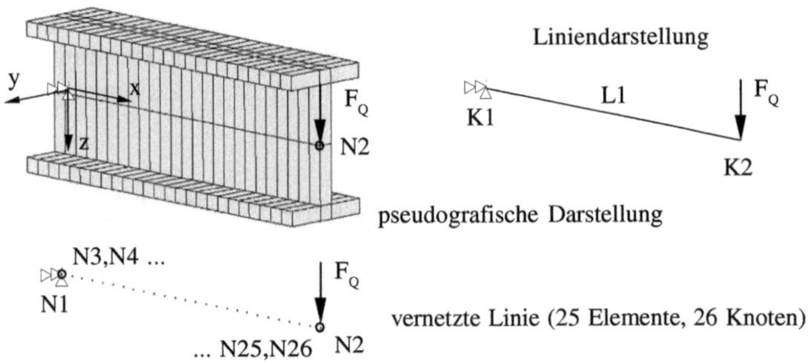 |
| Grafische Ergebnisse | pseudografische Darstellungen<br>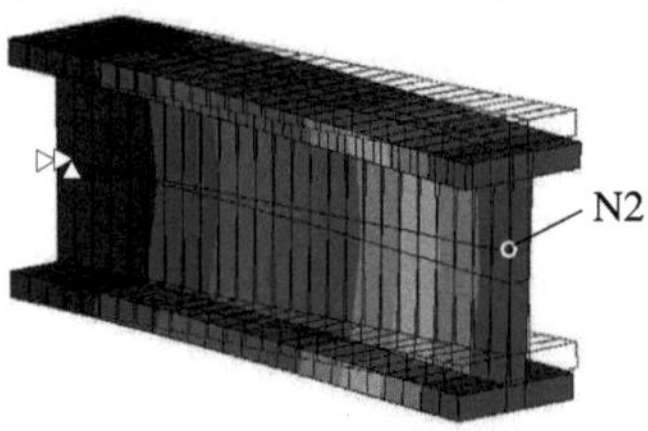<br>Verschiebung am Knoten N2:<br>Uz = 0,040 mm<br>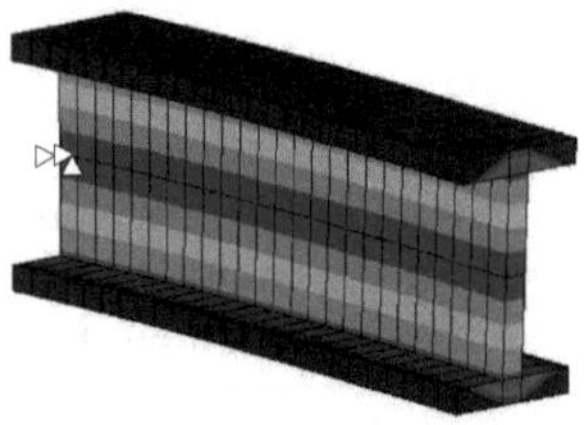<br>max. Schubspannungen ca. 13,5 N/mm² |

**Tafel 6/10:** Schub am dünnwandigen Doppel-T-Träger (Profil-Balkenelemente)

kommt man, wenn die parabelförmig verteilte Schubspannung durch ihren mittleren Wert $\tau_m = F_Q / A$ ersetzt wird. Mit dem HOOKEschen Gesetz für Schub (Abschn. 1.2.2.2) und $\gamma = \tau_m / G$ ($G = 81000$ N/mm² für Stahl) ergibt sich unter Berücksichtigung der Formänderungsarbeiten die Beziehung

$$\Delta f_{FQ} = \alpha \cdot \frac{M_b(x)}{G \cdot A} \tag{6.26}$$

Der Einfluss der Querschnittsform auf den Schubanteil und die Anwendung der mittleren Schubspannungsverteilung $\tau_m$ wird mit einem Korrekturfaktor, der Schubverteilungszahl $\alpha$, berücksichtigt. Diese kann verstanden werden als Verhältnis von tatsächlicher zu tragender Querschnittsfläche. Für verschiedene Querschnittsformen existieren in Tabellen Kennwerte. Für den Doppel-T-Träger kann danach über den Ansatz

$$\alpha = A / A_{Steg} = 2{,}5 \quad (A = 180\ mm^2, A_{Steg} = 72\ mm^2)$$

die Schubverteilungszahl näherungsweise ermittelt werden. Die durch die Querkraft zusätzliche vertikale Verschiebung der Biegelinie ergibt sich zu

$$\Delta f_{FQ} = 0{,}013\ mm$$

nach Gl. 6.26. Der Gesamtwert der Durchbiegung aus der Summe von $f_{FQ}$ und $\Delta f_{FQ}$ stimmt mit dem Ergebnis der FE-Rechnung überein.

Der Vergleich der Schubspannungswerte bestätigt ebenfalls die Modellrechnung. Dem maximalen FE-Wert $\tau_{smax} = 13{,}45\ N/mm^2$ an der Stelle I-I steht der klassisch errechnete Wert von $\tau_{smax} = 12{,}8\ N/mm^2$ (Abschn. 6.1.2) gegenüber. In beiden Fällen wurde das Flächenträgheitsmoment der idealisierten Struktur (Abb. 6.8.), d. h. das Profil aus Schalenelementen, zugrunde gelegt.

- **Schub am dünnwandigen Doppel-T-Träger (Profil-Balkenelemente)**

Die 3D-Profil-Balkenelemente wurden bereits in Tafel 5/9 (Biegebelastung an einem T-Träger) angewendet. Mit dem Profiltyp Doppel-T-Träger kann der Kragträger modelliert werden (Tafel 6/10). Das Modell wird wie bei Balken üblich durch Setzen von Keypoints mit nachfolgender Liniengenerierung erstellt. Während der Kragträger bereits mit Schalenelementen bei 525 Elementen und 572 Knoten (Tafel 6/9) auskam, erreicht man mit Profil-Balkenelementen schon gute Ergebnisse mit lediglich 25 Elementen bei 26 Knoten (Tafel 6/10).

Dem Profil-Balkenelement wird über den Befehlssatz des FE-Systems das geometrische Profil zugeordnet, so dass nur noch die Länge des Trägers und die Anzahl der Elemente pro Länge vorzugeben sind. Als Vorteil gegenüber Schalenelementen ist zu werten, dass die Profilfläche genau übernommen wird und damit das Flächenträgheitsmoment dem geometrischen Profil entspricht. Das Flächenträgheitsmoment ($I_y = 23220\ mm^4$) wird ebenso wie die Auswertung von Spannungen und Verformungen im Hintergrund gerechnet und über Trägerbreite und Trägerhöhe vom FE-System extrapoliert. Damit ist auch zu erklären, dass die Spannungsverteilungen grafisch sehr ausgeglichen wirken.

Für das Profil ist die z-Achse als Orientierungsachse festgelegt. Das Profil liegt immer in der y-z-Ebene, die x-Achse beschreibt die Länge des Balkens. Die Ausrichtung erfolgt in Abhängigkeit zum globalen Koordinatensystem. Das FE-Netz in der Liniendarstellung entspricht der von Balkenelementen bekannten Struktur aus Knoten und symbolischen Elementelinien zwischen ihnen. In der pseudografischen Darstellung erscheint es als Doppel-T-Volumenmodell.

Die Ergebnisse entsprechen mit der Verschiebung Uz = 0,040 mm am Kraftangriffspunkt den Werten, die am Modell mit Schalenelementen (Tafel 6/9) ausgelesen wurden. Eine Schubspannungsverteilung über die Steghöhe lässt sich nicht aus Knotenwerten ableiten, denn das Modell wird nur durch eine Knotenreihe entlang der Kragträgerachse definiert. Die Darstellung in den grafischen Ergebnissen (Tafel 6/10) entsteht als pseudografische Abbildung systeminterner klassischer Berechnungen, was auch an den fehlenden Störungen an Lager- und Laststellen erkennbar wird.

- **Schub am dünnwandigen U-Träger (Schalenelemente – Querkraft $F_{QS}$ im Schwerpunkt S)**

Das Profil des U-Trägers ist bezogen auf den Schwerpunkt nur in einer Koordinatenachse symmetrisch. Die eigentliche Besonderheit ist aber im Biegeverhalten beim Wirken einer Querkraft $F_{QS}$ zu sehen. Wird der Träger in der unsymmetrischen Lage also liegend belastet, kommt es auch bei einem Kraftangriff im Flächenschwerpunkt

| **FE-A11 Schub** | Allgemeine Befehlsfolge |
|---|---|
| Name | Speicherung der FE-Rechnung unter FILE-Name "Schub11" |
| Elemente | 2-dimensionales Schalenelement (4 Knoten) - notwendige Eingaben: Schalendicke s = 3 mm |
| Werkstoffe | Stahl: $E_{St}$= 210 kN/mm² ν = 0,3 |
| Geometrie | CAD-Modell aus Geometriepunkten, Flächen erstellen;<br>Geometriepunkte (x;y;z) in mm: K1(0;19.5;13,5), K2(0;0;13,5), K3(0;0;–13,5), K4(0;19.5;–13,5), K5(75;19,5;13,5), K6(75;0;13,5), K7(75;0;–13,5), K8(75;19,5;–13,5), K9(0;5,76;–13,5), K10(75;5,76;–13,5),<br>Flächen bilden: A1(K1,K5,K6,K2), A2(K2,K6,K7,K3), A3(K3,K9,K10,K7), A4(K9,K4,K8,K10), |
| Vernetzung | Elementeanzahl (Rechteckelemente) definieren: 9 an L5, L7; 6 an L2, L4; 4 an L11, L13; 2 an L8, L10; 25 an alle anderen; Vernetzen der Flächen A1 bis A4, es werden 525 Elemente mit 572 Knoten generiert; |
| Randbedingungen | Lagerung: selektiert über kartesisches Koordinatensystem (x=0); alle Freiheitsgrade Null gesetzt;<br>Belastung in N: an K10 Fz = 1000; |
| Berechnung und Ergebnisse | Ansatz: statisch, linear,<br>Charakteristische Größe: Verschiebung der Knoten,<br>Verschiebungen in mm: N419 Uz = 0,156; Uy = 0,077;<br>max. Schubspannung $\tau_{smax}$ = 15,3 N/mm² (ausgelesen Stelle I-I 36 mm zur Einspannung) |

*x , y , z* Koordinaten im globalen kartesischen Koordinatensystem,
*Ux , Uy , Uz , ROTx , ROTy , ROTz* Verschiebungen und Verdrehungen,
*K* Keypoint (Geometriepunkt im CAD-Modell), *L* Line (Linie im CAD-Modell),
*N* Node (Knoten im FE-Modell), *E* Element (Element im FE-Modell),
*FE-A* Finite Elemente Anwendungsbeispiel,

Fortsetzung nächste Seite

<table>
<tr><th>FE-A11<br>Schub</th><th>Bildfolge</th></tr>
<tr><td>Geometrie</td><td>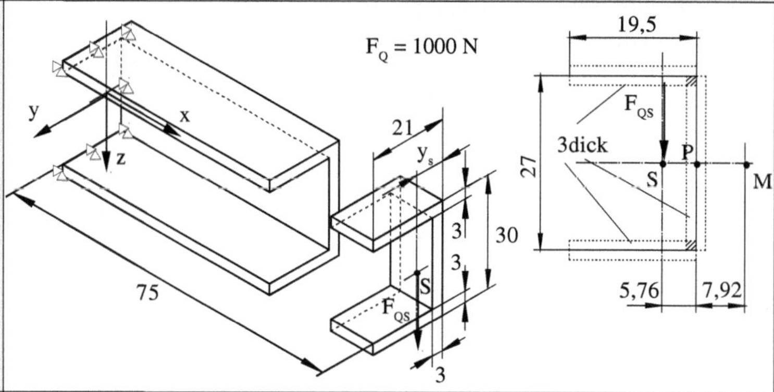
</td></tr>
<tr><td>Vernetzung<br>Randbedin-<br>gungen</td><td>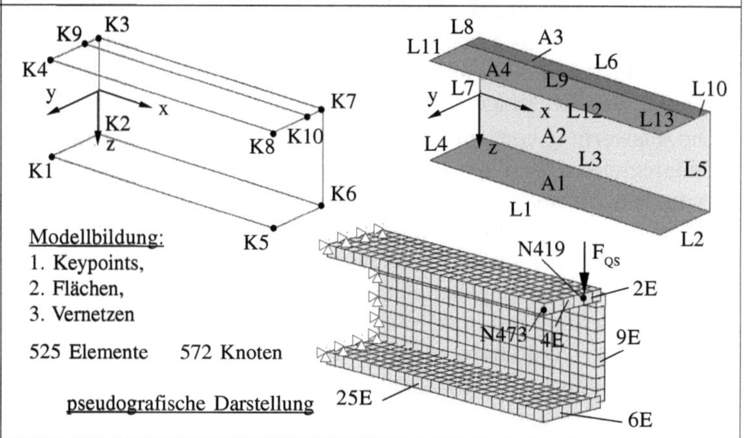
</td></tr>
<tr><td>Grafische<br>Ergebnisse</td><td>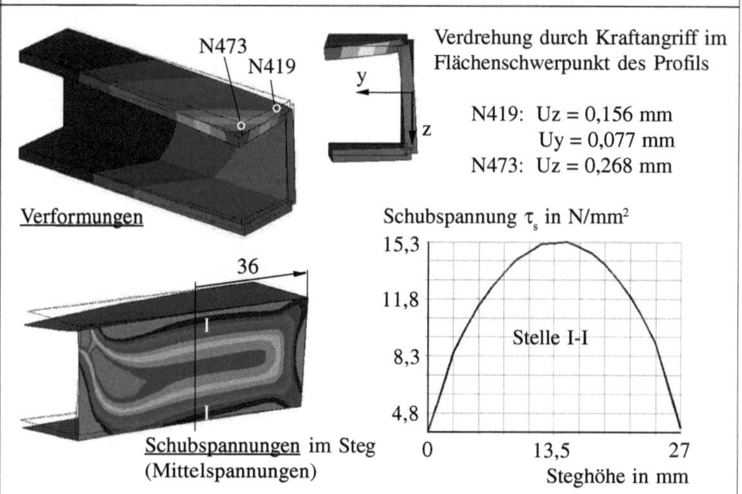
</td></tr>
</table>

**Tafel 6/11:** Dünnwandiger liegender U-Träger (Schalenelemente – Querkraft $F_Q$ im Schwerpunkt S)

des Profils zur Verdrehung (Tafel 6/11). Die ungleiche Verteilung der Schubkräfte bezüglich Steg und Flanschen führt zu einem Torsionsmoment.

Die Modellierung mit Schalenelementen ermöglicht die Darstellung der Verzerrungen. Um die Kraft in der Ebene des Schwerpunktes angreifen zu lassen, muss ein Knoten bei $y_{SP}$ = 5,76 mm positioniert sein. Da an der Linie des Flansches durch Teilung keine entsprechende Vernetzungsstruktur zu erreichen ist, wird durch Setzen der Keypoints K9 und K10 mit dem Abstand $y_{SP}$ das Bilden einer Teilfläche (A3) ermöglicht. Unter K10 wird nach dem Vernetzen automatisch ein Knoten (N419) generiert, der die Querkraft $F_{QS}$ aufnehmen kann. Da K10 von Netzänderungen nicht beeinflusst wird, muss das Programm hinsichtlich der Krafteinleitung nicht geändert werden.

Bei der Vernetzung wurde auf Ähnlichkeit zwischen den Flanschen geachtet. Der Flansch mit 2 Teilflächen erhielt an den Linien L10, L13 eine 2- bzw. 4-Elementeeinteilung, während die Linie L2 mit 6 Elementen belegt wurde. Die restlichen Linien erhielten Einteilungen, die zu annähernd quadratischen Elementen führten.

Die Lagerung wird durch Binden aller Freiheitsgrade bei x = 0 als Einspannung definiert. In Verbindung mit der Querkraft $F_{QS}$ entsteht das typische Modell eines eingespannten Kragträgers.

Die Auswertung konzentriert sich auf die Ergebnisse der Schubspannung im Steg. Dem errechneten Wert von $\tau_{maxSt}$ = 13,6 N/mm$^2$ (Gl. 6.23) steht an der Stelle I-I eine maximale Schubspannung von $\tau_{maxSt}$ = 15,3 N/mm$^2$ gegenüber (Tafel 6/11). Dieser ausgelesene Wert gehört zur Einstellung „Mittelspannung“. Ebenso wird in den grafischen Ergebnissen dieser Spannungsverlauf gezeigt. Die Darstellung wurde begrenzt auf den Spannungsbereich zwischen 8 ... 16 N/mm$^2$. Die negativen Einflüsse der Krafteinleitung heben sich besonders hervor. Es werden aber auch schon Auswirkungen der Verdrehung erkennbar. Eine Auswertung der bei Schalenelementen möglichen Ober- bzw. Unterspannungen wurde nicht vorgenommen.

Die ausgewiesenen Verformungswerte an den Knoten N419 und N473 beschränken sich nur auf die Verschiebungen in z-Richtung und sollen für nachfolgende Untersuchungen bei veränderten Modellen dienen.

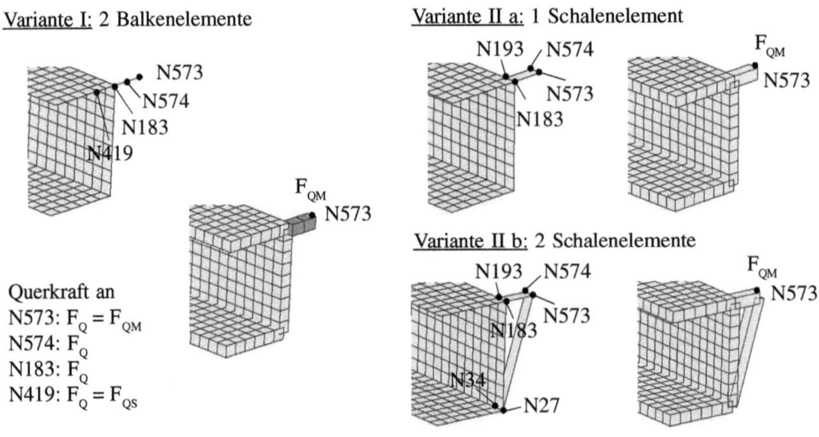


**Abb. 6.19.** Varianten von Verbindungsstücken zum Schubmittelpunkt M

- **Schub am dünnwandigen U-Träger (Schalenelemente – Querkraft $F_{QM}$ im Schubmittelpunkt M)**

Das Modell nach Tafel 6/11 wird auch für den Belastungsfall am Schubmittelpunkt M zugrunde gelegt. Das FE-Modell des U-Trägers kann direkt übernommen werden. Die Querkraft $F_{QS}$ ist durch die Querkraft $F_{QM}$ zu ersetzen. Diese Änderung stellt den inhaltlichen Schwerpunkt der Modellbildung dar. Das Modell soll den Nachweis erbringen, dass mit der Querkraft $F_{QM}$ im Abstand $y_M$ = 7,92 mm keine Torsion am U-Träger zu erwarten ist.

Da am Schubmittelpunkt M keine FE-Struktur existiert, muss das Modell ergänzt werden. Es ist das Problem zu lösen, wie die Querkraft $F_{QM}$ positioniert werden kann, ohne das Spannungsverhalten des U-Trägers übermäßig zu beeinflussen. Die Möglichkeiten beschränken sich auf das Anbringen eines Verbindungsstückes zwischen U-Träger und Krafteinleitungsstelle mit der Vorgabe, dass die Anbindung eine Übertragung von 6 Freiheitsgraden pro Knoten ermöglichen muss. Über ein 3-dimensionales Balkenelement oder mit einem Schalenelement lässt sich ein Verbindungsstück an die FE-Struktur anfügen.

Es werden 2 Varianten vorgestellt (Abb. 6.19.):

I. Verbindungsstück aus 3-dimensionalem Balkenelementen,

II. a) Zusatzplatte aus Schalenelement generieren,

b) Zusatzplatte mit zweitem Schalenelement versteifen.

Da für alle Varianten der U-Kragträger nach Tafel 6/11 verwendet wird, bleibt die gesamte Nummerierung in allen Modellen unverändert erhalten. Die zusätzlichen Knoten und Elemente werden über manuelle Eingaben generiert.

I. Verbindungsstück aus 3-dimensionalen Balkenelementen

In der Variante I (Abb. 6.19.) wird eine Verbindung von Schalenelementen mit 3-dimensionalen Balkenelementen ausgeführt. Es werden die Knoten N573 und N574 im globalen Koordinatensystem definiert. Der zum Schalenmodell „U-Träger“ gehörige Knoten N183 bildet den Verbindungsknoten zum Balkenelement.

Die Generierung des Balkenelementes E526 erfolgt mit den Knoten N183 und N574. Das Balkenelement E527 wird durch die Knoten N574 und N573 gebildet. Die Art der Anbindung an den U-Träger verkörpert das Prinzip der biegeweichen Ecke, was im vorliegenden Fall in der praktischen Ausführung durch Schweißen erzielt würde. Eine biegesteife Ecke könnte durch ein Knotenblech erreicht werden. Eine solche Verbindung ist aber nicht vorgesehen (siehe auch Tafel 2/4 und 2/4.1).

Es ist zu beachten, dass den Balkenelementen arteigene Steifigkeitsdaten und eigene Werkstoffdaten zugeordnet werden. Da der Balken lediglich als Verbindungsstück zur Kraftübertragung angesehen wird und keine Festigkeits- bzw. Verformungseigenschaften interessieren, sind Querschnitt und Werkstoff nach allgemeinen Belangen ausgelegt. Der Querschnitt mit h = 3 mm und b = 3 mm soll sich optisch gut in der pseudografischen Darstellung abbilden, und mit $E = 10^{10}$ kN/mm$^2$ ist bei diesem Elastizitätsmodul hoher Steife geringe Verformung des Balkens zu erwarten.

Schwerpunkt des Modells nach Tafel 6/11.1 ist der Nachweis für die torsionsfreie Verformung des liegenden U-Trägers beim Kraftangriff im Schubmittelpunkt M. Die unvermeidbare Beeinflussung des Modells durch die Einleitung der äußeren

| **FE-A11.1 Schub** | Allgemeine Befehlsfolge |
|---|---|
| Name | Speicherung der FE-Rechnung unter FILE-Name "Schub11_1" |
| Elemente | 2-dimensionales Schalenelement (4 Knoten) - notwendige Eingaben: Schalendicke s = 3 mm;<br>3-dimensionales Balkenelement - notwendige Eingaben: Querschnittsfläche in $mm^2$: A = 9,<br>Flächenträgheitsmomente in $mm^4$: Ix= 6,75; Iz= 6,75;<br>Querschnitt des Balkens in mm: h = 3, b = 3, |
| Werkstoffe | Schalenelemente Stahl: $E_{St}$ = 210 kN/$mm^2$ ν = 0,3;<br>Balkenelemente rechnerische Steifigkeit: E = $10^{10}$ kN/$mm^2$ ν = 0,3; |
| Geometrie | CAD-Modell aus Geometriepunkten, Flächen erstellen;<br>Geometriepunkte (x;y;z) in mm: K1(0;19.5;13,5), K2(0;0;13,5), K3(0;0;–13,5), K4(0;19.5;–13,5), K5(75;19,5;13,5), K6(75;0;13,5), K7(75;0;–13,5), K8(75;19,5;–13,5), K9(0;5,76;–13,5), K10(75;5,76;–13,5),<br>Flächen bilden: A1(K1,K5,K6,K2), A2(K2,K6,K7,K3), A3(K3,K9,K10,K7), A4(K9,K4,K8,K10), |
| Vernetzung | Schalenelemente: Elementeanzahl (Rechteckelemente) definieren - 9 an L5, L7; 6 an L2, L4; 4 an L11, L13; 2 an L8, L10; 25 an alle anderen; Vernetzen der Flächen A1 bis A4, es werden 525 Elemente mit 572 Knoten generiert;<br>Balkenelemente (x,y,z) in mm: N573 (75;–7,92;–13,5), N574 (75;–4;–13,5);<br>Elemente bilden: E526(N183,N574), E527(N574,573) |
| Randbedingungen | Lagerung: selektiert über kartesisches Koordinatensystem (x=0); alle Freiheitsgrade Null gesetzt;<br>Belastung in kN: nacheinander N573, N574, N183, N419 Fz = 1; |
| Berechnung und Ergebnisse | Ansatz: statisch, linear,<br>Charakteristische Größe: Verschiebung der Knoten,<br>Verschiebungen an N419 in mm:<br>Uz = – 0,005; Uy = 0,003; (Fz an N573),<br>Uz = 0,040; Uy = 0,025; (Fz an N574),<br>Uz = 0,085; Uy = 0,048; (Fz an N183),<br>Uz = 0,156; Uy = 0,077; (Fz an N419) |

*x , y , z* Koordinaten im globalen kartesischen Koordinatensystem,
*Ux , Uy , Uz , ROTx , ROTy , ROTz* Verschiebungen und Verdrehungen,
*K* Keypoint (Geometriepunkt im CAD-Modell), *L* Line (Linie im CAD-Modell),
*N* Node (Knoten im FE-Modell), *E* Element (Element im FE-Modell),
*FE-A* Finite Elemente Anwendungsbeispiel,

Fortsetzung nächste Seite

| **FE-A11.1 Schub** | Bildfolge |
|---|---|
| Geometrie | 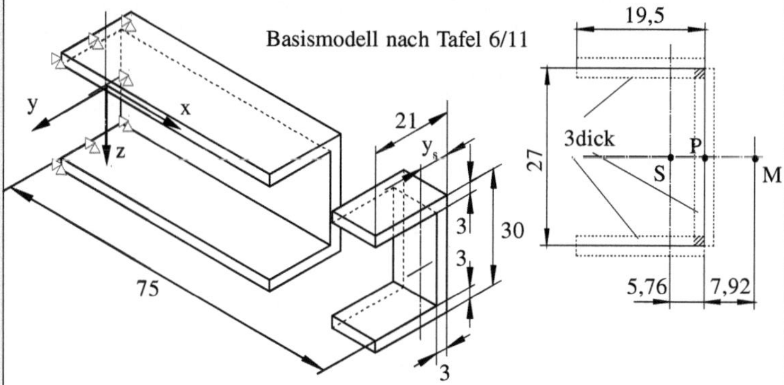  |
| Vernetzung Randbedingungen | 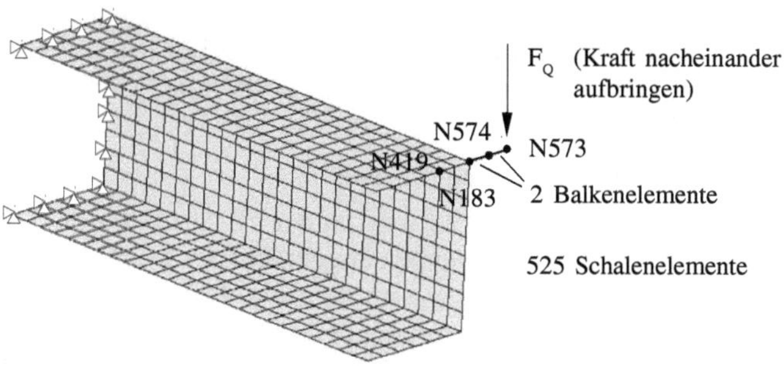  |
| Grafische Ergebnisse | 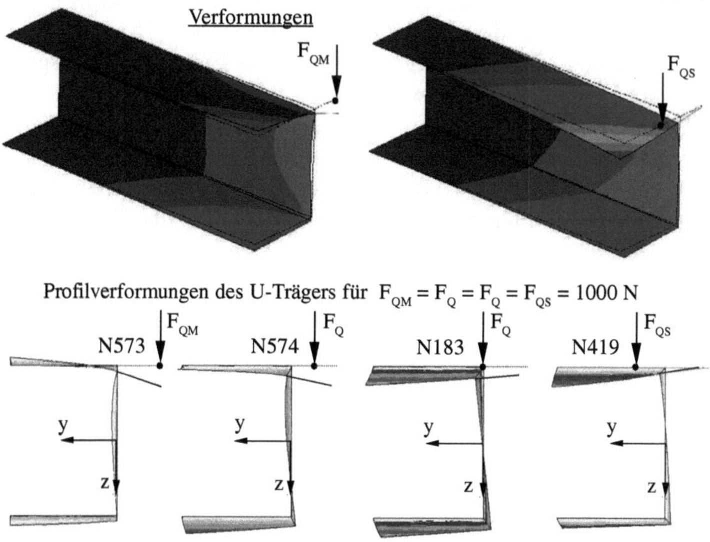  |

**Tafel 6/11.1:** Dünnwandiger liegender U-Träger mit Balken-Verbindungsstück

Kraft über einen Knoten erschwert die Beurteilung. In der Bildfolge (Tafel 6/11.1) wird an den Abbildungen des U-Trägers der Unterschied im Verformungsverlauf durch $F_{QM}$ bzw. $F_{QS}$ sichtbar. Die Belastung mit $F_{QS}$ zeigt deutlich eine Verdrehung des Trägers. Bei Belastung mit $F_{QM}$ ergibt sich zwar ein verändertes Verformungsverhalten, aber torsionsfreie Verformung kann nicht direkt erkannt werden.

Es wird deshalb eine indirekte Beurteilung vorgenommen. Dazu werden die Profilverformungen für 4 verschiedene Angriffspunkte der äußeren Kraft verglichen. An den Profilschnitten lassen sich die Wirkungen erkennen. Wenn die äußere Kraft im Knoten N573 (Schubmittelpunkt M) angreift, entsteht eine relativ ausgewogene Profilverformung. Die Flansche öffnen sich leicht und der Steg wird annähernd symmetrisch gebogen. Die anderen 3 Kraftstellungen rufen dagegen deutliches unsymmetrisches Verhalten hervor.

Ein weiterer Nachweis ist möglich durch Beobachtung des Verhaltens des Knotens N419. Dieser Knoten befindet sich auf der y-Koordinate des Flächenschwerpunktes. Seine Bewegung stellt ein Indiz für die Verschiebung des Profils dar. Während die Werte für Uz die Bewegung des oberen Flansches wiedergeben – beispielsweise mit Uz = – 0,005 mm die leichte Aufbiegung – wird mit den Werten von Uy die Verdrehung symbolisiert. Bei Fz an N173 tritt mit Uy = 0,003 mm ein unbedeutender Wert auf, während bei Fz an N419 mit Uy = 0,077 mm das Torsionsverhalten sichtbar ist.

II. Zusatzplatte aus Schalenelementen

In der Variante II a (Abb. 6.19.) wird an der FE-Struktur des U-Trägers ein Schalenelement durch manuelle Eingaben angebracht. Es werden die Knoten N573 und N574 im globalen Koordinatensystem definiert. Die Generierung des zusätzlichen Schalenelementes E526 erfolgt mit den Knoten N183, N573, N574 und N193. Dieses Element erhält mit $E = 10^{10}$ kN/mm$^2$ ebenfalls, wie bei den Balkenelementen vorgenommen, eine hohe rechnerische Steife. Die Querkraft $F_{QM}$ wird am Knoten N573 eingeleitet und wirkt damit in der Ebene x = 75 mm wie bei Variante I am Balkenelement. Die Lagerung entspricht einer Einspannung ausgedrückt durch Binden aller Freiheitsgrade bei x = 0.

In der Variante II b (Abb. 6.19.) wird über eine weitere Schale die Platte abgestützt. Das Element E527 entsteht über die Knoten N573, N574, N34 und N27 und wird ebenfalls mit dem Werkstoffwert $E = 10^{10}$ kN/mm$^2$ belegt. Die Definition der Querkraft $F_{QM}$ am Knoten N573 und die Lagerung als Einspannung werden beibehalten.

Die Auswertung der Verformungen bezieht sich auf den Knoten N419. Dieser Knoten befindet sich auf der y-Koordinate des Flächenschwerpunktes und wird als Bezugspunkt für Bewegungen des liegenden U-Kragträgers verwendet. Zum Vergleich stehen die Werte der

Variante I: Balken-Verbindungsstück (Tafel 6/11.1) ,
Uz = – 0,005 mm, Uy = 0,003 mm,

Variante II a: Schalen-Verbindungsstück (Platte – Tafel 6/11.2) ,
Uz = 0,004 mm, Uy = 0,005 mm,

Variante II b: Schalen-Verbindungsstück (Platte und Stütze – Tafel 6/11.2) ,
Uz = 0,038 mm, Uy = – 0,002 mm.

| **FE-A11.2 Schub** | Allgemeine Befehlsfolge |
|---|---|
| Name | Speicherung der FE-Rechnung unter FILE-Name "Schub11_2" |
| Elemente | 2-dimensionales Schalenelement (4 Knoten) - notwendige Eingaben: Schalendicke s = 3 mm; |
| Werkstoffe | Schalenelemente Stahl: $E_{St}$ = 210 kN/mm² ν = 0,3;<br>Schalenelement für Platte (rechnerische Steifigkeit):<br>E = $10^{10}$ kN/mm² ν = 0,3; |
| Geometrie | CAD-Modell aus Geometriepunkten, Flächen erstellen;<br>Geometriepunkte (x;y;z) in mm: K1(0;19.5;13,5), K2(0;0;13,5), K3(0;0;–13,5), K4(0;19.5;–13,5), K5(75;19,5;13,5), K6(75;0;13,5), K7(75;0;–13,5), K8(75;19,5;–13,5), K9(0;5,76;–13,5), K10(75;5,76;–13,5),<br>Flächen bilden: A1(K1,K5,K6,K2), A2(K2,K6,K7,K3), A3(K3,K9,K10,K7), A4(K9,K4,K8,K10), |
| Vernetzung | Schalenelemente: Elementeanzahl (Rechteckelemente) definieren - 9 an L5, L7; 6 an L2, L4; 4 an L11, L13; 2 an L8, L10; 25 an alle anderen; Vernetzen der Flächen A1 bis A4, es werden 525 Elemente mit 572 Knoten generiert;<br>**Variante II a:** Knoten manuell setzen, (x,y,z) in mm;<br>N573 (75;–7,92;–13,5), N574 (72;–7,92;–13,5);<br>Schalenelement (Platte) bilden: E526 (N183,N573,N574,N193);<br>**Variante II b:** Knoten manuell setzen, (x,y,z) in mm;<br>N573 (75;–7,92;–13,5), N574 (72;–7,92;–13,5);<br>Schalenelemente (Platte und Stütze) bilden:<br>E526 (N183,N573,N574,N193); E527 (N573,N574,N34,N27); |
| Randbedingungen | Lagerung: selektiert über kartesisches Koordinatensystem (x=0); alle Freiheitsgrade Null gesetzt;<br>**Variante II a:** Belastung in kN an N573, Fz = 1;<br>**Variante II b:** Belastung in kN an N573, Fz = 1; |
| Berechnung und Ergebnisse | Ansatz: statisch, linear,<br>Charakteristische Größe: Verschiebung der Knoten,<br>Verschiebungen an N419 (Fz an N573) in mm:<br>**Variante II a:** Uz = 0,004; Uy = 0,005;<br>**Variante II b:** Uz = 0,038; Uy = – 0,002; |

*x , y , z* Koordinaten im globalen kartesischen Koordinatensystem,
*Ux , Uy , Uz , ROTx , ROTy , ROTz* Verschiebungen und Verdrehungen,
*K* Keypoint (Geometriepunkt im CAD-Modell), *L* Line (Linie im CAD-Modell),
*N* Node (Knoten im FE-Modell), *E* Element (Element im FE-Modell),
*FE-A* Finite Elemente Anwendungsbeispiel,

Fortsetzung nächste Seite

<table>
<tr><th>FE-A11.2<br>Schub</th><th>Bildfolge</th></tr>
<tr><td>Geometrie</td><td>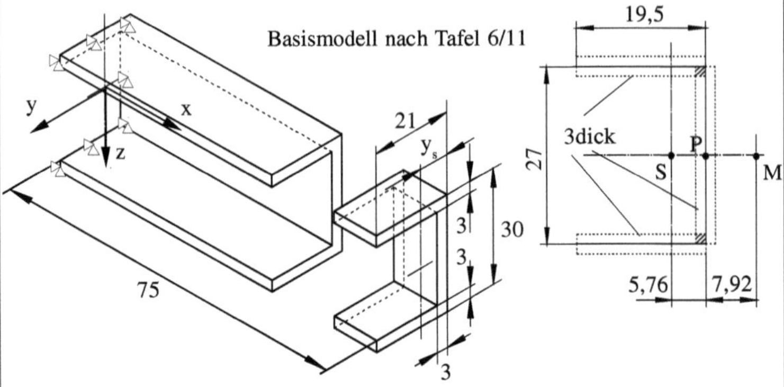
</td></tr>
<tr><td>Vernetzung Randbedin-gungen</td><td>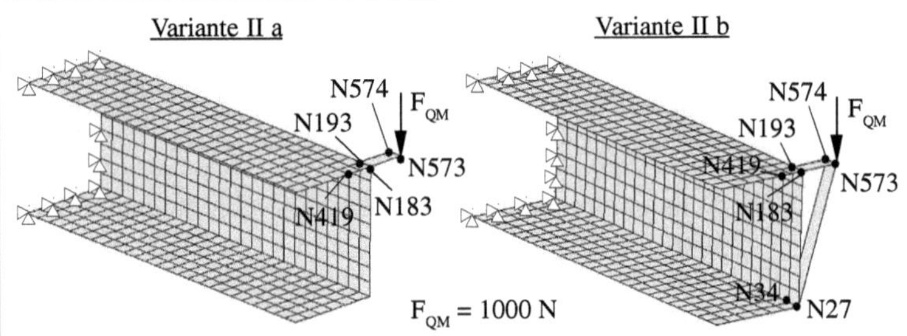
</td></tr>
<tr><td>Grafische Ergebnisse</td><td>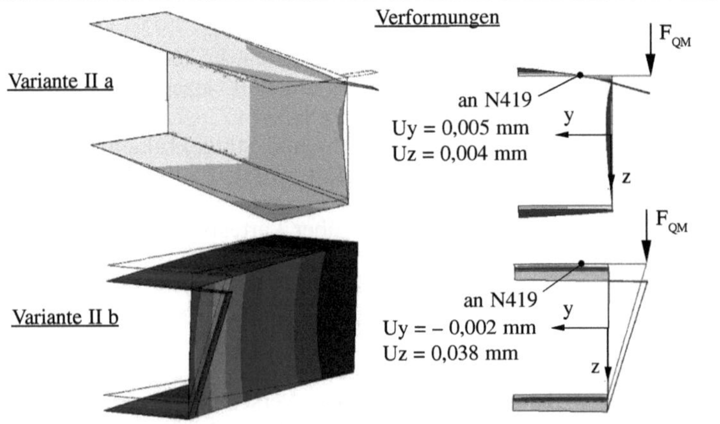
</td></tr>
</table>

**Tafel 6/11.2:** Dünnwandiger liegender U-Träger mit Schalen-Verbindungsstück

An den Verschiebungen Uy kann die Tendenz zur Verdrehung des Profils erkannt werden. Aus den geringen Werten in den Varianten I und II ist abzuleiten, dass die Querkraft $F_{QM}$ im Abstand $y_M$ (Gl. 6.22) keine Torsion verursacht. Dagegen steht die Belastung in der Ebene des Flächenschwerpunktes S ($F_{QS}$ auf N419 – Tafel 6/11). Die Verschiebung mit Uy = 0,077 mm zeigt dort indirekt eine Verdrehung an.

Die Verschiebungen Uz sind mehr geeignet, um zum theoretischen Überschlag vergleichen zu können. Die klassische Verformungsrechnung mit dem Flächenträgheitsmoment für Schalenelemente $I_y = 26244\ mm^4$ (Gl. 6.21) führt bei reiner Biegung zu

$f_{FQ} = 0{,}026$ mm (nach Gl. 6.25).

Variante I und Variante II a weisen deutlich geringere Werte auf. Als Ursache ist anzunehmen, dass sich die verwendete biegeweiche Struktur trotz hoher rechnerischer Steifigkeit maßgeblich im Verbindungsbereich verformt. Bessere Lösungen entstehen durch Umwandeln in eine biegesteife Ecke oder eben mit der Ausführung

| **FE-A12 Schub** | Allgemeine Befehlsfolge |
|---|---|
| Name | Speicherung der FE-Rechnung für<br>**Modell 1** unter FILE-Name "Schub12_1"<br>**Modell 2** unter FILE-Name "Schub12_2" |
| Elemente | 3-dimensionales Profil-Balkenenelement - notwendige Eingaben:<br>Profilform: U-Profil, Abmessungen siehe Bildfolge;<br>**Modell 1** – Belastung im Flächenschwerpunkt S ($F_{QS}$)<br>**Modell 2** – Belastung im Schubmittelpunkt M ($F_{QM}$) |
| Werkstoffe | Stahl: $E_{St} = 210\ kN/mm^2$ $\nu = 0{,}3$ |
| Geometrie | CAD-Modell aus Geometriepunkten, Linie erstellen;<br>Geometriepunkte (x;y;z) in mm: K1(0;0;0), K2(75;0;0),<br>Linie bilden: L1(K1,K2), |
| Vernetzung | Elementeanzahl (Profil-Balkenelemente) definieren: 3 mm Elementlänge, es werden 25 Elemente mit 26 Knoten generiert; |
| Randbedingungen | Lagerung: N1 (alle Freiheitsgrade gebunden);<br>**Modell 1 ($F_{QS}$):** an N2 Fz = 1000 N gesetzt;<br>**Modell 2 ($F_{QM}$):** an N2 Fz = 1000 N gesetzt; |
| Berechnung und Ergebnisse | Ansatz: statisch, linear,<br>Charakteristische Größe: Verschiebung der Knoten,<br>Verschiebungen in mm: **Modell 1** an N2 Uz = 0,313;<br>**Modell 2** an N2 Uz = 0,039;<br>max. Schubspannung in $N/mm^2$: ca. 13,5; |

*x , y , z* Koordinaten im globalen kartesischen Koordinatensystem,
*Ux , Uy , Uz , ROTx , ROTy , ROTz* Verschiebungen und Verdrehungen,
*K* Keypoint (Geometriepunkt im CAD-Modell), *L* Line (Linie im CAD-Modell),
*N* Node (Knoten im FE-Modell), *E* Element (Element im FE-Modell),
*FE-A* Finite Elemente Anwendungsbeispiel,

Fortsetzung nächste Seite

| **FE-A12 Schub** | Bildfolge |
|---|---|
| Geometrie | 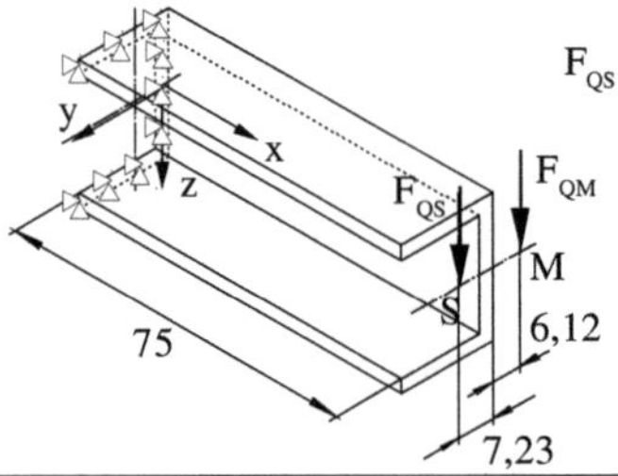 $F_{QS} = F_{QM} = 1000$ N<br>**Modell 1:** $F_{QS}$<br>**Modell 2:** $F_{QM}$ 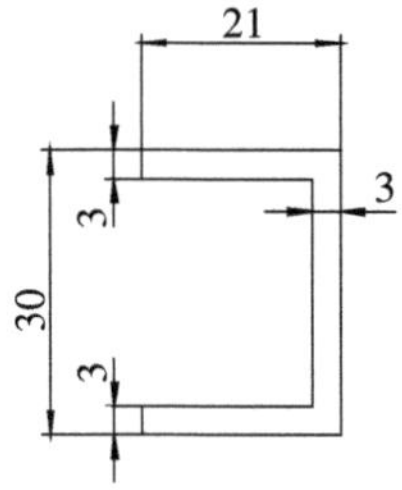 |
| Vernetzung Randbedingungen | pseudografische Darstellung 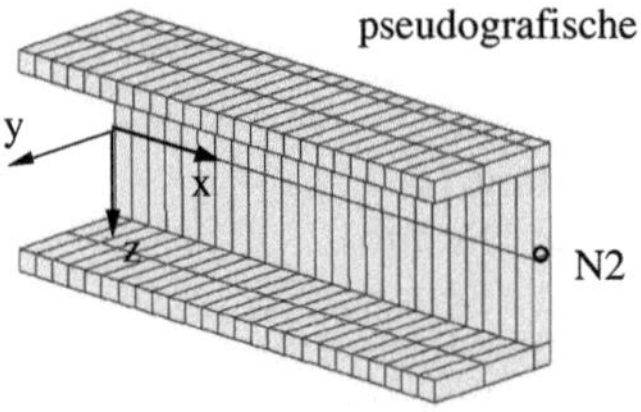<br>Liniendarstellung 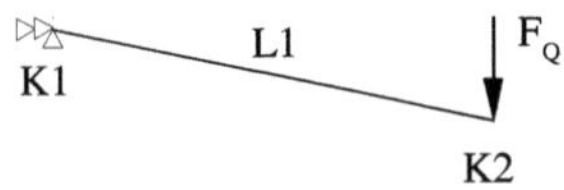<br>**Modell 1:** $F_{QS} = F_Q$<br>**Modell 2:** $F_{QM} = F_Q$<br>(die Definition der Positionen erfolgt intern im Elementeansatz)<br>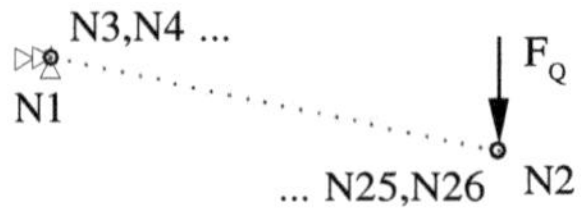<br>vernetzte Linie (25 Elemente, 26 Knoten) |
| Grafische Ergebnisse | Verformungen<br>**Modell 1:** $F_{QS}$ 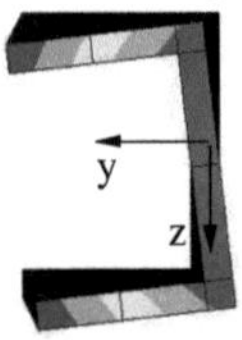 **Modell 2:** $F_{QM}$ 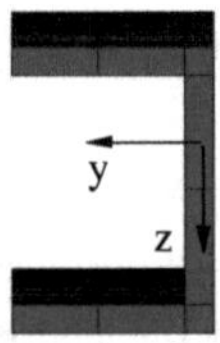<br>Verschiebung am Knoten N2:<br>Uz = 0,313 mm Uz = 0,039 mm<br>Schubspannungen<br>maximal ca. 13,5 N/mm²<br>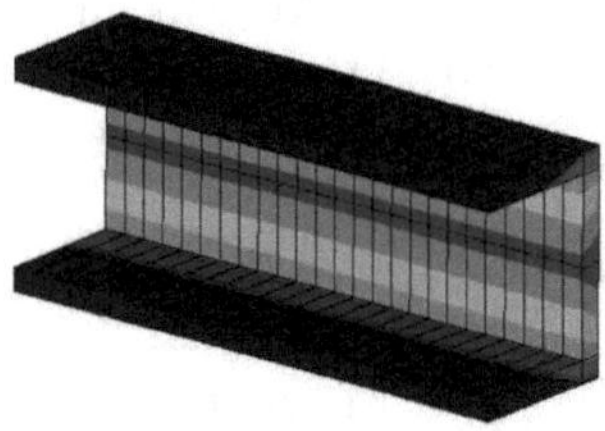 |

**Tafel 6/12:** Schub am dünnwandigen U-Träger (Profil-Balkenelemente)

nach Variante II b mit Platte und Stütze. Die Variante II b liegt dabei nach FE-Rechnung mit Uz = 0,038 mm in der Größenordnung. Zur Lösung nach Gl. 6.25 (Basis Dgl. der Biegelinie) gibt es allerdings eine Differenz von 0,012 mm. Ursache ist, dass mit den verwendeten Schalenelementen die Schubverformungen berücksichtigt wurden.

Der klassische Rechenansatz wird erweitert durch Berechnung der zusätzlichen Absenkung $\Delta f_{FQ}$ aus der Schubbeanspruchung. Der Anteil der beteiligten Flächen an der Verschiebung ist abzuschätzen. Ähnlich wie beim Doppel-T-Träger wird für den U-Träger angenommen, dass hauptsächlich im Steg Schubverformungen auftreten. Als Schubverteilungszahl gilt damit

$$\alpha = A / A_{Steg} = 2{,}75 \quad (A = 198 \text{ mm}^2,\ A_{Steg} = 72 \text{ mm}^2)$$

Die durch die Querkraft zusätzliche vertikale Verschiebung der Biegelinie ergibt sich zu

$$\Delta f_{FQ} = 0{,}013 \text{ mm}$$

nach Gl. 6.26. Der Gesamtwert der Durchbiegung aus der Summe von $f_{FQ}$ und $\Delta f_{FQ}$ erreicht mit 0,039 mm praktisch den Wert von 0,038 mm aus der FE-Rechnung.

Vergleiche zwischen Ansätzen der klassischen technischen Mechanik und Lösungen nach FE-Methode erfordern oft eine genauere Beobachtung der verwendeten Grundlagen. Versteht man unter einem Balken einen EULER-BERNOULLI-Balken, dann gilt die Hypothese: Querschnitte, die ursprünglich rechtwinklig zur Nulllinie sind, bleiben bei der Verformung eben. Bei reiner Biegung bleiben die Querschnitte auch senkrecht auf der Nulllinie. Nach der Theorie des TIMOSHENKO-Balkens dagegen ist die Querschnittsebene um den Schubwinkel gedreht. Es wird die Schubverformung der Querschnittsebene berücksichtigt.

- **Schub am dünnwandigen liegenden U-Träger (Profil-Balkenelemente)**

Die 3D-Profil-Balkenelemente wurden bereits in Tafel 5/9 (Biegebelastung an einem T-Träger) und in Tafel 6/10 (Schub am dünnwandigen Doppel-T-Träger) angewendet. Auch der Profiltyp U-Träger lässt sich mit geringem Aufwand als Kragträger modellieren (Tafel 6/12). Das Modell wird wie bei Balken üblich durch Setzen von Keypoints mit nachfolgender Liniengenerierung erstellt. Nach der Linienvernetzung entsteht mit lediglich 25 Elementen bei 26 Knoten eine extrem kleine FE-Struktur.

Dieser Vorteil wird erreicht, weil ein aufbereitetes geometrisches Profil über den Befehlssatz des FE-Systems zugänglich ist. Ein einziger Steuerbefehl kann auch die Stelle des Lastangriffes definieren. Zusätzliche FE-Strukturen müssen dafür nicht generiert werden. Es wird unvergleichlich einfach, zwischen der Belastung im Flächenschwerpunkt S ($F_{QS}$ – Modell 1) und der Belastung im Schubmittelpunkt M ($F_{QM}$ – Modell 2) zu wechseln.

Für die Generierung der Profil-Balkenelemente ist nur noch die Länge des Trägers und die Anzahl der Elemente pro Länge vorzugeben. Im Gegensatz zu Schalenelementen wird die Profilfläche genau übernommen. Das Flächenträgheitsmoment entspricht damit dem geometrischen Profil ($I_y = 26514 \text{ mm}^4$).

Diese Vorteile wirken unter der Bedingung, dass – wie in den vorliegenden Untersuchungen vorgenommen – theoretische Erkenntnisse überprüft werden. Ein praktischer Einsatz des U-Kragträgers würde ein Verbindungsstück für die Einleitung der Querkraft erfordern. Am Knoten N2 müsste beispielsweise wie in einer bereits vorgestellten Lösung ein 3-dimensionales Balkenelement angebracht und mit der Querkraft $F_{QM}$ belastet werden.

Die Knotenverschiebungen der 26 Knoten bilden die Grundlage für die systeminterne Berechnung von Schubspannungen und Verformungen nach den klassischen Rechnungsansätzen der technischen Mechanik. Der ermittelte maximale Schubspannungswert stimmt deshalb auch mit dem Wert nach Gl. 6.23 überein.

Die Verformungen im Modell 1 zeigen das typische Torsionsverhalten. Das Profil hat seine Kontur weitestgehend beibehalten. Eine Verfeinerung des Profil-Elementes hätte Deformationen an Steg und Flanschen sichtbar gemacht. Die Verformung Uz = 0,039 mm an Modell 2 bestätigt Variante II b.

# 6.3 Abscheren nach elementarer Festigkeitslehre

## 6.3.1 Scherspannungen

Reine Scherspannungen entstehen, wenn die Querkraft $F_Q$ die Verschiebung eines Trägers ohne Biegung hervorruft. Der Träger wird dabei getrennt bzw. abgeschert. Diese ideale Scherung als spezielle Form der Schubspannung setzt voraus, dass die Querkraft $F_Q$ und die entsprechende Reaktionskraft auf gleicher Wirkungslinie liegen müssen (Abb. 6.20. a, b).

In der praktischen Anwendung ist ein seitliches Spiel, der sogenannte Schneidspalt (Abb. 6.20. c), unumgänglich. Damit haben aber die Trennkräfte keine gemeinsame Wirkungsline, so dass neben einer Parallelverschiebung der Werkstoffteilchen auch Biegungen auftreten. Es tritt eine nur näherungsweise zu beschreibende Spannungssituation auf. Die Scherspannung wird über ein Gemisch von Zug-, Druck-, Biege- und Schubspannungen präsentiert.

Als eine Beanspruchungsform des Scherens kann damit das *Schneiden* verstanden werden. Eine denkbare Krafteinleitung über Schneidwerkzeuge führt an den Berührungsstellen zu hohen Druckspannungen bis hin zu Verquetschungen und schwer definierbarer Materialzerstörung. Die Verteilung über dem Trägerquerschnitt ist im höchsten Maße ungleichmäßig.

Der Schneidspalt tritt im übertragenen Sinne bei festen Bolzen-, Stift- oder Nietverbindungen auf (Abb. 6.20. d). Die Resultierenden F der Belastungskräfte, die sich über die gesamte Blechdicke zu beiden Seiten des Querschnittes I-I verteilen, haben keine gemeinsame Wirkungslinie. Damit ist auch hier eine reine Scherung ausgeschlossen. Vielmehr werden durch das vorhandene Biegemoment $M_b = F \cdot e$ zwangsläufig auch Biegespannungen erzeugt. Bei festen Einspannungen der Verbindungselemente kommt es zu behindertem Biegeverhalten. Als eine weitere Beanspruchungsform des Scherens ergibt sich damit das *Abscheren mit Biegung* zwischen Körpern, die über Bindestoffe wie Kleber oder Schweißgut verbunden sind.

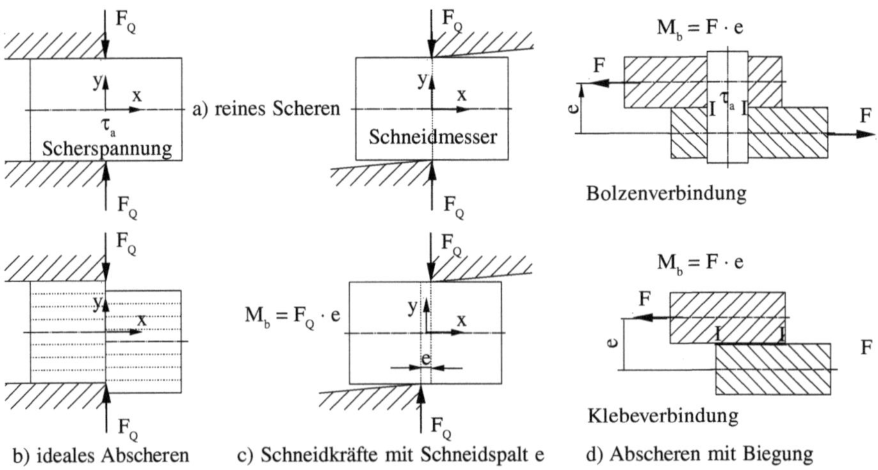


**Abb. 6.20.** Scher- bzw. Abscherbelastung durch Querkräfte

### 6.3.2 Berechnungen bei Scherbeanspruchungen

Bei kristallinen Werkstoffen verschieben sich bei Scherbelastung jenseits der Elastizitätsgrenze Kristallebenen gegeneinander. Der Zusammenhalt bleibt bis zu einem Grenzwert, der Scher- bzw. Abscherfestigkeit, erhalten. Wird der Grenzwert überschritten, kommt es zur Trennung und das Werkstück wird abgeschert. Dieser Vorgang erzeugt einen komplizierten Spannungszustand, der in der elementaren Festigkeitslehre nur stark vereinfacht beschrieben ist. Unter der Annahme einer gleichmäßigen Verteilung der Schubspannungen (Hypothese der gleichmäßigen Spannungsverteilung) gilt als Spannungsgleichung für die Abscherspannung

$$\tau_a = \frac{F_Q}{A_S} \tag{6.27}$$

Es werden die Querkraft $F_Q$ als Belastungskennwert und die gesamte Scherfläche $A_S$ als Querschnittskennwert verwendet. Die Abscherspannung hat die Dimension eines Druckes. In der Formulierung Kraft pro Fläche befindet sich bei der Scherung allerdings das Merkmal, dass die Kraft entlang der Fläche, also tangential wirkt.

Mit dieser Gleichung werden Schneidvorgänge, aber auch Niet-, feste Bolzen- und Stiftverbindungen beurteilt. Auch bei Klebe- und Schweißverbindungen kann mit der Zugkraft F und der Scherfläche an der Verbindungsstelle eine allgemeine Scherspannung errechnet werden. Bei Spielpaarungen beispielsweise in Bolzenverbindungen und bei nicht biegesteifen Bauteilen wie bei Klebe- und Schweißverbindungen darf der biegende Einfluss nicht vernachlässigt werden. Eine Berechnung der Formänderungen wird bei Scherbeanspruchungen nicht vorgenommen, da sie bei den in Frage kommenden Verbindungselementen nur geringe Bedeutung haben.

## 6.4 Modelle zur Scherbeanspruchung

Für Berechnungen mit der Finite Elemente Methode bildet die Simulierung eines Trennvorganges ein unüberwindliches Hindernis. Ein FE-Modell lässt sich nicht trennen. Dazu kommt, dass nur in einem sehr eng umgrenzten Bereich große Formänderungen mit örtlich hohen Werten auftreten. Die Simulation einer Schneide bedingt den Kraftangriff auf Einzelknoten mit all den Nachteilen aus punktuell hohen Verzerrungen.

Für die Modellierung ergeben sich daraus große Herausforderungen. Das FE-Netz müsste in der Scherzone eine hohe Dichte aufweisen. Der Schervorgang sollte sich dabei über mehrere Elemente kleinster Kantenlänge erstrecken und darf nicht nur von einem Element getragen werden. Gleichzeitig ist der spannungsarme Teil des Modells grober zu vernetzen, um die Elementeanzahl nicht unnötig auszuweiten.

Außerdem könnten aufgrund der großen Verschiebungswege die Verzerrungen nicht mehr vom Ausgangsnetz ertragen werden. Erforderlich wären dann nichtlineare Ansätze, die bei Erreichen der Grenzwerte der Netzverzerrung automatisch eine Neuvernetzung einleiten.

Die nachfolgenden Anwendungsbeispiele beschränken sich auf einfache Ansätze zur Simulation der Scherbeanspruchung mit dem Ziel der Beurteilung der Spannungsgleichung für die Abscherspannung (Gl. 6.27).

### 6.4.1 Schneiden mit einfachem Modellansatz

- **Reines Scheren am Rechteckstab (Einzellasten am Scheibenelement)**

Die Simulation des reinen Scherens, d. h. Scheren mit biegefreier Beanspruchung, bedingt den Einsatz einer Schneidengeometrie und die Anordnung der Schneiden auf gleicher Wirkungslinie (Abb. 6.21.). Die Darstellungen unterscheiden sich durch die Art der Lagerung bzw. die Lasteinleitung. Während beim *einseitigen Trennen* durch das Wirken einer Schneide die Kraft eingeleitet wird und die Reaktionskraft im Flächenschwerpunkt als Gegenkraft aus Flächenpressung mal Fläche entsteht, kommt es bei *Schneide mit Gegenschneide* zu beidseitigem Wirken von Einzelkräften. Dabei ist es unerheblich, ob gleichgroße entgegen gerichtete Kräfte oder eine Kraft und die Gegenseite als Lagerstelle, vertreten durch die Reaktionskraft, angenommen werden.

In Tafel 6/13 wird das *einseitige Trennen* als Variante A und die *Schneide mit Gegenschneide* als Variante B geführt. Für das Modell sind Scheiben- und Volumenelemente geeignet. Das 2-dimensionale Scheibenelement erfüllt die Anforderungen, da als Untersuchungsziel nur eine Beurteilung der Spannungsgleichung für die Abscherspannung steht und eine 3-dimensionale Auswertung keine zusätzlichen Erkenntnisse bringt.

Beide Varianten sind identisch hinsichtlich Geometrie und FE-Netz. Für die Lagerung gibt es unterschiedliche Vorgaben. Über den geometrischen Grundkörper „Rechteck" wird die geometrische Kontur des Rechteckstabes generiert. Die x-y-Koordinaten wurden so gewählt, dass sich der Koordinatenursprung in der Mitte des Rechteckstabes befindet.

Der Übergang vom CAD-Modell zum FE-Modell erfolgt mit der Vernetzung. Dazu wird den Seitenlinien eine Elementekantenlänge von 0,5 mm vorgegeben. Die Definition der Elemente beinhaltet die Dickenvorgabe von 10 mm, so dass der Rechteckstab seine FE-Struktur erhält. Mit 2400 Elementen entsteht eine feine Vernetzung, die Vorteile in der Belastungszone bringt. Es kann zwar nicht die große Verzerrung mit überhöhten Spannungswerten durch die Einzellasten gemildert werden, aber der Übergang zum Bereich gleichmäßigerer Spannungsverteilung bildet sich besser ab.

Den Abschluss des Modells bildet die Generierung der äußeren Kraft $F_Q$ und der Lagerung. Die äußere Kraft wird auf einen einzelnen Knoten aufgebracht. Seine Position lässt sich am effektivsten durch Selektion im globalen Koordinatensystem definieren. Die Suche und Festlegung der Knotennummer entfällt damit. Netzverän-

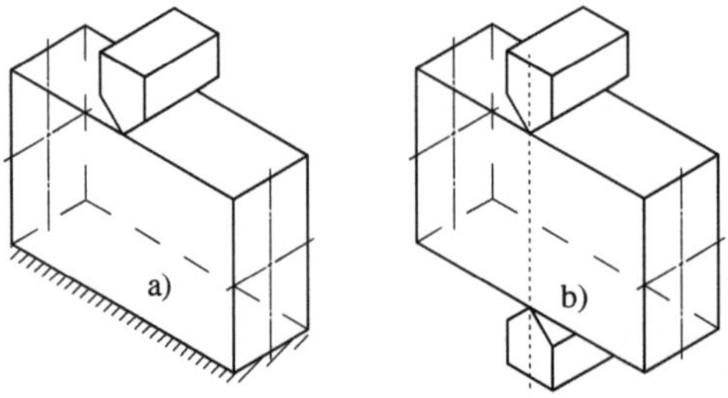


**Abb. 6.21.** Simulation des reinen Scherens durch
a) einseitiges Trennen und
b) Schneide mit Gegenschneide

derungen und die damit verbundenen Änderungen der Knotennummern wirken sich nicht auf die gewählte Kraftangriffsstelle aus.

Bei der Lagerung ist zwischen Variante A und Variante B zu unterscheiden. Bei Variante A bilden die Knoten auf Linie L1 in ihrer Gesamtheit die Lagerstelle. Die

| **FE-A13 Schub** | Allgemeine Befehlsfolge |
|---|---|
| Name | Speicherung der FE-Rechnung unter FILE-Name<br>"Schub13a" - **Variante A:** Lagerung auf Ebene;<br>"Schub13b" - **Variante B:** Lagerung auf Schneide; |
| Elemente | 2-dimensionales Scheibenelement (4 Knoten);<br>notwendige Eingaben - Dicke des Trägers in mm: b = 10 |
| Werkstoffe | Stahl: $E_{St}$= 210 kN/mm² $\nu$ = 0,3 |
| Geometrie | CAD-Modell aus geometrischen Grundkörper "Rechteck" erstellen - Nummern für Keypoints und Linien werden vom FE-System automatisch vergeben;<br>Koord. des Rechtecks in mm: $x_1$= – 15; $y_1$= – 10; $x_2$= 15; $y_2$= 10; |
| Vernetzung | Elemente definieren: Kantenlänge 0,5 mm für alle;<br>Vernetzen: A1 (Rechteckelemente), es werden 2400 Elemente mit 2501 Knoten generiert; |
| Randbedin-gungen | Lagerung: selektiert über kartesisches Koordinatensystem<br>**Variante A** - Lagerung auf L1 (y= – 10) ; Koppelgruppe "Lager" bilden; Masterknoten festlegen; Uy = 0 gesetzt;<br>**Variante B** - Lagerung an N32 (y= – 10, x= 0); Uy= 0 gesetzt;<br>Führung für Rechteckstab: x= – 15 und x= 15; jeweils Ux = 0;<br>Belastung in N: selektiert über kartesisches Koordinatensystem Kraft an N132 (y = 10; x = 0); Fy= – 10000 gesetzt; |
| Berechnung und Ergebnisse | Ansatz: statisch, linear,<br>Charakteristische Größe: Verschiebung der Knoten,<br>Verschiebungen in mm:<br>**Variante A** - an N132 Uy = – 0,016;<br>mittlere v.-Mises-Vergleichsspannung in N/mm²: $\sigma_{vm}$ = 43;<br>**Variante B** - an N132 Uy = – 0,012; N32 Uy = 0,017;<br>mittlere v.-Mises-Vergleichsspannung in N/mm²: $\sigma_{vm}$ = 99; |

*x* , *y* , *z* Koordinaten im globalen kartesischen Koordinatensystem,
*Ux* , *Uy* , *Uz* , *ROTx* , *ROTy* , *ROTz* Verschiebungen und Verdrehungen,
*K* Keypoint (Geometriepunkt im CAD-Modell), *L* Line (Linie im CAD-Modell),
*N* Node (Knoten im FE-Modell), *E* Element (Element im FE-Modell),
*FE-A* Finite Elemente Anwendungsbeispiel,

Fortsetzung nächste Seite

| **FE-A13 Schub** | Bildfolge |
|---|---|
| Geometrie | 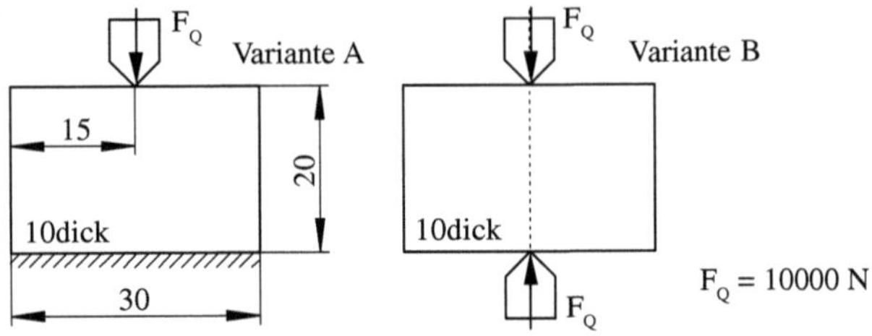  |
| Vernetzung Randbedingungen | 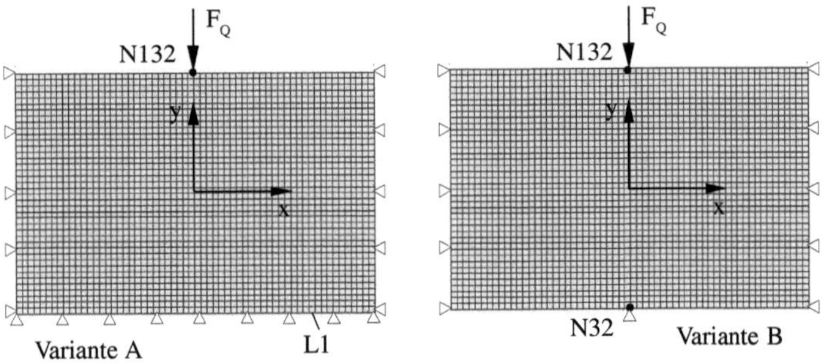  an allen Linien: Elementkantenlänge 0,5 mm<br>2400 Elemente 2501 Knoten |
| Grafische Ergebnisse | 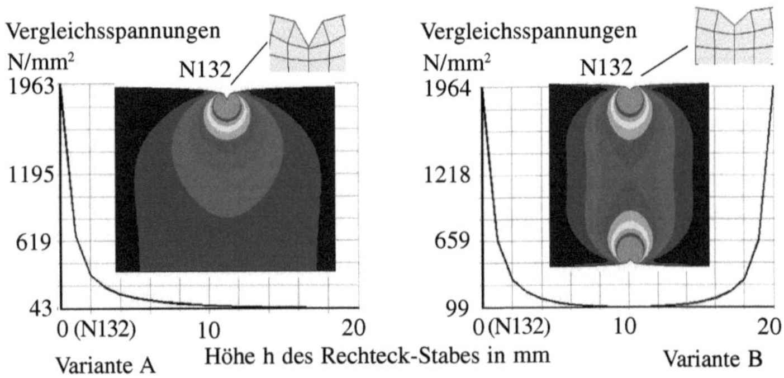  |

**Tafel 6/13:** Scherspannungen am Rechteckstab bei Querkraftbelastung $F_Q$ (Scheibenelemente)

Knoten werden selektiert und in der Koppelgruppe „Lager“ vereinigt. Die Knoten auf Linie L1 verlieren damit ihre Selbständigkeit. Sie werden vertreten vom Masterknoten. Dessen Inhalt ist dann für alle Knoten der Koppelgruppe gültig.

Bei Variante B beschränkt sich die Lagerung auf einen Knoten (N32). Nach dem Gleichgewichtsprinzip entspricht die Lagerreaktionskraft der äußeren Kraft $F_Q$, so dass der Rechteckstab praktisch durch 2 entgegengesetzt gerichtete Kräfte belastet wird.

Beide Varianten müssen geführt werden. Dazu sind an den Stirnseiten des Rechteckstabes die Freiheitsgrade der Knoten mit x = 0 eingeschränkt. Diese Maßnahme verhindert das Wandern des Modells. Trotz vollkommener geometrischer Symmetrie und Erfüllung der statischen Gleichgewichtsbedingungen und hoher Rechengenauigkeit treten bei der Lösung großer Gleichungssysteme geringste Abweichungen auf, die sich optisch als Verschiebung des Gesamtkörpers darstellen.

Die Auswertung der Ergebnisse orientiert sich an der Spannungsgleichung für die Abscherspannung (Gl. 6.27). Mit den Daten der Modelle nach Tafel 6/13 ergibt sich eine Abscherspannung von

$$\tau_a = 50\ \text{N/mm}^2\ (F_Q = 10\ \text{kN},\ A_S = 200\ \text{mm}^2).$$

Dieser Wert ist, bezogen auf Schneidevorgänge, klein. Die geringe Querkraft wurde gewählt, um der Forderung kleiner Verschiebungen wegen des linearen Rechenansatzes zu genügen.

Als Maß für die Beurteilung des Trennens gilt die Abscherfestigkeit $\tau_{aB}$. Bei Metallen wird ca. 80 % der Bruchgrenze $R_m$ angenommen. Für einen unlegierten Baustahl E295 ($R_m$ = 490 N/mm², $R_e$ = 295 N/mm²) setzt damit bei $\tau_{aB} \approx 390$ N/mm² der Trennvorgang ein. Der Beginn der Verformung wird durch die Scherfließgrenze $\tau_{aF}$ beschrieben. Legt man hier ca. 60% der Streckgrenze $R_e$ zugrunde, entstehen plastische Verformungen ab $\tau_{aF} \approx 180$ N/mm².

In den grafischen Ergebnissen sind für Variante A und Variante B die Verläufe der v.-Mises-Vergleichspannungen über der Höhe des Rechteckstabes dargestellt. Nach ca. 4 mm klingen die von der punktuellen Krafteinleitung erzeugten Spannungsspitzen ab und der Übergang zu einer konstanten Spannungsverteilung setzt ein. Mit einem Wert von $\sigma_{vm} = 43$ N/mm² für Variante A wird eine Spannung ermittelt, die als Bestätigung für den theoretischen Wert angenommen werden kann.

Die Spannungsspitzen und die Eindringtiefe von Uy = – 0,016 mm (Variante A) am Knoten N132 sind wegen der einfachen Modellausführung bedingt verwertbar. Die Elementeverzerrung an der Kraftangriffsstelle hat bereits vom Rechteckelement zum Dreieckelement geführt. Es ist nur als sicher anzunehmen, dass die Schneide in der Oberfläche des Rechteckstabes Markierungen hervorrufen wird, da die Scherfließgrenze $\tau_{aF}$ beträchtlich überschritten wurde.

Die Variante B als Modell mit Schneide und Gegenschneide zeigt ähnliches Verhalten. Wegen der doppelten Krafteinleitung kommt es zu einem Spannungswert von $\sigma_{vm} = 99$ N/mm² mittig im Rechteckstab. Es bestätigt sich die simple Erkenntnis, dass mit 2 Schneiden ein Trennvorgang effektiver ist.

- **Schneiden mit Schneidspalt (Einzellasten am Scheibenelement)**

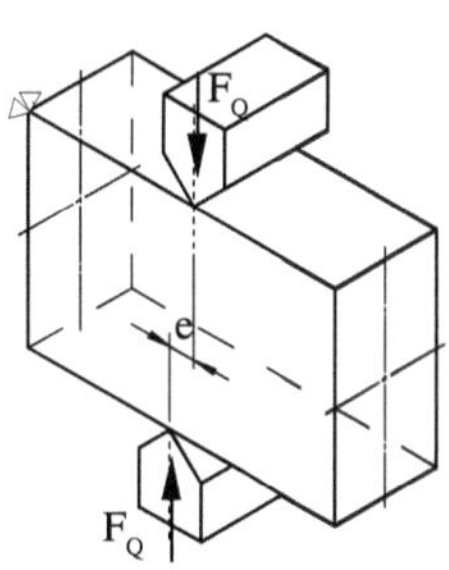


**Abb. 6.22.** Schneiden mit Schneidspalt

Schneiden mit Schneidspalt stellt einen klassischen Schervorgang dar. Die Wirkungslinien von Schneide und Gegenschneide liegen um den Betrag e auseinander. Damit wird zwangsläufig die Abscherspannung mit einer Biegespannung überlagert.

Das statische Gleichgewicht erfordert ein Gegenmoment zum Biegemoment $M_b = F_Q \cdot e$. Dieses Gegenmoment erzeugt der Niederhalter, der im Modell nach Tafel 6/14 durch Festhalten eines Einzelknotens simuliert wird.

Mit der Festlegung auf einzelne Knoten für die Lagerung der Gegenschneide, für die äußere Last $F_Q$ und den Niederhalter liegt die einfachste Form eines Beanspruchungsschemas vor. Die Struktur für die klassische Berechnung des Gleichgewichtszustandes kann deshalb unmittelbar abgeleitet werden (Tafel 6/14, Geometrie). Zum Moment

$$M_b = F_Q \cdot e = 10 \text{ kN} \cdot 1 \text{ mm} = 10 \text{ kNmm}$$

gehört das Gegenmoment M* aus der Reaktionskraft $F_N$ des Niederhalters multipliziert mit dem rechtwinkligen Abstand zur Lagerstelle der Gegenschneide.

| **FE-A14 Schub** | Allgemeine Befehlsfolge |
|---|---|
| Name | Speicherung der FE-Rechnung unter FILE-Name "Schub14" |
| Elemente | 2-dimensionales Scheibenelement (4 Knoten);<br>notwendige Eingaben - Dicke des Trägers in mm: b = 10 |
| Werkstoffe | Stahl: $E_{St}$= 210 kN/mm² ν = 0,3 |
| Geometrie | CAD-Modell aus geometrischen Grundkörper "Rechteck" erstellen - Nummern für Keypoints und Linien werden vom FE-System automatisch vergeben;<br>Koord. des Rechtecks in mm: $x_1$= – 15; $y_1$= – 10; $x_2$= 15; $y_2$= 10; |
| Vernetzung | Elemente definieren: Kantenlänge 0,5 mm für alle;<br>Vernetzen: A1 (Rechteckelemente), es werden 2400 Elemente mit 2501 Knoten generiert; |
| Randbedingungen | Lagerung: selektiert über kartesisches Koordinatensystem<br>Niederhalter N102 ( x= –15; y= 10); Uy=Ux= 0 gesetzt<br>Gegenschneide N31 ( x= – 0,5; y= – 10); Uy= 0 gesetzt;<br>Belastung in N: selektiert über kartesisches Koordinatensystem<br>Kraft an N133 (x= 0,5; y= 10); Fy= – 10000 gesetzt; |
| Berechnung und Ergebnisse | Ansatz: statisch, linear,<br>Charakteristische Größe: Verschiebung der Knoten,<br>mittlere v.-Mises-Vergleichsspannung in N/mm²: im Koordinatenursprung $\sigma_{vm}$ = 112;<br>Lagerreaktionskräfte in N: Niederhalter N102 Fy = – 690;<br>Gegenschneide N31 Fy = 10690 N; |

*x , y , z* Koordinaten im globalen kartesischen Koordinatensystem,
*Ux , Uy , Uz , ROTx , ROTy , ROTz* Verschiebungen und Verdrehungen,
*K* Keypoint (Geometriepunkt im CAD-Modell), *L* Line (Linie im CAD-Modell),
*N* Node (Knoten im FE-Modell), *E* Element (Element im FE-Modell),
*FE-A* Finite Elemente Anwendungsbeispiel,

Fortsetzung nächste Seite

| **FE-A14 Schub** | Bildfolge |
|---|---|
| Geometrie | 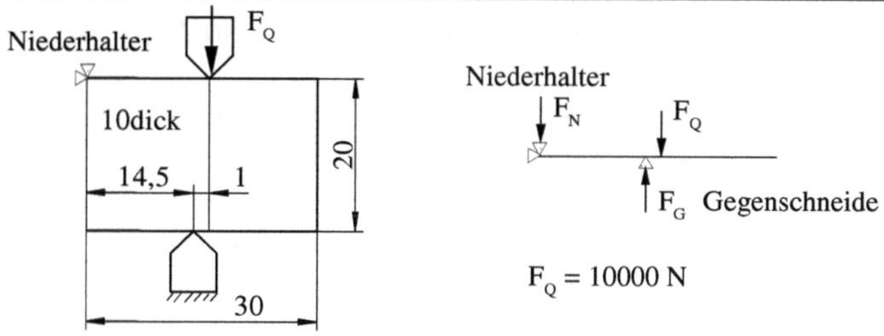<br> |
| Vernetzung Randbedingungen | an allen Linien:<br>Elementekantenlänge 0,5 mm<br>2400 Elemente 2501 Knoten<br>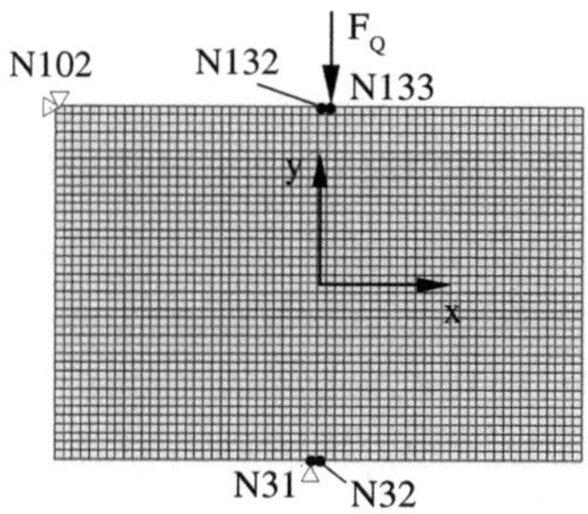<br> |
| Grafische Ergebnisse | 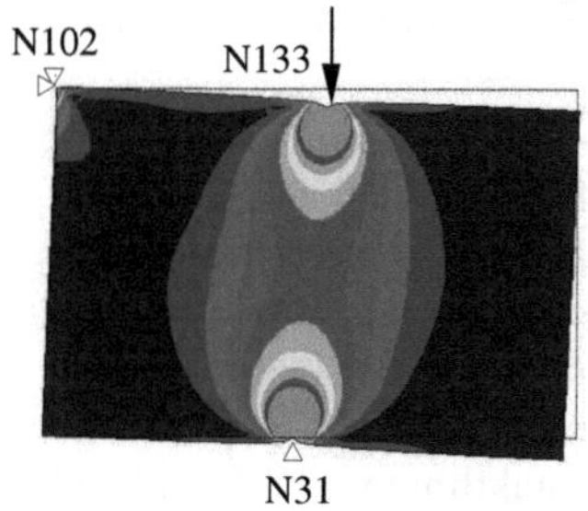<br><br>abgebildet von 0 ... 225 N/mm²<br>v.-Mises-Vergleichsspannungen<br>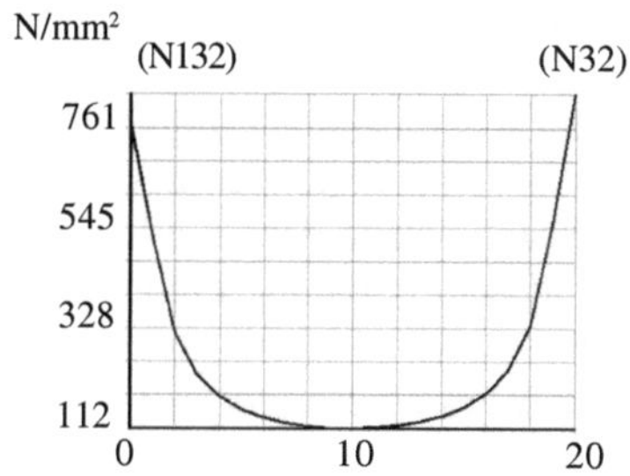<br> |

**Tafel 6/14:** Schneiden mit Schneidspalt und Niederhalter (Scheibenelemente)

Es gilt $M_b = M^*$ und damit für die Kraft am Niederhalter

$$F_N = 10 \text{ kNmm} / 14{,}5 \text{ mm} \approx 0{,}69 \text{ kN},$$

über das Gleichgewicht in vertikaler Richtung mit $-F_N - F_Q + F_G = 0$ kommt es zu

$$F_G = 10{,}69 \text{ kN}.$$

Die horizontale Lagerstelle am Niederhalter ist aus statischer Sicht unnötig, da am Modell keine äußeren Kräfte in dieser Richtung vorliegen. Sie dient zum Abfangen aller Verschiebungen in x-Richtung, die durch Rundungsfehler bei der Lösung des Gleichungssystems entstehen und das „Wandern“ des Modells wegen der üblicherweise eingestellten Überhöhung der grafischen Abbildung hervorrufen können.

Beim Modell nach Tafel 6/14 sind Geometrie und Vernetzung mit den Modellen von Tafel 6/13 in Übereinstimmung. Die Lagerstelle und der Kraftangriffspunkt $F_Q$ wurden verändert. Der Kraft wirkt jetzt an Knoten N133 bei x = 0,5 mm und die Lagerstelle sitzt am Knoten N31 bei x = – 0,5 mm, so dass sich ein Schneidspalt von 1 mm einstellt.

Die grafischen Ergebnisse zeigen keine spektakulären Verzerrungen, welche sich bei Anwendung eines linearem Rechenansatzes auch nicht erzeugen lassen. Die Wirkung des Schneidspaltes kann nur unzureichend dargestellt werden. Über die Verteilung der Vergleichsspannung ist der Einfluss der Biegespannung indirekt erkennbar. In der Mitte des Rechteckstabes auf der Koordinate x = 0 erreicht die Vergleichsspannung $\sigma_{vm}$ = 112 N/mm² gegenüber 99 N/mm² bei Variante B in Tafel 6/13. Für den Vergleich wurde in beiden Fällen die Strecke zwischen Knoten N132 und Knoten N32 ausgewertet.

### 6.4.2 Schneiden mit erweitertem Modellansatz

- **Schneiden mit Schneidspalt 1 mm (Kontaktelemente)**

Die Anwendung von Kontaktelementen zur Abbildung der Scherbeanspruchung ermöglicht eine wirklichkeitsnähere Modellierung. Die äußeren Lasten sind nicht mehr direkt mit dem Objekt der Untersuchung, dem Werkstück, verbunden. Schneide, Gegenschneide, Niederhalter und Werkstück existieren als eigenständige unverbundene Körper. An den Berührungsstellen wird über die Gleichungssysteme der Kontaktelemente eine Verbindung hergestellt. Daraus ergibt sich, dass Verschiebungen des Werkstückes bis hin zum Ablösen vom berührenden Körper eintreten können.

Eine weitere Steigerung des Informationsgewinnes wird erzielt, wenn sich die Beanspruchungsgrenzen des Werkstoffes berücksichtigen lassen. Im Modell nach Tafel 6/15 wurde dazu die Scherfestigkeit $\tau_{aB}$ = 390 N/mm² eingeführt. Das Erreichen dieser Spannung erzeugt in den betroffenen Elementen ein Abschalten mit Verteilung der Restlast auf die umgebenden Elemente (siehe Abschn. 5.2.2, Abb. 5.9).

Das Werkstück wird im CAD-Modell aus den 3 Einzelflächen A1, A2 und A3 gebildet. Einfaches Selektieren der Kontaktlinien zu Schneide, Gegenschneide und Niederhalter sind damit gegeben. Der Schneidspalt entspricht der Fläche A3 und kann bei Bedarf mit abweichender Netzdichte versehen werden.

Die Schneide ist unmittelbar am Werkstück positioniert. Die Linie L19 liegt optisch auf der Linie L7, hat aber mathematisch keine Verbindung. Erst mit der Generierung von Kontaktelementen auf beiden Linien entsteht ein geschlossenes mathematisches Modell. Diese Struktur ist ebenso bei Gegenschneide (L13 / L1) und Niederhalter (L15 / L3) angewendet worden.

Die äußere Last von Uy = – 0,8 mm wird in Form einer Verschiebung der Schneide aufgebracht. Die Verschiebung ruft im Werkstück Verformungen und Spannungen hervor, die sich als Reaktionskräfte an der Schneide auslesen lassen. In der praktischen Nutzung kann daraus die notwendige Pressenkraft für den Schneidvorgang bestimmt werden.

Gegenschneide und Niederhalter erfüllen Lagerfunktionen. Bezüglich des Belastungsvorganges könnten nur Lagerkräfte in y-Richtung auftreten. Die unvermeidli-

| **FE-A15 Schub** | Allgemeine Befehlsfolge |
|---|---|
| Name | Speicherung der FE-Rechnung unter FILE-Name "Schub15" |
| Elemente | 2-dimensionales Scheibenelement (4 Knoten) - notwendige Eingaben: Dicke des Trägers 10 mm;<br>2-dimensionale Kontaktelemente; |
| Werkstoffe | Stahl: $E_{St}$= 210 kN/mm² ν = 0,3<br>Scherfestigkeit $\tau_{aB}$ = 390 N/mm² |
| Geometrie | CAD-Modell aus geometrischen Grundkörper "Rechteck" erstellen - Nummern für Keypoints und Linien werden vom FE-System automatisch vergeben; Koordinaten der Rechtecke in mm:<br>A1 - $x_1$= – 15; $y_1$= – 10; $x_2$= – 0,5; $y_2$= 10;<br>A2 - $x_1$= 15; $y_1$= – 10; $x_2$= 0,5; $y_2$= 10;<br>Linien zwischen A1 und A2: L9(K2,K5), L10(K3,K8), damit Fläche A3(K2,K5,K8,K3) - Koordinaten der Rechtecke in mm:<br>A4 - $x_1$= – 15; $y_1$= – 10; $x_2$= – 0,5; $y_2$= – 15;<br>A5 - $x_1$= – 15; $y_1$= – 0,5; $x_2$= 10; $y_2$= 15;<br>A6 - $x_1$= 0,5; $y_1$= 15; $x_2$= 10; $y_2$= 13; |
| Vernetzung | Elemente (Rechteck) definieren: Kantenlänge 0,5 mm für alle; Flächen A1 bis A6 vernetzen; anschließend die Knoten an Schneide (L19) / Werkstück(L7), Gegenschneide (L13) / Werkstück(L1), Werkstück (L3) / Niederhalter(L15) selektieren und Kontaktelemente bilden; insgesamt werden 3333 Elemente mit 3371 Knoten generiert; |
| Randbedingungen | Lagerung: selektiert über kartesisches Koordinatensyst. (y = –15); Koppelgruppe "Lager" bilden, Masterknoten festlegen, Uy = 0; selektiert über kartesisches Koordinatensystem (y = 15); Koppelgruppe "Niederhalter" bilden, Masterknoten festlegen, Uy = 0;<br>Führungen: an L14, L18, L22 und am Werkstück;<br>Verschiebung der Schneide in mm: Knoten selektiert über kartesisches Koordinatensystem (y= 13; danach x = 0,5 bis 15); Koppelgruppe "Last" bilden, Masterknoten festlegen, Uy = – 0,8 gesetzt; |
| Berechnung und Ergebnisse | Ansatz: statisch, nichtlinear<br>Charakteristische Größe: Verschiebung der Knoten,<br>v.-Mises-Spannung in N/mm²: Maximalwert begrenzt auf 390;<br>Verschiebung in mm: 0,8 mm vorgegeben als äußere Last; |

*x , y , z* Koordinaten im globalen kartesischen Koordinatensystem,
*Ux , Uy , Uz , ROTx , ROTy , ROTz* Verschiebungen und Verdrehungen,
*K* Keypoint (Geometriepunkt im CAD-Modell), *L* Line (Linie im CAD-Modell),
*N* Node (Knoten im FE-Modell), *E* Element (Element im FE-Modell),
*FE-A* Finite Elemente Anwendungsbeispiel,

Fortsetzung nächste Seite

| FE-A15 Schub | Bildfolge |
|---|---|
| Geometrie | 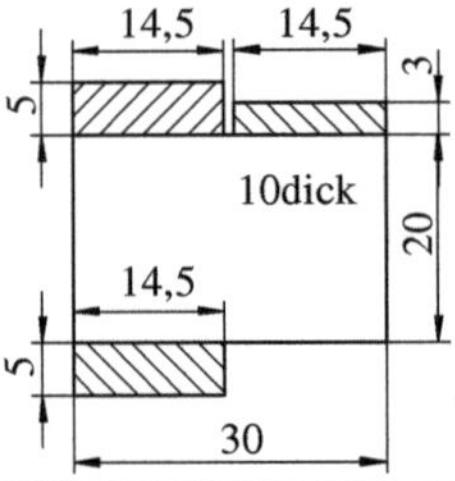 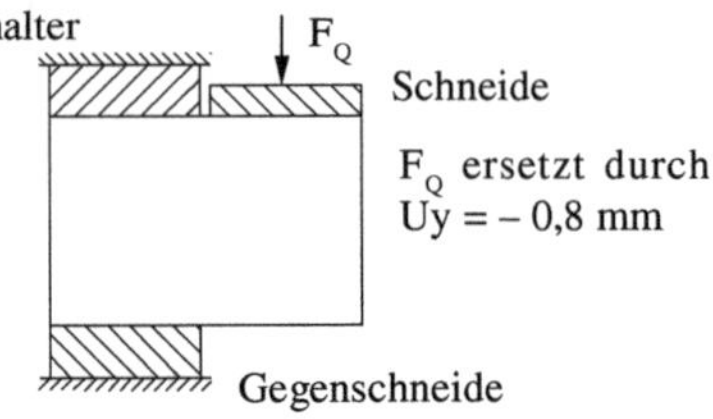 |
| Vernetzung Randbedingungen | 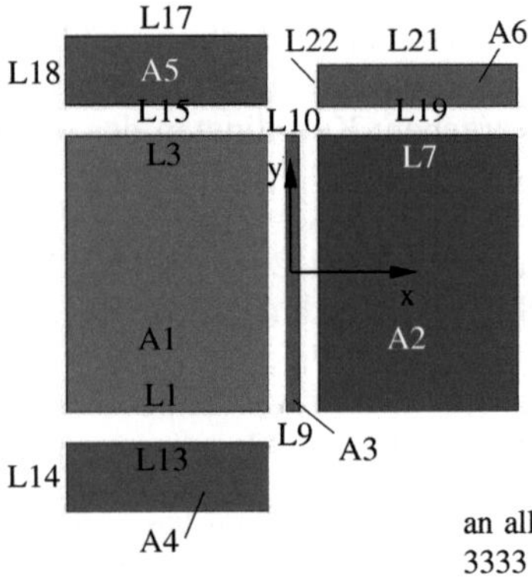 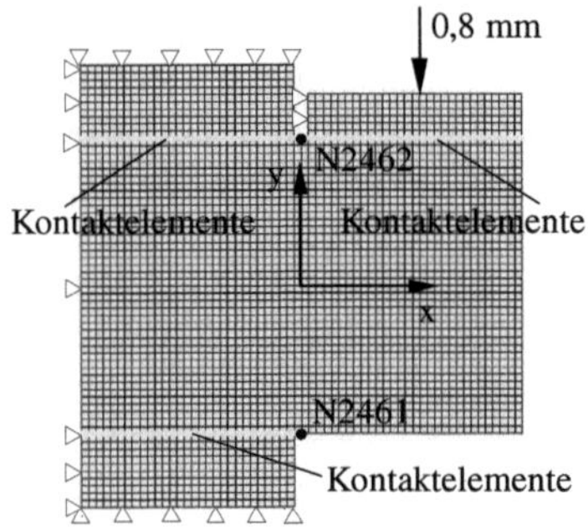 an allen Linien: Elementkantenlänge 0,5 mm<br>3333 Elemente 3371 Knoten |
| Grafische Ergebnisse | v.-Mises-Vergleichsspannungen nach Schiebeweg 0,8 mm<br>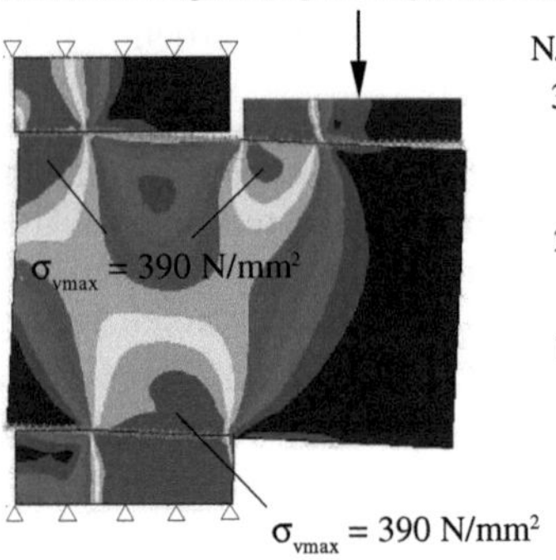 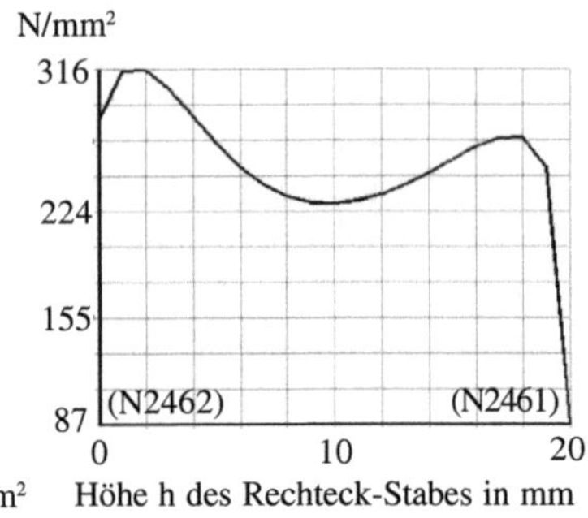 |

**Tafel 6/15:** Schneiden mit Schneidspalt 1 mm (Scheibenelemente/Kontaktelemente)

chen Rundungsfehler bei der Lösung der Gleichungssysteme führen aber zu geringfügigen Anteilen in x-Richtung und damit zum „Wandern" des Modells. Der Kontakt kann verloren gehen und die Rechnung bricht wegen fehlender Konvergenz ab.

Es wurden deshalb vertikale Führungen (x = 0 für Knoten der Linie L14, L18, L22) an Schneide , Gegenschneide und Niederhalter generiert. Auch das Werkstück ist vom Problem der Rundungsfehler betroffen. Als Hauptgegenstand der FE-Untersuchung muss auf möglichst wenig funktionsfremde Störungen am Körper des Rechteckstabes geachtet werden. Das Werkstück wird deshalb nur mittig am linken Rand durch einen Knoten in x-Richtung gehalten. Diese Stelle ist weit entfernt von der wichtigen Schnittzone und beeinflusst auch nicht das Biegemomentverhalten.

Die Auswertung der grafischen Ergebnisse (Tafel 6/15) bezieht sich auf die v.-Mises-Vergleichsspannungen nach einem Schiebeweg von 0,8 mm. Für Stahl mit seinem hohen Elastizitätsmodul bedeuten 0,8 mm eine extrem große Formänderung. Im Diagramm – dargestellt die Werte der y-Koordinatenachse (N2462 bis N2461) – liegen auch alle Spannungswerte über 220 N/mm² und übersteigen damit die Scherfließgrenze eines unlegierten Baustahls (z. B. E295).

In mehreren Zonen sind Überschreitungen der Scherbruchgrenze erkennbar, d. h. dort würde bereits eine Trennung des Werkstoffes erfolgen. Nach dem Spannungsbild müsste damit ein Teil des Werkstückes hin zum Niederhalter abscheren, was sich aus der praktischen Erfahrung nicht ergibt. Zu erklären ist diese Diskrepanz mit der fehlenden Zeitkomponente in der Modellrechnung. Das verwendete FE-Programm bearbeitet eine nichtlineare Rechnung nur auf der Basis des statischen Gleichgewichtes. Bei Programmen, die beispielsweise Crashverhalten erfassen, würde das Zeitverhalten eingehen und den vorliegenden Ablauf wirklichkeitsnäher abbilden.

Im Modell wurden der Schneide, der Gegenschneide und dem Niederhalter die gleichen Werkstoffwerte wie dem Werkstück zugeordnet, so dass sie im Gegensatz zur Praxis ebenfalls verformt und Fließvorgängen ausgesetzt sind (Abb. 6.23.). An der Schneide treten neben den erwarteten Spalten zwischen den berührenden Körpern auch Verformungen nahe der Schnittkante auf. Die Schneide als schwächerer Körper weicht aus. Daraus folgt, dass die Spannungsverteilung im Werkstück nicht wirklichkeitsnah wiedergegeben wird.

Mit der Simulation einer gehärteten Schneide durch Zuordnung eines fiktiven höheren Elastizitätsmoduls könnte dieser Mangel behoben werden. Eine solche Entscheidung ist allerdings mit dem Nachteil verbunden, dass durch das starre Eindringen in das Werkstück große Elementeverzerrungen entstehen, die den Abbruch der Rechnung auslösen können. Es wurde deshalb auch eine Verformung der Gegenschneide hingenommen und auf den Kontakt an Linie L9 verzichtet (Abb. 6.23.).

Im Modell nach Tafel 6/15 gibt es 3 Koppelgruppen, d. h. Knoten wurden selektiert in einem Verbund, durch einen Masterknoten repräsentiert und damit einheitlich auf den gewählten Freiheitsgrad fixiert (siehe auch Abschn. 3.2.2). Das Koppeln führt bei Gegenschneide und Niederhalter zu starrer Lagerung. An der Schneide kann die zur Verschiebung notwendige Kraft ermittelt werden. Ausgelesen wurde am Masterknoten 38 kN, zu deuten als notwendige Pressenkraft.

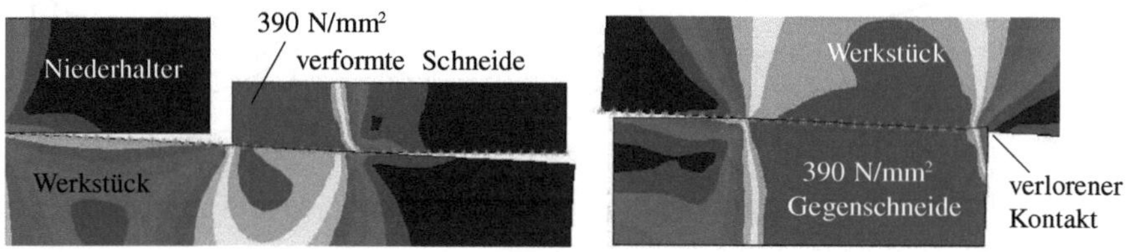


**Abb. 6.23.** Ausschnittsvergrößerungen von Schneide und Gegenschneide

- **Schneidvorgang Ausschneiden bzw. Lochen**

Das Trennen als eine Form der Scherbeanspruchung kann auch mit dem Begriff Scherschneiden bezeichnet werden. Zu unterscheiden ist zwischen Abschneiden (Tafeln 6/13 bis 6/15) oder Ausschneiden bzw. Lochen. Beim Ausschneiden stellt das ausgeschnittene Teil das Werkstück dar, der Rest des Ausgangsmateriales ist Abfall. Beim Lochen ist das ausgeschnittene Teil Abfall und der „Rest" das Werkstück.

In Tafel 6/16 wird das Lochen an einem zylindrischen Schnittwerkzeug untersucht. Der zylindrische Aufbau ermöglicht die Anwendung eines rotationssymmetrischen Ansatzes (Abb. 6.24.). In Beziehung stehen die 4 selbständigen Teile Stempel, Niederhalter, Blech und Schneidplatte. Niederhalter und Schneidplatte sind vertikal und horizontal gelagert und schließen das freiliegende Blech ein. Die Verbindung zum Blech ist durch Kontaktelemente gegeben. Der Stempel wirkt ebenfalls über Kontaktelemente auf das Blech und simuliert den Lochvorgang mit einer Eindringtiefe von 1 mm.

Die Verhältnisse werden etwas idealisiert, z. B. gleitet der Stempel spielfrei in der Bohrung des Niederhalters. Es ist auch kein Schnittspalt vorgesehen, da sich die Verhältnisse im Schnittspalt mit der gewählten Vernetzung nur grob abbilden lassen. Es werden reibfreie Verhältnisse angenommen.

Das rotationssymmetrische Modell muss im 1. Quadranten definiert werden. Die Geometrie lässt sich durch Rechtecke darstellen. Liegen die Flächen (A1/A2, A5) an der y-Achse an, entsteht analytisch ein Vollkörper. Die Lage der Flächen A3 und A4 ergeben einen Rotationskörper mit Bohrung. Das Blech wurde in die 2 Teilflächen A1 und A2 zerlegt, die über die Keypoints K2 und K3 verbunden sind. Die Fläche A2 lässt sich erst nach Setzen der Keypoints K5 und K6 generieren. Durch die Aufteilung vereinfacht sich Selektion und Zuordnung der Kontaktlinien.

Im Modell nach Tafel 6/16 wurde der Werkstoffeinfluss gegenüber der Lösung in Tafel 6/15 verändert. Das Werkstück, vorliegend als Blech, erhält nur noch als einziges Teil die Zuordnung des Festigkeitsgrenzwertes $\tau_{aB} = 390\ \mathrm{N/mm^2}$. Alle anderen Teile unterliegen keiner Einschränkung. Damit werden in diesen Teilen Spannungen und Verformungen ausgewiesen, die der verwendete Werkstoff möglicherweise nicht ertragen kann.

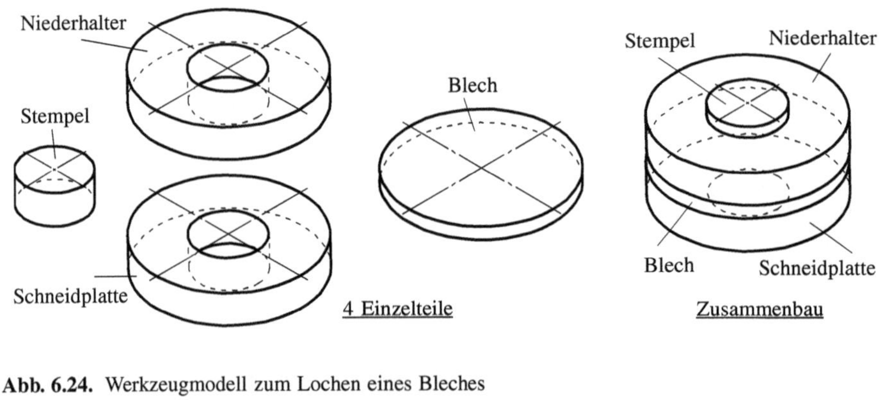


**Abb. 6.24.** Werkzeugmodell zum Lochen eines Bleches

| **FE-A16 Schub** | Allgemeine Befehlsfolge |
|---|---|
| Name | Speicherung der FE-Rechnung unter FILE-Name "Schub16" |
| Elemente | 2-dimensionales Scheibenelement (4 Knoten) - notwendige Eingaben: rotationssymmetrisch;<br>2-dimensionale Kontaktelemente; |
| Werkstoffe | Stahl: $E_{St}$= 210 kN/mm² $\nu$ = 0,3<br>Scherfestigkeit $\tau_{aB}$ = 390 N/mm² |
| Geometrie | CAD-Modell aus geometrischen Grundkörper "Rechteck" erstellen - Nummern für Keypoints und Linien werden vom FE-System automatisch vergeben; Koordinaten der Rechtecke in mm:<br>A1 - $x_1$= 0; $y_1$= 10; $x_2$= 10; $y_2$= 14;<br>A2 - Keypoints (x;y;z) in mm: K5(25;10), K6(25;14); daraus Fläche A2(K2,K5,K6,K3)<br>A3 - $x_1$= 10; $y_1$= 14; $x_2$= 25; $y_2$= 24;<br>A4 - $x_1$= 10; $y_1$= 0; $x_2$= 25; $y_2$= 10;<br>A5 - $x_1$= 0; $y_1$= 14; $x_2$= 10; $y_2$= 24; |
| Vernetzung | Elemente (Rechteck) definieren: Kantenlänge 0,5 mm für alle; Flächen A1 bis A5 vernetzen; anschließend die Knoten an Stempel (L16) / Blech (L3), Schneidplatte (L14) / Blech (L5), Blech (L7) / Niederhalter (L8) selektieren und Kontaktelemente bilden; insgesamt werden 2160 Elemente mit 2202 Knoten generiert; |
| Randbedingungen | Lagerung: Knoten selektiert (L12), Koppelgruppe "Schneidplatte" bilden, Masterknoten festlegen, Ux = Uy = 0; Knoten selektiert (L10), Koppelgruppe "Niederhalter" bilden, Masterknoten festlegen, Ux = Uy = 0;<br>Verschiebung des Stempels in mm: Knoten selektiert (L18), Koppelgruppe "Last" bilden, Masterknoten festlegen, Uy = – 1; |
| Berechnung und Ergebnisse | Ansatz: statisch, nichtlinear<br>Charakteristische Größe: Verschiebung der Knoten, v.-Mises-Spannung in N/mm²: begrenzt am Blech auf 390;<br>Schiebekraft in kN: nach 0,1 mm Fy = 69 (N1111);<br>nach 1 mm Fy = 80 (N1111); |

*x , y , z* Koordinaten im globalen kartesischen Koordinatensystem,
*Ux , Uy , Uz , ROTx , ROTy , ROTz* Verschiebungen und Verdrehungen,
*K* Keypoint (Geometriepunkt im CAD-Modell), *L* Line (Linie im CAD-Modell),
*N* Node (Knoten im FE-Modell), *E* Element (Element im FE-Modell),
*FE-A* Finite Elemente Anwendungsbeispiel,

Fortsetzung nächste Seite

| **FE-A16 Schub** | Bildfolge |
|---|---|

**Geometrie**

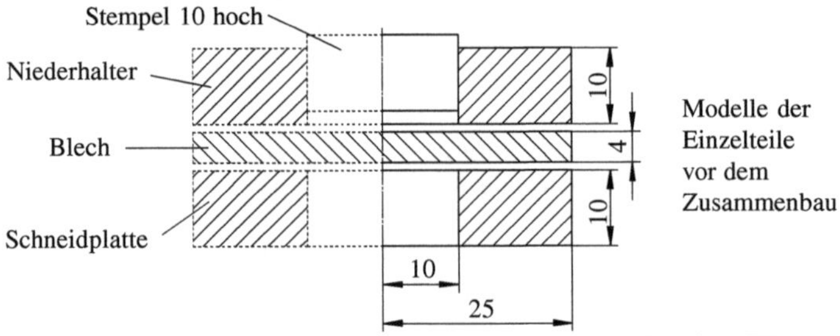


**Vernetzung Randbedingungen**

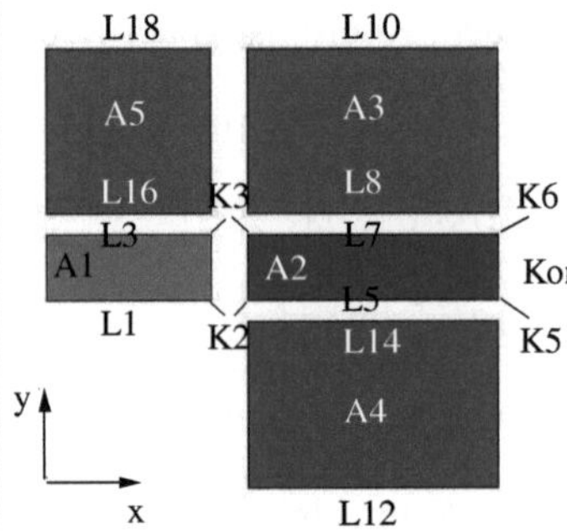


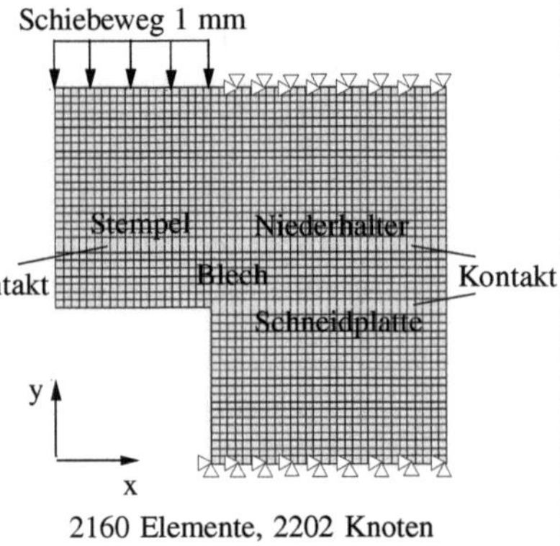


**Grafische Ergebnisse**

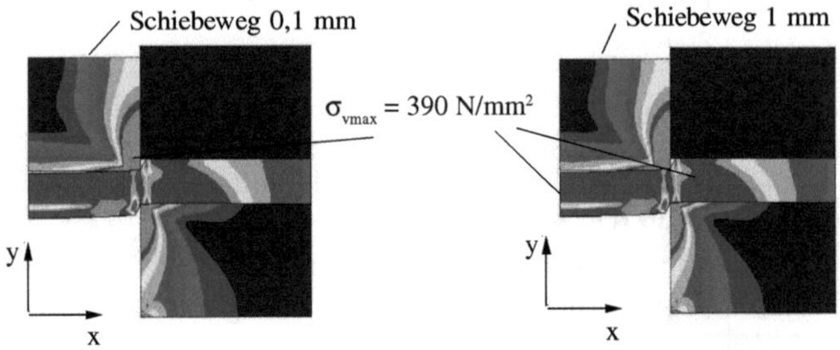


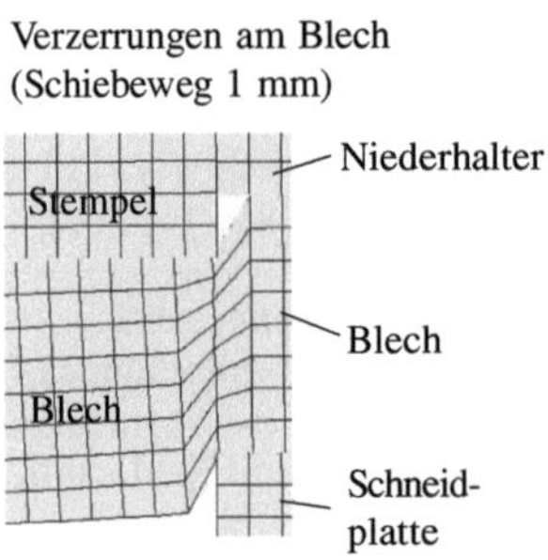


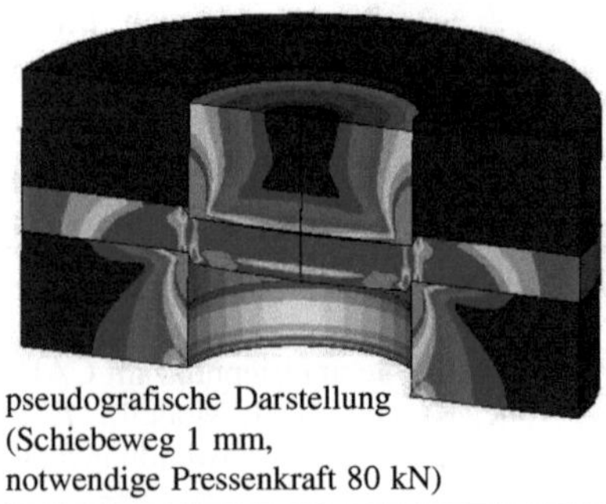


**Tafel 6/16:** Lochen rotationssymmetrischer Ansatz (Scheibenelemente/Kontaktelemente)

Für das vorliegende Modell ergibt sich der Vorteil, dass nur im Blech Fließen eintritt und die anderen Teile den geringfügigen Verformungen des HOOKEschen linearen Anteils der Werkstoffkennlinie ausgesetzt sind. In den grafischen Ergebnissen nach Tafel 6/16 wird sichtbar, dass für Stempel, Niederhalter und Schnittplatte optisch kaum erkennbare Verformungen vorliegen, während das Blech deutlich verzerrt wird und die Elementeverzerrungen in der Schnittzone sich Grenzwerten nähern.

Die Spannungszustände in der Schnittzone werden für 2 Schiebewege des Stempels gezeigt. Bei einem Schiebeweg von 0,1 mm ist bereits im Blech zwischen den Schneiden die Abschergrenze $\tau_{aB}$ = 390 N/mm² erreicht. Es ist also anzunehmen, dass der Trennvorgang einsetzt und sich die Ronde aus dem Blech löst. Dieser Vorgang kann mit der FE-Methode nicht erfasst werden. Kritisch ist deshalb die Situation bei 1 mm Schiebeweg zu betrachten. Der abgebildete Zustand beruht auf der Annahme des Materialzusammenhaltes, der aber möglicherweise nicht vorliegt. Es überlagern sich 2 Ungenauigkeiten, die begrenzte Kenntnis des Trennvorganges und die Grenzen der Modellerfassung.

Aus dieser Sicht sind auch die Werte für die Pressenkraft zu sehen. Näherungsweise wird die Schneidkraftberechnung beim Scherschneiden aus dem Produkt von bezogener Scherfestigkeit mal der Scherfläche berechnet:

$$F_S = \tau_{aB} \cdot A_{Sch} = 390\ \text{N/mm}^2 \cdot 251{,}3\ \text{mm}^2 = 98\ \text{kN}$$

$$A_{Sch} = l_S \cdot s \text{ (Länge der Schnittlinie mal Blechdicke).}$$

Beim Schiebeweg von 0,1 mm kann am Stempel (N1111) eine Schiebekraft von ca. 69 kN ausgelesen werden. Für den Schiebeweg 1 mm (N1111) wurden vom FE-System ca. 80 kN ermittelt. In der Größenordnung gibt es Übereinstimmung, eine genauere Voraussage mit einem FE-Ansatz erfordert praktische Messungen vor allem zum Verhalten des Werkstoffes.

### 6.4.3 Abscheren mit Biegung

Abscheren mit Biegung tritt immer im Zusammenhang mit dem Schneidspalt beim Scherschneiden auf. Allerdings ist der Anteil der Biegespannungen wegen des kleinen Schneidspaltes geringfügig und meist nicht zu trennen von der allgemeinen Spannungssituation. Dominierend wird der Biegeanteil, wenn mehrere Bauteile tangential durch weiter auseinander liegende äußere Kräfte gegeneinander beansprucht werden (Abb. 6.20. d). An den Verbindungsstellen ist dann der Spannungszustand aus Scherspannungen und Biegespannungen von besonderem Interesse.

An einer einfachen Struktur gegeben durch 2 überlappende Stäbe, die miteinander verbunden sind, lassen sich Zusammenhänge zeigen (Abb. 6.25.). Werden die Stäbe beispielsweise durch Kleben miteinander verbunden, entsteht eine Konstruktion aus 3 Körpern. Der Klebstoff als eigenständiger Körper stellt dabei in den meisten Fällen das schwächste Glied im Kraftfluss dar. Die dünne Schicht ist aber praktisch einer Vernetzung nicht zugänglich, so dass indirekt der Spannungszustand an der Verbindungsfläche ermittelt werden muss. Dazu wird die Verbindung zu einem homogenen, um die Plattendicke abgewinkeltem Körper, idealisiert. Diese Annahme kann auch realistisch sein, denn moderne Verklebungen ermöglichen durchaus Festigkeiten, die den angrenzenden Bauteilen überlegen sind.

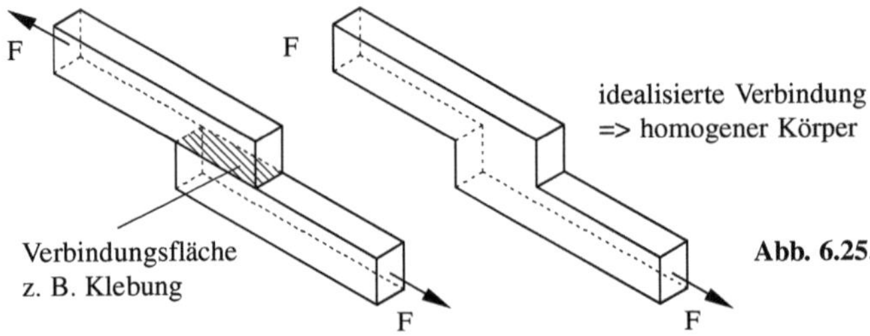


**Abb. 6.25.** Verbindung von 2 Stäben

Die Kontur des entstandenen Körpers führt zu einem ungünstigen Kraftfluss bei Zugbelastung. Der Übergang von den Stabquerschnitten zur Verbindungsstelle erfordert eine Umlenkung der Kraftlinien mit der umumgänglichen Verdichtung an den scharfkantigen Ecken. Die im Schwerpunkt der Stirnflächen angelegten Zugkräfte F rufen zusätzliche Biegespannungen hervor. Aus den Wirklinienabstand lässt sich das Biegemoment errechnen.

Das FE-Modell wird in 2-dimensionaler Ansicht (Tafel 6/17) dargestellt. Wegen der gleichen Dicke der beiden Stäbe ist keine 3-dimensionale Struktur erforderlich. Die Abbildung des CAD-Profils erfolgt über den geometrischen Grundkörper „Rechteck“ und über Keypoints mit anschließender Flächenbildung. Das 2-dimensionale Scheibenelement ermöglicht die Zuordnung der Dicke von 10 mm.

Für die Definition der Randbedingungen gibt es verschiedene Möglichkeiten. Am Modell können 2 gleich große entgegengesetzt gerichtete Zugkräfte wirken, wie in Abb. 6.25. dargestellt. Es kann aber auch eine Zugkraft als Lagerstelle definiert werden. In dieser erfüllt dann die Lagerreaktionskraft den Gleichgewichtszustand. Für den letztgenannten Fall werden in Tafel 6/13 zwei Varianten untersucht. Beide Varianten sind identisch hinsichtlich Geometrie und FE-Netz. Es wurde an den Seitenlinien eine Elementekantenlänge von 1,5 mm vorgegeben. Mit 1000 Elementen ist eine angemessene Vernetzungsdichte für die Ansprüche der Auswertung gegeben.

Bei der Variante A wirken die äußere Kraft F und die Lagerung jeweils nur an einen Knoten. Damit sind Verhältnisse geschaffen, die den Vorstellungen der klassischen technischen Mechanik entsprechen. Das eingeleitete Biegemoment ergibt sich aus Zugkraft mal Abstand der Wirklinien zu

$$M_b = F \cdot e = 5000\ \text{N} \cdot 15\ \text{mm} = 75\ \text{Nm}$$

und wird bestätigt über das entgegen gerichtete Kräftepaar der Führungskräfte an Knoten N1-N373 und deren Abstand ($M^* = 625\ \text{N} \cdot 120\ \text{mm} = 75\ \text{Nm}$) .

In Variante B wird ein praxisnäherer Ansatz verwendet. Durch Koppeln aller Knoten jeweils an Kraft- und Lagerseite entsteht eine Verteilung auf die Stirnflächen der Stäbe. Es werden Flächenlasten simuliert und außerdem die Verzerrungen der Stirnflächen verhindert. Im Gegenmoment ($M^* = 876\ \text{N} \cdot 120\ \text{mm} = 105\ \text{Nm}$) zeigen sich die veränderten Beanspruchungsbedingungen.

Die v.-Mises-Vergleichsspannungen unterscheiden sich zwischen Variante A und B nur unwesentlich. Dargestellt ist der Bereich bis $\sigma_v = 100\ \text{N/mm}^2$. Die Maxima treten immer an den Querschnittsübergängen auf. Am Schubspannungsverlauf kann dieses auch erkannt werden. Es wurde der Bereich von 0 bis $-25\ \text{N/mm}^2$ abgebildet. Im Diagramm sind alle Schubspannungen an der Verbindungsstelle I-I ausgewertet.

| **FE-A17 Schub** | Allgemeine Befehlsfolge |
|---|---|
| Name | Speicherung der FE-Rechnung unter FILE-Name<br>"Schub17a" - **Variante A:** Lagerung/Last an einem Knoten;<br>"Schub17b" - **Variante B:** Lagerung/Last Knoten gekoppelt; |
| Elemente | 2-dimensionales Scheibenelement (4 Knoten);<br>notwendige Eingaben - Dicke des Trägers in mm: b = 10 |
| Werkstoffe | Stahl: $E_{St}$= 210 kN/mm² $\nu$ = 0,3 |
| Geometrie | CAD-Modell aus geometrischen Grundkörper "Rechteck" erstellen - Nummern für Keypoints und Linien werden vom FE-System automatisch vergeben; Koord. der Rechtecke in mm:<br>A1 – $x_1$= – 60; $y_1$= 0; $x_2$= – 15; $y_2$= 15;<br>A2 – $x_1$= 15; $y_1$= – 15; $x_2$= 60; $y_2$= 0;<br>Keypoints (x;y;z) in mm: K9(15;15), K10(–15;–15), damit A3(K2,K8,K9,K3), A4(K2,K10,K5,K8) |
| Vernetzung | Elemente definieren: Kantenlänge 1,5 mm für alle;<br>Vernetzen: A1-A4 (Rechteckelemente), es werden 1000 Elemente mit 1101 Knoten generiert; |
| Randbedingungen | Lagerung: selektiert über kartesisches Koordinatensystem<br>**Variante A** - 1 Knoten (x = – 60; y = 7,5) ; Ux = 0 gesetzt;<br>**Variante B** - Knoten selektiert (x = – 60); Koppelgruppe mit Masterknoten "Lager" generieren; Ux = 0 gesetzt;<br>Führungen: N1 und N373, jeweils Uy = 0 gesetzt;<br>Belastung in N: selektiert über kartesisches Koordinatensystem,<br>**Variante A** - 1 Knoten (x = 60; y = – 7,5) ; Fx = 5000 gesetzt;<br>**Variante B** - Knoten selektiert (x = 60); Koppelgruppe mit Masterknoten "Last" generieren; Fx = 5000 gesetzt; ; |
| Berechnung und Ergebnisse | Ansatz: statisch, linear,<br>Charakteristische Größe: Verschiebung der Knoten,<br>**Variante A** - max. Verschiebung $U_{max}$ = 0,038 mm;<br>Führungskräfte in N: Fy = 625 an N1; Fy = – 625 an N373;<br>**Variante B** - max. Verschiebung $U_{max}$ = 0,027 mm;<br>Führungskräfte in N: Fy = 876 an N1; Fy = – 876 an N373; |

*x , y , z* Koordinaten im globalen kartesischen Koordinatensystem,
*Ux , Uy , Uz , ROTx , ROTy , ROTz* Verschiebungen und Verdrehungen,
*K* Keypoint (Geometriepunkt im CAD-Modell), *L* Line (Linie im CAD-Modell),
*N* Node (Knoten im FE-Modell), *E* Element (Element im FE-Modell),
*FE-A* Finite Elemente Anwendungsbeispiel,

Fortsetzung nächste Seite

| **FE-A17 Schub** | Bildfolge |
|---|---|
| Geometrie | 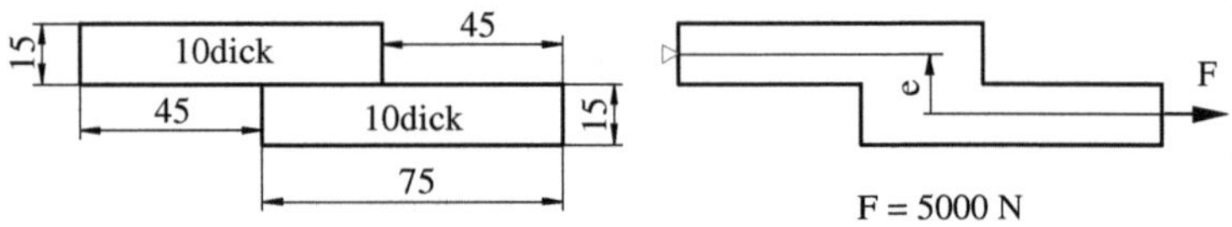 |
| Vernetzung Randbedingungen | 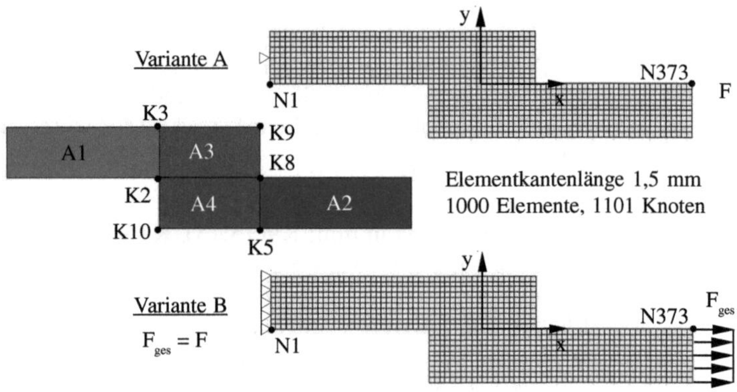 |
| Grafische Ergebnisse | 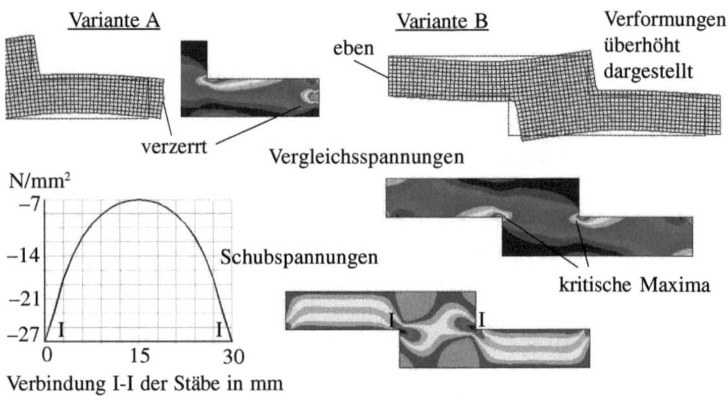 |

**Tafel 6/17:** Abscheren mit Biegung an 2 verbundenen Stäben (Scheibenelemente)

Zum Vergleich steht die überschlägliche Berechnung der Abscherspannung aus Zugkraft zu Scherfläche (Verbindungsfläche Abb. 6.25.)

$$\tau_a = F / A_{Sch} = 5000\ \mathrm{N} / (30\ \mathrm{mm} \cdot 10\ \mathrm{mm}) = 16{,}7\ \mathrm{N/mm^2}$$

als mittlerer Wert. Der Zustand wird mit dieser Lösung näherungsweise erfasst. Die FE-Lösung liefert im Diagramm der Schubspannungen einen Hinweis auf die Spannungsspitzen an der Verbindungsstelle und kann damit beispielsweise bei der Auswahl eines geeigneten Klebstoffes helfen.

# 7 Torsionsbeanspruchungen

Ein äußeres Moment, dass an einem Stab eine Drehung um die Längsachse hervorruft, wird als Torsionsmoment $M_T$ bezeichnet. Die Torsionsmomente $M_T$ treten an jeder Stelle des Stabes auf und führen zur Verschiebung der Stabquerschnitte gegeneinander. Die Verdrehung ausgedrückt durch den Verdrehwinkel $\varphi$ zeigt sich auch in Form einer in der Fläche wirkenden Schubspannung (Torsionsspannung) $\tau_t$. Die Spannungen erreichen am Rand ihr Maximum und in der Längsachse das Minimum – den Wert 0.

Die Torsionsspannung wirkt tangential an den Stabquerschnitten und unterliegt damit auch dem *Satz von den zugeordneten Schubspannungen.* Zur Tangentialspannung gehört somit allgemein eine Schubspannung in Normalenrichtung, die zu einer Verwölbung der Querschnitte führen kann. Wird diese Verwölbung durch eine Einspannung behindert, treten zusätzlich Längsspannungen auf. Bei Stäben mit Kreisquerschnitt treten keine Verwölbungen auf, d. h. aus der Ebene heraus gibt es keine Verformungen.

Torsionsbeanspruchungen können auch durch das Wirken von Einzelkräften hervorgerufen werden. Bedingung ist, dass durch die Kraft eine Drehung um die Längsachse eingeleitet wird. Am häufigsten tritt Torsion mit Biegung auf. Dabei wirkt ein Kräftepaar in einer Ebene, die senkrecht zur Stabachse steht.

## 7.1 Torsion nach elementarer Festigkeitslehre

### 7.1.1 Einteilung der Beanspruchungen

Die Merkmale wölbfreier bzw. nicht wölbfreier Querschnitt stehen für ein wichtiges Ordnungsprinzip. Grundsätzlich wölbfrei sind

- Kreis-, Kreisringquerschnitte,
- Winkel- und T-Profile (Querschnitte aus 2 Teilen)

sowie spezielle Hohlkastenprofile konstanter Wanddicke.

Geringe bis starke Verwölbung tritt auf bei

- Stäben mit beliebigem Querschnitt,
- dünnwandigen Profilen und beliebigen Hohlquerschnitten.

Weitere Merkmale sind gegeben durch

- das Aufbringen des Momentes (Stab eingespannt oder frei im Raum),
- den Berechnungsansatz (exakte Lösung oder Näherung).

Wölbfreie bzw. nicht wölbfreie Querschnitte zeigen bei Verdrehung des Querschnittes durch das äußere Torsionsmoment $M_T$ unterschiedliche Reaktionen im Stabinneren:

- wölbfrei: Torsionsschubfluss tangential zur Stabachse; an jeder Schnittstelle des Stabes tritt als Schnittgröße das Torsionsmoment $M_T$ auf; reine Torsion (SAINT-VERNANTsche Torsion) liegt vor,
- nicht wölbfrei: Torsionsschubfluss quer zur Stabachse und längs in Richtung der Stabachse; reine Torsion liegt vor, wenn der Torsionsschubfluss in Richtung der Stabachse nicht behindert wird – reine Torsion zuzüglich Wölbkrafttorsion (Verschiebung in Längsrichtung infolge Torsion) ergibt sich bei Behinderung.

Da in der Praxis kaum die Längsausdehnung eines Bauteils hingenommen werden kann, unterliegen Stäbe mit nicht wölbfreiem Querschnitt Schubspannungen aus reiner Torsion und Wölbkrafttorsion. Die Trennung der Anteile ist problematisch, aber wegen der unterschiedlichen Querschnitte längs und quer unumgänglich, so dass vorwiegend nur Näherungslösungen zur Anwendung kommen.

An den Querschnitten nach Abb. 7.1. wird das Verhalten ausgewählter Merkmale untersucht. Die Größe der Querschnittsflächen sind aus der Vorgabe entstanden, dass alle Profile mit dem Torsionsmoment $M_T$ = 80 Nm belastet werden und dabei eine Torsionsspannung von ca. 100 N/mm² eingehalten wird. Für die dünnwandigen Profile (T-, U-, Doppel-T-Profil) gelten da für das Breiten-Höhen-Verhältnis b/h = 1 und das Stegdicken-Verhältnis t ≈ b/10 ≈ h/10. Auch die Verhältnisse der Stegdicken des Kreisring-, Quadrat- und Rechteckstabes sind vorgegeben.

Kreis- und Kreisringquerschnitt zeigen im Vergleich der Querschnittsflächen die konstruktiv günstigsten Abmessungen. Die dünnwandigen Profile (T-, U-, Doppel-T-Profil) erweisen sich als die ungünstigsten Varianten. Mit veränderten Stegdicken- und Breiten-Höhen-Verhältnissen ließen sich bessere Eigenschaften erzielen. Die Berechnungsansätze für Torsionsbeanspruchungen würden aber nur noch sehr grobe Näherungen ermöglichen.

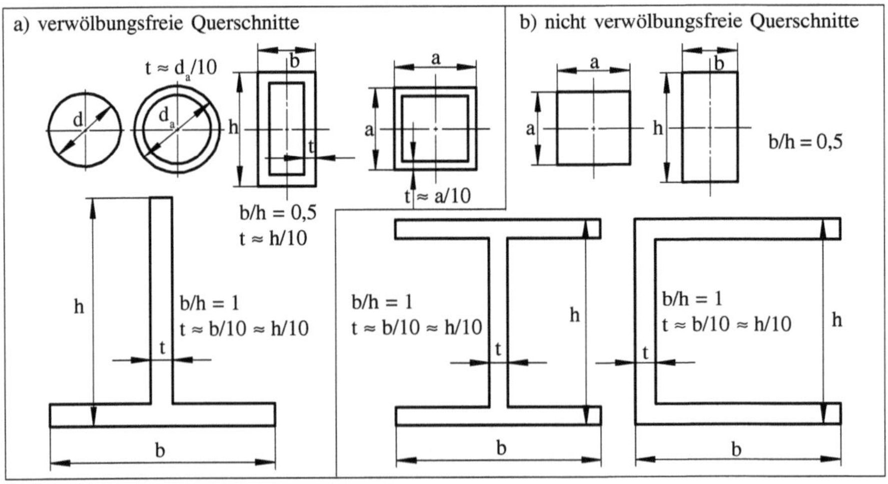


**Abb. 7.1.** Querschnitte zur Torsionsbeanspruchung

## 7.1.2 Torsionsspannungen und Verdrehwinkel

### I. Kreisförmige Querschnitte

Die größte Bedeutung bei Torsionsbeanspruchungen besitzen Stäbe mit kreisförmigen Querschnitten. Die Querschnitte verdrehen sich wie starre Scheiben gegeneinander (Abb.7.2.). Es gibt keine Verschiebungen in der Längsachse.

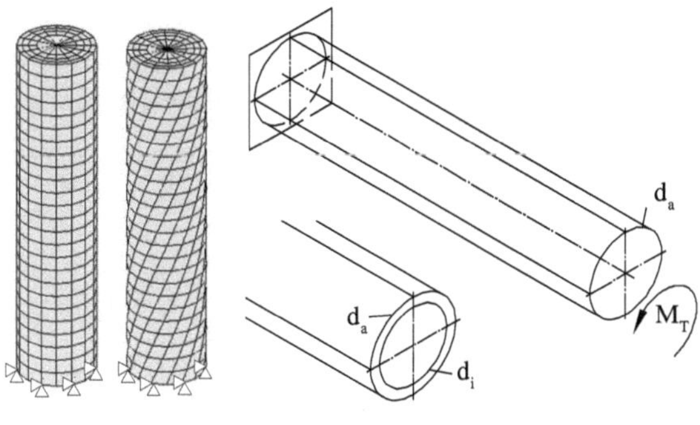


**Abb. 7.2.** Torsion an Kreis- und Kreisringquerschnitt

Die geraden Mantellinien gehen nach der Verdrehung in Schraubenlinien über, die wegen der geringen Verformungen als Geraden angesehen werden können. Für die Funktionsanalyse sind Kenntnisse über das Spannungsverhalten und die Formänderung notwendig.

Bei einem geraden Stab mit gleichbleibendem Querschnitt, der an einem Ende fest eingespannt ist, lautet die Gleichung für die Torsionsspannung

$$\tau_t = \frac{M_T}{W_t} \qquad (7.1),$$

wobei das Widerstandsmoment gegen Torsion $W_t$ bei Kreis- und Kreisringquerschnitten als polares Widerstandsmoment $W_p$ bezeichnet wird.

Es ergeben sich

für den Kreisquerschnitt $$W_t = W_p = \frac{\pi}{16} \cdot d^3 \qquad (7.2),$$

für den Kreisringquerschnitt $$W_t = W_p = \frac{\pi}{16} \cdot \frac{d_a^4 - d_i^4}{d_a} \qquad (7.3).$$

Die Spannungsverteilung in den Querschnitten wird durch die Verformung des Stabes bestimmt. In der Stabachse gibt es keine Verformung. Am Außendurchmesser tritt die maximale Verformung und damit die maximale Torsionsspannung auf. Die Änderung der Verformung erfolgt linear über die Querschnittsfläche, so dass die Torsionsspannungen von der Stabachse zum Außendurchmesser des Querschnittes gleichmäßig wachsen (Abb. 7.3.).

Als Maß für die Formänderung des Stabes wird der Verdrehwinkel $\varphi$ benutzt. Er befindet sich zwischen ursprünglicher und gedrehter Mantellinie und wird beeinflusst durch den Abstand l der beiden Querschnitte, die gegeneinander verschoben werden.

Bei einem geraden Stab mit gleichbleibendem Querschnitt, der an einem Ende fest eingespannt ist, lautet die Gleichung für den Verdrehwinkel

$$\varphi = \frac{M_T \cdot l}{G \cdot I_t} \qquad G - \text{Schubmodul} \qquad (7.4),$$

wobei das Torsionsträgheitsmoment $I_t$ bei Kreis- und Kreisringquerschnitten als polares Torsionsträgheitsmoment $I_p$ bezeichnet wird. Es ergeben sich

für den Kreisquerschnitt $$I_t = I_p = \frac{\pi}{32} \cdot d^4 \qquad (7.5),$$

für den Kreisringquerschnitt $$I_t = I_p = \frac{\pi}{32} \cdot (d_a^4 - d_i^4) \qquad (7.6).$$

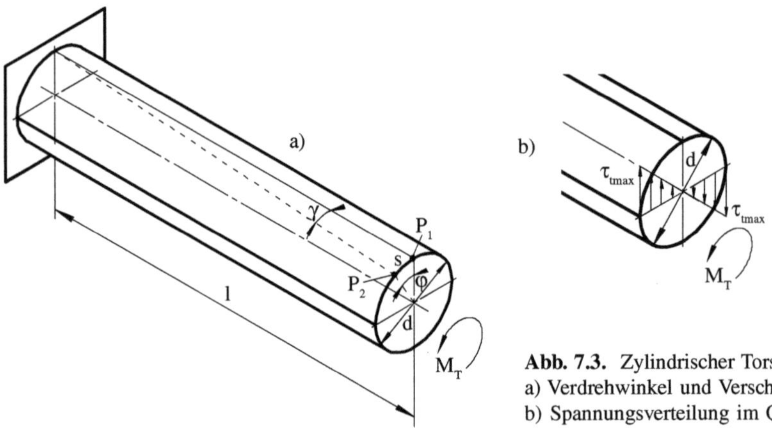


**Abb. 7.3.** Zylindrischer Torsionsstab: a) Verdrehwinkel und Verschiebungen, b) Spannungsverteilung im Querschnitt

Für Verschiebungen an abgesetzten zylindrischen Torsionsstäben mit Kreis- bzw. Kreisringquerschnitt können die Gl. 7.4 bis 7.6 angewendet werden. Der Verdrehwinkel $\varphi_{ges}$ zwischen Anfangs- und Endquerschnitt setzt sich zusammen aus der

Summe der Einzelquerschnitte $\varphi_{ges} = \varphi_1 + \varphi_2 + ... + \varphi_n$

Der gesamte Verdrehwinkel an einem zylindrischen Torsionsstab mit Kreisquerschnitt (Abb. 7.4.), abgesetzt in 3 Einzelquerschnitten, ergibt sich zu

$$\varphi_{ges} = \frac{M_T}{G} \cdot \left( \frac{l_1}{I_{t1}} + \frac{l_2}{I_{t2}} + \frac{l_3}{I_{t3}} \right) \qquad (7.7),$$

wobei $l_1$, $l_2$, $l_3$ für die Teillängen und $I_{t1}(d_1)$, $I_{t2}(d_2)$, $I_{t3}(d_3)$ für die zugehörigen Torsionsträgheitsmomente stehen.

Der mittlere Absatz kann auch konisch ausgeführt sein. Der Stabdurchmesser des mittleren Absatzes ändert sich dabei linear und der Term $l_2 / I_{t2}$ nach Gl. 7.7 lässt sich nicht mehr anwenden. Das Flächentorsionsmoment $I_{t2}$ muss als x-abhängige Größe behandelt werden. Der Verdrehwinkel $\varphi_{ges}$ zwischen Anfangs- und Endquerschnitt

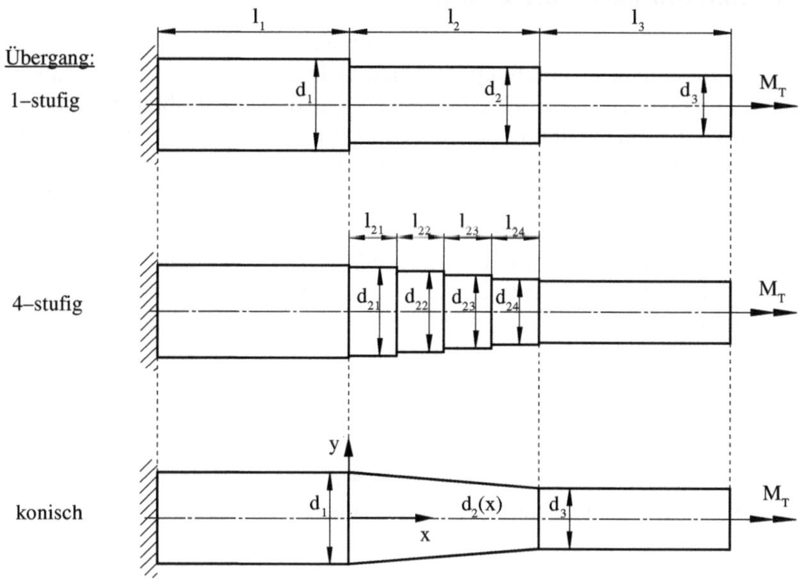


**Abb. 7.4.** Abgesetzter zylindrischer Torsionsstab – Vergleich zwischen 1-stufigem, 4-stufigem und konischem Übergang

ergibt sich aus den beiden konstanten zylindrischen Stabanteilen und dem Anteil des konischen Zwischenstückes. Die Summe lautet

$$\varphi_{ges} = \varphi_1 + \varphi_2^* + \varphi_3 \quad \text{mit} \quad \varphi_1 = \frac{M_T \cdot l_1}{G \cdot I_{t1}}, \quad \varphi_3 = \frac{M_T \cdot l_3}{G \cdot I_{t3}} \quad \text{und}$$

$$\varphi_2^* = \frac{M_T \cdot l_2}{G} \cdot \frac{32}{3 \cdot \pi} \cdot \frac{d_1^2 + d_1 \cdot d_2 + d_3^2}{d_1^3 \cdot d_3^3} \tag{7.8}$$

Der konische Übergang kann auch mit einer rechnerischen Näherungslösung erfasst werden. Dazu wird die Länge $l_2$ in 4 zylindrische Bereiche mit den Längen $l_{21}$, $l_{22}$, $l_{23}$, und $l_{24}$ unterteilt. Der Verdrehwinkel $\varphi_{ges}$ zwischen Anfangs- und Endquerschnitt setzt sich damit zusammen aus der

Summe der Einzelquerschnitte $\quad \varphi_{ges} = \varphi_1 + \varphi_{21} + \varphi_{22} + \varphi_{23} + \varphi_{24} + \varphi_3$

Der gesamte Verdrehwinkel an einem zylindrischen Torsionsstab mit Kreisquerschnitt (Abb. 7.4.), abgesetzt in 6 Einzelquerschnitten, ergibt sich zu

$$\varphi_{ges} = \frac{M_T}{G} \cdot \left( \frac{l_1}{I_{t1}} + \frac{l_{21}}{I_{t21}} + \frac{l_{22}}{I_{t22}} + \frac{l_{23}}{I_{t23}} + \frac{l_{24}}{I_{t24}} + \frac{l_3}{I_{t3}} \right) \tag{7.9}$$

wobei die Torsionsträgheitsmomente $I_{t1}$, $I_{t21}$, $I_{t22}$, $I_{t23}$, $I_{t24}$ und $I_{t3}$ mit den Beziehungen Gl. 7.5 bzw. 7.6 ermittelt werden.

## II. Nichtkreisförmige Querschnitte

Die beim Kreisquerschnitt getroffene Annahme des Ebenbleibens der Querschnitte bei einer Torsionsbeanspruchung lässt sich nicht auf beliebige Querschnitte ausdehnen. Es versagt bereits die allgemeine Aussage, dass die größten Spannungen in jenen Punkten des Querschnittes auftreten, die vom Schwerpunkt am weitesten entfernt sind. Bei Rechteckquerschnitten beispielsweise tritt genau das Gegenteil ein. Die größten Spannungen herrschen an Punkten des Umfanges, die dem Schwerpunkt am nächsten liegen.

Auch der bei Kreisquerschnitten vorliegende Ansatz des polaren Trägheits- bzw. Widerstandsmomentes ist nicht mehr anwendbar. In die Torsionsgleichungen sind vom Querschnitt abhängige Torsionsträgheitsmomente $I_t$ bzw. Widerstandsmomente $W_t$ einzusetzen. Es bereitet oft Schwierigkeiten, für beliebige Querschnitte eine allgemeine Lösung anzugeben. Jede Querschnittsform verlangt einen besonderen Lösungsansatz. Bei nichtkreisförmigen Vollprofilen sind die Ansätze häufig mathematisch aufwändig, so dass oft Näherungen genutzt werden.

Nichtkreisförmige Querschnitte können mit den Gleichungen für die Torsionsspannungen $\tau_t$ (Gl. 7.1) und für den Verdrehwinkel $\varphi$ (Gl. 7.4)

$$\tau_t = \frac{M_T}{W_t} \quad \text{und} \quad \varphi = \frac{M_T \cdot l}{G \cdot I_t}$$

dem entsprechenden Torsionsträgheitsmoment $I_t$ bzw. Widerstandsmoment $W_t$ berechnet werden. Bei einem geraden Stab mit gleichbleibendem Querschnitt, der an einem Ende fest eingespannt ist (Abb. 7.5.), gilt für den

*Quadratquerschnitt* mit der Seitenlänge a:

$$W_t = 0{,}208 \cdot a^3 \quad (7.10), \qquad I_t = 0{,}141 \cdot a^4 \quad (7.11),$$

*Rechteckquerschnitt* mit h = 2·b:

$$W_t = 0{,}246 \cdot b^2 \cdot h \quad (7.12), \qquad I_t = 0{,}229 \cdot b^3 \cdot h \quad (7.13).$$

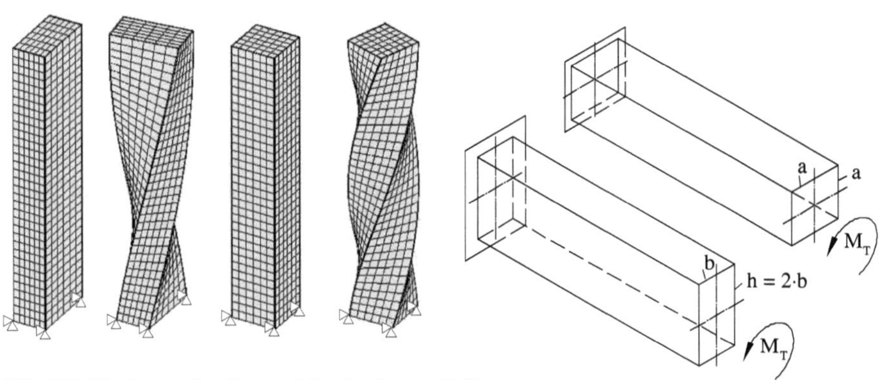


**Abb. 7.5.** Torsion an Quadrat- und Rechteckquerschnitt

## III. Dünnwandige nichtkreisförmige geschlossene Querschnitte

Für dünnwandige nichtkreisförmige geschlossene Profile müssen die beiden Kennwerte Torsionsträgheitsmoment und Widerstandsmoment näherungsweise ermittelt werden. Es wird angenommen, dass wegen des geringen Querschnittes die Spannungen über die Wanddicke gleichmäßig verteilt sind und überall tangential zum Rand verlaufen. Die Torsionsspannung kann analog als Strömen einer Flüssigkeit verstanden werden.

Das Torsionsmoment $M_T$ bewirkt also bei dünnwandigen Profilen Schubspannungen, die konstant über der Wanddicke t auftreten. Sie sind an jeder Stelle im Querschnitt gleich groß und stehen als Schubfluss T zum Torsionsmoment $M_T$ im Gleichgewicht. Die gedachte Mittellinie in der Wanddicke um den Querschnitt gibt den Ort an, auf dem der Schubfluss bezogen wird. Die Schubspannung in Form einer Torsionsspannung erhält man über die

1. BREDTsche Formel $$\tau_t = \frac{M_T}{2 \cdot A_m \cdot t} = \frac{M_T}{W_t} \qquad (7.14),$$

wobei $A_m$ die durch den Schubfluss eingeschlossene Fläche darstellt (Abb. 7.6.). Bei konstanter Wanddicke t ergibt sich das Widerstandsmoment $W_t$ als reine Rechengröße für den

Quadratquerschnitt mit der Seitenlänge $a_m$: $$W_t = 2 \cdot a_m^2 \cdot t \qquad (7.15).$$

Für die Berechnung des Verdrehwinkels φ ist (nach Gl. 7.4)

$$\varphi = \frac{M_T \cdot l}{G \cdot I_t}$$

anzuwenden. Das Torsionsträgheitsmoment $I_t$ für den Quadratquerschnitt bei konstanter Wanddicke t lautet unter Verwendung der

2. BREDTschen Formel $$I_t = a_m^3 \cdot t \qquad (7.16).$$

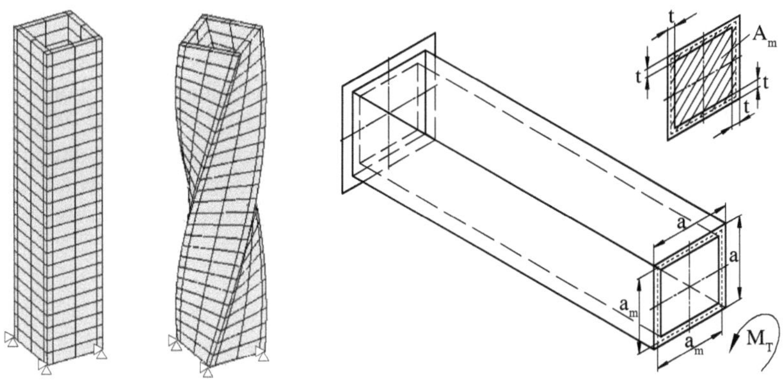


**Abb. 7.6.** Torsion am dünnwandigen geschlossenen Quadratquerschnitt

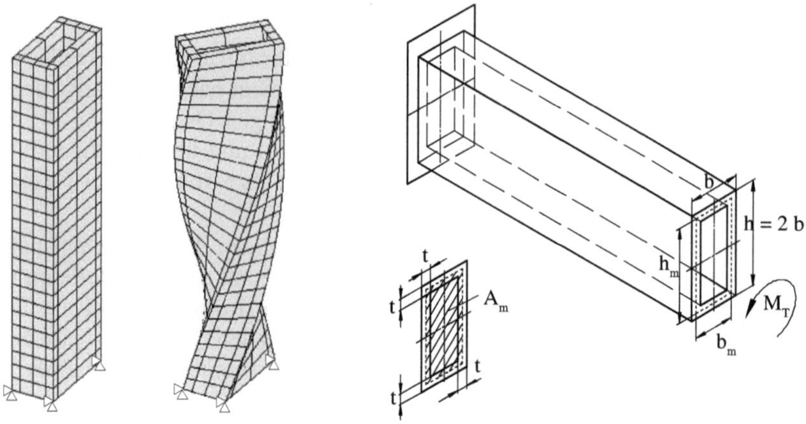


**Abb. 7.7.** Torsion am dünnwandigen geschlossenen Rechteckquerschnitt

Beim Rechteckquerschnitt ändern sich Widerstands- und Torsionsträgheitsmoment. Die von der Mittellinie eingeschlossenen Fläche $A_m$ und der Umfang des Profils (Abb. 7.7.) führen zu veränderten Beziehungen. Außerdem geht die festgelegte Vorgabe

$$h = 2 \cdot b$$

in den Ansatz ein. Das Torsionsträgheitsmoment $I_t$ für den Rechteckquerschnitt bei konstanter Wanddicke t ergibt sich zu

$$I_t = \frac{2 \cdot t \cdot b_m^2 \cdot h_m^2}{b_m + h_m} \qquad (7.17).$$

Bei konstanter Wanddicke t lautet das Widerstandsmoment $W_t$ gegen Torsion als reine Rechengröße für den

Rechteckquerschnitt mit den Seitenlängen $b_m$ und $h_m$:

$$W_t = 2 \cdot b_m \cdot h_m \cdot t \qquad (7.18).$$

## IV. Dünnwandige offene Querschnitte

Die Näherungslösung bei dünnwandigen offenen Querschnitten geht vom einzelnen schlanken Rechteck-Vollquerschnitt der Höhe h und der Dicke t aus. Wegen der Schlankheit des Querschnittes verlaufen die Schublinien nur entlang der langen Seite, der Höhe h des Rechteckes. Der Schubfluss ist nahezu parallel und von konstanter Größe. Nach dieser Annahme ergeben sich für den *einzelnen schlanken Rechteck-Vollquerschnitt* das

Torsionsträgheitsmoment $$I_t = \frac{1}{3} \cdot t^3 \cdot h \qquad (7.19),$$

Torsionswiderstandsmoment $$W_t = \frac{1}{3} \cdot t^2 \cdot h \qquad (7.20).$$

Die für den *einzelnen schlanken Rechteck-Vollquerschnitt* ermittelten Beziehungen lassen sich sinngemäß auch auf Querschnitte übertragen, die aus mehreren schlanken Rechtecken zusammengesetzt sind. Da alle Rechtecke dieselbe Verdrehung erleiden, wenn der Gesamtquerschnitt tordiert wird, kann das Torsionsträgheitsmoment des Rechteckverbandes durch die Summe der Torsionsträgheitsmomente der beteiligten Rechtecke bestimmt werden.

Es gilt für das Gesamt-Torsionsträgheitsmoment

$$I_t = \frac{1}{3} \cdot \sum h_i \cdot t_i^3 \qquad (7.21),$$

und das Gesamt-Widerstandsmoment

$$W_t = \frac{I_t}{t} \qquad (7.22).$$

Diese Beziehungen ermöglichen mit den Gleichungen für die Torsionsspannungen $\tau_t$ (Gl. 7.1) und für den Verdrehwinkel $\varphi$ (Gl. 7.4)

$$\tau_t = \frac{M_T}{W_t} \qquad \text{und} \qquad \varphi = \frac{M_T \cdot l}{G \cdot I_t}$$

näherungsweise Lösungen für offene dünnwandige Querschnitte. Für die 3 verwendeten Querschnitte (T-, U-, Doppel-T-Profil; Abb. 7.1.) werden die Beziehungen modifiziert. Beim T-Profil tritt keine Verwölbung ein, während U- und Doppel-T-Profil nicht verwölbungsfrei sind. Mit den Bemaßungen nach Abb. 7.8. gilt für das

Torsionsträgheitsmoment des *T–Profils*

$$I_t = \frac{1}{3} \cdot \left(2 \cdot h_1 \cdot t^3 - t^4\right) \qquad (7.23),$$

Widerstandsmoment des *T–Profils*

$$W_t = \frac{1}{3} \cdot \left(2 \cdot h_1 \cdot t^2 - t^3\right) \qquad (7.24).$$

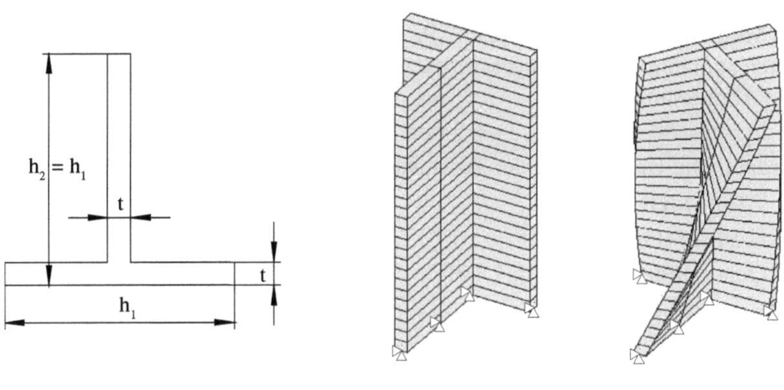


**Abb. 7.8.** Torsion am dünnwandigen offenen Querschnitt (T-Profil)

Für Doppel-T-Profil und das U-Profil ergeben sich bei der Zerlegung in schmale Rechtecke gleiche Beziehungen für Torsionsträgheitsmomente und Widerstandsmomente (Abb. 7.9.). Mit den gewählten Bemaßungen gilt für das

Torsionsträgheitsmoment des *Doppel-T–Profils* und *U–Profils*

$$I_t = \frac{1}{3} \cdot \left(3 \cdot h_1 \cdot t^3 - 2 \cdot t^4\right) \qquad (7.25),$$

Widerstandsmoment des *Doppel-T–Profils* und *U-Profils*

$$W_t = \frac{1}{3} \cdot \left(3 \cdot h_1 \cdot t^2 - 2 \cdot t^3\right) \qquad (7.26).$$

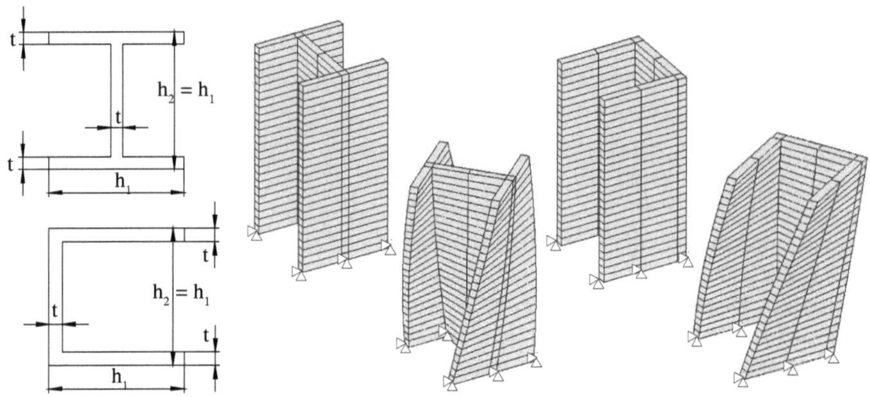


**Abb. 7.9.** Torsion am dünnwandigen offenen Querschnitt (Doppel-T-Profil, U-Profil)

Offene dünnwandige Querschnitte sind wesentlich torsionsweicher als entsprechende geschlossene. Da sich die Gleichungen für einen Vergleich der Torsionsträgheitsmomente nicht gut eignen, werden an einem Zahlenbeispiel die Unterschiede gezeigt.

Zum Vergleich stehen T-Profil zu U-Profil (identisch mit Doppel-T-Profil) und der Vergleich zum dünnwandigen geschlossenen Quadratquerschnitt. Allen Profilen werden die Abmessungen

$h_1 = a = 50$ mm und $t = 5$ mm

zugeordnet. Die Berechnung der Torsionsträgheitsmomente ergibt für das

| | |
|---|---|
| T-Profil (Gl. 7.23) | $I_t = 3958$ mm⁴, |
| U-Profil (Gl. 7.25) | $I_t = 5833$ mm⁴, |
| Quadratquerschnitt (Gl. 7.16) | $I_t = 455625$ mm⁴. |

Das T-Profil ist am torsionsweichsten. Das U-Profil ist ca. 1,5 mal torsionssteifer. Der Quadratquerschnitt weist eine 115- bzw. 78-fach höhere Torsionssteifigkeit auf. Offene dünnwandige Querschnitte sind nur gering geeignet, Torsionsmomente aufzunehmen.

## 7.2 Berechnungen nach elementarer Theorie

### 7.2.1 Verwölbungsfreie Querschnitte

Es werden 5 verwölbungsfreie Querschnitte (Abb. 7.1.) nach den Ansätzen der technischen Mechanik berechnet. Die Lösungen zur Torsionsspannung $\tau_t$ und zum Verdrehwinkel $\varphi$ können mit den Ergebnissen der FE-Berechnung in Abschnitt 7.3 verglichen werden.

Die Abmessungen der Querschnitte entstanden aus der Vorgabe, dass alle Profile mit dem Torsionsmoment $M_T$ = 80 Nm belastet werden und dabei eine Torsionsspannung von ca. 100 N/mm$^2$ eingehalten wird. Die unterschiedlichen Größen der Querschnitte zeigen, welche Eignung für reine Torsionsbeanspruchung besteht.

Alle Stäbe sind geradlinig bei gleichbleibendem Querschnitt und an einer Seite eingespannt. Sie besitzen eine Länge von l = 100 mm. Die Stegdicken des T-Profils sowie des Kreisring-, Quadrat- und Rechteckstabes sind vorgegeben.

Daten: a) Kreisquerschnitt (Abb. 7.10)

| | | | |
|---|---|---|---|
| | | d = 16 mm | $E_{St} = 2{,}1 \cdot 10^5$ N/mm$^2$ |
| | | | $G_{St} = 8{,}1 \cdot 10^4$ N/mm$^2$ |
| n. Gl. 7.2 | $W_t$ = 804 mm$^3$ | n. Gl. 7.1 | $\tau_t$ = 100 N/mm$^2$ |
| n. Gl. 7.5 | $I_t$ = 6434 mm$^4$ | n. Gl. 7.4 | $\varphi = 1{,}535 \cdot 10^{-2}$ |

b) Kreisringquerschnitt (Abb. 7.10)

| | | | |
|---|---|---|---|
| | | $d_a$ = 19 mm | $E_{St} = 2{,}1 \cdot 10^5$ N/mm$^2$ |
| | | $d_i$ = 15 mm | $G_{St} = 8{,}1 \cdot 10^4$ N/mm$^2$ |
| n. Gl. 7.3 | $W_t$ = 824 mm$^3$ | n. Gl. 7.1 | $\tau_t$ = 97 N/mm$^2$ |
| n. Gl. 7.6 | $I_t$ = 7824 mm$^4$ | n. Gl. 7.4 | $\varphi = 1{,}262 \cdot 10^{-2}$ |

c) Dünnwandiger Rechteckquerschnitt (Abb. 7.10)

| | | |
|---|---|---|
| h = 25 mm | b = 12,5 mm | $E_{St} = 2{,}1 \cdot 10^5$ N/mm$^2$ |
| $h_m$ = 22,5 mm | $b_m$ = 10 mm | $G_{St} = 8{,}1 \cdot 10^4$ N/mm$^2$ |

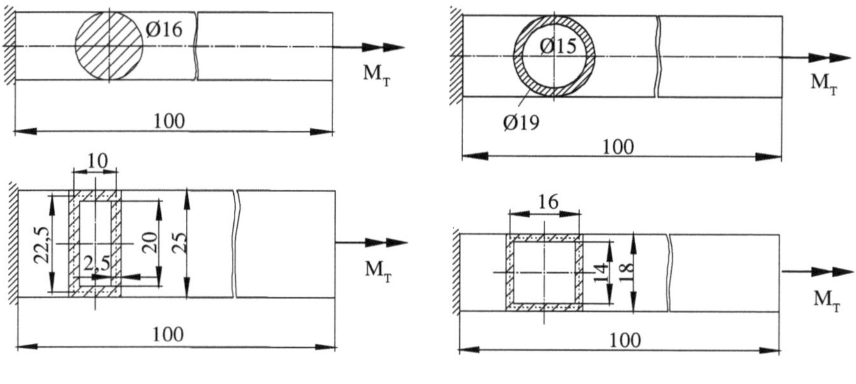


**Abb. 7.10.** Abmessungen des Kreis-, Kreisring- und des dünnwandigen Rechteck-, Quadratstabes

| | | | |
|---|---|---|---|
| n. Gl. 7.18 | $W_t = 1125\ mm^3$ | n. Gl. 7.14 | $\tau_t\ = 71\ N/mm^2$ |
| n. Gl. 7.17 | $I_t\ = 7789\ mm^4$ | n. Gl. 7.4 | $\varphi\ = 1{,}268 \cdot 10^{-2}$ |

d) Dünnwandiger Quadratquerschnitt (Abb. 7.10)

| | | | |
|---|---|---|---|
| | | $a\ = 18\ mm$ | $E_{St} = 2{,}1 \cdot 10^5\ N/mm^2$ |
| | | $a_m = 16\ mm$ | $G_{St} = 8{,}1 \cdot 10^4\ N/mm^2$ |
| n. Gl. 7.15 | $W_t = 1024\ mm^3$ | n. Gl. 7.14 | $\tau_t\ = 78\ N/mm^2$ |
| n. Gl. 7.16 | $I_t\ = 8192\ mm^4$ | n. Gl. 7.4 | $\varphi\ = 1{,}21 \cdot 10^{-2}$ |

d) Dünnwandiges T-Profil (Abb. 7.11)

| | | | |
|---|---|---|---|
| | $h_1\ = 50\ mm$ | $h_2\ = 50\ mm$ | $E_{St} = 2{,}1 \cdot 10^5\ N/mm^2$ |
| | | $t\ = 5\ mm$ | $G_{St} = 8{,}1 \cdot 10^4\ N/mm^2$ |
| n. Gl. 7.24 | $W_t = 792\ mm^3$ | n. Gl. 7.1 | $\tau_t\ = 101\ N/mm^2$ |
| n. Gl. 7.23 | $I_t\ = 3958\ mm^4$ | n. Gl. 7.4 | $\varphi\ = 2{,}495 \cdot 10^{-2}$ |

Bei dünnwandigen offenen Querschnitten wird die Gestalt des aus einzelnen schlanken Rechteck-Vollquerschnitten bestehenden Profils nicht berücksichtigt. Mit dem Korrekturfaktor $\eta = 1{,}12$ für das Torsionsträgheitsmoment des T-Profils ergibt sich

| | | | |
|---|---|---|---|
| | $I_t\ = 4433\ mm^4$ | n. Gl. 7.4 | $\varphi\ = 2{,}228 \cdot 10^{-2}$ |
| n. Gl. 7.22 | $W_t = 887\ mm^3$ | n. Gl. 7.1 | $\tau_t\ = 90\ N/mm^2$ |

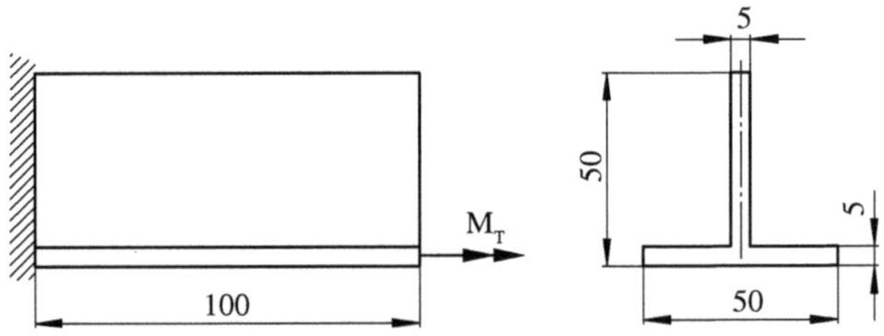


**Abb. 7.11.** Abmessungen des dünnwandigen T-Profils

## 7.2.2 Nicht verwölbungsfreie Querschnitte

Es werden 4 nicht verwölbungsfreie Querschnitte (Abb. 7.1.) nach den Ansätzen der technischen Mechanik berechnet. Die Lösungen zur Torsionsspannung $\tau_t$ und zum Verdrehwinkel $\varphi$ können mit den Ergebnissen der FE-Berechnung in Abschnitt 7.3 verglichen werden.

Wie bei den verwölbungsfreien Querschnitten wurden die Abmessungen der Querschnitte so gewählt, dass alle Profile mit dem Torsionsmoment $M_T = 80$ Nm belastet werden und dabei eine Torsionsspannung von ca. 100 N/mm² eingehalten wird.

Alle Stäbe sind geradlinig bei gleichbleibendem Querschnitt und an einer Seite eingespannt. Sie besitzen eine Länge von l = 100 mm. Die Stegdicken des U- und Doppel-T-Profils sind vorgegeben, ebenso das Verhältnis $h = 2 \cdot b$ für den Rechteckquerschnitt.

<u>Daten:</u> a) Rechteckquerschnitt (Abb. 7.12)

| | | | |
|---|---|---|---|
| | $h = 24$ mm | $b = 12$ mm | $E_{St} = 2{,}1 \cdot 10^5$ N/mm$^2$ |
| | | | $G_{St} = 8{,}1 \cdot 10^4$ N/mm$^2$ |
| n. Gl. 7.12 | $W_t = 850$ mm$^3$ | n. Gl. 7.1 | $\tau_t = 94$ N/mm$^2$ |
| n. Gl. 7.13 | $I_t = 9497$ mm$^4$ | n. Gl. 7.4 | $\varphi = 1{,}04 \cdot 10^{-2}$ |

b) Quadratquerschnitt (Abb. 7.12)

| | | | |
|---|---|---|---|
| | | $a = 16$ mm | $E_{St} = 2{,}1 \cdot 10^5$ N/mm$^2$ |
| | | | $G_{St} = 8{,}1 \cdot 10^4$ N/mm$^2$ |
| n. Gl. 7.10 | $W_t = 852$ mm$^3$ | n. Gl. 7.1 | $\tau_t = 94$ N/mm$^2$ |
| n. Gl. 7.11 | $I_t = 9241$ mm$^4$ | n. Gl. 7.4 | $\varphi = 1{,}07 \cdot 10^{-2}$ |

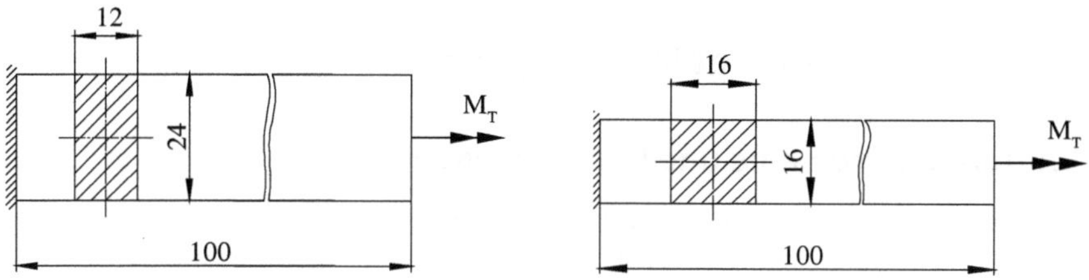


**Abb. 7.12.** Abmessungen des Rechteck- und Quadratquerschnittes

c) Dünnwandiges U-Profil / dünnwandiges Doppel-T-Profil (Abb. 7.13)

| | | | |
|---|---|---|---|
| | $h_1 = 45$ mm | $h_2 = 45$ mm | $E_{St} = 2{,}1 \cdot 10^5$ N/mm$^2$ |
| | | $t = 4{,}5$ mm | $G_{St} = 8{,}1 \cdot 10^4$ N/mm$^2$ |
| n. Gl. 7.26 | $W_t = 851$ mm$^3$ | n. Gl. 7.1 | $\tau_t = 94$ N/mm$^2$ |
| n. Gl. 7.25 | $I_t = 3827$ mm$^4$ | n. Gl. 7.4 | $\varphi = 2{,}581 \cdot 10^{-2}$ |

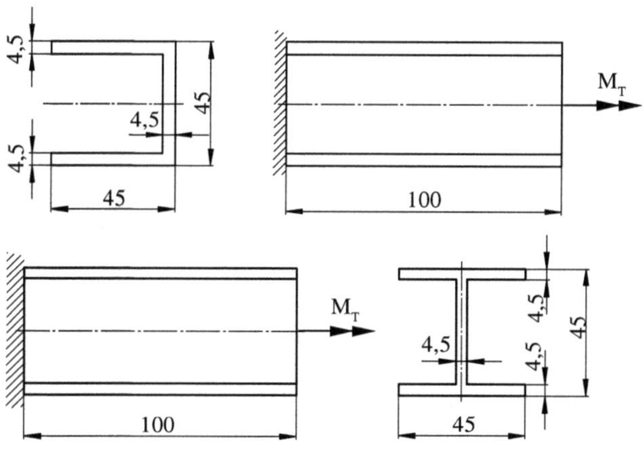


**Abb. 7.13.** Abmessungen des U- und Doppel-T-Profils

Das dünnwandige U-Profil und das dünnwandige Doppel-T-Profil besitzen nach der Methode der *Summe der Torsionsträgheitsmomente der beteiligten schlanken Rechteckquerschnitte* gleiche Torsionsträgheits- und Widerstandsmomente, so dass sich für beide Profilarten ergeben

n. Gl. 7.25 $I_t = 3827\ mm^4$ n. Gl. 7.4 $\varphi = 2{,}58 \cdot 10^{-2}$,

n. Gl. 7.26 $W_t = 851\ mm^3$ n. Gl. 7.1 $\tau_t = 94\ N/mm^2$.

Die Lösungen geben näherungsweise den Beanspruchungszustand wieder. Die Gestalt der Profile lässt eigentlich Unterschiede erwarten. In der Literatur werden deshalb Korrekturfaktoren genannt. Mit diesen soll der Einfluss der Gestalt berücksichtigt werden ($\eta$ = 1,12 für U-Profil, $\eta$ = 1,31 für Doppel-T-Profil). Die Wirksamkeit erscheint begrenzt, zumal im Praxisvergleich immer das Problem der idealen Einleitung des Torsionsmomentes steht.

## 7.3 Allgemeine Modellbildung Torsion

### 7.3.1 Torsionsmomente und Randbedingungen

Torsionsmomente als einzige Beanspruchungsart treten eher selten auf. In den meisten Fällen zeigen sich Torsionsbeanspruchungen als abhängige Erscheinungen in Verbindung mit Zug, Druck, Biegung oder Schub.

Zum Vergleich mit den theoretischen Ansätzen der Festigkeitslehre ist es aber erforderlich, in die Modelle nur Torsionsmomente einzuleiten. Das Aufbringen sollte hinsichtlich der praktischen Möglichkeiten vorstellbar sein und die Störungen durch Lagerstellen bzw. eingeleitete Lasten überschaubar bleiben.

Die Modellbildung wird grundsätzlich geprägt durch

a) die Frage nach der Wahl geeigneter Elemente,

b) die Art der Lagerung und die Aufbringung der Beanspruchung.

Der Rundstab, bekannt durch seine praktische Nutzung in Form von Wellen, erfüllt die meisten Vorstellungen zur Torsionsbeanspruchung. Zur Modellbildung als Vollstab sind geeignet

1. Profil-Balkenelemente,
2. Scheibenelemente (achsensymmetrisch),
3. Volumenelemente.

Bei Hohlstäben können zusätzlich Schalenelemente angewendet werden.

Als Lagerungsart wird die Einspannung an einer Seite des Stabes festgelegt. Das Aufbringen des Torsionsmomentes ist abhängig vom verwendeten Elementetyp und bedarf besonderer Lösungen, wenn die Einleitung wenig störenden örtlichen Einfluss hervorrufen soll.

Die einfachste Form zum Generieren des Torsionsmomentes liefert das Profil-Balkenelement (Abb. 7.14. a). Die Elemente sind nur durch 2 Knoten definiert und werden durch Aneinanderreihen zum Stab. Das Torsionsmoment kann damit am Knoten des Stabendes angetragen werden. Die äußere Kontur des Modells wird nicht direkt durch Elemente gestaltet, sondern ist in der Elementedefinition als Eintrag

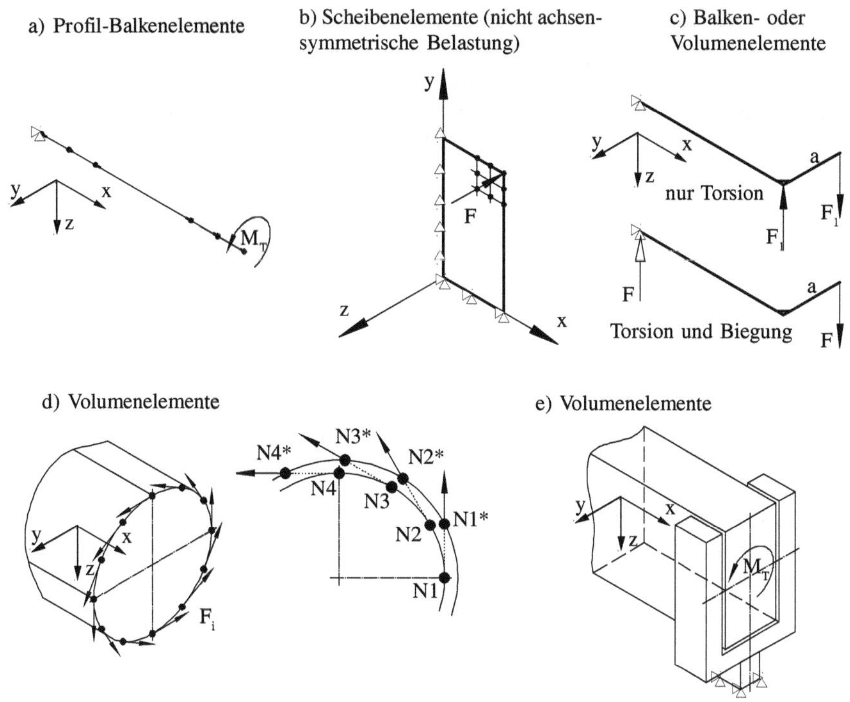


**Abb. 7.14.** Generieren von Torsionsbeanspruchungen verschiedener Strukturen

enthalten. In einer pseudografischen Darstellung kann die errechnete Kontur abgebildet werden. Die Ränder der Kontur sind dabei nicht durch Knoten bzw. Elemente besetzt, sondern das Ergebnis einer klassischen geometrischen Berechnung. Ebenso treten die Ergebnisse der Verformungen als klassisch errechnete Werte auf und sind nicht entstanden aus Knotenverschiebungen an den Rändern des Querschnittes.

Mit achsensymmetrischen Scheibenelementen (Abb. 7.14. b) erreicht man wegen der Darstellbarkeit in einer Ebene mit geringem Aufwand ein gutes Modell. Die Lagerung erfolgt auf der x-Achse. Die y-Achse fungiert als mathematische Rotationsachse für den achsensymmetrischen Berechnungsansatz. Das Torsionsmoment ergibt sich aus der oder den Kräften in z-Richtung multipliziert mit dem Abstand auf der x-Achse. Die Anwendung von Elementen mit der Fähigkeit, nicht achsensymmetrische Belastungen zu ermöglichen, ist eine unbedingte Voraussetzung.

Der abgewinkelte Träger (Abb. 7.14. c) steht symbolisch für Torsionsbeanspruchungen unterschiedlichster Strukturen. Die Darstellung mit 2 gleich großen entgegengesetzt gerichteten äußeren Kräften erfüllt die klassische Bedingung eines Kräftepaares und führt somit zum Torsionsmoment $M_T = F_1 \cdot a$. Wirkt nur eine äußere Kraft, entsteht das Kräftepaar aus äußerer Kraft F und Lagerreaktionskraft F mit der Wirkung, dass neben der Torsions- auch eine Biegebeanspruchung auftritt. Dieses Verhalten stellt ein typisches Merkmal an Zahnradgetrieben und anderen Übertragungssystemen von Drehmomenten dar. Der Abstand a entspricht dann dem Radius der entsprechenden Räder.

Bei der Anwendung von Volumenelementen entsteht immer das Problem der möglichst störungsfreien, aber auch praxisnahen Einleitung der Torsionsmomente in das FE-Modell. Da Modelle mit Volumenelementen aufwendig sind, aber auch dem realen Bauteil am nächsten kommen, sollte die Lagerung und die Einleitung der Torsionsmomente ebenfalls den wirklichen Bedingungen weitestgehend entsprechen.

Die Einleitung des Torsionsmomentes an einem Rundstab würde nach klassischem Verständnis durch ein Symbol gekennzeichnet. Mit den Gleichungen der technischen Mechanik könnten damit die Beanspruchungen des Stabes berechnet werden. Im realen Zustand sind aber Bauelemente notwendig, um Torsionsmomente bzw. Kräfte zu übertragen. Im Falle der Zahnradgetriebe kann durch Setzen von Einzelkräften ein Kraft- bzw. Momentenfluss über Zahnrad und Nabe an die Welle erfolgen. In gleicher Weise kann man bei Ketten- und Riementrieben verfahren.

Interessiert die Verbindung zwischen Nabe und Welle, muss der gesamte Umfang an der Kraftübertragung beteiligt werden. Im Modellfall (Abb. 7.14. d) wird die das Torsionsmoment prägende Umfangskraft auf die Knoten am Umfang aufgeteilt. Die Generierung der Knotenkräfte in Polarkoordinaten vereinfacht die tangentiale Ausrichtung. Der Mangel dieser Lösung ist die Aufweitung des Stabes beginnend in der Ebene der Krafteinleitung. Die Kräfte an den Knoten führen zu einer Knotenverschiebung entlang der Wirklinien (N1 zu N1*, N2 zu N2*, ...). Ein dichteres Netz führt wegen der höheren Knotenzahl zu kleineren Kraftanteilen an den belasteten Knoten und damit zu einer Minderung der Aufweitung.

Bei Rechteckstäben kann eine Gabelführung (Abb. 7.14. e) als Lagerung, aber auch zur Einleitung des Torsionsmomentes dienen. In der Abbildung ist das Lagerungsprinzip dargestellt. Das Torsionsmoment wird an den Schenkeln der Gabel aufgenommen. Zwischen Rechteckstab und Gabelschenkel stellen Kontaktelemente die Verbindung her. In der Abbildung ist erkennbar, dass die Freiheitsgrade nur in Richtung der y-Koordinate und in Richtung der positiven z-Koordinate beeinflusst werden. Die Knoten am Rechteckstab sind wegen des Kontaktprinzips nicht starr fixiert, so dass ein störungsarmer Torsionsfluss möglich wird. Die Gabel kann auch nach gleichem Wirkprinzip zur Einleitung des Torsionsmomentes genutzt werden. Durch Anbringen äußerer Kräfte lässt sich ein definiertes Torsionsmoment erzeugen.

### 7.3.2 Torsion mit Profil-Balkenelementen

Mit Balkenelementen können vorrangig Modelle von Tragwerken bzw. Stabsystemen erstellt werden. Einfache Standard-Balkenelemente erlauben nur eine begrenzte Berücksichtigung der Profil-Querschnitte, denn die notwendigen Eingaben für Querschnittsfläche, Trägheitsmoment und Höhe erfassen die Geometrie nur unvollkommen.

Profil-Balkenelemente dagegen beschreiben eindeutig die geometrische Form des Querschnittes. Die Datenbank des FE-Programmanbieters bestimmt die Anzahl der möglichen Profile. Über den Befehlssatz werden die Abmessungen des Querschnittes eingegeben. Das FE-System berechnet daraus alle notwendigen Daten. In pseudografischer Darstellung werden Verformungen und Spannungen am Profil ausgewertet. Pseudografisch deshalb, weil nach wie vor die charakteristische FE-Balkenstruktur in Liniendarstellung das FE-Modell definiert. Die Eingabe der Stablänge, des Knotens für die Lagerstelle und des Knotens für die Einleitung des Torsionsmomentes sind als geringfügige Steuerungen des FE-Modells erforderlich. Durch diese Einfachheit eignen sich die Profil-Balkenelemente gut für einen Vergleich unterschiedlicher Profile hinsichtlich ihrer Torsionsfähigkeit.

- **Kreisquerschnitt und Kreisringquerschnitt**

In Tafel 7/1 wird am Stab mit Kreisquerschnitt bzw. Kreisringquerschnitt der allgemeine Programmierablauf gezeigt. Die Definition der Profilform ist abhängig vom

| **FE-A1 Tors** | Allgemeine Befehlsfolge |
|---|---|
| Name | Speicherung der FE-Rechnung unter FILE-Name<br>"Tors1a" - **Variante A:** Stab mit Kreisquerschnitt;<br>"Tors1b" - **Variante B:** Stab mit Kreisringquerschnitt; |
| Elemente | 3-dimensionales Profil-Balkenenelement - notwendige Eingaben:<br>**Variante A** - Profilform: Kreisquerschnitt,<br>**Variante B** - Profilform: Kreisringquerschnitt,<br>Abmessungen siehe Bildfolge; |
| Werkstoffe | Stahl: $E_{St}$= 210 kN/mm² $G_{St}$= 81 kN/mm² $\nu$ = 0,3 |
| Geometrie | CAD-Modell aus Geometriepunkten, Linie erstellen;<br>Geometriepunkte (x;y;z) in mm: K1(0;0;0), K2(100;0;0),<br>Linie bilden: L1(K1,K2), |
| Vernetzung | Elementeanzahl (Profil-Balkenelemente) definieren: 4 mm Elementlänge, es werden 25 Elemente mit 26 Knoten generiert; |
| Randbedingungen | Lagerung: N1 (alle Freiheitsgrade gebunden);<br>Belastung in Nm: an N2 $M_T$ = 80 gesetzt; |
| Berechnung und Ergebnisse | Ansatz: statisch, linear,<br>Charakteristische Größe: Verschiebung der Knoten,<br>**Variante A** - Verdrehweg s in mm: 0,123 an N2,<br>max. Torsionsspannung in N/mm²: 101;<br>**Variante B** - Verdrehweg s in mm: 0,12 an N2,<br>max. Torsionsspannung in N/mm²: 98; |
| *x* , *y* , *z* Koordinaten im globalen kartesischen Koordinatensystem,<br>*Ux* , *Uy* , *Uz* , *ROTx* , *ROTy* , *ROTz* Verschiebungen und Verdrehungen,<br>*K* Keypoint (Geometriepunkt im CAD-Modell), *L* Line (Linie im CAD-Modell),<br>*N* Node (Knoten im FE-Modell), *E* Element (Element im FE-Modell),<br>*FE-A* Finite Elemente Anwendungsbeispiel, | |

Fortsetzung nächste Seite

<table>
<tr><th>FE-A1<br>Tors</th><th>Bildfolge</th></tr>
<tr><td>Geometrie</td><td>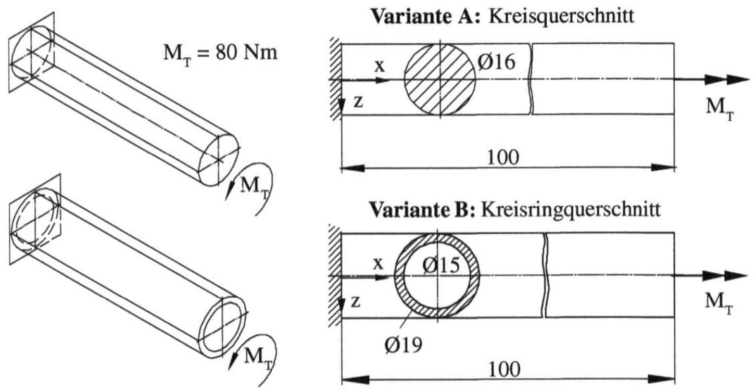
</td></tr>
<tr><td>Vernetzung<br>Randbedin-<br>gungen</td><td>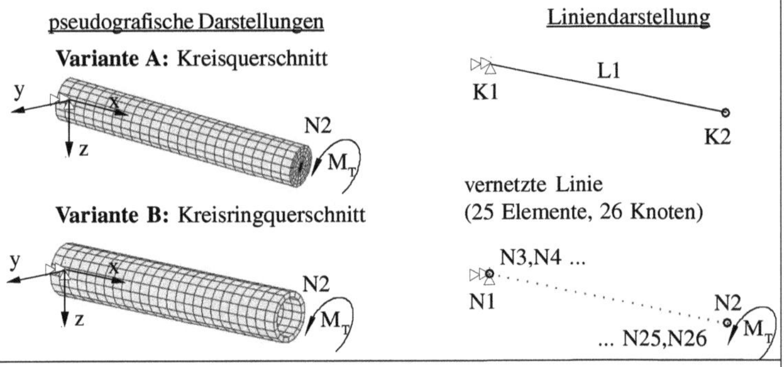
</td></tr>
<tr><td>Grafische<br>Ergebnisse</td><td>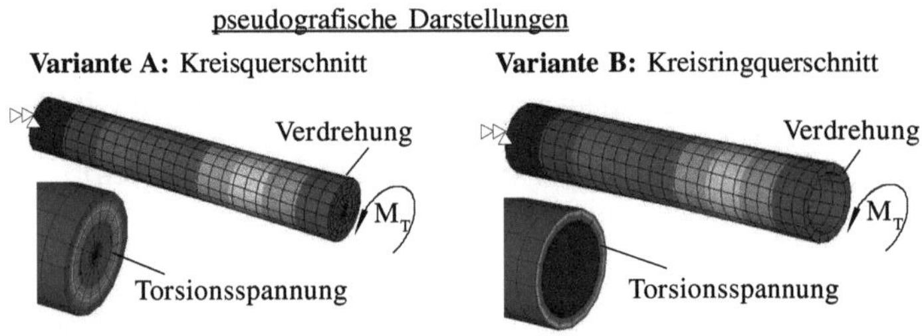

Verdrehweg an N2: $s = 0{,}123$ mm | $s = 0{,}120$ mm<br>
Torsionsspannung: $\tau_{tmax} = 101$ N/mm² | $\tau_{tmax} = 98$ N/mm²</td></tr>
</table>

**Tafel 7/1:** Torsion am Stab mit Kreis- und Kreisringquerschnitt (Profil-Balkenelemente)

verwendeten FE-System. Da eine Torsionsbeanspruchung untersucht werden soll, muss dem Werkstoff neben Elastizitätsmodul $E_{St}$ und Querkontraktionszahl $\nu$ auch der Schubmodul $G_{St}$ zugeordnet werden. Das CAD-Modell des Torsionsstabes wird durch die Keypoints K1 und K2, verbunden über die Linie L1, erzeugt. Auf dieser Linie werden anschließend 25 Elemente (Elementelänge 4 mm) mit 26 Knoten (Lagerung N1, Lasteinleitung N2) generiert, die das gesamte FE-Modell beschreiben.

Die Auswertung beschränkt sich auf das Auslesen der maximalen Torsionsspannung $\tau_{tmax}$ und des Verdrehweges s. Beide Werte entstammen keiner realen Knotenverschiebung, sondern sind Ergebnis eines internen klassischen Berechnungsschrittes des FE-Systems und lassen sich deshalb auch nur pseudografisch zeigen. Die Verteilung der Torsionsspannung über dem Kreisquerschnitt ist ebenso klassisch gerechnet wie die Verteilung der Verformung über der Stablänge.

Der Vergleich zum Berechnungsansatz nach Abschn. 7.2.1 ergibt deshalb eine besonders gute Übereinstimmung. Die Torsionsspannungen sind für den

| | | | |
|---|---|---|---|
| Kreisquerschnitt | n. Gl. 7.1, 7.2 | $\tau_t$ | $= 100\ N/mm^2$, |
| | n. FE-Modell (Tafel 7/1) | $\tau_t$ | $= 101\ N/mm^2$, |
| Kreisringquerschnitt | n. Gl. 7.1, 7.3 | $\tau_t$ | $= 97\ N/mm^2$, |
| | n. FE-Modell (Tafel 7/1) | $\tau_t$ | $= 98\ N/mm^2$ |

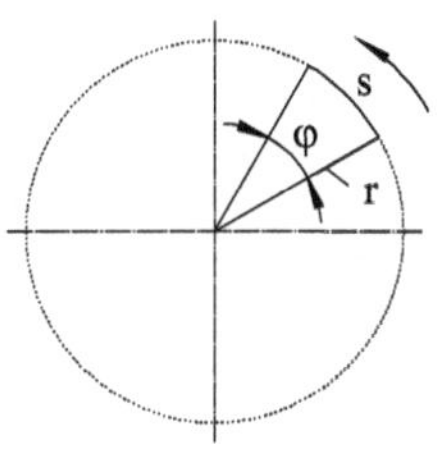

**Abb. 7.15.** Verdrehwinkel φ am Kreis- bzw. Kreisringquerschnitt

fast identisch. Die Verdrehwinkel φ lassen sich nicht direkt aus der FE-Rechnung auslesen. Es wird eine Pseudoknotenverschiebung bezogen auf den Umfang – in Tafel 7/1 mit Weg s benannt – ausgegeben. Für den Kreis- bzw. Kreisringquerschnitt ist die Bewegung eines fiktiven Punktes auf dem Außendurchmesser zugrunde gelegt. Der Verdrehwinkel φ ergibt sich damit als Verhältnis von Bogenstück zu Radius (Abb. 7.15.) mit

$$\varphi = s / r \tag{7.27}$$

Der Vergleich der Verdrehwinkel zwischen dem Berechnungsansatz nach Abschn. 7.2.1 und den Pseudoknotenverschiebungen der FE-Rechnung zeigt beim Kreis- und Kreisringquerschnitt ebenfalls gute Übereinstimmungen.

| | | | |
|---|---|---|---|
| Kreisquerschnitt | n. Gl. 7.4, 7.5 | $\varphi$ | $= 1{,}535 \cdot 10^{-2}$, |
| | n. FE-Modell (Tafel 7/1; s = 0,123 mm) und Gl. 7.27 (r = 8 mm) | $\varphi$ | $= 1{,}538 \cdot 10^{-2}$, |
| Kreisringquerschnitt | n. Gl. 7.4, 7.6 | $\varphi$ | $= 1{,}262 \cdot 10^{-2}$, |
| | n. FE-Modell (Tafel 7/1; s = 0,120 mm) und Gl. 7.27 (r = 9,5 mm) | $\varphi$ | $= 1{,}263 \cdot 10^{-2}$. |

- **Dünnwandiger Rechteck- und Quadratquerschnitt**

In Tafel 7/2 werden Stäbe mit dünnwandigem Rechteck- und Quadratquerschnitt dargestellt. Dünnwandig wird beim Rechteckquerschnitt für ein Stegmaß von h / 10 bezogen auf die lange Seite des Rechteckes angenommen. Für den Quadratquerschnitt ist eine Stegdicke von 2 mm festgelegt und annähernd a / 10 eingehalten.

Die Programmabläufe unterscheiden sich zu den Modellen mit Kreis- bzw. Kreisringquerschnitt nur durch die Definition der Profilform. Es werden die Außenabmessungen und für jede Seite des Profils die Wanddicken angegeben. Nach der 1. BREDTschen Formel sind die maximalen Torsionsspannungen nicht von Höhe h oder Breite b des Profils, sondern von der Wanddicke t abhängig. Da für die Stäbe jeweils gleiche Wanddicken festgelegt wurden, treten nach klassischem Rechenansatz an jeder Wand gleich große Spannungen auf. Der Berechnungsansatz nach Abschn. 7.2.1 verglichen mit den Ergebnissen der FE-Rechnung ergibt nur eine annähernde Übereinstimmung. Die Torsionsspannungen lauten für den

| | | | |
|---|---|---|---|
| dünnwandigem Quadratstab | n. Gl. 7.14, 7.15 | $\tau_t$ | = 78 N/mm², |
| | n. FE-Modell (Tafel 7/2) | $\tau_t$ | = 100 N/mm², |
| dünnwandigem Rechteckstab | n. Gl. 7.14, 7.18 | $\tau_t$ | = 71 N/mm², |
| | n. FE-Modell (Tafel 7/2) | $\tau_t$ | = 99 N/mm². |

| **FE-A2 Tors** | Allgemeine Befehlsfolge |
|---|---|
| Name | Speicherung der FE-Rechnung unter FILE-Name<br>"Tors2a" - **Variante A:** Dünnwandiger Quadratstab;<br>"Tors2b" - **Variante B:** Dünnwandiger Rechteckstab; |
| Elemente | 3-dimensionales Profil-Balkenenelement - notwendige Eingaben:<br>**Variante A** - Profilform: Dünnwandiger Quadratquerschnitt,<br>**Variante B** - Profilform: Dünnwandiger Rechteckquerschnitt,<br>Abmessungen siehe Bildfolge; |
| Werkstoffe | Stahl: $E_{St}$= 210 kN/mm² $G_{St}$= 81 kN/mm² $\nu$ = 0,3 |
| Geometrie | CAD-Modell aus Geometriepunkten, Linie erstellen;<br>Geometriepunkte (x;y;z) in mm: K1(0;0;0), K2(100;0;0),<br>Linie bilden: L1(K1,K2), |
| Vernetzung | Elementeanzahl (Profil-Balkenelemente) definieren: 4 mm Elementlänge, es werden 25 Elemente mit 26 Knoten generiert; |
| Randbedingungen | Lagerung: N1 (alle Freiheitsgrade gebunden);<br>Belastung in Nm: an N2 $M_T$ = 80 gesetzt; |
| Berechnung und Ergebnisse | Ansatz: statisch, linear,<br>Charakteristische Größe: Verschiebung der Knoten,<br>**Variante A** - Verdrehweg s in mm: 0,142 an N2,<br>max. Torsionsspannung in N/mm²: 100;<br>**Variante B** - Verdrehweg s in mm: 0,161 an N2,<br>max. Torsionsspannung in N/mm²: 99; |

*x* , *y* , *z* Koordinaten im globalen kartesischen Koordinatensystem,
*Ux* , *Uy* , *Uz* , *ROTx* , *ROTy* , *ROTz* Verschiebungen und Verdrehungen,
*K* Keypoint (Geometriepunkt im CAD-Modell), *L* Line (Linie im CAD-Modell),
*N* Node (Knoten im FE-Modell), *E* Element (Element im FE-Modell),
*FE-A* Finite Elemente Anwendungsbeispiel,

Fortsetzung nächste Seite

| FE-A2 Tors | Bildfolge |
|---|---|
| Geometrie | 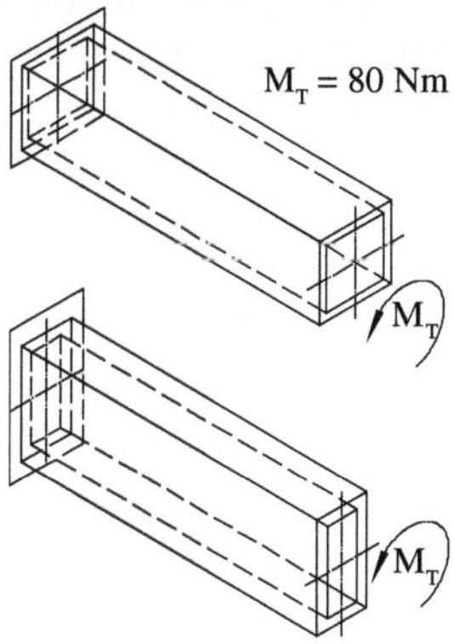<br><br>**Variante A:** Dünnwandiger Quadratquerschnitt<br>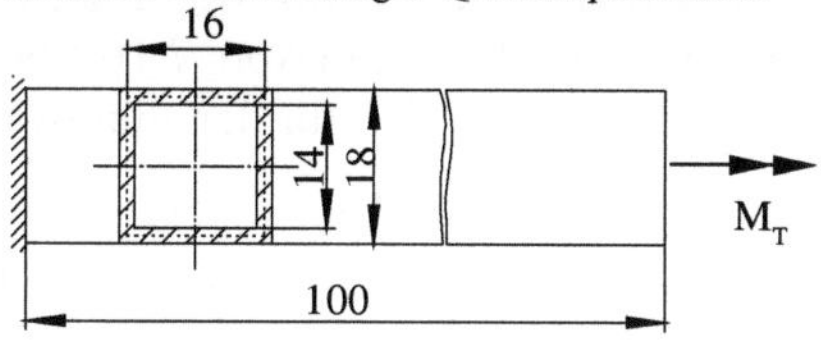<br><br>**Variante B:** Dünnwandiger Rechteckquerschnitt<br>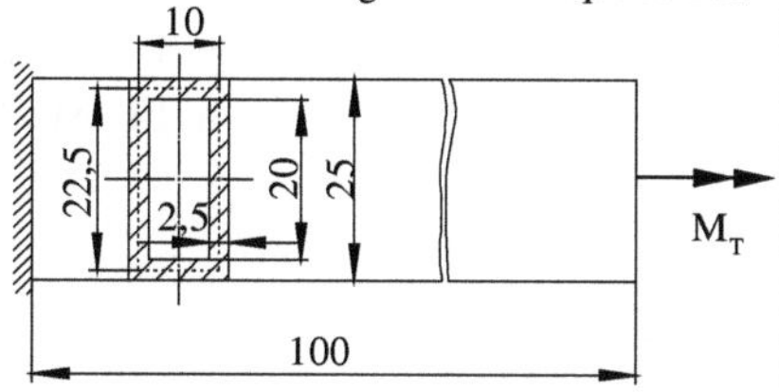<br> |
| Vernetzung Randbedingungen | pseudografische Darstellungen<br>**Variante A:** Dünnwandiger Quadratquerschnitt<br>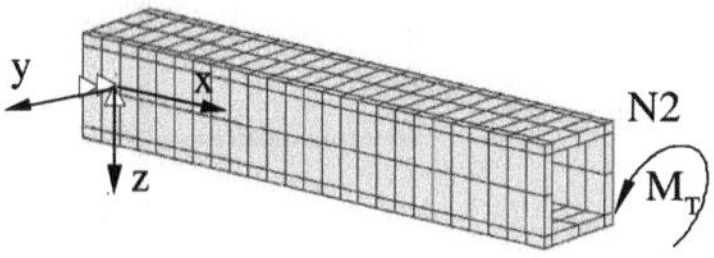<br><br>Liniendarstellung<br>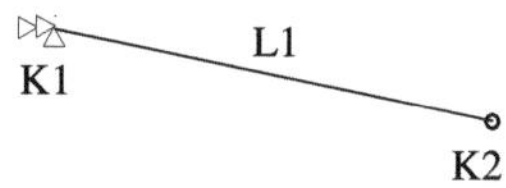<br><br>**Variante B:** Dünnwandiger Rechteckquerschnitt<br>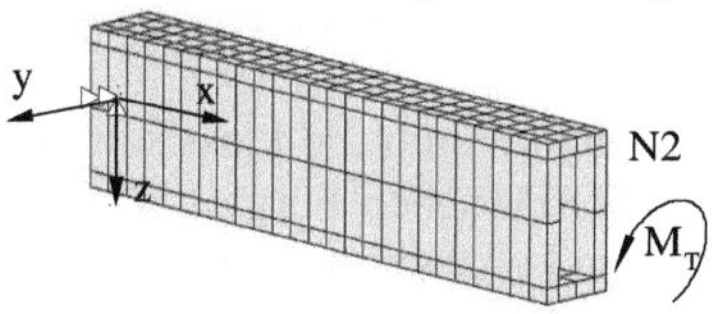<br><br>vernetzte Linie<br>(25 Elemente, 26 Knoten)<br>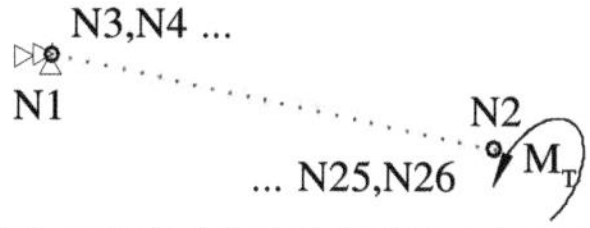<br> |
| Grafische Ergebnisse | pseudografische Darstellungen<br>**Variante A:** Dünnwandiger Quadratquerschnitt — **Variante B:** Dünnwandiger Rechteckquerschnitt<br>Verdrehung<br>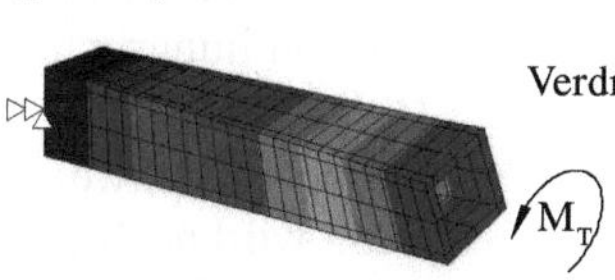<br><br>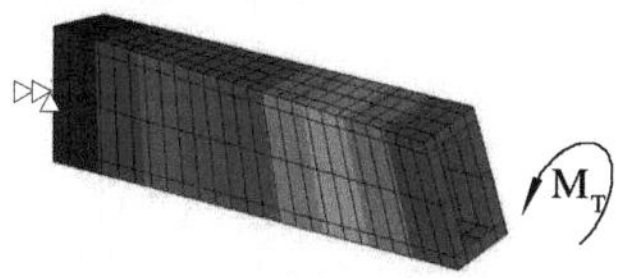<br><br>Torsionsspannung<br>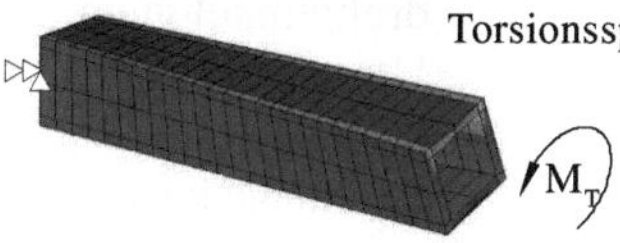<br><br>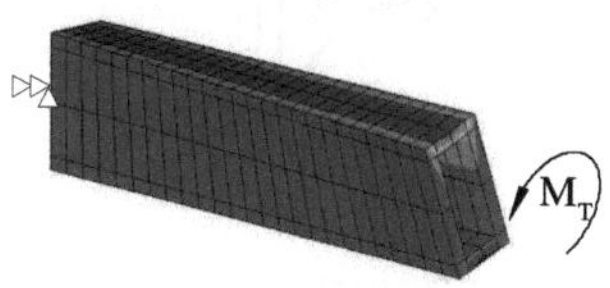<br><br>Verdrehweg an N2: $s = 0{,}142$ mm — $s = 0{,}161$ mm<br>Torsionsspannung: $\tau_{tmax} = 100$ N/mm² — $\tau_{tmax} = 99$ N/mm² |

**Tafel 7/2:** Torsion am Stab mit dünnwandigem Rechteck- und Quadratquerschnitt (Profil-Balkenelemente)

Die Torsionsspannungen nach der 1. BREDTschen Formel (Gl. 7.14) werden für die dünnwandigen geschlossenen Querschnitte zu klein berechnet – beim verwendeten dünnwandigen Quadratstab mit t = 2 mm und der Kantenlänge a = 18 mm um den Faktor 1,28 ($\tau_t$ = 100 N/mm² zu $\tau_t$ = 78 N/mm²). Wird die Wanddicke auf t = 1 mm bzw. t = 0,5 mm (Abb. 7.16.) bei gleicher äußerer Belastung ($M_T$ = 80 Nm) reduziert, ergeben sich für den dünnwandigem Quadratstab

| | | |
|---|---|---|
| mit 1 mm Wanddicke | n. Gl. 7.14, 7.15 | $\tau_t$ = 138 N/mm², |
| | n. FE-Modell | $\tau_t$ = 157 N/mm², |
| | | entsprechend Faktor 1,14; |
| mit 0,5 mm Wanddicke | n. Gl. 7.14, 7.15 | $\tau_t$ = 261 N/mm², |
| | n. FE-Modell | $\tau_t$ = 277 N/mm², |
| | | entsprechend Faktor 1,06. |

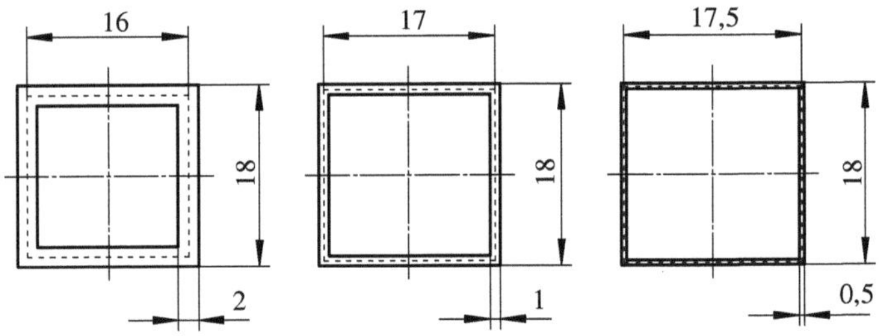


**Abb. 7.16.** Variation der Wanddicken t am geschlossenen dünnwandigen Quadratstab

Mit zunehmender Dünnwandigkeit nähern sich die klassisch errechneten Werte den FE-Werten an. Die Ansätze der BREDTschen Formel, nämlich die Annahme konstanter Torsionsspannungen bzw. von konstantem Schubfluss über die Wanddicke, werden immer mehr erfüllt.

Für den dünnwandigen Rechteckstab gelten die o. g. Überlegungen sinngemäß. Die Darstellungen zur Torsionsspannung in Tafel 7/2 zeigen die klassisch gerechnete Verteilung bezogen auf eine Ebene. Bei den Verdrehungen ist an den Grauwerten der kontinuierliche Verlauf der Verformung zu erkennen.

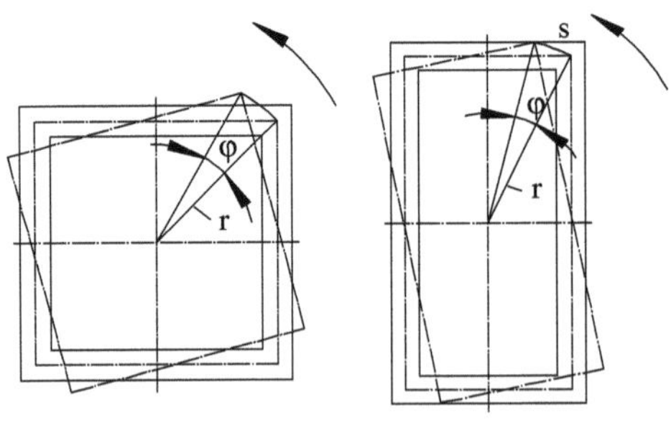


**Abb. 7.17.** Verdrehwinkel φ am dünnwandigen Quadrat- und Rechteckquerschnitt

Der Verdrehweg s der FE-Berechnung wird nach Gl. 7.27 in den Verdrehwinkel φ umgerechnet. Für die Umwandlung sind die Seitenlängen $a_m$ beim Quadratstab und $b_m$, $h_m$ beim Rechteckstab (Abb. 7.17.) anzuwenden. Mit der 2. BREDTschen Formel werden für Quadrat- und Rechteckquerschnitt die Torsionsträgheitsmomente nach klassischem Ansatz ermittelt. Es gelten ebenfalls die Abhängigkeiten hinsichtlich der Wanddicke. Der Vergleich der Verdrehwinkel zwischen dem Berechnungsansatz nach Abschn. 7.2.1 und den Pseudoknotenverschiebungen der FE-Rechnung zeigt aber beim dünnwandiger Quadrat- und Rechteckquerschnitt ausreichende Übereinstimmungen. Es gilt für den

dünnwandigen Quadratquerschnitt n. Gl. 7.4, 7.16 $\varphi = 1{,}21 \cdot 10^{-2}$,
n. FE-Modell (Tafel 7/2; s = 0,142 mm)
und Gl. 7.27 (r = 11,31 mm) $\varphi = 1{,}26 \cdot 10^{-2}$,

dünnwandigen Rechteckquerschnitt n. Gl. 7.4, 7.17 $\varphi = 1{,}268 \cdot 10^{-2}$,
n. FE-Modell (Tafel 7/2; s = 0,161 mm)
und Gl. 7.27 (r = 12,31 mm) $\varphi = 1{,}31 \cdot 10^{-2}$.

- **Dünnwandiges T-Profil**

Das dünnwandige T-Profil wird mit Profil-Balkenelementen durch die Eingabe der Außenkonturen $h_1$, $h_2$ und die Stegdicke t erstellt (Tafel 7/3). Die Programmabläufe unterscheiden sich zu anderen Querschnittsformen nur durch die Definition der Profilform. Als dünnwandig wird $t = h_1 / 10$ bzw. $h_2 / 10$ angenommen.

Der verwendete Elementetyp vereinfacht das Generieren von Lagerung und äußerer Last. Die Lagerung ist nur auf einen Knoten bezogen und das Torsionsmoment wird ebenfalls nur an einem Knoten eingegeben. Das Torsionsmoment ebenso die Lagerung wird in der pseudografischen Darstellung symbolisch auf der Achse des Flächenschwerpunktes S angetragen. Diese Idealisierung an einem geometrisch anspruchsvollen Teil ist einerseits angenehm, aber auch praxisfremd. Besonders das Aufbringen des Torsionsmomentes kann bei Modellierung mit anderen Elementetypen nicht nachvollzogen werden.

Bei der Wahl von Profil-Balkenelementen ist man vollkommen auf die Entscheidungen und den hinterlegten klassischen Rechnungsgang des FE-Systemanbieters angewiesen. Die pseudografische Darstellung des Profils (Abb. 7.18.) beispielsweise zeigt, dass der FE-gerechnete Verdrehungsweg s auf den Schubmittelpunkt M als Rotationspunkt bezogen ist. Über die Bemaßungen kann die Strecke für den Radius r ermittelt werden.

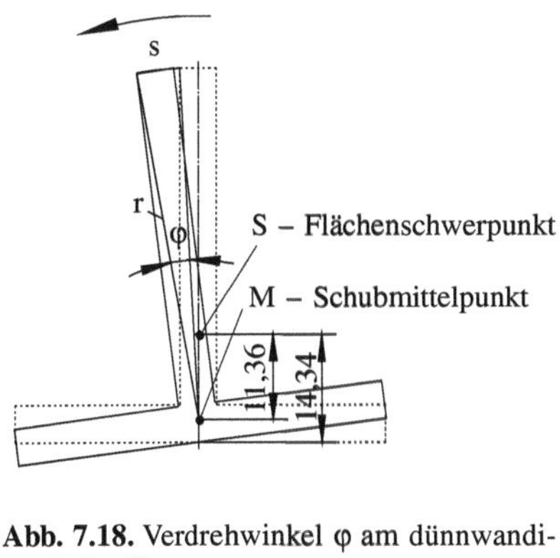


**Abb. 7.18.** Verdrehwinkel φ am dünnwandigen T-Profil

Der Verdrehwinkel φ lässt sich über Verdrehweg s (Tafel 7/3) und Radius r berechnen. Es gilt für die FE-Rechnung

n. FE-Modell (Tafel 7/3; s = 1,131 mm)
und Gl. 7.27 (r = 47,09 mm)
$\varphi = 2{,}4 \cdot 10^{-2}$.

Nach dem klassischen Berechnungsansatz (Abschn. 7.2.1) ergibt sich

n. Gl. 7.4, 7.23 $\varphi = 2{,}5 \cdot 10^{-2}$

und damit eine gute Übereinstimmung.

Die klassische Berechnung der Torsionsspannung verwendet das Prinzip der Summierung der Torsionsträgheitsmomente der beteiligten Rechtecke. Die für den einzelnen schlanken Rechteck-Vollquerschnitt ermittelten Beziehungen lassen sich auf Profile übertragen, die aus mehreren schlanken Rechtecken zusammengesetzt sind. Über diesen Ansatz (Gl. 7.21) gelangt man zum Torsionsträgheitsmoment des T-Profils nach Gl. 7.23, in welcher der Zustand gleicher Wanddicken für Steg und Flansch wiedergegeben wird. Aus dem allgemeinen Gesamt-Widerstandsmoment (Gl. 7.22) kann das Widerstandsmoment des T-Profils (Gl. 7.24) abgeleitet werden.

Der Vergleich zwischen Berechnungsansatz nach Abschn. 7.2.1 und der FE-Lösung mit Profil-Balkenelementen ergibt für die Torsionsspannungen

n. Gl. 7.24, 7.1 $\tau_t$ = 101 N/mm²,
n. FE-Modell (Tafel 7/3) $\tau_t$ = 97 N/mm².

Es liegt gute Übereinstimmung vor. Der klassische Ansatz der Summierung der Torsionsträgheitsmomente beschreibt den Torsionsspannungszustand für das offene Profil vollkommen ausreichend. Der Unterschied zwischen beiden Werten liegt in

| **FE-A3 Tors** | Allgemeine Befehlsfolge |
|---|---|
| Name | Speicherung der FE-Rechnung unter FILE-Name "Tors3" |
| Elemente | 3-dimensionales Profil-Balkenenelement - notwendige Eingaben: Profilform dünnwandiges T-Profil, Abmessungen siehe Bildfolge; |
| Werkstoffe | Stahl: $E_{St}$= 210 kN/mm² $G_{St}$= 81 kN/mm² $\nu$ = 0,3 |
| Geometrie | CAD-Modell aus Geometriepunkten, Linie erstellen; Geometriepunkte (x;y;z) in mm: K1(0;0;0), K2(100;0;0), Linie bilden: L1(K1,K2), |
| Vernetzung | Elementeanzahl (Profil-Balkenelemente) definieren: 4 mm Elementlänge, es werden 25 Elemente mit 26 Knoten generiert; |
| Randbedingungen | Lagerung: N1 (alle Freiheitsgrade gebunden); Belastung in Nm: an N2 $M_T$ = 80 gesetzt; |
| Berechnung und Ergebnisse | Ansatz: statisch, linear, Charakteristische Größe: Verschiebung der Knoten, Verdrehweg s in mm: 1,131 an N2, max. Torsionsspannung in N/mm²: 97; |
| *x* , *y* , *z* Koordinaten im globalen kartesischen Koordinatensystem, *Ux* , *Uy* , *Uz* , *ROTx* , *ROTy* , *ROTz* Verschiebungen und Verdrehungen, *K* Keypoint (Geometriepunkt im CAD-Modell), *L* Line (Linie im CAD-Modell), *N* Node (Knoten im FE-Modell), *E* Element (Element im FE-Modell), *FE-A* Finite Elemente Anwendungsbeispiel, | |

Fortsetzung nächste Seite

<table>
<tr><th>FE-A3<br>Tors</th><th>Bildfolge</th></tr>
<tr><td>Geometrie</td><td>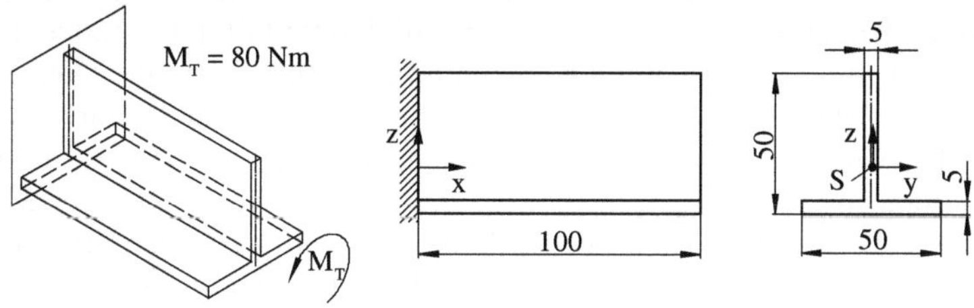</td></tr>
<tr><td>Vernetzung<br>Randbedin-<br>gungen</td><td>pseudografische Darstellung     Liniendarstellung<br>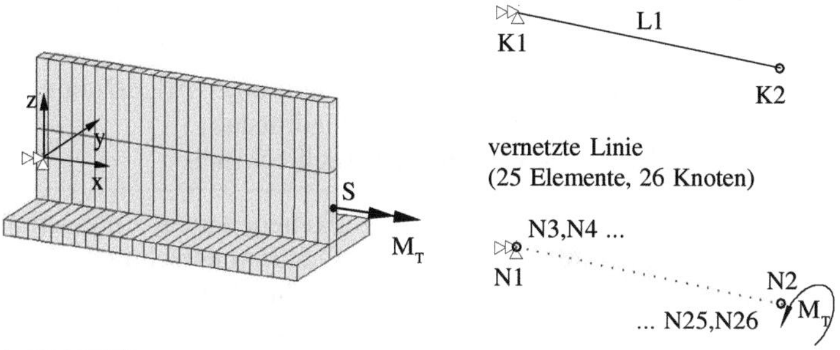</td></tr>
<tr><td>Grafische<br>Ergebnisse</td><td>pseudografische Darstellungen<br>Torsionsspannung     Verdrehung<br>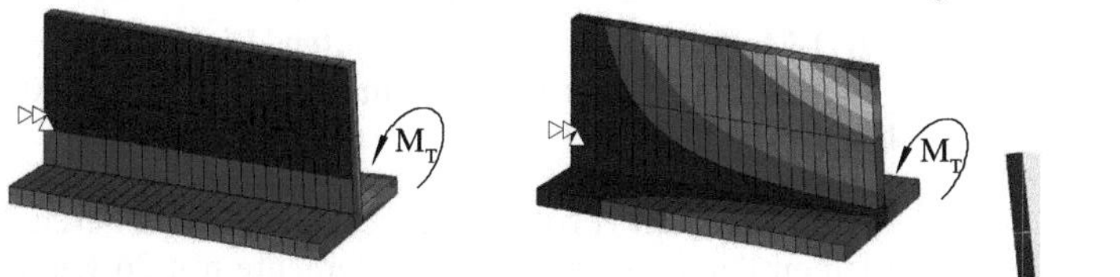<br>Verdrehweg an N2: $s = 1{,}131$ mm<br>Torsionsspannung: $\tau_{tmax} = 97$ N/mm²</td></tr>
</table>

**Tafel 7/3:** Torsion am Stab mit dünnwandigem T-Profil (Profil-Balkenelemente)

einem solch engen Bereich, dass auch keine Variation der Wanddicke erforderlich ist. Die Literatur gibt für offene Profile einen Korrekturfaktor ($\eta = 1{,}12$ für T-Profile) an, der mit dem Torsionsträgheitsmoment multipliziert Besonderheiten der Gestalt erfassen soll. Es liegt damit die Annahme vor, dass das Torsionsträgheitsmoment zu klein berechnet wurde. Nach dem vorliegenden Berechnungsvergleich besteht kein Anlass zur Anwendung dieses Korrekturfaktors.

Die pseudografische Darstellung der Torsionsspannung (Tafel 7/3) kann nur vereinfacht den Spannungsverlauf wiedergeben. Das Maximum müsste sich in der Mitte der Längsseite des Rechteckes befinden. Der Verformungsverlauf, d. h. die Verdrehung, wird anschaulich dargestellt. Der maximale Verdrehweg s tritt an der freien Seite, der weichsten Stelle des Profils, auf.

- **Quadrat- und Rechteckquerschnitt**

Stäbe mit Rechteck- und Quadratquerschnitt unterscheiden sich zu den Modellen mit Kreis- bzw. Kreisquerschnitt nur durch die Definition der Profilform. Mit Eingabe der beiden Kantenlängen ist das Profil definiert (Tafel 7/4). Die Länge der prismatischen Stäbe wird durch Knoten und Elemente bestimmt. Damit unterscheiden sich die Stäbe mit Rechteck- und Quadratquerschnitt nicht von anderen Modellen.

Die Verformungs- und Spannungsberechnungen können in pseudografischer Darstellung abgebildet werden. Mit Quadrat- und Rechteckstab liegen Modelle vor, bei denen Torsion mit geringer Verwölbung zu erwarten ist. Eine Umwandlung in pseudografischer Weise enthielt das verwendete FE-Programmsystem nicht.

| **FE-A4 Tors** | Allgemeine Befehlsfolge |
|---|---|
| Name | Speicherung der FE-Rechnung unter FILE-Name<br>"Tors4a" - **Variante A:** Quadratstab;<br>"Tors4b" - **Variante B:** Rechteckstab; |
| Elemente | 3-dimensionales Profil-Balkenenelement - notwendige Eingaben:<br>**Variante A** - Profilform: Quadratquerschnitt,<br>**Variante B** - Profilform: Rechteckquerschnitt,<br>Abmessungen siehe Bildfolge; |
| Werkstoffe | Stahl: $E_{St}$= 210 kN/mm² $G_{St}$= 81 kN/mm² $\nu$ = 0,3 |
| Geometrie | CAD-Modell aus Geometriepunkten, Linie erstellen;<br>Geometriepunkte (x;y;z) in mm: K1(0;0;0), K2(100;0;0),<br>Linie bilden: L1(K1,K2), |
| Vernetzung | Elementeanzahl (Profil-Balkenelemente) definieren: 4 mm Elementlänge, es werden 25 Elemente mit 26 Knoten generiert; |
| Randbedingungen | Lagerung: N1 (alle Freiheitsgrade gebunden);<br>Belastung in Nm: an N2 $M_T$ = 80 gesetzt; |
| Berechnung und Ergebnisse | Ansatz: statisch, linear,<br>Charakteristische Größe: Verschiebung der Knoten,<br>**Variante A** - Verdrehweg s in mm: 0,121 an N2,<br>max. Torsionsspannung in N/mm²: 95;<br>**Variante B** - Verdrehweg s in mm: 0,140 an N2,<br>max. Torsionsspannung in N/mm²: 95; |
| *x* , *y* , *z* Koordinaten im globalen kartesischen Koordinatensystem,<br>*Ux* , *Uy* , *Uz* , *ROTx* , *ROTy* , *ROTz* Verschiebungen und Verdrehungen,<br>*K* Keypoint (Geometriepunkt im CAD-Modell), *L* Line (Linie im CAD-Modell),<br>*N* Node (Knoten im FE-Modell), *E* Element (Element im FE-Modell),<br>*FE-A* Finite Elemente Anwendungsbeispiel, | |

Fortsetzung nächste Seite

<table>
<tr><th>FE-A4<br>Tors</th><th>Bildfolge</th></tr>
<tr><td>Geometrie</td><td>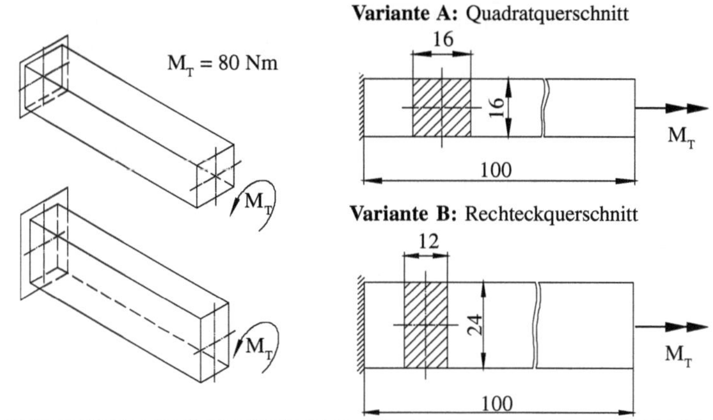
</td></tr>
<tr><td>Vernetzung<br>Randbedin-<br>gungen</td><td>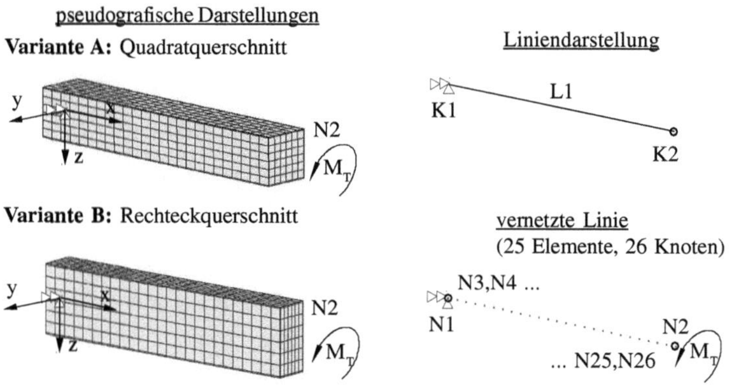
</td></tr>
<tr><td>Grafische<br>Ergebnisse</td><td>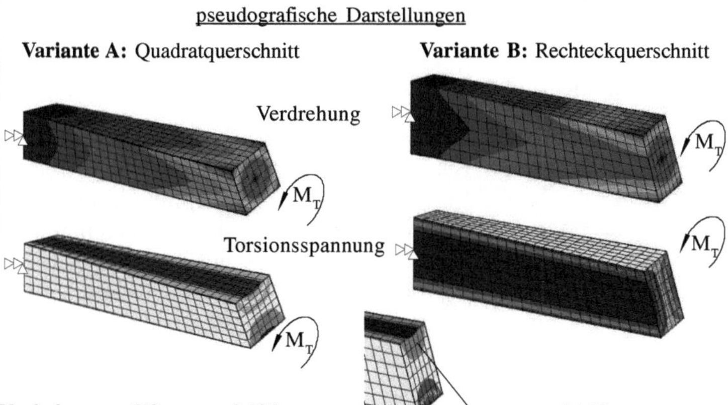

Verdrehweg an N2: s = 0,121 mm    s = 0,140 mm<br>
Torsionsspannung: $\tau_{tmax}$ = 95 N/mm²    $\tau_t$ = 76 N/mm²    $\tau_{tmax}$ = 95 N/mm²</td></tr>
</table>

**Tafel 7/4:** Torsion am Stab mit Quadrat- und Rechteckquerschnitt (Profil-Balkenelemente)

Die Darstellungen zur Verdrehung und zur Torsionsspannung sind aussagestark. Sie stützen die Strömungsanalogie bezüglich der Torsionsspannungsverteilung. Das Rotieren einer Flüssigkeit und deren Stromlinienverlauf wird auf die Spannungslinien der Torsionsspannung bezogen. Danach gilt, dass in den Ecken keine Strömung auftritt (Torsionsspannung $\tau_t = 0$) und an dünnen Querschnitten die Strömungsgeschwindigkeit hoch ist (Torsionsspannung $\tau_{tmax}$).

Der Torsionsspannungsverlauf in den grafischen Ergebnissen (Tafel 7/4) zeigt am Rechteckstab die maximale Torsionsspannung mittig an der langen Seite mit $\tau_{tmax}$ = 95 N/mm$^2$ und die geringere Torsionsspannung mit $\tau_t$ = 76 N/mm$^2$ an der kurzen Seite. Die Spannungen nehmen in den Ecken den Wert Null an. Der Spannungsverlauf kann nur für ausgewählte Ebenen abgebildet werden, so dass in der Darstellung spannungsfreie Seiten entstehen – erkennbar auch am Quadratstab. Wegen der Symmetrie liegen dort an allen Seiten $\tau_{tmax}$ = 95 N/mm$^2$ an.

Der Berechnungsansatz nach Abschn. 7.2.2 verglichen mit den Ergebnissen der FE-Rechnung ergibt eine sehr gute Übereinstimmung. Die Torsionsspannungen lauten für den

| | | |
|---|---|---|
| Quadratstab | n. Gl. 7.1, 7.10 | $\tau_{tmax}$ = 94 N/mm$^2$, |
| | n. FE-Modell (Tafel 7/4) | $\tau_{tmax}$ = 95 N/mm$^2$, |
| Rechteckstab | n. Gl. 7.1, 7.12 | $\tau_{tmax}$ = 94 N/mm$^2$, |
| | n. FE-Modell (Tafel 7/4) | $\tau_{tmax}$ = 95 N/mm$^2$. |

Die maximalen Verdrehungen treten an den Eckpunkten der Profile auf (Abb. 7.19.). Es wird der Verdrehweg s der FE-Lösung mit dem Ergebnis der klassischen Berechnung nach Abschn. 7.2.2 verglichen. Die Umrechnung in den Verdrehwinkel $\varphi$ erfolgt nach Gl. 7.27. Für die Umwandlung sind die Seitenlängen a beim Quadratstab und b, h beim Rechteckstab anzuwenden. Es gilt für den

| | | |
|---|---|---|
| Quadratquerschnitt | n. Gl. 7.4, 7.11 | $\varphi = 1{,}07 \cdot 10^{-2}$, |
| | n. FE-Modell (Tafel 7/4; s = 0,121 mm) und Gl. 7.27 (r = 11,31 mm) | $\varphi = 1{,}07 \cdot 10^{-2}$, |
| Rechteckquerschnitt | n. Gl. 7.4, 7.13 | $\varphi = 1{,}04 \cdot 10^{-2}$, |
| | n. FE-Modell (Tafel 7/4; s = 0,140 mm) und Gl. 7.27 (r = 13,42 mm) | $\varphi = 1{,}04 \cdot 10^{-2}$. |

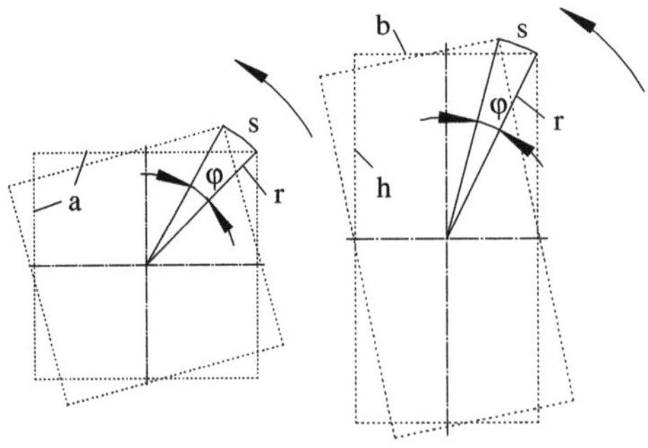

**Abb. 7.19.** Verdrehwinkel $\varphi$ an Quadrat- und Rechteckquerschnitt

Die perfekte Übereinstimmung der Verdrehwinkel weist darauf hin, dass die FE-Berechnung und Auswertung auf Grundlage des klassischen Berechnungsansatzes beruht – denn für Eckpunktverschiebungen liegen bei Profil-Balkenelementen keine Knoten- oder Elementdaten vor. Ebenso sind die anschaulichen pseudografischen Verformungen zu bewerten (Tafel 7/4).

- **Dünnwandige offene Querschnitte (U-Profil, Doppel-T-Profil)**

Die Profilformen U-Profil und Doppel-T-Profil sind bei Balken-Profilelementen verfügbar, so dass nur noch die Länge der Stäbe durch Knoten und Elemente definiert werden muss (Tafel 7/5). Ausgehend von der Liniendarstellung über die Vernetzung der Linie entstehen die prismatischen Stäbe. Die Lagerung erfolgt am Knoten N1. Das Torsionsmoment $M_T$ wird am Knoten 2 eingeleitet. In der pseudografischen Darstellung erfolgt die Zuordnung zu m Flächenschwerpunkt.

Die Verformungs- und Spannungsberechnungen, ausgenommen Verwölbungen, können ebenfalls in pseudografischer Darstellung abgebildet werden. Die grauwertigen Abstufungen zeigen klassisch errechnete Werte in Form von Isolinien und ge-

| **FE-A5 Tors** | Allgemeine Befehlsfolge |
|---|---|
| Name | Speicherung der FE-Rechnung unter FILE-Name<br>"Tors5a" - **Variante A:** Dünnwandiger U-Stab;<br>"Tors5b" - **Variante B:** Dünnwandiger Doppel-T-Stab; |
| Elemente | 3-dimensionales Profil-Balkenenelement - notwendige Eingaben:<br>**Variante A** - Profilform: Dünnwandiges U-Profil,<br>**Variante B** - Profilform: Dünnwandiges Doppel-T-Profil,<br>Abmessungen siehe Bildfolge; |
| Werkstoffe | Stahl: $E_{St}$= 210 kN/mm² $G_{St}$= 81 kN/mm² $\nu$ = 0,3 |
| Geometrie | CAD-Modell aus Geometriepunkten, Linie erstellen;<br>Geometriepunkte (x;y;z) in mm: K1(0;0;0), K2(100;0;0),<br>Linie bilden: L1(K1,K2), |
| Vernetzung | Elementeanzahl (Profil-Balkenelemente) definieren: 4 mm Elementlänge, es werden 25 Elemente mit 26 Knoten generiert; |
| Randbedingungen | Lagerung: N1 (alle Freiheitsgrade gebunden);<br>Belastung in Nm: an N2 $M_T$ = 80 gesetzt; |
| Berechnung und Ergebnisse | Ansatz: statisch, linear,<br>Charakteristische Größe: Verschiebung der Knoten,<br>**Variante A** - Verdrehweg s in mm: 1,642 an N2,<br>max. Torsionsspannung in N/mm²: 104;<br>**Variante B** - Verdrehweg s in mm: 0,773 an N2,<br>max. Torsionsspannung in N/mm²: 100; |
| *x* , *y* , *z* Koordinaten im globalen kartesischen Koordinatensystem,<br>*Ux* , *Uy* , *Uz* , *ROTx* , *ROTy* , *ROTz* Verschiebungen und Verdrehungen,<br>*K* Keypoint (Geometriepunkt im CAD-Modell), *L* Line (Linie im CAD-Modell),<br>*N* Node (Knoten im FE-Modell), *E* Element (Element im FE-Modell),<br>*FE-A* Finite Elemente Anwendungsbeispiel, | |

Fortsetzung nächste Seite

| FE-A5 Tors | Bildfolge |
|---|---|
| Geometrie | 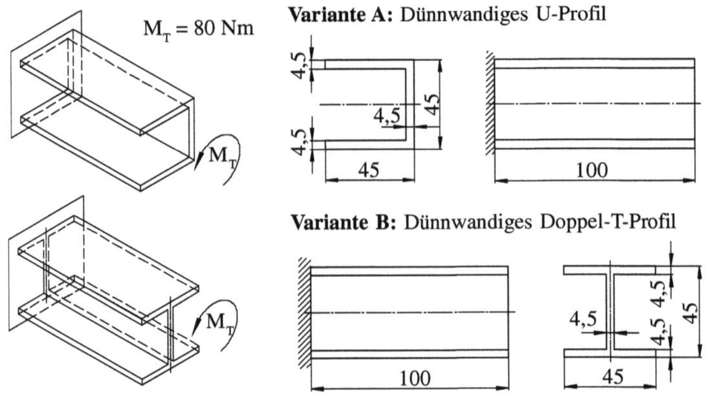 |
| Vernetzung Randbedingungen | 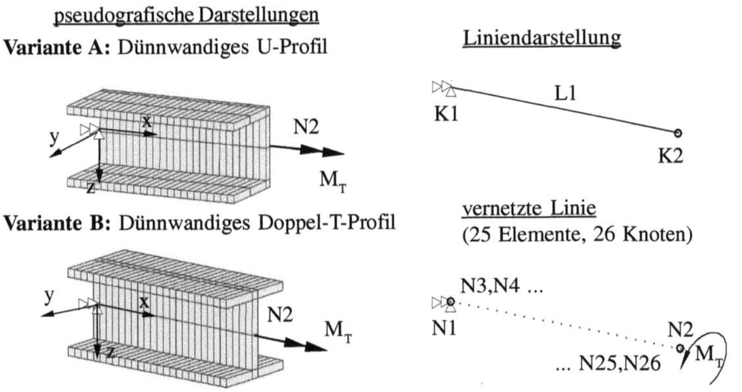 |
| Grafische Ergebnisse | pseudografische Darstellungen<br>**Variante A:** Dünnwandiges U-Profil **Variante B:** Dünnwandiges Doppel-T-Profil<br>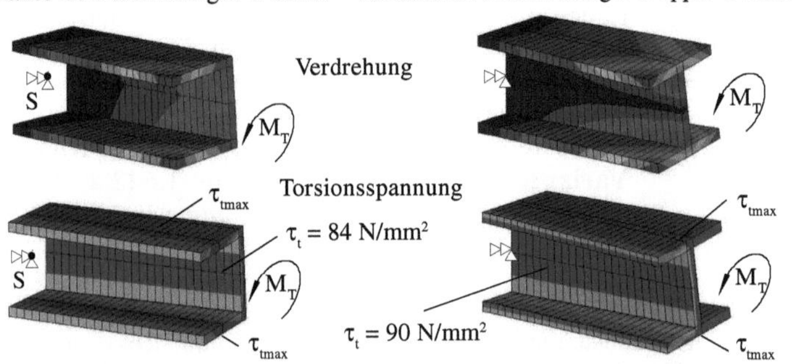<br>Verdrehweg an N2: s = 1,642 mm s = 0,773 mm<br>Torsionsspannung: $\tau_{tmax}$ = 104 N/mm² $\tau_{tmax}$ = 100 N/mm² |

**Tafel 7/5:** Torsion am Stab mit dünnwandigem U-Profil und dünnwandigem Doppel-T-Profil (Profil-Balkenelemente)

ben keine Knotenverschiebungen wieder. Bei der Darstellung der Torsionsspannungen wurde die Ebene gewählt, die den Spannungsverlauf im Steg zeigt. Dort treten mit $\tau_t$ = 84 N/mm² (U-Profil) bzw. $\tau_t$ = 90 N/mm² (Doppel-T-Profil) kleinere Werte auf als in den Flanschen.

Der Berechnungsansatz nach Abschn. 7.2.2 verglichen mit den Ergebnissen der FE-Rechnung ergibt näherungsweise Übereinstimmung. Die Torsionsspannungen lauten für das

| | | |
|---|---|---|
| U-Profil | n. Gl. 7.1, 7.22 | $\tau_{tmax}$ = 94 N/mm², |
| | n. FE-Modell (Tafel 7/5) | $\tau_{tmax}$ = 104 N/mm², |
| Doppel-T-Profil | n. Gl. 7.1, 7.22 | $\tau_{tmax}$ = 94 N/mm², |
| | n. FE-Modell (Tafel 7/5) | $\tau_{tmax}$ = 100 N/mm². |

Die Spannungen werden nach klassischem Berechnungsansatz etwas zu klein berechnet, d. h. die Berechnung des Torsionsträgheitsmomentes (Gl. 7.21) nach der Methode der *Summe der Torsionsträgheitsmomente der beteiligten schlanken Rechteckquerschnitte* fällt etwas zu groß aus (Gl. 7.1; Gl. 7.22).

Die maximalen Verdrehungen treten an den Eckpunkten der Profile auf (Abb. 7.20.). Es wird der Verdrehweg s der FE-Lösung mit dem Ergebnis der klassischen Berechnung nach Abschn. 7.2.2 verglichen. Die Umrechnung in den Verdrehwinkel φ erfolgt nach Gl. 7.27. Es gilt für das

| | | |
|---|---|---|
| U-Profil | n. Gl. 7.4, 7.25 | $\varphi = 2{,}58 \cdot 10^{-2}$, |
| | n. FE-Modell (Tafel 7/5; s = 1,642 mm) und Gl. 7.27 (r = 64,72 mm) | $\varphi = 2{,}54 \cdot 10^{-2}$, |
| Doppel-T-Profil | n. Gl. 7.4, 7.25 | $\varphi = 2{,}58 \cdot 10^{-2}$, |
| | n. FE-Modell (Tafel 7/5; s = 0,773 mm) und Gl. 7.27 (r = 31,82 mm) | $\varphi = 2{,}43 \cdot 10^{-2}$. |

Der Vergleich der Verdrehwinkel zeigt auch hier, dass das Torsionsträgheitsmoment etwas zu groß berechnet wird (Gl. 7.4) und deshalb kleinere Verdrehwinkel entstehen. Der Drehpunkt des U-Profils liegt im Schubmittelpunkt M, während für das Doppel-T-Profil Schubmittelpunkt M und Flächenschwerpunkt S übereinstimmen und den Drehpunkt bilden.

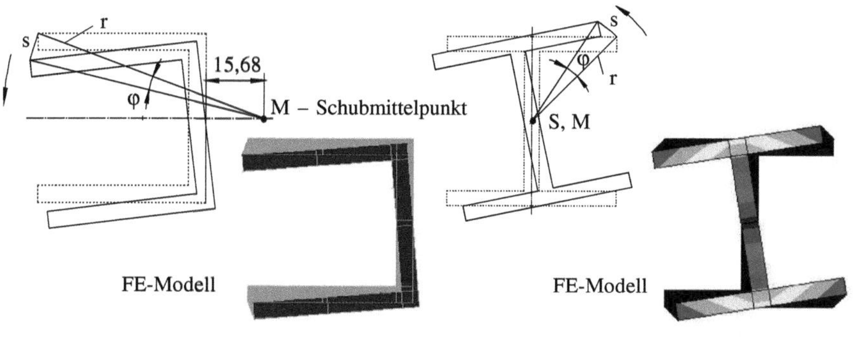


**Abb. 7.20.** Verdrehwinkel φ am dünnwandigen U-Profil und Doppel-T-Profil (Profil-Balkenelemente)

## 7.4 Erweiterte Modellbildung Torsion

### 7.4.1 Torsion mit Scheibenelementen (achsensymmetrisch)

- **Zylindrischer Torsionsstab**

Scheibenelemente mit achsensymmetrischen Eigenschaften bieten gegenüber Balkenelementen mehr Möglichkeiten zur Modellgestaltung. Vorteilhaft ist die Generierung in der Ebene, nachteilig die Beschränkung auf rotationssymmetrische Bauteilstrukturen. Es ist weiterhin zu unterscheiden zwischen achsensymmetrischen Scheibenelementen geeignet für Belastungen in der x-y-Ebene und solchen für Umfangslasten (Abb. 7.21.).

Belastungen in beliebiger Richtung in der x-y-Ebene sind immer so aufzufassen, dass auch spiegelbildlich zur y-Achse die Wirkung angenommen werden muss. Es lassen sich nur Verschiebungen in Richtung der x- bzw. y-Koordinate verwirklichen, d. h. es liegen achsensymmetrische Belastungen zur y-Achse vor.

Torsionsmomente können mit dieser Art von achsensymmetrischen Scheibenelementen nicht erzeugt werden. Torsionsmomente erfordern die Wirkung von Umfangskräften. Für das Einleiten der Umfangskraft $F_z$ ist ein Elementetyp erforderlich, der nichtachsensymmetrische Belastungen zulässt. Diese achsensymmetrischen Elemente mit nichtachsensymmetrischen Belastungen ermöglichen Rotationen um die y-Achse.

Eine Anwendung beim zylindrischen Torsionstab erfordert die Generierung eines halben Stabes im 1. Quadranten (Tafel 7/6). Das Rechteck wird begrenzt durch die Keypoints K1 bis K4. Die Linie L3 entspricht dem Radius des Rundstabes. Die Netzdichte wird über die Elementekantenlänge von 2,5 mm definiert. Die 160 Elemente sind mit 569 Knoten besetzt.

Ein Elementetyp mit Mittenknoten fand Anwendung. Elemente mit Mittenknoten rechnen wegen des quadratischen Ansatzes genauer und bilden Verformungen korrekter ab. Die Steuerung des Elementetyps beschränkt sich auf die Eingabe zum gewünschten Rotationsmodus.

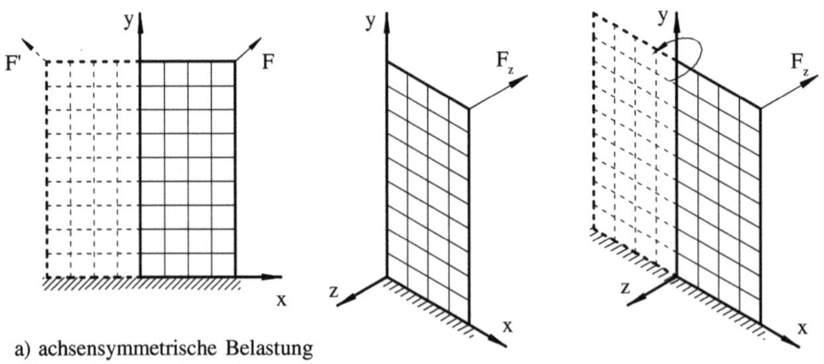


a) achsensymmetrische Belastung (Lasten in der x-y-Ebene)

b) nichtachsensymmetrische Belastung (Umfangslasten)

**Abb. 7.21.** Scheibenelemente in achsensymmetrischer Struktur mit achsensymmetrischen und nichtachsensymmetrischen Lasten

Die Lagerung erfolgt an Linie L1. Die Umfangskraft $F_z$ wird am Keypoint K3 angesetzt. Für das Torsionsmoment $M_T$ = 80 Nm ergibt sich beim Stabradius von 8 mm eine Umfangskraft von $F_z$ = 10 kN. Die Randbedingungen sind abgeschlossen mit der Fixierung (z = 0) aller Knoten des Scheibenmodells an der Rotationsachse.

Die Auswertung der FE-Berechnung in den grafischen Ergebnissen (Tafel 7/6) lässt bei Nutzung des ebenen Scheibenmodells die Verdrehung erkennen. Da rotationssymmetrische Bedingungen vorliegen, kann die Anschaulichkeit durch das Rotieren zum Halb- bzw. Vollstab erhöht werden. Noch besser geeignet ist Auslesung der Knotenwerte nach Schneiden in einem Bereich. An der Stelle I-I wurde das

| **FE-A6 Tors** | Allgemeine Befehlsfolge |
|---|---|
| Name | Speicherung der FE-Rechnung unter FILE-Name "Tors6" |
| Elemente | 2-dimensionales Scheibenelement mit Mittenknoten (8 Knoten), achsensymmetrisch mit nichtachsensymm. Belastungen - notwendige Eingaben: "Modus" Radialkraft, Torsion |
| Werkstoffe | Stahl: $E_{St}$= 210 kN/mm² $\nu$ = 0,3 |
| Geometrie | CAD-Modell aus geometrischen Grundkörper "Rechteck" erstellen - Nummern für Keypoints und Linien werden vom FE-System automatisch vergeben;<br>Koordinaten des Rechteckes in mm: $x_1$=0; $y_1$=0; $x_2$=8; $y_2$=100; |
| Vernetzung | Elementeanzahl (Rechteckelemente) definieren: 2,5 mm Elementlänge, es werden 160 Elemente mit 569 Knoten generiert; |
| Randbedingungen | Lagerung: selektiert über kartesisches Koordinatensystem (y=0); alle Freiheitsgrade gebunden (Einspannung);<br>Rotationsachse: selektiert über kartesisches Koordinatensystem (x=0), Uz = 0 gesetzt;<br>Radialkraft in kN: Fz = – 10; selektiert über kartesisches Koordinatensystem (y=100; x=8); |
| Berechnung und Ergebnisse | Ansatz: statisch, linear, rotationssymmetrisch<br>Charakteristische Größe: Verschiebung der Knoten,<br>Verdrehweg s in mm: 0,123 mm an K3;<br>max. Torsionsspannung in N/mm²: 100; |
| *x* , *y* , *z* Koordinaten im globalen kartesischen Koordinatensystem,<br>*Ux* , *Uy* , *Uz* , *ROTx* , *ROTy* , *ROTz* Verschiebungen und Verdrehungen,<br>*K* Keypoint (Geometriepunkt im CAD-Modell), *L* Line (Linie im CAD-Modell),<br>*N* Node (Knoten im FE-Modell), *E* Element (Element im FE-Modell),<br>*FE-A* Finite Elemente Anwendungsbeispiel, | |

Fortsetzung nächste Seite

| **FE-A6 Tors** | Bildfolge |
|---|---|
| Geometrie | 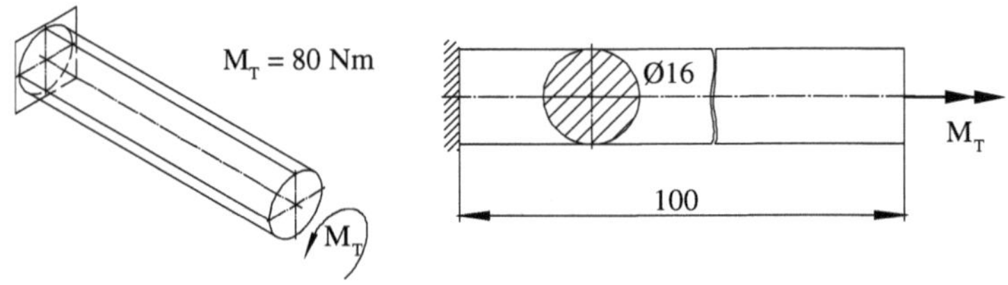 |
| Vernetzung Randbedingungen | 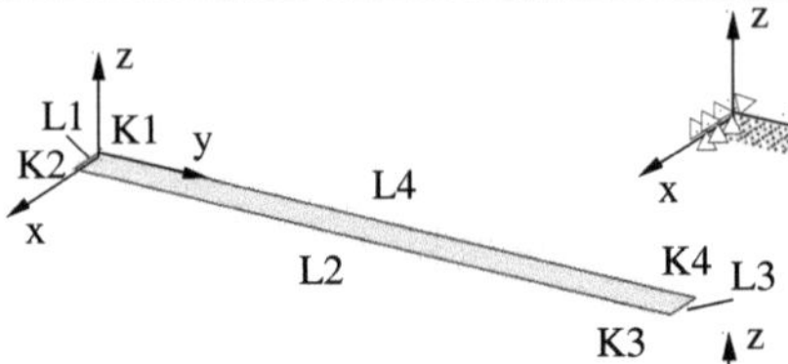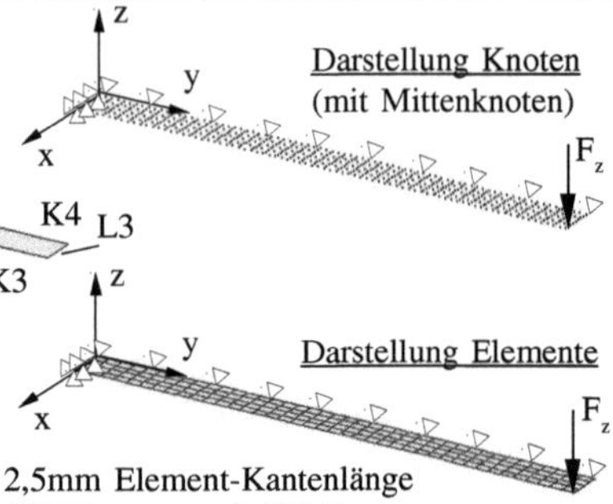<br>Fläche: Darstellung im 1. Quadranten; rotationssymmetrische Geometrie, Rotationsachse => y-Achse<br>2,5mm Element-Kantenlänge<br>160 Elemente mit 569 Knoten |
| Grafische Ergebnisse | 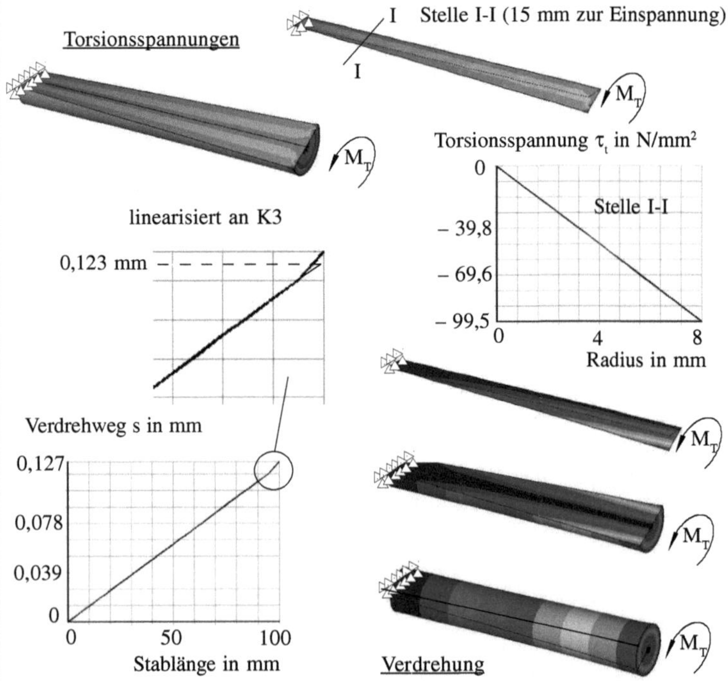 |

**Tafel 7/6:** Torsion am Stab mit Kreisquerschnitt (Scheibenelemente mit Mittenknoten)

Diagramm zur Torsionsspannung aufgenommen. Der lineare Spannungsverlauf entspricht dem erwarteten Torsionsverhalten und zeigt, dass Netzdichte einschließlich Elementetyp gut ausgewählt sind. Der Spannungswert mit $\tau_{tmax} \approx 100$ N/mm² befindet sich in Übereinstimmung mit bereits ermittelten Ergebnissen (Tafel 7/1; Abschn. 7.2.1).

Diese Aussage trifft auch auf den Verdrehwinkel $\varphi$ zu. Mit dem linearisierten Verdrehweg s = 0,123 mm kommt es zum bekannten Verdrehwinkel $\varphi = 1{,}54 \cdot 10^{-2}$. Die örtliche Verzerrung am Keypoint K3 ($s_{max}$ = 0,127 mm) entsteht wegen des Kraftangriffes an dieser Stelle und ist als unvermeidbare Beeinflussung einzuschätzen .

- **Abgesetzter zylindrischer Torsionsstab**

Die Scheibenelemente mit achsensymmetrischen Eigenschaften sind besonders gut geeignet, konische bzw. zylindrische Absätze zu simulieren. Gegenüber Balkenelementen steigen Simulationsmöglichkeiten und Informationsinhalte und gegenüber Volumenelementen sinkt der Programmieraufwand.

Der konische Übergang in einem Modell, d. h. die keglige Verbindung zwischen 2 Zylindern, kann mit wenig Aufwand erstellt werden (Abb. 7.22.). Im Halbschnitt werden die 3 Flächen A1, A2, A3 durch Verbindung der vorher gesetzten Keypoints K1 bis K8 gebildet. Die Liniennummern vergibt das FE-System automatisch. Die Verbindung der Flächen ergibt sich durch gemeinsame Begrenzungslinien. Die Linie L3 gehört zu Fläche A1 und A2, die Linie L6 verbindet A2 mit A3.

Das FE-Netz benutzt die geometrischen Linien als Stützlinien für Knoten und Elemente. Die Knoten und Elemente an den Linien L3 und L6 verbinden damit die vernetzten Teilgebiete und prägen das einheitliche FE-Modell. Die Vernetzung lässt sich verschiedenartig steuern. Mit der Vorgabe einer festen Elementekantenlänge und gewünschten Rechteckelementen für das gesamte Modell entstehen zwischen den Flächen A1 und A3 verschiedene Elementezahlen bezogen auf den Radius. Der konische Absatz kann den Unterschied nicht ausgleichen. Es müssen einige Rechteckelemente zu Dreieckelementen transformiert werden.

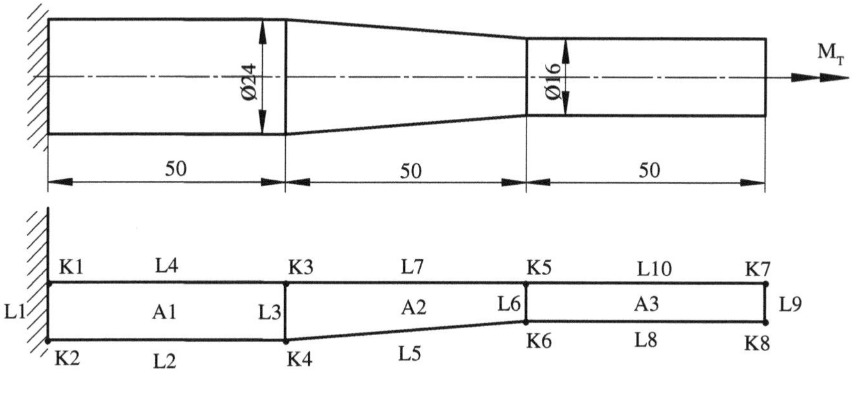


**Abb. 7.22.** Flächenmodell des konischen Rundstabes für Scheibenelemente mit achsensymmetrischen Eigenschaften

Sollen durchweg Rechteckelemente generiert werden, ist eine spezielle Liniensteuerung erforderlich. Den Linien L1, L3, L6, L9 können beispielsweise 4 Elemente pro Linie zugeordnet werden. Unter Berücksichtigung der kritischen Spannungsstellen im Modell erhalten die Linien L8, L10 eine Aufteilung in 25 Elemente. Für die Linien L5, L7 wären 20 Elemente und für die Linien L2, L4 17 Elemente ausreichend. Das Modell umfasst mit diesen Einteilungen insgesamt 248 Rechteckelemente.

Zylindrische Übergänge erfordern meist etwas mehr Aufwand bei der Modellerstellung, wenn Rechteckelemente für das Gesamtmodell gewünscht sind. Die Einhaltung einiger Grundregeln sind unumgänglich. Es wird nämlich oft übersehen, dass optische Übereinstimmungen in den Flächenverbindungen nicht von vornherein auch mathematische Verbindungen bedeuten (Abb. 7.23.).

Der optische Eindruck des Flächenverbundes zeigt scheinbar eine Verbindung zwischen den Flächen A17 und A18. Die Fläche A17 wurde durch die Keypoints K31, K32,K..., K... gebildet. Die Fläche A18 entstand durch die Keypoints K33, K34,K..., K... , wobei K34 dieselben Koordinaten erhielt wie K32. Der Keypoint K33 stimmt mit der horizontalen Koordinate überein. Das symbolisch eingezeichnete Netz erweckt den Eindruck einer Einheit.

Die wirkliche (mathematische) Verbindung zeigt aber 2 getrennte Flächen, deren Begrenzungslinien L35 und L39 keine Gemeinsamkeit haben. Wird auf den Keypoint K34 verzichtet und statt dessen der Keypoint K32 von beiden Flächen benutzt, entsteht mit K32, K33, K..., K... die Fläche A18. Eine Verbindung ist damit durch den Knoten unter K32 hergestellt. Im Beanspruchungsfall werden lediglich über diesen Knoten die Verschiebungen wirksam. Das Modell ist fehlerhaft. Je nach Belastung kann es sogar zur Spaltbildung zwischen den Flächen kommen.

Die einzige Möglichkeit zur Verbindung ungleich großer Flächen – wenn durchweg Rechteckelemente gewünscht sind – ist gegeben durch Zerlegung in Einzelflächen (Abb. 7.23. c). Die 3 Flächen besitzen mit L41 und L42 gemeinsame Verbindungslinien. Der Keypoint K32 gehört den Flächen A17 und A18 an. Der Keypoint K33 ist allen 3 Flächen zugehörig. Die Netzdichte wird mit der Unterteilung auf L42 für A17, A18 und mit der Unterteilung auf L41 für A17, A19 geprägt.

Am abgesetzten Rundstab mit Kreisquerschnitt (Tafel 7/7) sind 6 Flächen notwendig, um am Gesamtmodell eine Vernetzung mit Rechteckelementen zu errei-

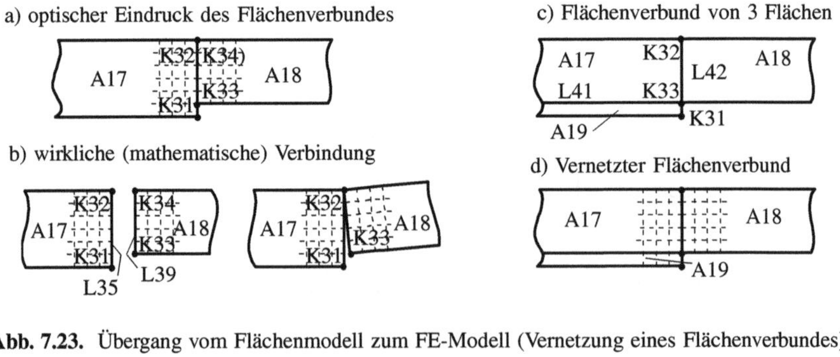


**Abb. 7.23.** Übergang vom Flächenmodell zum FE-Modell (Vernetzung eines Flächenverbundes)

chen. Nach der Definition von 13 Keypoints werden die entsprechenden Flächen gebildet. Da die inneren Keypoints als Stützpunkte für 2 oder mehr Flächen dienen, sind auch die angrenzenden Linien zu den anliegenden Flächen zugehörig.

Wegen der günstigen Maße werden alle Elementekantenlängen mit 2 mm festgelegt. Es entsteht dadurch ein gleichmäßiges Netz im gesamten Modell. Eine Netzverdichtung an kritischen Stellen ist nicht vorgesehen, da nur Verdrehung und Torsi-

| **FE-A7 Tors** | Allgemeine Befehlsfolge |
|---|---|
| Name | Speicherung der FE-Rechnung unter FILE-Name "Tors7" |
| Elemente | 2-dimensionales Scheibenelement mit Mittenknoten (8 Knoten), achsensymmetrisch mit nichtachsensymm. Belastungen - notwendige Eingaben: "Modus" Radialkraft, Torsion |
| Werkstoffe | Stahl: $E_{St}$= 210 kN/mm² ν = 0,3 |
| Geometrie | CAD-Modell aus Geometriepunkten, Flächen erstellen; Geometriepunkte (x;y) in mm: K1(0;0), K2(8;0), K3(10;0), K4(12;0), K5(0;50), K6(8;50), K7(10;50), K8(12;50), K9(0;100), K10(8;100), K11(10;100), K12(0;150), K13(8;150); Flächen bilden: A1(K1,K2,K6,K5), A2(K2,K3,K7,K6), A3(K3,K4,K8,K7), A4(K5,K6,K10,K9), A5(K6,K7,K11,K10), A6(K9,K10,K13,K12), |
| Vernetzung | Elementeanzahl (Rechteckelemente) definieren: 2 mm Elementlänge, es werden 375 Elemente mit 1288 Knoten generiert; |
| Randbedingungen | Lagerung: selektiert über kartesisches Koordinatensystem (y=0); alle Freiheitsgrade gebunden (Einspannung); Rotationsachse: selektiert über kartesisches Koordinatensystem (x=0), Uz = 0 gesetzt; Radialkraft in kN: Fz = – 10; selektiert über kartesisches Koordinatensystem (y=150; x=8); |
| Berechnung und Ergebnisse | Ansatz: statisch, linear, rotationssymmetrisch Charakteristische Größe: Verschiebung der Knoten, Verdrehweg s in mm: 0,101 mm an K13; max. Torsionsspannung in N/mm²: 100; |

*x , y , z* Koordinaten im globalen kartesischen Koordinatensystem,
*Ux , Uy , Uz , ROTx , ROTy , ROTz* Verschiebungen und Verdrehungen,
*K* Keypoint (Geometriepunkt im CAD-Modell), *L* Line (Linie im CAD-Modell),
*N* Node (Knoten im FE-Modell), *E* Element (Element im FE-Modell),
*FE-A* Finite Elemente Anwendungsbeispiel,

Fortsetzung nächste Seite

<table>
<tr><th>FE-A7<br>Tors</th><th>Bildfolge</th></tr>
<tr><td>Geometrie</td><td>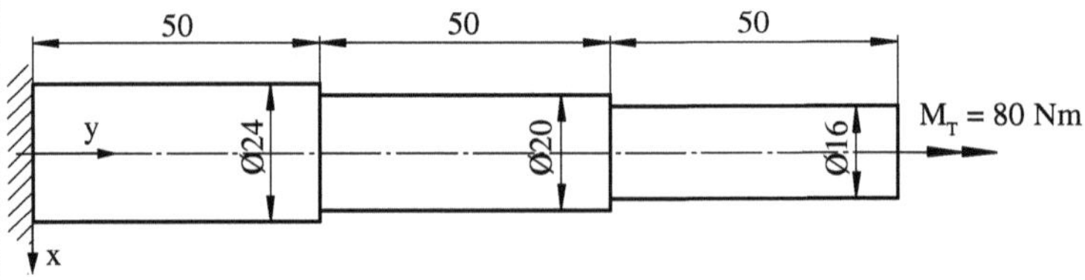
</td></tr>
<tr><td>Vernetzung<br>Randbedin-<br>gungen</td><td>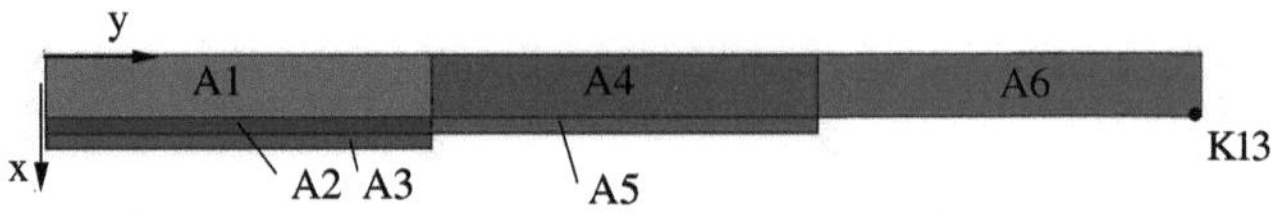

<u>Flächendarstellung:</u><br>im 1. Quadrant;<br>rotationssymmetrische Geometrie;<br>y-Achse = Rotationsachse;
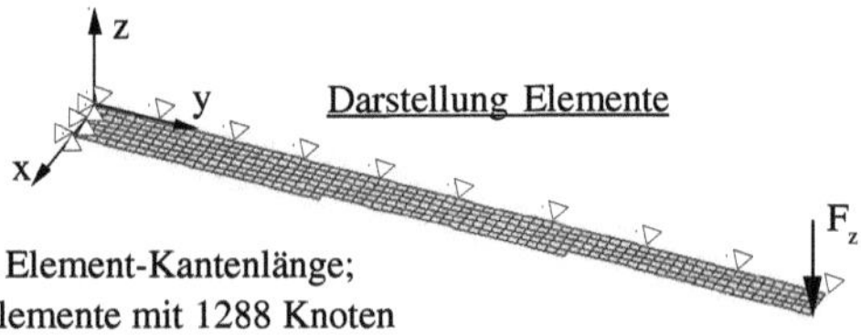

2 mm Element-Kantenlänge;<br>375 Elemente mit 1288 Knoten</td></tr>
<tr><td>Grafische<br>Ergebnisse</td><td><u>Torsionsspannungen</u>
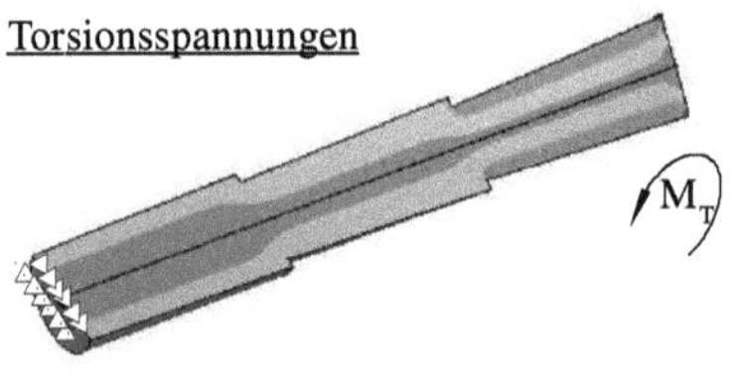

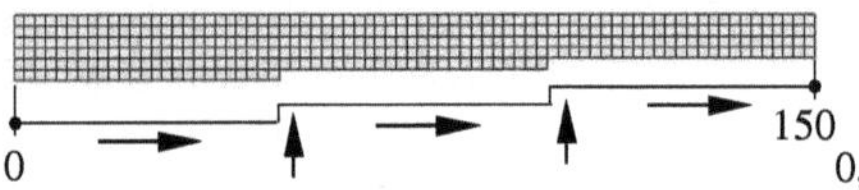

Weg der ausgelesenen Knotenwerte
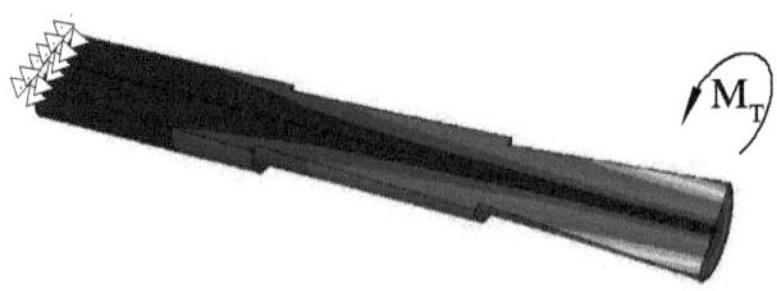

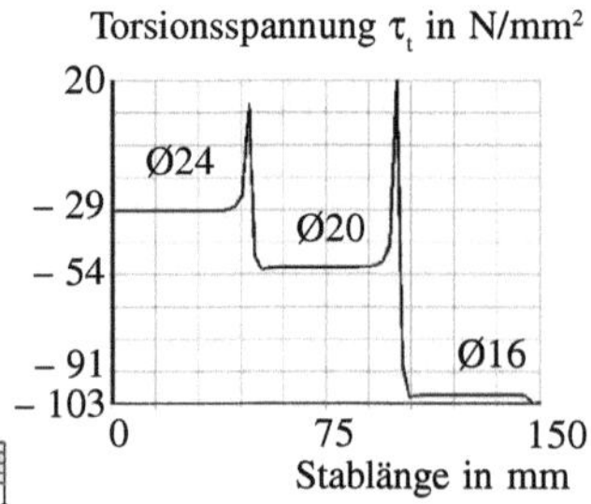

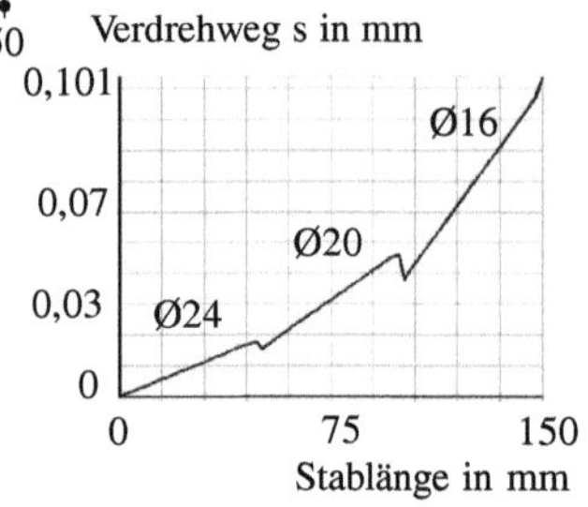
</td></tr>
</table>

**Tafel 7/7:** Torsion am abgesetzten Rundstab mit Kreisquerschnitt (Scheibenelemente mit Mittenknoten)

onsspannungsverlauf dokumentiert werden sollen. Die unvermeidlichen Spannungsspitzen an der Lagerstelle und an der Stelle der Krafteinleitung sind in der Diagrammdarstellung durch die Wahl des Ausleseweges der Knotendaten ausgeblendet. Die Werte für die Torsionsspannung und den Verdrehweg beginnen 2 mm nach der

Lagerstelle und enden 2 mm vor der Stelle der Krafteinleitung. An der Außenkontur werden die Knotenwerte zur Darstellung der Kurven in den Diagrammen ausgelesen. Der Verlauf der Kurven wird an den Stababsätzen unterbrochen. Der vertikale Sprung von 2 mm zum nächsten Querschnitt ist dort erkennbar.

Die maximale Torsionsspannung am abgesetzten zylindrischen Torsionsstab von $\tau_{tmax} \approx 100$ N/mm² ist identisch mit der vom zylindrischen Torsionsstab (Tafel 7/6). Die Übereinstimmung entsteht, weil Torsionsmoment ($M_T$ = 80 Nm) und Durchmesser des kleinsten Querschnittes (Ø 16) übereinstimmen.

Beim Verdrehweg lassen sich im Diagramm die unterschiedlichen Anstiege bezüglich der Durchmesser erkennen – kleinerer Verdrehweg beim großen Durchmesser, d. h. bei größerer Torsionssteifigkeit. Wird die Verzerrung ($s_{max}$ = 0,104 mm) an der Kraftangriffsstelle durch eine Linearisierung (s = 0,101 mm) ausgeglichen, ergibt sich zwischen

dem FE-Modell (Tafel 7/7; s = 0,101 mm)
und Gl. 7.27 (r = 8 mm) $\varphi = 1{,}263 \cdot 10^{-2}$,

dem klassischen Ansatz n. Gl. 7.7 $\varphi = 1{,}234 \cdot 10^{-2}$

eine sehr gute Übereinstimmung.

Der konische Übergang unterscheidet sich zum abgesetzten zylindrischen Torsionsstab (Tafel 7/7) durch die einfachere Generierung der Flächen. Mit den Vorgaben nach Abb. 7.22. einschließlich der Vernetzungshinweise für ein Netz aus Rechteckelementen entsteht das FE-Modell (Abb. 7.24.).

Für die Diagramme zur Torsionsspannung und zum Verdrehweg wurden die Knotenwerte am Stabrand ausgelesen. Der Ausleseweg ist begrenzt auf ca. 148 mm. Die verzerrten Werte an der Lagerstelle und an der Stelle der Krafteinleitung sind damit ausgeblendet. Die Kurvenverläufe der zylindrischen Teile sind praktisch deckungsgleich mit den Ergebnissen des abgesetzten zylindrischen Modells. Der keglige Teil

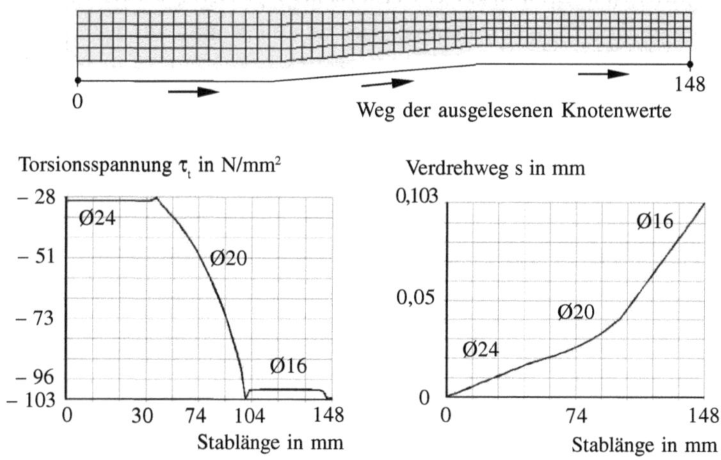


**Abb. 7.24.** Torsionsspannung und Verdrehweg am konischen Rundstab (achsensymmetrische Scheibenelemente)

wird durch eine Kurve repräsentiert. Als maximaler Torsionsspannungswert ergibt sich ebenfalls wie am zylindrischen Torsionsstab (Tafel 7/6) der Wert von $\tau_{tmax} \approx 100$ N/mm². Der maximale Verdrehweg verglichen mit dem klassischen Ansatz lautet für

das FE-Modell (Abb. 7.24.); s = 0,103 mm)
und Gl. 7.27 (r = 8 mm) $\varphi = 1{,}29 \cdot 10^{-2}$,

den klassischen Ansatz n. Gl. 7.4; Gl. 7.8 $\varphi = 1{,}28 \cdot 10^{-2}$

bei sehr guter Übereinstimmung.

### 7.4.2 Torsion mit Schalenelementen

Mit Schalenelementen können 3-dimensionale Modelle erstellt werden. Bei der Anwendung von Schalen ist zu beachten, dass die Schalendicke gering gegenüber anderen Abmessungen sein muss. Die Knoten des Schalenelementes sind auf die Schalenmittellinie bezogen, d. h. bei der Generierung des Modells ist ihre Position um die halbe Schalendicke versetzt einzugeben. Diese Besonderheit führt dazu, dass kantige Modellkörper mit geringen Überschneidungen und kleinen Fehlstellen entstehen.

Der Übergang zum 3-D-Modell stellt höhere Anforderungen an die Definition der Randbedingungen. Die wirklichkeitsnähere Abbildung des realen Bauteils erhöht auch die Ansprüche an praxisnahe Simulierung von Lagerung und Lasteinleitung. Die Lagerung bereitet meist weniger Schwierigkeiten, da die Bindungen der Freiheitsgrade oft unkritische Bereiche betreffen. Die Eingabe der äußeren Lasten dagegen ist oft verbunden mit örtlichen Überlastungen und Verzerrungen. Verschiedene Möglichkeiten zur Einleitung von Torsionsmomenten werden in Abb. 7.14. gezeigt.

- **Stab mit dünnwandigem Quadratquerschnitt**

Die Erstellung des Modells für das Kastenprofil kann auf verschiedenen Wegen erfolgen. Im vorliegenden Fall wird über die Definition von Geometriepunkten (K1 bis K8) und anschließender Verbindung der Keypoints zu Flächen (A1 bis A4) das CAD-Modell generiert. Zu beachten ist, dass sich die Kontur auf der Schalenmittellinie befindet.

Bei der Eingabe ist ein einheitlicher Drehsinn bei der Flächenbildung einzuhalten. Die Reihenfolge der Eingabedaten bestimmt die Lage der Flächen und nach der anschließenden Vernetzung Ober- bzw. Unterseiten der Schalenelemente. Die Oberseiten kennzeichnen den Außenteil und die Unterseiten den Innenteil des Stabes mit dünnwandigem Quadratquerschnitt. Am Modell sollte kontrolliert werden, dass die Elemente der Außen- bzw. Innenseiten des Stabes einheitlich andersfarbig dargestellt sind.

Die Dicke der Wandung wird dem Schalenelement in der Elementedefinition zugeordnet. Die Vernetzung ist wegen der einfachen Kontur unproblematisch. Die feine Vernetzung mit Elementen der Kantenlänge 2 mm ermöglicht eine genauere Auswertung des Torsionsspannungsverlaufes an der Stelle I-I.

Die Einleitung des Torsionsmomentes erfolgt durch tangential wirkende äußere Kräfte an 4 Eckknoten (N2, N52, N460, N876). Der radiale Abstand vom Koordinatenursprung ist zu beziehen auf die Schalenmittellinie (r = 11,314 mm). Zur Erzeugung von $M_T = 80$ Nm ist damit eine Umfangskraft von $F_y = 7071$ N erforderlich.

Die Aufteilung der Umfangskraft auf die 4 Knoten setzt voraus, dass deren Knotenkoordinatensysteme in tangentiale Richtung gedreht werden. Durch den Übergang vom kartesischen zum zylindrischen Koordinatensystem vereinfacht sich die Umwandlung.

Die Auswertung in den grafischen Ergebnissen (Tafel 7/8) zeigt Verformungsspitzen an den Stellen der Krafteinleitung, im Diagramm des Verdrehweges erkennbar am Knick bei ca. 95 mm. Aufgezeichnet ist die Verformung der Kante von der Einspannstelle bis zum Knoten N52. Die Linearisierung des Kurvenverlaufes führt am freien Ende des Stabes zu einem Verdrehweg von etwa 0,134 mm. Mit diesem

| **FE-A8 Tors** | Allgemeine Befehlsfolge |
|---|---|
| Name | Speicherung der FE-Rechnung unter FILE-Name "Tors8" |
| Elemente | 2-dimensionales Schalenelement (4 Knoten), notwendige Eingaben: Schalendicke s = 2 mm |
| Werkstoffe | Stahl: $E_{St}$= 210 kN/mm² ν = 0,3 |
| Geometrie | CAD-Modell aus Geometriepunkten, Flächen erstellen;<br>Geometriepunkte (x;y;z) in mm: K1(-8;-8;0), K2(8;-8;0), K3(8;8;0), K4(-8;8;0), K5(-8;-8;100), K6(8;-81;100), K7(-8;-8;100), K8(-8;8;100),<br>Flächen bilden: A1(K1,K5,K8,K4), A2(K6,K5,K1,K2), A3(K6,K2,K3,K7), A4(K7,K3,K4,K8), |
| Vernetzung | Elementeanzahl (Rechteckelemente) definieren: 2 mm Elementlänge, es werden 1600 Elemente mit 1632 Knoten generiert; |
| Randbedingungen | Lagerung: selektiert über kartesisches Koordinatensystem (z=0); alle Freiheitsgrade gebunden (Einspannung);<br>Radialkraft in N: Fy =7071/4 an die 4 Knoten N2, N52, N460, N876 ; den Knoten Polarkoordinaten zuordnen und in tangentiale Richtung drehen, |
| Berechnung und Ergebnisse | Ansatz: statisch, linear<br>Charakteristische Größe: Verschiebung der Knoten,<br>Verdrehweg s in mm: 0,134 mm;<br>max. Torsionsspannung in N/mm²: 96; |

*x , y , z* Koordinaten im globalen kartesischen Koordinatensystem,
*Ux , Uy , Uz , ROTx , ROTy , ROTz* Verschiebungen und Verdrehungen,
*K* Keypoint (Geometriepunkt im CAD-Modell), *L* Line (Linie im CAD-Modell),
*N* Node (Knoten im FE-Modell), *E* Element (Element im FE-Modell),
*FE-A* Finite Elemente Anwendungsbeispiel,

Fortsetzung nächste Seite

| **FE-A8 Tors** | Bildfolge |
|---|---|
| Geometrie | 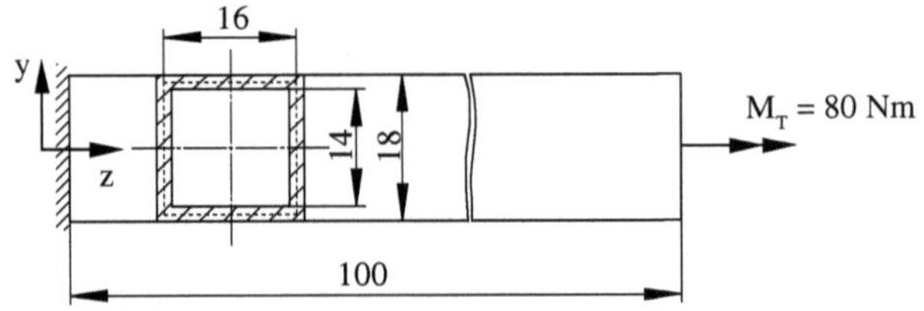  |
| Vernetzung Randbedingungen | 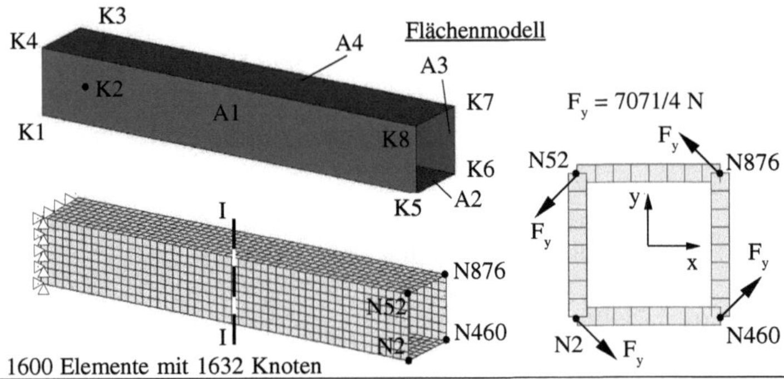  |
| Grafische Ergebnisse | 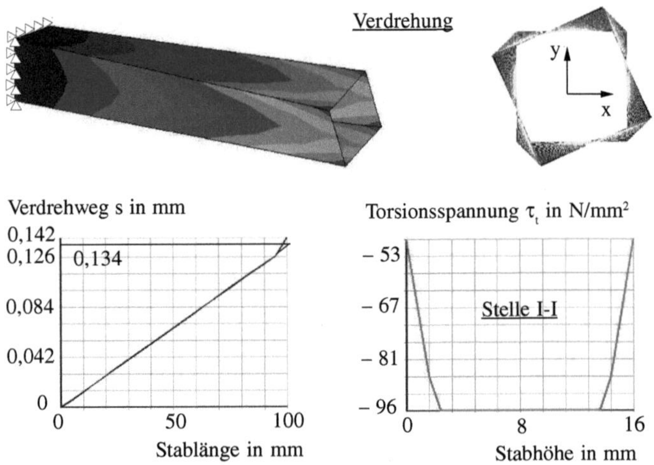  |

**Tafel 7/8:** Torsion am Stab mit dünnwandigem Quadratquerschnitt (Schalenelemente)

Verdrehweg wird der Verdrehwinkel für das FE-Modell berechnet (Gl. 7.27). Es ist festzustellen, ob die Verformungsspitzen von den Umfangskräften hervorgerufen werden. Die 4 Umfangskräfte werden deshalb auf die Kantenmitte des freien Trägerendes verlegt (Abb. 7.25.). Die Rotationsachse ist jetzt 8 mm vom Kraftangriff entfernt, so dass den 4 Knoten (N56, N464, N929, N1286) jeweils 2500 N zugeordnet werden. Alle anderen Daten bleiben erhalten und entsprechen Tabelle 7/8.

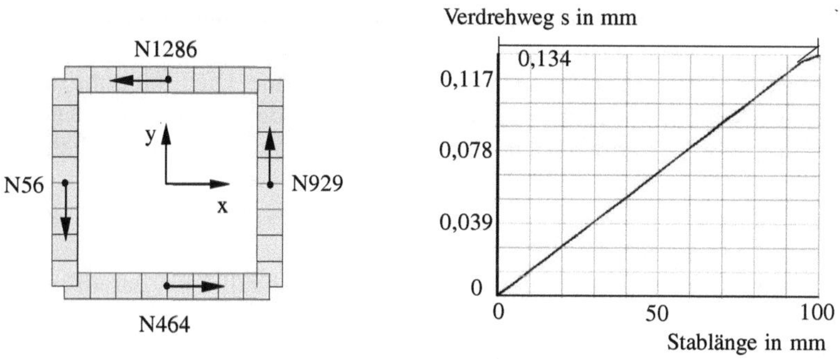


**Abb. 7.25.** Veränderter Kraftangriff am dünnwandigen Quadratquerschnitt (Schalenelemente)

Die veränderte Belastungsstruktur wirkt sich nur unbedeutend aus. Der Knick bei ca. 95 mm ist jetzt lediglich abfallend geneigt. Die Linearisierung führt auch wiederum zum Verdrehweg von 0,134 mm. Während der Kraftangriff an den Eckpunkten eine geringfügig größere Verformung hervorgerufen hat, werden beim Kraftangriff auf der Kantenmitte die Eckpunkte eher zurückgehalten. Beide Kraftansätze sind brauchbar.

Es kann also ein Ergebnisvergleich der Lösung mit Profil-Balkenelementen und der Lösung nach klassischem Ansatz erfolgen:

a) FE-Modell (Tafel 7/8; r = 11,31 mm; Gl. 7.27) $\varphi = 1{,}18 \cdot 10^{-2}$,

b) FE-Modell (Tafel 7/2; r = 11,31 mm; Gl. 7.27) $\varphi = 1{,}26 \cdot 10^{-2}$,

c) klassischer Ansatz n. Gl. 7.4; Gl. 7.16 $\varphi = 1{,}21 \cdot 10^{-2}$.

Das Modell mit Schalenelementen weicht nur geringfügig von den anderen Lösungen ab. Da alle 3 Varianten unterschiedliche Schwachstellen in ihren Berechnungen enthalten, kann wegen der ähnlichen Ergebnisse allen Ansätzen vertraut werden.

Für die Torsionsspannungen gilt das nur eingeschränkt (Abschn 7.3.2; Tafel 7/2). Die Lösungen nach klassischem Ansatz wichen erheblich von den FE-Lösungen ab. Es konnte gezeigt werden (Abb. 7.16.), dass sich die Wanddicken erheblich auf den theoretischen Rechenansatz auswirkten. Die Lösung mit Schalenelementen bestätigt die FE-Lösung mit Profil-Balkenelementen (Tafel7/2).

Im Diagramm nach Tafel 7/8 wird für die Stelle I-I ein Wert von $\tau_{tmax} \approx 96$ N/mm² angegeben. Der Kurvenverlauf zeigt auf ca. 12 mm konstant diesen Wert. In den Randelementen – vernetzungsbedingt jeweils 2 mm – entstehen Übergangswerte. Dem Prinzip der FE-Methode gehorchend bezieht sich bei höherer Netzdichte der Übergang auf kleinere Randelemente.

Die bisherigen Auswertungen beschränkten sich auf die Beurteilung von Torsionsspannungen und Drehwinkel. Die Torsionsspannungen lagen dabei im werkstoffverträglichen Bereich. Für Drehwinkel gibt es keine allgemeingültigen Grenzwerte. Es wurde deshalb der Vergleich zwischen klassischem Rechenansatz und der FE-Berechnung als nützlich angesehen. Unbeachtet blieben bisher allgemeine Grenzwerte der Spannungsbeanspruchungen, die sich beispielsweise über die von-Mises-Vergleichspannungen ausdrücken lassen.

Als kritische Stellen sind die Kanten am freien Ende des Stabes anzusehen. Durch die Verdrehung kommt es dort zu großen Verzerrungen und damit zu Spannungsspitzen. Weitere Probleme gibt es in der Kraftangriffszone. Die Einleitung des Torsionsmomentes erfolgt über Einzelknoten. Die Anzahl der verwendeten Knoten bestimmt die Größe der aufzubringenden Einzelkraft und damit die örtliche Spannungsspitze.

Solche Überlegungen sind bei der Anwendung von Profil-Balkenelementen ohne Bedeutung. Die Eingabe des Torsionsmomentes erfolgt dort ohne praktischen Bezug. Bei dem durch Schalenmodelle erzeugten 3D-Modell kann darauf nicht verzichtet werden. In der Praxis könnten Bolzen an der Stirnseite des dünnwandigen Quadratstabes sitzen. An diesen Stellen würden dann die Kräfte angreifen. Wenn ein Deckel die Bolzen verbindet, ergeben sich die Einzelkräfte aus dem Torsionsmoment, das an zentraler Stelle am Deckel angreifen kann.

Die Variante nach dem Prinzip „Bolzen“ ist in Tafel 7/8 durch das Generieren von 4 Kräften an den Eckpunkten des Profils angewendet worden. In Abb. 7.25. wurde eine Berechnung mit 4 Kräften auf Kantenmitte ausgeführt und dargestellt.

Das Prinzip „Deckel“ lässt sich simulieren, indem zusätzlich 3-dimensionale Balkenelemente am freien Ende des Stabes angebracht werden. Dazu wird auf der Drehachse ein zentraler Knoten angeordnet. Von diesem werden Balkenelemente zu ausgewählten Knoten an der Stirnseite des Schalenmodells geführt. Im zentralen Knoten erfolgt die Einleitung des Torsionsmomentes.

Beim Prinzip „Bolzen“ und ebenso beim Prinzip „Deckel“ kommt es an den Krafteinleitungen am Stab zu Dehnungen und Spannungserhöhungen weit über die Streckgrenze des Werkstoffes hinaus. Das Fließen des Werkstoffes führt zu bleibenden Verformungen (Abb. 7.26.). Besonders ausgeprägt ergeben sich diese hervorgerufen durch Einzelkräfte auf Knoten. Da die Kraftdefinition eine Richtungsvorgabe beinhaltet, die allgemein nicht der Drehung folgt, kommt es zu starken Elementeverzerrungen. In das Modell mit Balkenelementen – Balken verbinden die Knoten des Stabes – wird durch Eingabe eines Torsionsmomentes am zentralen Knoten N1700 eine Rotation eingeleitet, so dass lediglich die ungleichen Dehnungen von Stab und Balken geringe Verzerrungen zur Folge haben. Es bietet sich an, zusätzliche Balken zur weiteren Verbesserung der Lastaufteilung anzubringen.

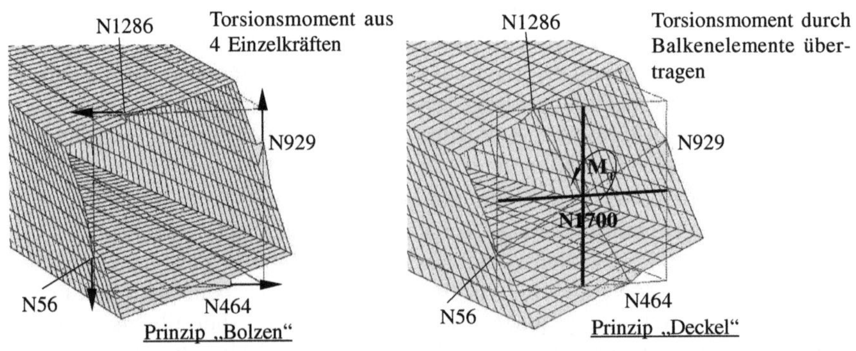


**Abb. 7.26.** Verzerrungen an den Stellen der Krafteinleitung am dünnwandigen Quadratstab

Beim Modell nach Tafel 7/9 wird an 8 Knoten nach dem Prinzip „Deckel“ das Drehmoment eingeleitet. Vom zentralen Knoten N1700 aus werden durch Balken die 4 Eckknoten und die 4 Knoten auf Kantenmitte verbunden. Die tangentialen Kräfte aus dem Torsionsmoment an Knoten N1700 verteilen sich damit auf 8 Stellen am dünnwandigen Quadratstab. Die Kraftanteile werden geringer, bringen aber immer noch Spannungsspitzen oberhalb der Streckgrenze des Werkstoffs.

| **FE-A9 Tors** | Allgemeine Befehlsfolge |
|---|---|
| Name | Speicherung der FE-Rechnung unter FILE-Name "Tors9" |
| Elemente | 2-dimensionales Schalenelement (4 Knoten), notwendige Eingaben: Schalendicke s = 2 mm;<br>3-dimensionales Balkenelement, notwendige Eingaben:<br>Querschnittsfläche in mm²: A = 9;<br>Flächenträgheitsmomente in mm⁴: $I_z$ = 20,25; $I_y$ = 20,25;<br>Querschnitt des Balkens in mm: h = b = 3; |
| Werkstoffe | Stahl: $E_{St}$= 210 kN/mm² ν = 0,3<br>Streckgrenze $R_e$ = 250 N/mm² |
| Geometrie | CAD-Modell aus Geometriepunkten, Flächen erstellen;<br>Geometriepunkte (x;y;z) in mm: K1(-8;-8;0), K2(8;-8;0), K3(8;8;0), K4(-8;8;0), K5(-8;-8;100), K6(8;-81;100), K7(-8;-8;100), K8(-8;8;100),<br>Flächen bilden: A1(K1,K5,K8,K4), A2(K6,K5,K1,K2), A3(K6,K2,K3,K7), A4(K7,K3,K4,K8), |
| Vernetzung | Elementeanzahl (Rechteckelemente) definieren: 2 mm Elementlänge, es werden 1600 Elemente mit 1632 Knoten generiert;<br>Balkenelemente: 1 Knoten und 8 Elemente generiert; |
| Randbedingungen | Lagerung: selektiert über kartesisches Koordinatensystem (z=0); alle Freiheitsgrade gebunden (Einspannung);<br>Torsionsmoment in Nm: an Knoten N1700 Mz = 80; |
| Berechnung und Ergebnisse | Ansatz: statisch, nichtlinear<br>Charakteristische Größe: Verschiebung der Knoten,<br>max. Verdrehweg s in mm: 0,138 mm;<br>v.-Mises-Vergleichsspannung in N/mm²: begrenzt auf 250; |

*x* , *y* , *z* Koordinaten im globalen kartesischen Koordinatensystem,
*Ux* , *Uy* , *Uz* , *ROTx* , *ROTy* , *ROTz* Verschiebungen und Verdrehungen,
*K* Keypoint (Geometriepunkt im CAD-Modell), *L* Line (Linie im CAD-Modell),
*N* Node (Knoten im FE-Modell), *E* Element (Element im FE-Modell),
*FE-A* Finite Elemente Anwendungsbeispiel,

Fortsetzung nächste Seite

| **FE-A9 Tors** | Bildfolge |
|---|---|
| Geometrie | 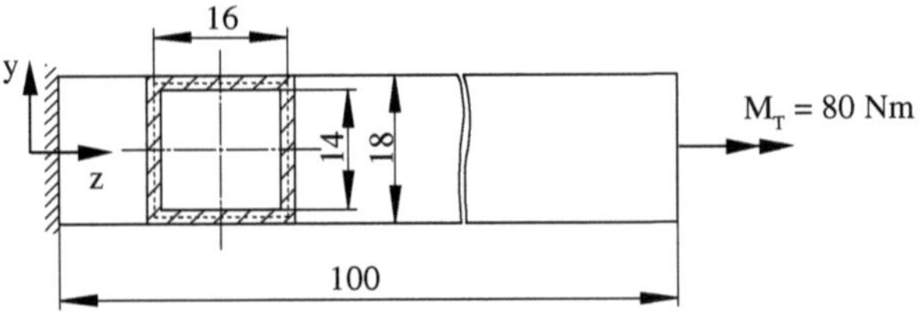  |
| Vernetzung Randbedingungen | 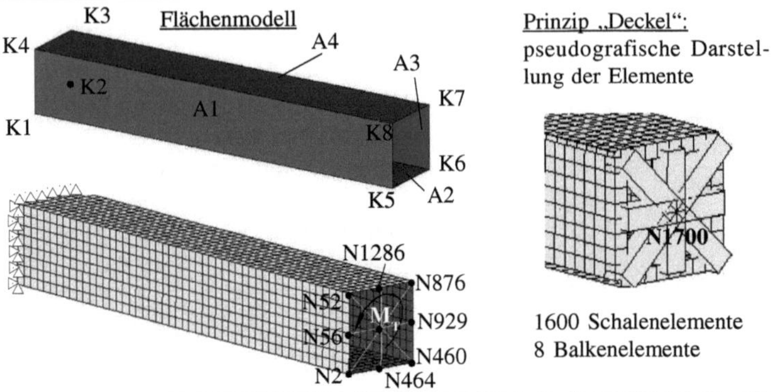  |
| Grafische Ergebnisse | 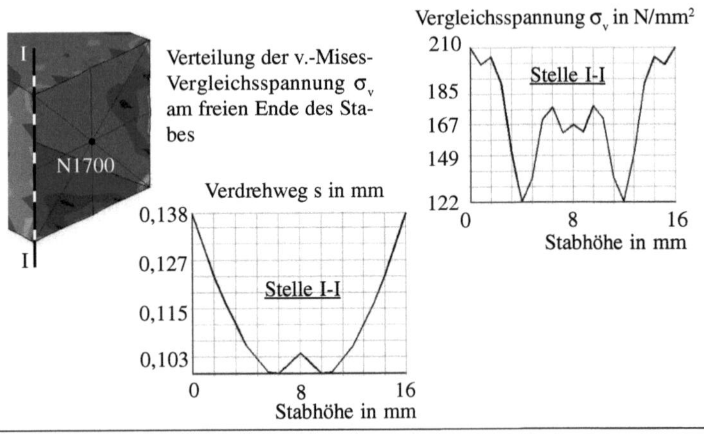  |

**Tafel 7/9:** Torsion am dünnwandigen Quadratstab mit Begrenzung der Streckgrenze (Schalenelemente, Balkenelemente)

Die Modellierung der Balken erfolgt durch 3-dimensionale Balkenelemente mit Quadratquerschnitt (9 mm$^2$). Die 4 Balken decken das freie Ende des Stabes ähnlich wie bei einem Deckel ab.

Wird das Werkstoffverhalten nicht berücksichtigt, berechnet das FE-System die Knotenverschiebungen rein linear auf Basis des E-Moduls. Die Spannungen können damit ins Unermessliche wachsen, ohne dass ein Fließen des Werkstoffes einsetzt.

Im Modell (Tafel 7/9) wurde eine Begrenzung programmiert. Bei Erreichen der Streckgrenze von 250 N/mm$^2$ werden die betroffenen Elemente neutralisiert und die Last auf die Nachbarelemente verteilt. Der Vorgang erfordert die Anwendung eines nichtlinearen Rechenansatzes (siehe Abschn. 5.2.2; Abb. 5.9.; Tafel 5/4).

Zu dieser Vorgabe gehört auch, dass die Schalenelemente neben elastischen auch plastische Eigenschaften unterstützen. Im Programm müssen Schalen- und Balkenelemente mit ihren spezifischen Kenngrößen generiert werden. Den Schalenelementen wird der Werkstoffgrenzwert zugeordnet. Die Balkenelemente sollen symbolisch einen „Deckel" mit hoher Steifigkeit verkörpern. Besondere Anforderungen an den Werkstoff bestehen nicht.

Die geometrischen Daten einschließlich der Vernetzung entsprechen dem Modell nach Tafel 7/8. Die Balkenelemente werden anschließend eingegeben. Der zentrale Knoten wird mit N1700 bezeichnet und auf der z-Achse am freien Ende des Stabes platziert. Nach Aufruf der Balkenelemente können ausgehend vom Knoten N1700 die Elemente durch Verbindung mit den gewählten Knoten des Stabes (N2, N52, N56, N460, N464, N876, N929, N1286) generiert werden. Am zentralen Knoten N1700 erfolgt die Einleitung des Torsionsmomentes $M_T = Mz = 80$ Nm.

Die Auswertung in den grafischen Ergebnissen (Tafel 7/9) beschränkt sich auf die vordere Kante des Stabes (Stelle I-I). Der maximale Verdrehweg $s_{max} = 0{,}138$ mm im Diagramm weicht nur unbedeutend vom Ergebnis nach Tafel 7/8 ab. Die Unstetigkeit bei 8 mm Stabhöhe erklärt sich aus der örtlichen Verzerrung durch die Balkenkraft. Solche Stellen sind auch im Diagramm der Vergleichspannungen an den Ecken und in Kantenmitte zu erkennen. Die Maximalwerte an den Ecken erreichen mit 210 N/mm$^2$ nicht den Grenzwert. Die Spannungsabfall zur Kantenmitte hin wird durch die Balkenkraft so beeinflusst, dass ein Anstieg auf ca. 170 N/mm$^2$ entsteht.

Der Torsionsspannungsverlauf entspricht nach Abklingen der Besonderheiten aus dem Kraftangriff dem bereits in Tafel 7/8 dargestellten Diagramm.

- **Dünnwandiges U-Profil**

Während der dünnwandige Quadratstab wegen seiner Geschlossenheit und Symmetrie noch überschaubare Beanspruchungsvarianten möglich machte, erkennt man beim dünnwandigen U-Profil kaum noch systematische Merkmale. Schon kleine Änderungen bei der Lastaufbringung führen zu vollkommen abweichendem Spannungs- und Verformungsverhalten. Beanspruchungen an den freien Flanschen sind wegen der unzureichenden Steifigkeit häufig nicht möglich. Es bestätigt sich die geringe Eignung offener Profile zur Übertragung von Torsionsmomenten.

Für das dünnwandige U-Profil wird deshalb überlegt, welche Lasteinleitung in der Praxis denkbar wäre. Wenn nicht besondere Umstände es erforderlich machen, scheiden die weichen Flansche des Profils aus. Nach praktischen Erwägungen ist für das Ansetzen des Torsionsmomentes ein steifer Bereich auszusuchen. Geeignet erscheinen die steifen Ecken. Dort können durchaus „Bolzen" angebracht werden, an denen ein Kräftepaar wirkt (Abb. 7.27. a).

Anstelle eines Kräftepaares kann auch das Torsionsmoment direkt an der Stirnseite des U-Profils eingeleitet werden. Erfahrungsgemäß wählt man dazu den Flächenschwerpunkt aus. Da an dieser Stelle kein Material existiert, muss über eine Konstruktion von Balkenelementen (Abb. 7.27. b; N810) ein Eingabepunkt geschaffen

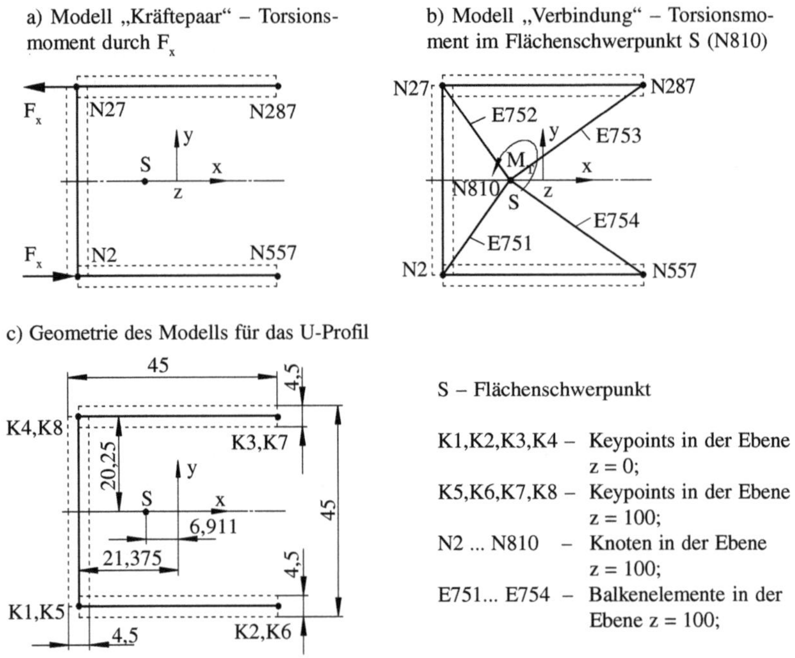


**Abb. 7.27.** Modelle für das U-Profil generiert mit Schalenelementen

werden. Die 4 Balken zu den Knoten N2, N27, N287 und N557 stellen die Verbindungen zu den Knoten der Schalenelemente des U-Profils her. Auf der Basis des Modells „Kräftepaar“ entsteht das Modell „Verbindung“.

Das Modell „Kräftepaar“ wird in Tafel 7/10 beschrieben. Die Generierung des CAD-Modells beginnt mit der Definition von 8 Geometriepunkten (Abb. 7.27. c). Der Koordinatenursprung wurde dazu mittig angeordnet. Die Punkte liegen auf der Schalenmittellinie. Die Schalendicke s = 4,5 mm ergibt sich hälftig um die Schalenmittellinie. Anschließend werden die Punkte zu 3 Flächen verbunden.

Es wurde bei der Reihenfolge der Eingaben auf gleichen Drehsinn geachtet. Damit wird die Lage der Flächen so ausgerichtet, dass bei der Vernetzung mit Schalenelementen die oberen Schalenseiten außen und die inneren Schalenseiten im Inneren des U-Profils liegen. Die Steuerung der Vernetzung erfolgte nach der Methode der Vorgabe von Elementekantenlängen und nach der Methode der Linienteilung. Die Methode der Elementekantenlängen wurden auf den glatten Maßlängen der Stablänge angewendet. Für die krummen Maße von Steg und Flanschen eignete sich die Linienteilung besser.

Das verwendete Schalenelement unterstützt elastisches und plastisches Werkstoffverhalten. Außerdem ist es geeignet, in einem nichtlinearen Rechenansatz die Begrenzung auf die maximale Streckgrenze von 250 N/mm² zu berücksichtigen.

Über das Kräftepaar $F_x$ wird ein Torsionsmoment von $M_T$ = 80 Nm eingeleitet. Aus dem knotenbedingten Kräfteabstand von 40,5 mm lassen sich die Einzelkräfte $F_x$ = 1975 N für die Knoten N2 und N27 berechnen.

Die Auswertung der Ergebnisse ermöglicht keinen Vergleich zu den Lösungen mit Profil-Balkenelementen. Die Einleitung der Torsionsmomente unterscheidet sich grundsätzlich. Dazu kommt die Anwendung von Spannungsgrenzwerten im Berechnungsgang des U-Profils. Dem Profil-Balkenelement mit einer einzigen Knotenreihe und der Momenteneinleitung am Endknoten steht ein räumliches Knoten- und Elementesystem mit einer Vielzahl an Möglichkeiten gegenüber.

Alle Verschiebungen und die daraus abgeleiteten Spannungen beim Modell aus Schalenelementen stammen aus Knotenverschiebungen und sind nicht wie beim Profil-Balkenelement durch eine zusätzliche Rechnung nach klassischem Ansatz ermit-

| **FE-A10 Tors** | Allgemeine Befehlsfolge |
|---|---|
| Name | Speicherung der FE-Rechnung unter FILE-Name "Tors10" |
| Elemente | 2-dimensionales Schalenelement (4 Knoten), notwendige Eingaben: Schalendicke s = 4,5 mm; |
| Werkstoffe | Stahl: $E_{St}$ = 210 kN/mm² $\nu$ = 0,3<br>Streckgrenze $R_e$ = 250 N/mm² |
| Geometrie | CAD-Modell aus Geometriepunkten, Flächen erstellen;<br>Geometriepunkte (x;y;z) in mm: K1(-21,375;-20,25;0), K2(21,375;-20,25;0), K3(21,375;20,25;0) ,K4(-21,375;20,25;0), K5(-21,375;-20,25;100), K6(21,375;-20,25;100), K7(21,375;20,25;100) ,K8(-21,375;20,25;100),<br>Flächen bilden: A1(K1,K5,K8,K4), A2(K4,K8,K7,K3), A3(K1,K2,K6,K5), |
| Vernetzung | Elementeanzahl (Rechteckelemente) definieren: 10 an L2, L4, L5, L7, L8, L10 ; 4 mm Elementkantenlänge für alle anderen,<br>es werden 750 Elemente mit 806 Knoten generiert; |
| Randbedingungen | Lagerung: selektiert über kartesisches Koordinatensystem (z=0); alle Freiheitsgrade gebunden (Einspannung);<br>Belastung in N: an N2 Fx = 1975; an N27 Fx = – 1975; |
| Berechnung und Ergebnisse | Ansatz: statisch, nichtlinear<br>Charakteristische Größe: Verschiebung der Knoten,<br>max. Verschiebung in mm: Uz = – 0,024;<br>v.-Mises-Vergleichsspannung in N/mm²: begrenzt auf 250; |

*x , y , z* Koordinaten im globalen kartesischen Koordinatensystem,
*Ux , Uy , Uz , ROTx , ROTy , ROTz* Verschiebungen und Verdrehungen,
*K* Keypoint (Geometriepunkt im CAD-Modell), *L* Line (Linie im CAD-Modell),
*N* Node (Knoten im FE-Modell), *E* Element (Element im FE-Modell),
*FE-A* Finite Elemente Anwendungsbeispiel,

Fortsetzung nächste Seite

| FE-A10 Tors | Bildfolge |
|---|---|
| Geometrie | 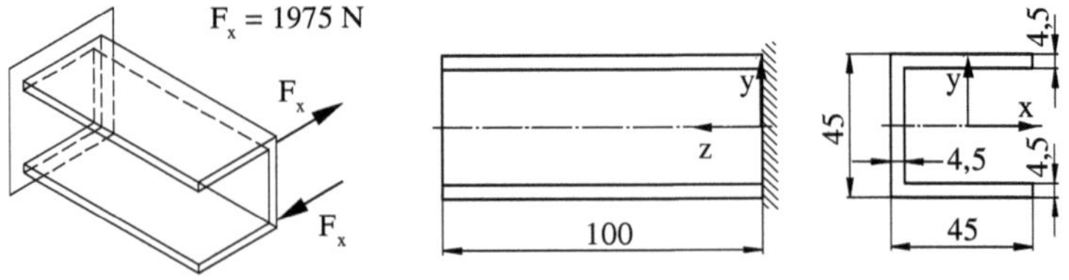 |
| Vernetzung Randbedin-gungen | 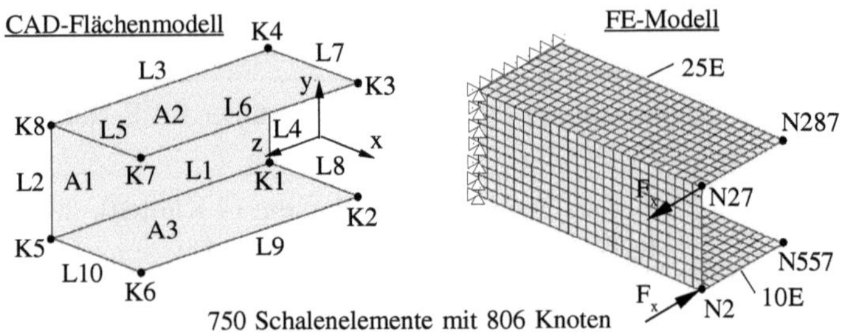 |
| Grafische Ergebnisse | 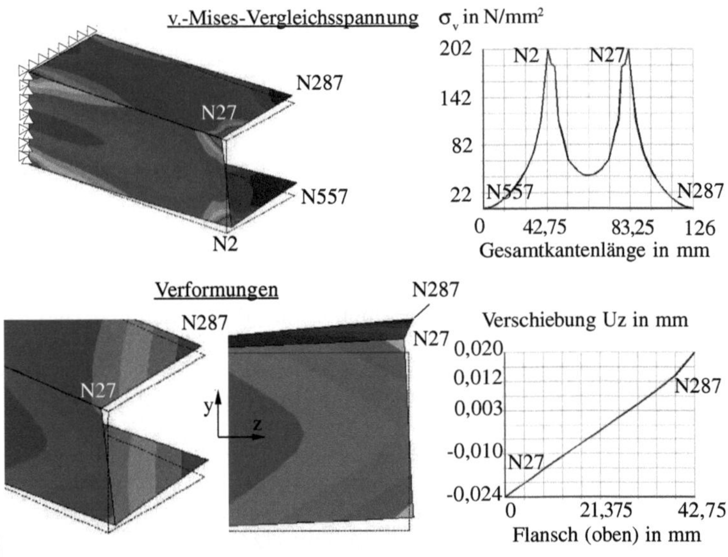 |

**Tafel 7/10:** Torsion am Stab mit U-Profil aus Schalenelementen (Modell „Kräftepaar")

telt und grafisch abgebildet worden. Das Modell mit Schalenelementen ermöglicht die Auswertung des Spannungsverhaltens an der Kante des freien Stabendes. Beginnend vom Knoten N557 über N2, N27 bis N287 wurden die v.-Mises-Vergleichsspannungswerte ausgelesen und im Diagramm abgebildet (Tafel 7/10, grafische Ergebnisse). Erwartungsgemäß gibt es an den Ecken Spannungsspitzen aus Verdrehung und Krafteinleitung. Der fehlerhafte Einfluss durch die Einzelknotenkräfte lässt sich nicht trennen von der Wirkung aus der Verdrehung. Die maximalen Werte liegen im Bereich der Einspannung des Stabes. Auf den Ecken tritt der durch die Vorgabe begrenzte Maximalwert von 250 N/mm² auf.

Der höhere Informationsinhalt der Schalenelemente zeigt sich auch daran, dass Verwölbungen erkannt werden können. In 50-facher Vergrößerung ist die Verformung am freien Stabende dargestellt. In der Abbildung der y-z-Ebene ist zu erkennen, dass die Verdrehung Verformungen in Richtung der z-Koordinate hervorgerufen hat. Am Knoten N27 tritt eine Verkürzung von 0,024 mm und am Knoten N287 eine Verlängerung von 0,02 mm auf.

Das Modell „Verbindung“ (Abb. 7.27.) entsteht auf der Basis des Modells „Kräftepaar“ (Tafel 7/10). Geometrie und Vernetzung werden übernommen. Ergänzt wird mit der Definition des zusätzlichen 3-dimensionalen Balkenelementes und der Eingabe der Struktur der Balkenelemente (ähnlich Tafel 7/9).

Eingabe: 3-dimensionales Balkenelement
- Querschnittsfläche $A = 9$ mm²;
- Flächenträgheitsmomente $I_z = I_y = 20{,}25$ mm⁴;
- Querschnitt des Balkens $h = b = 3$ mm.

Balkenstruktur
- Flächenschwerpunkt S N810 (– 6,91;0;100);
- Balkenelemente E751(N810,N2), E752(N810,N27), E753(N810,N287), E754(N810,N557).

Im Flächenschwerpunkt S erfolgt die Einleitung des Torsionsmomentes $M_T = 80$ Nm. Es wird angenommen, dass der Stab mit U-Profil Teil eines Drehmomentenstranges ist. Über die Balkenstruktur wird die Kupplung simuliert.

Die Anbindung an die Flansche entscheidet weitestgehend über die Verformung des Stabes mit U-Profil. Nach Setzen des Knotens N810 mit nachfolgendem Anschluss der Balkenelemente an die ausgewählten Knoten des Schalenmodells ent-

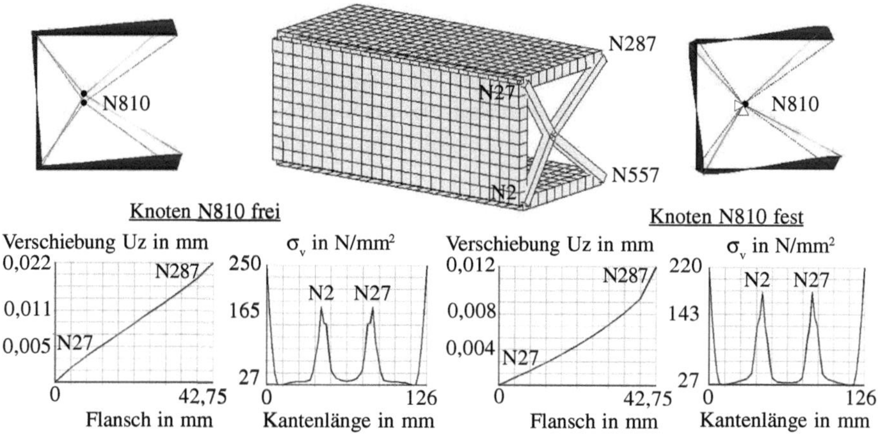


**Abb. 7.28.** Modell „Verbindung“ mit 3-dimensionalen Balkenelementen und Schalenelementen

steht das Modell „Verbindung" (Abb. 7.28.). Die pseudografische Darstellung zeigt die Befestigungen an den Knoten N2, N27, N287, N557.

Wird die gedankliche Vorgabe des Drehmomentenstranges wieder aufgegriffen, stört die Verschiebung des Knoten N810 doch nachdrücklich. Die Verdrehung durch das Torsionsmoment führt zu einer Lageänderung des Knotens N810 von Uy = 0,106 mm. Dieser Wert muss im davor liegenden Bauteil aufgenommen werden. Durch Festhalten des Knotens N810 (Ux = Uy = Uz = 0) erhält man die dafür notwendige Lagerkraft (ausgelesen $F_y$ = 1748 N).

Diese Zwangsbedingung ändert Spannungs- und Verformungsverlauf am freien Ende des Stabes mit U-Profil (Abb. 7.28.). Während bei „Knoten N810 frei" am Knoten N287 ein Verwölbungswert Uz = 0,022 mm auftritt, verbleiben bei „Knoten N810 fest" nur noch Uz = 0,012 mm. Die maximalen Spannungswerte sinken von 250 auf 220 N/mm$^2$ und verlagern sich bei festgehaltenem Knoten N810 in die Einspannung des Stabes.

### 7.4.3 Torsion mit Volumenelementen

Die Anwendung von Volumenelementen bringt höchste Informationsinhalte, erfordert aber auch besondere Anstrengungen bei der Modellbildung. Die Definitionen zu den Randbedingungen wie die Auslegung der Lagerstelle und die Einleitung der äußeren Lasten bedürfen besonderer Sorgfalt.

Bei der Modellierung der Lagerstelle gehört die feste Einspannung zur problemlosen Art von Lagerungen. Die Einspannung liegt immer am Ende eines Stabes. Es müssen nur alle Freiheitsgrade der Knoten festgesetzt werden. Der Bereich unmittelbar um die Einspannung ist nur bei komplexeren Aufgaben von Bedeutung. Es interessiert meist das Spannungs- und Verformungsverhalten des Stabes. Loslager und Festlager dagegen liegen immer im Bereich des Stabes und sind als räumlich wirkende Objekte zu gestalten.

Ebenso ist mit der Lasteinleitung zu verfahren. Die Einwirkungen von Einzellasten auf Knoten des Volumenelementes führen zu unbefriedigenden grafischen Ergebnissen im betroffenen Bereich (Abb. 7.29.). Das Kräftepaar $F_x$ ruft zwar nach klassischer Denkweise ein Torsionsmoment hervor, kann aber bei praktischer Umsetzung in der dargestellten Form nicht ausgeführt werden. Damit kann es auch nicht zu den Verzerrungen – überhöht dargestellt – am rechteckigen Quadratstab kommen. Am abgesetzten zylindrischen Stab erzeugen die tangential wirkenden Kräfte

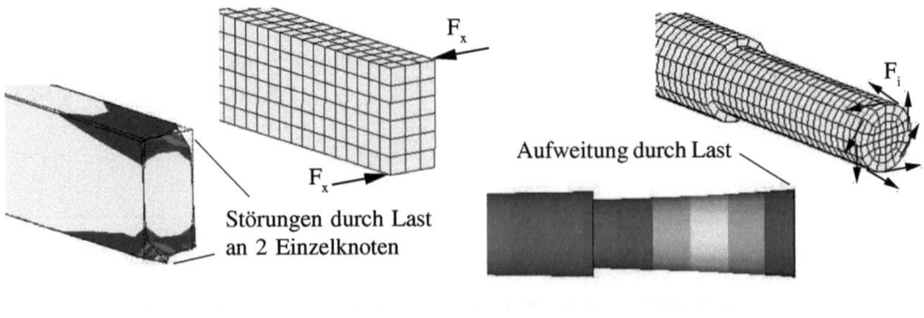


**Abb. 7.29.** Verzerrungen an Modellen mit Volumenelementen durch ungünstige Lasteinleitung

das Torsionsmoment. Die Anzahl der Knoten am Umfang bestimmt den jeweiligen Kraftanteil $F_i$. Auch bei dieser Lösung kann keine praktische Anwendbarkeit erkannt werden. Die grafische Darstellung zeigt – ebenfalls überhöht dargestellt – eine Aufweitung. Diese unvermeidliche Beeinträchtigung bewirkt das Knotenverschiebungsprinzip der Finite Elemente Methode (siehe Abschn. 7.3.1; Abb. 7.14.).

Neben den Problemen des Überganges vom realen Bauteil zum FE-Modell steht auch das Problem der überschaubaren Modellgröße. Bei Modellen mit Torsionsbeanspruchung kommt dazu, dass die reduzierende Wirkung von Symmetrien nicht nutzbar ist. Die räumlichen Körper sind mit Elementen zu „füllen". Dabei werden schnell 5-stellige Elementezahlen erreicht, deren Datenmengen sich nicht nur durch lange Rechenzeiten, sondern auch mitunter durch Rechenungenauigkeiten (numerische Fehler) bemerkbar machen.

Für den abgesetzten zylindrischen Stab gibt es verschiedene Techniken zum Aufbau des FE-Modells. In Tafel 7/11 wird das Prinzip „Rotieren vernetzter Flächen" angewendet. Das Modell entsteht mit nachfolgendem Ablauf:

1. Flächen aus den Geometriepunkten K1 bis K12 bilden. Dieser geometrische Teil kann Tafel 7/7 entnommen werden.
2. Die Vernetzung der 6 Flächen erfolgt mit 2-dimensionalen Scheibenelementen (375 Elemente, 457 Knoten) unter der Vorgabe von 2 mm Elementekantenlänge.
3. Das Rotieren der Flächen um 360 ° führt zu 24 Teilvolumina. Der Umfang wurde in 4 Volumensegmente unterteilt. Die Punkte der Rotationsachse sind durch K1 und K12 gegeben.
4. Vernetzen der Volumina mit Volumenelementen (4800 Elemente, 5564 Knoten). Für jeweils 90° Umfang wurden 4 Elemente definiert.
5. Entfernen der 2-dimensionalen Scheibenelemente. Benummerung des Modells regenerieren.
6. Selektieren von 4 Knotenreihen am Umfang des freien Ende des Stabes. Umwandlung des kartesischen in ein zylindrisches Koordinatensystem mit der Zielstellung, für die Umfangslast tangentiale Wirklinien zu erreichen. Umfangslast verteilen auf 4 mal 16 Knoten.
7. Selektieren der Knoten an der Einspannstelle. Alle Freiheitsgrade festsetzen.

Der Übergang zum abgesetzten zylindrischen Stab erfolgte durch Rotation der bereits vernetzten 2D-Flächen. Die dafür aktivierten Volumenelemente nutzten deren Einteilung. Die Netzdichte konnte in der Ebene bequem gesteuert werden und wird jetzt durch die Rotation auf das Volumen übertragen.

Die 375 Elemente und 457 Knoten der Vernetzung der Ebene führten zu 4800 Elementen mit 5564 Knoten im FE-Volumenmodell. Den Abschluss der Generierung bildet das Entfernen der Scheibenelemente aus dem Modell. Die Regenerierung der Benummerung ist erforderlich, weil die Aktionen während des Modellaufbaus zu Überschreibung und Neubildung von Keypoints, Linien, Flächen, Volumen Elementen und Knoten geführt haben. Nach dem Regenerieren erreicht man eine ausgerichtete Nummernfolge. Alle Angaben in den Abbildungen sind auf diese Stelle in der Arbeitsfolge orientiert.

| **FE-A11 Tors** | Allgemeine Befehlsfolge |
|---|---|
| Name | Speicherung der FE-Rechnung unter FILE-Name "Tors11" |
| Elemente | 3-dimensionales Volumenelement (8 Knoten),<br>2-dimensionales Scheibenelement (4 Knoten, ohne Vorgaben) |
| Werkstoffe | Stahl: $E_{St}$= 210 kN/mm², $G_{St}$= 81 kN/mm², ν = 0,3 ;<br>jeweils für x-, y-, z - Koordinate; |
| Geometrie | CAD-Modell aus Geometriepunkten, Flächen erstellen;<br>Geometriepunkte (x;y) in mm: K1(0;0), K2(8;0), K3(10;0), K4(12;0), K5(0;50), K6(8;50), K7(10;50), K8(12;50), K9(0;100), K10(8;100), K11(10;100), K12(0;150), K13(8;150);<br>Flächen bilden: A1(K1,K2,K6,K5), A2(K2,K3,K7,K6), A3(K3,K4,K8,K7), A4(K5,K6,K10,K9), A5(K6,K7,K11,K10), A6(K9,K10,K13,K12),<br>Volumen bilden: 360°-Rotation der Flächen A1 bis A6; Rotationsachse durch K1/K12 gegeben; es entstehen Volumina V1 bis V24; |
| Vernetzung | Elementeanzahl für Scheibenelement (Rechteckelemente) definieren: 2 mm Elementkantenlänge, es werden 375 Elemente mit 457 Knoten generiert;<br>Elementeanzahl für Volumenelement (Rechteckelemente) definieren: 4 Elemente pro 90°- Rotation, es werden 4800 Elemente mit 5564 Knoten generiert; Scheibenelemente entfernen, regenerieren der Nummernfolge; |
| Randbedingungen | Lagerung: selektiert über kartesisches Koordinatensystem (y=0); alle Freiheitsgrade gebunden (Einspannung);<br>Radialkraft in kN: Fy = 10 aufgeteilt auf 64 Knoten; selektiert über kartesisches Koordinatensystem in 4 Ebenen ($y_1$=150; $x_1$=8; $y_2$=148; $x_2$=8; $y_3$=146; $x_3$=8; $y_4$=144; $x_4$=8), alle Knoten im zylindrischen Koordinatensystem in tangentiale Richtung gedreht; |
| Berechnung und Ergebnisse | Ansatz: statisch, linear<br>Charakteristische Größe: Verschiebung der Knoten,<br>Verdrehweg s in mm: 0,102 mm am Stabdurchmesser 16;<br>max. Torsionsspannung in N/mm²: 104; |

*x , y , z* Koordinaten im globalen kartesischen Koordinatensystem,
*Ux , Uy , Uz , ROTx , ROTy , ROTz* Verschiebungen und Verdrehungen,
*K* Keypoint (Geometriepunkt im CAD-Modell), *L* Line (Linie im CAD-Modell),
*N* Node (Knoten im FE-Modell), *E* Element (Element im FE-Modell),
*FE-A* Finite Elemente Anwendungsbeispiel,

Fortsetzung nächste Seite

| **FE-A11 Tors** | Bildfolge |
|---|---|
| Geometrie | 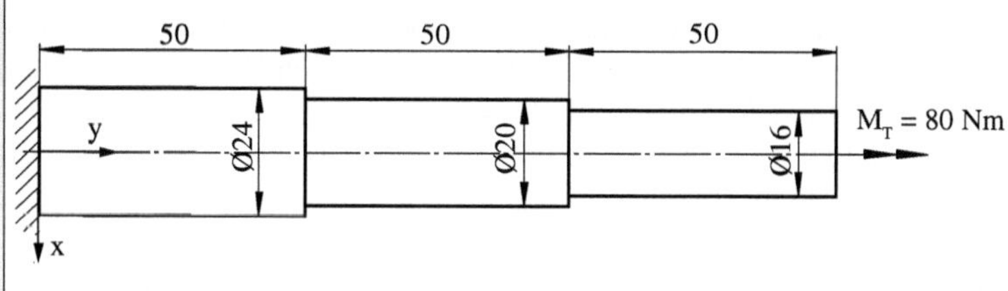 |
| Vernetzung Randbedingungen | 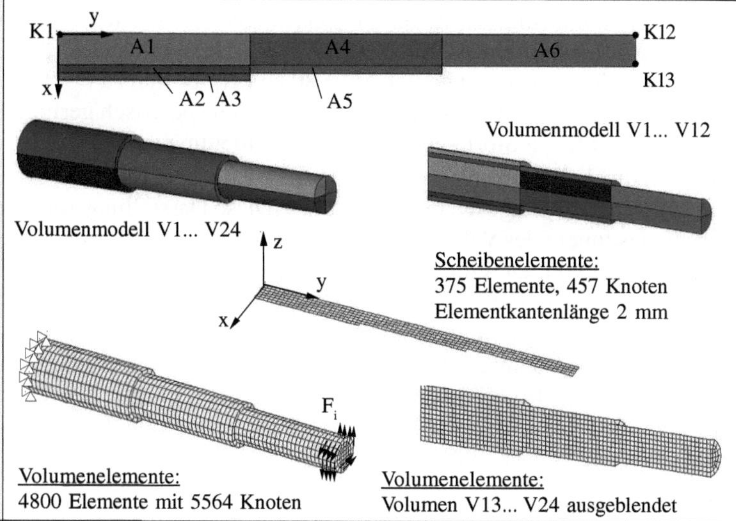 |
| Grafische Ergebnisse | 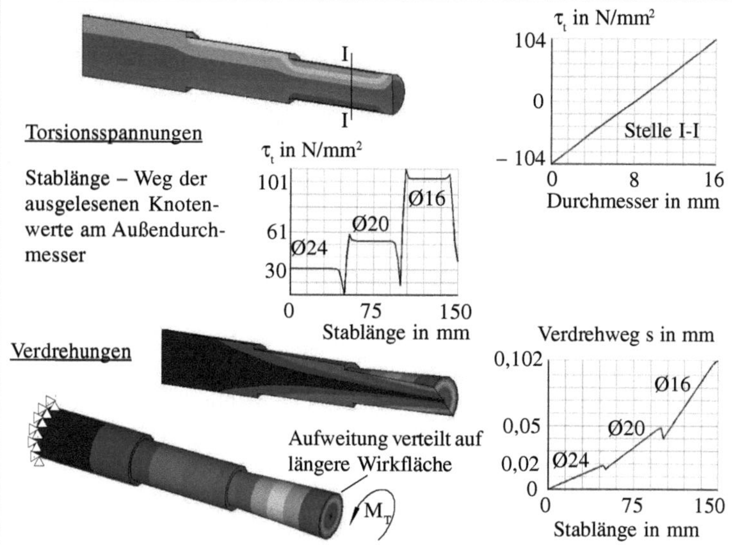 |

**Tafel 7/11:** Torsion am abgesetzten zylindrischen Rundstab (Volumenelemente)

Bei der Festlegung der Netzdichte bestimmen Zwänge aufgrund der Modellgeometrie die Entscheidungen. Die Durchmesser am abgesetzten Stab ändern sich von Absatz zu Absatz um 4 mm, so dass die Elementekantenlänge von 2 mm am Übergang fast zwingend wird – für die Aufgabenstellung des vorliegenden Modells eine ausreichende Netzdichte, für die Genauigkeit an den Übergangsstellen unzureichend. Ebenso stellt die Rundheit der Zylinder ein Kriterium dar. Mit 16 Elementen auf dem Umfang wird eine ausreichend gute Kreisfläche erfasst. Die Zielstellung überschaubare Elementeanzahl wurde mit einer sehr ausgeglichenen und „schönen“ Vernetzung erreicht.

Der abgesetzte zylindrische Stab in Tafel 7/11 ist am größten Durchmesser eingespannt. Die ungünstige Lasteinleitung nach Abb. 7.29. wird verbessert, wenn die Umfangskräfte von 1 Knotenreihe auf 4 Knotenreihen mit jeweils 16 Knoten verteilt werden. Das Torsionsmoment von $M_T = 80$ Nm ergibt sich zu $F_{ges} = 10$ kN bei einem Stabradius von 8 mm. Bei 64 Knoten ergeben sich spezifisch geringere Lastgrößen, so dass die örtlichen Störungen an der Krafteinleitung sinken.

Durch Ausblenden der Volumen V13 bis V24 einschließlich der Elemente entsteht ein Halbschnitt des abgesetzten Rundstabes. Diese Darstellungsform ermöglicht den Blick in das Innere des Volumens. Die Spannungs- und Verformungsverteilung zeigt die erwarteten vom Durchmesser abhängigen Verläufe. Am freien Ende des Durchmesser 16 mm wird die Einleitung des Torsionsmomentes erkannt.

Die Stelle I-I gibt perfekt die lineare Verteilung der Torsionsspannung an. Dieses Ergebnis ist als Nachweis für ein gutes Netz zu werten. Die Lösungen stimmen praktisch mit den Ergebnissen nach Tafel 7/7 überein. Bei den Verdrehungen gilt ebenfalls diese Einschätzung. Die Aufweitungen durch die Krafteinleitung sind auf eine größere Wirkfläche verteilt.

- **Modell abgesetzter Rundstab mit Nabe**

Die Erweiterung des Modells ergibt durch die Anbringung einer Nabe eine praxisnähere Auslegung. Weiterhin soll die Auswirkung auf die Krafteinleitung festgestellt werden.

Für den abgesetzten zylindrischen Stab mit Nabe wird nur in begrenztem Umfang das Modell nach Tafel 7/11 genutzt. Es sollen neben dem Prinzip „Rotieren vernetzter Flächen“ auch die Technik des „Spiegeln eines Viertelzylinders“ angewendet werden.

Das Anbringen einer Nabe zum Zwecke der Momenteneinleitung bedarf einer besonderen Betrachtung. Die Nabe im vorliegenden Fall soll bewirken, dass die Umfangskräfte entfernt vom Rundstab eingeleitet werden. Üblicherweise sind Nabe und Rundstab (Welle) getrennte Bauteile, die form- bzw. reibschlüssig verbunden sind. Verfolgt man weiter die reibschlüssige Variante, dann würde ein Presssitz die Verbindung herstellen. Dieser fügt die beiden Teile näherungsweise zu einem Bauteil zusammen. Stellen Kontaktelemente im FE-Modell die Verbindung her, ließe sich Rutschen der Bauteile nachweisen.

Da diese Zielstellung im Modell nach Tafel 7/12 nicht verfolgt wird, erfüllt die geometrische Struktur mit Nabe und Rundstab als geschlossenes Bauteil die Erwartungen. Die Nabe ist unmittelbar am abgesetzten Rundstab ausgebildet. Für die Nabenbreite b = 6 mm wird ein Teilstück des Durchmessers d = 16 mm verwendet.

Das Modell entsteht mit nachfolgendem Ablauf (Abb. 7.30.):

1. Flächen aus den Geometriepunkten K1 bis K17 bilden. Die Flächen A7 und A8 erweitern das Modell (Tafel 7/12). Die Vernetzung der 8 Flächen erfolgt mit 2-dimensionalen Scheibenelementen (387 Elemente, 473 Knoten) unter der Vorgabe von 2 mm Elementekantenlänge.
2. Das Rotieren der Flächen um 90 ° führt zu 8 Teilvolumen. Die Punkte der Rotationsachse sind durch K1 und K14 gegeben
3. Vernetzen des 90°-Volumenmodells mit Volumenelementen (1248 Elemente, 1923 Knoten). Entfernen der 2-dimensionalen Scheibenelemente.
4. Spiegeln des 90°–FE-Modells um die x-Achse. Anschließend spiegeln des 180°–FE-Modells um die z-Achse.
5. Entfernen aller doppelten Werte an den Spiegelflächen. Benummerung des Modells regenerieren. Das Modell besitzt danach 4992 Elemente mit 5820 Knoten.
6. Selektieren von 4 Knotenreihen am Umfang der Nabe. Umwandlung des kartesischen in ein zylindrisches Koordinatensystem mit der Zielstellung, für die Umfangslast tangentiale Wirklinien zu erreichen. Umfangslast verteilen auf 4 mal 16 Knoten.
7. Selektieren der Knoten an der Einspannstelle. Alle Freiheitsgrade festsetzen.

Für die Vernetzung wurde das 90°-Volumenmodell zugrunde gelegt. An der Viertel-Kreisfläche liegen 3 Seitenlinien vor. Wird für jede Linie eine Einteilung von 4 Elementen festgelegt, entsteht eine rechteckige Vernetzung. Es wird wieder der bewährte Übergang vom vernetzten Flächenmodell zum 90°– FE-Modell genutzt. Auf dieser Basis lässt sich bequem durch Spiegelung der Vollstab erzeugen. Die Spiegelung erfolgt meist in der Form, dass die gesamte Datenbasis kopiert wird. Die Daten der Spiegelebene liegen damit doppelt vor und müssen entfernt werden.

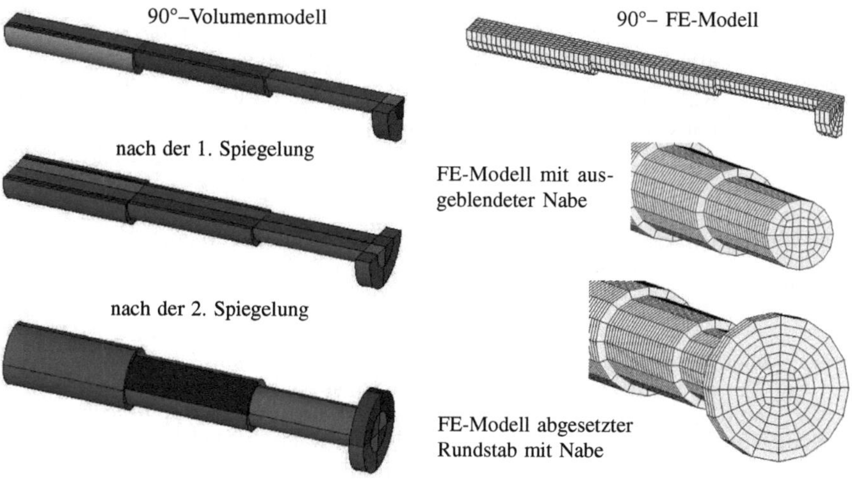


**Abb. 7.30.** Zwischenschritte bei der Modellentwicklung des abgesetzten zylindrischen Stabs mit Nabe

| FE-A12 Tors | Allgemeine Befehlsfolge |
|---|---|
| Name | Speicherung der FE-Rechnung unter FILE-Name "Tors12" |
| Elemente | 3-dimensionales Volumenelement (8 Knoten),<br>2-dimensionales Scheibenelement (4 Knoten, ohne Vorgaben) |
| Werkstoffe | Stahl: $E_{St}$= 210 kN/mm², $G_{St}$= 81 kN/mm², ν = 0,3 ;<br>jeweils für x-, y-, z - Koordinate; |
| Geometrie | CAD-Modell aus Geometriepunkten, Flächen erstellen;<br>Geometriepunkte (x;y) in mm: K1(0;0), K2(8;0), K3(10;0), K4(12;0), K5(0;50), K6(8;50), K7(10;50), K8(12;50), K9(0;100), K10(8;100), K11(10;100), K12(0;144), K13(8;144); K14(0;150); K15(8;150); K16(16;150); K17(16;144);<br>Flächen bilden: A1(K1,K2,K6,K5), A2(K2,K3,K7,K6), A3(K3,K4,K8,K7), A4(K5,K6,K10,K9), A5(K6,K7,K11,K10), A6(K9,K10,K13,K12), A7(K12,K13,K15,K14), A8(K13,K17,K16,K15)<br>Volumen bilden: 90°-Rotation der Flächen A1 bis A8; Rotationsachse durch K1/K14 gegeben; es entstehen Volumina V1 bis V8; |
| Vernetzung | Elementeanzahl für Scheibenelement (Rechteckelemente) definieren: 2 mm Elementkantenlänge, es werden 387 Elemente mit 473 Knoten generiert; Elementeanzahl für Volumenelement (Rechteckelemente) definieren: 4 Elemente pro 90°- Rotation; alle Daten spiegeln an x- und z-Koordinate;<br>Scheibenelemente entfernen, regenerieren der Nummernfolge;<br>360°-Modell besitzt 4992 Elemente mit 5820 Knoten; |
| Randbedingungen | Lagerung: selektiert über kartesisches Koordinatensystem (y=0); alle Freiheitsgrade gebunden (Einspannung);<br>Radialkraft in kN: Fy = 10 aufgeteilt auf 64 Knoten; selektiert über kartesisches Koordinatensystem in 4 Ebenen ($y_1$=150; $x_1$=16; $y_2$=148; $x_2$=16; $y_3$=146; $x_3$=16; $y_4$=144; $x_4$=16), tangential gedreht; |
| Berechnung und Ergebnisse | Ansatz: statisch, linear<br>Charakteristische Größe: Verschiebung der Knoten,<br>Verdrehweg s in mm: 0,099 mm an Stabdurchmesser 16;<br>max. Torsionsspannung in N/mm²: 104: |

*x , y , z* Koordinaten im globalen kartesischen Koordinatensystem,
*Ux , Uy , Uz , ROTx , ROTy , ROTz* Verschiebungen und Verdrehungen,
*K* Keypoint (Geometriepunkt im CAD-Modell), *L* Line (Linie im CAD-Modell),
*N* Node (Knoten im FE-Modell), *E* Element (Element im FE-Modell),
*FE-A* Finite Elemente Anwendungsbeispiel,

Fortsetzung nächste Seite

**FE-A12 Tors** — Bildfolge

**Geometrie**

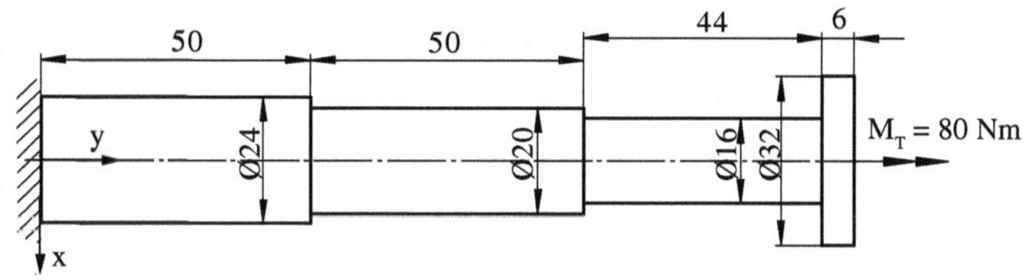


**Vernetzung Randbedingungen**

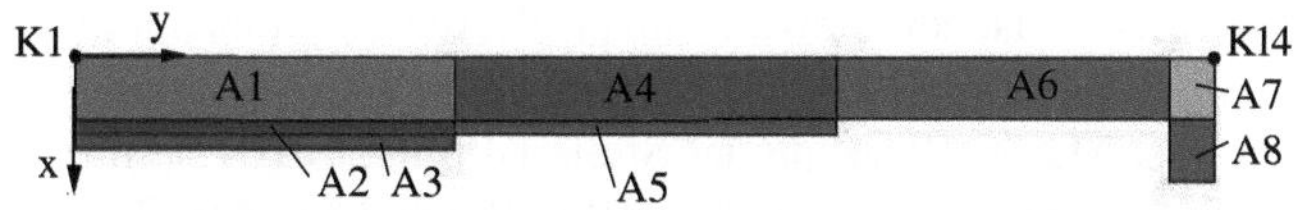


Scheibenelemente: 387 Elemente, 473 Knoten, Elementkantenlänge 2 mm

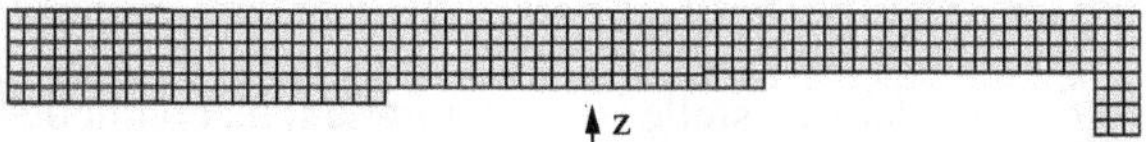

Elemente der Volumen V17... V32 ausgeblendet

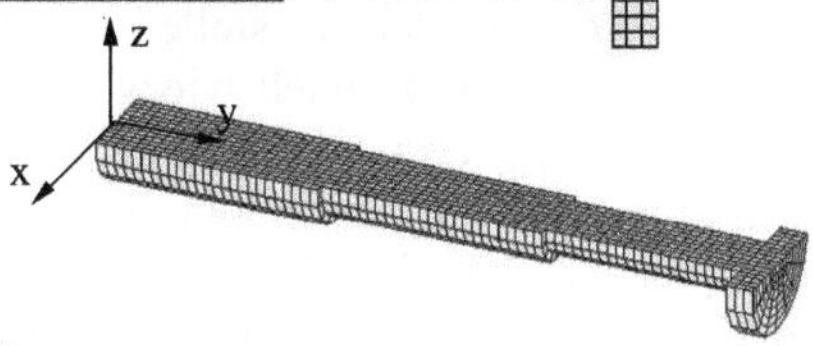


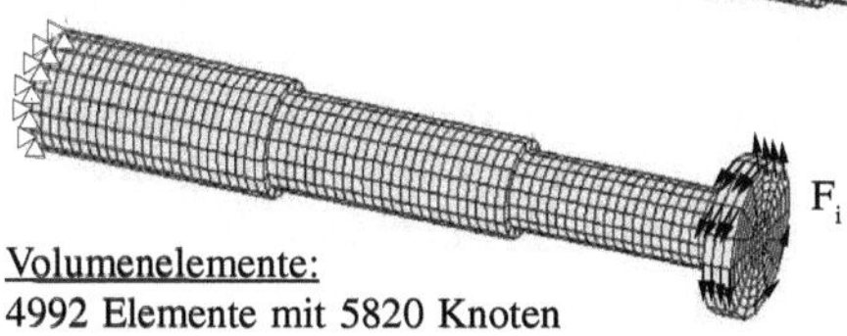


Volumenelemente:
4992 Elemente mit 5820 Knoten

$F_i$ = 78,125 N pro Knoten ($F_T = 2 \cdot M_T / d_N$ = 5000 N aufteilen auf 64 Knoten)

**Grafische Ergebnisse**

Torsionsspannungen

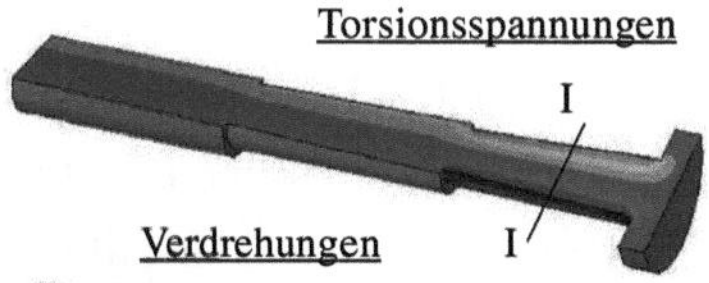


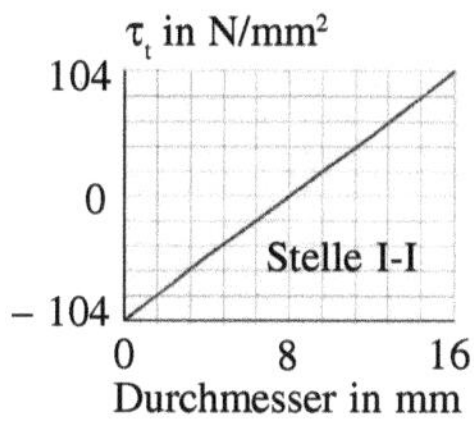


Verdrehungen

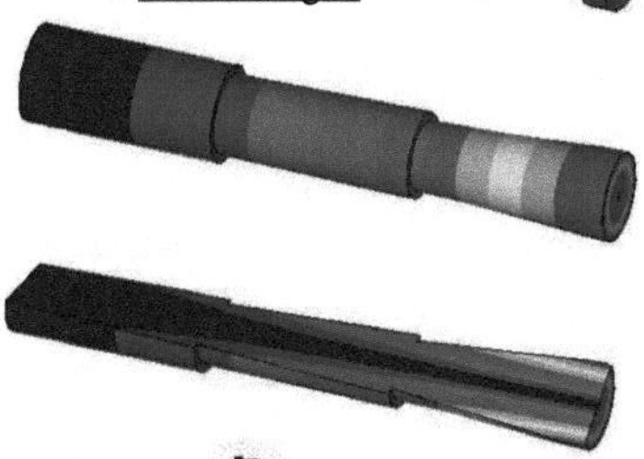

Verteilung der Verformung:
ausgeblendet Elemente der Volumen V8, V16, V24, V32;

ausgeblendet Elemente der Volumen V16...V32, dazu V8

oben V17... V32

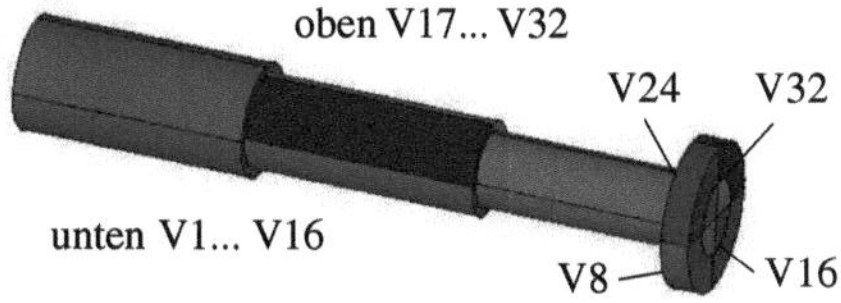


**Tafel 7/12:** Torsion am abgesetzten zylindrischen Rundstab mit Nabe (Volumenelemente)

Die Eingabe der Umfangskräfte erfordert das Selektieren von 4 Knotenreihen am Umfang der Nabe. Das Torsionsmoment $M_T$ = 80 Nm ergibt sich bezogen auf den Nabendurchmesser $d_N$ = 32 mm zu

$M_T = F_T \cdot d_N/2$ mit der erforderlichen Umfangskraft

$F_T = 2 \cdot M_T / d_N = 5000$ N.

Mit 4 Knotenreihen mal 16 Knoten stehen 64 Knoten zur Kraftaufnahme zur Verfügung. Die Aufteilung ergibt für jeden Knoten eine Belastung von $F_i$ = 78,125 N. Diese geringe Einzellast an einem Knoten des 8-Knoten-Volumenelements verzerrt das Element nur geringfügig. Die Verzerrung klingt in der Nabe ab, so dass auf dem abgesetzten zylindrischen Stab das unverfälschte Torsionsmoment übertragen wird.

Die Torsionsspannung (Tafel 7/12, grafische Ergebnisse) zeigt ein harmonisches Verhalten. Der Maximalwert an der Stelle I-I mit $\tau_t$ = 104 N/mm² liegt etwas höher als der klassisch errechnete mit $\tau_t$ = 100 N/mm² (Abschn. 7.2.1). Das FE-Modell besitzt eine etwas kleinere Querschnittsfläche. Eine feinere Vernetzung würde den Fehler durch kürzere Sekanten reduzieren.

Die Aufweitung an der Laststelle ist auch mit dem Nabenmodell (Abb. 7.31.) nicht zu verhindern. Es wirkt nach wie vor das Knotenverschiebungsprinzip der Finite Elemente Methode (Abschn. 7.3.1; Abb. 7.14.). Die tangential wirkende Umfangskraft führt zu einer Knotenverschiebung in tangentialer Richtung. Der Knoten N462 bewegt sich zur Stelle N462*, der Knoten N443 zu N443*, d. h. es ist der bekannte lineare Zusammenhang zwischen Verdrehweg und Durchmesser erkennbar. Mit dem Verzicht auf eine überhöhte Darstellung – in Abb. 7.31. ist die Verformung 30-fach vergrößert – wird die störende Aufweitung unterdrückt.

Geringe Einflüsse auf die Verdrehwege aufgrund der spezifischen Umfangskräfte $F_i$ lassen sich zeigen. Bezogen auf den Nenndurchmesser Ø16 ergeben sich für die unterschiedlichen Kraftanteile

- s = 0,107 mm bei $F_i$ = 625 N mit 1 Knotenreihe auf Ø16 (Abb. 7.29.),
- s = 0,102 mm bei $F_i$ = 156,25 N mit 4 Knotenreihen auf Ø16 (Tafel 7/11),
- s = 0,099 mm bei $F_i$ = 78,125 N mit 4 Knotenreihen auf Ø32 (Tafel 7/12).

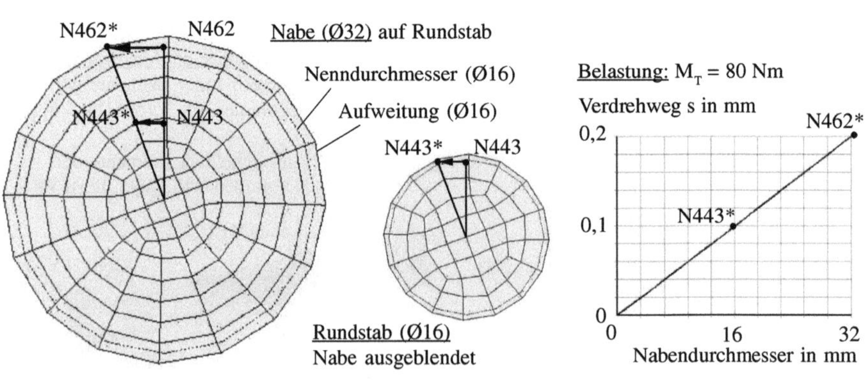


**Abb. 7.31.** Aufweitung des abgesetzten Rundstabes mit Nabe durch Umfangskräfte

- **Modell Rechteckstab mit Adapter**

Das Verhalten des Rechteckstabes bei Torsionsbeanspruchung wurde mit Profil-Balkenelementen in Tafel 7/4 untersucht. Es standen dafür 25 Elemente und 26 Knoten zur Verfügung. Je 1 Knoten für Lagerung und Einleitung des Torsionsmomentes bildeten die Randbedingungen. Ein praxisnahes Verhalten ist damit kaum zu beschreiben.

Eine Modellerstellung mit Volumenelementen dagegen ermöglicht eine wirklichkeitsnahe Aufbereitung. Das FE-Modell für den Rechteckstab erfordert nur geringen Aufwand. Auch die Lagerung in Form einer Einspannung lässt sich problemlos erstellen. Schwieriger gestaltet sich das Einbringen des Torsionsmomentes am 3-dimensionalen Volumenmodell. Verzerrungen durch Einzelkräfte an den Elementen sollten vermieden werden (Abb. 7.29.).

Mit der Generierung eines Adapters (Abb. 7.32.), der aufgeschoben auf den Rechteckstab das Torsionsmoment überträgt, wird eine praxisnahe Lösung angeboten. Es ist jetzt die FE-Aufgabe – die Verbindung zweier eigenständiger Bauteile – zu lösen. Als FE-Technik steht das Generieren von Kontaktelementen zwischen berührenden Flächen separater Körper zur Verfügung (siehe Abschn. 4.2.1; Abb. 4.14.). Bei der Modellierung des Rechteckstabes sind die notwendigen Flächen zu berücksichtigen. Der Rechteckstab wird deshalb durch 2 Teilvolumen V1, V2 gebildet. Das Vo-

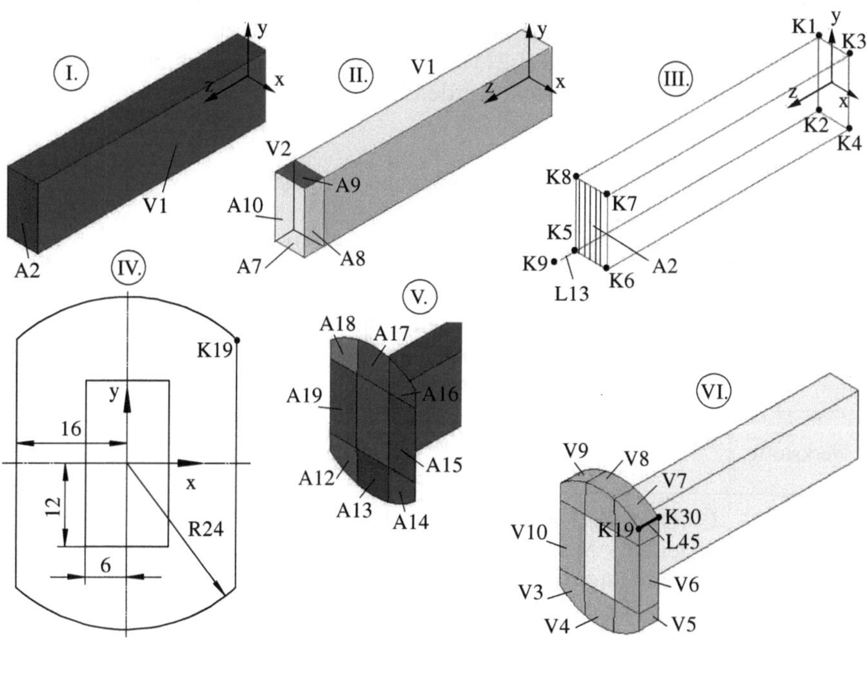


**Abb. 7.32.** Zwischenschritte bei der Modellentwicklung des Rechteckstabes mit Adapter
**I.** V1 durch geometrischen Grundkörper „Rechteckblock“ ; **II. + III.** Ziehen A2 entlang L13 zu V2; **IV.** Profil des Adapters; **V.** Flächeneinteilung des Adapters;
**VI.** Ziehen A12 ... A19 entlang L45 zu V3 ... V10;

lumen V2 wird an V1 angesetzt. Die Länge von V2 (L13 = L45) entspricht der Dicke des Adapters, so dass die Kontaktflächen beider Körper gleiche Abmessungen besitzen. Während das Volumen V1 durch die FE-Technik „Generieren eines Rechteckblockes“ entsteht, ergibt sich das Volumen V2 durch „Ziehen vernetzter Flächen“. Die Fläche A2 des Volumens V1 besitzt bereits die 3D-Vernetzungsstruktur aus der Vernetzung des Volumens V1. Nach Definition des Keypoints K9 kann an der Leitlinie L13 das Volumen V2 einschließlich seiner Volumenelemente gezogen werden.

Auch für den Adapter wird das „Ziehen vernetzter Flächen“ angewendet. Allerdings muss das Profil des Adapters zuerst in die Flächen A12 bis A19 eingeteilt und mit der Generierung von Scheibenelementen vorbereitet werden. Danach ist die Netzstruktur durch Ziehen entlang der Linie L45 zu den Volumen V3 bis V10 mit 3-dimensionalen Volumenelementen geeignet.

Bei der Flächeneinteilung wurde der Grundsatz verfolgt, Flächen mit 4 Seitenkanten und möglichst ähnlicher Seitenlänge zu erzielen. Damit sind gute Voraussetzungen für eine gleichmäßige rechteckige Vernetzungsstruktur gegeben. Die Keypoints als Begrenzungspunkte der Flächen müssen auf verschiedene Weise definiert werden. Die Punkte K13 bis K16 und K21 bis K24 sind als ganzzahlige Größen im Koordinatensystem einfach bestimmt.

Die Punkte auf den Kreisbögen (Abb. 7.33.) lassen sich durch unterschiedliche geometrische oder mathematische Techniken erfassen. Mit BOOLEschen Operationen – beispielsweise durch Abtrennen von Rechteckflächen von der R24-Kreisfläche – sind die Koordinatenwerte der Punkte K17 bis K20 zu ermitteln. Die R24-Kreisbögen zwischen K17/K18 (L21) und K19/K20 (L22) können im CAD-System in 3 gleiche Bogenstücke unterteilt werden.

| **FE-A13 Tors** | Allgemeine Befehlsfolge |
|---|---|
| Name | Speicherung der FE-Rechnung unter FILE-Name "Tors13" |
| Elemente | 3-dimensionales Volumenelement (8 Knoten),<br>2-dimensionales Scheibenelement (4 Knoten, ohne Vorgaben)<br>3-dimensionale Kontaktelemente |
| Werkstoffe | Stahl: $E_{St}$= 210 kN/mm², $G_{St}$= 81 kN/mm², $\nu$ = 0,3 ;<br>jeweils für x-, y-, z - Koordinate; |
| | CAD-Modell aus geometrischen Grundkörper "Rechteckblock" erstellen - Nummern für Keypoints und Linien werden vom FE-System automatisch vergeben;<br>Koordinaten des 1. Rechteckblockes in mm: $x_1$= – 6; $y_1$= – 12; $z_1$= 0; $x_2$= 6; $y_2$= 12; $z_2$= 92.<br>Erzeugen eines 2. Rechteckblockes - dazu Geometriepunkt (x;y;z) definieren: K9(–6;–12;100); Linie L13(K5,K9) generieren; ziehen der Stirnfläche A2 entlang der Linie L13; |

Fortsetzung nächste Seite

Fortsetzung

| | |
|---|---|
| Geometrie | Adapter über Geometriepunkte, Flächen erstellen - Geometriepunkte (x;y;z) in mm: K13(–6;–12;100); K14(6;–12;100); K15(6;12;100); K16(–6;12;100); K17(–16;–17,89;100); K18(16;–17,89;100); K19(16;17,89;100); K20(–16;17,89;100); K21(–16;–12;100); K22(16;–12;100); K23(16;12;100); K24(–16;12;100); K25(0;0;100);<br>Kreisbogen bilden: L21(K17,K18); L22(K19,K20); L21 und L22 jeweils teilen in 3 Linienstücke;<br>Flächen: A12(K21,K17,K26,K13), A13(K26,K27,K14,K13), A14(K27,K18,K22,K14), A15(K14,K22,K23,K15), A16(K15,K23,K19,K28), A17(K16,K15,K28,K29), A18(K24,K16,K29,K20), A19(K21,K13,K16,K24),<br>Volumen bilden: Ziehen der Flächen A12 bis A19; dazuGeometrie-punkt (x;y;z) in mm definieren: K30(16;17.89;92); Linie L45(K19,K30) generieren; ziehen der Flächen A12 bis A19 entlang der Linie L45; es entstehen Volumina V3 bis V10; |
| Vernetzung | Elementeanzahl für 1. und 2. Rechteckblock definieren: 4 mm Elementkantenlänge, 450 Elemente mit 728 Knoten generiert;<br>Elementeanzahl für Adapter (Scheibenelemente) definieren: 4 mm Elementkantenlänge, 90 Scheibenelemente mit 120 Knoten;<br>Adapter ziehen (Volumenlemente): 4 mm Elementkantenlänge; Scheibenelemente entfernen, regenerieren der Nummernfolge; Volumenmodell mit 630 Elementen und 1088 Knoten generiert;<br>Kontaktelemente bilden: dazu Knoten von Kontaktflächen A7/A27, A8/A35, A9/A41, A10/A49 selektieren; |
| Randbedin-gungen | Lagerung: selektiert über kartesisches Koordinatensystem (z=0); alle Freiheitsgrade gebunden (Einspannung);<br>Radialkraft in kN: Fy = 3,333 aufgeteilt auf 60 Knoten; selektiert über kartesisches Koordinatensystem in 3 Ebenen ($y_1$=100; $x_1$=24; $y_2$=96; $x_2$=24; $y_3$=92; $x_3$=24), tangential gedreht;<br>Systemstabilisierung: Keypoints K17-K20 selektiert; Uz =0 gesetzt, |
| Berechnung und Ergebnisse | Ansatz: statisch, linear<br>Charakteristische Größe: Verschiebung der Knoten, Verdrehweg s in mm: 0,125 an Stablänge 100;<br>max. Torsionsspannung in N/mm²: 91; |

*x* , *y* , *z* Koordinaten im globalen kartesischen Koordinatensystem,
*Ux* , *Uy* , *Uz* , *ROTx* , *ROTy* , *ROTz* Verschiebungen und Verdrehungen,
*K* Keypoint (Geometriepunkt im CAD-Modell), *L* Line (Linie im CAD-Modell),
*N* Node (Knoten im FE-Modell), *E* Element (Element im FE-Modell),
*FE-A* Finite Elemente Anwendungsbeispiel,

Fortsetzung nächste Seite

| FE-A13 Tors | Bildfolge |
|---|---|

**Geometrie**

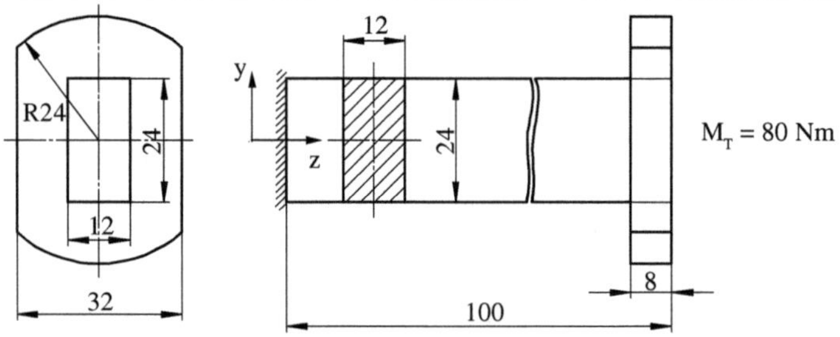


**Vernetzung Randbedingungen**

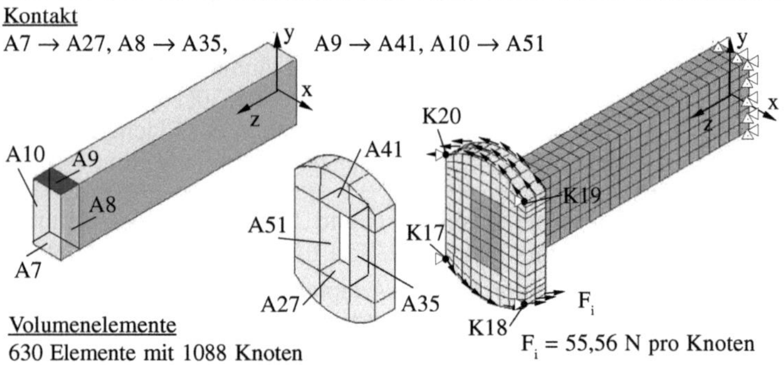


**Grafische Ergebnisse**

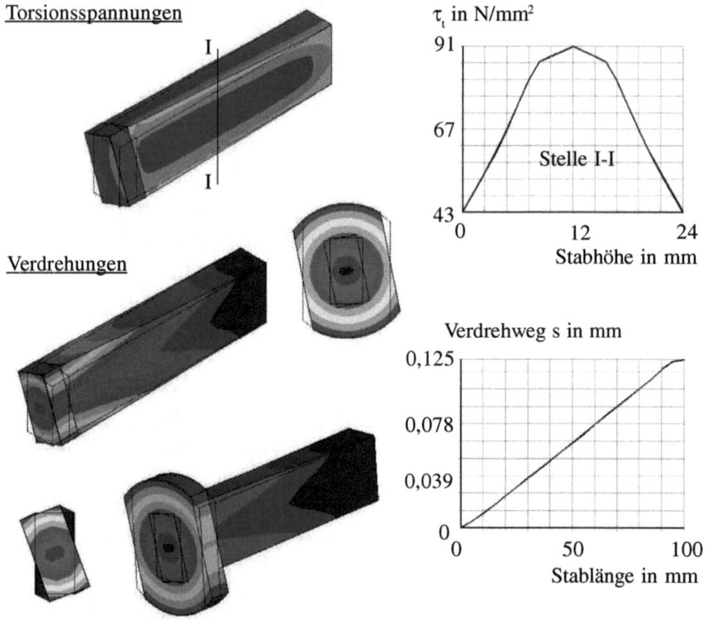


**Tafel 7/13:** Torsion am Rechteckstab mit Adapter (Volumen-, Kontaktelemente)

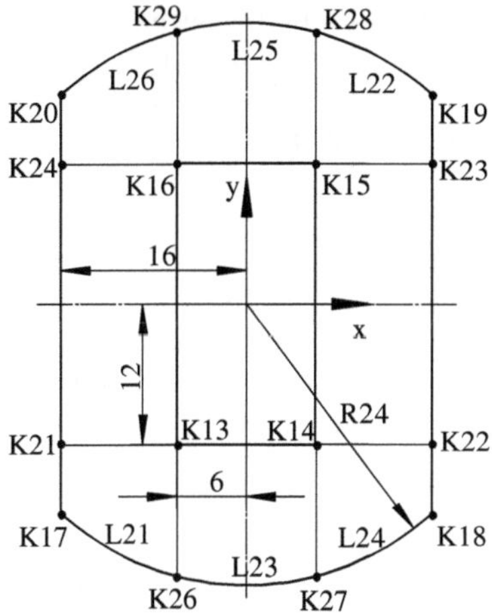


**Abb. 7.33.** Positionen der Keypoints zur Generierung des Adapters

Nach der Teilung der Linien entstehen die Keypoints K26 bis K29 mit den Linien L21 bis L26.

Den beiden separaten Körpern Rechteckstab und Adapter werden Randbedingungen zugeordnet. Der Rechteckstab erhält die Lagerung, der Adapter die Umfangskräfte. Der Adapter übernimmt die aktive Funktion. Die mathematischen Strukturen der Kontaktelemente stellen die Verbindung her.

Die Eingabe der Umfangskräfte am Adapter erfordert das Selektieren von 3 Knotenreihen an den Kreisbögen. Die Umwandlung des kartesischen in ein zylindrisches Koordinatensystem ermöglicht es, für die Umfangslast tangentiale Wirklinien und damit ein Torsionsmoment zu erreichen.

Für das Torsionsmoment $M_T = 80$ Nm wird der Adapterdurchmesser $d_A = 48$ mm zugrunde gelegt. Aus $M_T = F_T \cdot d_A/2$ folgt die erforderliche Umfangskraft

$$F_T = 2 \cdot M_T / d_A = 3333{,}3 \text{ N}.$$

Bezogen auf 3 Knotenreihen mal 20 Knoten ergeben sich 60 Knoten zur Kraftaufnahme. Die Aufteilung ergibt für jeden Knoten eine Belastung von $F_i = 55{,}56$ N.

Das Torsionsmoment aus den Umfangskräften wird vom Adapter über Flächenpressung auf den Rechteckstab übertragen. Von den Kontaktflächen A7/A27, A8/A35, A9/A41 und A10/A51 werden die Knoten selektiert. Mit der Generierung von Kontaktelementen entsteht die Verbindung zwischen Adapter und Rechteckstab in Form mathematischer Beziehungen. Es wird eine spiel- und reibfreie Einpassung des Rechteckstabes angenommen. Die numerischen Abweichungen im Rechenprozess führen dazu, dass ein „Wandern" des Adapters eintreten kann. Er muss deshalb gehalten werden. An den Keypoints K17 bis K20 werden dafür die Knoten in Richtung der z-Achse fixiert.

Bei der Bewertung der Ergebnisse für die Torsionspannungen und die Verdrehung ist besonders die Praxisnähe des Modells hervorzuheben. Realer kann kaum die Einleitung eines Torsionsmomentes umgesetzt werden. Dazu kommt, dass sich die tangential wirkenden Umfangskräfte am Adapter mit ihren typischen Knotenverschiebungen nicht am Rechteckstab auswirken.

Die Darstellung der Torsionsspannung bei ausgeblendetem Adapter zeigt den starren Pressungsteil unter dem Adapter und den danach einsetzenden Spannungsverlauf. Der etwas sprunghafte Kurvenverlauf im Diagramm würde mit einer Netzverfeinerung ausgeglichen. Der Maximalwert an der Stelle I-I mit $\tau_t = 91$ N/mm² liegt auch mit dem verwendeten relativ groben Netz bereits nahe am klassisch errechneten Wert von $\tau_t = 94$ N/mm² (Abschn. 7.2.2).

Beim Verdrehweg wird zum Modell mit Profil-Balkenelementen (Tafel 7/4) verglichen. Dort wurde ein maximaler Verdrehweg von $s_{max} = 0{,}140$ mm ermittelt. Im

Modell mit Adapter beträgt der maximale Wert $s_{max}$ = 0,125 mm. Die abweichenden Randbedingungen erklären diesen Unterschied. Der Adapter leitet nicht nur das Torsionsmoment auf andere Art ein, sondern versteift auch den Rechteckstab auf ca. 8 mm Länge – im Diagramm erkennbar am Knick im Kurvenverlauf.

- **Modell Rechteckstab mit Gabellagerung**

Die Gabellagerung eines Rechteckstabes (Abschn. 7.3.1; Abb. 7.14.) lässt sich durch Umkehr des Adapterprinzips verwirklichen. Der Adapter fungierte als Überträger des Torsionsmomentes (Tafel 7/13). Am Rechteckstab wurde in der Einspannung das Gegenmoment wirksam. Wird der Rechteckstab als Verursacher des Torsionsmomentes definiert, muss zwangsläufig der Adapter jetzt benannt als Gabellagerung das Gegenmoment aufnehmen.

Die Umkehr erfordert eine weitestgehend neue Generierung des Modells. Es lässt sich lediglich die vernetzte Struktur des Rechteckstabes vom Modell „Rechteckstab mit Adapter" übernehmen. Die Gabellagerung kann geometrisch einfach als Rechteck gestaltet werden. Die Einleitung des Torsionsmomentes in den Rechteckstab ist zu bestimmen. Das Prinzip „Deckel", verwirklicht durch 3-dimensionale Balkenelemente an den Eckpunkten der Stirnseite des Rechteckstabes, wird angewendet.

Balken als geometrische Körper sind im CAD-Modell nicht enthalten, deshalb müssen Balkenelemente zum FE-Modell aus Volumenelementen hinzugefügt werden. Der zentrale Knoten im Koordinatenursprung erhielt mit N970 eine noch nicht genutzte Knotennummer. Die Knoten N1, N2, N8 und N11 sind Knoten von Volumenelementen des Rechteckstabes. Die Generierung der Verbindungen N1/N970, N2/N970, N8/N970 und N11/N970 erfolgte nach Aufruf der definierten Balkenelemente.

Auch für die Gabellagerung wird das „Ziehen vernetzter Flächen" angewendet. Allerdings muss das Profil der Gabellagerung zuerst in die Flächen A12 bis A19 eingeteilt und mit der Generierung von Scheibenelementen vorbereitet werden. Danach ist die Netzstruktur durch Ziehen entlang der Linie L45 zu den Volumen V3 bis V10 mit 3-dimensionalen Volumenelementen geeignet.

Es ist am Rechteckstab mit Gabellagerung wiederum das FE-Problem der Verbindung zweier eigenständiger Bauteile zu lösen. Als FE-Technik steht auch hier das

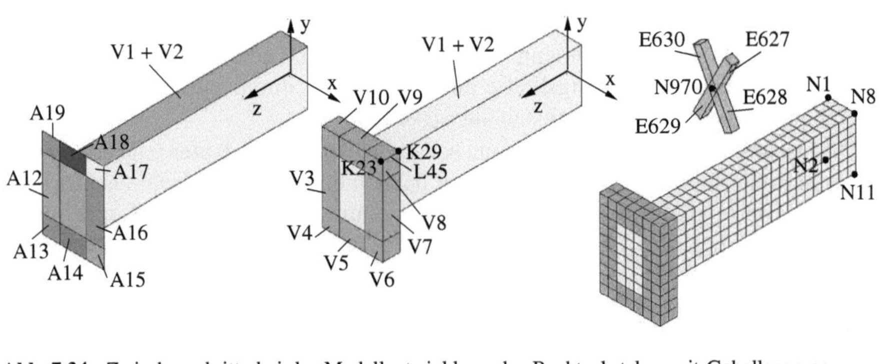


**Abb. 7.34.** Zwischenschritte bei der Modellentwicklung des Rechteckstabes mit Gabellagerung

Generieren von Kontaktelementen zwischen berührenden Flächen separater Körper zur Verfügung (siehe Abschn. 4.2.1; Abb. 4.14.). Die Verbindung wird durch den Flächenkontakt zwischen A7/A31, A8/A39, A9/A45, A10/A21 hergestellt. Von den Kontaktflächen werden die Knoten selektiert. Mit der Generierung von Kontaktelementen entsteht die Verbindung zwischen Gabellagerung und Rechteckstab in Form mathematischer Beziehungen. Es wird eine spiel- und reibfreie Einpassung des Rechteckstabes angenommen.

Die numerischen Abweichungen im Rechenprozess führen dazu, dass ein „Wandern" des Rechteckstabes eintreten kann. Er muss deshalb gehalten werden. Der zentrale Knoten N970 ist dafür gut geeignet. Die Fixierung der 3 translatorischen Freiheitsgrade stabilisiert bei der Lösung des Gleichungssystems. Auch die Gabel konnte nicht die typische Gestalt (Abb. 7.14.) annehmen, sondern musste geschlossen sein. Die oben offene Gabel führte wegen der gestörten Gleichgewichtssituation zu Divergenz und damit zum Abbruch der Rechnung.

Die Eingabe des Torsionsmomentes am Rechteckstab mit Gabellagerung erfolgt über den Knoten N970. Über die 4 Balkenelemente kommt es an den Knoten N1, N2, N8 und N11 zur Einleitung in den Rechteckstab. Eine Lastaufteilung durch mehr Balkenelemente könnte die örtlichen Überlastungen am Rechteckstab mindern. Das Verhalten an der Kraftstelle drückt sich im Diagramm zum Verdrehweg (Tafel 7/14; grafische Ergebnisse) durch den Knick bei ca. 95 mm Stablänge aus.

| **FE-A14 Tors** | Allgemeine Befehlsfolge |
|---|---|
| Name | Speicherung der FE-Rechnung unter FILE-Name "Tors14" |
| Elemente | 3-dimensionales Volumenelement (8 Knoten),<br>2-dimensionales Scheibenelement (4 Knoten, ohne Vorgaben)<br>3-dimensionale Kontaktelemente<br>3-dimensionale Balkenelemente, notwendige Eingaben:<br>Querschnittsfläche in mm²: $A = 9$;<br>Flächenträgheitsmomente in mm⁴: $I_z = 20{,}25$; $I_y = 20{,}25$;<br>Querschnitt des Balkens in mm: $h = b = 3$; |
| Werkstoffe | Stahl: $E_{St} = 210$ kN/mm², $G_{St} = 81$ kN/mm², $\nu = 0{,}3$ ;<br>jeweils für x-, y-, z - Koordinate; |
| | CAD-Modell aus geometrischen Grundkörper "Rechteckblock" erstellen - Nummern für Keypoints und Linien werden vom FE-System automatisch vergeben;<br>Koordinaten des 1. Rechteckblockes in mm: $x_1 = -6$; $y_1 = -12$; $z_1 = 0$; $x_2 = 6$; $y_2 = 12$; $z_2 = 92$.<br>Erzeugen eines 2. Rechteckblockes - dazu Geometriepunkt (x;y;z) definieren: K9(–6;–12;100); Linie L13(K5,K9) generieren; ziehen der Stirnfläche A2 entlang der Linie L13; |

Fortsetzung nächste Seite

Fortsetzung

| | |
|---|---|
| Geometrie | Gabel über Geometriepunkte, Flächen erstellen - Geometriepunkte (x;y;z) in mm: K13(–6;–12;100); K14(6;–12;100); K15(6;12;100); K16(–6;12;100); K17(–14;–20;100); K18(–6;–20;100); K19(6;–20;100); K20(14;–20;100); K21(14;–12;100); K22(14;12;100); K23(14;20;100); K24(6;20;100); K25(–6;20;100); K26(–14;20;100); K27(–14;12;100); K28(–14;–12;100);<br>Flächen: A12(K28,K13,K16,K27), A13(K28,K17,K18,K13), A14(K18,K19,K14,K13), A15(K19,K20,K21,K14), A16(K14,K21,K22,K15), A17(K15,K22,K23,K24), A18(K16,K15,K24,K25), A19(K27,K16,K25,K26),<br>Volumen bilden: Ziehen der Flächen A12 bis A19; dazuGeometriepunkt (x;y;z) in mm definieren: K29(14;20;92); Linie L45(K23,K29) generieren; ziehen der Flächen A12 bis A19 entlang der Linie L45; es entstehen Volumina V3 bis V10; |
| Vernetzung | Elementeanzahl für 1. und 2. Rechteckblock definieren: 4 mm Elementkantenlänge, 450 Elemente mit 728 Knoten generiert;<br>Elementeanzahl für Gabel (Scheibenelemente) definieren: 4 mm Elementkantenlänge, 52 Scheibenelemente mit 78 Knoten;<br>Gabel ziehen (Volumenlemente): 4 mm Elementkantenlänge; Scheibenelemente entfernen, regenerieren der Nummernfolge; Volumenmodell mit 554 Elementen und 962 Knoten generiert;<br>Kontaktelemente bilden: dazu Knoten von Kontaktflächen A7/A31, A8/A39, A9/A45, A10/A21 selektieren;<br>Balkenelemente: 1 Knoten (N970) und 4 Elemente (E627 bis E630) |
| Randbedingungen | Lagerung: selektiert über kartesisches Koordinatensystem (z=0); alle Freiheitsgrade gebunden (Einspannung);<br>Radialkraft in kN: Fy = 3,333 aufgeteilt auf 60 Knoten; selektiert über kartesisches Koordinatensystem in 3 Ebenen ($y_1$=100; $x_1$=24; $y_2$=96; $x_2$=24; $y_3$=92; $x_3$=24), tangential gedreht;<br>Systemstabilisierung: Keypoints K17-K20 selektiert; Uz =0 gesetzt, |
| Berechnung und Ergebnisse | Ansatz: statisch, linear<br>Charakteristische Größe: Verschiebung der Knoten, Verdrehweg s in mm: 0,125 an Stablänge 100;<br>max. Torsionsspannung in N/mm²: 91; |

*x , y , z* Koordinaten im globalen kartesischen Koordinatensystem,
*Ux , Uy , Uz , ROTx , ROTy , ROTz* Verschiebungen und Verdrehungen,
*K* Keypoint (Geometriepunkt im CAD-Modell), *L* Line (Linie im CAD-Modell),
*N* Node (Knoten im FE-Modell), *E* Element (Element im FE-Modell),
*FE-A* Finite Elemente Anwendungsbeispiel,

Fortsetzung nächste Seite

| **FE-A14 Tors** | Bildfolge |
|---|---|
| Geometrie | 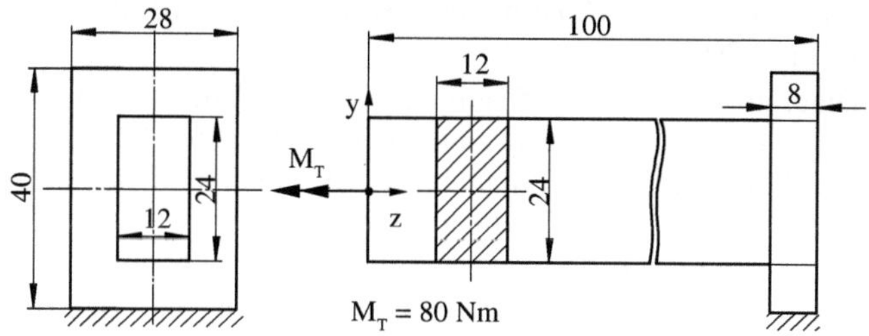 |
| Vernetzung Randbedingungen | Kontakt: A7 → A31, A8 → A39, A9 → A45, A10 → A21 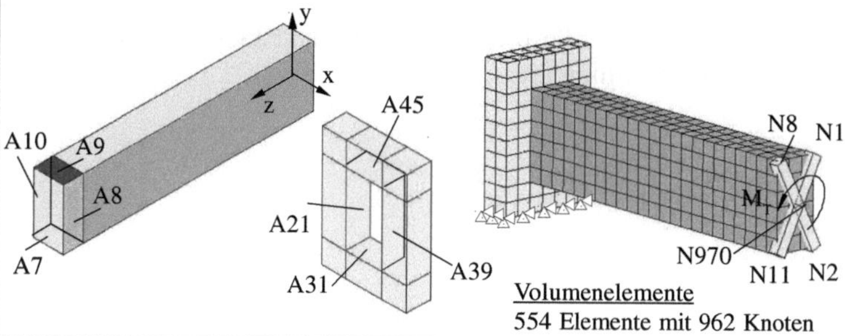 |
| Grafische Ergebnisse | 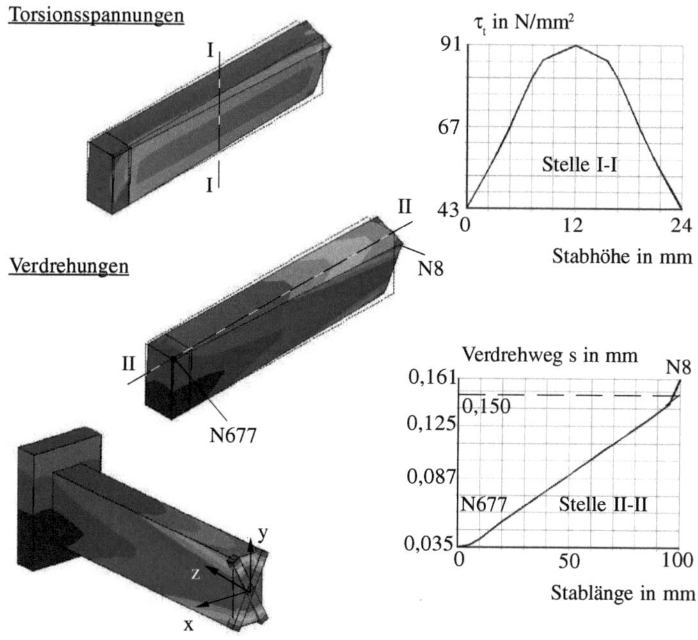 |

**Tafel 7/14:** Torsion am Rechteckstab mit Gabellagerung (Volumen-, Kontaktelemente)

Abgebildet ist der Verdrehweg entlang der Stablänge zwischen den Knoten N677 und N8 (Stelle II-II). Der Maximalwert von 0,161 mm entsteht durch die örtliche Verschiebung der Einzelknoten. Die Linearisierung im Diagramm wirkt ausgleichend und ergibt mit 0,150 mm einen Wert, der nahe bei den Ergebnissen von Tafel 7/4 und Tafel 7/13 liegt.

Im Diagramm tritt bei ca. 5 mm ein weiterer Knick auf. Als Ursache ist die Verformbarkeit der Gabellagerung zu nennen. Der Knoten N677 konnte sich um 0,035 mm in Richtung der x-Koordinate bewegen. Mit einer dickeren Gabelwandung lässt sich auf die Verschiebung Einfluss nehmen.

Die Darstellung der Torsionsspannung bei ausgeblendeter Gabellagerung zeigt den starren Pressungsteil unter der Gabellagerung und den danach einsetzenden Spannungsverlauf. Es gibt eine weitgehende Übereinstimmung mit dem Modell „Rechteckstab mit Adapter" (Tafel 7/13). Es ist ebenfalls der etwas sprunghafte Kurvenverlauf im Diagramm aufgrund des relativ groben Netzes erkennbar. Der Maximalwert an der Stelle I-I mit $\tau_t = 91\ \text{N/mm}^2$ liegt auch nahe am klassisch errechneten Wert von $\tau_t = 94\ \text{N/mm}^2$ (Abschn. 7.2.2).

# Verzeichnis der Berechnungstafeln

## 1 Einführung



## 2 Statik starrer Körper



## 3 Zugbeanspruchungen

## 4 Druckbeanspruchungen

## 5 Biegebeanspruchungen

## 6 Schubbeanspruchungen

## 7 Torsionsbeanspruchungen

# Literaturverzeichnis


/1/ Argyris,J.; Mlejnek, H.-P.: Die Methode der finiten Elemente in der elementaren Strukturmechanik, Bd. 1
Vieweg & Sohn-Verlag, Wiesbaden, 1987

/2/ Bathe, K. J. : Finite-Elemente-Methoden
Springer-Verlag, Berlin, 1986

/3/ Böge, A.: Mechanik und Festigkeitslehre
Vieweg & Sohn-Verlag, Braunschweig/Wiesbaden, 1992

/4/ Dankert, J.: Numerische Methoden der Mechanik
Springer-Verlag, Wien, 1977

/5/ Dubbel: Taschenbuch für den Maschinenbau
Springer-Verlag, Berlin Heidelberg New York, 2005

/6/ Göldner, H.: Lehrbuch höhere Festigkeitslehre
Fachbuchverlag Leipzig, 1991

/7/ Göldner, H.; Holzweißig, F.: Leitfaden der Technischen Mechanik
Fachbuchverlag Leipzig, 1978

/8/ Gross, D.; Hanger, W.; Schnell, W.; Wriggers, P.:
Technische Mechanik, Bd. 4
Springer-Verlag, Berlin, 1995

/9/ Hahn, H. G.: Methode der finiten Elemente in der Festigkeitslehre
Akademische Verlagsgesellschaft, Frankfurt/M., 1975

/10/ Issler, L.; Ruoß, H.; Häfele,P.: Festigkeitslehre – Grundlagen
Springer-Verlag, Berlin Heidelberg New York, 2003

/11/ Klein, B.: FEM, Grundlagen und Anwendungen der Finite-Elemente-Methode
Vieweg & Sohn-Verlag, Wiesbaden, 2003

/12/ Müller, G.; Groth, C.: FEM für Praktiker – Band 1: Grundlagen
Expert-Verlag, Renningen, 2001

/13/ Oldenburg, W.: Kolleg zur Finite-Elemente-Methode (FEM)
FH Gießen-Friedberg, Gießen 2006

/14/ Schwarz, H. R.: Methode der finiten Elemente
Teubner-Verlag, Stuttgart, 1991

/15/ Zienkiewicz, O. C.: Methode der finiten Elemente
Hanser-Verlag, München, 1975

/16/ Handbücher, Tutorials, Workshops, Tagungsbände von Softwareanbietern

ABAQUS/Standard-Example Problems Manual;
Hibbitt, Karlsson & Sorensen, USA 1994,

FE-Modeling and Analysis with ANSYS;
Examples Supplement, 1992, 1995 ...

FE-Modeling and Analysis with I-DEAS;
SDRC-Publikation 1990,

MSC.Nastran for Windows; Quick Start Guide 1995;
MSC.visualNastran for Windows; Tutorial Guide 2001

# Sachwortverzeichnis

## Symbole



## A



## B



## C



## D



## E



## F

## G



## H



## I



## K



## L



## M



## N

## O



## P



## Q



## R



## S

MIX
Papier aus verantwortungsvollen Quellen
Paper from responsible sources
FSC® C105338

If you have any concerns about our products,
you can contact us on
**ProductSafety@springernature.com**

In case Publisher is established outside the EU,
the EU authorized representative is:
**Springer Nature Customer Service Center GmbH**
**Europaplatz 3, 69115 Heidelberg, Germany**

Printed by Libri Plureos GmbH
in Hamburg, Germany